研

河海大学研究生
精品教材

水工混凝土结构强度理论

Strength Theory of Hydraulic Concrete Structures

赵二峰　顾冲时◎编著

河海大學出版社
HOHAI UNIVERSITY PRESS
·南京·

内 容 提 要

本书主要介绍水工混凝土结构的强度理论，分为四篇共十一章。第一章绪论；第一篇（第二至第三章）基础理论，包括应力和应变状态分析、力学强度理论；第二篇（第四至第六章）混凝土的力学特性，包括混凝土的基本力学特性、复杂受力状态下的混凝土力学特性、混凝土的强度理论和破坏准则；第三篇（第七至第八章）工程材料的本构关系和强度理论，包括水工混凝土的本构方程和强度准则、岩体的弹塑性模型和强度理论；第四篇（第九至第十一章）水工混凝土性能劣化的力学行为分析，包括水工混凝土性能劣化的典型影响因素、结构时变效应以及修复材料的力学行为。

本书可作为水工结构工程、土木工程、工程力学和其他相近专业研究生教材，也可以作为高年级本科生有关课程的教学参考书，以及供从事水利水电工程、土木工程等领域的设计、施工和科研的技术人员参考。

图书在版编目(CIP)数据

水工混凝土结构强度理论 / 赵二峰，顾冲时编著. -- 南京 ：河海大学出版社，2019.12

ISBN 978-7-5630-6264-5

Ⅰ. ①水… Ⅱ. ①赵… ②顾… Ⅲ. ①水工结构—混凝土结构—结构强度—高等学校—教材 Ⅳ. ①TV331

中国版本图书馆 CIP 数据核字(2019)第 282266 号

书　　名　水工混凝土结构强度理论
　　　　　SHUIGONG HUNNINGTU JIEGOU QIANGDU LILUN
书　　号　ISBN 978-7-5630-6264-5
责任编辑　金　怡
责任校对　卢蓓蓓
封面设计　徐娟娟
出版发行　河海大学出版社
地　　址　南京市西康路 1 号(邮编:210098)
电　　话　(025)83737852(总编室)　(025)83722833(营销部)
经　　销　江苏省新华发行集团有限公司
排　　版　南京布克文化发展有限公司
印　　刷　虎彩印艺股份有限公司
开　　本　787 毫米×1092 毫米　1/16
印　　张　28.75
字　　数　718 千字
版　　次　2019 年 12 月第 1 版　2019 年 12 月第 1 次印刷
定　　价　89.00 元

Foreword

Strength of a material in a structural member is a measure of its capacity to resist force. The strength of a material may be expressed in terms of its resistance to three basic stresses: compression, tension and shear. The strength of a structural member may be expressed in terms of its resistance to a particular structural action, such as direct compression, direct tension, bending, and so on.

When external forces act on a body, two things happen. First, internal forces that resist actions of the external forces are set up in the body. These internal forces produce stresses in the material of the body. Second, the external forces produce deformations, or changes in shape, of the body. Strength of materials is the study of the properties of material bodies that enable them to resist the actions of external forces, of the stresses within the bodies, and of deformations of the bodies that result from external forces. Stress is a major issue, primarily for determination of the strength of structures. However, deformation due to stress is often of concern, and the relation of stress to strain is one that must be quantitatively established. Since engineering design is based on science of mechanics, it is impossible to overemphasize the importance of a thorough knowledge of this basic subject. Regardless of the particular field of engineering in which a student is interested, it is essential that he/she fully understands the fundamental principles that deal with the actions of forces on bodies and the resulting stresses.

Traditional structural design was developed primarily with a method now referred to as stress design. This method utilizes basic relationships derived from classic theories of elastic behavior of materials. The adequacy or safety of designs is measured by comparison with two primary limits: an acceptable level for the maximum stress and a tolerable limit for the extent of deformation (deflection, stretch, etc.). These limits are calculated as they occur in response to the service loads, that is, the loads caused by the normal usage conditions visualized for the structure. This method is also called the working stress method and the stress limits are called allowable working stresses.

It is considered necessary to study the classic theories of elastic behavior as a basis for visualization of the general ways that structures work. Ultimate responses are usually some forms of variant from the classic responses (because of inelastic materials, secondary effects, multimode responses, etc.). In other words, the usual study procedure is to first consider a classic, elastic response, and then to observe (or speculate about) what happens as failure limits are approached. Fundamental relationships and evaluations derived from these basic fields provide the tools for investigation of structures relating to their effectiveness and safety for usage in concrete structure construction. No structural design work can be satisfactorily achieved without this investigation.

This book deals primarily with concrete formed with the common binding agent of Portland cement, and a loose mass consisting of sand and gravel, which are the materials most used for structural concrete. The book contains the theoretical information which we have taught in the disciplines of Mechanics of Solids, Strength of Engineering Materials in University of Technology Sydney, and explains with a degree of depth appropriate to engineering courses.

No short-cuts are presented to a knowledge of the fundamental principles of strength of materials. However, a thorough understanding of the material contained herein will afford a foundation of practical information and serve as a step to further study. Therefore, mastery of the work in this book is essentially preparatory in nature, leading to a next step that develops the topic of structural design. Furthermore, publication of the book presents an opportunity for yet another new generation of readers to pursue a study of the fundamental topics that underlie the work of design of concrete structures. In particular, the work here is developed in a form to ensure its accessibility to persons with limited backgrounds in engineering.

March in 2019

前言 / Preface

为防洪、发电、灌溉、供水、航运等修建的挡水工程、泄洪工程、输水工程等均称为水工建筑物，水工混凝土是其主要建设材料。一般地，水工混凝土可分为水工大体积混凝土（主要用于大坝、基础工程等素混凝土结构）、水工结构混凝土（主要用于坝内孔口、厂房、闸墩、船闸、隧洞衬砌、进水塔、渡槽、倒虹吸管等钢筋混凝土结构）与水工特种混凝土（主要包括碾压混凝土、喷射混凝土、泵送混凝土、水下不分散混凝土、微膨胀混凝土、纤维混凝土、防渗墙混凝土、自密实混凝土、聚合物混凝土、沥青混凝土等）。由于水工混凝土是非均质的人工混合材料，各项性能指标的离散性大，且随时间而演化，力学行为变化机理十分复杂，有关混凝土在复杂应力状态下的变形和强度的试验及本构模型与破坏准则的研究日益受到重视。目前，对混凝土构件在不同受力状态和环境条件下的性能反应已有许多试验和理论研究成果，这对充分发挥混凝土材料强度、提高设计水平、降低工程造价具有重要的意义。

尽管混凝土的本构模型与破坏准则一直未得到完善或统一的认可，为了满足水工类专业研究生开课需要，河海大学吴中如院士在 20 世纪 80 年代通过收集国内外有关混凝土的试验研究资料以及参考国内有关院校的水工结构研究生教材，编写了混凝土坝及其坝基的强度理论基础讲义，经过多年的教学试用，并经适当修改后，于 1997 年编写成《混凝土坝和坝基的强度理论及其应用》作为水工结构专业研究生教材，由河海大学研究生部印刷，供学校内部研究生使用。此后，该课程一直由顾冲时教授主讲；从 2012 年 4 月起，由赵二峰副教授开始为河海大学水工、岩土、港航和力学等专业硕士和博士研究生讲授该课程。经过多年不断地积累经验，在这本讲义的基础上，吸收了国内外近年来在该领域的研究成果，同时整合了多项国家自然科学基金项目研究成果，撰写成本书。

本书主要介绍水工混凝土结构的强度理论，全书共分十一章。第一章绪论，简要介绍了水工混凝土和岩体的力学特性、当前研究前沿热点等；第二章至第三章基础理论，介绍了应力和应变状态分析的基本概念、古典强度理论及其在主应力空间的反映；第四章至第六章混凝土的力学特性，首先简要介绍了混凝土的材料组成、破坏机理，然后重点介绍了受拉、受压、受剪基本力学特性和主要影响因素，最后介绍了单轴、双轴和三轴强度理论以及破坏准则；第七章至第八章工程材料的本构关系和强度理论，介绍了水工混凝土的本构方程和强度准则，以及岩体的弹塑性模型和强度理论；第九章至第十一章水工混凝土性能劣化的力学行为分析，介绍了混凝土冻融损伤及力学性能演化规律、混凝土碳化作用及其深度预测模型、硫酸盐分层侵蚀和扩散反应、混凝土溶蚀过程等，论述了冻融和渗透溶蚀作用下混凝土坝损伤时变模型以及结构时变效应量化分析方法，重点介绍了持荷状态下高延性水泥基复合材料(Engineered Cementitious Composites，ECC)微裂缝分布特征、水作用下的ECC微裂缝自愈合行为以及硫酸盐、氯盐共同作用下ECC拉伸性能和微裂缝自愈合行为等。在内容编排上，每一部分尽可能由浅入深、循序渐进，既突出基本内容、又具有足够的深度，使读者在掌握基础知识的同时，能够触及学科前沿研究热点。

本书由赵二峰、顾冲时编著，编写期间得到吴中如院士、王德信教授的关心指导，以及河海大学水工结构研究所和工程力学系的大力支持，郑付刚、王少伟、刘何稚参与了部分研究和撰写工作，在此深表谢意。美国密歇根大学的Victor C. Li教授对本书出版给予了极大的帮助，澳大利亚悉尼科技大学的Chengqing Wu教授百忙之中为本书作序，在此致以诚挚的谢意。同时，本书在编写过程中参考了有关著作、文献，谨向这些专家学者表示衷心的感谢！

本书得到国家自然科学基金项目(51779086，51739003)、国家重点研发计划(2016YFC0401601，2018YFC0407104)、江苏高校优势学科建设工程资助项目(水利工程)(YS11001)、中国国家留学基金(201806715053)的资助，在此表示感谢！

由于作者水平有限，书中的错误或不足之处在所难免，敬请读者批评指正。

作　者

2019年12月

目录 / Contents

第三篇　工程材料的本构关系和强度理论

第四篇 水工混凝土性能劣化的力学行为分析

第一章 / 绪论

水工混凝土是水工建筑物主要建设材料，可分为水工大体积混凝土、水工结构混凝土与水工特种混凝土[1]，是具有复杂结构的复合材料。与其他工程结构物不同，水工建筑物不仅要承受各种动、静循环荷载及各种突发性灾害的作用，还要承受来自恶劣环境的侵蚀与腐蚀、材料性能劣化等的组合影响，这些因素交互作用，导致很多严重病险隐患产生。比如冻融、碳化、碱集料反应等破坏作用会导致混凝土性能降低，出现开裂、剥落等，削弱结构承载能力[2]。我国丰满、云峰等大坝长期遭受冻融破坏，混凝土大面积破坏；新安江、古田溪一级等大坝碳化现象严重，碳化深度较大；而水工建筑物出现裂缝非常普遍，比如陈村拱坝和佛子岭连拱坝均出现了不同程度的裂缝问题。可见，水工混凝土结构力学行为的影响因素和服役性能的演化过程十分复杂，既受到施工质量、运行管理等影响，又受到人类活动与环境因素等影响，且相互之间存在复杂的互馈和综合作用。

有关混凝土构件在不同受力状态和复杂环境条件下的性能反应已有许多试验和理论研究成果，这些不仅有助于理解和掌握水工实际问题涉及的力学知识，而且对建立和完善水工混凝土结构长效服役保障与提升的理论和方法体系有着极其重要的作用。

第一节　概　述

对混凝土和基岩作为人工与天然准脆性材料的力学行为研究是现代计算固体力学中一个极具挑战性的领域。自20世纪70年代以来，对混凝土和岩体及其组成的工程结构的认知和研究经历了从线弹性力学发展到非线性、弹塑性、损伤断裂力学；从连续介质力学发展到非连续介质的离散力学；从均质各向同性介质发展到非均质各向异性介质；从小变形假设发展到大变形破坏过程仿真；从宏观力学模型到探索细观（微观）力学行为的机理以及建立两者之间的等效关系。上述诸方面的长足进展主要依赖于现代计算技术水平的迅速发展以及数学、物理、化学等基础学科和地质、岩土、材料、流体力学、固体力学、试验力学等应用与工程学科的进步。

工程材料从受力到破坏一般要经历3个阶段：弹性、塑性与破坏。研究弹性阶段的受力与形变应采用弹性力学，在这一阶段内力与变形存在着完全对应的关系，当力消除后，变形就完全恢复。塑性力学用来研究材料在塑性阶段内的受力与变形，这一阶段的应力应变关系受到加载状态、应力水平、应力历史与应力路径的影响。连续介质力学中，应力平衡方程和应变-位移的几何关系都是与材料性质无关的，因而弹性力学与塑性力学的差别在于应力与应变之间的物理关系不同，即本构关系不同。弹性力学中，材料的本构关系服从广义胡克定律，应力-应变关系是线性的。而塑性力学中，应力-应变关系是非线性的。然而，应力-应变关系的非线性并不是弹、塑性的最本质差别，有些弹性材料也具有非线性性质。比如一种非线性弹簧，它的力与位移之间的关系是非线性的，但是这种弹簧卸载后仍能恢复原状，故它具有非线性弹性性质，而不具备塑性性质。因此，塑性与弹性的本质差别不仅在于材料是否存在不可逆的塑性变形，还在于塑性变形中加载和卸载时的变形规律不同，以及塑性应力-应变关系与应力历史和应力路径有关等。

强度理论研究材料在复杂应力状态下的屈服和破坏的规律，包括屈服准则、破坏准则以及本构模型等，是工程结构强度计算和设计必需的重要基础理论。材料强度理论研究各种材料的强度随复杂应力状态改变而变化的规律，并建立相应的计算准则；结构强度理论研究结构在荷载增加的过程中从弹性到塑性和破坏的过程，以及结构在荷载作用下的强度和承载能力。强度理论是联系材料强度和结构强度研究的联结点，既可保证结构安全，又可充分发挥材料强度潜力，现已广泛应用于有限元、边界元、非连续变形分析、数值流形元方法等结构线性和非线性分析，平面塑性应变、平面应力和轴对称塑性力学问题的求解，以及应变硬化和软化，微裂纹传播，疲劳、断裂、损伤和细观力学等领域。

一、弹性力学的发展简史

弹性力学的发展最早可以追溯到 17 世纪。1678 年英国的 R. Hooke、1680 年法国的 E. Mariotte 分别独立地提出了弹性体变形与所受外力成正比的定律，即胡克定律。1704 年，J. Bernoulli 建立了弦的振动方程，提出了张力和伸长的关系，开始了变形体力学的研究。18 世纪中期，D. Bernoulli 和 L. Euler 研究了弹性曲线，并建立了受压柱体的微分方程及其失稳的临界值公式。1821 年，法国的 H. Navier 建立了弹性力学基本方程。1822 年，法国的 L. Cauchy 给出了应力和应变的严格定义，并导出了六面体微元的平衡微分方程，给出了各向同性和各向异性的广义胡克定律，奠定了弹性力学的理论基础。19 世纪到 20 世纪初是弹性力学大发展时期，弹性力学广泛应用于解决工程问题，得到了许多典型解答，建立了许多重要的定理或原理，极大地促进了弹性理论的发展。1855 年，法国的 Saint-Venant 用半逆解法解出了柱体扭转和弯曲问题，提出了著名的圣维南原理，与试验结果密切吻合，且在大部分实际问题中成立，为弹性理论的正确性提供了有力的证据，是弹性力学的基础性原理。1862 年，英国的 B. Airy 提出了平面问题的应力函数解方法。1881 年，德国的 R. Hertz 解出了两弹性体局部接触时弹性体内的应力分布。1898 年，德国的 G. Kirsch 在计算圆孔附近的应力分布时，发现了应力集中，这在提高结构部件的设计水平上起到了重要作用。此外，这一时期还建立了弹性力学的能量原理：虚功原理、最小势能原理、功的互等定理、最小余能原理等；在解决工程问题的同时，还提出了许多有效的数值方法，如 Rayleigh-Ritz 法等。20 世纪，在弹性经典理论继续发展的同时，许多复杂问题也得到了深入研究，并出现了许多边缘分支，如非线性弹性理论、非线性板壳理论、稳定性分析理论、各向异性和非均匀体的理论、黏弹性理论、动力弹性理论等。20 世纪初，弹性力学广义变分原理的发展，以及 20 世纪 60 年代快速发展起来的有限单元法、边界单元法等数值方法，更为弹性力学解决工程实际问题提供了强有力的工具。

二、塑性力学的发展简史

适用于岩土类介质材料的塑性力学起源很早，例如土力学中1773年库仑(Coulomb)提出的土质破坏条件，其后推广为莫尔-库仑准则。1857年，朗肯(Rankine)研究了半无限体的极限平衡，提出了滑移面概念。20世纪初，考特尔(Kotter)建立了滑移线方法。1929年，弗雷尼斯(Fellenius)提出了极限平衡法。1965年，索柯洛夫斯基(Scokolvskii)发展了滑移线法；1943年，太沙基(Terzaghi)等发展了弗雷尼斯的理论，用来求解土力学中各种稳定问题。德鲁克(Druker)和普拉格(Prager)等在1952—1955年间发展了极限分析方法，其后陈惠发等又在发展土的极限分析方面做了许多工作。可见，岩土材料的塑性解析方法已有了较大的发展。不过，上述方法一般只限于求解岩土极限承载能力，而且不考虑材料的应力应变关系，因而有一定的局限性。

三、岩石力学的发展简史

岩石力学的形成和发展早期受土力学的影响很大，早期岩石力学把孤立的单块岩石作为研究对象，按照评价材料质量优劣的标准，简单地测量其密度、孔隙度、含水量等物理性质及测定抗压、抗拉、抗剪等力学性质，并把材料力学研究中发展起来的连续介质力学理论直接加以引用。从20世纪50年代开始，由于直接引用材料力学理论解决岩体力学问题存在严重不足，开始注重岩体地质特性的研究和探索更加适合的理论，期间出现了地质力学的岩石力学学派和工程岩石力学学派，随后迎来了岩体结构力学发展阶段。20世纪60年代以来，计算机技术的发展带来了岩土工程数值方法的广泛应用和迅速发展，在进行岩体力学行为分析时能够采用复杂的本构模型，力求揭示岩体结构在非均匀性、非规则性、非线性、非确定性等因素下的力学响应和变形特性，岩石力学与工程方面的新理论、新方法、新成果不断涌现。

近几十年来，非线性弹塑性理论、流变学、断裂力学、损伤力学、各向异性体力学、块体理论等力学理论先后被引入混凝土和岩体本构模型中，还先后引入了随机理论、灰色理论、人工智能、分形和混沌理论等现代数理科学、现代信息技术和非线性理论；有限元、边界元、离散元、流形元及其混合数值计算方法也得到了广泛应用，成为水工混凝土结构力学分析计算的重要手段。为适应工程的发展，更好地解决工程中的力学问题，新理论、新方法还会不断提出，同时，已有的理论和方法也要在实践中进行检验、修正和完善。

第二节 混凝土和岩体的力学特性

一、混凝土和岩石的压缩应力-应变特性

混凝土和岩石类介质在一般材料试验机上仅能获得破坏前期的应力-应变曲线，无法获得全应力-应变曲线，这是由于一般材料试验机的刚度小于岩石试块刚度，而这类材料在猛烈的破坏之后便失去了承载力。在试验中，试验机的变形量大于试件的变形量，试验机储存的弹性变形能大于试件贮存的弹性变形能，当试件产生破坏时，试验机储存的大量弹性能立

即释放，并对试件产生冲击作用，使试件产生剧烈破坏。实际上，多数岩石从开始破坏到完全失去承载能力，是一个渐变过程。采用刚性试验机和伺服控制系统，控制加载速度以适应试件变形速度，就可以得到岩石全过程应力-应变曲线。

混凝土和岩石类介质材料的典型全过程应力-应变曲线如图 1.2.1 所示[3]。图中 OA 段曲线缓慢增大，反映试件内裂缝逐渐压密，体积缩小。进入 AB 段曲线斜率为常数或接近常数，可视为弹性阶段，此时体积仍有所压缩，B 点称为屈服强度。BC 段随着荷载继续增大，变形和荷载呈非线性关系，这种非弹性变形是试件内微裂隙的发生与发展以及结晶颗粒界面的滑动等导致的塑性变形。对于脆性非均质的岩石，前者往往是主要的，是破坏的先行阶段。从 B 点开始，试件就出现剪胀现象(即在剪应力作用下出现体积膨胀)，通常体应变速率在峰值 C 点左右达到最大，并在 C 点附近总体积变形从收缩转化为扩张。CD 段曲线下降，试件开始解体，试件强度从峰值强度下降至残余强度，这种情况叫做应变软化。在软化阶段内，混凝土和岩石成为不稳定材料，传统塑性力学中的一些结论不适用于这种材料。从上述试验还可以看出，混凝土和岩石材料还具有剪胀(缩)性，亦即在纯剪应力的作用下也会产生塑性的体积应变(膨胀或收缩)。

当反复加载时，实际上应力应变曲线形成一定的滞环(图 1.2.1)，但通常可近似用图中 EF 代替，且认为 OA 段可忽略，卸载是弹性的，卸载模量与初始阶段弹性模量相等，这称作弹塑性不耦合。但是，试验表明，在较大变形时，岩石的卸载弹性模量将发生变化，即卸载模量不等于初始弹性模量，这种情况称作弹塑性耦合。

对于岩石应用更广的是三轴压缩试验，有两种方式：一种是主应力 $\sigma_1>\sigma_2>\sigma_3$，称三向不等压试验，采用真三轴压力机进行试验；另一种是 $\sigma_1>\sigma_2=\sigma_3$，这是常用的三轴压缩试验，为获得全应力-应变曲线还应采用刚性三轴压力机。

岩石的典型三轴试验应力-应变曲线如图 1.2.2 所示[3]，围压 $\sigma_2=\sigma_3$ 对应力-应变曲线和岩体塑性性质有明显影响。当围压较低时，屈服强度低，软化现象明显。随着围压增大，岩石的峰值强度和屈服强度都增高，塑性性质明显增加。

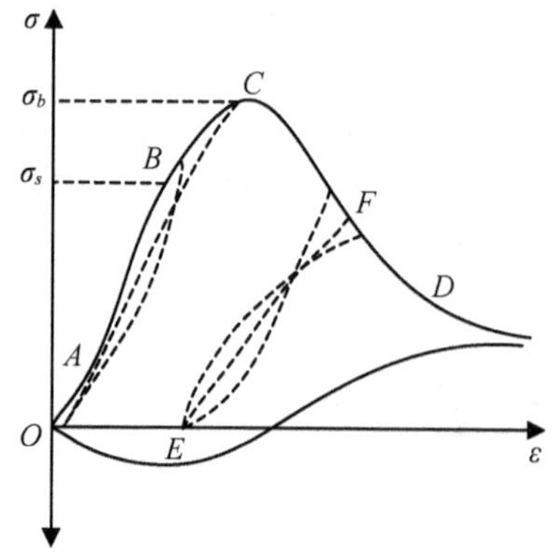

图 1.2.1　混凝土和岩石类介质材料的全应力-应变曲线

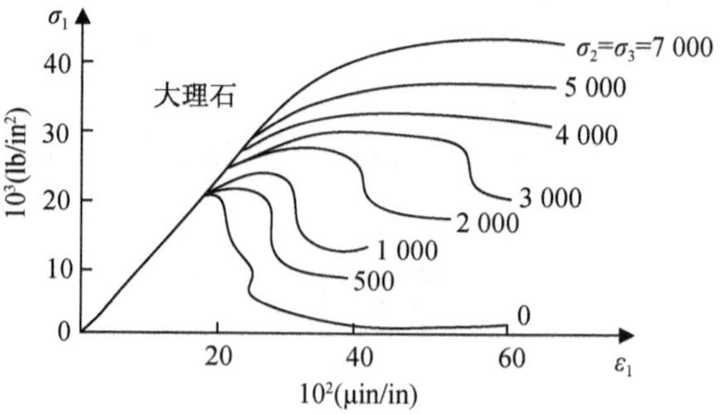

图 1.2.2　岩石的三轴应力-应变曲线

混凝土和岩石类准脆性材料的损伤断裂破坏具有局部应力-应变软化特征。单轴拉伸的试件破坏现象必然从某一局部截面萌生、发育以致最终产生断裂，即混凝土、岩石受拉(或受剪)破坏面的萌生首先从破坏截面中某一薄弱区域，如骨料-砂浆交界面开始，逐渐扩展到全断面，这一过程可以比拟为图 1.2.3 所示的一组弹簧经历的破坏过程：在受拉过程中逐渐断裂直至全断面破坏，这就是局部化破坏的典型现象。因此，混凝土和岩石结构系统的失稳破坏一般总是从局部条带的开裂滑移开始，逐渐发展为大变形失稳破坏。

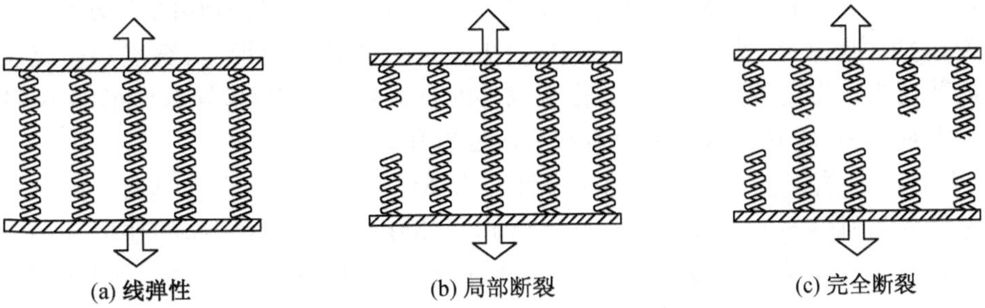

图 1.2.3 等效弹簧破坏过程

水工混凝土结构局部破坏的机理源于材料的非均匀性，如图 1.2.4 所示。在混凝土组分中，一般说来，骨料、砂浆与骨料-砂浆界面三者的力学强度是不同的，同一组分（如砂浆）的强度在空间上的分布也不均匀，这是导致局部化破坏现象的根本原因。局部化破坏是材料的细观力学现象，表现为宏观力学行为就是材料的本构关系的非线性以及应变软化。

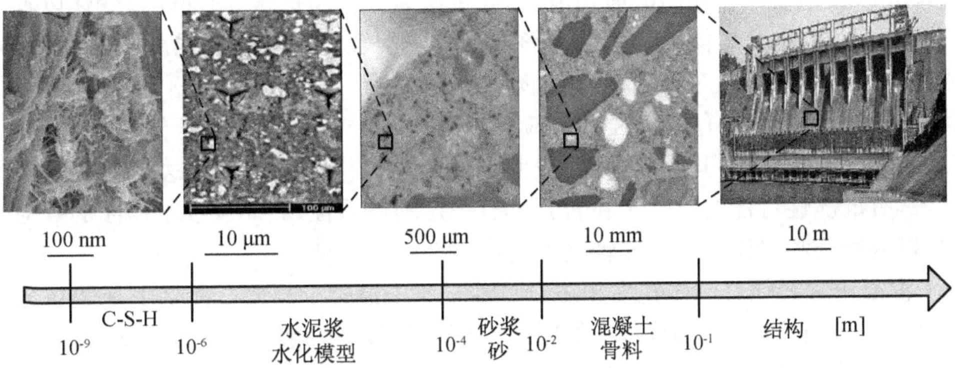

图 1.2.4 水工混凝土多尺度分离标准

综上所述，混凝土和岩石的不均匀性与局部破坏特征以及宏观应力-应变关系的非线性和应变软化现象是有机地联系在一起的材料物理力学现象，而且这一现象是随机的、不确定的，它具有统计特征，这就构成了混凝土和岩石破坏机理的复杂性。对混凝土和岩石损伤断裂力学中局部化失稳现象以及非局部化模型与方法的研究近年来十分活跃，包括从数学理论上对静、动力系统微分方程的椭圆性、双曲性的变化来研究系统的稳定性，以连续介质模型为基础的损伤力学模型，利用断裂力学方法研究裂缝尖端应力场与裂缝扩展准则，以微细观结构应力-变形为基础的具有一定特征尺度的 Coserat 连续介质模型以及各类非局部化模型和梯度模型等。

二、混凝土和岩体的力学特征

作为准脆性材料的混凝土和岩体，由于存在人为的或天然内在微缺陷，如裂缝、夹杂、气泡、孔穴等，其破坏特征表现为断裂的突发性。在裂缝扩展前，一般不存在明显的裂尖塑性区,裂缝的扩展主要表现为微裂缝的连通、汇集形成宏观裂缝的发展过程。概括起来,混凝土和岩体材料的力学性能主要有如下特征[4]。

(1) 混凝土和岩体具有明显应变软化特性。混凝土和岩体材料的应力-应变关系在超过峰值强度后呈下降趋势,称为应变软化现象。这一现象主要与材料的非均匀性与变形局部化相关,表现为材料在受载变形过程中,经历一定量的均匀变形后,突然产生高度局部化的拉伸或剪切带。带内的变形较局部化带以外的材料变形大得多,导致变形的不连续性,这一现象在宏观应力-应变本构关系中表现为应变软化。

(2) 混凝土和岩体具有明显的结构特性。岩体结构指岩体内存在具有一定方向、宽度、间距和迹长的随机分布的不连续结构面,结构面的刚度与强度对岩体的变形和稳定有决定性的影响。由于不连续结构面的方向性,岩体在宏观上呈各向异性特征。岩体变形包括了岩体本身的弹性或弹塑性变形、结构面的弹塑性变形以及岩体的膨胀变形,上述变形相互影响、具有空间耦合效应。混凝土结构如产生了裂缝,或采用碾压法施工,也具有一定的层状各向异性结构特征,但不像岩体结构那样明显。

(3) 混凝土和岩体具有时效特性。混凝土和岩体在恒定应力作用下应变随时间增加,这种现象称为“徐变”和“蠕变”。混凝土徐变和温度应力、裂缝开展有密切关系;节理岩体具有明显的蠕变特征,常常导致岩体沿软弱结构面长时间蠕变而失稳。岩体蠕变的机制在于节理岩体受载变形引起了界面的剪切滑移,导致微裂缝不断扩张,内部晶格变化以及结构错位,致使强度下降,这是岩体随黏塑性变形发展引发塑性应变软化与强度性能劣化的结果。节理岩体的蠕变时效特性对其稳定与变形有重要影响。

(4) 混凝土和岩石具有围压强度效应。混凝土和岩石在三轴受压作用下,强度显著增加;在围压增加的条件下,其峰值强度、应变与残余强度均明显增大。这表明在围压增加的条件下,具有准脆性特征的混凝土和岩石具有一定塑性特征,其非连续结构面的效应也有所减弱,分析混凝土和岩体结构在多轴受力时应考虑这一特征。

(5) 混凝土和岩体具有多孔多相耦合特性。水工混凝土与岩石都是由骨架与孔隙所组成。岩体内还含有许多节理裂隙,在周围的水环境条件下一般都与饱和或非饱和水力渗流作用相联系。在混凝土中主要是以孔隙流动为主,而在节理岩体中,由于完整岩体渗透系数很小,水在岩石中的运动主要以裂隙流为主。渗流在岩体内既是介质,又产生荷载,同时对节理界面物理力学参数也有影响,对岩体的变形稳定具有重要的作用。众多的岩体工程失事均与水力渗流有关,研究岩体渗流与应力变形的耦合效应是分析中的关键问题。

混凝土和岩石材料及其工程结构力学行为研究的主要特征有:混凝土结构中的微裂缝组成,天然岩体中的断层、节理、裂隙随机分布,其几何与力学参数均具有统计特征。由于这些非连续结构面具有一定的连通率,它们属于连续与离散(或局部离散)的耦合介质,混凝土和岩石结构如高坝、水电站、地下工程等处于水体与渗流环境中,一般属于饱和或非饱和渗流与混凝土、岩体结构的多相耦合问题。由于岩体的层状构造与结构面产状的方向性,岩体具有各向异性,碾压式混凝土也具有成层各向异性特征。混凝土在自身变形与温度荷载作用下,骨料界面存在着初始微裂纹损伤,天然岩体在长期地质与水文环境下将产生微裂纹、缺陷,这类材料在破坏机制上存在局部化现象,并产生应变软化的本构特征。因此,混凝土和岩体结构的力学行为从小变形到大变形的全过程仿真涉及材料本构关系模型的合理选择、损伤断裂和界面接触模拟与有效的计算求解技术等。只有综合解决上述关键技术,才能合理地进行岩体和混凝土结构的破坏过程仿真。

根据上述特征，描述混凝土和岩体本构模型大致可分以下几类：①以弹性力学为基础的非线性弹性理论模型；②以经典塑性力学为基础的弹塑性理论模型；③以连续损伤力学为基础的介质弹塑性损伤模型；④以断裂力学为基础的非线性断裂力学模型；⑤以黏性材料本构理论为基础的内时理论模型等。上述理论模型的应用都要密切结合材料的试验和原位观测结果的验证与参数反演。目前，混凝土和岩体力学行为的研究借助于日益发展的数值模拟计算技术，并与试验和观测密切结合，在计算固体力学学科发展中占有重要的地位，为大型水利、土木、海洋、交通及采矿等工程的安全评价提供了技术支撑。

第三节　研究前沿热点

混凝土和岩石力学分析在近40年来已有了长足的进展，从经验性的刚体极限平衡与材料力学的安全稳定判别，到线弹性力学的应力变形分析，再到非线性、弹塑性、损伤断裂的连续介质模型，以及各类非连续介质力学模型与数值分析的发展，大体走过了三个发展阶段的过程。然而，由于混凝土和岩石的几何特性、材料组分与本构关系的复杂性，已有方法在工程实践中评判混凝土和岩体的材料与结构的力学行为及安全性态方面仍处于半经验唯象阶段。首先是关于混凝土的破坏准则，在早期的有限元分析中，比较多的是采用莫尔破坏准则，这一准则有2个材料常数，它在应力空间可以表示为一个多角锥体；而近代混凝土三轴破坏试验表明，多角锥体不能精确地反映混凝土破坏曲面，于是，三参数、四参数和五参数破坏准则相继被提出来。已有的试验结果证明，某些四参数和五参数公式能够较好地反映混凝土在三轴应力状态下的破坏特征，可以用于实际工程分析，计算结果具有足够的精度。在混凝土的本构关系上，各国学者提出了多种多样的模式，如线弹性理论、非线性弹性理论、弹塑性理论、内时理论、黏弹性和黏塑性理论等，但彼此之间差异较大。近年来，利用基于断裂力学和损伤力学的方法进行混凝土构件和结构分析，也取得了很大进展。可以说，凡是在固体力学或结构分析中应用过的理论，在混凝土本构关系建立过程中均被采用过，并用于分析不同类型的实际结构。可是，由于缺乏足够的试验基础，至今还没有一种公认的理论或本构模型，可以广泛用于各种条件下的混凝土结构力学行为分析。为解决这一问题，还有许多研究工作要做，特别是在试验研究方面。此外，在求解非线性有限元方程组方面，已经发展了多种有效的数值解法，最常用的是增量法和迭代法。但是，由于混凝土的应力-应变全曲线具有下降段，结构在达到极限承载能力后产生“软化”现象，针对处理这种软化现象虽然已经发表了不少成果，但大多数还只是针对一些特定的情况，至今仍不断有新的方法被推出。在考虑结构软化现象后，数值解法的稳定性和收敛性问题更缺乏理论上的论证。因此，在混凝土和岩石强度理论方面尚存在许多前沿课题亟待开展研究。

一、基础性的研究工作

节理岩体介质的几何条件与力学特性的勘测、调查、试验与分析是基础性的研究工作，没有对节理岩体地质条件的深入了解和基本符合实际的几何与力学描述，数值模拟分析将无参考价值。因此，要应用地面地质调查，地球物理勘探、钻孔，以及平洞、竖井等多方面地质勘探技术对工程岩体进行查勘，对岩体断层、节理、裂隙层理的产状、宽度、间距、迹长、连通率以及非连续结构面的充填情况与物理力学参数取得尽可能多的数据。同时，要根据各类岩体非连续结构面的三维空间分布，取得基本符合实际的计算参数。

二、混凝土和岩体的本构关系

在复杂应力状态下的混凝土破坏准则和应力应变关系，已经进行了大量的试验和理论研究工作，但还是不够完善，大多数还局限于单向和双向荷载，在复杂应力状态下的试验数据还很不充分。近十多年来，许多学者提出了不少破坏模式和应力应变关系的计算公式，但是由于试验方法不同，加上混凝土材料的变异性很大，所得结果往往差别很大，许多问题还有待进一步讨论。比如，对于近期发展的高性能混凝土、纤维混凝土、轻质混凝土等的破坏准则尚需进行系统的试验和总结；对于非比例加载、多次重复加载、特殊环境加载（高温和冷冻等）条件下的本构关系也需研究。

岩石和岩体种类多，物理力学性质差别大，各类岩石和岩体的力学响应不同，所以对岩石和岩体本构关系的研究一直是难点和重点，具体包括岩石（岩块）的本构关系、岩体结构面分类和典型结构面的本构关系、岩体的本构关系。同时，为研究工程影响范围内岩体的应力、变形变化规律及其强度特征，岩体初始应力测量及其分布规律，工程岩体中的应力应变、位移计算，岩体破坏机理、强度理论等仍然是重要的研究课题。

三、混凝土和岩石连续与非连续介质统一和多相耦合模型

混凝土和岩石连续与非连续介质统一数值模型发展迄今，将有限单元法、有限差分法为主的连续介质模型和以离散元为主的非连续介质模型结合为统一的连续-非连续介质模型是该领域的重点研究方向。同时，由于节理岩体渗流极大地影响工程边坡、结构地基和地下结构的变形和稳定，混凝土、岩体介质多相耦合模型是岩石力学与工程领域的研究热点之一。

四、混凝土和岩石宏观、细观与微观模型的结合

混凝土和岩石宏观、细观与微观模型的结合是计算固体力学发展的一个方向，构建混凝土和岩石的细观力学模型有助于从材料破坏机理的层面理解宏观力学现象。例如，混凝土由骨料、砂浆、空隙以及界面等组分组成，利用连续介质和非连续介质的细观力学模型，将上述组分划分为细观级单元，并对各个组分的本构关系进行试验测定，就为研究混凝土内部颗粒间损伤一断裂一破坏的过程提供了可能，也能够解释混凝土非局部化破坏与应变软化现象的本质，从而可寻求改善材料力学性能的途径。对岩石的情况也类似，其非线性局部化分叉现象与岩体结构内部微细裂纹的萌生、演化、失稳有关，应变梯度在局部化分叉现象中起主导与控制作用。因此，传统的宏观唯象模型不能反映岩石材料上述现象的物理本质，需要发展微细观力学模型进行研究。此外，混凝土、岩体材料的多尺度效应也需要应用细观力学才能评价这种效应的根源与本质，多尺度宏一细一微观力学将具有广泛的应用前景。

五、参数试验、原型观测及其反分析

岩石和结构面的物理力学性质与几何产状、分布密度、连通率等是数值模型的关键参

数,前者主要通过室内与现场试验获得,后者主要通过地质勘察获得。在取得上述基本参数后,数值模型的可信度与精确度还要依靠现场原型观测进行分析验证,故混凝土和岩石结构的反分析方法与技术是验证与识别系统参数、几何边界条件、初始应力水平的重要手段。反分析方法又分为“正演”分析与“反演”分析,前者是通过迭代计算与误差函数优化求得岩体参数,使计算结果与测量结果误差最小,后者通过测量位移的逆运算求得岩体参数。反分析方法主要以位移为目标,又可分为线弹性、弹塑性、黏弹塑性位移反分析方法,分别计算出弹性模量、泊松比、蠕变系数、地应力水平以及反映岩体结构面本构关系的其他参数。

六、水工混凝土力学行为试验技术

水工混凝土的破坏准则及本构关系建立均需要试验基础。在三轴应力试验方面,由于压力机能力的限制,立方体试件普遍偏小,需要发展大吨位的三轴压力试验机。在黏结滑移方面,许多试验数据是基于拔出试验或剖开钢筋、内贴应变片的试验,要真实地反映水工混凝土与钢筋之间的黏结滑移关系,需要研究无损而又直接接触界面上的应力应变的测试技术。近年来,光纤测量应变技术的发展有助于这方面研究的突破。目前,基于损伤力学建立的混凝土本构关系受到各国学者的普遍重视,但水工混凝土内部损伤量的测量还十分困难,大多采用声发射或超声波探测技术,或者用频率变化间接推测,但其精度和可靠性还有待进一步研究。

从理论方面来看,尽管有了很多理论可供应用,但对于具有复杂本构关系的水工混凝土结构,尚需进一步研究。例如,混凝土的受压或受拉全过程曲线,都存在软化阶段,用弹塑性理论分析时,如何处理这一“软化”现象,仍是一个困难的问题。又如,断裂力学对于处理已经存在的单个裂缝的扩展是相当有效的,但对于经常有成批裂缝存在的水工混凝土结构应当如何处理也是需要深入研究的问题。近年来,有许多学者将损伤力学应用于水工混凝土结构分析,这方面的课题确实吸引了不少学者,研究工作相当活跃。

第一篇
基 础 理 论

第二章 / 应力和应变状态分析

本章主要介绍强度理论中的应力和应变状态的表示方法，包括应力张量，主应力、应力张量不变量、应力偏张量不变量及最大最小应力，拉梅应力椭圆，空间应力状态的莫尔几何方法，八面体正应力和剪应力，主应变、应变张量及其不变量和应变状态的莫尔圆，弹性应力应变关系，弹性体的变形位能等。

第一节　向量与张量

一、向量的表示法

在现实世界中，有一些物理量由一个数值即可确定，这种量称为标量，例如物体的质量、温度、人的身高、三角形的面积等；而另一些物理量则不仅与其数值大小有关，而且还与方向有关，例如力、速度、力矩等。这类具有大小和方向的量称为向量，也称为矢量。向量常用以下几种方法表示(图 2.1.1)。

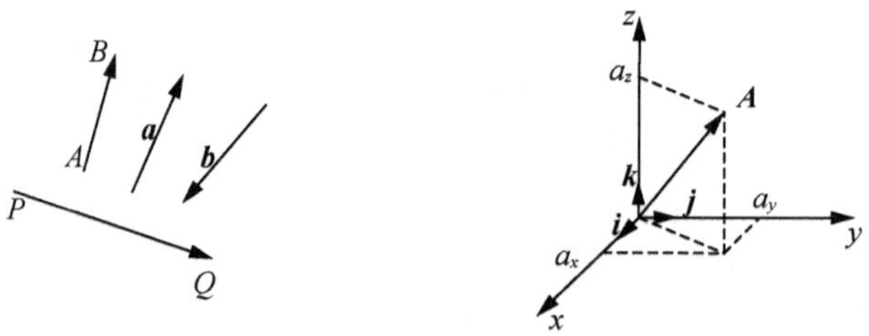

图 2.1.1　向量表示法

(1) 字母表示法

该法用字母头上加一箭头表示，如$\vec{a}$，$\vec{b}$，或用两个字母表示，如 $\overrightarrow{PQ}$ 等。我国《量和单位》(GB 3100～3102—1993)规定用黑体字母表示向量，如 $\boldsymbol{a}$，$\boldsymbol{b}$ 等。

(2) 坐标表示法

该法也称为代数表示法。设在直角坐标系 $O\text{-}xyz$ 中，沿坐标轴的单位向量为 $\boldsymbol{i}$，$\boldsymbol{j}$，$\boldsymbol{k}$，向量 $\boldsymbol{a}$ 在坐标轴上的投影为 a_x，a_y，a_z，则向量 $\boldsymbol{a}$ 可表示为

$$\boldsymbol{a} = a_x\boldsymbol{i} + a_y\boldsymbol{j} + a_z\boldsymbol{k} \tag{2.1.1}$$

式中：$a_x\boldsymbol{i}$，$a_y\boldsymbol{j}$，$a_z\boldsymbol{k}$ 就是向量 $\boldsymbol{a}$ 在坐标轴 x，y，z 方向的分量。

这种表示法便于向量运算。例如，向量 $\boldsymbol{a}$ 的模（绝对值的大小）可按下式计算

$$|\boldsymbol{a}| = \sqrt{a_x^2 + a_y^2 + a_z^2} \tag{2.1.2}$$

(3) 矩阵表示法

由式(2.1.1)可以看出，若坐标系和单位坐标向量已经选定，则向量 $\boldsymbol{a}$ 便由三个标量 a_x，a_y，a_z 决定。于是，用一组有序的数来表示向量，这便是矩阵表示法：

$$\boldsymbol{a} = \begin{bmatrix} a_x \\ a_y \\ a_z \end{bmatrix} \tag{2.1.3}$$

这种表示方法很简洁，计算也很方便，在力学分析及编制计算机程序时常用。

二、向量的基本运算

(1) 向量的数乘

用一个数（标量）k 乘向量 $\boldsymbol{a}$，产生向量 $\boldsymbol{b}$，其方向当 $k>0$ 时与向量 $\boldsymbol{a}$ 相同，当 $k<0$ 时则相反，大小为原向量的 $|k|$ 倍，记为

$$\boldsymbol{b} = k\boldsymbol{a} \tag{2.1.4}$$

显然，若 $k=0$，则有 $\boldsymbol{b}=0$。

(2) 向量的和与差

若向量 $\boldsymbol{a}$ 和 $\boldsymbol{b}$ 表达为

$$\left.\begin{aligned} \boldsymbol{a} &= a_x\boldsymbol{i} + a_y\boldsymbol{j} + a_z\boldsymbol{k} \\ \boldsymbol{b} &= b_x\boldsymbol{i} + b_y\boldsymbol{j} + b_z\boldsymbol{k} \end{aligned}\right\} \tag{2.1.5}$$

则两向量之和为

$$\boldsymbol{a} + \boldsymbol{b} = (a_x + b_x)\boldsymbol{i} + (a_y + b_y)\boldsymbol{j} + (a_z + b_z)\boldsymbol{k} \tag{2.1.6}$$

两向量之差为

$$\boldsymbol{a} - \boldsymbol{b} = (a_x - b_x)\boldsymbol{i} + (a_y - b_y)\boldsymbol{j} + (a_z - b_z)\boldsymbol{k} \tag{2.1.7}$$

显然，只有当 $a_x = b_x$，$a_y = b_y$，$a_z = b_z$ 时，两向量才相等，即有 $\boldsymbol{a} = \boldsymbol{b}$。

(3) 向量的点积

向量的点积又称数量积或内积。设两向量 $\boldsymbol{a}$ 与 $\boldsymbol{b}$ 的夹角为 θ，则点积定义为

$$\boldsymbol{a} \cdot \boldsymbol{b} = |\boldsymbol{a}|\,|\boldsymbol{b}|\cos\theta \tag{2.1.8}$$

这表示第一个向量的大小（模）与第二个向量在第一个向量上的投影（分量的模）的乘积。点积的结果为一标量。在实际应用中，如作用力 $\boldsymbol{F}$ 与物体移动的位移 $\boldsymbol{u}$ 的方向不一致时，该力所做的功 $\boldsymbol{W}$ 便可用点积来表示，即

$$\boldsymbol{W} = \boldsymbol{F} \cdot \boldsymbol{u} \tag{2.1.9}$$

当两向量用代数式(2.1.5)表示时，点积可按下式计算

$$\boldsymbol{a} \cdot \boldsymbol{b} = a_x b_x + a_y b_y + a_z b_z \tag{2.1.10}$$

当两向量用矩阵表示时，即

$$\boldsymbol{a} = \begin{bmatrix} a_x \\ a_y \\ a_z \end{bmatrix}, \ \boldsymbol{b} = \begin{bmatrix} b_x \\ b_y \\ b_z \end{bmatrix} \tag{2.1.11}$$

则向量的点积可按下式运算

$$\boldsymbol{a} \cdot \boldsymbol{b} = \boldsymbol{a}^{\mathrm{T}} \boldsymbol{b} \tag{2.1.12}$$

(4) 向量的向量积

向量的向量积又称作叉积。若向量 $\boldsymbol{a}$,$\boldsymbol{b}$ 间的夹角为 θ，则两向量的叉积产生另一个向量 $\boldsymbol{c}$，其大小定义为

$$|\boldsymbol{c}| = |\boldsymbol{a}|\,|\boldsymbol{b}|\sin\theta \tag{2.1.13}$$

向量 $\boldsymbol{c}$ 的方向与向量 $\boldsymbol{a}$,$\boldsymbol{b}$ 所组成的平面垂直，并且 $\boldsymbol{a}$,$\boldsymbol{b}$,$\boldsymbol{c}$ 构成右手系，并记作

$$\boldsymbol{c} = \boldsymbol{a} \times \boldsymbol{b} \tag{2.1.14}$$

若两向量 $\boldsymbol{a}$,$\boldsymbol{b}$ 用代数式(2.1.5)表示，则向量积可按下式计算

$$\boldsymbol{a} \times \boldsymbol{b} = (a_y b_z - b_y a_z)\boldsymbol{i} + (a_z b_x - b_z a_x)\boldsymbol{j} + (a_x b_y - b_x a_y)\boldsymbol{k} \tag{2.1.15}$$

也可写成行列式的形式

$$\boldsymbol{a} \times \boldsymbol{b} = \begin{vmatrix} \boldsymbol{i} & \boldsymbol{j} & \boldsymbol{k} \\ a_x & a_y & a_z \\ b_x & b_y & b_z \end{vmatrix} \tag{2.1.16}$$

注意，$\boldsymbol{a} \times \boldsymbol{b} \neq \boldsymbol{b} \times \boldsymbol{a}$，即向量积不满足交换律

由向量的点积和叉积可以求得两矢量的夹角计算式

$$\left.\begin{aligned} \cos(\boldsymbol{a},\boldsymbol{b}) &= \frac{\boldsymbol{a} \cdot \boldsymbol{b}}{|\boldsymbol{a}|\,|\boldsymbol{b}|} \\ \sin(\boldsymbol{a},\boldsymbol{b}) &= \frac{|\boldsymbol{a} \times \boldsymbol{b}|}{|\boldsymbol{a}|\,|\boldsymbol{b}|} \end{aligned}\right\} \tag{2.1.17}$$

(5) 3 个向量的混合积

设有 3 个向量

$$\left.\begin{aligned} \boldsymbol{a} &= x_1\boldsymbol{i} + y_1\boldsymbol{j} + z_1\boldsymbol{k} \\ \boldsymbol{b} &= x_2\boldsymbol{i} + y_2\boldsymbol{j} + z_2\boldsymbol{k} \\ \boldsymbol{c} &= x_3\boldsymbol{i} + y_3\boldsymbol{j} + z_3\boldsymbol{k} \end{aligned}\right\} \tag{2.1.18}$$

则它们的混合积定义为

$$\boldsymbol{a}\cdot(\boldsymbol{b}\times\boldsymbol{c})=\begin{vmatrix}x_1 & y_1 & z_1\\ x_2 & y_2 & z_2\\ x_3 & y_3 & z_3\end{vmatrix} \tag{2.1.19}$$

混合积的结果是一个数(标量),其绝对值是以 $\boldsymbol{a},\boldsymbol{b},\boldsymbol{c}$ 为边长的平行六面体的体积。

有关向量的概念与运算的更详细的知识可参考专门的资料。

三、字母标记法

在力学分析中,有不少物理量或几何量必须用一组量才能描述。例如,在常用的直角坐标系中,空间点的位置用 3 个坐标值 x,y,z 确定;力用 3 个分量表示,如 f_x,f_y,f_z;位移用 3 个分量表示,如 u,v,w;力矩用 3 个分量表示,如 $\boldsymbol{M}_x,\boldsymbol{M}_y,\boldsymbol{M}_z$ 等。也有一些量可用 $3^2=9$ 个分量来表示,如应力可用 9 个分量来表示:$\sigma_x,\sigma_y,\sigma_z,\tau_{xy},\tau_{yx},\tau_{yz},\tau_{zy},\tau_{xz},\tau_{zx}$;应变分量也可用 9 个分量来表示:$\varepsilon_x,\varepsilon_y,\varepsilon_z,\gamma_{xy},\gamma_{yx},\gamma_{yz},\gamma_{zy},\gamma_{xz},\gamma_{zx}$ 等。

为了表达简洁、运算方便,上述各量可采用字母标记法表达。所谓字母标记法,就是对同一物理量的各分量均用同字母表示,而用附加下标(称为标号)来区分各分量。例如,如图 2.1.2 所示坐标值 x,y,z 可用 x_1,x_2,x_3 表示,并用 $x_i(i=1,2,3)$ 来概括;位移 u,v,w 可用 u_1,u_2,u_3 表示,并用 $u_i(i=1,2,3)$ 来概括;坐标轴方向的单位向量 $\boldsymbol{i},\boldsymbol{j},\boldsymbol{k}$ 可用 $\boldsymbol{e}_1,\boldsymbol{e}_2,\boldsymbol{e}_3$ 表示,并用 $\boldsymbol{e}_i(i=1,2,3)$ 来概括。在本书中,如无特别注明,字母标号中的下标字母(上述诸例中的 i)均可取数字 1,2,3。当然,除 i 外,其他字母也可运用,如 x_m 和 u_p 等,其中 m,p 均可取数 1,2,3。3 个分量的量用一个下标的字母标号表示,9 个分量的量可用两个下标的字母标号表示。例如用 σ 表示应力,用 σ_{ij} 表示应力分量,双重标号 i 与 j 均可取 1,2,3。这样,σ_{ij} 就表示 9 个分量 $\sigma_{11},\sigma_{22},\sigma_{33},\sigma_{12},\sigma_{21},\sigma_{23},\sigma_{32},\sigma_{13},\sigma_{31}$。

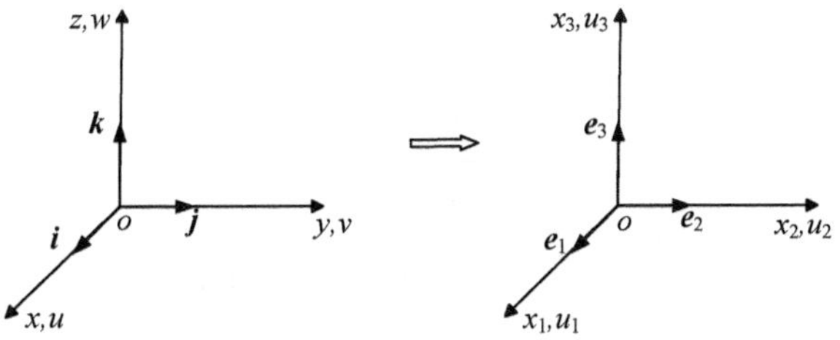

图 2.1.2 字母标记法

在微分运算中也可采用字母标记法,约定用逗号(,)表示微分。例如

$$\frac{\partial\varphi}{\partial x},\frac{\partial\varphi}{\partial y},\frac{\partial\varphi}{\partial z}\quad 或\quad \frac{\partial\varphi}{\partial x_1},\frac{\partial\varphi}{\partial x_2},\frac{\partial\varphi}{\partial x_3}$$

也可用 $\varphi_{,x},\varphi_{,y},\varphi_{,z}$ 表示,简写为 $\varphi_{,x_i}$,进一步简写为 $\varphi_{,i}$。

四、求和约定

考察求和表达式

$$S=a_1x_1+a_2x_2+a_3x_3 \tag{2.1.20}$$

常缩写为

$$S = \sum_{i=1}^{3} a_i x_i \tag{2.1.21}$$

其实,用其他字母作为下标,结果也是一样的,如

$$S = \sum_{m=1}^{3} a_m x_m \tag{2.1.22}$$

$$S = \sum_{n=1}^{3} a_n x_n \tag{2.1.23}$$

以上不同字母下标的求和表达式都表示同一种运算,运算求得的总和与所用的下标符号并无依赖关系。因此,可以约定若某一项的一个标号重复时,就表示将标号轮换取 1,2,3 时所得各项之和。这种约定称作求和约定,而同一项中重复一次的字母标号称为求和指标号或哑标。有了求和约定,许多求和式子可以写得很简洁,例如

$$S = a_i x_i = a_1 x_1 + a_2 x_2 + a_3 x_3 \tag{2.1.24}$$

$$I_1 = \sigma_{ii} = \sigma_{11} + \sigma_{22} + \sigma_{33} \tag{2.1.25}$$

$$a_i b_i = a_1 b_1 + a_2 b_2 + a_3 b_3 \tag{2.1.26}$$

$$\begin{aligned} J_2 &= \frac{1}{2} S_{ij} S_{ij} \\ &= \frac{1}{2}(S_{11}^2 + S_{12}^2 + S_{13}^2 + S_{21}^2 + S_{22}^2 + S_{23}^2 + S_{31}^2 + S_{32}^2 + S_{33}^2) \end{aligned} \tag{2.1.27}$$

$$\mathbf{A} = \mathbf{A}_m \boldsymbol{e}_m = \mathbf{A}_1 \boldsymbol{e}_1 + \mathbf{A}_2 \boldsymbol{e}_2 + \mathbf{A}_3 \boldsymbol{e}_3 \tag{2.1.28}$$

$$\varphi_{,i} = \frac{\partial \varphi}{\partial x_1} \mathrm{d}x_1 + \frac{\partial \varphi}{\partial x_2} \mathrm{d}x_2 + \frac{\partial \varphi}{\partial x_3} \mathrm{d}x_3 \tag{2.1.29}$$

在运用求和指标时,应注意以下几点。

① 哑标变换时并不改变其含义,如

$$a_i b_i = a_m b_m = a_j b_j \tag{2.1.30}$$

$$a_{ij} x_j = a_{in} x_n \tag{2.1.31}$$

② 在有括号的运算中要注意区别

$$a_{ii}^2 \neq (a_{ii})^2 \tag{2.1.32}$$

因

$$a_{ii}^2 = a_{11}^2 + a_{22}^2 + a_{33}^2 \tag{2.1.33}$$

而

$$(a_{ii})^2 = (a_{11} + a_{22} + a_{33})^2 \tag{2.1.34}$$

③ 如果需要用重复下标而又不表示求和时,应加以注明。如正应力分量 σ_{ii}(不求和)表示只取 σ_{11},σ_{22},σ_{33} 中任一项正应力,而不是取 3 个正应力之和。

同一项内不重复出现的标号称为自由指标。自由指标表示一般项，可取标号为 1，2 或 3 中的任意一项，例如

$$a_j = b_{ji} x_i \tag{2.1.35}$$

式中：i 为求和指标（哑标），j 为自由标号。

式(2.1.35)是下列三式的概括表达：

$$\left.\begin{aligned} a_1 &= b_{11}x_1 + b_{12}x_2 + b_{13}x_3 \\ a_2 &= b_{21}x_1 + b_{22}x_2 + b_{23}x_3 \\ a_3 &= b_{31}x_1 + b_{32}x_2 + b_{33}x_3 \end{aligned}\right\} \tag{2.1.36}$$

显然，上式也可表达为 $a_m = b_{mj}x_j$ 或 $a_i = b_{ik}x_k$。

五、克罗内克 δ 符号和置换符号 e_{ijk}

(1) 克罗内克 δ 符号称为 Kronecker delta，它有 9 个分量，定义为

$$\delta_{ij} = \begin{cases} 1, & i = j \\ 0, & i \neq j \end{cases} \tag{2.1.37}$$

用矩阵表示时可写作

$$\delta_{ij} = \begin{bmatrix} 1 & 0 & 0 \\ 0 & 1 & 0 \\ 0 & 0 & 1 \end{bmatrix} \tag{2.1.38}$$

使用 δ_{ij} 可得到下列等式：

$$\delta_{ij}\delta_{ij} = \delta_{ii} = \delta_{jj} = 3$$

$$\delta_{ij}\delta_{jk} = \delta_{ik}$$

$$a_{ij}\delta_{ij} = a_{ii} = a_{jj}$$

$$a_j\delta_{ij} = a_i$$

在直角坐标系中，单位坐标轴向量 $\boldsymbol{e}_i$ 的内积具有下列关系

$$\boldsymbol{e}_i \cdot \boldsymbol{e}_j = \delta_{ij} \tag{2.1.39}$$

这一性质在坐标轴转换计算中是很有用的。因克罗内克符号用 δ_{ij} 表示，工程界常称之为“代尔塔”符号。

(2) e_{ijk} 称为置换符号，又称为排列符号，定义为

$$e_{ijk} = \begin{cases} 1, & i,j,k \text{ 为顺时针} \\ -1, & i,j,k \text{ 为逆时针} \\ 0, & i,j,k \text{ 有重复标号(非循环)} \end{cases} \tag{2.1.40}$$

例如

$$e_{123} = e_{231} = e_{312} = 1$$

$$e_{321} = e_{213} = e_{132} = -1$$

$$e_{112} = e_{322} = e_{233} = 0$$

e_{ijk} 有 27 个分量，其中只有 6 个不为零。显然，在 e_{ijk} 的标号中，相邻标号互换一次，则改变正负号一次。因而，当标号位置变换偶次时，不改变循环性质，也不改变 e_{ijk} 的符号；反之，若标号位置交换为奇次，则 e_{ijk} 改变符号。例如

$$e_{ijk} = -e_{ikj} = -(-e_{kij}) = e_{kij} \tag{2.1.41}$$

由上述定义，一个三阶行列式的值可表示为

$$\begin{vmatrix} a_{11} & a_{12} & a_{13} \\ a_{21} & a_{22} & a_{23} \\ a_{31} & a_{32} & a_{33} \end{vmatrix} = e_{rst} a_{r1} a_{s2} a_{t3}$$

由上述置换符号，两个坐标轴方向的单位向量的向量积可表示为

$$\boldsymbol{e}_i \times \boldsymbol{e}_j = \begin{cases} \boldsymbol{e}_k, & i,j,k \text{ 为顺循环} \\ -\boldsymbol{e}_k, & i,j,k \text{ 为逆循环} \\ 0, & i,j,k \text{ 为非循环} \end{cases}$$

上式也可表示为

$$\boldsymbol{e}_i \times \boldsymbol{e}_j = e_{ijk} \boldsymbol{e}_k \tag{2.1.42}$$

于是，两个向量 $\boldsymbol{A}$ 与 $\boldsymbol{B}$ 的向量积可表示为

$$\boldsymbol{A} \times \boldsymbol{B} = A_i \boldsymbol{e}_i \times B_J \boldsymbol{e}_j = A_i B_J \boldsymbol{e}_k \boldsymbol{e}_{ijk} \tag{2.1.43}$$

因 $e_{ijk} = -e_{ikj}$，所以有

$$\boldsymbol{A} \times \boldsymbol{B} = -\boldsymbol{B} \times \boldsymbol{A} \tag{2.1.44}$$

可以证明，置换符号与代尔塔符号有下列恒等关系

$$e_{ijk} e_{ist} = \delta_{js} \delta_{kt} - \delta_{jt} \delta_{ks} \tag{2.1.45}$$

并称为 e-δ 等式。

六、张量的定义

张量是表征一些物理量或几何量的有效数学工具，但是它的严格定义比较难懂。为此，先从向量的数学定义说起，并只限于介绍笛卡儿张量的基本概念[5]。

向量是有大小、有方向的量，在空间直角坐标系中，向量可以用坐标轴的 3 个分量来表示。若选择的坐标系为 x_i $(i=1,2,3)$，坐标轴的单位向量为 $\boldsymbol{e}_i$ $(i=1,2,3)$，有一向量 $\boldsymbol{u}$，在坐标轴方向的分量为 u_i，则向量 $\boldsymbol{u}$ 可表示为

$$\boldsymbol{u} = u_i \boldsymbol{e}_i \tag{2.1.46}$$

假如转动坐标轴得到新坐标系 x'_i $(i=1,2,3)$，其相应的坐标轴向量为 $\boldsymbol{e}'_i$，如图 2.1.3 所示，则向量 $\boldsymbol{u}$ 在 x'_i 坐标系中的 3 个分量为 u'_i，于是向量 $\boldsymbol{u}$ 又可表示为

$$\boldsymbol{u} = u'_i \boldsymbol{e}'_i \tag{2.1.47}$$

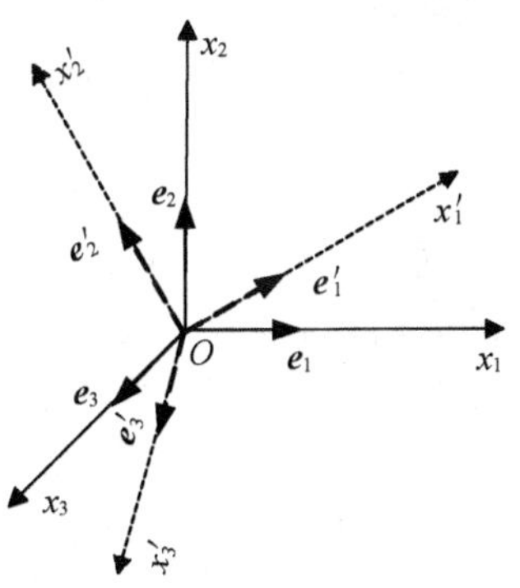

图 2.1.3　坐标轴旋转

坐标系虽然不同，但表示的是同一向量 $\boldsymbol{u}$，所以应有

$$\boldsymbol{u} = u_i \boldsymbol{e}_i = u'_i \boldsymbol{e}'_i \tag{2.1.48}$$

再看一下 $\boldsymbol{e}_i$ 与 $\boldsymbol{e}'_i$ 之间的关系。首先把 $\boldsymbol{e}'_i$ 看作在坐标系 x_i 的一个矢量，设 $\boldsymbol{e}'_i$ 与坐标轴 x_1, x_2, x_3 的方向余弦分别为 l_{11}, l_{12}, l_{13}，由于 $\boldsymbol{e}'_i$ 为单位向量，因而它在 x_i 坐标轴方向的分量即为 l_{11}, l_{12}, l_{13}，或者说

$$\boldsymbol{e}'_1 = l_{11}\boldsymbol{e}_1 + l_{12}\boldsymbol{e}_2 + l_{11}\boldsymbol{e}_2 = l_{1i}\boldsymbol{e}_i \tag{2.1.49}$$

同理，$\boldsymbol{e}'_2$ 在 x_i 上的方向余弦为 l_{2i} $(i=1,2,3)$，$\boldsymbol{e}'_3$ 在 x_i 中的方向余弦为 l_{3i} $(i=1,2,3)$，并且有

$$\begin{aligned} \boldsymbol{e}'_2 &= l_{2i}\boldsymbol{e}_i \\ \boldsymbol{e}'_3 &= l_{3i}\boldsymbol{e}_i \end{aligned} \tag{2.1.50}$$

上面三式可用一个简洁式子表示，即

$$\boldsymbol{e}'_j = l_{ij}\boldsymbol{e}_i \tag{2.1.51}$$

l_{ij} 有 9 个元素，写成矩阵形式为

$$\boldsymbol{T} = \begin{bmatrix} l_{11} & l_{12} & l_{13} \\ l_{21} & l_{22} & l_{23} \\ l_{31} & l_{32} & l_{33} \end{bmatrix} \tag{2.1.52}$$

称为坐标转换矩阵。

将式(2.1.51)代入式(2.1.48)，可知

$$u_j = u'_i l_{ij} \tag{2.1.53}$$

写成矩阵形式为

$$\begin{bmatrix} u_1 \\ u_2 \\ u_3 \end{bmatrix} = \begin{bmatrix} l_{11} & l_{12} & l_{13} \\ l_{21} & l_{22} & l_{23} \\ l_{31} & l_{32} & l_{33} \end{bmatrix} \begin{bmatrix} u'_1 \\ u'_2 \\ u'_3 \end{bmatrix} \tag{2.1.54}$$

这样可以给出向量的解析定义：向量由 3 个分量确定，在坐标转动时，其分量之间的关系服从坐标转换式(2.1.53)。这一定义当然不如前面给出的向量定义直观明了，但对于引出张量的定义很有用。也可以说，向量的 3 个分量的关系服从坐标转换式(2.1.53)时，称为一阶张量。向量就是一阶张量。下面推广到二阶。

设在坐标系 x_i 中有一个向量具有 $3^2 = 9$ 个分量 a_{ij}（这可以想像为 3 个互相垂直的面

上都有一个向量,而每一向量又有 3 个分量),坐标轴转动后得到新坐标系 x'_i,该量的 9 个分量变为 a'_{ij}。若这些分量满足下列转换关系

$$a_{ij} = a'_{mn} l_{mi} l_{ni} \tag{2.1.55}$$

则这 9 个分量构成了一个二阶张量。式(2.1.55)中,l_{mi} 和 l_{ni} 是 x'_i 的坐标轴在 x_i 坐标系中的方向余弦。

同理,还可以推广到三阶(有 $3^3=27$ 个分量)或更高阶的张量,但在力学分析中常用的是一阶(向量)和二阶张量。例如,物体内一点的应力状态就可用二阶张量来表示。

若张量 $\boldsymbol{a}_{ij}$ 分量满足 $a_{ji}=a_{ij}$,则称该张量为对称张量。例如,应力张量和应变张量都是对称张量。

若张量 $\boldsymbol{a}_{ij}$ 分量满足 $a_{ji}=-a_{ij}$,则称该张量为反对称张量。显然,在反对称二阶张量中必有 $a_{11}=a_{22}=a_{33}=0$。

一般张量 $\boldsymbol{a}_{ij}$ 为非对称张量。若有另一张量 $\boldsymbol{a}'_{ij}$,其分量满足 $\boldsymbol{a}'_{ij}=\boldsymbol{a}_{ji}$,亦即 $\boldsymbol{a}_{ij}$ 与 $\boldsymbol{a}'_{ij}$ 所对应的矩阵互为转置,则张量 $\boldsymbol{a}'_{ij}$ 称为张量 $\boldsymbol{a}_{ij}$ 的转置张量。

七、张量的基本运算

(1) 张量相等

设张量 $\boldsymbol{a}_{ij}$ 与张量 $\boldsymbol{b}_{ij}$ 对应的分量一一相等,即

$$\boldsymbol{a}_{ij} = \boldsymbol{b}_{ij} \tag{2.1.56}$$

则称两张量相等。

(2) 张量的加减

将张量 $\boldsymbol{a}_{ij}$ 与张量 $\boldsymbol{b}_{ij}$ 对应的分量相加或相减,可得到一个新的张量,新张量称为两张量的和或差,即

$$\boldsymbol{c}_{ij} = \boldsymbol{a}_{ij} \pm \boldsymbol{b}_{ij} \tag{2.1.57}$$

(3) 张量的数乘

用一标量 α 乘张量 $\boldsymbol{a}_{ij}$ 各分量,得到同阶张量 $\boldsymbol{b}_{ij}$,为

$$\boldsymbol{b}_{ij} = \alpha \boldsymbol{a}_{ij} \tag{2.1.58}$$

(4) 向量的并乘(张量的外积)

向量 $\boldsymbol{a}$ 与 $\boldsymbol{b}$ 的并乘用 $\boldsymbol{ab}$ 表示,它定义为

$$\boldsymbol{ab} = a_i b_i \tag{2.1.59}$$

用矩阵形式表示,则为

$$\boldsymbol{ab} = \begin{bmatrix} a_1 \\ a_2 \\ a_3 \end{bmatrix} \begin{bmatrix} b_1 & b_2 & b_3 \end{bmatrix} = \begin{bmatrix} a_1 b_1 & a_1 b_2 & a_1 b_3 \\ a_2 b_1 & a_2 b_2 & a_2 b_3 \\ a_3 b_1 & a_3 b_2 & a_3 b_3 \end{bmatrix} \tag{2.1.60}$$

向量并乘后得到一个二阶张量。并乘与矢量的点积和叉积都不同,点积的结果为一个标量,叉积的结果是一个向量,并乘的结果则为一个二阶张量。

向量是一阶张量，并乘后升阶为二阶张量，这种运算可以推广到高阶张量，张量的并乘运算称为张量的外积。设有两个张量，分别为 m 和 n 阶，则这两个张量的外积为一个 $m+n$ 阶张量。例如，有二阶张量 $\boldsymbol{a}_{ij}$ 和 $\boldsymbol{c}_{kl}$，一阶张量 $\boldsymbol{b}_k$，则外积

$$\boldsymbol{a}_{ij}\boldsymbol{b}_k=\boldsymbol{d}_{ijk} \tag{2.1.61}$$

为三阶张量；

$$\boldsymbol{a}_{ij}\boldsymbol{b}_{kl}=\boldsymbol{d}_{ijkl} \tag{2.1.62}$$

为四阶张量。

注意，进行并乘的两个张量的下标是不相同和不重复的。

(5) 张量的缩并与张量的点积

在上述张量并乘运算中，若取任意两个下标相重复（注意，重复下标表示求和），则可以得到一个降阶的张量，这种运算称为张量的缩并。例如，$\boldsymbol{a}_i$，$\boldsymbol{b}_i$ 均为一阶张量（向量），则

$$\boldsymbol{a}_i\boldsymbol{b}_i=a_1b_1+a_2b_2+a_3b_3=c \tag{2.1.63}$$

为一标量（降阶为零阶张量）。这一运算公式与向量的点积是一样的，也可推广到高阶张量，并称为张量的点积。如果 $\boldsymbol{a}_{ij}$，$\boldsymbol{b}_{kj}$ 均为二阶张量，则

$$\boldsymbol{a}_{ik}\boldsymbol{b}_{kj}=c_{ij} \tag{2.1.64}$$

仍为二阶张量。这种运算所得新张量的阶数为原两张量阶数之和减 2。

(6) 二阶张量的双点积

还有一种张量的数量积，用双点号表示。例如 $\boldsymbol{a}$，$\boldsymbol{b}$ 均为二阶张量，则

$$c=\boldsymbol{a}:\boldsymbol{b}=a_{ij}b_{ij} \tag{2.1.65}$$

二阶张量双点积的结果为一标量，故又称数量积。在线弹性理论中，应变比能可用数量积表示。设应力张量为 $\boldsymbol{\sigma}_{ij}$，应变张量为 $\boldsymbol{\varepsilon}_{ij}$，则应变比能为

$$W=\frac{1}{2}\boldsymbol{\sigma}:\boldsymbol{\varepsilon}=\frac{1}{2}\boldsymbol{\sigma}_{ij}:\boldsymbol{\varepsilon}_{ij} \tag{2.1.66}$$

张量符号在推导公式中书写方便，表达简洁，因而张量分析在力学与结构工程中的应用日益广泛。这里只对笛卡儿张量做了一些简要介绍，读者若需要张量的进一步知识，可以参阅有关专著。

第二节 力的基本概念

力是物体间的相互作用。当取某一物体（或由几个物体组成的系统）作为研究对象时，可以把力分为外力与内力。外力是指其他物体作用于该物体上的力，内力是指该物体内部各部分之间相互作用的力。内力和外力在一定条件下是可以互相转化的。例如，为了研究物体内部相互作用的内力，常用假想的截面将物体切开，取出部分隔离体作为研究对象，这时，另一部分对隔离体的作用力对隔离体来讲是外力，而对整个物体来讲则是内力。作用于

物体的外力可以分为体积力和表面力，分别简称为体力和面力。

体力是分布作用在物体体积内的力，例如重力和惯性力。物体内各点受体力的情况，一般是不相同的。为了表明该物体在某一点 P 所受体力的大小和方向，如图 2.2.1(a)所示，在该点取一包含着 P 点的微小部分，其体积为 ΔV，设作用于 ΔV 的力为 $\Delta \boldsymbol{Q}$，则体力的平均集度为 $\Delta \boldsymbol{Q}/\Delta V$。如果把所取的那一小部分物体不断减小，即 ΔV 不断减小，则 $\Delta \boldsymbol{Q}$ 和 $\Delta \boldsymbol{Q}/\Delta V$ 都将不断地改变大小、方向和作用点。令 ΔV 无限减小而趋于 P 点，假定体力为连续分布，则 $\Delta \boldsymbol{Q}/\Delta V$ 将趋于一定的极限 $\boldsymbol{f}$，即

$$\lim_{\Delta V \to 0} \frac{\Delta \boldsymbol{Q}}{\Delta V} = \boldsymbol{f} \tag{2.2.1}$$

这个极限矢量 $\boldsymbol{f}$，就是该物体在 P 点所受体力的集度。因为 ΔV 是标量，所以 $\boldsymbol{f}$ 的方向就是 $\Delta \boldsymbol{Q}$ 的极限方向。矢量 $\boldsymbol{f}$ 在坐标轴 x,y,z 上的投影 f_x,f_y,f_z，称为该物体在 P 点的体力分量，以沿坐标轴正方向为正，沿坐标轴负方向为负，量纲是[力][长度]$^{-3}$。

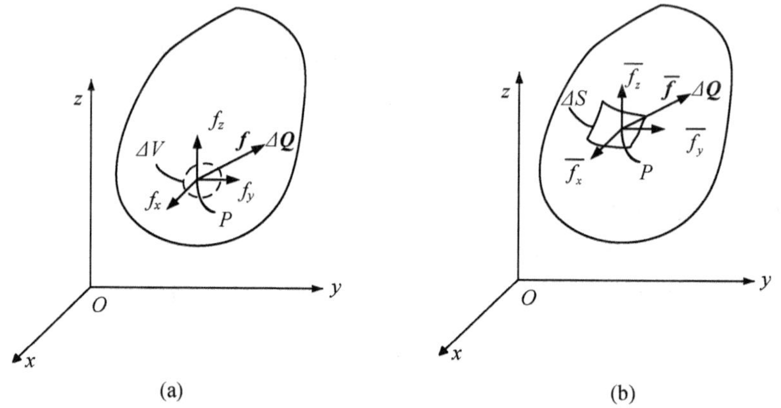

图 2.2.1　体力

面力是分布作用在物体表面上的力，例如流体压力和接触力。物体在其表面上各点受面力的情况，一般也是不相同的。为了表明该物体在其表面上某一点 P 所受面力的大小和方向，如图 2.2.1(b)所示，在该点取物体表面一包含着 P 点的微小部分，其面积为 ΔS。设作用于 ΔS 的力为 $\Delta \boldsymbol{Q}$，则面力的平均集度为 $\Delta \boldsymbol{Q}/\Delta S$。令 ΔS 无限减小而趋于 P 点，假定面力为连续分布，则 $\Delta \boldsymbol{Q}/\Delta S$ 将趋于一定的极限 $\bar{\boldsymbol{f}}$，即

$$\lim_{\Delta S \to 0} \frac{\Delta \boldsymbol{Q}}{\Delta S} = \bar{\boldsymbol{f}} \tag{2.2.2}$$

这个极限矢量 $\bar{\boldsymbol{f}}$ 就是该物体在 P 点所受面力的集度。因为 ΔS 是标量，所以 $\bar{\boldsymbol{f}}$ 的方向就是 $\Delta \boldsymbol{Q}$ 的极限方向。矢量 $\bar{\boldsymbol{f}}$ 在坐标轴 x,y,z 上的投影 $\bar{f}_x,\bar{f}_y,\bar{f}_z$，称为该物体在 P 点的面力分量，以沿坐标轴正方向为正，沿坐标轴负方向为负，量纲是[力][长度]$^{-2}$。

物体受了外力的作用，或由于温度有所改变，其内部将发生内力。为了研究物体在某一点 P 处的内力，如图 2.2.2 所示，假想用经过 P 点的一个截面 mn 将物体分为 A 和 B 两部分，而将 B 部分撇开，撇开的部分 B 将在截面 mn 上对留下的部分 A 作用一定的内力。取

截面上一包含着 P 点的微小部分，其面积为 ΔA。设作用于 ΔA 上的内力为 $\Delta\boldsymbol{Q}$，则内力的平均集度，即平均应力为 $\Delta\boldsymbol{Q}/\Delta A$。令 ΔA 无限减小而趋于 P 点，假定内力为连续分布，则 $\Delta\boldsymbol{Q}/\Delta A$ 将趋于一定的极限 $\boldsymbol{S}$，即

$$\lim_{\Delta A \to 0} \frac{\Delta \boldsymbol{Q}}{\Delta A} = \boldsymbol{S} \tag{2.2.3}$$

这个极限矢量 $\boldsymbol{S}$ 就是物体在截面 mn 上 P 点的应力。因为 ΔA 是标量，所以应力 $\boldsymbol{S}$ 的方向就是 $\Delta\boldsymbol{Q}$ 的极限方向。

对于应力，除了在推导某些公式外，通常都不用它沿坐标轴方向的分量，因为这些分量和物体的变形或材料强度都没有直接的关系。与物体的变形及材料强度直接相关的，是应力在其作用截面的法向和切向的分量，也就是正应力 σ 和剪应力或切应力 τ，如图 2.2.2 所示。应力及其分量的量纲[力][长度]$^{-2}$。

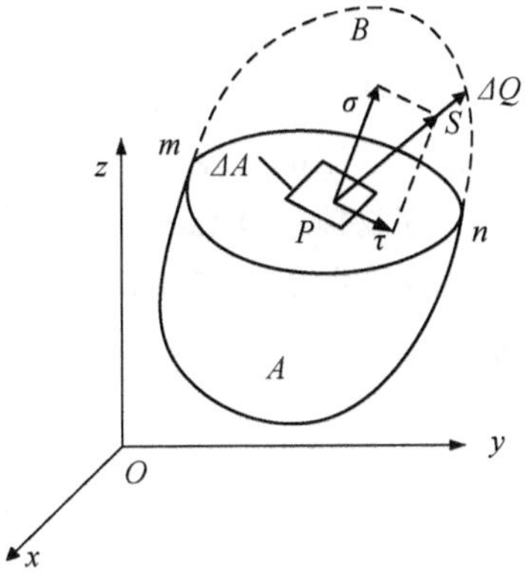

图 2.2.2 面力

在物体内的同一点 P，不同截面上的应力是不同的。为了分析这一点的应力状态，即各个截面上应力的大小和方向，在这一点从物体内取出一个微小的平行六面体，它的棱边平行于坐标轴，而长度为 $PA=\Delta x, PB=\Delta y, PC=\Delta z$，如图 2.2.3 所示。将每一面上应力分解为一个正应力和两个剪应力，为了表示不同面上的不同应力分量，每一个应力取两个下标，第一个下标表示应力作用于哪个面，第二个下标则表示应力分量平行于哪个轴。例如，σ_{xx} 表示应力作用面的法线与 x 轴平行，而应力方向也与 x 轴平行；τ_{xy} 表示应力作用面的法线与 x 轴平行，而应力方向为 y 方向。显然，下标两个字母相同时为正应力，下标字母不同时为剪应力。为简便起见，$\sigma_{xx}, \sigma_{yy}, \sigma_{zz}$ 可记为 σ_x, σ_y 和 σ_z。取截面外法线方向与某一坐标轴方向一致的面为正面，正面上的应力分量与坐标轴正方向一致者为正，反之为负。相反，若某一截面的外法线方向与坐标轴方向相反，则称为负面。负面上的应力分量以沿坐标轴负方向的为正，沿坐标轴正方向的为负。图 2.2.3 所示的应力分量全部都是正的。

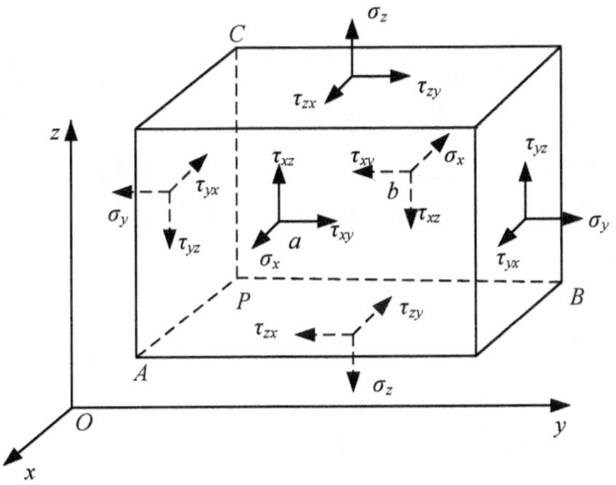

图 2.2.3 应力

六个剪应力之间具有一定的互等关系。例如，以连接前后两面中心的直线 ab 为矩轴，列出力矩平衡方程，得到

$$2\tau_{yz}\Delta z\Delta x\frac{\Delta y}{2} - 2\tau_{zy}\Delta y\Delta x\frac{\Delta z}{2} = 0 \tag{2.2.4}$$

同样可以列出其余两个相似的方程。简化以后，得出

$$\tau_{yz}=\tau_{zy}, \ \tau_{zx}=\tau_{xz}, \ \tau_{xy}=\tau_{yx} \tag{2.2.5}$$

这就证明了剪应力的互等关系：作用在两个互相垂直的面上，并且垂直于该两面交线的剪应力是互等的(大小相等，正负号也相同)。因此，剪应力记号的两个角码可以对调。

在这里，没有考虑应力由于位置不同而产生的改变(也就是把六面体中的应力当做均匀应力)，而且也没有考虑体力的作用。实际上，即使考虑到应力随位置不同而产生的改变和体力的作用，仍然可以推导出剪应力的互等关系。

顺便指出，如果采用材料力学中的正负号规定，则剪应力的互等关系将成为

$$\tau_{yz}=-\tau_{zy}, \ \tau_{zx}=-\tau_{xz}, \ \tau_{xy}=-\tau_{yx} \tag{2.2.6}$$

显然不如采用上述规定时来得简单。但也应当指出，在利用莫尔圆(即应力圆)时，必须采用材料力学中的规定。

在物体的任意一点，如果已知 $\sigma_x, \sigma_y, \sigma_z, \tau_{xy}, \tau_{yz}, \tau_{zx}$ 这 6 个应力分量，就可以求得经过该点的任意截面上的正应力和切应力。因此，上述 6 个应力分量可以完全确定该点的应力状态。

第三节　应力张量

应力，是为了表示作用在物体内部质点间想象截面上的内力强度。张量是表征一类物理状态或几何性质的物理量或几何量，包括表征连续介质的应力、应变和应变率的量，表征物体弹性性质的量，确定物体动力性质(惯性矩)的量等；也包括空间的各种抽象几何性质的张量。

考虑物体内部任意一点，假定它为很小的封闭的面所包围，并在这个面的 dA 上作用着力 d$\boldsymbol{f}$，则作用在单位面积上的力即为应力，其值等于 d$\boldsymbol{f}$/dA。考虑均值应力状态，应力与截面面积 dA 的形状、实际尺度及该截面(被认为足够小)和已知点的距离无关。但是应力与截面 dA 的方向有关，而方向用该截面的单位外法向矢量(或向量)$\boldsymbol{n}$ 确定。如果对任一给定的单位矢量 $\boldsymbol{n}$，相应截面上的应力矢量

$$\boldsymbol{s}_n=\frac{\mathrm{d}\boldsymbol{f}}{\mathrm{d}A} \tag{2.3.1}$$

为已知，则一点的应力状态将为已知。下角标 n 表示应力与方向的关系。

在 x, y, z 直角坐标系中，$\boldsymbol{n}$ 的分量有下列形式

$$\begin{aligned} n_x &= \cos(n,x) \\ n_y &= \cos(n,y) \\ n_z &= \cos(n,z) \end{aligned} \tag{2.3.2}$$

式中：(n,x)，(n,y)，(n,z) 分别为矢量 $\boldsymbol{n}$ 对 x，y 和 z 轴之间的夹角；$\cos(n,x)$，$\cos(n,y)$ 及 $\cos(n,z)$ 分别为 $\boldsymbol{n}$ 对三个轴夹角的余弦，常用 l, m 及 n 表示。

在同一体系中，$\boldsymbol{s}_n$ 的分量可写成 s_{nx}, s_{ny}, s_{nz}，建立两个符号体系之间的关系。

方向 $\boldsymbol{n}$：　x　　y　　z

分量 x：$s_{xx}=\sigma_x$　$s_{yx}=\tau_{yx}$　$s_{zx}=\tau_{zx}$

分量 y：$s_{xy}=\tau_{xy}$　$s_{yy}=\sigma_y$　$s_{zy}=\tau_{zy}$

分量 z：$s_{xz}=\tau_{xz}$　$s_{yz}=\tau_{yz}$　$s_{zz}=\sigma_z$

用这 9 个应力分量即可确定包围所考虑点的封闭面上的应力状态。已知这 9 个分量的大小，可对面的任意方向（即对任意单位矢量 $\boldsymbol{n}$）求 $\boldsymbol{s}_n$。考察一已知点包围的很小的体素（图 2.3.1），四面体三面垂直于坐标轴，而第四面垂直于已知单位矢量 $\boldsymbol{n}$。从该体素的平衡条件求得沿 x,y,z 轴的 3 个平衡方程分别为

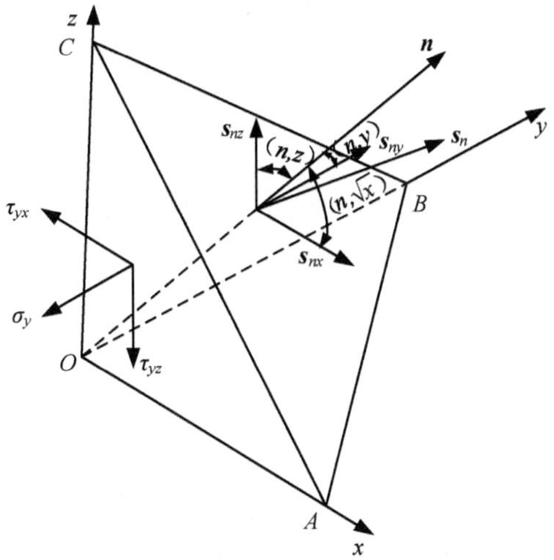

图 2.3.1　体素应力

$$\left.\begin{array}{l} s_{nx}A_{ABC}-\sigma_x A_{OBC}-\tau_{yx}A_{OAC}-\tau_{zx}A_{OAB}=0 \\ s_{ny}A_{ABC}-\tau_{xy}A_{OBC}-\sigma_y A_{OAC}-\tau_{zy}A_{OAB}=0 \\ s_{nz}A_{ABC}-\tau_{xz}A_{OBC}-\tau_{yz}A_{OAC}-\sigma_z A_{OAB}=0 \end{array}\right\} \tag{2.3.3}$$

式中：A_{ABC} 为 $\triangle ABC$ 的面积；A_{OBC} 为 $\triangle OBC$ 的面积，等于 $A_{ABC}\cos(n,x)$；A_{OAC} 为 $\triangle OAC$ 的面积，等于 $A_{ABC}\cos(n,y)$；A_{OAB} 为 $\triangle OAB$ 的面积，等于 $A_{ABC}\cos(n,z)$。

将 A_{OBC}，A_{OAC}，A_{OAB} 代入式(2.3.3)并化简，得到作用于垂直 $\boldsymbol{n}$ 的平面面积上的应力分量分别为

$$\left.\begin{array}{l} s_{nx}=\sigma_x\cos(n,x)+\tau_{yx}\cos(n,y)+\tau_{zx}\cos(n,z) \\ s_{ny}=\tau_{xy}\cos(n,x)+\sigma_y\cos(n,y)+\tau_{zy}\cos(n,z) \\ s_{nz}=\tau_{xz}\cos(n,x)+\tau_{yz}\cos(n,y)+\sigma_z\cos(n,z) \end{array}\right\} \tag{2.3.4}$$

根据作用在图 2.3.1 体素上的应力对三个坐标轴的力矩为 0 的条件，可找到 3 个附加平衡方程，从而得到 3 个已知的关系式

$$\left.\begin{array}{l} \tau_{xy}=\tau_{yx} \\ \tau_{yz}=\tau_{zy} \\ \tau_{zx}=\tau_{xz} \end{array}\right\} \tag{2.3.5}$$

因此，若已知 6 个量 σ_x，σ_y，σ_z 及 τ_{xy}，τ_{yz}，τ_{zx}，则一点的应力状态即已知。

式(2.3.4)的 9 个系数称作张量的一种数学概念，所以一点的应力状态也可用张量 σ_{ij} 表示。由式(2.3.5)可知，张量是对称的。系数 $\sigma_x\cdots$，$\tau_{xy}\cdots$，称为应力张量分量，这些分量的值与选取的坐标系有关。

在张量运算中，常用同一字母表示同一物理量，这一物理量的不同分量则用不同的下标表示。这样，应力张量可表示为

$$\boldsymbol{\sigma}_{ij}=\begin{bmatrix} \sigma_{11} & \sigma_{12} & \sigma_{13} \\ \sigma_{21} & \sigma_{22} & \sigma_{23} \\ \sigma_{31} & \sigma_{32} & \sigma_{33} \end{bmatrix} \tag{2.3.6}$$

或者更明确地用分量矩阵表示为

$$\boldsymbol{\sigma}_{ij}=\begin{bmatrix}\sigma_x\ \tau_{yx}\ \tau_{zx}\\ \tau_{xy}\ \sigma_y\ \tau_{zy}\\ \tau_{xz}\ \tau_{yz}\ \sigma_z\end{bmatrix} \tag{2.3.7}$$

由于应力张量是对称张量，只有 6 个分量是独立的，因此一点的应力状态又常用 1 个列矩阵表示为

$$\boldsymbol{\sigma}=[\sigma_x\quad \sigma_y\quad \sigma_z\quad \tau_{xy}\quad \tau_{yz}\quad \tau_{zx}]^{\mathrm{T}} \tag{2.3.8}$$

或

$$\boldsymbol{\sigma}=[\sigma_{11}\quad \sigma_{22}\quad \sigma_{33}\quad \tau_{12}\quad \tau_{23}\quad \tau_{31}]^{\mathrm{T}} \tag{2.3.9}$$

以上 2 种表示方法，第一种工程表示法为工程师们所熟悉，第二种字母标记法表达简洁，力学工作者常用，且有在工程界普及的趋势。矩阵表示法在计算力学和计算机程序编制中应用最为广泛。

如果一个量是由 9 个标量来确定的，则这个量就是一个二阶张量。一点的应力状态就是一个二阶张量，式(2.3.7)中的每一列表征一个坐标平面内的全部应力，每一行表征一个平行于坐标轴平面上的应力。

应力张量可分为 2 部分：球形张量和偏斜张量。也即一点的应力状态可分为 2 种应力状态：一种是各坐标平面上的正应力相同；另一种是在各坐标平面上有正应力 $\sigma_x-\sigma_0$，$\sigma_y-\sigma_0$，$\sigma_z-\sigma_0$ 及切应力 $\tau_{xy}=\tau_{yx}$，$\tau_{yz}=\tau_{zy}$，$\tau_{zx}=\tau_{xz}$。

$$\begin{bmatrix}\sigma_x & \tau_{yx} & \tau_{zx}\\ \tau_{xy} & \sigma_y & \tau_{zy}\\ \tau_{xz} & \tau_{yz} & \sigma_z\end{bmatrix}=\begin{bmatrix}\sigma_0 & 0 & 0\\ 0 & \sigma_0 & 0\\ 0 & 0 & \sigma_0\end{bmatrix}+\begin{bmatrix}\sigma_x-\sigma_0 & \tau_{yx} & \tau_{zx}\\ \tau_{xy} & \sigma_y-\sigma_0 & \tau_{zy}\\ \tau_{xz} & \tau_{yz} & \sigma_z-\sigma_0\end{bmatrix} \tag{2.3.10}$$

$$\sigma_0=\frac{1}{3}(\sigma_x+\sigma_y+\sigma_z) \tag{2.3.11}$$

式中：σ_0 为 3 个坐标平面上的正应力的平均值。

实质上，偏斜张量对角线上 3 个正应力分量的代数和等于 0。很明显，第一种应力状态(球形张量)本身表示各个方向的拉应力或压应力均相等，静水压力可以作为球形张量的一个范例，其由一个不变量 σ_0 来规定；第二种应力状态(偏斜张量)表示各个方向的拉应力或压应力皆不相等。根据勃里奇曼(P. W. Bridgman)等对金属所做的试验证明：静水应力不影响屈服，即塑性与静水应力无关，而仅与应力偏斜张量有关。因此，在塑性理论中，对应力偏斜张量的研究显得十分重要。另外，应力球形张量只产生弹性的体积改变，而应力偏斜张量只产生形状改变。注意，上述结论对混凝土材料不完全适用。

当由坐标系 x,y,z 变换成坐标系 x',y',z' 时，张量分量的值就改变了。下面仅以 σ'_x 和 $\tau_{x'y'}$ 为例进行这种变换的计算。

首先确定作用在垂直新轴 x' 的平面上的应力分量，假设在式(2.3.4)中 $\boldsymbol{n}$ 符合新轴 x' 方向，得到这些分量为

$$\left.\begin{aligned} s_{x'x} &= \sigma_x \cos(x',x) + \tau_{xy}\cos(x',y) + \tau_{zx}\cos(x',z) \\ s_{x'y} &= \tau_{xy}\cos(x',x) + \sigma_y \cos(x',y) + \tau_{yz}\cos(x',z) \\ s_{x'z} &= \tau_{zx}\cos(x',x) + \tau_{yz}\cos(x',y) + \sigma_z\cos(x',z) \end{aligned}\right\} \tag{2.3.12}$$

这时求分量 $s_{x'x}, s_{x'y}, s_{x'z}$ 沿 x' 轴的总和，得到

$$\sigma'_x = s_{x'x}\cos(x',x) + s_{x'y}\cos(x',y) + s_{x'z}\cos(x',z) \tag{2.3.13}$$

将式(2.3.12)的 $s_{x'x}, s_{x'y}, s_{x'z}$ 代入式(2.3.13)，并利用式(2.3.5)得到

$$\begin{aligned} \sigma'_x = &\sigma_x\cos^2(x',x) + \sigma_y\cos^2(x',y) + \sigma_z\cos^2(x',z) \\ &+ 2\tau_{xy}\cos(x',x)\cos(x',y) + 2\tau_{yz}\cos(x',y)\cos(x',z) \\ &+ 2\tau_{zx}\cos(x',z)\cos(x',x) \end{aligned} \tag{2.3.14}$$

求分量 $s_{x'x}, s_{x'y}, s_{x'z}$ 沿 y' 轴的总和，可得

$$\begin{aligned} \tau_{x'y'} = &\sigma_x\cos(x',x)\cos(y',x) + \sigma_y\cos(x',y)\cos(y',y) \\ &+ \sigma_z\cos(x',z)\cos(y',z) + \tau_{xy}[\cos(x',x)\cos(y',y) \\ &+ \cos(x',y)\cos(y',x)] + \tau_{yz}[\cos(x',y)\cos(y',z) \\ &+ \cos(x',z)\cos(y',y)] + \tau_{zx}[\cos(x',z)\cos(y',x) \\ &+ \cos(x',x)\cos(y',z)] \end{aligned} \tag{2.3.15}$$

对应力张量其他分量的改写方程可用完全相同的方法进行，此处不再赘述。

若某一点微六面体的 9 个应力分量为已知，则可以求出经过该点的任一斜面上的应力。图 2.3.2 表示在 O 点附近取出的一个微六面体，有一任意斜面与六面体的 3 个棱线交于 A,B,C。取 3 个棱边 OA,OB,OC 为坐标轴 x_1,x_2,x_3。若斜面外法线方向为 $\mathbf{N}$，其方向余弦为

$$\begin{aligned} \cos(N,x_1) &= l_1, \\ \cos(N,x_2) &= l_2, \\ \cos(N,x_3) &= l_3 \end{aligned} \tag{2.3.16}$$

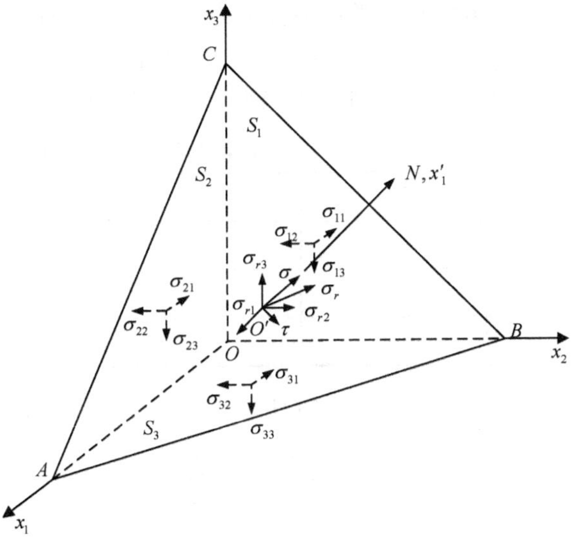

图 2.3.2　斜面上的应力

设斜面三角形△ABC 的面积为 S，则△OBC，△OAC，△OAB 的面积分别为

$$\left.\begin{aligned} S_1 &= S\cos(N,x_1) = Sl_1 \\ S_2 &= S\cos(N,x_2) = Sl_2 \\ S_3 &= S\cos(N,x_3) = Sl_3 \end{aligned}\right\} \tag{2.3.17}$$

设斜面上的总应力为 σ_r，总应力在 3 个坐标轴方向的应力分量为 $\sigma_{r1}, \sigma_{r2}, \sigma_{r3}$。由平衡条件 $\sum X = 0$ 可得

$$\sigma_{r1}S=\sigma_{11}Sl_1+\sigma_{12}Sl_2+\sigma_{13}Sl_3 \tag{2.3.18}$$

即

$$\sigma_{r1}=\sigma_{11}l_1+\sigma_{12}l_2+\sigma_{13}l_3 \tag{2.3.19}$$

同理有

$$\sigma_{r2}=\sigma_{21}l_1+\sigma_{22}l_2+\sigma_{23}l_3 \tag{2.3.20}$$

$$\sigma_{r3}=\sigma_{31}l_1+\sigma_{32}l_2+\sigma_{33}l_3 \tag{2.3.21}$$

写成矩阵形式为

$$\begin{bmatrix}\sigma_{r1}\\ \sigma_{r2}\\ \sigma_{r3}\end{bmatrix}=\begin{bmatrix}\sigma_{11} & \sigma_{12} & \sigma_{13}\\ \sigma_{21} & \sigma_{22} & \sigma_{23}\\ \sigma_{31} & \sigma_{32} & \sigma_{33}\end{bmatrix}\begin{bmatrix}l_1\\ l_2\\ l_3\end{bmatrix} \tag{2.3.22}$$

用字母标号法可写成简洁的形式

$$\sigma_{ri}=\sigma_{ij}l_j \tag{2.3.23}$$

这一公式称为柯西(Cauchy)公式。斜面上的总应力等于3个应力分量之和,即有

$$\sigma_r^2=\sigma_{r1}^2+\sigma_{r2}^2+\sigma_{r3}^2 \tag{2.3.24}$$

通常需要将总应力分解为垂直于斜面的正应力和平行于斜面的剪应力。为此,取斜面中心点O',以过O'点的外法线为坐标轴$O'x'_1$,同时在斜面上取互相垂直的两个坐标轴$O'x'_2$和$O'x'_3$。新坐标系各轴在原坐标系$Ox_1x_2x_3$中的方向余弦共9个,如表2.3.1所示。

表2.3.1　新坐标轴在原坐标系中的方向余弦

坐标系	x_1	x_2	x_3
x'_1	l_{11}	l_{12}	l_{13}
x'_2	l_{21}	l_{22}	l_{23}
x'_3	l_{31}	l_{32}	l_{33}

斜面上的正应力可计算如下:

$$\begin{aligned}\sigma'_{11}&=\sigma_{r1}l_{11}+\sigma_{r2}l_{12}+\sigma_{r3}l_{13}\\ &=\sigma_{11}l_{11}^2+\sigma_{22}l_{12}^2+\sigma_{33}l_{13}^2+2\sigma_{12}l_{11}l_{12}+2\sigma_{23}l_{12}l_{13}+2\sigma_{31}l_{13}l_{11}\end{aligned} \tag{2.3.25}$$

在斜面上沿$O'x'_2$轴和$O'x'_3$轴的剪应力分别为

$$\begin{aligned}\sigma'_{12}&=\sigma_{r1}l_{21}+\sigma_{r2}l_{22}+\sigma_{r3}l_{23}\\ &=\sigma_{11}l_{11}l_{12}+\sigma_{22}l_{12}l_{22}+\sigma_{33}l_{13}l_{23}+\sigma_{12}(l_{11}l_{22}+l_{21}l_{12})\\ &\quad+\sigma_{23}(l_{12}l_{23}+l_{22}l_{13})+\sigma_{31}(l_{13}l_{21}+l_{11}l_{23})\end{aligned} \tag{2.3.26}$$

$$\begin{aligned}\sigma'_{13}&=\sigma_{r1}l_{31}+\sigma_{r2}l_{32}+\sigma_{r3}l_{33}\\ &=\sigma_{11}l_{31}l_{11}+\sigma_{22}l_{32}l_{12}+\sigma_{33}l_{33}l_{13}+\sigma_{12}(l_{31}l_{12}+l_{11}l_{32})\\ &\quad+\sigma_{23}(l_{33}l_{12}+l_{13}l_{32})+\sigma_{31}(l_{33}l_{11}+l_{13}l_{31})\end{aligned} \tag{2.3.27}$$

同理，可以取 $O'x'_2$ 为法线作一斜面，还可取 $O'x'_3$ 为法线作另一斜面，每一个斜面上均可求得一个正应力和两个互相垂直的剪应力。计算公式与上述类似，这里不再一一列出。最后，得到在新坐标系 $O'x'_1x'_2x'_3$ 中同一点的另外 9 个应力分量，这些分量均可由原坐标系中的 9 个应力分量求出，可用下式计算

$$\sigma'_{mn}=\sigma_{ij}l_{mi}l_{nj} \tag{2.3.28}$$

写成矩阵的形式，这一计算式可表达为

$$\begin{bmatrix}\sigma'_{11} & \sigma'_{12} & \sigma'_{13}\\ \sigma'_{21} & \sigma'_{22} & \sigma'_{23}\\ \sigma'_{31} & \sigma'_{32} & \sigma'_{33}\end{bmatrix}=\begin{bmatrix}l_{11} & l_{12} & l_{13}\\ l_{21} & l_{22} & l_{23}\\ l_{31} & l_{32} & l_{33}\end{bmatrix}\begin{bmatrix}\sigma_{11} & \sigma_{12} & \sigma_{13}\\ \sigma_{21} & \sigma_{22} & \sigma_{23}\\ \sigma_{31} & \sigma_{32} & \sigma_{33}\end{bmatrix}\begin{bmatrix}l_{11} & l_{21} & l_{31}\\ l_{12} & l_{22} & l_{32}\\ l_{13} & l_{23} & l_{33}\end{bmatrix} \tag{2.3.29}$$

这就是应力分量的坐标转换公式。由此可见，若某一点的 9 个应力分量为已知，则可以求出任意斜面上的正应力和剪应力，以及以该斜面法线方向为新坐标轴的 9 个应力分量。

第四节 主应力及最大最小应力

一、主应力

为了使应力状态的一些重要特性更明显，根据 $\boldsymbol{n}$ 方向的变化，用图解表示应力矢量 $\boldsymbol{s}_n$ 的法向分量 σ_n 的变化。由式(2.3.14)用 n 代替 x'，得到 σ_n 的表达式

$$\begin{aligned}\sigma_n=&\sigma_x\cos^2(n,x)+\sigma_y\cos^2(n,y)+\sigma_z\cos^2(n,z)\\&+2\tau_{xy}\cos(n,x)\cos(n,y)+2\tau_{yz}\cos(n,y)\cos(n,z)\\&+2\tau_{zx}\cos(n,z)\cos(n,x)\end{aligned} \tag{2.4.1}$$

对每一矢量 $\boldsymbol{n}$ 确定其他具有相同方向而模量等于 $1/\sqrt{|\sigma_n|}$ 的矢量。位于曲面上的矢量端点，其坐标值分别为

$$\left.\begin{aligned}x=\frac{\cos(n,x)}{\sqrt{|\sigma_n|}}\\ y=\frac{\cos(n,y)}{\sqrt{|\sigma_n|}}\\ z=\frac{\cos(n,z)}{\sqrt{|\sigma_n|}}\end{aligned}\right\} \tag{2.4.2}$$

因而曲面的方程式可由式(2.4.1)和式(2.4.2)求得

$$\sigma_x x^2+\sigma_y y^2+\sigma_z z^2+2\tau_{xy}xy+2\tau_{yz}yz+2\tau_{zx}zx=\pm 1 \tag{2.4.3}$$

这是二次曲面方程式，称为应力曲面。从上述建立的规则得出这样的结论，即式(2.4.3)确定同一个曲面，与轴 x,y,z 的方向无关，而式(2.4.3)中的系数则与轴 x,y,z 的方向有关。

从二次曲面的理论已知，总有这样的直角坐标系，使式(2.4.3)左边的双线性项为零，该轴称为应力主轴。垂直该轴的平面称为应力主平面，在主平面内仅作用正应力，称为主应力，用符号 σ_i ($i=1, 2, 3$)表示。利用式(2.3.4)，用 i 代替 n，可求得应力分量

$$\begin{aligned}&\sigma_x \cos(i,x)+\tau_{xy}\cos(i,y)+\tau_{zx}\cos(i,z)=\sigma_i\cos(i,x)\\&\tau_{xy}\cos(i,x)+\sigma_y\cos(i,y)+\tau_{yz}\cos(i,z)=\sigma_i\cos(i,y)\\&\tau_{zx}\cos(i,x)+\tau_{yz}os(i,y)+\sigma_z\cos(i,z)=\sigma_i\cos(i,z)\end{aligned} \tag{2.4.4}$$

移项，合并同类项，得到

$$\left.\begin{aligned}&(\sigma_x-\sigma_i)\cos(i,x)+\tau_{xy}\cos(i,y)+\tau_{zx}\cos(i,z)=0\\&\tau_{xy}\cos(i,x)+(\sigma_y-\sigma_i)\cos(i,y)+\tau_{yz}\cos(i,z)=0\\&\tau_{zx}\cos(i,x)+\tau_{yz}\cos(i,y)+(\sigma_z-\sigma_i)\cos(i,z)=0\end{aligned}\right\} \tag{2.4.5}$$

式(2.4.5)为方向余弦的齐次线性方程。结合已知关系式

$$\cos^2(i,x)+\cos^2(i,y)+\cos^2(i,z)=1 \tag{2.4.6}$$

由此可确定未知的方向余弦。式(2.4.5)明显的解 $\cos(i,x)=\cos(i,y)=\cos(i,z)=0$ 和式(2.4.6)是矛盾的，应予舍弃。不同于上述零解的条件是式(2.4.5)的系数组成的行列式必须等于零，即

$$\begin{aligned}&\begin{vmatrix}\sigma_x-\sigma_i & \tau_{xy} & \tau_{zx}\\ \tau_{xy} & \sigma_y-\sigma_i & \tau_{yz}\\ \tau_{zx} & \tau_{yz} & \sigma_z-\sigma_i\end{vmatrix}=\sigma_i^3-(\sigma_x+\sigma_y+\sigma_z)\sigma_i^2\\&+(\sigma_x\sigma_y+\sigma_y\sigma_z+\sigma_z\sigma_x-\tau_{xy}^2-\tau_{yz}^2-\tau_{zx}^2)\sigma_i-\sigma_x\sigma_y\sigma_z\\&-2\tau_{xy}\tau_{yz}\tau_{zx}+\sigma_x\tau_{yz}^2+\sigma_y\tau_{zx}^2+\sigma_z\tau_{xy}^2=0\end{aligned} \tag{2.4.7}$$

上述三次方程式的三个根即为三个主应力。如果选取主坐标系作为计算体系，则应力张量可写成

$$\sigma_i=\begin{bmatrix}\sigma_1 & 0 & 0\\ 0 & \sigma_2 & 0\\ 0 & 0 & \sigma_3\end{bmatrix} \tag{2.4.8}$$

而式(2.3.4)变成

$$\left.\begin{aligned}s_{n1}&=\sigma_1\cos(n,1)\\ s_{n2}&=\sigma_2\cos(n,2)\\ s_{n3}&=\sigma_3\cos(n,3)\end{aligned}\right\} \tag{2.4.9}$$

式中：角标 1,2,3 表示任意主应力，即不分大小。有时文献中将矢量 $\boldsymbol{n}$ 与坐标轴的夹角方向余弦写成 l,m,n，有时将主应力加角标表示其相对值。此处采用罗马数字

$$\sigma_{\mathrm{I}}\geqslant\sigma_{\mathrm{II}}\geqslant\sigma_{\mathrm{III}} \tag{2.4.10}$$

考虑二次曲面的已知特性，不同位置的截面可能发生的三个正应力中，σ_{I} 的值将为最

大，而 $\sigma_{\rm III}$ 的值为最小。若两个主应力相等，即 $\sigma_1=\sigma_2$，变形曲面成为旋转曲面。在这种情况下，第三个主轴(在此例中为轴 3)将为旋转轴。因此，垂直于轴 3 的所有方向为主方向，而相应主应力等于 $\sigma_1=\sigma_2$ (“圆柱形”应力状态)。若三个主应力彼此相等，即 $\sigma_1=\sigma_2=\sigma_3$，应力曲面变成球形，所有方向都为主方向，应力值都为主应力(“球形”或“静水压”应力状态)。

由图 2.4.1 可见，应力状态的一般情况 ($\sigma_1\neq\sigma_2\neq\sigma_3$) 可表示为作用在无限小的正方形六面体上的正应力，“圆柱形”应力状态可通过作用在无限小的圆柱曲面上的正应力表示，“球形”应力状态则可表示为作用在无限小的球形曲面上的正应力。

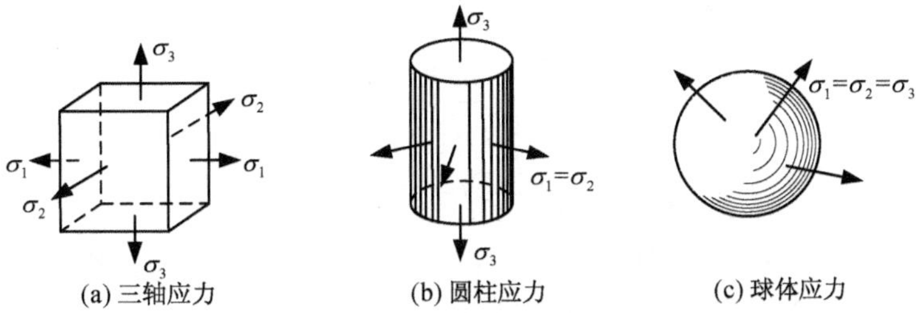

图 2.4.1　典型应力状态

二、应力张量不变量

因为一个固定结构，已知应力状态与选取的直角坐标系无关，从三次方程式(2.4.7)可得到相同的主应力值，即在一定外力作用下，结构内一点的主应力大小与坐标轴的选择无关。这就要求式(2.4.7)中未知数的二次和一次系数以及自由项与坐标系的选择无关。式(2.4.7)可写成

$$\sigma_i^3-I_1\sigma_i^2-I_2\sigma_i-I_3=0 \tag{2.4.11}$$

式中：系数 I_1，I_2 和 I_3 即所谓应力张量不变量，分别为

$$\left.\begin{aligned}I_1&=\sigma_x+\sigma_y+\sigma_z\\I_2&=-(\sigma_x\sigma_y+\sigma_y\sigma_z+\sigma_z\sigma_x-\tau_{xy}^2-\tau_{yz}^2-\tau_{zx}^2)\\I_3&=\sigma_x\sigma_y\sigma_z+2\tau_{xy}\tau_{yz}\tau_{zx}-\sigma_x\tau_{yz}^2-\sigma_y\tau_{zx}^2-\sigma_z\tau_{xy}^2\end{aligned}\right\} \tag{2.4.12}$$

如果选取主坐标系作为计算体系时其值为

$$\left.\begin{aligned}I_1&=\sigma_1+\sigma_2+\sigma_3\\I_2&=-(\sigma_1\sigma_2+\sigma_2\sigma_3+\sigma_3\sigma_1)\\I_3&=\sigma_1\sigma_2\sigma_3\end{aligned}\right\} \tag{2.4.13}$$

引入平均应力

$$\sigma_m=\frac{\sigma_x+\sigma_y+\sigma_z}{3}=\frac{\sigma_1+\sigma_2+\sigma_3}{3} \tag{2.4.14}$$

则第一不变量为

$$I_1 = 3\sigma_m \tag{2.4.15}$$

式(2.4.13)的第一个不变量说明物体内的任意一点，三个互相垂直面上的正应力之和为常数 I_1，并且等于三个主应力之和。

这里有两个特例，一个是单轴应力状态，另一个是平面应力状态。第一种情况是两个主应力为零。如 $\sigma_2 = \sigma_3 = 0$，σ_1 为拉应力或压应力，则应力张量为

$$\begin{Bmatrix} \sigma_1 & 0 & 0 \\ 0 & 0 & 0 \\ 0 & 0 & 0 \end{Bmatrix} = \begin{Bmatrix} \dfrac{\sigma_1}{3} & 0 & 0 \\ 0 & \dfrac{\sigma_1}{3} & 0 \\ 0 & 0 & \dfrac{\sigma_1}{3} \end{Bmatrix} + \begin{Bmatrix} \dfrac{2}{3}\sigma_1 & 0 & 0 \\ 0 & -\dfrac{\sigma_1}{3} & 0 \\ 0 & 0 & -\dfrac{\sigma_1}{3} \end{Bmatrix} \tag{2.4.16}$$

应力张量不变量为：$I_1 = \sigma_1$，$I_2 = I_3 = 0$。

第二种情况，当一个主应力为零时，如 $\sigma_3 = 0$，假定 x,y,z 为直角坐标，其中 z 轴与 σ_3 方向重合，$\sigma_z = \tau_{yz} = \tau_{zx} = 0$，则应力张量为

$$\begin{Bmatrix} \sigma_x & \tau_{xy} & 0 \\ \tau_{xy} & \sigma_y & 0 \\ 0 & 0 & 0 \end{Bmatrix} = \begin{Bmatrix} \dfrac{\sigma_x+\sigma_y}{3} & 0 & 0 \\ 0 & \dfrac{\sigma_x+\sigma_y}{3} & 0 \\ 0 & 0 & \dfrac{\sigma_x+\sigma_y}{3} \end{Bmatrix} + \begin{Bmatrix} \dfrac{2\sigma_x-\sigma_y}{3} & \tau_{xy} & 0 \\ \tau_{xy} & \dfrac{2\sigma_y-\sigma_x}{3} & 0 \\ 0 & 0 & -\dfrac{\sigma_x+\sigma_y}{3} \end{Bmatrix} \tag{2.4.17}$$

为了确定 σ_1 和 σ_2，其方向在 xy 平面内，应力张量不变量可由式(2.4.12)求得

$$\begin{cases} I_1 = \sigma_x + \sigma_y \\ I_2 = \sigma_x\sigma_y - \tau_{xy}^2 \\ I_3 = 0 \end{cases} \tag{2.4.18}$$

将上式代入(2.4.11)，则三次方程式为

$$\sigma^3 - (\sigma_x + \sigma_y)\sigma^2 + (\sigma_x\sigma_y - \tau_{xy}^2)\sigma = 0 \tag{2.4.19}$$

上式除以 σ，得二次方程式

$$\sigma^2 - (\sigma_x + \sigma_y)\sigma + \sigma_x\sigma_y - \tau_{xy}^2 = 0 \tag{2.4.20}$$

解得：

$$\begin{matrix}\sigma_1 \\ \sigma_2\end{matrix} = \frac{\sigma_x + \sigma_y}{2} \pm \sqrt{\left(\frac{\sigma_x - \sigma_y}{2}\right)^2 + \tau_{xy}^2} \tag{2.4.21}$$

式中：$\sigma_1 \geqslant \sigma_2$。

上式有下列几种情况：当 $\sigma_x\sigma_y < \tau_{xy}^2$，两主轴应力异号；当 $\sigma_x\sigma_y > \tau_{xy}^2$，两主轴应力同号；

当 $\sigma_x\sigma_y=\tau_{xy}^2$，则为单轴应力状态。

三、应力偏张量及其不变量

两个张量之和将仍为张量，新的分量可由原两个属于同一坐标系的张量的分量叠加求得，同样也可将一个张量分成两个分张量。在连续介质力学中，可方便地将一个张量分解为两个张量

$$\boldsymbol{\sigma}_{ij}=\sigma_m\boldsymbol{\delta}_{ij}+\boldsymbol{s}_{ij} \tag{2.4.22}$$

$$\sigma_m\boldsymbol{\delta}_{ij}=\begin{bmatrix}\sigma_m & 0 & 0\\ 0 & \sigma_m & 0\\ 0 & 0 & \sigma_m\end{bmatrix} \tag{2.4.23}$$

称为应力球张量，表示有主应力 σ_m 的静水应力状态。式中：当 $i=j,\delta_{ij}=1$；当 $i\neq j,\delta_{ij}=0$。张量 $\boldsymbol{s}_{ij}=\boldsymbol{\sigma}_{ij}-\sigma_m\boldsymbol{\delta}_{ij}$ 称为应力偏张量。在任意坐标轴中，这项张量的矩阵可写成

$$\boldsymbol{s}_{ij}=\begin{bmatrix}s_x & s_{xy} & s_{xz}\\ s_{yx} & s_y & s_{yz}\\ s_{zx} & s_{zy} & s_z\end{bmatrix}=\begin{bmatrix}\sigma_x-\sigma_m & \tau_{xy} & \tau_{xz}\\ \tau_{yx} & \sigma_y-\sigma_m & \tau_{yz}\\ \tau_{zx} & \tau_{zy} & \sigma_z-\sigma_m\end{bmatrix} \tag{2.4.24}$$

在主坐标轴中，矩阵将有下列形式

$$\begin{aligned}\boldsymbol{s}_{ij}&=\begin{bmatrix}s_1 & 0 & 0\\ 0 & s_2 & 0\\ 0 & 0 & s_3\end{bmatrix}=\begin{bmatrix}\sigma_1-\sigma_m & 0 & 0\\ 0 & \sigma_2-\sigma_m & 0\\ 0 & 0 & \sigma_3-\sigma_m\end{bmatrix}\\ &=\begin{bmatrix}\dfrac{2\sigma_1-\sigma_2-\sigma_3}{3} & 0 & 0\\ 0 & \dfrac{2\sigma_2-\sigma_3-\sigma_1}{3} & 0\\ 0 & 0 & \dfrac{2\sigma_3-\sigma_1-\sigma_2}{3}\end{bmatrix}\end{aligned} \tag{2.4.25}$$

相似于式(2.4.12)，求得应力偏张量不变量分别为

$$\begin{aligned}I_1'&=s_x+s_y+s_z=(\sigma_x+\sigma_y+\sigma_z)-3\sigma_m=0\\ I_2'&=-(s_xs_y+s_ys_z+s_zs_x)+s_{xy}^2+s_{yz}^2+s_{zx}^2=-(s_1s_2+s_2s_3+s_3s_1)\\ I_3'&=s_xs_ys_z+2\tau_{xy}\tau_{yz}\tau_{zx}-s_x\tau_{yz}^2-s_y\tau_{zx}^2-s_z\tau_{xy}^2\end{aligned} \tag{2.4.26}$$

在这些不变量中，I_2' 使用最多。故对 I_2' 列出一些不同的表达式。

由于

$$(I_1')^2=(s_x+s_y+s_z)^2=s_x^2+s_y^2+s_z^2+2(s_xs_y+s_ys_z+s_zs_x)=0 \tag{2.4.27}$$

因而有

$$-(s_xs_y+s_ys_z+s_zs_x)=\frac{1}{2}(s_x^2+s_y^2+s_z^2) \tag{2.4.28}$$

代入式(2.4.26),则有

$$I'_2=\frac{1}{2}(s_x^2+s_y^2+s_z^2)+s_{xy}^2+s_{yz}^2+s_{zx}^2=\frac{1}{2}s_{ij}s_{ij}=\frac{1}{2}(s_1^2+s_2^2+s_3^2) \quad (2.4.29)$$

又

$$\begin{aligned} s_x^2+s_y^2+s_z^2 &= \frac{2}{3}(s_x^2+s_y^2+s_z^2)+\frac{1}{3}(s_x^2+s_y^2+s_z^2) \\ &= \frac{2}{3}(s_x^2+s_y^2+s_z^2-s_xs_y-s_ys_z-s_zs_x) \\ &= \frac{1}{3}[(s_x-s_y)^2+(s_y-s_z)^2+(s_z-s_x)^2] \end{aligned} \quad (2.4.30)$$

由此得

$$\begin{aligned} I'_2 &= \frac{1}{6}[(s_x-s_y)^2+(s_y-s_z)^2+(s_z-s_x)^2+6(s_{xy}^2+s_{yz}^2+s_{zx}^2)] \\ &= \frac{1}{6}[(\sigma_x-\sigma_y)^2+(\sigma_y-\sigma_z)^2+(\sigma_z-\sigma_x)^2+6(\tau_{xy}^2+\tau_{yz}^2+\tau_{zx}^2)] \\ &= \frac{1}{6}[(\sigma_1-\sigma_2)^2+(\sigma_2-\sigma_3)^2+(\sigma_3-\sigma_1)^2] \\ &= \frac{1}{3}[\sigma_1^2+\sigma_2^2+\sigma_3^2-\sigma_1\sigma_2-\sigma_2\sigma_3-\sigma_3\sigma_1] \end{aligned} \quad (2.4.31)$$

四、最大最小应力

根据上面的分析,假定构件内某一点的三个主应力 $\sigma_1,\sigma_2,\sigma_3$ 已知,并将三个坐标放在三个应力主轴上,便可得到 $\sigma_1=\sigma_x,\sigma_2=\sigma_y,\sigma_3=\sigma_z,\tau_{xy}=\tau_{yx}=\tau_{xz}=\tau_{zx}=\tau_{yz}=\tau_{zy}=0$。由弹性力学的空间关系知,任一斜面(任意外法线对三个坐标系的方向余弦 l,m,n) 上的正应力为

$$\sigma_n=l^2\sigma_x+m^2\sigma_y+n^2\sigma_z=l^2\sigma_1+m^2\sigma_2+n^2\sigma_3 \quad (2.4.32)$$

其中 $\sigma_1\geqslant\sigma_2,\sigma_2\geqslant\sigma_3,\sigma_1\geqslant\sigma_3$,则上式可改写为

$$\sigma_n=(1-m^2-n^2)\sigma_1+(m^2\sigma_2+n^2\sigma_3) \quad (2.4.33)$$

或者

$$\sigma_n=\sigma_1-m^2(\sigma_1-\sigma_2)-n^2(\sigma_1-\sigma_3) \quad (2.4.34)$$

从而得出 $\sigma_n\leqslant\sigma_1$ 的结论,这说明任何斜面上的正应力都不会大于三个主应力中的最大一个;反之,即可得 $\sigma_n\geqslant\sigma_3$,说明任何斜面上的正应力都不会小于三个主应力中的最小一个。

最大最小剪应力可由图 2.4.2,并结合弹性力学中的一般公式求得。设 $P_{x'},P_{y'},P_{z'}$ 是 P 点的三个主轴;$\sigma_1,\sigma_2,\sigma_3$ 是与主轴相对应的三个主应力,且 $\sigma_1>\sigma_2>\sigma_3$,则总应力及剪应力计算如下:

$$\left.\begin{aligned}\bar{x} &= \sigma_1 l \\ \bar{y} &= \sigma_2 m \\ \bar{z} &= \sigma_3 n\end{aligned}\right\} \tag{2.4.35}$$

总应力：

$$\sigma^2 = \bar{x}^2 + \bar{y}^2 + \bar{z}^2 = \sigma_1^2 l^2 + \sigma_2^2 m^2 + \sigma_3^2 n^2 \tag{2.4.36}$$

法向应力：

$$\sigma_n = \bar{x}l + \bar{y}m + \bar{z}n = \sigma_1 l^2 + \sigma_2 m^2 + \sigma_3 n^2 \tag{2.4.37}$$

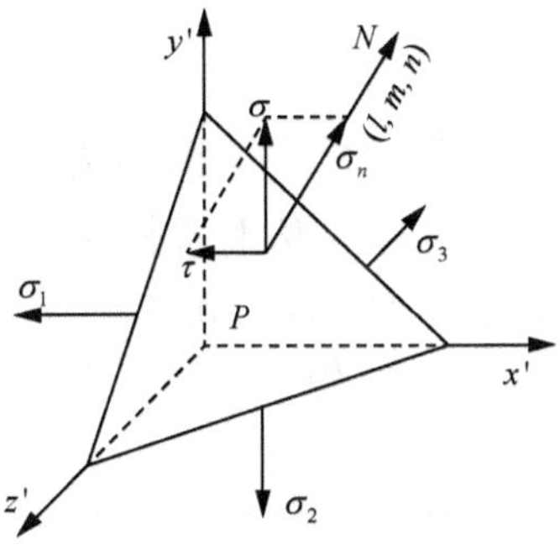

图 2.4.2 最大最小剪应力

剪应力：

$$\tau^2 = \sigma^2 - \sigma_n^2 = \sigma_1^2 l^2 + \sigma_2^2 m^2 + \sigma_3^2 n^2 - (\sigma_1 l^2 + \sigma_2 m^2 + \sigma_3 n^2)^2 \tag{2.4.38}$$

在剪应力二次幂式中，利用方向余弦 $l^2 + m^2 + n^2 = 1$ 的基本关系，消去斜面上的任一方向余弦，如消去 l 则得

$$\begin{aligned}\tau^2 &= \sigma_1^2(1 - m^2 - n^2) + \sigma_2^2 m^2 + \sigma_3^2 n^2 - [\sigma_1(1 - m^2 - n^2) + \sigma_2 m^2 + \sigma_3 n^2]^2 \\ &= (\sigma_2^2 - \sigma_1^2)m^2 + (\sigma_3^2 - \sigma_1^2)n^2 + \sigma_1^2 - [(\sigma_2 - \sigma_1)m^2 - (\sigma_3 - \sigma_1)n^2 + \sigma_1]^2\end{aligned} \tag{2.4.39}$$

令 $\dfrac{\partial}{\partial m}(\tau^2) = 0$，$\dfrac{\partial}{\partial n}(\tau^2) = 0$，得两个剪应力极值条件

$$\left.\begin{aligned}m(\sigma_2 - \sigma_1)\left[(\sigma_2 - \sigma_1)m^2 + (\sigma_3 - \sigma_1)n^2 - \frac{1}{2}(\sigma_2 - \sigma_1)\right] = 0 \\ n(\sigma_3 - \sigma_1)\left[(\sigma_2 - \sigma_1)m^2 + (\sigma_3 - \sigma_1)n^2 - \frac{1}{2}(\sigma_3 - \sigma_1)\right] = 0\end{aligned}\right\} \tag{2.4.40}$$

式(2.4.40)m，n 的解即为最大最小剪应力的外法线余弦。

当 $\sigma_1 = \sigma_2 = \sigma_3$ 时，由式(2.4.38)知各方向的剪应力恒等于零，任何外法线都可当作主轴来考虑。

当 $\sigma_1 = \sigma_2 = \sigma_{23}$ 时，为满足式(2.4.40)，只需考虑

$$\left[(\sigma_{23} - \sigma_1)m^2 + (\sigma_{23} - \sigma_1)n^2 - \frac{1}{2}(\sigma_{23} - \sigma_1)\right] = 0 \tag{2.4.41}$$

或者

$$m^2 + n^2 = \frac{1}{2} \tag{2.4.42}$$

说明 m，n 任意变化时，只要外法线与 $P_x{}'$ 轴成 45°角 ($l^2 = 0.5$)，可得剪应力的极值。于是由式(2.4.38)得

$$\tau^2 = \frac{\sigma_1^2}{2} + \frac{\sigma_{23}^2}{2} - \left(\frac{\sigma_1}{2} + \frac{\sigma_{23}}{2}\right)^2 = \left(\frac{\sigma_1 - \sigma_{23}}{2}\right)^2 \tag{2.4.43}$$

即

$$\tau_{\max}=\pm\frac{\sigma_1-\sigma_{23}}{2} \tag{2.4.44}$$

就一般情况来说，为了满足式(2.4.40)，m,n 还有两种解答，第一种是 $m=0$,$n=0$，$l=\pm1$，这是主轴 $P_{z'}$ 的方向，$\tau=0$；第二种是 $m=0$,$n=\pm1/\sqrt{2}$，或 $n=0$,$m=\pm1/\sqrt{2}$。每组解答都可以由 $l^2+m^2+n^2=1$ 求出 l，并由式(2.4.38)求 τ^2。同法可消去 m 及 n，总共得出 τ^2 为极值时的 6 组解答，如表 2.4.1 所列。

表 2.4.1　最大最小剪应力大小与方向

$l=$	0	0	±1	0	$\pm1/\sqrt{2}$	$\pm1/\sqrt{2}$
$m=$	0	±1	0	$\pm1/\sqrt{2}$	0	$\pm1/\sqrt{2}$
$n=$	±1	0	0	$\pm1/\sqrt{2}$	$\pm1/\sqrt{2}$	0
τ^2	0	0	0	$\left(\frac{\sigma_2-\sigma_3}{2}\right)^2$	$\left(\frac{\sigma_3-\sigma_1}{2}\right)^2$	$\left(\frac{\sigma_1-\sigma_2}{2}\right)^2$
τ	0	0	0	$\pm\left(\frac{\sigma_2-\sigma_3}{2}\right)$	$\pm\left(\frac{\sigma_3-\sigma_1}{2}\right)$	$\pm\left(\frac{\sigma_1-\sigma_2}{2}\right)$

由表 2.4.1 所列数值可知，当外法线与主轴的方向一致时，无剪应力作用；当外法线在一坐标面内平分两主轴间所夹角时，得剪应力极值，其值等于两主轴所对应的主应力差的一半。图 2.4.3 给出了产生最大剪应力时外法线的 12 个方向。

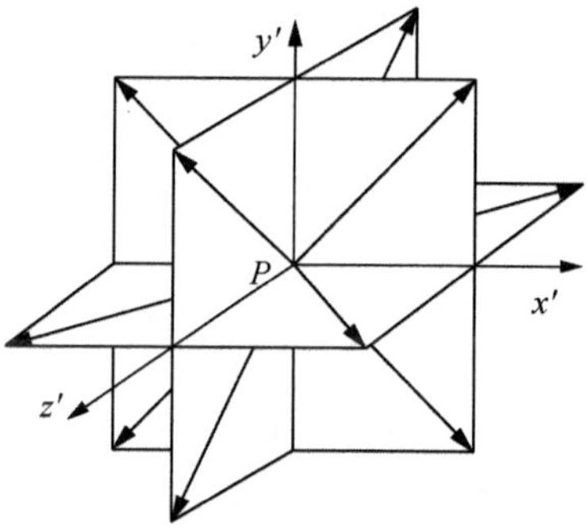

图 2.4.3　最大剪应力外法线方向

五、拉梅(Lamé)应力椭圆

若选取主轴为坐标轴，由式(2.4.35)可得

$$l^2+m^2+n^2=\left(\frac{\bar{x}}{\sigma_1}\right)^2+\left(\frac{\bar{y}}{\sigma_2}\right)^2+\left(\frac{\bar{z}}{\sigma_3}\right)^2=1 \tag{2.4.45}$$

这说明任意一点所有可能的总应力 σ，无论在数值或方向上，都可由这个以 σ_1,σ_2,σ_3 为主半径的椭球曲面来表示，此面称为拉梅应力椭圆或椭球体。如图 2.4.4[6] 所示，在笛卡儿坐标系 $OT_1T_2T_3$ 中，$\overline{OA}=\sigma_1$，$\overline{OB}=\sigma_2$，$\overline{OC}=\sigma_3$，椭球面上一点 P 表示的应力矢量 $\overline{OP}(\sigma_1,\sigma_2,\sigma_3)$ 满足：

$$\left(\frac{T_1}{\sigma_1}\right)^2+\left(\frac{T_2}{\sigma_2}\right)^2+\left(\frac{T_3}{\sigma_3}\right)^2=1 \tag{2.4.46}$$

这个椭球体表示了笛卡儿坐标系 $OT_1T_2T_3$ 中的所有应力矢量大小，同时也反映了前文关于最大最小应力状态的重要结论：任一正应力的绝对值都介于最大主应力 σ_1 和最小主应力 σ_3 之间。

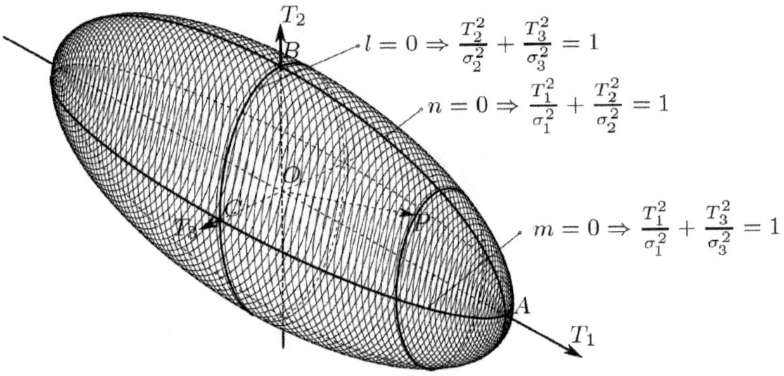

图 2.4.4　拉梅应力椭圆

此外，当两个主应力的绝对值大小相等时，则椭球体关于第三个应力主轴对称；如果三个主应力的绝对值大小相等，该椭球体就变成球体。也即是，在第一种情况下，与第三个应力主轴平行的任意面中的应力 $\vec{T}$ 绝对值大小相等，若这两个主应力符号相同，则对应一个轴对称的应力状态；在第二种情况下（$|\sigma_1|=|\sigma_2|=|\sigma_3|$），任意面中的应力 $\vec{T}$ 绝对值大小相等，若 $\sigma_1=\sigma_2=\sigma_3$，则对应各向同性应力状态。

研究工程结构时，会碰到各种实际应力状态，当然最主要和最方便的还是主应力状态。

(1) 若三个主应力不为零，称为三向应力状态，则式(2.4.11)中不变量 I_3 不为零，空间应力状态的几何模式为三向椭球应力。空间应力状态出现在三维受力的水工结构及互相接触物体的接触应力，如拱坝及坝肩的应力状态等。在三个主应力相同时的特殊情况，椭球应力就变成球形应力。

(2) 若主应力之一为零，则称为平面或二向应力状态。此时，椭球应力表面为椭圆平面(应力椭圆)。因此，平面应力状态之下，所有应力向量都平行于某一平面。必须指出，此时应力不变量 I_3 为零，I_2 不等于零。

式(2.4.11)为

$$\sigma(\sigma^2-I_1\sigma+I_2)=0 \tag{2.4.47}$$

若应力状态的分量，其中两行或两列互相成比例，则应力不变量 I_3 将为零，即

$$I_3=\begin{vmatrix}\sigma_x & \tau_{yx} & \tau_{zx}\\ \tau_{xy} & \sigma_y & \tau_{zy}\\ \tau_{xz} & \tau_{yz} & \sigma_z\end{vmatrix}=\begin{vmatrix}\sigma_x & \alpha\sigma_x & \tau_{zx}\\ \tau_{xy} & \alpha\tau_{xy} & \tau_{zy}\\ \tau_{xz} & \alpha\tau_{xz} & \sigma_z\end{vmatrix}=0 \tag{2.4.48}$$

则所研究的应力状态为平面应力状态，或者说各分量间有附加的比例关系。

直梁受弯、各种罐壁受内压、平面拱圈受力等都是平面应力状态。

如两主应力互等且不等于零，但应力的符号是异号（$\sigma_1>0,\sigma_2=0,\sigma_3<0$），这种平面应力状态称为纯剪。此时，椭圆半轴互等，则椭圆应力变为圆应力，纯剪时 $I_3=0,I_2\neq 0,I_1=0$，直杆的扭转属纯剪应力状态。

(3) 若三个主应力中两个主应力为零，则称单轴应力状态。此时，椭球变成集中的直线段。因此，单轴应力状态时，所有应力向量都平行于某一直线，该直线为一束与应力无关的

平面的轴。

在单轴应力状态下，应力不变量 I_2，I_3 皆为零，则式(2.4.11)变成

$$\sigma^2(\sigma - I_1) = 0 \tag{2.4.49}$$

若分量构成如下的比例，即三行或三列成比例，则应力不变量 I_2 和 I_3 皆为零，表示为单轴应力状态。例如

$$I_3 = \begin{vmatrix} \sigma_x & \tau_{yx} & \tau_{zx} \\ \tau_{xy} & \sigma_y & \tau_{zy} \\ \tau_{xz} & \tau_{yz} & \sigma_z \end{vmatrix} = \begin{vmatrix} 100 & 200 & 300 \\ 200 & 400 & 600 \\ 300 & 600 & 900 \end{vmatrix} = 0 \tag{2.4.50}$$

$$\begin{aligned} I_2 &= \begin{vmatrix} \sigma_x & \tau_{yx} \\ \tau_{xy} & \sigma_y \end{vmatrix} + \begin{vmatrix} \sigma_y & \tau_{zy} \\ \tau_{yz} & \sigma_z \end{vmatrix} + \begin{vmatrix} \sigma_z & \tau_{xz} \\ \tau_{zx} & \sigma_x \end{vmatrix} \\ &= \begin{vmatrix} 100 & 200 \\ 200 & 400 \end{vmatrix} + \begin{vmatrix} 400 & 600 \\ 600 & 900 \end{vmatrix} + \begin{vmatrix} 900 & 300 \\ 300 & 100 \end{vmatrix} \\ &= 0 \end{aligned} \tag{2.4.51}$$

直杆的轴向应力和纯弯曲应力，就属于这种应力状态。

第五节　空间应力状态的莫尔几何表示方法

在前几节中已知应力矢量可用其在直角坐标系中的分量确定。当研究材料超出弹性极限时，可较方便地将应力矢量分解成在单位矢量 $\boldsymbol{n}$ 方向并垂直面素的分量 σ_n 以及作用于面素内的所谓切向分量 τ_n (图 2.5.1)[7]。

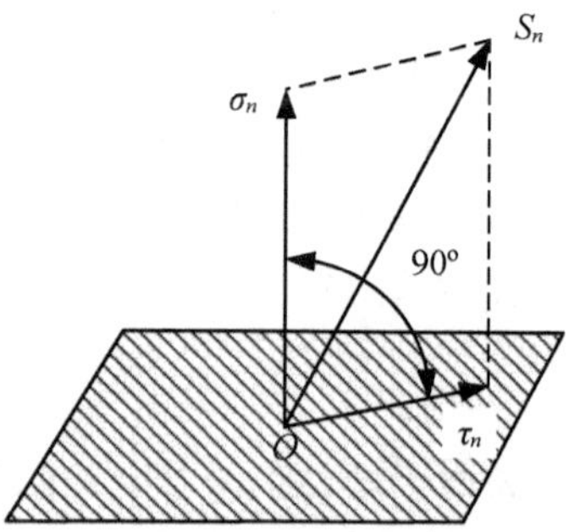

图 2.5.1　面素应力

这两个分量和应力矢量模(或模量) s_n 之间的关系式为

$$s_n^2 = \sigma_n^2 + \tau_n^2 \tag{2.5.1}$$

莫尔应力圆可以给出物体中一点的应力状态的明显几何表示。假定给出应力状态的已知主应力 σ_1，σ_2，σ_3 和主轴方向，如果在式(2.3.14)中 x,y,z 轴和 1,2,3 主轴重合，而 x'轴和 n 方向重合，则得到 σ_n 为

$$\sigma_n = \sigma_1 \cos^2(n,1) + \sigma_2 \cos^2(n,2) + \sigma_3 \cos^2(n,3) \tag{2.5.2}$$

在直角坐标系中，应力矢量 $\boldsymbol{s}$ 的分量按式(2.4.9)表示。因此有

$$s_n^2 = s_{n1}^2 + s_{n2}^2 + s_{n3}^2 = \sigma_1^2 \cos^2(n,1) + \sigma_2^2 \cos^2(n,2) + \sigma_3^2 \cos^2(n,3) \tag{2.5.3}$$

考虑式(2.5.1)，则有

$$\sigma_n^2 + \tau_n^2 = \sigma_1^2 \cos^2(n,1) + \sigma_2^2 \cos^2(n,2) + \sigma_3^2 \cos^2(n,3) \tag{2.5.4}$$

式(2.5.2)、式(2.5.4)、式(2.4.6)一起组成 $\cos^2(n,1)$, $\cos^2(n,2)$, $\cos^2(n,3)$ 的线性齐次方程式组,解得

$$\left.\begin{aligned}\cos^2(n,1)&=\frac{\sigma_n^2+\tau_n^2-\sigma_n(\sigma_2+\sigma_3)+\sigma_2\sigma_3}{(\sigma_2-\sigma_1)(\sigma_3-\sigma_1)}\\ \cos^2(n,2)&=\frac{\sigma_n^2+\tau_n^2-\sigma_n(\sigma_3+\sigma_1)+\sigma_3\sigma_1}{(\sigma_3-\sigma_2)(\sigma_1-\sigma_2)}\\ \cos^2(n,3)&=\frac{\sigma_n^2+\tau_n^2-\sigma_n(\sigma_1+\sigma_2)+\sigma_1\sigma_2}{(\sigma_1-\sigma_3)(\sigma_2-\sigma_3)}\end{aligned}\right\} \tag{2.5.5}$$

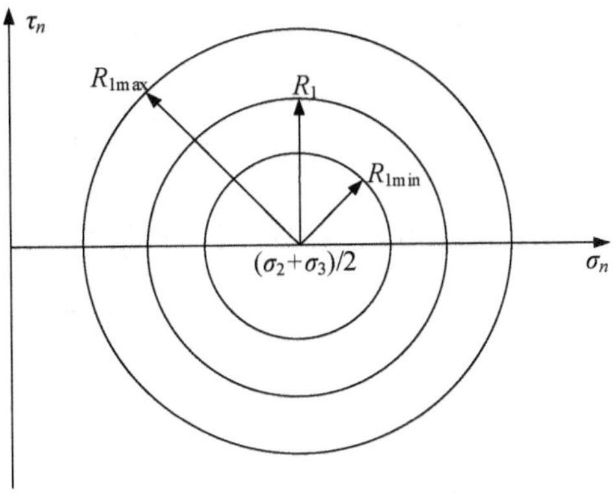

图 2.5.2 图解法求应力状态

这些方程式可以改写为

$$\left.\begin{aligned}\left(\frac{\sigma_2+\sigma_3}{2}\right)^2+(\sigma_2-\sigma_1)(\sigma_3-\sigma_1)\cos^2(n,1)-\sigma_2\sigma_3&=\tau_n^2+\left(\sigma_n-\frac{\sigma_2+\sigma_3}{2}\right)^2\\ \left(\frac{\sigma_3+\sigma_1}{2}\right)^2+(\sigma_3-\sigma_2)(\sigma_1-\sigma_2)\cos^2(n,2)-\sigma_3\sigma_1&=\tau_n^2+\left(\sigma_n-\frac{\sigma_3+\sigma_1}{2}\right)^2\\ \left(\frac{\sigma_1+\sigma_2}{2}\right)^2+(\sigma_1-\sigma_3)(\sigma_2-\sigma_3)\cos^2(n,3)-\sigma_1\sigma_2&=\tau_n^2+\left(\sigma_n-\frac{\sigma_1+\sigma_2}{2}\right)^2\end{aligned}\right\} \tag{2.5.6}$$

上列方程式分别根据已知值$(n,1)$、$(n,2)$及$(n,3)$确定点(σ_n,τ_n)的几何位置。如果利用三个角度$(n,1)$、$(n,2)$及$(n,3)$给出面素的位置,则相应分量σ_n及τ_n可以作为代表式(2.5.6)的三个圆的交点坐标,并可利用图解法找出。例如已知任意角度$(n,1)$,得到中心在σ_n轴、距坐标原点距离$\frac{\sigma_2+\sigma_3}{2}$的圆(图 2.5.2)的方程式。

圆的半径为

$$R_1=\sqrt{\left(\frac{\sigma_2+\sigma_3}{2}\right)^2+(\sigma_2-\sigma_1)(\sigma_3-\sigma_1)\cos^2(n,1)-\sigma_2\sigma_3} \tag{2.5.7}$$

改变角度$(n,1)$的值,得到不同半径的一族同心圆。在角度$(n,1)=0$和$(n,1)=90^\circ$时,相应有最大半径和最小半径为

$$R_{1\max}=\sigma_1-\frac{\sigma_2+\sigma_3}{2},\quad R_{1\min}=\frac{\sigma_2-\sigma_3}{2} \tag{2.5.8}$$

对角度$(n,2)$,$(n,3)$为常数值时的圆,有着相似的关系。

当绘制三族圆时,应考虑三个主应力的相对值。在图 2.5.3 中,按照前述规则,记为$\sigma_{\mathrm{I}}>\sigma_{\mathrm{II}}>\sigma_{\mathrm{III}}$。由图 2.5.3 可见,表示可能的一对值$(\sigma_n,\tau_n)$的所有点都位于所谓“主圆”限制的有阴影线的曲线三角形内,这可由式(2.5.5)改写成的下列公式来阐明。

$$\cos^2(n,\mathrm{I})=\frac{(\sigma_n-\sigma_{\mathrm{II}})(\sigma_n-\sigma_{\mathrm{III}})+\tau_n^2}{(\sigma_{\mathrm{I}}-\sigma_{\mathrm{II}})(\sigma_{\mathrm{I}}-\sigma_{\mathrm{III}})}$$

$$\cos^2(n,\mathrm{II})=\frac{(\sigma_n-\sigma_{\mathrm{III}})(\sigma_n-\sigma_{\mathrm{I}})+\tau_n^2}{(\sigma_{\mathrm{II}}-\sigma_{\mathrm{III}})(\sigma_{\mathrm{II}}-\sigma_{\mathrm{I}})}$$

$$\cos^2(n,\mathrm{III})=\frac{(\sigma_n-\sigma_{\mathrm{I}})(\sigma_n-\sigma_{\mathrm{II}})+\tau_n^2}{(\sigma_{\mathrm{III}}-\sigma_{\mathrm{I}})(\sigma_{\mathrm{III}}-\sigma_{\mathrm{II}})} \tag{2.5.9}$$

上式左边始终为正值，而 $\sigma_{\mathrm{I}}\geqslant\sigma_{\mathrm{II}}\geqslant\sigma_{\mathrm{III}}$，所以应满足下列不等式

$$\begin{aligned}&(\sigma_n-\sigma_{\mathrm{II}})(\sigma_n-\sigma_{\mathrm{III}})+\tau_n^2\geqslant 0\\&(\sigma_n-\sigma_{\mathrm{III}})(\sigma_n-\sigma_{\mathrm{I}})+\tau_n^2\leqslant 0\\&(\sigma_n-\sigma_{\mathrm{I}})(\sigma_n-\sigma_{\mathrm{II}})+\tau_n^2\geqslant 0\end{aligned} \tag{2.5.10}$$

经过简单变换后可改写成

$$\begin{aligned}&\left[\sigma_n-\frac{1}{2}(\sigma_{\mathrm{II}}+\sigma_{\mathrm{III}})\right]^2+\tau_n^2\geqslant\frac{1}{4}(\sigma_{\mathrm{II}}-\sigma_{\mathrm{III}})^2\\&\left[\sigma_n-\frac{1}{2}(\sigma_{\mathrm{I}}+\sigma_{\mathrm{III}})\right]^2+\tau_n^2\leqslant\frac{1}{4}(\sigma_{\mathrm{I}}-\sigma_{\mathrm{III}})^2\\&\left[\sigma_n-\frac{1}{2}(\sigma_{\mathrm{I}}+\sigma_{\mathrm{II}})\right]^2+\tau_n^2\geqslant\frac{1}{4}(\sigma_{\mathrm{I}}-\sigma_{\mathrm{II}})^2\end{aligned} \tag{2.5.11}$$

可见，用坐标 σ_n 和 $|\tau_n|$ 所确定的，并表示在所考虑面素上应力矢量的一切点，均位于图 2.5.3 中所示的阴影线三角形内。

切应力 τ_n 具有三个相对最大值，即所谓主切应力

$$\left.\begin{aligned}\tau_1&=\frac{\sigma_{\mathrm{II}}-\sigma_{\mathrm{III}}}{2}\\\tau_2&=\frac{\sigma_{\mathrm{I}}-\sigma_{\mathrm{III}}}{2}\\\tau_3&=\frac{\sigma_{\mathrm{I}}-\sigma_{\mathrm{II}}}{2}\end{aligned}\right\} \tag{2.5.12}$$

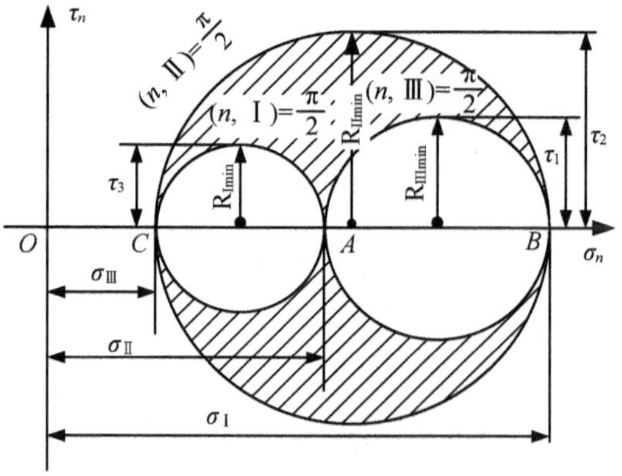

图 2.5.3 莫尔应力平面

显然，$\tau_2=\tau_{\max}$ 为绝对最大，作用在具有 (n,I)，$(n,\mathrm{III})=\dfrac{\pi}{4}$ 和 $(n,\mathrm{II})=\dfrac{\pi}{2}$ 截面上（图 2.5.4）。

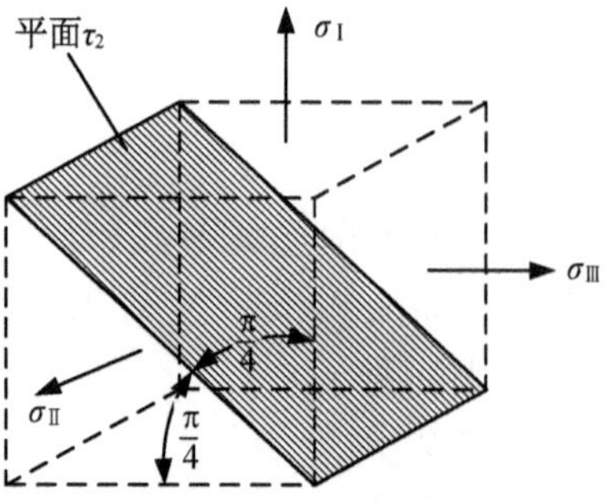

图 2.5.4 主切应力

在图 2.5.5 所示的八分之一球形体素给出有常数值 (n,I)，(n,II) 及 (n,III) 并通过所考虑面素的圆弧，在图 2.5.6 中将这些圆弧绘于莫尔圆内（在图 2.5.5 及图 2.5.6 中，彼此相应的点用相同符号注出）。

应力球张量在莫尔圆上可用沿 σ_n 轴、距坐标原点距离 σ_m 的一点（半径为零）绘出。

应力偏张量的表示可从已知应力张量的表示中得

出，即切应力 τ_n 轴自坐标原点向右平移一距离 σ_m（图 2.5.7），这相当于在原有的应力状态上叠加一静水压力，已知这个叠加并不影响屈服和塑性变形，因此 τ 轴的移动与塑性变形无关，起决定作用的是应力圆本身。

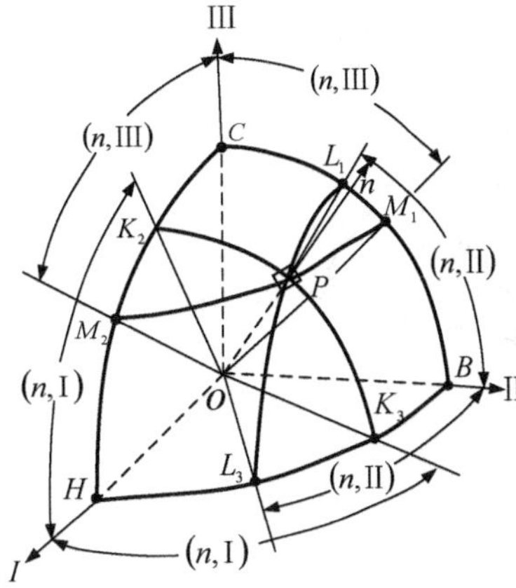

图 2.5.5 三赤道等分图

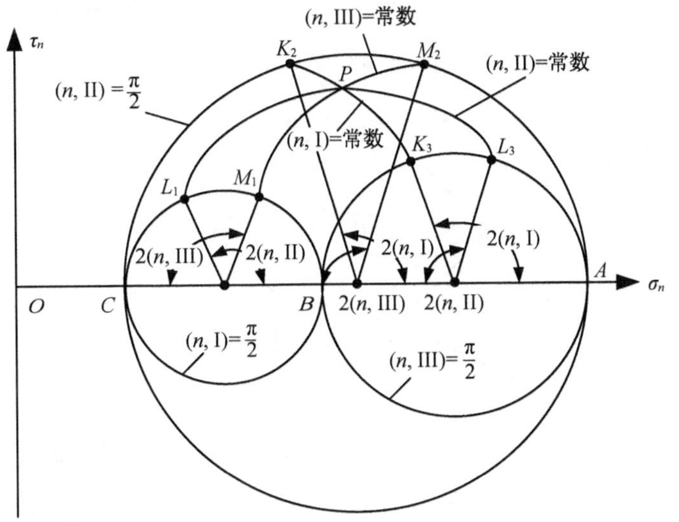

图 2.5.6 莫尔应力圆

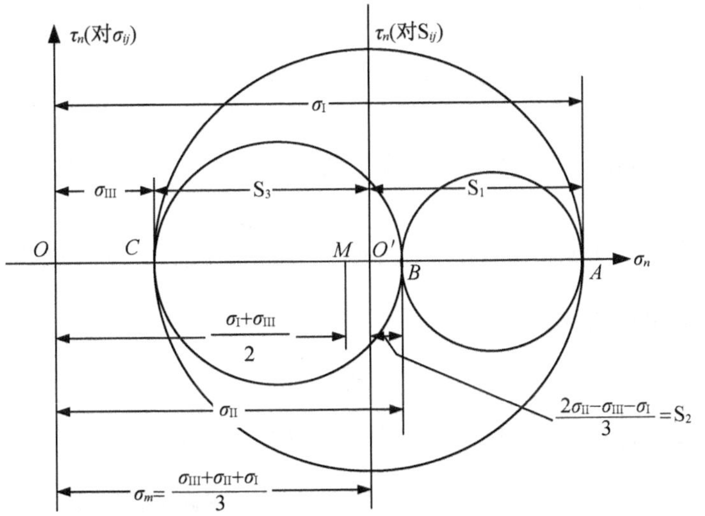

图 2.5.7 应力偏张量的莫尔圆表示

第六节 八面体正应力和剪应力

在研究塑性假定时，最大剪应力和八面体上的剪应力都是很主要的。如图 2.6.1 所示，八面体即由 6 个顶点与 8 个正三角形构成的棱锥体，有 8 个面，每个面都是一个等边三角形。正如立方体一样，八面体的这 8 个面均为全等的正多边形。图 2.6.1 中，这 8 个面通过所交点并与该点主平面成等倾角，确定八面体剪应力的线性关系及大小是很有用的。研究塑性性能的应力状态时，经常利用可能减少一定量的参数的方法来处理，如利用应力强度不变量等。利用八面体应力，也是为了这一目的，它与应力张量不变量有密切的关系。

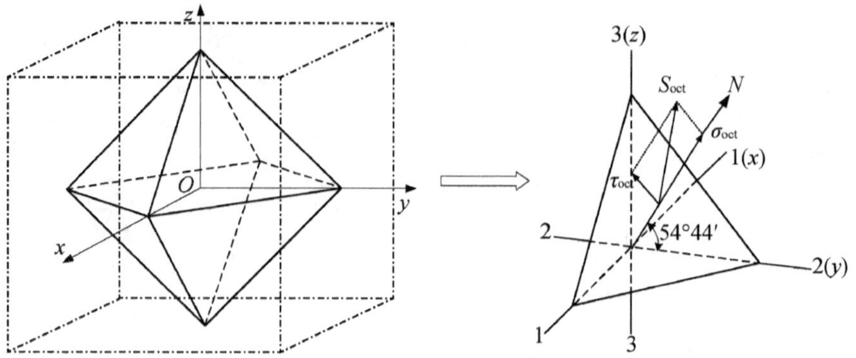

图 2.6.1　八面体及其上的剪应力

如图 2.6.1 所示，某外法线方向 N 与三个主轴成等角，即

$$(n,1)=(n,2)=(n,3)=54°44' \tag{2.6.1}$$

于是，三个方向余弦

$$l_{\text{oct}}=m_{\text{oct}}=n_{\text{oct}}=\frac{1}{\sqrt{3}} \tag{2.6.2}$$

由式(2.4.37)知，作用在八面体每个面上的法向应力(即平均应力 σ_{oct})为

$$\sigma_{\text{oct}}=\sigma_1 l_{\text{oct}}^2+\sigma_2 m_{\text{oct}}^2+\sigma_3 n_{\text{oct}}^2=\frac{\sigma_1+\sigma_2+\sigma_3}{3}=\frac{1}{3}I_1=\sigma_m \tag{2.6.3}$$

八面体总应力可由图 2.6.1 求出

$$s_{\text{oct}}^2=\sigma_{\text{oct}}^2+\tau_{\text{oct}}^2 \tag{2.6.4}$$

s_{oct} 为八面体应力向量的大小，由式(2.4.36)决定

$$s_{\text{oct}}=\sqrt{\sigma_1^2 l_{\text{oct}}^2+\sigma_2^2 m_{\text{oct}}^2+\sigma_3^2 n_{\text{oct}}^2}=\frac{\sqrt{\sigma_1^2+\sigma_2^2+\sigma_3^2}}{\sqrt{3}} \tag{2.6.5}$$

所以

$$\tau_{\text{oct}}^2=s_{\text{oct}}^2-\sigma_{\text{oct}}^2=l^2\sigma_1^2+m^2\sigma_2^2+n^2\sigma_3^2-\sigma_{\text{oct}}^2=\frac{1}{3}\underbrace{(\sigma_1^2+\sigma_2^2+\sigma_3^2)}_{I_1^2-2I_2}-\frac{I_1^2}{9}=\frac{2}{9}(I_1^2-3I_2) \tag{2.6.6}$$

在直角坐标系中，

$$
\begin{aligned}
\tau_{\text{oct}} &= \frac{\sqrt{2}}{3}\sqrt{I_1^2 - 3I_2} \\
&= \frac{\sqrt{2}}{3}\sqrt{(\sigma_x+\sigma_y+\sigma_z)^2 - 3(\sigma_x\sigma_y+\sigma_y\sigma_z+\sigma_z\sigma_x-\tau_{xy}^2-\tau_{yz}^2-\tau_{zx}^2)} \\
&= \frac{1}{3}\sqrt{(\sigma_x-\sigma_y)^2+(\sigma_y-\sigma_z)^2+(\sigma_z-\sigma_x)^2+6(\tau_{xy}^2+\tau_{yz}^2+\tau_{zx}^2)}
\end{aligned}
\tag{2.6.7}
$$

另外，应力偏张量第二不变量与应力张量第一和第二不变量存在如下关系：

$$
\begin{aligned}
I_2' &= \begin{vmatrix} \sigma_x-\sigma_m & \tau_{xy} \\ \tau_{xy} & \sigma_y-\sigma_m \end{vmatrix} + \begin{vmatrix} \sigma_y-\sigma_m & \tau_{yz} \\ \tau_{yz} & \sigma_z-\sigma_m \end{vmatrix} + \begin{vmatrix} \sigma_x-\sigma_m & \tau_{xz} \\ \tau_{xz} & \sigma_z-\sigma_m \end{vmatrix} \\
&= \begin{vmatrix} \sigma_x & \tau_{xy} \\ \tau_{xy} & \sigma_y \end{vmatrix} + \begin{vmatrix} \sigma_y & \tau_{yz} \\ \tau_{yz} & \sigma_z \end{vmatrix} + \begin{vmatrix} \sigma_x & \tau_{xz} \\ \tau_{xz} & \sigma_z \end{vmatrix} \\
&\quad + \underbrace{\sigma_m^2-(\sigma_x+\sigma_y)\sigma_m+\sigma_m^2-(\sigma_y+\sigma_z)\sigma_m+\sigma_m^2-(\sigma_x+\sigma_z)\sigma_m}_{-3\sigma_m^2}
\end{aligned}
\tag{2.6.8}
$$

$$
\Rightarrow I_2' = I_2 - \frac{I_1^2}{3} \Leftrightarrow I_1^2 - 3I_2 = -3I_2'
$$

代入式(2.6.6)可得

$$
\tau_{\text{oct}}^2 = -\frac{2}{3}I_2' \tag{2.6.9}
$$

可见，实际应用中，应力偏张量第二不变量 I_2' 通常取为负值。可以证明：$1 \leqslant \sqrt{3/2}\,\tau_{\text{oct}}/\tau_{\max} \leqslant 2/\sqrt{3}$。

同样，应力偏张量第三不变量 I_3' 也可用应力张量不变量表示为

$$
\begin{aligned}
I_3' &= \begin{vmatrix} \sigma_x-\sigma_m & \tau_{xy} & \tau_{xz} \\ \tau_{xy} & \sigma_y-\sigma_m & \tau_{yz} \\ \tau_{xz} & \tau_{yz} & \sigma_z-\sigma_m \end{vmatrix} = \begin{vmatrix} \sigma_x & \tau_{xy} & \tau_{xz} \\ \tau_{xy} & \sigma_y & \tau_{yz} \\ \tau_{xz} & \tau_{yz} & \sigma_z \end{vmatrix} \\
&\quad - \underbrace{(\sigma_y\sigma_z+\sigma_x\sigma_y+\sigma_x\sigma_z-\tau_{xy}^2-\tau_{yz}^2-\tau_{zx}^2)}_{I_2}\sigma_m + \underbrace{(\sigma_x+\sigma_y+\sigma_z)}_{3\sigma_m}\sigma_m^2 - \sigma_m^3 \\
&= I_3 - I_2\sigma_m + 2\sigma_m^3 = I_3 - \frac{1}{3}I_1I_2 + \frac{2}{27}I_1^3
\end{aligned}
\tag{2.6.10}
$$

由上述分析，八面体上每个面的应力可分解为两部分，一部分为与应力球形张量有关的正应力；另一部分为与应力偏斜张量第二不变量有关的剪应力，并且它们都可用应力不变量表示，所以它们本身也可看作为不变量，便于应用。

另一个应力状态不变参数也常被使用，称为有效应力或应力强度

$$
\begin{aligned}
\sigma_{\text{eff}} &= \frac{3}{\sqrt{2}}\tau_{\text{oct}} = \frac{\sqrt{2}}{2}\sqrt{(\sigma_1-\sigma_2)^2+(\sigma_2-\sigma_3)^2+(\sigma_3-\sigma_1)^2} \\
&= \sqrt{I_1^2-3I_2} = \sqrt{-3I_2'}
\end{aligned}
\tag{2.6.11}
$$

有效应力不但与坐标轴方向无关，而且还与应力球形张量无关，各正应力增加或减少一个平均应力，有效应力的数值显然不变。有效应力不像八面体应力，它在规定的平面上是看不见的，在单轴应力作用下，即 $\sigma_1 \neq 0, \sigma_2 = \sigma_3 = 0$，它是有用的，如在简单拉伸时，$\sigma_{\text{eff}} = \sigma_1$。

此外，式(2.6.3)、式(2.6.5)、式(2.6.6)可用于求物体内一点的两种应力状态，线性应力状态和纯剪应力状态，还可用来求八面体剪应力与最大剪应力之比。

在线性应力状态(拉伸)时，$\sigma_1 > 0, \sigma_2 = \sigma_3 = 0$，则

$$s_{\text{oct}} = \frac{\sqrt{3}}{3}\sigma_1, \sigma_{\text{oct}} = \sigma_0 = \frac{1}{3}\sigma_1 \tag{2.6.12}$$

$$\tau_{\text{oct}} = \frac{\sqrt{2}}{3}\sigma_1 = 0.471\sigma_1 \tag{2.6.13}$$

线性应力状态下，最大剪应力

$$\tau_{\max} = \frac{1}{2}\sigma_1 \tag{2.6.14}$$

故

$$\frac{\tau_{\text{oct}}}{\tau_{\max}} = 0.942 \tag{2.6.15}$$

当为纯剪(多为平面应力状态)时，$\sigma_1 > 0, \sigma_2 = 0, \sigma_3 = -\sigma_1$，则

$$s_{\text{oct}} = \frac{\sqrt{6}}{3}\sigma_1, \sigma_{\text{oct}} = 0, \tau_{\text{oct}} = \frac{\sqrt{6}}{3}\sigma_1 = 0.817\sigma_1 \tag{2.6.16}$$

纯剪时的最大剪应力为

$$\tau_{\max} = \sigma_1 \tag{2.6.17}$$

故

$$\frac{\tau_{\text{oct}}}{\tau_{\max}} = 0.817 \tag{2.6.18}$$

由上述可知，所有八面体剪应力与最大剪应力之比在下述范围之内。

$$0.817 \leqslant \frac{\tau_{\text{oct}}}{\tau_{\max}} \leqslant 0.942 \tag{2.6.19}$$

平均剪应力 τ_m 与主应力关系为

$$\tau_m^2 = \frac{1}{15}[(\sigma_1 - \sigma_2)^2 + (\sigma_2 - \sigma_3)^2 + (\sigma_3 - \sigma_1)^2] \tag{2.6.20}$$

当单轴应力时，$\sigma_1 > 0$(拉)，$\sigma_2 = \sigma_3 = 0$，则平均剪应力

$$\tau_m = \frac{\sqrt{30}}{15}\sigma_1 = 0.365\sigma_1 \tag{2.6.21}$$

最大剪应力 $\tau_{\max} = \frac{1}{2}\sigma_1$，故 $\frac{\tau_m}{\tau_{\max}} = 0.730$。

纯剪时，$\sigma_1>0,\sigma_2=0,\sigma_3=-\sigma_1$，则

$$\tau_m=\frac{\sqrt{10}}{5}\sigma_1=0.632\sigma_1,\tau_{\max}=\sigma_1 \tag{2.6.22}$$

其比值 $\frac{\tau_m}{\tau_{\max}}=0.632$。

可以说，在各种应力状态下，平均剪应力和最大剪应力之比为

$$0.632\leqslant\frac{\tau_m}{\tau_{\max}}\leqslant 0.730 \tag{2.6.23}$$

按上述方法，$\tau_m=\frac{3}{\sqrt{15}}\tau_{\text{oct}},\sigma_m=\sigma_{\text{oct}}$。

上述诸应力之间关系的研究，在强度理论中将会用到。

八面体正应力 σ_{oct} 与八面体平面垂直，与三个主轴的方向余弦皆为 $1/\sqrt{3}$，八面体上在三个坐标轴方向上的三个应力分量

$$\bar{x}_{\text{oct}}=\frac{\sigma_1}{\sqrt{3}},\bar{y}_{\text{oct}}=\frac{\sigma_2}{\sqrt{3}},\bar{z}_{\text{oct}}=\frac{\sigma_3}{\sqrt{3}} \tag{2.6.24}$$

八面体总应力 s_{oct} 的方向余弦可由下式求得

$$\left.\begin{aligned} l_s&=\frac{\bar{x}_{\text{oct}}}{s_{\text{oct}}}=\frac{\sigma_1}{\sqrt{\sigma_1^2+\sigma_2^2+\sigma_3^2}}\\ m_s&=\frac{\bar{y}_{\text{oct}}}{s_{\text{oct}}}=\frac{\sigma_2}{\sqrt{\sigma_1^2+\sigma_2^2+\sigma_3^2}}\\ n_s&=\frac{\bar{z}_{\text{oct}}}{s_{\text{oct}}}=\frac{\sigma_3}{\sqrt{\sigma_1^2+\sigma_2^2+\sigma_3^2}}\end{aligned}\right\} \tag{2.6.25}$$

八面体剪应力 τ_{oct} 的方向余弦可由下面方法求得。

经过八面体线性正应力 σ_{oct} 及总应力 s_{oct} 的平面方程为

$$(m_{\text{oct}}n_s-m_sn_{\text{oct}})x+(n_{\text{oct}}l_s-n_sl_{\text{oct}})y+(l_{\text{oct}}m_s-l_sm_{\text{oct}})z=0 \tag{2.6.26}$$

将式(2.6.25)及式(2.6.2)代入后，可得

$$(\sigma_3-\sigma_2)x+(\sigma_1-\sigma_3)y+(\sigma_2-\sigma_1)z=0 \tag{2.6.27}$$

通过初始坐标的八面体平面的方程为

$$l_{\text{oct}}x+m_{\text{oct}}y+n_{\text{oct}}z=0 \tag{2.6.28}$$

或者

$$x+y+z=0 \tag{2.6.29}$$

由式(2.6.27)及式(2.6.29)确定的二平面的交线，就是八面体剪应力 τ_{oct} 作用线，该作用线的方程式为

$$\frac{x}{a} = \frac{y}{b} = \frac{z}{c} \tag{2.6.30}$$

式中：

$$\left.\begin{aligned} a &= (\sigma_2 - \sigma_1) - (\sigma_1 - \sigma_3) \\ b &= (\sigma_3 - \sigma_2) - (\sigma_2 - \sigma_1) \\ c &= (\sigma_1 - \sigma_3) - (\sigma_3 - \sigma_2) \end{aligned}\right\} \tag{2.6.31}$$

该直线的方向余弦，可由式(2.6.30)求得

$$l = \frac{a}{\sqrt{a^2 + b^2 + c^2}} \tag{2.6.32}$$

$$m = \frac{b}{\sqrt{a^2 + b^2 + c^2}} \tag{2.6.33}$$

$$n = \frac{c}{\sqrt{a^2 + b^2 + c^2}} \tag{2.6.34}$$

l,m,n 即八面体剪应力的方向余弦，如将式(2.6.31)代入，则得

$$l = \frac{(\sigma_3 - \sigma_1) - (\sigma_1 - \sigma_2)}{\sqrt{3[(\sigma_1 - \sigma_2)^2 + (\sigma_2 - \sigma_3)^2 + (\sigma_3 - \sigma_1)^2]}} \tag{2.6.35}$$

$$m = \frac{(\sigma_1 - \sigma_2) - (\sigma_2 - \sigma_3)}{\sqrt{3[(\sigma_1 - \sigma_2)^2 + (\sigma_2 - \sigma_3)^2 + (\sigma_3 - \sigma_1)^2]}} \tag{2.6.36}$$

$$n = \frac{(\sigma_2 - \sigma_3) - (\sigma_3 - \sigma_1)}{\sqrt{3[(\sigma_1 - \sigma_2)^2 + (\sigma_2 - \sigma_3)^2 + (\sigma_3 - \sigma_1)^2]}} \tag{2.6.37}$$

对于平面应力的纯剪情况，即 $\sigma_1 > 0, \sigma_2 = 0, \sigma_3 = -\sigma_1$，有

$$l = -\frac{1}{\sqrt{2}}, m = 0, n = \frac{1}{\sqrt{2}} \tag{2.6.38}$$

这样，八面体剪应力在线性纯剪时，与 y 轴垂直，并平分 x,z 的夹角，即平分主应力 σ_1 与 σ_3 的夹角。

第七节　应变张量及主应变

一、应变张量

1. 基本概念

位移就是位置的移动。物体内任意一点的位移，用它在 x,y,z 三轴上的投影 u,v,w 来表示，以沿坐标轴正方向的为正，沿坐标轴负方向的为负。这三个投影称为该点的位移分

量。位移及其分量的量纲是[长度]。一般而论，弹性体内任意一点的体力分量、面力分量、应力分量、应变分量和位移分量，都是随着该点的位置而变化的，因而都是位置坐标的函数。在弹性力学的问题里，通常是已知物体的几何形状和大小(即已知物体的边界)，已知物体的弹性常数，物体所受的体力，物体边界上的约束情况或面力，需要求解应力分量、应变分量和位移分量。通常，受力物体内各点处的变形是不均匀的，为了说明受力物体内各点处的变形程度，还需引入应变的概念。

应变用来描述物体各部分线段长度的改变及两线段夹角的改变。为了分析物体在某一点的应变状态，在这一点沿着坐标轴 x,y,z 的正方向取 3 个微小的线段。物体变形后，这 3 个线段的长度以及它们之间的直角一般都将有所改变。各线段每单位长度的伸缩，即单位伸缩或相对伸缩，称为正应变；两线段之间的直角的改变，用弧度表示，称为剪应变。正应变用字母 ε 表示，如 ε_x 表示 x 方向的正应变，其余类推。正应变以伸长时为正、缩短时为负，与正应力的正负号规定相适应。剪应变用字母 γ 表示，如 γ_{yz} 表示 y 与 z 两方向线段的直角的改变，其余类推。剪应变以直角变小时为正、变大时为负，与剪应力的正负号规定相适应。正应变和剪应变都是无量纲的。在物体的任意一点，如果已知 6 个应变分量 $\varepsilon_x,\varepsilon_y,\varepsilon_z,\gamma_{yz},\gamma_{zx},\gamma_{xy}$，就可以求得经过该点的任一线段的正应变，也可以求得经过该点的任意两个线段之间的角度的改变。因此，这 6 个应变分量，就可以完全确定该点的应变状态。

设想在物体内一点 A 处取出一微小的长方体，它在 xy 平面内的边长为 Δx 和 Δy，如图 2.7.1 所示(图中未画出厚度)。物体受力后，A 点位移至 A' 点，且长方体的尺寸和形状都发生了改变，如边长 Δx 和 Δy 变为 $\Delta x'$ 和 $\Delta y'$，直角变为锐角(或钝角)，从而引出下面两种表示该长方体变形的量。

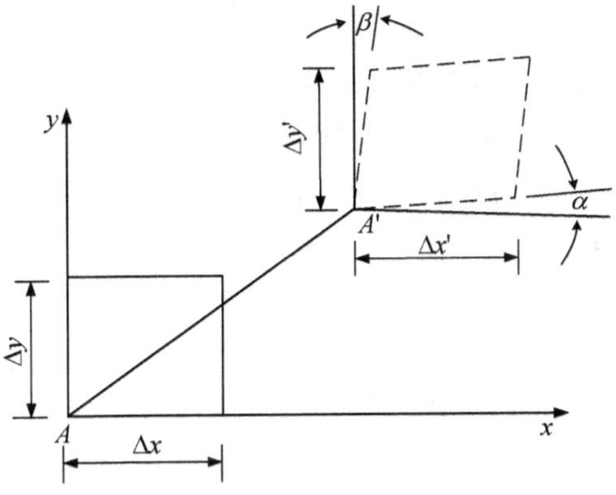

图 2.7.1　线应变和剪应变

(1) 线应变　线段长度的改变称为线变形，如图 2.7.1 中的 $\Delta x'-\Delta x$ 和 $\Delta y'-\Delta y$。但是，线段长度的改变显然随线段原长的不同而变化。为避免线段原长的影响，现引入线应变(即相对变形)的概念。设线应变用 ε 表示，类似于应力的定义，线应变定义为

$$\varepsilon_x=\lim_{\Delta x\to 0}\frac{\Delta x'-\Delta x}{\Delta x} \tag{2.7.1}$$

$$\varepsilon_y=\lim_{\Delta x\to 0}\frac{\Delta y'-\Delta y}{\Delta y} \tag{2.7.2}$$

式中：ε_x 和 ε_y 表示无限小长方体在 x 和 y 方向的线应变，也就是 A 点处 x 和 y 方向的线应变。

(2) 剪应变　通过一点处互相垂直的两线段之间所夹直角的改变量称为剪应变，用 γ 表示。例如在图 2.7.1 中，当 $\Delta x\to 0$ 和 $\Delta y\to 0$ 时直角的改变量为

$$\gamma=\alpha+\beta \tag{2.7.3}$$

这就是 A 点处的剪应变，剪应变通常用弧度表示。

2. 应变张量的推求

试考察邻近O点的P点，该两点相对位置用由O点指向P点的矢量$\boldsymbol{l}$确定。在原点为O的直角坐标系中，P点坐标等于(图 2.7.2)

$$\left.\begin{aligned} x &= l\cos(l,x) \\ y &= l\cos(l,y) \\ z &= l\cos(l,z) \end{aligned}\right\} \tag{2.7.4}$$

式中：l为矢量模。

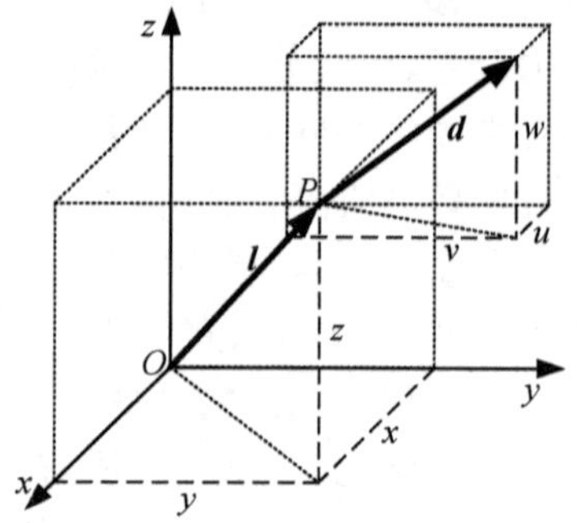

图 2.7.2　微线段的应变分量

由于变形，P点移动某一很小的量$\boldsymbol{d}$，其分量u,v,ω为连续的点坐标的单值函数，这是保持介质连续性的数学条件。因此，u,v,ω可用泰勒级数展开：

$$\left.\begin{aligned} u &= u_0 + \left(\frac{\partial u}{\partial x}\right)_0 x + \left(\frac{\partial u}{\partial y}\right)_0 y + \left(\frac{\partial u}{\partial z}\right)_0 z + \cdots \\ v &= v_0 + \left(\frac{\partial v}{\partial x}\right)_0 x + \left(\frac{\partial v}{\partial y}\right)_0 y + \left(\frac{\partial v}{\partial z}\right)_0 z + \cdots \\ \omega &= \omega_0 + \left(\frac{\partial \omega}{\partial x}\right)_0 x + \left(\frac{\partial \omega}{\partial y}\right)_0 y + \left(\frac{\partial \omega}{\partial z}\right)_0 z + \cdots \end{aligned}\right\} \tag{2.7.5}$$

角标 0 表示函数值在$x=0,y=0$及$z=0$的点选取，各点变换包含x,y,z高于一次的许多项。如果P点处于距离O点无限小的邻近处，则这些高次项可舍弃，变形分量将为坐标的线性函数，这种变形状态称为“齐次的”。在这种情况下，当用下列关系式确定的矢量表示时，即

$$\frac{\boldsymbol{d}-\boldsymbol{d}_0}{\boldsymbol{l}}$$

称为“单位相对位移”，变形仅与矢量$\boldsymbol{l}$的方向有关，而与其模量无关。将式(2.7.4)中的x，y,z代入式(2.7.5)，用l除两边，则得直角坐标系中单位相对位移的矢量分量

$$\left.\begin{aligned} \frac{u-u_0}{l} &= \frac{\partial u}{\partial x}\cos(l,x) + \frac{\partial u}{\partial y}\cos(l,y) + \frac{\partial u}{\partial z}\cos(l,z) \\ \frac{v-v_0}{l} &= \frac{\partial v}{\partial x}\cos(l,x) + \frac{\partial v}{\partial y}\cos(l,y) + \frac{\partial v}{\partial z}\cos(l,z) \\ \frac{\omega-\omega_0}{l} &= \frac{\partial \omega}{\partial x}\cos(l,x) + \frac{\partial \omega}{\partial y}\cos(l,y) + \frac{\partial \omega}{\partial z}\cos(l,z) \end{aligned}\right\} \tag{2.7.6}$$

因为变形是齐次的，则在上述方程式右边的下角标 0 可以略去。由下列系数

$$\begin{bmatrix} \dfrac{\partial u}{\partial x} & \dfrac{\partial u}{\partial y} & \dfrac{\partial u}{\partial z} \\ \dfrac{\partial v}{\partial x} & \dfrac{\partial v}{\partial y} & \dfrac{\partial v}{\partial z} \\ \dfrac{\partial \omega}{\partial x} & \dfrac{\partial \omega}{\partial y} & \dfrac{\partial \omega}{\partial z} \end{bmatrix} \tag{2.7.7}$$

组成的矩阵确定“单位相对位移”张量。在一般情况下，该矩阵对主对角线并不对称，亦即包含刚性物体对通过 O 点的轴的旋转效应。

众所周知，很小的角位移可用直角坐标系分量 $\omega_x,\omega_y,\omega_z$ 的矢量表示，对应于转动变化的相对位移张量为

$$\begin{bmatrix} 0 & -\omega_z & \omega_y \\ \omega_z & 0 & -\omega_x \\ -\omega_y & \omega_x & 0 \end{bmatrix} \tag{2.7.8}$$

对主对角线斜对称。这样，从用矩阵式(2.7.7)表示的张量减去其斜对称分量

$$\begin{bmatrix} 0 & \frac{1}{2}\left(\frac{\partial u}{\partial y}-\frac{\partial v}{\partial x}\right) & \frac{1}{2}\left(\frac{\partial u}{\partial z}-\frac{\partial \omega}{\partial x}\right) \\ \frac{1}{2}\left(\frac{\partial v}{\partial x}-\frac{\partial u}{\partial y}\right) & 0 & \frac{1}{2}\left(\frac{\partial v}{\partial z}-\frac{\partial \omega}{\partial y}\right) \\ \frac{1}{2}\left(\frac{\partial \omega}{\partial x}-\frac{\partial u}{\partial z}\right) & \frac{1}{2}\left(\frac{\partial \omega}{\partial y}-\frac{\partial v}{\partial z}\right) & 0 \end{bmatrix} \tag{2.7.9}$$

可得到所谓“无转动的”或“纯”变形张量的对称分量为

$$\boldsymbol{\varepsilon}_{ij}=\begin{bmatrix} \frac{\partial u}{\partial x} & \frac{1}{2}\left(\frac{\partial u}{\partial y}+\frac{\partial v}{\partial x}\right) & \frac{1}{2}\left(\frac{\partial u}{\partial y}+\frac{\partial v}{\partial x}\right) \\ \frac{1}{2}\left(\frac{\partial u}{\partial y}+\frac{\partial v}{\partial x}\right) & \frac{\partial v}{\partial y} & \frac{1}{2}\left(\frac{\partial v}{\partial z}+\frac{\partial \omega}{\partial y}\right) \\ \frac{1}{2}\left(\frac{\partial u}{\partial z}+\frac{\partial \omega}{\partial x}\right) & \frac{1}{2}\left(\frac{\partial v}{\partial z}+\frac{\partial \omega}{\partial y}\right) & \frac{\partial \omega}{\partial z} \end{bmatrix} \tag{2.7.10}$$

于是，确定纯变形的相对位移 $\boldsymbol{e}_l$ 矢量分量的方程式可表示为矢量 $\boldsymbol{l}$ 的坐标函数

$$\left.\begin{aligned} e_{lx} &= \frac{\partial u}{\partial x}\cos(l,x)+\frac{1}{2}\left(\frac{\partial u}{\partial y}+\frac{\partial v}{\partial x}\right)\cos(l,y)+\frac{1}{2}\left(\frac{\partial u}{\partial z}+\frac{\partial \omega}{\partial x}\right)\cos(l,z) \\ e_{ly} &= \frac{1}{2}\left(\frac{\partial u}{\partial y}+\frac{\partial v}{\partial x}\right)\cos(l,x)+\frac{\partial v}{\partial y}\cos(l,y)+\frac{1}{2}\left(\frac{\partial v}{\partial z}+\frac{\partial \omega}{\partial y}\right)\cos(l,z) \\ e_{lz} &= \frac{1}{2}\left(\frac{\partial u}{\partial z}+\frac{\partial \omega}{\partial x}\right)\cos(l,x)+\frac{1}{2}\left(\frac{\partial v}{\partial z}+\frac{\partial \omega}{\partial y}\right)\cos(l,y)+\frac{\partial \omega}{\partial z}\cos(l,z) \end{aligned}\right\} \tag{2.7.11}$$

或

$$\left.\begin{aligned} e_{lx} &= \varepsilon_x\cos(l,x)+\frac{\gamma_{yx}}{2}\cos(l,y)+\frac{\gamma_{zx}}{2}\cos(l,z) \\ e_{ly} &= \frac{\gamma_{xy}}{2}\cos(l,x)+\varepsilon_y\cos(l,y)+\frac{\gamma_{zy}}{2}\cos(l,z) \\ e_{lz} &= \frac{\gamma_{zx}}{2}\cos(l,x)+\frac{\gamma_{yz}}{2}\cos(l,y)+\varepsilon_z\cos(l,z) \end{aligned}\right\} \tag{2.7.12}$$

式中：

$$
\left.\begin{aligned}
\varepsilon_x &= \frac{\partial u}{\partial x}, \gamma_{xy} = \gamma_{yx} = \frac{\partial u}{\partial y} + \frac{\partial v}{\partial x} \\
\varepsilon_y &= \frac{\partial v}{\partial y}, \gamma_{yz} = \gamma_{zy} = \frac{\partial v}{\partial z} + \frac{\partial \omega}{\partial y} \\
\varepsilon_z &= \frac{\partial \omega}{\partial z}, \gamma_{zx} = \gamma_{xz} = \frac{\partial \omega}{\partial x} + \frac{\partial u}{\partial z}
\end{aligned}\right\} \tag{2.7.13}
$$

为了揭示 ε_x 的物理意义，例如考察位于 x 轴上距坐标原点为 x 的 P_1 点（图 2.7.3），变形后 P_1 点的坐标 x 改变了，等于 $x+\varepsilon_x x=(1+\varepsilon_x)x$。$\varepsilon_x$ 表示线素在 x 轴方向单位长度的改变，因此 ε_x，ε_y 及 ε_z 称为在直角坐标系中的线变形分量。

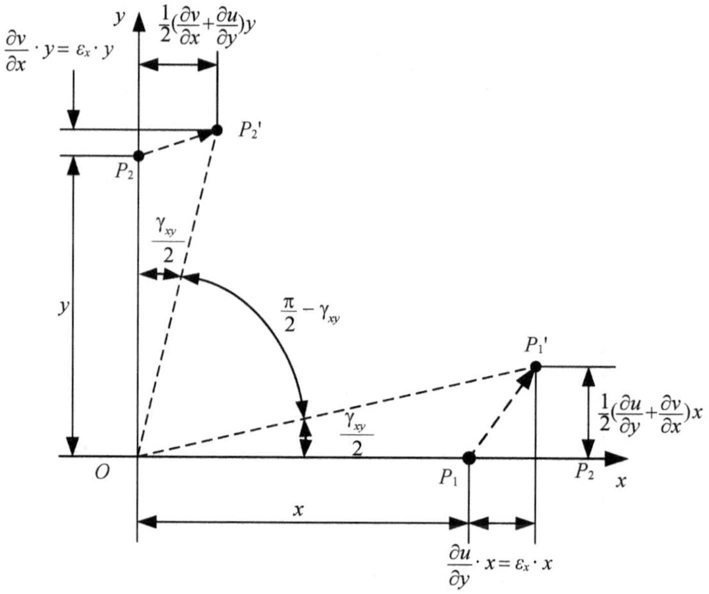

图 2.7.3　线变形和角变形分量

从图 2.7.3 也可看出，在第一次近似中，γ_{xy} 表示 x，y 轴之间初始直角的改变。因此，在直角坐标系中，γ_{xy}，γ_{yz}，γ_{zx} 称为剪切变形分量。在直角坐标系中，剪切变形值之半为应变张量分量。考虑上述符号，这项张量可写成

$$
\boldsymbol{\varepsilon}_{ij} = \begin{bmatrix} \varepsilon_x & \frac{\gamma_{xy}}{2} & \frac{\gamma_{zx}}{2} \\ \frac{\gamma_{xy}}{2} & \varepsilon_y & \frac{\gamma_{yz}}{2} \\ \frac{\gamma_{zx}}{2} & \frac{\gamma_{yz}}{2} & \varepsilon_z \end{bmatrix} \tag{2.7.14}
$$

对应变张量分量的变换方程式可用应力张量分量相应的关系式相似地求得。作为典型的例子，下面引用 ε_x' 和 $\gamma_{x'y'}$ 两个方程式

$$\varepsilon_x' = \varepsilon_x \cos^2(x',x) + \varepsilon_y \cos^2(x',y) + \varepsilon_z \cos^2(x',z) + \gamma_{xy}\cos(x',x)\cos(x',y) + \gamma_{yz}\cos(x',y)\cos(x',z) + \gamma_{zx}\cos(x',z)\cos(x',x) \tag{2.7.15}$$

$$\begin{aligned}\gamma_{x'y'} = & 2[\varepsilon_x\cos(x',x)\cos(y',x) + \varepsilon_y\cos(x',y)\cos(y',y) + \varepsilon_z\cos(x',z)\cos(y',z)] \\ & + \gamma_{xy}[\cos(x',x)\cos(y',y) + \cos(x',y)\cos(y',x)] \\ & + \gamma_{yz}[\cos(x',y)\cos(y',z) + \cos(x',z)\cos(y',y)] \\ & + \gamma_{zx}[\cos(x',z)\cos(y',x) + \cos(x',x)\cos(y',z)]\end{aligned} \tag{2.7.16}$$

二、主应变

在矢量 $\boldsymbol{l}$ 方向正应变 ε_l 可由式(2.7.15)—式(2.7.16)求得

$$\begin{aligned}\varepsilon_l = & \varepsilon_x\cos^2(l,x) + \varepsilon_y\cos^2(l,y) + \varepsilon_z\cos^2(l,z) + \gamma_{xy}\cos(l,x)\cos(l,y) \\ & + \gamma_{yz}\cos(l,y)\cos(l,z) + \gamma_{zx}\cos(l,z)\cos(l,x)\end{aligned} \tag{2.7.17}$$

方向与 $\boldsymbol{l}$ 重合而模量等于 $\dfrac{1}{\sqrt{|\varepsilon_l|}}$ 的矢量末端的坐标为

$$\left.\begin{aligned} x &= \frac{\cos(l,x)}{\sqrt{|\varepsilon_l|}} \\ y &= \frac{\cos(l,y)}{\sqrt{|\varepsilon_l|}} \\ z &= \frac{\cos(l,z)}{\sqrt{|\varepsilon_l|}} \end{aligned}\right\} \tag{2.7.18}$$

因此，矢量末端位于二次曲面——“应变曲面”上，其方程式具有下列形式

$$\varepsilon_x x^2 + \varepsilon_y y^2 + \varepsilon_z z^2 + \gamma_{xy}xy + \gamma_{yz}yz + \gamma_{zx}zx = \pm 1 \tag{2.7.19}$$

当双线性项系数等于零时，坐标轴系组成变形主轴。沿这些轴定向的线素在变形过程中始终是互相垂直的。主应变 $\varepsilon_i(i=1,2,3)$ 由三次方程式确定

$$\begin{aligned}&\varepsilon_i^3 - (\varepsilon_x + \varepsilon_y + \varepsilon_z)\varepsilon_i^2 + \left[\varepsilon_x\varepsilon_y + \varepsilon_y\varepsilon_z + \varepsilon_z\varepsilon_x - \frac{1}{4}(\gamma_{xy}^2 + \gamma_{yz}^2 + \gamma_{zx}^2)\right]\varepsilon_i \\ &- \varepsilon_x\varepsilon_y\varepsilon_z - \frac{1}{4}[\gamma_{xy}\gamma_{yz}\gamma_{zx} - \varepsilon_x\gamma_{yz}^2 - \varepsilon_y\gamma_{zx}^2 - \varepsilon_z\gamma_{xy}^2] = 0\end{aligned} \tag{2.7.20}$$

在主轴方向，应变张量矩阵可写成

$$\boldsymbol{\varepsilon}_i = \begin{bmatrix} \varepsilon_1 & 0 & 0 \\ 0 & \varepsilon_2 & 0 \\ 0 & 0 & \varepsilon_3 \end{bmatrix} \tag{2.7.21}$$

而式(2.7.11)变成

$$\left.\begin{aligned} e_{l1} &= \varepsilon_1 \cos(l,1) \\ e_{l2} &= \varepsilon_2 \cos(l,2) \\ e_{l3} &= \varepsilon_3 \cos(l,3) \end{aligned}\right\} \tag{2.7.22}$$

有些文献中,常用的有效应变“effective strain”表示如下:

$$\varepsilon_{\mathrm{eff}} = \frac{\sqrt{2}}{2}\gamma_{\mathrm{oct}} = \frac{\sqrt{2}}{3}\sqrt{(\varepsilon_1 - \varepsilon_2)^2 + (\varepsilon_2 - \varepsilon_3)^2\ (\varepsilon_3 - \varepsilon_1)^2} \tag{2.7.23}$$

三、应变张量不变量

三次方程式(2.7.20)的系数为应变张量不变量,这时

$$\left.\begin{aligned} J_1 &= \varepsilon_x + \varepsilon_y + \varepsilon_z \\ J_2 &= \varepsilon_x\varepsilon_y + \varepsilon_y\varepsilon_z + \varepsilon_z\varepsilon_x - \frac{1}{4}(\gamma_{xy}^2 + \gamma_{yz}^2 + \gamma_{zx}^2) \\ J_3 &= \varepsilon_x\varepsilon_y\varepsilon_z + \frac{1}{4}(\gamma_{xy}\gamma_{yz}\gamma_{zx} - \varepsilon_x\gamma_{yz}^2 - \varepsilon_y\gamma_{zx}^2 - \varepsilon_z\gamma_{xy}^2) \end{aligned}\right\} \tag{2.7.24}$$

或者用主应变表示这些不变量,则有

$$\left.\begin{aligned} J_1 &= \varepsilon_1 + \varepsilon_2 + \varepsilon_3 \\ J_2 &= \varepsilon_1\varepsilon_2 + \varepsilon_2\varepsilon_3 + \varepsilon_3\varepsilon_1 \\ J_3 &= \varepsilon_1\varepsilon_2\varepsilon_3 \end{aligned}\right\} \tag{2.7.25}$$

采用这些符号,式(2.7.20)可写成

$$\varepsilon_i^3 - J_1\varepsilon_i^2 + J_2\varepsilon_i - J_3 = 0 \tag{2.7.26}$$

“平均正应变”由下列关系式确定

$$\varepsilon_m = \frac{\varepsilon_x + \varepsilon_y + \varepsilon_z}{3} = \frac{\varepsilon_1 + \varepsilon_2 + \varepsilon_3}{3} \tag{2.7.27}$$

则应变张量第一不变量为

$$J_1 = 3\varepsilon_m \tag{2.7.28}$$

四、应变偏张量及其不变量

相似于应力张量的分解,应变张量也可分解为两个分张量

$$\boldsymbol{\varepsilon}_{ij} = \varepsilon_m\boldsymbol{\delta}_{ij} + \boldsymbol{e}_{ij} \tag{2.7.29}$$

式中:应变球张量

$$\varepsilon_m\boldsymbol{\delta}_{ij} = \begin{bmatrix} \varepsilon_m & 0 & 0 \\ 0 & \varepsilon_m & 0 \\ 0 & 0 & \varepsilon_m \end{bmatrix} \tag{2.7.30}$$

$$
\boldsymbol{e}_{ij}=\begin{bmatrix} e_x & e_{xy} & e_{xz} \\ e_{xy} & e_y & e_{yz} \\ e_{xz} & e_{yz} & e_z \end{bmatrix}=\begin{bmatrix} \dfrac{2\varepsilon_x-\varepsilon_y-\varepsilon_z}{3} & \dfrac{\gamma_{xy}}{2} & \dfrac{\gamma_{zx}}{2} \\ \dfrac{\gamma_{xy}}{2} & \dfrac{2\varepsilon_y-\varepsilon_z-\varepsilon_x}{3} & \dfrac{\gamma_{yz}}{2} \\ \dfrac{\gamma_{zx}}{2} & \dfrac{\gamma_{yz}}{2} & \dfrac{2\varepsilon_z-\varepsilon_y-\varepsilon_x}{3} \end{bmatrix} \tag{2.7.31}
$$

上式表示相应于任意坐标系的应变偏张量。在主轴方向，$\boldsymbol{e}_{ij}$ 可相应地写成

$$
\boldsymbol{e}_{ij}=\begin{bmatrix} \dfrac{2\varepsilon_1-\varepsilon_2-\varepsilon_3}{3} & 0 & 0 \\ 0 & \dfrac{2\varepsilon_2-\varepsilon_3-\varepsilon_1}{3} & 0 \\ 0 & 0 & \dfrac{2\varepsilon_3-\varepsilon_1-\varepsilon_2}{3} \end{bmatrix} \tag{2.7.32}
$$

应变偏张量不变量可写成

$$
\left.\begin{aligned} J'_1&=0 \\ J'_2&=J_2-\frac{J_1^2}{3} \\ J'_3&=J_3-\frac{J_1J_2}{3}+\frac{2}{27}J_1^3 \end{aligned}\right\} \tag{2.7.33}
$$

应变球张量不变量分别为

$$
\left.\begin{aligned} J''_1&=J_1 \\ J''_2&=\frac{J_1^2}{3} \\ J''_3&=\frac{J_1^3}{27} \end{aligned}\right\} \tag{2.7.34}
$$

在计算体积应变时，应变球张量的物理意义是明显的，即体积的增加与原体积之比。对平行于主轴，边长为 l_1, l_2, l_3 的平行六面体元素，体积应变为

$$
\Delta=\frac{l_1(1+\varepsilon_1)l_2(1+\varepsilon_2)l_3(1+\varepsilon_3)-l_1l_2l_3}{l_1l_2l_3}=(1+\varepsilon_1)(1+\varepsilon_2)(1+\varepsilon_3)-1 \tag{2.7.35}
$$

在小变形时，忽视应变项的乘积而得

$$
\Delta=\varepsilon_1+\varepsilon_2+\varepsilon_3=J_1 \tag{2.7.36}
$$

因此，对 $J'_1=0$ 的应变偏张量，仅包含形状的改变，而不包含体积改变。相反，应变球张量则表示形状不变、只是体积改变。

在塑性理论中，与应变偏张量第二不变量开方成一定关系的值 ($\varepsilon_i=\varepsilon_{\mathrm{eff}}$)，通常称它为

应变集度，在应力及强度分析中，经常用到。

$$\varepsilon_i = \frac{2}{\sqrt{3}}\sqrt{J'_2} = \frac{2}{\sqrt{3}}\sqrt{(\varepsilon_x-\varepsilon_y)^2+(\varepsilon_y-\varepsilon_z)^2\ (\varepsilon_z-\varepsilon_x)^2+\frac{3}{2}(\gamma_{xy}^2+\gamma_{yz}^2+\gamma_{zx}^2)} \tag{2.7.37}$$

五、应变状态的莫尔图

根据应力张量和应变张量之间的相似性，将莫尔图解法推广于应变。根据所采用的符号，莫尔图上点的坐标：ε_l 为应变线分量，亦即在矢量 $\boldsymbol{l}$ 方向的矢量 $\boldsymbol{e}_l$ 的分量；$\gamma_l/2$ 为在矢量 $\boldsymbol{l}$ 和 $\boldsymbol{e}_l$ 的截面内剪切应变之半。

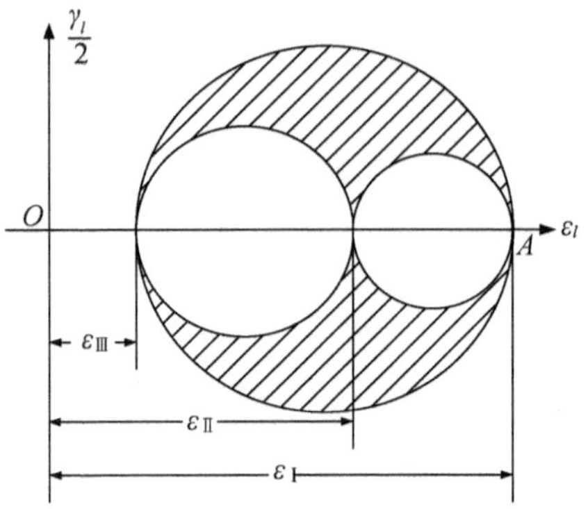

图 2.7.4　应变的莫尔图

相应于常数角度$(l,1)$，$(l,2)$，$(l,3)$的点用中心在 ε_l 轴上的圆表示。全部特征点位于由应变主圆形成的带阴影线的曲线三角形内部(图 2.7.4)。

引用罗马数字角标，将应变按其大小次序排列为 $\varepsilon_{\mathrm{I}} \geqslant \varepsilon_{\mathrm{II}} \geqslant \varepsilon_{\mathrm{III}}$，求得相对最大剪应变，即所谓主应变

$$\left.\begin{aligned}\gamma_1 &= \varepsilon_{\mathrm{II}} - \varepsilon_{\mathrm{III}} \\ \gamma_2 &= \varepsilon_{\mathrm{I}} - \varepsilon_{\mathrm{III}} \\ \gamma_3 &= \varepsilon_{\mathrm{I}} - \varepsilon_{\mathrm{II}}\end{aligned}\right\} \tag{2.7.38}$$

式中：γ_2 为已知点的绝对最大剪应变。

如果将应变张量莫尔图的剪切坐标轴移动 ε_m，则得到应变偏张量的莫尔图。此外，应变主轴的位置可按式(2.4.5)，将其中应力分量用应变分量代替得

$$\left.\begin{aligned}(\varepsilon_x-\varepsilon)l+\frac{\gamma_{xy}}{2}m+\frac{\gamma_{zx}}{2}n &= 0 \\ \frac{\gamma_{xy}}{2}l+(\varepsilon_y-\varepsilon)m+\frac{\gamma_{yz}}{2}n &= 0 \\ \frac{\gamma_{zx}}{2}l+\frac{\gamma_{yz}}{2}m+(\varepsilon_z-\varepsilon)n &= 0\end{aligned}\right\} \tag{2.7.39}$$

又 $l^2+m^2+n^2=1$，用 $\varepsilon=\varepsilon_1$ 代入式(2.7.39)，可求出余弦 l_1, m_1, n_1(即对 1 轴)，同样可求出另两个轴(2，3 轴)的方向余弦。

应变状态的莫尔圆和应力一样，应变分量也可以在平面上用莫尔圆表示出来，如图 2.7.5 所示。水平横轴代表线应变，垂直轴代表 $\gamma/2$ 角应变，点 1，2，3 的横坐标等于线应变，二分之一角应变相应为 23，31 及 12 平面方向内的角应变。

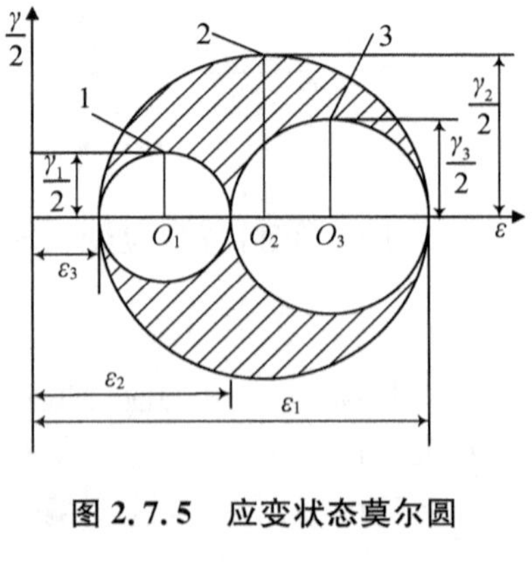

图 2.7.5　应变状态莫尔圆

在阴影部分任一点，表示不平行于三个轴的线应变及 1/2 的角应变。由图 2.7.5 可知，在 $\gamma/2$ 平面内的最大

角应变与主轴成 45°,这些最大的角应变(主角应变)等于二主线应变之差

$$\gamma_1 = \varepsilon_2 - \varepsilon_3, \quad \gamma_2 = \varepsilon_1 - \varepsilon_3, \quad \gamma_3 = \varepsilon_1 - \varepsilon_2 \tag{2.7.40}$$

上面研究的是三向应变状态,如一个主应变为 0,则为两向应变;两向应变为 0,为单轴应变。单轴应力状态相应于一个三轴应变状态,如一等截面的单轴受拉杆件,其应变在轴向增大,而截面尺寸减小。纵向应变和横向应变分别为 $\varepsilon_x = \Delta l / l$、$\varepsilon_y = -\Delta a / a$,若令拉应变为 ε,则线性主应变分别为 $\varepsilon_1 = \varepsilon$,$\varepsilon_2 = \varepsilon_3 = -\mu\varepsilon$。图 2.7.6 为上述应变状态的莫尔圆,在 23 平面内的圆表现为一个点,而其余二圆互相重合;反之,如为一单向应变状态,则相应的为三向应力状态,如图 2.7.7 表示在刚性模内受压的立方体。

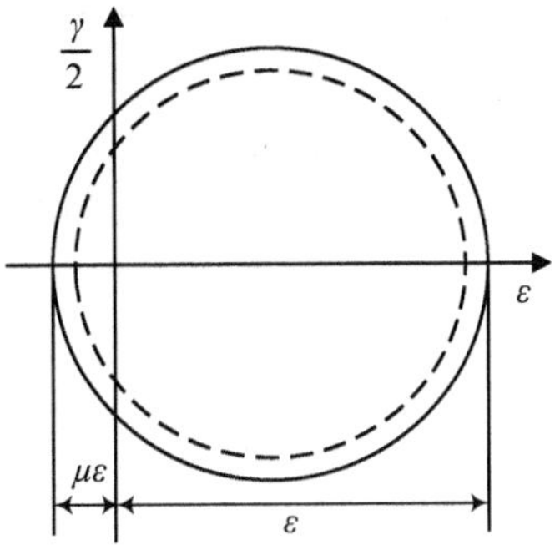

图 2.7.6 单轴应力状态莫尔圆

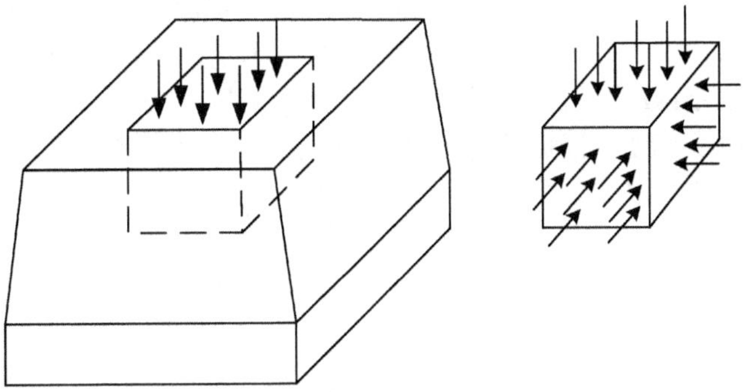

图 2.7.7 单向应变状态

进一步研究物体一点应变状态,取一半径为 ρ 的微小圆球来分析研究。如图 2.7.8 所示,物体表面受力后使圆球变成椭圆形,假定研究点的主轴方向已知,用 x, y, z 表示圆球表面上一些点的坐标,可得

$$x^2 + y^2 + z^2 = \rho^2 \tag{2.7.41}$$

当沿轴产生变形时,只改变长度,主轴间的角度不变。在圆球变形后,同一点的坐标为

$$\begin{aligned} x_1 &= (1+\bar{\varepsilon}_1)x \\ y_1 &= (1+\bar{\varepsilon}_2)y \\ z_1 &= (1+\bar{\varepsilon}_3)z \end{aligned} \tag{2.7.42}$$

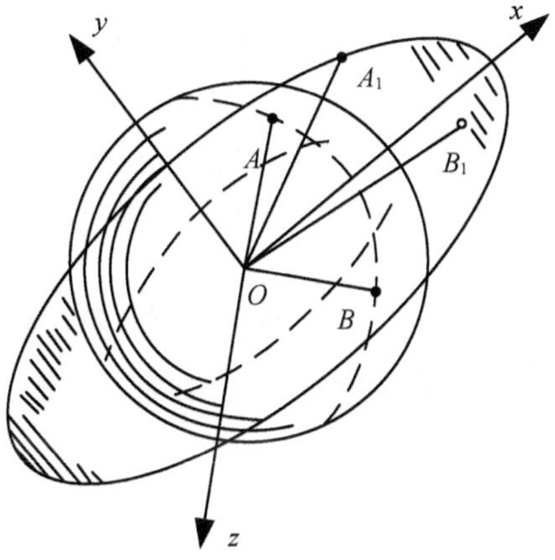

图 2.7.8 一点应变状态

式中:$\bar{\varepsilon}_1, \bar{\varepsilon}_2, \bar{\varepsilon}_3$ 分别为 1,2,3 轴线方向的应变。

由式(2.7.41)—式(2.7.42)求 x_1, y_1, z_1

$$\frac{x_1^2}{(1+\bar{\varepsilon}_1)^2\rho^2} + \frac{y_1^2}{(1+\bar{\varepsilon}_2)^2\rho^2} + \frac{z_1^2}{(1+\bar{\varepsilon}_3)^2\rho^2} = 1 \tag{2.7.43}$$

式(2.7.43)为一椭圆球方程,其半轴分别为 $(1+\bar{\varepsilon}_1)\rho$,$(1+\bar{\varepsilon}_2)\rho$,$(1+\bar{\varepsilon}_3)\rho$。

这说明,从物体内任何一点周围取出微小的圆球,在变形后变成椭圆球,主轴间的角度不改变,即球体在主轴方向的半径伸长或缩短,互相不产生转角;其余的半径,如图 2.7.8 中

的 OA 或 OB，在变形后，A，B 变到椭圆上 A_1，B_1 点，互相垂直的半径的角度改变了，同时半径长度 OA，OB 也改变(OA 和 OB 皆伸长)了。

第八节　弹性体的应力应变关系与变形位能

一、弹性应力应变关系

一般工程材料，在相当低的应力状态下处于弹性范围。所以，为了研究随外力的增大在结构内部由于应力的增大而逐步发展的塑性区域，必须预先分析在弹性状态下的应力。图 2.8.1 为一受单轴应力的微块，在 σ_z 作用下，根据胡克定律，其应变 $\varepsilon_z=\sigma_z/E$，微块的横向变形系数泊松比 $\mu=|\varepsilon_x/\varepsilon_z|=|\varepsilon_y/\varepsilon_z|$，$\varepsilon_x=\varepsilon_y=\mu\varepsilon_z$。图 2.8.2 表示一微块在 τ_{yx} 和 τ_{xy} 作用下的变形，根据胡克剪切定律 $\gamma_{xy}=\tau_{xy}/G$，和弹性模量 E 一样，剪切模量 G 对特定材料来讲，都是定值，二者具有如下的关系：

$$G=\frac{E}{2(1+\mu)} \tag{2.8.1}$$

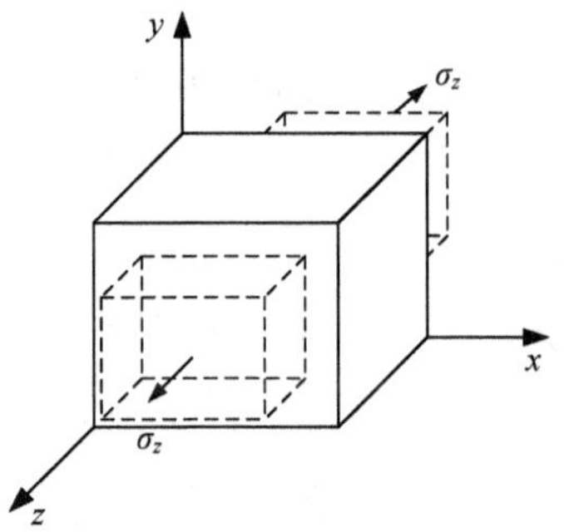

图 2.8.1　单轴应力状态的微块

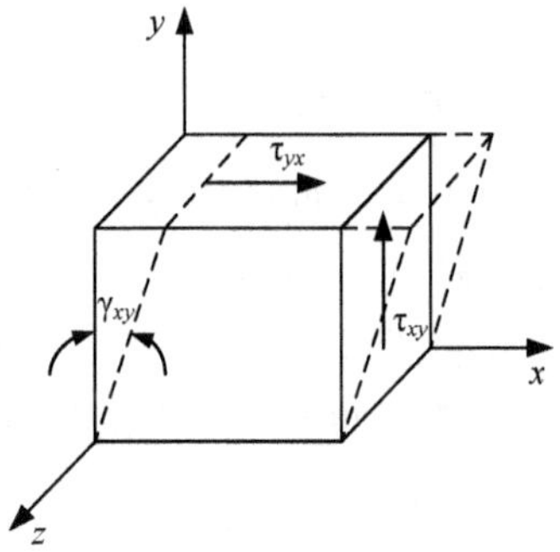

图 2.8.2　纯剪状态的微块

对完全弹性的各向同性体，应力分量与应变分量之间的关系为

$$\left.\begin{aligned}
\varepsilon_x&=\frac{1}{E}[\sigma_x-\mu(\sigma_y+\sigma_z)]\\
\varepsilon_y&=\frac{1}{E}[\sigma_y-\mu(\sigma_z+\sigma_x)]\\
\varepsilon_z&=\frac{1}{E}[\sigma_z-\mu(\sigma_x+\sigma_y)]\\
\gamma_{yz}&=\frac{1}{G}\tau_{yz}\\
\gamma_{zx}&=\frac{1}{G}\tau_{zx}\\
\gamma_{xy}&=\frac{1}{G}\tau_{xy}
\end{aligned}\right\} \tag{2.8.2}$$

上式是空间物理方程的基本形式，它还可以写成下列形式：

$$\left.\begin{aligned}\varepsilon_x &= \frac{1}{E}[(1+\mu)\sigma_x - \mu(\sigma_x+\sigma_y+\sigma_z)]\\ \varepsilon_y &= \frac{1}{E}[(1+\mu)\sigma_y - \mu(\sigma_x+\sigma_y+\sigma_z)]\\ \varepsilon_z &= \frac{1}{E}[(1+\mu)\sigma_z - \mu(\sigma_x+\sigma_y+\sigma_z)]\end{aligned}\right\} \tag{2.8.3}$$

由式(2.8.2)的前三式得

$$\Delta = \varepsilon_x+\varepsilon_y+\varepsilon_z = \frac{\sigma_x+\sigma_y+\sigma_z}{3K} \tag{2.8.4}$$

式中：K 为体积变形模量(或称体积弹性模量)

$$K = \frac{E}{3(1-2\mu)} \tag{2.8.5}$$

由式(2.8.3)及式(2.8.1)、式(2.8.4)、式(2.8.5)可得应力表达式

$$\left.\begin{aligned}\sigma_x &= 2G\varepsilon_x + \lambda\Delta = 2G\left(\varepsilon_x+\frac{\mu}{1-2\mu}\Delta\right)\\ \sigma_y &= 2G\varepsilon_y + \lambda\Delta = 2G\left(\varepsilon_y+\frac{\mu}{1-2\mu}\Delta\right)\\ \sigma_z &= 2G\varepsilon_z + \lambda\Delta = 2G\left(\varepsilon_z+\frac{\mu}{1-2\mu}\Delta\right)\end{aligned}\right\} \tag{2.8.6}$$

式中：

$$\lambda = \frac{\mu E}{(1+\mu)(1-2\mu)} \tag{2.8.7}$$

当温度改变(由 t_1 到 t_2)时，微块将产生线应变，式(2.8.3)、式(2.8.4)、式(2.8.6)中尚应加上一项温度影响的线应变 ε_t

$$\varepsilon_t = \int_{t_1}^{t_2} \alpha \mathrm{d}t \tag{2.8.8}$$

应力与应变的关系也可以用下面两个张量关系式来表示：

$$\boldsymbol{D}_\varepsilon = \frac{1}{2G}\boldsymbol{D}_\sigma \tag{2.8.9}$$

$$\boldsymbol{T}_{\varepsilon_0} = \frac{1}{2G}\boldsymbol{T}_{\sigma_0} \tag{2.8.10}$$

$$\boldsymbol{D}_\varepsilon = \begin{bmatrix}\varepsilon_x-\varepsilon_0 & \dfrac{\gamma_{xy}}{2} & \dfrac{\gamma_{xz}}{2}\\ \dfrac{\gamma_{yx}}{2} & \varepsilon_y-\varepsilon_0 & \dfrac{\gamma_{yz}}{2}\\ \dfrac{\gamma_{zx}}{2} & \dfrac{\gamma_{zy}}{2} & \varepsilon_z-\varepsilon_0\end{bmatrix} = \frac{1}{2G}\begin{bmatrix}\sigma_x-\sigma_0 & \tau_{xy} & \tau_{xz}\\ \tau_{yx} & \sigma_y-\sigma_0 & \tau_{yz}\\ \tau_{zx} & \tau_{zy} & \sigma_z-\sigma_0\end{bmatrix} \tag{2.8.11}$$

式中：$\varepsilon_0=\dfrac{\varepsilon_x+\varepsilon_y+\varepsilon_z}{3}=\dfrac{\varepsilon_1+\varepsilon_2+\varepsilon_3}{3}$，$\sigma_0=\dfrac{\sigma_x+\sigma_y+\sigma_z}{3}=\dfrac{\sigma_1+\sigma_2+\sigma_3}{3}$。

式(2.8.9)—式(2.8.10)表示平均应力与平均应变成正比例，即球形应力张量与球形应变张量成正比，应力偏斜张量与应变偏斜张量也成正比。后一关系又可写成

$$\left.\begin{aligned}\bar{\varepsilon}_x&=\varepsilon_x-\varepsilon_0=\frac{\sigma_x-\sigma_0}{2G}\\ \gamma_{xy}&=\frac{\tau_{xy}}{G}\end{aligned}\right\}\tag{2.8.12}$$

由式(2.8.11)，根据其对称性，可以得出下列六个方程：

$$\left.\begin{aligned}2\sigma_x-\sigma_y-\sigma_z&=2G(2\varepsilon_x-\varepsilon_y-\varepsilon_z)\\ 2\sigma_y-\sigma_z-\sigma_x&=2G(2\varepsilon_y-\varepsilon_z-\varepsilon_x)\\ 2\sigma_z-\sigma_x-\sigma_y&=2G(2\varepsilon_z-\varepsilon_x-\varepsilon_y)\\ \tau_{xy}&=G\gamma_{xy}\\ \tau_{yz}&=G\gamma_{yz}\\ \tau_{zx}&=G\gamma_{zx}\end{aligned}\right\}\tag{2.8.13}$$

可以看出主应力轴和主应变重合，于是上式可变成

$$\left.\begin{aligned}2\sigma_1-\sigma_2-\sigma_3&=G(2\varepsilon_1-\varepsilon_2-\varepsilon_3)\\ 2\sigma_2-\sigma_3-\sigma_1&=G(2\varepsilon_2-\varepsilon_3-\varepsilon_1)\\ 2\sigma_3-\sigma_1-\sigma_2&=G(2\varepsilon_3-\varepsilon_1-\varepsilon_2)\end{aligned}\right\}\tag{2.8.14}$$

根据式(2.8.13)—式(2.8.14)同样也可以得出式(2.8.2)—式(2.8.3)的关系。

由式(2.8.4)可得应变张量第一不变量与应力张量第一不变量的关系

$$\sigma_0=3K\varepsilon_0\tag{2.8.15}$$

或者

$$I_1=3KJ_1\tag{2.8.16}$$

由式(2.8.14)—式(2.8.15)可得主应变

$$\left.\begin{aligned}\varepsilon_1&=\frac{2\sigma_1-\sigma_2-\sigma_3}{6G}+\frac{\sigma_1+\sigma_2+\sigma_3}{9K}\\ \varepsilon_2&=\frac{2\sigma_2-\sigma_3-\sigma_1}{6G}+\frac{\sigma_1+\sigma_2+\sigma_3}{9K}\\ \varepsilon_3&=\frac{2\sigma_3-\sigma_1-\sigma_2}{6G}+\frac{\sigma_1+\sigma_2+\sigma_3}{9K}\end{aligned}\right\}\tag{2.8.17}$$

二、弹性体的变形位能

当材料受外荷载作用，在内应力作用下发生变形，这些材料将失去势能并做功，这些势

能或者由于内在摩擦力作用转化为热能并耗散，或者被储存为弹性势能，这一部分能量对应于卸载过程中所做的功。在缓慢的弹性变形(即无动力效应)中，由于加载和卸载过程中的应力-应变关系相同，外力所做的功完全存储为弹性势能，意味着在加载阶段所做的功在卸载过程中将完全恢复。如图 2.8.3 所示，$\sigma_z dxdy$ 为作用在立方体微块前后面上的一对外力，变形位能的变化等于外力作的功，也即是

$$ddU = \underbrace{\sigma_z dxdy}_{\text{外力}}\ \underbrace{d\varepsilon dz}_{\text{位移}} = \sigma d\varepsilon dV \tag{2.8.18}$$

如图 2.8.4 所示，当 ε_z 由 0 增大到 ε_f 过程中，有

$$dU = \int_0^{\varepsilon_f} \sigma d\varepsilon dV \tag{2.8.19}$$

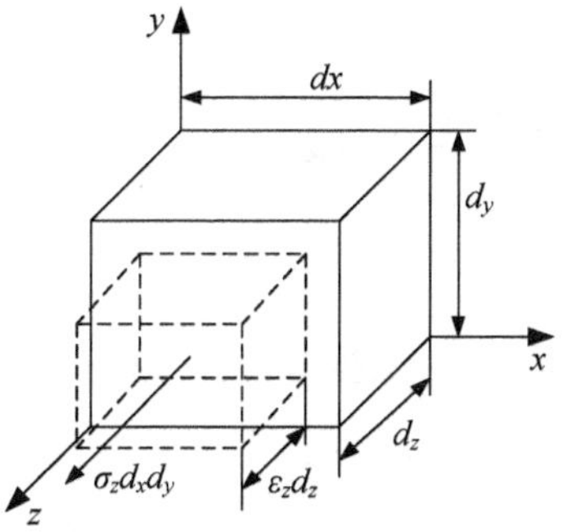

图 2.8.3 微元体单向应力状态

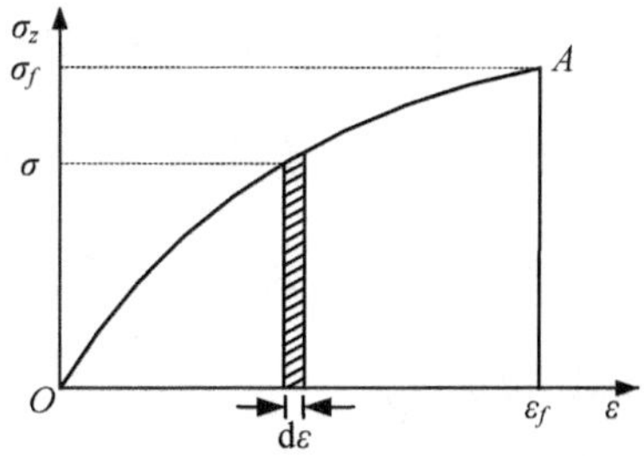

图 2.8.4 变形位能与外力功

针对线弹性体，外力做的功等于三角形的面积

$$dU = \frac{1}{2}\sigma_f \varepsilon_f dV = \frac{1}{2}\sigma_z \varepsilon_z dV \tag{2.8.20}$$

弹性体微块的体积为 $dV = dxdydz$，定义单元体内的比弹性位能(体积改变)

$$W_{1z} = \frac{dU}{dV} = \frac{\sigma_z \varepsilon_z}{2} = \frac{\sigma_z^2}{2E} \tag{2.8.21}$$

式(2.8.21)为单向应力状态下单元体的比弹性位能。

在塑性变形和黏性变形中，在变形过程中损失的势能转化为热能并耗散。在这两种情况下，卸载后对应的部分变形仍然存在，此时内力在卸载过程中未做功。在实际工程材料的变形中，弹性变形、塑性变形和黏性变形同时发生，因此，外力所做功的一部分被耗散掉，而另一部分则被储存为弹性势能，在卸载过程中变形将恢复。图 2.8.5 为弹塑性材

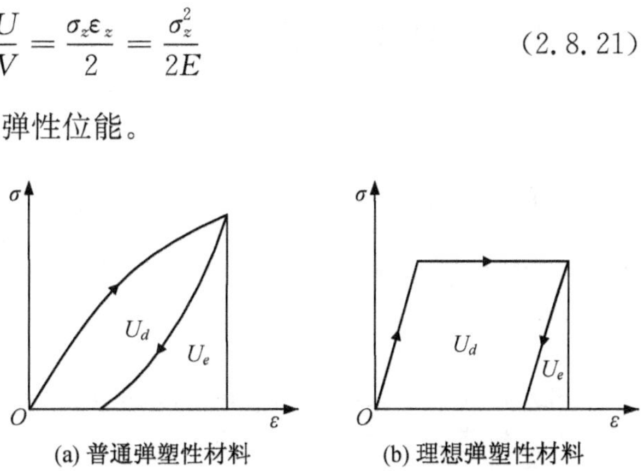

图 2.8.5 弹性势能 U_e 和耗散能 U_d

料在一维应力状态下的变形能储存和耗散情况。

同理，对纯剪情况（图 2.8.6）也可得比弹性位能（形状改变）

$$ddW = \underbrace{\tau dxdz}_{\text{剪力}} \underbrace{d\gamma dy}_{\text{剪切变形}} \Rightarrow dW = \int_0^{\gamma_f} \tau d\gamma dV \Rightarrow W_2 = \frac{\tau_{xy}^2}{2G} \tag{2.8.22}$$

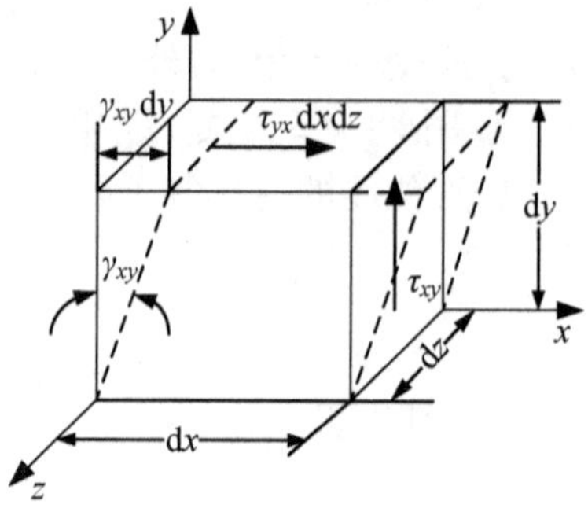

图 2.8.6　微分体的应力分量

如一立方微块上的六个面，作用有 9 个应力分量。假如各应力分量也都是逐渐增加的，则根据叠加原理，可将在每个应力分量作用时所积蓄的能量的和，作为各应力分量同时作用的弹性变形能。将在立方微块上的各应力分量同时作用时各应力分量所做的功相加得到

$$\begin{aligned} dU = \frac{1}{2}(&\sigma_x dydz\varepsilon_x dx + \sigma_y dzdx\varepsilon_y dy + \sigma_z dxdy\varepsilon_z dz + \\ &\tau_{xy} dydz\gamma_{xy} dx + \tau_{yz} dzdx\gamma_{yz} dy + \tau_{zx} dxdy\gamma_{zx} dz) \end{aligned} \tag{2.8.23}$$

将式(2.8.2)代入式(2.8.23)，并利用 $W=\frac{dU}{dV}$ 关系，或者根据式(2.8.21)—式(2.8.22)的关系，可得总比位能为

$$\begin{aligned} W &= W_1 + W_2 \\ &= \frac{1}{2E}[(\sigma_x+\sigma_y+\sigma_z)^2 - 2(1+\mu)(\sigma_x\sigma_y+\sigma_y\sigma_z+\sigma_z\sigma_x)] + \frac{1}{2G}(\tau_{xy}^2+\tau_{yz}^2+\tau_{zx}^2) \end{aligned} \tag{2.8.24}$$

当坐标与主轴重合时，则总比弹性位能为

$$W = \frac{1}{2E}[(\sigma_1+\sigma_2+\sigma_3)^2 - 2(1+\mu)(\sigma_1\sigma_2+\sigma_2\sigma_3+\sigma_3\sigma_1)] \tag{2.8.25}$$

利用应力不变量，可得

$$W = \frac{1}{2E}[I_1^2 - 2(1+\mu)I_2] \tag{2.8.26}$$

或者

$$W = \frac{1}{2E}[(\sigma_x+\sigma_y+\sigma_z)^2 - 2(1+\mu)(\sigma_x\sigma_y+\sigma_y\sigma_z+\sigma_z\sigma_x-\tau_{xy}^2-\tau_{yz}^2-\tau_{zx}^2)] \tag{2.8.27}$$

将式(2.8.2)、式(2.8.4)、式(2.8.6)代入式(2.8.27)，经整理后，可得用应变分量表示的比弹性位能

$$W = G\left[\frac{1-\mu}{1-2\mu}(\varepsilon_x+\varepsilon_y+\varepsilon_z)^2 - 2(\varepsilon_x\varepsilon_y+\varepsilon_y\varepsilon_z+\varepsilon_z\varepsilon_x) + \frac{1}{2}(\gamma_{xy}^2+\gamma_{yz}^2+\gamma_{zx}^2)\right] \tag{2.8.28}$$

如各坐标轴的方向与主变形轴重合，则上式变成

$$W = G\left[\frac{1-\mu}{1-2\mu}(\varepsilon_1+\varepsilon_2+\varepsilon_3)^2 - 2(\varepsilon_1\varepsilon_2+\varepsilon_2\varepsilon_3+\varepsilon_3\varepsilon_1)\right] \tag{2.8.29}$$

将应变张量不变量式(2.7.24)代入得

$$W = G\left[\frac{1-\mu}{1-2\mu}J_1^2 - 2J_2\right] \tag{2.8.30}$$

W 表示弹性单位体积材料内积蓄的总能量，这个能量可看做是由两部分组成：由于立方体体积改变而积蓄的能量，用 W' 表示；由于立方体形状改变而蓄存的能量用 W'' 来表示。

当立方体各棱边有相同的线应变量(即立方体只有体积变形)时，见图 2.8.7。每边的线应变可由式(2.8.2)求得

$$\varepsilon_x = \varepsilon_y = \varepsilon_z = \frac{1-2\mu}{E}p \tag{2.8.31}$$

由图 2.8.7 知

$$\sigma_x = p+\sigma'_x, \sigma_y = p+\sigma'_y, \sigma_z = p+\sigma'_z \tag{2.8.32}$$

要保证图 2.8.7 立方体不产生体积变形(即产生形状变形)，即体积变形为零的条件：

$$\sigma'_x+\sigma'_y+\sigma'_z = 0 \tag{2.8.33}$$

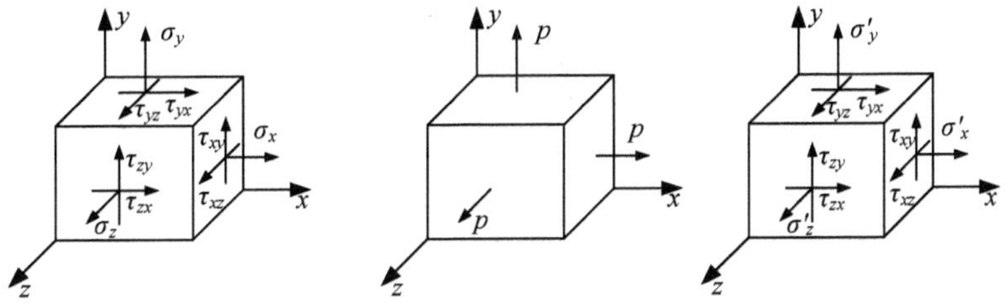

图 2.8.7　立方体的体积变形

由式(2.8.32)—式(2.8.33)得

$$p = \frac{\sigma_x+\sigma_y+\sigma_z}{3} \tag{2.8.34}$$

根据式(2.8.21)和式(2.8.24)知，当只有体积变形时，剪应力为零，此时正应力为 p，或者用 $W' = \frac{3\sigma\varepsilon}{2}$，可知

$$W' = \frac{3(1-2\mu)}{2E}p^2 = \frac{1-2\mu}{6E}(\sigma_x+\sigma_y+\sigma_z)^2 \tag{2.8.35}$$

根据式(2.8.35)知，单位体积变形能与应力张量第一不变量的平方成正比

$$W' = \frac{1-2\mu}{6E}I_1^2 = \frac{I_1^2}{18K} \tag{2.8.36}$$

单位体积的形状变形能可由总比能式(2.8.24)减去式(2.8.35)求得

$$W''=W-W'=\frac{1+\mu}{6E}[(\sigma_x-\sigma_y)^2+(\sigma_y-\sigma_z)^2+(\sigma_z-\sigma_x)^2+6(\tau_{xy}^2+\tau_{yz}^2+\tau_{zx}^2)] \tag{2.8.37}$$

W'' 还可以用偏斜张量不变量和八面体剪应力表示

$$W''=-\frac{1+\mu}{E}I'_2=-\frac{I'_2}{2G}=\frac{3\tau_{\text{oct}}^2}{4G} \tag{2.8.38}$$

第三章 / 力学强度理论

在工程设计中，通常要验算建筑物或基础的强度，这就要研究力学的强度理论，这一理论就是应力张量与应变张量理论，由此可得出应力状态和应变状态的各种不变特征。这一方面前一章已经扼要地做了介绍。强度条件是直接通过试验得到材料的极限应力之后建立的，所以强度理论主要由下面的关系来表示，即在某一种应力状态下，将主应力代入后，材料发生破坏。

$$F(\sigma_1, \sigma_2, \sigma_3, K_1, K_2, K_3, \cdots) = 0$$

式中：K_1, K_2, K_3 为材料试验的固定参数；$\sigma_1, \sigma_2, \sigma_3$ 为主应力。

对于工程设计者或研究者来说，应善于应用两种张量的计算数据和试件的最简单试验来判断强度破坏或破裂的可能性。也即是，根据试验资料，对材料的破坏原因做出假设，根据假设来建立理论(强度理论)，反过来用各种试验数据检验理论的适用性，并提出改进意见。在复杂应力状态下，要通过试验确定各种不同主应力组合下的极限应力是难以做到的，且此时的试验设备和试验方法都很复杂。因此，为了解决复杂应力状态下的强度计算问题，不再直接通过复杂应力状态的破坏试验建立强度条件，而是致力于观察和分析材料破坏的规律，找出使材料破坏的共同原因，然后利用单向应力状态的试验结果，来建立复杂应力状态下的强度条件。

17 世纪以来，根据大量的试验，通过观察和分析，提出了各种关于破坏原因的假说，并由此建立了不同的强度条件。这些假说和强度条件通常就称为强度理论。所有的强度理论都是假定材料在危险状态以前，即塑性材料在屈服前、脆性材料在破坏前，都服从胡克定律。此假定虽与实际有一定出入，但能够满足实用要求。强度问题随着科学的发展，又形成了塑性强度理论，即超过塑性状态的强度理论问题。所谓脆性破坏或断裂是与材料的分子构造这个概念相联系的，固体材料之所以能保持形状、具有一定的强度，是由于有引力和斥力的分子相互作用，当分子互相分离至某一极限时，它们之间的引力急剧减弱，而发生破裂，这种分裂破坏，即脆性破坏。塑性屈服是指材料在超过弹性之后，产生变形的情况。古典强度理论通常并不明确区分这两种破坏类型。

本章只介绍古典强度理论的适应性等方面的问题，不涉及物理强度和断裂理论(断裂力学)问题，也不包括安全度或安全系数的问题，仅从材料强度理论本身去分析，不涉及刚度及稳定问题，而且只研究一次加荷引起各向同性材料的破坏问题，试件尺寸、体积和重复加载的影响等将在第四章中介绍。

第一节　古典强度理论

下面根据历史发展过程，简要介绍古典强度理论。

一、最大主应力理论（第一强度理论）

这个理论是17世纪伽利略（Galileo）首先提出的，其假定最大应力（拉应力或压应力）是材料到达危险状态的决定因素，即在任何其他应力状态下，材料一点的破裂是由于最大主应力达到该材料某一极限 σ_0 时引起的。材料简单拉伸和压缩试验表明，在这两种情况下的抗力 σ_0 及 $-\sigma_0$ 相同，则在任何复杂应力状态下，一点处的材料不发生破裂的条件为3个不等式（$\sigma_1 \geqslant \sigma_2 \geqslant \sigma_3$）：

$$\left.\begin{aligned} -\sigma_0 \leqslant \sigma_1 \leqslant \sigma_0 \\ -\sigma_0 \leqslant \sigma_2 \leqslant \sigma_0 \\ -\sigma_0 \leqslant \sigma_3 \leqslant \sigma_0 \end{aligned}\right\} \tag{3.1.1}$$

这个理论与某些脆性材料（玻璃、电木、岩石、混凝土、砖、石膏等）的拉伸试验结果相符合。在17—19世纪，脆性材料应用较广时，它起到一定作用，但后来越来越发现它的片面性和缺点。由式（3.1.1）知，材料破坏只与一个方向主应力有关，而与其余两个主应力无关，因而得出材料的破坏与二向应力或三向应力无关的结论，这显然是错误的。

对于塑性材料的试验也说明这个理论不正确，如软钢受单向拉伸或压缩时，晶格的滑动并不发生在主应力最大的横截面上，而是在与拉力轴线成45°的斜面上，是由剪应力引起的破坏。又如，一受扭圆形软钢，按第一强度理论断定，材料的破裂条件为

$$\tau_{\min}^{\max} = \pm \frac{16M_T}{\pi d^3} \tag{3.1.2}$$

式中：M_T 为扭矩；$\dfrac{\pi d^3}{16}$ 为圆截面的抗扭截面模量。

相当于

$$\sigma_1 = \frac{16M_T}{\pi d^3}, \sigma_2 = 0, \sigma_3 = -\frac{16M_T}{\pi d^3} \tag{3.1.3}$$

达到极限时

$$M_T = \frac{\pi d^3}{16}\sigma_0 \tag{3.1.4}$$

实际上当扭矩较式（3.1.4）算得的值小一半时，就出现相当大的塑性变形，说明其过高估计了材料的强度。另外，许多各向等值压力试验 $\sigma_1 = \sigma_2 = \sigma_3 < 0$ 表明，所有材料在应力超过由简单压缩试验测得的流动极限至强度极限许多倍时，亦不出现破裂的征象，说明这一理论又过低估计了材料在比较大的荷载下进入塑性状态时的材料强度。即使脆性材料，这

个理论也并不是完善的，如石料或混凝土棱柱试件受单向压缩时，这个理论就不能解释为什么破裂会从正应力等于零的纵向截面开始。

二、最大应变理论(第二强度理论)

这是阿利奥脱(E. Aaritto)于1682年提出的理论，圣维南于19世纪中叶使该理论定型。它假定最大应变是材料到达危险状态的决定因素，即以 $|\varepsilon|_{max}$ 作为判别强度的准则。如由简单的拉伸或压缩试验所得极限应变值为 ε_0 和 $-\varepsilon_0$，则强度条件为

$$\left.\begin{aligned}-\varepsilon_0 \leqslant \varepsilon_1 \leqslant \varepsilon_0\\ -\varepsilon_0 \leqslant \varepsilon_2 \leqslant \varepsilon_0\\ -\varepsilon_0 \leqslant \varepsilon_3 \leqslant \varepsilon_0\end{aligned}\right\} \tag{3.1.5}$$

若材料直至破坏都处于弹性范围，则在复杂应力下，由广义胡克定律，在单向拉伸与压缩时的应变表达式为

$$\varepsilon_0 = \frac{\sigma_0}{E},\ -\varepsilon_0 = -\frac{\sigma_0}{E} \tag{3.1.6}$$

因此，强度条件可写作

$$\left.\begin{aligned}-\sigma_0 \leqslant \sigma_1 - \mu(\sigma_2 + \sigma_3) \leqslant \sigma_0\\ -\sigma_0 \leqslant \sigma_2 - \mu(\sigma_3 + \sigma_1) \leqslant \sigma_0\\ -\sigma_0 \leqslant \sigma_3 - \mu(\sigma_1 + \sigma_2) \leqslant \sigma_0\end{aligned}\right\} \tag{3.1.7}$$

对平面应力问题 $(\sigma_2 = 0)$，则式(3.1.7)成为

$$\left.\begin{aligned}-\sigma_0 \leqslant \sigma_1 - \mu\sigma_3 \leqslant \sigma_0\\ -\sigma_0 \leqslant \sigma_3 - \mu\sigma_1 \leqslant \sigma_0\\ -\sigma_0 \leqslant -\mu(\sigma_1 + \sigma_3) \leqslant \sigma_0\end{aligned}\right\} \tag{3.1.8}$$

如果计算得出两个互相垂直的非主平面上的应力为 $\sigma_x, \sigma_y, \tau_{xy}$，则利用平面向题中的主应力公式得

$$\begin{aligned}\sigma_1 = \frac{\sigma_x + \sigma_y}{2} + \sqrt{\left(\frac{\sigma_x - \sigma_y}{2}\right)^2 + \tau_{xy}^2}\\ \sigma_2 = \frac{\sigma_x + \sigma_y}{2} - \sqrt{\left(\frac{\sigma_x - \sigma_y}{2}\right)^2 + \tau_{xy}^2}\end{aligned} \tag{3.1.9}$$

把上述条件改写成

$$\begin{aligned}&-\sigma_0 = (1-\mu)\frac{\sigma_x + \sigma_y}{2} \pm (1+\mu)\sqrt{\left(\frac{\sigma_x - \sigma_y}{2}\right)^2 + \tau_{xy}^2} \leqslant \sigma_0\\ &-\frac{\sigma_0}{\mu} \leqslant \sigma_x + \sigma_y \leqslant \frac{\sigma_0}{\mu}\end{aligned} \tag{3.1.10}$$

上二式在19世纪—20世纪初，在工程计算特别是机械制造计算中普遍应用。尽管这

一理论未被试验证实，但至今运用得仍然较广泛，在一些教材和专著中，可经常见到利用这个理论所得的算式。与第一强度理论相比，这个理论综合考虑了三个主应力的影响，与许多脆性材料试验结果较吻合，如混凝土在二向应力作用下强度比单向压力高。但是，对于各向承受均匀压力的均质材料来说，它能承受很高的压力且仍保持弹性的现象，第二强度理论也同样无法解释。

由式(3.1.7)的第三式知，当 $\sigma_1 = \sigma_2 = \sigma_3 < 0$ 时

$$|\sigma_3| = \frac{\sigma_0}{1-2\mu} \tag{3.1.11}$$

按此理论，材料在二向拉伸时的强度条件是 $\sigma_1 - \mu\sigma_3 \geqslant \sigma_0$，而材料在单向拉伸时的强度条件是 $\sigma_1 = \sigma_0$，上面给出二向拉伸反而比单向拉伸更安全的不合理结论，这是因为一个方向的伸长被另一方向的拉伸所减小的结果。此外，当单向拉伸破裂时与单向压缩破裂时得到相同的极限应变值

$$\varepsilon_1 = \frac{\sigma_0}{E}, \varepsilon_1 = \frac{\sigma_0}{E}\mu \tag{3.1.12}$$

从而得

$$\mu = \frac{\sigma_0}{\sigma_0} = 1.0 \tag{3.1.13}$$

这种情况也是不正确的。

三、最大剪应力理论(第三强度理论)

此理论是1773年杰出的物理学家和工程师库仑(C. A. Coulomb)提出来的，认为最大剪应力是使材料到达危险状态的决定因素，由此作为强度准则。

此理论假定：当材料中的最大剪应力等于简单拉伸试验中屈服点的最大剪应力时，便开始屈服，即材料达到流动的危险状态。其强度条件为

$$\left.\begin{aligned} -\tau_0 \leqslant \tau_1 \leqslant \tau_0 \\ -\tau_0 \leqslant \tau_2 \leqslant \tau_0 \\ -\tau_0 \leqslant \tau_3 \leqslant \tau_0 \end{aligned}\right\} \tag{3.1.14}$$

式中：τ_0 及 $-\tau_0$ 分别为拉伸和压缩试验时最大剪应力的极限值，即 $\tau_0 = \frac{\sigma_0}{2}$，$-\tau_0 = -\frac{\sigma_0}{2}$。

由于 $\tau_{max} = \pm\frac{\sigma_1 - \sigma_{2/3}}{2}$，则强度条件的最终形式为

$$\left.\begin{aligned} -\sigma_0 \leqslant \sigma_1 - \sigma_2 \leqslant \sigma_0 \\ -\sigma_0 \leqslant \sigma_2 - \sigma_3 \leqslant \sigma_0 \\ -\sigma_0 \leqslant \sigma_3 - \sigma_1 \leqslant \sigma_0 \end{aligned}\right\} \tag{3.1.15}$$

平面应力状态下 ($\sigma_2 = 0$) 则

$$\left.\begin{array}{l} -\sigma_0 \leqslant \sigma_1 \leqslant \sigma_0 \\ -\sigma_0 \leqslant -\sigma_3 \leqslant \sigma_0 \\ -\sigma_0 \leqslant \sigma_3 - \sigma_1 \leqslant \sigma_0 \end{array}\right\} \tag{3.1.16}$$

由式(3.1.16)可以看出,前二式与第一强度理论相应条件吻合。如 σ_1 及 σ_3 同号,则上式中第三式的条件得到满足,故可以取消。反之,如异号,第一、第二式得到满足,则只须保留第三式。

当应力状态是 $\sigma_1 = -\sigma_3$ 的纯扭转时,因 $\tau_1 = -\sigma_1$,$\tau_3 = -\sigma_3$,则强度条件变为

$$-\frac{\sigma_0}{2} \leqslant \sigma_1 \leqslant \frac{\sigma_0}{2} \tag{3.1.17}$$

第三强度理论的假设:破裂系因材料的一部分相对另一部分产生剪切和滑移引起的。这个理论被许多塑性(延性)材料的试验所证实,盖斯特(J. J. Gulst)采用铜和钢制薄管,使其受拉伸(压缩)、扭转及内压力的联合作用,得到各种组合的复杂应力状态。试验结果证明,同一种材料,不论主应力按何种比例组合,当开始屈服时,最大剪应力都几乎相差不多,即残余变形发生在主应力差 $\sigma_1 - \sigma_3$ 几乎为常数值的情况。圆球受液压的各向等值压缩时,由式(3.1.15)或(3.1.16)第三式知,当 $\sigma_1 = \sigma_3$,即等式左边为零,球内不存在剪应力。式(3.1.15)的强度条件恒能被满足。按此理论证明三向均匀受压时,不易进入危险状态。当塑性材料受单向拉伸屈服时,沿 45°截面出现切尔诺夫线的事实,也支持这个理论的假定。

在圆试件扭转试验中,如式(3.1.3)所示,强度条件(3.1.17)相应为

$$|\sigma_3| = \frac{16M_T}{\pi d^3} \leqslant \frac{\sigma_0}{2} \tag{3.1.18}$$

故得极限扭矩为

$$M_T = \frac{\pi d^3}{32}\sigma_0 \tag{3.1.19}$$

上式比第一强度理论式(3.1.3)之值小一半,这个结果与试验吻合。

第三理论曾对两向拉应力($\sigma_1 \geqslant \sigma_3 \geqslant 0$, $\sigma_2 = 0$)、两向组合压应力状态($\sigma_1 < 0$, $\sigma_2 = 0$, $\sigma_3 < 0$)进行了试验校核,证明对拉压应力相等的塑性材料,理论与试验很吻合;对拉压应力不等的材料(多为脆性材料)如生铁、石料、水泥、石等,理论与试验结果不吻合。其次,这个理论只考虑了 σ_1 和 σ_3,没考虑 σ_2 的影响。事实上,主应力 σ_2 的大小与方向对材料强度是有影响的。在三向均匀受拉时($\sigma_1 = \sigma_2 = \sigma_3$),根据式(3.1.15)看来不可能达到危险状态,这些与实际情况不符。关于这个理论的应用范围,将在莫尔理论中再叙述。这个理论也被屈雷斯卡(Tresca)和圣维南用作屈服条件。

第三强度理论提供的算式比较简单,加上与塑性(延性)试验结果的吻合性,所以在塑性材料的强度设计中被广泛地应用。

四、能量理论(第四强度理论)

这个理论最先是由意大利贝尔特拉密(E. Baltrami)于 1885 年提出来的,后经波兰力

学家胡勃(M. T. Huber)于1904年进行了修正。从物理观点出发,固体破裂必须克服保证物体固有形状和物体强度的分子力,这必然要消耗功(如试验机加力设备所做的功),把这个功作为判别强度的准则。

在一般应力状态下的单元体,都要发生形状与体积的变化,在材料内部由于立方体形状改变而蓄存的能量称为形状改变比能 W'',以及立方体体积改变而蓄存的能量称为体积改变比能 W'。贝尔特拉密根据克拉贝隆原理,认为消耗于物体单位体积的变形比能(全部功)为

$$W = \frac{1}{2E}[(\sigma_1 + \sigma_2 + \sigma_3)^2 - 2(1+\mu)(\sigma_1\sigma_2 + \sigma_2\sigma_3 + \sigma_3\sigma_1)] \tag{3.1.20}$$

在单轴拉伸或压缩试验中,应力为 σ_0 时,功的极限值为

$$W_0 = \frac{\sigma_0^2}{2E} \tag{3.1.21}$$

当 $W \leqslant W_0$ 时,其强度条件,可写为

$$\sigma_1^2 + \sigma_2^2 + \sigma_3^2 - 2\mu(\sigma_1\sigma_2 + \sigma_2\sigma_3 + \sigma_3\sigma_1) \leqslant \sigma_0^2 \tag{3.1.22}$$

这个理论在一开始便产生了分歧,首先它预料的物体在弹性状态下的破坏,只限于弹性脆裂情况;其次与三向等值压缩($\sigma_1 = \sigma_2 = \sigma_3 = p$)试验结果发生很大矛盾,因为此时功的表达式为

$$W' = 3\,\frac{1-2\mu}{2E}p^2 \tag{3.1.23}$$

说明当压力 p 足够大的时候,这个功也可以相当大,即可以大于单轴压缩的功,而不出现任何破裂征象。

为此,1904年,胡勃建议可按下列方式修改贝尔特拉密的理论,强度条件式(3.1.22)可以用来研究在物体中平均主应力为正值,受力状态主要为拉伸的点

$$p = \frac{\sigma_1 + \sigma_2 + \sigma_3}{3} = p_m \geqslant 0 \tag{3.1.24}$$

如该点主要受压,即

$$p = p_m < 0 \tag{3.1.25}$$

则强度准则不应该为式(3.1.21)所表示的全功,而应该从其中减去消耗于只使物体体积改变而不是形状改变的那部分功。这部分功就是各向等值压缩所做的功,即

$$W' = \frac{3(1-2\mu)}{2E}p^2 = \frac{(1-2\mu)}{6E}(\sigma_x + \sigma_y + \sigma_z)^2 = \frac{(1-2\mu)}{6E}(\sigma_1 + \sigma_2 + \sigma_3)^2 \tag{3.1.26}$$

式中:$p = \frac{\sigma_x + \sigma_y + \sigma_z}{3} = \frac{\sigma_1 + \sigma_2 + \sigma_3}{3}$。

胡勃假定材料到达危险状态的决定因素是形状改变比能 W'',而与体积比能 W' 无关。

它的危险条件和强度准则是

$$W'' \leqslant W''_0 \tag{3.1.27}$$

而 W'' 等于总比能减去体积比能，即

$$\begin{aligned} W'' &= W - W' \\ &= \frac{1+\mu}{3E}(\sigma_1^2 + \sigma_2^2 + \sigma_3^2 - \sigma_1\sigma_2 - \sigma_2\sigma_3 - \sigma_3\sigma_1) \\ &= \frac{1+\mu}{6E}[(\sigma_1 - \sigma_2)^2 + (\sigma_2 - \sigma_3)^2 + (\sigma_3 - \sigma_1)^2] \end{aligned} \tag{3.1.28}$$

单向压缩时（$\sigma_1 = \sigma_2 = 0, \sigma_3 = -\sigma_0$），形状改变的比能（功）

$$W''_0 = \frac{1+\mu}{3E}\sigma_0^2 \tag{3.1.29}$$

当 $p = p_m < 0$ 时，将式(3.1.29)及式(3.1.28)代入式(3.1.27)，则强度条件可写成

$$\sigma_1^2 + \sigma_2^2 + \sigma_3^2 - \sigma_1\sigma_2 - \sigma_2\sigma_3 - \sigma_3\sigma_1 \leqslant \sigma_0^2 \tag{3.1.30}$$

或

$$\sqrt{\sigma_1^2 + \sigma_2^2 + \sigma_3^2 - \sigma_1\sigma_2 - \sigma_2\sigma_3 - \sigma_3\sigma_1} \leqslant \sigma_0 \tag{3.1.31}$$

亦可改写成

$$\sqrt{\frac{1}{2}[(\sigma_1 - \sigma_2)^2 + (\sigma_2 - \sigma_3)^2 + (\sigma_3 - \sigma_1)^2]} \leqslant \sigma_0 \tag{3.1.32}$$

将 $\tau_1 = \frac{\sigma_2 - \sigma_3}{2}$，$\tau_2 = \frac{\sigma_3 - \sigma_1}{2}$，$\tau_3 = \frac{\sigma_1 - \sigma_2}{2}$ 代入式(3.1.32)，得

$$\sqrt{\frac{1}{2}(\tau_1^2 + \tau_2^2 + \tau_3^2)} = \tau_0^2 \tag{3.1.33}$$

强度条件式(3.1.31)和式(3.1.22)相比，其特点是式中不包括任何弹性常数，即不受材料破坏时处于弹性状态的约束。所以，可将式(3.1.31)作为材料由弹性状态过渡到塑性状态的条件，若此时材料不破裂而产生塑性变形，它就可以作为流动的极限（$\sigma_0 = \sigma_m$）。从这个观点出发，1913 年德国米塞斯（Von Mises）和 1924 年汉斯基（Hencky）先后建议把式(3.1.31)作为材料发生塑性变形过程中的屈服条件，可得

$$\sqrt{\frac{1}{2}[(\sigma_1 - \sigma_2)^2 + (\sigma_2 - \sigma_3)^2 + (\sigma_3 - \sigma_1)^2]} = \sigma_0 = \sigma_m \tag{3.1.34}$$

例如，研究同时受轴向拉伸和扭转的薄管，以 σ 和 τ 表示相应的应力，则主应力将为

$$\sigma_1 = \frac{\sigma}{2} + \sqrt{\frac{\sigma^2}{4} + \tau^2} \tag{3.1.35}$$

$$\sigma_3 = \frac{\sigma}{2} - \sqrt{\frac{\sigma^2}{4} + \tau^2} \tag{3.1.36}$$

将上二式代入式(3.1.34)，于是屈服条件式(3.1.34)变为

$$\sigma^2 + 3\tau^2 = \sigma_m^2 = \sigma_0^2 \tag{3.1.37}$$

单元体的形状变化(非体积变化)与剪应力密切联系，从这点看，第三和第四强度理论在性质上彼此相近，因为它们都以剪应力为依据。它们是把材料过渡到塑性状态并出现相应的残余变形作为强度破坏条件的强度理论，实际上也是假定材料具有相同的单轴拉伸和压缩的抗力。同样，在第二强度理论中也有这样的假定，只有第一强度理论可以摆脱这个限制，即在强度条件式(3.1.1)中，对压缩抗力($-\sigma_0$)，按绝对值可以不同于单轴拉伸抗力(σ_0)，条件式(3.1.1)可写成一般形式

$$\left.\begin{array}{l} -\sigma_0 < \sigma_1 < \sigma_0 \\ -\sigma_0 \leqslant \sigma_2 \leqslant \sigma_0 \\ -\sigma_0 \leqslant \sigma_3 \leqslant \sigma_0 \end{array}\right\} \tag{3.1.38}$$

对于脆性材料，$|-\sigma_0| = \sigma_0$。

由式(3.1.33)知，第四强度理论本质上仍以考虑剪切影响为基础，但比最大剪应力理论更完善，因为它考虑了“统计平均剪应力”，在危险条件中还同时包括了三个主应力[式(3.1.32)]。

这个理论与许多塑性材料的试验符合，如1945年戴维斯(E. A. Dmavis)的钢管复合受力说明，它对判断碳素钢的屈服阶段是相当准确的。但它对脆性材料的拉断破坏仍不适用。另外，当三向有等值拉力时，式(3.1.32)的左面等于零，仍得出材料在这种受力状态很难破坏的结论，这当然是错误的。

五、莫尔强度理论(第五强度理论)

1773年，库仑根据石料试块和石灰砂浆试件所做的各种试验，在研究材料因滑移引起的裂缝后指出：抵抗滑动各力的总和，等于引起滑动趋向的力，即在压区内的滑动抵抗力由颗粒间的黏着力和摩擦力组成。保证滑动开始的剪力极限值如下：

$$\tau = \tau_c - f\sigma = c - f\sigma \tag{3.1.39}$$

式中：f 为摩擦系数；σ 为滑动面上的正应力；$\tau_c = c$ 为黏着力。

此后，杜格(1885年)建议将式(3.1.39)普遍化，使它也适应于拉伸的情况；莫尔进一步发展了杜格的观点，1900年提出了自己的理论，从这时起，其理论得到广泛应用，并得到不断发展。

前面的四个强度理论，都是假定某一个与应力状态有关的因素作为危险状态(强度准则)的唯一决定因素，而在危险条件中只包含一种应力的影响(正应力或剪应力)。比如最大剪应力理论是解释和判断塑性材料是否发生屈服的理论，但材料发生屈服的根本原因是材料的晶格之间在最大剪应力的面上发生错动。因此，从理论上说，这一理论也可以解释和判断材料的脆性剪断破坏。但实际上，有些试验现象并没有证实这种论断。例如铸铁压缩试

验，虽然试件发生剪断破坏，但剪断面并不是最大剪应力的作用面。这一现象表明，对于脆性材料，仅用剪应力作为判断材料剪断破坏的依据还不全面。

莫尔认为材料到达危险状态(破坏)，主要取决于剪应力，但和正应力也有很大的关系，这就是这个理论的特点。莫尔认为虽然剪应力仍然是材料到达危险状态的主要决定因素，即剪应力使材料在发生塑性变形处或剪切面上发生面与面的相对滑动，并在两个面之间产生与剪应力方向相反的内摩擦力，以阻止沿剪切面的滑动，但其值应该由该面上的正压力和摩擦系数的乘积来决定。对每一种已知材料，摩擦系数为定值，故摩擦力就决定于作用在剪切面上的正应力。对一定材料在一定应力状态下，正压应力越大时，则材料越不易沿该面滑动；反之，正应力为拉应力时，拉应力越大，则越容易沿该面错动。根据这个理论，材料的破坏不一定发生在最大剪应力截面上，而发生在 $\tau_c - f\sigma$ 值为最大的截面上，这是与第三强度理论的不同之处。

在各向主应力为一定比例的状态下，由试验可以找到这种破坏截面，从而得出这些截面上的剪应力和正应力 ($\sigma = \sigma_n$)。对一定材料和一定的应力状态 σ_n，τ_0 是一个定值 ($\tau = \tau_0$)，而且可用表达这种应力状态的莫尔圆上的一点坐标 (σ_n，τ^0) 来表示。τ^0 和 σ_n 不是独立的，已知其中一个，便可确定另一个。对某种材料来说，两个互不独立的极限应力的变化规律，可用 $\tau^0 = f(\sigma_n)$ 表示，即不同状态的极限剪应力(开始屈服的剪应力)是各向破坏面上正应力的函数，它由材料的性质决定，并且可由一条在 σ，τ 坐标系上的曲线表示。

在三向应力状态下，一点的应力状态可以用 3 个二向应力圆来表示，如图 2.5.3 所示。但是，最大和最小正应力、剪应力的变化范围完全决定于 σ_1，σ_3 确定的最大莫尔圆。莫尔理论认为，如不考虑 σ_2 对材料强度的影响，就不需要绘出大圆内的两个小圆。可通过一系列试验，得到材料在各种不同应力状态下达到破裂或屈服时的 σ_1 和 σ_3，并按照它们的数值画出一系列的最大莫尔圆，这些莫尔圆称为极限应力圆，它们的包络线就是上述 $\tau^0 = f(\sigma_n)$ 曲线(图 3.1.1)。按照莫尔理论，材料的安全范围和危险状态，可以用这种包络线来表示。当代表某点应力状态的最大应力圆恰好与包络线相切，则材料刚好达到极限状态，如最大应力圆在包络线以内，则它所代表的应力状态是安全的。在极限状态中，有两个与主轴 σ_1 和 σ_3 等倾斜的滑动(移)面，因包络线切线的斜率为负值，故二滑动面与 σ_1 轴的倾角大于 45°。由于 $\sigma_1 \geqslant \sigma_3$，则最大主应力 σ_1 平分两滑动(移)面间钝角(图 3.1.2a)，最小主应力 σ_3 平分滑动面间锐角。许多抗拉和抗压材料试验证实了这种情况，比如，在试件的简单压缩中(图 3.1.2b)，试件表面的滑动线与横截面的倾角大于 45°；简单拉伸时，这个角小于 45°(图 3.1.2c)。

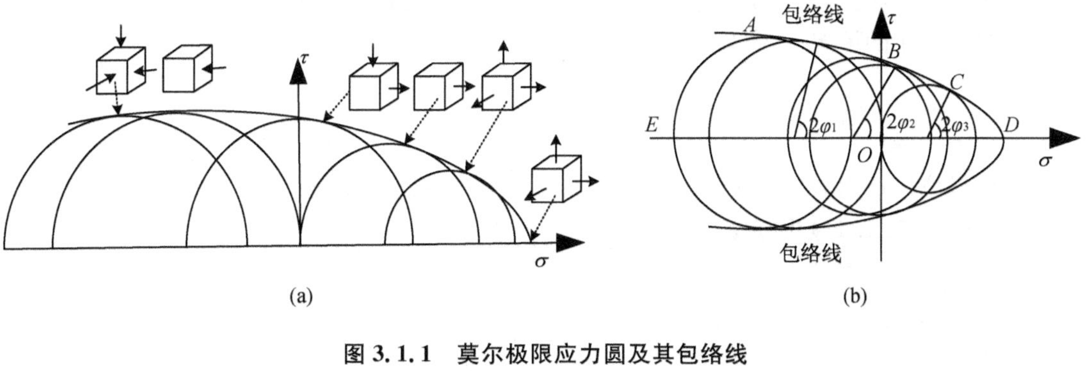

图 3.1.1　莫尔极限应力圆及其包络线

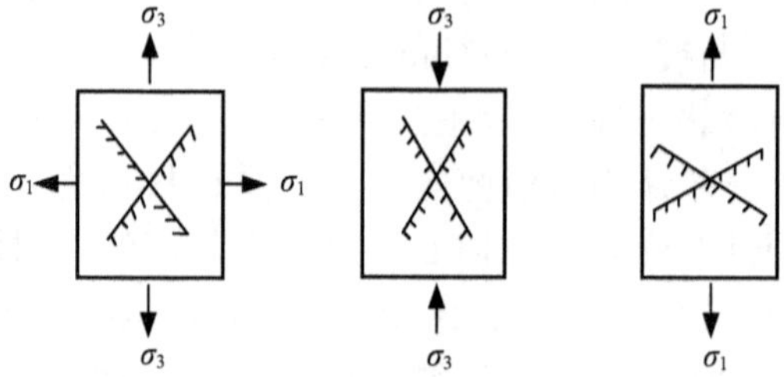

(a) $\sigma_1>\sigma_3>0$　(b) $\sigma_3<0$　(c) $\sigma_1>0$

图 3.1.2　滑裂面图

对每种材料要从试验得出多族圆的包络线是异常困难的，一般可做几个简单试验得出包络线的近似曲线。如只做单向拉伸和压缩及纯剪三个试验，得出相应的极限应力圆，就可绘出如图 3.1.3 所示的包络线；或只由单向拉伸和压缩两个试验得出相应的极限应力圆，再以它们的公切线作为包络线(图 3.1.4)。

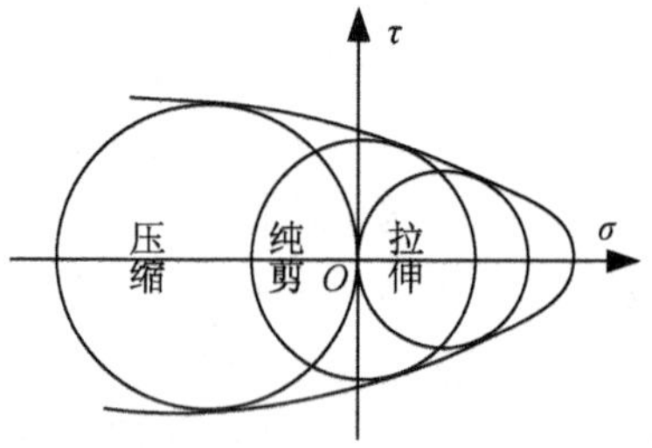

图 3.1.3　单向压缩、拉伸、纯剪试验包络线

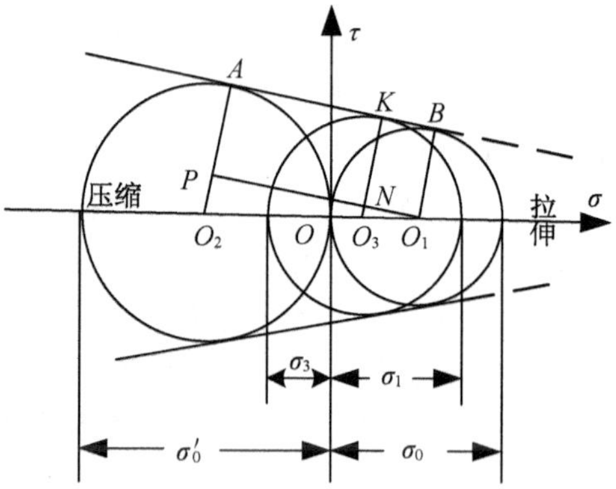

图 3.1.4　单向压缩、拉伸包络线

若图 3.1.3 的包络线可以用二直线代替，则纯剪时的屈服条件为

$$\tau_0=\frac{\sigma_0\sigma_0'}{\sigma_0+\sigma_0'} \tag{3.1.40}$$

式中：τ_0，σ_0，σ_0' 分别为屈服时的剪应力、正拉应力及正压应力。

当 $\sigma_0=\sigma_0'$ 时，式(3.1.40)与最大剪应力理论完全一致。

在图 3.1.4 的情况下，莫尔理论的屈服条件可为

$$\sigma_1-\frac{\sigma_0}{\sigma_0'}\sigma_3=\sigma_0 \tag{3.1.41}$$

当材料拉伸抗力与压缩抗力相同时 ($\sigma_0=\sigma_0'$)，包络线为两条水平直线(图 3.1.5)。式(3.1.40)—式(3.1.41)相应变成

$$\sigma_1-\sigma_3\leqslant\sigma_0 \tag{3.1.42}$$

$$\tau_0=\frac{\sigma_0}{2} \tag{3.1.43}$$

上式即为最大剪应力的危险条件，也就是最大剪应力理论。此时，极限剪应力与正应力 σ 无关，所有极限莫尔圆的半径均相同，临界点与圆的顶点重合，从而滑动（移）面与 σ_1 及 σ_3 两轴倾斜 45°。低碳钢、铜等材料的试验结果，都证明了上述事实。因而这一理论具有最大剪应力理论的优点。对脆性材料的断裂破坏也适用，因为式(3.1.40)也考虑了脆性材料 σ_0 与 σ_0' 不同的特性，这是莫尔圆理论比最大剪应力理论更优越的地方。

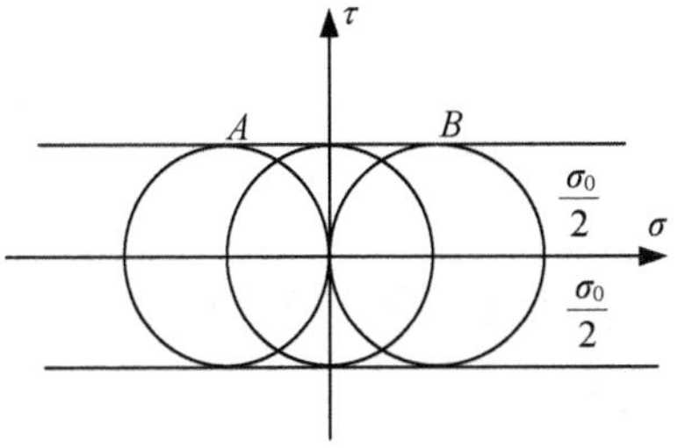

图 3.1.5　抗拉压相同时的包络线

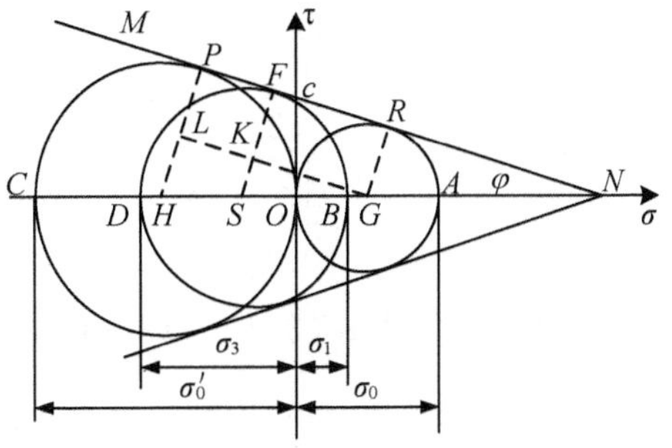

图 3.1.6　脆性材料二维应力的莫尔圆

图 3.1.6 表示莫尔理论应用于脆性二维应力的情况。图中 OA 代表 σ_0，OC 代表 σ_0'。对任意比值 $\frac{\sigma_{\max}}{\sigma_{\min}}=\frac{\sigma_1}{\sigma_3}$，作一直径 $\overline{BD}=\sigma_1-\sigma_3$ 并切于直线 MN 的圆，就可以求得这个应力极限值。

根据图 3.1.6，由三角形 GSK 和 GHL 的相似性得

$$\frac{\overline{SK}}{\overline{HL}}=\frac{\overline{SG}}{\overline{HG}} \tag{3.1.44}$$

式中：$\overline{HL}=\frac{\sigma_0'}{2}-\frac{\sigma_0}{2}$；$\overline{HG}=\frac{\sigma_0'}{2}+\frac{\sigma_0}{2}$；$\overline{SK}=\frac{\sigma_1-\sigma_3}{2}-\frac{\sigma_0}{2}$；$\overline{SG}=\overline{GO}-\overline{BO}+\overline{BS}=\frac{\sigma_0}{2}-\sigma_1+\frac{\sigma_1-\sigma_3}{2}=\frac{\sigma_0}{2}-\frac{\sigma_1+\sigma_3}{2}$。

脆性材料不发生破坏的条件为

$$\frac{\overline{HL}}{\overline{HG}}>\frac{\overline{SK}}{\overline{SG}}\Rightarrow\frac{\sigma_0'-\sigma_0}{\sigma_0'+\sigma_0}>\frac{\sigma_1-\sigma_3-\sigma_0}{\sigma_0-\sigma_1-\sigma_3} \tag{3.1.45}$$

从而得脆性材料发生破坏的莫尔准则

$$\frac{\sigma_1}{\sigma_0}-\frac{\sigma_3}{\sigma_0'}<1 \tag{3.1.46}$$

对任何给定的比值 σ_1/σ_3，皆可计算出断裂时的 σ_1 及 σ_3 值，同时还能说明三向均匀受拉应力作用下，在包络线顶点材料很容易破坏（图 3.1.1 中的 D 点）；而在三向均匀受压应力作用时，在包络线以内则难以破坏（图 3.1.1 中的 E 点）。图 3.1.1 中的 φ_1，φ_2，φ_3 表示在相应的应力状态下，破坏截面与 σ_1 作用面所成的夹角。显然，这些夹角不一定为 45°，也就说明破坏面并不一定是最大剪应力作用面（如铸铁单向压缩试验时，$\varphi=30°\sim40°$）。

莫尔准则在土力学和岩石力学领域应用时，土体或岩石沿剪切应力方向发生滑动，可以认为整体在该处发生流动或屈服，用来表征材料破坏的参数是内摩擦角 φ 和凝聚力 c。内摩擦角 φ 是土或岩石的抗剪强度指标之一，反映材料内部各颗粒之间内摩擦力的大小，包括土颗粒之间产生相互滑动时需要克服由于颗粒表面粗糙不平而引起的滑动摩擦，以及由于颗粒物的嵌入、连锁和脱离咬合状态而移动所产生的咬合摩擦，内摩擦角愈大，强度愈高。凝聚力 c 表示法向应力为零时的剪切面的剪切强度。由图 3.1.6 可得

$$\begin{cases}\dfrac{\sigma_t}{2}+\dfrac{\sigma_t}{2}\sin\varphi = c\cos\varphi \Rightarrow \sigma_t = \dfrac{2c\cos\varphi}{1+\sin\varphi}\\ \dfrac{\sigma_c}{2}-\dfrac{\sigma_c}{2}\sin\varphi = c\cos\varphi \Rightarrow \sigma_c = \dfrac{2c\cos\varphi}{1-\sin\varphi}\end{cases} \tag{3.1.47}$$

将式(3.1.47)代入式(3.1.46)，得到采用内摩擦角 φ 和凝聚力 c 表示的莫尔准则如下：

$$\sigma_1(1+\sin\varphi)-\sigma_3(1-\sin\varphi) < 2c\cos\varphi \tag{3.1.48}$$

总体来说，从莫尔理论的观点看来，应力状态的任何形式(拉伸、压缩、纯剪等)，都可以互相比拟对照，与任何应力状态相应的极限主应力圆能形成一条公共包络线，将簇圆包住。莫尔强度理论简单、方便，可判断破坏方向，不仅适用于塑性岩石，也适用于脆性岩石的剪切破坏，较好地解释了岩石抗拉强度远远低于抗压强度的特征，也解释了三向等拉时破坏、三向等压时岩石破坏的现象。但是，由于莫尔理论是以剪应力作为材料破坏的根本原因，所以不适用于材料发生拉断时的情况，也不适用于膨胀、蠕变破坏。此外，在作包络线时忽略了 σ_2 的影响，和最大剪应力理论一样，一般将产生 10%～17%左右的误差。莫尔理论是岩石力学中应用最广泛的理论，而且这个理论还在不断地发展中。

第二节　强度理论在主应力空间的反映及比较

一、空间反映

上节研究的强度理论，都是用应力状态来表示强度极限条件，而且按下列条件选择 3 个主应力 $\sigma_1,\sigma_2,\sigma_3$ 作为不变量：$\sigma_1 \geqslant \sigma_2 \geqslant \sigma_3$。这些数值可以视为属于以 $\sigma_1,\sigma_2,\sigma_3$ 为坐标轴(图 3.2.1)的三度空间中一点的笛卡尔坐标。

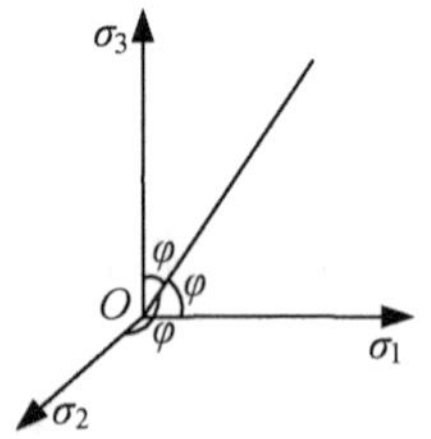

图 3.2.1　σ_1、σ_2、σ_3 的笛卡尔坐标

位于坐标轴上的点反映了沿该轴的简单拉伸或压缩，位于坐标平面内的点反映了平面应力状态 (σ_1,σ_2)、(σ_2,σ_3)、(σ_1,σ_3)，坐标原点相应于在该点没有应力，空间对角线与坐标的正半轴等倾斜，其方向余弦为 $l=m=n=\cos 54°44'' = 1/\sqrt{3}$。位于空间对角线上的点反映了三个主应力均相同的应力状态，这种应力状态，有时被称为流体静应力状态。位于第一象限的半对角线，反映了各向等值拉伸的情况：

$$\sigma_1 = \sigma_2 = \sigma_3 > 0 \tag{3.2.1}$$

相反，在第七象限的半对角线给出了各向等值压缩的情况：

$$\sigma_1 = \sigma_2 = \sigma_3 < 0 \tag{3.2.2}$$

相应于任何理论的强度条件的空间极限点，应位于某一极限表面上：

$$F(\sigma_1, \sigma_2, \sigma_3, \sigma_0) = 0 \tag{3.2.3}$$

原点不能位于极限表面上，因为它没有应力，一直处于强度抗力的范围内（无应力），如将原点坐标代入式(3.2.3)，得到

$$F(0,0,0) < 0 \tag{3.2.4}$$

则满足条件

$$F(\sigma_1, \sigma_2, \sigma_3) < 0 \tag{3.2.5}$$

的各种应力状态都是强固的，因为反映这种应力状态的点，位于包含坐标原点的式(3.2.5)极限表面的范围以内。也就是说，相应于该理论的强度条件可用式(3.2.5)的形式来表示。

以第四强度理论为例来说明它的概念与应用情况，由强度条件式(3.1.34)知

$$(\sigma_1 - \sigma_2)^2 + (\sigma_2 - \sigma_3)^2 + (\sigma_3 - \sigma_1)^2 \leqslant 2\sigma_0^2 \tag{3.2.6}$$

按式(3.2.3)的极限表面方程

$$2F(\sigma_1, \sigma_2, \sigma_3) = (\sigma_1 - \sigma_2)^2 + (\sigma_2 - \sigma_3)^2 + (\sigma_3 - \sigma_1)^2 - 2\sigma_0^2 = 0 \tag{3.2.7}$$

展开并除以 2，得到

$$F(\sigma_1, \sigma_2, \sigma_3) = \sigma_1^2 + \sigma_2^2 + \sigma_3^2 - \sigma_1\sigma_2 - \sigma_2\sigma_3 - \sigma_3\sigma_1 - \sigma_0^2 = 0 \tag{3.2.8}$$

代入原点坐标，得到

$$F(0,0,0) = -\sigma_0^2 < 0 \tag{3.2.9}$$

进一步考虑空间对角线的特殊作用，在研究某些极限表面的形式时，为了方便起见，常常利用一个坐标轴为空间对角线的另一个坐标系，来代表 $\sigma_1\sigma_2\sigma_3$ 坐标系。可按下列方法来变换坐标：①使坐标系（图 3.2.1）绕 σ_2 轴转 45°；②使新坐标系在等分 $\sigma_1\sigma_2$ 及 $\sigma_2\sigma_3$ 平面间二面角的平面内旋转一个空间对角线的方向余弦等于 $1/\sqrt{3}$ 的角度，即应由下列条件选择欧拉角（欧拉角是用来确定定点转动刚体位置的 3 个一组独立角参量，由章动角 θ、进动角 ψ 和自转角 φ 组成，图 3.2.2）。

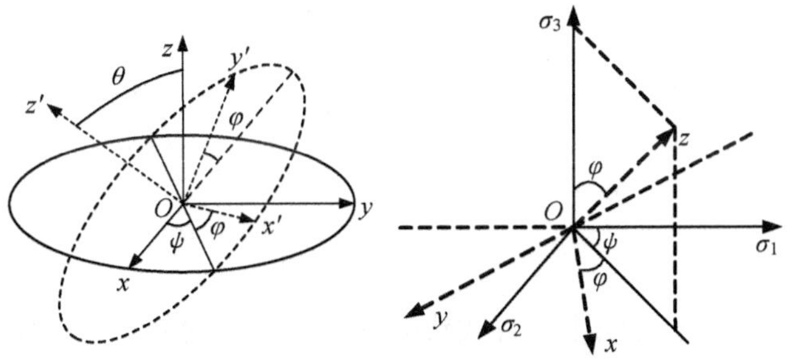

图 3.2.2　空间对角线的笛卡尔坐标

$$\sin\psi = \frac{1}{\sqrt{2}};\sin\varphi = \frac{\sqrt{2}}{\sqrt{3}};\cos\psi = \frac{1}{\sqrt{2}};\cos\varphi = \frac{1}{\sqrt{3}};\theta = 0\begin{cases}\sin\theta = 0\\ \cos\theta = 1\end{cases} \tag{3.2.10}$$

利用解析几何公式，得到由新坐标系 x，y，z 表示的原坐标 σ_1，σ_2，σ_3 表达式中的方向余弦。通过运算后，可导出下列换算公式

$$\left.\begin{aligned}\sigma_1 &= \frac{1}{\sqrt{2}\sqrt{3}}x - \frac{1}{\sqrt{2}}y + \frac{1}{\sqrt{3}}z \\ \sigma_2 &= \frac{1}{\sqrt{2}\sqrt{3}}x + \frac{1}{\sqrt{2}}y + \frac{1}{\sqrt{3}}z \\ \sigma_3 &= -\frac{\sqrt{2}}{\sqrt{3}}x + 0 + \frac{1}{\sqrt{3}}z\end{aligned}\right\} \tag{3.2.11}$$

把它应用到各种强度理论后，可得到各理论的强度条件。

(1) 第一强度理论的强度条件不用转轴，它在 $\sigma_1\sigma_3$ 平面上的极限表面准线是边长为 $2\sigma_0$ 的正方形，母线为 σ_2 轴(图 3.2.5)，即

$$\left.\begin{aligned}-\sigma_0 \leqslant \sigma_1 \leqslant \sigma_0 \\ -\sigma_0 \leqslant \sigma_2 \leqslant \sigma_0\end{aligned}\right\} \tag{3.2.12}$$

(2) 第二强度理论的强度条件式(3.1.5)及式(3.1.7)是按拉伸和压缩极限来建立的，但按此理论的实质来说，应只限于拉伸的正值，即不存在负值 $(-\sigma_0)$，该双边不等式变为一般的三个不等式，于是得三个极限条件

$$\left.\begin{aligned}\sigma_1 - \mu(\sigma_2 + \sigma_3) = \sigma_0 \\ \sigma_2 - \mu(\sigma_3 + \sigma_1) = \sigma_0 \\ \sigma_3 - \mu(\sigma_1 + \sigma_2) = \sigma_0\end{aligned}\right\} \tag{3.2.13}$$

上式形成了三个平面的方程式，利用式(3.2.11)得出它们在新坐标 x，y，z 内的方程如下：

$$\left.\begin{aligned}\frac{1+\mu}{\sqrt{2}\sqrt{3}}x - \frac{1+\mu}{\sqrt{2}}y + \frac{1-2\mu}{\sqrt{3}}z = \sigma_0 \\ \frac{1+\mu}{\sqrt{2}\sqrt{3}}x + \frac{1+\mu}{\sqrt{2}}y + \frac{1-2\mu}{\sqrt{3}}z = \sigma_0 \\ -\frac{\sqrt{2}}{\sqrt{3}}(1+\mu)x - \frac{1-2\mu}{\sqrt{3}}z = \sigma_0\end{aligned}\right\} \tag{3.2.14}$$

上面三个方程式代表的三个平面的交点位于空间对角线上 (54°44′)，其坐标为 z 轴(即空间对角线)：

$$x = y = 0,\ z = \frac{\sqrt{3}\sigma_0}{1-2\mu} \tag{3.2.15}$$

这三个平面与 $xy(z=0)$ 相交，可得由下列直线组成的等边三角形

$$\left.\begin{aligned}\frac{x}{\sqrt{3}}-y&=\frac{\sqrt{2}\sigma_0}{1+\mu}\\ \frac{x}{\sqrt{3}}+y&=\frac{\sqrt{2}\sigma_0}{1+\mu}\\ -\frac{x}{\sqrt{3}}&=\frac{\sigma_0}{(1+\mu)\sqrt{2}}\end{aligned}\right\}\tag{3.2.16}$$

因而第二强度理论的极限表面(只考虑受拉时)为轴线沿空间对角线方向的正三面棱锥体的表面。

(3) 第三强度理论的极限表面可由强度条件式(3.1.15)导出确定三对平面的六个极限条件：

$$\left.\begin{aligned}\sigma_1-\sigma_2&=\pm\sigma_0\\ \sigma_2-\sigma_3&=\pm\sigma_0\\ \sigma_3-\sigma_1&=\pm\sigma_0\end{aligned}\right\}\tag{3.2.17}$$

利用式(3.2.11)将其转换到新坐标系内，得

$$\left.\begin{aligned}-\sqrt{2}y&=\pm\sigma_0\\ \frac{\sqrt{3}}{\sqrt{2}}x+\frac{1}{\sqrt{2}}y&=\pm\sigma_0\\ \frac{\sqrt{3}}{\sqrt{2}}x-\frac{1}{\sqrt{2}}y&=\pm\sigma_0\end{aligned}\right\}\tag{3.2.18}$$

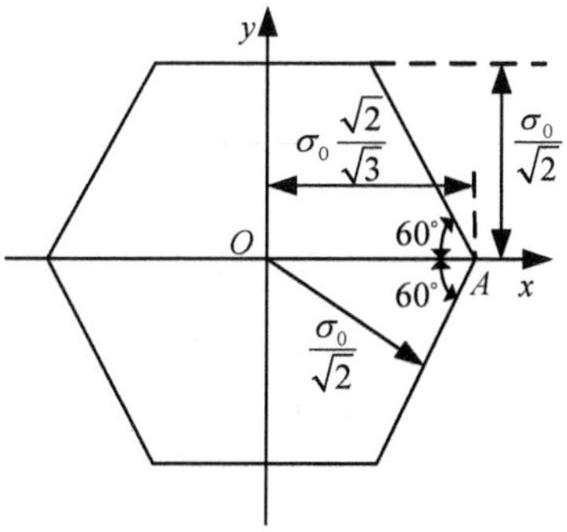

图 3.2.3　第三强度理论极限表面

由上式知，没有 z 坐标的影响(与 z 轴的距离为常数)，也就是所有平面都平行于空间对角线(z 轴)。式(3.2.18)也就是 xy 平面内的直线方程，仍构成一个正六角形(图3.2.3)。所以第三强度理论的极限表面为轴线沿空间对角线方向的正六面棱柱体的表面。

(4) 第四强度理论的强度条件，可由式(3.1.34)导出其限制条件：

$$(\sigma_1-\sigma_2)^2+(\sigma_2-\sigma_3)^2+(\sigma_3-\sigma_1)^2=2\sigma_0^2\tag{3.2.19}$$

由式(3.2.11)得

$$\begin{aligned}(\sigma_1-\sigma_2)^2&=2y^2\\ (\sigma_2-\sigma_3)^2&=\frac{3}{2}x^2+\frac{1}{2}y^2+\sqrt{3}xy\\ (\sigma_1-\sigma_3)^2&=\frac{3}{2}x^2+\frac{1}{2}y^2-\sqrt{3}xy\end{aligned}\tag{3.2.20}$$

将上述值代入式(3.2.19)后得

$$x^2+y^2=\frac{2}{3}\sigma_0^2\tag{3.2.21}$$

上式为 xy 平面内的圆方程。在式(3.2.21)中也没有坐标 z(和第三理论一样)。第四强度理论的极限表面为圆柱体的表面,它的准线圆周的半径等于 $\frac{2}{3}\sigma_0$,圆柱的轴线沿空间对角线的方向。

(5) 莫尔强度理论中,由于略去了 σ_2 的影响,从主应力 $\sigma_1\sigma_2\sigma_3$ 空间的反映来说,有其特殊性,就是说,对这个理论只限于 $\sigma_1\sigma_3$ 平面就够了,前面已经研究了莫尔理论在平面中的反映(图 3.1.1)。因没有 σ_2 的影响,所以莫尔理论的极限表面曲线在 $\sigma_1\sigma_2\sigma_3$ 的空间反映为一柱面形式,其准线在 $\sigma_1\sigma_3$ 平面内,母线平行于 σ_2 轴。如已知包线在 $\sigma\tau$ 坐标内(图 3.2.4)的方程式

$$\tau = f(\sigma) \tag{3.2.22}$$

则在 $\sigma_1\sigma_3$ 平面上的关系(即柱面准线)可由下述方法求得:

$$\tan\beta = \frac{d\tau}{d\sigma} = -\tau' \tag{3.2.23}$$

式中:负号表示莫尔包络切线的斜率为负值。

由图 3.2.4 知

$$\sigma = OC + CN = \frac{\sigma_1 + \sigma_3}{2} + \frac{\sigma_1 - \sigma_3}{2}\sin\beta \tag{3.2.24}$$

$$\tau = NM = \frac{\sigma_1 - \sigma_3}{2}\cos\beta \tag{3.2.25}$$

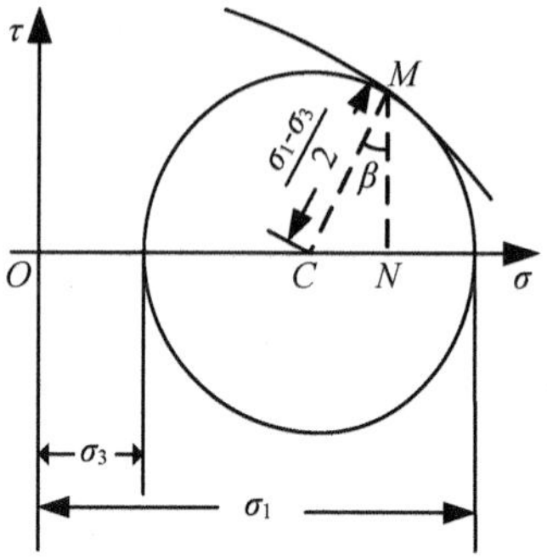

图 3.2.4　第五强度极限表面

由式(3.2.23)—式(3.2.25)可得

$$\left.\begin{aligned} \frac{\sigma_1 + \sigma_3}{2} &= \sigma - \tau tg\beta = \sigma + \tau\tau' \\ \frac{\sigma_1 - \sigma_3}{2} &= \frac{\tau}{\cos\beta} = \tau\sqrt{1+\tau^2} \end{aligned}\right\} \tag{3.2.26}$$

由式(3.2.26)可得出极限曲线上的点在 $\sigma_1\sigma_3$ 平面内的坐标方程

$$\left.\begin{aligned} \sigma_1 &= \sigma + \tau(\tau' + \sqrt{1+\tau'^2}) \\ \sigma_3 &= \sigma + \tau(\tau' - \sqrt{1+\tau'^2}) \end{aligned}\right\} \tag{3.2.27}$$

根据 $\tau = f(\sigma)$ 的函数关系,说明上述等式为在 $\sigma_1\sigma_3$ 平面内莫尔极限曲线的参数方程,亦即在 $\sigma_1\sigma_2\sigma_3$ 空间内莫尔柱面准线的参数方程,其中参数为 σ。如莫尔包络线可用一对直线代替(图 3.1.4),则 $\tan\beta = -\tau'$ 为常数,式(3.2.27)与参数 σ 呈线性关系,即在 $\sigma_1\sigma_3$ 平面内仍代表一对直线,在两个坐标轴上的截距相应为 σ_0 及 $-\sigma_0$,σ_0 及 $-\sigma_0$ 分别为单轴拉伸和压缩时的极限应力。

式(3.2.28)则为图 3.1.6 所示的二截距方程。

$$\left.\begin{aligned}\frac{\sigma_1}{\sigma_0}-\frac{\sigma_3}{\sigma_0'}-1=0\\-\frac{\sigma_1}{\sigma_0'}+\frac{\sigma_3}{\sigma_0}-1=0\end{aligned}\right\}\tag{3.2.28}$$

当 $\sigma_1=0$ 及 $\sigma_3=0$ 时，式(3.1.46)的左面皆为负值，于是莫尔强度理论便得到如下的强度条件：

$$\left.\begin{aligned}\sigma_1-\frac{\sigma_0}{\sigma_0'}\sigma_3<\sigma_0\\\sigma_3-\frac{\sigma_0}{\sigma_0'}\sigma_1<\sigma_0\end{aligned}\right\}\tag{3.2.29}$$

下面再介绍莫尔包络线为二次抛物线时的情况。设曲线方程为

$$\sigma=a-k\tau^2 \text{ 或 } \tau^2=\frac{a-\sigma}{k}\tag{3.2.30}$$

$$\tau\tau'=-\frac{1}{2k},\tau'=-\frac{1}{2k\tau},\tau'^2=\frac{1}{4k^2\tau^2}=\frac{1}{4k(a-\sigma)}\tag{3.2.31}$$

$$\tau\sqrt{1+\tau'^2}=\frac{\sqrt{a-\sigma}}{\sqrt{k}}\sqrt{1+\frac{1}{4k(a-\sigma)}}=\sqrt{\frac{a-\sigma}{k}+\frac{1}{4k^2}}\tag{3.2.32}$$

因此，式(3.2.26)变成下列形式：

$$\begin{cases}\dfrac{\sigma_1+\sigma_3}{2}=\sigma-\dfrac{1}{2k}\\\dfrac{\sigma_1-\sigma_3}{2}=\sqrt{\dfrac{a-\sigma}{k}+\dfrac{1}{4k^2}}\end{cases}\tag{3.2.33}$$

它们是 $\sigma_1\sigma_3$ 平面内莫尔极限曲线的参数方程，消去其中的参数后得

$$\left(\frac{\sigma_1-\sigma_3}{2}\right)^2=\frac{a}{k}-\frac{\sigma_1+\sigma_3}{2k}-\frac{1}{4k^2}\tag{3.2.34}$$

式(3.2.34)中的参数 a 及 k，可由下列条件确定：当抛物线在 σ_1 及 σ_3 之正半轴和负半轴上的截距分别等于 σ_0 及 $-\sigma_0'$ 时，莫尔极限曲线方程的最终形式为

$$(\sigma_1-\sigma_3)^2-(\sigma_0-\sigma_0')(\sigma_1+\sigma_3)-\sigma_0\sigma_0'=0\tag{3.2.35}$$

又因为在坐标原点处 $\sigma_1=\sigma_3=0$，方程左边部分小于零，故莫尔强度为

$$(\sigma_1-\sigma_3)^2-(\sigma_0-\sigma_0')(\sigma_1+\sigma_3)-\sigma_0\sigma_0'<0\tag{3.2.36}$$

二、各种强度理论的简单比较

在上述分析中，已经可以看出各种理论之间的关系，下面再对各种强度理论进行简单的比较。为了用数值关系对比各种理论，先来研究纯剪情形。对于二维应力的特殊情况，最大

拉伸、压缩及剪应力在数值上均相等（$\sigma_1=-\sigma_3=\tau,\sigma_2=0$）。当材料的拉伸与压缩屈服极限相同时，各种理论的屈服条件如下。

第一强度理论

$$\tau_0=\sigma_0 \tag{3.2.37}$$

第二强度理论

$$\tau_0=\frac{\sigma_0}{1+\mu} \tag{3.2.38}$$

第三强度理论

$$\tau_0=\frac{\sigma_0}{2} \tag{3.2.39}$$

第四强度理论（用式 3.1.22）

$$2\sigma_1^2(1+\mu)\leqslant\sigma_0^2 \tag{3.2.40}$$

即

$$\tau_0=\frac{\sigma_0}{\sqrt{2(1+\mu)}} \tag{3.2.41}$$

莫尔强度理论

$$\tau_0=\frac{\sigma_0}{2} \tag{3.2.42}$$

比如对于钢材，$\mu=0.3$ 时，可获得如下结果：第一强度理论 $\tau_0=\sigma_0$；第二强度理论 $\tau_0=0.77\sigma_0$；第三强度理论 $\tau_0=0.50\sigma_0$；第四强度理论 $\tau_0=0.62\sigma_0$；莫尔强度理论 $\tau_0=0.50\sigma_0$。其中 τ_0 为屈服剪应力，可见，各种理论之间的差别是较大的。再如，设计受扭圆轴时，根据上述理论求得直径之比依次为 1∶1.09，1∶1.26，1∶1.17，1∶1.26。必须指出，曾有学者根据圆管承受轴力和扭矩作用的试验，提出在轴向力作用下的法向应力 σ 和扭矩作用下屈服时的剪应力 τ_0 之间的关系如下：

$$\left(\frac{\sigma}{\sigma_0}\right)^2+\left(\frac{\tau}{0.6\sigma_0}\right)^2=1 \tag{3.2.43}$$

按式(3.2.43)，纯剪时的剪应力 $\tau_0=0.6\sigma_0$，而不是像最大剪应力理论那样为 $0.5\sigma_0$。如根据式(3.2.43)，用 σ_3 和 σ_1 代替 τ 和 σ，并把它们的表达式代入式(3.2.43)，展开后将得到

$$\sigma_1^2-0.78\sigma_1\sigma_3+\sigma_3^2=\sigma_0^2 \tag{3.2.44}$$

此式表示的椭圆或图 3.2.5 上的椭圆，也是六角形的外接椭圆。

由式(3.1.31)知，纯剪时，$\tau=\sigma_3=-\sigma_1$，可得出

$$\tau=\sigma_1=\frac{\sigma_0}{\sqrt{3}}=0.577\sigma_0 \tag{3.2.45}$$

也就是说，这个 τ 值非常接近 $0.6\sigma_0$ 的数值。

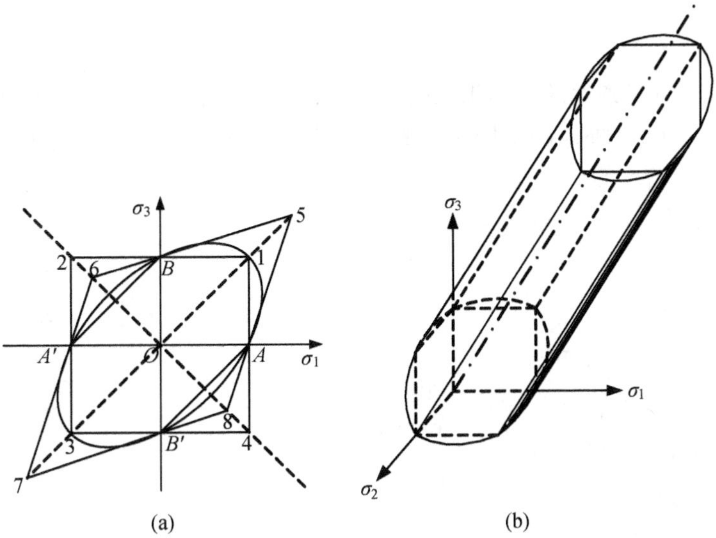

图 3.2.5　强度理论的图形表示

此外，还可以利用图形来表示各强度理论之间的关系。在拉压极限相同的情况下，当 $\sigma_2=0$ 时，即承受二维应力，第一强度理论在屈服(极限强度)时，可在图 3.2.5(a)用 1234 正方形表示，其中 OA，OB 代表沿主应力方向受简单拉伸的屈服应力(极限应力)，OA'，OB' 代表简单压缩时的屈服应力，点 1 表示两垂直方向有相等的拉伸。按第一强度理论，在正方形 1234 内任一点代表的应力，均不致于发生破坏(屈服)，其空间极限平面为正方形的表面。菱形 5678 为第二强度理论的二维应力屈服条件(强度条件)，此菱形可以从平面应力 ($\sigma_1\sigma_2$ 平面内)状态的下述三个公式求得：

$$\begin{aligned}&\sigma_1-\mu\sigma_3=\sigma_0\\&-\mu(\sigma_1+\sigma_3)=\sigma_0\\&\sigma_3-\mu\sigma_1=\sigma_0\end{aligned}\tag{3.2.46}$$

由于一个方向的拉伸，使在垂直方向的应变减小，在相等的拉伸条件下，这将使屈服时的应力值(点 5)比第一强度理论所得的数值(点 1)要高，点 5 的坐标为 $\sigma_0/(1-\mu)$。若二主应力大小相等，但方向相反，则由第二强度理论知，在点 6 及点 8 处材料开始屈服(破坏或到达极限)，这两点的坐标为 $\sigma_0/(1+\mu)$，其应力值比第一强度理论要低。第二强度理论在 $\sigma_1\sigma_3$ 平面内为一菱形，其极限表面为此棱柱体的表面。

在前面曾通过变换坐标方法求得在二维应力状态下第三强度理论的正六角应力图形(图 3.2.3)，当用 $\sigma_1\sigma_3$ 平面坐标系表示时，棱柱体与 $\sigma_1\sigma_3$ 平面相交，并给出下面直线组成的不等六角形应力强度极限[由图 3.2.5(a)中的菱形 $A1BA'3B'A$ 代表]：

$$\sigma_1=\pm\sigma_0,\ -\sigma_3=\pm\sigma_0,\sigma_1-\sigma_3=\pm\sigma_0\tag{3.2.47}$$

当两个主应力符号相同时，第一与第三强度理论的极限相同；但当两个主应力的符号相反时，二者差别较大。

第四强度理论在 $\sigma_1\sigma_2\sigma_3$ 坐标系的强度条件中的 $\sigma_1\sigma_3$ 平面内，将由式(3.2.21)表示的圆变成如下椭圆：

$$\sigma_1^2-\sigma_1\sigma_3+\sigma_3^2=\sigma_0^2 \tag{3.2.48}$$

此椭圆外接于第三强度条件的六角形，由图 3.2.5 可以看出，第三和第四强度理论的极限表面极为接近，且第四强度理论的极限条件略大于第三强度理论的极限条件，在空间坐标中，如图 3.2.5(b)的空间六面体和椭圆柱所示。第三强度理论(Tresca)和第四强度理论(Von Mises)对应关系如图 3.2.6 所示，σ_Y 为屈服应力。

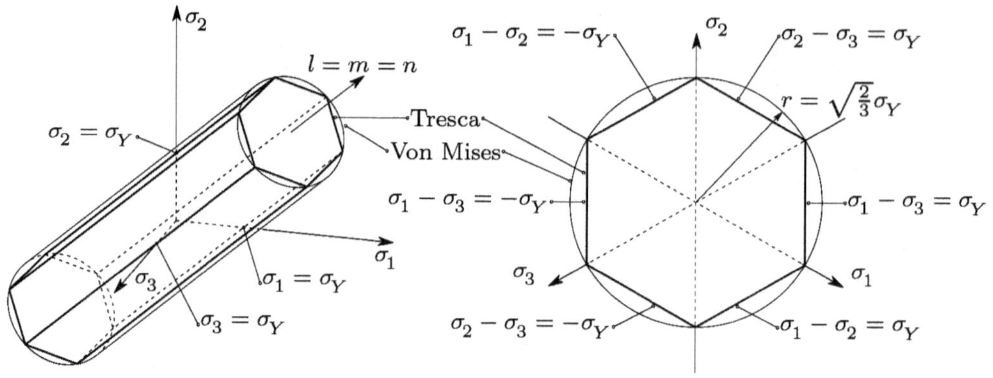

图 3.2.6　Tresca 和 Von Mises 屈服准则对应的屈服面

根据上面强度理论的分析，塑性变形主要是由应力张量的偏分量引起的。事实上，假定各向同性拉伸或压缩应力不会导致材料屈服的情况下，第三强度理论(Tresca)和第四强度理论(Von Mises)的分析结果更接近于试验观察到的材料力学行为。这些结论是从现象学的角度得出的，材料宏观塑性变形对应于微观晶体结构内部的剪切变形，这主要是由剪应力引起的，但这些应力不存在于各向同性应力状态。剪应力在塑性变形中所起作用的另一个标志是，试验观察到的拉压屈服应力具有相同的绝对值，在这两种情况下，剪应力的值是相同的，可通过绘制相应的莫尔圆来确定。

莫尔强度理论如图 3.2.7 所示，当双向拉伸时，极限直线为 AB 和 BC，它们表示当最大拉应力达到 σ_0 时，便发生破坏(断裂)；双向压缩时，得直线 DE 及 EF。若拉伸应力为 σ_1，压缩应力为 σ_3，则极限条件(断裂)可由式(3.1.46)表示，于是可得出图 3.2.7 中的 AF 及 CD 二直线，在任意 σ_1/σ_3 比值下，极限应力均可由此六角形求出。

$$\left.\begin{aligned} CD\quad & \frac{\sigma_2}{\sigma_0}-\frac{\sigma_1}{\sigma_0'}=1\\ AF\quad & \frac{\sigma_1}{\sigma_0}-\frac{\sigma_2}{\sigma_0'}=1 \end{aligned}\right\} \tag{3.2.49}$$

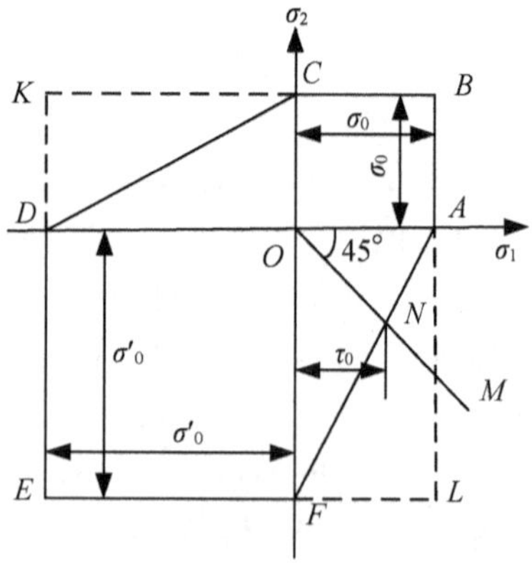

图 3.2.7　莫尔强度理论的二维主应力平面图形

为了与前面相比，在求脆性材料受纯剪时的极限强度时，$\sigma_1=-\sigma_3$，相应的极限点将是

直线 OM 与六角形 AF 边的交点 N，τ_0 值可由图 3.2.7 决定或由式(3.1.46)求得。

$$\sigma_1=\tau_0=\frac{\sigma_0\sigma_0'}{\sigma_0+\sigma_0'} \tag{3.2.50}$$

式(3.2.50)的形式与屈服条件式(3.1.40)完全一样。如用铸铁材料，假定其压缩极限强度约为拉伸的 3～4 倍，则剪切时极限强度约为

$$\tau_0=\frac{4\sigma_0^2}{5\sigma_0}\sim\frac{5\sigma_0^2}{6\sigma_0}=(0.75\sim0.80)\sigma_0 \tag{3.2.51}$$

上面的数值与巴赫试验数值相当吻合。按照第二强度理论，脆性材料在二维应力状态时，图 3.2.7 中虚线所示的正方形 BKEL 代表破坏条件。可以看出，当主应力符号相反时，第一强度理论对工程设计来说比莫尔强度理论偏于安全。

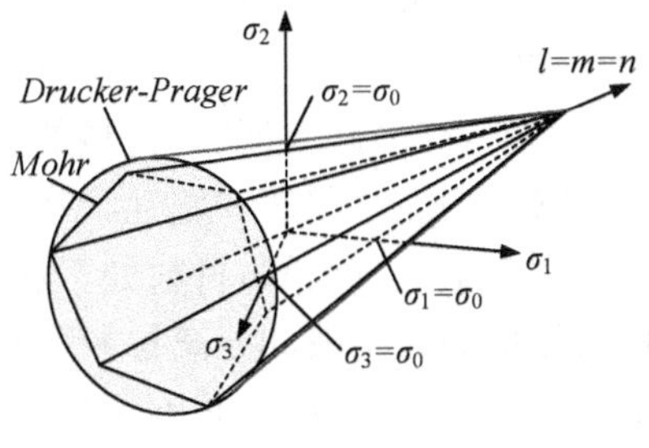

图 3.2.8　莫尔强度理论的三维主应力空间图形

三维主应力空间中的莫尔强度理论如图 3.2.8 所示，呈不规则六角形截面的金字塔，6 个侧平面方程如下：

$$\left.\begin{array}{ll}\dfrac{\sigma_1}{\sigma_0}-\dfrac{\sigma_2}{\sigma_0'}=1\ (\sigma_1>\sigma_3>\sigma_2) & \dfrac{\sigma_2}{\sigma_0}-\dfrac{\sigma_1}{\sigma_0'}=1\ (\sigma_2>\sigma_3>\sigma_1)\\[2ex] \dfrac{\sigma_1}{\sigma_0}-\dfrac{\sigma_3}{\sigma_0'}=1\ (\sigma_1>\sigma_2>\sigma_3) & \dfrac{\sigma_3}{\sigma_0}-\dfrac{\sigma_1}{\sigma_0'}=1\ (\sigma_3>\sigma_2>\sigma_1)\\[2ex] \dfrac{\sigma_2}{\sigma_0}-\dfrac{\sigma_3}{\sigma_0'}=1\ (\sigma_2>\sigma_1>\sigma_3) & \dfrac{\sigma_3}{\sigma_0}-\dfrac{\sigma_2}{\sigma_0'}=1\ (\sigma_3>\sigma_1>\sigma_2)\end{array}\right\} \tag{3.2.52}$$

金字塔的顶点在直线 $\sigma_1=\sigma_2=\sigma_3$ 上，可由式(3.1.49)和式(3.2.52)得到

$$\sigma_1=\sigma_2=\sigma_3=\frac{\sigma_0\sigma_0'}{\sigma_0'-\sigma_0}=\frac{c}{\tan\varphi} \tag{3.2.53}$$

1952 年，Drucker 和 Prager 提出了莫尔准则的近似准则，即用触及 Mohr 金字塔的 6 条纵向边缘线中的 3 条线的圆锥形来表示(图 3.2.8)。Drucker-Prager 准则的优点是计算更简单，仅通过 1 个方程来代替式(3.2.52)中的 6 个方程，而且没有 Mohr 屈服面的边线。但是，Drucker-Prager 准则得到的结果不如 Mohr 准则的预测结果更接近试验观测到的破坏条件。实际上，式 (3.1.47)中的最大和最小主应力 σ_1 和 σ_3 可采用不变量表示，这样就将 Tresca 和 Mohr 准则表示为应力张量不变量的函数，也可以得到它们的单一解析表达式。尽管如此，光滑曲面(von Mises 和 Drucker-Prager)的分析和数值处理是比较简单的。

通过分析，可以看出四种古典强度理论和莫尔理论都曾对工程实践起过较大的作用，而且在目前工程设计中仍然得到一定的应用，但都或多或少地带有一定的片面性和缺陷，因而必须分析其合理的部分和产生片面性及缺点的原因。应认识到，如果材料中没有拉应力，即三个主应力均为负值时，断裂准则也可以作为屈服准则，对脆性材料同样适用。事实上，脆性材料发生断裂破坏后仍能抵抗法向压缩应力和剪应力，其值取决于内摩擦角和压应力大

小，这一断裂具有与屈服相同的性质，因为材料的承载能力并没有消失。因此，尽管土、岩石和混凝土是脆性材料，仍可以对其组成的结构进行弹塑性分析。而大多数脆性材料在压缩状态下将表现出比在拉伸应力状态下更大的断裂应力，这是由于内摩擦角的存在，即作用在受压面上的法向压缩应力增加了它的抗剪强度；但在塑性材料中，法向应力不影响剪切强度。塑性材料与脆性材料力学行为的这种差异可以解释为，在后者中，主要是粒子之间的凝聚力和摩擦力抵抗材料的变形和断裂；而在塑性变形中，晶体结构中的原子间作用力在剪切变形中起着最重要的作用，而且这些力不受正应力的影响，故抗拉强度和压缩内力的屈服特性是相同的。

此外，许多试验证明，材料的脆性和塑性并不是固定的，所谓材料的脆性和塑性应当理解为材料的脆性状态和塑性状态更为合适，这是研究强度理论问题必须首先明确的[8]。从固体物理微观方面知，材料处于脆性状态时，危险状态是由于拉应力或拉伸变形作用下，材料的晶格的原子彼此分离拉断所致。许多试验也证明在压应力作用下，在压缩变形方向是不会破坏的，因而压缩并不是材料破坏的原因。基于这种观点，在第一、第二强度理论中，有最大拉应力和最大伸长变形才会促使材料发生破坏，这才能够比较正确地解释材料处于脆性状态时的拉断破坏现象。所以，“最大正应力理论”和“最大变形理论”可修正为“最大拉应力理论”和“最大拉伸变形理论”，来建立脆性状态下材料断裂的危险条件。根据晶体变形的研究，材料的塑性变形是由于剪切作用，使材料晶体发生相对滑移和剪切变形造成的。处于塑性状态下的材料，通常由于塑性变形到达屈服而失去正常工作能力。所以最大剪应力理论和根据统计剪应力建立的能量理论，适用于建立处于塑性状态下的材料屈服或剪断危险条件（或强度条件）。

于是，各种强度理论的强度条件，经修正后可得如下形式：

第一强度理论

$$\sigma_1 \leqslant \sigma_0(\text{拉}) \tag{3.2.54}$$

第二强度理论

$$\sigma_1 - \mu(\sigma_2 + \sigma_3) \leqslant \sigma_0 \tag{3.2.55}$$

第三强度理论

$$\sigma_1 - \sigma_3 \leqslant \sigma_0 \tag{3.2.56}$$

第四强度理论

$$\sqrt{\sigma_1^2 + \sigma_2^2 + \sigma_3^2 - \sigma_1\sigma_2 - \sigma_2\sigma_3 - \sigma_3\sigma_1} \leqslant \sigma_0 \tag{3.2.57}$$

第五强度理论（莫尔强度理论）

$$\sigma_1 - \frac{\sigma_0}{\sigma_0'}\sigma_3 \leqslant \sigma_0 \tag{3.2.58}$$

若考虑计算应力为 σ_r，则各式应写成如下形式：

$$\sigma_r = \text{上述各式的左边值} \leqslant \frac{\sigma_0(\text{拉})}{K} = [\sigma] \tag{3.2.59}$$

式中：K 为安全系数；$[\sigma]$ 为容许应力。

在实际工程中，应选用哪一个强度理论解决具体问题是比较复杂的，需要根据材料种类、受力情况、荷载性质（静荷载还是动荷载）以及温度等因素决定。一般说来，在常温静载下，脆性材料多发生断裂破坏（包括拉断和剪断），通常采用最大主应力理论或莫尔强度理论，有时也采用最大应变理论；塑性材料多发生屈服破坏，通常采用最大剪应力理论或能量理论，前者偏于安全，后者偏于经济。但是，材料的破坏形式又受应力状态的影响，因此，即使同一种材料，在不同的应力状态下，也不能采用同一种强度理论。例如低碳钢在单向拉伸时呈现屈服破坏，可用最大剪应力理论或能量理论；但在三向拉伸状态下，低碳钢呈现脆性断裂破坏，就需要用最大主应力理论或最大应变理论。对于脆性材料，在单向拉伸状态下，应采用最大主应力理论；但在二向或三向应力状态下，且最大和最小主应力分别为拉应力和压应力的情况，则可采用最大拉应变理论或莫尔强度理论。在三向压应力状态下，不论塑性材料还是脆性材料，通常都发生屈服破坏，故一般可用最大剪应力理论或能量理论。

总之，强度理论的研究，虽然有了很大发展，并且在工程上也得到广泛的应用，但均有不够完善的地方，还有许多问题需要研究。目前，在实际应用上多推荐用莫尔理论，而在材料具有塑性时，变形能理论最合适。必须指出，强度理论同样可用于危险点处于单向应力状态或纯剪应力状态的计算，当危险点处于单向应力状态或纯剪应力状态时，无论选用上述 5 个强度理论中的哪一个，其强度条件均相同；对于危险点处于复杂应力状态情况，则必须先选用合适的强度理论，再按该强度理论的强度条件进行计算。

第二篇
混凝土的力学特性

第四章 / 混凝土的基本力学特性

混凝土是一种以水硬性的水泥为主要胶结材料，以各种矿物成分的粗细骨料为基体拌和而成的人工混合材料。混凝土的强度和变形性能显著地区别于其他单一性结构材料。混凝土的拉压强度(变形)相差悬殊，脆性变形小，且力学性能随时间和环境因素变化的差异大。此外，由于混凝土主要材料的地方化、配制的质量和性能的稳定性受制于施工技术和管理水平，混凝土的各项力学性能指标都有较大的离散度。在水工混凝土结构工程实践中，期望能够定量地预测受荷载后的混凝土性能，包括：混凝土的强度和组成材料的关系，混凝土的各种强度(长期、疲劳和单轴及多轴荷载下的强度)之间的关系，各种试验中混凝土的变形与材料组成的数值关系。

本章主要介绍混凝土的基本力学特性和破坏机理，比如基本应力状态(压、拉、剪)下的强度和变形性能，以及在主要因素影响下的性能变化规律等，这些都是了解和分析混凝土强度理论的基础。本书中讨论的混凝土，一般指用硅酸盐水泥和天然粗细骨料配制的普通混凝土，其密度为 2 200～2 400 kg/m^3，强度等级为 C20—C50。

第一节 混凝土材料组成和特点

混凝土最基本的应力-应变状态是在均匀的单轴受压和单轴受拉等状态下的强度和变形性质，清楚地显示了它区别于其他结构材料(如钢、木、砖石等)的力学性能特点。它们作为混凝土力学性能的最重要指标，既是确定混凝土强度等级的唯一依据，又是决定其他重要性能的特征和指标，如弹性模量、峰值应变、破坏特征、延性指数、多轴强度等的最主要因素[9]。虽然工程中存在许多梁、板、柱等简单构件并不处于理想的单轴受压或受拉应力状态，尤其是水工混凝土复杂结构，各部位实际应力状态千变万化，有不同的强度和变形值，但按此计算仍能满足工程需求。

一、材料组成

混凝土是以水泥为主要胶结材料，拌和一定比例的砂、石和水，有时还加入少量的各种添加剂，经过搅拌、注模、振捣、养护等工序后，逐渐凝固硬化而成的人工混合材料。各组成材料的成分、性质和相互比例，以及制备和硬化过程中的各种条件和环境因素，都对混凝土的力学性能有不同程度的影响。

已有的试验研究结果表明，混凝土力学性能复杂多变的根本原因在于：它是一种非匀质、不等向的，且随时间和环境条件而变化的多相混合材料。从混凝土结构中锯切出一块混凝土，肉眼就可以看出混凝土内部的非匀质构造（图 4.1.1），其主要组成成分有固体颗粒、硬化的水泥砂浆及气孔和缝隙。

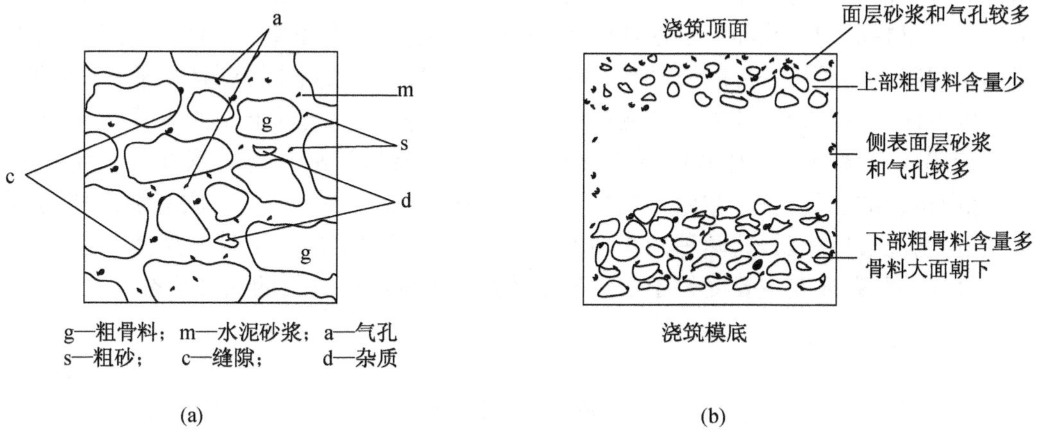

图 4.1.1　混凝土组成材料与构造

（1）固体颗粒

具有不同颜色、尺寸、形状和矿物成分的粗骨料，未水化的水泥团和混入的各种杂质，如砖块、木片等，它们随机分布在混凝土内部，占据了绝大部分体积。

（2）硬化的水泥砂浆

大部分细骨料（砂）和水泥、水混合，搅拌均匀后，构成的水泥砂浆填充在固体颗粒之间，或包围在固体颗粒的周围，凝固后成为不规则、不均匀的条带状或网状结构。

（3）气孔和缝隙

在混凝土搅拌和浇筑过程中混入的少量空气，经振捣后，仍有部分残留在砂浆内部，约成圆孔状。多数气孔位于构件的表层和较大的石子或钢筋的下方。在混凝土凝固过程中，由于水分蒸发和水泥砂浆干缩变形等，在粗骨料和砂浆的界面上以及砂浆的内部形成不规则的细长缝隙。

混凝土的两个基本组成部分，即粗骨料和水泥砂浆的不规则形状和随机分布，以及两者物理和力学性能的显著差异（表 4.1.1），是其呈现非匀质、不等向性质的根本原因。

表 4.1.1　粗骨料和硬化水泥砂浆的物理力学性能指标的典型值[10]

性能指标	抗压强度 $(N\cdot mm^{-2})$	抗拉强度 $(N\cdot mm^{-2})$	弹性模量 $(10^4 N\cdot mm^{-2})$	泊松比	密度 $(kg\cdot m^{-3})$	极限收缩 (10^{-6})	单位徐变 $(10^{-6}N\cdot mm^{-2})$	膨胀系数 $(10^{-6}/℃)$
硬化水泥砂浆	15～150	1.4～7	0.7～2.8	0.25	1700～2200	2000～3000	150～450	12～20
粗骨料	70～350	1.4～14	3.5～7.0	0.1～0.25	2500～2700	一般可忽略	一般可忽略	6～12

此外，还有一些施工和环境因素引起混凝土的非匀质性和不等向性[图 4.1.1(b)]。例如浇筑和振捣过程中，比重和颗粒较大的骨料沉入构件的底部，而比重小的骨料和流动性大

的水泥砂浆、气泡等上浮，靠近构件模板侧面和表面的混凝土表层内，水泥砂浆和气孔含量比内部的多；体积较大的结构，内部和表层的失水速率和含水量不等，内外温度差形成的微裂缝状况也有差别；混凝土坝施工时，常需留出水平的或其他形状的施工缝等。

因此，可将混凝土视为较重、强、硬和稳定性好的粗骨料，埋设在较轻、弱、软和变异性大的水泥砂浆中的复合材料的三维实体结构。混凝土的非匀质性和不等向性的严重程度，主要取决于原材料的均匀性和稳定性，以及制作过程的施工操作和管理的精细程度，其直接结果是影响混凝土的质量、材性的指标和离散度。当混凝土承受不同方向（即平行、垂直或倾斜于浇筑方向）的应力时，其强度和变形值有所不同。例如对混凝土立方体试件，标准试验方法规定沿垂直浇筑方向加载以测定抗压强度，其值略低于沿平行浇筑方向加载的数值。再如，竖向浇筑的混凝土柱，截面上混凝土性质对称，而沿柱高两端的性质有别；卧位浇筑的混凝土柱，情况恰好相反；这两种柱在轴力作用下的强度和变形也不等。显然，混凝土强度和变形性能的复杂多变主要受控于水泥砂浆的性能及其与粗骨料的黏结状态。

二、材性的基本特点

混凝土材料的特殊组成和构造，导致其力学性能复杂多变，具有下述基本特点。

1. 复杂的微观内应力、变形和裂缝状态

将一块混凝土按比例放大，可以视为由粗骨料和硬化水泥砂浆两种主要材料构成的不规则三维实体结构，且具有非匀质性、非线性和不连续性。在混凝土凝固过程中，水泥的水化作用在表面形成凝胶体，水泥浆逐渐变稠、硬化，并和粗细骨料黏结成整体。在此过程中，水泥浆失水收缩变形远大于粗骨料（表 4.1.1）。此收缩变形差使粗骨料受压、砂浆受拉，应力分布见图 4.1.2(a)，这一应力场在截面上的合力为零，但局部应力可能很大，以至在骨料界面产生微裂缝。

粗骨料和水泥砂浆的热学性能有差别，如线膨胀系数（见表 4.1.1），当水泥产生水化热或环境温度变化时，两者的温度变形差受到相互约束而形成温度应力场。更因为混凝土是热惰性材料，温度梯度大，这就增大了温度应力。

当混凝土承受外力作用时，即使作用的应力完全均匀，混凝土内部也将产生不均匀的空间微观应力场[图 4.1.2(b)]，取决于粗骨料和水泥砂浆的面（体）积比、形状、排列和弹性模量值以及界面的接触条件等。在应力的长期作用下，水泥砂浆和粗骨料的徐变差（表 4.1.1）使混凝土内部发生应力重分布，粗骨料将承受更大的压应力。

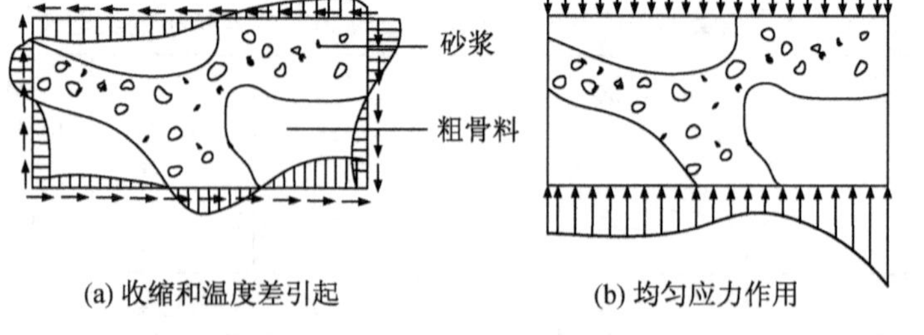

(a) 收缩和温度差引起　　(b) 均匀应力作用

图 4.1.2　微观的内应力分布

混凝土内部有不可避免的初始气孔和缝隙，其尖端附近因收缩、温度变化或应力作用，会形成局部应力集中区，其应力分布更复杂，应力值更高。

所有这些都说明，混凝土在承受荷载之前，就已存在复杂的三维应力、应变和裂缝状态；受力后变化更剧烈，这对其宏观力学性能，如开裂、裂缝扩展、变形、极限强度和破坏形态等，都有明显影响。

2. 变形的多元组成

混凝土在承受应力作用或环境条件改变时都将发生相应的变形，从混凝土的组成和构造特点分析，其变形由三部分组成。

（1）骨料的弹性变形

占混凝土体积绝大部分的石子和砂，本身的强度和弹性模量值均比混凝土高出许多（表 4.1.1）。即使混凝土达到极限强度值时，骨料并不破碎，变形仍在弹性范围以内，即变形与应力成正比，卸载后，变形可全部恢复，不留残余变形［图 4.1.3(a)］。

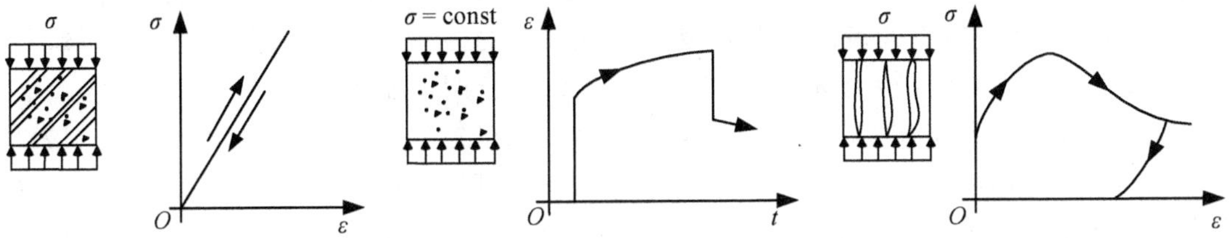

(a) 骨料弹性变形　(b) 水泥砂浆变形　(c) 裂缝扩展

图 4.1.3 混凝土变形的组成部分

（2）水泥凝胶体的黏性流动

水泥经水化作用后生成的凝胶体，在应力作用下除了即时产生的变形外，还将随时间的延续而发生缓慢的黏性流动，混凝土的变形不断地增长，形成塑性变形［图 4.1.3(b)］。当卸载后，这部分变形一般不能恢复，出现残余变形。

（3）裂缝的形成和扩展

在拉应力作用下，混凝土沿应力的垂直方向发生裂缝。裂缝存在于粗骨料的界面和砂浆的内部，裂缝的不断形成和扩展，使得拉应变很快增长。在压应力作用下，混凝土大致沿应力平行方向产生纵向劈裂裂缝，穿过粗骨料界面和砂浆内部。这些裂缝的增多、延伸和扩展，将混凝土分成多个小柱体，纵向变形增大。在应力超过峰值，进入下降段后，变形仍继续增长；且卸载后，大部分变形不能恢复［图 4.1.3(c)］。后两部分变形，不与混凝土的应力成比例变化，且卸载后，大部分不能恢复，一般统称为塑性变形。

不同原材料和组成的混凝土，在不同的应力水平下，这三部分变形所占比例差异较大。当应力较低时，骨料的弹性变形占主要部分，总变形很小；随着应力的增大，水泥凝胶体的黏性流动变形逐渐加速增长；接近混凝土极限强度时，裂缝的变形才显著表露，但其数值大，很快就超过其他变形成分；在应力峰值之后，随着应力的下降，骨料弹性变形逐渐恢复，水泥凝胶体的流动减缓，而裂缝的变形却继续增大。

3. 应力状态和途径对力学性能的巨大影响

混凝土的单轴抗拉和抗压强度的比值约为 1∶10，相应的峰值应变之比约为 1∶20，都相差一个数量级，两者的破坏形态也有根本区别，这与钢、木等材料的拉、压强度和变形接近相等的情况有明显不同。正是这种在基本受力状态下的力学性能的巨大差别，使得混凝土在不同应力状态下的多轴强度、变形和破坏形态等有很大的变化范围；存在横向和纵向应力（变）梯度的情况下，混凝土的强度和变形值又将变化；荷载的重复加卸和反复作用下，混凝土将产生不同程度的变形滞后、刚度退化和残余变形等现象；多轴应力的不同作用途径，改变了微裂缝的发展状况和相互约束条件，使得混凝土出现不同的力学性能反应。

混凝土因应力状态和加卸载途径的不同而引起力学性能的巨大差异，当然是其材料特性和内部微结构所决定的。不同材性的差异足以对构件和结构的力学行为造成重大影响，在实际工程中应予重视和分别处理。

4. 时间和环境条件的巨大影响

混凝土随水泥水化作用的发展而渐趋成熟。试验表明，水泥颗粒的水化作用由表及里逐渐深入，至龄期 20 年后仍未终止。混凝土成熟度的增加，表示了水泥和骨料的黏结强度增大，水泥凝胶体稠化，黏性流动变形减小，因而混凝土的极限强度和弹性模量值都逐渐提高。但是，混凝土在应力的持续作用下，因水泥凝胶体的黏性流动和内部微裂缝的开展而产生的徐变与时俱增，使混凝土材料和构件的变形加大，长期强度降低。

混凝土周围的介质和温湿度条件等既影响其成熟度的发展过程，又与混凝土材料发生物理的和化学的作用，对其性能产生有利的或不利的影响。环境温度和湿度的变化，在混凝土内部形成变化的不均匀的温度场和湿度场，影响水泥水化作用的速度和水分的散发速度，产生相应的应力场和变形场，促使内部微裂缝的发展，甚至形成表面宏观裂缝。环境介质中的二氧化碳与水泥的化学成分作用，在混凝土表面附近形成碳化层，且逐渐增厚，介质中的氯离子对水泥的腐蚀作用降低了混凝土结构的耐久性。

综上所述，混凝土的这些材性特点，决定了其力学性能的复杂、多变和离散，还由于混凝土原材料的性质和组成的差别很大，完全从微观的定量分析来解决混凝土的性能问题，得到准确而实用的结果是十分困难的。但是，从水工混凝土结构工程的观点出发，将一定尺度，例如≥70 mm 或 3～4 倍粗骨料粒径的混凝土体积作为单元，看成是连续的、匀质的和等向的材料，取其平均的强度、变形值和宏观的破坏形态等作为研究的标准，可以有相对稳定的力学性能，并且用同样尺度的标准试件测定各项性能指标，经过总结、统计和分析后建立的破坏（强度）准则和本构关系，在实际工程中应用可以具有足够的准确性。

第二节　混凝土的破坏机理

由于水泥浆和混凝土都是不均匀的脆性材料，特别是混凝土具有高度不均匀性。即使较均匀的水泥浆，在硬化后，其结构仍相当复杂。而且混凝土破坏的主要原因，不单是由于水泥浆的弱点，也有集料的弱点和水泥浆与集料的界面（黏结面或称结合面）的弱点，以及这些因素任意组合的弱点。

一、混凝土裂缝的产生和扩展

许多研究者早已发现，混凝土的破坏是由于内部裂缝逐渐发展的结果，也就是说，破坏只是裂缝发展过程的最后阶段。Bran-dtzaeg 首先推断出受载混凝土的内部存在裂缝，并发现在单轴压缩荷载作用下,混凝土试件的体积,约在极限荷载的 2/3 以内,大致与荷载成比例地减少,称这个荷载下的应力为“临界应力”;在此应力以上,混凝土随着荷载增加而进一步压缩,体积的变化率一直到极限荷载的 80%左右,都是在减小,但随混凝土龄期的增长或集料含量增大,该值可降到 58%左右;荷载继续增大时,体积将随着荷载的增加而增大。故在极限荷载下,试件的表面体积要比未加荷载前的实际体积要大,这种体积的增加是由于横向应变与纵向应变之比急剧地增加并超过 0.5 的结果。Brandtzaeg 从这种现象断定,混凝土膨胀和最后破坏是由于遍布试件内部的拉伸微裂缝逐渐发展造成的,这种微裂缝与所加压力方向平行,当这些微裂缝形成并连通成裂缝时,便发生试件整体的破坏。

图 4.2.1 和图 4.2.2 为加荷试验各种观测数据的示意图。Jones 指出,对受压立方块,当荷载一直增加到破坏时,加荷方向的超声脉冲速度保持不变;但在横向只达到极限荷载的一部分时,脉冲速度就降低了;到破坏时,便进一步降低。这明确说明,开裂在极限荷载的一部分时即开始,其方向与加荷方向平行。

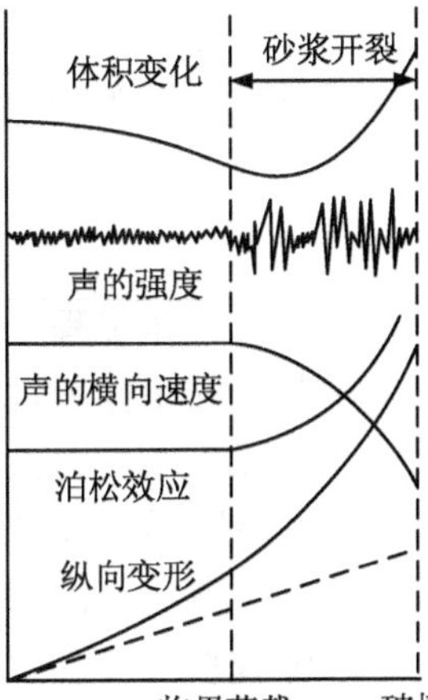

图4.2.1　单轴压缩下微裂缝对混凝土力学性质的影响

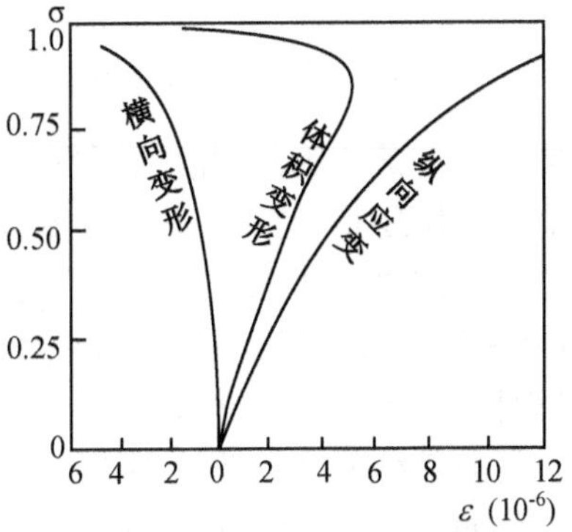

图 4.2.2　单轴受压试件的应变

已拍摄的 X 光显微镜检查提供了进一步的证明,在加荷前混凝土集料和砂浆的界面上早就存在细微裂缝,即所谓“结合裂缝”。这种裂缝主要是由于水泥水化和干燥期间体积变化引起的结果,表明界面是混凝土最薄弱的环节。根据试验,这种裂缝大约在极限荷载的 30%以上时,其长、宽和数量便开始随应变的增加而增加,此时砂浆裂缝可以不计,结合裂缝一般先围绕大集料(骨料)颗粒增加,由此也表明,随着最大粒径的增加,混凝土的强度也相应地降低。在极限强度的 70%~90%时,贯穿砂浆的裂缝显著增加(图 4.2.3 和图 4.2.4),且与邻近的结合裂缝相连,而形成连续裂缝,此阶段混凝土的极限抗压强度是由集料颗粒间的机械连锁产生的。这种连锁作用可通过试验来证明,如用石油或其衍生物将混凝土试件饱和后,抗压强度降低 20%,石油衍生物对混凝土没有腐蚀作用,只对集料颗粒起润滑作用,致使混凝土强度降低,如用红外线干燥并将混凝土的石油排出,则混凝土又恢复到原来的强度。一般混凝土很少由于集料破坏而引起开裂,因集料强度较水泥浆强度要高些,但裂缝也有时通过较弱的集料,集料的性质和尺寸对开裂的发展有重要的影响,因而对混凝土的强度和变形也有重要的影响。混凝土内部细微裂缝的存在,已由高度显微镜、电阻丝应变计、超声波以及监听开裂发出的噪音的传音器等设备所证实。

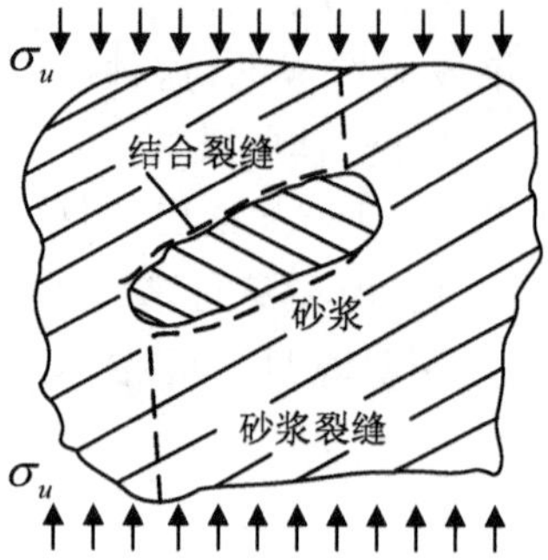

图 4.2.3 混凝土裂缝发生和扩展示意图

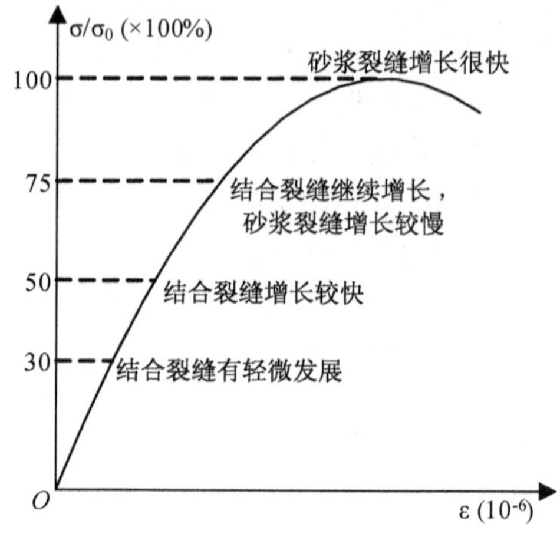

图 4.2.4 混凝土的应力-应变与裂缝的关系

二、混凝土受力破坏的一般机理

混凝土一直被认为是“脆性”材料,在不同的应力状态下发生的破坏过程和形态差别显著。无论是受压还是受拉状态,它的破坏过程都短暂、急骤,肉眼不可能仔细地观察到其内部破坏过程。试验表明,混凝土在承受荷载或外力之前,内部就已经存在少量分散的微裂缝,其宽度一般为$(2\sim5)\times10^{-3}$ mm,最大长度达 1～2 mm,其主要原因是在混凝土凝固过程中,粗骨料和水泥砂浆的收缩差和不均匀温湿度场产生的微观应力场。由于水泥砂浆和粗骨料表面的黏结强度只及该砂浆抗拉强度的 35%～65%,而粗骨料本身的抗拉强度远超过水泥砂浆的强度,故当混凝土内微观拉应力较大时,首先在粗骨料的界面出现微裂缝,称界面黏结裂缝。

图 4.2.5 为 T. C. Y. Liu,A. H. Nilson,F. O. Slate 采用混凝土试件在康奈尔大学做的试验,用 X 射线检验获得的裂缝图形[11]。试验采用方形板式试件(127 mm×127 mm×12.7 mm),既接近理想的平面应力状态,又便于在加载过程中直接获得裂缝的 X 光信息。试件用 2 种材料制作,理想试件用 3 种不同直径的圆形骨料(厚 12.7 mm)随机地埋入水泥砂浆,另一种为真实混凝土试件。2 种试件的受力过程和观测结果相同,前者更具典型性。图 4.2.5 进一步表明:在混凝土中存在着收缩裂缝和由于集料周围泌水产生的裂缝(结合裂缝),这些裂缝促使了混凝土的破坏,从而证明了 Hsu. Slate 和 Matheus 的理论推导,即结合裂缝首先在较大的集料周围发生[图 4.2.5(a)],这和 Hsu,Wardlaw 及 Alexander 等的观察结果一致;当荷载低于 65%极限荷载时,界面上没有显著变化,荷载再增加,结合裂缝沿界面的长、宽都增加[图 4.2.5(b)];达 85%极限荷载时,开始发生砂浆裂缝[图 4.2.5(c)],砂浆裂缝将沟通大集料的结合裂缝,这与 Hsu 的论断相符;在极限荷载下,形成与作用荷载平行的裂缝,最后发生破坏(试件上下表面无摩擦力)的劈(断)裂裂缝如图 4.2.5(d)所示。

试验证实了混凝土在受力前就存在初始微裂缝,出现在较大粗骨料的界面,开始受力

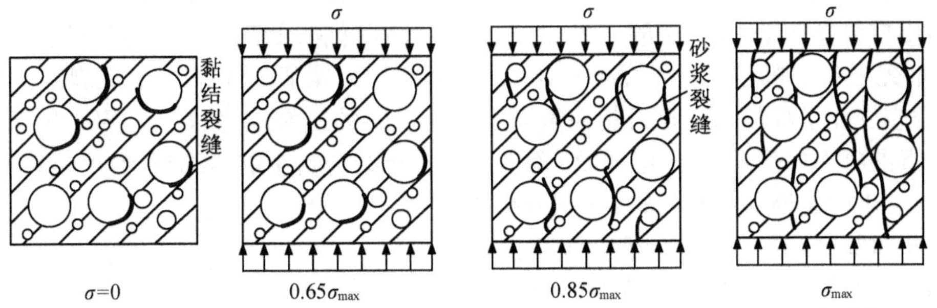

(a) 荷载前 (b) 极限荷载的65% (c) 极限荷载的85% (d) 破坏荷载

图 4.2.5 用 X 光观测的混凝土单轴受压的裂缝形成过程

后，直到极限荷载 σ_{max}，混凝土内的微裂缝逐渐增多和扩展，可以分作 3 个阶段。

(1) 微裂缝相对稳定期 ($\sigma/\sigma_{max} < 0.3 \sim 0.5$)

这时混凝土的压应力较小，虽然有些微裂缝的尖端因应力集中而沿界面略有发展，也有些微裂缝和间隙因受压而闭合，混凝土的宏观力学行为无明显变化。即使荷载的多次重复作用或者持续较长时间，微裂缝也不会有大的发展，残余变形很小。

(2) 稳定裂缝发展期 ($\sigma/\sigma_{max} < 0.75 \sim 0.9$)

混凝土的应力增大后，原有的粗骨料界面裂缝逐渐延伸和增宽，其他骨料界面又出现新的黏结裂缝。一些界面裂缝伸展过程中，渐次地进入水泥砂浆，或者水泥砂浆中原有缝隙处的集中应力将砂浆拉断，产生少量微裂缝。这一阶段，混凝土内微裂缝发展较多，变形增长较大。但是，当荷载不再增大，微裂缝的发展亦将停滞，裂缝形态保持基本稳定。故荷载长期作用下，混凝土的变形将增大，但不会提前过早破坏。

(3) 不稳定裂缝发展期 ($\sigma/\sigma_{max} > 0.75 \sim 0.9$)

混凝土在更高的应力作用下，粗骨料的界面裂缝突然加宽和延伸，大量地进入水泥砂浆；水泥砂浆中的已有裂缝也加快发展，并和相邻的粗骨料界面裂缝相连。这些裂缝逐个连通，构成大致平行于压应力方向的连续裂缝，或称纵向劈裂裂缝。若混凝土中部分粗骨料的强度较低，或有节理和缺陷，也可能在高应力下发生骨料劈裂。这一阶段的应力增量不大，而裂缝发展迅速，变形增长大。即使应力维持常值，裂缝仍将继续发展，不再能保持稳定状态。纵向的裂缝将试件分隔成数个小柱体，承载力下降，导致混凝土的最终破坏。

从对混凝土受压过程的微观现象的分析，其破坏机理可以概括为：首先是水泥砂浆沿粗骨料的界面和砂浆内部形成微裂缝，应力增大后，这些微裂缝逐渐延伸和扩展，并连通形成宏观裂缝，砂浆的损伤不断积累，切断了和骨料的联系，混凝土的整体性遭受破坏而逐渐地丧失承载力。混凝土在其他应力状态，如受拉和多轴应力状态下的破坏过程也与此相似。混凝土的强度远低于粗骨料本身的强度，当混凝土破坏后，其中的粗骨料一般无破损的迹象，裂缝和破碎都发生在水泥砂浆内部。所以，混凝土的强度和变形性能在很大程度上取决于水泥砂浆的质量和密实性，任何改进和提高水泥砂浆质量的措施都能提高混凝土强度和改善结构的性能。

三、Griffith 理论的应用

混凝土裂缝的破坏机理是非常复杂的，大体上可分为两大类：一类是受压微裂缝机理，另一类是受拉断裂机理和断裂力学机理。关于断裂机理的研究一直还在继续，通过这种研究，可给出材料抵抗裂缝形成的一种量度，予以计算材料或结构断裂的条件。Kaplan 于 1961 年最先把断裂机理应用于混凝土；Glucklich 用缺口梁研究了砂浆的抗裂缝扩展，这些研究是用应变能量释放的速率表达在裂缝迅速生成时的抗裂能力；P. F. Walsh 于 1976 年发表的“素混凝土中裂缝的开始”一文，不考虑混凝土结合料中的微细裂缝，用断裂力学理论分析了混凝土的裂缝形成和传播，与试验结果较吻合；Rosenthal 等用 Griffith 理论和双向应力试验也做了比较研究。这些研究为建立混凝土的断裂力学理论积累了宝贵资料。

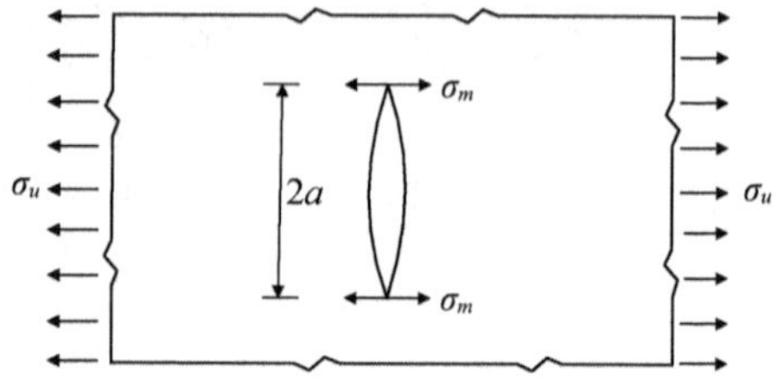

图 4.2.6　长度为 2*a* 的初始裂缝的应力集中

Inglis 指出，混凝土中的毛细孔、空隙裂缝(材料的罅隙)引起应力集中，罅隙的顶点应力可能比平均应力高得多，最后可能超过材料的抗拉强度。他指出当罅隙很窄，尖端又是椭圆形时(图 4.2.6)，尖端应力与平均应力之比为

$$\frac{\sigma_m}{\sigma_u}=2\left(\frac{a}{\gamma_0}\right)^{\frac{1}{2}} \tag{4.2.1}$$

式中：σ_m 为尖端应力；σ_u 为远离罅隙尖端处的平均作用拉应力；a 为罅隙深度；γ_0 为尖端最小曲率半径。

硬化的水泥浆有许多罅隙，有凝胶孔、毛细孔，其他含气或含水的空隙等形式。因此，硬化的水泥浆或混凝土的实际强度只是理论强度的一部分，这个理论强度是根据没有任何罅隙的均匀材料的分子凝聚力估算的，由式(4.2.1)可知，罅隙的尺寸、形状和与作用应力夹角，都将影响应力集中的数值。这些集中应力对混凝土断裂起重要作用，这些作用还只是断裂理论的一个影响因素。

Griffith 提出了一种适用于均匀脆性材料破坏逐渐发展的理论，它也可用于混凝土断裂机理的定性分析。这个理论可称为脆性材料断裂能量理论，其认为尖端集中应力超过某一数值，裂缝就开展，要产生新裂缝。这时试件内部一部分应变能变为新裂缝所必需的表面能，从而减轻了试件内部的应力；裂缝进一步开裂，又产生新的缝面的能量要求。如果初始裂缝长度为 a_0，在应力 σ_0 作用下将开始增长，由于表面能逐渐增大，在裂缝长度为 a 时便停止；只有当应力增大到 σ_1 时，才会使裂缝继续增大到 a_2。同时，裂缝不是作为单独一条缝扩展的，而以微裂区的形式扩展，裂缝扩展一直持续到最大裂缝达到临界裂缝尺寸 a_{cr} 为止，这个过程称为裂缝缓慢扩展过程。之后，表面能的变化速率将小于储存能的变化速率，这就意味着产生新缝面的能量小于现有的应变能，此时裂缝就会以递增的速率自动增长，直到试件发生破坏为止，这个过程称为裂缝快速扩展阶段。临界裂缝会使试件内发生内力重分布，这就加速了其他裂缝的增长。裂缝快速扩展的速率接近于音速。Griffith 提出了裂缝扩展的必要条件

$$\sigma_u=\left(\frac{2ET}{\pi c}\right)^{\frac{1}{2}} \tag{4.2.2}$$

式中：E 为弹性模量；T 为单位面积的材料表面能；$c=2a$。

对玻璃及金属，式(4.2.2)是可行的，但硬化的水泥浆或混凝土具有很强的不均匀性，如结合裂缝能量需求低，砂浆裂缝能量需求就突然增加。另外，如裂缝在水泥浆中扩展，并与强度较高的区域(集料的颗粒或水化程度高的区域)相遇，当裂缝穿过此区，能量需求增高；若绕过这个区域，仍需再增加能量，因新形成的表面的实际面积由于裂缝要绕过这个区域而增加了。上述这些情况都给应用式(4.2.2)带来困难，因为 E，T 值的变化是复杂的(硬化水泥浆、集料、集料水泥浆界面或这些情况组合的 E，T 值)，但这个理论准则至少在定性上能较准确地描绘混凝土的破坏机理。

四、开裂的统计研究

材料破裂总是从试件最薄弱的地方开始，混凝土裂缝的扩展也是从试件最薄弱的罅隙开始，而罅隙处裂缝的扩展主要是拉应力引起的。混凝土中罅隙的分布是随机的，无固定规律。从这一概念出发，便产生了开裂统计研究。第一种理论是一条链只和它的最弱环节一样牢固，从混凝土的破坏来看，这个链模型过于简单；第二种理论是一束线模型理论，荷载作用在平行的线上时，这个理论是能说明一些问题的，在能使一根和几根线断裂的荷载下，这束线并不一定断裂，这束线模型和实际相比也偏于简单，而且它的数学模式很复杂。但是，这些统计理论假定各种尺寸的罅隙在混凝土试件内是按单位体积为常密度的随机分布，互不干扰，最弱的罅隙决定了试件的强度。从已建立的统计理论来看，上述假定过分简化了混凝土的破坏机理，定量计算值与试验值有分歧，不能很好地反映混凝土破坏的真实情况，只能对混凝土试件尺寸效应、强度的分散性等做出定性的统计分析。

尽管如此，最薄弱环节原理能够表示试件尺寸对其强度的影响。在这方面，Weibull 发展了最普遍的方法，将最弱环节原理用于脆性材料。Weibull 将破裂概率 $F_0(\sigma)$ 作为应力的函数，计算出体积为 V_1 和 V_2 的两个试件破坏时的应力比率

$$\frac{\sigma_1}{\sigma_2}=\left(\frac{V_1}{V_2}\right)^{-\frac{1}{\gamma}} \tag{4.2.3}$$

式中：γ 为均匀性系数，随材料中的裂隙数目而增加。

式(4.2.3)表明在均匀应力 σ_1 和 σ_2 作用下具有同样的断裂危险，试件单位体积内罅隙数目越少，即强度越高，试件尺寸的影响也就越大。类似的统计计算表明，强度计算结果相对于平均值的分散性随平均强度的降低而降低，并且随试件体积的增大而递减。

若试件(棱柱体或圆柱体)的高度与直径的比值以及截面形状保持不变，则式(4.2.3)可改写为

$$\frac{\sigma_1}{\sigma_2}=\left(\frac{a_1}{a_2}\right)^{3/\gamma} \tag{4.2.4}$$

式中：a_1 和 a_2 分别为 V_1 和 V_2 试件的直径值。

综上所述，混凝土的开裂是拉应力集中引起的，拉应力从已有结合裂缝及罅隙的尖端发展起来。已有的破坏假设中，Griffith 准则对混凝土是合适的，但诸参数难于确定，故只能做定性方面的描述。

五、混凝土的非弹性性质及破坏

混凝土的非线性力学性能是从一般试验分析得出的，通过短期加荷下混凝土力学行为的试验，已提出许多关于混凝土对荷载反应的弹性、非弹性及应力-应变曲线下降阶段至破坏全过程的理论。一般来说，混凝土非线性反应和不可恢复的反应统称为混凝土的非弹性性质。由于在短期加荷下，混凝土徐变引起的变形很小，故分析研究中忽略不计。

为了研究混凝土的应力应变关系，必须先对组成混凝土的各材料性质分别进行研究，从中找出他们之间的相互制约关系。图 4.2.7 给出了硬化的水泥浆、石子、砂浆和混凝土受均匀压力直到破坏时的应力-应变关系曲线。水泥浆、砂浆和混凝土试件的搅拌、养护、试验方法都相同，图中的曲线是用 4 个试件和 8 个千分表(每试件 2 个)测得的平均值绘出的，试件两端有扩大的棱柱体，在 5.5 in 长度范围内测量应变，其中 1 klb＝453.59 237 kg，1 in＝2.54×10^{-2} m，1 in^2＝$6.451\,6\times10^{-4}$ m^2。石子的应力-应变曲线是由 3 个试件上的 6 个应变计测得的平均值绘出的，每个试件贴 2 个 1 in 长的 SR－4 应变计。

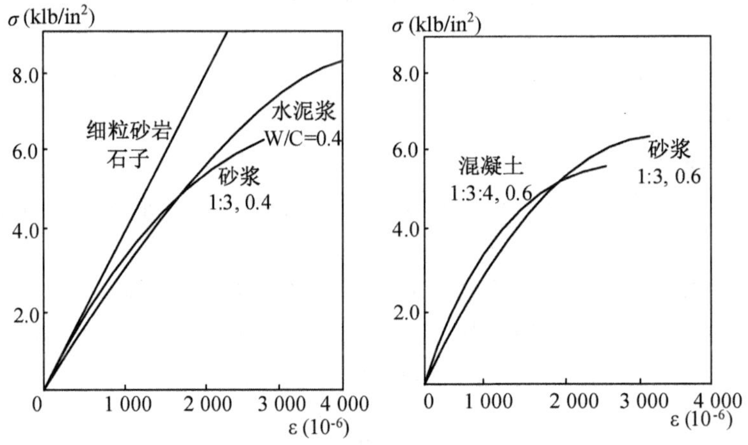

图 4.2.7 石子、水泥、砂浆、混凝土的压应力-应变图

由图 4.2.7 可以看出，石子的应力-应变曲线直至破裂呈直线，水泥浆的也基本接近直线，砂浆的为曲线，混凝土的曲线比砂浆更弯曲，水泥浆的抗压强度比砂浆高，砂浆的抗压强度比混凝土高。上述事实说明混凝土的非弹性是掺粗骨料(甚至带入杂质)引起的，当水泥浆的水灰比为 0.3～0.65 时，其应力-应变关系接近直线，骨料越多的混凝土(相同的水灰比 W/C)，其曲线远离直线的点越低，曲率也越大。同时，由于水泥浆、砂浆比石子强度弱，以及混凝土中骨料与砂浆及水泥浆胶结面是混凝土最薄弱环节，在极限荷载的 30%～50% 时，这些界面结合裂缝开始显著增大，并在整个加载过程中占主要地位，从而形成了混凝土的非弹性性能。

S. P. Shah 和 G. Winter 研究了界面的应力应变情况，用图 4.2.8 的试件做了试验，试件由一块厚 0.5 in、长 3.5 in、宽 2 in 的倾斜的细粒砂岩石板和砂浆组成。石板抗压强度为 27 000 lb/in^2，砂浆的砂灰比为 3.0，水灰比为 0.5，水泥用波特兰水泥。石板的角度 Φ 选 23°，45°及 50° 3 种，每种至少 3 个试件。

图 4.2.9—图 4.2.11 为 3 组试件的试验结果，12 klb 时，1 号、3 号应变计测得变形几乎相似，且为线性的，此时界面没有什么干扰，基本是弹性的；大于 12 klb 时，1 号应变不增加，3 号应变一直增加，说明中心部位界面不承受超过 12 klb 的荷载，超过的荷载由外部周围的砂浆承受；在 12 klb 时，界面裂缝才能看见，直到破坏时，这些界面才张开，说明这之前的砂浆与石板间可能还保存有摩擦力，通过摩擦力界面还能承受一部分力；12 klb 后，只失去界面间的黏着力，出现倾斜胶结裂缝后，在砂浆中石板顶点处立即出现垂直裂缝，直到破坏(29.54 klb)才能看出长度。

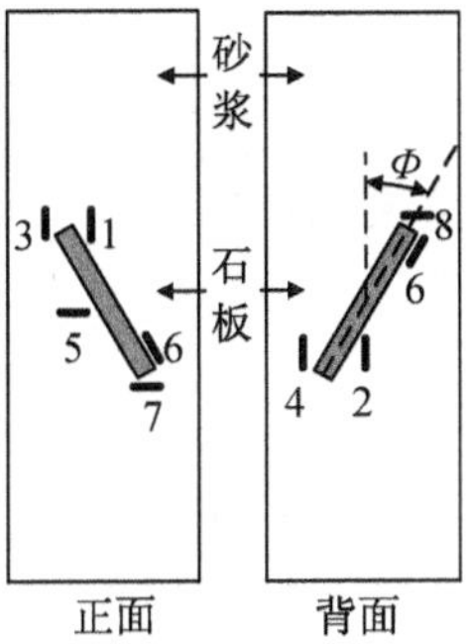

图 4.2.8　石板和砂浆试件及应变计布设

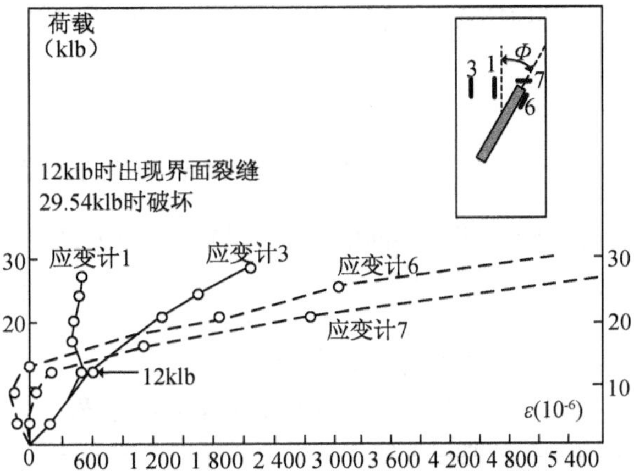

图 4.2.9　受约束界面的性质，$\Phi=23°$时的试件、裂缝和应变

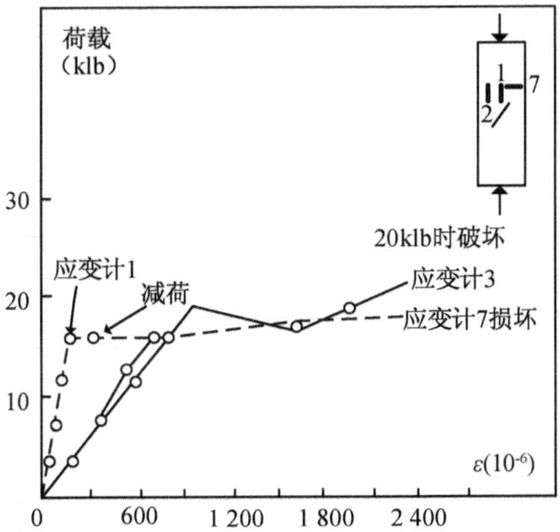

图 4.2.10　W-8 试件，$\Phi=42°$

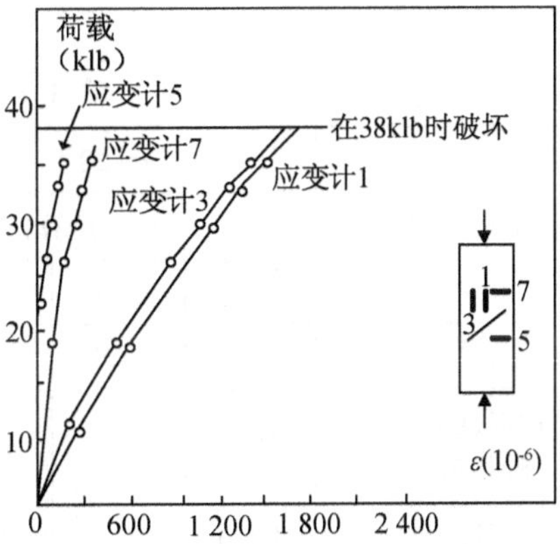

图 4.2.11　W-11 试件，$\Phi=50°$

S. P. Shah 等又进一步用数学模式进行了分析，并用图 4.2.12 的力学模式做了论证。

设石板与砂浆面产生的正应力与剪应力为 σ 和 τ，σ_1 为试件上作用的压应力，则与垂直方向成 Φ 角的界面上的应力为

$$\tau=(\sigma_1\sin 2\Phi)/2 \tag{4.2.5}$$

$$\sigma=\sigma_1\sin^2\Phi \tag{4.2.6}$$

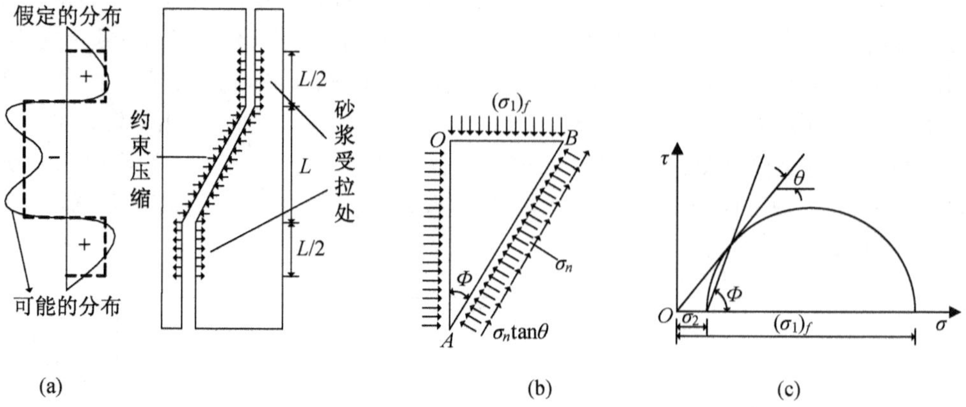

图 4.2.12　石板与砂浆失去黏着力后的界面试件内的应力分布

试件破坏时，界面的正应力与剪应力关系可由库伦-莫尔理论表示：

$$\tau = C + \sigma\tan\theta \tag{4.2.7}$$

式中：C 为界面上的黏着力；θ 为界面的摩擦角。

合并式(4.2.5)—式(4.2.7)，可得倾角为 Φ 的无约束界面能承受的最大垂直压应力(无约束胶结强度)为

$$(\sigma_1)_{u,b} = C[\cot\Phi + \tan(\Phi + \theta)] \tag{4.2.8}$$

式中：$(\sigma_1)_{u,b}$ 为界面无约束的胶结强度；C 值和 θ 是预先由试验求得的。

表 4.2.1 的第一行为图 4.2.8 试件的测量值与计算值的比较，计算值与试验结果是非常接近的。

表 4.2.1　试验测量值与计算值　　单位：klb

加荷阶段	$\Phi=23°$			$\Phi=42°$			$\Phi=50°$		
	测值	计算值		测值	计算值		测值	计算值	
		1	2		1	2		1	2
出现界面胶结裂缝	12.0	11.3	13.2	17.9	14.3	18.8	38.0	23.5	37.9
出现局部的垂直砂浆裂缝	12.0	11.4	12.6	15.8	13.8	17.0	/	21.2	/
试件破坏	28.0	29.0	29.4	20.0	23.9	25.4	38.0	25.9	37.8

注：1. 采用 $C=350\ \text{lb/in}^2$，$\theta=32°$，砂浆的抗拉强度 $f_t=400\ \text{lb/in}^2$；砂浆的抗压强度 $f_m=4\,800\ \text{lb/in}^2$，$C$，$\theta$ 值是事先研究出来的；2. 采用 $C=2\,400\ \text{lb/in}^2$，$\theta=35°$，$f_t=400\ \text{lb/in}^2$，$f_m=4\,800\ \text{lb/in}^2$。

结合面出现胶结裂缝以后，界面完全靠摩擦来承受总荷载的一部分，$(\sigma_1)_f$ 为界面由摩擦力所承受的最大压应力，使必要的水平力不超过砂浆的抗拉强度，它是按图 4.2.12(b)的应力分布近似计算得到。假定阻止界面滑动所需要的界面约束压应力 σ_2 均匀分布，且在数值上与砂浆内均匀分布的拉应力相等，可由作用应力的平衡条件，或利用图 4.2.12(c)莫尔圆近似计算 $(\sigma_1)_f$

$$\frac{(\sigma_1)_f - f_t}{2}\sin 2\Phi = \tan[(\sigma_1)_f \sin^2\Phi + f_t \cos^2\Phi] \tag{4.2.9}$$

式中：f_t 为砂浆的抗拉强度。

出现局部垂直的砂浆裂缝时，三种倾斜角以总荷载表示的 $(\sigma_1)_f$ 计算值与测值非常接近（表 4.2.1 的第二行）。试件的破坏荷载可由界面的塑性荷载 $(\sigma_1)_f$ 和外部区域的砂浆抗压强度 f_m 进行计算，计算结果及比较见表 4.2.1 最后一行。

通过试验及理论分析，明显可以看出混凝土的所谓塑性性质，主要表现为塑性的胶结裂缝造成了混凝土应力-应变曲线的弯曲，这反映了骨料的影响，而胶结裂缝（结合缝）的假塑性，说明了混凝土即使在很小荷载下也具有中等非线性性能，利用库仑-莫尔理论可以预测受约束界面的强度和性质。

第三节　混凝土单轴压缩应力应变关系

一、抗压强度

1. 立方体抗压强度

为了确定混凝土的抗压强度，《普通混凝土力学性能试验方法》（GB/T50081－2002）中规定：标准试件取为边长 150 mm 的立方体，用钢模成型，经浇筑、振捣密实后静置一昼夜，试件拆模后放入标准养护室（20±3℃，相对湿度＞90％），28 d 龄期后取出试件，擦干表面水，置于试验机内，沿浇筑的垂直方向施加压力，以每秒 0.3～0.5N /mm^2 的速度连续加载直至试件破坏。试件的破坏荷载除以承压面积，即为混凝土标准立方体抗压强度（f_{cu}，N/mm^2）。

试验机通过钢垫板对试件施加压力。由于垫板的刚度有限，以及试件内部和表层的受力状态和材料性能有差别，致使试件承压面上的竖向压应力分布不均匀[图 4.3.1(a)]。同时，钢垫板和试件混凝土的弹性模量（E_s，E_c）和泊松比（ν_s，ν_c）值不等，在相同应力 σ 作用下的横向应变不等（$\nu_s\sigma/E_s < \nu_c\sigma/E_c$）。故垫板约束了试件的横向变形，在试件的承压面上作用着水平摩擦力[图 4.3.1(b)]。

试件在承压面上这些竖向和水平力作用下，其内部产生不均匀的三维应力场：垂直中轴线上的各点为明显的三轴受压，四条垂直棱边接近单轴受压，承压面的水平周边为二轴受压，竖向表面上各点为二轴受压或二轴压/拉，内部各点则为三轴受压或三轴压/拉应力状态[图 4.3.1(c)]。这里是将试件看作等向的匀质材料，若计及混凝土组成和材性的随机分布，试件的应力状态将更复杂，且不对称。试件加载后，竖向发生压缩变形，水平向为伸长变形。试件的上、下端因受加载垫板的约束而横向变形小，中部的横向膨胀变形最大[图 4.3.1(b)]。随着荷载或者试件应力的增大，试件的变形逐渐加快增长。试件接近破坏前，首先在试件高度的中央、靠近侧表面的位置上出现竖向裂缝，然后往上和往下延伸，逐渐转向试件的角部，形成正倒相连的八字形裂缝[图 4.3.1(d)]。继续增加荷载，新的八字形缝由表层向内部扩展，中部混凝土向外鼓胀，开始剥落，最终成为正倒相接的四角锥破坏形态。

当采用的试件形状和尺寸不同时，如边长 100 mm 或 200 mm 的立方体，$H/D=2$ 的圆柱体，混凝土的破坏过程和形态虽然相同，但得到的抗压强度值因试件受力条件不同和尺寸

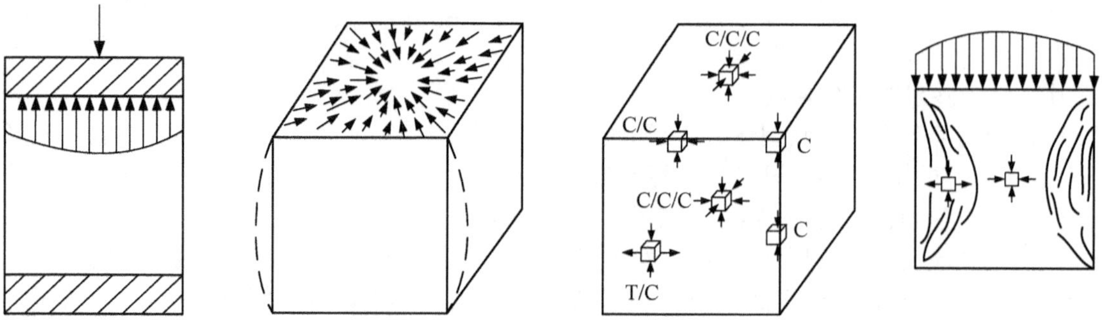

(a) 承压面压应力分布　(b) 横向变形和端面约束　(c) 各点应力状态　(d) 破坏形态

图 4.3.1　立方体试件受压后的应力和变形

效应而有所差别。对比试验给出的不同试件抗压强度的换算关系见表 4.3.1。

表 4.3.1　不同形状和尺寸试件的混凝土抗压强度相对值

混凝土试件	立方体[12]			圆柱体(H=300 mm,D=150 mm)[13]				
	边长(mm)			强度等级				
	200	150	100	C20—C40	C50	C60	C70	C80
抗压强度相对值	0.95	1	1.05	0.80	0.83	0.86	0.875	0.89

混凝土立方体试件的应力、变形状况以及破坏过程、破坏形态均表明,标准试验方法并未在试件中建立起均匀的单轴受压应力状态,由此测定的也不是理想的混凝土单轴抗压强度。当然,它更不能代表实际结构中应力状态和环境条件变化很大的混凝土真实抗压强度。尽管如此,混凝土的标准立方体抗压强度仍是确定混凝土的强度等级、评定和比较混凝土的强度和制作质量的最主要的相对指标,又是判定和计算其他力学性能指标的基础。

2. 棱柱体试件的受力破坏过程

为了消除立方体试件两端局部应力和约束变形的影响,最简单的办法是改用棱柱体(或圆柱体)试件进行抗压试验。根据圣维南原理,加载面上的不均布垂直应力、总和为零的水平应力只影响试件端部的局部范围(高度约等于试件宽度),中间部分已接近于均匀的单轴受压应力状态[图 4.3.2(a)]。受压试验也证明,破坏发生在棱柱体试件的中部。试件的破坏荷载除以其截面积,即为混凝土的棱柱体抗压强度 f_c,或称轴心抗压强度。

试验结果表明,混凝土棱柱体抗压强度随试件高厚比(h/b)的增大而单调下降,但 $h/b \geqslant 2$ 后,强度值已变化不大[图 4.3.2(b)]。故标准试件的尺寸取为 150 mm×150 mm×300 mm,试件的制作、养护、加载龄期和试验方法都与立方体试件的标准试验相同。

在混凝土棱柱体试件受压试验过程中,测量试件的纵向和横向应变(ε,ε'),就可以绘制受压应力-应变全曲线,割线或切线泊松比($\nu_s=\varepsilon'/\varepsilon,\nu_t=d\varepsilon'/d\varepsilon$)和体积应变($\varepsilon_v \approx \varepsilon-2\varepsilon'$)曲线,其变化规律如图 4.3.3 所示[14]。

试验过程中还可以观察到试件表面宏观裂缝的出现和发展过程,以及最终的破坏形态。①试件刚开始加载时应力较小($\sigma<0.4f_c$,A 点),应变近似按比例增长;继续加大应力,混凝土的塑性变形和微裂缝稍有发展,应变逐渐加速增长,曲线的斜率渐减;此时,混凝土的泊

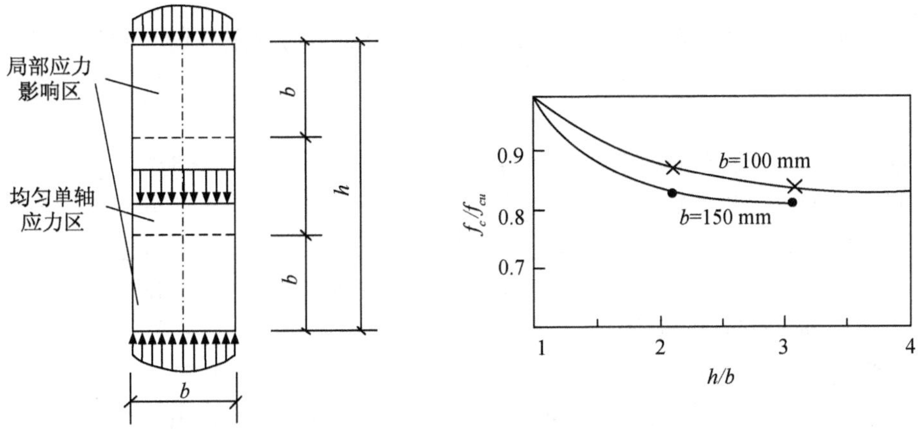

(a) 试件的应力区　　　(b) 试件高厚比的影响

图 4.3.2　棱柱体抗压试验

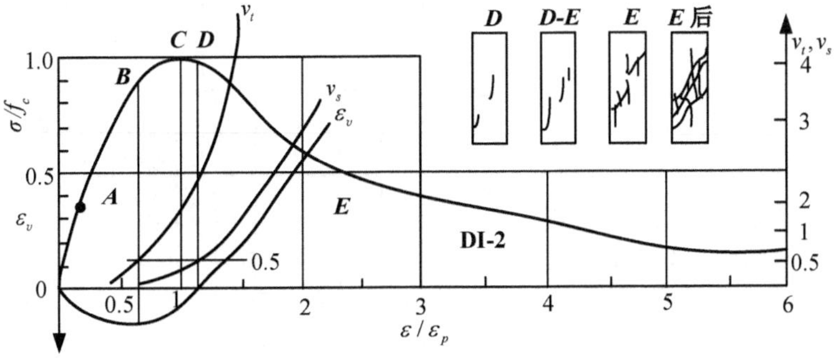

图 4.3.3　混凝土的受压变形和破坏过程

松比 $\nu_s = 0.16 \sim 0.23 < 0.5$，体积应变 ε_v 为压缩，但其变化率随应力的加大而减小。②当试件应力 $\sigma \approx (0.8 \sim 0.9) f_c$ 时，应变为 $(0.65 \sim 0.86)\varepsilon_p$（$B$ 点），切线泊松比 $\nu_t = 0.5$，体积压缩变形达极值，不再继续缩小，意味着混凝土内部微裂缝有较大开展，但试件表面尚无肉眼可见裂缝；此后，混凝土内出现非稳定裂缝，应变和泊松比很快增长，体积压缩变形开始恢复；不久，应力提高有限，即达峰点（C 点）；继续增大应变，试件的承载力减小，曲线进入下降段而形成一个尖峰，峰值应力即混凝土的棱柱体抗压强度 f_c，相应的应变称峰值应变 ε_p。③应力-应变曲线进入下降段不久，当应变 $\varepsilon = (1 \sim 1.35)\varepsilon_p$ 和应力 $\sigma = (1 \sim 0.9) f_c$（$D$ 点）时，试件中部的表面出现第一条可见裂缝；此裂缝细而短，平行于受力方向；此时，混凝土的 $\nu_s \approx 0.5$ 和 $\varepsilon_v \approx 0$，表明裂缝开展引起的体积增大已经抵消了此前的混凝土压缩变形。④继续增大应变，试件上相继出现多条不连续的纵向短裂缝，横向应变、泊松比（ν_s，ν_t）和体积应变很快增大，混凝土的承载力迅速下降；混凝土内骨料和砂浆的界面黏结裂缝，以及砂浆内的裂缝不断地延伸、扩展和相连，沿最薄弱的面形成宏观斜裂缝，并逐渐地贯通全截面（E 点）；此时，试件的应变 $\varepsilon = (2 \sim 3)\varepsilon_p$，混凝土的残余强度为 $(0.4 \sim 0.6) f_c$。⑤再增大试件应变，此斜裂缝在正应力和剪应力的挤压和搓碾下不断发展加宽，成为破损带，而试件其他部位的裂缝一般不再发展；试件上的荷载由斜面上的摩阻力和残存的黏结力相抵抗，剩余

承载力缓慢地下降；当应变达$\varepsilon=6\varepsilon_p$时，残余强度为$(0.2\sim0.4)f_c$，在更大的应变下，混凝土的残余强度仍未完全丧失；试件的宏观破坏斜裂面与荷载垂线的夹角$\theta=58^\circ\sim64^\circ$；打开试件，可看到破裂面都发生在粗骨料和砂浆的界面以及砂浆内部，而粗骨料本身极少有破裂。

必须指出，混凝土棱柱体受压试件发生宏观斜裂缝破坏现象，只能在应力-应变曲线的下降段，且在应变超过峰值应变约二倍之后$(\varepsilon>2\varepsilon_p)$，属后期破坏形态。它只影响混凝土的残余强度和变形状况，对棱柱体强度f_c和应力-应变曲线的上升段不起作用。混凝土达到棱柱体抗压强度时，试件内部主要存在纵向裂缝或劈裂裂缝，它们将试件分隔成离散的小柱体(图4.2.5)而控制其承载力。

3. 主要抗压性能指标值

混凝土棱柱体试验是国内外进行最多的混凝土基本材性试验。由于混凝土的原材料和组成的差异，以及试验量测方法的差异，试验结果有一定的离散度。

混凝土棱柱体抗压强度随立方体强度单调增长(图4.3.4[15])，其比值的变化范围为

$$\frac{f_c}{f_u}=0.70\sim0.92 \quad (4.3.1)$$

强度等级(或f_c)高者，比值偏大。混凝土棱柱体抗压强度计算式见表4.3.2，或者给出一个定值，一般$f_c/f_{cu}=0.78\sim0.88$。各国设计规范中，出于结构安全的考虑，一般取用偏低的值。我国设计规范[9]给出的设计强度为$f_c=0.76f_{cu}$(适用于强度等级≤C50)。

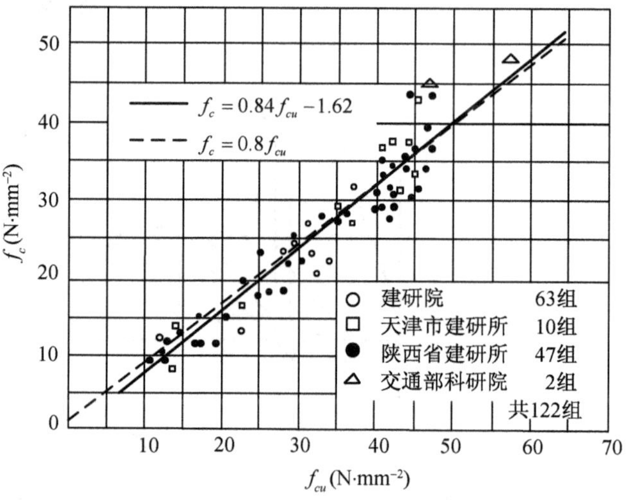

图4.3.4 棱柱体强度和立方体强度

表4.3.2 混凝土棱柱体抗压强度计算式

建议者	计算式	文献
德国	$f_c=\left(0.85-\frac{f_{cu}}{172}\right)f_{cu}$	[16]
苏联	$f_c=\frac{130+f_{cu}}{145+3f_{cu}}f_{cu}$	[16]
中国	$f_c=0.84f_{cu}-1.62$	[15]
	$f_c=0.8f_{cu}$	

棱柱体试件达到极限强度f_c时的相应峰值应变ε_p，虽然有稍大的离散度，但是随混凝土强度f_c或f_{cu}而单调增长的规律十分明显(图4.3.5)，各种经验计算式见表4.3.3。

表 4.3.3 混凝土受压峰值应变计算式[18]

建议者	计算式 $\varepsilon_p(10^{-2})$	建议者	计算式 $\varepsilon_p(10^{-2})$
Ros	$\varepsilon_p = 0.546 + 0.0291 f_{cu}$	匈牙利	$\varepsilon_p = \dfrac{f_{cu}}{7.9 + 0.395 f_{cu}}$
Emperger	$\varepsilon_p = 0.232\sqrt{f_{cu}}$	Saenz	$\varepsilon_p = (1.028 - 0.108\sqrt[4]{f_{cu}})\sqrt[4]{f_{cu}}$
Brandtzaeg	$\varepsilon_p = \dfrac{f_{cu}}{5.97 + 0.26 f_{cu}}$	林-王	$\varepsilon_p = 0.833 + 0.121\sqrt{f_{cu}}$

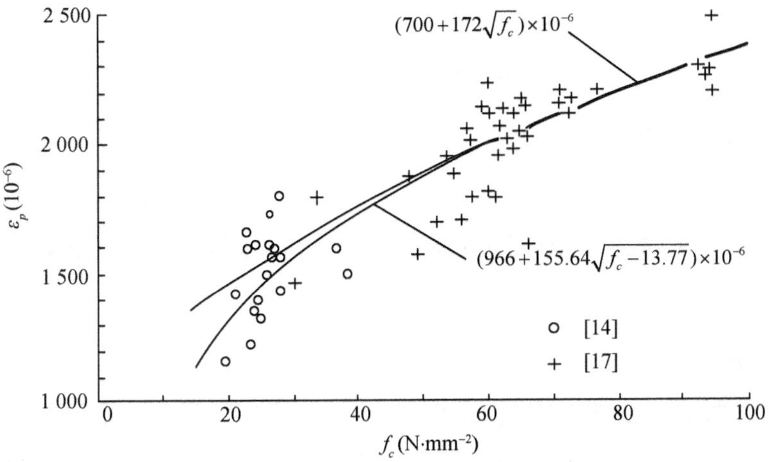

图 4.3.5 峰值应变与棱柱体强度

各国的设计规范中，对强度等级为 C20—C50 的混凝土常常规定单一的峰值应变值，例如 $\varepsilon_p = 2\,000\times10^{-6}$，稍高于材性试验值，但用于结构分析中，由于存在应变梯度和箍筋约束等有利因素而得到补偿。

弹性模量是材料变形性能的主要指标。混凝土的受压应力-应变曲线为非线性，弹性模量（或称变形模量）随应力或应变而连续地变化。在确定了应力-应变的曲线方程后，很容易计算割线模量 $E_{c,s} = \sigma/\varepsilon$ 或切线模量 $E_{c,t} = \mathrm{d}\sigma/\mathrm{d}\varepsilon$。有时，为了比较混凝土的变形性能和做其他分析时，需要有一个标定的混凝土弹性模量值 E_c。一般取为相当于结构使用阶段的工作应力 $\sigma = (0.4 \sim 0.5) f_c$ 时的割线模量值。已有的大量试验给出了混凝土弹性模量随其强度（f_{cu} 或 f_c）单调增长的规律，但离散度较大（图 4.3.6[15]）。弹性模量值的经验计算式有多种（表 4.3.4），可供参考。

表 4.3.4 混凝土弹性模量的计算式

建议者	计算式 $E_c(\mathrm{N\cdot mm^{-2}})$	建议者	计算式 $E_c(\mathrm{N\cdot mm^{-2}})$
CEB-FIP MC90	$E_c = \sqrt[3]{0.1 f_{cu} + 0.8}\times 2.15\times10^4$	俄罗斯	$E_c = \dfrac{10^5}{1.7 + (36/f_{cu})}$
ACI 318—77	$E_c = 4789\sqrt{f_{cu}}$	中国	$E_c = \dfrac{10^5}{2.2 + (34.7/f_{cu})}$

试验中量测的混凝土试件横向应变 ε' 和泊松比 ν_s, ν_t 等，受纵向裂缝的出现、发展以及测点位置的影响很大，特别是进入应力-应变曲线的下降段（$\varepsilon > \varepsilon_p$）后，离散度更大。在开

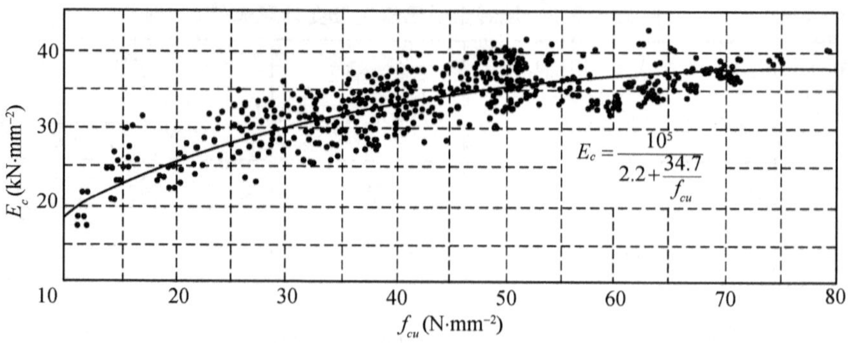

图 4.3.6　弹性模量和立方强度

始受力阶段，泊松比约为

$$\nu_s \approx \nu_t = 0.16 \sim 0.23 \tag{4.3.2}$$

一般取 0.20。混凝土内部形成非稳定的裂缝后（$\sigma > 0.8f_c$），泊松比增长较快，且 $\nu_t > \nu_s$。

二、单轴压缩应力应变关系

1. 理论计算分析模型

关于混凝土的破坏机理前面已做了介绍，并阐述了混凝土产生所谓塑性性能的原因，根据实际观测到的混凝土的微观性质，许多人曾试图建立混凝土应力应变的理论，并使之公式化。由于影响这一关系的因素较多，比如水泥品质和骨料品质、水泥和骨料含量、水灰比、龄期、养护条件等，需要进行相应的和可行的简化。S. P. Shah 和 G. Winter 提出一种理论计算分析模型，结构单元如图 4.3.7(a)所示。这个单元包括在砂浆棱柱体内的一块圆柱形骨料，用圆柱形骨料可以使单元体内所有界面交角都相等，以便简化数学处理过程，外围砂浆厚度与骨料半径比为 d/r，取决于拌合料骨料和砂浆的相对数量，并假定骨料都是半径相等的柱体[图 4.3.7(b)]，相对于石子(骨料)的砂浆数量越多，则比值 d/r 就越大。

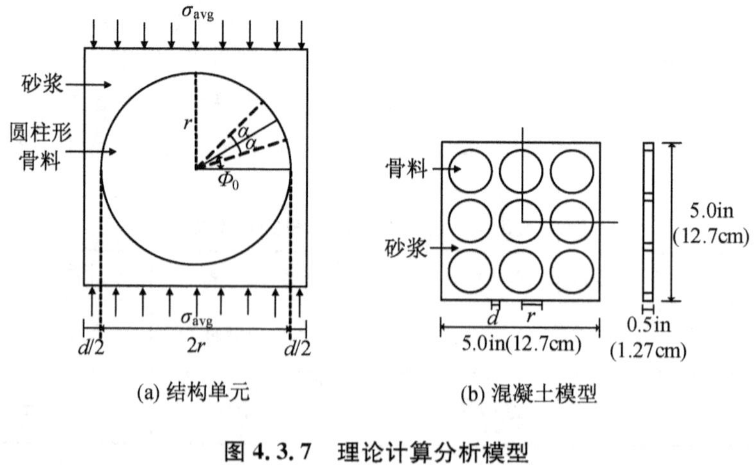

图 4.3.7　理论计算分析模型

结构单元的应力应变关系，可以在平衡及变形相容条件下进行理论分析计算，但要作出一些假定，使理论分析过程得到简化，且能够顾及实际复杂多相材料的主要特征。这些假定有：①单元中只有砂浆与骨料的关系，忽略水泥浆；②砂浆及骨料都具有线性应力应变关系，且具有相同的弹性模数，因 28 d 龄期试验说明两者很相近，因而只要骨料与砂浆界面未破裂，结构单元将表现为线弹性；③应力超过无约束的胶结强度的圆柱界面部分，其性状假定与图 4.2.8 所示试件的试验结果相同。

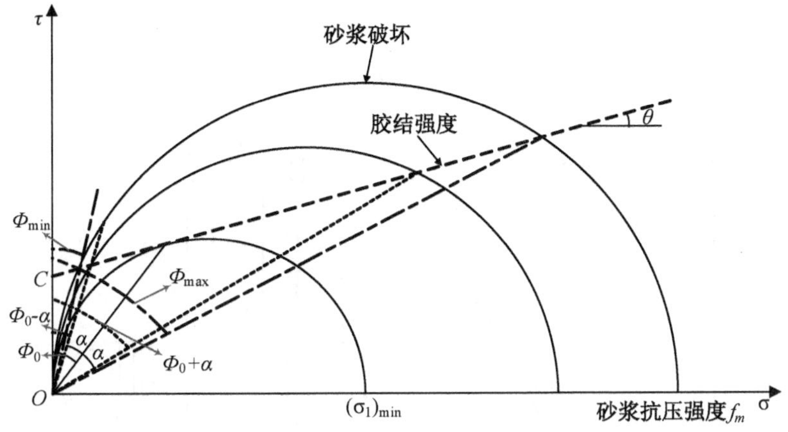

图 4.3.8 表面界面的破坏或胶结裂缝扩展的不同阶段的莫尔圆

在一定的应力下，当超过界面的某些部位的无约束胶结强度时，便形成结合裂缝（胶结裂缝），对于给定的一组 C 及 θ 值，无约束强度 $(\sigma_1)_{u,b}$ 与界面角之间的关系可由式(4.2.8)或图 4.3.8 所示的莫尔圆确定。图中虚线为按库仑-摩尔破坏理论对一定的 C 及 θ 得出的胶结强度线。当结构单元上作用轴向荷载时，单元上任何地方产生的正应力和剪应力可由莫尔圆表示，荷载增大，莫尔圆即增大；某一荷载下，莫尔圆刚好与胶结强度线相切，那么在这个点上的压应力定义为 $(\sigma_1)_{\min}$，出现第一条胶结裂缝处的界面角定义为 Φ_0，并按 $\Phi_0=45°-\theta/2$ 取值；随荷载继续增加，将出现更多的胶结裂缝，于是式(4.2.8)可利用 $\theta=90°-2\Phi$，改写为式(4.3.3)，可以看出，胶结裂缝的扩展对称于 Φ_0 角，即当应力大于 $(\sigma_1)_{\min}$ 时，介于 $(\Phi_0+\alpha)$ 和 $(\Phi_0-\alpha)$ 之间的界面部位将破坏。

$$(\sigma_1)_{u,b}=\frac{2c\sin 2\Phi}{\cos 2(\Phi-\Phi_0)-\cos 2\Phi_0} \tag{4.3.3}$$

由于胶结裂缝的角为 2α，故 $\Phi=\Phi_0-\alpha$，将其代入式(4.3.3)，即把 $\alpha=\Phi_0-\Phi$ 代入得

$$(\sigma_1)_{u,b}=\frac{2c\sin 2\Phi_0}{\cos 2\alpha-\cos 2\Phi_0} \tag{4.3.4}$$

α 及莫尔圆的直径随结构单元上荷载的增加而增大，当莫尔圆与表示砂浆破坏的应力圆重合时，结构单元即破坏。破坏界面呈假塑性，此塑性应力是由摩擦承受的最大应力，并以砂浆抗拉强度为极值。按图 4.2.12 的假定，将 $\theta=90°-2\Phi_0$ 及 $\Phi=\Phi_0-\alpha$ 均代入式(4.2.9)，整理后可得

$$(\sigma_1)_f=\frac{\cos 2\Phi_0}{\cos 2\alpha}[(\sigma_1)_f+f_t]+f_t \tag{4.3.5}$$

结构单元所受的压应力在小于压应力 $(\sigma_1)_{\min}$ 下或者出现胶结裂缝前，其应力-应变曲线为直线。单元所受的压力在大于 $(\sigma_1)_{\min}$ 时，其应力-应变曲线可假定在单元上荷载使胶结面开裂范围为 2α，即角度在 $(\Phi_0+\alpha)$ 和 $(\Phi_0-\alpha)$ 之间界面部分是假塑性状态，其余部分仍为弹性，可按平衡及变形相容条件计算。

设弹性部分的垂直应力为 σ_γ，塑性部分的垂直应力为 σ_β（图 4.3.9），由式(4.3.5)，任一塑性部分应力可写成

$$\sigma_\beta=\frac{\cos 2\Phi_0}{\cos 2\beta}(\sigma_\beta+f_t)+f_t \tag{4.3.6}$$

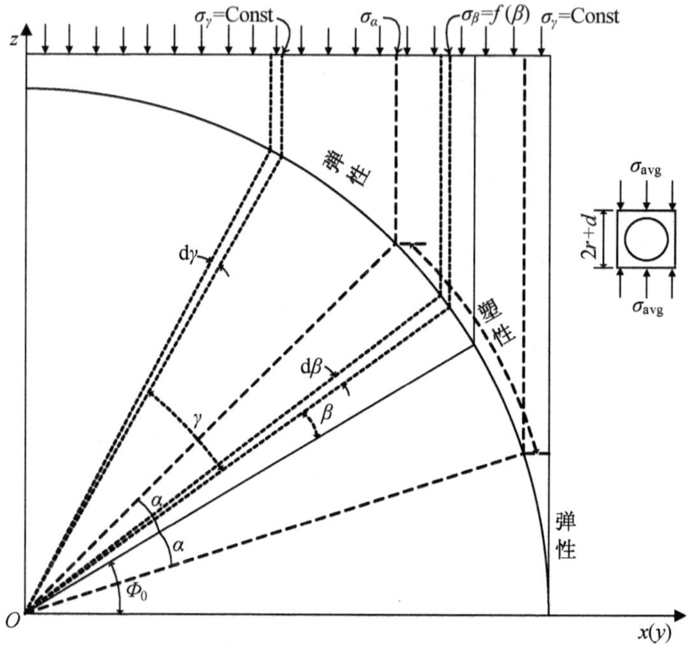

图4.3.9　$\alpha,\beta,\gamma,\sigma_\alpha,\sigma_\beta,\sigma_\gamma$ 的意义（给定的 α 值，β 和 γ 是积分变量）

所有弹性部分的应力都相等，并由该部分中正要转变到塑性阶段的应力来确定

$$\sigma_\gamma=2\frac{c\sin 2\Phi_0}{\cos 2\alpha-\cos 2\Phi_0}=\sigma_u \tag{4.3.7}$$

由垂直力的平衡得

$$\begin{aligned}&\int_{\Phi_0}^{\alpha}\sigma_\beta\gamma\sin(\Phi_0+\beta)\mathrm{d}\beta+\int_{\Phi_0}^{-\alpha}\sigma_\beta\gamma\sin(\Phi_0+\beta)\mathrm{d}\beta+\sigma_\alpha\int_{-\Phi_0}^{-\alpha}\gamma\sin(\gamma+\Phi_0)\mathrm{d}\gamma\\&+\sigma_\alpha\int_{\alpha}^{\frac{\pi}{2}-\Phi_0}\gamma\sin(\gamma+\Phi_0)\mathrm{d}\gamma+\sigma_\alpha\frac{d}{2}=\sigma_{avg}\left(\gamma+\frac{d}{2}\right)\end{aligned} \tag{4.3.8}$$

式中：σ_{avg} 为整个单元的平均应力，上式积分后，σ_{avg} 即可用 α 表示，选定 α 值，即可计算出 σ_{avg}。

按平面假定，该单元内整个的平均应变与弹性部分的应变相同，即

$$\frac{\sigma_\alpha}{E}=\frac{2c\sin 2\Phi_0}{E(\cos 2\alpha-\cos 2\Phi_0)}=\varepsilon_{avg} \tag{4.3.9}$$

式中：E 为砂浆弹性模量。

根据给出的 α 值，结构单元相应的应力应变可由式(4.3.8)—式(4.3.9)求得。

上面只是一个结构单元，而实际上混凝土由许多单元组成，单元的极限强度具有一定的离散性，单元有强有弱，需要通过统计分析来找出混凝土构件的应力-应变关系曲线。

假定一个单向压缩的混凝土试件由几个单元组成，单元的极限强度假定按 $G(x)$ 函数分布，它不能从试验测得，但可以测得整个试件抗压强度的分布情况。x 表示每单元的可变强度，$G(x)$ 是单元的强度大于或等于 x 的概率，于是问题变成了已知试件强度的分布与未知结构单元强度分布之间的关系，按下述假定来建立二者的关系：①每个单元强度与其他单元强度无关；②所有单元皆为弹性体且其弹性模量相同；③符合平面假定；④若单元超过了极限强度，此单元即完全破坏，承载能力降到零，引起内力重分布，只要未超过未破坏部分的承载力，就不会发生全部破坏。

根据 σ_{avg} 为几个结构单元组成的横截面上的平均应力，由平衡条件知

$$\sigma_{avg} = G(x)x \tag{4.3.10}$$

大量混凝土强度试验表明，混凝土试件的极限强度 σ_c 分布函数接近正态分布，此时 σ_c 的极限强度平均值 $(\sigma_c)_{avg}$ 为

$$M = (\sigma_c)_{avg} = G(x_{max})x_{max} \tag{4.3.11}$$

其中 σ_c 的变差系数为

$$V = \sqrt{\frac{1-G(x_{max})}{nG(x_{max})}} \tag{4.3.12}$$

单元强度分布根据 Johnson 建议，采用 Weibull 分布曲线

$$G(x) = e^{-\left(\frac{x-x_1}{x_0}\right)^m} \tag{4.3.13}$$

式中：x_1 为单元可能的最低强度；x_0，m 为由式(4.3.11)—式(4.3.12)确定的常数。

如用 32 个 Φ4×8 in 的圆柱体试验得出 V 为 0.071，抗压强度平均值 $M=(\sigma_c)_{avg}=$ 4 000 lb/in^2，结构单元强度的可能最低值取 $x_1=2\,000$ lb/in^2，单元的个数 $n=150$。将上述数值和式(4.3.13)代入式(4.3.11)—式(4.3.12)，得 x_0 和 m 值相应为 7.95 和 1.25。故结构单元的强度分布函数为

$$G(x) = e^{-\left(\frac{x-2}{7.95}\right)^{1.25}} \tag{4.3.14}$$

$$\sigma_{avg} = G(x)x = xe^{-\left(\frac{x-2}{7.95}\right)^{1.25}} \tag{4.3.15}$$

因 $\varepsilon = x/E$（E 为单元弹性模量），当尚未破坏的单元内的应力等于 x 时，平均应力 σ_{avg} 可由下式求出

$$\sigma_{avg} = E\varepsilon e^{-\left(\frac{\frac{E}{c}-2}{7.95}\right)^{1.25}} \tag{4.3.16}$$

图 4.3.10 为统计分析计算的应力应变关系，曲线表明上述理论能反映混凝土的基本机理和性质。

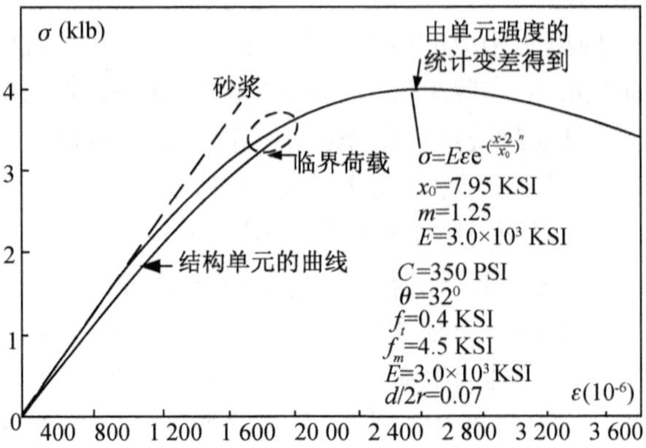

图 4.3.10　计算的应力-应变曲线

2. 应力-应变曲线公式

上面通过 S. P. Shah 及 G. Winter 提出的理论和理论推导的过程，说明了应力与应变关系的物理力学意义。应力应变关系必须结合混凝土的大量试验，从边界条件和试验曲线去适当加以调整，以得到近似可行的经验公式。从应力应变关系全过程看，满足下面 5 个条件：曲线过原点时 $\varepsilon=0,\sigma=0$；曲线在原点处的斜率等于初始混凝土的弹性模量，$\varepsilon=0$，$d\sigma/d\varepsilon=E$；曲线在 ε_0 时有峰值，$\varepsilon=\varepsilon_0$，$d\sigma/d\varepsilon=0$，峰值坐标 (ε_0,σ_0)，即 $\varepsilon=\varepsilon_0,\sigma=\sigma_0$；过峰值点之后，曲线下降，可由试验得到 (ε_u,σ_u)，当 $\varepsilon=\varepsilon_u$ 时，$\sigma=\sigma_u$，且 $\varepsilon_u>\varepsilon_0$。此外，受弯、偏压或偏拉的混凝土应变与应力关系和轴心受压的不同，前者所得曲线峰值点的应力和应变比轴心压缩的要高得多，这是因为两种加荷中的应变反应快慢不同，同时还由于前者应力不均造成。

表 4.3.5 列出了一些应力应变关系表达式，表 4.3.6 为压缩极限应力下混凝土的最大应变 ε_0 和割线模量 $(E_0=\sigma_0/\varepsilon_0)$。公式 1 不满足边界条件，其中 n 值在 0.8～0.9 之间；公式 2 和公式 3 满足各种边界条件；公式 4 和公式 6 为公式 2、公式 3 的特例(即 $E/E_0=2$)；公式 5 和公式 7 分别是公式 4 和公式 6 的通式；公式 9 为公式 8 的展开式。公式 4,5,6,8 的 $E/E_0=2$ 是固定值，不符合实际，应该是变化的，如 7.0 MPa 的普通混凝土该值约为 4，而 70.0 MPa 的混凝土约为 1.3。公式 14 能够满足一般应力-应变的关系，其中 D 是参数，主要影响曲线下降部分的斜率，该公式具有普遍的意义，如当 $A=2,D=1$ 时，此式即对应表 4.3.5 中第 6 行；当 $D=1$ 时，即对应表中第 3 行。

表 4.3.5　混凝土应力-应变曲线的公式

编号	来源	轴心压应力 $\sigma=f$ 的公式	备注
1	Bach	$\sigma=f=c_1^n$	表示 E 为无限大，不合理，$\varepsilon=\varepsilon_0$ 无峰值
2	Saenx	$\sigma=f=E\varepsilon[1+(3E_0/E-2)(\varepsilon/\varepsilon_0)+(1-2E_0/E)(\varepsilon/\varepsilon_0)^2]$	

续表

编号	来源	轴心压应力 $\sigma=f$ 的公式	备注
3	Saenz	$\sigma=f=\dfrac{E\varepsilon}{1+(E/E_0-2)(\varepsilon/\varepsilon_0)+(\varepsilon/\varepsilon_0)^2}$	
4	CEB	$\sigma=f=E\varepsilon(1-\varepsilon/2\varepsilon_0)$	相当于 $E/E_0=2$
5	Sturman 等	$\sigma=f=C_2\varepsilon(1+C_3\varepsilon^{n-1})$	相当于 $E/E_0=\dfrac{n}{n-1}$ 中心受压 $n=1.9$ 偏心受压 $n=1.6$
6	Desay 和 Krish-nan	$\sigma=f=E\varepsilon/[1+(\varepsilon/\varepsilon_0)^2]$	$E/E_0=2$
7	Tulin 和 Gerstle	$\sigma=f=E\varepsilon/C_6+(\varepsilon/\varepsilon_0)^2$	$E/E_0=C_6+1$
8	Smith 和 Young	$\sigma=f=E\varepsilon e^{1-(\varepsilon/\varepsilon_0)}$	$E/E_0=e$
9	Shah 和 Winter	$\sigma=f=E\varepsilon e^{-(\frac{E\varepsilon-2}{G_g})^m}=E\varepsilon(F_0/E)^{(\frac{E\varepsilon-2}{E\varepsilon_0-2})^m}$	
10	Cheng-Tzuhsu	$\sigma/\sigma_0=\sin\left(\dfrac{2}{\pi x}\right)+0.2(x-1)(e^{1-x}-1),0\leqslant x\leqslant 1$ $\sigma/\sigma_0=0.226+2.157x-1.907x^2+0.596x^3$ $-0.063x^4,1\leqslant x<4$	
11	Umemura	$\sigma/\sigma_0=6.75(e^{-0.812x}-e^{-1.218x})$	
12	Okayama	$\sigma/\sigma_0=\sin\dfrac{\pi}{2}(-0.27\mid x-1\mid+0.73x+0.27)$	
13	Desayi 和 Krishman	$\sigma/\sigma_0=\dfrac{2x}{1+x^2}$	
14	Sargin 和 Handa	$\sigma/\sigma_0=K_3\dfrac{Ax'+(D-1)x'^2}{1+(A-2)x'+Dx'^2}$	
15	Popovi-cs	$\sigma=f=\sigma_0\left(\dfrac{\varepsilon}{\varepsilon_0}\right)\dfrac{m}{m-1+\varepsilon/\varepsilon_0}$	$m=0.4\times10^{-3}\sigma_0+1$ $\varepsilon_0=K\times10^4\sqrt{\sigma_0}$ $K=2.2$
16	Wang 和 shah	$\sigma=f=\sigma_0\dfrac{A'x+B'x^2}{1+C'x+D'x^2}$	A',B',C',D' 为考虑曲线上升、下降段确定的参数
17	Kriz 和 Lee	$\sigma^2+A_1\varepsilon^2+A_2\sigma\varepsilon+A_3\sigma+A_4\varepsilon=0$	
18	Kent 和 Paxk	$\varepsilon\leqslant\varepsilon_0\quad \sigma=f=\left[2\left(\dfrac{\varepsilon}{\varepsilon_0}\right)-\left(\dfrac{\varepsilon}{\varepsilon_0}\right)^2\right]\sigma_0$ $\varepsilon>\varepsilon_0$，$0.5\sigma_0$ 对应的应变，$\varepsilon=\dfrac{3+0.002\sigma_0}{\sigma_0-1000}$	
19	Terzaghi	$\varepsilon=f/E+C_5f^n$	
20	Ros	$\varepsilon=f/E+C_6f/(C_7-f)$	

续表

编号	来源	轴心压应力 $\sigma=f$ 的公式	备注
21	Alexander（轴压全过程）	$\sigma=f=B_1\varepsilon/[(\varepsilon+B_2)^2+B_3]-B_4\varepsilon$	
22	Hognestad	$\varepsilon\leqslant\varepsilon_0\quad\sigma=f=\left[2\left(\frac{\varepsilon}{\varepsilon_0}\right)-\left(\frac{\varepsilon}{\varepsilon_0}\right)^2\right]\sigma_0$ $\varepsilon_u\geqslant\varepsilon>\varepsilon_0\sigma=f=\sigma_0\left[1-0.15\left(\frac{\varepsilon-\varepsilon_0}{\varepsilon_u-\varepsilon_0}\right)\right]$	
23	Hognestad（受弯全过程）	$\sigma=f=\varepsilon(\mathrm{d}f_a/\mathrm{d}\varepsilon)+f_a$ $\mathrm{d}f_a/\mathrm{d}\varepsilon$ 可由测得的有限误差 $\Delta f_a/\Delta\varepsilon$ 近似算出	f_a——弯压区的平均抗压强度
24	Rusch	$\varepsilon\leqslant\varepsilon_0\quad\sigma=f=\left[2\left(\frac{\varepsilon}{\varepsilon_0}\right)-\left(\frac{\varepsilon}{\varepsilon_0}\right)^3\right]$ $\varepsilon_u\geqslant\varepsilon>\varepsilon_0\quad\sigma=f=\sigma_0$	
25	Sinha 等	$\sigma=f=(A/x)(\varepsilon-x)^2+A_8$	参数 x 是荷载重复次数、重复的作用应力、混凝土强度等的函数

注：$\sigma=f$ 为轴向压应力；$n,C_1,C_2,\cdots,C_8,B_1,B_2,\cdots,B_4,A_1,A_2,\cdots,A_8$ 为试验参数，取决于混凝土组成、龄期、养护和试验条件；e 为自然对数；E 为混凝土初始弹性模量；E_0 为在极限应力 σ_0 下割线模量（$E_0=\sigma_0/\varepsilon_0$）；$\sigma_0$ 为标准圆柱体试件强度；$\sigma_0'=K_3\sigma_0$ 为其他试验方法测得的混凝土试验强度（最大应力），当圆柱体时，$K_3=1.0$；ε_0 为在 σ_0 下的应变；ε_0' 为在 σ_0' 下的应变；$x'=\varepsilon/\varepsilon_0'$；$A=E\varepsilon_0/K_3\sigma_0=E/E_0$，（$E_0=\sigma_0/\varepsilon_0$，$K_3=1.0$）。$K_3$，$A$，$B$ 为常数，反映混凝土强度、侧面加强、徐变、应变梯度、试件尺寸和加荷形式。

表 4.3.6　压缩极限应力下混凝土的最大应变 ε_0 和割线模量 E_0

编号	来源	ε_0	E_0(b/in^2)
1	Ros	$0.0546+3.64\times10^{-5}\sqrt{R_a}$	$R_a\times10^6/(546+0.256R_a)$
2	Emperger	$0.014\sqrt{R_a}$ 高含砂率	$0.27\times10^5\sqrt{R_a}$ 高含砂率
3	Emperger	$0.0082\sqrt{R_a}$ 低含砂率	$0.455\times10^5\sqrt{R_a}$ 低含砂率
4	Brandtzaeg	$R_a/478+2.6R_a$	$6.80\times10^5+260R_a$
5	Jager	$0.014\sqrt{R_a}$	$0.27\times10^5\sqrt{R_a}$
6	Hungarian Code	$R_a/(790+3.95R_a)$	$7.9\times10^5+395R_a$
7	Saenz	$10^{-2}\sqrt[4]{R_a}(61.1-3.76\sqrt[4]{R_a})$	$10^5\sqrt[4]{R_a^3}/(31.5-\sqrt[4]{R_a^3})$

注：假定棱柱强度等于圆柱强度 R_a，以 lb/in^2 表示的圆柱强度等于以 kg/cm^2 表示的立方强度的 10 倍，1 lb/in^2=0.070 3 kg/cm^2=0.006 9 MPa。

我国也有许多学者利用 σ-ε 曲线进行了构件受力非线性全过程分析，下降部分说明了非弹性变形在极限强度和极限设计中的重要作用。下降部分在试验中要用等应变来控制，否则是难以获得真值的。R_a 和 ε_0 公式提供了用极限强度表示应力-应变曲线的峰点的资料，图 4.3.11 为用相对应力和相对应变表示的关系曲线，不同曲线的曲率相差颇大，实际应用时，可根据情况适当选配，各式的比较结果见表 4.3.7。

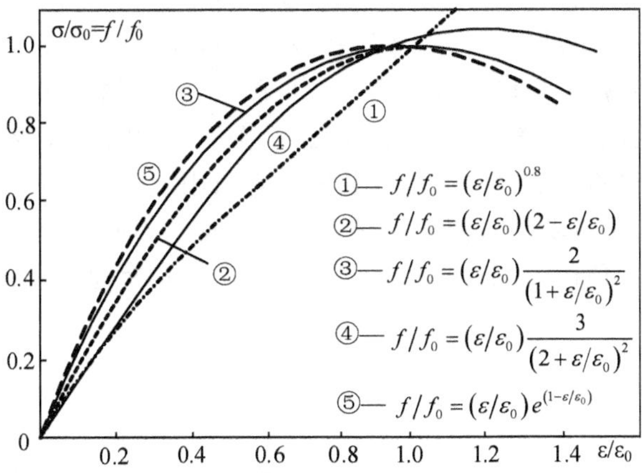

图 4.3.11　混凝土应力-应变曲线的一些公式比较

表 4.3.7　误差百分比(%)

σ/σ_0 公式	$\varepsilon/\varepsilon_0$								注
	0.25	0.5	0.75	1	1.25	1.5	1.75	1.9	
①式	0.437 5	0.75	0.937 5	1	0.958	0.917	0.875	0.852	以①式为准
②式	0.437 5	0.75	0.937 5	1	1	1	1	/	
	0%	0%	0%	0%	0%	4.4%	9.1%	14.3%	
③式	0.33	0.574	0.795	1					
	−24.3%	−23.5%	−15.2%	0%					
④式	0.471	0.8	0.96	1	0.97	0.923	0.861	0.826	
	7.7%	6.7%	2.4%	0%	1.9%	0.7%	−1.6%	−2.8%	
⑤式	0.533	0.824	0.963	1	0.935	0.912	0.822	0.773	
	21.8%	9.8%	2.7%	0%	−2.4%	−0.5%	−6.1%	−9.1%	

3. 全应力-应变过程曲线公式

混凝土的受压应力-应变全曲线包括上升段和下降段，是其力学性能的全面的宏观反映：曲线峰点处的最大应力即棱柱体抗压强度，相应的应变为峰值应变；曲线的割线或切线斜率为其弹性(变形)模量，初始斜率即初始弹性模量；下降段表明其峰值应力后的残余强度；曲线的形状和曲线下的面积反映了其塑性变形的能力。混凝土的受压应力-应变曲线方程是其最基本的本构关系，又是多轴本构模型的基础，在混凝土结构非线性分析和超静定结构的内力分析中，是不可或缺的物理方程，对计算结果的准确性起决定性作用。

(1) 试验方法

在棱柱体抗压试验时，若应用普通液压式试验机加载，可毫无困难地获得应力-应变曲线的上升段。但是，试件在达到最大承载力后急速破裂，量测不到有效的下降段曲线。Whitney 很早就指出混凝土试件突然破坏的原因是试验机的刚度不足。试验机本身在加载过程中发生变形，储存了很大的弹性应变能。当试件承载力突然下降时，试验机因受力减小而恢复变形，即刻释放能量，将试件急速压坏。要获得稳定的应力-应变全曲线，主要是曲线的下降段，必须控制混凝土试件缓慢地变形和破坏。现在有两类试验方法：①应用电液伺服阀控制的刚性试验机直接进行试件等应变速度加载；②在普通液压试验机上附加刚性元件[图 4.3.12(a)][19]，使试验装置的总体刚度超过试件下降段的最大线刚度，就可防止混凝土的急速破坏。后一类试验方法简易可行。各国学者采用了多种形式的刚性元件[图 4.3.12(b)]，都在不同的范围内成功地量测到混凝土的受压应力-应变全曲线。图 4.3.13 为清华大学设计的用液压千斤顶作为刚性元件的试验方法[14]，具有总体刚度大、变形量测范围大等优点。

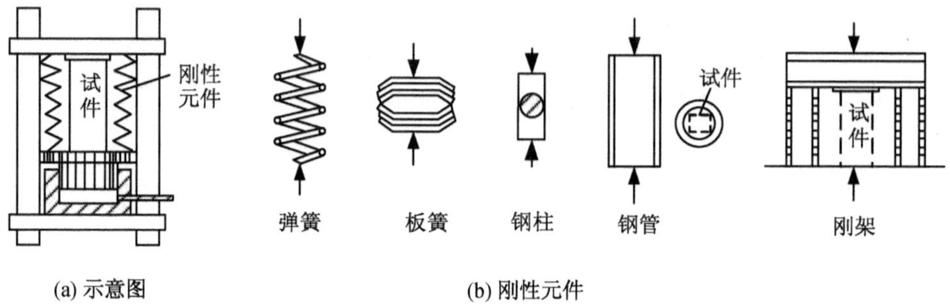

图 4.3.12　增设刚性元件的试验方法

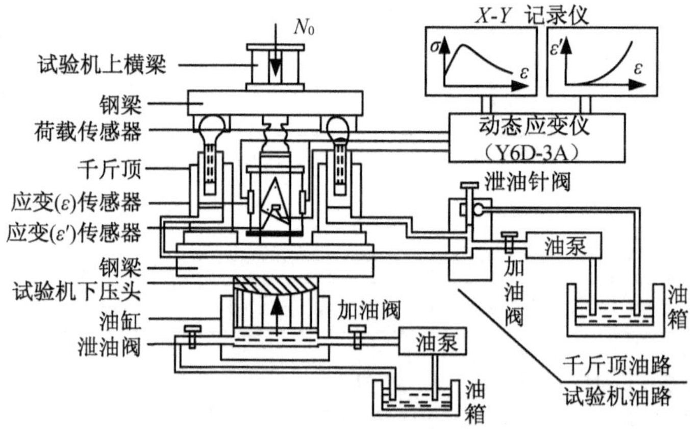

图 4.3.13　用千斤顶作为刚性元件的试验方法

(2) 全曲线方程

将混凝土受压应力-应变全曲线用无量纲坐标

$$x=\frac{\varepsilon}{\varepsilon_p},\ y=\frac{\sigma}{f_c} \tag{4.3.17}$$

表示，得到的典型曲线如图 4.3.14 所示，其几何特征的数学描述如下：$x=0$，$y=0$；$0\leqslant x<1$，$\mathrm{d}^2y/\mathrm{d}x^2<0$，即曲线斜率 $\mathrm{d}y/\mathrm{d}x$ 单调减小，无拐点；$x=1$ 时，$y=1$，$\mathrm{d}y/\mathrm{d}x=0$，即单峰值；当 $\mathrm{d}^2y/\mathrm{d}x^2=0$ 时，$x_D>1$，即下降段有一拐点 D；当 $\mathrm{d}^3y/\mathrm{d}x^3=0$ 时，$x_E>1$，即下降段上的最大曲率点 E；当 $x\to\infty$，$y\to 0$ 时，$\mathrm{d}y/\mathrm{d}x\to 0$；全部曲线，$x\geqslant 0$，$1\geqslant y\geqslant 0$。这些几何特

征与混凝土的受压变形和破坏过程完全对应，具有明确的物理意义。

不少研究人员为了准确地拟合混凝土的受压应力-应变试验曲线，提出了多种数学函数形式的曲线方程，如多项式、指数式、三角函数和有理分式等(表 4.3.8)。对于曲线的上升段和下降段，有的用统一方程，有的则给出分段公式，其中比较简单、实用的曲线形式如图 4.3.15[20]所示。

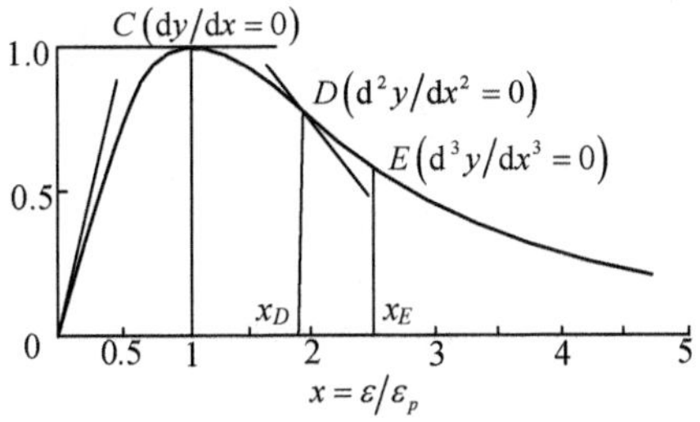

图 4.3.14　受压应力-应变全曲线

表 4.3.8　混凝土受压应力-应变全曲线方程

<table>
<tr><th>函数类型</th><th colspan="2">表达式</th><th>建议者</th></tr>
<tr><td rowspan="6">多项式</td><td colspan="2">$\sigma = c_1 \varepsilon^n$</td><td>Bach</td></tr>
<tr><td colspan="2">$y = 2x - x^2$</td><td>Hognestad</td></tr>
<tr><td colspan="2">$\sigma_1 = c_1\varepsilon + c_2\varepsilon^n$</td><td>Sturman</td></tr>
<tr><td colspan="2">$\varepsilon = \dfrac{\sigma}{E_0} + c_1\sigma^n$</td><td>Terzaghi</td></tr>
<tr><td colspan="2">$\varepsilon = \dfrac{\sigma}{E_0} + c_1\dfrac{\sigma}{c_2 - \sigma}$</td><td>Ros</td></tr>
<tr><td colspan="2">$\sigma^2 + c_1\varepsilon^2 + c_2\sigma\varepsilon + c_3\sigma + c_4\varepsilon = 0$</td><td>Kriz-Lee</td></tr>
<tr><td rowspan="2">指数式</td><td colspan="2">$y = x\mathrm{e}^{1-x}$</td><td>Sahlin 等</td></tr>
<tr><td colspan="2">$y = 6.75(\mathrm{e}^{-0.812x} - \mathrm{e}^{-1.218x})$</td><td>Umemura</td></tr>
<tr><td rowspan="2">三角函数</td><td colspan="2">$y = \sin\left(\dfrac{\pi}{2}x\right)$</td><td>Young</td></tr>
<tr><td colspan="2">$y = \sin\left[\dfrac{\pi}{2}(-0.27\lvert x-1\rvert) + 0.73x + 0.27\right]$</td><td>Okayama</td></tr>
<tr><td rowspan="5">有理分式</td><td colspan="2">$y = \dfrac{2x}{1+x^2}$</td><td>Desayi 等</td></tr>
<tr><td colspan="2">$y = \dfrac{(c_1+1)x}{c_1 + x^n}$</td><td>Tulin-Gerstle</td></tr>
<tr><td colspan="2">$\sigma = \dfrac{c_1\varepsilon}{[(\varepsilon + c_2)^2 + c_3]} - c_4\varepsilon$</td><td>Alexander</td></tr>
<tr><td colspan="2">$y = \dfrac{x}{c_1 + c_2x + c_3x^2 + c_4x^3}$</td><td>Saenz</td></tr>
<tr><td colspan="2">$y = \dfrac{c_1x + (c_2-1)x^2}{1 + (c_1-2)x + c_2x^2}$</td><td>Sargin</td></tr>
<tr><td rowspan="4">分段式</td><td>上升段 ($0 \leqslant x \leqslant 1$)</td><td>下降段 ($x \geqslant 1$)</td><td rowspan="2">Hognestad</td></tr>
<tr><td>$y = 2x - x^2$</td><td>$y = 1 - 0.15\left(\dfrac{x-1}{x_u - 1}\right)$</td></tr>
<tr><td>$y = 2x - x^2$</td><td>$y = 1$</td><td>Rusch</td></tr>
<tr><td>$y = \alpha_a x + (3 - 2\alpha_a)x^2 + (\alpha_a - 2)x^3$</td><td>$y = \dfrac{x}{\alpha_d(x-1)^2 + x}$</td><td>过镇海</td></tr>
</table>

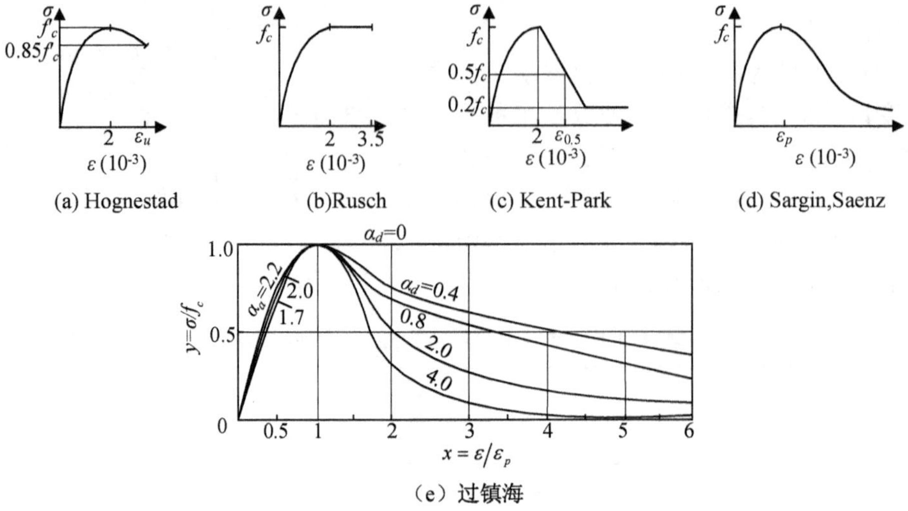

图 4.3.15 混凝土应力-应变关系理论曲线

第四节 混凝土抗拉应力应变关系

混凝土通常被认为是脆性材料，抗拉强度低、变形小、破坏突然。20 世纪 60 年代以前，对混凝土抗拉性能的研究和认识只限于抗拉极限强度和应力-应变上升段曲线；此后，随着试验技术的改进，实现了混凝土受拉应力-应变全曲线的测量，才全面深入地揭示了混凝土受拉变形和破坏过程的特点。混凝土的抗拉强度和变形也是其最重要的基本性能之一，既是研究混凝土的破坏机理和强度理论的主要依据，又直接影响混凝土结构的开裂、变形和耐久性。研究指出，轴心抗拉应力-应变关系的主要影响因素同轴压构件。图 4.4.1 为随水灰比、配比及龄期而变化的轴心抗拉试验结果，基本特征与轴压构件相似。

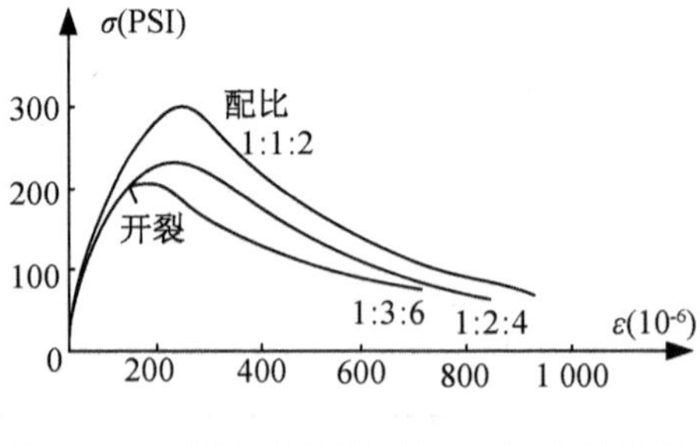

图 4.4.1 混凝土受拉时的应力-应变曲线

一、试验方法和抗拉性能指标

现有三种试验方法[12]测定混凝土的抗拉强度（图 4.4.2），但给出不同的强度值。从棱柱体试件的轴心受拉试验得到轴心抗拉强度

$$f_t = \frac{P}{A} \tag{4.4.1}$$

从立方体试件的劈裂试验得到劈裂抗拉强度

$$f_{t,s}=\frac{2P}{\pi A} \tag{4.4.2}$$

从棱柱体试件的抗折试验给出弯曲抗拉强度

$$f_{t,f}=\frac{6M}{bh^2}=\frac{Pl}{bh^2} \tag{4.4.3}$$

式中：P 为试件的破坏荷载；A 为试件的拉断或劈裂面积。

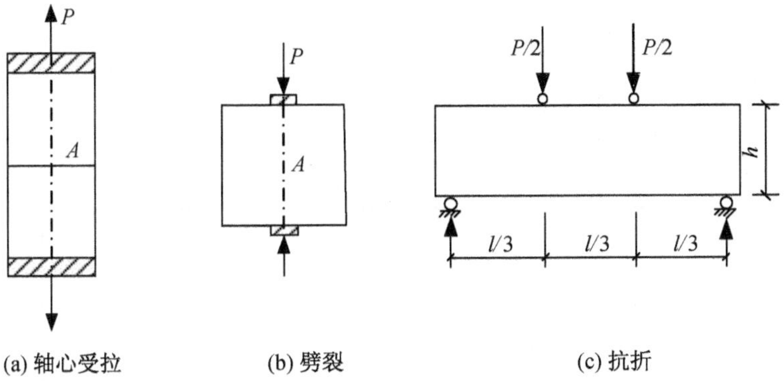

图 4.4.2 抗拉强度的试验方法

若要测量混凝土的受拉应力-应变曲线，须采用轴心受拉试验方法，其试件横面上有明确而均匀分布的拉应力，又便于设置应变传感器。若要获得混凝土受拉应力-应变全曲线的下降段，则要采用电液伺服阀控制的刚性试验机，或者采取措施增强试验装置的总体刚度。图 4.4.3 为受拉应力-应变全曲线试验示意图[21]，由横梁和拉杆组成刚性钢框架，与混凝土棱柱体试件平行受力，用普通液压式试验机成功地测量到受拉应力-应变全曲线。

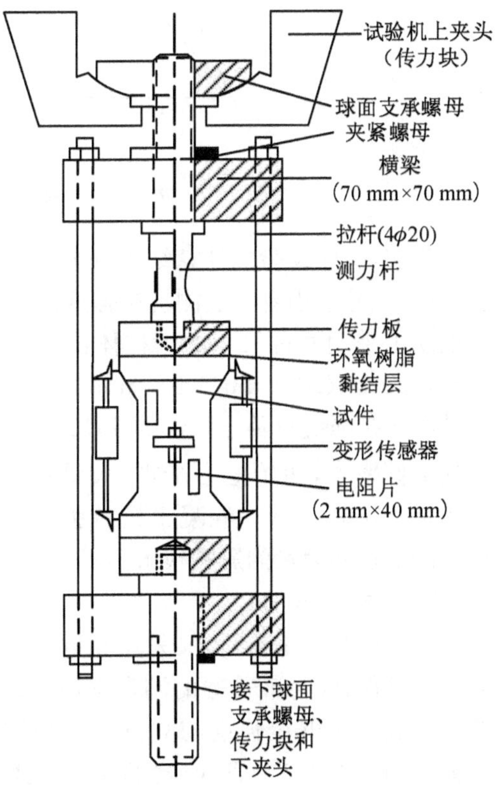

图 4.4.3 受拉应力-应变全曲线的试验示意图

我国进行了混凝土抗拉性能的大量试验，给出的主要性能指标如下。

1. 轴心抗拉强度

混凝土的轴心抗拉强度随其立方强度单调增长，但增长幅度渐减（图 4.4.4[20]）。经回归分析后，得经验公式

$$f_t=0.26f_{cu}^{2/3} \tag{4.4.4}$$

规范 CEB-FIP MC90[13]给出与此相近的计算式

$$f_t=1.4\,(f_c'/10)^{2/3} \tag{4.4.5}$$

我国设计规范[9]中采用的计算式

$$f_t = 0.395 f_{cu}^{0.55} \tag{4.4.6}$$

式中：f_c，f_{cu} 分别为混凝土立方体和圆柱体抗压强度，N/mm^2。

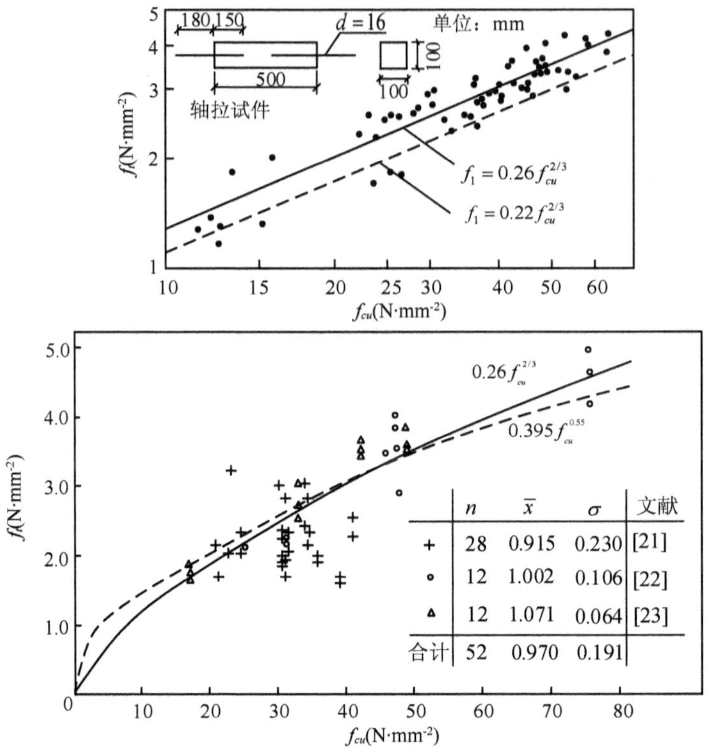

图 4.4.4　轴心抗拉强度与立方体抗压强度

其实，这些经验式计算结果的差别并不大，都在试验离散度范围以内。试验结果还表明，试件尺寸较小者的实测抗拉强度偏高，尺寸较大者的强度低，一般称为尺寸效应。某大坝混凝土采用两种尺寸的棱柱体试件：①450 mm ×450 mm×1 400 mm，骨料最大粒径为80～120 mm；②100 mm×100 mm×550 mm，最大粒径为 20～40 mm。经试验测定，大试件的轴心抗拉强度只及小试件的 50%～64%，平均为 57%。其主要原因是大试件内部的裂缝和缺陷概率大，初始应力严重，大骨料界面的黏结状况较差等。混凝土抗拉强度和变形性能受这些因素的影响很敏感。

2. 劈拉强度

劈裂试验简单易行，又采用相同的标准立方体试件，成为最普遍的测定手段。试验给出的混凝土劈拉强度与立方体抗压强度的关系如图 4.4.5[15]所示，经验回归公式为

$$f_{t,s} = 0.19 f_{cu}^{2/4} \tag{4.4.7}$$

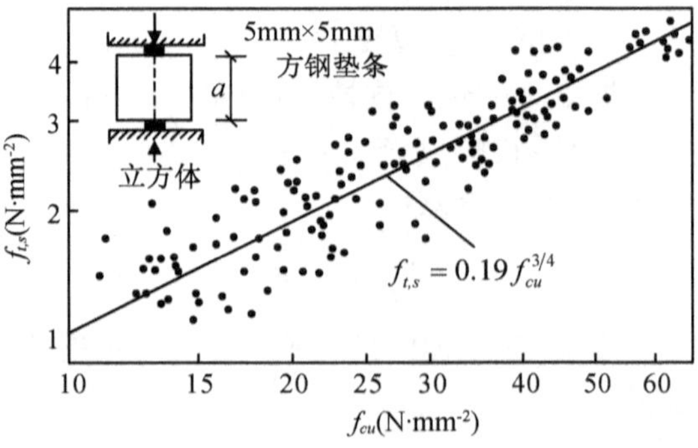

图 4.4.5　劈拉强度与立方体抗压强度

根据我国的试验结果和计算式的比较，混凝土的轴心抗拉强度稍高于劈拉强度：$f_t/f_{t,s} = 1.368 f_{cu}^{-0.083} = 1.09 \sim 1.0$（当 $f_{cu}=15\sim43\ \text{N/mm}^2$）。国外的同类试验却给出了相反的结论：$f_t = 0.9 f_{t,s}$[13]。两者的差异可能由于试验方法的不同。我国采用立方体试件，加载垫条是钢制的，而国外采用圆柱体试件，垫条的材质较软（如胶木）。

3. 峰值应变

混凝土试件达到轴心抗拉强度 f_t 时的应变，即应力-应变全曲线上的峰值应变 $\varepsilon_{t,p}$。它随抗拉强度而增大（图 4.4.6[20]），回归计算式为

$$\varepsilon_{t,p} = 65 \times 10^{-6} f_t^{0.54} \tag{4.4.8}$$

将式（4.4.4）代入，得到混凝土受拉峰值应变与立方体抗压强度的关系为

$$\varepsilon_{t,p} = 3.14 \times 10^{-6} f_{cu}^{0.36} \tag{4.4.9}$$

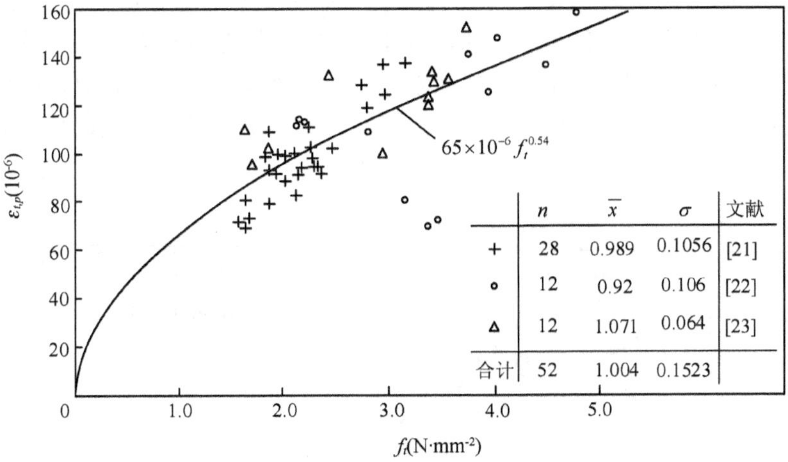

图 4.4.6 峰值应变与抗拉强度的关系

4. 弹性模量

混凝土受拉弹性模量 E_t 的标定值取为应力 $\sigma = 0.5 f_t$ 时的割线模量，其值约与相同混凝土的受压弹性模量相等。试验结果如图 4.4.7 所示[22]，计算式如下：

$$E_t = (1.45 + 0.628 f_t) \times 10^4\ (\text{N/mm}^2) \tag{4.4.10}$$

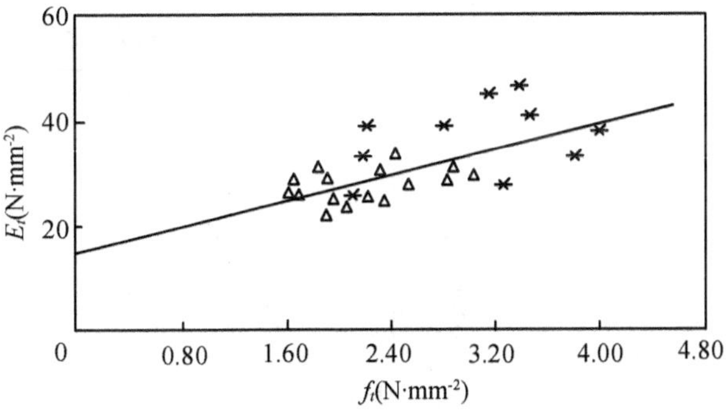

图 4.4.7 受拉弹性模量与抗拉强度的关系

混凝土受拉弹性模量与峰值割线模量（$E_{t,p} = f_t/\varepsilon_{t,p}$）的比值，试验结果在 1.04 ～ 1.38 之间，平均为[21]

$$E_t/E_{t,p} = 1.20 \tag{4.4.11}$$

5. 泊松比

根据试验中量测的试件横向应变计算混凝土的受拉泊松比，其割线值和切线值在应力

上升段近似相等

$$\nu_{t,s} = \nu_{t,t} = 0.17 \sim 0.23 \tag{4.4.12}$$

也可取为 0.20，即与应力较低时的受压泊松比相等。

但是，当拉应力接近抗拉强度时，试件的纵向拉应变加快增长，而横向压缩变形使材料更紧密，增长速度减慢，故泊松比逐渐减小，这与混凝土的受压泊松比随应力而增长的趋势恰好相反。在应力的下降段，试件的纵向和横向应变取决于传感器的标距和它与裂缝的相对位置[图 4.4.8(b)][21]，变化很大，很难获得合理的泊松比试验值。

二、受拉破坏过程和特征

试验中量测的试件平均应力和变形 Δl（或平均应变 $\Delta l/l$）全曲线如图 4.4.8(a)所示，若将试件上各电阻片的实测应变作图，则如图 4.4.8(b)所示。在应力上升段，各电阻片的应变与平均应变一致；接近曲线峰点，并进入下降段后，各电阻片有不同的应变曲线。与裂缝相交的电阻片的应变剧增而拉断，其余电阻片的应变则随试件的卸载而减小，即变形恢复。混凝土受拉应力-应变全曲线上的四个特征点 A，C，E 和 F（对照图 4.3.3 的受压曲线）

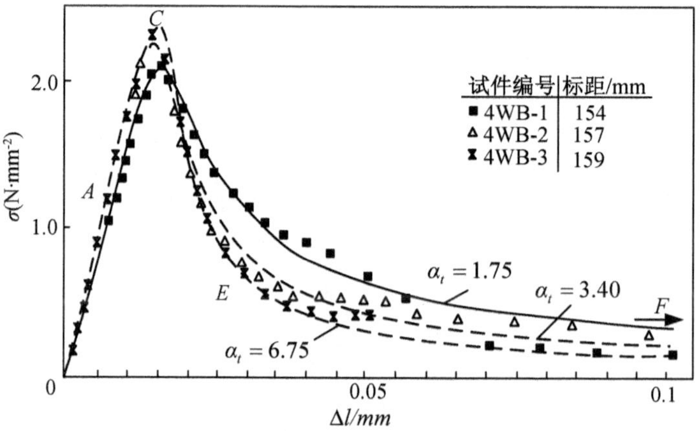

(a) 应力-变形(平均应变)

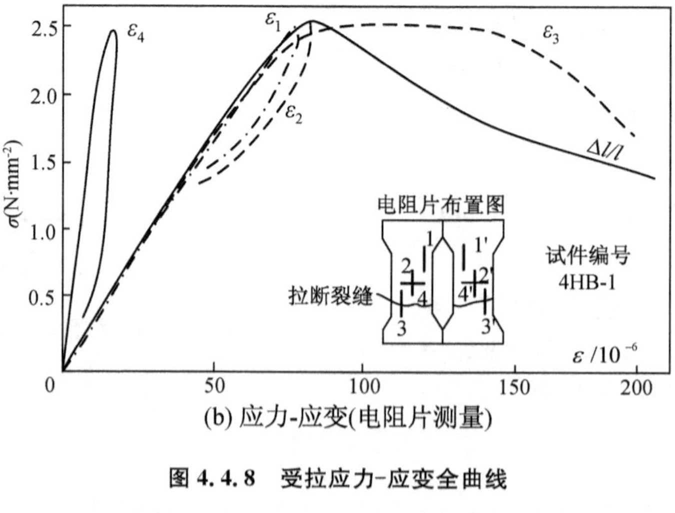

(b) 应力-应变(电阻片测量)

图 4.4.8 受拉应力-应变全曲线

标志着受拉性能的不同阶段。开始加载后，当应力 $\sigma < (0.4 \sim 0.6)f_t$（$A$ 点）时，混凝土的变形约按比例增大；此后，混凝土出现少量塑性变形，应变增长稍快，曲线微凸；当平均应变达 $\varepsilon_{t,p} = (70 \sim 140) \times 10^{-6}$ 时，曲线的切线水平，得抗拉强度 f_t；随后，试件承载力很快下降，形成陡峭的尖峰（C 点）；肉眼观察到试件表面上的裂缝时，曲线已进入下降段（E 点），平均应变约 $\geqslant 2\varepsilon_{t,p}$，裂缝为横向，细而短，缝宽 0.04 ～ 0.08 mm，此时，试件的残余应力为 $(0.2 \sim 0.3)f_t$；此后，裂缝迅速延伸和发展，荷载慢慢下降，曲线渐趋平缓。当试件的表面裂缝沿截面周边贯通时，裂缝宽度约 0.1～0.2 mm。此时，截面中央尚残留未开裂面积和裂缝面的骨料咬合作用，试件仍有少量残余承载力 $(0.1 \sim 0.15)f_t$。最后，当试件的总变形或表面裂缝宽度约达 0.4 mm 后，裂缝贯穿全截面，试件拉断成两截（F 点）。

对有些试件还在应力下降段进行卸载和再加载试验（图 4.4.9[21]），仍得到稳定的应力-应变全曲线，而且其包络线（EV）与一次单调加载试验的全曲线相一致。受拉试件的断裂面凹凸不平，但轮廓清楚，断面上大部分面积是粗骨料和水泥砂浆拉脱的界面，其余是骨料间的水泥砂浆被拉断，极少有粗骨料被拉断。

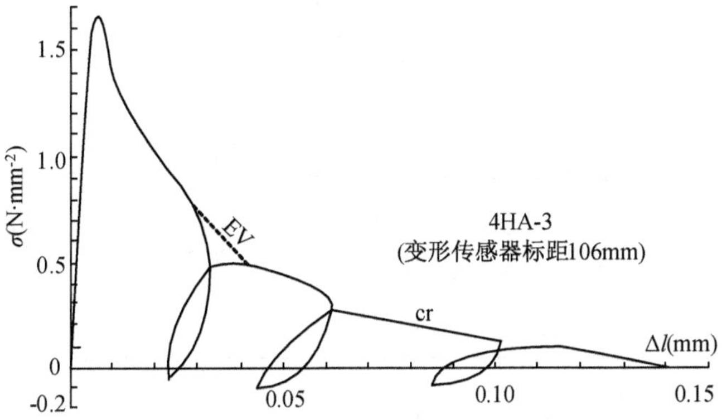

图 4.4.9　加卸载试验的应力-应变曲线

由于混凝土组成的不均匀性，存在着随机分布的初始微裂缝和孔隙，粗骨料和水泥砂浆间的黏结强度与水泥砂浆抗拉强度不相等，故试件每一截面的实际承载力和应力分布各不相同，裂缝总是在薄弱截面的最弱部位首先出现。当试件表面发现裂缝时，截面上将有一块面积不再承载（图 4.4.10[21]）。随着受拉变形的增大，裂缝两端沿截面周边延伸，截面上的裂面积逐渐扩展。有的试件还在其他侧面出现新的裂缝，形成两块开裂面积，并一起扩展。试件开裂后，截面中间的有效受力面积不断地缩小和改变形状，其形心与荷载位置不再重合，成为事实上的偏心受拉，促使裂缝更快发展，将试件拉断。所以，混凝土受拉状

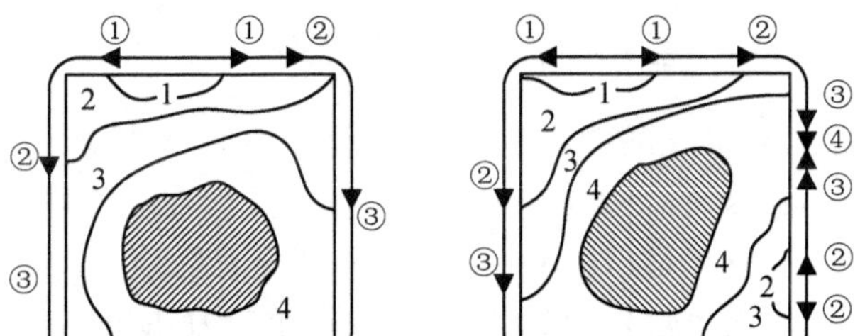

(a) 一条裂缝开展　　(b) 两条裂缝开展

图 4.4.10　截面裂缝开展示意图

注：圈中数字表示裂缝出现次序；→表示裂缝开展方向。

态下的荷载(应力)下降段，主要是因为截面上有效受力面积的减小，在受力面积上的真实应力其实并未降低。

混凝土在单轴受拉和受压状态下的应力-应变全曲线都是不对称的单峰曲线，形状相似，而且二者都是由内部微裂缝发展为宏观的表面裂缝，导致最终破坏。但是，混凝土受拉产生的拉断裂缝和受压产生的纵向劈裂裂缝在宏观表征上有巨大差别(表 4.4.1)，反映了不同的受力机理。

表 4.4.1　混凝土受压和受拉破坏裂缝的宏观表征比较

裂缝图	(受压)	(受拉)
基本特征	纵向压劈	横向拉断
方向	平行于主压应力，后期出现斜裂缝	垂直于主拉应力
数量	多条平行裂缝，间距小	一般只有一条
裂缝形状	中间宽，两端窄	不规则
发展过程	较缓慢，逐渐增多、延伸、加宽	很快，突然开展、延伸
裂缝面	裂缝面有分叉、碎片、无定形	界面清晰、整齐
两旁混凝土	疏松，易剥落	坚实，稳定
破坏区长度	与截面尺寸同一数量级	限于一截面

根据表 4.4.1，如果混凝土结构的表面上出现了受力裂缝，即使对此结构的具体荷载状况、内力分布等知之不详，也可根据裂缝的宏观表征判断出属于受压或受拉裂缝，并对结构的安全性和补强措施做出初步分析。

三、应力-应变全曲线方程

混凝土的受拉应力-应变全曲线和受压全曲线一样是光滑的单峰曲线，只是曲线更陡峭，以及下降段与横坐标有交点。因而在受压应力-应变全曲线的几何条件中，除“当 $x\to\infty, y\to 0$ 时，$\mathrm{d}y/\mathrm{d}x\to 0$”之外都应满足。

设计规范[9]采用的分段式受拉应力-应变全曲线方程，上升段和下降段在峰点连续，且符合应力-应变全曲线的几何条件，可得到较准确的理论曲线。应力和应变或下降段的变形以相对值表示为

$$x=\frac{\varepsilon}{\varepsilon_{t,p}}=\frac{\Delta}{\Delta_p},\ y=\frac{\sigma}{f_t} \tag{4.4.13}$$

式中：Δ,Δ_p 分别为试件的伸长变形和峰值应力 f_t 时的变形，mm。

上升段和下降段曲线方程如下：

$$x\leqslant 1\qquad y=1.2x-0.2x^6 \tag{4.4.14}$$

$$x > 1 \qquad y = \frac{x}{a_t\,(x-1)^{1.7} + x} \qquad (4.4.15)$$

式中：系数 1.2 为受拉初始弹性模量与峰值割线模量的比值，与试验值式(4.4.11)相一致。下式中的参数 a_t 随混凝土的抗拉强度而增大(图 4.4.11[21])，可按经验回归式计算

$$\alpha_t = 0.312 f_t^2 \qquad (4.4.16)$$

式中：f_t 为混凝土抗拉强度，N/mm^2。

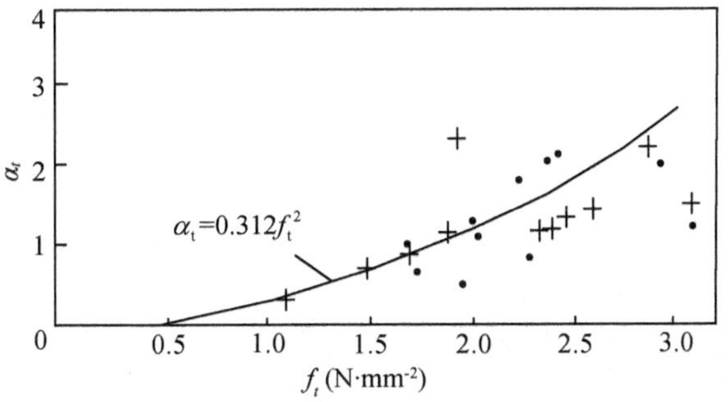

图 4.4.11　下降段曲线参数 α_t

按这些公式计算的理论曲线见图 4.4.12[21]。

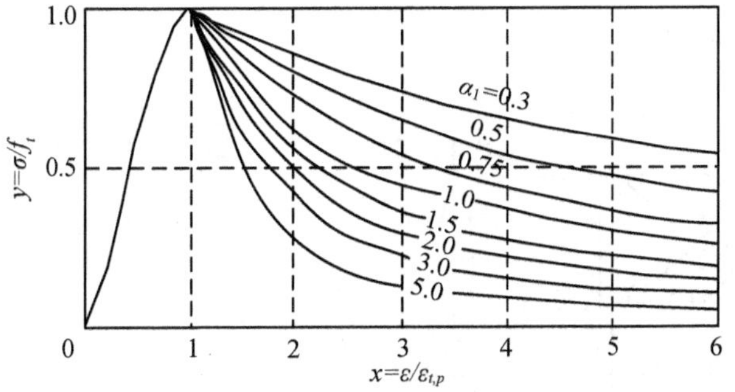

图 4.4.12　受拉应力-应变理论曲线

在混凝土结构非线性分析中，考虑混凝土受拉作用对其影响的大小，可采用各种简化的应力-应变关系[图 4.4.13(a)]。规范 CEB-FIP MC90[13]则建议按混凝土的开裂前后分别采用折线形的应力-应变和应力-裂缝宽度 (ω, mm)关系，如图 4.4.13(b)所示。

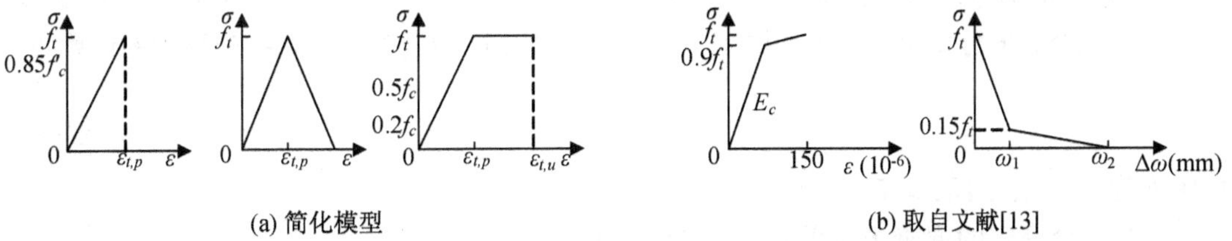

图 4.4.13　混凝土受拉本构模型

第五节　混凝土抗剪应力应变关系

混凝土在纯剪应力作用下的强度和变形是又一基本性能，在分析结构的受力破坏过程和有限元计算中都有重要意义。但是，国内外的几种试验方法测定的抗剪强度相差悬殊，而剪切变形和剪切模量的试验资料极少，甚至还存在着不同的结论和观点。

一、试验方法

混凝土抗剪强度的试验方法已有多种(图 4.5.1[23])，所用的试件形状和加载方法有很大差别。

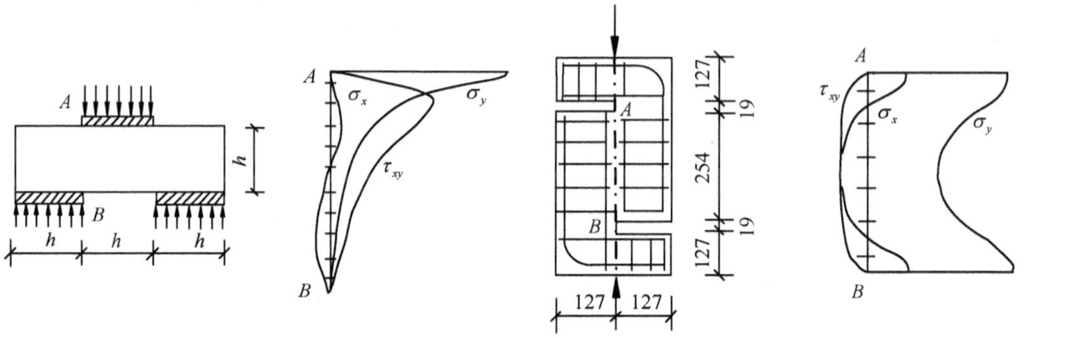

(a) 矩形短梁　　(b) Z形试件

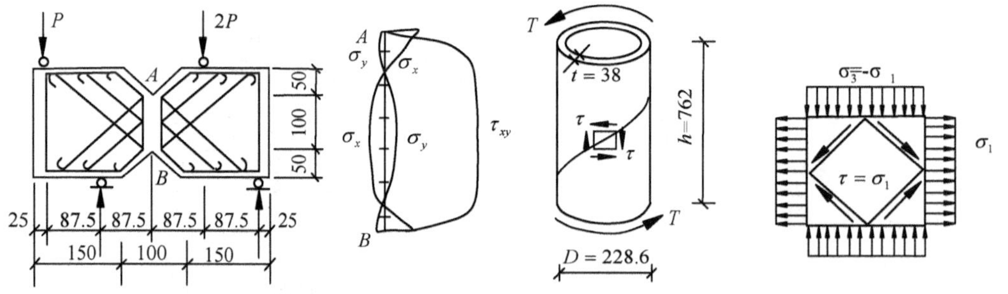

(c) 缺口梁　　(d) 薄壁圆筒　　(e) 二轴拉/压

图 4.5.1　抗剪试验方法(单位:mm)和剪切面应力分布

1. 矩形短梁直接剪切

这是最早的试验方法，直观而简单。Morsch 等[16]指出，试件的破坏剪面是由锯齿状裂缝构成，锯齿的两个方向分别由混凝土的抗压强度 f_c 和抗拉强度 f_t 控制，平均抗剪强度的计算式为

$$\tau_p = k\sqrt{f_c f_t} \tag{4.5.1}$$

式中：k 为修正系数，取 0.75。

这类试验得到的混凝土抗剪强度值较高，可达

$$\tau_{p1} = (0.17 \sim 0.25) f_c = (1.5 \sim 2.5) f_t \tag{4.5.2}$$

2. 单剪面 Z 形试件

试件沿两个缺口间的截面剪切破坏，混凝土抗剪强度的试验值约为[24]

$$\tau_{p2} = 0.12 f'_c \tag{4.5.3}$$

式中：f'_c 为圆柱体抗压强度，N/mm^2。

3. 缺口梁四点受力

梁的中央截面弯矩为零，中间区段的剪力为常值。由于梁中间的缺口大，凹角处应力集中严重，裂缝从凹角开始，贯穿缺口截面而破坏，但不是从截面中部的最大剪应力处首先开裂。试验得到的混凝土抗剪强度值 τ_{p3} 约与其抗拉强度 f_t 相等[25]。

4. 薄壁圆筒受扭

当试件的筒壁很薄时，为理想的均匀、纯剪应力状态，试件沿 45°的螺旋线破坏，混凝土抗剪强度按试件的破坏扭矩 T_p 计算[26]：

$$\tau_{p4} = \frac{2T_P}{\pi t(D-t)} \approx 0.08 f_c \approx f_t \tag{4.5.4}$$

式中：D，t 分别为圆筒试件的外径和壁厚，mm。

5. 二轴拉/压

对立方体或板式试件施加二轴应力（见第五章），当 $\sigma_2 = 0$，$\sigma_3 = -\sigma_1$ 时，与 45° 方向的纯剪应力状态等效。试验结果（图 5.2.1）给出的混凝土抗剪强度为

$$\tau_{p5} = \sigma_1 \approx f_t \tag{4.5.5}$$

这些试验方法中，后两类试件接近理想的纯剪应力状态，但是必须具备技术复杂的专用试验设备，一般试验室不易实现。至今采用较多的是前两类试验方法。

各种试验方法给定的混凝土抗剪强度（τ_{p1}—τ_{p5}）相差达一倍多。根据前三类试件破坏剪面上的应力分布（图 4.5.1），第 1，2 类试件剪切面上的剪应力分布不均匀，且存在的正应力（σ_x，σ_y）值数倍于平均剪应力，与纯剪应力状态相差甚远，故给出较高的抗剪强度值；第 3 类试件剪切面中间部分的剪应力分布均匀，正应力（σ_x，σ_y）值约为平均剪应力的 12%～25%，接近于纯剪应力状态。所以，后三类试验方法的试件应力状态比较合理，给出的混凝土抗剪强度值也比较接近。

图 4.5.2 所示的四点受力等高梁抗剪试验吸收了第 3 类试验方法的优点[23]，试件中部没有缺口，以避免应力集中；厚度减薄，以控制破坏位置；又便于布设 45°交叉的电阻片，以量测主应变（ε_1，ε_3）。经分析，试件中部的剪应力分布均匀，与全截面平均剪应力（$\bar{\tau}$）之比为 1.22～1.28，正应力为 $\sigma_y \leqslant 0.1\bar{\tau}$，$\sigma_x \leqslant 0.2\bar{\tau}$，接近于纯剪应力状态。对试件加载时采取措施使之缓慢破坏，可观察到混凝土剪切破坏过程。根据试验数据计算试件的剪应力和剪应变，若试件中间截面的剪力为 V，破坏时的剪力为 V_P，考虑到剪应力分布的不均匀，剪应力 τ 和混凝土抗剪强度 τ_P 的取值为

$$\tau = 1.2\frac{V}{A},\ \tau_P = 1.2\frac{V_P}{A} \tag{4.5.6}$$

剪应变 γ 由量测的主拉、压应变（ε_1，ε_2）计算：

$$\gamma = \varepsilon_1 - \varepsilon_2 \tag{4.5.7}$$

式中：A 为试件的中间截面面积；主应变（ε_1，ε_2）取拉为正、压为负。

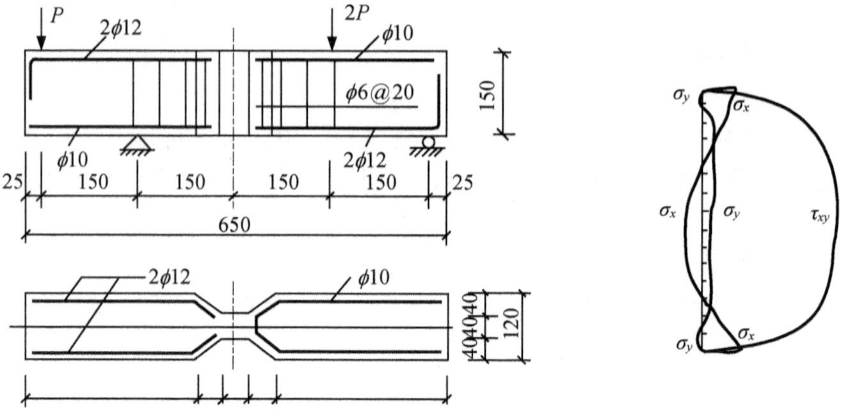

(a) 试件和加载　　(b) 截面应力分布

图 4.5.2　四点受力等高梁抗剪试验(单位:mm)

二、破坏特征和抗剪强度

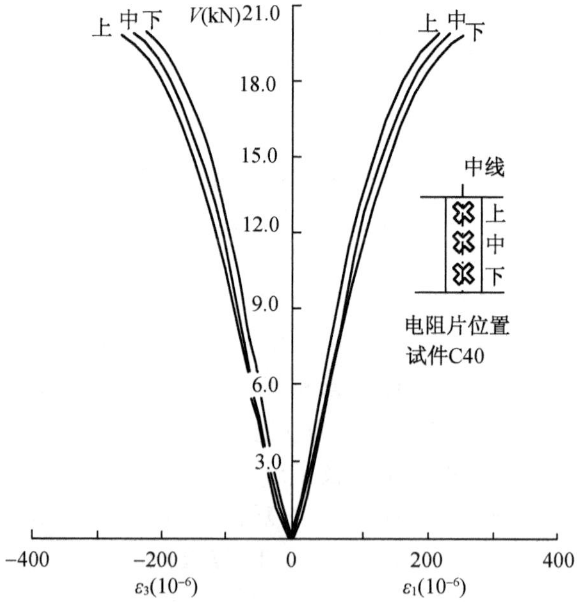

图 4.5.3　剪力-主应变曲线

按上述试验方法对不同强度等级的混凝土进行抗剪试验，量测得试件的主拉、压应变典型曲线如图 4.5.3 所示[23]。从开始加载直至约 60%的极限荷载 V_P，混凝土的主拉、压应变和剪应变都与剪应力约成比例增长；继续增大荷载，当 $V=(0.6\sim0.8)V_P$ 时，试件的应变增长稍快，曲线微凸；再增大荷载，可听到混凝土内部开裂的声响；接近极限荷载 V_P 时，试件中部“纯剪”段出现斜裂缝，与梁轴线约成 45°夹角；随后，裂缝两端沿斜上、下方迅速延伸，穿过变截面区后，裂缝斜角变陡，当裂缝到达梁顶和梁底部时，已接近垂直方向。裂缝贯通试件全截面后，将试件“剪切”成两段。

不同强度等级(≤C70)的混凝土试件，剪切破坏形态相同，通常只有一条斜裂缝。裂缝断口的界面清晰、整齐，两旁混凝土坚实，无破损症状。试件的破坏特征与斜向受拉(主拉应力方向)相同(表 4.4.1)。

混凝土的抗剪强度 τ_p 随其立方体抗压强度 f_{cu} 单调增长(图 4.5.4[23])，经回归分析得

$$\tau_p = 0.39 f_{cu}^{0.57} \tag{4.5.8}$$

这与混凝土轴心抗拉强度 f_t 接近，试件的破坏形态和裂缝特征也相同，而且与薄壁圆筒受扭和二轴拉/压试验的结果都一致。

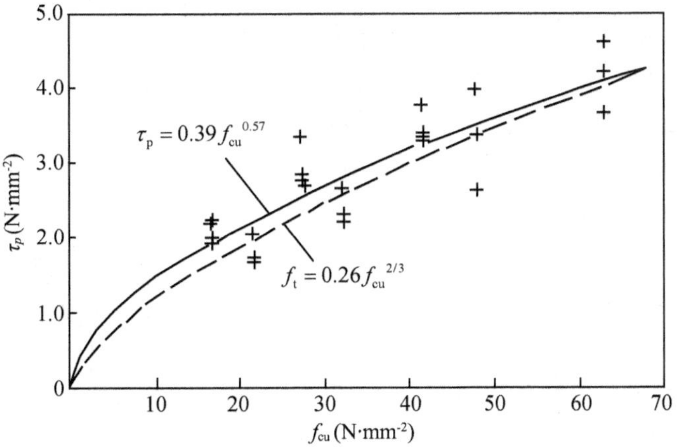

图 4.5.4 抗剪强度和立方体抗压强度的关系

三、剪切变形和剪切模量

试件破坏时的峰值应变，包括主拉、压应变（ε_{1p}，ε_{3p}）和剪应变 γ_p，都随混凝土抗剪强度 τ_p 或强度等级 f_u 单调增长(图 4.5.5[23])，回归分析得到的峰值应变计算式为

$$\varepsilon_{1p} = (156.90 + 33.28\tau_p) \times 10^{-6} \quad (4.5.9)$$

$$\varepsilon_{3p} = -(19.90 + 50.28\tau_p) \times 10^{-6} \quad (4.5.10)$$

$$\gamma_p = (176.80 + 83.56\tau_p) \times 10^{-6} \quad (4.5.11)$$

式中：τ_p 为混凝土的抗剪强度，N/mm^2。

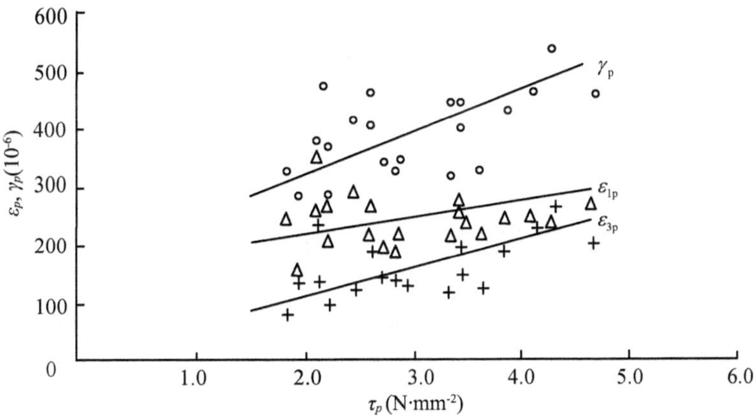

图 4.5.5 峰值主应变和剪切应变

混凝土剪切破坏时的主拉应变和主压应变分别大于相同应力（$\sigma = \tau_p$）下混凝土的单轴受拉应变（$\varepsilon_{t,p}$，图 4.4.6）和单轴受压应变。其主要原因是纯剪应力状态等效于一轴受拉和

一轴受压的二维应力状态[图 4.5.1(e)]，两向应力的相互横向变形效应(泊松效应)增大了应变值。而且两向应力的共同作用使试件在垂直于主拉应力方向更早地出现微裂缝，发展更快，接近峰值应力时，两方向的塑性变形有较大发展。因此，尽管混凝土的抗剪强度与抗拉强度值相近，但是混凝土的剪应变，特别是峰值剪应变远大于轴心受拉的相应应变，也大于相同应力下单轴受拉和受压应变之和。

混凝土的剪应力-剪应变 ($\tau-\gamma$) 曲线形状处于单轴受压(图 4.3.3)和单轴受拉(图 4.4.8)曲线之间，采用四次多项式拟合曲线的上升段：

$$y = 1.9x - 1.7x^3 + 0.8x^4 \qquad (4.5.12)$$

式中：

$$x = \gamma/\gamma_p,\ y = \tau/\tau_p \qquad (4.5.13)$$

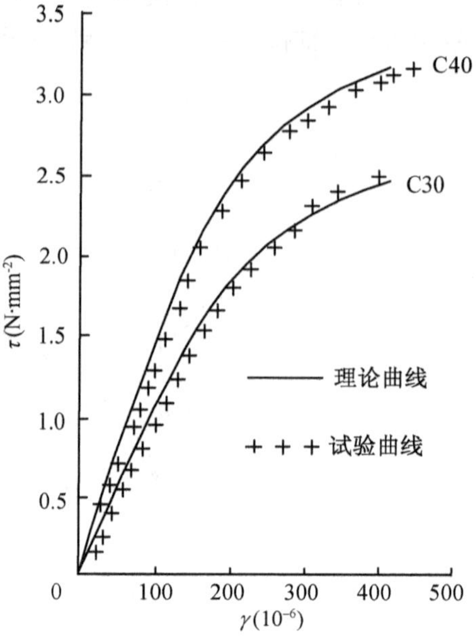

图 4.5.6　$\tau-\gamma$ 理论曲线

理论曲线与试验结果的对比见图 4.5.6[23]。

混凝土的剪切模量可直接从剪应力-剪应变曲线方程推导求得。有限元分析要求使用的割线剪切模量 G_s 或切线剪切模量 G_t 分别为

$$G_s = \frac{\tau}{\gamma} = G_{sp}\left[1.9 - 1.7\left(\frac{\gamma}{\gamma_p}\right)^2 + 0.8\left(\frac{\gamma}{\gamma_p}\right)^3\right] \qquad (4.5.14)$$

$$G_t = \frac{d\tau}{d\gamma} = G_{sp}\left[1.9 - 5.1\left(\frac{\gamma}{\gamma_p}\right)^2 + 3.2\left(\frac{\gamma}{\gamma_p}\right)^3\right] \qquad (4.5.15)$$

式中：混凝土峰值割线剪切模量由式(4.5.11)得出

$$G_{sp} = \frac{\tau_p}{\gamma_p} = \frac{10^6}{83.56 + (176.8/\tau_p)} \qquad (4.5.16)$$

而初始切线剪切模量则为

$$G_{t0} = 1.9G_{sp} \qquad (4.5.17)$$

混凝土的初始剪切模量和峰值割线剪切模量都随混凝土的强度 f_{cu} 单调增长，理论曲线与试验结果的比较如图 4.5.7 所示[23]。

按照弹性力学的原则和方法，考虑材料的受拉和受压弹性模量不相等，也可推导得剪切模量的计算式

$$G' = \frac{E_t E_c}{E_t + E_c + \nu_c E_t + \nu_t E_c} \qquad (4.5.18)$$

式中：E_t，E_c 分别为受拉和受压弹性模量；ν_t(ν_c) 为主拉(压)应力对主压(拉)应力方向变形的影响系数(泊松比)。

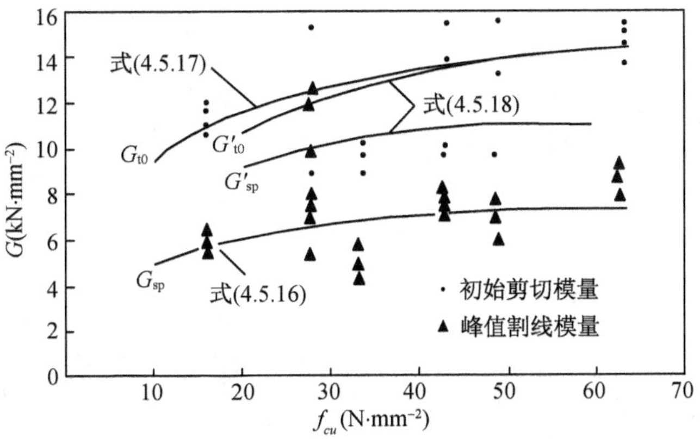

图 4.5.7　剪切模量和立方体抗压强度的关系

将混凝土的初始拉、压弹性模量值代入式(4.5.18)，计算得到的初始剪切模量 G'_{t0} 与按式(4.5.17)计算的值 G_{t0} 接近(图 4.5.7)。然而，以应力等于混凝土抗剪强度 ($\sigma=\tau_p$) 时的单轴拉、压割线弹性模量也代入式(4.5.18)得到的割线剪切模量 G'_{sp}，要比试验值和式(4.5.16)的理论值高得多。说明式(4.5.18)只适用于混凝土应力较低的阶段，当 $\tau>0.5\tau_p$ 后应用时给出的剪应变过小，误差很大。原因已如前述，所以在非线性有限元分析中所需的混凝土剪切模量，不能简单地采用由单轴拉、压关系推导的公式或数值计算。

第六节　混凝土力学性能的主要影响因素

前面介绍的混凝土基本力学性能，都是按照标准试验方法，采用规定的试件，在理想的应力状态下一次短时加载所测定的结果。实际工程中的混凝土受力条件变化多端，常见的情况有：荷载(应力)的重复加卸作用，构件截面非均匀受力(即存在应力和应变梯度)，非 28 d 龄期加载，荷载长期持续作用等，显然都不符合标准试验条件。这些因素对混凝土的力学性能都有不同程度的影响，下面介绍有关的试验研究成果。

一、荷载重复加卸作用

所有的水工混凝土结构，在服役期间都承受各种荷载随机地或有规律地多次重复加卸作用，结构中混凝土必有相应的应力重复作用，这种受力状态显然不同于前述的标准试件一次单调加载、直至破坏的试验状况。为了研究混凝土在应力重复作用下的强度和变形性能，已经进行过多种形式的重复荷载试验。虽然这些试验不可能真实模拟实际结构中混凝土的全部重复加卸过程，但是可以从典型的试验结果中得到具有一般性的规律。

6 种压应力重复加卸载试验测得的混凝土受压应力-应变全曲线如图 4.6.1 所示[27]，这里的“加卸载”概念均以应变增减为标准。凡是混凝土受压应变增大时，无论此时的应力是增大(上升段)还是减小(下降段)，都属“加载”；反之，应变减小，应力必减小，则为“卸载”。根据试验过程中观察的现象和对试验结果的分析，得到了混凝土在重复加卸载下的一些重要现象和一般性规律如下。

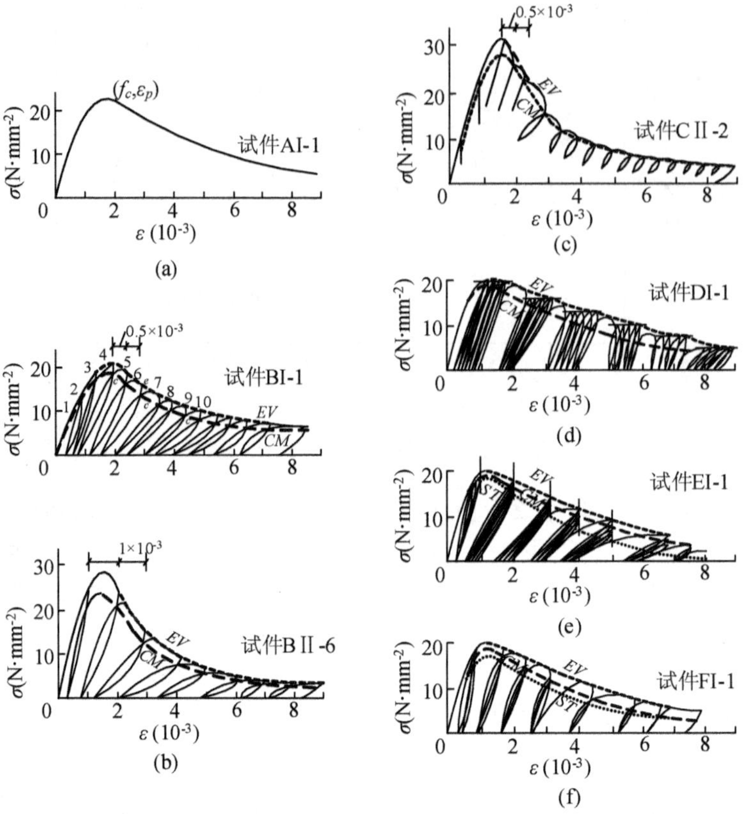

图 4.6.1　多种重复加卸载下的应力-应变全曲线

注：A—单调加载[图(a)]；B—等应变增量的重复完全加卸载[图(b)]；C—等应变增量的重复加卸载，但卸载至卸载前应力的一半时，立即再加载[图(c)]；D—等应力循环加卸载[图(d)]；E—等应变循环加卸载[图(e)]；F—沿首次卸载曲线的循环加卸载[图(f)]。

(1) 包络线

沿着重复荷载下混凝土应力-应变曲线的外轮廓描绘所得的光滑曲线称为包络线(图中以 EV 表示)。各种重复荷载($B-F$)下的包络线都与单调加载的全曲线(A)十分接近。包络线上的峰点给出的棱柱体抗压强度和峰值应变也与单调加载的相应值 (f_c,ε_p) 无明显差别。

(2) 裂缝和破坏过程

所有试件都是在超过峰值应力后、总应变达(1.5～3.0)$\times10^{-3}$时出现第一条可见裂缝。裂缝细而短，平行于压应力方向。继续加卸载，相继出现多条纵向短裂缝。若荷载重复加卸多次，则总应变值并不增大，裂缝无明显发展。当试件的总应变达(3.0～5.0)$\times10^{-3}$时，相邻裂缝延伸并连接，形成贯通的斜向裂缝。应变再增大，斜裂缝的破坏带逐渐加宽，仍保有少量残余承载力。这一过程也与试件一次单调加载的现象相同。

(3) 卸载曲线

从混凝土的受压应力-应变全曲线或包络线上的任一点 (ε_u,σ_u，图 4.6.2)卸载至应力为零，得完全卸载曲线。每次卸载刚开始时，试件应力下降很快，而应变恢复很少。随着应力值的减小，变形的恢复才逐渐加快。当应力降至卸载时应力 σ_u 的 20%～30%以下时，变形恢复最快。这是恢复变形滞后现象，主要原因是试件中存在的纵向裂缝在高压应力下不可能恢复。故卸载时应变 ε_u 越大，裂缝开展越充分，恢复变形滞后现象越严重。

每次卸载至零后，混凝土有残余应变 ε_{res}，随卸载应变 ε_u 而增大，多次重复加卸载，残余应变又有所加大。

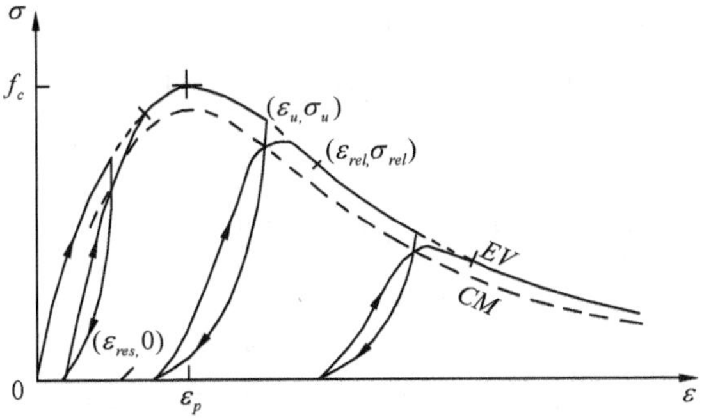

图 4.6.2 卸载和再加载曲线的一般形状

(4) 再加载曲线

从应力为零的任一应变值 $(\varepsilon_{res}, 0)$ 开始再加载，直至与包络线相切、重合 $(\varepsilon_{rel}, \sigma_{rel})$，为再加载曲线(图 4.6.2)。再加载曲线有两种不同的形状：当再加载起点的应变很小 $(\varepsilon_{rel}/\varepsilon_p < 0.2)$ 时，其上端应变 $\varepsilon_{rel}/\varepsilon_p \leqslant 1.0$，即与包络线的上升段相切，曲线上无拐点，斜率单调减小，至切点处斜率仍大于零；若再加载起点的应变较大，其上端应变 $\varepsilon_{rel}/\varepsilon_p > 1.0$，即与包络线的下降段相切。由于切点的斜率小于零，再加载曲线的上升段在应力较低处有一拐点，后又出现一个极大值(峰点)和一下降段。而且，起点应变 ε_{res} 越大，曲线的变化幅度越大。

(5) 横向应变 ε'

在重复荷载(*B*)[图 4.6.3(a)]作用下，试件横向应变 ε' 的变化如图 4.6.3(b)所示。开始加载阶段，试件的横向应变很小。当应力接近混凝土的棱柱体强度 f_c 时，横向应变才明显地加快增长。卸载时，纵向应变能恢复一部分，而横向应变几乎没有恢复，保持常值。再加载时，纵向应变即时增大，而横向应变仍保持常值。只有当曲线超过共同点(*CM*，共同点轨迹线)后，纵向应变加速增长时，横向应变才开始增大。这些现象显然也是纵向裂缝的发展和滞后恢复所致。

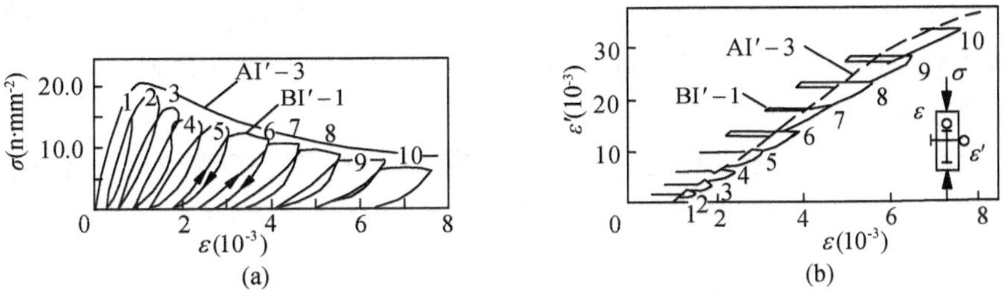

图 4.6.3 横向应变

当试件应变很大 $(\varepsilon > 4\times10^{-3})$ 后，卸载时横向应变才有少许恢复。一次加卸载循环在 ε'-ε 曲线上形成一个很扁的菱形封闭环。重复荷载(*B*)和单调加载(*A*)试验对比，试件在相同纵向应变 ε 时对应的横向应变 ε' 值接近，且总体变化规律一致[图 4.6.3(b)]。

(6) 共同点轨迹线

在重复荷载试验中，从包络线上任一点卸载后再加载，其交点称共同点。将多次加卸载所得的共同点，用光滑曲线依次相连，即为共同点轨迹线(图 4.6.1 中用 *CM* 表示)。根据试验结果，再加载曲线过了共同点以后的斜率显著减小，也即试件的纵向应变超过原卸载应变

ε_u 而迅速增长，横向应变也突然增大。这表明已有纵向裂缝的扩张，或产生新的裂缝，损伤积累加大。分析各种重复荷载下的共同点轨迹线，显然与相应的包络线或单调加载全曲线的形状相似，经计算对比给出前者与后两者的相似比值为

$$K_C = 0.86 \sim 0.93 \quad \text{平均为 } 0.89 \tag{4.6.1}$$

其中重复荷载 C 的相似比值偏大，约为 0.91。

（7）稳定点轨迹线

重复荷载试验（E,F）中，在预定应变值下经过多次加卸载，混凝土的应力（承载力）不再下降，残余应变不再加大，卸载-再加载曲线成为稳定的闭合环，环的上端称稳定点。将各次循环所得的稳定点连以光滑曲线，即为稳定点轨迹线，图 4.6.1 中以 ST 表示，这也就是混凝土低周疲劳的极限包线。达到稳定点所需的荷载循环次数，取决于卸载时的应变。经统计，在应力-应变曲线上升段以内，一般需 3～4 次；在下降段内则需 6～9 次，才能达到稳定点。经对比，稳定点轨迹线的形状也与相应的包络线或单调加载全曲线相似，相似比为

$$K_S = 0.70 \sim 0.80 \quad \text{平均为 } 0.75 \tag{4.6.2}$$

在进行混凝土结构抗震或其他受力状态下的非线性分析时，需要应用混凝土在荷载加卸和重复作用下的应力-应变关系，包括包络线、卸载和再加载曲线等的方程，可参见相关文献。在我国的设计规范[9]中，则将卸载和再加载曲线简化为重合的斜向直线，其斜率随卸载应变值 ε_u 而变化。但是必须说明，上述都是混凝土试件在短时间（数小时）内进行加卸载试验的结果，其数据和规律对于长期加、卸荷载的情况会有所变化。

二、偏心受压

实际结构工程中，极少存在理想的轴心受压构件。即使是按轴心受压设计的构件，也会因偶然的横向荷载、支座条件不理想或施工制作的偏差等情况而出现截面弯矩。因此，一般构件均为偏心受压状态，压应变（应力）沿截面分布不均匀，或存在应变（应力）梯度。显然，弯矩越大，或荷载偏心距越大，以及截面高度越小，则截面的应变梯度越大。

1. 试验方法

应变梯度对混凝土的强度和变形性能的影响，国内外设计了多种棱柱体的偏心受压试验加以研究。试验按照控制截面应变方法的不同可分为以下三类（图 4.6.4）。

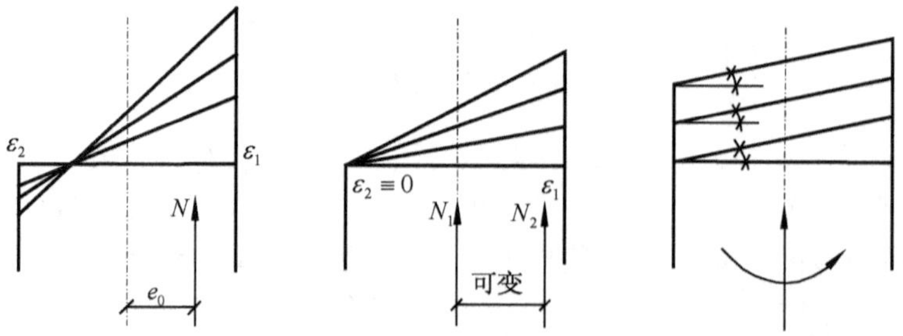

(a) e_0=Const　(b) ε_2=0　(c) $\varepsilon_1-\varepsilon_2$=Const

图 4.6.4　偏心受压试验的不同方法

（1）等偏心距试验[28]（e_0=Const）

按预定偏心距确定荷载位置，一次加载直至试件破坏为止。试件的截面应变随荷载的增大而变化，应变梯度逐渐增大，中和轴因混凝土受压的塑性变形等原因而向荷载方向有些许移动。

（2）全截面受压，一侧应变为零[4-21]（$\varepsilon_2=0$）

截面中心的主要压力 N_1 由试验机施加。偏心压力 N_2 由液压千斤顶施加，数值可调，使一侧应变为零。截面应变分布始终呈三角形，但应变梯度渐增。

（3）等应变梯度加载[30]（$\varepsilon_1-\varepsilon_2$=Const）

试件由试验机施加轴力 N，在横向有千斤顶施加弯矩 M。试验时，按预定应变梯度同时控制 N 和 M，使截面应变平行地增大，应变梯度保持为一常值。

2. 主要试验结果

上述这些试验给出的结果基本一致。下面以等偏心距试验为例，说明混凝土偏心受压的主要性能和一般规律。

（1）极限承载力 N_p 和相应的最大应变幅 ε_{1p}

试件破坏时的极限承载力随荷载偏心距 e_0 的增大而降低[图 4.6.5(a)]，但是均明显高出按线性应力图（弹性）计算的承载力

$$N_e=\frac{f_cbh}{1+6e_0/h} \tag{4.6.3}$$

表明混凝土塑性变形产生的截面非线性应力分布，有利于承载力的提高。

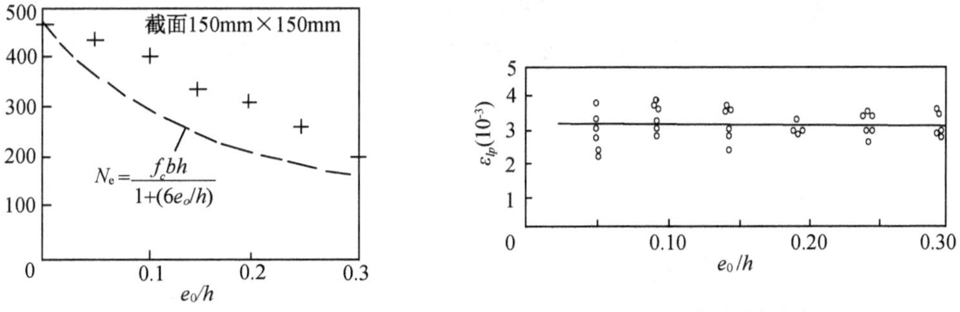

(a) 极限承载力　　(b) 截面最大应变

图 4.6.5　棱柱体偏心受压的试验结果[22]

在极限荷载下，试件截面的最大压应变 ε_{1p} 达 $3.0\times10^{-3}\sim3.5\times10^{-3}$ [图 4.6.5(b)]，随偏心距的变化并不大。此应变值显著大于混凝土轴心受压的峰值应变 ε_p，说明试件已进入应力-应变曲线的下降段。

（2）破坏形态

混凝土棱柱体中心受压[图 4.6.6(a)]的破坏过程和形态已如前述。偏心距较小（$e_0<0.15h$）的试件，当荷载达（0.9～1.0）N_p 时，首先在最大受压区出现纵向裂缝。荷载超过峰值 N_p，进入下降段后，纵向裂缝不断延伸和扩展，并出现新的裂缝，形成一个三角形裂缝区。另一侧若受拉，将出现横向受拉裂缝。对试件继续加载，在受压裂缝区的上部和下部出

现斜向主裂缝。横向拉裂缝的延伸,减小了压区面积,当和压区裂缝汇合后,试件上、下部发生相对转动和滑移,最后的破坏形态如图4.6.6(b)所示。

偏心距较大($e_0>0.2h$)的试件,一开始加载,截面上就有拉应力区。当拉应变超过混凝土的极限值,试件首先出现横向拉裂缝,并随荷载的增大而向压区延伸。接近极限荷载时,靠近最大受压侧出现纵向裂缝。荷载进入下降段后,横向拉裂缝继续扩张和延伸,纵向受压裂缝也有较大扩展。最终,试件因压区面积缩小,破裂加剧,也发生上、下部的相对转动和滑移而破坏[图4.6.6(c)]。所有试件的三角形受压破坏区,纵向长度约为横向宽度的2倍。压碎区的长度和面(体)积均随偏心距的增大、截面压区高度的减小而逐渐减小。

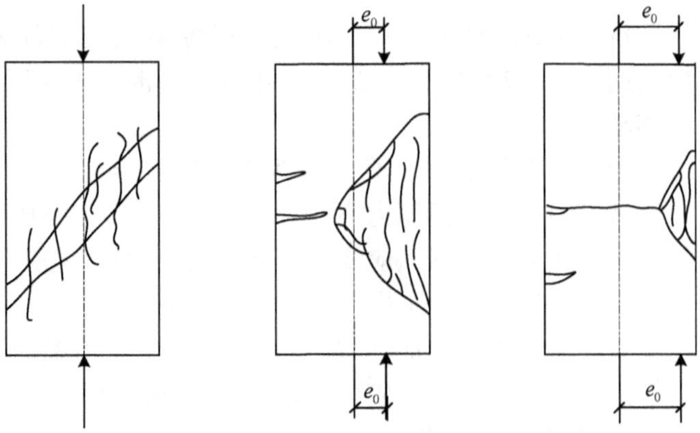

(a) 中心受压　　(b) $e_0<1.5h$　　(c) $e_0>0.2h$

图4.6.6　偏心受压的破坏形态

(3) 截面应变

试验中量测的荷载与截面外侧应变(ε_1和ε_2)的全曲线如图4.6.7所示[22],荷载一侧压应变ε_1的全曲线与轴心受压试件的应力-应变全曲线形状相同,荷载对侧应变ε_2的变化则随试件的偏心距而异。$e_0<0.15h$的试件,ε_2由开始加载时的压应变逐渐转为拉应变;而$e_0>0.2h$的试件ε_2自始至终为受拉,其全曲线形状也与轴心受压应力-应变全曲线相似,但方向相反。

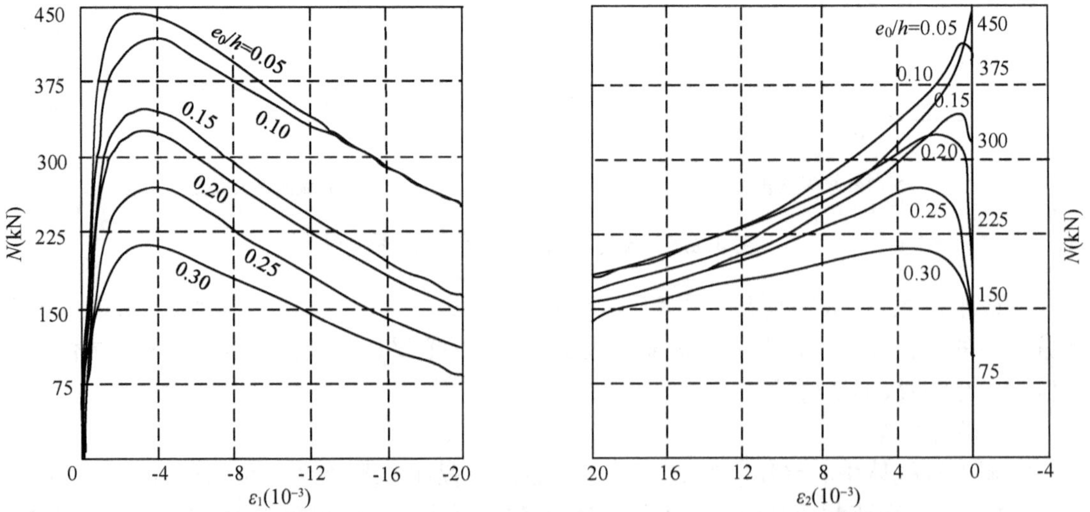

(a) 荷载一侧的压应变　　(b) 荷载对侧的应变

图4.6.7　偏心受压试件的荷载-应变全曲线

试验过程中，沿截面高度布置了变形传感器(标距长度大于试件截面高度的 2 倍)，量测到试件的平均应变，可绘制各级荷载作用下的截面应变分布图。几乎所有的试验结果都证明，无论荷载偏心距的大小，还是截面上是否有受拉区，从开始加载直至试件破坏，截面平均应变都符合平截面变形的条件。

(4) 中和轴位置的变化

由截面应变分布图很容易确定偏心受压试件的中和轴位置。刚开始加载，混凝土的应力很低时，截面中和轴位置接近于弹性计算的结果：

$$\frac{x_e}{h}=0.5+\frac{h}{12e_0} \tag{4.6.4}$$

荷载增大后 (e_0 =Const)，混凝土的塑性变形和微裂缝逐渐发展，截面应力发生非线性重分布，中和轴向荷载一侧慢慢地漂移，压区面积减小。至极限荷载 N_p 时，中和轴移动的距离可达 $(0.25\sim0.4)h$，如图 4.6.8 所示[20]。

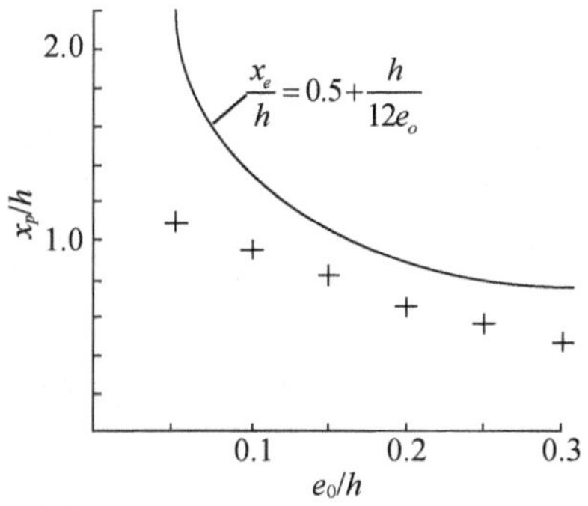

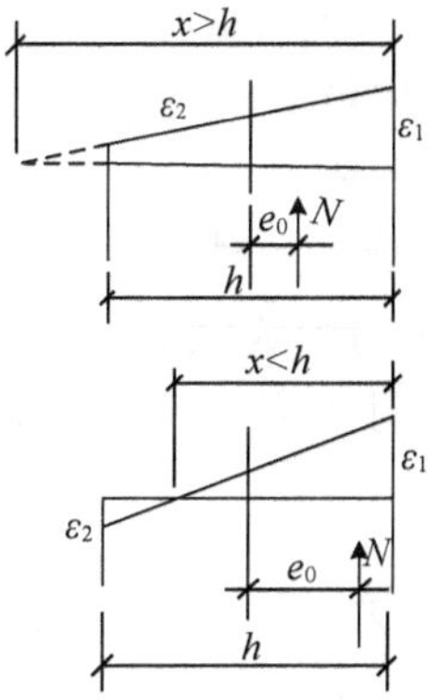

图 4.6.8　偏心受压试件的中和轴位置

3. 应力-应变关系

在混凝土棱柱体的偏心受压试验中，虽然可以准确地确定荷载的数值和位置，并量测到截面的应变和分布，但由于混凝土应力应变的非线性关系，截面的应力分布和数值仍不得而知，故偏心受压情况下的混凝土应力-应变全曲线不能直接用试验数据绘制。

为了求得混凝土的偏心受压应力-应变全曲线，只能采取一些假定，推导基本计算公式，并引入试验数据进行大量的运算。现有计算方法分为两类：①增量方程计算法，将加载过程划分成多个微段，用各荷载段的数据增量代入基本公式，计算一一对应的应力和应变关系，作图相连得应力-应变全曲线；②给定全曲线方程，拟合参数值，选定合理的全曲线数学方程，用最小二乘法做回归分析，确定参数值。这两类方法各有优缺点，增量法不必预先设定曲线方程，但计算得到的原始曲线不光滑，甚至有较大波折，尚需做光滑处理；拟合法的曲线形式是先入为主，无可更改，初始的选择影响最终结果的准确性。比较合理的是采用这两类方法分别进行计算，经互相验证和修正后给出最终结果。

不同学者根据各自的试验数据和计算方法得出的一致结论是，应力-应变全曲线的形状与试件偏心距或应变梯度无关，即偏心受压和轴心受压可采用相同的曲线方程。但是，他们对偏心受压情况下的混凝土抗压强度 $f_{c,e}$ 和相应峰值应变 $\varepsilon_{p,e}$ 给出了不全相同的数值，见表 4.6.1。考虑到这些结果来自不同的试验和计算方法、混凝土材料等，可以认为主要结论基本一致。

表 4.6.1　混凝土偏心受压和轴心受压的抗压强度和峰值应变比值

文献	[29]	[28]	[30]	[22]
$f_{c,e}/f_c$	≈1.0	≈1.2	≈1.1	≈1.15
$\varepsilon_{p,e}/\varepsilon_p$	≈1.0	≈1.5	1～1.1	1～1.14

根据上述试验结果和分析，文献[20]建议采用混凝土偏心抗压强度 $f_{c,e}$ 和相应峰值应变 $\varepsilon_{p,e}$ 随偏心距 e_0 而变化的简化计算式

$$\frac{f_{c,e}}{f_c}=\frac{\varepsilon_{p,e}}{\varepsilon_p}=1.2-\frac{0.2}{1+6e_0/h} \tag{4.6.5}$$

理论曲线和试验结果的比较如图 4.6.9 所示。按式(4.6.5)计算，轴心受压构件 ($e_0=0$) 得 1，受弯构件 ($e_0=\infty$) 得 1.2。

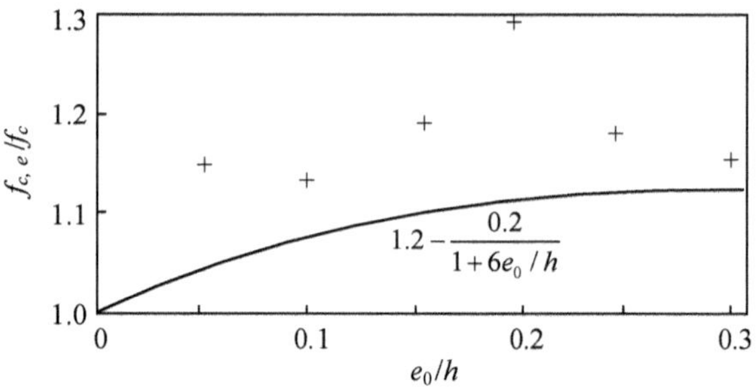

图 4.6.9　偏心受压试件的抗压强度

上述讨论只限于构件沿截面的横向应变梯度对混凝土性能的影响。有试验表明，构件由于内力或截面变化而引起的纵向应变梯度对于混凝土的强度和变形也有一定影响。

三、偏心受拉和弯曲受拉

实际工程中，受拉构件常因受力和施工制作等原因而承受弯矩，截面上的拉应力分布不均匀，受弯构件的拉区应变分布更为不均，理想的轴心受拉杆件罕见，需要分析应变梯度对混凝土受拉性能的影响。

1. 破坏过程

不同荷载偏心距的受拉试件，加载后，截面上产生不均匀应力分布。当达到极限荷载时，首先在试件的最大受拉边出现裂缝。裂缝垂直于拉应力方向，沿截面向另一侧延伸，承载力逐渐下降，最终将试件断裂成两截。试件一般只有一条裂缝，由初始裂缝发展为断裂裂缝。试件的破坏形态和断口特征与轴心受拉试件相同，不同偏心距试件也无区别。

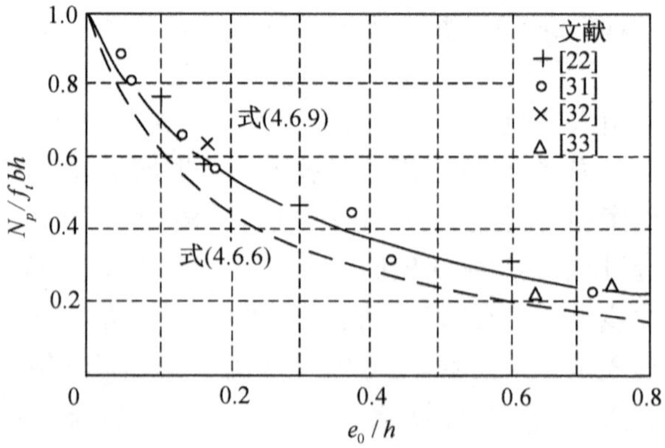

图 4.6.10　偏心受拉的承载力

2. 极限抗拉强度和塑性影响系数

试件破坏时的极限拉力 N 随荷载偏心距 e_0 的增大而降低，试验数据示于图 4.6.10[23]，试验值均高于按弹(脆)性材料计算的理论值[同式(4.6.3)]：

$$\frac{N_e}{f_t bh}=\frac{1}{1+6e_0/h} \tag{4.6.6}$$

但是，提高的幅度小于偏心受压的类似情况[图 4.6.5(a)]，说明混凝土受拉塑性变形的发展有限，截面应力重分布的变化较小。

矩形截面的混凝土偏心受拉和受弯试件，按照弹性材料截面直线应力分布计算的最大拉应力，即为弯曲抗拉强度 $f_{t,f}$ [式(4.4.3)]。它与轴心抗拉强度的比值 γ 即为截面抵抗矩塑性影响系数[9]：

偏心受拉
$$\gamma=\frac{f_{t,f}}{f_t}=\frac{N_p}{f_t bh}(1+6e_0/h) \tag{4.6.7}$$

受弯
$$\gamma=\frac{6M_p}{f_t bh} \tag{4.6.8}$$

对于弹(脆)性材料，$\gamma\equiv 1$，在 $N_p/f_t bh$ 和 $1/[1+(6e_0/h)]$ 坐标上为对角直线(图 4.6.11[22])，而全部数据均在直线的上方，表明非弹性的混凝土材料 $\gamma>1$，经回归分析得

$$\gamma=1.51-\frac{0.77}{1.51+6e_0/h} \tag{4.6.9}$$

或

$$\frac{N_P}{f_t bh}=\left[1.51-\frac{0.77}{1.51+(6e_0/h)}\right]\frac{1}{1+6e_0/h} \tag{4.6.10}$$

轴心受拉构件 $e_0=0$，则 $\gamma=1$；受弯构件 $e_0=\infty$，则 $\gamma=1.51$。事实上，构件的塑性影响系数 γ 还与混凝土强度等级 f_{cu}、试件截面高度等有关。混凝土强度等级越高，塑性变形发展小，γ 值偏低。当 $f_{cu}=25.36$ N/mm² 增大至 74.0 N/mm²，受弯构件的试验平均值由 $\gamma=1.76$ 降为 1.35。

试件的截面高度决定了极限状态时的截面应变梯度，截面高度大者，应变梯度小，则塑性影响系数减小。国内外规范均有不同的系数值修正方法，我国规范对矩形截面的抵抗矩塑性影响系数基本值取为 $\gamma_m=1.55$，另需考虑构件的截面高度加以修正。

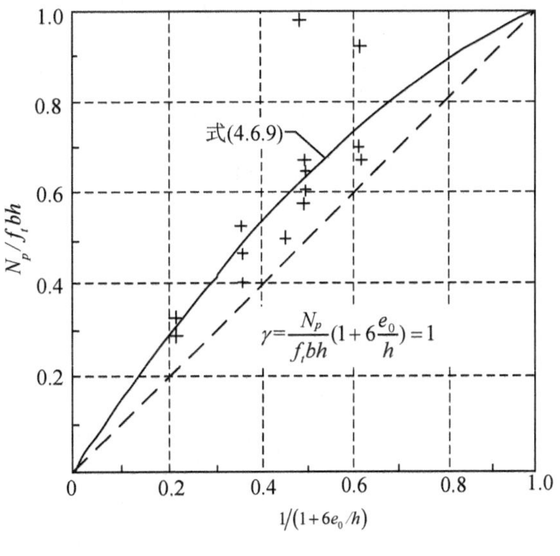

图 4.6.11　承载力和偏心距关系

3. 极限荷载时的最大拉应变

试件达到极限荷载 N_p 时，截面的最大拉应变 ε_{1p} 随偏心距 e_0 而增大(图 4.6.12[22])，相应的回归计算式为

$$\frac{\varepsilon_{1p}}{\varepsilon_{t,p}}=2.0-\frac{1}{1+6e_0/h} \tag{4.6.11}$$

式中：$\varepsilon_{t,p}$ 为混凝土轴心受拉时的峰值应变；受弯构件（$e_0=\infty$）得 $\varepsilon_{1p}=2\varepsilon_{t,p}$。

4. 截面应变和中和轴的变化

不同偏心距试件的实测荷载-截面应变全曲线见图 4.6.13[22]，都与轴心受拉的相应曲线相似。由此可绘制试件的截面应变分布，确定中和轴位置。从开始加载直至试件破坏，其截面应变一直近似直线分布，符合平截面假定，中和轴位置主要取决于荷载的偏心距。当荷载较小时，中和轴位置与弹性计算值[x_e，见式(4.6.4)]相符。临近极限荷载时，受拉区混凝土产生塑性变形，中和轴有少量移动，受拉区面积增大。极限荷载时的中和轴位置 x_p 示于图 4.6.14[22]，对比初始位置的移动幅度明显小于偏心受压试件(图 4.6.8)。

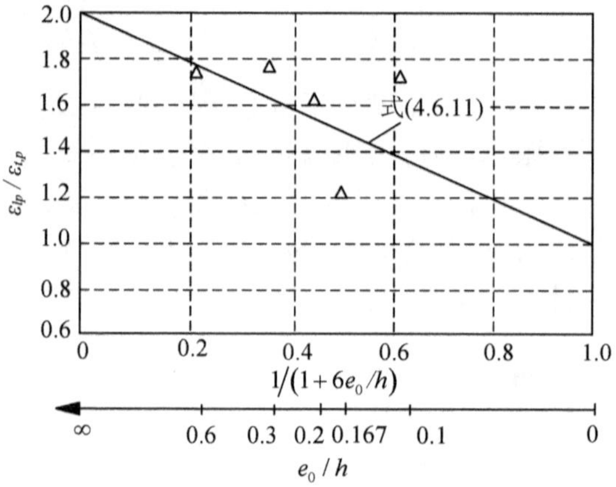

图 4.6.12　极限荷载时的最大拉应变

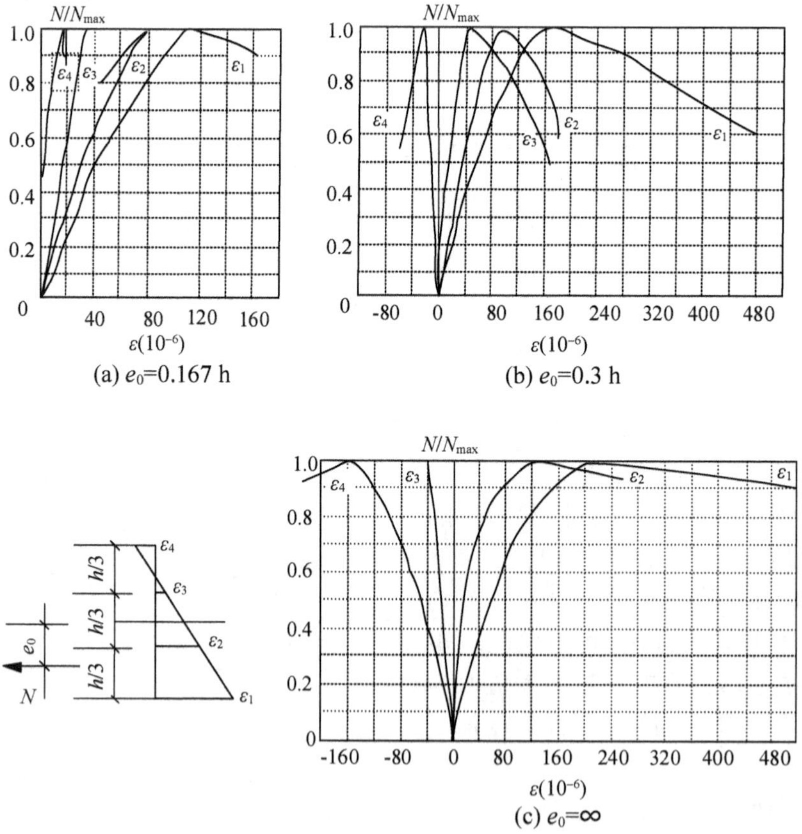

图 4.6.13　荷载-截面应变曲线

5. 应力-应变曲线方程

确定混凝土偏心受拉的应力-应变全曲线方程，同样可以使用分析偏心受压全曲线的两

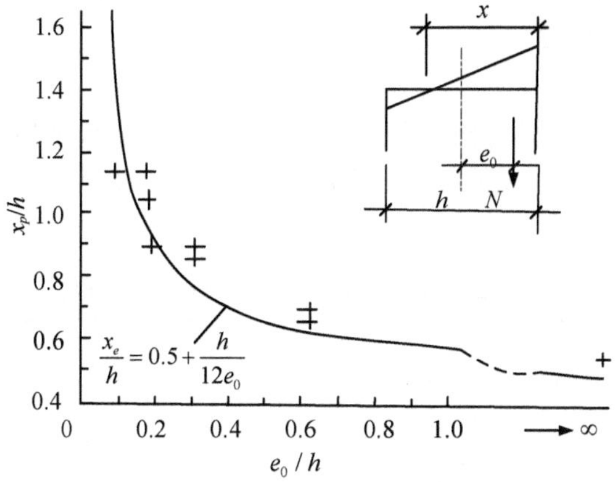

图 4.6.14 极限荷载时的中和轴位置

种方法进行计算。偏心受拉和受弯的抗拉强度 $f_{t,e}$ 和峰值应变 $\varepsilon_{t,e}$ 取为

$$\frac{f_{t,e}}{f_t}=1.1-\frac{0.1}{1+6e_0/h} \tag{4.6.12}$$

$$\frac{\varepsilon_{t,e}}{\varepsilon_{t,p}}=1.3-\frac{0.3}{1+6e_0/h} \tag{4.6.13}$$

式中：f_t，$\varepsilon_{t,p}$ 为混凝土轴心抗拉强度和相应的峰值应变[式(4.4.4)，式(4.4.9)]。

应力-应变全曲线方程分别采用不同的形式：偏心受拉构件采用轴心受拉的计算式(4.4.14)—式(4.4.15)，受弯构件则取为

$$\begin{cases} x<1 & y=2x-x^2 \\ x\geqslant 1 & y=\dfrac{x}{0.5\,(x-1)^{1.7}+x} \end{cases} \tag{4.6.14}$$

式中：$x=\varepsilon/\varepsilon_{t,e}$；$y=\sigma/f_{t,e}$。

四、龄期

混凝土中的主要胶结材料是水泥，水泥颗粒的水化作用从表层逐渐深入内部，是长达数十年的缓慢过程。随着混凝土龄期的增长，水泥的水化作用日渐充分，混凝土的成熟度不断提高，其强度和弹性模量持续增长，已为大量的试验和工程实践证实。世界各国的钢筋混凝土结构设计规范，一般都取 28 d 龄期作为标定混凝土强度和其他性能指标的标准。如果结构早期受力(包括施加预应力)，应按实际龄期内混凝土达到的性能指标进行验算；对于龄期超过 28 d 后才承受全部荷载的结构，一般将混凝土的后期强度作为结构的附加安全储备而不加利用。某些工程，确因施工期很长，全部使用荷载施加的时间很晚，或者某些特殊(如抗爆)结构，才考虑采用混凝土的后期强度(如 90 d 龄期)作为设计标准。

混凝土的强度和弹性模量等随其龄期的变化规律和增长幅度受到许多因素的影响，较重要的因素有：水泥的品种(普通、早强水泥)和成分(硅酸盐、火山灰、矿渣)、水泥的质量(烧制程度、磨细度)、外加剂(速凝、缓凝剂)、养护条件(天然、温湿、蒸汽养护)、环境的温度和湿

度及其变化等。此外，裸露在空气中的混凝土结构表面，因混凝土与二氧化碳的作用，表层碳化，削弱了混凝土的耐久性。

1. 抗压强度

混凝土的抗压强度在一般情况下随龄期单调增长，但增长速度渐减并趋向收敛。两种主要水泥制作的混凝土试件，经过普通湿养护后，在不同龄期的强度变化如表 4.6.2[16] 所示。

表 4.6.2　混凝土相对抗压强度随龄期的变化

龄期(d)	3	7	28	90	360
普通硅酸盐水泥	0.40	0.65	1	1.20	1.35
快硬早强硅酸盐水泥	0.55	0.75	1	1.15	1.20

混凝土抗压强度随龄期变化的数学描述，曾有多种经验公式，例如

$$f_c(t)=\frac{\lg t}{\lg n}f_c(n) \tag{4.6.15}$$

$$f_c(t)=\frac{t}{a+bt}f_c(28) \tag{4.6.16}$$

式中：$f_c(t)$，$f_c(n)$ 和 $f_c(28)$ 分别为龄期为 t，n 和 28 d 时的混凝土抗压强度；a，b 取决于水泥品种和养护条件的参数。

规范 CEB-FIP MC90[13] 中，混凝土抗压强度随龄期增长的计算式为

$$f_c(t)=\beta_t f_c \tag{4.6.17}$$

$$\beta_t=\mathrm{e}^{s(1-\sqrt{28/t})} \tag{4.6.18}$$

式中：s 取决于水泥种类，普通水泥和快硬水泥取为 0. 25，快硬高强水泥取为 0.20。

理论曲线见图 4.6.15，给出的混凝土后期强度一般偏低，适合工程应用。

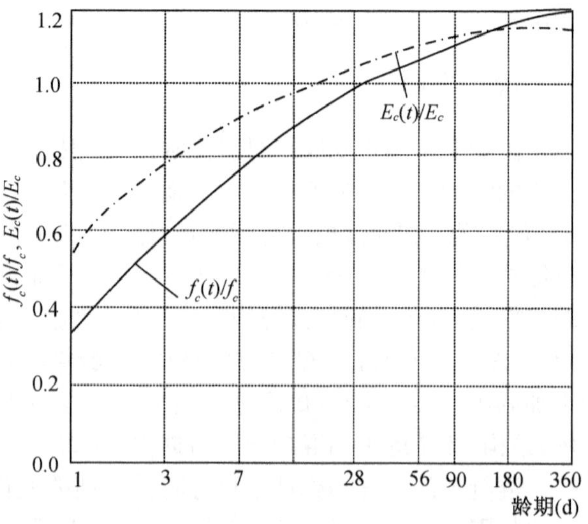

图 4.6.15　抗压强度和弹性模量随龄期的变化

混凝土在压应力的持续作用下，应变将随时间而增长，称为徐变。当试件的应力水平较低 ($\sigma<0.8f_c$) 时，经过很长时间后，变形的增长渐趋收敛，达到一极限值。若应力水平很高 ($\sigma\geqslant0.8f_c$)，混凝土进入不稳定裂缝发展期，试件的变形增长不再收敛，在应力持续一定时间后发生破坏，得到强度极限线(图 4.6.16[34])。可见，应力水平越低，发生破坏的应力持续时间越长。荷载长期持续作用，而混凝土不会破坏的最高应力，称为长期抗压强度，一般取为 $0.80f_c$。

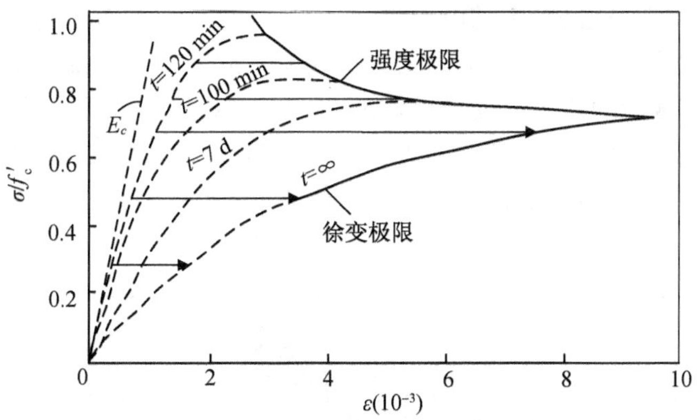

图 4.6.16　应力水平和作用时间对混凝土强度和变形的影响

2. 弹性模量

混凝土的弹性模量值随龄期的增长变化如图 4.6.17[35]所示。规范 CEB-FIP MC90 采用了简单的计算式

$$E_c(t) = E_c\sqrt{\beta_t} \tag{4.6.19}$$

式中：E_c 为龄期 t =28 d 时的混凝土弹性模量；系数 β_t 见式(4.6.17)。

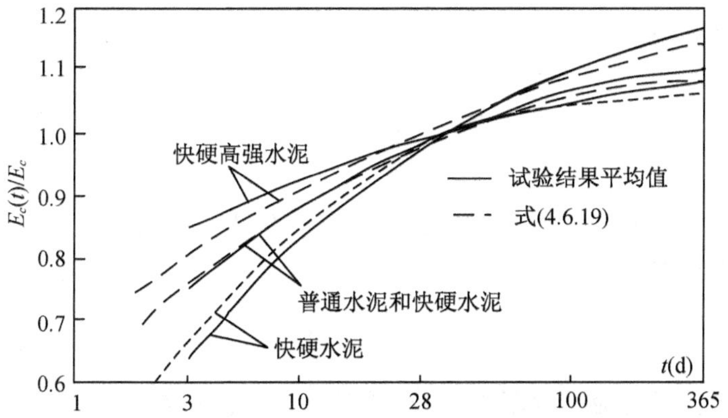

图 4.6.17　弹性模量随时间的发展

混凝土的弹性模量和抗压强度随龄期的增长规律不同(图 4.6.15)。弹性模量 $E_c(t)$ 在早期($t<28$ d)的增长速度较快，在后期($t>28$ d)增加幅度较小。主要原因是混凝土中粗骨料的性能稳定，弹性模量与龄期无关。

混凝土受压应变曲线的斜率为其弹性模量，或称变形模量，取切线的斜率 $d\sigma/d\varepsilon$ 称切线弹性模量，取割线的斜率 σ/ε 则为割线弹性模量。它们都随混凝土的应力 σ（或应变 ε）值而变化。当确定了应力-应变曲线方程后，即可计算所需的模量值，包括 $\sigma=f_c$，$\varepsilon=\varepsilon_c$ 时的峰值割线模量 f_c/ε_c（此时切线模量为 0）；$\sigma=\varepsilon=0$ 时的初始弹性模量(割线模量与切线模量相等)，以及任意应力(或应变)值时切线或割线的弹性模量。但这是以一次单调加载试验所测定的混凝土受压应力-应变曲线为依据，实际工程结构混凝土的应力往往不高，但有多次重复加卸载，其变形性能显然与一次单调加载过程的不同。为此，规范对各强度等级的混凝土给出一个确定的弹性模量值，不随应力(变)的增减而变化，其值的测定采用了不同的加载试验方法：棱柱体试件安装后，先在应力为 0 至 0.5 f_c 之间重复加卸载 10 次，混凝土变形性能基本稳定，每次卸载后的残余应变不再增加、应力-应变关系接近直线，取最后一次加载的应力 0.5 f_c 和相应的应变(增量)值之比作为弹性模量 E_c。上述试验结果见图 4.6.18[20]，试验数据因混凝土所用原材料、配合比、浇捣养护工艺、应变量测方法等的不同而有一定的离散性。

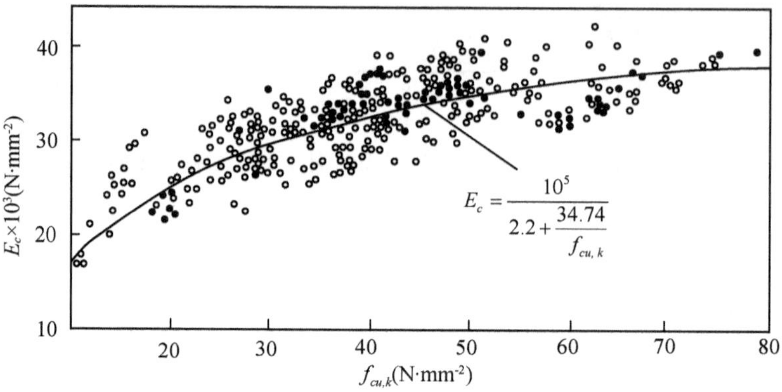

图 4.6.18　混凝土弹性模量与立方强度的关系

由此所得的经验公式为

$$E_c=\frac{10^5}{2.2+\dfrac{34.7}{f_{cu,k}}} \tag{4.6.20}$$

式中：$f_{cu,k}$ 应以混凝土强度等级值(单位为 N/mm^2)代入。按此式计算后取整，即为混凝土规范所列的弹性模量值。

五、收缩

经过调制和搅拌成的流态混凝土，以及湿养护期的成形混凝土，因饱含水分而体积基本不变，以后混凝土在空气中逐渐硬化，水分散发，体积发生收缩。混凝土的收缩变形在经历数十年后一般可达 $(300\sim600)\times10^{-6}$，在不利的条件下甚至可达 $(800\sim1000)\times10^{-6}$。但是，若将混凝土放入水中，体积会有所膨胀，最大的长度变形可达 150×10^{-6}。

混凝土的收缩应变值超过其轴心受拉峰值应变 $\varepsilon_{t,p}$ 的 3～5 倍，成为其内部微裂缝和外表宏观裂缝发展的主要原因。一些结构在承受荷载之前就出现了裂缝，或者使用多年以后外表龟裂。此外，混凝土的收缩变形加大了预应力损失，降低了构件的抗裂性，增大了构件的变形，并使构件的截面应力和超静定结构的内力发生不同程度的重分布等。这些都可能对实际结构产生不利影响，在设计和分析时应给予必要的注意。

混凝土在空气中凝固和硬化过程中，收缩变形是不可避免的。其主要原因是水泥水化生成物的体积小于原物料的体积(化学性收缩)，以及水分蒸发后骨料颗粒受毛细管压力的压缩(物理性收缩)。此外，空气中二氧化碳和混凝土表层的碳化作用，也引起少量的局部收缩。这些原因也决定了混凝土的收缩是个长期过程。已有试验表明，收缩变形在混凝土开始干燥时发展较快，以后逐渐减慢，大部分收缩在龄期 3 个月内出现，但龄期超过 20 年后收缩变形仍未终止。收缩变形随时间的发展见表 4.6.3[16]。

表 4.6.3　混凝土收缩变形的发展

龄期	2 周	3 月	1 年	20 年
比值	0.14～0.30	0.40～0.80	0.60～0.85	1

根据试验结果，水泥加水后的纯水泥浆凝固后的收缩量很大，达 $(2\,000 \sim 3\,000) \times 10^{-6}$。混凝土中的骨料收缩量极小，一般可予忽略。制成混凝土后，骨料约束了水泥浆体的收缩，故混凝土的收缩量远小于水泥浆体的收缩，同时混凝土内形成初始内应力。影响混凝土收缩变形的主要因素如下。

(1) 水泥的品种和用量

不同品种和质量的水泥收缩变形值不等，如早强水泥比普通水泥的收缩约大 10%，混凝土中的水泥用量(kg/m^3)和水灰比 (W/C) 越大，收缩量增大。

(2) 骨料的性质、粒径和含量

骨料含量大、弹性模量值高者，收缩量越小；粒径大者，对水泥浆体收缩的约束大，且达到相同稠度所需的用水量少，收缩量也小。

(3) 养护条件

及时完善的养护、高温湿养护、蒸汽养护等工艺加速水泥的水化作用，减小收缩量。养护不完善，存放期的干燥环境加大收缩。

(4) 使用期的环境条件

构件周围所处环境的温度高，湿度低，都将增大水分的蒸发，加大收缩量。

(5) 构件的形状和尺寸

混凝土中水分的蒸发必须经由结构的表面，故结构的体积和表面积之比，或线性构件的截面积和截面周界长度之比 (A_c/u) 增大，水分蒸发量减小，表面碳化层面积也小，收缩量减小。

(6) 其他因素

配制混凝土时的各种添加剂、构件的配筋率、混凝土的受力状态等在不同程度上影响收缩量。

混凝土的收缩变形影响因素多，变化幅度大，一般难以准确定量。对于普通的中小型构件，收缩变形能促生表面裂缝，但引起的结构反应一般不至于造成安全度的明显降低。所以，在构件计算时可不考虑收缩的影响，只是采取一些附加构造措施，如增设钢筋或钢筋网作为补偿。一些重要的大型结构，需要有定量的混凝土收缩变形值进行结构分析时，有条件的应进行混凝土试件的短期收缩试验，用测定值推算其极限收缩值，或可按有关设计规范提供的公式和参数进行计算。规范 CEB-FIP MC90 中，计算混凝土收缩的适用范围为：普通混凝土在正常温度下，湿养护不超过 14 d，暴露在平均温度(5～30℃)和平均相对湿度($RH\% = 40\% \sim 50\%$)的环境。素混凝土构件在未加载情况下的平均收缩(或膨胀)应变的计算式为

$$\varepsilon_{cs}(t,t_s) = \varepsilon_{cso}\beta(t-t_s) \tag{4.6.21}$$

式中:名义收缩系数(即极限收缩变形)取为

$$\varepsilon_{cso}=\beta_{RH}[160+\beta_{sc}(90-f_c)]\times10^{-6} \tag{4.6.22}$$

β_{sc} 取决于水泥种类,如普通水泥和快硬水泥取 5,快硬高强水泥取 8;
β_{RH} 取决于环境的相对湿度 $RH\%$

$$40\%\leqslant RH\%\leqslant 99\% \quad \beta_{RH}=-1.55\left[1-\left(\frac{RH}{100}\right)^3\right] \tag{4.6.23}$$

$$RH\%>99\% \quad \beta_{RH}=0.25 \tag{4.6.24}$$

收缩应变随时间变化的系数取为

$$\beta_s(t-t_s)=\sqrt{\frac{(t-t_s)}{0.035\left(\frac{2A_c}{u}\right)^2+(t-t_s)}} \tag{4.6.25}$$

上述各式中: t,t_s 为混凝土的龄期和开始发生收缩(或膨胀)时的龄期,d; f_c 为混凝土的抗压强度,N/mm^2; A_c 为构件的横截面面积,mm^2;u 为与大气接触的截面周界长度,mm^2。

这一计算模型考虑了 5 个主要因素对混凝土收缩变形的影响。除了水泥种类 (β_{sc})、环境相对湿度($RH\%$)、构件尺寸 ($2A_c/u$) 和时间 (t,t_s) 外,就是混凝土的抗压强度 (f_c)。试验表明,混凝土强度本身并不影响其收缩变形量,只是因为混凝土中的水泥用量、水灰比、骨料状况、养护条件等影响收缩的因素,在结构分析或设计时无法预先确定,但它们都在不同程度上与混凝土强度有联系,计算式中引入混凝土抗压强度间接地综合反映这些因素的影响。

按上述公式计算的混凝土收缩变形,随各主要因素的变化规律和幅度如图 4.6.19 所示[36]。

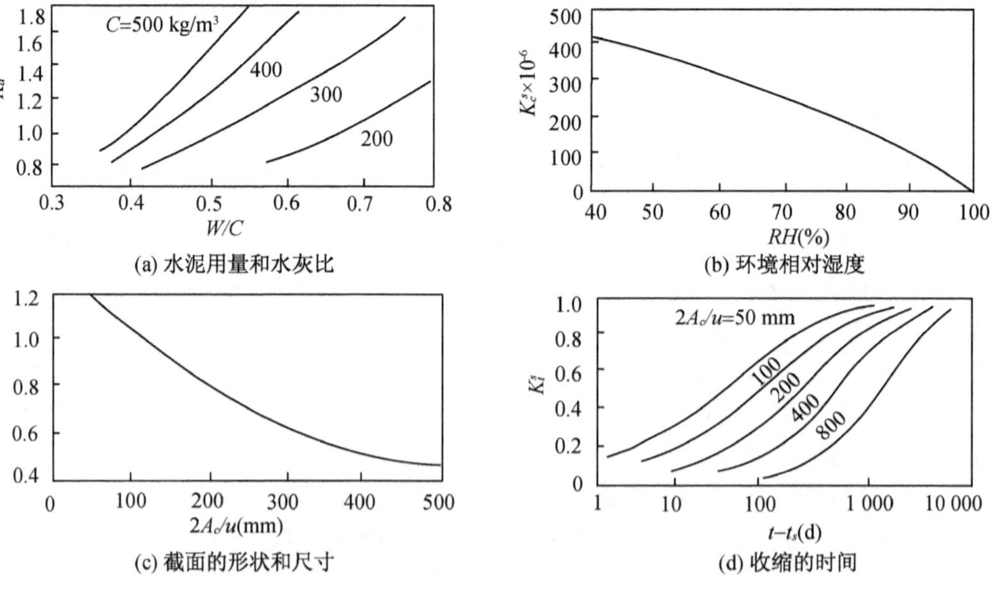

图 4.6.19 主要因素对混凝土收缩的影响

六、徐变

1. 基本概念

混凝土在应力 σ_c 作用下产生的变形，除了在龄期 t_0 时施加应力后即时的起始应变 $\varepsilon_{ci}(t_0)$ 外，还在应力的持续作用下不断增大应变 $\varepsilon_{cc}(t,t_0)$，后者称为徐变(图 4.6.20[16])。混凝土的徐变随时间而增大，但增长率渐减，2～3 年后变化已不大，最终的收敛值称为极限徐变 $\varepsilon_{cc}(\infty,t_0)$。试件在应力持续作用多时后卸载至零 $(\sigma_c=0)$，混凝土有一即时的恢复变形 ε_{ce}，或称弹性恢复。随时间的延长，仍有少量滞后的恢复变形缓缓出现，称为弹性后效 ε_{cr}，或称徐变恢复，但是还保留相当数量的残余变形 ε_{re}。

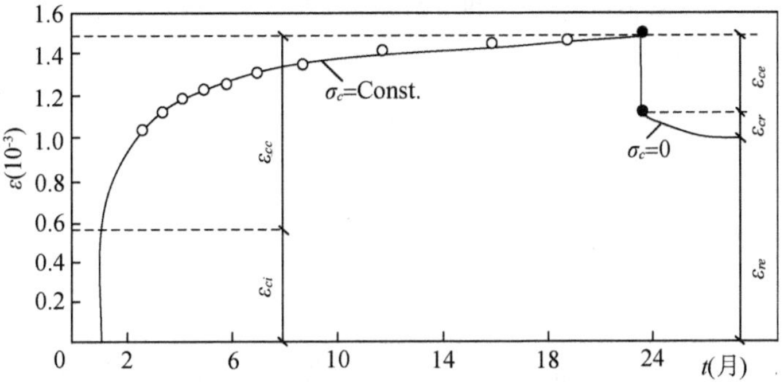

图 4.6.20　混凝土变形随时间的变化

解释混凝土的徐变机理有多种观点，但都不能说明所有的徐变现象。一般认为，混凝土在应力施加后的起始变形，主要是骨料和水泥砂浆的弹性变形，及微裂缝少量发展所构成；徐变则主要是水泥凝胶体的塑性流(滑)动，以及骨料界面和砂浆内部微裂缝发展的结果，内部水分的蒸发也产生附加的干缩徐变。与此类似，混凝土卸载后的即时的和滞后的恢复变形，有着相应而相反的作用。

与徐变相平行的现象是松弛，当混凝土在龄期 t_0 时施加应力 $\sigma(t_0)$ 后产生应变 $\varepsilon_c(t_0)$，若保持此应变值不变，混凝土的应力 $\sigma(t)$ 必随时间的延长而逐渐减小(图 4.6.21[37])，就称应力松弛或松弛。

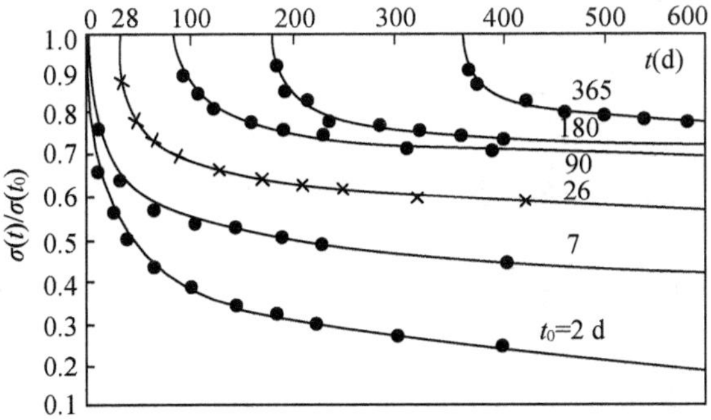

图 4.6.21　某大坝混凝土的应力松弛曲线

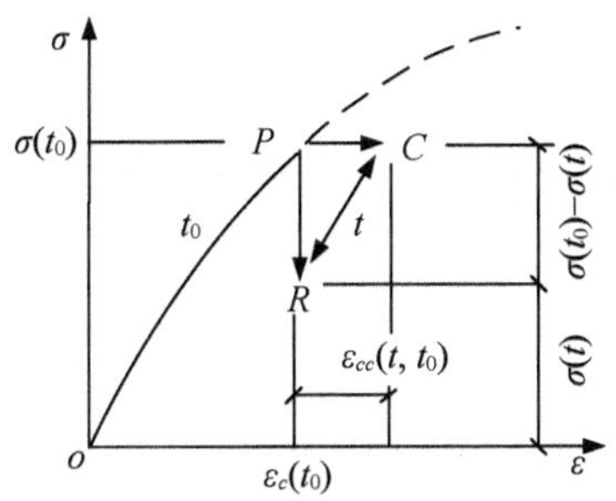

图 4.6.22　徐变和松弛示意图

徐变和松弛实际上是材料随时间而异的变形性质的不同表现形式。两者的变化规律和影响因素相同，并可互相转换或折算。混凝土在龄期 t_0 时的应力-应变曲线如图 4.6.22 所示。若达到 P 点后维持应变 $\varepsilon_c(t_0)$ 值不变，经 $(t-t_0)$ 后应力将由 $\sigma(t_0)$ 下降为 $\sigma(t)$，应力松弛为 $PR=\sigma(t_0)-\sigma(t)$。另外，如果在达到 P 点后，维持应力 $\sigma(t_0)$ 不变，在 $(t-t_0)$ 后得徐变 $PC=\varepsilon_{cc}(t,t_0)$。此时，若减小(恢复)混凝土的应变，其应力必将减小。当应变恢复至 $\varepsilon_c(t_0)$ 时，其应力值为 $\sigma(t)$，与 R 点重合；反之，也可以由应力松弛点 R 推至徐变点 C。

混凝土的徐变和松弛现象可对工程结构产生不利的或有利的影响。例如混凝土多年徐变可使混凝土的长期抗压强度降低约 20%；梁、板的挠度增大一倍；预应力结构的预应力损失约占 50%，降低构件的抗裂性；构件的截面应力和结构的内力发生重分布等。还有，在大体积水工混凝土结构中，徐变可以降低温度应力(即松弛)，减少收缩裂缝；在结构局部应力集中区，徐变可调整应力分布等。

混凝土在应力 $\sigma(t_0)$ 作用下、至龄期 t 时的总应变为 $\varepsilon_{c\sigma}(t,t_0)$，由起始应变 $\varepsilon_{ci}(t,t_0)$ 和徐变 $\varepsilon_{cc}(t,t_0)$ 等两部分组成：

$$\varepsilon_{c\sigma}(t,t_0)=\varepsilon_{ci}(t_0)+\varepsilon_{cc}(t,t_0) \tag{4.6.26}$$

其中

$$\varepsilon_{ci}(t_0)=\frac{\sigma(t_0)}{E_c(t_0)} \tag{4.6.27}$$

式中：t_0 为施加应力时的混凝土龄期；t 为计算所需应变的龄期；$E_c(t_0)$ 为龄期 t_0 时的混凝土弹性模量值。

单位应力作用下的徐变值称为徐变度或单位徐变：

$$C(t,t_0)=\frac{\varepsilon_{cc}(t,t_0)}{\sigma(t_0)} \tag{4.6.28}$$

单位应力作用下的极限徐变值受到各种因素的影响而在很大范围内变化：

$$C(\infty,t)=\frac{\varepsilon_{cc}(\infty,t_0)}{\sigma(t_0)}=(10\sim 140)\times 10^{-6}\ (\mathrm{N/mm^2})^{-1} \tag{4.6.29}$$

平均值可取为 $70\times 10^{-6}\ (\mathrm{N/mm^2})^{-1}$。

混凝土的徐变和起始应变的比值称为徐变系数：

$$\phi(t,t_0)=\frac{\varepsilon_{cc}(t,t_0)}{\varepsilon_{ci}(t_0)} \tag{4.6.30}$$

徐变收敛 $(t=\infty)$ 后的相应比值称为名义徐变系数，即徐变系数极限值：

$$\phi(\infty,t_0)=\frac{\varepsilon_{cc}(\infty,t_0)}{\varepsilon_{ci}(t_0)} \tag{4.6.31}$$

当 $t_0=28$ d，此比值为 2～4。

将式(4.6.27)和式(4.6.28)代入式(4.6.30)，得徐变系数与单位徐变的关系式

$$\phi(t,t_0)=C(t,t_0)E_c(t_0) \tag{4.6.32}$$

同理

$$\phi(\infty,t_0)=C(\infty,t_0)E_c(t_0) \tag{4.6.33}$$

混凝土经长期受力后卸载时的即时恢复变形小于加载时的起始变形（$\varepsilon_{ce}<\varepsilon_{ci}$），滞后恢复变形 ε_{cr} 为徐变的 5%～30%，两者之和为总恢复变形，约与起始变形相等：

$$\varepsilon_{ce}+\varepsilon_{cr}\approx\varepsilon_{ci}(t_0) \tag{4.6.34}$$

混凝土的徐变增长可延续数十年，但大部分在前 1 ～2 年内出现，前 3～6 个月发展最快（表 4.6.4[37]）。

表 4.6.4 混凝土徐变随时间的变化

应力持续时间($t-t_0$)	1 个月	3 个月	6 个月	1 年	2 年	5 年	10 年	20 年	30 年
比值	0.45	0.74	0.87	1	1.14	1.25	1.26	1.30	1.36

2. 主要影响因素

影响混凝土徐变值和变化规律的主要因素如下。

(1) 应力水平

混凝土承受的应力水平 $\sigma(t_0)/f_c(t_0)$ 越高，则起始应变越大，随时间增长的徐变也越大（图 4.6.23[37]）。

$\sigma(t_0)/f_c(t_0)\leqslant(0.4\sim0.6)$ ——在应力长期作用下，混凝土的徐变有极限值，且任何时间的徐变值约与应力成正比，即单位徐变与应力无关，称为线性徐变；

$(0.4\sim0.6)\leqslant\sigma(t_0)/f_c(t_0)<0.8$ ——应力长期作用下徐变收敛，有极限值，但单位徐变值随应力水平而增大，称为非线性徐变；

$\sigma(t_0)/f_c(t_0)\geqslant0.8$ ——混凝土在高应力作用下，持续一段时间后因徐变发散而发生破坏，故长期抗压强度约为 $0.8f_c$（图 4.6.16）。

实际工程在长期服役过程中，混凝土的长期应力一般处于线性徐变范围。

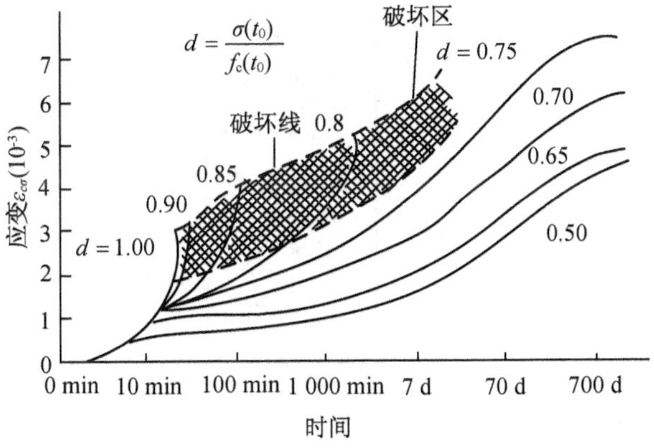

图 4.6.23 不同应力水平的徐变

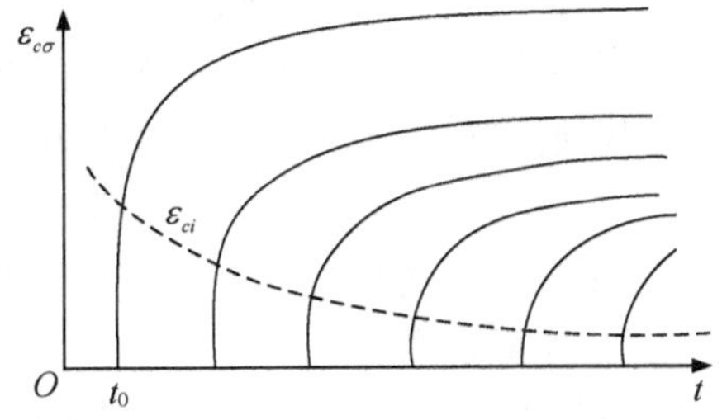

图 4.6.24 不同加载龄期的徐变

(2) 加载时的龄期

混凝土在加载（应力）时龄期越小，成熟度越差，起始应变和徐变都大，极限徐变要大得多（图 4.6.24），单位徐变的比较见表 4.6.5[38]。

表 4.6.5　不同加载龄期的混凝土单位徐变比较

t_0(d)	3	7	28	90	365
相对值	1.6～2.3	1.5	1	0.70	0.35～0.50

(3) 原材料和配合比

混凝土中水泥用量大、水灰比(W/C)大和水泥砂浆含量大(或骨料含量小)者,徐变亦大;使用普通硅酸盐水泥比早强快硬水泥的混凝土徐变大。

(4) 制作和养护条件

混凝土振捣密实,养护条件好,特别是蒸汽养护后成熟快,可减小徐变。

(5) 使用期的环境条件

构件周围环境的相对湿度(RH%)小,因水分蒸发的干缩徐变越大[图 4.6.25(a)];从20～70℃,徐变随温度的升高而增大,但在 71～96℃之间,徐变值反而减小[图 4.6.25(b)]。

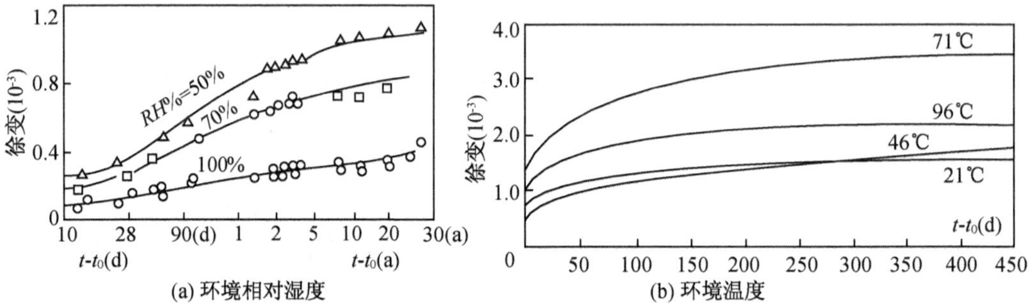

图 4.6.25　环境温湿度对徐变的影响[20]

(6) 构件的尺寸

构件的尺寸和截面小者,或截面积与截面周界长度的比值(A_c/u)小者,混凝土水分蒸发快,干燥徐变增大,如图 4.6.26[37]所示。处于密封状态的混凝土,水分不会蒸发,构件尺寸不影响徐变值。

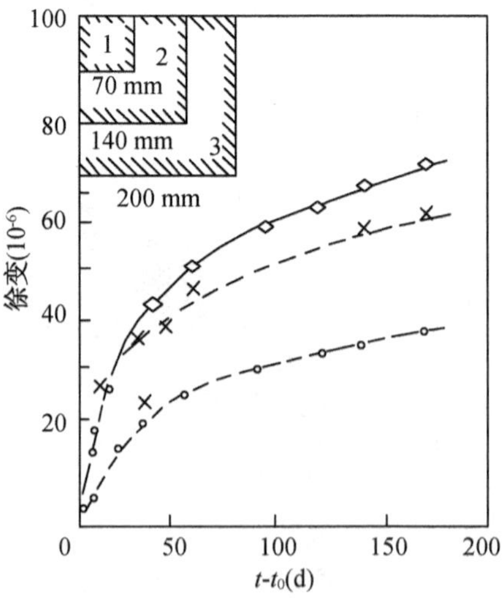

图 4.6.26　构件尺寸对徐变的影响

其他因素还有如粗骨料的品种、性质和粒径,混凝土内各种掺合料和添加剂,混凝土的受力状况和历史,环境条件的随机变化等。

3. 计算公式

混凝土的徐变值,因为影响因素多,变化幅度大,试验数据离散,所以不易精确地计算。我国混凝土结构设计规范中,对于计算构件在长期荷载下的挠度、预应力构件的预应力损失等,给出了综合的经验值或系数。在水工混凝土结构设计规范[39]中,对于计算大体积混凝土的温度作用,直接给出了混凝土的应力松弛系数。对于一些重要的和复杂的结构,需要做具体的徐变分析时,要求有比较准确的混凝土徐变值,及其随龄期的变化规律。比较可靠的办法是用相同的混凝土制作试件,直接进行徐变试验和量测，或者用短期的量测数据推算长期徐变值。在缺乏试验条件的情况下，一般采用拟合已有试验数据的经验计算式。

单位徐变的经验式已有多种数学形式[37,38]，例如

$$C(t,t_0)=A\,(t-t_0)^B \tag{4.6.35}$$

$$C(t,t_0)=F(t_0)In[(t-t_0)+1] \tag{4.6.36}$$

$$C(t,t_0)=\frac{(t-t_0)}{A+B(t-t_0)} \tag{4.6.37}$$

$$C(t,t_0)=C(\infty,t_0)[1-\mathrm{e}^{-A(t-t_0)}] \tag{4.6.38}$$

或分作可恢复徐变和不可恢复徐变两部分：

$$C(t,t_0)=C_e(t-t_0)+C_{re}(t,t_0) \tag{4.6.39}$$

式中：参数 A,B,C,F 等取决于混凝土的材料和环境条件，由试验数据标定。有些还给出含有更多参数、形式更复杂的计算式。

模式规范 CEB-FIP MC90 建议的混凝土徐变系数计算公式如下，适用范围为：应力水平 $\sigma_c/f_c(t_0)<0.4$，暴露在平均温度 5℃～30℃和平均相对湿度 $RH\%=40\%\sim100\%$的环境中。

$$\phi(t,t_0)=\phi(\infty,t_0)\beta_c(t-t_0) \tag{4.6.40}$$

式中：名义徐变系数的计算式为

$$\phi(\infty,t_0)=\beta(f_c)\beta(t_0)\phi_{RH} \tag{4.6.41}$$

其中

$$\beta(f_c)=\frac{16.76}{\sqrt{f_c}} \tag{4.6.42}$$

$$\beta(t_0)=\frac{1}{0.1+t_0^{0.2}} \tag{4.6.43}$$

$$\phi_{RH}=1+\frac{1-(RH/1000)}{0.1\,(2A_c/u)^{1/3}} \tag{4.6.44}$$

式中：$\beta(f_c)$ 为按龄期 28 d 的混凝土平均抗压强度（f_c，N/mm^2）计算的参数；$\beta(t_0)$ 取决于加载时龄期（t_0，d）的参数；ϕ_{RH} 取决于环境湿度的参数，式中最后一项为附加的干燥徐变，当 $RH\%=100\%$时，此项为零，试件尺寸也无影响。

徐变随应力持续时间的变化系数取为

$$\beta_c(t-t_0)=\left[\frac{(t-t_0)}{\beta_H+(t-t_0)}\right]^{0.3} \tag{4.6.45}$$

式中：β_H 取决于相对湿度和构件尺寸

$$\beta_H=1.5\left[1+\left(1.2\frac{RH}{100}\right)^{18}\right]\frac{2A_c}{u}+250\leqslant1500 \tag{4.6.46}$$

这一计算模型主要考虑了加载时混凝土的龄期 (t_0)、应力持续时间 ($t-t_0$)、环境湿度 ($RH\%$)和构件尺寸 (A_c/u) 等对徐变的影响。此外,有试验表明混凝土的抗压强度本身对徐变值的影响并不大,计算式中引入此量是为了间接地反映水灰比(W/C)和水泥用量的较大影响。

模式规范 CEB-FIPMC90 中还给出了对不同种类的水泥、环境温度(≤80℃)、高应力 $(0.4\sim0.6)f_c$ 等情况下的徐变值修正计算,徐变的理论计算值与试验观测的趋势相符较好,离散系数约为 20%。

已有的混凝土徐变试验,绝大多数控制为等应力加载,进行应变量测。实际结构中,混凝土的长期应力不可能保持常值,在变应力状态下的混凝土徐变,以及以此为基础的构件和结构徐变分析,不能直接引用等应力徐变试验的结果。为此,需要建立一定的徐变计算理论,将等应力徐变试验结果应用于变应力作用的结构分析。现有的主要的徐变计算理论包括有效模量法、老化理论、弹性徐变理论、弹性老化理论、继效流动理论等,各种理论分别基于不同的简化假设建立起相应的计算公式,因而简繁程度和计算精度各有差别,可在做徐变分析时根据实际情况选用。

第五章 / 复杂受力状态下的混凝土力学特性

混凝土结构中，混凝土极少承受单轴压或拉应力状态，即使是最简单的梁、板、柱构件，截面上弯矩和剪力的共同作用产生正应力和剪应力，支座和集中荷载作用处局部存在横向应力，梁-梁和梁-柱节点部位，以及预应力筋锚固区等处，混凝土都处于二维或三维应力状态。至于大体积水工混凝土结构，是典型的二维或三维结构，混凝土大都处于多轴应力状态。

第一节　混凝土多轴试验设备和方法

混凝土三轴试验的加载设备和量测技术存在不少技术难点，又无统一试验标准，而设备的需求量不大，制造厂不供应通用的整机设备，一般由各研究单位自行设计，研制成专用试验装置。至今，各国研制成功、并投入使用的多轴试验装置有数十台，其构造原理和试验方法各异，包括试件的形状和尺寸、应力和应变的量测方法、试件表面摩擦的消减措施等。各个装置取得的试验结果有一定离散度，反映了不同试验装置和方法的影响。所有的混凝土多轴试验装置，按试件的应力状态分为两大类：常规三轴试验机和真三轴试验装置。

一、常规三轴试验机

一般利用已有的大型材料试验机，配备一个带活塞的高压油缸和独立的油泵、油路系统[图 5.1.1(a)]。试验时将试件置于油缸内的活塞之下，试件的横向由油泵施加液压，纵向由试验机通过活塞加压。在加载前，试件外包橡胶薄膜，防止高压油进入试件裂缝，胀裂试件，降低其强度。

试验采用圆柱体或棱柱体试件，当试件三轴受压（$C/C/C$）时，必有两方向应力相等，即 $\sigma_1=\sigma_2>\sigma_3$ 或 $\sigma_1>\sigma_2=\sigma_3$ [图 5.1.1(b)]，称为常规三轴受压，以区别真三轴受压试验。如果采用空心圆筒试件，在筒外或筒内施加侧压，还可进行二轴受压（C/C）或拉/压（T/C）试验[图 5.1.1(c)]。

常规三轴试验机的主要优点是：设备有定型产品可购置，经济简捷；侧面液压均匀，无摩擦；试验能力强，侧压可高达 120 N/mm²，纵向应力不限，取决于试验机的最大压力（一般为 5 000～10 000 kN）和试件尺寸；其缺点是：无法进行真三轴（$\sigma_1\neq\sigma_2\neq\sigma_3$）试验和二轴受拉（$T/T$）、三轴拉/压试验等。

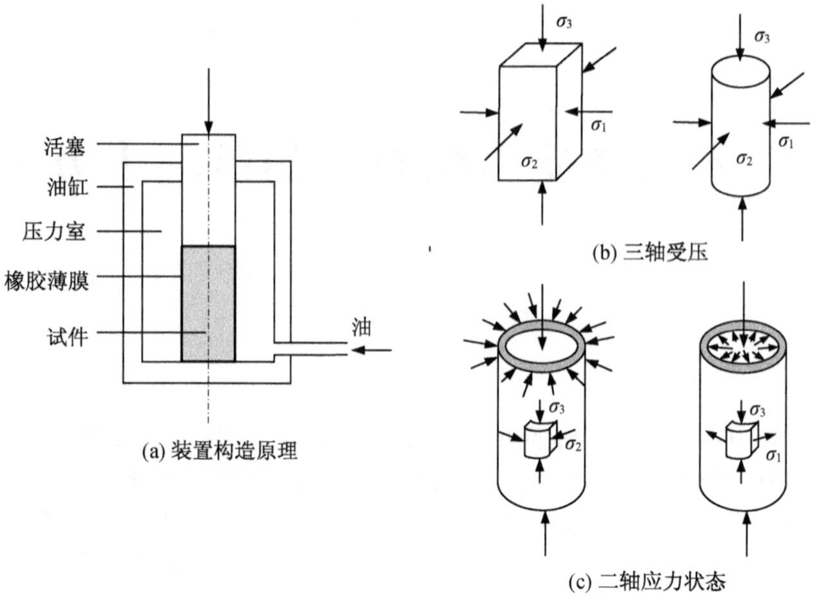

图 5.1.1　常规三轴试验机[40]

二、真三轴试验装置

真三轴试验装置的典型构造如图 5.1.2 所示，它们的共同特点是：在 3 个相互垂直的方向都设有独立的活塞、液压缸、供油管路和控制系统，但它们的主要机械构造差异很大，有的在 3 个方向分设丝杠和横梁等组成的加载架[图 5.1.2(a)]，有的则利用试验机施加纵向应力，横向（水平）的两对活塞和油缸置于刚性承载框内[图 5.1.2(b)]，以减小设备占用空间，方便试验。

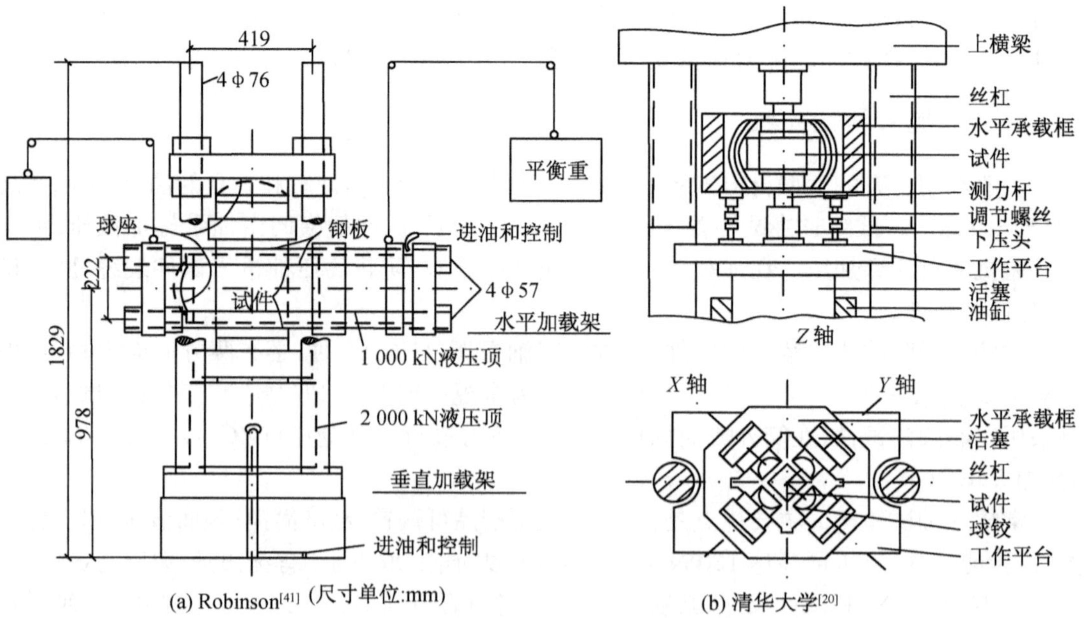

图 5.1.2　真三轴试验装置的构造示意图

复杂结构中混凝土的三向主应力不等，且可能是有拉有压。显然，试验装置应能在 3 个方向施加任意的拉、压应力和不同的应力比例（$\sigma_1 : \sigma_2 : \sigma_3$）。20 世纪 70 年代以后，各单位自行研制的试验装置大部分属此类。真三轴试验装置的最大加载能力为压力 3 000 kN/2 000 kN/2 000 kN 和拉力 200 kN/200 kN，混凝土试件一般为边长 50～150 mm 的立方体。进行二轴应力状态试验时，也可采用板式试件，最大尺寸为 200 mm×200 mm×50 mm。真三轴试验装置需要自行设计和研制，无统一的试验标准可依循，还有些复杂的试验技术问题需解决，造价和试验费用都比较高，但是为了获得混凝土的真三轴性能，却又缺之不可。

在设计混凝土的三轴试验方法和试验装置时，有些试验技术问题需要研究解决，否则影响试验结果的可靠性和准确性，决定三轴试验的成败。

（1）消减试件表面的摩擦

混凝土立方体试件的标准抗压试验中，只施加单向压力，由于钢加压板对试件端面的横向摩擦约束（图 4.3.1），提高了混凝土的试验强度（$f_{cu} > f_c$）。在多轴受压试验时，如不采取措施消除或减小此摩擦作用，各承压端面的约束相互强化，可使混凝土的试验强度成倍地增长，使得试验结果毫无实际价值。已有的混凝土多轴试验中，行之有效的减摩措施有 4 种：在试件和加压板之间设置减摩垫层、刷形加载板、柔性加载板、金属箱液压垫，后 3 种措施能够取得较好的试验数据，但其附件的构造复杂，加工困难，造价高，且减摩效果也不尽理想。至今应用最多的还是各种材料和构造的减摩垫层，例如两片聚四氟乙烯（厚 2 mm）或三层铝箔（厚 0.2 mm）中间加二硫化钼油膏、分小块的不锈钢垫板等。

（2）施加拉力

对立方体或板式试件施加拉力，必须有高强黏结胶把试件和加载板牢固地粘结在一起。此外，混凝土试件在浇筑和振捣过程中，形成含有气孔和水泥砂浆较多的表层（厚度为 2～4 mm），抗拉强度偏低。因此，用作受拉试验的试件，先要制作尺寸较大的混凝土试块，后用金刚石切割机锯除表层（≥5 mm）后制成。

（3）应力和应变的量测

测定试件的应力或强度有两种方法，多数装置在油路系统中设置液压传感器，由测得的液压确定加载和应力值；另一类装置则在加载活塞和加载板之间设置力传感器，直接测定荷载值。前者构造简单，后者量测准确。混凝土多轴试验时，试件表面有加载板阻挡，周围的空间很小，成为应变量测的难点。试验中一般采用两类方法：①直接量测法，在试件表面上预留（或者用砂轮打磨成的）浅槽（深 2～3 mm）内粘贴电阻应变片，并用水泥砂浆填满抹平，或者在打磨过的试件棱边上粘贴电阻片；②间接量测法，使用电阻式或电感式变形传感器量测试件同方向两块加载板的相对位移，扣除事先标定的减摩垫层的相应变形后，计算试件应变。前者较准确，但量程有限，适用于二轴试验和三轴拉/压试验；后者构造较复杂，但量程大，适用于三轴受压试验。

（4）应力（变）途径的控制

实际结构中一点的三向主应力值，随荷载的变化可有不同的应力途径。大部分三轴试验是等比例（$\sigma_1 : \sigma_2 : \sigma_3 = \text{const}$）单调加载，直到试件破坏，应力比例由电液控制系统实现，一般设备都具备这一功能。有些设备还可进行多种应力（变）途径的试验，例如三向应力变比例加载、恒侧压加载、反复加卸载、应变或应变速度控制加载等。

需要指出，应用三轴试验装置也可以进行混凝土的单轴受压和受拉试验，得到相应的强度值和应力-应变曲线。但是这些试验结果与用标准试验方法得到的不完全一致，有些甚至相差较大。这是因为两者的试验加载设备、试件的形状和尺寸、量测精度、承压面的摩擦约束等条件都不相同。在分析混凝土的多轴性能时，一般取可比性强的前者作为对比标准。

第二节　混凝土多轴拉压应力状态

混凝土的多轴强度系指试件破坏时三向主应力的最大值，以符号 f_1，f_2，f_3 表示，相应的峰值主应变为 ε_{1p}，ε_{2p}，ε_{3p}。符号规则为

$$f_1 \geqslant f_2 \geqslant f_3, \varepsilon_{1p} \geqslant \varepsilon_{2p} \geqslant \varepsilon_{3p} \tag{5.2.1}$$

且受拉为正、受压为负。虽然国内外混凝土多轴试验成果很多，但由于试验装置、试验方法、试件的形状和材料等都有很大差异，混凝土多轴性能的试验数据有较大离散性。尽管如此，混凝土的多轴强度和变形随应力状态的变化仍有规律可循，且得到普遍的认同。

一、二轴应力状态

1. 二轴受压(C/C, $\sigma_1=0$)

混凝土在二轴拉/压应力不同组合下的强度试验结果如图 5.2.1(a)所示，混凝土二轴抗压强度对比如图 5.2.1(b)所示，混凝土的二轴抗压强度 f_3 均超过其单轴抗压强度 f_c。

$$|f_3| \geqslant f_c \tag{5.2.2}$$

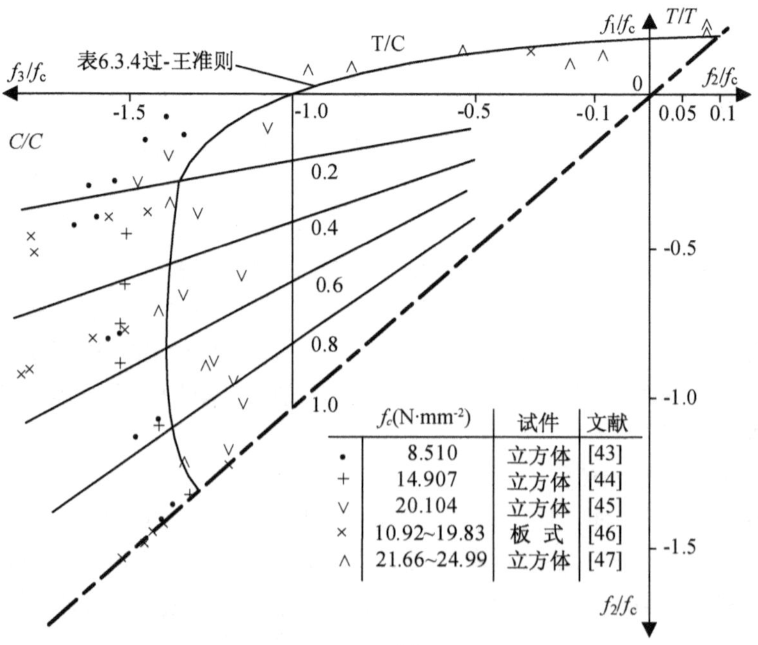

(a)

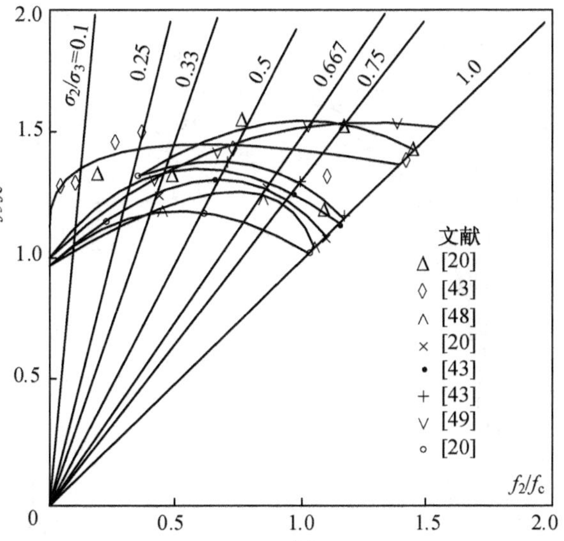

(b)

图 5.2.1　混凝土的二轴强度试验结果[42]

随应力比例的变化规律为：$\sigma_2/\sigma_3=0\sim0.2$ 时，f_3 随应力比的增大而提高较快；$\sigma_2/\sigma_3=0.2\sim0.7$ 时，f_3 变化平缓，最大抗压强度为 $(1.25\sim1.60)f_c$，发生在 $\varepsilon_2/\varepsilon_3=0.3\sim0.6$ 之间；$\sigma_2/\sigma_3=0.7\sim1.0$ 时，f_3 随应力比的增大而降低。

二轴等压 $(\sigma_2/\sigma_3=1)$ 强度为

$$f_{cc}=(1.15\sim1.35)f_c \tag{5.2.3}$$

混凝土二轴受压的应力-应变曲线为抛物线形[图 5.2.2(a)]，有峰点和下降段，与单轴受压的应力-应变全曲线(图 4.3.3)相似。试件破坏时，最大主压应力方向的强度 f_3 和峰值应变 ε_{3p} 都大于单轴受压的相应值 (f_c,ε_p)。

两个受力方向的峰值应变 ε_{3p}，ε_{2p} 随应力比例 (σ_2/σ_3) 而变化[图 5.2.2(b)]。ε_{3p} 的变化曲线与二轴抗压强度 f_3 的曲线相似，最大应变值发生在 $\sigma_2/\sigma_3\approx0.25$ 处；而 ε_{2p} 由单轴受压 $(\sigma_2/\sigma_3=0)$ 时的拉伸逐渐转为压缩变形，至二轴等压 $(\sigma_2/\sigma_3=1)$ 时达最大压应变 $\varepsilon_{2p}=\varepsilon_{3p}$，近似直线变化。

混凝土二轴受压的体积应变 $(\varepsilon_v\approx\varepsilon_1+\varepsilon_2+\varepsilon_3)$ 曲线[图 5.2.2(c)]也与单轴受压体积应变曲线相似。在应力较低时，混凝土泊松比 $\nu_s<0.5$，体积应变为压缩 $(\varepsilon_v<0)$。当应力达到二轴强度的 80%～90% 后，试件内部裂缝发展，其体积(包括裂缝在内)应变转为膨胀。

2. 二轴拉/压 $(T/C,\sigma_2=0)$

混凝土二轴拉/压状态的抗压强度 f_3 随另一方向拉应力的增大而降低。同样，抗拉强度 f_1 随压应力的加大而减小[图 5.2.1(a)]。在任意应力比例 (σ_1/σ_2) 情况下，混凝土的二轴拉/压强度均低于其单轴强度，即

$$|f_3|\leqslant f_c,f_1\leqslant f_t \tag{5.2.4}$$

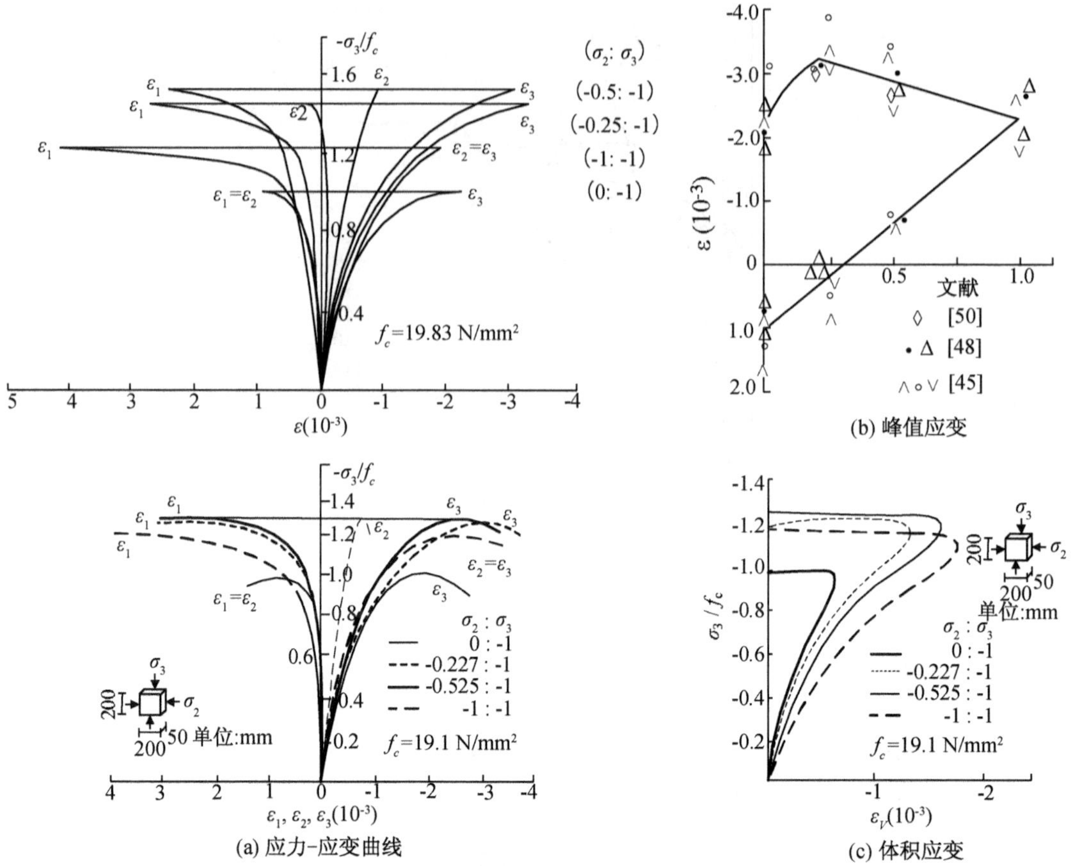

图 5.2.2　混凝土的二轴受压变形[42]

混凝土二轴拉/压的应力-应变曲线如图 5.2.3(a)所示,两个受力方向的应变值和曲线的曲率都较小,近似于单轴受拉曲线(图 4.4.8)。多数试件是拉断破坏,塑性变形小。

二轴拉/压试件破坏时的峰值应变 ($\varepsilon_{1p}, \varepsilon_{3p}$) 均随拉应力 f_t 或应力比 $|\sigma_1/\sigma_3|$ 的增大而迅速减小[图 5.2.3(b)]。当 $|\sigma_1/\sigma_3| \to \infty$ (即单轴受拉)时,其极限值为 $\varepsilon_{1p} = \varepsilon_{t,p}$, $\varepsilon_{3p} = -\nu\varepsilon_{t,p}$。体积应变 ε_V 在开始加载时为压缩,因应力增大而出现裂缝,临近极限强度时转为膨胀。

3. 二轴受拉 ($T/T, \sigma_3 = 0$)

任意应力比例 ($\sigma_2/\sigma_1 = 0 \sim 1$) 下,混凝土的二轴抗拉强度 f_1 均与其单轴抗拉强度 f_t 接近(图 5.2.1),故

$$f_1 \approx f_t \tag{5.2.5}$$

混凝土二轴受拉的应力-应变曲线[图 5.2.4(a)]与单轴受拉曲线(图 4.4.8)形状相同,变形值和曲率都很小,破坏形态同为拉断。

试件的应力比 (σ_2/σ_1) 增大,相同应力下的主拉应变 ε_1 减小,是应力 σ_2 横向变形(泊松比)的影响,达到二轴抗拉强度时的峰值应变 ε_{1p} 也减小;而 ε_{2p} 则由压缩(负值)过渡为拉长(正值),当 $\sigma_2/\sigma_1 = 0.2 \sim 0.25$ 时,$\varepsilon_{2p} = 0$,与泊松比值一致。

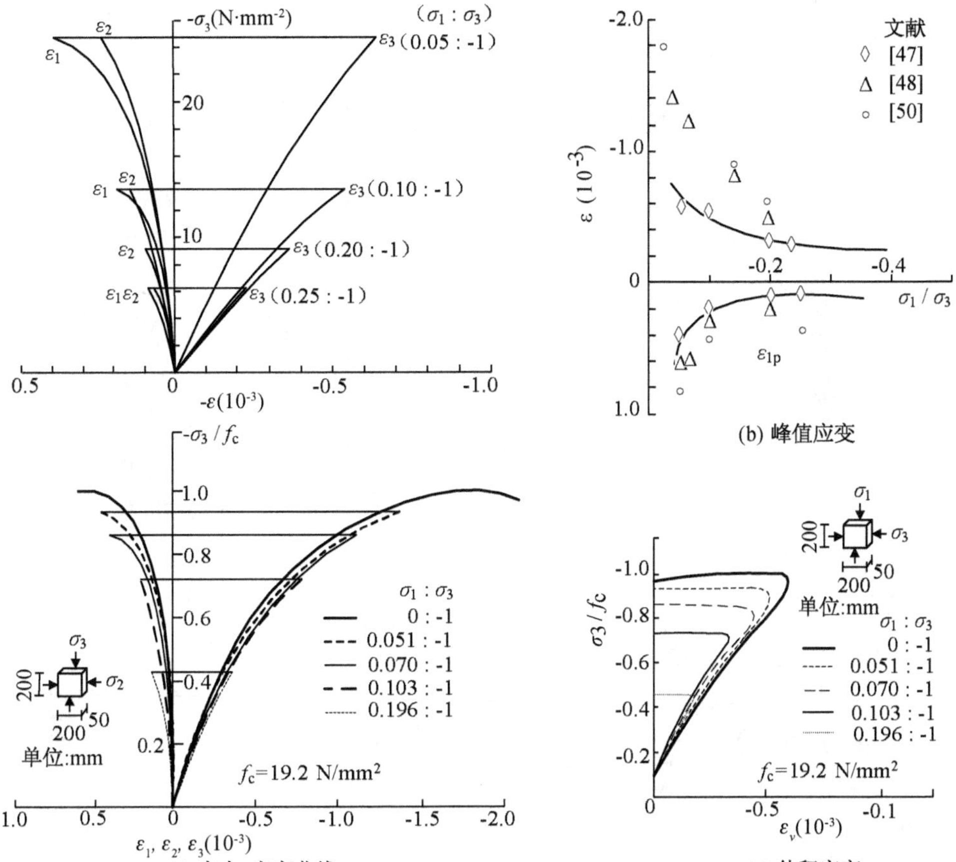

(a) 应力-应变曲线　　(c) 体积应变

图 5.2.3　混凝土的二轴拉/压变形[42]

混凝土二轴受拉的体积应变 ε_v，从一开始受力就是膨胀，一直增大，直至试件破坏[图 5.2.4(c)]。

二、三轴应力状态

1. 常规三轴受压 ($0 > \sigma_1 = \sigma_2 > \sigma_3$ 或 $\sigma_1 > \sigma_2 = \sigma_3$)

混凝土的常规三轴抗压强度 f_3 随侧压力 ($\sigma_1 = \sigma_2$) 的加大而成倍地增长，峰值应变 ε_{3p} 的增长幅度更大。例如，当 $f_1/f_3 = f_2/f_3 = 0.2$ 时，$|f_3| \approx 5f_c$，而 $\varepsilon_{3p} \approx 50\times10^{-3} \approx 30\varepsilon_p$（图 5.2.5[42]）。试件刚开始受力时，侧压应力 ($\sigma_1 = \sigma_2$) 的存在使主压应变 ε_3 很小，应力-应变曲线陡直。此后，侧压应力约束了混凝土的横向膨胀，阻滞纵向裂缝的出现和开展，在提高其极限强度的同时，塑性变形有很大发展，应力-应变曲线平缓地上升。过了强度峰点，试件在侧压应力的支撑下，残余强度缓慢地降低，曲线下降段平缓。

混凝土的应力-应变全曲线在单轴受压时有明显的尖峰。在三轴受压情况下，随着侧压应力 ($\sigma_1 = \sigma_2$) 的加大，曲线的峰部逐渐抬高，变得平缓。当侧压应力 $\sigma_1/\sigma_3 = \sigma_2/\sigma_3 \geqslant 0.15$ 后，试件破坏前的应变值很大 ($\geqslant 30\times10^{-3}$)，峰部近乎一平台，峰点已不明显，应力-应变曲线形状与单轴受压的单峰曲线不再相似，破坏形态也有不同。

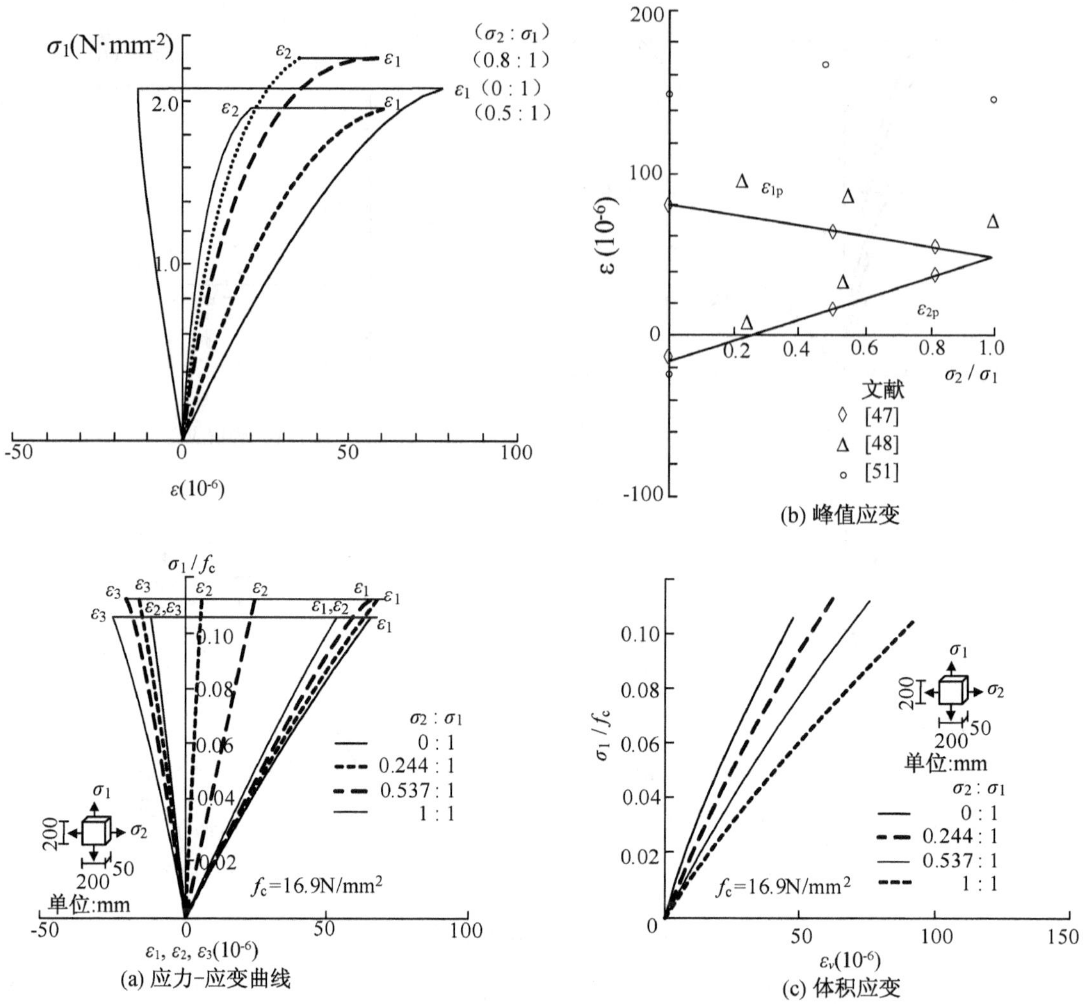

图 5.2.4　混凝土的二轴受拉变形[42]

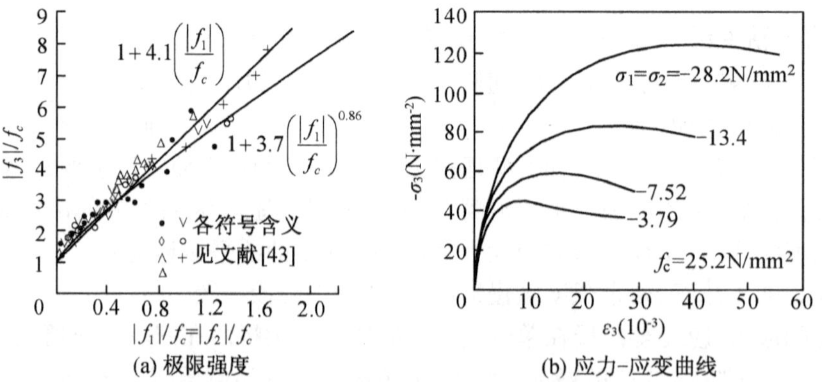

图 5.2.5　混凝土常规三轴受压的强度和变形

2. 真三轴受压（$0 > \sigma_1 > \sigma_2 > \sigma_3$）

混凝土的三轴抗压强度 f_3 随应力比 σ_1/σ_3 和 σ_2/σ_3 的变化如图 5.2.6[52] 所示，其一般规律如下。

① 随应力比（σ_1/σ_3）的加大，三轴抗压强度成倍地增长（表 5.2.1）。

表 5.2.1　混凝土的三轴抗压强度

σ_1/σ_3	0	0.1	0.2	0.3
$\lvert f_3 \rvert / f_c$	1.2～1.5	2～3	5～6	8～10

② 第二主应力（σ_2 或 σ_2/σ_3）对混凝土三轴抗压强度有明显影响。当 $\sigma_2/\sigma_3 = \text{const}$，最高抗压强度发生在 $\sigma_2/\sigma_3 = 0.3 \sim 0.6$ 时，最高和最低强度相差 20% ～ 25%。

③ 当 $\sigma_1/\sigma_3 = \text{const}$ 时，若 $\sigma_1/\sigma_3 < 0.15$，则 $\sigma_2 = \sigma_1$ 时的抗压强度低于 $\sigma_2 = \sigma_3$ 时的强度，即图 5.2.6 中 f_1/f_3 等值线的左端低于右端；反之，若 $\sigma_1/\sigma_3 \geqslant 0.15$，等值线的左端高于右端。

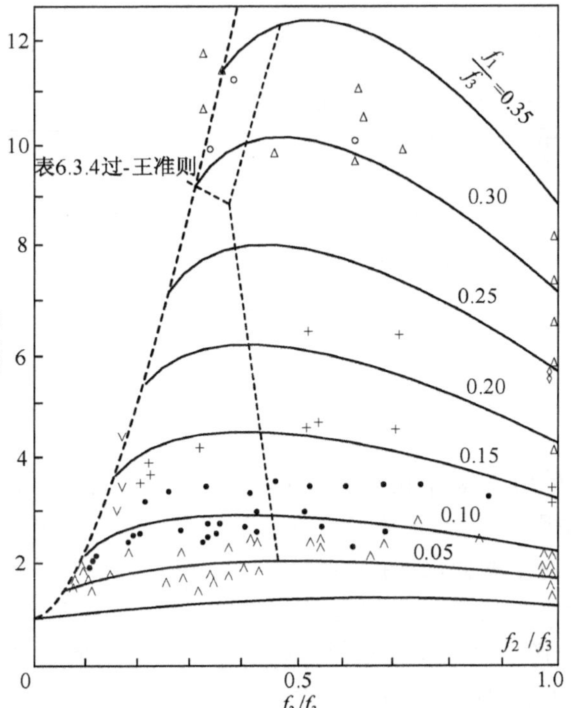

图 5.2.6 混凝土的三轴抗压强度

混凝土真三轴受压时，应变 $\varepsilon_1 \neq \varepsilon_2 \neq \varepsilon_3$，应力-应变曲线的形状[图 5.2.7(a)]与常规三轴受压的相同，应力较低时近似直线，应力增大后曲线趋平缓，尖峰不突出，极限应变 ε_{3p} 值很大[图 5.2.7(b)和表 5.2.2]。

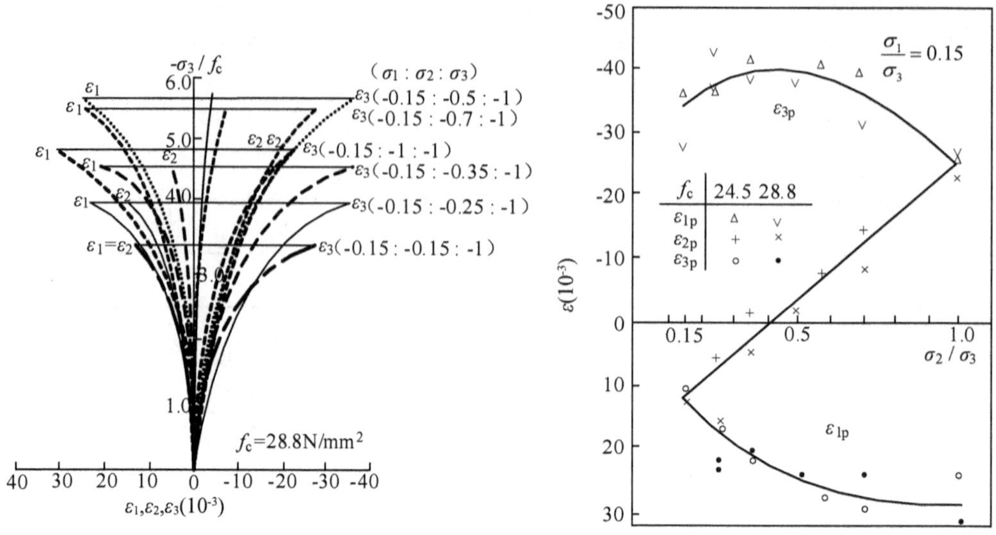

(a) 应力-应变曲线　　(b) 峰值应变

图 5.2.7　混凝土真三轴受压的变形[20]($\sigma_1/\sigma_3=0.15$)

表 5.2.2　混凝土真三轴受压的峰值应变 ε_{3p}[34]($\times10^{-3}$)

σ_1/σ_3 \ σ_2/σ_3	0.1	0.15	0.2	0.25	0.35	0.5	0.6	0.7	1.0
0.10	13.99						22.08		
0.15		26.37		36.65	41.64	37.62	40.50	39.52	25.58
0.20			51.37				46.48		27.12
0.25				69.70					

注：$f_c=24.5\ \mathrm{N/mm^2}$。

混凝土三轴受压峰值应变 ε_{3p} 随应力比(σ_1/σ_3)的加大而增长极快，随 σ_2/σ_3 的变化则与三轴抗压强度的变化相似，ε_{3p} 最大值发生在 $\sigma_2/\sigma_3=0.3\sim0.6$ 时。第二主应力方向的峰值应变 ε_{2p} 随应力比(σ_2/σ_3)的变化，由 $\sigma_1=\sigma_2(=0.15\sigma_3)$ 时的拉伸逐渐转为压缩，至 $\sigma_2=\sigma_3$ 时达最大压应变 $\varepsilon_{2p}=\varepsilon_{3p}$。$\varepsilon_{2p}=0$ 时的应力比(σ_2/σ_3)值，恰好与 ε_{3p} 达最大值的相符。此现象与二轴受压的现象[图 5.2.2(b)]相似。最小主压应力方向的峰值应变 ε_{1p} 取决于应力比，ε_{1p} 为伸长变形，与挤压流动破坏形态(图 6.3.1)相一致。

3. 三轴拉/压(T/C/C,T/T/C)

有一轴或二轴受拉的混凝土三轴拉/压试验，技术难度大，已有试验数据少，且离散度大。其一般规律(图 5.2.8[52])为

① 任意应力比例下的混凝土三轴拉/压强度分别不超过其单轴强度，即

$$|f_3|\leqslant f_c,\ f_1\leqslant f_t \tag{5.2.6}$$

② 随应力比 $|\sigma_1/\sigma_3|$ 的加大，混凝土的三轴抗压强度 f_3 很快降低；

③ 第二主应力 σ_2 不论是拉/压或应力比(σ_2/σ_3)的大小，对三轴抗压强度的 f_3 影响较

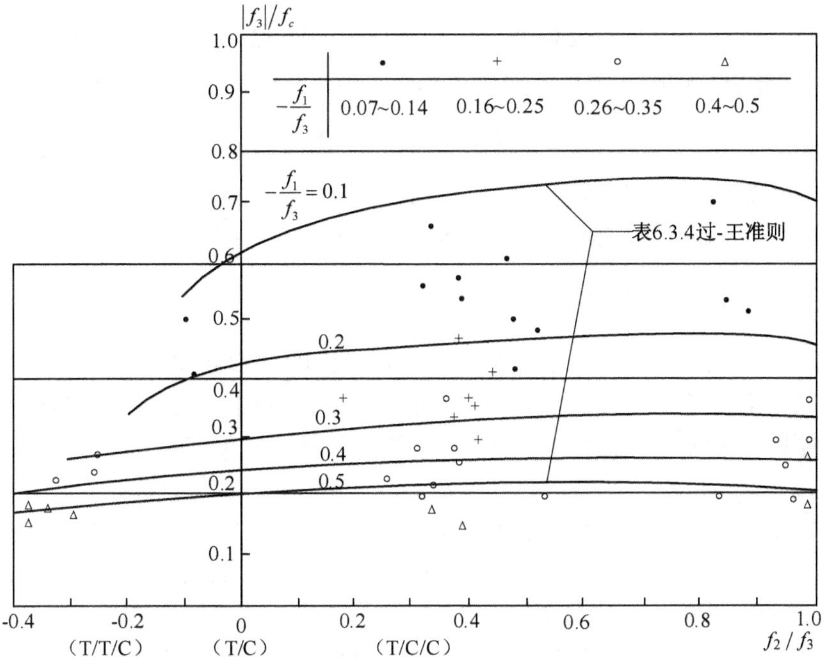

图 5.2.8 混凝土的三轴拉、压强度

小，变化幅度一般在 10%以内。

混凝土在三轴拉/压应力状态下，大部分是拉断破坏，其应力-应变曲线（图 5.2.9[56]）与单轴受拉曲线相似。应力接近极限强度时，塑性变形才有所发展；试件破坏时的峰值主拉应变 $\varepsilon_{1p} \approx (70 \sim 200) \times 10^{-6}$，稍大于单轴受拉的峰值应变 $\varepsilon_{t,p}$，是主压应力 σ_3 的横向变形所致；在主压应力 σ_3 方向，塑性变形也很少发展，峰值应变 $|\varepsilon_{1p}| < 350 \times 10^{-6}$；而且随主拉应力 σ_1 的增大而减小，应力-应变曲线接近于直线。

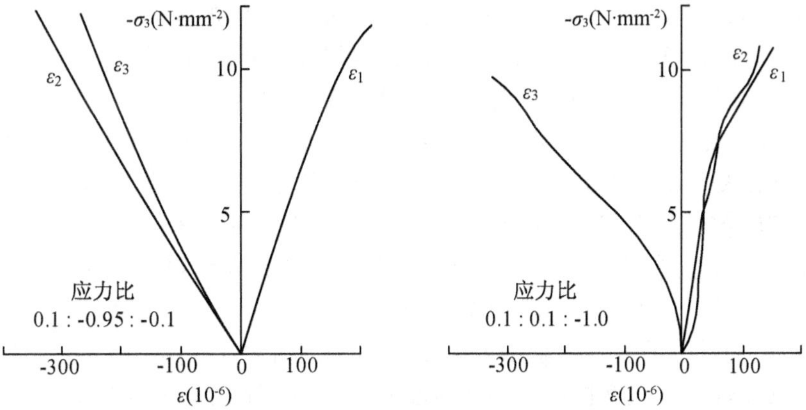

图 5.2.9 混凝土三轴拉压的应力-应变曲线

当主拉应力很小（$|\sigma_1/\sigma_3| < 0.05$）时，试件发生柱状压坏或片状劈裂，破坏前主压应变 ε_{3p} 有较大发展，可达 $1\,000 \times 10^{-6}$，应力-应变曲线与单轴受压曲线相似。

4. 三轴受拉(T/T/T)

混凝土的三向主应力都是受拉 ($\sigma_1 > \sigma_2 > \sigma_3 > 0$) 的状况，在实际工程中极少可能出现，试验数据也很少，文献[53]给出的混凝土三轴等拉 ($\sigma_1 = \sigma_2 = \sigma_3$) 强度为

$$f_1 = f_{ttt} = (0.7 \sim 1.0) f_t$$

混凝土在二轴(T/T)和三轴(T/T/T)受拉状态下的极限强度 f_1 等于或略低于其单轴抗拉强度，可能是内部缺陷和损伤引发破坏的概率更大的缘故。

三、不同材料和加载途径的影响

混凝土在各种应力状态下的多轴强度和变形性能的一般规律概况如下。

(1) 多轴强度：多轴受压(C/C,C/C/C)强度显著提高 ($|f_3| > f_c$)；多轴受拉(T/T,T/T/T)强度接近单轴抗拉强度 ($f_1 \approx f_t$)；多轴拉/压(T/C,T/T/C,T/C/C)强度下降 ($|f_3| < f_c, f_1 < f_t$)。

(2) 多轴变形：应力-应变曲线的形状和峰值应变值取决于应力状态和其破坏形态，见表 6.3.1，可分成三类。①拉伸类，同单轴受拉(图 4.4.8)，曲线陡直，峰值拉应变为 $\varepsilon_1 < 300 \times 10^{-6}$；②单、双轴受压类，同单轴受压(图 4.3.3)，峰值压应变 $|-\varepsilon_3| \approx (2 \sim 3) \times 10^{-3}$；③三轴受压类，曲线初始陡直，后渐趋平缓，峰部有平台，峰值压应变为 $|-\varepsilon_3| \approx (10 \sim 50) \times 10^{-3}$。

上面介绍的混凝土多轴性能一般规律，主要根据强度等级为 C20—C50 的普通混凝土，在单调比例加载情况下的试验结果所做的概括。其他种结构混凝土，或者不同加载途径下的多轴性能，试验研究资料尚少。虽然有些问题已有初步的定性结论，但完整的规律和准确的定量还有待进一步的试验研究。

1. 不同材料的影响

(1) 高强混凝土 ($\geqslant$ C50)的多轴试验结果[57]表明，其多轴抗压(C/C,C/C/C)强度的相对值 (f_3/f_c) 随其强度等级(或 f_{cu}, f_c) 的增大而减小；在二轴受拉(T/T)和拉/压(T/C)应力状态下的强度相对值 ($f_1/f_t, f_3/f_c$) 则与混凝土强度等级的关系不明显。

(2) 加气混凝土和轻骨料混凝土的强度较低，但性脆质疏，虽然其二轴抗压强度均大于相应的单轴抗压强度，但提高的幅度都小于普通混凝土的值[58]。

(3) 钢纤维混凝土也有了系统的三轴性能试验研究[59]。在多轴受压(C/C,C/C/C)应力状态，钢纤维混凝土极限强度的相对值 (f_3/f_c)、应力-应变曲线的形状等都与普通混凝土的接近；在多轴拉/压(T/C, T/C/C, T/T/C)应力状态下，钢纤维混凝土的强度相对值 (f_3/f_c) 和峰值应变值等都超过普通混凝土。钢纤维体积含量(V_f,%)对于钢纤维混凝土多轴强度和变形的影响，类似于对其单轴性能的影响。

从这几种结构材料的多轴试验结果可以看出：混凝土类材料的性质越"脆"，即塑性变形发展较少者，其多轴抗压强度提高的幅度越小；反之，"脆"性小，即塑性变形较大者，多轴抗压强度的提高幅度大。

2. 加载途径的影响

在实际结构中，内部各点混凝土的三方向主应力按照等比例单调增大、直至破坏的可能性很小。由于荷载和支承条件的改变，材料的塑性变形和开裂，结构的内应力值和分布不断

地发生变化。一点的3个方向主应力经历各种变化的途径，甚至发生应力拉压易号和主应力轴的转动。应力途径变化的多样性和试验技术的复杂性，成为研究在不同应力途径下混凝土多轴性能的难点。部分试验结果和结论如下。

(1) 混凝土二轴受压的4种变应力途径试验给出的结果(图5.2.10[54])表明，如果变途径之前混凝土的应力水平低于相应二轴强度的85%($\beta<0.85$)，变途径后的混凝土二轴抗压强度仍与单调比例加载的包络图相符，且破坏形态相同。

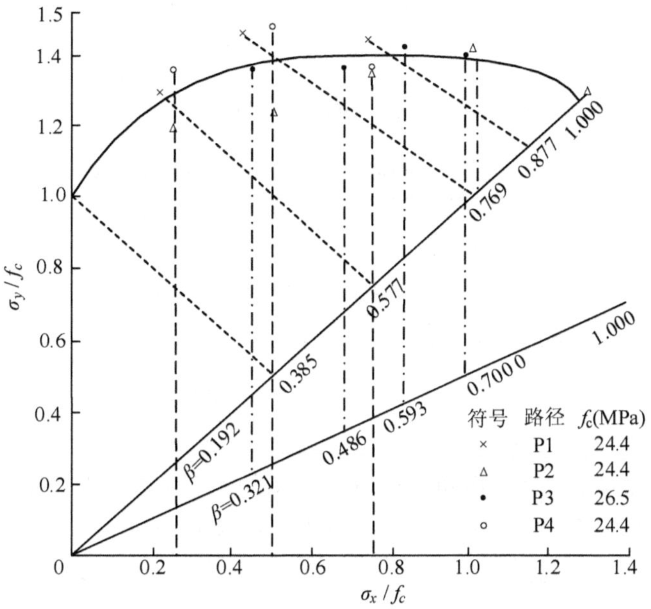

图5.2.10　变途径的二轴受压试验

(2) 混凝土的定侧压($\sigma_x=\sigma_y=\text{const}$)三轴受压试验，按图5.2.11[54]所示的两种应力途径加载，直至试件破坏。当应力途径改变之前，试件的应力水平不很高，内部微裂缝还处在稳定发展阶段时，改变途径后的混凝土多轴抗压强度值，与此前的应力途径无关，即与单调比例($\sigma_1:\sigma_2:\sigma_3=\text{const}$)加载的试验结果相符，且破坏形态相同。

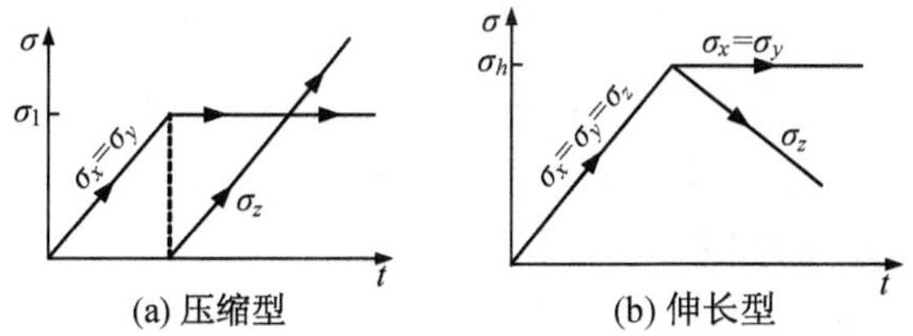

图5.2.11　定侧压的三轴受压试验

(3) 混凝土二轴受压的应变，在不同的应力途径下有较大区别，图5.2.12所示为试验的两个示例[55]。定侧压加载途径(OAP和OBP)与比例加载(OP)达到相同应力值($\sigma_x=\sigma_y=0.5f_c$和$\sigma_s=0.9f_c$，$\sigma_y=0.7f_c$)时的主应变(ε_x，ε_y)列入表5.2.3，以做比较。应变差别的主要原因是，应力途径或加载次序影响混凝土内部微裂缝的方向和发展程度，以及先期施加的应力对于后加应力可能产生的裂缝有较大的约束和阻滞作用。

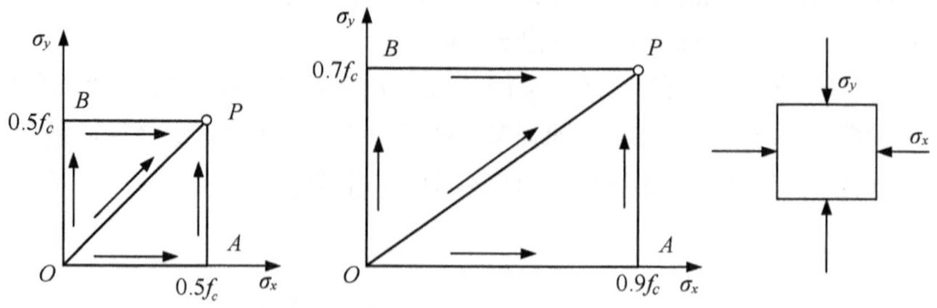

图 5.2.12　二轴受压应变的变途径试验

表 5.2.3　不同应力途径下混凝土二轴受压的应变比较

应力值		$\sigma_x=0.5f_e,\sigma_y=0.5f_e$		$\sigma_x=0.9f_e,\sigma_y=0.7f_e$	
应变(10^{-6})		$-\varepsilon_x$	$-\varepsilon_y$	$-\varepsilon_x$	$-\varepsilon_y$
途径	*OAP*	740	350	1 620	400
	OP	430	430	1 000	500
	OBP	350	740	850	1 100

这一试验结果证明，当达到相同三轴应力状态的途径不同，将有不等的主应变值，既不同于单调比例加载情况下的应变值，又不能分别用单轴应力应变关系计算后叠加。所以，应该建立适用于任意变应力途径的混凝土本构关系，才能真实地反映混凝土材料和结构的性能。

第三节　混凝土双向和三向压缩应力应变关系

本节仅限于一般荷载作用下瞬时变形的性质、机理及理论。

一、双向压缩下混凝土应力-应变关系

双向受力混凝土的应力应变关系，对研究混凝土在双轴受力下的破坏机理及研究混凝土和钢筋混凝土的构件或结构的分析，也是不可缺少的依据。

1. Liu，Nilson 和 Slate 的关系式

下面介绍 T. C. Y. Liu，A. H Nilson，F. O. Slate 等对这一问题进行的研究，除通过模型进行研究外，还用实际混凝土试验做了对比，并按正交各向异性的物理关系用矩阵形式表达了混凝土的应力应变关系。试验采用 8 块混凝土理想模型，其中埋入三种尺寸的圆骨料片 30 个(图 4.2.5)和 84 块用实际混凝土制成的双轴薄片方板(图 5.3.1)进行了双轴试验。主应力比为 0，0，0.2，0.5，1；水灰比为 0.5，0.68(按重量比)；骨料水泥比 4.04 和 5.76，骨料最大粒径为 1.3 cm 和 2.5 cm。实际混凝土的单轴抗压强度是 21.0～ 35.0 MPa。试验时双面都消除混凝土与承压板间的摩擦力。模型尺寸和混凝土试件尺寸均为 12.7 cm×

12.7 cm×12.7 cm。用这样薄的试件是为了在开裂后用X射线直接获得所需要的有关资料，不需再对试件做加工，免得扰动试件的原始结构组织。

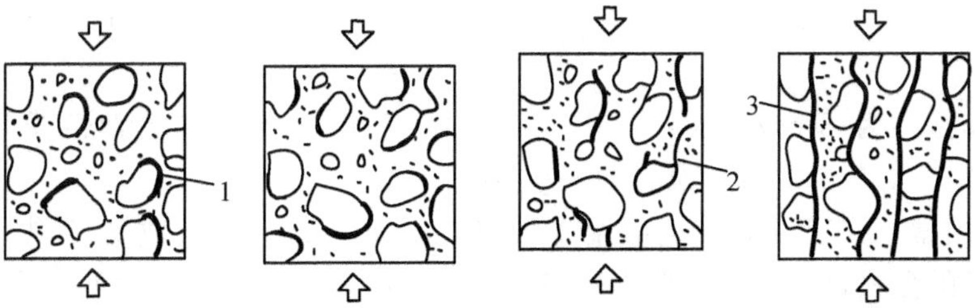

1—结合面裂缝；2—裂缝扩展到水泥石；3—形成连贯裂缝

图 5.3.1 双轴薄片方板双轴试验

O. Buyukozturk，A. H. Nilson 和 F. O. Slate 还曾用 9 个排成正方形的圆骨料片（图 4.3.7），直径全部是 3.17 cm，骨料片间距为 $d=0.2r$ 和 $0.5r$（r 是等效圆骨料片半径）的混凝土模型试块，做了试验研究。

材料受到二向主应力作用时，其中一个方向的变形不仅取决于本方向的应力，也取决于垂直方向的应力。对弹性各向匀质体，其应力应变规律为

$$\sigma = \frac{\varepsilon E}{1-\mu\alpha} \tag{5.3.1}$$

式中：α 为垂直于所考虑方向应力与所考虑方向主应力之比；σ 和 ε 分别为所考虑方向的应力与应变；μ 为单轴受力的泊松比；E 为单轴应力下的切线弹性模量。

根据试验，建议考虑非线性性能的双向受压应力应变公式如下：

$$\sigma = \frac{A + B\varepsilon E}{(1-\mu\alpha)(1 + C\varepsilon + D\varepsilon^2)} \tag{5.3.2}$$

利用下面 4 个边界条件来确定 A,B,C,D4 个特定参数：

$$\left.\begin{array}{l}(1)\ 当\ \varepsilon = 0, \sigma = 0, 即\ A + B\varepsilon E = 0 \\ (2)\ \varepsilon = 0, \dfrac{d\sigma}{d\varepsilon} = \dfrac{E}{1-\mu\alpha} \\ (3)\ \varepsilon = \varepsilon_0, \sigma = \sigma_0 \\ (4)\ \varepsilon = \varepsilon_0, \dfrac{d\sigma}{d\varepsilon} = 0\end{array}\right\} \tag{5.3.3}$$

式中：ε_0,σ_0 分别为双轴压缩下的应变峰值和应力峰值。

于是得 $A=0, B=1.0, C=\dfrac{E}{\sigma_0(1-\mu\alpha)}-\dfrac{2}{\varepsilon_0}, D=1/\varepsilon_0^2$，代入式(5.3.2)得

$$\sigma = \frac{\varepsilon E}{(1-\mu\alpha)\left\{1 + \left[\dfrac{E}{\sigma_0(1-\mu\alpha)} - \dfrac{2}{\varepsilon_0}\right]\varepsilon + \left(\dfrac{\varepsilon}{\varepsilon_0}\right)^2\right\}} \tag{5.3.4}$$

在极限荷载下，引进弹塑性模量 $E_0=\sigma_0/\varepsilon_0$ 后，式(5.3.4)变成

$$\sigma=\frac{\varepsilon E}{(1-\mu\alpha)\left[1+\left(\frac{1}{1-\mu\alpha}\frac{E}{E_0}-2\right)\left(\frac{\varepsilon}{\varepsilon_0}\right)+\left(\frac{\varepsilon}{\varepsilon_0}\right)^2\right]} \tag{5.3.5}$$

当 $\alpha=0$ 时，即为 Saenz 公式(表 4.3.5 的第三项)。如果初始弹性模量为 $2E$，则式(5.3.4)即变为表 4.3.5 中第六项的 Desay 等的公式。

上述公式中需要知道 E，μ(近似用 0.2)及双向压缩下 σ_0 及 ε_0 数值，其中 E 可用相关规范单轴受压 E 的公式，但 σ_0 及 ε_0 必须有相应的公式来表示。双轴压缩下混凝土最大应变 ε_0 可用图 5.3.2 的公式表示。大主应力方向最大主应力的应变为：$\alpha\leqslant 1$ 时，$\varepsilon_0=0.0025$。小主应力方向的应变和大主应力方向的极限应力关系可近似计算：$\alpha>1$，$\varepsilon_0=(-500+0.55\sigma_0)\times 10^6$，其中 σ_0 为大主应力(较大数值，单位：lb/in^2)。

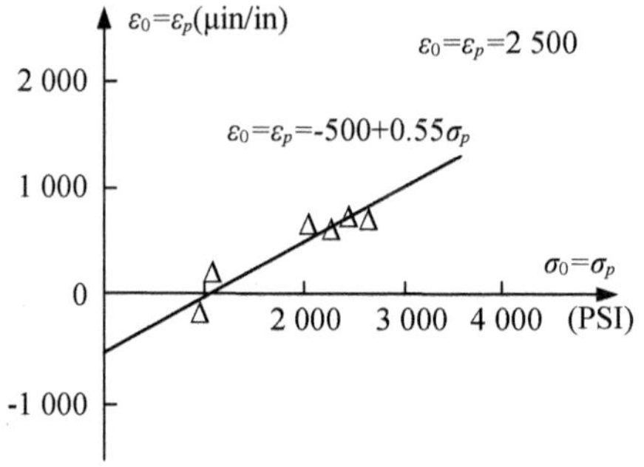

图 5.3.2　混凝土在双轴压缩下的极限应变与极限应力的关系

O. Buyukozitur 利用 T. C. Y. Liu 及 Kupfer 等的试验资料做了计算比较，结果是十分符合的(图 5.3.3)，但是曲线的下降部分没有做进一步的研究。

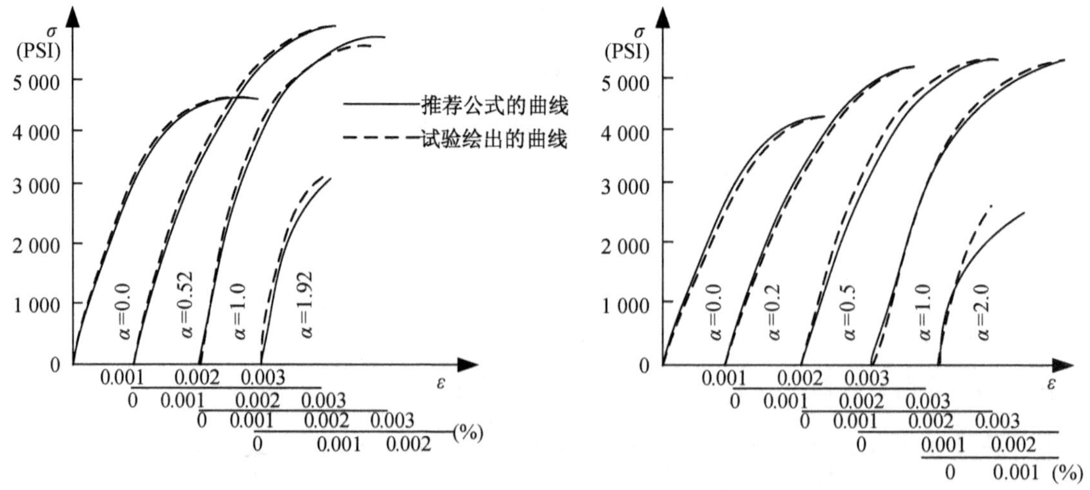

图 5.3.3　推荐公式的曲线与从双轴压缩试验获得的曲线的比较

为了求各级加荷增量时受压方向的切线模量值，可由式(5.3.5)微分，并加下标 i 后，求

得相当于考虑泊松效应和微裂缝限制效应的切线模量公式：

$$E_i=\frac{\mathrm{d}\sigma_i}{\mathrm{d}\varepsilon_i}=\frac{E\left[1-\left(\frac{\varepsilon_i}{\varepsilon_{i0}}\right)^2\right]}{(1-\mu\alpha_i)\left[1+\left(\frac{1}{1-\mu\alpha_i}\cdot\frac{E}{E_0}-2\right)\left(\frac{\varepsilon_i}{\varepsilon_{i0}}\right)+\left(\frac{\varepsilon_i}{\varepsilon_{i0}}\right)^2\right]^2} \tag{5.3.6}$$

根据试验及理论分析，Liu 等认为双轴受力的混凝土须视为正交各向异性材料，修正了单向受力状态的 Saenz 公式，分离了泊松比影响和微裂缝受限制的影响，并提出相当于只考虑微裂缝影响的有效切线模量 E_i' 公式：

$$E_i'=\frac{E\left[1-\left(\frac{\varepsilon_i}{\varepsilon_{i0}}\right)^2\right]}{\left[1+\left(\frac{1}{1-\mu\alpha_i}\cdot\frac{E}{E_0}-2\right)\left(\frac{\varepsilon_i}{\varepsilon_{i0}}\right)+\left(\frac{\varepsilon_i}{\varepsilon_{i0}}\right)^2\right]^2} \tag{5.3.7}$$

由式(5.3.6)及式(5.3.7)可得 $E_i=E_i'/(1-\alpha_i\mu)$，对于在双轴应力下的弹性正交各向异性材料，应力增量与应变增量的关系可由下式表示：

$$\begin{Bmatrix}\mathrm{d}\sigma_1\\ \mathrm{d}\sigma_2\\ \mathrm{d}\tau_{12}\end{Bmatrix}=\begin{bmatrix}\lambda'\frac{E_1'}{E_2'} & \lambda'\mu_1 & 0\\ \lambda\mu_1 & \lambda' & 0\\ 0 & 0 & \frac{E_1'E_2'}{E_1+E_2+2E_2\mu_1}\end{bmatrix}\begin{Bmatrix}\mathrm{d}\varepsilon_1\\ \mathrm{d}\varepsilon_2\\ \mathrm{d}\gamma_{12}\end{Bmatrix} \tag{5.3.8}$$

式中：E_1' 可在双向受压时，由式(5.3.7)求得，$i=1.0$；双向受拉及一拉一压时，用 $E_i'=E_0$。E_2' 可在双向受压时，由式(5.3.7)求得，$i=2.0$；双向受拉时，用 $E_2'=E$；一拉一压时，用单向受压切线模量，即按 $\alpha_i=0$ 求得 $E_2'=E_2$。$\lambda'=E_1'/(E_1'/E_2'-\mu_1^2)$，泊松比 μ 和 μ_1 可由单向受力试验结果求得，一般取为 0.2。

式(5.3.8)表示双轴荷载作用下混凝土的物性关系，可以直接在平面应力有限元分析中应用。单轴应力作用下，式(5.3.8)和式(5.3.5)所得结果相同。

2. Darwin 和 Pecknold 的关系式——等效单向受力的应力应变关系

由试验得知，在混凝土构件上，二主应力的方向表现出不同的应力应变关系，它们不同于单向应力应变关系。因为一个方向的应力对另一个方向引起的影响，还影响到微裂缝的形成和发展，从而影响另一方向的强度和变形，故建议把双向受力的混凝土视为正交各向异性材料。

图 5.3.4 为一弹性材料在单向及双向受压作用下的应力-应变关系曲线，可见，双向受压时，由于泊松比的影响，材料的刚性增大了。如单向受压的弹性模量为 E，则双向受压时在 σ_2 方向的弹性模量为 $E/(1-\alpha\mu)$，$\alpha=\sigma_1/\sigma_2$。在 σ_2 方向的应力，可用双向受力的应力应变关系，由应变 ε_2 及相应的弹性模量 $E/(1-\alpha\mu)$ 求得，也可由等效单向受力的应变 $\varepsilon_2\mu$ 及相应的弹性模量 E 求得。

混凝土这种非弹性材料，在双向受力下，受泊松比及微裂缝开展的影响，弹性模量要增大。为了把这两种影响分开，Darwin 和 Pecknold 引入了等效单向受力的应力应变关系，来代替只消除泊松比影响、未消除微裂缝影响的应力应变关系，这些应力应变关系将随 $\alpha = \sigma_1/\sigma_2$ 的比值而变化。图 5.3.5 表示这样一条应力-应变关系的曲线。从这样的曲线上求得的切线模量，只要按一般弹性力学方法来考虑泊松比的影响，就可以得到双向受压下的应力-应变关系曲线。

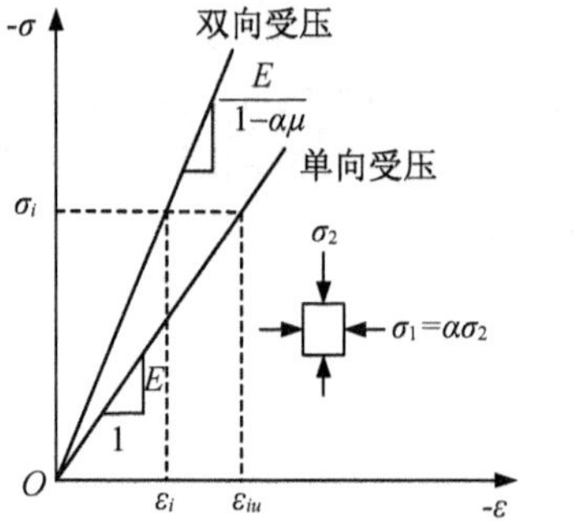

图 5.3.4　弹性材料的等效单向应变

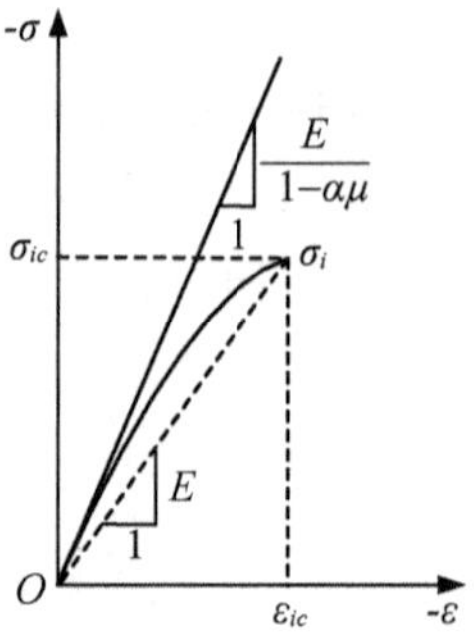

图 5.3.5 等效单向受力应力-应变图

通过分析，Darwin 和 Pecknold 认为从双向受力的应力应变关系中消去泊松比影响后所得的等效单向应力应变关系，仍可用 Saenz 公式(表 4.3.5 第 3 项)的形式表示：

$$\sigma_i = \frac{E\varepsilon_{iu}}{1+\left[\left(\frac{E}{E_0}-2\right)\left(\frac{\varepsilon_{iu}}{\varepsilon_{i0}}\right)+\left(\frac{\varepsilon_{iu}}{\varepsilon_{i0}}\right)^2\right]} \tag{5.3.9}$$

式中：σ_i 为主应力（$i=1,2$）；ε_{iu} 为等效单向受力的应变；E 为原点切线弹性模量，同单向受力时的 E 值；$E_0=\sigma_{i0}/\varepsilon_{i0}$ 相应于最大压应力 σ_{i0} 的割线模量；ε_{i0} 相应于最大压应力 σ_{i0} 的等效单向受力应变。

Darwin 和 Pecknold 建议用 Kupfer 和 Gerstle 提出的强度破坏条件公式求 σ_{i0}，具体公式见下一章混凝土强度部分。

ε_{i0} 则按下式确定：

$$\left.\begin{aligned}
&当|\sigma_{i0}|>|f'_c|,\varepsilon_{i0}=\varepsilon_u\left[\frac{\sigma_{i0}}{f'_c}R-(R-1)\right],\\
&当|\sigma_{i0}|<|f'_c|,\varepsilon_{i0}=\varepsilon_u\left[-1.6\left(\frac{\sigma_{i0}}{f'_c}\right)^2+2.25\left(\frac{\sigma_{i0}}{f'_c}\right)^2+0.35\left(\frac{\sigma_{i0}}{f'_c}\right)\right]
\end{aligned}\right\} \tag{5.3.10}$$

式中：R 为系数，约等于 3；ε_u 为单轴等效极限应变；f'_c 为单轴受力圆柱体抗压强度。

用 Saenz 公式形式表示的等效单向受力应力应变关系式(5.3.9)，可求出双向受压及一拉一压时受压方向的切线模量值，即由式(5.3.9)微分后求得

$$E_i = \frac{d\sigma_i}{d\varepsilon_{iu}} = \frac{E\left[1-\left(\frac{\varepsilon_{iu}}{\varepsilon_{i0}}\right)^2\right]}{\left[1+\left(\frac{E}{E_0}-2\right)\left(\frac{\varepsilon_{iu}}{\varepsilon_{i0}}\right)+\left(\frac{\varepsilon_{iu}}{\varepsilon_{i0}}\right)^2\right]^2} \tag{5.3.11}$$

式中：E_i 为主应力方向 i 的切线模量（$i=1,2$），其他符号同前。

式(5.3.11)与式(5.3.7)只在分母中第二项差一个 $1/(1-\mu\alpha_i)$ 的系数，即前者没有考虑泊松比及主应力比的影响。

对双向受拉及一压一拉时受拉方向弹性模量，则仍按单向受拉一样，用原点的切线模量。

对泊松比的影响，可通过正交各向异性材料的应力增量和应变增量关系来考虑。具体关系为

$$\begin{Bmatrix} d\sigma_1 \\ d\sigma_2 \\ d\tau_{12} \end{Bmatrix} = \frac{1}{1-\mu_1\mu_2}\begin{bmatrix} E_1 & \mu_2 E_1 & 0 \\ \mu_1 E_2 & E_2 & 0 \\ 0 & 0 & (1-\mu_1\mu_2)G \end{bmatrix}\begin{Bmatrix} d\varepsilon_1 \\ d\varepsilon_2 \\ d\gamma_{12} \end{Bmatrix} \tag{5.3.12}$$

式中：E_1，E_2 为施加上一级荷载增量后，主应力方向等效应力-应变曲线的切线模量；$d\sigma_1$，$d\sigma_2$，$d\tau_{12}$ 为施加上一级荷载增量后，主应力方向由于这一级荷载所引起的应力增量；$d\varepsilon_1$，$d\varepsilon_2$，$d\gamma_{12}$ 为施加上一级荷载增量后，主应力方向由于这一级荷载增量所引起的应变增量；μ_1，μ_2 为由于在方向 1，2 受力后，对方向 2，1 所引起的泊松比数值。

由各向异性体弹性力学的基本关系知：$\mu_1 E_2=\mu_2 E_1$，并近似取 $\mu_1\mu_2=\mu^2$，由式(5.3.12)可变成

$$\begin{Bmatrix} d\sigma_1 \\ d\sigma_2 \\ d\tau_{12} \end{Bmatrix} = \frac{1}{1-\mu^2}\begin{bmatrix} E_1 & \mu\sqrt{E_1E_2} & 0 \\ \mu\sqrt{E_1E_2} & E_2 & 0 \\ 0 & 0 & (1-\mu^2)G \end{bmatrix}\begin{Bmatrix} d\varepsilon_1 \\ d\varepsilon_2 \\ d\gamma_{12} \end{Bmatrix} \tag{5.3.13}$$

G 与 E 的关系用下式表示

$$(1-\mu^2)G=\frac{1}{4}(E_1+E_2-2\mu\sqrt{E_1E_2}) \tag{5.3.14}$$

于是得

$$\begin{Bmatrix} d\sigma_1 \\ d\sigma_2 \\ d\tau_{12} \end{Bmatrix} = \frac{1}{1-\mu^2}\begin{bmatrix} E_1 & \mu\sqrt{E_1E_2} & 0 \\ \mu\sqrt{E_1E_2} & E_2 & 0 \\ 0 & 0 & \frac{1}{4}(E_1+E_2-2\mu\sqrt{E_1E_2}) \end{bmatrix}\begin{Bmatrix} d\varepsilon_1 \\ d\varepsilon_2 \\ d\gamma_{12} \end{Bmatrix} \tag{5.3.15}$$

上述关系式考虑了 G 值随 E 值的降低而降低。在一个主应力方向产生裂缝后，例如当裂缝垂直于方向 1，则 $E_1=0$，此时 G 也随之而降低。这一关系也可以说适当地考虑了微裂缝对材料抗剪性能的影响。Kupfer 和 Gerstle 曾对双轴受力下各种混凝土的剪切模量和体积模量做过研究。

对于泊松比 μ，Darwin 和 Pecknold 建议双向受压或双向受拉时 $\mu=0.2$；一拉一压时，则与单向受拉相同：

$$\mu=0.2+0.6\left(\frac{\sigma_2}{f'_c}\right)^4+0.4\left(\frac{\sigma_1}{f'_c}\right)^4 \tag{5.3.16}$$

用式(5.3.11)确定 E_i 时，需要预先知道等效单向受力应变 ε_{iu} 值，可在逐级加荷过程中求得

$$\varepsilon_{iu} = \sum_{P_i} \frac{\Delta\sigma_i}{E_i} \tag{5.3.17}$$

式中：P_i 为各级荷载；$\Delta\sigma_i$ 为每一级荷载增量在主应力方向 i 所引起的应力增量；E_i 为上一级荷载增量施加后，在主应力方向 i 的切线模量。

由于在施加每一级荷载过程中，主应力方向可能有所变化，只要变化不是过大，则这一级荷载所引起的 ε_{iu} 增值，可按下式计算：

$$\left.\begin{aligned} \Delta\varepsilon_{iu} &= \frac{\sigma_i(i+1)-\sigma_i(i)}{E_i} \\ \varepsilon_{iu}(i+1) &= \varepsilon_{iu}(i)+\Delta\varepsilon_{iu} \end{aligned}\right\} \tag{5.3.18}$$

根据每二级荷载增量施加后计算所得的 $\varepsilon_{iu}(i+1)$ 值，可由式(5.3.11)求得下一级荷载增量施加过程的计算中所需要的 E_i 值。

在应用式(5.3.15)时，如从最初开始的主轴方向旋转达45°以上时，材料主轴应按实际情况加以转换。

3. Mises 屈服条件的应力应变关系

如将混凝土视为弹塑性材料，则其应力-应变图由二折线构成(图5.3.6)。可以利用塑性力学中有关金属材料的一些规律，引用等效应力与等效塑性应变之间存在一定关系的概念，来建立表达式，并利用增量来表示这种关系

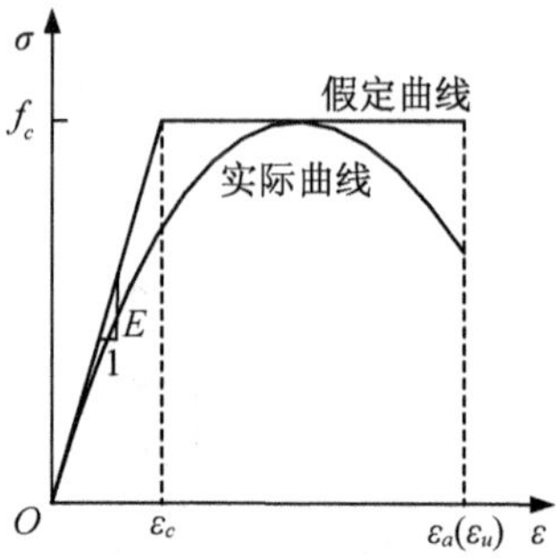

图 5.3.6　弹塑性体假定的应力-应变关系

$$\mathrm{d}\bar{\sigma} = H'_0\,\mathrm{d}\bar{\varepsilon}_p \tag{5.3.19}$$

式中：H'_0 为等效应力与等效应变关系曲线的坡度；$\mathrm{d}\bar{\varepsilon}_p$ 为等效塑性应变增量；$\bar{\sigma}=\sigma_{eff}$ 为用三向应力状态表示的等效应力。

$$\left.\begin{aligned} \bar{\sigma} &= \frac{1}{\sqrt{2}}\sqrt{(\sigma_x-\sigma_y)^2+(\sigma_y-\sigma_z)^2+(\sigma_z-\sigma_x)^2+(\tau_{xy}^2+\tau_{yz}^2+\tau_{zx}^2)} \\ &= \frac{1}{\sqrt{2}}\sqrt{(\sigma_1-\sigma_2)^2+(\sigma_2-\sigma_3)^2+(\sigma_3-\sigma_1)^2} \\ \mathrm{d}\bar{\varepsilon}_p &= \frac{\sqrt{2}}{3}\sqrt{(\mathrm{d}\varepsilon_{xp}-\mathrm{d}\varepsilon_{yp})^2+(\mathrm{d}\varepsilon_{yp}-\mathrm{d}\varepsilon_{zp})^2+(\mathrm{d}\varepsilon_{zp}-\mathrm{d}\varepsilon_{xp})^2+\frac{3}{2}(\mathrm{d}\gamma_{xyp}^2+\mathrm{d}\gamma_{yzp}^2+\mathrm{d}\gamma_{zxp}^2)} \end{aligned}\right\} \tag{5.3.20}$$

式中：$\mathrm{d}\varepsilon_{xp}$，$\mathrm{d}\varepsilon_{yp}$，$\mathrm{d}\varepsilon_{zp}$，$\mathrm{d}\gamma_{xyp}$，$\mathrm{d}\gamma_{yzp}$，$\mathrm{d}\gamma_{zxp}$ 为各个塑性应变分量；$\mathrm{d}\varepsilon_{1p}$，$\mathrm{d}\varepsilon_{2p}$，$\mathrm{d}\varepsilon_{3p}$ 为各主应变的塑性应变增量。

双向受力的应变，由于受另一方向主应力的影响，一般较单轴作用下的应变要小些。当 $\sigma_1/\sigma_2=1.2$ 时，应变 ε_1 大约减少35%。单轴压缩主应变之比 $(\varepsilon_2/\varepsilon_1)$ 在极限荷载的60%以下时，几乎保持不变，在更高的应力作用下，由于试件内部裂缝的发展而增大。双轴压缩情

况下，主应变比在加荷全部过程内实际变化不大。

二、三向压缩下混凝土应力-应变关系

混凝土的应变及强度在三向受压作用下，都比单轴的要大。图 5.3.7—图 5.3.8 为 1929 年 Richart Brandtzeeg 及 Brown 做的一系列圆柱试件在静水压作用下轴向应力的应变。

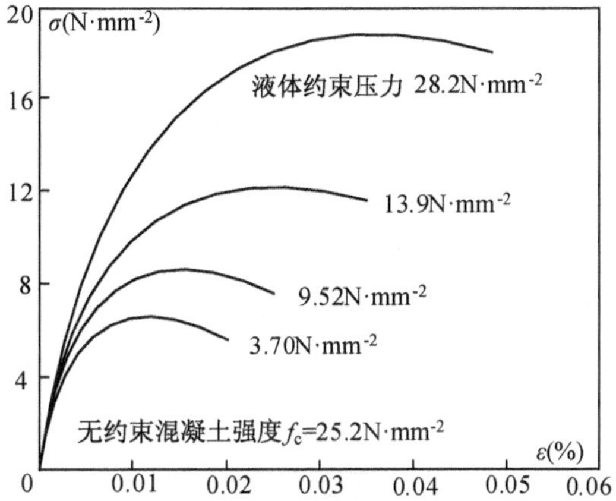

图 5.3.7　圆柱体在三向受压作用下的轴向应力-应变曲线

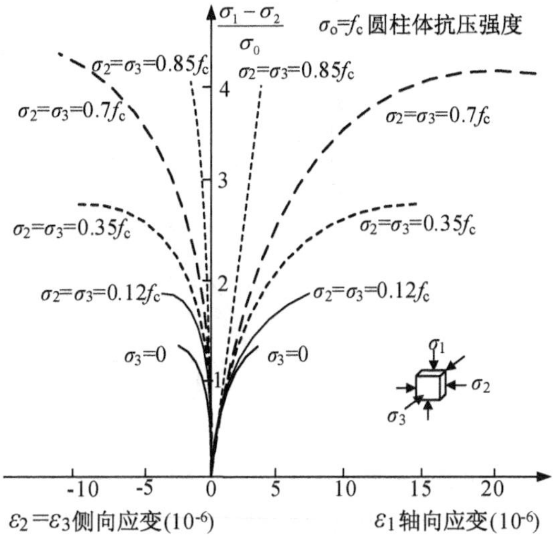

图 5.3.8　三轴受压时的应力-应变关系

由图 5.3.9—图 5.3.10 可以看出，3A 组和 3B 组的试件所能承受的最大压应力都高于单轴压应力强度。3A 组的曲线在 3B 组上面，原作者认为其试验成果不足以精确判断 σ_2 对极限状态的影响，在该图中绘出 $\sigma_2 - R_a = 4.1|\sigma_1|$ 的直线，其中 R_a 为棱柱体受压强度，σ_3 为纵向应力，σ_1 为静水压力。原作者在试验中还发现圆柱体单轴压缩时，横向变形与纵向

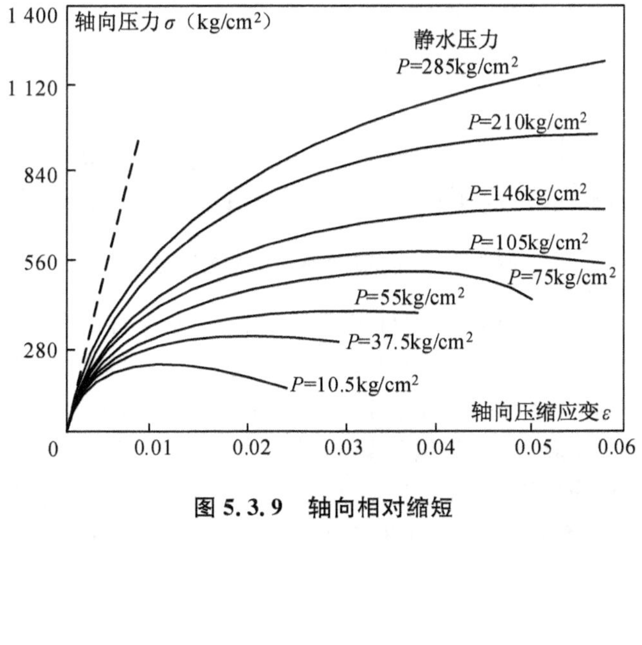

图 5.3.9　轴向相对缩短

变形之比约在应力为极限应力50%以下时,其比为常数,超过50%以上,横向变形发展得非常快(图5.3.11)。

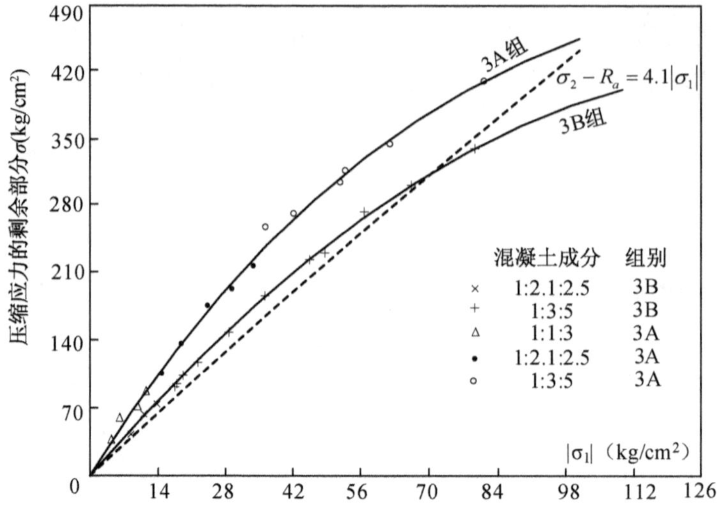

图5.3.10 绝对值最小主应力

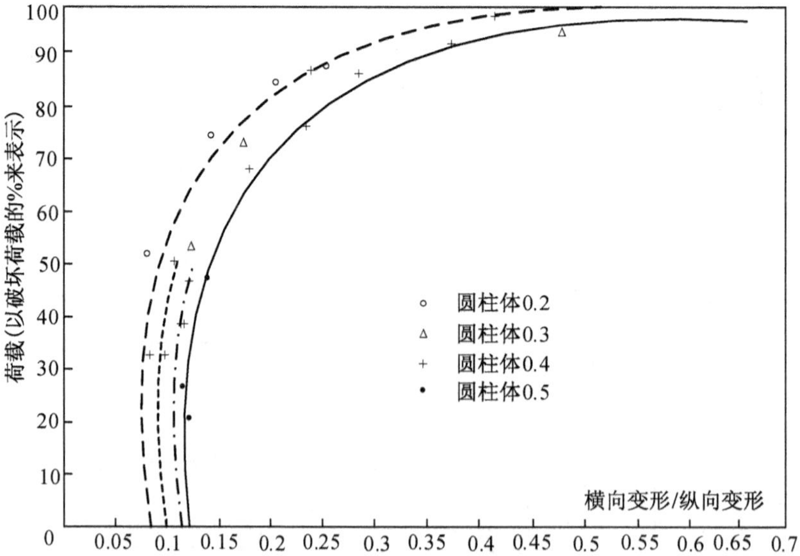

图5.3.11 横纵变形与纵向变形之比

图5.3.12为配有螺旋钢筋的圆试件的体积变化与荷载的关系曲线,螺旋筋的强度愈高,则由体积减小变成增大时所需的荷载也愈大。实际上,混凝土单轴受力在极限荷载的65%~85%时,便产生所谓的塑性变形。1949年,G. G. Balmer做了较高的三向应力作用下,混凝土的抗剪强度试验,并用莫尔包络曲线做了计算分析,得出侧向应力影响系数在4.5~7.0的范围内,平均为5.6,比4.1高,其中高影响系数是在低侧向压力下产生的。

随着侧向压应力的增加,混凝土的纵向应力和延性都有较快的提高,图5.3.13为混凝土外面有无缝钢管制成的夹圈试验的结果，式(5.3.21)中 ε_x 为圆柱体纵向缩短应变，ε_r 为径向伸长应变。

$$\varepsilon=\frac{\varepsilon_x+\varepsilon_y+\varepsilon_z}{3}=\frac{\varepsilon_x+2\varepsilon_r}{3} \tag{5.3.21}$$

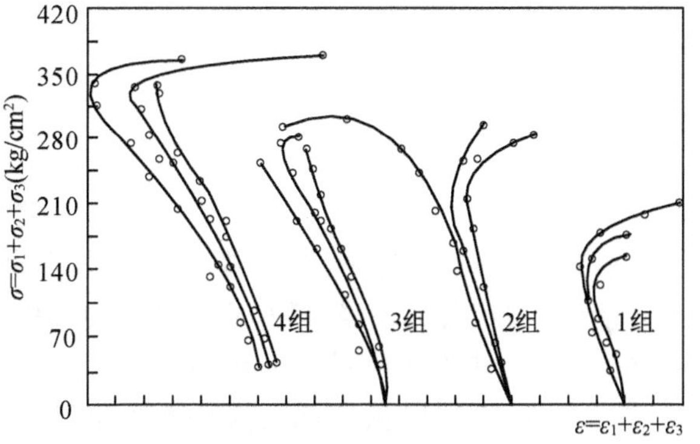

图 5.3.12　体积变化与荷载关系曲线

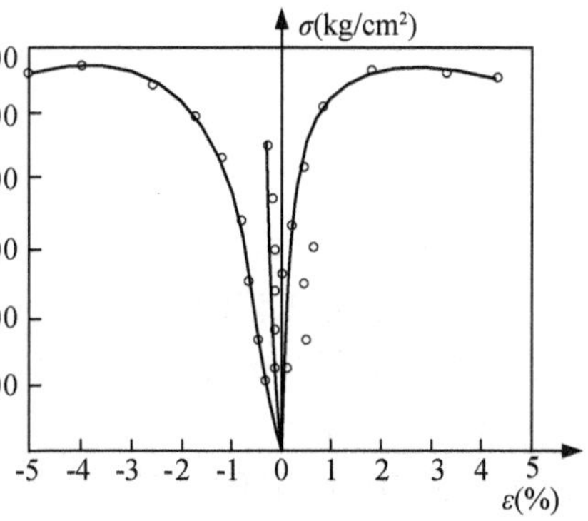

图 5.3.13　试件的变形

由图 5.3.8—图 5.3.9 可以看出，两种不同方法表示的三向应力-应变关系曲线组，一组是轴力与轴向应变的关系，另一组是压差比 $(\sigma_1-\sigma_3)/\sigma_0$ 与轴向应变的关系，除表明强度与变形关系外，还说明侧向等值受压的三轴受压情况下，同一种组成材料的混凝土试件，不论侧向等值应力大小如何变化，各曲线呈直线变化段的倾角，都彼此基本相同，即初始弹性模量 E_k 和泊松比与侧限程度无关，但割线模量和泊松比则有不同，只是差异不大而已。

第六章 / 混凝土的强度理论和破坏准则

由于在实际工程的受力构件中，单轴受力的构件和结构是极少的，最常遇到的是弯、剪、扭、压、拉不同组合的复合应力状态下的构件和结构，尤其是水工建筑物，故复合应力作用下的混凝土强度受到广泛关注。混凝土的强度理论，就是具体反映混凝土在各种复合受力或单轴受力作用下，其破坏准则和规律的理论。这种理论不但要从宏观上反映混凝土的破坏规律，同时也必须从微观机理上分析混凝土内部发生的变化及其联系。和其他材料一样，没有可靠的试验数据，是不可能从纯理论的推导得出各种应力作用下的混凝土强度准则的，而且由于试验方法及设备吸收能量的弹性性能不同，对同样的试件也会得出相差很大的结果。这些问题都要做出统一的规定，以期能在同一基础上去判断各种强度指标和准则。前面介绍的内容，许多都涉及混凝土强度的问题。本章将进一步根据试验结果讨论混凝土的强度计算公式，介绍混凝土破坏准则。

第一节 混凝土的单轴强度

单轴强度的试验方法，各国不完全统一。如在单轴压缩方面，美国、日本等用圆柱体(d =15 cm×30 cm)，中国、英国等用立方体(10 cm×10 cm×10 cm，15 cm×15 cm×15 cm，20 cm×20 cm×20 cm)作为标准。立方体随边长不同，还考虑了上下平面施压时产生的摩擦力影响和尺寸效应影响。圆柱体(15 cm×30 cm)与立方体(20 cm×20 cm×20 cm)之间又有0.85的换算系数，即$f_c'=0.85R$，f_c'为圆柱体抗压强度，R为立方体抗压强度。在用立方体作标准的国家，又需要用棱柱体强度(截面最小边长为最大粒径的三倍，高度为最大边长的三倍)来表示抗压强度指标。根据试验结果，一般都用立方体强度乘以换算系数来表示其他强度指标。在离心试件方面，也普遍未统一，日本1978年统一用两种试件ϕ20 cm×高20 cm和ϕ30 cm×高30 cm的空心筒试件作为标准试件；1980年3月，由国家建委召开的有关离心管柱结构制造、科研及体系会议上，建议用垫板施加压力的办法直接试验，而不用离心提高系数的办法。

中心受拉强度主要采用直接拉伸法和间接劈裂法，即使用劈裂法，也是利用它来表示与直接拉伸法所得抗拉强度或棱柱体及立方体强度之间的关系。中心受拉试验的主要问题是消除偏心影响，试验方法简单、准确、重现性好，故多年来许多学者注意去解决简单易行的铰接夹具问题，出现了多种多样的夹具和抓具及受拉端头的处理方法，以及利用薄环加内压来消除偏心影响，由之求混凝土抗拉强度。20 世纪 60 年代，劈裂法开始盛行，试件尺寸和形状多样，有的用圆柱体、立方体，以及在圆柱体或立方体上作劈裂时用垫板和垫条；有的用立方体对角作劈裂，不加垫板和垫条；而所用垫板和垫条又各式各样，因而所得试验结果也就自然不同。

可见，混凝土强度指标的确定，只是为结构设计和研究上的近似处理提供强度依据与手段，通过人为规定的强度试验方法和强度指标，进行结构的强度分析，建立相应于这些强度指标的结构或构件的强度理论公式。但是，这绝非是真正结构或构件上的材料强度指标，严格地讲，它是一个近似的表示方法。譬如大坝混凝土和一般大体积混凝土，多为三级配混凝土，这种混凝土的强度指标就难于测定。通常也用 20 cm× 20 cm×20 cm 的立方体试块进行抗压试验，将其中大于 7 cm 的骨料剔除，用所得的强度代表实际混凝土强度。显然，这是十分不合理的，一是不合乎原混凝土的实际级配，二是这样小的试块不能代表大体积混凝土的强度。从 20 世纪 40 年代国外做过的大试块试验来看，强度是较低的。再譬如，在离心薄壁构件上，也不能真正得出代表构件强度的试块。因此，混凝土的强度指标是一个相当复杂的问题，而且加荷形式、侧向约束、应变梯度、试件尺寸等强度的确定方法不同，所得强度指标就不同，所建立的相应构件的强度计算公式也要改变。

图 6. 1. 1 为立方体试件单轴受力破坏的情况。我国规范的混凝土抗压强度(标号)用 20 cm×20 cm× 20 cm 的试块为标准，骨料尺寸大小对抗压强度有影响(对抗拉强度也一样)，它随水灰比(W/C)不同而不同，W/C 愈大影响愈小，当 $W/C=0.7$ 时，其影响可忽略不计，当骨料粒径为 3/16 in 时，强度最大(图 6. 1. 2)。关于尺寸效应的影响将在后面讨论。

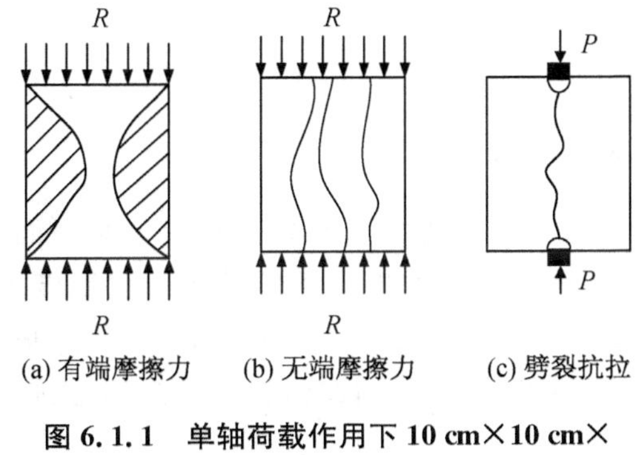

图 6. 1. 1 单轴荷载作用下 10 cm×10 cm×10 cm 试件的破坏

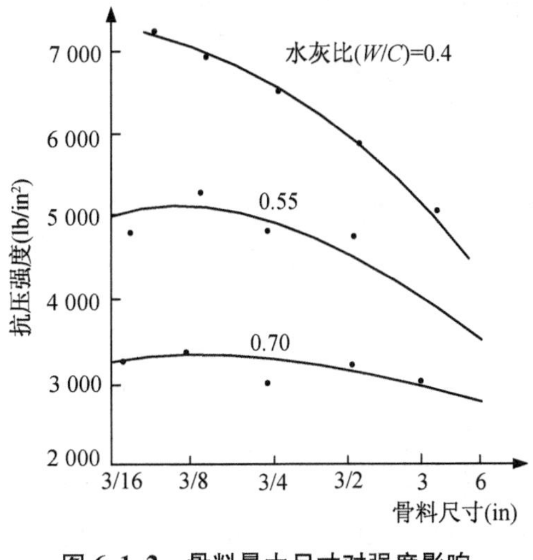

图 6. 1. 2 骨料最大尺寸对强度影响

棱柱体强度多用 10 cm×10 cm×30 cm，15 cm×15 cm×(45～60)cm 及 20 cm×20 cm × 60 cm 的试件进行试验，国外有学者给出立方体强度 R 与棱柱体强度 R_a 之间关系的经验公式：

$$R_a=\left(0.85-\frac{R}{1\,720}\right)R \text{ 或 } R_a=\left(\frac{1\,300+R}{1\,450+3R}\right)R \tag{6.1.1}$$

我国曾给出(349 组试块，各种不同尺寸) $R_a=0.81R$，$R_a=0.8R-3.5$；[122 组 15 cm

×15 cm×(46～60)cm 试块] $R_a=0.80R$，$R_a=0.84R-16.2$，我国规范采用 $R_a=0.7R$。

轴拉强度前面已谈及，基本上沿用费列公式。我国曾对 72 组试件采用对数线性关系表示(其相关系数为 0.93)，如图 6.1.3(a)所示。

$$R_1=0.72R^{0.633} \tag{6.1.2}$$

也可以近似用

$$R_1=0.58R^{\frac{2}{3}} \tag{6.1.3}$$

或

$$R_1=K_1\sqrt{R} \tag{6.1.4}$$

式中：$K_1=1\sim1.5$，当 $R=100\ \text{kg/cm}^2$ 时，$K_1=1.0$；当 $R=200\ \text{kg/cm}^2$ 时，$K_1=1.2$；当 $R=300\ \text{kg/cm}^2$ 时，$K_1=1.35$；当 $R=400\ \text{kg/cm}^2$ 时，$K_1=1.45$；当 $R=500\ \text{kg/cm}^2$ 时，$K_1=1.5$。

由图 6.1.3(b)可以看出费列公式在 $R>250\ \text{kg/cm}^2$ 时，计算值偏低，但为安全计，钢筋混凝土规范仍沿用费列公式。

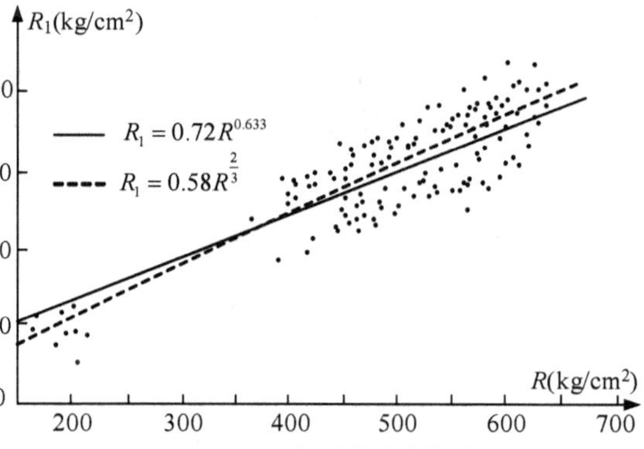

(a)72组试件试验结果

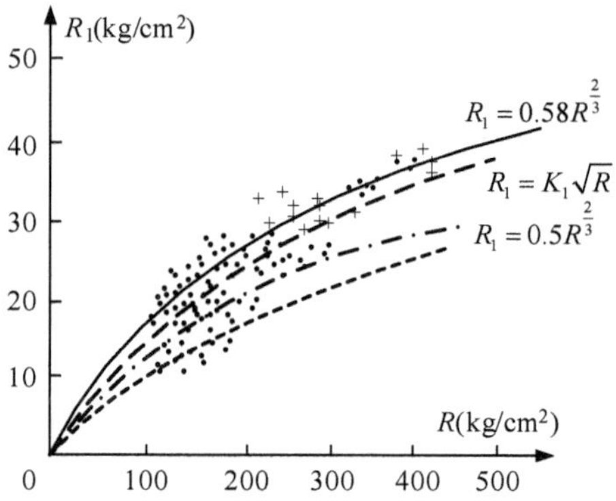

(b)与费列公式比较

图 6.1.3 抗拉强度与立方强度的关系

劈裂强度破坏对混凝土试件说是复杂受力状态，截面中间部分属于二向应力，上下面受力点属于三向应力状态。不论哪种受力状态，混凝土的破坏不外乎剪切破坏与拉断破坏。对于弹性薄板(平面应力问题)，利用弹性理论中圆盘中的应力解法[赫兹(Herz)问题]基本上是正确的，集中荷载作用下在受力直径上 σ_x 沿 y 轴的分布也比较均匀。但对混凝土强度理论来说，断裂时的 σ_x 和 σ_y 及 R_a，R_l 存在以下关系：

$$\sigma_x=\sqrt{2(R_a-R_l)\sigma_y+0.25\,(R_a+R_l)^2}-\sigma_y-0.5(R_a-R_l) \tag{6.1.5}$$

式中：R_a 为混凝土棱柱强度；R_l 为混凝土抗拉强度；σ_x 为垂直于受力方向的拉应力；σ_y 为与受力方向平行的压应力(指在劈裂平面)。

只要 σ_y 不为零，就对 σ_x 有影响。当 $\sigma_y=(0.2\sim0.7)R_a$ 时，$\sigma_x>R_l$；当 $\sigma_y=(0.7\sim1.0)R_a$ 时，$\sigma_x=(0.0\sim-1.0)R_l$，由拉应力变为压应力，说明劈裂时断裂强度一般并不等于 R_l。由于混凝土有微裂的假塑性，在临近破坏时，断面的应力分布情况已不符合弹性力学得出的结果，简单套用弹性力学方法(图 6.1.4—图 6.1.5)是不正确的。

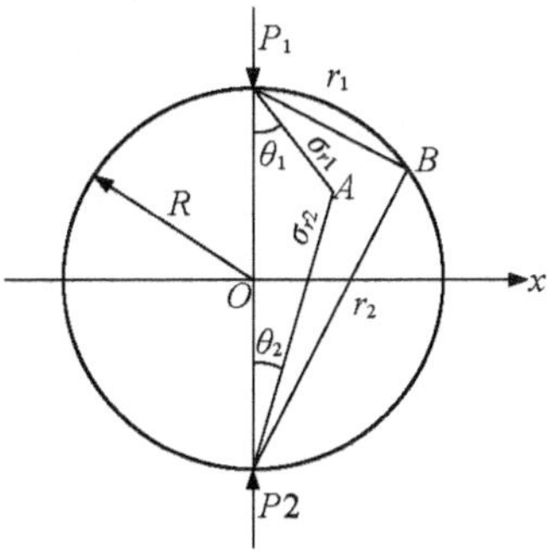

图 6.1.4 圆柱劈裂试验的抗拉强度

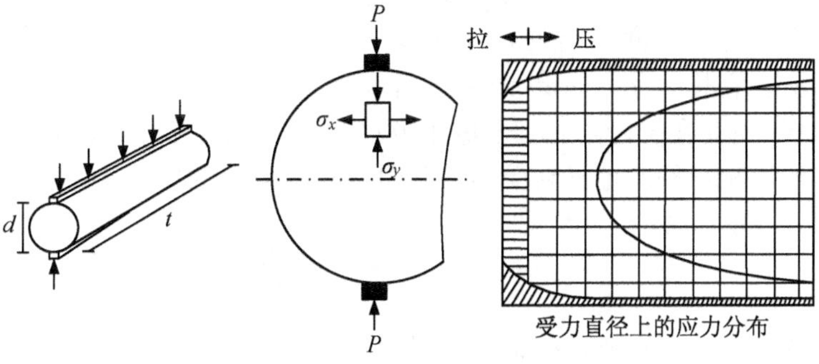

图 6.1.5 圆柱劈裂试验的抗拉强度

由弹性力学可得

$$\left.\begin{aligned}\sigma_x &= -\frac{2p}{\pi t}\left(\frac{\cos\theta_1\ \sin^2\theta_1}{r_1}+\frac{\cos\theta_2\ \sin^2\theta_2}{r_2}-\frac{1}{2R}\right)\\ \sigma_y &= -\frac{2p}{\pi t}\left(\frac{\cos^3\theta_1}{r_1}+\frac{\cos^3\theta_2}{r_2}-\frac{1}{2R}\right)\end{aligned}\right\} \tag{6.1.6}$$

当 $\theta_1=\theta_2=0, \sin\theta_1=\sin\theta_2=0, \cos\theta_1=\cos\theta_2=1$

$$\left.\begin{aligned}\sigma_x &= R_l=\frac{2p}{\pi td}\\ \sigma_y &= -\frac{6p}{\pi td}\end{aligned}\right\} \tag{6.1.7}$$

式中：$d=2R$；t 为厚度；p 为作用力。

根据圣维南原理，受力接触点处的应力也不会和中部一样。实际上靠近加力点处，有一部分处于受压，这部分的高度约 $d/12$（上面或下面）。根据试验得到的应力分布情况是：当有一垫板时，中间约 $d/3$ 一段的 σ_x 较为均匀，离端部为 $0.125d$（上、下端）一段内产生压应力，在这种应力作用下，混凝土并不会立即破坏，靠近中部先出现裂缝；继续加载后，中间裂缝向上下伸展，同时压应力范围缩小。根据垫板尺寸，在裂缝发展到某一高度后，上下垫板附近的压应力，使混凝土发生剪切破坏后，试件才劈成两半。由此可见，简单套用 $R_l=2p/\pi td$ 或 $R_l=2p/\pi a^2$（立方体），都是不正确的，因为它既不等于单轴抗拉强度 R_l，也不等于二向应力状态下的断裂应力 σ_x，必须确定在指定条件下的间接劈裂的简单实用公式。

从强度理论可知，影响劈裂强度的因素有：试件形状、截面尺寸、垫料材料和尺寸及复合受力影响系数，这些影响系数可以用 K_1, K_2, K_3, K_4 来代表，即总的影响系数可用 K 表示：

$$K=K_1K_2K_3K_4 \tag{6.1.8}$$

于是劈裂抗拉强度和单轴拉伸混凝土的实际强度之间关系为

$$R_l=K\frac{2p}{\pi td}=K\frac{2p}{\pi a^2}\text{（}a\text{ 为立方体边长）} \tag{6.1.9}$$

混凝土的抗压强度、劈裂强度、抗拉和抗折强度随试件尺寸的大小不同而变化，即试件(块)尺寸越大，强度就相应地越低。这种早已被发现的现象，称为“尺寸效应”的反映。缺陷对试件的强度影响较大，构件体积越大，强度的降低也越大，这符合概率法则，也是尺寸效应。它是 R. E. Peterson 对脆性材料做冲击试验和疲劳试验发生断裂现象后才被重视的，Weibull 在统计的基础上做了解释说明，并用式(4.2.3)描述了这种现象。同时 Weibull 还给出矩形杆脆性材料受纯弯曲时的极限强度的比值关系：

$$\frac{(\sigma_1)_w}{(\sigma_2)_l}=(2\gamma+2)^{\frac{1}{\gamma}} \tag{6.1.10}$$

式中：l，w 分别表示受拉、受弯。

式(4.2.3)、式(6.1.10)都被试验所证实，单轴抗拉试验是采用不同直径 ($d=10$ mm，$d=4$ mm)和不同长度 ($l=50$ mm，$l=20$ mm)脆性高磷钢棒做的，求得相应 σ_1，σ_2 (57.6 kg/mm²、65.0 kg/mm²)。然后用式(4.2.3)求出 $\gamma=23.5$，按此值算得的 $d=1$ mm 和 $l=5$ mm 的试件破坏(极限)强度为 77.7 kg/mm²，试验值为 75.0 kg/mm²，理论计算值与试验值相当吻合。受弯构件求得的比值为 1.4，而当 $\gamma=24$ 时算得的理论比值为 1.41。

Weibull 理论不能应用于断裂前有明显的塑性变形的材料，这一理论的建立是以材料破坏强度统计理论的最弱环节和随机过程统计强度理论为基础的。在外荷载作用下，混凝土微裂缝会出现和发展，当荷载相当大时，即微裂缝发展到某一程度时，内部裂缝才会对强度起作用。一般地，应力达到极限强度的 70%～90%(称为临界荷载)时，应力-应变曲线才明显地偏离直线关系。Evans 曾指出宽度小于 0.005 mm 的微裂缝不会影响混凝土的抗裂强度，只当微裂缝宽度大于 0.012 5 mm 时，才影响抗拉强度，同样对抗压强度也会起到影响作用，不论抗拉、抗折、抗压，都有一个开裂到破坏的发展过程，只是最后破坏形态不同。混凝土本身为各向异性、不连续材料，疵缺较多，材料组成变化多样，必须通过大量试验和统计分析去揭示这一尺寸效应的规律性。

图 6.1.6—图 6.1.7 为混凝土立方体试块和圆柱体试块在轴压受力状态下尺寸效应的影响，这个影响的比例关系已反映在各国规范中。圆柱体和立方体的抗压强度不同也是尺寸效应的反映，Neville 用尺寸效应的概念统计出了任一圆柱试块的强度 p 和立方体强度之间关系。

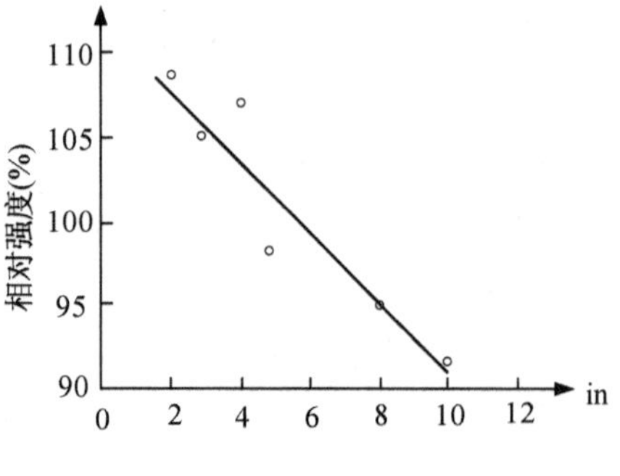

图 6.1.6　不同尺寸立方体强度比

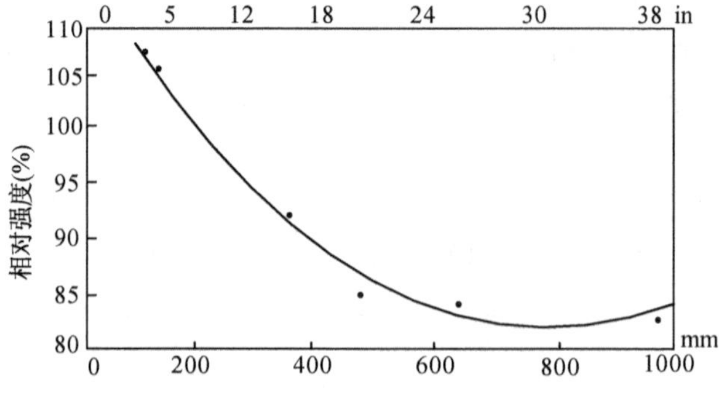

图 6.1.7　不同直径圆柱体强度比

在单纯受力方面的破坏条件为：受压时多用应变(相当于第二强度理论)来确定，一般多取 $\varepsilon_a=\varepsilon_u=0.000\,3\sim0.000\,4$ 为标准；受拉时多用抗拉极限强度(第一强度理论)为准。

第二节　混凝土的双轴和三轴强度

双向受力从压压、拉压到拉拉(剪压和剪拉相当于拉压)做的数量较多,而三向受力的试验范围不全,数量也不多。图 6.2.1—图 6.2.3 为复杂受力下混凝土试件的形状。

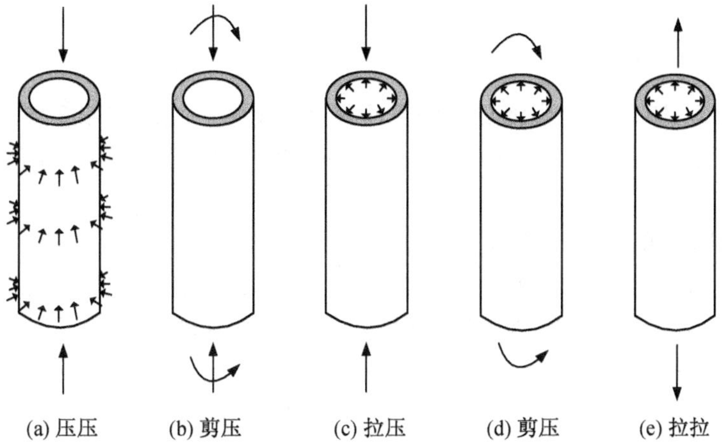

图 6.2.1　空心圆柱体的双向受力试验

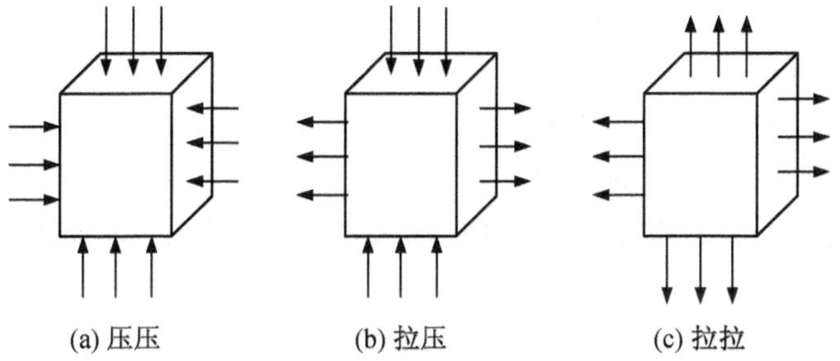

图 6.2.2　正方形板的双向受力试验

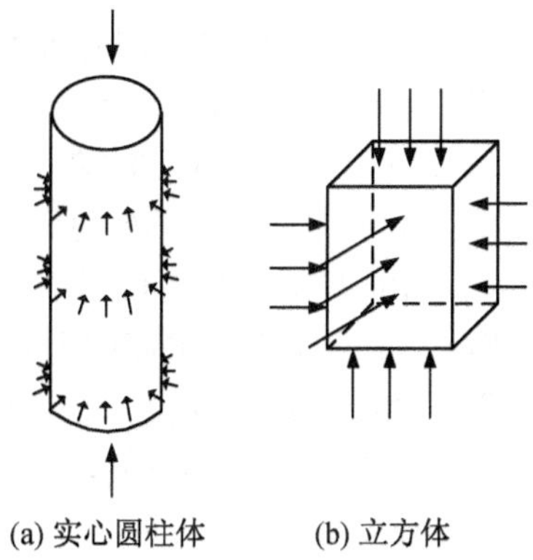

图 6.2.3　三向受压试验

表 6.2.1　混凝土试件形状、尺寸

空心圆柱体	压压	剪压	拉压	剪拉	拉拉
	直径 d=75～305 mm,高 h=305～350 mm	d=52～229 mm,h=382～914 mm	d=170～356 mm,h=350～610 mm	d=162～202 mm,h=800～1 200 mm	d=170～305 mm,h=350 mm
方板及立方体	压压		拉压	拉拉	压压
	边长 b=100～400 mm,厚度 h=12.7～126 mm		b=90～200 mm,h=50～126 mm	b=177～200 mm,h=50～126 mm	$h=b$=70～140 mm

续表

<table>
<tr><td>棱柱体</td><td>剪压</td><td colspan="3">边长 b=70 mm，高度 h=220 mm</td></tr>
<tr><td rowspan="2">实心圆柱体</td><td colspan="2">压压</td><td>压压拉</td><td>压压剪</td></tr>
<tr><td colspan="2">直径 d=12.7～152 mm，
高度 h=25.4～305 mm</td><td>d=51mm，
h=64 mm</td><td>d=152～229 mm，h=76～143 mm</td></tr>
</table>

一、双轴受力强度

前述试验表明，双轴受压强度比单轴受压强度高得多。在没有端摩擦约束的情况下，构件破坏时，一般裂缝沿受力平面并平行于自由面较均匀地分布。下面简要介绍这方面的成果。

(1) Liu Nilson 和 Slate 的强度条件

强度的增长和各材料组成及骨料颗粒的排列及应力比有关。对于模型图 4.3.7(b)中 d/r=0.5，当 $\sigma_2/\sigma_1=0.5$ 时，试验试件获得的强度最大，强度可增长 32%，当 $\sigma_1=\sigma_2$ 时，强度增长 24%。这些是 O. Buyukozturk，A. H. Nilson，F. O. Slate 的试验结果，其采用的模型见图 4.3.7(b)，该正方模型厚度为 0.5 in(1.27 cm)。在应力比 $\sigma_1/\sigma_2=0.2\sim1.0$ 范围内，强度变化不显著。有限元分析结果也表明这一现象，d/r 从 0.5 降到 0.2，在单轴试验中强度降低 10%左右；而在双轴试验中，这种变化对强度几乎没有影响。有限元分析结果和试验结果平均只相差 7%左右，并且准确地反映了所有的趋向。

Buyukozturk 等在用有限元分析时，每个单元取为薄板的二维体，除用一般原理外，还应用了 Ngo 和 Scordelis 在分析钢筋混凝土时所用的有限元方法研究一些特殊问题，以及 Nilson 所用的有限元方法来说明逐渐开裂和非线性黏结滑动，同时还包括了材料的非线性性质。由于模型是对称的，所以只要分析四分之一部分即可，在 5.0 in×5.0 in 面积上(厚 0.5 in)，共有 428 个三角形单元和 241 个节点。代表砂浆和骨料(集料)的区域各有不同的弹性性质，并假定为平面应力状态。砂浆和骨料的界面，由于它们之间会发生差异变形、应力集中和应变集中现象，同时微裂缝也是在这里用小单元的“边界层”表示，并指定特殊的强度特性。在安排这些界面单元时，使实际的边界通过单元的中心，节点在边界的两边。界面单元的特征，以界面性能的单独试验作依据。在分析时，砂浆的模量采用相当于 50%极限荷载时的实际正割线。虽然假定用固定弹性模量与实际情况不完全符合，但由于考虑了微裂缝的性能，尽管假定各种组成材料是弹性的，最后仍可得到分析模型的非线性关系。

发生裂缝后，结构的物理系统便不断发生变化，通过重新调整模型的性质来说明实际现象。可以用在有限元法中建立新节点的方法来处理，如两个邻接单元的平均拉应力超过材料的抗拉强度时，则在每个公共角点处用两个不相联系的节点(原来是一个点)来表示在两个单元间有一条裂缝。这种用节点表示裂缝的方法，在应用上有较大的困难，现多用劲度(刚度)来处理，如一个单元的应力达到规定的破坏状态，修改下一级荷载增量中使用的单元劲度性质，将单元定为开裂单元；若有单元开裂，则在同一荷载下重复这一程序；若没有另外的开裂发生，则增加荷载，并继续这个程序。

研究压缩和剪切联合作用的界面性能时，用莫尔-库伦理论。分析时假定：当超过界面强度时，压缩-剪切结合强度的黏结力便不存在，只有摩擦抗滑力。在分析中，分两步叠加：①通过特定的界面单元在界面切线方向的剪切模量指定为零，即界面上没有黏着力；②修改单元劲度，供下次加荷增量之用。为了说明在界面上滑动部分的摩擦抗滑阻力，根据作用的法向压力计算摩擦应力，将其引起应力换算成作用在界面单元角点上的静力等效力，并计入下一次荷载增量。根据拉伸-剪切开裂的关系，在界面上的开裂面积部分不能传递剪应力和正应力，在分析中用修改界面单元的结构矩阵来处理。

如果砂浆单元的主应力(拉应力)超过极限值，则使单元在该方向的弹性模量为零，结构矩阵也要做相应修改。

图 6.2.4 为模型试验和有限元分析的结果，图中 $f'_p=\sigma_0$ 为单轴压缩强度。图 6.2.5 为 C. Y. Liu 等推荐的双轴压缩下混凝土破坏包络线。

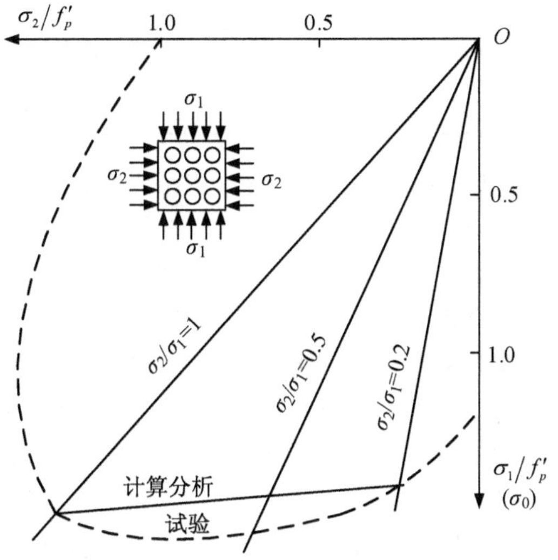

图 6.2.4　$d/r=0.5$ 的模型的强度包络线

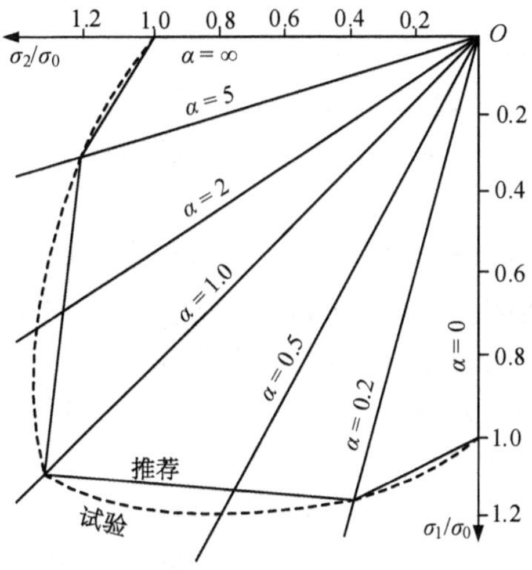

图 6.2.5　双轴压缩下混凝土的推荐的破坏包络线

为了简化计算，还提出了经验破坏包络线公式：

$$\left.\begin{aligned}&\alpha=\frac{\sigma_1}{\sigma_2}<0.2,\frac{\sigma_P}{\sigma_0}=1+\frac{\alpha}{1.2-\alpha}\\&1.0\geqslant\alpha\geqslant0.2,\frac{\sigma_P}{\sigma_0}=1.2\\&5.0\geqslant\alpha\geqslant1.0,\frac{\sigma_P}{\sigma_0}=\frac{1.2}{\alpha}\\&\alpha>5.0,\frac{\sigma_P}{\sigma_0}=\frac{1}{\alpha}\left(1+\frac{1}{1.2\alpha-1}\right)\end{aligned}\right\}\tag{6.2.1}$$

式中：σ_P 为双轴压缩下的应力峰值；σ_0 为单轴抗压极限强度。

(2) Israel Rosenthal 和 Joseph Glucklick 的强度条件

采用外径 30.5 cm、厚 2.75 cm、高 35 cm 的空心圆柱体，对双轴应力下的素混凝土强度进行了分析研究，按表 6.2.2 进行了试验。

表 6.2.2 试验方案

加荷方式	混凝土强度 200 号		混凝土强度 400 号	
	试件	应力试验方案	试件	应力试验方案
单轴垂直压缩	6	1	4	1
单轴水平压缩	5	1	4	1
单轴垂直拉伸	3	1	3	1
单轴水平拉伸	3	1	3	1
双轴拉伸	3	1	5	2
垂直拉伸+水平压缩	6	2	5	2
垂直压缩+水平拉伸	8	4	8	3
双轴压缩	10	5	11	6
合计	44	16	43	17

试验表明，单轴或双轴拉伸及双轴拉-压作用下，试件发生分离或劈裂破坏形式；双轴压缩作用下，只发生滑动和剪切。对前一种情况，在与拉应力垂直的平面上(双轴拉伸时，则与较高的分量垂直)，第二条裂缝出现后，试件立即破坏；后二种情况，在形成许多内部的周边裂缝后，在与最高压力方向成某一角度处发生破坏。同时，双轴压缩下，体积应变 $\varepsilon=\varepsilon_1+\varepsilon_2+\varepsilon_3$ 在荷载达极限荷载的 85%～90%以前一直减小，不受裂缝的影响，之后应变便开始增加。这是因为沿斜面新形成的互相脱开的混凝土层之间产生相对滑动的结果、使内部已有的裂缝扩大变宽，体积随之增大，最后使混凝土面剥落。破坏时试件上有混凝土块冲掉，留下边缘倾斜的凹进的孔洞，沿破裂面出现的深槽，足以证明骨料确实发生了滑动。

Rosenthal 等对所研究的试件进行了理论分析和破坏准则的研究，认为必须探索两种不同的破坏准则，即断裂(劈裂)机理的破坏准则(单轴和双轴拉伸、拉压组合以及单轴压缩)，剪切破坏准则(双轴压缩)。对于断裂(劈裂)，试验结果表明有两种准则：①临界受拉应变准则；②临界应变能释放准则。对于剪切来讲，试验结果表明只有一种可能性，即畸变能准则，由于以 Griffith 理论为依据的临界应变能释放率准则中，一些数据难于确定，故未进行分析讨论。受拉应变准则是利用临界应变 ε_{cri} 和平均应力 σ_m 之间的关系，同时也利用由弹性理论确定的破坏应力 σ_H 和 σ_v (因为混凝土直到破坏前几乎是弹性的)关系来确定。受拉应变可由 σ-ε 图求得，偏离直线的变形，表明混凝土已出现裂缝。图 6.2.6 为平均应力与临界应变的关系，强度 σ_m 为 20.0 MPa 及 40.0 MPa 的混凝土，其关系相应为

$$\left.\begin{aligned}\varepsilon_{cri}&=(105-1.68\sigma_m)\times10^{-6}\\\varepsilon_{cri}&=(120-1.67\sigma_m)\times10^{-6}\end{aligned}\right\}\tag{6.2.2}$$

当应力不变量 $I_1>0$，$-\infty<I_2<\infty$ 时，破坏应力

$$\sigma_H=\frac{\varepsilon_{cri}E}{1+n\mu}\tag{6.2.3}$$

式中：$n=\sigma_H/\sigma_v$，$-1.0\leqslant n\leqslant1.0$；$\sigma_H$ 为水平破坏应力；σ_v 为垂直破坏应力。

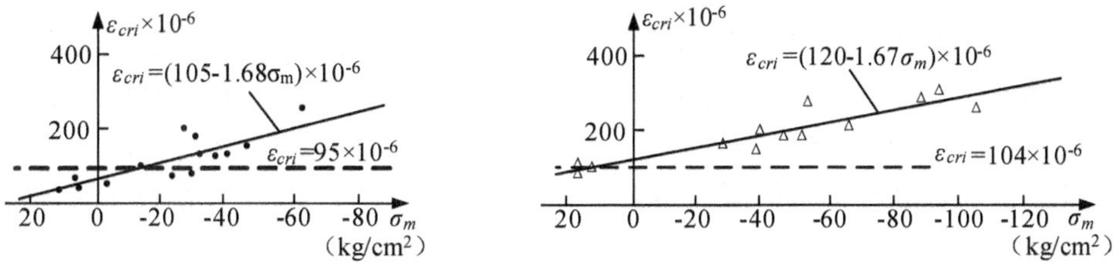

(a) σ_m= 20.0 MPa　　(b) σ_m= 40.0 MPa

图 6.2.6　极限立方体强度的极限受拉应变与平均应力关系

当应力不变量 $I_1 < 0, I_2 < 0$ 时，破坏应力

$$\sigma_H = \frac{\varepsilon_{cri} E}{n + \mu} \tag{6.2.4}$$

式中：$n = \sigma_v / \sigma_H$，$-1.0 \leqslant n \leqslant 0$。

根据试验测得第三方向的临界拉应变，双向压缩下的开裂应力在 $I_1 < 0$ 及 $I_2 > 0$ 时

$$\sigma_H = \frac{\varepsilon_{cri} E}{\mu(1 + n)} \tag{6.2.5}$$

式中：$n = \sigma_v / \sigma_H$，$0 \leqslant n \leqslant 1.0$。

图 6.2.7 为用试验结果在主应力坐标上绘出的极限曲线，对两种混凝土的泊松比皆取 0.2，对 200 号及 400 号混凝土的弹性模量相应地取为 2.0×10^4 MPa 及 2.5×10^4 MPa。

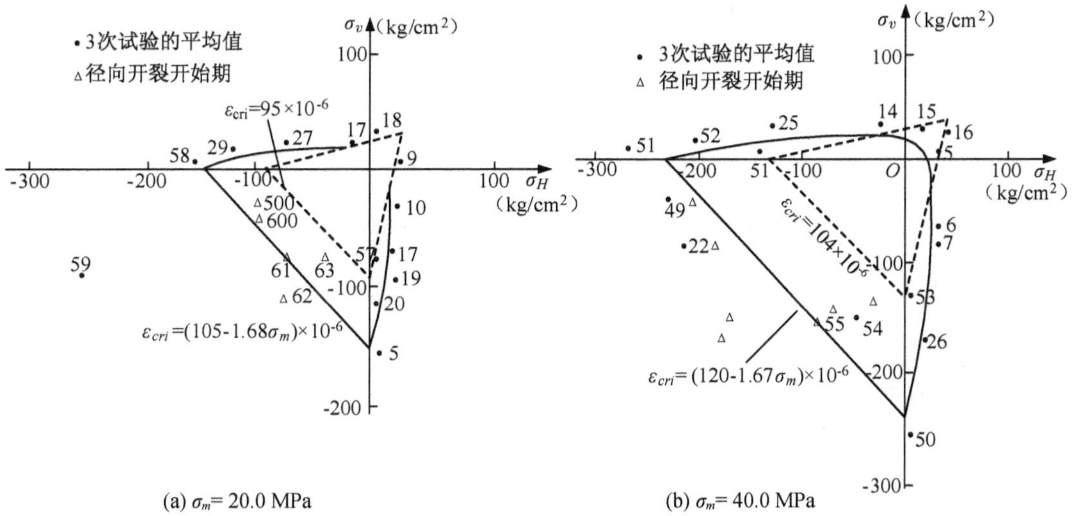

(a) σ_m= 20.0 MPa　　(b) σ_m= 40.0 MPa

图 6.2.7　依据临界应变求得的极限强度

试验表明，只要混凝土能抵抗内部微裂缝的形成，就可以推迟破坏的发生，这是个关于结合强度和黏着力的问题。按断裂机理，各向同性压力会增大有效表面张力，在剪切破坏中又加强了内部压力。破坏能量作为压力或平均应力 ($\sigma_m = I_1/3$) 的函数也就相应地得到增加。Rasenthal 等的研究指出，混凝土这种压力的影响有一个上限，并与三轴压力的上限相

等。达到这个上限时，一般的具有脆性性能的混凝土会产生和金属相似的延性，出现 V. Karman-Baker 的试验所得出的屈服现象。平均应力 σ_m 对受拉应变引起裂缝的发生有着决定性的影响，同时拉应变也和各向同性压力或平均应力 σ_m 成正比。在所有的试验中，临界受拉应变实际上就是破坏应变，几乎不存在裂缝缓慢扩展的阶段。

图 6.2.8 为两种破坏机理的试验结果，一种是具有拉应力的三个象限的破坏机理，另一种是双轴压缩的破坏机理。坐标都是无量纲的，坐标为 $\sigma_1'=\sigma_v/\sigma_c$、$\sigma_2'=\sigma_H/\sigma_c$，$\sigma_c$ 为混凝土的抗压强度，对 200 号(实际立方强度为 24.2 MPa)，其 $\sigma_c=-16.2$ MPa；对 400 号(实际立方强度为 32.2 MPa)，其 $\sigma_c=-24.7$ MPa。

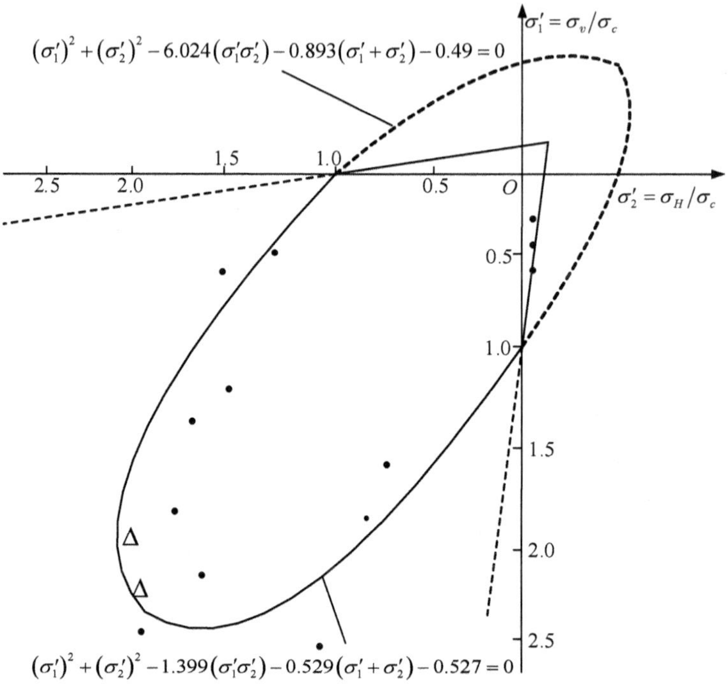

图 6.2.8　在主应力坐标上混凝土的极限曲线

畸变能(即形状改变比能)准则前文已做介绍，此处不赘述。根据式(2.8.37)及式(2.8.38)知，当只有 σ_1 与 σ_2 两个主应力作用时

$$W''=\frac{1+\mu}{6E}[(\sigma_1-\sigma_2)^3+\sigma_1^2+\sigma_2^2]=\frac{1}{12G}[(\sigma_1-\sigma_2)3+\sigma_1^2+\sigma_2^2]$$
$$=\frac{3}{4G}\tau_{\text{oct}}^2=\frac{1}{6G}(I_1^2-3I_2) \tag{6.2.6}$$

即式(2.6.6)

$$\tau_{\text{oct}}=\frac{\sqrt{2}}{3}\sqrt{(I_1^2-3I_2)} \tag{6.2.7}$$

因而对畸变能就可以用平均应力 σ_m 来表示，因为 $I_1^2=(\sigma_1+\sigma_2)^2=4\sigma_m^2$，即也是 σ_m 的函数。

试验结果绘制在八面体应力坐标上(图 6.2.9),双轴压缩及其他双轴及单轴试验的回归方程分别为

$$\frac{\tau_{oct}}{\sigma_c}=-0.484\frac{\sigma_{oct}}{\sigma_c}-0.322 \tag{6.2.8}$$

$$\frac{\tau_{oct}}{\sigma_c}=-1.119\frac{\sigma_{oct}}{\sigma_c}-0.099 \tag{6.2.9}$$

这两条直线具有较高的相关系数 ($R=0.983, R=0.998$),它们表示八面体上应力之间的关系基本上是线性的,并且与混凝土的强度变化无关,在主应力坐标中,式(6.2.8)、式(6.2.9)相应为椭圆和双曲线,并与单轴压缩试验点相交(图 6.2.8)。即在双轴压缩下,混凝土的极限强度包络曲线由一段椭圆弧组成,而在其他情况(双拉及拉压的双轴应力)下为双曲线支线,椭圆弧曲线表示滑动破坏点的轨迹,双曲线表示断裂破坏点的轨迹。此外,在拉拉和拉压中,断裂破坏发生在滑动破坏之前,而在双轴压缩试验中则恰恰相反。

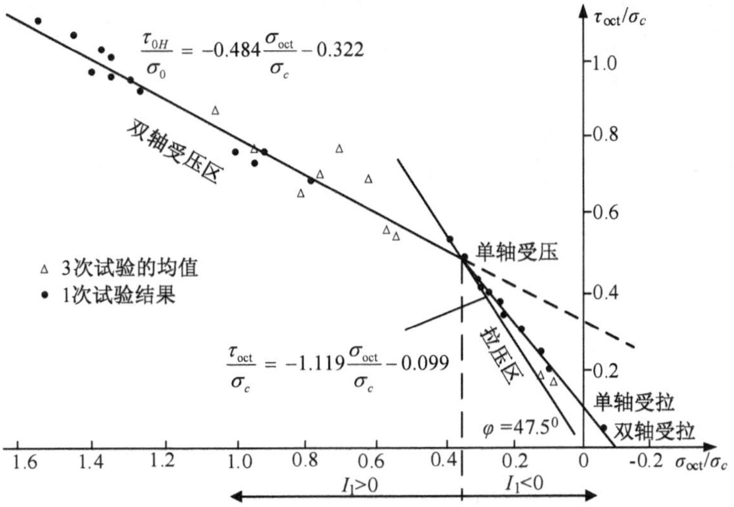

图 6.2.9　无量纲的八面体应力的回归曲线

由八面体的剪应力关系知

$$\sigma_m=\sigma_{oct}, \tau_m=\frac{3}{\sqrt{15}}\tau_{oct} \tag{6.2.10}$$

式中:τ_m 为平均剪应力。

从式(6.2.10)可得出与库伦内摩擦理论相似的表达式:

$$\tau_m=c+f\sigma_m \tag{6.2.11}$$

从而可以给出混凝土黏着力 c 和摩擦系数 $f=\tan\theta$。在双轴压缩试验中就 200 号和 400 号混凝土而言,这些参数相应为 $c=4.0$ MPa 和 6.0 MPa,$f=0.372, \theta=20°24'$。

进一步分析混凝土破坏的情况,如果在双轴压缩中内部保持不开裂,则混凝土将受剪切发生破坏,这就和完全弹性材料一样。这种混凝土的极限曲线,按 Huber, Hencky, Mises

所建议的准则，如图 6.2.10 所示的最大椭圆。

为了说明上面假定的破坏准则的正确性，Rosenthal 等又用应力不变量在空间表示的能量准则给出极限曲面表面(LS 表示)和按上述准则求得的破坏表面(FS 表示)为界的混凝土区域。由于这两个表面在压力较高时并不相交，故推断建议的破坏准则是正确的，但这个准则只能用于各向压缩的情况。由式(6.2.6)知，$I_1^2-3I_2\geqslant 0$，故这个极限表面为抛物面。也有其他学者对双轴受压混凝土的强度和应变特性进行了研究，认为双轴受压混凝土的破坏包络线与混凝土的强度无关，可用一条曲线表示，$\sigma_2/\sigma_1\approx 0.5$ 时二轴抗压强度最大，约为单轴的 1.4 倍，当 $\sigma_2/\sigma_1=1$，约为 1.25 倍。各学者所得的曲线不完全一致，这是由于试验装置、试件尺寸、加荷方法、混凝土种类和减摩材料不同引起的结果。

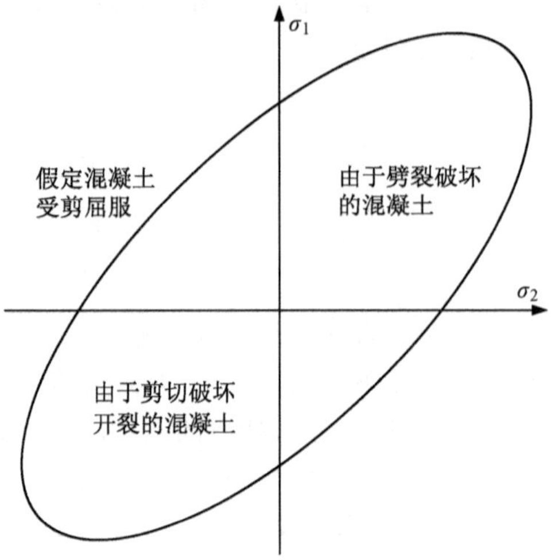

图 6.2.10　正常的混凝土和假定的混凝土的曲线

(3) Kupfer 和 Hilsdorf 破坏准则

Rusch 曾进行了各种双向受力试验。Kupfer 还和 Gestle 提出了理论计算公式：

$$\left.\begin{aligned}
&\text{双向受压}\ \sigma_{2c}=\frac{1+3.65\alpha}{(1+\alpha)^2}f_c'\\
&\sigma_{1c}=\alpha\sigma_{2c},\alpha=\frac{\sigma_1}{\sigma_2}\\
&\sigma_{1t}=\left(1-0.8\frac{\sigma_2}{f_t'}\right)f_t'\\
&\text{双向受拉}\ \sigma_{2c}=\frac{1+3.28\alpha}{(1+\alpha)^2}f_t'\\
&\sigma_{1t}=f_t'\\
&\sigma_{2t}=f_t'
\end{aligned}\right\}\tag{6.2.12}$$

式中：f_t' 为单轴抗拉强度；f_c' 为单轴圆柱体抗压强度；σ_1，σ_2，f_c' 压应力用负号；σ_{1t} 为 σ_1 方向的拉应力；σ_{2c} 为 $i=2$ 的 σ_2 方向的最大压应力。

图 6.2.11 是 Kupfer 和 Gestle 所做的三组混凝土强度为 19.1 MPa、31.1 MPa 及 59.4 MPa 的试验结果，可以看出双向受压的三组混凝土几乎服从同一规律；双拉时，强度较高的混凝土其受拉和受压强度的比率有所下降。三组曲线表明主拉应力准则对普通混凝土和高强混凝土都是正确的。一拉一压受力时，较小的拉力将降低抗压能力，高强度混凝土比普通混凝土更显著。Kupfer 认为对普通混凝土和高强混凝土的简化包络线可用图 6.2.12 表示。

(4) Mises 的屈服条件(准则)

Mises 的屈服条件可用下式表示：

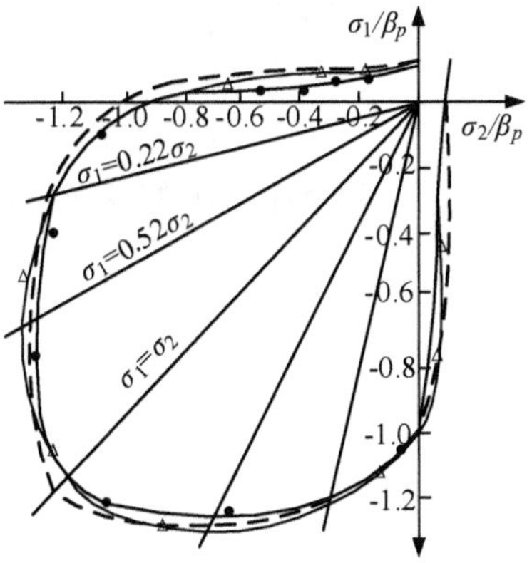

图 6.2.11　Kupfer 双轴试验强度

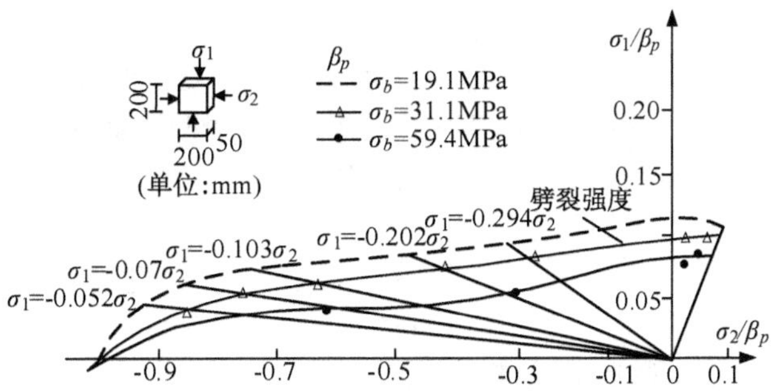

图 6.2.12　在拉压区内 Kupfer 双轴试验强度

$$F(\sigma)=\bar{\sigma}-K=0 \tag{6.2.13}$$

式中：$\bar{\sigma}$ 用有效应力表示；K 为屈服强度，表示在复杂应力作用下，当等效应力达到单轴受力的屈服应力时，材料即屈服。当 $\sigma_3=0$ 时为平面应力状态。

Mises 条件用点断线表示在图 6.2.13 上，理论曲线与试验结果相差较大，因而应用这一条件时，一般还要用极限应变 $\varepsilon_u(\varepsilon_a)$ 作为破坏条件来加以控制。

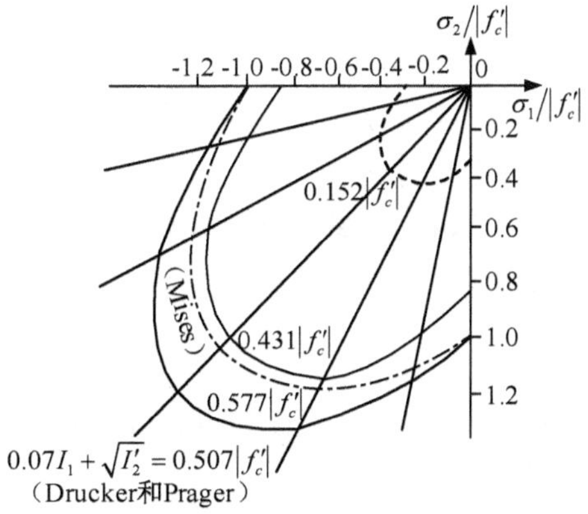

图 6.2.13　修正的 D-P 条件计算和试验值

(5) Drucker 和 Prager 强度条件

这一条件假定混凝土在双轴受压时，存在屈服面和延性破坏面，其破坏条件的数学表达式为

$$F(\sigma)=\alpha I_1+\sqrt{I_2'}-K=0 \tag{6.2.14}$$

式中：I_1，I_2' 为第一应力不变量和偏斜应力张量第二不变量；α 为系数；K 为单轴抗压强度的某一特征值。

如取 $\alpha=0.07$，$K=0.507\mid f_c'\mid$，并把它们代入双轴受压强度条件后，则式(6.2.14)能较好地符合试验结果。

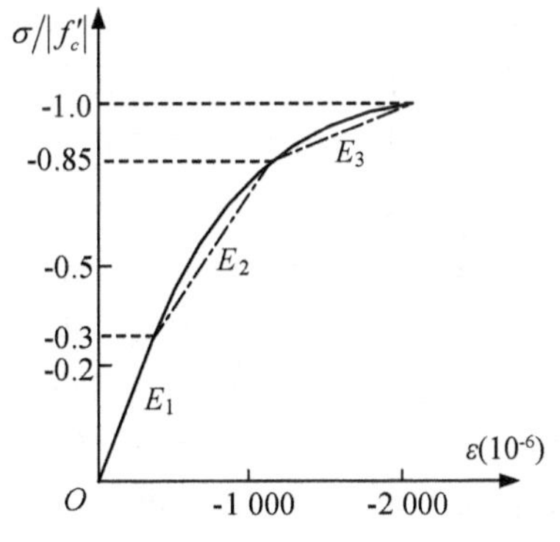

图 6.2.14　三折线假定的应力-应变关系

假定采用三折线(图 6.2.14)作为单轴应力-应变关系，且其中二折线点为 $0.3=\sigma/\mid f_c'\mid$ 和 $0.85=\sigma/\mid f_c'\mid$，并将 α，K 的数值代入强度条件后，得

$$0.07I_1+\sqrt{I_2'}-0.507\times 0.3\mid f_c'\mid=0.07I_1+\sqrt{I_2'}-0.152\mid f_c'\mid=0 \tag{6.2.15}$$

$$0.07I_1+\sqrt{I_2'}-0.507\times 0.851\mid f_c'\mid=0.07I_1+\sqrt{I_2'}-0.431\mid f_c'\mid=0 \tag{6.2.16}$$

二式相应表示的双轴受压下达到三折线两个转折点的应力状态，可参见图 6.2.14 的中间和最里面的两条点划线。

(6) 以主应变为参数的强度条件

上面都是以主应力为参数来表示混凝土的强度条件，都考虑了两个主应力的互相影响。Lin 和 Socrdelis 提出用主应变作为参数的强度条件表达式。

双轴受压时，利用等效应变概念

$$\varepsilon_{eff}=\frac{\sqrt{2}}{3}\sqrt{\varepsilon_1^2+\varepsilon_1\varepsilon_2+\varepsilon_2^2} \tag{6.2.17}$$

经试验修正后，提出

$$\sqrt{\varepsilon_1^2+\varepsilon_1\varepsilon_2+\varepsilon_2^2}-\varepsilon_u=0 \tag{6.2.18}$$

式中：ε_1，ε_2 为双压时的主应变；ε_u 为单轴受压时的极限应变。

一拉一压时

$$\varepsilon_1'=10^{-6}(a-b\sigma_m) \tag{6.2.19}$$

式中：ε_1' 为混凝土的极限抗拉应变；a，b 为常数，取 $a=105$，$b=14.5$；$\sigma_m=(\sigma_1+\sigma_2+\sigma_3)/3$（平面应力时 $\sigma_3=0$）。

可以看出，参数 a，b 是随混凝土强度而变化的参数。如 Tasaji（太沙基）得到单轴和双轴受压时

$$\varepsilon_{1d}=-110-2.38\sigma_m \tag{6.2.20}$$

式中：ε_{1d} 为最大荷载下主裂缝形成（拉断）时的主应变值（$\times10^{-6}$）。压应力为正号、拉应力为负号。

一轴受拉（包括另一轴同时受压）和双轴同时受拉时

$$\varepsilon_{1t}=-11-2.38\sigma_m \tag{6.2.21}$$

式中：符号同上，σ_m 单位为 0.1 MPa。

(7) 一轴受压一轴受拉的强度条件

图 6.2.15 为一拉一压时的三组试验结果，由于混凝土标号不同，试验数据相差较大。如当 $\sigma_2/\sigma_0=0.5$ 及 $\sigma_0=19.0$ MPa 时，破坏的 $\sigma_1/\sigma_0=0.0865$；而当 $\sigma_0=59.0$ MPa 时，$\sigma_1/\sigma_0=0.0445$。尽管用薄壁圆柱体试件进行双轴受力（一拉一压）试验和用受弯受压的梁进行试验，其结果不同，但变化趋势基本是一致的，即受拉轴的受拉应力增加时，其受压轴的相应抗压强度随之减小。由此根据试验结果，给出不同的破坏条件，有的按直线分布，有的则按曲线分布。

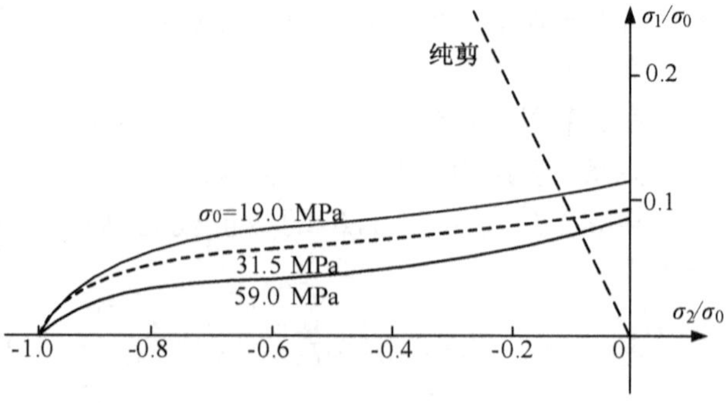

图 6.2.15　混凝土一拉一压三组试验结果

Slate 建议

$$\frac{\sigma_2}{\sigma_0}=\frac{\sigma_{破}}{\sigma_0}=\frac{1}{1-\alpha\sqrt{\sigma_0}/1.59} \tag{6.2.22}$$

取 $R_1=-1.59\sqrt{\sigma_0}$，$\alpha=\frac{\sigma_1}{\sigma_2}$

Nelissen 建议

$$\frac{\sigma_2}{\sigma_0}=0.9+1.6\sigma_1/\sigma_0 \tag{6.2.23}$$

如取 $R_1/\sigma_0=0.055$，按 Nelissen 规定可得

$$\frac{\sigma_2}{\sigma_1}=0.9+0.9\sigma_1/\sigma_0 \tag{6.2.24}$$

Rica 根据 Smith 试验结果提出

$$\left(\frac{\sigma_1}{0.1\sigma_0}\right)^2+\left(\frac{\sigma_2}{\sigma_0}\right)^2=1.0 \tag{6.2.25}$$

或者，假定 $R_l=0.1\sigma_0$，则

$$\left(\frac{\sigma_1}{R_l}\right)^2+\left(\frac{\sigma_2}{\sigma_0}\right)^2=1.0 \tag{6.2.26}$$

Kupfer 建议

$$\frac{\sigma_1}{R_1}+1=0.8\frac{\sigma_2}{\sigma_0} \tag{6.2.27}$$

图 6.2.16 为上述几个经验公式计算值的比较，其中 Kupfer 的结果最低，这是因为规定的 R_1 偏低的缘故。Slate 的结果最高，主要是因为用梁得出的结果，这是值得研究的。Nelissen 和 Rica 的结果较相近，它们与正方形板的试验吻合，与薄壁圆筒的结果也接近。

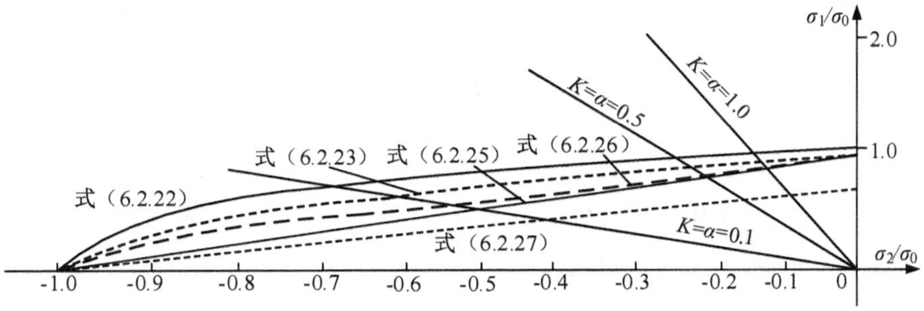

图 6.2.16　一拉一压双轴受力的经验公式比较

(8) 双轴受拉的强度条件

由于双轴受拉情况，工程上遇到的较少，因而试验资料相对较少。由试验可知，双轴受拉破坏时（主裂缝完全形成），最大主拉应变轴上的拉应变值，并不是一个不变量，如当 $\sigma_2/\sigma_1=2$ 时的抗拉强度提高最大，可达 10～20%。下面列出不同的经验强度公式。

Slate 建议

$$\frac{\sigma_2}{\sigma_0}=\frac{\sigma_{破}}{\sigma_0}=-1.59/\alpha\sqrt{\alpha_0},\alpha=\frac{\sigma_1}{\sigma_2} \tag{6.2.28}$$

Kupfer 建议

$$\sigma_2/\sigma_0=-0.64\sigma_0^{-\frac{1}{3}} \tag{6.2.29}$$

Nelissen 建议

$$\sigma_2/\sigma_0=-0.055 \tag{6.2.30}$$

YXOB 用空心薄壁圆柱体双轴受拉时的结果，建议公式：

$$(\sigma_1^2+\sigma_2^2)+4R_l(\sigma_1+\sigma_2)-5R_l^2=0 \tag{6.2.31}$$

当 $\sigma_1=\sigma_2$ 时，破坏主拉应力最小，只为单轴抗拉强度的 0.55 倍左右(图 6.2.17)，说明不同试验方法得到不同的结果，

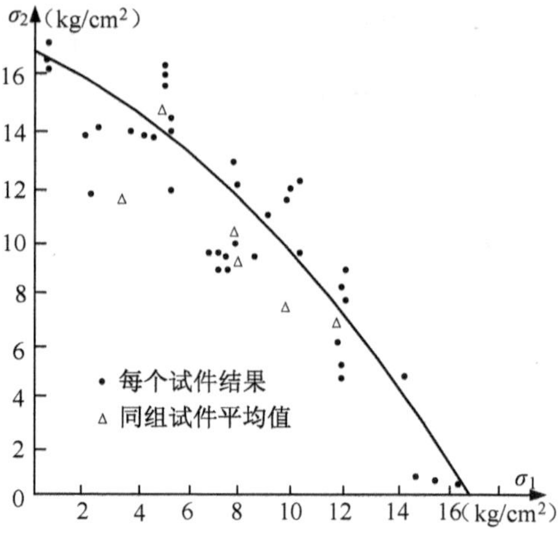

图 6.2.17 双轴受拉试验结果

(9) 剪压及剪拉的强度条件

构件截面同时受剪或受扭产生的剪应力和压应力或拉应力使得结构处于剪压或剪拉平面应力状态，在工程中较为常见。由于混凝土组成材料在临近破坏时的非线性关系，纯理论分析十分困难，因而多采用直接试验法来研究其强度变化和条件。

受扭、受压或受拉的试验结果表示，破坏时截面上的正应力 σ 和剪应力 τ 之间的关系，可用下述一般经验公式表达：

$$\tau/\sigma_0=\sqrt{a+b\left(\frac{\sigma}{\sigma_0}\right)^n-c\left(\frac{\sigma}{\sigma_0}\right)^2} \tag{6.2.32}$$

式中：a,b,c 为参数，由混凝土强度性质确定；n 约在 1.0～1.5 之间；取 $n=1.0$ 时，则

$$\tau/\sigma_0=\sqrt{a+b\left(\frac{\sigma}{\sigma_0}\right)-c\left(\frac{\sigma}{\sigma_0}\right)^2} \tag{6.2.33}$$

式中：σ_0 为单轴受压强度，其值如果用 R_L 或 R 代替时，a,b,c 3 个参数也将随之改变。

试验表明，混凝土强度增加时，复杂应力状态下的强度虽有增加，但不是与混凝土强度比成比例地增长，有学者给出下列经验公式(图 6.2.18)：

$$\left.\begin{aligned}&f_c'\cong\sigma_0=20.0\ \text{MPa 时},\\&\tau/\sigma_0=\sqrt{0.009\,29+0.123(\sigma/\sigma_0)-0.132(\sigma/\sigma_0)^2}\\&f_c'\cong\sigma_0=30.0\ \text{MPa 时},\\&\tau/\sigma_0=\sqrt{0.012\,7+0.123(\sigma/\sigma_0)-0.135(\sigma/\sigma_0)^2}\\&f_c'\cong\sigma_0=40.0\ \text{MPa 时},\\&\tau/\sigma_0=\sqrt{0.007\,98+0.089\,2(\sigma/\sigma_0)-0.097\,2(\sigma/\sigma_0)^2}\end{aligned}\right\} \tag{6.2.34}$$

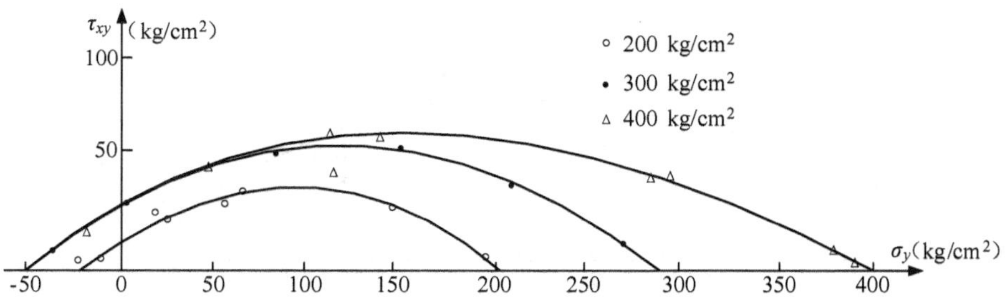

图 6.2.18 破坏时 τ 与 σ 的关系(先加轴力,再加扭矩)

图 6.2.19 为图 6.2.18 以 σ/σ_0 和 τ/σ_0 为坐标轴表示的破坏关系曲线,曲线随混凝土抗压强度 $f'_c=\sigma_0$ 的不同而略有变化。即当 $\sigma/\sigma_0 \leqslant 0.5$ 时,标号较高的混凝土,其 τ/σ_0 值略低于低标号混凝土的相应值;当 $\sigma/\sigma_0 > 0.5$ 时,变化情况相反。如不考虑这种差异,而只考虑 $f'_c=\sigma_0=20.0$ MPa 和 30.0 MPa 试验结果来建立相应的曲线关系,则得

$$\tau/\sigma_0 = \sqrt{0.00981+0.112(\sigma/\sigma_0)-0.122(\sigma/\sigma_0)^2} \tag{6.2.35}$$

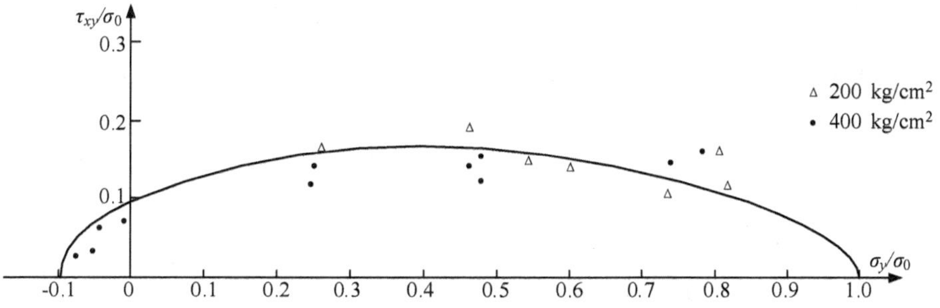

图 6.2.19 破坏时正应力与剪应力的关系(加荷次序与图 6.2.18 同)

坪井善胜等根据试验给出

$$\tau/\sigma_0 = \sqrt{0.0089+0.095(\sigma/\sigma_0)-0.104(\sigma/\sigma_0)^2} \tag{6.2.36}$$

及

$$\tau/\sigma_0 = \sqrt{0.0074+0.078(\sigma/\sigma_0)-0.124(\sigma/\sigma_0)^2} \tag{6.2.37}$$

Bresler 等建议

$$\tau/\sigma_0 = 0.1\sqrt{0.89+8.9(\sigma/\sigma_0)-10.8(\sigma/\sigma_0)^2} \tag{6.2.38}$$

及

$$\frac{\tau_{\text{oct}}}{\sigma_0}+1.15\frac{\tau_{\text{oct}}}{\sigma_0}=0.087 \tag{6.2.39}$$

必须指出,根据冈岛达雄用 5 种不同的加载试验所得结果看,其强度变化有所不同。图 6.2.20 为空心薄壁圆筒试件在各种试验加载情况下的结果,可见还是有一定的分散性。因而,关于试验方法和试件种类都应当力求统一标准。不管强度关系变化如何,基本趋势是不变的,而且在受压正应力约大于 $(0.6\sim0.7)\sigma_0$ 时,随受压正应力的增加而减小。

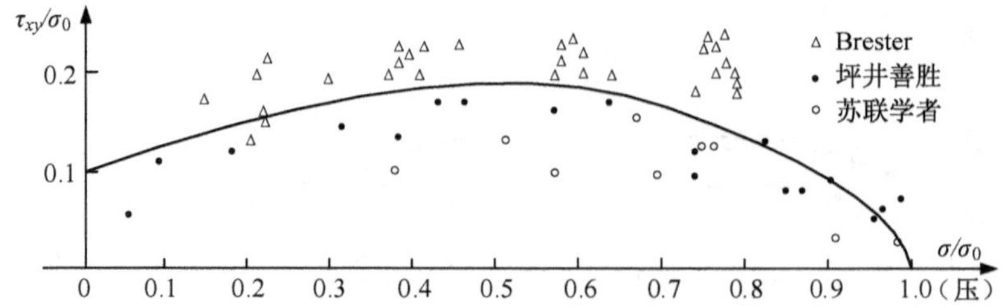

图 6.2.20　各种情况的受压受扭结果

苏联学者根据空心薄壁圆柱的受扭受拉试验结果，给出下式（图 6.2.21）

$$(\tau/\tau_{0扭})^2 + (\sigma_l/R_l)^2 = 1.0 \tag{6.2.40}$$

式中：$\tau_{0扭}$ 为纯扭时的混凝土破坏剪应力；σ_l 为拉应力。

受剪和受压时的强度条件是由纯剪切加压用不同试验方法获得。

$$\left.\begin{aligned}
&\text{(a) 当}\frac{\sigma}{R} > 0.7\text{ 时，}\frac{\tau}{R} = 0.106 + 1.513\left(\frac{\sigma}{R}\right) - 1.03\left(\frac{\sigma}{R}\right)^2\\
&\text{(b) 当 }0.35 < \frac{\sigma}{R} \leqslant 0.7\text{ 时，(b) }\frac{\tau}{R} = 0.106 + 1.881\left(\frac{\sigma}{R}\right) - 2.305\left(\frac{\sigma}{R}\right)^2\\
&\text{(c) 当 }0 \leqslant \frac{\sigma}{R} \leqslant 0.35\text{ 时，}\tau = \tau_0 + 13.9\tau_0\left(\frac{\sigma}{R}\right) - 1.49\tau_0\left(\frac{\sigma}{R}\right)^2
\end{aligned}\right\} \tag{6.2.41}$$

式中：$\tau = Q/A = Q/F$ 为剪应力，Q,F 为剪力、截面面积；$\sigma = N_p/A$ 为破坏正应力，N_p 为破坏作用力；τ_0 为纯剪时的抗剪强度；R 为混凝土标号。(a)式由在试件截面内直接加压和加剪力时在试件上留孔，利用弹簧加压；(b)式是试件上不留孔，用油压千斤顶加压；(c)式利用一般纯剪试件加压。

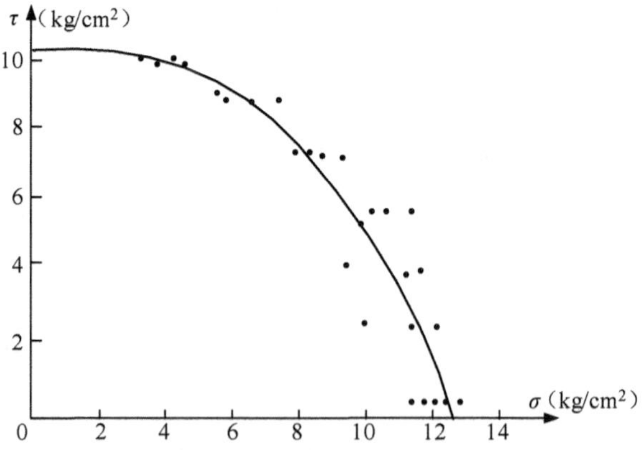

图 6.2.21　受拉受扭强度关系

图 6.2.22 为 Kupfer 所得的双轴应力作用下的典型包络图。图 6.2.23 表示不同试验条件下，可能得到的试验结果，这说明边界条件很重要。将图 6.2.22 用八面体应力表示时，便可得图 6.2.24，其中 $\tau_8 = \tau_{oct}$ 表示八面体剪应力。用应力分量（τ_{xy}，σ_x）表示剪压和剪拉，令 $\sigma_y = 0$，结果可得图 6.2.25。图 6.2.26 为用正应力及剪应力表示的莫尔图。根据前面关于莫尔圆的论述，莫尔理论成立的条件较严，必须有包线，包线与极限应力圆相切，这就是既决定斜面上正应力和剪应力大小，同时还要决定破坏面的方向。

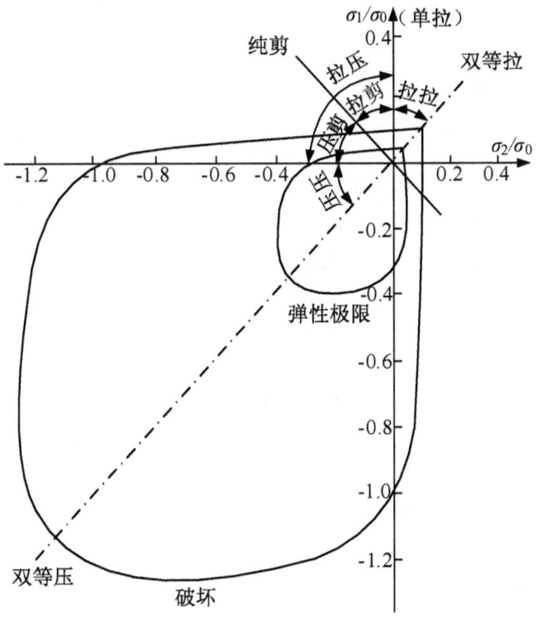

图 6.2.22　两向受力时的强度(用主应力表示)

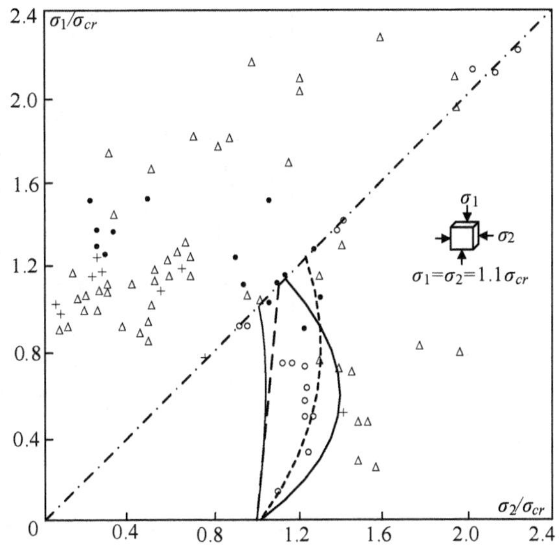

图 6.2.23　双向压应力的破坏

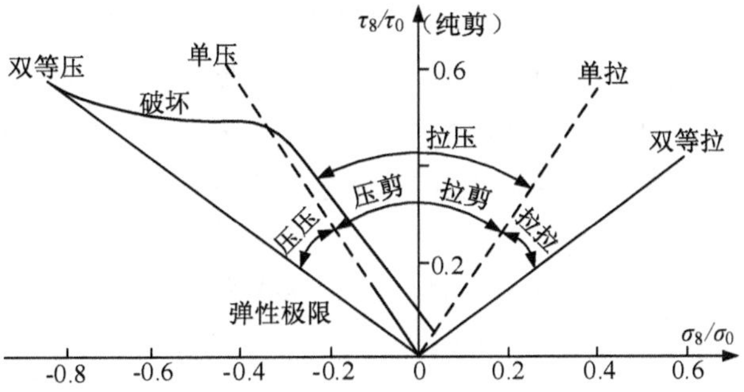

图 6.2.24　两向受力强度(八面体应力表示)

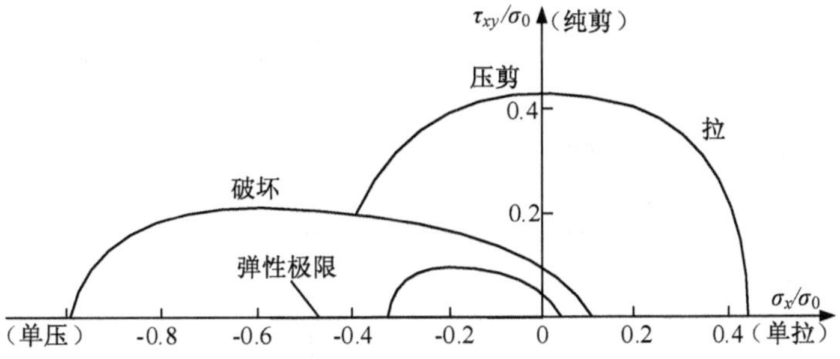

图 6.2.25　两向受力强度(用应力分量表示)

根据现有的试验结果，复杂应力状态下，混凝土的破坏规律有以下特点：①双向受压时，一向强度随另一向压力的增加而增加，属于剪切破坏；②双向受拉时，一向的抗拉强度，基本上与另一向拉应力无关，也有的认为此单拉强度，属于拉坏(断裂)；③一拉一压时，抗压强度

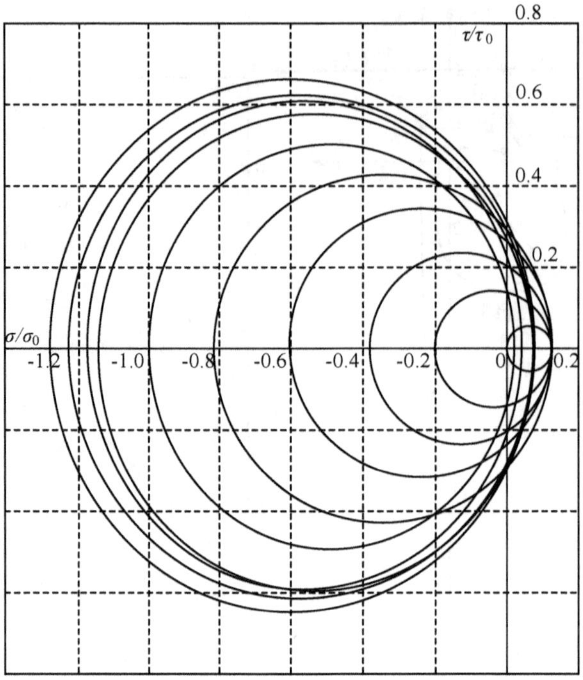

图 6.2.26　两向受力强度(用斜面应力表示)

随另一向拉应力增加而降低，属于拉坏(断裂)；④三向受压时，一向的抗压强度随另二向压应力增加而增加，且极限压应变可大大增加，属剪切破坏(在三向受力中介绍)。

表 6.2.3 总结列出一些普通混凝土在复杂受力状态下，破坏强度的计算公式，可供应用时参考。

表 6.2.3　双向应力状态破坏强度公式

应力状态	编号	作者	公式
双向受压	1	I. Rosenthal	$\frac{\tau_{oct}}{\sigma_0}+0.484\frac{\tau_{oct}}{\sigma_0}=0.322$
	2	H. B. Kupfer	$\left(\frac{\sigma_1}{\sigma_0}+\frac{\sigma_2}{\sigma_0}\right)^2+3.65\frac{\sigma_1}{\sigma_0}+\frac{\sigma_2}{\sigma_1}=0$
	3	L. J. M. Nelisson	$\frac{\sigma_2}{\sigma_0}=0.46\frac{\sigma_1}{\sigma_0}-0.9\quad\left(0\leqslant\frac{\sigma_1}{\sigma_2}\leqslant0.5\right)$ $\frac{\sigma_2}{\sigma_0}=-0.18\frac{\sigma_1}{\sigma_0}-1.28\quad\left(0.5<\frac{\sigma_1}{\sigma_2}\leqslant1\right)$
双向受压	4	T. C. Y. Liu 等	$\frac{\sigma_1}{\sigma_0}=1+\frac{\alpha}{1.2-\alpha}\qquad\alpha=\frac{\sigma_2}{\sigma_1}\leqslant0.2$ $\frac{\sigma_1}{\sigma_2}=1.2\qquad0.2<\alpha\leqslant1.0$ $\frac{\sigma_1}{\sigma_0}=\frac{1.2}{\alpha}\qquad1.0<\alpha\leqslant5.0$ $\frac{\sigma_1}{\sigma_0}=\frac{1}{\alpha}\left(1+\frac{1}{1.2\alpha-1}\right)\qquad\alpha>5.0$ 式中 $\sigma_1=\sigma_p$ 双轴压缩下的应力峰值

续表

应力状态	编号	作者	公式
一向受拉 一向受压	5	坪井善胜	$\frac{\tau_{oct}}{\sigma_0}+1.17\frac{\tau_{oct}}{\sigma_0}=0.067$
	6	Kupfer. H. B	$\frac{\sigma_1}{R_l}-0.8\frac{\sigma_2}{\sigma_0}-1=0$
	7	L. J. M. Nelisson	$\frac{\sigma_2}{\sigma_0}=-1.6\frac{\sigma_1}{\sigma_0}-0.9$
	8	I. Rosenthal	$\left(\frac{\sigma_1}{R_l}\right)^2+\left(\frac{\sigma_2}{R_a}\right)^2=1.0$
双向受拉	9	H. B. Kupfer	$\frac{\sigma_1}{\sigma_0}-0.64(\sigma_0)^{-\frac{1}{3}}=0$
	10	L. J. M. Nelisson	$\frac{\sigma_1}{\sigma_0}=0.055$
	11	I. Rosenthal	$(\sigma_1^2+\sigma_2^2)+4R_l(\sigma_1+\sigma_2)-5R_l^2=0$
	12	H. B. Kupfer	$-\frac{\tau_{oct}}{\sigma_0}=-0.46\frac{\tau_{oct}}{\sigma_0}+0.0451$
剪拉	13	N. S. J. Grassam	$\frac{\sigma_{oct}}{\sigma_l}+0.88\frac{\sigma_{oct}}{\sigma_l}=0.76$
剪压	14	I. Rosenthal	$\frac{\tau}{R_a}=\sqrt{0.00981+0.112\left(\frac{\sigma}{R_a}\right)-0.112\left(\frac{\tau}{R_a}\right)^2}$ $R_a=\sigma_0$
	15	坪井善胜	$\frac{\tau_{xy}}{\sigma_0}=\sqrt{0.0074+0.078\frac{\sigma_x}{\sigma_0}-0.124\left(\frac{\sigma_x}{\sigma_0}\right)^2}$
	16	B. Bresler	$\frac{\tau_{oct}}{\sigma_0}+1.15\frac{\sigma_{oct}}{\sigma_0}=0.087$
扭拉	17	I. Rosenthal	$\left(\frac{\tau}{\tau_0}\right)^2+\left(\frac{\sigma_1}{R_l}\right)^2=1.0$ τ_0 为纯扭强度，τ 为扭矩引起或剪力引起的，σ_l 为拉应力

二、三轴受力强度

素混凝土在三轴压力作用下的破坏问题，有些学者曾做过试验，并进行过理论分析研究。比如，德光善治做了两组试验，第一组试验是 $\sigma_1>\sigma_2=\sigma_3$ 的条件下进行的，不考虑主应力的影响，研究了普通混凝土和人工轻骨料混凝土在不同龄期、强度及养护条件对破坏条件的影响；第二组是考虑中间应力影响（$\sigma_1>\sigma_2\geqslant\sigma_3$）的条件下进行的。普通混凝土试件分四组，水灰比分别为 W/C=0.4，0.5，0.63，0.89，水泥用量分别为 460，380，300，220 kg/m^3；轻质混凝土的 W/C=0.39，水泥用量为 500 kg/m^3。加荷速度均为 0.3～0.5 MPa/s，第一

组试件用 ϕ10 cm×20 cm 圆柱试块，第二组用 10 cm ×10 cm×10 cm 试块。试验时，试件表面未用减摩剂处理，故强度条件中包括摩擦力的影响在内（强度偏高）。

（1）在第一组试验中，沿用历来的强度公式（$\sigma_1=\sigma_0+K\sigma_3$），由试验结果分析可得 $K=3\sim4$，同时能看出 σ_3 越大，有 K 越小的趋势，故用 $\sigma_1=f(\sigma_0,\sigma_3)$ 曲线表示较合理，如果单轴强度不同，则其关系也就不同。若用无量纲的应力比 σ_1/σ_0 和 σ_3/σ_0 表示，则混凝土的破坏条件式与龄期及强度没有直接的关系。图 6.2.27 为试验结果与经验公式之比较，曲线是利用最小二乘法求得。

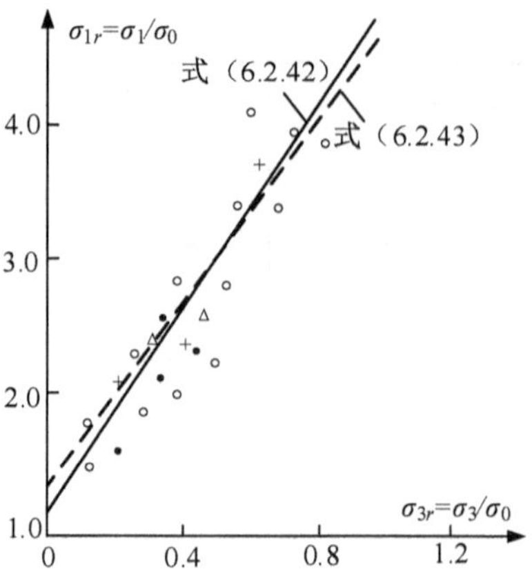

图 6.2.27　第一组试验结果及经验公式

$$\frac{\sigma_3}{\sigma_0}=-0.213+0.209\frac{\sigma_1}{\sigma_0}+0.0148\left(\frac{\sigma_1}{\sigma_0}\right)^2 \qquad (6.2.42)$$

或

$$\frac{\sigma_1}{\sigma_0}=1.0+3.3\left(\frac{\sigma_3}{\sigma_0}\right)^{0.073} \qquad (6.2.43)$$

σ_1 和 σ_3 的关系确定后，就可据此做出混凝土破坏条件的莫尔包络线，包络线由作用在破坏面上的剪应力 τ 和该面上的正应力 σ 来确定。正常作法是根据 $\sigma_1,\sigma_3=\sigma_2$ 作莫尔应力圆，由应力圆族找出外包切线，从而建立包络线的方程。

根据试验数据分析知包络线非直线，按无量纲办法处理，即用 σ/σ_0 与 τ/σ_0 来表示所求的曲线方程。假定所求曲线的方程具有指数函数形式：

$$\frac{\sigma}{\sigma_0}=a+b\left(\frac{\tau}{\sigma_0}\right)^c \qquad (6.2.44)$$

用最小二乘法求出待定系数 $b=1.266$，$a=-0.203$，$c=1.27$，代入上式即得

$$\frac{\sigma}{\sigma_0}=-0.203+1.266\left(\frac{\tau}{\sigma_0}\right)^{1.27} \qquad (6.2.45)$$

图 6.2.28 为试验求得的式（6.2.45）的关系曲线。图 6.2.27 与图 6.2.28 中，$\sigma_{1r}=\frac{\sigma_1}{\sigma_0}$，$\sigma_{3r}=\frac{\sigma_3}{\sigma_0}$，$\sigma_r=\frac{\sigma}{\sigma_0}$，$\tau_r=\frac{\tau}{\sigma_0}$，$\sigma_0$ 为混凝土抗压强度。

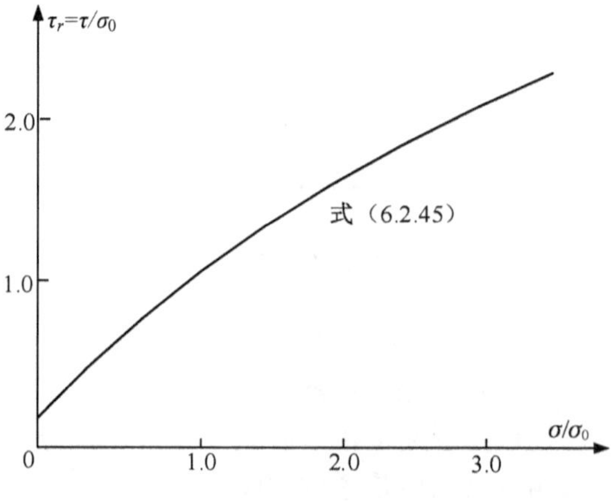

图 6.2.28　莫尔包络线试验式

（2）在第一、第二组试验中，根据莫尔理论，大致说明了 $\sigma_2=\sigma_3$ 的三轴试验结果，但忽略了中间应力 σ_2 变化的影响。第二组试验是

$\sigma_2 \geqslant \sigma_3$，特意研究 σ_2 中间应力变化对破坏强度的影响。试验结果表明，当 σ_3 不变时，σ_1 随 σ_2 的增加而增加。根据这个结果，不考虑中间主应力 σ_2 影响的莫尔破坏理论，作为混凝土一般的破坏条件是不妥的。

当考虑中间应力 σ_2 的影响时，其破坏条件可用八面体理论处理。为了考虑混凝土单轴强度的影响因素，仍采用无量纲的应力比 $\sigma_{octr} = \sigma_{oct}/\sigma_0$，$\tau_{octr} = \tau_{oct}/\sigma_0$ 表示。图 6.2.29 为试验结果及理论曲线，σ_{octr} 和 τ_{octr} 的关系，因混凝土的种类而不同，与一定的 σ_{octr} 相对应的轻质混凝土的 τ_{octr} 值，小于普通的 τ_{octr} 值。同样在图 6.2.28 中的"L"配合比的轻质混凝土的三轴压缩应力下的破坏强度，也比相同单轴抗压的普通混凝土的破坏强度要小。此外，普通混凝土在 $\sigma_3 = 0$ 时的试验结果和 $\sigma_3 \geqslant 5.0$ MPa 时的试验结果是不同的，在一定的 σ_{octr} 情况下，前者所得 τ_{octr} 较小。用最小二乘法求得普通混凝土（$\sigma_3 = 0$ 及 $\sigma_3 \geqslant 5.0$ MPa）及轻质混凝土 σ_{octr} 与 τ_{octr} 关系式。

普通混凝土（$\sigma_3 \geqslant 5.0$ MPa）

$$\sigma_{octr} = -0.130 + 1.047\tau_{octr} + 0.0049\tau_{octr}^2 \tag{6.2.46}$$

普通混凝土（$\sigma_3 = 0$）

$$\sigma_{octr} = 0.196 - 0.124\tau_{octr} + 1.1016\tau_{octr}^2 \tag{6.2.47}$$

轻质混凝土

$$\sigma_{octr} = 0.450 - 0.689\tau_{octr} + 1.579\tau_{octr}^2 \tag{6.2.48}$$

必须指出，上述公式由于未消除摩擦力影响，比一般结果偏大。

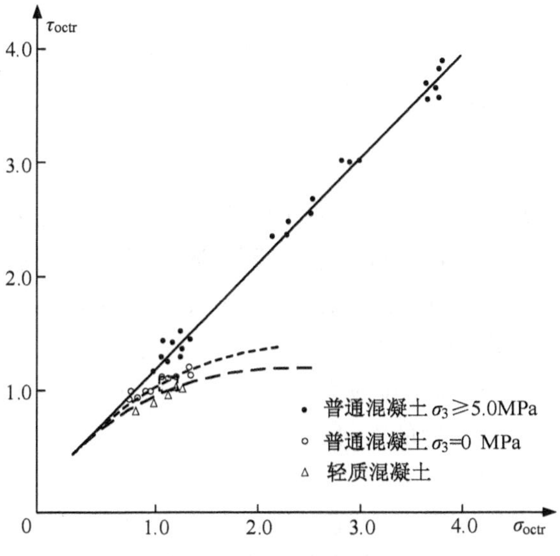

图 6.2.29　八面体应力表示的关系式

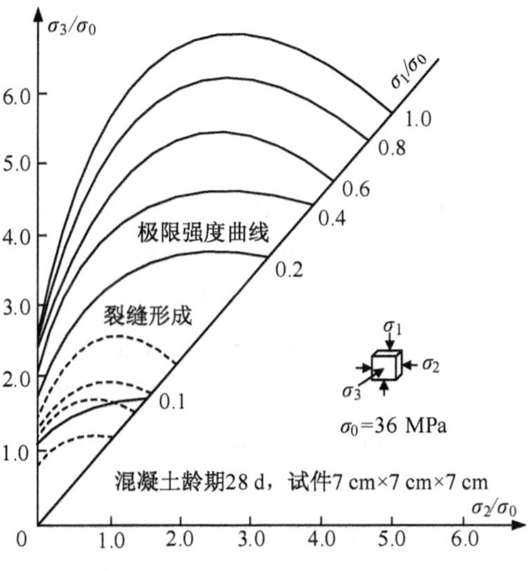

图 6.2.30　三向受压试验结果

图 6.2.30 为 P. Launy 和 H. Gachon 所得的一组三向受压时的试验结果。与其他试验结果一样，当一个方向的压应力 σ_1 为常数时，则在另两个方向的平面内，混凝土的破坏强度的特点与平面应力状态下的双向受压时相似，但破坏强度数值大，而且随应力 σ_1 的增加而

增加。这里仅说明了三轴受压的情况，也有学者进行了三向受压、两向压一向拉、两向拉一向压的强度试验。

根据前述混凝土双轴和三轴试验成果看，大多情况下可采用莫尔理论和变形能理论。但沿危险平面滑动理论，如莫尔提出的理论，对混凝土来说是不太适合的，纯滑动会引起物体的变形，但不发生体积变化，这是金属的塑性变形特性，而不大适合于混凝土。上述的各种试验结果都证明，在发生很大变形时，混凝土的体积是增大了。试验还证明，中间主应力 σ_2 对混凝土强度条件的影响不能忽视，当考虑 σ_2 对强度条件的影响时，可用八面体应力去处理。

第三节　混凝土的破坏准则

一、混凝土典型破坏形态

混凝土在多轴应力的不同拉/压组合和应力比例情况下，材料的变形和内部微裂缝的发展和积累形式的不同，出现 5 种典型的宏观破坏形态(图 6.3.1[60])，其特征如下。

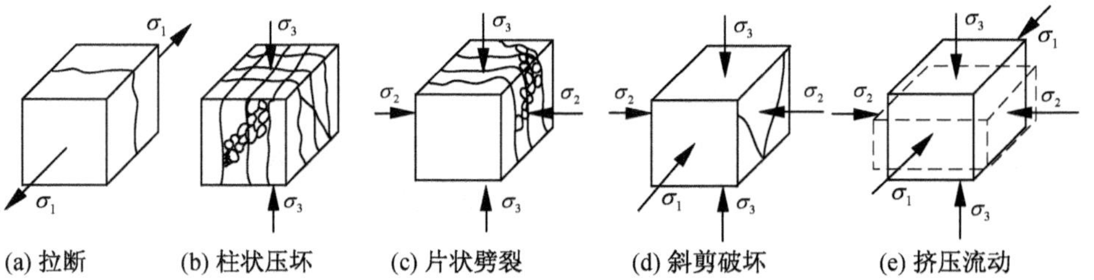

图 6.3.1　典型的宏观破坏形态

(1) 拉断

混凝土在多轴受拉或拉/压应力状态下，主要是主拉应力 σ_1 的作用，当主拉应变超过极限拉应变 ε_{1p}，首先在最薄弱截面形成垂直于 σ_1 方向的裂缝，并逐渐开展，减小了有效受拉面积；最后，试件突然被拉断[图 6.3.1(a)]，与棱柱体单轴受拉的破坏过程和特征完全相同。试件的断裂面一般垂直于最大主拉应力 σ_1 方向，断裂面由粗骨料的界面和拉断的水泥砂浆构成，两旁的材料坚实，无损伤迹象。当 σ_1 和 σ_2 均为拉应力，且当 $\sigma_2/\sigma_1 = 0.5 \sim 1.0$ 时，断裂面可能与 σ_1 轴成一夹角，取决于混凝土抗拉强度的随机分布。

(2) 柱状压坏

混凝土在多轴受压或拉/压应力状态下，当主压应力 σ_3 的绝对值远大于另两个主应力 σ_1 和 σ_2 时，沿两个垂直方向产生拉应变 ($\varepsilon_1, \varepsilon_2 > 0$)。由于试验采取了减摩措施，消减了试件加载面上的约束作用，当此拉应变超过混凝土的极限值后，形成平行于 σ_3、也平行于试件侧表面的两组裂缝面。裂缝面逐渐扩展和增宽，以至贯通全试件，最终构成分离的短柱群而破坏[图 6.3.1(b)]。边长 100 mm 的立方体试件，破坏时每边分成 3～5 个小柱，小柱边长 20～30 mm，或为粗骨料粒径的 1.5～2 倍。分隔小柱的主裂缝面较宽，小柱内还有细小的

纵向裂缝，说明混凝土中的粗骨料和砂浆的界面，以及砂浆内部普遍地受到损伤，破坏特征与单轴受压(表 4.4.1)相同。引起柱状压坏的主要因素是 σ_3，另两个主应力的作用影响试件的侧向应变 (ε_1 和 ε_2)，也即影响裂缝面的形成和扩展。当 σ_1 和 σ_2 为压应力时，减小了侧向应变，故抗压强度提高 ($|f_3|>f_c$，图 5.2.6)。反之，当 σ_1 和 σ_2 为拉应力时，增大了侧向拉应变，多轴抗压强度必降低 ($|f_3|<f_c$，图 5.2.8)。

(3) 片状劈裂

混凝土在多轴受压或拉/压应力状态下，第二主应力 σ_2 为压，且能阻止在 σ_2 的垂直方向发生受拉裂缝，试件将在 σ_2 和 σ_3 的共同作用下，沿 σ_1 方向产生较大的拉应变 ε_1，并逐渐形成与 σ_2-σ_3 作用面平行的多个裂缝面。当裂缝贯通整个试件后，发生片状劈裂破坏[图 6.3.1(c)]。边长 100 mm 的立方体试件，一般被劈成 3～5 片，宏观平行的主劈裂面受到粗骨料的阻挡而出现不规则的倾斜角和曲度。两旁的砂浆内部和粗骨料界面有明显的损伤和小碎片，但粗骨料完整，未被劈碎。破坏特征与单轴受压的特征(表 4.4.1)相似。从破坏机理分析，同是片状劈裂破坏，三轴受压试件的抗压强度必大于二轴抗压强度，且两者必都大于三轴拉/压试件的强度(图 5.2.6，图 5.2.8)。

(4) 斜剪破坏

混凝土三轴受压，主应力 σ_1 较大，可阻止片状劈裂破坏发生，但 σ_1 和 σ_3 的差值大，即剪应力 $(\sigma_1-\sigma_3)/2$ 较大，破坏后的试件表面出现斜裂缝面[图 6.3.1(d)]。斜裂缝面有 1～3 个，与 σ_2 方向平行，与 σ_3 轴的夹角为 $20^\circ \sim 30^\circ$。沿斜裂缝面有剪切错动和碾压、破碎的痕迹。有些试件的应力状态在柱状压坏和片状劈裂的范围(表 6.3.1)以内，在形成相应的平行裂缝(劈裂)之后，如果终止试验时的变形大，也会在表面上出现明显的斜裂缝，即使单轴受压的棱柱体试件也是如此(图 4.3.3)。混凝土棱柱体轴心受压的裂缝发展过程和破坏形态说明，临界斜裂缝是在应力-应变曲线的下降段内形成，斜向裂缝并不影响试件的抗压强度，仅是一种次生的破坏形态或最终的表现形式，决定混凝土抗压强度 (f_c 或 f_3) 的还是纵向劈裂裂缝。

(5) 挤压流动

混凝土三轴受压，且 σ_1 和 σ_2 都大，三方向的主应变均为压缩。混凝土内的粗骨料和其界面，以及骨料间的水泥砂浆都主要承受压应力，延迟甚至防止了内部微裂缝的出现和发展，混凝土的极限强度有很大提高。在很高的压应力作用下，混凝土内的部分水泥砂浆和软弱粗骨料将因更高、且不均匀的微观应力而发生局部破碎，产生很大的压缩变形和剪切移动，试件的塑性变形大增(图 5.2.7，表 5.2.2)。达到极限荷载后，试件沿最大压应力 σ_3 方向发生宏观压缩变形，边长 70 mm 的试件可压缩成 40～50 mm 高，侧向则在 σ_1 和 σ_3 的挤压下向外膨胀。试件的形状由正方形变成了扁方体[图 6.3.1(e)]。混凝土在三方向压应力的共同作用下，发生剧烈的挤压流动，粗骨料和水泥砂浆都有很大相对错位。试件的边角因露在加载板之外，不受挤压约束而酥松、剥落，内部的材料和构造在强力挤碾下遭到严重的破损。试验结束后，取出的试件虽然仍成一整体，但表面上有许多不规则的微细裂纹，其残余的单轴抗压强度已很低。

混凝土的以上 5 种破坏形态发生在不同的应力状态范围，原则上可以通过试验加以确定，但各破坏形态之间有过渡区，完全界分又是困难的。表 6.3.1 和图 6.3.2 给出的典型破坏形态的应力范围可供参考[20]。

表 6.3.1　典型破坏形态的应力范围

破坏特征			拉断	柱状压坏	片状劈裂	斜剪破坏	挤压流动
主导应力			σ_1	σ_3	σ_2,σ_3	σ_1,σ_3	$\sigma_1,\sigma_2,\sigma_3$
应力状态	单轴		$\sigma_1>0$	$\sigma_3<0$			
	二轴	T/T	$\sigma_1\geqslant\sigma_2>0$				
		T/C	$\left\|\dfrac{\sigma_1}{\sigma_3}\right\|\geqslant 0.05$	$\left\|\dfrac{\sigma_1}{\sigma_3}\right\|<0.05$			
		C/C		$\dfrac{\sigma_2}{\sigma_3}\leqslant 0.2$	$\dfrac{\sigma_2}{\sigma_3}>0.2$		
	三轴	$T/T/T$	$\sigma_1\geqslant\sigma_2\geqslant\sigma_3>0$				
		$T/T/C$	$\left\|\dfrac{\sigma_1}{\sigma_3}\right\|,\left\|\dfrac{\sigma_2}{\sigma_3}\right\|\geqslant 0.1$	$\left\|\dfrac{\sigma_1}{\sigma_3}\right\|,\left\|\dfrac{\sigma_2}{\sigma_3}\right\|<0.1$			
		$T/C/C$	$\left\|\dfrac{\sigma_1}{\sigma_3}\right\|\geqslant 0.05$	$\left\|\dfrac{\sigma_1}{\sigma_3}\right\|<0.05$ $\dfrac{\sigma_2}{\sigma_3}\leqslant 0.2$	$\left\|\dfrac{\sigma_1}{\sigma_3}\right\|<0.05$ $\dfrac{\sigma_2}{\sigma_3}>0.2$		
		$C/C/C$		$\dfrac{\sigma_1}{\sigma_3},\dfrac{\sigma_2}{\sigma_3}\leqslant 0.1$	$\dfrac{\sigma_1}{\sigma_3}\leqslant 0.15$ $\dfrac{\sigma_2}{\sigma_3}>0.15$	$\dfrac{\sigma_1}{\sigma_3}=0.15\sim 0.2$	$\dfrac{\sigma_1}{\sigma_3},\dfrac{\sigma_2}{\sigma_3}>0.2$

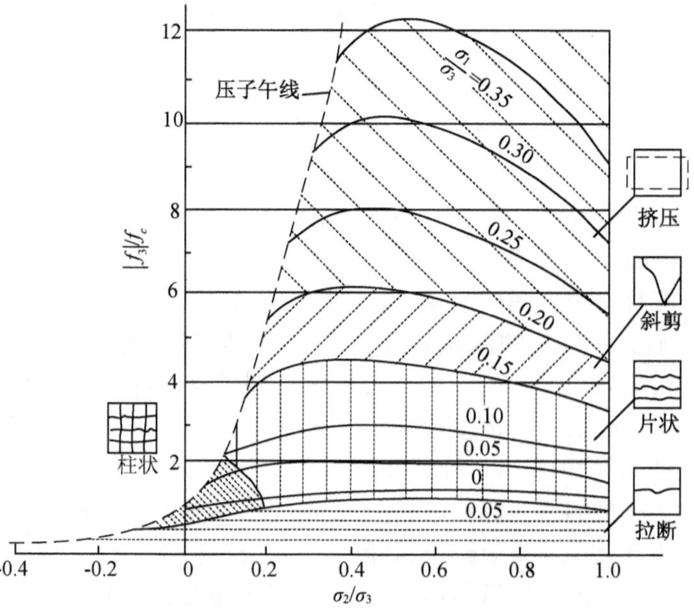

图 6.3.2　混凝土破坏形态的界分

混凝土的这些破坏形态是从试件破坏后的表面宏观现象加以区分的。如果从混凝土破坏过程的主要受力原因和裂缝的特征分析，可归纳为两种基本破坏形态：①主拉应力产生的横向受拉裂缝引发的拉断破坏；②主压应力产生的纵向劈裂裂缝引发的破坏，包括柱状压坏、片状劈裂、斜剪破坏和挤压流动等，其中挤压流动是一种特例，侧向压应力将纵向劈裂裂缝压实，不明显表露。这两种基本破坏形态的典型代表为单轴受拉和受压，破坏特征的对比见表 4.4.1。

二、混凝土破坏包络面

将试验中获得的混凝土多轴强度（f_1, f_2, f_3）数据，逐个地标在主应力（$\sigma_1, \sigma_2, \sigma_3$）坐标空间，相邻各点以曲面相连，就得到混凝土的破坏包络曲面[图 6.3.3(a)]。破坏包络面与坐标平面的交线，即混凝土的二轴破坏包络线(图 5.2.1)。

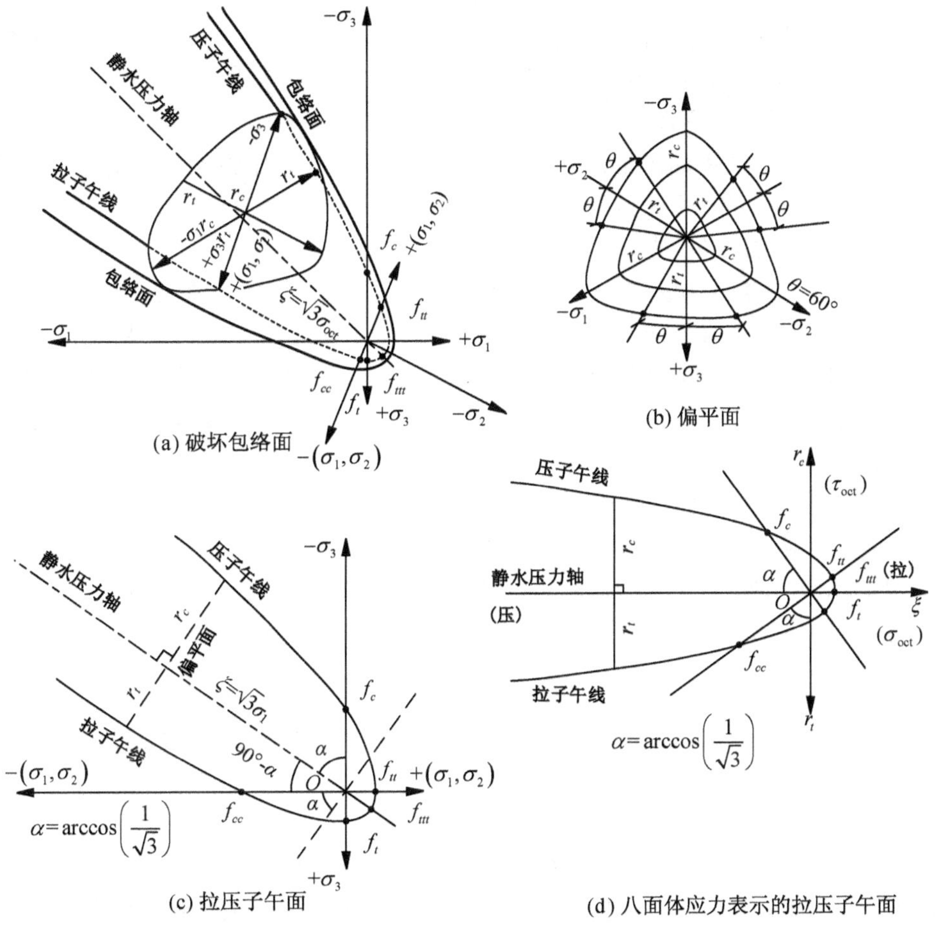

图 6.3.3 混凝土的破坏包络曲面及其表达方法[60]

在主应力空间中，与各坐标轴保持等距的各点连接成为静水压力轴。此轴必通过坐标原点，且与各坐标轴的夹角相等，均为 $\alpha=\arccos(1/\sqrt{3})$。静水压力轴上一点与坐标原点的距离称静水压力（$\xi$），其值为 3 个主应力在静水压力轴上的投影之和，故 $\xi=(\sigma_1+\sigma_2+\sigma_3)/\sqrt{3}$。垂直于静水压力轴的平面为偏平面[图 6.3.3(b)]。3 个主应力轴在偏平面上的投影各成 120° 角。同一偏平面上每一点的 3 个主应力之和为常数，即主应力第一不变量。偏平面与破坏包络曲面的交线称偏平面包络线。不同静水压力下的偏平面包络线构成一族封闭曲线。偏平面包络线为三折对称，在夹角 60°范围内的曲线段，即得全包络线。取主应力轴正方向为 $\theta = 0°$，负方向为 $\theta = 60°$，其余各处为 $0° < \theta < 60°$。在偏平面上，包络线上一点至坐标原点(即静水压力轴)的距离称为偏应力 r。偏应力在 $\theta = 0°$ 处最小 (r_t)，随 θ 角逐渐增大，至 $\theta = 60°$ 处为最大 (r_c)，故 $r_t \leqslant r_c$。

在混凝土的破坏包络曲面上有一些特征强度点。混凝土的单轴抗压强度 f_c (由减摩措施的试验所得)和抗拉强度 f_t 各有 3 个点，分别位于 3 个坐标轴的负、正方向。混凝土的二轴等压 ($\sigma_1 = 0, f_2 = f_3 = f_{cc}$) 和等拉 ($\sigma_3 = 0, f_1 = f_2 = f_{tt}$) 强度位于坐标平面内的两个坐标轴的等分线上，3 个坐标面内各有一点；而混凝土的三轴等拉强度 ($f_1 = f_2 = f_3 = f_{ttt}$) 只有一点且落在静水压力轴的正方向。对于任意应力比 ($f_1 \neq f_2 \neq f_3$) 的三轴受压、受拉或拉/压应力状态，考虑混凝土的各向同性，可由坐标或主应力 (f_1, f_2, f_3) 的轮换，在应力空间中各画出 6 个点，位于同一偏平面上，且夹角 θ 值相等[图 6.3.3(b)]。

破坏包络曲面的三维立体图既不便绘制，又不适于理解和应用，常改用拉压子午面[图 6.3.3(c)]和偏平面上的平面图形来表示。拉压子午面为静水压力轴与一主应力轴(如图中的 σ_3 轴)组成的平面，同时通过另两个主应力轴 (σ_1 和 σ_2) 的等分线。此平面与破坏包络面的交线，分别称为拉、压子午线。

拉子午线的应力条件为 $\sigma_1 \geqslant \sigma_2 = \sigma_3$，线上的特征强度点有单轴受拉 ($f_t, 0, 0$) 和二轴等压 ($0, -f_{cc}, -f_{cc}$)，偏平面上的夹角为 $\theta = 0°$；压子午线的应力条件则为 $\sigma_1 = \sigma_2 \geqslant \sigma_3$，线上有单轴受压 ($0, 0, -f_c$) 和二轴等拉 ($f_{tt}, f_{tt}, 0$)，偏平面上的夹角 $\theta = 60°$。拉压子午线与静水压力轴同交于一点，即三轴等拉 ($f_{ttt}, f_{ttt}, f_{ttt}$)。拉、压子午线至静水压力轴的垂直距离即为偏应力 r_t 和 r_c。

将图 6.3.3(c)中的图形绕坐标原点逆时针方向旋转一角度 ($90° - \alpha$)，得到以静水压力轴 ξ 为横坐标、偏应力 r 为纵坐标的拉、压子午线[图 6.3.3(d)]。于是，空间的破坏包络面改为由子午面和偏平面[图 6.3.3(d)、(b)]上的包络曲线来表达。破坏面上任一点的直角坐标 (f_1, f_2, f_3) 改为由圆柱坐标 (ξ, r, θ) 来表示，换算关系为

$$
\begin{aligned}
&\xi = (f_1 + f_2 + f_3)/\sqrt{3} = \sqrt{3}\sigma_{\text{oct}} \\
&r = \sqrt{(f_1 - f_2)^2 + (f_2 - f_3)^2 + (f_3 - f_1)^2}/\sqrt{3} = \sqrt{3}\tau_{\text{oct}} \\
&\cos\theta = (2f_1 - f_2 - f_3)/(\sqrt{6}r)
\end{aligned}
\qquad (6.3.1)
$$

由式(6.3.1)可知，将图 6.3.3(d)的坐标缩小 $\sqrt{3}$，就可以用八面体正应力 σ_{oct} 和剪应力 τ_{oct} 坐标代替静水压力和偏应力坐标，得到相应的拉、压子午线和破坏包络线(面)。图 6.3.4 是根据试验结果绘制的拉、压子午线和偏平面包络线的一例[60]。

根据国内外混凝土多轴强度的大量试验资料分析，破坏包络曲面的几何形状具有如下特征：①曲面连续、光滑、外凸；②对静水压力轴三折对称；③在静水压力轴的拉端封闭，顶点为三轴等拉应力状态，压端开口，不与静水压力轴相交；④子午线上各点的偏应力或八面体剪应力值，随静水压力或八面体正应力的代数值的减小而单调增大，但斜率渐减，有极限值；⑤偏平面上的封闭曲线三折对称，其形状随静水压力或八面体正应力值的增大，由近似三角形 ($r_t/r_c \approx 0.5$) 逐渐外凸饱满，过渡为接近圆形 ($r_t/r_c \approx 1$)。但是，关于破坏曲面的外凸性

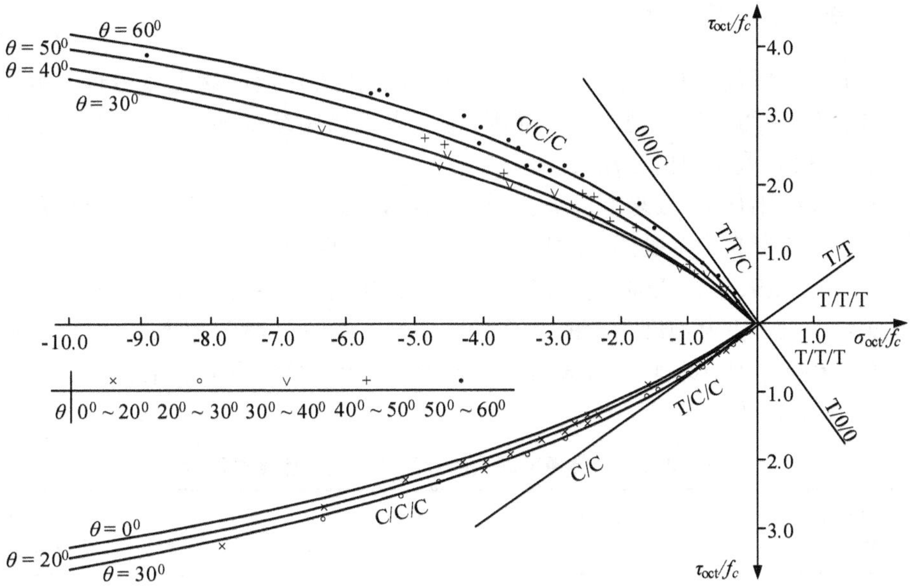

(a) 子午线

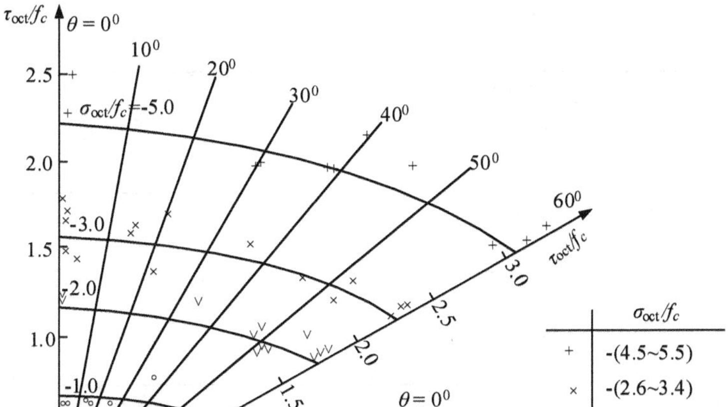

(b) 偏平面

图 6.3.4　子午线和偏平面包络线

还有不同意见，有些学者认为，破坏曲面的外凸性对于像混凝土这样的不稳定材料并不是很确切的或者可以产生凹屈服面，且 Zweber 已经论证过破坏面可以是凹面，而在一些二轴及三轴拉压试验中也得到了这种凹屈服面。

三、混凝土破坏准则表达式

将混凝土的破坏包络曲面用数学函数加以描述，作为判定混凝土是否达到破坏状态或极限强度的条件，称为破坏准则或强度准则，这是大量试验结果的总结，具有足够的计算准确性，对实际工程有重要的指导意义。

混凝土破坏准则很多，按来源分成三类：①借用古典强度理论的观点和计算式；②以混凝土多轴强度试验资料为基础的经验回归式；③以包络曲面的几何形状特征为依据的纯数学推导式，参数值由若干特征强度值标定。各个准则的表达方式和简繁程度各异，适用范围和计算精度差别大。古典强度理论的计算式和破坏包络面形状见表 6.3.2[20]，包括最大主拉应力理论、最大主拉应变理论、最大剪应力理论、统计平均剪应力理论、Mohr-Coulomb 理论、Drucker-Prager 理论等。

表 6.3.2　古典强度理论的计算式和破坏包络面形状

序号	建议人（年份）	控制原则和原计算式	统一计算式 (γ,ξ,θ)	包含参数	破坏包络面形状
1	Rankine (1876)	最大主拉应力 $\sigma_1 \leqslant f_1$	$\sqrt{2}r\cos\theta+\xi-\sqrt{3}\,\underline{\underline{f_1}}=0$	1	直角三角锥
2	Mariotto (1682)	最大主拉应变 $\sigma_1-\nu(\sigma_2+\sigma_3)\leqslant\varepsilon_1 E=f_1$		1	锐角三角锥
3	Tresca (1864)	最大剪应力 $(\sigma_1-\sigma_3)/2\leqslant k$ $k=f_y/2$	$r\sin\left(\theta+\frac{\pi}{3}\right)-\sqrt{2}\underline{\underline{k}}=0$	1	六角棱柱
4	Von Mises (1913)	统计平均剪应力 $\tau_{\max}\leqslant\sqrt{\frac{2}{3}}k$ $k=\frac{1}{\sqrt{3}}f_y$	$r^2-2\underline{\underline{k}}^2=0$	1	圆柱
5	Mohr-Coulomb (1990)	最大剪应力和正应力 $\tau_{\max}\leqslant c-\sigma\tan\phi$	$\sqrt{2}\xi\sin\underline{\underline{\phi}}+\sqrt{3}r\sin\left(\theta+\frac{\pi}{3}\right)+$ $r\cos\left(\theta+\frac{\pi}{3}\right)\sin\phi-\sqrt{6}\underline{\underline{c}}\cos\phi=0$	2	六角锥
6	Drucker-Prager (1952)	修正 Von Mises 和 Mohr-Coulomb 准则	$\sqrt{6}\underline{\underline{\alpha}}\xi+r-\sqrt{2}\underline{\underline{k}}=0$	2	正圆锥

注：统一计算式以 (γ,ξ,θ) 表达，推导过程见文献[20,61]，参数下有"="者需要用特征强度值标定。

它们的共同特点是：针对某种特定材料而提出，对于解释材料破坏的内在原因和规律有明确的理论观点，有相应的试验验证，破坏包络面的几何形状简单，计算式简明，只含 1 个或 2 个参数，其值易于标定。因而，它们应用于相适应的材料时，可在工程实践中取得良好的效果。例如，Von Mises 准则适用于金属等塑性材料；Mohr-Coulomb 准则反映了材料抗拉和抗压强度不等 $(f_t<f_c)$ 的特点，适用于脆性的混凝土、岩石类材料。

但是，古典强度理论的破坏包络面形状过于简单，与复杂的混凝土实际破坏包络面相差较远，整体上不适用于混凝土材料，只是在很小的局部应力范围内，经过修正后方可勉强使用。随着混凝土多轴试验数据的积累，出现了若干较为准确、但数学形式复杂的混凝土破坏准则（表 6.3.3[20]）。

表 6.3.3　破坏准则按子午线和偏平面包络线的形状分类

偏平面包络线 / 子午线	 正三角形	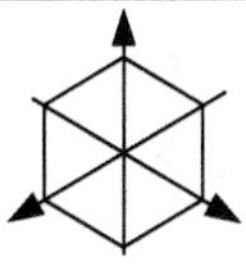 正六边形	 圆形	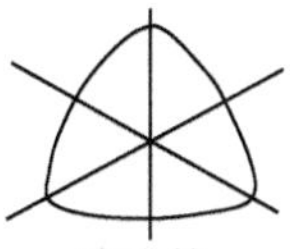 有尖棱	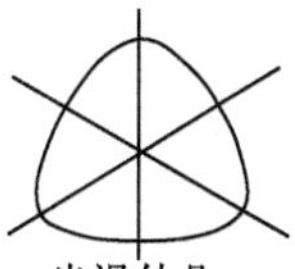 光滑外凸
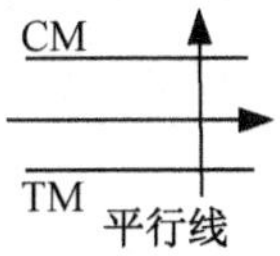 平行线		Tresca (1)	Von Miss (1)		
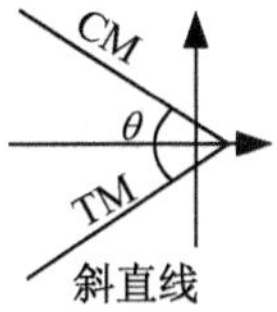 斜直线	$\theta=90^\circ$ Rankine (1) $\theta<90^\circ$ Mariotto (1)	Mohr-Coulomb (2)	Drucker-Prager (2)		Willam-Warnke (3)
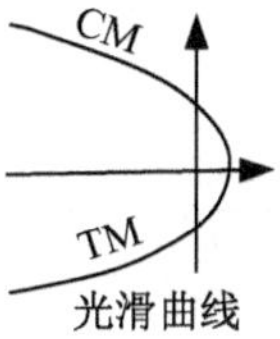 光滑曲线			Bresler-Pister (3)	Hsieh-Ting-Chen (4) Reimann(4)	Ottosen(4) Willam-Warnke(5) Podgorski (5)

注：括号内数字代表准则计算式中的参数数目。

为反映混凝土破坏包络面的特殊几何形状，准则中一般需要包含 4～5 个参数。这些破坏准则的原始表达式采用了不同的应力量作为变量，包括主应力 f_1,f_2,f_3，应力不变量 I_1，J_2,J_3，静水压力和偏应力 ξ,r,θ，八面体应力 $\sigma_{oct},\tau_{oct},\theta$，平均应力 σ_m,τ_m,θ。上述准则的数学形式差别很大，不便做深入对比分析。其实，这些应力量借助下列基本公式就可以很方便地互相变换：

$$
\left.\begin{aligned}
&\sigma_0 f_c=\sigma_{oct}=\frac{f_1+f_2+f_3}{3}=\frac{I_1}{3}=\frac{\xi}{\sqrt{3}}=\sigma_m\\
&\tau_0 f_c=\tau_{oct}=\frac{\sqrt{(f_1-f_2)^2+(f_2-f_3)^2+(f_3-f_1)^2}}{3}=\sqrt{\frac{2J_2}{3}}=\frac{r}{\sqrt{3}}=\sqrt{\frac{5\tau_m}{3}}\\
&\cos\theta=\frac{2f_1-f_2-f_3}{3\sqrt{2}\tau_{oct}}=\frac{2f_1-f_2-f_3}{2\sqrt{3}J_2}=\frac{2f_1-f_2-f_3}{\sqrt{6}r}=\frac{2f_1-f_2-f_3}{\sqrt{30}\tau_m}
\end{aligned}\right\}
\tag{6.3.2}
$$

或

$$\cos 3\theta = \frac{3\sqrt{3}J_3}{2J_2^{1.5}} = \frac{\sqrt{2}J_3}{\tau_{oct}^3} \tag{6.3.3}$$

最终可统一用相对八面体强度（$\sigma_0 = \sigma_{oct}/f_c$ 和 $\tau_0 = \tau_{oct}/f_c$）表达，经归纳得子午线方程的 3 种基本形式：

$$\left.\begin{aligned} \sigma_0 &= A + B\tau_0 + C\tau_0^2 \\ \tau_0 &= D + E\sigma_0 + F\sigma_0^2 \\ \tau_0 &= G\left[\phi(\sigma_0)\right]^H \end{aligned}\right\} \tag{6.3.4}$$

一些常用的、有代表性的混凝土破坏准则列于表 6.3.4[20]，同时给出了原始表达式和统一表达式，可看到两者中参数的互换关系。在结构的有限元分析中，可根据结构的应力范围和准确度要求选用合理的混凝土破坏准则。

表 6.3.4　混凝土破坏准则的统一表达

破坏准则	参数数目	原表达式	统一表达式
(1) $\sigma_0 = A + B\tau_0 + C\tau_0^2$			
Reimann	4	$\frac{\xi}{f_c} = a\left(\frac{r_c}{f_c}\right)^2 + b\left(\frac{r_c}{f_c}\right) + c, r = \phi r_c$	$\sigma_0 = \frac{c}{\sqrt{3}} - \frac{b}{\phi}\tau_0 - \frac{\sqrt{3}a}{\phi^2}\tau_0^2$
Ottosen	4	$a\frac{J_2}{f_c^2} + \lambda\frac{\sqrt{J_2}}{f_c} + b\frac{I_1}{f_c} - 1 = 0$	$\sigma_0 = \frac{1}{3b} - \sqrt{\frac{1}{6}}\frac{\lambda}{b}\tau_0 - \frac{a}{2b}\tau_0^2$
Hsich-Time-Chen	4	$a\frac{J_2}{f_c^2} + b\frac{\sqrt{J_2}}{f_c} + c\frac{\sigma_1}{f_c} + d\frac{I_1}{f_c} - 1 = 0$	$\sigma_0 = \left(\frac{1}{3d} - \frac{c}{3d}\frac{\sigma_1}{f_c}\right) - \sqrt{\frac{1}{6}}\frac{b}{d}\tau_0 - \frac{a}{2d}\tau_0^2$
Podgorski	5	$\sigma_{oct} - c_0 + c_1 P\tau_{oct} + c_2\tau_{oct}^2 = 0$	$\sigma_0 = c_0 - c_1 P \cdot \tau_0 - c_2 f_c \cdot \tau_0^2$
(2) $\sigma_0 = D + E\sigma_0 + F\sigma_0^2$			
Bresler-Pister	3	$\frac{\tau_{oct}}{f_c} = a - b\frac{\sigma_{oct}}{f_c} + c\left(\frac{\sigma_{oct}}{f_c}\right)^2$	$\tau_0 = a - b\sigma_0 + c\sigma_0^2$
Willam-Warke	5	$\theta = 0°$ $\frac{\tau_{mt}}{f_c} = a_0 + a_1\frac{\sigma_m}{f_c} + a_2\left(\frac{\sigma_m}{f_c}\right)^2$ $\theta = 60°$ $\frac{\tau_{mc}}{f_c} = b_0 + b_1\frac{\sigma_m}{f_c} + b_2\left(\frac{\sigma_m}{f_c}\right)^2$	$\tau_{ot} = \frac{a_0}{\sqrt{0.6}} + \frac{a_1}{\sqrt{0.6}}\sigma_0 + \frac{a_2}{\sqrt{0.6}}\sigma_0^2$ $\tau_{oc} = \frac{b_0}{\sqrt{0.6}} + \frac{b_1}{\sqrt{0.6}}\sigma_0 + \frac{b_2}{\sqrt{0.6}}\sigma_0^2$
Willam-Warke	3	$\frac{\tau_m}{f_c} = r(\theta)\left(1 - \frac{1}{\rho}\frac{\sigma_m}{f_c}\right)$	$\tau_0 = \frac{r(\theta)}{\sqrt{0.6}} - \frac{r(\theta)}{\sqrt{0.6}\rho}\sigma_0$ $F = 0$
(3) $\tau_0 = G[\phi(\sigma_0)]^H$			
Kotsovos	5	$\theta = 0°, \frac{\tau_{oct,t}}{f_c} = a\left(c - \frac{\sigma_{oct}}{f_c}\right)^b$ $\theta = 60°, \frac{\tau_{oct,c}}{f_c} = d\left(c - \frac{\sigma_{oct}}{f_c}\right)^e$	$G = a, H = b$ $G = d, H = e$　$\phi = c - \frac{\sigma_{oct}}{f_c}$
过-王	5	$\tau_0 = a\left(\frac{b - \sigma_0}{c - \sigma_0}\right)^d$	$G = a, H = d, \phi = \frac{b - \sigma_0}{c - \sigma_0}$

由于混凝土破坏准则的数学形式比较复杂，计算费时，一般需编制程序计算混凝土的多轴强度，故常与二、三维结构的分析程序结合使用。有关规范和文献提供了混凝土多轴强度的多种计算图，既简化了计算手续，方便结构设计时查用，又可给出偏低的多轴强度值，保留适当的安全余度。此外，实际工程中存在大量的二维结构，许多三维结构还可简化为二维应力状态进行分析和设计，不必动用复杂的三维准则，只需采用二轴包络图进行验算。

我国混凝土结构设计规范（GB 50010—2002）中给出的混凝土二轴强度包络线和三轴抗压强度图如图 6.3.5 所示[9]，二轴包络线为 4 折线形，取值略低于试验结果，其中压/压区和拉/拉区与 Tasuji-Slate-Nilson 准则（图 6.3.6[62]）相同，拉/压区与二维结构常用的 Kupfer-Gerstle 准则相近（图 6.3.7[63]）。各折线段的二轴强度计算式见表 6.3.5[10]。

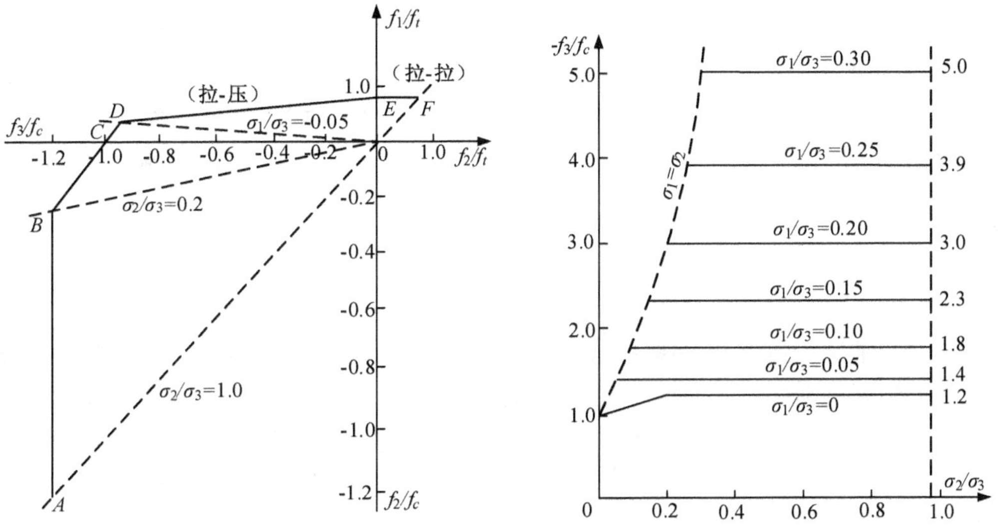

(a) 二轴强度包络线　　　(b) 三轴抗压强度

图 6.3.5　混凝土多轴强度计算图

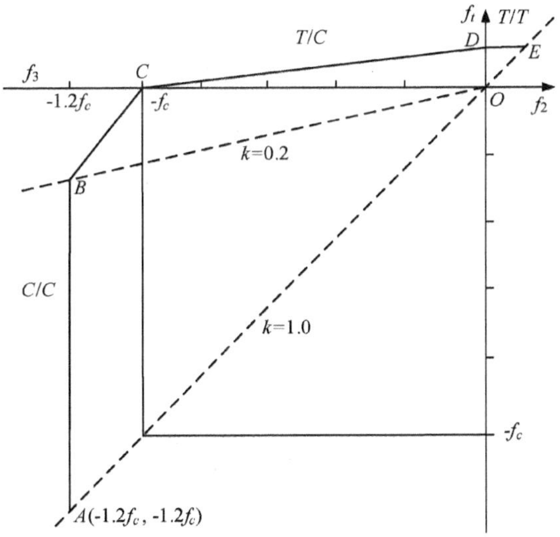

图 6.3.6　Tasuji-Slate-Nilson 二轴破坏准则

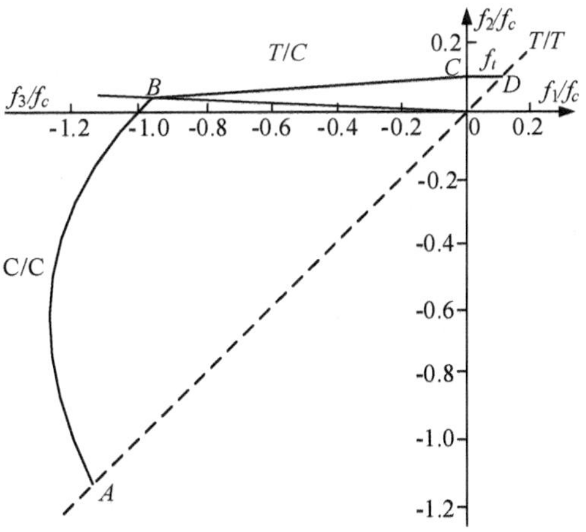

图 6.3.7　Kupfer-Gerstle 二轴破坏准则

表 6.3.5　二轴强度计算式[对应图 6.3.5(a)]

区　段	应力状态	应力比	二轴强度计算式
AB	压-压 $\sigma_1=0$	$r=\sigma_2/\sigma_3$ $0.2\leqslant r\leqslant 1$	$f_3=-1.2f_c, f_2=-1.2rf_c$
BC	压-压 $\sigma_1=0$	$r=\sigma_2/\sigma_3$ $0\leqslant r\leqslant 0.2$	$f_3=\frac{-1.2}{1.2-f}f_c, f_2=rf_3$
CD	拉-压 $\sigma_2=0$	$r=\sigma_1/\sigma_3$ $-0.05\leqslant r\leqslant 0$	$f_3=\frac{-1.2}{1.2-r}f_c, f_1=rf_3$
DE	拉-压 $\sigma_2=0$	$r=\sigma_1/\sigma_3$ $r\leqslant -0.05$	$f_3=\frac{-0.96f_tf_c}{f_c-(0.048+0.96r)f_c}, f_1=rf_3$
EF	拉-拉 $\sigma_3=0$	$r=\sigma_2/\sigma_1$ $0\leqslant r\leqslant 1$	$f_1=f_t, f_2=rf_1$

混凝土的三轴抗压强度 f_3 [图 6.3.5(b)]不考虑中间主应力 σ_2 的影响，简化计算也可按下式进行计算：

$$-\frac{f_3}{f_c}=1.2+33\left(\frac{\sigma_1}{\sigma_3}\right)^{1.8} \tag{6.3.5}$$

得到的三轴抗压强度 f_3 的取值低于试验值(图 5.2.6)，又有最高强度 $5f_c$ 的限制，用于结构承载力验算可确保结构安全。对于三轴拉/压应力状态(T/T/C，T/C/C)，规范建议不计中间主应力的影响，按二轴拉/压强度[T/C，$\sigma_2=0$，图 6.3.5(a)的 CD，DE 段]取值。在三轴受拉(T/T/T)应力状态下，抗拉强度可取为 $f_1=0.9f_t$。在现行规范(GB 50010—2010)中，对混凝土多轴强度建议的计算值稍有变化。

第三篇
工程材料的本构关系和强度理论

第七章 / 水工混凝土的本构方程和强度准则

第一节　概　述

在水工建筑物的数值模拟计算分析中，必须考虑水工结构组成材料的力学性能，其中混凝土本构关系的模型对水工结构非线性分析有重大影响。显然，混凝土的本构行为受制于材料的多相组构、微结构的演变、时间效应和应力状态等因素[64]，加载期间，混凝土不仅经受有弹性变形，而且还可能出现由于微结构演化(如微裂纹的扩展和内摩擦滑移引起的能量耗散等)产生的非弹性变形以及时效产生的黏性变形等。混凝土在简单应力状态下的本构关系，即单轴受压和受拉时的应力应变关系比较明确，可以在相应的试验中测定，并用合理的经验回归式加以描述，但由于影响因素众多，会因混凝土组成材料力学性质的离散性、变形成分的多样性等而在一定范围内变动。混凝土在多轴应力状态下的本构关系要复杂得多，三个方向主应力的共同作用，使各方向的正应变和横向变形相互约束和牵制，进而影响内部微裂缝的出现和发展程度。同时，混凝土多轴抗压强度的成倍增长和多轴拉/压强度的降低，扩大了混凝土受载时的应力值范围，改变了各变形成分的比例，导致不同的破坏过程和破坏形态，这些都使得混凝土多轴变形的变化范围大、破坏形式复杂。另一方面，混凝土多轴试验方法的不统一和应变量测的困难，又加大了试验数据的离散度，给研究本构关系带来更大困难。

单轴受力状态下的混凝土变形特性如图 7.1.1 所示，由上升段和下降段组成，①当加载应力小于 $0.3f_c'$(f_c' 为极限应力或单轴抗压强度)时，混凝土积蓄的内能小于产生新增微裂纹所需的能量，应力应变曲线斜率不变，变形为线弹性，$0.3f_c'$ 被定义为弹性极限；②当加载应力介于 $0.3f_c' \sim 0.75f_c'$ 时，混凝土积累的内能已达到裂纹扩展所需的能量，裂纹尖端应力集中，导致原有裂纹扩展、新裂纹增加以及微裂纹相互之间的连通，应力应变曲线斜率逐渐变小，呈弯曲状，卸载后有残余变形；③当应力大于 $0.75f_c'$ 时，混凝土积累的内能大于裂纹扩展所需的能量，裂纹扩展率加快，体积应变由压缩转为膨胀，$0.75f_c'$ 称为临界应力，当应力大于临界应力后，体系成为不稳定状态，直至应力达到 f_c' 时破坏，若在 $0.75f_c' \sim f_c'$ 内卸载，呈现显著的非线性特征，刚度明显降低；④下降段曲线体现了混凝土应变软化的特性，随着非弹性应变的增大导致了应力的降低。

图 7.1.2—图 7.1.5 分别表示双轴受力状态试验获得的典型应力-应变曲线、应力-体

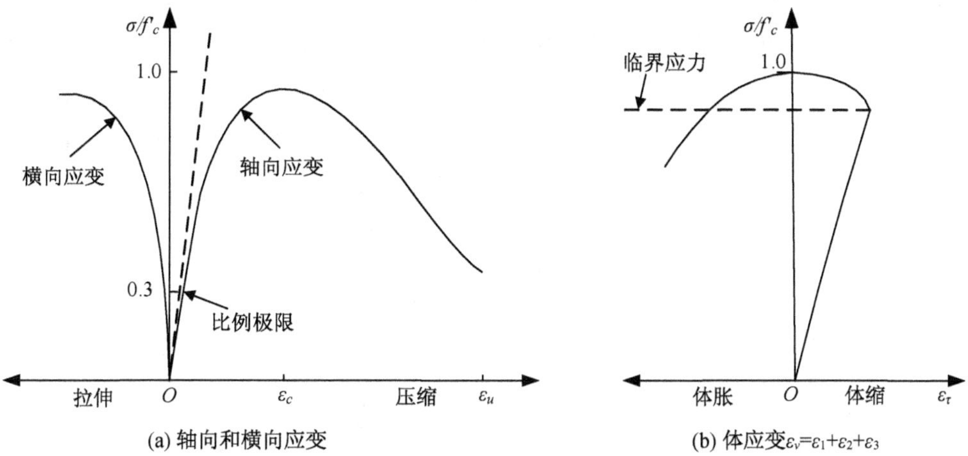

图 7.1.1 混凝土单轴压缩试验典型的应力-应变曲线

积应变曲线、双轴强度包络图和破坏模式图。①双轴应力状态分为双压、压拉和双拉等三种受力类型，在不同类型的双轴应力状态下，材料的韧性(延性)程度不同；对于单压或双压型，其产生的最大压应变平均为 3 000 $\mu\varepsilon$，最大拉应变约 2 000～4 000 $\mu\varepsilon$，其中双压状态比单压状态下的拉伸延性要大(图 7.1.2)；双轴压拉状态中，随着拉应力的增大，破坏时主压应变和主拉应变值均在减小，在单拉和双拉应力状态中，最大主拉应变平均值仅 80 $\mu\varepsilon$，呈现脆性变形特征。②双压应力状态下的抗压强度比单压状态下的高(图 7.1.3)，如当 $\sigma_2/\sigma_1=0.5$ 时，最大强度增加约 25%，即破坏时的绝对值约 $1.26f_c'$；当 $\sigma_2/\sigma_1=1.0$ 时，破坏时 $\sigma_1=\sigma_2$ 的绝对值约 $1.16f_c'$；图 7.1.4 表明，双压状态强度比单压状态提高的相对值似与 f_c' 无关，这说明应力状态的不同是导致混凝土强度变化的重要因素；在压拉应力状态下，混凝土强度将随拉应力增大而减小，而在双拉应力状态下，其强度与单拉状态相近。③双压应力状态中，当混凝土接近破坏时，压应力的增大将导致体积的膨胀(图 7.1.3)，这种现象类似单压应力状态，也是微裂纹增多和扩展所致。④图 7.1.5 为不同双轴 (σ_2 和 σ_3) 应力状态下的破坏模式

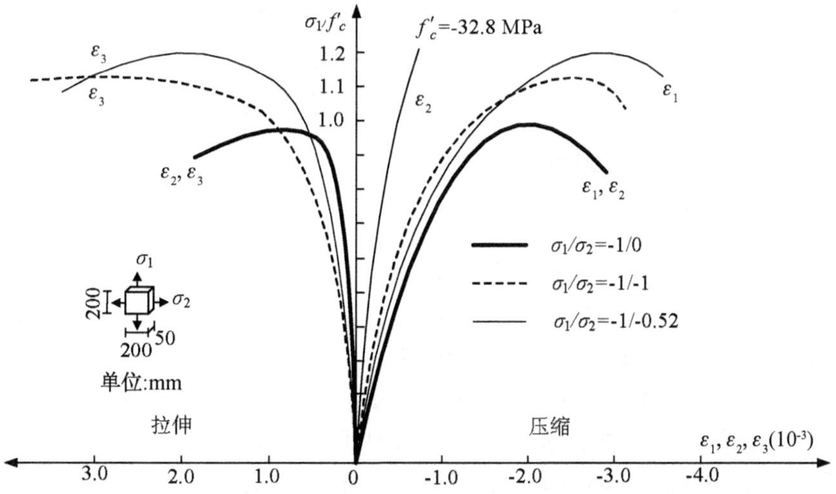

图 7.1.2 混凝土在双轴压缩下的应力应变关系(Kupfer,1969)

示意图，表明混凝土破坏是由于拉伸劈裂造成的，破坏面与最大拉应力或拉应变方向正交，由此可知拉应变在破坏机理或破坏准则中是至为重要的因素。

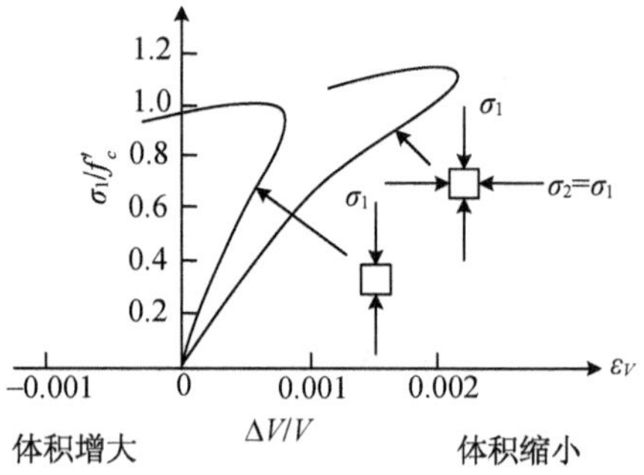

图 7.1.3 双轴压缩混凝土体积变化的典型应力应变曲线

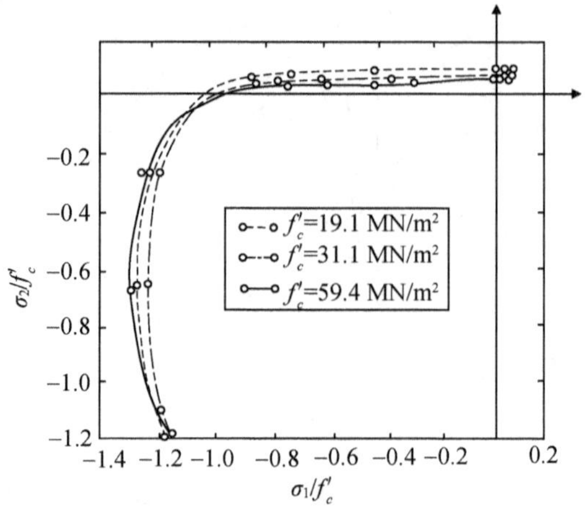

图 7.1.4 混凝土双轴强度包络图

(Kupfer 等，1969)

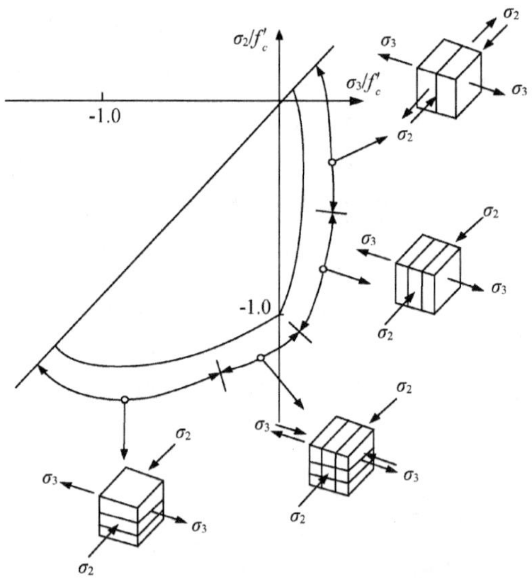

图 7.1.5 双轴加载混凝土的破坏模式

(Nelissen，1972)

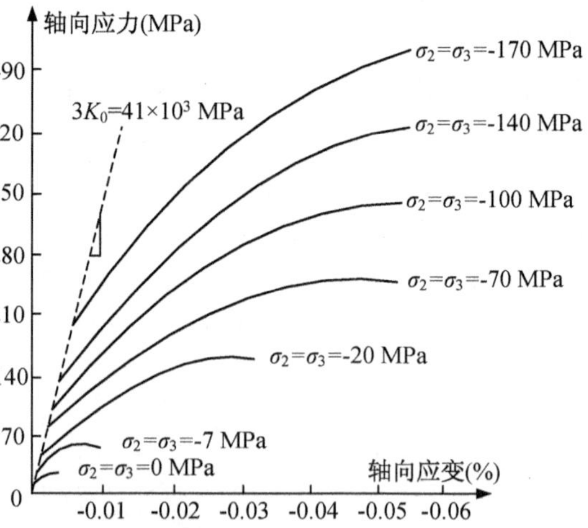

图 7.1.6 混凝土的三轴应力应变关系

(Balmer，1949)

图 7.1.6 表示在不同围压情况下轴向应力-应变曲线。随着围压的增大，混凝土的延性和强度均得到显著提高，围压的作用犹如在圆柱形混凝土外设箍筋或螺旋筋对混凝土柱的约束效应，阻止了裂纹的传播和扩展。由于静水压力作用下的混凝土变形呈现非线性特征，有别于金属产生的线弹性变形，所以在三轴压缩破坏试验中，当静水压力较高时，随着静水压力分量 ξ 的增加，混凝土破坏面在偏平面上的曲线为半径 ρ 逐渐增大的圆，说明此种应力状态下，该考察点的混凝土破坏与应力张量第一和第二不变量有关，而与第三不变量无关。但是，在低静水压力状态中，偏平面上破坏线却为非圆形的凸曲线(图 7.1.7)，在拉力或小

的压力作用下，近似为三角形，随着压力的增大才逐渐外凸向圆形发展。这说明在低静水压力作用下，破坏线形状与 α 有关。为此，混凝土破坏面一般由三个应力张量不变量描述，此外，已有成果表明，混凝土材料的破坏面似与加载路径无关。

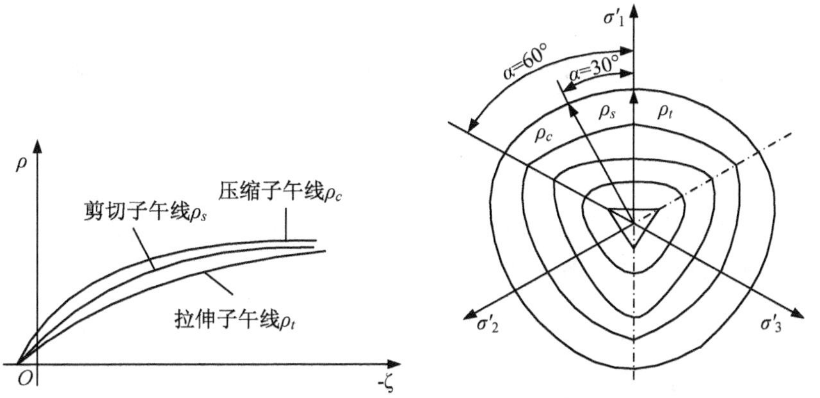

(a) 破坏面的子午线　　(b) 偏平面内的截面

图 7.1.7　破坏面的基本特征($\rho=\sqrt{2J_2}$, $\xi=\sqrt{3}\sigma_m$)

由于混凝土材料含有孔隙和微裂纹，导致其本构特性十分复杂。根据已有的试验成果，混凝土抗压和抗拉性能的差异很大，单轴抗拉强度和单轴抗压强度之比约 0.05～0.10，岩石的差别更甚。混凝土类介质材料的力学参数、变形特征和破坏形式与考察点的应力状态有关，不同应力状态下，此类介质的强度、弹模、变形规律和破坏形式是不同的，且此类介质的塑性条件与金属不同，它不仅与考察点的偏应力状态有关，还与其球应力状态相关。混凝土类介质在压缩破坏前，往往出现显著的非弹性体膨胀现象，并随着压应力增大而加剧，直至材料的破坏。混凝土类介质应力应变关系呈现多种类型的非线性，一方面由于其微结构类型的不同，固然会引起本构行为的离散性；另一方面具有相同微结构类型的介质在不同应力环境或加载工况下，也会产生不同特征的非线性响应，诸如脆弹性开裂非线性、弹塑性非线性和弹塑性断裂非线性等，尤其在循环加(卸)载情况下，由于介质损伤导致了刚度的退化(弹性劣化)，更是加剧了材料本构关系的复杂性和非线性行为的多样化。此外，水工混凝土类介质往往处于长期受载状态，时间效应引起的黏性变形需要考虑，尤其在高压环境下十分显著。

所谓混凝土的本构关系主要是表达混凝土在多轴应力作用下的应力应变关系，在结构设计计算和有限元分析中须引入混凝土的多轴本构关系[65]。为此，许多学者进行了大量的试验和理论研究，提出了多种多样的混凝土本构模型。在建立混凝土的本构关系时，往往基于已有的理论框架，针对混凝土的力学特性，确定甚至适当调整本构关系中各种参数。根据这些模型对混凝土力学性能特征的概括特点，分成 4 大类：①线弹性模型；②非线(性)弹性模型；③塑性理论模型；④其他力学理论模型。前两类属弹性模型，后两类统称非弹性模型，其中①、③类模型是将成熟的力学体系，即弹性力学和塑性理论的观点和方法作为基础，移植至混凝土；②类模型主要依据混凝土多轴试验数据和规律，进行总结和回归分析后得到；④类模型则是借鉴一些力学分支的概念和方法，结合混凝土的材料特点推导而得。虽然不同的学者基于不同的理论模型建立了不同的本构关系，但是各类本构模型的理论基础、观点和方法迥异，表达形式多样，简繁相差悬殊，适用范围和计算结果的差别大。迄今为止，由于混凝土材料的复杂性，还没有哪一种理论已被公认为通用的混凝土本构模型，只能根据结构的特点、应力范围和精度要求等加以适当选择[66]，实际工程中应用最广泛的还是源自试验、计算精度有保证、形式简明和使用方便的非线性弹性类本构模型。

第二节　混凝土本构关系的理论模型

为了对比在建立混凝土本构关系中应用的各种理论模型的特点，以一维问题为例，对已有理论模型进行简要介绍，主要有：弹性理论、非线性弹性理论、弹塑性理论、黏弹性-黏塑性理论、断裂力学理论、损伤力学理论和内时理论等。

一、线弹性本构关系

这是最简单、最基本的材料本构模型。材料变形（应变）在加载和卸载时呈线性关系，即服从胡克定律（图 7.2.1），完全卸载后无残余变形，因而应力和应变有确定的唯一关系，其比值即为材料的弹性常数，称弹性模量，其表达式为

$$\sigma = E\varepsilon \tag{7.2.1}$$

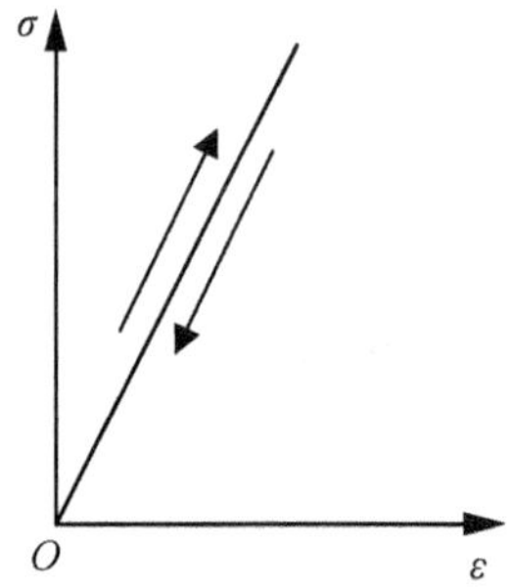

图 7.2.1　线弹性本构关系

弹性关系中应力状态与应变状态呈一一对应关系，并且呈线性关系，称为线弹性。线弹性本构关系是弹性力学的物理基础，是迄今发展最成熟的材料本构模型，也是其他类本构模型的基础和特例。在实际结构设计中，线弹性仍然是应用很广泛的本构模式，基于线弹性本构关系的结构二维和三维有限元分析程序已有许多成功的范例，如 SAP，ADINA，ANSYS 等在工程中已使用多年。

当然，混凝土的变形特性，如单轴受压和受拉以及多轴应力状态下的应力应变曲线都是非线性的，从原则上讲，线弹性本构模型不能适用。但是，在一些特定情况下，采用线弹性模型进行分析仍不失为一种简捷、有效的手段。例如，①混凝土的应力水平较低，内部微裂缝和塑性变形未有较大发展时；②预应力结构或受约束结构的开裂之前；③体形复杂结构的初步分析或近似计算时；④有些结构选用不同的本构模型，对其计算结果不敏感等情况。考虑了材料性能的方向性差异，便可建立不同复杂程度的线弹性本构模型。

1. 各向异性本构模型

结构中任何一点有 6 个应力分量，相应地有 6 个应变分量。如果各应力和应变分量间的弹性常数都不同，其一般的本构关系式为

$$\begin{bmatrix} \sigma_{11} \\ \sigma_{22} \\ \sigma_{33} \\ \tau_{12} \\ \tau_{23} \\ \tau_{31} \end{bmatrix} = \begin{bmatrix} c_{11} & c_{12} & c_{13} & c_{14} & c_{15} & c_{16} \\ c_{21} & c_{22} & c_{23} & c_{24} & c_{25} & c_{26} \\ c_{31} & c_{32} & c_{33} & c_{34} & c_{35} & c_{36} \\ c_{41} & c_{42} & c_{43} & c_{44} & c_{45} & c_{46} \\ c_{51} & c_{52} & c_{53} & c_{54} & c_{55} & c_{56} \\ c_{61} & c_{62} & c_{63} & c_{64} & c_{65} & c_{66} \end{bmatrix} \begin{bmatrix} \varepsilon_{11} \\ \varepsilon_{12} \\ \varepsilon_{13} \\ \gamma_{12} \\ \gamma_{23} \\ \gamma_{31} \end{bmatrix} \tag{7.2.2}$$

这里已经取 $\tau_{12}=\tau_{21},\tau_{23}=\tau_{32},\tau_{31}=\tau_{13}$ 和 $\gamma_{12}=\gamma_{21},\gamma_{23}=\gamma_{32},\gamma_{31}=\gamma_{13}$。式(7.2.2)简写成子矩阵的形式为

$$\begin{bmatrix}\sigma_{ii}\\ \tau_{ij}\end{bmatrix}=\begin{bmatrix}E_{ii,ii} & Y_{ii,ij}\\ H_{ij,ii} & G_{ij,ij}\end{bmatrix}\begin{bmatrix}\varepsilon_{ii}\\ \gamma_{ij}\end{bmatrix} \tag{7.2.3}$$

式中：$E_{ii,ii}$ 为正应力σ_{ii} 和正应变ε_{ii} 之间的刚度系数，即弹性模量；$G_{ij,ij}$ 为剪应力τ_{ij} 和剪应变 γ_{ij} 之间的刚度系数，即剪切模量；$Y_{ii,ij}$ 为正应力σ_{ii} 和剪应变γ_{ij} 之间的刚度系数；$H_{ij,ii}$ 为剪应力 τ_{ij} 和正应变ε_{ii} 之间的刚度系数，后两者都称为耦合变形模量。

这一本构模型中刚度矩阵不对称，共有 $6\times6=36$ 个材料弹性常数。

2. 正交异性本构模型

对于正交异性材料，正应力作用下不产生剪应变 ($\gamma_{ii,ij}=\infty$)，剪应力作用下不产生正应变 ($H_{ij,ii}=\infty$)，且不在其他平面产生剪应变。本构模型可以分解，简化为

$$\begin{bmatrix}\sigma_{11}\\ \sigma_{22}\\ \sigma_{33}\end{bmatrix}=\begin{bmatrix}c_{11} & c_{12} & c_{13}\\ c_{21} & c_{22} & c_{23}\\ c_{31} & c_{32} & c_{33}\end{bmatrix}\begin{bmatrix}\varepsilon_{11}\\ \varepsilon_{22}\\ \varepsilon_{33}\end{bmatrix} \tag{7.2.4}$$

$$\begin{bmatrix}\tau_{12}\\ \tau_{23}\\ \tau_{31}\end{bmatrix}=\begin{bmatrix}c_{44} & 0 & 0\\ 0 & c_{55} & 0\\ 0 & 0 & c_{66}\end{bmatrix}\begin{bmatrix}\gamma_{12}\\ \gamma_{23}\\ \gamma_{31}\end{bmatrix} \tag{7.2.5}$$

式(7.2.4)中的刚度矩阵对称，只含 6 个独立常数，加上式(7.2.5)中 3 个常数，故正交异性本构模型中的弹性常数减少为 9 个。

若材料的弹性常数用熟知的工程量 E，ν 和 G 等表示，建立的本构关系即广义胡克定律：

$$\begin{bmatrix}\varepsilon_{11}\\ \varepsilon_{22}\\ \varepsilon_{33}\end{bmatrix}=\begin{bmatrix}\dfrac{1}{E_1} & -\dfrac{\nu_{12}}{E_2} & -\dfrac{\nu_1}{E_3}\\ -\dfrac{\nu_{21}}{E_1} & \dfrac{1}{E_2} & -\dfrac{\nu_{23}}{E_3}\\ -\dfrac{\nu_{31}}{E_1} & -\dfrac{\nu_{32}}{E_2} & \dfrac{1}{E_3}\end{bmatrix}\begin{bmatrix}\sigma_{11}\\ \sigma_{22}\\ \sigma_{33}\end{bmatrix} \tag{7.2.6}$$

$$\begin{bmatrix}\gamma_{12}\\ \gamma_{23}\\ \gamma_{31}\end{bmatrix}=\begin{bmatrix}\dfrac{1}{G_{12}} & 0 & 0\\ 0 & \dfrac{1}{G_{23}} & 0\\ 0 & 0 & \dfrac{1}{G_{31}}\end{bmatrix}\begin{bmatrix}\tau_{12}\\ \tau_{23}\\ \tau_{31}\end{bmatrix} \tag{7.2.7}$$

式中：E_1,E_2,E_3 分别为 3 个垂直方向的弹性模量；G_{12},G_{23},G_{31} 分别为 3 个垂直方向的剪切模量；ν_{12} 分别为应力 σ_{22} 对 σ_{11} 方向的横向变形系数，即泊松比；ν_{23} 和 ν_{31} 等类推。

式(7.2.6)中的柔度矩阵对称，故

$$E_1\nu_{12} = E_2\nu_{21}, E_2\nu_{23} = E_3\nu_{32}, E_3\nu_{31} = E_1\nu_{13} \tag{7.2.8}$$

本构模型中的独立弹性常数也是 9 个。

3. 各向同性本构模型

各向同性材料的三方向弹性常数值相等，式(7.2.6)—式(7.2.7)便简化为

$$\begin{bmatrix} \varepsilon_{11} \\ \varepsilon_{22} \\ \varepsilon_{33} \end{bmatrix} = \begin{bmatrix} \frac{1}{E} & -\frac{\nu}{E} & -\frac{\nu}{E} \\ -\frac{\nu}{E} & \frac{1}{E} & -\frac{\nu}{E} \\ -\frac{\nu}{E} & -\frac{\nu}{E} & \frac{1}{E} \end{bmatrix} \begin{bmatrix} \sigma_{11} \\ \sigma_{11} \\ \sigma_{11} \end{bmatrix} \tag{7.2.9}$$

$$\begin{bmatrix} \gamma_{12} \\ \gamma_{12} \\ \gamma_{12} \end{bmatrix} = \frac{1}{G} \begin{bmatrix} \tau_{12} \\ \tau_{23} \\ \tau_{31} \end{bmatrix} \tag{7.2.10}$$

式中只有 3 个弹性常数，即 E，ν 和 G。由于

$$G = \frac{E}{2(1+\nu)} \tag{7.2.11}$$

独立的弹性常数只有 2 个，工程中常取 E 和 ν。

对式(7.2.9)—式(7.2.10)求逆，可得刚度矩阵表示的应力应变关系

$$\begin{bmatrix} \sigma_{11} \\ \sigma_{22} \\ \sigma_{33} \\ \tau_{12} \\ \tau_{23} \\ \tau_{31} \end{bmatrix} = \frac{E}{(1+\nu)(1-2\nu)} \left[\begin{array}{ccc:ccc} 1-\nu & \nu & \nu & & & \\ \nu & 1-\nu & \nu & & 0 & \\ \nu & \nu & 1-\nu & & & \\ \hdashline & & & \frac{1-2\nu}{2} & 0 & 0 \\ & 0 & & 0 & \frac{1-2\nu}{2} & 0 \\ & & & 0 & 0 & \frac{1-2\nu}{2} \end{array}\right] \tag{7.2.12}$$

这就是弹性力学中的一般本构关系。将此线弹性本构模型用于混凝土，只需测定或给出弹性模量和泊松比的数值，就可应用有限元方法分析水工混凝土结构力学行为。

二、非线性弹性关系

由于线弹性本构模型在分析水工混凝土结构的应用范围和计算精度方面受到限制，因而发展和建立了混凝土非线性弹性类本构模型。它们反映了混凝土的变形随应力而非线性增长的主要特点，采用逐渐退化(递减)的弹性常数进行分析，前述的基本计算式都可应用。

非线(性)弹性本构关系的基本特征以单轴应力应变关系为例,如图 7.2.2 所示。随着应力的加大,变形按一定规律非线性地增长,刚度逐渐减小;卸载时,应变沿原曲线返回,不留残余应变。这里,应力和应变不成正比,但有一一对应关系,卸载后没有残余变形,应力状态完全由应变状态决定,而与加载历史无关,用公式表示则为

$$\left.\begin{aligned}\sigma &= E(\sigma)\varepsilon \\ d\sigma &= E(\sigma)d\varepsilon = E_t d\varepsilon\end{aligned}\right\} \tag{7.2.13}$$

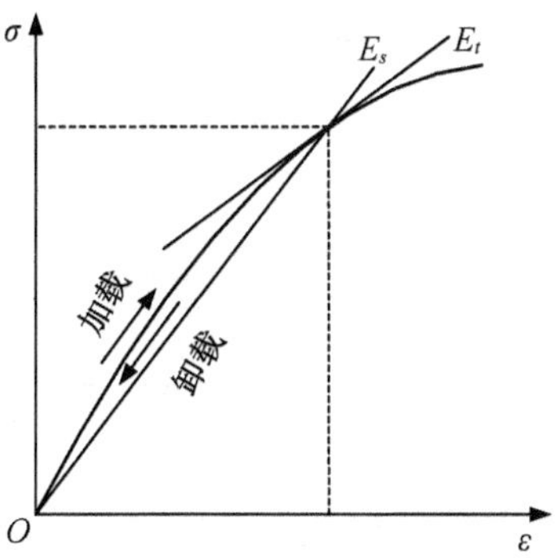

图 7.2.2 非线(性)弹性的应力-应变关系

式中:弹性模量 E_t 是应力水平(或应变大小)的函数。

如果找到了 $E(\sigma)$ 的合适表达式,则可以较好地描述水工混凝土在单调加载条件下的应力应变关系,这在水工混凝土结构有限元分析中应用很广。

这类本构模型的明显优点是,能够反映混凝土受力变形的主要特点;计算式和参数值都来自试验数据的回归分析,在单调比例加载情况下有较高的计算精度;模型表达式简明、直观,易于理解和应用,因而在工程中应用最广泛。这类模型的缺点是,不能反映卸载和加载的区别,卸载后无残余变形等,故不能应用于卸载、加卸载循环和非比例加载等情况。这类模型的数量很多,表达式和计算方法各异,适用应力范围和计算精度有别。一些有代表性的混凝土本构模型列入表 7.2.1[20],表中还给出了各本构模型的主要特点,如适用于二维或三维应力状态、应力的途径,采用的物理量、增量(切线)或全量(割线)模量,参数的标定方法,所用的破坏准则等。

表 7.2.1 非线(性)弹性混凝土本构模型

类型	作者	维数	物理量	模量形式	适用范围	应力途径	参数确定方法	破坏准则
各向同性	Kupfer/Gerstle	2,3	K, G	割线	上升段	单调	试验拟合	—
	Romstad/Taylor/Herrmann	2	E, ν	切线	上升段	单调	分段给定	折线
	Palaniswamy/Shah	3	K, ν	切线	不稳定裂缝前	单调	试验拟合	—
	Cedolin/Crutzen/DeiPoli	3	K, G	割、切线	上升段	单调	试验拟合	折线
	Ottosen	3	E, V	割线	全曲线	单调	等效单轴	Ottosen
正交异性	Liu/Nilson/Slate	2	E_1, E_2, ν	切线	上升段	单调	等效单轴	折线
	Tasuji/Slate/Nilson	2	E_1, E_2, ν	切线	上升段	单调	等效单轴	折线
	Darwin/Pecknold	2	E_1, E_2, ν	切线	上升段	单调	等效单轴	Kupfer
	Elwi/Murray	3	E_1, E_2, E_3, ν	切线	全曲线	单调	等效单轴	Willam-Warnke

续表

类型	作者	维数	物理量	模量形式	适用范围	应力途径	参数确定方法	破坏准则
各向异性	Kotsovos/Newman	3	K,G,H	割、切线	不稳定裂缝前	非比例	试验拟合	折线
	Kotsovos	3	K,G,H	割、切线	全曲线	非比例	试验拟合	—
	Gerstle	2,3	K,G,H	切线	上升段	非比例	试验拟合	—
	Stankowski/Gerstle	3	K,G,H,Y	切线	上升段	非比例	试验拟合	—

1. Ottosen 的三维、各向同性全量模型

引入非线性指数 β，表示当前应力 $(\sigma_1,\sigma_2,\sigma_3)$ 距破坏(包络面)的远近，以反映塑性变形的发展程度。假定主应力 σ_1 和 σ_2 值保持不变，σ_3（压应力）增大至 f_3 时，混凝土破坏，则

$$\beta=\frac{\sigma_3}{f_3} \tag{7.2.14}$$

混凝土的多轴应力应变关系仍采用单轴受压的 Sargin 方程

$$-\frac{\sigma}{f_c}=\frac{A\left(\dfrac{\varepsilon}{\varepsilon_c}\right)+(D-1)\left(\dfrac{\varepsilon}{\varepsilon_c}\right)^2}{1+(A-2)\left(\dfrac{\varepsilon}{\varepsilon_c}\right)+D\left(\dfrac{\varepsilon}{\varepsilon_c}\right)^2} \tag{7.2.15}$$

但用多轴应力状态的相应值代替

$$\left.\begin{aligned}&-\frac{\sigma}{f_c}=\frac{-\sigma}{f_3}=\beta, A=\frac{E_i}{E_P}=\frac{E_i}{E_f}\\&\frac{\varepsilon}{\varepsilon_c}=\frac{\varepsilon}{\varepsilon_f}=\frac{\sigma/E_s}{f/E_f}=\beta\frac{E_f}{E_s}\end{aligned}\right\} \tag{7.2.16}$$

式中各符号的意义如图 7.2.3 所示。将式(7.2.16)代入式(7.2.15)后，得一元二次方程，解之得混凝土的多轴割线模量：

$$E_s=\frac{E_i}{2}-\beta\left(\frac{E_i}{2}-E_f\right)\pm\sqrt{\left[\frac{E_i}{2}-\beta\left(\frac{E_i}{2}-E_f\right)\right]^2+E_f^2\beta[D(1-\beta)-1]} \tag{7.2.17}$$

式中：E_i 为混凝土的初始弹性模量；E_f 为多轴峰值割线模量。

$$E_f=\frac{E_p}{1+4(A-1)x} \tag{7.2.18}$$

式中：E_p 为单轴受压的峰值割线模量；

$$A=E_i/E_p\quad\left(>\frac{4}{3}\right)$$

$$x=\frac{\sqrt{J_{2f}}}{f_c}-\frac{1}{\sqrt{3}}\geqslant 0 \tag{7.2.19}$$

式中：J_{2f} 为按应力（σ_1,σ_2,f_3）计算的偏应力第二不变量。

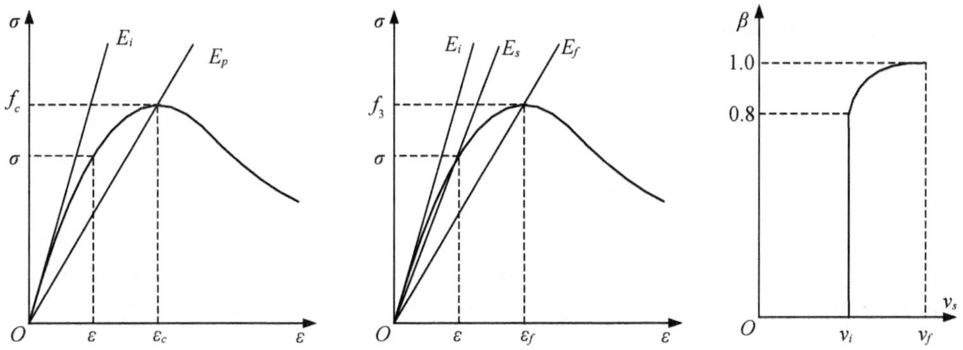

(a) 单轴受压σ-ε关系　　(b) 多轴σ-ε关系　　(c) 泊松比

图 7.2.3　Ottosen 本构模型

割线泊松比（ν_s）值随 β 的变化如图 7.2.3(c)所示，计算式为

$$\beta\leqslant 0.8 \quad \nu_s=\nu_i=\text{const.}$$

$$0.8<\beta\leqslant 1.0 \quad \nu_s=\nu_f-(\nu_f-\nu_i)\sqrt{1-(5\beta-4)^2}$$

其中泊松比的初始值和峰点值可取 $\nu_i=0.2$，$\nu_f=0.36$。

将不同应力值或 β 值下的 E_s 和 ν_s 代入式(7.2.9)—式(7.2.10)或式(7.2.12)，即为混凝土的各向同性本构模型。

2. Darwin-Pecknold 的二维、正交异性、增量模型

正交异性材料的二维应力-应变关系增量式，由式(7.2.6)—式(7.2.7)简化为

$$\begin{bmatrix}\mathrm{d}\varepsilon_{11}\\ \mathrm{d}\varepsilon_{12}\end{bmatrix}=\begin{bmatrix}\dfrac{1}{E_1} & -\dfrac{\nu}{E_2}\\ -\dfrac{\nu}{E_1} & \dfrac{1}{E_2}\end{bmatrix}\begin{bmatrix}\mathrm{d}\sigma_{11}\\ \mathrm{d}\sigma_{12}\end{bmatrix} \tag{7.2.20}$$

$$\mathrm{d}\gamma_{12}=\frac{1}{G}\mathrm{d}\tau_{12}$$

若取

$$\nu_1E_2=\nu_2E_1$$

$$\nu=\sqrt{\nu_1\nu_2} \tag{7.2.21}$$

矩阵求逆后得

$$\begin{bmatrix}\mathrm{d}\sigma_{11}\\ \mathrm{d}\sigma_{22}\\ \mathrm{d}\tau_{12}\end{bmatrix}=\frac{1}{1-\nu^2}\begin{bmatrix}E_1 & \nu\sqrt{E_1E_2} & 0\\ \nu\sqrt{E_1E_2} & E_2 & 0\\ 0 & 0 & \dfrac{1}{4}(E_1+E_2-2\nu\sqrt{E_1E_2}\end{bmatrix}\begin{bmatrix}\mathrm{d}\varepsilon_{11}\\ \mathrm{d}\varepsilon_{22}\\ \mathrm{d}\gamma_{12}\end{bmatrix} \tag{7.2.22}$$

对于主应力方向，则为

$$\begin{bmatrix} d\sigma_1 \\ d\sigma_2 \end{bmatrix} = \frac{1}{1-\nu^2}\begin{bmatrix} E_1 & \nu\sqrt{E_1E_2} \\ \nu\sqrt{E_1E_2} & E_2 \end{bmatrix}\begin{bmatrix} d\varepsilon_1 \\ d\varepsilon_2 \end{bmatrix} \tag{7.2.23}$$

以柔度矩阵表示，即为

$$\begin{bmatrix} d\varepsilon_1 \\ d\varepsilon_2 \end{bmatrix} = \begin{bmatrix} \dfrac{1}{E_1} & -\dfrac{\nu}{\sqrt{E_1E_2}} \\ -\dfrac{\nu}{\sqrt{E_1E_2}} & \dfrac{1}{E_2} \end{bmatrix}\begin{bmatrix} d\sigma_1 \\ d\sigma_2 \end{bmatrix} \tag{7.2.24}$$

式中：ν 为多轴状态的等效泊松比；E_1，E_2 分别为各主方向的切线弹性模量，数值不等。

材料在多轴应力状态下的应变，除了本方向应力直接产生的应变外，还包括了其他方向应力的横向变形影响，即泊松效应，试验中量测的结果也是如此。由于式(7.2.23)—式(7.2.24)中已引入了泊松比 ν，故式中 $E_i(i=1,2)$ 应该只反映多轴应力状态下的本方向应力应变关系。这种关系既非试验量测所得的多轴应力应变关系，又不同于材料的纯粹单轴(压或拉)应力应变关系，其应力峰值即为多轴强度 ($f_i \neq f_c$ 或 f_t)，相应应变也不等于单轴峰值应变 ($\varepsilon_{if} \neq \varepsilon_p$ 或 $\varepsilon_{t,p}$)，故称为等效单轴应力应变关系。另一方面，当多轴应力状态退化为单轴应力状态时，等效单轴应力应变关系显然就是单轴应力应变关系。

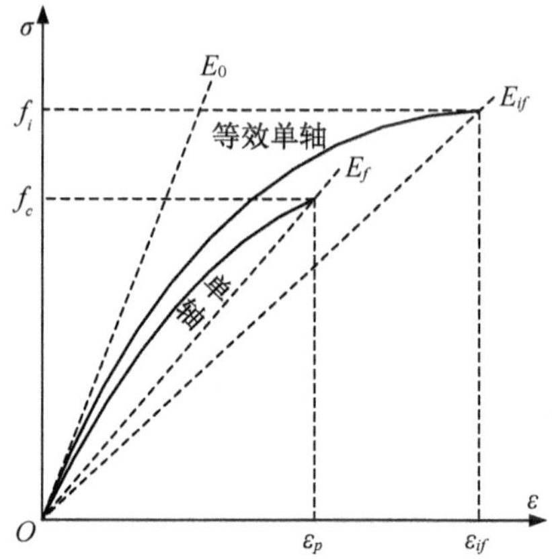

图 7.2.4　单轴和等效单轴应力-应变曲线

Darwin-Pecknold 本构模型中，将混凝土的等效单轴应力应变关系取为 Saenz 的单轴压应力-应变关系(图 7.2.4)，其曲线方程为

$$\sigma = \frac{\varepsilon E_0}{1+\left(\dfrac{E_0}{E_f}-2\right)\left(\dfrac{\varepsilon}{\varepsilon_p}\right)+\left(\dfrac{\varepsilon}{\varepsilon_p}\right)^2} \tag{7.2.25}$$

对于二轴应力状态，需将式中的应变 ε 改为等效单轴应变 ε_{iu}，上式变为

$$\sigma_i = \frac{\varepsilon_{iu} E_0}{1+\left(\dfrac{E_0}{E_{if}}-2\right)\left(\dfrac{\varepsilon_{iu}}{\varepsilon_{if}}\right)+\left(\dfrac{\varepsilon_{iu}}{\varepsilon_{if}}\right)^2}\ (i=1,2) \tag{7.2.26}$$

对此式求导数，得到切线模量

$$E_i = \frac{d\sigma_i}{d\varepsilon_{iu}} = \frac{\left[1-\left(\dfrac{\varepsilon_{iu}}{\varepsilon_{if}}\right)^2\right]E_0}{\left[1+\left(\dfrac{E_0}{E_{if}}-2\right)\left(\dfrac{\varepsilon_{iu}}{\varepsilon_{if}}\right)+\left(\dfrac{\varepsilon_{iu}}{\varepsilon_{if}}\right)^2\right]^2} \tag{7.2.27}$$

式中：E_0 为混凝土的初始弹性模量；E_{if} 为 $i(=1,2)$方向的峰值割线模量，$E_{if}=f_i/\varepsilon_{if}$；$f_i$ 为混凝土的二轴强度（f_1,f_2），按合理的破坏准则计算（比如 Kupfer 准则）；ε_{if} 为混凝土的二轴峰值应变（$\varepsilon_{1f},\varepsilon_{2f}$），按表 7.2.2 中经验式计算；泊松比 ν 按表 7.2.2 取值。

表 7.2.2 Darwin-Pecknold 本构模型中的 ε_{if} 和 ν 值

应力状态	ε_{if}	ν
C/C $T/C(\sigma_2<-0.96f_c)$	$\varepsilon_{if}=\varepsilon_p(3\dfrac{f_i}{f_c}-2)$	0.2
T/C $(\sigma_2>-0.96f_c)$	$\varepsilon_{2f}=\varepsilon_p\left[-1.6\left(\dfrac{f_i}{f_c}\right)^3+2.25\left(\dfrac{f_i}{f_c}\right)^2+0.35\left(\dfrac{f_i}{f_c}\right)\right]$ $\varepsilon_{1f}=150\times10^{-6}$	$0.2+0.6\left(\dfrac{f_i}{f_c}\right)^4+0.4\left(\dfrac{f_i}{f_t}\right)^4$ (<0.99)
T/C	$\varepsilon_{1f}=150\times10^{-6}$	0.2

三、弹塑性关系

在变形体材料加载后卸载时产生不可恢复的变形称为塑性变形，基于这一现象，建立了塑性理论。图 7.2.5(a)为典型的钢材单向拉伸时的 $\sigma-\varepsilon$ 曲线，当材料的应力低于其屈服强度时，它与应变成正比，加、卸载沿同一斜线变化，无残余应变；应力达屈服强度后不再增大，而应变可继续加大；卸载的应力应变线与屈服前的平行，完全卸载后有残余应变 ε_r；再加载时顺卸载线返回，斜率（刚度）不变。也即是，当 $\sigma<\sigma_y$ 时，σ 与 ε 呈弹性关系，即 $\sigma=E\varepsilon$；当 $\sigma>\sigma_y$ 时，则产生塑性变形，即 $\sigma=\Phi(\varepsilon)$，$\varepsilon=\varepsilon^e+\varepsilon^p$，其中 ε^e 在卸载时可以恢复，称为弹性变形部分，ε^p 不可恢复，称为塑性变形。全过程可以分为若干阶段，OA 称为弹性阶段，AB 称为流动阶段，BC 称为硬化阶段。在一般情况下，根据材料的不同条件做不同的简化，常用的简化模型如下。

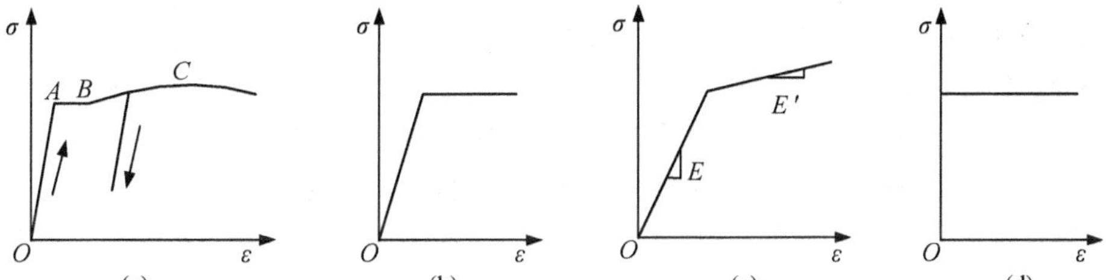

图 7.2.5 弹塑性本构关系

1. 理想弹塑性[图 7.2.5(b)]

当材料流动阶段较长而结构应变又不太大时，强化阶段可以忽略，而简化为理想弹塑性材料。其应力应变关系为

$$\left.\begin{array}{l}|\sigma|<\sigma_y,\varepsilon=\sigma/E \\ |\sigma|=\sigma_y,\begin{cases}\varepsilon=\dfrac{\sigma}{E}+\lambda\mathrm{sign}\sigma & \sigma\mathrm{d}\sigma\geqslant0(\text{加载}) \\ \mathrm{d}\varepsilon=\dfrac{\mathrm{d}\sigma}{E} & \sigma\mathrm{d}\sigma<0(\text{卸载})\end{cases}\end{array}\right\}\tag{7.2.28}$$

式中：$\lambda \geqslant 0$ 为一个参数；sign 为数学符号，表示

$$\mathrm{sign}\sigma = \begin{cases} 1 & \sigma > 0 \\ 0 & \sigma = 0 \\ -1 & \sigma < 0 \end{cases} \tag{7.2.29}$$

2. 线性强化弹塑性模型[图 7.2.5(c)]

当材料有明显强化作用时，为计算简单，将弹性阶段与强化阶段用两条直线表示，即

$$\left.\begin{aligned} &|\sigma| \leqslant \sigma_y, \varepsilon = \frac{\sigma}{E} \\ &|\sigma| > \sigma_y, \begin{cases} \varepsilon = \dfrac{\sigma}{E} + (|\sigma| - \sigma_y)\left(\dfrac{1}{E'} - \dfrac{1}{E}\right)\mathrm{sign}\sigma & (\text{加载}) \\ \mathrm{d}\varepsilon = \dfrac{\mathrm{d}\sigma}{E} & (\text{卸载}) \end{cases} \end{aligned}\right\} \tag{7.2.30}$$

3. 一般加载规律(图 7.2.6)

在塑性及强化段，应力应变为一般的曲线关系

$$\sigma = \Phi(\varepsilon) = E\varepsilon[1 - \omega(\varepsilon)] \tag{7.2.31}$$

依留辛建议表达式为

$$\sigma = E\varepsilon[1 - \omega(\varepsilon)] \tag{7.2.32}$$

式中：$\begin{cases} \omega(\varepsilon) = 0 & |\varepsilon| \leqslant \varepsilon_y \\ \omega(\varepsilon) = \dfrac{E\varepsilon - \Phi(\varepsilon)}{E\varepsilon} & |\varepsilon| > \varepsilon_y \end{cases}$。

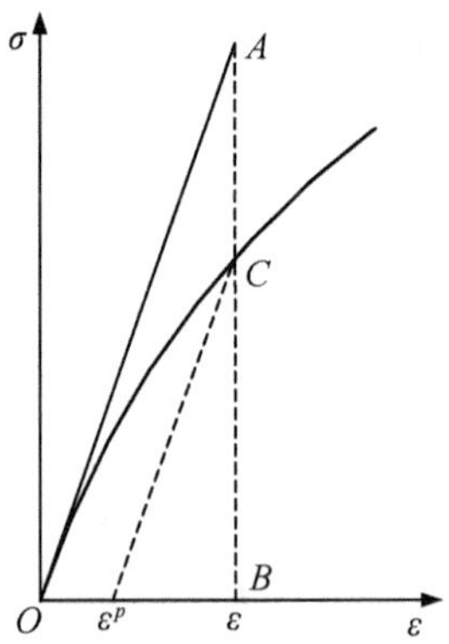

图 7.2.6 一般加载规律

由图 7.2.6 可知，$\omega(\varepsilon) = \overline{AC}/\overline{AB}$，它表示了应力应变关系偏离线性关系的程度，在非线性方程用迭代法求解时也很方便。

4. 刚塑性模型[图 7.2.5(d)]

在总变形中，若可恢复的弹性变形所占比例很小，即 $\varepsilon^e \ll \varepsilon^p$ 时，为简化计算常常忽略弹性变形部分，即认为 $\sigma < \sigma_y$ 时 $\varepsilon \approx 0$，这种关系称为刚塑性模型，这在计算结构所能承担的极限荷载时常常应用。

5. 强化模型

在应力改变符号并产生反方向的屈服时，根据其屈服极限变化的不同，常采用两种简化模型。

(1) 等强强化模型，即拉伸和压缩时的强化屈服极限是相等的

$$\sigma_y^+ = \sigma_y^- = \varphi\left(\int \mathrm{d}\varepsilon^p\right) \tag{7.2.33}$$

其屈服极限值取决于历史上达到的绝对值最高应力，它与总的变形塑性总和有关，如图 7.2.7 中的 $BO''B''$ 曲线。

(2) 随动强化模型，该模型认为弹性的范围不变，如图 7.2.7 中的卸载并反向加载的应

力应变曲线之原点从 O 移到 O'，如图 7.2.7 中的 $BO'B'$ 曲线。因而有

$$\sigma_y = |\sigma - H(\varepsilon^p)| \qquad (7.2.34)$$

在线性强化阶段可写为

$$\sigma_y = |\sigma - C\varepsilon^p| \qquad (7.2.35)$$

对比金属试验的数据，实际屈服极限值介于上述两种假设之间，因而有学者又提出混合强化的模型，如图 7.2.7 中的 BC 曲线。

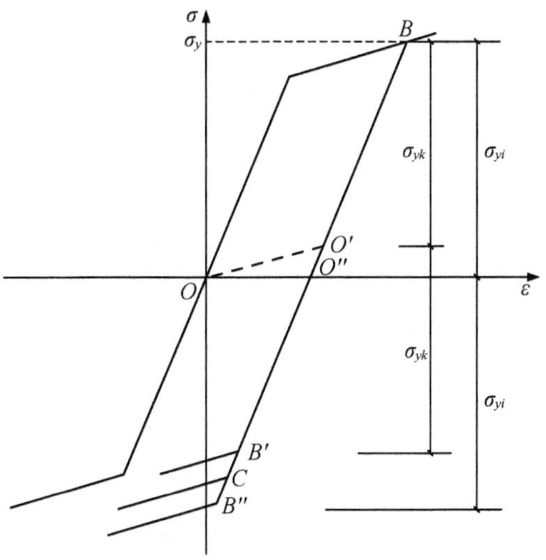

图 7.2.7　等强强化和随动强化

由于塑性理论中应力状态与加载历史和加载路径有关，可以较好地描述结构在各种复杂加载过程中的应力应变状态。这类本构模型主要适用于金属材料，如普通低碳钢，它们的基本假定和变形规律都有相应的试验验证。在塑性本构关系基础上发展成系统的理论体系，如各种流动（增量）理论和形变（全量）理论，确定了成熟的分析方法，在工程中的应用能给出较准确的结构性能分析。但是，混凝土材料的构造和性质显然不同于塑性的金属材料、单轴受压（拉）应力应变曲线的差异即是明证。为了将行之有效的塑性理论能应用于混凝土，已有学者建立了多种塑性本构模型，如弹性-全塑性模型、硬化塑性模型、基于应变空间松弛面（相应于应力空间的破坏包络面）的塑性模型、逐渐断裂模型、塑性-断裂模型等。这些塑性模型依据混凝土的某些特征，如刚度退化、存在应力下降段等，建立基本假设后用塑性理论的一般方法推导相应的本构模型表达式，但所做的假设与混凝土的实际性能仍有较大差别，而且模型的数学形式不直观，计算过程复杂。

四、流变学模型

弹性变形仅与应力状态有关，塑性变形不仅与应力状态有关，而且与加载历史和加载路径有关，但这两种变形都与时间无关。对水工混凝土来讲，其变形是与时间有关的，存在着徐变和应力松弛现象。所谓徐变是在应力不变的情况下，其变形随时间而增加。与徐变现象相对应的效应是松弛，即当变形体的变形固定时，其应力会随时间而逐渐衰减。针对这一特性，有学者提出了应用黏弹性或黏塑性理论模型的建议。黏弹性与黏塑性理论采用了 3 种基本的、具有理想力学特性的力学元件，并用这 3 种力学元件串联、并联（可重复应用）组合成具有各种复杂力学性能的模型，这种组合模型称为流变学模型。

由于流变学模型可在广义范围内研究材料的流动和变形，因而可应用流变学模型来描述混凝土材料的本构关系。下面介绍流变学中常用的几种模型。

1. 基本元件

(1) 理想弹性元件

如图 7.2.8(a)所示，通常又称为胡克(Hooke)体或弹簧元件，可以想象为一根弹簧。以 σ 表示应力，以 ε 表示应变，两者间成正比关系，即

$$\sigma = E\varepsilon \tag{7.2.36}$$

式中:E 为弹性常数。如果 σ 为正应力,ε 为相应的正应变,则 E 即为弹性模量。如果 σ 表示剪应力,ε 表示剪应变,则 E 为剪切弹性模量。

(2) 黏性元件

如图 7.2.8(b)所示,通常又称牛顿(Newton)体或阻尼器,可以想象为一个活塞在充满了黏性液体的圆筒中运动。以 σ 表示应力,ε 表示应变,$\dot{\varepsilon}$ 表示应变速率,则有

$$\sigma = \eta\dot{\varepsilon} \tag{7.2.37}$$

式中:η 为黏性系数;$\dot{\varepsilon}$ 为应变速率,$\dot{\varepsilon} = \mathrm{d}\varepsilon/\mathrm{d}t$。

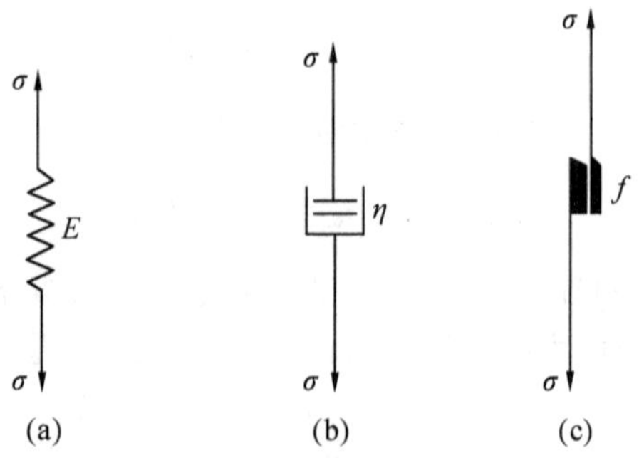

图 7.2.8　基本力学理想元件

(3) 理想塑性元件

如图 7.2.8(c)所示,又称为圣维南(St. Venant)体或滑块元件,可以想象为有摩擦阻力 f 的两个滑块,有如下关系

$$\left.\begin{aligned}&\sigma < f \quad \varepsilon = 0\\&\sigma = f \quad \varepsilon = \text{任意值(取决于其他条件)}\end{aligned}\right\} \tag{7.2.38}$$

滑块滑动时,不论应变多大,均有

$$\sigma = f \tag{7.2.39}$$

上述 3 种元件,都是理想化的结果。实际材料的本构方程要复杂得多,但在一定条件下可用以上元件进行组合去表示各种复杂的本构关系。上述 3 种元件和理想弹塑性材料对应的物理模型分别如图 7.2.9—图 7.2.12 所示。

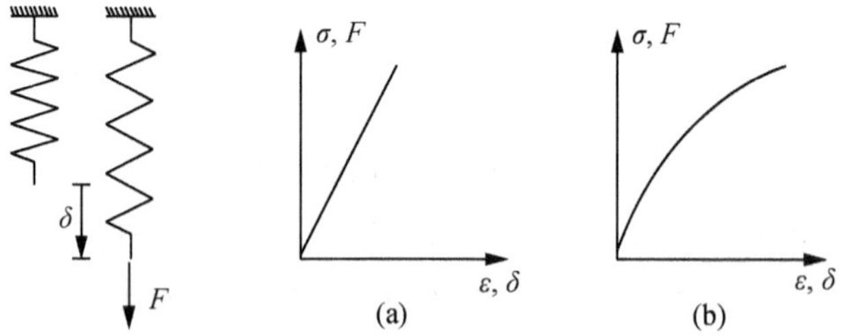

图 7.2.9　弹性元件的物理模型(线性和非线性)

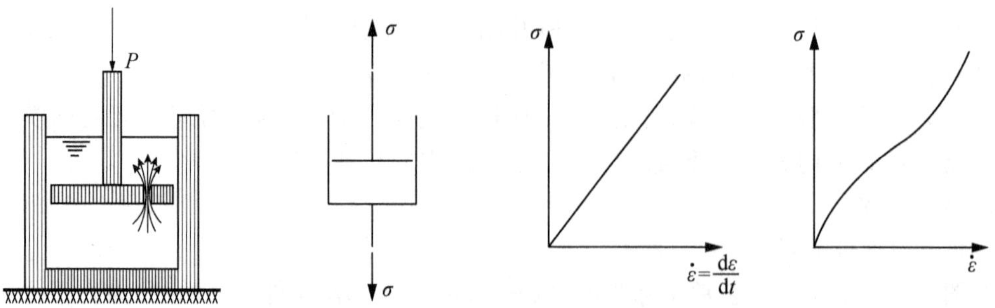

图 7.2.10　黏性元件的物理模型(线性和非线性)

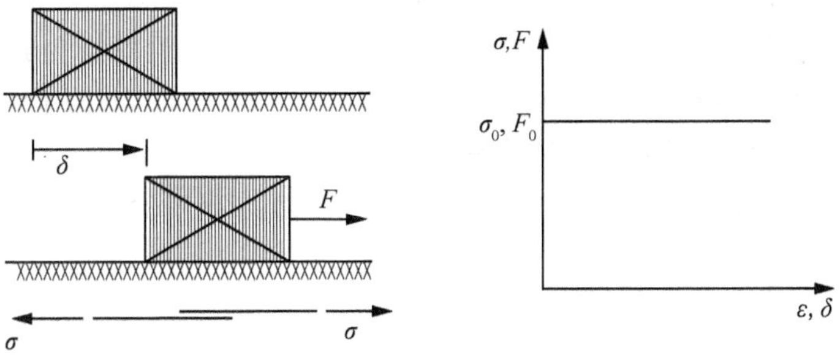

图 7.2.11　塑性元件的物理模型($F<F_0 \Rightarrow \delta=0$; $\sigma<\sigma_0 \Rightarrow \varepsilon=0$)

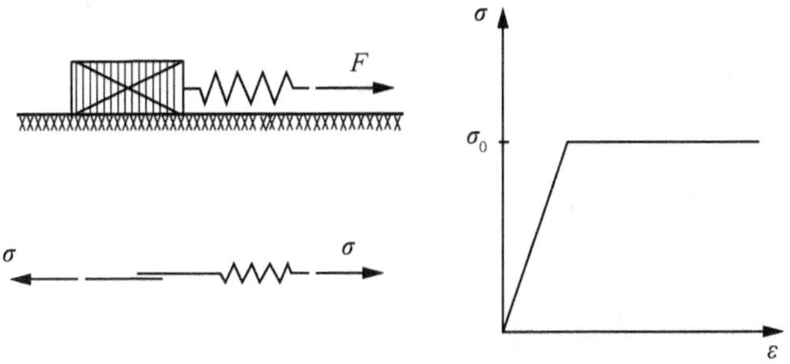

图 7.2.12　理想弹塑性材料的流变模型($\sigma=E\varepsilon+\eta\dot{\varepsilon}$)

2. 麦克斯韦(Maxwell)模型

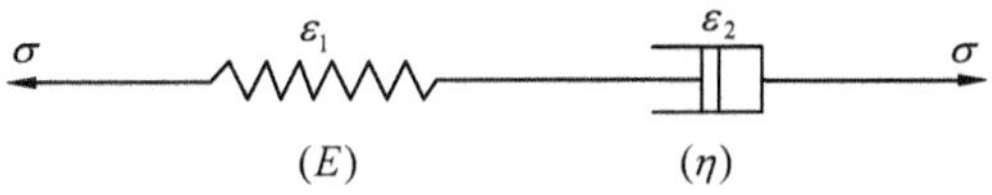

图 7.2.13　麦克斯韦模型

麦克斯韦模型由弹性元件和黏性元件组成,如图 7.2.13 所示,可表示黏弹性体。设所受应力为 σ,弹性元件的应变为 ε_1,黏性元件的应变为 ε_2,则总应变 ε 为两者应变之和,即

$$\varepsilon=\varepsilon_1+\varepsilon_2 \tag{7.2.40}$$

而由

$$\sigma=E\varepsilon_1,\ \varepsilon_1\approx\sigma/E \tag{7.2.41}$$

并有

$$\dot{\varepsilon}_1=\frac{\dot{\sigma}}{E} \tag{7.2.42}$$

$$\sigma=\eta\dot{\varepsilon}_2,\dot{\varepsilon}_2=\sigma/\eta \tag{7.2.43}$$

代入下式

$$\dot{\varepsilon}=\dot{\varepsilon}_1+\dot{\varepsilon}_2 \tag{7.2.44}$$

可得

$$\frac{\dot{\sigma}}{E}+\frac{\sigma}{\eta}=\dot{\varepsilon} \tag{7.2.45}$$

这就是麦克斯韦体的本构方程。麦克斯韦体同时具有弹性和黏性。当 $E \to \infty$ 时，则弹簧元件为刚体，麦克斯韦体便转化为牛顿体。如果 $\eta \to \infty$，则阻尼器变成刚体，麦克斯韦体转化为胡克体。由于黏性元件串联于系统中，故在任何微小的应力作用下，总变形会无限增加(只要 η 不是 ∞)，所以，麦克斯韦体本质上是流体。

对于麦克斯韦体的徐变，在 $t=0$ 时加载，产生应力 σ_0 并保持不变。这时有

$$\varepsilon_1 = \sigma_0 / E \tag{7.2.46}$$

与时间无关，而

$$\varepsilon_2 = \int_0^t \frac{\sigma_0}{\eta} \mathrm{d}t = \frac{\sigma_0}{\eta} t \tag{7.2.47}$$

于是有

$$\varepsilon = \varepsilon_1 + \varepsilon_2 = \frac{\sigma_0}{E} + \frac{\sigma_0}{\eta} t \tag{7.2.48}$$

式中：ε_1 为加载后立即产生的弹性变形；ε_2 为徐变变形，将随时间不断增长。

徐变曲线如图 7.2.14(a)所示，如果加载持续 t_1 时间后卸载，则弹性变形将恢复而徐变变形将被保留下来，可见黏性流动是塑性变形(不可恢复的变形)，如图 7.2.14(b)所示。

如果保持 ε 为常量，则 $\dot{\varepsilon}=0$，这样麦克斯韦体的本构方程为

$$\frac{\sigma}{\eta} + \frac{\dot{\sigma}}{E} = 0 \tag{7.2.49}$$

其解为

$$\sigma = c\mathrm{e}^{-\frac{E}{\eta}t} \tag{7.2.50}$$

式中：c 为特定常数，由初始条件决定。

若 $t=0$ 时，$\sigma=\sigma_0$，则 c 等于初始应力 σ_0，于是有

$$\sigma = \sigma_0 \mathrm{e}^{-\frac{E}{\eta}t} \tag{7.2.51}$$

由上式可见，当 ε 保持不变时，应力将随时间 t 的增长而缩小，这种现象称为松弛，松弛曲线如图 7.2.14(c)所示。常数 η/E 称为松弛时间，其物理意义是当 $t=\eta/E$ 时，应力将减低到初始应力 σ_0 的 $1/\mathrm{e}$。麦克斯韦体可以描述物体的徐变及松弛性质，但大多数工程材料的徐变和松弛特性，都与麦克斯韦模型有一定差异，当 $\sigma=\sigma_0$ 时，其徐变变形一般不会无限增大而趋于某一限值；当 $\varepsilon=\varepsilon_0$ 时，材料松弛后的应力一般不会到零，而趋于某一有限值。

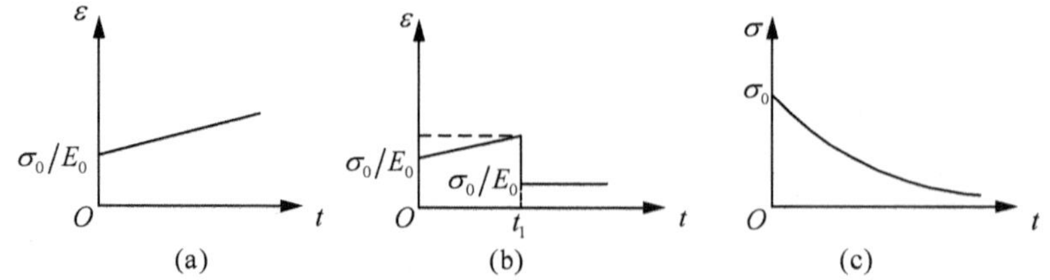

图 7.2.14　麦克斯韦模型的徐变曲线

3. 开尔文(Kelvin)模型

把一个弹性元件和一个黏性元件并联，如图7.2.15(a)所示，就得到了开尔文体，也称为伏格特(Voigt)体。

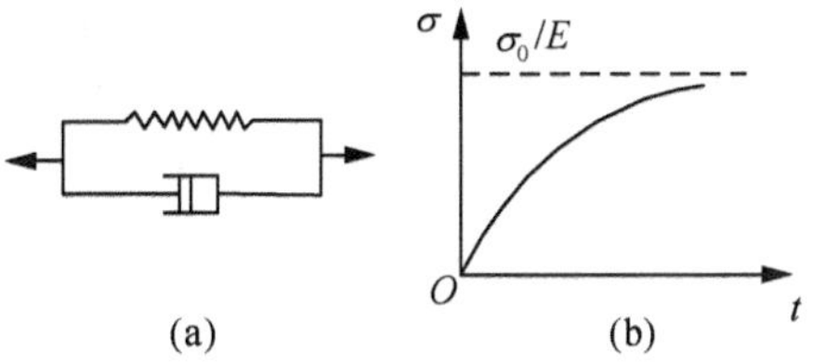

图 7.2.15　开尔文模型

弹簧中应力 $\sigma_1 = E\varepsilon$，阻尼器中应力 $\sigma_2 = \eta\dot{\varepsilon}$，系统总应力 $\sigma = \sigma_1 + \sigma_2$，于是可得

$$\sigma = E\varepsilon + \eta\dot{\varepsilon} \tag{7.2.52}$$

这便是开尔文体的本构方程。

当 $t = 0$ 开始作用应力为 σ_0，并保持不变，则由本构方程求出

$$\varepsilon = \frac{\sigma_0}{E}(1 - \mathrm{e}^{-\frac{E}{\eta}t}) \tag{7.2.53}$$

在应力不变时，徐变曲线如图7.2.15(b)所示，开始时因阻尼器不产生瞬时变形，应变 $\varepsilon = 0$，随时间 t 增长而 ε 增大，极限值为 σ_0/E。当发生变形 ε_0 后，突然卸载，$\sigma = 0$，则方程的解为

$$\varepsilon = \varepsilon_0 \mathrm{e}^{-\frac{E}{\eta}t} \tag{7.2.54}$$

由此可以看出，卸载后应变渐渐减小，并当 $t \to \infty$ 时，$\varepsilon = 0$，这种卸载后变形逐渐消失的性质称为弹性后效。

若要使开尔文体的总应变 ε 保持常量 ε_0，则应力 $\sigma = E\varepsilon$，也保持常量，故开尔文体是非松弛体。

4. 三元件模型

为了更确切地表示混凝土复杂的本构关系，可以采用更多元件组成的模型。如图7.2.16所示为两个等价的三元件模型。由图7.2.16(a)建立如下的本构关系方程：

$$\begin{cases} \sigma = E_2\varepsilon_2 \\ \sigma_1 = E_1\varepsilon_1 \\ \sigma_2 = \eta\dot{\varepsilon}_1 \\ \sigma_1 + \sigma_2 = \sigma \\ \varepsilon_1 + \varepsilon_2 = \varepsilon \end{cases} \tag{7.2.55}$$

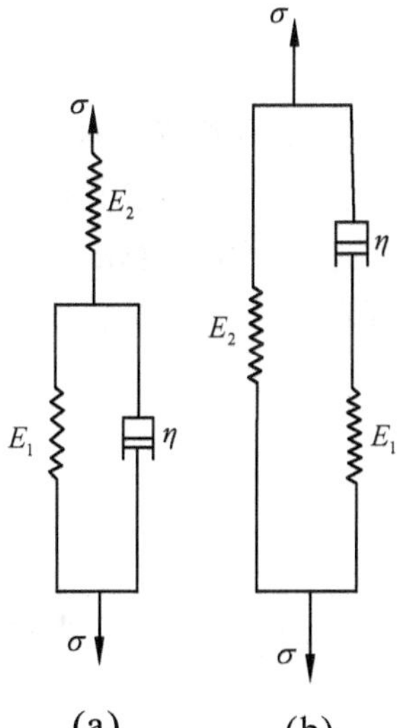

图 7.2.16　三元件模型

从以上5个方程中消去 σ_1，σ_2，ε_1 和 ε_2，可得到总应力 σ 与总应变 ε 的关系为

$$\sigma + \frac{\eta}{E_1 + E_2}\dot{\sigma} = \frac{E_1 E_2}{E_1 + E_2}\varepsilon + \frac{E_2 \eta}{E_1 + E_2}\dot{\varepsilon} \tag{7.2.56}$$

以上模型中，若 $E_1 = 0$，则可变化为麦克斯韦模型，若 $E_2 \to \infty$，则变化为开尔文模型。可见它有更广泛的适应性。

当 $t = 0$ 时开始承受不变的应力 σ_0，则本构方程可变化为

$$\sigma_0=\frac{E_1E_2}{E_1+E_2}\varepsilon+\frac{E_2\eta}{E_1+E_2}\dot{\varepsilon} \tag{7.2.57}$$

解得

$$\varepsilon=\frac{\sigma_0}{E_1}+\frac{\sigma_0}{E_1}(1-\mathrm{e}^{-\frac{E}{\eta}t}) \tag{7.2.58}$$

徐变曲线如图 7.2.17(a)所示。

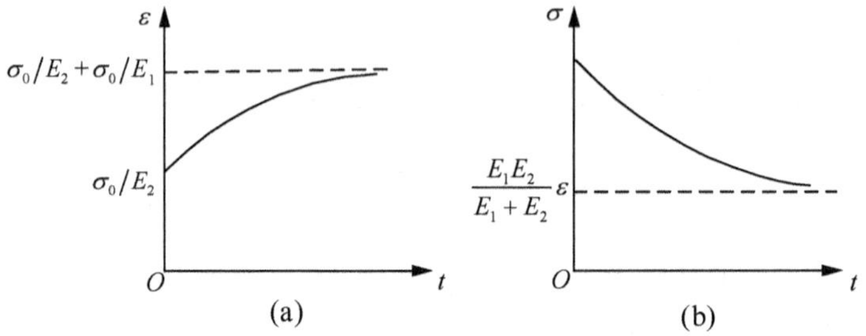

图 7.2.17　三元件模型的徐变曲线

当 $\varepsilon=\varepsilon_0$ 保持不变，初应力为 σ_0，则本构方程为

$$\sigma+\frac{\eta}{E_1+E_2}\dot{\sigma}=\frac{E_1E_2}{E_1+E_2}\varepsilon_0 \tag{7.2.59}$$

可以解出

$$\sigma=\frac{E_1E_2}{E_1+E_2}\varepsilon_0+\left(\sigma_0-\frac{E_1E_2\varepsilon_0}{E_1+E_2}\right)\mathrm{e}^{-\frac{E_1+E_2}{\eta}t} \tag{7.2.60}$$

松弛曲线如图 7.2.17(b)所示。

5. 伯格斯(Burgers)模型

由一个开尔文体和一个麦克斯韦体串联可得伯格斯体，如图 7.2.18 所示，这是一个四元件模型。由于元件增多，可以表示更复杂的应力应变关系：

$$\begin{aligned}&\frac{\sigma}{\eta_1}+\frac{\dot{\sigma}}{E_1}=\dot{\varepsilon}_1\\&\sigma=E_2\varepsilon_2+\eta_2\dot{\varepsilon}_2\\&\varepsilon=\varepsilon_1+\varepsilon_2\end{aligned} \tag{7.2.61}$$

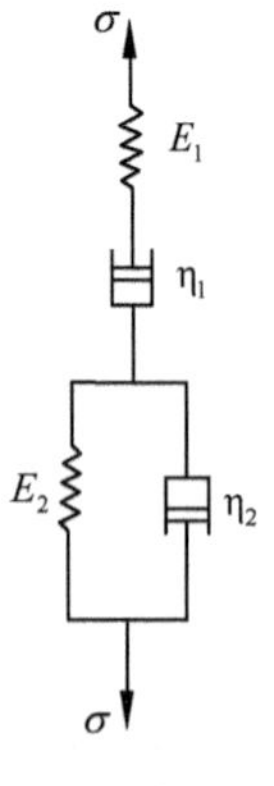

图 7.2.18　伯格斯模型

从中消去 ε_1，ε_2，可得总应力与总应变的关系为

$$\sigma+\left(\frac{\eta_1}{E_1}+\frac{\eta_1+\eta_2}{E_2}\right)\dot{\sigma}+\frac{\eta_1\eta_2}{E_1E_2}\ddot{\sigma}=\eta_1\dot{\varepsilon}+\frac{\eta_1\eta_2}{E_2}\ddot{\varepsilon} \tag{7.2.62}$$

这便是伯格斯模型的本构方程。

6. 黏塑性模型

黏塑性体可以用一个塑性元件与一个黏性元件相并联来表示，如图 7.2.19(a)所示，当

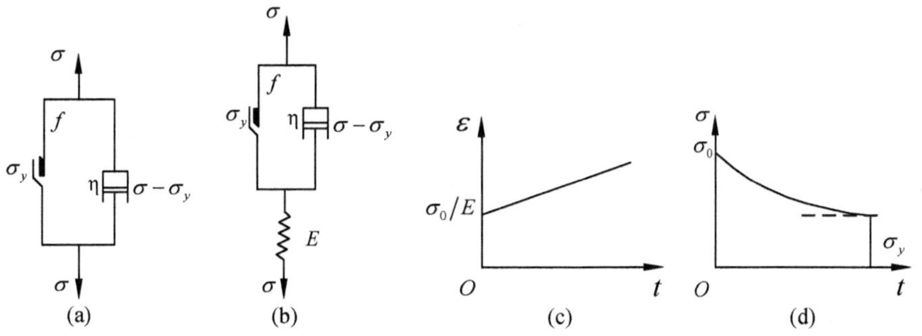

图 7.2.19　黏塑性模型

物体在外力作用下,应力小于某一限值 σ_y 时,没有变形发生,只有当应力达到材料的屈服极限 σ_y 时,才开始变形,屈服前是刚性的,屈服后又是黏塑性的。其本构关系为

$$\left.\begin{aligned}\dot{\varepsilon}&=0 & \sigma&\leqslant\sigma_y\\ \sigma&=\sigma_y+\eta\dot{\varepsilon} & \sigma&>\sigma_y\end{aligned}\right\}\tag{7.2.63}$$

如果不忽略物体的弹性变形,则由图 7.2.19(a)的模型再串联一个弹簧元件,可构成弹性、黏性和塑性的材料模型,如图 7.2.19(b)所示,称为宾汉姆(Bingham)体。宾汉姆体的应力应变关系如下。

当 $\sigma\leqslant\sigma_y$ 时,有

$$\sigma=E\varepsilon\tag{7.2.64}$$

当 $\sigma>\sigma_y$ 时,则有

$$\begin{cases}\sigma=E\varepsilon_1\\ \sigma-\sigma_y=\eta\dot{\varepsilon}_2\\ \varepsilon=\varepsilon_1+\varepsilon_2\end{cases}\tag{7.2.65}$$

式中:ε_1 为弹性变形;ε_2 为黏塑性变形;σ_y 为屈服应力;ε 为总变形。

消去 ε_1,ε_2,可得宾汉姆体的本构关系方程为

$$\sigma=-\frac{\eta}{E}\dot{\sigma}+\sigma_y+\eta\dot{\varepsilon}\tag{7.2.66}$$

对于宾汉姆体的徐变,设 $t=0$ 时加载 $\sigma_0>\sigma_y$ 并保持常值,则

$$\sigma_0=\sigma_y+\eta\dot{\varepsilon}\tag{7.2.67}$$

解上式得

$$\varepsilon=\varepsilon_0+\frac{\sigma_0-\sigma_y}{\eta}t\tag{7.2.68}$$

ε_0 为 $t=0^+$ 时的瞬时变形,显然它等于弹性元件的伸长 σ_0/E。因而上式的解又表示为

$$\varepsilon=\frac{\sigma_0}{E}+\frac{\sigma_0-\sigma_y}{\eta}t\tag{7.2.69}$$

相应的徐变曲线如图 7.2.19(c)所示。

若在宾汉姆体中保持 $\varepsilon=\varepsilon_0$ 不变,则本构关系变为

$$\sigma+\frac{\eta}{E}\dot{\sigma}=\sigma_y \tag{7.2.70}$$

此方程的解为

$$\sigma-\sigma_y=ce^{-\frac{E}{\eta}t} \tag{7.2.71}$$

若初始条件为 $t=0^+$ 时 $\sigma=\sigma_0$,则常数 $c=\sigma_0-\sigma_y$,则

$$\sigma=\sigma_y+(\sigma_0-\sigma_y)e^{-\frac{E}{\eta}t} \tag{7.2.72}$$

应力松弛曲线如图 7.2.19(d)所示。

为了模拟实际工程材料复杂的力学性能,还可用更多元件组成复合模型,这里不再一一列举。

五、内时理论

应用非线性弹性理论建立混凝土的本构关系可以处理一次按比例加载的问题,但对重复加载及非比例加载则有一定的困难。在应用弹塑性理论时,很难确定混凝土的屈服极限。此外,理想塑性变形时,体积保持不变也不适用于混凝土软化(而非硬化),这在一般塑性力学中也是难以处理的问题。根据这些现象,有些学者提出了所谓内时理论(endochronic theory),其基本思想是用"变形"作为一个内变量(称为 intrinsic time,内蕴时),用一个黏弹性组合模型(麦克斯韦体)来说明这一理论的基本思想,如图 7.2.20(a)所示。

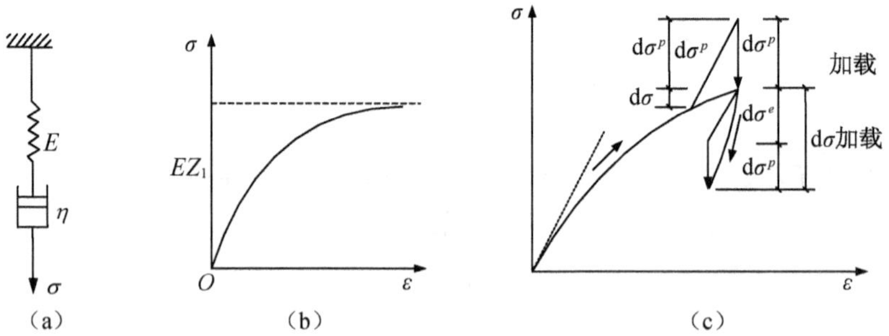

图 7.2.20　内时模型

由上可知,麦克斯韦体的本构关系为式(7.2.45),由 $\eta=EZ_1$,则式(7.2.45)可写成

$$d\varepsilon=\frac{d\sigma}{E}+\sigma\frac{dt}{EZ_1} \tag{7.2.73}$$

式中:E 为弹簧元件的弹性模量;η 为黏性元件的黏性系数,这里用另两个常数 E 及 Z_1 表示,即 $\eta=EZ_1$,Z_1 为与材料有关的常数,它与 E 和 η 有关。

在上述方程中,真实的时间 t 用所谓"内蕴时" Z 来替代,所谓"内蕴时"实际上是一个内变量,一个"应变",即 dt 由 $dZ=d\varepsilon$ 来替代,则方程变为

$$\frac{d\sigma}{d\varepsilon}+\frac{\sigma}{Z_1}=E \tag{7.2.74}$$

若初始条件为 $\varepsilon=0$ 时 $\sigma=0$，则方程的解为

$$\sigma=EZ_1(1-e^{-\frac{\varepsilon}{Z_1}}) \tag{7.2.75}$$

这一解的 σ-ε 关系曲线如图 7.2.20(b)所示，这种 σ-ε 关系概括了非线性应变，与混凝土材料在单轴压缩条件下的上升段曲线很相似。

对于卸载，定义一个非负的单调增长的函数

$$dZ=|d\varepsilon| \tag{7.2.76}$$

式(7.2.74)可改写成

$$d\sigma=Ed\varepsilon-\sigma\frac{dZ}{Z_1}=d\sigma^e-d\sigma^p \tag{7.2.77}$$

对照图 7.2.20(c)，当加载变为卸载时，$d\sigma^e$ 由正变为负，而 $d\sigma^p$ 不变号。混凝土卸载时有一部分塑性变形，不可恢复。在普通弹塑性理论中用了不少公式，而在这一理论中，用了一个 $d\sigma^p$，既可描述卸载时保留的不可恢复的变形，还可以反映出混凝土在卸载时不是完全弹性的，且按照比初始弹性模量要小的材料模量卸载，这样可以模拟混凝土材料的许多复杂性能。在多维应力条件下，dZ 不仅与材料性质有关，而且与综合应变增量 $\sqrt{\frac{1}{2}d\varepsilon_{ij}d\varepsilon_{kl}}$ 有关，其表达形式要复杂得多。

六、断裂力学理论

断裂力学的研究对象是含有裂缝缺陷的固体材料，对其进行应力分析，研究裂缝扩展规律和断裂条件[67]。水工混凝土的抗拉强度很低，在一般受荷条件下很容易产生裂缝。1960 年，Kaplan 就将断裂力学用于混凝土的研究。下面以张开型裂缝的扩展为例，说明断裂力学方法的基本思想。

有孔洞材料的应力分析早就引起学者们的注意，并且有了解析解。例如，在无限大板中有一圆孔(图 7.2.21)，受均匀拉伸应力 σ 作用时，其孔边应力为

$$\sigma_{max}=3\sigma \tag{7.2.78}$$

当孔洞是长轴为 $2a$，短轴为 $2b$ 的椭圆形时，孔边应力为

$$\sigma_{max}=\left(1+\frac{2a}{b}\right)\sigma \tag{7.2.79}$$

长轴端点处的曲率半径为

$$\rho=\frac{b^2}{a} \tag{7.2.80}$$

则 σ_{max} 的表达式为

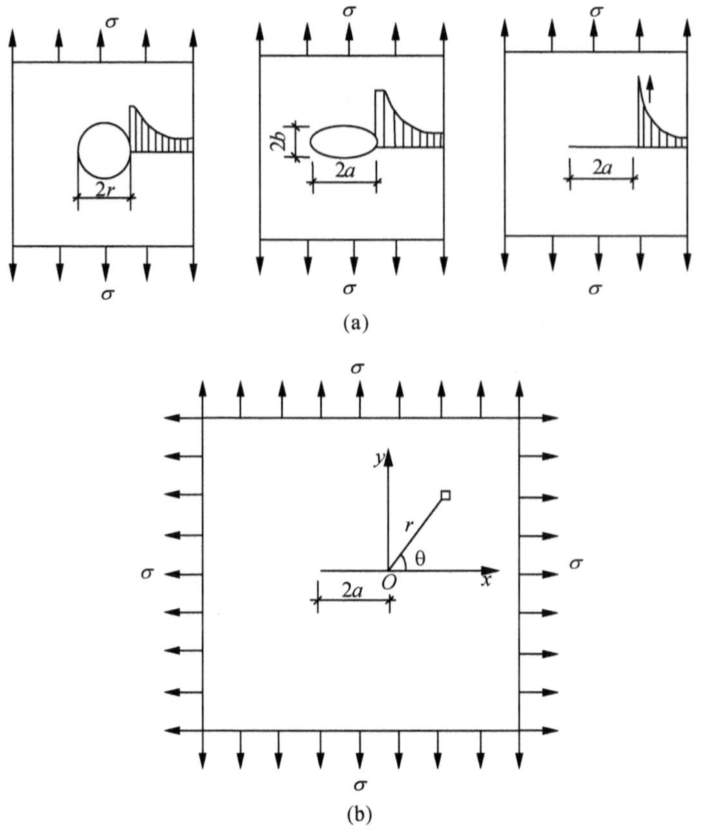

图 7.2.21　裂缝端部应力

$$\sigma_{\max} = \left(1 + 2\sqrt{\frac{a}{\rho}}\right)\sigma = \alpha\sigma \tag{7.2.81}$$

式中：α 为应力集中系数。

当为圆孔时，$a=b$，$\alpha=3$。当 ρ 很小时，a/ρ 很大，因而 α 很大，进一步讲就是，当椭圆孔 $\rho\to 0$ 时，则孔变为一条裂缝，量变引起质变，$\alpha\to\infty$，即 $\sigma_{\max}\to\infty$，按照传统的强度理论，则不论外加应力 σ 多么微小，其 $\sigma_{\max}$ 也必超过其容许应力 $[\sigma]$，即必然导致破坏。但实际情况并非如此。许多有裂缝的材料在一定的应力状态下是稳定的，不会引起破坏。在这种情况下，单用应力大小来作为强度的判断条件显然就不够了，必须另辟途径。断裂力学正是适应这种需要而产生和发展起来的。以无限大板受均匀拉伸应力为例，如图 7.2.21(b)所示。在平面应力条件下，采用弹性理论可以推导出裂缝尖端处的应力为

$$\left.\begin{aligned}
\sigma_x &= \frac{K_1}{\sqrt{2\pi r}}\cos\frac{\theta}{2}\left(1-\sin\frac{\theta}{2}\sin\frac{3}{2}\theta\right)\\
\sigma_y &= \frac{K_1}{\sqrt{2\pi r}}\cos\frac{\theta}{2}\left(1+\sin\frac{\theta}{2}\sin\frac{3}{2}\theta\right)\\
\tau_{xy} &= \frac{K_1}{\sqrt{2\pi r}}\cos\frac{\theta}{2}\sin\frac{\theta}{2}\sin\frac{3}{2}\theta
\end{aligned}\right\} \tag{7.2.82}$$

式中：K_1 为常数。

$$K_1 = \lim_{r \to \infty}(\sqrt{2\pi r}\sigma_{y_0=0}) \tag{7.2.83}$$

由上式可见，当 $r \to 0$ 时，$\sigma_y \to \infty$，但 K_1 为常数，称为应力强度因子，并已证明

$$K_1 = \sigma\sqrt{\pi a} \tag{7.2.84}$$

可见应力强度因子与外加应力场 σ 的大小和裂缝半长 a 有关，它与无量纲的应力集中系数不同，是一个量纲为“力/长度$^{3/2}$”的量，从总体上反映了应力场的奇异性。

另一方面，从材料的试验研究可知，对不同材料，能够承受 K_1 大小的极限值也不同。材料能抵抗 K_1 的极限称为断裂韧度，并用 K_{1C} 表示，可由试验测定。若

$$K_1 \leqslant K_{1C} \tag{7.2.85}$$

则结构是安全的。混凝土断裂力学已有诸多成果，可参考有关著作，不再赘述。

七、损伤力学

混凝土的应力应变曲线由上升段和下降应变软化段组成。特别是对下降段，具有裂缝逐渐扩展、卸载时弹性弱化等特点。以上所述的非线性弹性、弹塑性等模式很难描述这一特性，损伤力学则既可考虑混凝土材料在未受力时的初始裂缝的存在，也可反映在受力过程中由于损伤积累而产生的裂缝扩展，从而导致的应变软化，不少学者致力于将损伤力学用于混凝土材料，并建立了相应的本构关系[68-71]。

损伤力学与断裂力学一样，承认一般工程材料存在内部微观缺陷这一事实。但与断裂力学不同，它引进一个损伤变量作为表征材料内部缺陷的物理量（也属于一种内变量）。所谓损伤是指材料内结合部分发生不可恢复的减少，这种减少可以是原始具有的，也可以是在受力过程中产生的。下面以单轴受力为例来说明损伤的基本概念。

如图 7.2.22 所示，与受力方向垂直作一个横截面，横截面积为 A，截面中有缺陷的面积为 A_D，则 $A_n = A - A_D$ 为截面中能够承担应力的净面积，定义材料损伤因子 D 为

$$D = \frac{A_D}{A} = \frac{A - A_n}{A} = 1 - \frac{A_n}{A} \tag{7.2.86}$$

显然，若 $D = 0$，则表示材料没有损伤；$D = 1$，则对应于材料完全破坏。

在外力为 F 的单轴受力状态下，平均（名义）应力为

$$\sigma = \frac{F}{A} \tag{7.2.87}$$

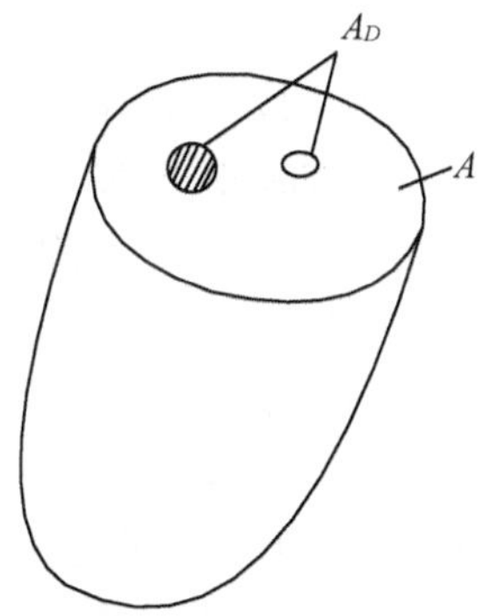

图 7.2.22　材料里的损伤

设作用在未受损的面积 A_n 上的有效应力为 σ_n，则

$$\sigma_n = \frac{F}{A_n} = \frac{F}{A(1-D)} = \frac{\sigma}{1-D} \tag{7.2.88}$$

另外，未损伤材料间有物理关系为

$$\sigma_n = E_n\varepsilon$$

所以

$$E = E_n(1-D) \tag{7.2.89}$$

式中：E_n 为未受损伤材料的弹性模量；E 为有损伤材料的整体弹性模量。

基于损伤因子、有效应力 σ_n 等参数，可以建立混凝土的本构关系。对于三维问题，则损伤因子与有损伤的体积有关，分析思路一样。以损伤力学为基础的混凝土本构模型的研究十分活跃，现应用于混凝土的损伤力学本构模型主要有：各向同性弹性损伤模型、各向异性弹性损伤模型、各向同性弹塑性损伤模型、蠕变损伤模型等，主要原因是其理论基础符合混凝土本身带有微裂缝的特性。

此外，由于仅用一种本构模型来描述混凝土的本构关系往往不是很理想，故产生了由各种理论结合起来建立的本构模型。比如内时损伤模型，它既利用了损伤力学适于描述混凝土的固有缺陷微裂缝及由此引起的体积膨胀、弹塑性耦合等特点，又利用了内时理论不需要屈服面和流动法则等特点，这使本构模型既连续、光滑，又符合混凝土无明显屈服面的特性。又如将损伤力学与分形几何结合起来，建立混凝土的损伤本构模型，可利用损伤因子与分形维数的关系，通过分形维数确定损伤变量。其他研究可参见有关著作，不再赘述。

第三节　混凝土作为弹性材料的本构方程

弹性是指物体变形的可恢复性，物体在外力作用下产生变形，当外力卸除后，变形完全消失的物体称为弹性体。按柯西(Cauchy)方法可以这样定义弹性介质：在外力作用下，物体内各点的应力状态和应变状态之间存在着一一对应的关系。从这种定义出发，弹性介质的响应仅与当时的状态有关，而与应变路径或应力路径(即如何达到当时状态的)无关。不论变形历史怎样，只要积累到当时的应变状态，介质的应力状态是相同的。在卸除引起应力和应变的外部作用之后，介质会回到初始状态。此外，在上述的定义中也暗含地假设了应变和应力都是瞬时发生的。在应力变化与应变变化之间没有时间上的先后。由于应力状态和应变状态可以分别用应力空间和应变空间中的点来表示，对于弹性介质，在应力空间和应变空间的各点之间构成一一对应的映射关系。

水工混凝土和岩石类材料一般表现为脆性，承受较小的应变就将破坏，通常在应力超过一定限度(弹性极限或称屈服应力)后，其变形也是有一部分可恢复的，又称可逆的，属于弹性变形；另一部分为不可恢复的，又称不可逆的，属于塑性变形[7-9]。当然，这些变形应在宏观的现象学理论意义下去理解，也即是，塑性变形中不仅包括晶粒内和晶界的滑移及断裂所造成的不可逆变形，还包括微观和细观尺度的不均一性和不连续性引起的残余应力对应的那部分未恢复的弹性变形。这些变形和材料的内部结构变化有关，一般与变形的历史有关。由于这种历史相关性，本构关系应以增量形式表达，然而由于塑性全量理论数学上简单，得到了广泛应用。这种理论假设应力全量与应变全量之间存在着一一对应关系，而不考虑应力和应变变化的历史，严格说来，这种理论在各应力分量的比值保持不变的加载历史(称为简单加载)下是正确的，但研究表明，在偏离简单加载相当大范围内的加载历史下，也同样适用。

一、线弹性材料的本构方程

弹性材料的本构理论是目前最为完善的理论，这主要是弹性体的变形热力学已经取得了相当完善的成果。严格地说，固体介质在变形时，温度会发生变化，这与气体在压缩和膨胀时温度发生变化一样。因此，给出弹性体的一般定义需要考虑介质的变形热力学。这里主要考虑等温的变形过程，也就是变形速度缓慢，使变形体与周围环境有足够时间进行热交换。这样在整个变形过程中，所研究的介质在温度上保持不变。由于是等温过程，温度这个参数将不在本构关系中出现。

在移去外加作用力后，可以完全恢复其大小和形状的物体称为弹性物体。组成弹性物体的材料称为弹性材料。许多材料在通常的荷载作用下，应力值不超出比例极限，这时的应力与应变呈现线性关系，线性应力应变关系的一般表达式可表示为

$$\boldsymbol{\sigma} = \boldsymbol{D\varepsilon} \tag{7.3.1}$$

式中：$\boldsymbol{\sigma}$，$\boldsymbol{\varepsilon}$ 分别是六维应力矢量和应变矢量。

$$\boldsymbol{\sigma} = [\sigma_x \quad \sigma_y \quad \sigma_z \quad \tau_{yz} \quad \tau_{zx} \quad \tau_{xy}]^{\mathrm{T}} \tag{7.3.2}$$

$$\boldsymbol{\varepsilon} = [\varepsilon_x \quad \varepsilon_y \quad \varepsilon_z \quad \gamma_{yz} \quad \gamma_{zx} \quad \gamma_{xy}]^{\mathrm{T}} \tag{7.3.3}$$

$\boldsymbol{D}$ 是由材料常数组成的 6×6 的矩阵，称为弹性本构矩阵或弹性矩阵。可以证明，这个矩阵是对称的，也就是，最一般线性弹性材料最多有 21 个独立的弹性常数。如果考虑到材料在结构上的对称性，独立的弹性常数的数目还会减少。例如，正交各向异性材料是 9 个独立常数，横观同性材料是 5 个独立常数，而各向同性材料只有 2 个独立常数。

对于各向同性材料，$\boldsymbol{D}$ 矩阵可以具体地写为

$$\boldsymbol{D} = \frac{E}{1+\nu}\begin{pmatrix} \frac{1-\nu}{1-2\nu} & \frac{\nu}{1-2\nu} & \frac{\nu}{1-2\nu} & 0 & 0 & 0 \\ & \frac{1-\nu}{1-2\nu} & \frac{\nu}{1-2\nu} & 0 & 0 & 0 \\ & & \frac{1-\nu}{1-2\nu} & 0 & 0 & 0 \\ & & & \frac{1}{2} & 0 & 0 \\ & \text{对称} & & & \frac{1}{2} & 0 \\ & & & & & \frac{1}{2} \end{pmatrix} \tag{7.3.4}$$

式中：E 为弹性模量；ν 为泊松比。

E 和 ν 分别为在单轴应力下 $\sigma_x-\varepsilon_x$ 和 $(-\varepsilon_y)-\varepsilon_x$ 曲线的斜率(图 7.3.1)。有时 $\boldsymbol{D}$ 矩阵还表示为另一形式

$$
\boldsymbol{D}=\begin{bmatrix}
K+\frac{4}{3}G & K-\frac{2}{3}G & K-\frac{2}{3}G & 0 & 0 & 0\\
 & K+\frac{4}{3}G & K-\frac{2}{3}G & 0 & 0 & 0\\
 & & K+\frac{4}{3}G & 0 & 0 & 0\\
 & & & G & 0 & 0\\
 & \text{对称} & & & G & 0\\
 & & & & & G
\end{bmatrix}
\tag{7.3.5}
$$

式中：

$$
K=\frac{E}{3(1-2\nu)},G=\frac{E}{2(1+\nu)}
\tag{7.3.6}
$$

K 为弹性体积模量，G 为剪切模量或切变模量。

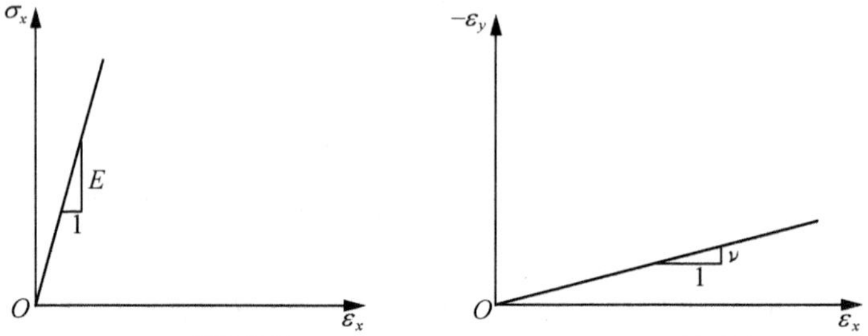

（a）弹性模量　　（b）泊松系数

图 7.3.1　线性应力应变关系

显然式(7.3.1)是线弹性本构关系的应变空间表述形式，而应力空间表述的形式为

$$
\boldsymbol{\varepsilon}=\boldsymbol{C\sigma}
\tag{7.3.7}
$$

式中：$\boldsymbol{C}$ 也是 6×6 的材料常数组成的矩阵，称为弹性柔度矩阵。

不难看出，$\boldsymbol{DC}=\boldsymbol{I}$，也即矩阵 $\boldsymbol{C}$ 和 $\boldsymbol{D}$ 是互逆的，则

$$
\boldsymbol{C}=\frac{1}{E}\begin{bmatrix}
1 & -\nu & -\nu & 0 & 0 & 0\\
 & 1 & -\nu & 0 & 0 & 0\\
 & & 1 & 0 & 0 & 0\\
 & & & 2(1+\nu) & 0 & 0\\
 & \text{对称} & & & 2(1+\nu) & 0\\
 & & & & & 2(1+\nu)
\end{bmatrix}
\tag{7.3.8}
$$

利用

$$
E=\frac{9GK}{3K+G}\nu,G=\frac{3K-2G}{2(3K+G)}
\tag{7.3.9}
$$

可将矩阵 $\boldsymbol{C}$ 的元素表示成 G 和 K 的形式。由于矩阵 $\boldsymbol{C}$ 和 $\boldsymbol{D}$ 是互逆的，线弹性本构关系式

(7.3.1)和式(7.3.8)是等价的。本构方程式(7.3.8)和式(7.3.1)也称为胡克定律。

对于横观同性材料，取 z 轴垂直于层面，如图 7.3.2 所示，E_1 和 ν_1 分别是层面内的弹性模量和泊松比，在层面内变形是各向同性的，切变模量 G_1 与弹性模量 E_1、泊松比 ν_1 之间不是独立的，有

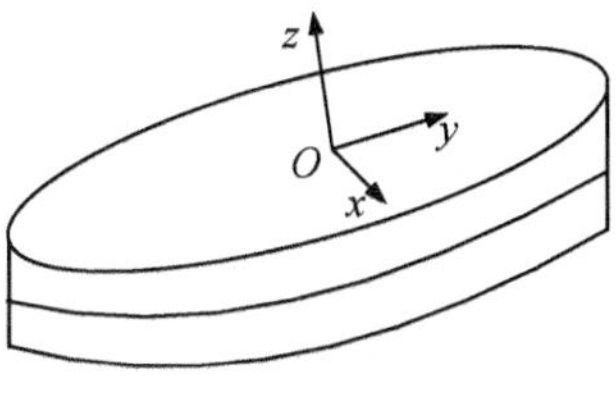

图 7.3.2　横观同性材料

$$G_1=\frac{E_1}{2(1+\nu_1)} \tag{7.3.10}$$

而 E_2、ν_2 和 G_2 是与层面垂直方向有关的量。弹性柔度矩阵可以直观表示出材料常数 E_1、E_2、ν_1、ν_2 和 G_1、G_2 的力学含义。柔度矩阵 $\boldsymbol{C}$ 可表示为

$$\boldsymbol{C}=\begin{bmatrix} \frac{1}{E_1} & -\frac{\nu_1}{E_1} & -\frac{\nu_2}{E_2} & 0 & 0 & 0 \\ -\frac{\nu_1}{E_1} & \frac{1}{E_1} & -\frac{\nu_2}{E_2} & 0 & 0 & 0 \\ -\frac{\nu_2}{E_2} & -\frac{\nu_2}{E_2} & \frac{1}{E_2} & 0 & 0 & 0 \\ 0 & 0 & 0 & G_2 & 0 & 0 \\ 0 & 0 & 0 & 0 & G_2 & 0 \\ 0 & 0 & 0 & 0 & 0 & G_1 \end{bmatrix} \tag{7.3.11}$$

对矩阵 $\boldsymbol{C}$ 求逆，可以得到横观同性材料的弹性矩阵 $\boldsymbol{D}$，引用无量纲参数

$$n=\frac{E_1}{E_2},m=\frac{G_1}{G_2} \tag{7.3.12}$$

弹性矩阵 $\boldsymbol{D}$ 为

$$\boldsymbol{D}=\frac{E_2}{(1+\nu_1)(1-\nu_1-2n\nu_2^2)}\begin{bmatrix} d_{11} & d_{11}-2d_{55} & d_{13} & 0 & 0 & 0 \\ & d_{11} & d_{13} & 0 & 0 & 0 \\ & & d_{22} & 0 & 0 & 0 \\ & & & d_{44} & 0 & 0 \\ & \text{对称} & & & d_{44} & 0 \\ & & & & & d_{55} \end{bmatrix} \tag{7.3.13}$$

$$d_{11}=n(1-n\nu_2^2),d_{13}=n\nu_2(1+\nu_1),d_{22}=1-\nu_1^2 \tag{7.3.14}$$

$$d_{44}=m(1+\nu_1)(1-\nu_1-2n\nu_2^2),d_{55}=\frac{1}{2}n(1-\nu_1-2n\nu_2^2) \tag{7.3.15}$$

在平面应变情况下，各向同性材料和横观同性材料的弹性矩阵 $\boldsymbol{D}$ 可分别在式(7.3.4)和式(7.3.13)中划除相应的行和列而得到，它们是

$$\boldsymbol{D}=\frac{E}{(1+\nu)(1-2\nu)}\begin{bmatrix}1-\nu & \nu & 0\\ & 1-\nu & 0\\ \text{对称} & & \frac{1}{2}(1-2\nu)\end{bmatrix} \tag{7.3.16}$$

$$\boldsymbol{D}=\frac{E_2}{(1+\nu_1)(1-\nu_1-2n\nu_2^2)}\begin{bmatrix}n(1-n\nu_2^2) & n\nu_2(1+\nu_1) & 0\\ & 1-\nu_1^2 & 0\\ \text{对称} & & m(1+\nu_1)(1-\nu_1-2n\nu_2^2)\end{bmatrix} \tag{7.3.17}$$

注意,在推导式(7.3.17)时是将层面法向取为 y 轴的,因为平面问题的计算总是在 xy 平面内进行的。

无论是各向同性材料还是横观同性材料,在柔度矩阵 $\boldsymbol{C}$ 中,容易看出材料参数的力学含义,这是应力空间表述的一个优点;而在位移法有限元分析中,应该采用应变空间表述的本构关系,使用的是弹性矩阵 $\boldsymbol{D}$[73]。

二、非线性弹性材料的本构方程

这里仅对各向同性的非线性弹性介质讨论其本构关系。对于混凝土和砂浆岩等介质,弹性变形可认为是各向同性的,本构方程可具体地写为

$$\varepsilon_{ij}=\frac{1+\nu_s}{E_s}\sigma_{ij}-\frac{\nu_s}{E_s}\sigma_{kk}\delta_{ij} \tag{7.3.18}$$

或

$$\delta_{ij}=\left(K_s-\frac{2}{3}G_s\right)\varepsilon_{kk}\delta_{ij}+2G_s\varepsilon_{ij} \tag{7.3.19}$$

式中:δ_{ij} 为克罗内克尔(Kronecker)记号;E_s 为割线弹性模量;ν_s 为割线泊松比;K_s 为割线体积模量;G_s 为割线剪切模量。K_s 或 ν_s 的含义可参见图 7.3.3。

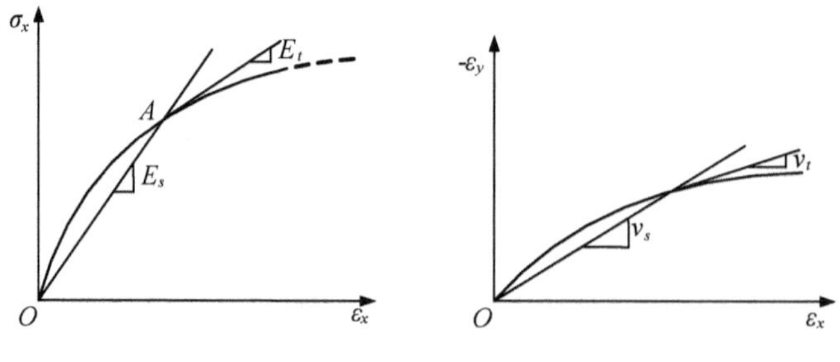

图 7.3.3 弹性介质应力和应变关系曲线

对于非线性弹性介质,这些模量都是应力不变量或应变不变量的状态函数。由于这 4 个模量仅有 2 个是独立的

$$K_s=\frac{E_s}{3(1-2\nu_s)},G_s=\frac{E_s}{2(1+\nu_s)} \tag{7.3.20}$$

式(7.3.18)也可用 K_s,G_s 表示,式(7.3.19)也可用 E_s 和 ν_s 表示。对于式(7.3.18),基

本状态变量是应力张量，E_s 和 ν_s 看做是应力不变量的函数，而应变张量是状态函数，这种形式的本构方程称为应力空间表述的本构方程。对于式(7.3.19)，基本状态变量是应变张量，K_s 和 G_s 看做是应变不变量的函数，而应力是状态函数，这种形式的表述称为应变空间表述。对于非线性弹性介质，这两种表述是等价的，可以互相推导得到。

在传统塑性理论中，假设体积变化是完全弹性的，对金属在不太高的压力下这是成立的，而对混凝土和岩石类材料却明显不符。试验表明，不仅静水应力可引起岩石的塑性体积变化，偏量应力也能引起塑性体积变化(称为剪胀)。因而对混凝土和岩石类材料不能使用传统的全量理论公式，一般采用

$$\boldsymbol{\sigma} = \boldsymbol{D\varepsilon} \tag{7.3.21}$$

式中：$\boldsymbol{\sigma}$,$\boldsymbol{\varepsilon}$ 分别是六维应力、应变矢量；$\boldsymbol{D}$ 是 6×6 的材料系数矩阵，它可以是 $\boldsymbol{\sigma}$ 或 $\boldsymbol{\varepsilon}$ 的函数。

对于混凝土和砂浆岩等材料，通常仍可假设是各向同性的，不过应力应变关系取非线性形式，材料的割线模量和切线模量可由试验资料确定。在岩土工程计算中使用得相当广泛的非线性弹性模型是邓肯-张(Duncan-Chang)模型[74]，在该模型中，假设割线弹性模量 E_s 和割线泊松比 ν_s 是应变分量的双曲线形式。由三轴试验得出的 E_s 和 ν_s 表达式为

$$E_s = \frac{1}{\dfrac{1}{E_0} + \dfrac{\varepsilon_1}{(\sigma_1 - \sigma_3)_{ult}}} \tag{7.3.22}$$

$$\nu_s = \nu_0 - d\varepsilon_3 \tag{7.3.23}$$

式中：d 为实测参数；ε_1 和 ε_3 分别是轴向和径向应变；$(\sigma_1 - \sigma_3)_{ult}$ 为应变 ε_1 趋于无限大时极限的主压力差值；E_0 和 ν_0 是初始弹性模量和初始泊松比，它们随围压变化的规律，由试验给出为

$$E_0 = KP_a\left(\frac{\sigma_3}{P_a}\right)^n \tag{7.3.24}$$

$$\nu_0 = G - F\lg\left(\frac{\sigma_3}{P_a}\right) \tag{7.3.25}$$

式中：K,n,G,F 为实测参数；P_a 为大气压，与围压的量纲相同。

进一步，可用式(7.3.22)和式(7.3.23)导出切线模量为

$$E_t = E_0\left[1 - \frac{R_f(1-\sin\varphi)(\sigma_1 - \sigma_3)}{2c\cos\varphi + 2\sigma_3\sin\varphi}\right]^2 \tag{7.3.26}$$

$$\nu_t = \frac{G - F\lg\left(\dfrac{\sigma_3}{P_a}\right)}{(1-A)^2} \tag{7.3.27}$$

式中：c 为凝聚力；φ 为内摩擦角；R_f 为 $(\sigma_1 - \sigma_3)_{ult}$ 与峰值强度 $(\sigma_1 - \sigma_3)_{\max}$ 之比，称为破坏比。

$$A = (\sigma_1 - \sigma_3)d/E_t \tag{7.3.28}$$

由于混凝土和岩体结构中的应力和应变与施工过程(如坝基开挖的次序、坝体分区浇筑的次序等)有关,有时分析计算采用渐增荷载法,即在施工阶段每个荷载增量计算中使用全量理论。对于弹性介质,全量形式的本构方程与增量形式的本构方程式仅是表述的形式不同,在本质上是完全等价的。无论是割线模量还是切线模量,它们都是应力或应变的状态函数,与变形或应力路径无关,也就是在应力和应变之间存在着单值关系。有了这些割线模量与切线模量的表达式,就可使用全量形式和增量形式的本构方程去分析计算水工设计中的问题。

塑性全量理论的本构关系,在本质上也是一种非线性弹性关系。因此,在水工混凝土结构计算中,只要是在比例加载或偏离比例加载的条件下使用的全量塑性理论模型,在本质上都是非线性弹性模型。在节理岩石的有限元分析中,广泛使用辛克维奇(Zienkiewicz)等提出的不抗拉材料模型和层状材料模型。在这些模型中,规定了超出 Mohr-Coulomb 准则的应力点拉回到 Mohr-Coulomb 面上的具体方式,则在应变与应力之间也有一一对应的关系,因而它们也可以被看做是一种全量形式的非线性弹性关系。

第四节　混凝土作为弹塑性材料的本构方程

弹塑性材料的本构关系一般认为与应力和应变有关,而与应力梯度和应变梯度无关,因而也称之为应力应变关系。为了直观地表示应力和应变状态及其变化,可以引入所谓的应力空间和应变空间。应力空间是这样的一个六维空间,指定的应力状态(用对称的二阶张量表示)的六个分量是这个空间的正交坐标系六个轴上的分量。于是,指定的应力状态可用这个空间中的一个点表示。坐标原点对应于零应力状态,或称自由状态。应力状态变化的历史可用应力空间中的一条曲线表示,这条曲线有时也称为应力路径。可以用同样的方法来定义应变空间,应变空间中的一个点对应于一个应变状态。应变空间中的一条曲线,称为应变路径,代表应变状态变化的历史。本构关系是应力状态与应变状态所应满足的数学表达式,在几何上可视为两个空间中点与点的对应关系。在具体的本构表述中,如果取应力状态作为基本的状态变量,而应变为状态函数,则这种表述称为应力空间表述。相反,如果取应变状态作为基本的状态变量,而应力为状态函数,则这种表述称为应变空间表述。对于弹性介质的本构方程来说,这两种空间表述是完全等价的;对弹塑性介质则不然,弄清楚弹塑性本构关系两种空间表述的不同和它们的适用性是塑性力学在 20 世纪最后 20 年中一项比较重要的成果。

在传统的塑性增量理论中,弹塑性的表述包含以下几个方面:①存在一个初始屈服函数,以及与应力和变形历史有关的后继屈服函数(或称加载函数),它在应力空间中定义了现时的弹性区域;②有一个不变的对称正定的弹性矩阵联系应力和弹性应变,塑性应变为总应变与上述弹性应变之差;③常将屈服(或加载)函数作为塑性位势函数,当应力空间与应变空间的坐标相重叠时,塑性应变增量矢量指向屈服(或加载)面的外法向,这时称之为关联的流动法则;④有一个强化规律,它和加载函数的某些参数(不可逆过程的某种度量)相对应。在变形过程中,加载面随应力点向外扩大表示强化,屈服面保持不变表示理想塑性。对于混凝土和岩石类介质材料,介质的软化性质就是一种重要的特性。在通常的试验机上做单轴或低围压三轴试验,混凝土和岩石介质表现为脆性破坏,然而在刚性试验机(加载系统的刚度很大)做上述试验,却可得到包括强化阶段和软化阶段的全部应力应变曲线。在岩石力学中,把这种逐渐的而不是突然的破坏过程称为渐进破坏,对于具有这种渐进破坏的混凝土和岩石类介质,根据依留辛公设(在一个应变循环中,外部作用所做的功为非负),在应变空间表述本构关系是特别方便的。对于岩土类材料还需注意,塑性势函数与屈服(或加载)函数不同(称为非关联流动),弹性系数随塑性变形的发展而变化(称为损伤劣化),以及在变形过程中加载面可以扩大或不动,还可以收缩(收缩表示应变软化性质)。

一、应力空间表述的弹塑性材料的本构方程

通常的塑性力学著作多是采用应力空间表述;屈服极限和强度极限是用应力分量给出的,屈服函数是用应力分量表示的,屈服面是应力空间中的超曲面,本构方程也是以应力状态为基本的状态变量,应变分量是函数状态变量。使用这种应力空间表述是学科发展的历史造成的。例如,以前的材料性质的测定都是在控制荷载(力)的试验机上进行的,在试验中直接读出的是力,故以前主要是针对理想塑性或强化塑性材料介绍解析方法,在应力空间表述本构关系也就够用了。

从单轴拉伸的试验曲线上(图 7.4.1)可以观察到弹塑性材料的某些特性,从自然状态出发,存在一个屈服极限 σ_s(A 点),低于这个应力时,应力与应变呈线性关系;超过这个极限(B 点)时,应力与应变之间不但呈非线性关系,而且在卸除外部作用后,变形仅部分地恢复(可恢复的变形叫做弹性变形),另一部分变形作为塑性变形被保留下来。因此,应力与应变之间不再像非线性弹性那样是单值对应的,应力和应变与变形的历史有关。

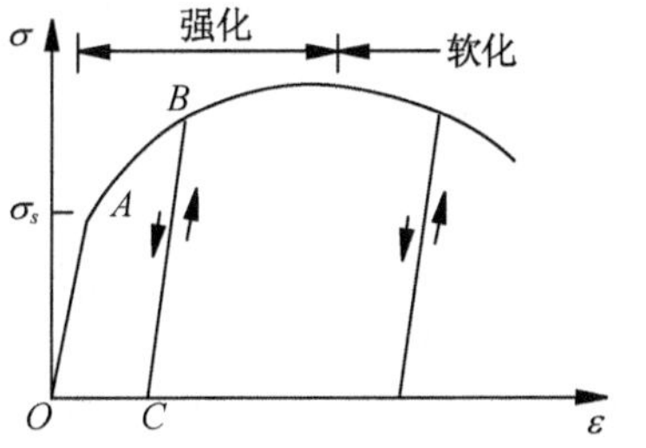

(a) 状态B:$d\sigma>0$,加载;$d\sigma<0$,卸载

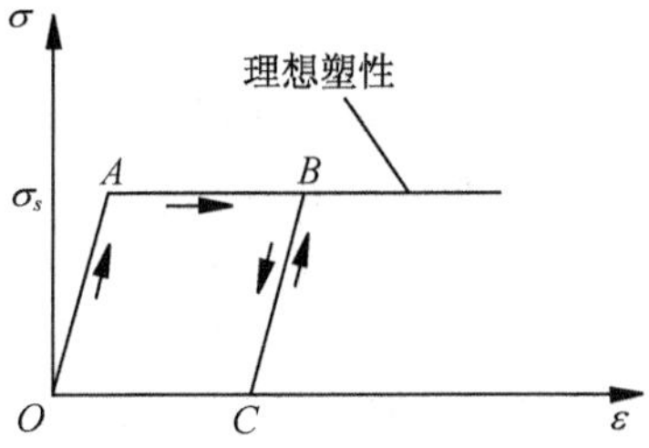

(b) 状态B:$d\sigma=0$,加载;$d\sigma<0$,卸载

图 7.4.1 弹塑性材料单轴拉伸试验曲线的特性

随着塑性变形的出现和发展,材料对外部作用的反应也不同了,例如屈服极限值可因塑性变形而提高,具有塑性变形的试件重新加载时,达到 B 点之后才开始出现新的塑性变形,这种屈服极限(相对于初始的 σ_s 值)提高的现象叫做强化。随塑性变形的发展,屈服极限值降低,叫做软化[图 7.4.1(a)],而随塑性变形的发展,屈服极限值保持常数的性质叫理想塑性[图 7.4.1(b)]。

由于弹塑性材料对外部作用的反应与变形的历史有关(这可称为历史相关性或路径相关性),本构方程应以增量形式写出。特别地,在塑性状态下(图 7.4.1 中的 B 点),加载和卸载时材料服从不同的规律,这使得本构方程的表述要比非线性弹性情况复杂一些。

1. 屈服条件和屈服面

在一般的应力状态下建立弹塑性的本构理论,需要将上述的单向应力状态建立的概念

加以推广。屈服条件的概念就是屈服应力概念的推广。

当应力满足以下条件(称为屈服条件或屈服准则)时,材料发生屈服,处于塑性状态,即

$$f(\boldsymbol{\sigma},\boldsymbol{\sigma}^p,\kappa)=0 \tag{7.4.1}$$

式中:$\boldsymbol{\sigma}$ 是六维应力矢量,$\boldsymbol{\sigma}^p$ 是塑性应力矢量;κ 可以是塑性功 ω^p、塑性体应变 θ^p 或等效塑性应变 $\bar{\varepsilon}^p$。

$$\boldsymbol{\sigma}^p=\boldsymbol{D}\boldsymbol{\varepsilon}^p \tag{7.4.2}$$

$$\omega^p=\int\boldsymbol{\sigma}^{\mathrm{T}}\mathrm{d}\boldsymbol{\varepsilon}^p \tag{7.4.3}$$

$$\theta^p=\int\boldsymbol{e}^{\mathrm{T}}\mathrm{d}\boldsymbol{\varepsilon}^p,\boldsymbol{e}^{\mathrm{T}}=[1\quad 1\quad 1\quad 0\quad 0\quad 0] \tag{7.4.4}$$

$$\varepsilon^p=\int[(\mathrm{d}\boldsymbol{\varepsilon}^p)^{\mathrm{T}}\mathrm{d}\boldsymbol{\varepsilon}^p]^{1/2} \tag{7.4.5}$$

矢量 $\boldsymbol{\sigma}^p$ 和标量 κ 都是标志材料内部结构永久性变化的量,称为塑性内变量,或简称内变量。应力 $\boldsymbol{\sigma}$ 和应变 $\boldsymbol{\varepsilon}$ 是可通过直接测量得到的,称为外变量。从自然状态开始,第一次屈服的屈服条件叫初始屈服条件(这时 $\boldsymbol{\sigma}^p=\boldsymbol{0},\kappa=0$),可以表示为

$$f=f(\boldsymbol{\sigma},k_1,k_2,\cdots,k_n)=0 \tag{7.4.6}$$

式中:$k_1,k_2,\cdots,k_n$ 是材料参数,与内变量无关。

由于产生了塑性变形,随内变量的增长,屈服条件发生了变化,这时的屈服条件叫后继屈服条件。后继屈服条件可表示为式(7.4.1)或在式(7.4.6)中将参数 $k_1,k_2,\cdots,k_n$ 等看作内变量 κ 的函数。屈服条件式(7.4.6)和式(7.4.1)可以看做是六维应力空间中的超曲面,因而也称为初始屈服面和后继屈服面,通称为屈服面。

屈服面随内变量的发展而变化的规律叫做强化规律(也包括对软化的描述),现已依据材料的试验资料建立了各种强化模型。目前广泛采用的一种简单的强化模型是等向强化,它假设屈服面做均匀的扩大[图 7.4.2(a)]。如果屈服面仅含一个参数 k,并设 f^* 是与 k 无关的函数,初始屈服面式(7.4.6)可写为

$$f=f^*(\boldsymbol{\sigma})-k_0=0 \tag{7.4.7}$$

等向强化的后继屈服面可表示为

$$f=f^*(\boldsymbol{\sigma})-k(\kappa)=0 \tag{7.4.8}$$

式中:k 是标量内变量 κ 的函数。

如果 $\kappa=0,k(0)=k_0$,就是初始屈服面式(7.4.7)。另一种经常使用的强化模型是随动强化。它假设在塑性变形发展时,屈服面的大小和形状不变,仅是整体在应力空间中做平动,见图 7.4.2(b)。以 $c\boldsymbol{\sigma}^p$ 表示屈服面中心的移动矢量,后继屈服面可表示为

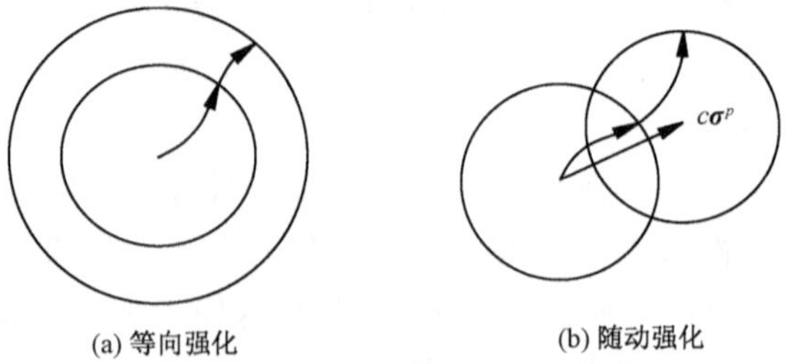

(a) 等向强化　　(b) 随动强化

图 7.4.2　应力空间表述的屈服面

$$f = f^*(\boldsymbol{\sigma} - c\boldsymbol{\sigma}^p) - k_0 = 0 \tag{7.4.9}$$

如果取 $c = 0$，则退化为初始屈服面式(7.4.7)。对于大多数实际材料，屈服面的强化规律大概介于等向强化和随动强化之间，称为混合强化，后继屈服面可表示为

$$f = f^*(\boldsymbol{\sigma} - c\boldsymbol{\sigma}^p) - k(\kappa) = 0 \tag{7.4.10}$$

在外部作用过程中，如果在应力空间中应力方向(或各应力分量的比值)变化不大，使用等向强化规律与实际情况比较符合。由于等向强化模型便于数学处理，应用较为广泛。对理想塑性材料，在式(7.4.8)或式(7.4.6)中 k 保持常数，并且 $\boldsymbol{\sigma}^p$ 不出现，因而屈服面固定在应力空间中，其大小和形状不随内变量的大小而发生变化。

屈服条件可分为各向同性和各向异性的两种类型，在各向同性屈服条件中，变量是主应力 σ_1，σ_2 和 σ_3（与主方向无关），或者变量取成应力张量的不变量 I_1，I_2 和 I_3；在各向异性的屈服条件中，变量包括所有 6 个应力分量，即应力矢量 $\boldsymbol{\sigma}$ 也可以用 3 个主应力和相应的主方向表示。此外，如果材料的屈服与静水压力无关，屈服条件将不含应力张量第一不变量 I_1，仅含应力偏张量的第二、第三不变量。

2. 加、卸载准则和流动法则

在应力空间表述中，一个质点的状态用应力矢量 $\boldsymbol{\sigma}$ 和内变量 $\boldsymbol{\sigma}^p$，κ 来描述。在已知内变量 $\boldsymbol{\sigma}^p$ 和 κ 时，可确定现时的屈服函数的表达式 $f(\boldsymbol{\sigma}, \boldsymbol{\sigma}^p, \kappa)$。当应力矢量 $\boldsymbol{\sigma}$ 使 $f(\boldsymbol{\sigma}, \boldsymbol{\sigma}^p, \kappa) < 0$ 时，该状态称为弹性状态。在弹性状态下，对一个无限小应力增量的响应是弹性的，即可按 Hooke 定律由 $\mathrm{d}\boldsymbol{\sigma}$ 求出应变 $\mathrm{d}\boldsymbol{\varepsilon}$，而相应内变量没有变化，即 $\mathrm{d}\boldsymbol{\sigma}^p = 0$，$\mathrm{d}\kappa = 0$。如果状态 $\boldsymbol{\sigma}$，$\boldsymbol{\sigma}^p$，κ 使 $f(\boldsymbol{\sigma}, \boldsymbol{\sigma}^p, \kappa) = 0$，则称为塑性状态，对外部作用 $\mathrm{d}\boldsymbol{\sigma}$ 的反应是弹塑性的，研究弹塑性本构理论是本节的主要内容。使 $f(\boldsymbol{\sigma}, \boldsymbol{\sigma}^p, \kappa) > 0$ 的状态是不存在的。

在塑性状态下，材料对所施加的应力增量 $\mathrm{d}\boldsymbol{\sigma}$ 的反应是相当复杂的。具体地说，这种反应可以是弹性的，也可以是弹塑性的，这涉及加载和卸载的概念。

首先考虑理想弹塑性材料，由于内变量的变化对屈服条件没有影响，屈服函数中不含内变量，因而屈服条件有式(7.4.6)的形式，只要应力矢量 $\boldsymbol{\sigma}$ 满足式(7.4.6)，材料就处于塑性状态。在这样的塑性状态下，材料对所施加的应力增量矢量可有两种不同的反应：一种是有新的塑性变形增量 $\mathrm{d}\boldsymbol{\varepsilon}^p$ 发生，这种情况称为塑性加载，简称加载。由于加载是从一个塑性状态 $(\boldsymbol{\sigma}, \boldsymbol{\sigma}^p, \kappa)$ 变化到另一个塑性状态 $(\boldsymbol{\sigma} + \mathrm{d}\boldsymbol{\sigma}, \boldsymbol{\sigma}^p + \mathrm{d}\boldsymbol{\sigma}^p, \kappa + \mathrm{d}\kappa)$，而应力点始终保持在屈服面上，因而有

$$\mathrm{d}f = 0 \tag{7.4.11}$$

这个条件称为一致性条件。

另一种情况是无新的塑性变形 $\mathrm{d}\boldsymbol{\varepsilon}^p$ 发生，相应的 $\mathrm{d}\boldsymbol{\sigma}^p = 0$，$\mathrm{d}\kappa = 0$，这种情况叫塑性卸载，简称卸载。在卸载期间，材料从一个塑性状态退回到一个弹性状态，即从一个使 $f = 0$ 的状态退回到一个使 $f < 0$ 的状态。因而在卸载时有

$$\mathrm{d}f < 0 \tag{7.4.12}$$

考虑到对于理想塑性材料有 $\mathrm{d}f = \left(\dfrac{\partial f}{\partial \boldsymbol{\sigma}}\right)^{\mathrm{T}} \mathrm{d}\boldsymbol{\sigma}$，因而它的加卸载准则可表示为

$$l = \left(\frac{\partial f}{\partial \boldsymbol{\sigma}}\right)^{\mathrm{T}} \mathrm{d}\boldsymbol{\sigma} \begin{cases} < 0, \text{卸载} \\ = 0, \text{加载} \end{cases} \tag{7.4.13}$$

对于强化材料，屈服条件为式(7.4.1)或式(7.4.10)，在发生塑性变形时 $\mathrm{d}\boldsymbol{\sigma}^p \neq 0, \mathrm{d}\kappa > 0$，屈服面在应力点 $\boldsymbol{\sigma}$ 附近是向外扩大的，应力增量矢量 $\mathrm{d}\boldsymbol{\sigma}$ 应指向屈服面外侧，这时称为加载。相反，位于屈服面上的应力点 $\boldsymbol{\sigma}$ 退回到屈服面内部(弹性区)时，应力增量矢量 $\mathrm{d}\boldsymbol{\sigma}$ 指向屈服面内侧，称为卸载。在塑性状态下，强化材料对无限小应力增量 $\mathrm{d}\boldsymbol{\sigma}$ 的反应，除了加载和卸载外，还有一个中间情况即中性变载。中性变载是从一个塑性状态变化到另一个塑性状态的过程，一致条件式(7.4.11)成立，但中性变载时无新的塑性变形产生，即 $\mathrm{d}\boldsymbol{\sigma}^p = 0, \mathrm{d}\kappa = 0$。因而中性变载时有

$$(\mathrm{d}f)_{\substack{\mathrm{d}\boldsymbol{\sigma}^p = 0 \\ \mathrm{d}\kappa = 0}} = \left(\frac{\partial f}{\partial \boldsymbol{\sigma}}\right)^{\mathrm{T}} \mathrm{d}\boldsymbol{\sigma} = 0 \tag{7.4.14}$$

卸载时，有式(7.4.12)，并且 $\mathrm{d}\boldsymbol{\sigma}^p = 0, \mathrm{d}\kappa = 0$。因而

$$(\mathrm{d}f)_{\substack{\mathrm{d}\boldsymbol{\sigma}^p = 0 \\ \mathrm{d}\kappa = 0}} = \left(\frac{\partial f}{\partial \boldsymbol{\sigma}}\right)^{\mathrm{T}} \mathrm{d}\boldsymbol{\sigma} < 0 \tag{7.4.15}$$

而 $\left(\frac{\partial f}{\partial \boldsymbol{\sigma}}\right)^{\mathrm{T}} \mathrm{d}\boldsymbol{\sigma} > 0$ 的情况，对应于加载。因而强化材料的加卸载准则可表示为

$$l = \left(\frac{\partial f}{\partial \boldsymbol{\sigma}}\right)^{\mathrm{T}} \mathrm{d}\boldsymbol{\sigma} \begin{cases} < 0, \text{卸载} \\ = 0, \text{中性加载} \\ > 0, \text{加载} \end{cases} \tag{7.4.16}$$

在几何上，$\partial f / \partial \boldsymbol{\sigma}$ 表示屈服面的外法向方向，故式(7.4.16)表明，加载时应力矢量 $\mathrm{d}\boldsymbol{\sigma}$ 指向屈服面外侧，卸载时 $\mathrm{d}\boldsymbol{\sigma}$ 指向内侧，中性变载时 $\mathrm{d}\boldsymbol{\sigma}$ 指向屈服面应力点的切线方向。

对于软化塑性材料，加载时在应力点附近屈服面收缩，应力点退回到原屈服面内侧，而卸载时应力点也退回到原屈服面内侧的弹性区，故在数学上无法给出区别加载和卸载的表达式。

理想塑性、强化塑性和软化塑性的加卸载情况在应力空间的几何表示如图 7.4.3 所示。

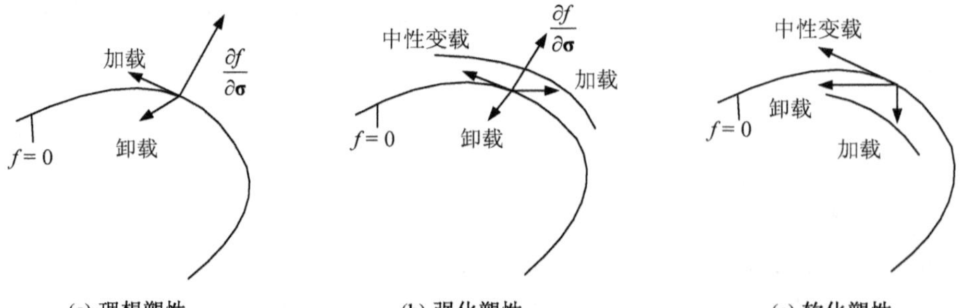

图 7.4.3　应力空间加卸载的几何表示

塑性变形的流动法则是一个重要的运动学假设，它给出塑性应变增量 $\mathrm{d}\boldsymbol{\varepsilon}^p$ 各分量的相对大小或比例。由于应变增量 $\mathrm{d}\boldsymbol{\varepsilon}$ 在几何上可由六维应变空间的矢量表示，流动法则决定了

在塑性应变空间中塑性应变矢量 $\mathrm{d}\boldsymbol{\varepsilon}^p$ 的方向。而弹性应变可直接用应力势函数(即余能密度函数)对应力的微商得到。类似于这种假设，Mises 提出了塑性势函数的概念，记为 $g(\boldsymbol{\sigma})$。在塑性变形发生时，有

$$\mathrm{d}\boldsymbol{\varepsilon}^p = \mathrm{d}\lambda \frac{\partial g}{\partial \boldsymbol{\sigma}} \tag{7.4.17}$$

式中：$\mathrm{d}\lambda$ 是非负的标量因子，仅当塑性变形发生时取正值，$g(\boldsymbol{\sigma})$ 为常数，定义了在应力空间中塑性势曲面(超曲面)，这个曲面在点 $\boldsymbol{\sigma}$ 处法向矢量的方向余弦正比于梯度 $\partial g/\partial \boldsymbol{\sigma}$。

式(7.4.17)表示，如果将塑性应变增量矢量作为应力空间的自由矢量，该矢量指向塑性势曲面的法线方向。最重要的一种情况是取屈服函数为塑性势函数，即 $f = g$，这样

$$\mathrm{d}\boldsymbol{\varepsilon}^p = \mathrm{d}\lambda \frac{\partial f}{\partial \boldsymbol{\sigma}} \tag{7.4.18}$$

这时塑性流动沿屈服面法向发展，式(7.4.18)叫做关联的流动法则，也称为正交法则，意指塑性流动与屈服条件相关，而式(7.4.17)叫做非关联流动准则。

3. 应力应变关系(本构方程)

在一个无限小的应力增量 $\mathrm{d}\boldsymbol{\sigma}$ 作用下，产生的应变分量 $\mathrm{d}\boldsymbol{\varepsilon}$ 可分解为弹性部分和塑性部分：

$$\mathrm{d}\boldsymbol{\varepsilon} = \mathrm{d}\boldsymbol{\varepsilon}^e + \mathrm{d}\boldsymbol{\varepsilon}^p \tag{7.4.19}$$

式中：弹性应变增量 $\mathrm{d}\boldsymbol{\varepsilon}^e$ 与应力增量 $\mathrm{d}\boldsymbol{\sigma}$ 之间有线性关系

$$\mathrm{d}\boldsymbol{\varepsilon}^e = \boldsymbol{C}\mathrm{d}\boldsymbol{\sigma} \tag{7.4.20}$$

式中：$\boldsymbol{C} = \boldsymbol{D}^{-1}$。

将式(7.4.20)和式(7.4.18)代入式(7.4.19)，得

$$\mathrm{d}\boldsymbol{\varepsilon} = \boldsymbol{C}\mathrm{d}\boldsymbol{\sigma} + \frac{\partial f}{\partial \boldsymbol{\sigma}}\mathrm{d}\lambda \tag{7.3.21}$$

在卸载和中性变载时，$\mathrm{d}\lambda = 0$，式(7.4.21)回到增量形式的 Hooke 定律，反应是纯弹性的。在加载时，$\mathrm{d}\lambda > 0$，如果材料是强化的，$\mathrm{d}\lambda$ 的大小可用一致性条件 $\mathrm{d}f = 0$ 确定：

$$\mathrm{d}f = \left(\frac{\partial f}{\partial \boldsymbol{\sigma}}\right)^{\mathrm{T}} + \left(\frac{\partial f}{\partial \boldsymbol{\sigma}^p}\right)^{\mathrm{T}} \mathrm{d}\boldsymbol{\sigma}^p + \frac{\partial f}{\partial \kappa}\mathrm{d}\kappa = 0 \tag{7.4.22}$$

考虑到式(7.4.2)、式(7.4.18)以及式(7.4.3)—式(7.4.5)，由一致性条件可得

$$\mathrm{d}\lambda = \frac{1}{A}\left(\frac{\partial f}{\partial \boldsymbol{\sigma}}\right)^{\mathrm{T}} \mathrm{d}\boldsymbol{\sigma} \tag{7.4.23}$$

其中

$$A = -\left(\frac{\partial f}{\partial \boldsymbol{\sigma}^p}\right)^{\mathrm{T}} \boldsymbol{D} \frac{\partial f}{\partial \boldsymbol{\sigma}} - \frac{\partial f}{\partial \kappa} m \tag{7.4.24}$$

$$
m = \begin{cases} \boldsymbol{\sigma}^{\mathrm{T}} \dfrac{\partial f}{\partial \boldsymbol{\sigma}} & 当 \kappa = \omega^{p} \\ \boldsymbol{e}^{\mathrm{T}} \dfrac{\partial f}{\partial \boldsymbol{\sigma}} & 当 \kappa = \theta^{p} \\ \sqrt{\left(\dfrac{\partial f}{\partial \boldsymbol{\sigma}}\right)^{\mathrm{T}} \left(\dfrac{\partial f}{\partial \boldsymbol{\sigma}}\right)} & 当 \kappa = \varepsilon^{p} \end{cases} \tag{7.4.25}
$$

将式(7.4.23)代入式(7.4.21)，得到加载时的本构方程

$$
\mathrm{d}\boldsymbol{\varepsilon} = \left[\boldsymbol{C} + \frac{1}{A} \frac{\partial f}{\partial \boldsymbol{\sigma}} \left(\frac{\partial f}{\partial \boldsymbol{\sigma}} \right)^{\mathrm{T}} \right] \mathrm{d}\boldsymbol{\sigma} \tag{7.4.26}
$$

引入阶梯函数和加载准则参数

$$
H(l) = \begin{cases} 0, & l \leqslant 0 \\ 1, & l > 0 \end{cases} \tag{7.4.27}
$$

$$
l = \left(\frac{\partial f}{\partial \boldsymbol{\sigma}} \right)^{\mathrm{T}} \mathrm{d}\boldsymbol{\sigma} \tag{7.4.28}
$$

可将式(7.4.26)改写为对加载、中性变载和卸载普遍适用的方程

$$
\mathrm{d}\boldsymbol{\varepsilon} = \left[\boldsymbol{C} + \frac{H(l)}{A} \frac{\partial f}{\partial \boldsymbol{\sigma}} \left(\frac{\partial f}{\partial \boldsymbol{\sigma}} \right)^{\mathrm{T}} \right] \mathrm{d}\boldsymbol{\sigma} = \boldsymbol{C}_{ep} \mathrm{d}\boldsymbol{\sigma} \tag{7.4.29}
$$

式中：$\boldsymbol{C}_{ep}$ 称为材料的弹塑性矩阵。

这样，只要给出了应力增量 $\mathrm{d}\boldsymbol{\sigma}$，就可以按式(7.4.29)唯一确定应变增量 $\mathrm{d}\boldsymbol{\varepsilon}$。

上面建立的本构方程是以应力矢量为基本变量，在应力空间中讨论的，它仅适用于强化材料。对于理想塑性材料，$A=0$，不能用一致性条件确定出 $\mathrm{d}\lambda$ 的大小。对于软化塑性材料，不能用应力增量建立加-卸载准则，在应力空间中表述的本构理论有很大的局限性。

二、应变空间表述的弹塑性材料的本构方程

近年来，塑性力学问题的有限元方法(主要是以位移为基本变量的位移法)得到很大发展，并在实际工程中得到广泛应用。在位移法中使用的弹塑性矩阵，在实质上就是应变空间表述的本构矩阵。由于伺服试验机的出现，用控制位移的方式测量全应力应变曲线(包含强化硬化和软化阶段的曲线)得以实现，可以用变形值表示屈服极限和强度极限。因此，尽管弹塑性本构模型一般是在应力空间中表述，但与应变表述的弹塑性模型相比，应力空间表述的模型存在若干缺陷。

1) 不能有效地处理不稳定材料问题，无法给出不稳定材料的加卸载条件，而采用应变表述的模型则可给出适用于强化、软化和理想塑性材料的统一加卸载条件。

2) 由于材料屈服、后继屈服(含强化与软化段)和破坏函数中参数的确定依赖试验量测的直接量是应变而不是应力，故采用应力空间表述就不如应变空间表述那么直接，且在一些情况下(如软化段)只能采用应变表述材料的屈服和强度条件。

3) 现行数值分析方法中，多半以位移法为主，在获得位移后，可直接求出应变，采用基于应变表述的屈服、强化、软化段的识别条件及其本构关系进行弹塑性分析非常直接、方便，

而若采用应力空间表述的本构模型，尚需进一步由应变求出应力后方能分析。

总之，随着数值方法和试验技术的发展以及实际需要的推动，人们逐渐认识到应变空间表述本构理论的重要性和广泛的适应性。

从图 7.4.4 的单轴应力的全应力-应变曲线上可以看到，从自然状态出发，当 $\varepsilon < \varepsilon_s$ 时，介质的反应是线弹性的，而当应变超过 ε_s 后（如在 B 点）就伴有塑性变形发生，应力和应变之间的关系不再是线性的了。在卸载之后重新加载时，在应变重新达到 B 点对应的值 ε_{sB} 之前，反应是线性弹性的，而达到这个应变值时，才可能产生新的塑性应变。这样，ε_{sB} 可以看作用应变表示的后继屈服极限。在塑性状态的 B 点，可用 $\mathrm{d}\varepsilon > 0$ 表示塑性加载，用 $\mathrm{d}\varepsilon < 0$ 表示塑性卸载。而且这种表示在软化情况也是正确的，例如在点 C 表示的塑性状态，卸载时显然有 $\mathrm{d}\varepsilon < 0$，在加载时虽然有 $\mathrm{d}\varepsilon^e < 0$（即 $\mathrm{d}\sigma = E\mathrm{d}\varepsilon^e < 0$），但由于 $\mathrm{d}\varepsilon^p > 0$，仍有 $\mathrm{d}\varepsilon > 0$。这样就可期望在应变空间中能给出对强化、软化和理想塑性普遍适用的本构表述。

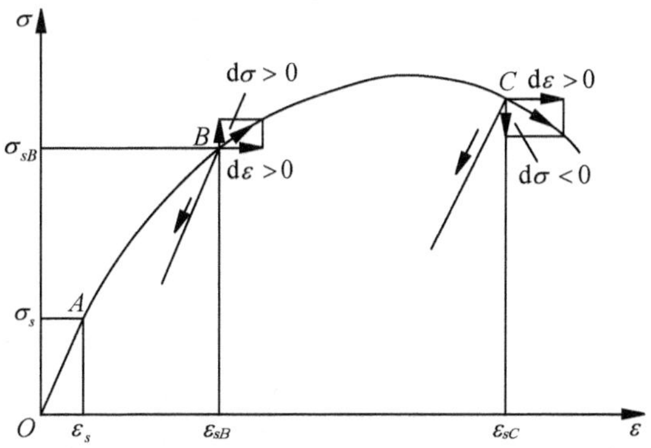

图 7.4.4 单轴应力的全应力应变曲线

1. 应变屈服条件和应变屈服面

将上面说明的一维情况的应变屈服极限推广到一般的应变状态，就得到应变屈服条件和应变屈服面。用六维应变空间中的一个点代表介质的应变状态。假设存在一个超曲面，它所包围区域内部所有的点都能用纯弹性应变的路径达到，而在这个超曲面上的点表示介质将会发生进一步的塑性变形，这个曲面就是应变空间的屈服面，它可表示为

$$F(\boldsymbol{\varepsilon},\boldsymbol{\varepsilon}^p,\kappa) = 0 \tag{7.4.30}$$

式中：应变矢量 $\boldsymbol{\varepsilon}$ 是基本变量，塑性应变矢量 $\boldsymbol{\varepsilon}^p$ 和标量 κ 是内变量，见式(7.4.3)—式(7.4.5)。

这样，式(7.4.30)表示以内变量为参数的一族超曲面。如果在式(7.4.30)中 $\boldsymbol{\varepsilon}^p = \mathbf{0}$，$\kappa = 0$，就得到初始屈服面

$$F(\boldsymbol{\varepsilon}) = 0 \tag{7.4.31}$$

在应变空间中介质质点的状态可用 $\boldsymbol{\varepsilon}$，$\boldsymbol{\varepsilon}^p$，$\kappa$ 表示。如果有

$$F(\boldsymbol{\varepsilon},\boldsymbol{\varepsilon}^p,\kappa) < 0 \tag{7.4.32}$$

则这个状态处于弹性状态，对无限小的外部作用的反应是纯弹性的。如果在这个状态有 $F(\boldsymbol{\varepsilon},\boldsymbol{\varepsilon}^p,\kappa) = 0$，那么它是处于塑性状态，对无限小的外部作用的反应是弹塑性的。不存在使 $F > 0$ 的状态。

由于以往对屈服函数的试验研究多是在控制载荷的试验机上进行的，屈服条件往往是用应力分量表示的；塑性力学的许多基本概念如强化、软化和理想塑性等，都是用应力分量定义的，而关于应变空间的屈服面的知识却很少。因此，通过变换

$$\begin{cases}\boldsymbol{\sigma}^p = \boldsymbol{D}\boldsymbol{\varepsilon}^p \\ \boldsymbol{\sigma} = \boldsymbol{D}(\boldsymbol{\varepsilon} - \boldsymbol{\varepsilon}^p)\end{cases} \tag{7.4.33}$$

建立应力屈服函数与应变屈服函数之间的关系如下：

$$f(\boldsymbol{\sigma},\boldsymbol{\sigma}^p,\kappa) = f[\boldsymbol{D}(\boldsymbol{\varepsilon} - \boldsymbol{\varepsilon}^p),\boldsymbol{D}\varepsilon^p,\kappa] \equiv F(\boldsymbol{\varepsilon},\boldsymbol{\varepsilon}^p,\kappa) \tag{7.4.34}$$

$$\frac{\partial F}{\partial \boldsymbol{\varepsilon}} = \boldsymbol{D}\frac{\partial f}{\partial \boldsymbol{\sigma}},\frac{\partial F}{\partial \boldsymbol{\varepsilon}^p} = \boldsymbol{D}\left(\frac{\partial f}{\partial \boldsymbol{\sigma}^p} - \frac{\partial f}{\partial \boldsymbol{\sigma}}\right) \tag{7.4.35}$$

$$\frac{\partial F}{\partial \kappa} = \frac{\partial f}{\partial \kappa} \tag{7.4.36}$$

2. 应变空间表述的加卸载准则和流动法则

设状态 $\boldsymbol{\varepsilon},\boldsymbol{\varepsilon}^P,\kappa$ 处于塑性状态，这时 $F(\boldsymbol{\varepsilon},\boldsymbol{\varepsilon}^p,\kappa)=0$，即应变点在屈服面上。在外部作用下，如果应变点保持在屈服面上，并有新的塑性变形发生，这个过程叫做塑性加载（简称加载）；如果应变点离开屈服面，退回弹性区，反应是纯弹性的，叫做塑性卸载（简称卸载）。它们的一个中间情况，即应变点不离开屈服面，而又无新的塑性变形发生，为中性变载。考虑到在加载和中性变载时有一致性条件

$$\mathrm{d}F = \left(\frac{\partial F}{\partial \boldsymbol{\varepsilon}}\right)^{\mathrm{T}}\mathrm{d}\boldsymbol{\varepsilon} + \left(\frac{\partial F}{\partial \boldsymbol{\varepsilon}^p}\right)\mathrm{d}\boldsymbol{\varepsilon}^p + \frac{\partial F}{\partial \kappa}\mathrm{d}\kappa = 0 \tag{7.4.37}$$

而卸载时 $\mathrm{d}F<0$。不难得到，在应变空间表述的加卸载准则是

$$L = \left(\frac{\partial F}{\partial \boldsymbol{\varepsilon}}\right)^{\mathrm{T}}\mathrm{d}\boldsymbol{\varepsilon}\begin{cases}<0, & \text{卸载} \\ =0, & \text{中性加载} \\ >0, & \text{加载}\end{cases} \tag{7.4.38}$$

这个准则对强化、软化和理想塑性情况是普遍适用的，因为在加载时应变屈服面在应变点附近总是局部地向外移动。这个准则的几何解释如图 7.4.5 所示。对于塑性状态，加载、卸载和中性变载分别对应于应变增量矢量 $\mathrm{d}\boldsymbol{\varepsilon}$ 指向应变屈服面的外侧、内侧，以及与屈服面相切。

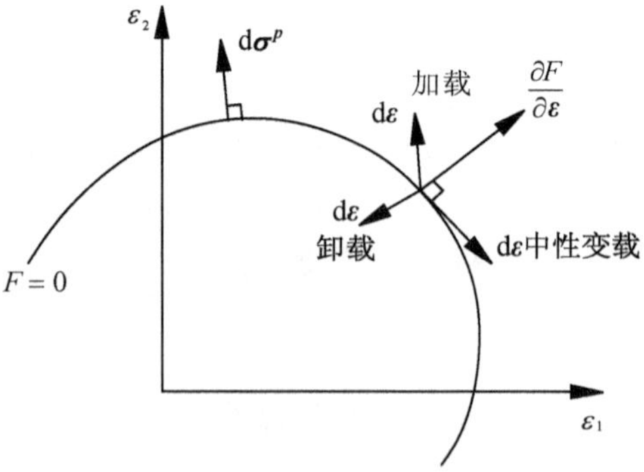

图 7.4.5 应变空间表述加卸载准则的几何解释

理论上还可以证明，对于弹性性质不随塑性变形的出现和发展而变化的材料，加载时塑性应力增量 $\mathrm{d}\boldsymbol{\sigma}^p$ [见式(7.4.2)]指向应变屈服面的外法向，即

$$\mathrm{d}\boldsymbol{\sigma}^p = \mathrm{d}\lambda\frac{\partial F}{\partial \boldsymbol{\varepsilon}} \tag{7.4.39}$$

式中：$\mathrm{d}\lambda$ 是非负的尺度因子，加载时 $\mathrm{d}\lambda>0$，其他情况 $\mathrm{d}\lambda=0$。

式(7.4.39)也称为在应变空间中表述的正交法则。实际上，将应力空间表述的正交法则

$$\mathrm{d}\boldsymbol{\varepsilon}^p = \mathrm{d}\lambda\frac{\partial f}{\partial \boldsymbol{\sigma}} \tag{7.4.40}$$

两端左乘矩阵 $\boldsymbol{D}$，利用式(7.4.34)—式(7.4.36)，便可得到式(7.4.39)。

3. 应变空间表述的本构方程

在应变空间表述中描述介质质点状态采用应变矢量 $\boldsymbol{\varepsilon}$ 和内变量 $\boldsymbol{\varepsilon}^p$ 和 κ，即对一个指定的状态 $(\boldsymbol{\varepsilon},\boldsymbol{\varepsilon}^p,\kappa)$，由一个无限小的应变增量 $\mathrm{d}\boldsymbol{\varepsilon}$ 去确定无限小的应力增量 $\mathrm{d}\boldsymbol{\sigma}$，以及相应的内变增量 $\mathrm{d}\boldsymbol{\varepsilon}^p$，$\mathrm{d}\kappa$。

设将一个无限小的应变增量 $\mathrm{d}\boldsymbol{\varepsilon}$ 的变形施加在质点上，相应的应力增量 $\mathrm{d}\boldsymbol{\sigma}$ 可分解为如下两部分

$$\mathrm{d}\boldsymbol{\sigma} = \mathrm{d}\boldsymbol{\sigma}^e - \mathrm{d}\boldsymbol{\sigma}^p \tag{7.4.41}$$

其中

$$\mathrm{d}\boldsymbol{\sigma}^e = \boldsymbol{D}\mathrm{d}\varepsilon \tag{7.4.42}$$

式(7.4.41)的物理含义是：应力增量可被设想为在外部无限小应变 $\mathrm{d}\boldsymbol{\varepsilon}$ 作用下，由纯弹性反应 $\mathrm{d}\boldsymbol{\sigma}^e$ 以及在弹性条件下塑性变形所对应的残余应力 $(-\mathrm{d}\boldsymbol{\sigma}^p)$ 两部分组成。实际上，式(7.4.41)是与应变分解式(7.4.19) 一致的，只要在式(7.4.19)的两端左乘以矩阵 $\boldsymbol{D}$，并考虑到

$$\mathrm{d}\boldsymbol{\sigma} = \boldsymbol{D}\mathrm{d}\varepsilon^e \tag{7.4.43}$$

就得到式(7.4.41)。将式(7.4.42)代入式(7.4.41)，得到

$$\mathrm{d}\boldsymbol{\sigma} = \boldsymbol{D}\mathrm{d}\boldsymbol{\varepsilon} - \mathrm{d}\boldsymbol{\sigma}^p$$

考虑到流动法则式(7.4.39)，由上式得

$$\mathrm{d}\boldsymbol{\sigma} = \boldsymbol{D}\mathrm{d}\boldsymbol{\varepsilon} - \mathrm{d}\lambda\frac{\partial F}{\partial \boldsymbol{\varepsilon}} \tag{7.4.44}$$

在中性变载和卸载时，$\mathrm{d}\lambda = 0$，上式退化为 Hooke 定律。对于加载，$\mathrm{d}\lambda > 0$，$\mathrm{d}\lambda$ 的大小由一致性条件

$$\mathrm{d}F = \left(\frac{\partial F}{\partial \boldsymbol{\varepsilon}}\right)^{\mathrm{T}}\mathrm{d}\boldsymbol{\varepsilon} + \left(\frac{\partial F}{\partial \boldsymbol{\varepsilon}^p}\right)^{\mathrm{T}}\mathrm{d}\boldsymbol{\varepsilon}^p + \frac{\partial F}{\partial \kappa}\mathrm{d}\kappa = 0 \tag{7.4.45}$$

确定。考虑到式(7.4.39)、式(7.4.3)—式(7.4.5)得

$$\mathrm{d}\lambda = \frac{1}{B}\left(\frac{\partial F}{\partial \boldsymbol{\varepsilon}}\right)^{\mathrm{T}}\mathrm{d}\boldsymbol{\varepsilon} \tag{7.4.46}$$

其中

$$B = -\left(\frac{\partial F}{\partial \boldsymbol{\varepsilon}^p}\right)^{\mathrm{T}}\boldsymbol{C}\frac{\partial F}{\partial \boldsymbol{\varepsilon}} - \frac{\partial F}{\partial \kappa}m \tag{7.4.47}$$

$$m = \begin{cases} \boldsymbol{\sigma}^{\mathrm{T}}\boldsymbol{C}\dfrac{\partial F}{\partial \boldsymbol{\varepsilon}}, & \text{当 } \kappa = \omega^p \\ \boldsymbol{e}^{\mathrm{T}}\boldsymbol{C}\dfrac{\partial F}{\partial \boldsymbol{\varepsilon}}, & \text{当 } \kappa = \theta^p \\ \left[\left(\dfrac{\partial F}{\partial \boldsymbol{\varepsilon}}\right)^{\mathrm{T}}\boldsymbol{CC}\dfrac{\partial F}{\partial \boldsymbol{\varepsilon}}\right]^{1/2}, & \text{当 } \kappa = \bar{\varepsilon}^p \end{cases} \tag{7.4.48}$$

将式(7.4.46)代入式(7.4.44)得加载时的本构方程

$$\mathrm{d}\boldsymbol{\sigma} = (\boldsymbol{D} - \boldsymbol{D}_p)\mathrm{d}\boldsymbol{\varepsilon} \tag{7.4.49}$$

$$\boldsymbol{D}_p = \frac{1}{B}\frac{\partial F}{\partial \boldsymbol{\varepsilon}}\left(\frac{\partial F}{\partial \boldsymbol{\varepsilon}}\right)^{\mathrm{T}} \tag{7.4.50}$$

还可以给出对加载、卸载和中性变载普遍适用的形式

$$\mathrm{d}\boldsymbol{\sigma} = [\boldsymbol{D} - H(L)\,\boldsymbol{D}_p]\mathrm{d}\boldsymbol{\varepsilon} \equiv \boldsymbol{D}_{ep}\,\mathrm{d}\boldsymbol{\varepsilon} \tag{7.4.51}$$

式中：$\boldsymbol{D}_p$ 称为塑性矩阵；$\boldsymbol{D}_{ep}$ 称为弹塑性矩阵；$H(L)$ 是按式(7.4.27)定义的阶梯函数，而且

$$L = \left(\frac{\partial F}{\partial \boldsymbol{\varepsilon}}\right)^{\mathrm{T}}\mathrm{d}\boldsymbol{\varepsilon} \tag{7.4.52}$$

它是加卸载准则参数。于是，使用本构方程式(7.4.49)，可由应变增量 $\mathrm{d}\boldsymbol{\varepsilon}$ 唯一地确定应力增量 $\mathrm{d}\boldsymbol{\sigma}$。

利用式(7.4.36)，可将应变空间表述的本构方程式(7.4.50)用应力屈服函数表示

$$\boldsymbol{D}_p = \frac{1}{B}\boldsymbol{D}\frac{\partial f}{\partial \boldsymbol{\sigma}}\left(\frac{\partial f}{\partial \boldsymbol{\sigma}}\right)^{\mathrm{T}}\boldsymbol{D} \tag{7.4.53}$$

$$B = \left(\frac{\partial f}{\partial \boldsymbol{\sigma}}\right)^{\mathrm{T}}\boldsymbol{D}\frac{\partial f}{\partial \boldsymbol{\sigma}} - \left(\frac{\partial f}{\partial \boldsymbol{\sigma}^p}\right)^{\mathrm{T}}\boldsymbol{D}\frac{\partial f}{\partial \boldsymbol{\sigma}} - \frac{\partial f}{\partial \kappa}m \tag{7.4.54}$$

$$m = \begin{cases} \boldsymbol{\sigma}^{\mathrm{T}}\dfrac{\partial f}{\partial \boldsymbol{\sigma}}（当\ \kappa = \omega^p） \\ \boldsymbol{e}^{\mathrm{T}}\dfrac{\partial f}{\partial \boldsymbol{\sigma}}（当\ \kappa = \theta^p） \\ \left[\left(\dfrac{\partial f}{\partial \boldsymbol{\sigma}}\right)^{\mathrm{T}}\dfrac{\partial f}{\partial \boldsymbol{\sigma}}\right]^{1/2}（当\ \kappa = \bar{\varepsilon}^p） \end{cases} \tag{7.4.55}$$

$$L = \left(\frac{\partial f}{\partial \boldsymbol{\sigma}}\right)^{\mathrm{T}}\boldsymbol{D}\mathrm{d}\boldsymbol{\varepsilon} \tag{7.4.56}$$

考虑到由式(7.4.24)定义的 A，B 可写为

$$B = H + A \tag{7.4.57}$$

其中

$$H = \left(\frac{\partial f}{\partial \boldsymbol{\sigma}}\right)^{\mathrm{T}}\boldsymbol{D}\frac{\partial f}{\partial \boldsymbol{\sigma}} > 0 \tag{7.4.58}$$

虽然这时在加载准则和本构方程中包含的是应力屈服函数，但在本质上，这些关系仍是在应变空间中表述的。例如，在加载准则参数式(7.4.13)中，如果令 $\mathrm{d}\boldsymbol{\sigma}^e = \boldsymbol{D}\mathrm{d}\boldsymbol{\varepsilon}$，它可表示为

$$L = \left(\frac{\partial f}{\partial \boldsymbol{\sigma}}\right)^{\mathrm{T}}\mathrm{d}\boldsymbol{\sigma}^e \tag{7.4.59}$$

这与在应力空间中表述的加-卸载准则函数式(7.4.16)显然是不同的。那里是由应力增量 $\mathrm{d}\boldsymbol{\sigma}$ 表示的,这里是按弹性规律由 $\mathrm{d}\boldsymbol{\varepsilon}$ 计算出来的弹性应力增量 $\mathrm{d}\boldsymbol{\sigma}^e$ 表示的。在位移法的有限元分析中,只能用在应变空间中表述的准则,因为 $\mathrm{d}\boldsymbol{\sigma}$ 事先是不知道的,所以在以往的位移法有限元分析中关于本构关系的算法,实质上是建立在应变空间表述的本构理论之上的,它们是完全正确的。

到此已经给出了弹塑性介质的完整的本构关系。在已知的状态 $\boldsymbol{\varepsilon},\boldsymbol{\varepsilon}^p,\kappa$ [或利用式(7.4.33),$\boldsymbol{\sigma},\boldsymbol{\sigma}^p,\kappa$]的基础上,由应变增量 $\mathrm{d}\boldsymbol{\varepsilon}$ 可以唯一确定应力增量 $\mathrm{d}\boldsymbol{\sigma}$。具体的做法如下。

(1) 由内变量 $\boldsymbol{\varepsilon}^p$(或 $\boldsymbol{\sigma}^p$),κ 确定屈服函数 F(或 f)。

(2) 如果 $\boldsymbol{\varepsilon}$(或 $\boldsymbol{\sigma}$)使 $F<0$(或 $f<0$),本构方程是

$$\mathrm{d}\boldsymbol{\sigma}=\boldsymbol{D}\mathrm{d}\boldsymbol{\varepsilon} \tag{7.4.60}$$

反应是纯弹性的。

(3) 如果 $\boldsymbol{\varepsilon}$(或 $\boldsymbol{\sigma}$)使 $F=0$(或 $f=0$),反应是弹塑性的,当

$$\left(\frac{\partial F}{\partial \boldsymbol{\varepsilon}}\right)^{\mathrm{T}}\mathrm{d}\boldsymbol{\varepsilon}=\left(\frac{\partial f}{\partial \boldsymbol{\sigma}}\right)^{\mathrm{T}}\boldsymbol{D}\mathrm{d}\boldsymbol{\varepsilon}\leqslant 0 \tag{7.4.61}$$

时为中性变载或卸载,有 $\mathrm{d}\boldsymbol{\sigma}=\boldsymbol{D}\mathrm{d}\boldsymbol{\varepsilon}$,反应是纯弹性的;当

$$\left(\frac{\partial F}{\partial \boldsymbol{\varepsilon}}\right)^{\mathrm{T}}\mathrm{d}\boldsymbol{\varepsilon}=\left(\frac{\partial f}{\partial \boldsymbol{\sigma}}\right)^{\mathrm{T}}\boldsymbol{D}\mathrm{d}\boldsymbol{\varepsilon}>0 \tag{7.4.62}$$

时为加载,有 $\mathrm{d}\boldsymbol{\sigma}=(\boldsymbol{D}-\boldsymbol{D}_p)\mathrm{d}\boldsymbol{\varepsilon}$,反应是弹塑性的;上述计算可以用下面的组合式概括地写出:

$$\mathrm{d}\boldsymbol{\sigma}=\begin{cases}\boldsymbol{D}\mathrm{d}\boldsymbol{\varepsilon},\text{当 } f(\boldsymbol{\sigma},\boldsymbol{\sigma}^p,\kappa)<0 \text{ 或 } f(\boldsymbol{\sigma},\boldsymbol{\sigma}^p,\kappa)=0 \text{ 且}\left(\dfrac{\partial f}{\partial \boldsymbol{\sigma}}\right)^{\mathrm{T}}\boldsymbol{D}\mathrm{d}\boldsymbol{\varepsilon}\leqslant 0\\ (\boldsymbol{D}-\boldsymbol{D}_p)\mathrm{d}\boldsymbol{\varepsilon},\text{当 } f(\boldsymbol{\sigma},\boldsymbol{\sigma}^p,\kappa)=0 \text{ 且}\left(\dfrac{\partial f}{\partial \boldsymbol{\sigma}}\right)^{\mathrm{T}}\boldsymbol{D}\mathrm{d}\boldsymbol{\varepsilon}>0\end{cases} \tag{7.4.63}$$

4. 应力空间和应变空间弹塑性材料本构理论表述的对偶性

本节平行地介绍了应力空间和应变空间的弹塑性材料的本构理论,从中可看出两个空间的表述具有对偶性,主要结果列于表 7.4.1。

表 7.4.1 应力空间和应变空间弹塑性材料本构理论的对偶性

项目	应力空间表述	应变空间表述
基本状态变量	$\boldsymbol{\sigma}$	$\boldsymbol{\varepsilon}$
塑性内变量	$\boldsymbol{\sigma}^p,\kappa$	$\boldsymbol{\varepsilon}^p,\kappa$
待定状态变量	$\boldsymbol{\varepsilon}$	$\boldsymbol{\sigma}$
增量分解	$\mathrm{d}\boldsymbol{\varepsilon}=\mathrm{d}\boldsymbol{\varepsilon}^e+\mathrm{d}\boldsymbol{\varepsilon}^p$	$\mathrm{d}\boldsymbol{\sigma}=\mathrm{d}\boldsymbol{\sigma}^e-\mathrm{d}\boldsymbol{\sigma}^p$
Hooke 定律	$\mathrm{d}\boldsymbol{\varepsilon}^e=\boldsymbol{C}\mathrm{d}\boldsymbol{\sigma}$	$\mathrm{d}\boldsymbol{\sigma}^e=\boldsymbol{D}\mathrm{d}\boldsymbol{\varepsilon}$
屈服条件	$f(\boldsymbol{\sigma},\boldsymbol{\sigma}^p,\kappa)=0$	$F(\boldsymbol{\varepsilon},\boldsymbol{\varepsilon}^p,\kappa)=0$

续表

项目	应力空间表述	应变空间表述
塑性公设	德鲁克公设 $\oint \boldsymbol{\varepsilon}^{\mathrm{T}} \mathrm{d}\boldsymbol{\sigma} \leqslant 0$	依留辛公设 $\oint \boldsymbol{\sigma}^{\mathrm{T}} \mathrm{d}\boldsymbol{\varepsilon} \geqslant 0$
基本不等式	$(\boldsymbol{\sigma}-\boldsymbol{\sigma}^{*})^{\mathrm{T}} \mathrm{d}\boldsymbol{\varepsilon}^{p} \geqslant 0$ $(\mathrm{d}\boldsymbol{\sigma})^{\mathrm{T}} \mathrm{d}\boldsymbol{\varepsilon}^{p} \geqslant 0$	$(\boldsymbol{\varepsilon}-\boldsymbol{\varepsilon}^{*})^{\mathrm{T}} \mathrm{d}\boldsymbol{\sigma}^{p} \geqslant 0$ $(\mathrm{d}\boldsymbol{\varepsilon})^{\mathrm{T}} \mathrm{d}\boldsymbol{\sigma}^{p} \geqslant 0$
正交法则	$\mathrm{d}\boldsymbol{\varepsilon}^{p} = \mathrm{d}\lambda \dfrac{\partial f}{\partial \boldsymbol{\sigma}}$	$\mathrm{d}\boldsymbol{\sigma}^{p} = \mathrm{d}\lambda \dfrac{\partial F}{\partial \boldsymbol{\varepsilon}}$
加卸载准则	$l = \left(\dfrac{\partial f}{\partial \boldsymbol{\sigma}}\right)^{\mathrm{T}} \mathrm{d}\boldsymbol{\sigma} \begin{cases} >0, \text{加载} \\ =0, \text{中性变载} \\ <0, \text{卸载} \end{cases}$ （仅适用于强化材料）	$L = \left(\dfrac{\partial F}{\partial \boldsymbol{\varepsilon}}\right)^{\mathrm{T}} \mathrm{d}\boldsymbol{\varepsilon} \begin{cases} >0, \text{加载} \\ =0, \text{中性变载} \\ <0, \text{卸载} \end{cases}$ （强化、理想、软化材料均适用）
本构方程	$\mathrm{d}\boldsymbol{\varepsilon} = (\boldsymbol{C}+\boldsymbol{C}_{p})\mathrm{d}\boldsymbol{\sigma}$ $\boldsymbol{C}_{p} = \begin{cases} \dfrac{1}{A} \dfrac{\partial f}{\partial \boldsymbol{\sigma}} \left(\dfrac{\partial f}{\partial \boldsymbol{\sigma}}\right)^{\mathrm{T}} & (l>0) \\ \boldsymbol{0} & (l \leqslant 0) \end{cases}$ $A = -\left(\dfrac{\partial f}{\partial \boldsymbol{\sigma}^{p}}\right)^{\mathrm{T}} \boldsymbol{D} \dfrac{\partial f}{\partial \boldsymbol{\sigma}} - \dfrac{\partial f}{\partial \kappa} \boldsymbol{m}^{\mathrm{T}} \quad \dfrac{\partial f}{\partial \boldsymbol{\sigma}} > 0$ $l = \left(\dfrac{\partial f}{\partial \boldsymbol{\sigma}}\right)^{\mathrm{T}} \mathrm{d}\boldsymbol{\sigma}$ （仅适用于强化材料）	$\mathrm{d}\boldsymbol{\sigma} = (\boldsymbol{D}-\boldsymbol{D}_{p})\mathrm{d}\boldsymbol{\varepsilon}$ $\boldsymbol{D}_{p} = \begin{cases} \dfrac{1}{B} \dfrac{\partial F}{\partial \boldsymbol{\varepsilon}} \left(\dfrac{\partial F}{\partial \boldsymbol{\varepsilon}}\right)^{\mathrm{T}} & (L>0) \\ \boldsymbol{0} & (L \leqslant 0) \end{cases}$ $B = -\left(\dfrac{\partial F}{\partial \boldsymbol{\varepsilon}^{p}}\right)^{\mathrm{T}} \boldsymbol{C} \dfrac{\partial F}{\partial \boldsymbol{\sigma}} - \dfrac{\partial F}{\partial \kappa} \boldsymbol{m}^{\mathrm{T}} \quad \boldsymbol{C} \dfrac{\partial F}{\partial \varepsilon} > 0$ $L = \left(\dfrac{\partial F}{\partial \boldsymbol{\varepsilon}}\right)^{\mathrm{T}} \mathrm{d}\boldsymbol{\varepsilon}$ （强化、理想、软化材料均适用）

第五节　水工混凝土的强度准则

水工混凝土由于组成上的不均匀性和固有裂隙的分布，使得材料在受载过程中细微裂隙进一步发展，并导致水工建筑物的强度和刚度降低。由于混凝土材料的非弹性变形主要是由微裂隙和缺陷的产生与扩展引起的，这类材料的压硬性（抗剪强度随压应力的增加而提高）、剪胀性（在剪应力作用下产生塑性体积应变）、等压屈服（在各向相等的压力下产生塑性屈服）使得水工混凝土塑性理论与金属塑性理论有重要的差异，主要表现为：在静水压力不太大或环境温度不太高的工程环境下，水工混凝土在变形过程中的加载面可以扩大或不动，还可以收缩，收缩表示应变软化性质；水工混凝土的压硬性决定了其剪切屈服与破坏必须考虑平均应力与材料的内摩擦性能；材料的弹性系数与塑性变形无关是金属材料的特点，而水工混凝土的弹性系数随着塑性变形的发展而变化，即损伤引起弹性劣化，这称为弹塑性与损伤耦合；在水工混凝土中需考虑奇异屈服面，金属材料中常将屈服（或加载）函数作为塑性位势函数，塑性应变增量矢量指向屈服面的外法向，称为关联的流动法则，而水工混凝土材料塑性位势函数与屈服（或加载）函数不同，称为非关联流动法则。

一、强度准则曲线

由于水工混凝土与金属材料在变形特性上的显著差异，水工混凝土的强度准则应包含平均应力，能够反映应力、应变张量中球形分量与偏斜分量之间存在的交叉影响，且等压屈服要求强度准则曲面在压剪区的端部应是封闭的。描述应力应变模型的多样性，是求解这类结构承载能力时首先遇到的问题，故合理简化应力应变曲线，正确选择屈服准则，对求解具有重要意义。水工混凝土结构的承载特性与金属结构也有显著的差别，揭示水工建筑物的承载特性，对于结构分析与设计都是十分必要的。

在混凝土试验中，将材料在复杂应力状态下出现宏观裂纹时应力之间所满足的条件称为强度准则。这种提法与金属塑性理论中的屈服条件相似，所以也可将强度准则称为塑性条件，该条件表示材料将由线弹性状态进入非弹性变形状态，两者的临界状态即表示材料进入塑性或出现细观裂纹，其应变与变形模型有关。对于理想塑性模型则表示进入无约束塑性变形状态，脆塑性模型和线性软化模型则分别代表将产生应力跌落和进入线性软化状态。结构的承载特性不仅与变形模型有关，也与强度准则有关。

为了研究强度准则曲线在偏平面上的形状，需要采用三个主应力 $\sigma_1,\sigma_2,\sigma_3$ 构成的三维应力空间来研究，由此可获得直观的几何图像。图 7.5.1 表示三个互相垂直的轴 $O\sigma_1,O\sigma_2,O\sigma_3$ 的主应力空间，若一点处的主应力为$(\sigma_1,\sigma_2,\sigma_3)$，则这种应力状态可由主应力空间中一点 P 表示，P 点的坐标为 $\sigma_1,\sigma_2,\sigma_3$，这个应力状态可写为三个矢量$\overrightarrow{OP}_1(=\sigma_1)$，$\overrightarrow{OP}_2(=\sigma_2)$，$\overrightarrow{OP}_3(=\sigma_3)$ 的矢量和。

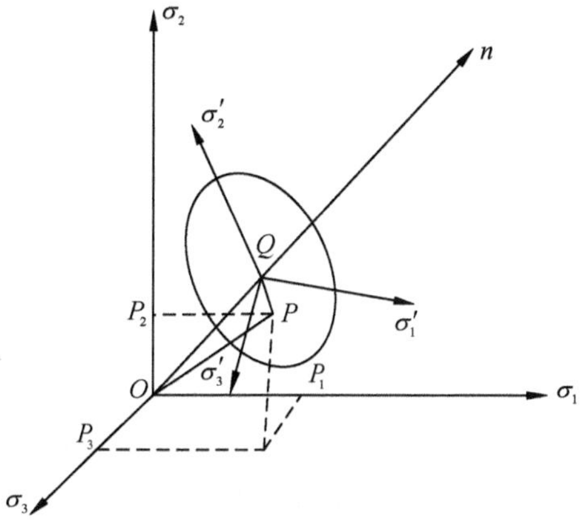

图 7.5.1 主应力空间与偏平面

通过原点 O 与三个坐标轴之间夹角相等的一条空间对角线 On 即等倾线，其方向余弦均为 $1/\sqrt{3}$，在该线上 $\sigma_1=\sigma_2=\sigma_3=\sigma_m$，其中 σ_m 为平均应力。把垂直于这条空间对角线的任一平面称为偏平面，其方程为

$$\sigma_1+\sigma_2+\sigma_3=\sqrt{3}\bar{r}=\sqrt{3}\xi \tag{7.5.1}$$

式中：$\bar{r}$ 或 ξ 为沿等倾线 On 方向由坐标原点到该平面的距离。

在给定 $\bar{r}$ 或 ξ 的偏平面上，$\sigma_1+\sigma_2+\sigma_3=\text{const}$，在过原点的偏平面上 $\sigma_1+\sigma_2+\sigma_3=0$，在传统塑性理论中，把该平面称作为 π 平面。

OP 在空间对角线上的投影为 $OQ(\bar{r}$ 或 $\xi)$，它与八面体正应力 σ_{oct} 或 σ_8 的关系有

$$\sigma_\pi=OQ=\bar{r}=\xi=\frac{1}{\sqrt{3}}(\sigma_1+\sigma_2+\sigma_3)=\frac{I_1}{\sqrt{3}}=\sqrt{3}\sigma_m=\sqrt{3}\sigma_{\text{oct}} \tag{7.5.2}$$

可把 OQ 称为作用在偏平面上的正应力分量，因为它是一点的应力在偏平面法线方向上的投影，也叫做 π 平面上的法向应力，记作 σ_π，它是与应力球张量 $\sigma_m\boldsymbol{\delta}_{ij}$ 相对应的。试验表明，塑性变形既与应力偏张量 $\boldsymbol{s}_{ij}$ 有关，也与应力球张量 $\sigma_m\boldsymbol{\delta}_{ij}$ 有关。

根据

$$\boldsymbol{s}_{ij}=\boldsymbol{\sigma}_{ij}-\sigma_m\boldsymbol{\delta}_{ij}=\begin{bmatrix} s_x & s_{xy} & s_{xz} \\ s_{yx} & s_y & s_{yz} \\ s_{zx} & s_{zy} & s_z \end{bmatrix}=\begin{bmatrix} s_x & \tau_{xy} & \tau_{xz} \\ \tau_{yx} & s_y & \tau_{yz} \\ \tau_{zx} & \tau_{zy} & s_z \end{bmatrix} \tag{7.5.3}$$

式中：当 $i=j$ 时，$\delta_{ij}=1$，否则 $\delta_{ij}=0$。

应力球张量表示各向等值应力状态，即静水压力情况。应力偏张量 $\boldsymbol{s}_{ij}$ 是应力张量与应力球张量之差，其主值为 $s_1=\sigma_1-\sigma_m$，$s_2=\sigma_2-\sigma_m$，$s_3=\sigma_3-\sigma_m$。应力偏张量 $\boldsymbol{s}_{ij}$ 的第二和第三不变量 J_2 和 J_3 在塑性理论中十分重要，同时 J_2 是 π 平面上的矢径大小，具有一定的物理意义。

$$\begin{cases}J_2=\dfrac{1}{2}\boldsymbol{s}_{ij}\boldsymbol{s}_{ij}=\dfrac{1}{2}s_is_i=\dfrac{1}{6}[(\sigma_1-\sigma_2)^2+(\sigma_2-\sigma_3)^2+(\sigma_3-\sigma_1)^2]\\J_3=s_1s_2s_3=s_xs_ys_z+2\tau_{xy}\tau_{yz}\tau_{zx}-s_x\tau_{yz}^2-s_y\tau_{zx}^2-s_z\tau_{xy}^2\end{cases}\tag{7.5.4}$$

八面体上的剪应力 τ_{oct} 或 τ_8 与 J_2 有关系。为了使用方便，将广义剪应力 q 或应力强度 σ_e 表示为

$$q=\sigma_e=\frac{3}{\sqrt{2}}=\tau_{\text{oct}}=\sqrt{3J_2}\tag{7.5.5}$$

在图 7.5.1 中，PQ 是在 π 平面上的，并垂直于等倾线 On，其值为

$$\begin{aligned}\overline{PQ}^2&=\overline{OP}^2-\overline{OQ}^2=(\sigma_1^2+\sigma_2^2+\sigma_3^2)-\frac{1}{3}(\sigma_1+\sigma_2+\sigma_3)^2\\&=\frac{1}{3}[(\sigma_1-\sigma_2)^2+(\sigma_2-\sigma_3)^2+(\sigma_3-\sigma_1)^2]=2J_2=\frac{2}{3}q^2=s_{ij}s_{ij}\end{aligned}\tag{7.5.6}$$

PQ 或 ρ 是在 π 平面上的剪应力分量，它是一点的应力状态在 π 平面上的投影，记作 τ_π，也称为偏剪应力，有时也叫做 π 平面上的剪应力，它与应力偏量相对应，有

$$\tau_\pi=PQ=\rho=\sqrt{2J_2}=\sqrt{\frac{2}{3}}q=\sqrt{3}\tau_{\text{oct}}\tag{7.5.7}$$

π 平面上的应力分量 σ_π 与 τ_π 是塑性理论中常用的一种参量，与 I_1 及 J_2 密切相关。由于 π 平面本身只有应力偏量，也把 π 平面叫做偏量平面。

顺着 $\overline{On}$ 轴的反方向，即从上向下看 π 平面，则在图 7.5.2 (a)中 π 平面上出现了正的主轴 $O'\sigma'_1$，$O'\sigma'_2$，$O'\sigma'_3$，彼此之间的夹角为 120°，它们是主应力空间三个垂直轴的投影。图 7.5.2(a)中虚线表示负的主应力轴，则 π 平面全部面积分成了六个扇形。

主应力空间中一点与 π 平面上的一点存在对应关系，由图 7.5.2 (b)可见

$$\sigma'_1=\sigma_1\cos\beta=\sqrt{\frac{2}{3}}\sigma_1,\ \sigma'_2=\sigma_2\cos\beta=\sqrt{\frac{2}{3}}\sigma_2\tag{7.5.8}$$

$$\sigma'_3=\sigma_3\cos\beta=\sqrt{\frac{2}{3}}\sigma_3,\ \cos\alpha=\frac{1}{\sqrt{3}}\tag{7.5.9}$$

在图 7.5.2(a)中，P 点的坐标在 σ'_1 上的投影长度，即为 $O'P'_1=\sqrt{2/3}\sigma_1$，在 σ'_2 上的投影长度为 $M'P'_1=\sqrt{2/3}\sigma_2$，在 σ'_3 投影长度为 $M'P'_1=\sqrt{2/3}\sigma_3$。

如果 π 平面上取直角坐标系 Oxy，其中 y 轴方向与 σ_2 轴在 π 平面上投影一致。由图 7.5.2(a)，则 π 平面上应力在 x，y 轴上的投影为

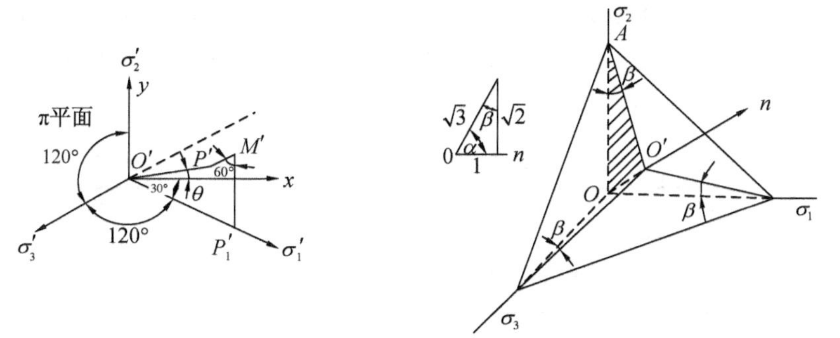

（a）主应力空间轴在π平面上的投影　　（b）主应力空间与π平面上一点的对应关系

图 7.5.2　屈服轨迹上一点的位置

$$\left.\begin{aligned} x &= O'P'_1\cos 30^\circ - M'P'\cos 30^\circ = (\sigma_1-\sigma_3)\sqrt{\frac{2}{3}}\frac{\sqrt{3}}{2} \\ &= \frac{1}{\sqrt{2}}(\sigma_1-\sigma_3) = \frac{1}{\sqrt{2}}(s_1-s_2) \\ y &= M'P'_1 + \frac{1}{2}(-O'P_1{}' - M'P') = \frac{2\sigma_2-\sigma_1-\sigma_3}{2}\times\sqrt{\frac{2}{3}} \\ &= \frac{1}{\sqrt{6}}(2\sigma_2-\sigma_1-\sigma_3) = \frac{1}{\sqrt{6}}(2s_2-s_1-s_3) \end{aligned}\right\} \tag{7.5.10}$$

如果在 π 平面上取极坐标 r_σ, θ_σ，则

$$\left.\begin{aligned} r_\sigma &= \sqrt{x^2+y^2} = \frac{1}{\sqrt{3}}\left[(\sigma_1-\sigma_2)^2+(\sigma_2-\sigma_3)^2+(\sigma_3-\sigma_1)^2\right]^{1/2} \\ \tan\theta_\sigma &= \frac{y}{x} = \frac{1}{\sqrt{3}}\frac{2\sigma_2-\sigma_1-\sigma_3}{\sigma_1-\sigma_3} = \frac{1}{\sqrt{3}}\mu_\sigma \end{aligned}\right\} \tag{7.5.11}$$

式中：θ_σ 为洛德(Lode)角，π 平面上应力 PQ 与 σ'_2 轴的垂线间的夹角；μ_σ 为洛德参数，它可以用来表示主应力的相对比值。

由图 7.5.2(a)还可以看出，$\overline{O'P'} = \overline{O'P_1{}'} + \overline{P_1{}'M'} + \overline{M'P'}$，也可由此得到

$$PQ = r_\sigma = \frac{1}{\sqrt{3}}\left[(\sigma_1-\sigma_2)^2+(\sigma_2-\sigma_3)^2+(\sigma_3-\sigma_1)^2\right]^{1/2} = \tau_\pi \tag{7.5.12}$$

可见，π 平面上剪应力分量 τ_π 的大小方向将由两个参数确定，或由直角系的坐标 x, y 来定，或则由极坐标 r_σ, θ_σ 来定，r_σ 确定应力偏量数值大小，而洛德角 θ_σ 或洛德参数 μ_σ 确定应力偏量在 π 平面上位置。将 $\sigma_m, r_\sigma, \theta_\sigma$ 组成一个新的柱面坐标系，用柱面坐标系表示主应力可使计算大为简便。

$$\begin{bmatrix}\sigma_1\\ \sigma_2\\ \sigma_3\end{bmatrix} = \frac{2}{\sqrt{3}}\sqrt{J_2}\begin{bmatrix}\sin\left(\theta_\sigma+\dfrac{2}{3}\pi\right)\\ \sin\theta_\sigma\\ \sin\left(\theta_\sigma-\dfrac{2}{3}\pi\right)\end{bmatrix} + \begin{bmatrix}\sigma_m\\ \sigma_m\\ \sigma_m\end{bmatrix} \tag{7.5.13}$$

无论是八面体应力，还是 π 平面上的应力分量，都与应力张量第一不变量 I_1（或平均应力 σ_m）及应力偏张量的第二不变量 J_2 有关。表 7.5.1 及表 7.5.2 中列出了其间的相应关系。

表 7.5.1　各正应力与应力张量第一不变量 I_1 之间的关系

各正应力与 I_1		$\sigma_m = p$	σ_8 或 σ_{oct}	σ_x	I_1
平均应力	$\sigma_m = p$	σ_m	σ_8	$\dfrac{\sigma_\pi}{\sqrt{3}}$	$\dfrac{I_1}{3}$
八面体正应力	σ_8 或 σ_{oct}	σ_m	σ_8	$\dfrac{\sigma_\pi}{\sqrt{3}}$	$\dfrac{I_1}{3}$
π 平面上正应力分量	σ_x	$\sqrt{3}\sigma_m$	$\sqrt{3}\sigma_8$	σ_π	$\dfrac{I_1}{\sqrt{3}}$
应力张量第一不变量	I_1	$3\sigma_m$	$3\sigma_8$	$\sqrt{3}\sigma_\pi$	I_1

表 7.5.2　各剪应力与应变偏量第二不变量 J_2 之间的关系

各剪应力与 J_2		q	τ_8 或 τ_{oct}	τ_s	τ_π	J_2	s_{ij}
广义剪应力	$q=\sigma_i$	q	$\dfrac{3}{\sqrt{2}}\tau_8$	$\sqrt{3}\tau_s$	$\sqrt{\dfrac{3}{2}}\tau_\pi$	$\sqrt{3J_2}$	$\sqrt{\dfrac{3}{2}s_{ij}s_{ij}}$
八面体剪应力	τ_8 或 τ_{oct}	$\dfrac{\sqrt{2}}{3}q$	τ_8	$\sqrt{\dfrac{2}{3}}\tau_s$	$\dfrac{1}{\sqrt{3}}\tau_\pi$	$\sqrt{\dfrac{2}{3}J_2}$	$\sqrt{\dfrac{1}{3}s_{ij}s_{ij}}$
纯剪应力	τ_s	$\dfrac{1}{\sqrt{3}}q$	$\sqrt{\dfrac{3}{2}}\tau_8$	τ_s	$\dfrac{1}{\sqrt{2}}\tau_\pi$	$\sqrt{J_2}$	$\sqrt{\dfrac{1}{2}s_{ij}s_{ij}}$
π 平面上剪应力分量（偏剪应力）	τ_π	$\sqrt{\dfrac{2}{3}}q$	$\sqrt{3}\tau_8$	$\sqrt{2}\tau_s$	τ_π	$\sqrt{2J_2}$	$\sqrt{s_{ij}s_{ij}}$
应力偏量第二不变量	J_2	$\dfrac{1}{3}q^2$	$\dfrac{3}{2}\tau_8^2$	τ_s^2	$\dfrac{1}{2}\tau_\pi^2$	J_2	$\dfrac{1}{2}s_{ij}s_{ij}$

如果规定 $\sigma_1 \geqslant \sigma_2 \geqslant \sigma_3$，则 $-1 \leqslant \mu_\sigma \leqslant 1$，$-30^\circ \leqslant \theta_\sigma \leqslant 30^\circ$。一些典型的应力状态在 π 平面上的极坐标表示为：

① 纯拉时，$\sigma_2 = \sigma_3 = 0, \sigma_1 = \sigma_s, \mu_\sigma = -1, \theta_\sigma = -30^\circ$；

② 纯剪时，$\sigma_2 = 0, \sigma_1 = \tau, \sigma_3 = -\tau, \mu_\sigma = 0, \theta_\sigma = 30^\circ$；

③ 纯压时，$\sigma_1 = \sigma_2 = 0, \sigma_3 = -\sigma_s, \mu_\sigma = 1, \theta_\sigma = 30^\circ$。

根据图 7.5.1 已知 On 为等倾轴，矢量 $\overrightarrow{OP}$ 可以分解为沿 On 轴方向分量 ξ 和垂直于 On 轴方向的分量 ρ，设 P 在 π 平面上的投影与 σ_1 轴在 π 平面上的投影之间的夹角为 θ，它通常称为相倾角，由三个量 ξ,ρ 和 θ 也可决定空间某点的应力状态。(ξ,ρ,θ) 实际上是一种柱状坐标，称为黑格-韦斯特加德（Haigh Westergaard）坐标，它所表示的空间也可称为黑格-韦斯特加德坐标应力空间。用 (ξ,ρ,θ) 来表示混凝土破坏状态的包络曲面，显得非常直观。对于任意一点的应力状态，可以得到平均正应力 σ_m 和平均剪应力 τ_m，即

$$\sigma_m = I_1/3, \tau_m = \sqrt{2J_2/5} \tag{7.5.14}$$

设

$$s = r\cos\theta = r\sin\theta_{\sigma} \tag{7.5.15}$$

代入求应力偏张量主值的特征方程

$$s^3 - J_2 s - J_3 = 0 \tag{7.5.16}$$

可以得到

$$\xi = I_1/\sqrt{3} = \sqrt{3}\sigma_m = \sqrt{3}\sigma_{\text{oct}}, \rho = \sqrt{2J_2} = \sqrt{5}\tau_m = \sqrt{3}\tau_{\text{oct}} \tag{7.5.17}$$

$$r = \sqrt{4J_2/3}, \cos 3\theta = 4J_3/r^3 = 3\sqrt{3}J_3/2\sqrt{J_2^3} \tag{7.5.18}$$

二、常用的强度准则

下面介绍一些常用的强度准则，按照表征材料进入临界状态时所采用的力学性能参数的数目来区分强度准则。

1. 单参数强度准则

如 Mises 屈服条件、Tresca 屈服条件、双剪应力屈服条件，选用材料的单拉屈服极限 A 或剪切屈服极限 k 来表示相应的屈服条件。Mises 与 Tresca 屈服条件分别为

$$\sigma_e = \sigma_s, \max(|\sigma_1 - \sigma_2|, |\sigma_2 - \sigma_3|, |\sigma_3 - \sigma_1|) = \sigma_s \tag{7.5.19}$$

或表示成

$$J_2 = k^2, \max(|\sigma_1 - \sigma_2|, |\sigma_2 - \sigma_3|, |\sigma_3 - \sigma_1|) = 2k \tag{7.5.20}$$

式中：σ_e 为应力强度或折算应力；J_2 为应力偏张量的第二不变量。且

$$\sigma_e = \frac{1}{\sqrt{2}}\sqrt{(\sigma_1 - \sigma_2)^2 + (\sigma_2 - \sigma_3)^2 + (\sigma_3 - \sigma_1)^2} \tag{7.5.21}$$

$$J_2 = \frac{1}{6}[(\sigma_1 - \sigma_2)^2 + (\sigma_2 - \sigma_3)^2 + (\sigma_3 - \sigma_1)^2] \tag{7.5.22}$$

这两个屈服条件没有反映出截面上正应力对塑性变形的影响，且 Tresca 屈服条件也未计及中间主应力的影响。

2. 双参数强度准则

如 Mohr-Coulomb 准则。通常混凝土和岩土介质材料用 Coulomb 剪切破裂准则来表示剪切滑动的开始，它由材料的凝聚力 c（即面上正应力为零时的剪切强度）和内摩擦角 φ 来描述，当法线为 n 的截面上的正应力 σ_n 和剪应力 τ_n 满足

$$\tau_n = c - \sigma_n \tan\varphi \tag{7.5.23}$$

则该截面进入塑性（或出现裂缝）。在岩土力学中常取压应力为正，则式(7.5.23)右端的减号应改为加号。岩石试验表明，用它表示开始出现裂纹的状况更为恰当。因此，一般常取它表示岩土介质的屈服破坏条件。这里考虑 φ 角为常数的情形，在式(7.5.23)的 σ_n 和 τ_n 应力平面上将是一对直线。对于更一般的情形，随静水压力的增长，φ 角会逐渐减小，又称为莫尔准则。也可以用曲线（如双曲线、抛物线、摆线等）来表示 φ 值随 σ_n 压应力值的增加而变

化的情况。直线或曲线在受拉区闭合且交于 σ_n 轴，表明在三向等拉时材料会发生破坏。在 Mohr-Coulomb 准则中，也可用置换的单向抗拉强度 σ_t' 与置换的单向抗压强度 σ_c' 来表示 c 与 φ，这里 σ_t' 和 σ_c' 是置换 c 和 φ 的两个参数，并不一定是岩土材料实际的抗拉和抗压强度，它们之间关系为

单轴受拉时 $\sigma_2 = \sigma_3 = 0, \sigma_t' = \sigma_1 = \dfrac{2c\cos\varphi}{1+\sin\varphi}$

单轴受压时 $\sigma_1 = \sigma_2 = 0, \sigma_c' = -\sigma_3 = \dfrac{2c\cos\varphi}{1-\sin\varphi}$

$$\tan\varphi = \frac{\sigma_c' - \sigma_t'}{2\sqrt{\sigma_c'\sigma_t'}}, c = \frac{\sqrt{\sigma_c'\sigma_t'}}{2} \tag{7.5.24}$$

此时，可将 Mohr-Coulomb 准则写成

$$2\sqrt{\sigma_c'\sigma_t'}\tau_n = \sigma_c'\sigma_t' - \sigma_n'(\sigma_c' - \sigma_t') \tag{7.5.25}$$

为了用主应力 ($\sigma_1 \geqslant \sigma_2 \geqslant \sigma_3$) 表示 Mohr-Coulomb 准则，将

$$\sigma_n = \frac{1}{2}(\sigma_1 + \sigma_3) + \frac{1}{2}(\sigma_1 - \sigma_3)\sin\varphi \tag{7.5.26}$$

$$\tau_n = \frac{1}{2}(\sigma_1 - \sigma_3)\cos\varphi \tag{7.5.27}$$

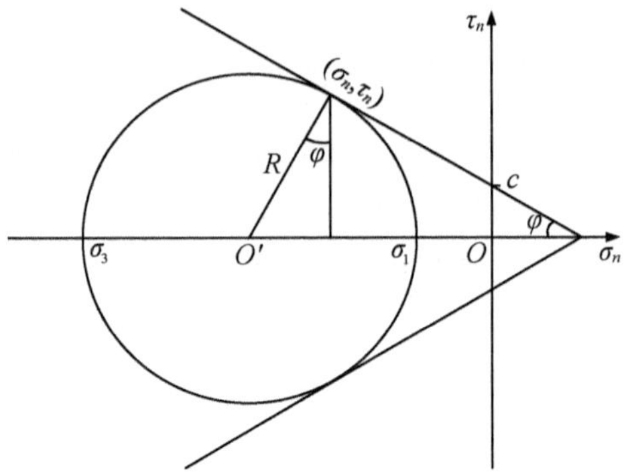

图 7.5.3 Mohr-Coulomb 准则

代入式(7.5.23)，则得

$$\frac{1}{2}(\sigma_1 - \sigma_3) = c\cos\varphi - \frac{1}{2}(\sigma_1 + \sigma_3)\sin\varphi \tag{7.5.28}$$

或写成

$$f(\sigma_{ij}) = \frac{1}{2}(\sigma_1 - \sigma_3) + f_1\left[\frac{1}{2}(\sigma_1 + \sigma_3)\right] = 0 \tag{7.5.29}$$

式中：f_1 反映了该面上正应力对材料进入塑性的影响。

由于

$$\sigma_m = \frac{1}{3}(\sigma_1 + \sigma_2 + \sigma_3), s_j = \sigma_j - \sigma_m (j = 1,2,3) \tag{7.5.30}$$

式(7.5.28)还可写成

$$f = \frac{1}{2}(s_1 - s_2) + \frac{1}{2}(s_1 + s_3)\sin\varphi + \sigma_m\sin\varphi - c\cos\varphi = 0 \tag{7.5.31}$$

将式(7.5.13)代入式(7.5.28)可以得到

$$f = \frac{1}{3}I_1\sin\varphi + (\cos\theta_\sigma - \frac{1}{\sqrt{3}}\sin\theta_\sigma\sin\varphi)\sqrt{J_2} - c\cos\varphi = 0 \tag{7.5.32}$$

式中：$-\pi/6 \leqslant \theta_\sigma \leqslant \pi/6$。

将式(7.5.10)中的 x 和 y 表达式代入式(7.5.31)，注意 $s_2 = -(s_1 + s_3)$，若规定 $\sigma_1 \geqslant \sigma_2 \geqslant \sigma_3$，可以得到

$$\frac{x}{\sqrt{2}} = c\cos\varphi + \frac{\sin\varphi}{\sqrt{6}} y \tag{7.5.33}$$

这就是图 7.5.4 中的 AB 线段，对应于 $-30° \leqslant \theta_\sigma \leqslant 30°$ 范围。如果不规定 $\sigma_1 \geqslant \sigma_2 \geqslant \sigma_3$，采用对称开拓的方法，可以得到如图 7.5.4 所示的六边形 $ABCDEF$。该六边形的边长相等，但夹角并不相等。而且，六边形的大小是随 σ_m 的增大（即静水压力的减小）而线性缩小，当 $\sigma_1 = \sigma_2 = \sigma_3 = c\cot\varphi$ 时图形收缩成一点 O^*。因此，该准则的屈服面为以 π 平面上六边形为底，以 O^* 为顶点的六棱锥体的侧面。由几何表示可知，在 Mohr-Coulomb 准则中考虑了材料拉压强度极限不同以及静水压力对强度准则的影响。

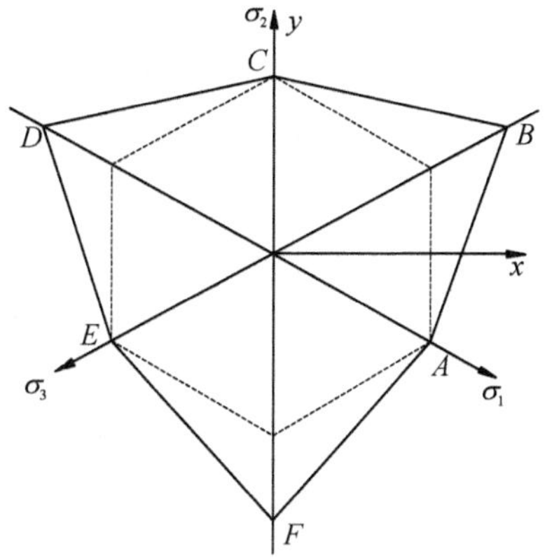

图 7.5.4　Mohr-Coulomb 准则

岩土工程材料的屈服破坏条件通常采用 Mohr-Coulomb 强度准则，大量的试验结果说明了这个准则的正确性。在主应力空间中，Mohr-Coulomb 屈服破坏准则的屈服面是一个不规则六角形的棱锥体表面，它在 π 平面内的截线是一个不规则的六边形。因屈服面存在尖顶和棱角的间断点、线等缺点，致使计算变繁和收敛变慢。

另一种计及静水压力的双参数准则是 Drucker-Prager 准则，它是 Mises 条件的推广（图 7.5.5）。Drucker-Prager 准则在 π 平面上用六角形内切圆作为屈服破坏条件，可写成

$$f(I_1, J_2) = \alpha I_1 + \sqrt{J_2} - k = 0 \tag{7.5.34}$$

式中：α 与 k 均为正的常数。

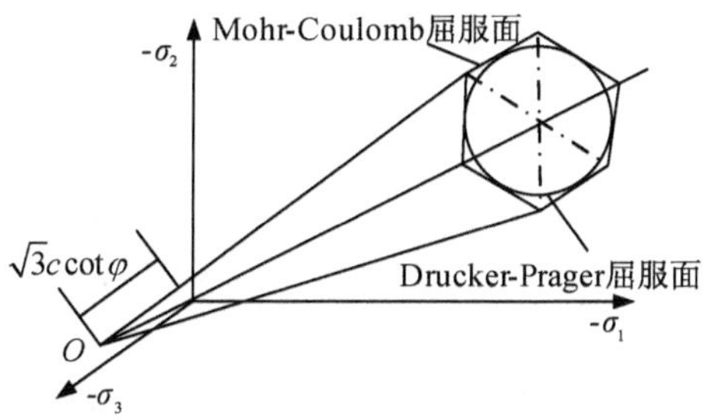

图 7.5.5　Drucker-Prager 准则

上式表明，随着静水压力的增加 ($I_1 < 0$)，Mises 屈服圆的半径扩大，在主应力空间中，这是一个圆锥体。Drucker-Prager 给出了屈服面参数 α 与 k 是与莫尔-库伦条件中凝聚力 c 和内摩擦系数 f 之间的关系。Drucker-Prager 屈服条件考虑了中间主应力的影响在理论上更为合理；它的屈服面光滑，在有限元编写程序时比较方便，而且便于采用关联的流动法则做一般的塑性分析。

按照塑性位势理论，与此关联的流动法则为

$$d\varepsilon_{ij}^p = d\lambda \frac{\partial f}{\partial \sigma_{ij}} = d\lambda \left[\alpha\delta_{ij} + \frac{s_{ij}}{2(J_2)^{1/2}} \right] \tag{7.5.35}$$

由此还可获得体应变塑性增量为

$$d\varepsilon_{\theta}^{p}=3\alpha d\lambda \tag{7.5.36}$$

这表明塑性体积应变增量是正的，有塑性体积膨胀。这是符合岩土介质在破裂时观察到的事实，不过膨胀值并没有这么大，以后将用非关联的流动法则予以纠正。

若要求式(7.5.34)在平面应变条件下与式(7.5.23)一致，可由此定出 α,k 与 c,φ 之间的关系。在平面应变条件下，有 $d\varepsilon_z=d\varepsilon_{xz}=d\varepsilon_{yz}=0$。如设在屈服时，弹性应变不变。于是，$d\varepsilon_z^p=d\varepsilon_{xz}^p=d\varepsilon_{yz}^p=0$。由式(7.5.35)可得

$$d\varepsilon_z^p=d\lambda\left[\alpha+\frac{s_z}{2(J_2)^{1/2}}\right]=0,d\varepsilon_{xz}^p=d\lambda\frac{s_{xz}}{2(J_2)^{1/2}}=0,d\varepsilon_{yz}^p=d\lambda\frac{s_{yz}}{2(J_2)^{1/2}}=0 \tag{7.5.37}$$

得

$$s_z=-2\alpha(J_2)^{1/2}=s_3,s_{xz}=s_{yz}=0 \tag{7.5.38}$$

$$I_1=\sigma_1+\sigma_2+\sigma_3=\sigma_1+\sigma_2+s_3+\frac{1}{3}I_1 \tag{7.5.39}$$

并项后，得

$$I_1=\frac{3}{2}(\sigma_1+\sigma_2)-3\alpha(J_2)^{1/2} \tag{7.5.40}$$

而

$$\sigma_z=s_z+\frac{1}{3}I_1=-2\alpha(J_2)^{1/2}+\frac{1}{2}(\sigma_1+\sigma_2)-\alpha(J_2)^{1/2}=\frac{1}{2}(\sigma_1+\sigma_2)-3\alpha(J_2)^{1/2} \tag{7.5.41}$$

由于 $\sigma_1+\sigma_2=\sigma_x+\sigma_y$，则有

$$\sigma_x-\sigma_z=\sigma_x+3\alpha(J_2)^{1/2}-\frac{1}{2}(\sigma_x+\sigma_z)=\frac{1}{2}(\sigma_x-\sigma_y)+3\alpha(J_2)^{1/2} \tag{7.5.42}$$

$$\sigma_y-\sigma_z=\frac{1}{2}(\sigma_y-\sigma_x)+3\alpha(J_2)^{1/2} \tag{7.5.43}$$

因而

$$\begin{aligned}J_2&=\frac{1}{6}[(\sigma_x-\sigma_y)^2+(\sigma_y-\sigma_z)^2+(\sigma_z-\sigma_x)^2+6\tau_{xy}^2+6\tau_{yz}^2+6\tau_{zx}^2]\\&=\frac{1}{6}\left[(\sigma_x-\sigma_y)^2+\frac{1}{2}(\sigma_y-\sigma_z)^2+18\alpha^2J_2+6\tau_{xy}^2\right]\end{aligned} \tag{7.5.44}$$

并项后，得

$$J_2=\left[\frac{1}{4}(\sigma_x-\sigma_y)^2+\tau_{xy}^2\right](1-3\alpha^2) \tag{7.5.45}$$

将式(7.5.40)及式(7.5.45)代入式(7.5.34)

$$f=\frac{3\alpha}{2}(\sigma_x+\sigma_y)-3\alpha^2(J_2)^{1/2}+(J_2)^{1/2}-k=0 \tag{7.5.46}$$

即

$$\frac{3\alpha}{2(1-3\alpha^2)^{1/2}}(\sigma_x+\sigma_y)+\left[\left(\frac{\sigma_x-\sigma_y}{2}\right)^2+\tau_{xy}^2\right]^{1/2}-\frac{k}{(1-3\alpha^2)^{1/2}}=0 \tag{7.5.47}$$

把它和式(7.5.28)比较,注意 $\frac{1}{2}(\sigma_x-\sigma_y)^2+\tau_{xy}^2=\frac{1}{4}(\sigma_1-\sigma_3)^2$,得

$$\frac{3\alpha}{(1-3\alpha^2)^{1/2}}=\sin\varphi,\frac{k}{c(1-3\alpha^2)^{1/2}}=\cos\varphi \tag{7.5.48}$$

消去 φ,得

$$c=k/(1-12\alpha^2)^{1/2} \tag{7.5.49}$$

上式要求限制 $\alpha^2<\frac{1}{12}$,反过来可以求得

$$\alpha=\frac{\sin\varphi}{\sqrt{3}\sqrt{3+\sin^2\varphi}}=\frac{\tan\varphi}{\sqrt{(9+12\tan^2\varphi)}},k=\frac{\sqrt{3}c\cos\varphi}{\sqrt{3+\sin^2\varphi}}=\frac{3c}{\sqrt{(9+12\tan^2\varphi)}} \tag{7.5.50}$$

当 $\varphi>0$ 时,对于平面应变状态的 Drucker-Prager 准则屈服面,在主应力空间是内切于 Mohr-Coulomb 屈服面的一个圆锥面。

在式(7.5.32)中取不同的 θ_σ 值,即有不同的 α,k 值,由此可得到大小不同的圆锥形屈服面。当取 $\theta_\sigma=-\pi/6$ 时,为受拉破坏,对应于内角点外接圆锥

$$\alpha=\frac{2\sin\varphi}{\sqrt{3}(3+\sin\varphi)},k=\frac{6\cos\varphi}{\sqrt{3}(3+\sin\varphi)} \tag{7.5.51}$$

当取 $\theta_\sigma=\pi/6$ 时为受压破坏,对应于外角点外接圆锥

$$\alpha=\frac{2\sin\varphi}{\sqrt{3}(3-\sin\varphi)},k=\frac{6\cos\varphi}{\sqrt{3}(3-\sin\varphi)} \tag{7.5.52}$$

在以式(7.5.50)、式(7.5.51)、式(7.5.52)中的 α,k 作为参数的三个圆锥屈服面中,式(7.5.52)是通过 Mohr-Coulomb 不等角六角锥外角点的外接圆锥;式(7.5.50)是内切圆锥;式(7.5.51)是通过其内角点的外接圆锥,介于其两者之间,其间差别可用 π 平面图表示出来(图7.5.6)。

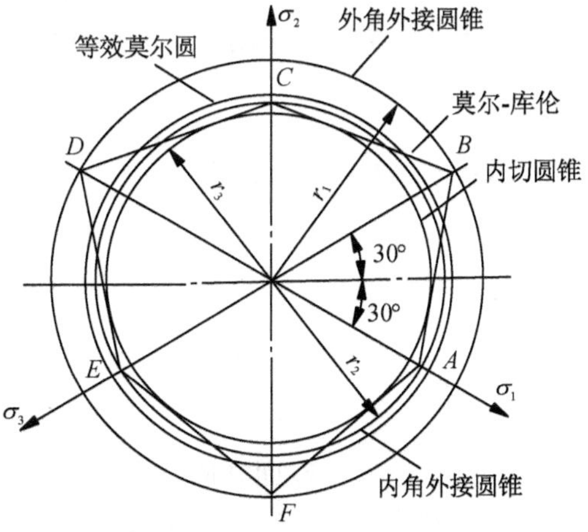

图 7.5.6 各屈服准则在 π 平面上的曲线

比较式(7.5.51)与式(7.5.52)可见,当 φ 较小时两者的差别较小,$\varphi=0$ 时差别消失,因

为这时实质上等同于 Mises 条件了，$\varphi=0$ 时，式(7.5.51)或式(7.5.52)仍与式(7.5.50)有差别，前者表示为 Tresca 等边六角形的外接圆，而式(7.5.50)表示等边六边形的内切圆。

徐干成等(1990 年)还提出了一种与 Mohr-Coulomb 条件等面积圆的屈服条件，依据偏平面上等效圆的面积与 Mohr-Coulomb 条件的面积相等，得

$$\alpha=\frac{2\sqrt{3}\sin\varphi}{\sqrt{2\sqrt{3}\pi(9-\sin^2\varphi)}},k=\frac{6\sqrt{3}c\cos\varphi}{\sqrt{2\sqrt{3}\pi(9-\sin^2\varphi)}} \tag{7.5.53}$$

由于用 c,φ 值去计算 α,k 值可以有许多公式，用不同公式计算结果也不一样。据辛克维奇(Zienkiewicz O. C.)等研究，按不同 α,k 值所求极限荷载相差很大。因此，在大体积水工混凝土结构的非线性分析中，必须研究所采用的屈服破坏条件相应的参数值 α,k。在理想塑性情况，α,k 是常数；在强化或软化情况，α 和 k 是内变量 κ 的函数，具体的函数关系可用 $c(\kappa)$ 和 $\varphi(\kappa)$ 表示。

3. 三参数强度准则

在 Mohr-Coulomb 准则中，由于置换的抗拉强度 σ_t' 比实际抗拉强度 σ_t（或 R_t）可能要大，故在混凝土和岩体节理单元存在拉应力时，可将 Mohr-Coulomb 准则与最大拉应力或拉应变准则结合起来，这是科恩(Cowan，1953 年)建议的，用 R_t，c 和 φ 三个参数来确定。

$$f(\sigma)=\begin{cases}f_2=\tau_n-c+\sigma_n\tan\varphi=0\ (\text{当}\ \sigma_n<R_t)\\ f_3=\sigma_n-R_t=0\end{cases} \tag{7.5.54}$$

Drucker-Prager 准则在本质上属于压剪型的屈服准则，在拉剪区 $(I_1>0)$ 将失去它的试验基础。特别地，该准则锥顶处的 I_1^* 值(其时 $\sqrt{J_2}=0$) 为 $I_1^*=k/\alpha$，远大于试验值 $I_T=(\sigma_1+\sigma_2+\sigma_3)_T=\sigma_T$，其中 σ_T 是拉伸强度。以往在工程计算中，类似于 Cowan 的办法，用一个过 $(I_T,0)$ 点的垂直横轴的拉伸截断面来局部地取代 Drucker-Prager 锥面。这样虽然避免了出现过大的 I_T 值，但这个截断面与原锥面却交汇成新的奇异点，在处理上构成新的困难(图 7.5.7)。现在介绍在拉剪区 $(I_1>0)$ 修正 Drucker-Prager 准则的两种可行的方案。

第一种方案在压剪区，$I_1<I_B$ 时仍采用 Drucker-Prager 锥面式(7.5.34)，而在拉剪区及其邻近，$I_1\geqslant I_B$，采用一个球形屈服面代替原来的锥顶附近的锥面，如图 7.5.7(a)所示。

$$f=[J_2+(I_1-I_A)^2]^{1/2}-(I_1-I_A)=0 \tag{7.5.55}$$

其中

$$I_A=\frac{\sigma_1(1+\alpha^2)^{1/2}-k}{(1+\alpha^2)^{1/2}-\alpha} \tag{7.5.56}$$

$$I_B=\frac{\alpha\sigma_T-k}{(1+\alpha^2)^{1/2}} \tag{7.5.57}$$

不难看出这个球面既通过点 $(I_T,0)$，又在 B 点与 Drucker-Prager 锥面相切，因而由式(7.5.34)和式(7.5.55)共同定义的新准则是一个处处光滑的正则函数，不过是分区给出表达式，稍微复杂一些罢了。

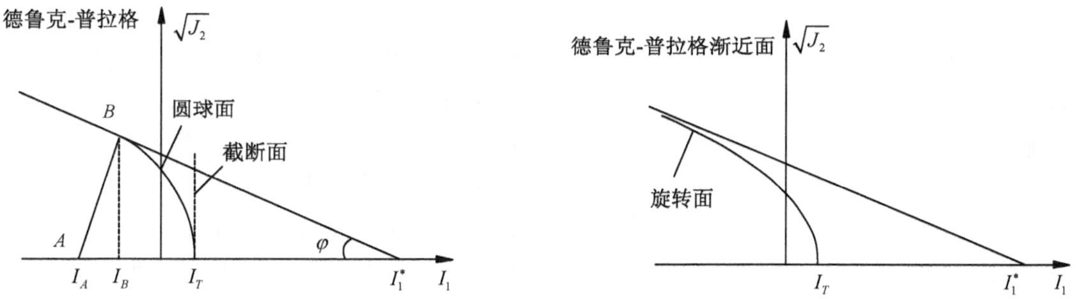

（a）球顶型 Drucker-Prager 一般屈服准则　　（b）双曲型 Drucker-Prager 一般屈服准则

图 7.5.7　Drucker-Prager 一般屈服准则

第二种修正方案是使用一个双曲旋转面近似地代替 Drucker-Prager 圆锥面，而后者是前者的渐进面[图 7.5.7(b)]。这时的屈服准则为

$$f=(J_2+a^2k^2)^{1/2}+\alpha I_1-k=0 \tag{7.5.58}$$

其中

$$a=1-\frac{\alpha\sigma_T}{k} \tag{7.5.59}$$

且 $0\leqslant a\leqslant 1$；如果 $a=0$，就回到原 Drucker-Prager 准则。

屈服面式(7.5.58)通过点 $(I_T,0)$，并处处光滑。经上面修正得到的两种屈服准则通称修正的 Drucker-Prager 准则。

岩石试件在破裂前(峰值应力之前)，由于微裂隙的迅速增长，即使在相当大的围压下，对于致密的岩石，也会出现很大体积膨胀。这种现象还被用来作为一种地震前兆，预测断层破裂和地震的到来。然而有时则没有发现这种现象，在工程地质中认为即使有膨胀，也是很小的。解决这类问题的一个办法是采用非关联流动法则。至于塑性势 g 的形式问题尚在探索，目前采用的方法通常是引入一个流动系数 θ 对屈服函数进行修正，而得到塑性势函数。这些做法的优点是，可以根据简单的试验，容易取得岩石材料的流动参数值，而且在流动参数取某个特殊值时可回到关联流动，便于非关联流动和关联流动的对比研究。

若取塑性势为一个 Drucker-Prager 类型的函数

$$g=\bar{\alpha}I_1+\sqrt{J_2}-k \tag{7.5.60}$$

这时流动法则成为

$$\mathrm{d}\boldsymbol{\varepsilon}^p=\mathrm{d}\lambda\frac{\partial g}{\partial\boldsymbol{\sigma}}=\mathrm{d}\lambda\left(\bar{\alpha}\boldsymbol{e}+\frac{\bar{\boldsymbol{s}}}{2J^{1/2}}\right) \tag{7.5.61}$$

塑性体应变增量 $\mathrm{d}\varepsilon^p=\boldsymbol{e}^{\mathrm{T}}\mathrm{d}\boldsymbol{\varepsilon}^p=\mathrm{d}\lambda\boldsymbol{e}^{\mathrm{T}}\bar{\alpha}\boldsymbol{e}=3\bar{\alpha}\mathrm{d}\lambda$，$\bar{\alpha}$ 代表塑性体膨胀的度量。类似地，在屈服准则式(7.5.34)中，α 代表关联流动假设下的塑性体膨胀的度量。由试验和观测资料表明，试验和观测的膨胀值没有关联理论预言的那么大，因而塑性势函数 $\bar{\alpha}$ 的取值应小于 α，才符合实际情况。于是取 $\bar{\alpha}=\theta\alpha$，$\theta$ 的取值范围是从 0 到 1，θ 称为流动参数。这样，塑性势函数取为

$$g = \theta\alpha I_1 + \sqrt{J_2} - k \tag{7.5.62}$$

因为在流动法则中出现的是函数 g 对应力的微商，塑性势中的参数 k 是无关紧要的，通常可以略去。试验观察和理论分析都表明，塑性体膨胀在材料开始屈服时较小，在达到峰值屈服面之前（峰值应力的 70%～90%）达到较大的值，因而可认为流动参数 θ 也是内变量 κ 的函数。为了简单，式(7.5.62)中的 θ 可以理解为是 $\theta(\kappa)$ 的平均值。

上面讨论的 Mohr-Coulomb 准则、Drucker-Prager 准则及其修正准则都假设岩石材料是各向同性的。为考虑各向异性岩石类材料，希尔（Hill）将 Mises 准则推广到适合各向异性材料的情况。进一步考虑围压对屈服的影响之后，得到如下形式的屈服准则：

$$f(\sigma, a_1, \cdots, a_9) = [a_1(\sigma_y - \sigma_z)^2 + a_2(\sigma_z - \sigma_x)^2 + a_3(\sigma_x - \sigma_y)^2 + (a_4\tau_{yz}^2 + a_5\tau_{zx}^2 + a_6\tau_{xy}^2)]^{1/2} + a_7\sigma_x + a_8\sigma_y + a_9\sigma_z \tag{7.5.63}$$

如果材料是完全各向异性的，需要 9 个独立的试验以确定式(7.5.63)中 9 个系数。现在考虑节理、裂缝或软弱结构面有一定取向的岩石介质，这种介质微破裂在层面内的优势，可以看作是层状弹塑性材料，即将材料假定由大量的薄层组成，层与层之间靠摩擦力传递层间的剪应力，并可以传递垂直层面的压应力，但只能传递很小的拉应力，层面在垂直方向为低抗拉的，而其他方向仍允许拉应力。宏观的不可逆变形也仅是沿层面的剪破裂和垂直层面的张破裂，因而在强度上它是强烈各向异性的。这种层状材料的屈服准则可通过简化式(7.5.63)得到。实际上，设层面的法方向为 z 方向，在式(7.5.63)中取

$$a_4 = a_5 = \frac{1}{c^2}, a_9 = \frac{u}{c} \tag{7.5.64}$$

其余系数为零，则得

$$f(\sigma, c, \mu) = \tau + \mu\sigma_z - c = 0 \tag{7.5.65}$$

式中：

$$\tau = (\tau_{zx}^2 + \tau_{zy}^{1/2})^{1/2} \tag{7.5.66}$$

是层面内剪应力 τ_{zx} 和 τ_{zy} 的合力，σ_z 是垂直层面的正应力。μ 和 c 分别是层面的内摩擦力和黏聚力，它们可以是内变量 κ 的函数。显然，式(7.5.65)是 Mohr-Coulomb 型的屈服准则。

层状材料的屈服准则主要适用于压剪应力状态，而在拉剪状态或张拉伸状态失去了试验基础，原则上已不能使用。这时需要修正，与 Drucker-Prager 准则一样，有两种修正方案。将层状材料屈服准则(7.5.65)与 Drucker-Prager 准则式(7.5.34)对比可发现，只要做如下变量替换 $\sqrt{J_2} \to \tau, I_1 \to \sigma_z, \alpha \to \mu, k \to c$，两个准则的表达式是完全一致的。这样，第一种修正方案是：当 $\sigma_z < \sigma_B$ 时，采用原来的层状材料屈服准则式(7.5.65)；当 $\sigma_z \geqslant \sigma_B$ 时，采用圆弧形式的准则[图 7.5.8(a)]

$$f = [\tau^2 + (\sigma_z - \sigma_A)^{1/2}]^{1/2} - (\sigma_T - \sigma_A) = 0 \tag{7.5.67}$$

式中：σ_A 为圆弧中心点 A 对应的应力值。

$$\sigma_A = \frac{\sigma_T(1 + \mu^{1/2})^{1/2} - c}{(1 + \mu^{1/2})^{1/2} - \mu} \tag{7.5.68}$$

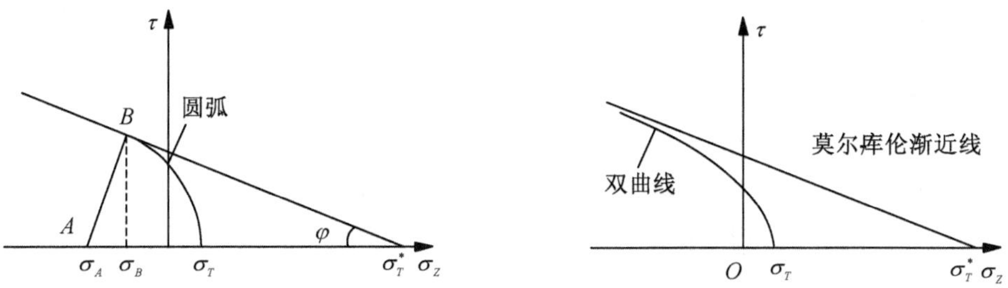

(a) 圆弧形式屈服准则　　(b) 双曲线形式屈服准则

图 7.5.8　修正后的层状材料屈服准则

σ_B 是圆弧与式(7.5.66)相切点 B 对应的应力值。

$$\sigma_B=\frac{\mu\sigma_T-c}{(1+\mu^{1/2})^{1/2}} \tag{7.5.69}$$

上述圆弧屈服面通过点 $(\sigma_T,0)$，并在点 B 与式(7.5.65)相切。因而修正后的层状材料屈服准则是处处光滑的屈服准则，它是用两个函数分区表示的。第二个修正方案是用一个双曲线来替代层状材料的 Mohr-Coulomb 准则型的直线，而后者作为前者的渐近线[图 7.5.8(b)]。这时，修正后的屈服准则的表达式为

$$f=(\tau^2+a^2c^{1/2})^{1/2}+\mu\sigma_z-c=0 \tag{7.5.70}$$

式中：a 是一个小于 1 的正的参数。

$$a=1-\frac{\mu\sigma_T}{c}=\frac{\sigma_T^*-\sigma_T}{\sigma_T^*} \tag{7.5.71}$$

修正的屈服准则式(7.5.70)的优点是在全区域内采用单一的正则函数，在计算上稍为方便。

4. 四参数强度准则

四参数混凝土强度准则模型一般能满足拉压子午线为曲线、偏平面上为凸面三角形要求。四参数强度准则有 Ottosen 强度准则、Hsich-Ting-Chen 强度准则等。

(1) Ottosen 强度准则

Ottosen(1977)提出了以三角函数为基础的四参数强度准则模型。这个模型破坏曲面的子午线为曲线，偏平面根据不同静水压力从光滑凸面三角形逐渐变化接近圆形。四参数强度准则模型包括所有应力不变量 I_1，J_2 和 $\cos 3\theta$，其表达式为

$$\left.\begin{aligned}&f(I_1,J_2,\cos 3\theta)=a\frac{J_2}{f_c'^2}+\lambda\frac{\sqrt{J_2}}{f_c'}+b\frac{I_1}{f_c'}-1=0\\&\lambda=\lambda(\cos 3\theta)>0\end{aligned}\right\} \tag{7.5.72}$$

式中：常数 a，b 用于确定子午线曲线，函数 λ 用来确定偏平面破坏图形。

采用处理扭转的薄膜比拟法来建立偏平面公式，等边三角形薄膜比拟法的垂直位移 Z 服从泊松方程，有

$$\frac{\partial^2 Z}{\partial x^2}+\frac{\partial^2 Z}{\partial y^2}=-k \qquad (7.5.73)$$

式中：k 为常数。

等边三角形等位移线从对称光滑凸面三角形变化为圆，如图 7.5.9 所示。根据薄膜比拟上述的假定，可得偏平面 λ 的表达式为

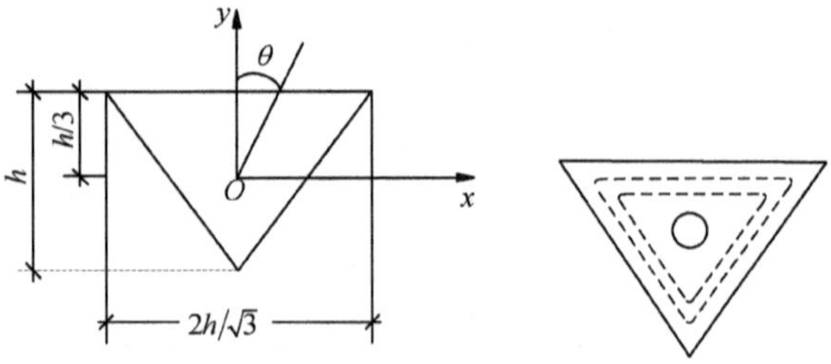

图 7.5.9 Ottosen 模型偏平面的薄膜比拟法

$$\left.\begin{aligned}\lambda=\frac{1}{\rho}&=k_1\cos\left[\frac{1}{3}\arccos(k_2\cos3\theta)\right], && \cos3\theta\geqslant0^0\\ \lambda=\frac{1}{\rho}&=k_1\cos\left[\frac{\pi}{3}-\frac{1}{3}\arccos(-k_2\cos3\theta)\right], && \cos3\theta<0^0\end{aligned}\right\} \qquad (7.5.74)$$

式中：k_1 称为尺寸系数；k_2 称为形状系数。

由 $\lambda_t(\theta=0^0)$，$\lambda_c(\theta=60^0)$ 或 ρ_t，ρ_c 来确定 k_1，k_2 值，$1/2<\rho_t/\rho_c<1$。当 λ_c/λ_t 在 0.54～0.58 之间时，图形接近三角形；当 $I_1\to\infty$，$\rho_t/\rho_c\to1$ 时，偏平面上图形接近圆形。

Druker-Prager 和 von Mises 模型均是 Ottosen 模型的特例：当 $a=0$，$\lambda=\text{const}$ 时，即为 Druker-Prager 模型；当 $a=b=0$，$\lambda=\text{const}$ 时，即为 von Mises 模型。Ottosen 四参数是由两个混凝土单轴强度、两个典型的双轴和三轴强度来确定的。①单轴抗压强度 $f'_c(\theta=60^0)$；②单轴抗拉强度 $f_t(\theta=0^0)$；③双轴受压强度 $(\theta=0^0)$，根据 Kupfer 等试验结果取 $f_{bc}=1.16f'_c$；④三轴强度根据 Balmer 和 Richart 等试验结果取 $(\xi/f'_c,\rho/f'_c)=(-5,4)$。当取上列数值，且假定 $\overline{f}'_t=f_t/f'_c$ 为不同值时，a，b，k_1，k_2，λ_t，λ_c 如表 7.5.1 所示。Ottosen 强度准则与 Launay，Chinn，Mills 等的试验结果比较一致。

表 7.5.1 Ottosen 强度准则系数取值

$\overline{f}'_t=f_t/f'_c$	a	b	k_1	k_2	λ_t	λ_c	λ_c/λ_t
0.08	1.807 6	4.096 2	14.486 3	0.991 4	14.472 5	7.783 4	0.537 8
0.10	1.275 9	3.196 2	11.736 5	0.980 1	11.710 9	6.531 5	0.557 7
0.12	0.921 8	2.596 9	9.911 0	0.964 7	9.872 0	5.697 9	0.577 2

(2) Hsich-Ting-Chen 强度准则

1982 年，Hsich 等建议的四参数强度准则模型包括了应力不变量 I_1，J_2 和最大主应力 σ_1，其表达式为

$$f(I_1,J_2,\sigma_1)=a\frac{J_2}{f_c'^2}+b\frac{\sqrt{J_2}}{f'_c}+c\frac{\sigma_1}{f'_c}+d\frac{I_1}{f'_c}-1=0 \qquad (7.5.75)$$

模型是八面体应力 $\tau_{\text{oct}}=f(\sigma_{\text{oct}})$ 关系式和 Rankine 最大主拉应力强度准则的组合，具有曲线子午线，在偏平面上呈非圆图形，如图 7.5.10 所示。

当参数 $a=c=0$ 时，为 Drucker-Prager 模型；当 $a=c=d=0$ 时，为 von Mises 模型；当 $a=c=d=0$，$c=f'_c/f_t$ 时，为 Rankine 模型。参数可根据单轴抗压强度 f'_c 确定，单轴

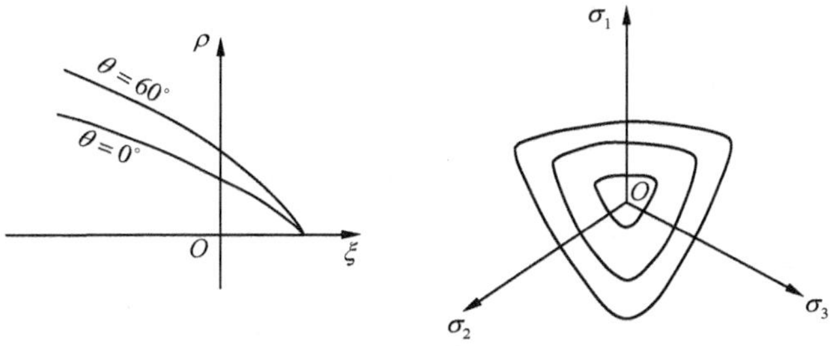

图 7.5.10　Hsich-Ting-Chen 模型子午线和偏平面

抗拉强度 $f_t = 0.1f'_c$，两轴受压强度 $f_{bc} = 1.15f'_c$，由 Mills 和 Zimmerman 八面体应力状态的结果采用（$\sigma_{oct}/f_t, \tau_{oct}/f'_c = -1.95, 1.6$）。根据这些参数值可求得 $a=2.0108$，$b=0.9714$，$c=9.1412$，$d=0.2312$。

Hsich-Ting-Chen 强度准则的破坏函数形式简单，便于数值计算，且和一些经典试验成果吻合，如图 7.5.11 所示，在低应力状态下，该准则与试验成果接近；而在高应力状态下，该准则的预测偏于保守。此外，该准则在偏平面上的破坏线存在有角点，曲线的不光滑导致导数不连续，将给分析和计算带来难处。

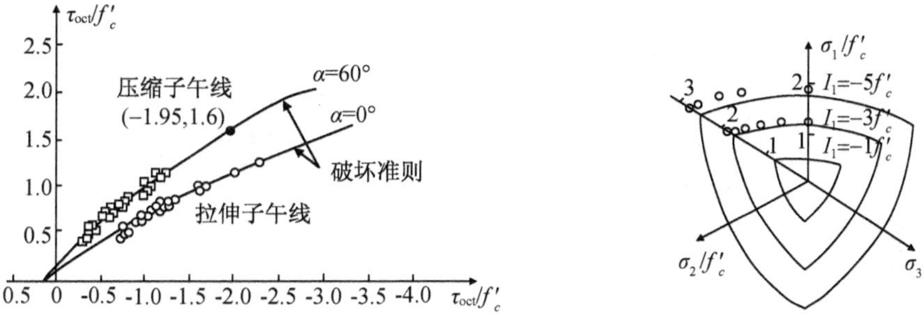

（a）在八面体剪应力和正应力平面上，Hsich-Ting-Chen 强度准则与Mills和Zimmerman的试验结果比较

（b）Hsich-Ting-Chen强度准则与偏平面中的三轴数据的比较（Launay等，1970）

图 7.5.11　Hsich-Ting-Chen 强度准则的试验成果对比

5. 五参数强度准则

关于混凝土的破坏准则，国内外已经做过大量的试验和研究工作，目前公认威廉-沃诺克（William-Warnke，1974 年）五参数准则较好。William-Warnke 五参数模型如图 7.5.12 所示。混凝土的破坏面一般可用破坏面与偏平面相交的断面和破坏曲面的子午线来表达，这个模型有曲线形式的拉伸子午线和压缩子午线，它们是二次抛物线

$$\left.\begin{aligned} \sigma_m &= a_0 + a_1\rho_t + a_2\rho_t^2 \\ \sigma_m &= b_0 + b_1\rho_c + b_2\rho_c^2 \end{aligned}\right\} \tag{7.5.76}$$

式中：$\sigma_m = I_1/3$ 是平均应力；ρ_t 和 ρ_c 分别是垂直于静水轴在 $\theta = 0°$ 和 $\theta = 60°$ 的应力分量；a_0, a_1, a_2, b_0, b_1 和 b_2 是材料常数。

所有的应力都已归一化，即在式(7.5.76)中的 σ_m，ρ_t 和 ρ_c 分别代表 σ_m/σ_c，ρ_t/σ_c 和 ρ_c/σ_c，其中 σ_c 是压缩强度。

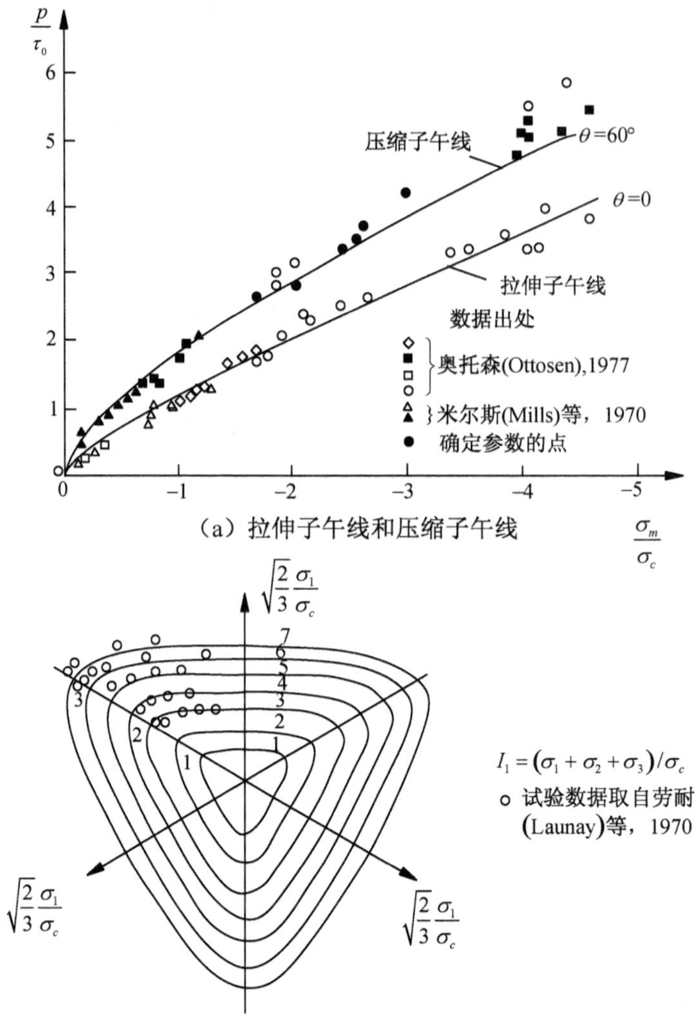

(a) 拉伸子午线和压缩子午线

(b) 偏平面

图 7.5.12　Willam-Warnke 五参数准则模型

因为两条子午线与静水轴相交于同一点，必然有

$$a_0 = b_0 \tag{7.5.77}$$

剩下的 5 个参数可用 5 个典型试验确定。一旦两条子午线根据数据完全确定，采用适当曲线连接子午线，可以构造破坏准则在偏平面截线。

为使 Willam-Warnke 破坏曲线是凸的和处处光滑的，可采用部分椭圆曲线来连接子午线的点[图 7.5.13(a)]。由于破坏曲线对 σ_1，σ_2，σ_3 三轴的对称性，仅须考虑曲线在 $0° \leqslant \theta \leqslant 60°$ 的部分。椭圆表达式的推导简述如下。

在图 7.5.13(b)中，极坐标 (ρ,θ) 表示的破坏曲线 P_1-P-P_2 可用直角坐标 (x,y) 表示的 1/4 椭圆 $P_1-P-P_2-P_3$ 近似（a，b 为椭圆半轴）。$\theta=0°$ 和 $\theta=60°$ 的对称条件，要求矢量 ρ_t 和 ρ_c 分别在点 $P_1(0,b)$ 和 $P_2(m,n)$ 与椭圆垂直。选取 y 轴使其与矢量 ρ_t 一致，在 P_1 点的

正交条件总可以满足。椭圆在点 $P_2(m,n)$ 的单位外法向矢量必须与 x 轴成 30° 角。

使用上面给出的条件，可用矢量 ρ_t 和 ρ_c 表示半轴 a 和 b，从而得到椭圆的标准方程。最后将方程转换用极坐标 (ρ,θ) 表示。经过某些代数运算，矢径 $\rho(\theta)$ 能用参数 ρ_t 和 ρ_c 表示

$$\rho(\theta)=\frac{s+t}{\nu} \tag{7.5.78}$$

$$s=2\rho_c(\rho_c^2-\rho_t^2)\cos\theta, t=\rho_c\ (2\rho_t-\rho_c^{1/2})^{1/2} \tag{7.5.79}$$

$$u=4(\rho_c^2-\rho_t^2)\cos^2\theta+5\rho_t^2-4\rho_t\rho_c \tag{7.5.80}$$

$$\nu=4(\rho_c^2-\rho_t^2)\cos^2\theta+(\rho_c-2\rho_t)^2 \tag{7.5.81}$$

式(7.5.76)和式(7.5.78)完全确定了 Willam-Warnke 五参数模型的破坏准则。破坏函数的 5 个参数现在能用下述的 5 个破坏状态来确定：单轴压缩强度 f'_c；单轴拉伸强度 $f_t=0.1f'_c$；双轴压缩强度 $f_{bc}=1.15f'_c$；有侧限的双轴拉伸强度，$\sigma_1>\sigma_2=\sigma_3$，$(f_{mt},\rho_t)=(-1.95f'_c,2.77f'_c)$；有侧限的双轴压缩强度，$\sigma_1=\sigma_2>\sigma_3$，$(f_{mc},\rho_c)=(-3.9f'_c,3.46f'_c)$。得到的常数 a_0，a_1，a_2，b_1 和 b_2 的值分别为 0.102 5，−0.840 3，−0.091，−0.450 7，−0.101 8。模型预测值与试验数据的比较如图 7.5.12 所示，无论在子午面还是在偏平面上，模型预测和试验数据的一致性较好。

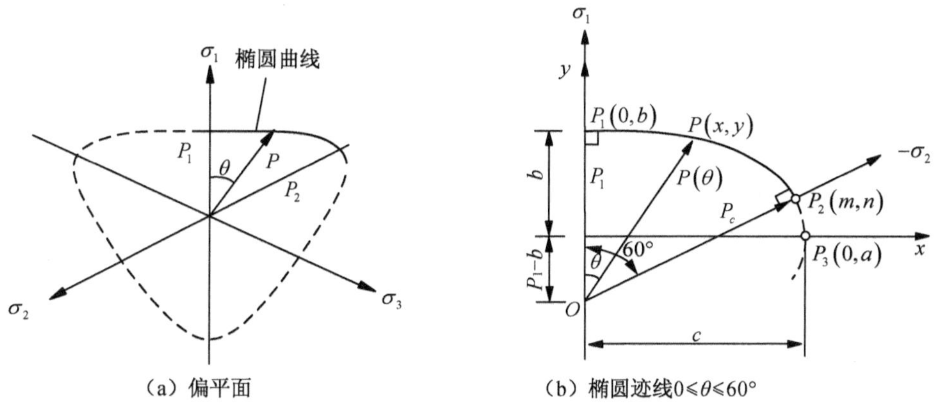

图 7.5.13　Willam-Warnke 准则采用部分椭圆曲线连接子午线的点

ρ_t 和 ρ_c 可视为 σ_m 的函数从式(7.5.76)解出

$$\begin{cases}\rho_c=-\dfrac{1}{2b_2}\left[b_1+\sqrt{b_1^2-4b_2(b_0-\sigma_m)}\right]\\[2ex]\rho_t=-\dfrac{1}{2a_2}\left[a_1+\sqrt{a_1^2-4a_2(a_0-\sigma_m)}\right]\end{cases} \tag{7.5.82}$$

因而，混凝土五参数破坏准则可表示为

$$f(\rho,\sigma_m,\theta)=\rho-\rho_f(\sigma_m,\theta)=0,\rho_f(\sigma_m,\theta)=\frac{s+t}{\nu} \tag{7.5.83}$$

在混凝土的塑性力学理论中，将破坏准则看作峰值应力对应的屈服准则。由于混凝土

的屈服应力难以用试验确定,混凝土的屈服准则通常是依据已知的破坏准则而假设的。例如,屈服应力的取值是按破坏应力比例缩减。这就是说,屈服面与破坏面有类似的形状,仅仅是缩小了尺寸。这样,在破坏准则中引入形状因子 k,初始屈服面和峰值前的后继屈服面可表示为

$$f(\rho,\sigma_m,\theta)=\rho-k\rho_f(\sigma_m,\theta)=0 \tag{7.5.84}$$

形状因子 k 是内变量 κ 的函数。当 $\kappa=0$,$k=k_y<1$,k_y 是初始屈服面的形状因子。在整个强化阶段有

$$k_y\leqslant k\leqslant 1 \tag{7.5.85}$$

第八章 / 岩体的弹塑性模型和强度理论

第一节 概 述

岩体是地质体，它经历过多次反复地质作用，经受过变形，遭受过破坏，形成一定的岩石成分和结构，赋存于一定的地质环境中。岩体抵抗外力作用的能力称为岩体力学性质，包括岩体的稳定性特征、强度特征和变形特征，它是由组成岩体的岩石、结构面和赋存条件决定的。岩体力学性质不是固定不变的，由于岩体结构的原因，它可以随着试件尺寸增大而降低，而且施工开挖方向与岩体内结构面产状间的关系不同，其变形和破坏特征也不一样，同时它随着环境因素的变化而变化[75]。

水工混凝土结构的岩基通常是非均匀和非连续性介质，按其地质构造成因可以分为以下几种类型：①岩块，指相对比较完整的岩体；②有厚度的软弱夹层，指有一定厚度的、夹层成分的物理力学强度较低的软弱结构，一般具有一定的抗剪强度，但抗拉强度较低甚至没有抗拉能力；③无厚度的节理裂隙，一般指岩体的硬性结构面，这些节理具有一定的延伸长度，但破裂面没有充填物，节理面具有类似于抗剪断试验剪断后的剪摩强度；④断层，一般延伸范围较大，可以穿越很多种岩组，断层错动面上可以有充填物或者没有充填物。由于岩体中通常存在节理、裂隙和断层等地质构造，因而岩体的力学性状主要受各向异性和不连续性这两种基本性质的影响。各向异性指构成岩体的岩块材料本身的强度和变形性状取决于方向。由于岩体中存在各向异性的构造面，在力学上是难以计及单个不连续面的影响，而只能把这些结构面具有的特征纳入"岩块"这个概念模型或假想模型中去，以此把它与作为物质的"岩块"的概念相区别。因此，岩体可以看作是以不连续面为界的岩块的聚集体(或由一定形状单块体组合而成的集合体)，岩体的强度不是岩石的强度。用刚性试验机，或者用带伺服控制的试验机，已经证明了岩石试件达到最大承载能力(强度)时并不是猛然爆裂，而是随着进一步变形而逐渐破裂，这时仍然保留一些强度，即"残余强度"。节理介质的残余强度只是在一定程度上靠岩石物质的分子结合或晶体颗粒间的结合；而更多是靠摩擦阻力，这些摩擦阻力是由沿着节理各单元间的位移而引起。由于摩擦需要有初始位移，所以当地质体经受力的作用，而在岩块阻抗外力之前就先产生变形，这不仅使得岩体的弹性模量比岩块的弹性模量要低得多，而且节理材料在试验加荷初期就表现出较大的可压缩性和永久变形等塑性性能。第一次加载测得的模量通常称为变形模量，和弹性模量不同，后者只有在卸载后才可以真正求出。节理岩体的变形模量 E' 和弹性模量 E 之比，可以看作是岩体破裂程度或节理化程度的函数。对岩石力学来说，研究岩石的摩擦效应是相当重要的。此外，岩体的变形比岩块的变形要大，并且二者都与应力方向和应力场属性有很大关系。这里指的应力场属性，是指最大和最小主应力间的比值 $\sigma_1/\sigma_3=n$，较高的 n 值意味着更为接近于单轴应力状态，对岩体来说，它是最危险状态，并导致例如隧道中常出现的片帮破坏；较低的 n 值意味着接近应力的各向同性状态，在这种状态下的节理对岩体力学特性影响小。因此，由 n 表达的应力场属性比应力的数值更为重要。在隧道进行岩石锚固或支护的目的，也是从正面去影响这个 n 值。不管发生脆性破坏（没有任何预兆并且大多数是总变形时间短暂）或延性破坏（具有较大的变形和提前预兆），都取决于应力场对节理组构（各向异性）的方向，当然也受节理连续性程度的影响。

岩体结构的力学效应主要表现在岩体的爬坡角效应、尺寸效应及各向异性效应等，影响岩体力学性质的基本因素有：岩石力学性质、结构面力学性质、岩体结构力学效应和环境因素（特别是水和地应力的作用）[76]。岩体的力学特点，总结起来有：①应力传递机制，这与连续介质不一样，如以层状介质为例，其应力传递受层状控制；②各向异性；③残余变形十分突出，对有节理裂隙的岩体，受载后的开始阶段是裂隙闭合，然后呈弹塑性状态；④变形的时间效应；⑤地应力，即岩体的初始应力；⑥地下水，以两种形态存在于岩体中，一种是介质内部的孔隙水，一种是不连续面中的裂隙水，后者对有软弱面的坝基稳定起削弱作用。由于岩体的复杂性，在数值分析时要对岩体力学模型进行合理的简化，同时又要使得简化的模型能够合理地反映岩基变形特征和失稳机理。

岩石力学的发生、形成和发展过程与工程实践紧密相关。概括地讲，岩石力学中存在着两种对立的计算模型：①连续介质模型，②非连续介质模型（裂隙介质模型），它们是从两种完全不同的思路去描述天然岩体性状的。前者是从整体着眼，认为岩体虽断裂，而主要是连续的，只要岩体在宏观上具有完全确定的应力-应变-时间关系（例如线性的、非线性的等），就可以用连续介质力学去求解其应力及变形状态。后者是从内部结构着眼，把岩体简化为具有某些物理形状的单元的集合体，进而研究这些理想碎块体模型的应力-应变-时间关系，再去求解岩石力学问题。岩石是构成岩体的基本组成单元，尽管岩石中存在一些如矿物节理、微裂隙、粒间空隙、晶格缺陷、晶格边界等内部缺陷，在工程结构力学分析中，仍视其为连续介质，把连续介质力学引用到岩石力学领域中，作为岩石力学试验的基本原理；作为整理岩石力学试验资料的理论公式，以便求得岩石力学的各种参数；作为求解岩石力学课题的计算图式和方法。这并不是经过周密的科学论证的结果，而是实际工程迫切需要所造成的，其合理性经工程实践检验，大体上是可行的，虽然还有改进的方面。近年来，岩石断裂力学的研究获得了很大发展，这种研究也是基于连续介质力学的。实际的岩体由各种不同矿物组成，存在节理裂隙等不连续面和空隙，从细观上看是不连续的。但是在高的周压力作用下，情况发生了质变，裂隙的影响消失了，岩石试件将发生塑性流动（剪切）破坏。因此，在高静周压力作用下，可以看作连续介质模型，例如当作黏弹性体来研究，问题在于这个分界周压力大小的确定。这里，材料的脆性与塑性，是根据材料在外力作用下破坏前总应变的数值，以及应力应变曲线负坡的坡降大小而划分的：破坏应变小、负坡较陡者称为脆性；破坏应变大、负坡较平缓者称为塑性。一般规定，破坏应变小于5%者称为脆性材料，破坏应变等于或大于5%者称为塑性材料。1963年，赫德（H. C. Heard）以3%和5%作为界限值，把岩石分为三类:应变小于3%者叫做脆性岩石,应变在3%～5%之间者叫做脆-塑性岩石或半脆性岩石,应变大于5%者叫做塑性岩石。可见,连续介质力学是在宏观的小尺度范围内来描述各种力学量的统计代表值,抓住了问题的主要方面,对岩土工程结构分析来说取得了很大成功。

从上述情况可以看出,非连续介质模型和连续介质模型的差别,并非是绝对的。在一定条件下,它们是互相渗透、互为借鉴的,这利于岩石力学向纵深发展。总之,天然情况的岩石(体)既是断裂的、又是连续的,是断裂与连续的对立统一,这是建立岩石力学计算或试验模型的基础。

第二节　岩石和结构面的力学性质

一、岩石的力学性质

将岩石块体做成样品,试样的大小、试验方法和试验设备是常规的,岩石的变形和强度可以在一块样品中一次加载或反复加载得到。为便于叙述,下面分别介绍岩石变形和强度特性。

1. 岩石变形特性

根据弹性变形测定弹性常数 E,ν,在不等向三轴(即 $\sigma_1 \neq \sigma_2 \neq \sigma_3$)压力条件下(图8.2.1),根据广义胡克定律

$$\left.\begin{aligned} \varepsilon_1 &= \frac{1}{E}[\sigma_1 - \nu(\sigma_2 + \sigma_3)] \\ \varepsilon_2 &= \frac{1}{E}[\sigma_2 - \nu(\sigma_1 + \sigma_3)] \\ \varepsilon_3 &= \frac{1}{E}[\sigma_3 - \nu(\sigma_2 + \sigma_1)] \end{aligned}\right\} \tag{8.2.1}$$

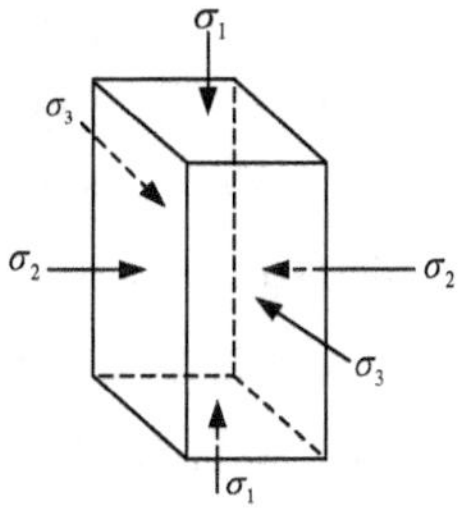

图8.2.1　三轴压力条件

对于长方体柱体试样,有

$$E = \frac{(\sigma_1 - \sigma_2)(\sigma_1 + 2\sigma_3)}{\varepsilon_1(\sigma_1 + \sigma_3) - \varepsilon_2(\sigma_2 + \sigma_3)} \tag{8.2.2}$$

$$\nu = \frac{\varepsilon_1\sigma_2 - \varepsilon_2\sigma_1}{\varepsilon_1(\sigma_1 + \sigma_3) - \varepsilon_2(\sigma_2 + \sigma_3)} \tag{8.2.3}$$

以上二式中 σ_2 和 σ_3 可以互换,此时 ε_2 被 ε_3 代替。

如果在 $\sigma_1 \neq \sigma_2 \neq \sigma_3$ 三轴试验中,$\sigma_1,\sigma_2,\sigma_3$ 各加一个初始值,然后 σ_2,σ_3 保持不变,试验过程中只改变 σ_1。

$$E = \frac{\sigma_1}{\varepsilon_1}, \nu = \frac{\varepsilon_2}{\varepsilon_1} = \frac{\varepsilon_3}{\varepsilon_1} \tag{8.2.4}$$

当然,还可以设计出其他应力组合。国内大多采用圆柱体试样做等围压三轴试验,如图8.2.2所示,即 $\sigma_2 = \sigma_3 = \sigma_r$,根据式(8.2.1)得

$$E=\frac{(\sigma_1-\sigma_r)(\sigma_1+2\sigma_r)}{\varepsilon_1(\sigma_1+\sigma_r)-2\varepsilon_\theta\sigma_r} \quad (8.2.5)$$

$$\nu=\frac{\varepsilon_1\sigma_r-\varepsilon_\theta\sigma_1}{\varepsilon_1(\sigma_1+\sigma_r)-2\varepsilon_\theta\sigma_r} \quad (8.2.6)$$

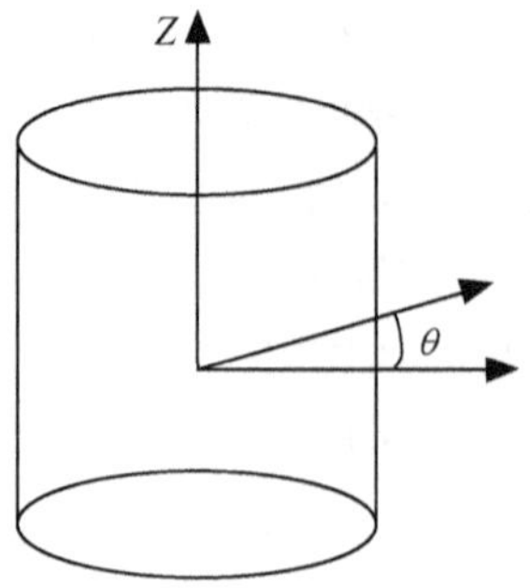

图 8.2.2 圆柱等围压力轴试验

岩石的应力-应变曲线随着岩石性质不同有各种不同的类型，米勒(Müller)采用 28 种岩石进行大量的单轴试验后，根据峰值前的应力-应变曲线将岩石分成 6 种类型，如图 8.2.3 所示。

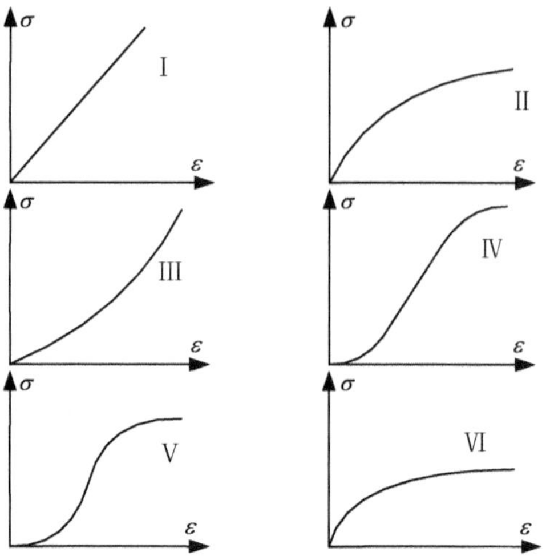

图 8.2.3 岩石单轴应力应变曲线类型

类型Ⅰ 应力应变关系呈直线或近似直线，直到试件发生突然破坏为止，具有这种变形性质的岩石有玄武岩、石英岩、辉绿岩、白云岩和非常坚硬的石灰岩，由于塑性阶段不明显，这些材料被称为弹性体。

类型Ⅱ 应力较低时，应力-应变曲线近似于直线，当应力增加到一定数值后，应力应变-曲线向下弯曲，随着应力逐渐增加而曲线斜率逐渐减小，也即在接近破坏时非弹性变形连续增长，直至破坏，具有这种变形性质的岩石有较弱的石灰岩、泥岩、粉砂岩和凝灰岩，这些材料被称为弹-塑性体。

类型Ⅲ 在应力较低时，应力-应变曲线略向上弯曲，当应力增加到一定数值后，应力-应变曲线逐渐变为直线，直至发生破坏，具有这种变形性质的岩石有砂岩、花岗岩、片理平行于压力方向的片岩和某些辉绿岩等，这些材料被称为塑-弹性体。

类型Ⅳ 应力较低时，应力-应变曲线向上弯曲，当压力增加到一定值后，变形曲线成为直线，最后，曲线向下弯曲，似 S 形，具有这种变形特性的岩石大多数为变质岩，如大理岩和片麻岩等，这些材料被称为塑-弹-塑性体。

类型Ⅴ 基本上与类型Ⅳ相同，也呈 S 形，不过曲线斜率较平缓，一般发生在压缩性较高的岩石中，应力垂直于片理的片岩具有这种性质，它在破坏前有非线性塑性变形。

类型Ⅵ 应力-应变曲线开始先有很小一段直线部分，即弹性变形，然后有非弹性的曲线部分，并继续不断地蠕变，呈黏塑性状态，钾盐矿石属于这一类型，某些软弱岩石也具有类似特性，这类材料被称为弹-黏性体。

有的岩石，如果应力应变曲线中没有明显的线性段，有时因为应力计算时把岩石简化成线弹性介质，或对岩石做分类等需简化成线弹性介质。如图 8.2.4 所示，岩石弹性模量可有 3 种取法，初始模量：$E_i=(\mathrm{d}\sigma/\mathrm{d}\varepsilon)_{\sigma_0}$；切线模量：$E_t=(\mathrm{d}\sigma/\mathrm{d}\varepsilon)_{\sigma_t}$；割线模量：$E_s=(\mathrm{d}\sigma/\mathrm{d}\varepsilon)_{\sigma_s}$。

有学者建议取单向抗压强度的一半，即 $\sigma=C_0/2$，计算割线模量，这是由于有的试验得到应力达到极限强度的一半时，岩石开始产生微破裂。这里需要指出的是，Scholz 用威斯特利花岗岩做的单轴压缩试验，用声源定源技术测量了岩样破裂时发出的声波。在试验中应力达到抗压强度 50%时，岩样开始破裂，图 8.2.5 是应力大于 90%时的破裂点位置，破裂点集中在最后破坏面附近。

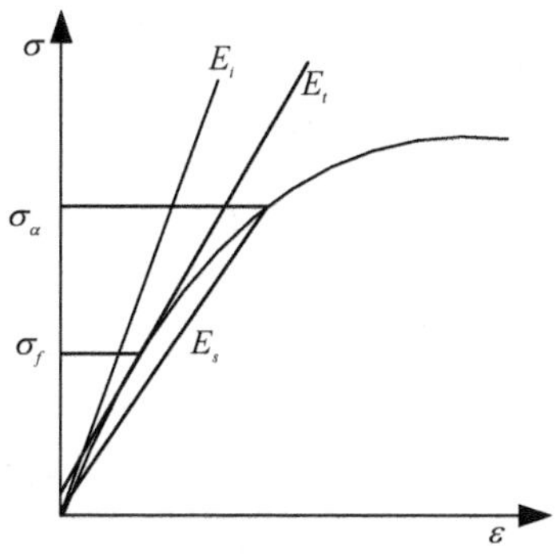

图 8.2.4 岩石弹性模量

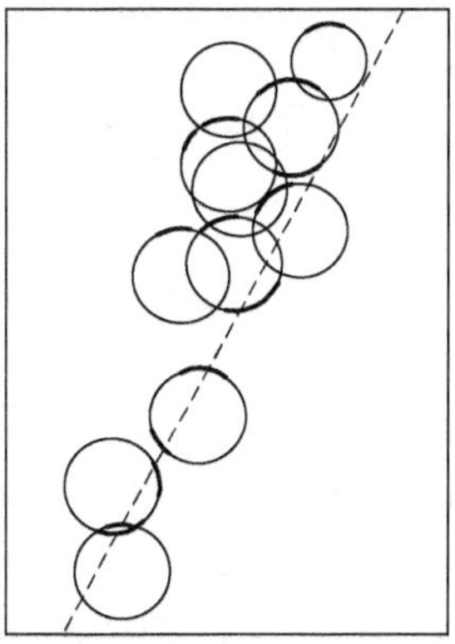

图 8.2.5 破裂点位置

2. 岩石强度试验

按固体材料的传统观念，岩块强度试验的基本项目是抗压强度、抗拉强度和抗剪强度。

(1) 单向抗压强度用圆柱体或长方形柱体岩样：

$$C_0 = \frac{P}{F} \tag{8.2.7}$$

(2) 单向抗拉强度：

传统的直接拉伸法

$$T_0 = \frac{P}{F} \tag{8.2.8}$$

岩石中还常用间接拉伸试验，又叫劈裂法或巴西法

$$T_0 = \frac{2P}{\pi \mathrm{de}} \tag{8.2.9}$$

(3) 抗剪强度：

岩石力学中常用直剪实验

$$\tau = \frac{Q}{F}$$

$$\sigma = \frac{P}{F} \tag{8.2.10}$$

由此可以看出，如果只需要三个强度指标，是比较容易的。但是强度试验的一个重要任务是研究破坏准则(或屈服准则并延伸到破坏准则)以及破坏前后的应力应变关系，就要复杂得多。因此，还要开展三轴试验，用刚性压力机研究岩石破坏后的应力应变关系。

(4) 三轴试验

国内做得较多的是 $\sigma_2 = \sigma_3$ 的等围压三轴试验，见图 8.2.6(a)，即不考虑 σ_2 对岩石强度的影响。三轴试验可以得到一系列莫尔圆，对建立强度准则和确定强度参数是有用的。

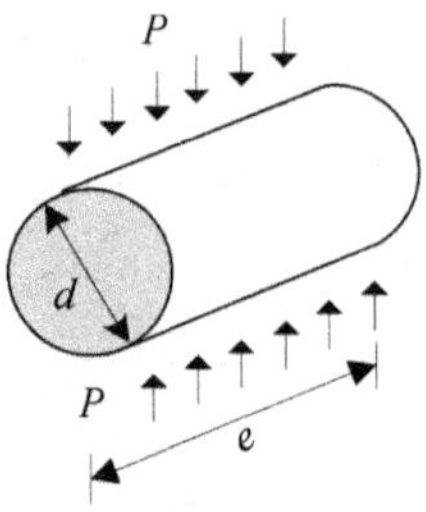

(a) 等围压

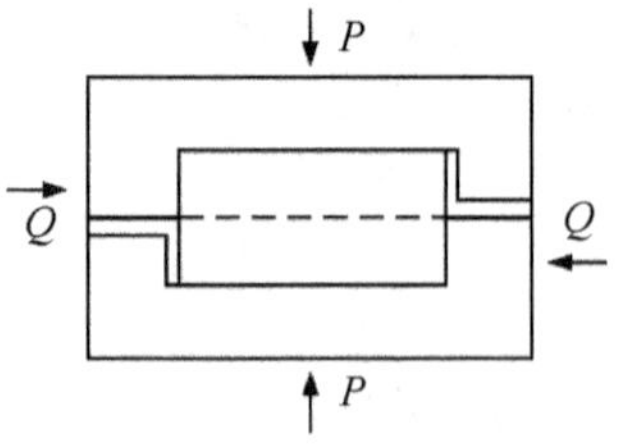

(b) 刚性压力

图 8.2.6　三轴试验

(5) 用刚性压力机测定岩石变形和强度特性

岩石破坏以后的强度变化情况和变形特性，也是需要弄清楚的。但是普通刚度的压力机[图 8.2.6(b)]，由于刚度不够大，在试验中，当岩石破坏时，压力机在岩石受力过程中储存的应变能就在这一瞬间迅速释放，致使岩石样品爆裂成为许多碎块。同时，压力机就自动卸荷，变形就不能观测到底。图 8.2.7 为压力机刚性组件示意图。图 8.2.8 为压力机-岩样系统模型。图 8.2.9 为普通压力机测的应力应变曲线图。图 8.2.10 为刚性压力机测的全过程应力-应变曲线图。

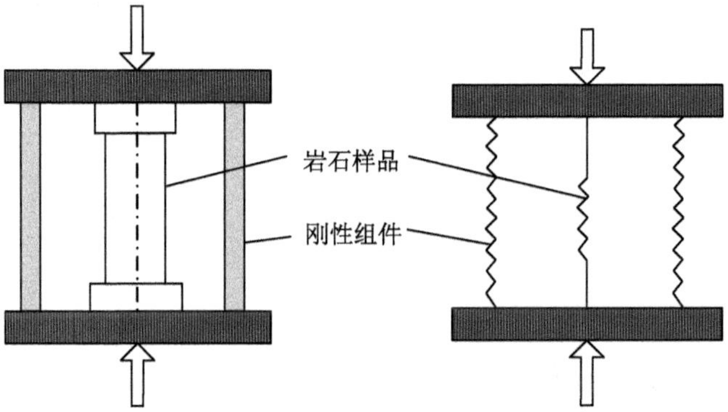

图 8.2.7　刚性机组件　　**图 8.2.8　压力机岩样**

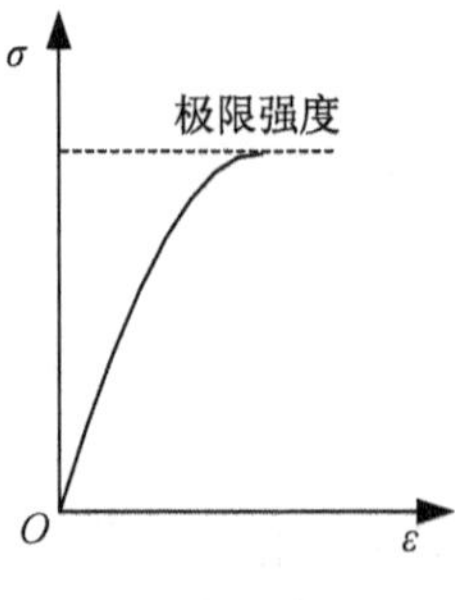

图 8.2.9　普通压力机 σ-ε 曲线

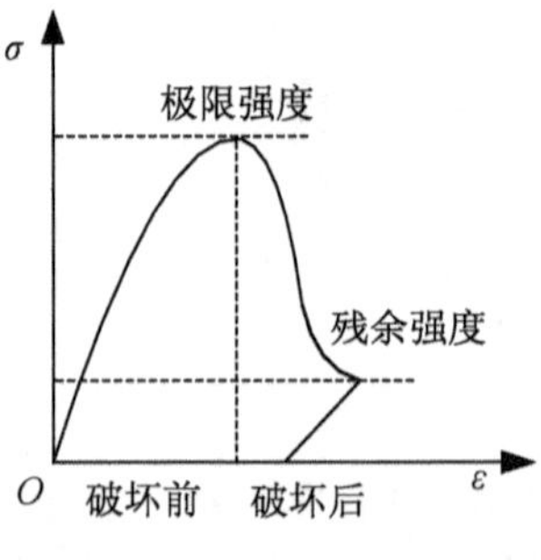

图 8.2.10　刚性压力机 σ-ε 曲线

刚性压力机加了刚性组件，当应力超过岩石峰值以后，刚性组件有较大的刚度，仍分担着一部分荷载，限制压力机迅速位移，压力机的应变能不能在瞬间释放，因此可以继续观测岩石的变形与破坏过程。

与金属相比，金属在破坏前先进入塑性阶段，最后才破坏，或者屈服极限就是破坏极限，它们都不受静水压力的影响，只取决于偏应力。金属的单向拉、压极限状态比较接近，因此，屈服强度只用剪切强度或单向抗拉（单向抗压）强度试验即可。岩石在破坏之前，应力应变关系比金属复杂，还可以从它的最后破坏机制（图 8.2.11）中看到，有的呈脆性破坏、有的呈塑性破坏、有的呈剪切破坏，说明有的岩石破坏准则可能与屈服准则一致，有的却不一致，还有的岩石没有明显塑性状态，而是突然脆性破坏。岩石的强度受静水压力的影响，并且单向抗拉强度与单向抗压强度相差较多。

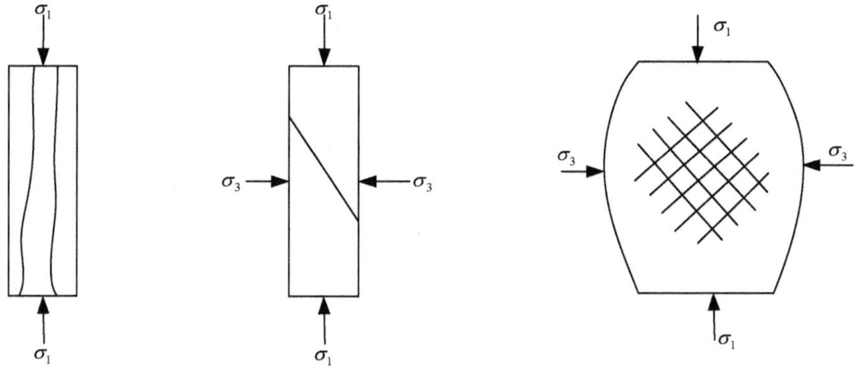

（a）脆性破坏　　（b）剪切破坏　　（c）塑性破坏

图 8.2.11　岩石破坏机理

在岩石的强度包线中，单向抗压强度（图 8.2.12）也是取作剪切型，它是 σ_1 为 0、且破坏角为 β 的剪切破坏。实际上，岩石单向抗压破坏机制十分复杂，许多情况下根本没有明显的破坏角 β，有的甚至破裂成许多块。因此，单向抗压强度值离散程度较大，研究岩石破坏准则宜多做三轴试验，少做单向抗压试验。

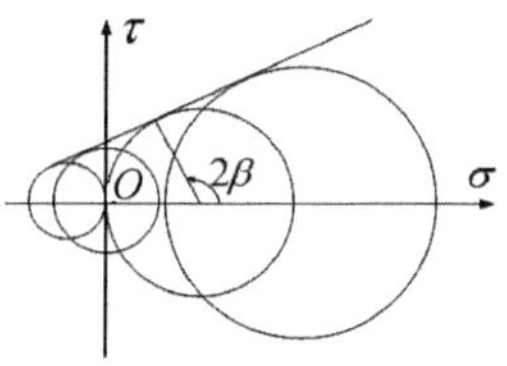

图 8.2.12　单向抗压莫尔图

三轴试验可以得到岩石破坏时的应力差（$\sigma_1-\sigma_3$）与 ε_1 的关系，以及破坏角 β。极坚硬岩石，强度随围压增加而增加，但是弹性范围的斜率相差甚微（图 8.1.13）；在较弱的岩石中，不但强度受围压的影响，弹性模量也受其影响，破坏前的非弹性变形也随围压增加而增加，在 $\sigma_3=0$ 时至接近脆性破坏（图 8.2.14）。

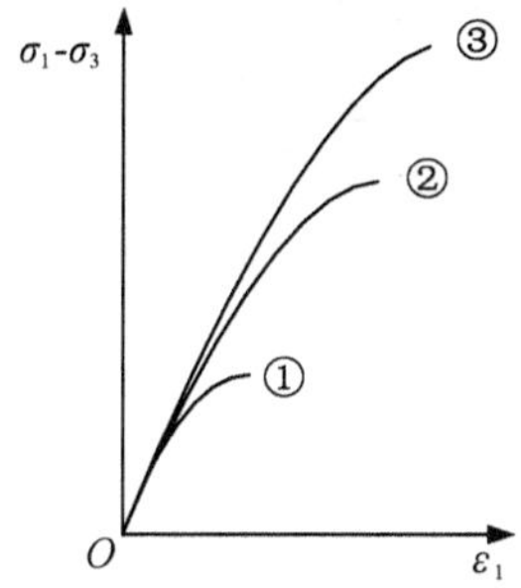

①②③分别为σ_3=5 000，10 000，20 000 lb/in²

图 8.2.13　坚硬岩石的($\sigma_1-\sigma_3$)- ε_1 曲线

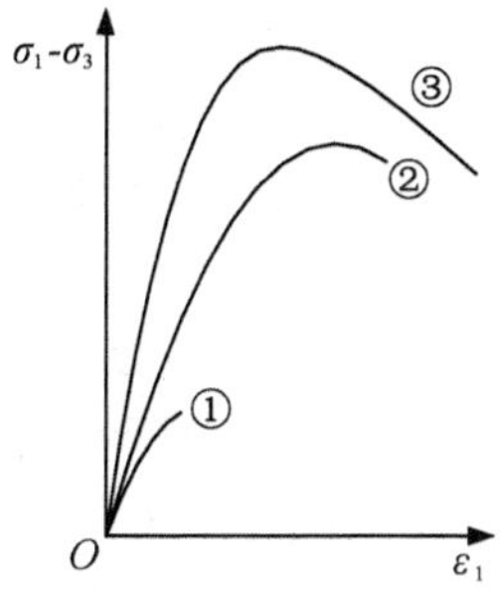

①②③分别为σ_3=0，5 000，20 000 lb/in²

图 8.2.14　软弱岩石的($\sigma_1-\sigma_3$)- ε_1 曲线

3. 岩石的强度理论

岩石的强度随应力状态的改变而具有十分多变的特点。对于同一岩石材料，它的单轴压缩强度 σ_c 大于单轴拉伸强度 σ_t，而岩石的双轴压缩强度 σ_{cc} 又大于单轴压缩强度 σ_c，但岩石的三轴压缩强度 σ_{ccc} 又远大于单轴和双轴压缩强度 σ_c 和 σ_{cc}。它们之间的关系为

$$\sigma_t < \sigma_c < \sigma_{cc} < \sigma_{ccc} \tag{8.2.11}$$

岩石强度理论研究岩石强度随应力状态改变而变化的规律。它要求用少数几个已知的岩石强度参数(如岩石的单轴压缩强度 σ_c 和单轴拉伸强度 σ_t) 去预计尽可能广泛的其他各种应力状态下的岩石强度，并要经受复杂应力试验结构的检验。为了便于了解和工程应用，要求岩石强度理论具有清晰的物理概念和力学模型，并在数学表达式中尽可能减少材料参数的数目。

岩石的强度理论可以在数学上表述为应力状态和材料强度参数的函数。在一定的工程尺度范围，岩石材料可以视作各向同性材料，材料参数要求用相应尺度的岩石试件在试验机试验得出。如用 $K_1, K_2, \cdots$表示材料参数，则强度理论可表述为主应力的标量函数：

$$F(\sigma_1, \sigma_2, \sigma_3; K_1, K_2, \cdots) = 0 \tag{8.2.12}$$

岩石的单轴压缩强度 σ_c 和单轴拉伸强度 σ_t 与岩石的黏聚力 c 和内摩擦角 φ 可以相互换算，是工程上最常用的 4 个材料强度参数，并且可以在常用的试验机上试验得出，因此岩石强度理论也可以表示为

$$F(\sigma_1, \sigma_2, \sigma_3; \sigma_c, \sigma_t) = 0 \tag{8.2.13}$$

或

$$F(\sigma_1, \sigma_2, \sigma_3; c, \varphi) = 0 \tag{8.2.14}$$

岩石的强度理论是研究岩体强度的基础，目前采用的岩石强度理论主要是莫尔-库仑强度理论和霍克-布朗(Hoek-Brown)强度准则，而在数值计算中多采用 Drucker-Prager 准则。岩石强度理论的发展和非线性有限元分析相互促进。岩石的破坏类型分为脆性破坏和塑性破坏，脆性破坏是在应力条件下岩石中裂隙产生和发展的结果，其特点是岩石达到破坏时不产生明显的变形；塑性破坏的特征是产生明显的塑性变形而不表现明显的破坏面。岩石破坏性质与岩石的性质和岩石破坏时的应力状态有关。岩石的破坏取决于物理环境，如围压、温度、中间主应力等，在低温、低围压及低应变率条件下，岩石往往表现为脆性破坏；而在高温、高围压及高应变率条件下，岩石则表现为塑性破坏。岩石脆性破坏认为岩石在受压到峰值强度后将不再能承受任何荷载而破坏。直到 20 世纪 60 年代，由于刚性试验机的产生，可以观察到岩石在峰值后仍然有一定的强度，只是随应变的增加而表现为软化的现象，岩石在软化阶段卸载，可以在岩石中产生一定的塑性变形，这在三轴受力时更为明显。因此，岩石材料也可被看作弹塑性材料，并对岩石结构进行弹塑性分析。

(1) 岩石的单轴强度

图 8.2.16(a)为岩石在单轴压缩下的应力-应变曲线，这是岩石力学中的一个基本的重要曲线。作为数学上的简化，这条曲线可以表示为图 8.2.16(b)所示的软化曲线。图 8.2.16(c)认为岩石在受压到达峰值强度时在没有或少有塑性变形的情况下发生破坏。随着伺服控制

刚性试验机的出现和发展，图 8.2.16(d)的岩石应力-应变曲线被逐步接受，也即是岩石在到达峰值强度之后可以继续承受一定的荷载，并且在峰值之后卸载将产生不可恢复的塑性变形。

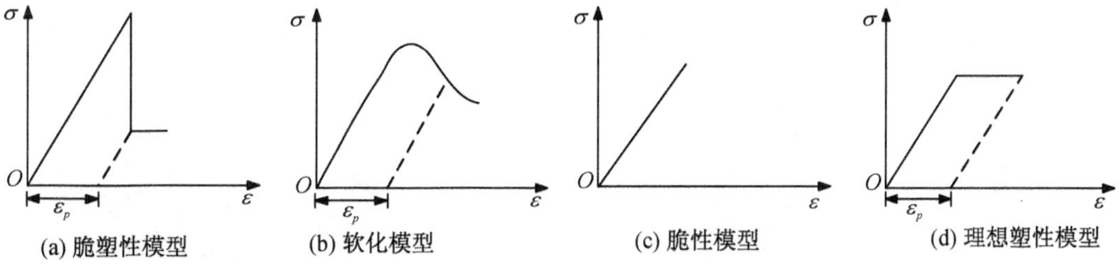

图 8.2.16　岩石单轴抗压应力应变曲线

岩石的单轴压缩强度随岩石的种类不同而异，相差很大，即使是同类岩石也存在很大差异，如图 8.2.17[77]所示。

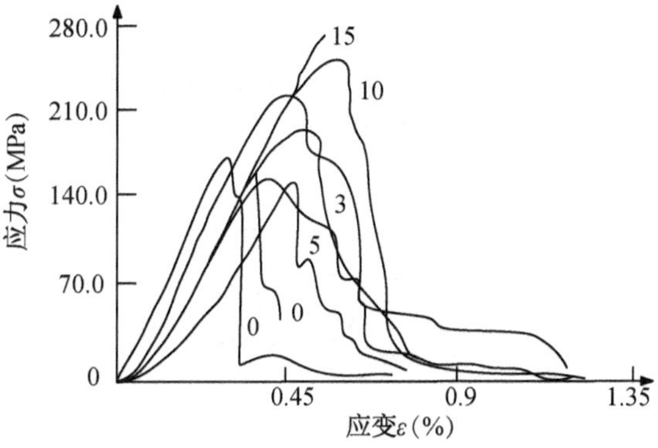

图 8.2.17　细粒闪云斜长花岗岩单轴压缩应力应变关系曲线

测定岩石的拉伸强度的试验方法有两种，即直接拉伸法和间接拉伸法（主要是劈裂法，又称巴西试验法）。直接拉伸法类似于金属材料的单轴拉伸试验，利用特制的夹具和黏合剂，将试样夹在试验机上拉伸。但实际上岩石是脆性材料，不容易夹持，因此应用较少。劈裂法是非直接测定岩石抗拉强度的方法之一，已在国际上得到应用，并被列入标准，这种方法比较简单、省时。上述两种方法试验结果的比较见表 8.2.1[77]。

表 8.2.1　岩石的轴向拉伸试验与劈裂试验结果比较

序号	岩石名称	轴向拉伸强度 σ_{tz}（MPa）	劈裂抗拉强度 σ_{tp}（MPa）	σ_{tz}/σ_{tp}
1	黑云母石英闪长岩	10.30	9.39	1.10
2	黑云母石英闪长岩	6.07	8.14	0.75
3	黑云母石英闪长岩	11.45	8.77	1.31
4	灰白色白云质灰岩	3.19	3.24	0.99
5	白云质灰岩	3.69	3.71	0.99
6	鲕状豆状白云质灰岩	3.95	3.87	1.02
7	砂质黏土岩	0.25	0.40	0.62

（2）岩石的围压三轴强度

岩石常规围压三轴试验的应力状态是 $\sigma_1 > \sigma_2 = \sigma_3$，单轴压缩试验是三轴试验的一种特殊情况 $\sigma_1 > \sigma_2 = \sigma_3 = 0$。岩石常规围压三轴试验（$\sigma_1 > \sigma_2 = \sigma_3$）可以作出一系列岩石破坏莫尔应力圆。当岩石破坏应力莫尔圆的包络线为直线时，可以确定岩石强度参数黏聚力 c 和内摩擦角 φ。

岩石在三轴试验状态下具有代表性的特点[78]（图 8.2.18—图 8.2.19）：在零和低围压下，岩石沿轴向劈裂或单一斜剪切破裂面以脆性方式破坏；随着围压增加，塑性变形量和强度也不断增加，直至发生具有明显工作硬化的完全延性变形，试样变成鼓形，这种变形主要

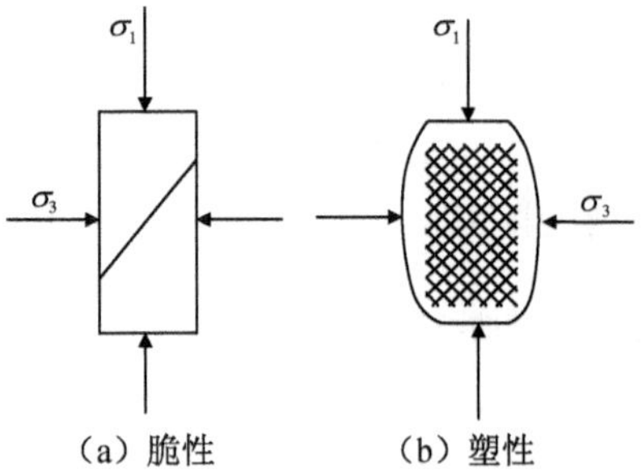

图 8.2.18 岩石在三轴试验状态下的破坏形式

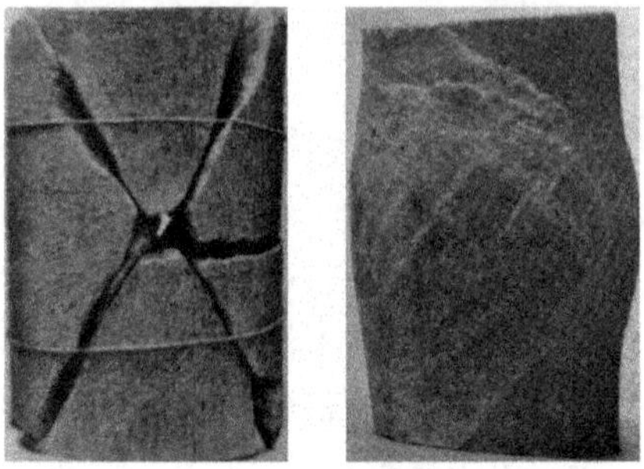

图 8.2.19 岩石在三轴围压作用下的塑性变形和剪切滑移线

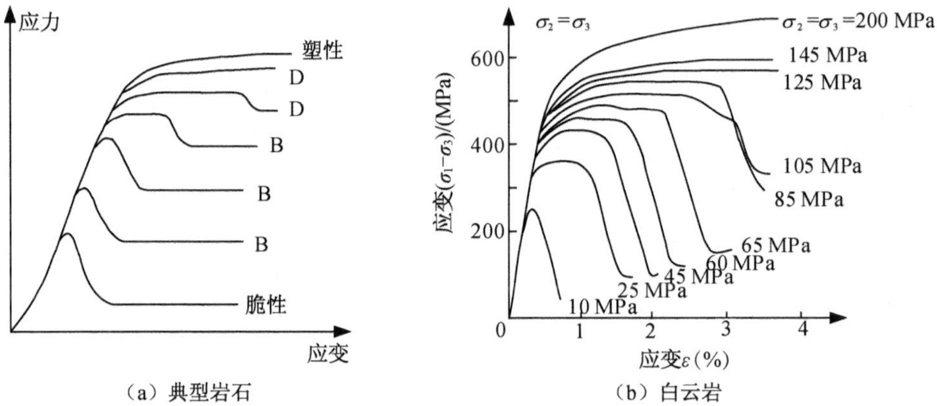

图 8.2.20 不同围压下岩石的应力应变曲线

是沿多重的相交剪切面滑动的结果，并非真正的塑性变形。岩石在三轴试验状态随围压增加由脆性变为延性反映在应力-应变曲线上如图 8.2.20[79]所示。国外大量的岩石围压三轴试验出现在 20 世纪 50 年代后期，Mogi 对围压三轴试验结果进行了总结，如图 8.2.21[79]所示。

围压对岩石三轴试验岩石破坏角的影响[80]如图 8.2.22 所示，随着 σ_3 的增大，岩石破坏角也在增大。

试样的尺寸对岩石三轴强度有影响，一般试样为圆柱体，要求高径比大于 2，直径不小于 5cm。但是试样的尺寸越大，岩石强度随之越低。Hoek

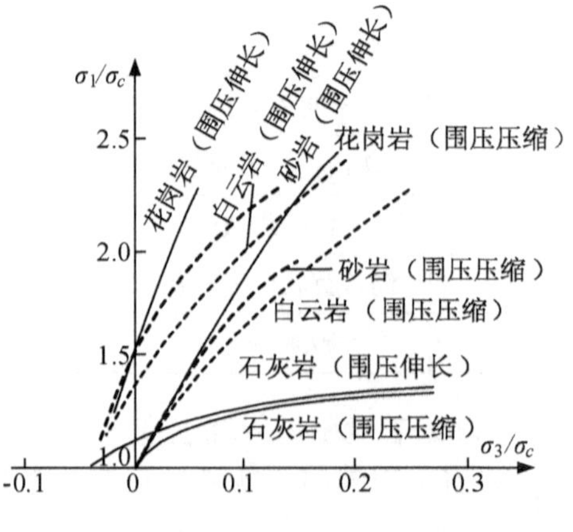

图 8.2.21 围压三轴试验数据

等在这方面做了大量的统计[81]，如图 8.2.23 所示。

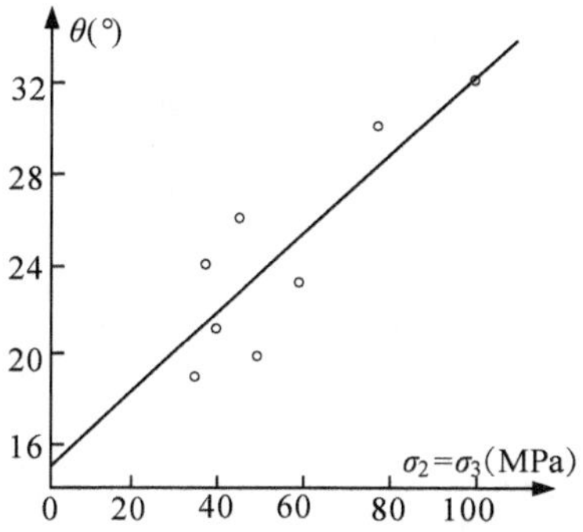

图 8.2.22　花岗岩等围压试验破坏角与 σ_3 之间的关系

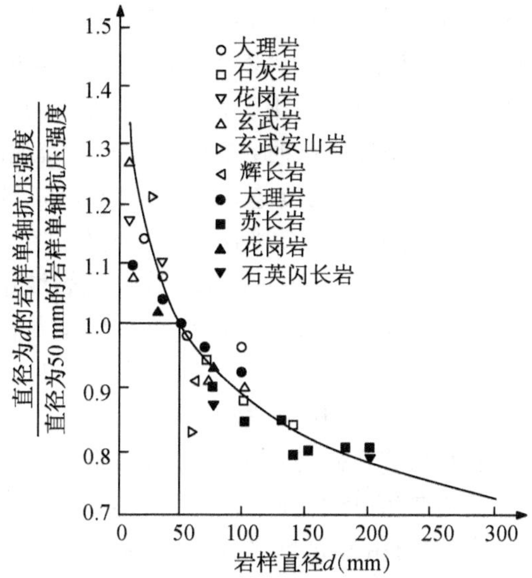

图 8.2.23　单轴抗压强度与试样尺寸的关系

岩石在轴对称压缩试验条件下，脆性断裂过程应力-应变曲线[82]如图 8.2.24 所示，在应力-应变曲线上有三个关键的应力水平：①裂纹开始增长的应力水平 σ_{ci}，也称稳定裂纹开

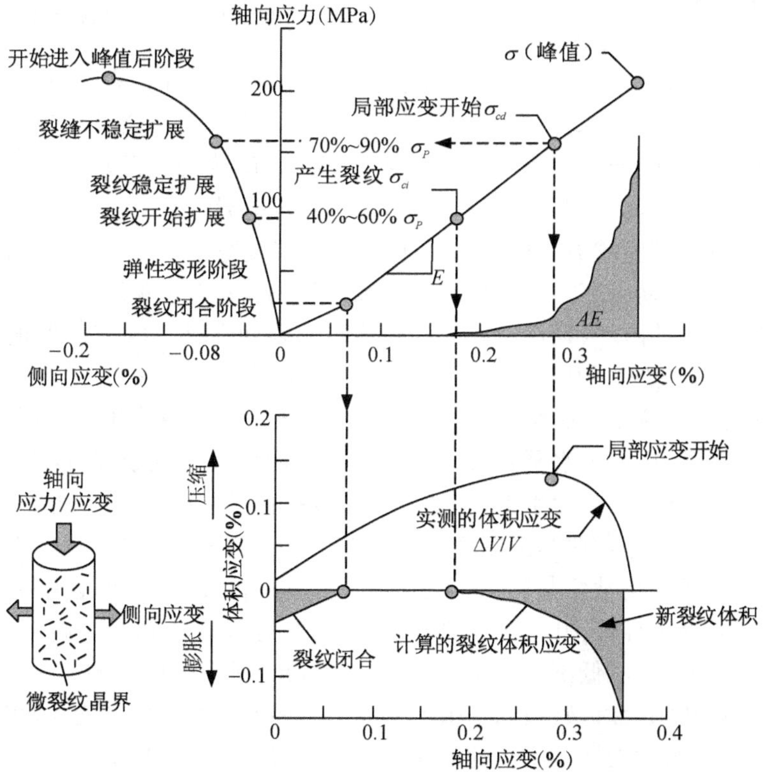

图 8.2.24　花岗岩脆性断裂过程的应力-应变曲线

始传播的应力水平，已有裂纹起裂或新裂纹开始形成，符合 Griffith 理论；②不稳定裂纹扩展的应力水平 σ_{cd}，Bieniawski 定义为长期强度；③最大应力水平 σ_P，即峰值强度，又称短期强度。三个应力水平代表了岩石宏观破坏过程的三个阶段的开始。在应力超过 σ_{ci} 后，岩石中微裂纹在偏应力作用下开始扩展，岩石中发生新的裂纹，随着裂纹的继续发生和扩展，当裂纹增多到临界密度时，应力超过 σ_{cd}，宏观破坏开始发生，裂纹在试样某些部位密集，形成某些宏观裂缝，宏观裂缝又通过裂纹阶梯状相连，形成有强烈应变集中的裂缝带，并不断延伸，直到试样破坏。宏观剪胀也发生在这个阶段，可以在岩石的体积应变曲线的反转特征看到。Martin 等[83]证明 σ_{cd} 表示沿宏观裂纹滑动开始，此后发生宏观剪胀，在脆性破坏过程中，Griffith 理论适应于确定裂纹开始增长的应力水平 σ_{ci}，因此它比岩石的实际峰值强度偏小。

Martin 等[83]利用滑动的 Griffith 迹线来追踪试样破坏过程中内摩擦角和黏聚力的变化。在非弹性变形阶段，内摩擦角由残余摩擦角 φ_b 和剪胀摩擦角 φ_i 组成，因此内摩擦角表示为 φ_{b+i}。内摩擦角和黏聚力随损伤变量的变化规律[83]如图 8.2.25 所示，图中 $\omega=\sum_{i=1}^{n}(\varepsilon_v^p)_i$。可以看出，岩石的脆性破坏过程也是内摩擦角和黏聚力变化的过程。当试样处于滑动破坏状态时，在剪切面上，内摩擦角为 φ_{b+i}。三轴压缩试验中，当围压增加时，内摩擦角 φ_{b+i} 在减小，但是裂纹表面的几何形状不再受正应力的影响，这时 φ_{b+i} 就等于残余摩擦角 φ_b。所以在剪切破坏过程中，内摩擦角随着围压的增大在变化，而莫尔-库伦强度理论和修正的 Griffith 理论中的 φ 值是不变的，因此这两个理论与试验值有一定差异。

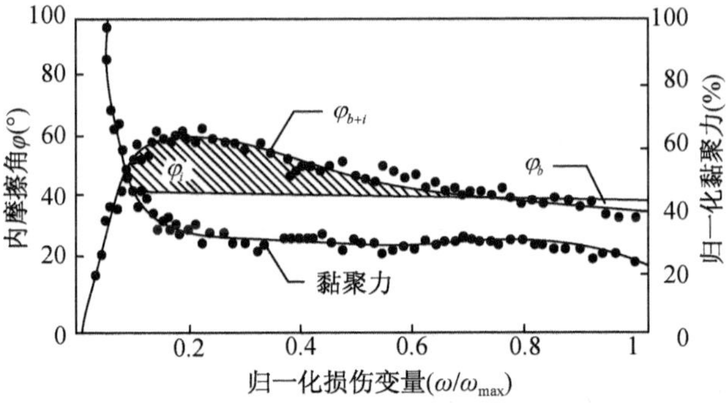

图 8.2.25　内摩擦角和黏聚力随归一化损伤变量的变化

岩石轴对称围压试验的破坏特性，在不同压力和温度范围内，同一种岩石会呈现脆性破坏或韧性破坏（塑性流动破坏）。一般在常温和低围压下，岩石呈现脆性破坏，而在高应力状态下岩石的破坏是韧性破坏（延性破坏），从脆性破坏到韧性破坏的围压值被称为"脆-韧性转变点"。Schock 等发现，围压在脆-韧性转变点附近，岩石的剪胀性显著减小。在围压很小时，试样内应力超过裂纹开始增长应力水平 σ_{ci} 后，大量的裂纹产生和扩展，由于微裂纹的产生，岩石发生膨胀。在应力水平 σ_{cd} 之后，裂纹连通形成裂开的断面，但没有剪切滑动，当围压增大到一定程度时，在应力水平 σ_{cd} 之后，裂面是闭合的，在裂面滑动过程中爬坡效应形成剪胀，剪胀的大小与围压有关，围压增加，内摩擦角 φ_a 在减小，剪胀就减小。当围压增加到将裂面上所有的粗糙角被剪断后，在剪切过程中，没有爬坡效应，而是沿剪切面剪断，剪胀性几乎消失。岩石在脆性范围内，破坏机理分为拉裂、劈裂破坏和剪切破坏，在单轴压缩状态（零围压试验，$\sigma_3=0$）和低围压试验，破坏方向平行于最大主应力的方向，属于劈裂破坏，破裂面粗糙。当围压增大时，破裂面与最大主应力方向的角度 θ 也在增大，相应的破裂面变得光滑，这种破坏是剪切破坏。围压的变化是岩石从劈裂型转换成剪切型的关键，当那个围压增大到脆-韧性转变点处，岩石的剪胀性就变得很小。

另一种围压试验（$\sigma_1=\sigma_2>\sigma_3$），在零围压状态（$\sigma_1=\sigma_2=0$），$\sigma_3$ 为拉应力，岩石处于直接拉伸状态，当 $\sigma_3=-\sigma_t$ 时（σ_t 为拉伸强度），岩石被拉断。随着 σ_3 的增加，岩石的破坏将由拉裂型又转变为剪切型，这时 σ_3 越小，剪胀性越大，σ_3 越大，剪胀性越小。可见，这时轴向 σ_3 的变化是岩石从拉裂破坏方式转变成剪切型的关键。因此，岩石在二维状态下的破坏类型取决于 σ_3 的大小，而且 σ_3 的大小与岩石破坏时的剪胀性密切相关，剪切破坏与剪应力大小 $\sigma_1-\sigma_3$ 有关，两种不同围压试验结果[84]如图 8.2.26 所示。

Gramberg[85]提出不同的变形和破坏形式在莫尔应力圆上的位置如图 8.2.27 所示。莫尔强度包络线正好覆盖了工程上所应用的区域(包括 $\sigma>0$ 的脆性破坏)，因此应用非常广泛，但它不能反映拉裂和劈裂破坏。

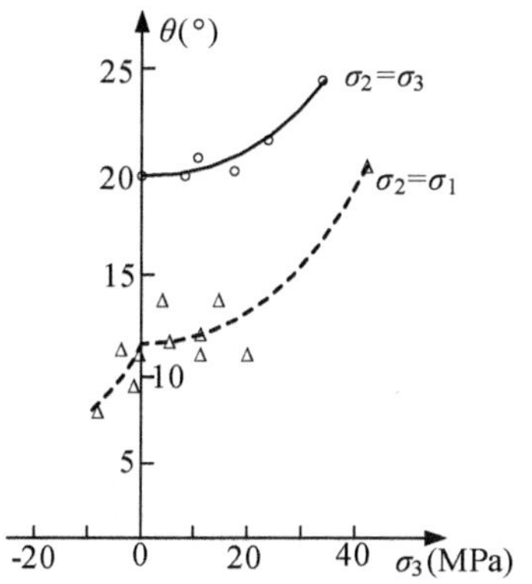

图 8.2.26　两种不同围压试验破裂角随 σ_3 的变化

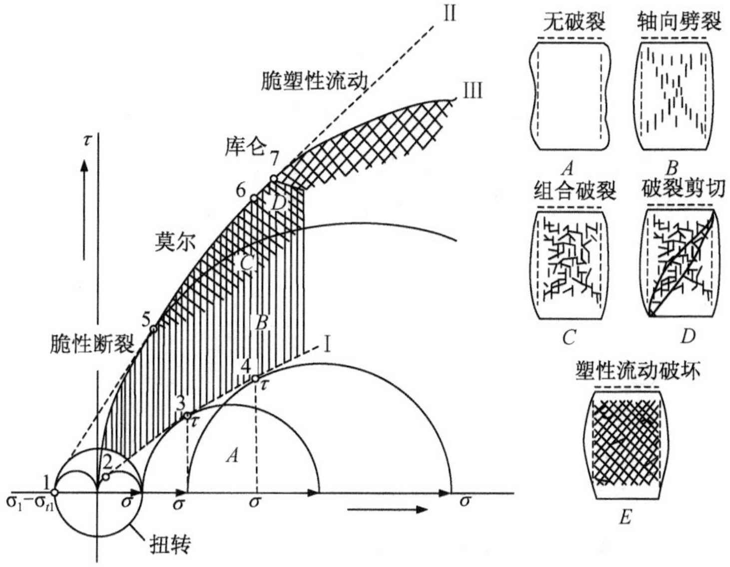

图 8.2.27　不同应力状态下岩石的破坏机制

莫尔-库伦强度理论是岩石主要强度理论之一，受莫尔-库伦强度理论的影响，绝大多数岩石强度准则都没有考虑中间主应力的影响，岩石的强度主要由轴对称围压试验来确定。轴对称围压试验可以根据不同围压下的轴向破坏应力，用莫尔应力圆求出莫尔强度包络线。当莫尔强度包络线为直线时，可求出岩石材料剪切强度参数 c 和 φ，轴对称压缩试验（$\sigma_1>\sigma_2=\sigma_3$）只能反映应力空间破坏面应力角 $\theta=0°$时的子午线，它们不能反映主应力空间岩石的完整破坏面。一般强度理论都假设所有子午线的曲线类型相同，因此可以通过常规试验曲线来确定强度曲线类型，然后再扩大到空间曲面。

围压试验结果可以用下列 3 种形式表示：

$$\sigma_1=f(\sigma_3) \tag{8.2.15}$$

$$\sigma_1-\sigma_3=f(\sigma_1+\sigma_3) \tag{8.2.16}$$

$$\sigma_1-\sigma_3=f(\sigma_3) \tag{8.2.17}$$

这 3 种数学表达方式都能反映岩石的强度特征。常用的是式(8.2.16)，由剪应力和正应力的形式给出，这种形式是单剪强度理论的数学表达式。式(8.2.17)是最大剪应力和最小主应力之间的关系，代表性的强度准则有霍克-布朗强度准则。大量的岩石试验表明，岩石的强度曲线为抛物线、双曲线、指数函数及直线型。选择式(8.2.17)，可以将这种表达式推广到三维应力状态。岩石材料在一维和二维应力状态下，岩石破坏主要是拉裂、劈裂和剪切破坏，而最小主应力是控制岩石破坏类型的主要因素，同时，它控制着剪胀大小和脆韧性转换。

一般认为软岩和土在低应力状态下为剪胀破坏，而在高应力状态下为剪缩破坏，从剪胀破坏到剪缩破坏之间必然有一个过渡段。硬岩在高静水压力下屈服强度较高，其破坏面一般为张开型；而软岩在高静水压力下屈服强度较低，其破坏面很可能是闭合型。岩石相对于土类的强度较高，大多数岩石强度理论是针对岩石的剪胀破坏提出的，由于试验设备加载条件受限等原因，很少研究高应力状态下岩石的强度理论。

二、结构面的力学性质

对于岩体中的结构面，主要是在原位做直剪试验。有条件取到原状岩样的，也可在试验室中进行，一般试验室的岩样比原位试验尺寸小。图 8.2.28 表示软弱夹层原位直剪试验。

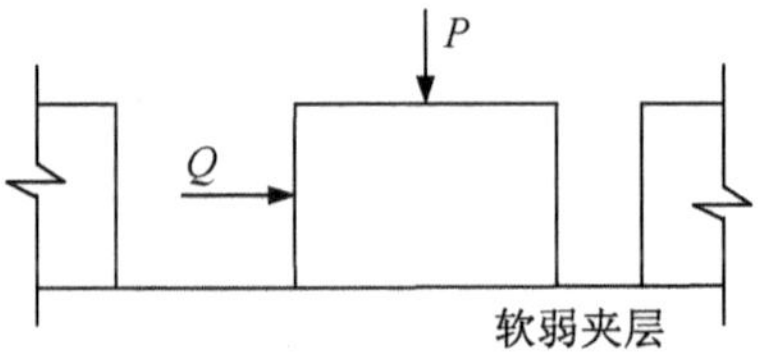

图 8.2.28　直剪试验

1. 结构面的变形性质

在剪切过程中，剪应力 τ 与切向位移 μ 之间的关系也有两种情况，一是弹性变形部分在不同正应力时斜率接近[图 8.2.29(a)]，但有的相差较大[图 8.2.29(b)]。

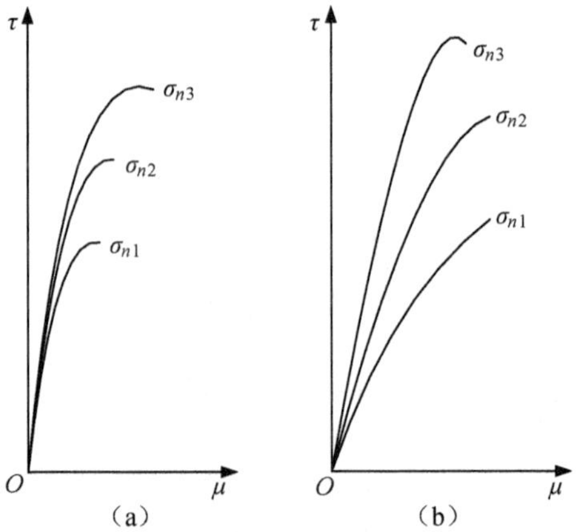

图 8.2.29　τ-μ 图

在剪应力到达极限状态之后，可能呈塑性状态(有的接近理想塑性，有的呈应变强化)和脆性破坏。塑性破坏又叫稳定滑动，脆性破坏又叫黏-滑，黏-滑机制是比较复杂的，黏的阶段好像不连续面仍按弹性定律传递剪应力，滑是一瞬即逝的过程，这时结构面位移，应变、剪应力都不连续，并且释放应变能，待不连续再次进入“黏”的状态之后，出现应力降低和不可逆相对位移。与岩石本身脆性破坏不一样，发生在界面之间的剪切黏-滑现象，会反复多次(图 8.2.30)。黏-滑好比用水平力通过一个弹簧拉一块体，起初弹簧受力，块体不动，待力 F 克服块摩擦之后，块体突然向前跳跃，力 F 部分松弛，F 再增加过程中，上述现象又会出现。

结构面在剪切过程中还会引起法向变形，它可能是膨胀，也可能是压缩，见图 8.2.31，σ_T 是不产生膨胀的临界应力。结构面在垂直应力作用下，如果 σ_n 是压应力，当结构面压缩某一极限值以后，压应力增加，变形也不再增加，换句话说，此后结构面的法向应力应变关系与围岩相同。当然，当 σ_n 愈高，结构面的抗剪能力也愈高，当 σ_n 为拉应力时，拉应力到达一极限值以后，结构面脱开，不再传递应力。结构面的抗拉强度很低，其缝间的拉伸变形，由连续变形转变成结构面两侧岩体的刚体移动(图 8.2.32)。

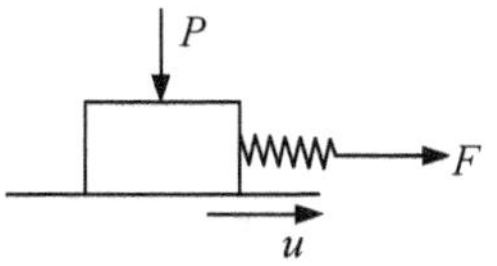

图 8.2.30　黏-滑机制示意图

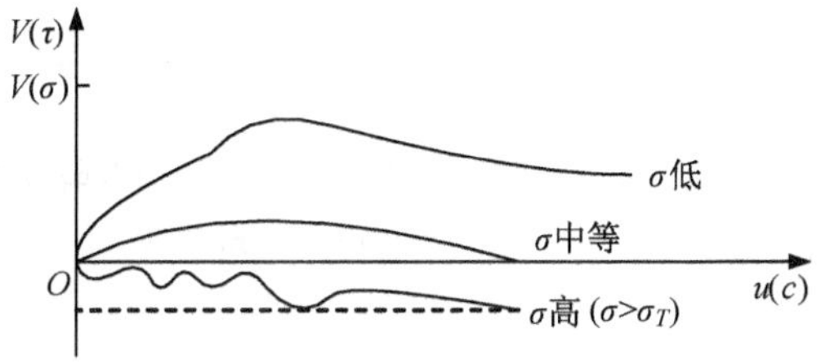

图 8.2.31　法向变形[V(σ)为节理开始时，σ 作用的比合度]

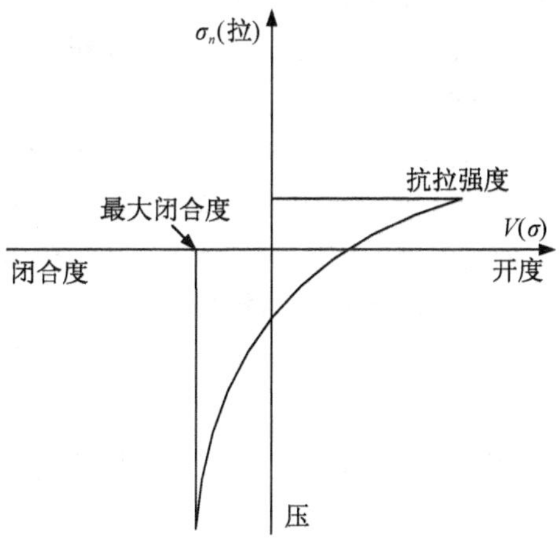

图 8.2.32　两侧岩体的刚体移动

对于凹凸不平的结构面，上述剪切变形过程可简化为图 8.2.33(a)所示的力学模型。受剪切结构面上有凸台，凸台角为 i，模型上半部作用有剪切力 S 和法向力 N，模型下半部固定不动。在剪应力作用下，模型上半部沿凸台斜面滑动，除有切向运动外，还产生向上的移动。这种剪切过程中产生的法向移动分量称为剪胀。在剪切变形过程中，剪力与法向力的复合作用，可能使凸台剪断或拉破坏，此时剪胀现象消失，如图 8.2.33(b)所示。当法向应力较大或结构面强度较小时，S 持续增加，使凸台沿根部剪断或拉破坏，结构面剪切过程中没有明显的剪胀，如图 8.2.33(c)所示。从这个模型可看出，结构面的剪切变形与岩石强度、结构面粗糙性和法向力有关。

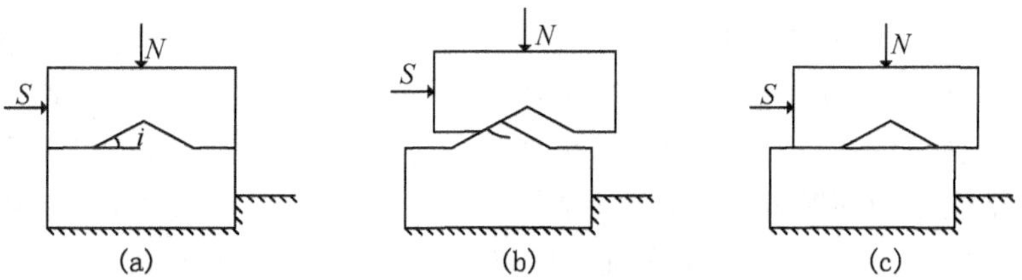

图 8.2.33　结构面剪切力学模型

2. 结构面的抗剪强度

结构面最重要的力学性质之一是抗剪强度。从结构面的变形分析可以看出，结构面在剪切过程中的力学机制比较复杂，且影响结构面抗剪强度的因素比较多，包括结构面的几何状况(是否平直、起伏差、粗糙程度等)、是否有充填物(其厚薄、物理性质、力学性质)、间隙水压力、围岩的力学性质、正应力的高低等。大量试验结果表明，结构面抗剪强度一般可以用库伦准则表述：

$$\tau = c + \sigma_n \tan\varphi \tag{8.2.18}$$

式中：c，φ 分别是结构面上的黏结力和摩擦角，σ_n 是作用在结构面上的法向应力，其中摩擦角可表示成 $\varphi = \varphi_b + i$，φ_b 是岩石平坦表面基本摩擦角，i 是结构面上凸台斜坡角。

图 8.2.34 为凸台模型的剪应力与法向应力的关系曲线，近似呈双直线的特征：结构面

受剪初期，剪切力上升较快；随着剪力和剪切变形增加，结构面上部分凸台被剪断，此后剪切力上升，直至达到峰值抗剪强度。

试验表明，低法向应力时的剪切，结构面有剪切位移和剪胀；高法向应力时，凸台剪断，结构面抗剪强度最终变成残余抗剪强度。在剪切过程中，凸台起伏形成的粗糙度以及岩石强度对结构面的抗剪强度起着重要作用。考虑到上述三个基本因素（法向力 σ_n、粗糙度 JRC、结构面强度 JCS）的影响，Barton 和 Choubey 提出结构面的抗剪强度公式

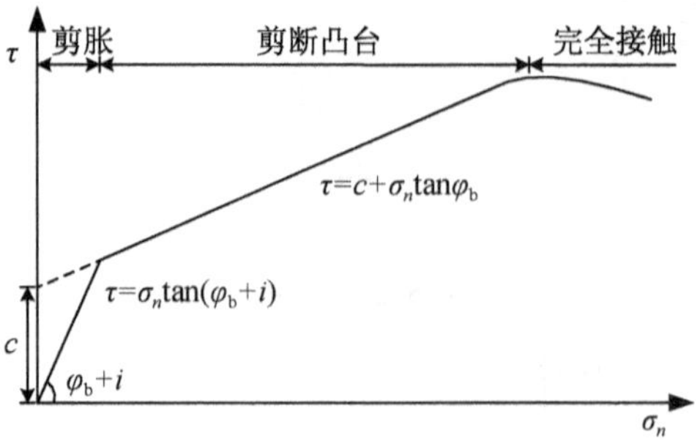

图 8.2.34 结构面剪断凸台模型剪应力与法向应力关系曲线

$$\tau=\sigma_n\tan\left[JRC\lg\left(\frac{JCS}{\sigma_n}\right)+\varphi_b\right] \tag{8.2.19}$$

式中：JCS 是结构面的抗压强度，φ_b 是岩石表面的基本摩擦角，JRC 是结构面粗糙度，表征因节理面粗糙性产生的附加摩擦角。JRC 值根据结构面的粗糙度在 0°～20°范围变化，平坦近平滑结构面为 0°～2°，平坦起伏结构面为 10°，粗糙起伏结构面为 20°，具体结构面可目测确定 JRC 值，也可通过直剪试验或简单倾斜拉滑试验得出的峰值剪切强度和基本摩擦角来反算确定，也可应用分形几何方法描述结构面的粗糙程度。

结构面的力学性质具有尺寸效应，Barton 和 Bandis[86]用不同尺寸的结构面进行了试验研究，结果表明：当结构面的试块长度从 5～6 cm 增加到 36～40 cm 时，平均峰值摩擦角较低，为 8°～12°。随着试块面积的增加，平均峰值剪切应力呈减少趋势。结构面的尺寸效应，还体现在以下几个方面：随着结构面尺寸的增大，达到峰值强度时的位移量增大；由于尺寸的增加，剪切破坏形式由脆性破坏向延性破坏转化；尺寸加大，峰值剪胀角减小；随结构面粗糙度减小，尺寸效应也在减小。结构面的尺寸效应在一定程度上与表面凸台受剪破坏有关。对试验过程的结构表面观察发现，大尺寸结构面真正接触的点数很少，但接触面积大；小尺寸结构面接触点数多，而每个点的接触面积都较小。前者只是将最大的凸台剪断了。研究认为，结构面的强度 JCS 与试件的尺寸呈反比，结构面的强度与峰值剪胀角是引起尺寸效应的基本因素。对于不同尺寸的结构面，这两种因素在抗剪阻力中所占的比重不同：小尺寸结构面凸台破坏和峰值剪胀角所占比重均高于大尺寸结构面。当法向应力增大时，结构面尺寸效应将随之减小。

从许多试验情况看，$\sigma-\tau$ 关系的试验值有时比较分散，但是一般都取 $\sigma-\tau$ 为直线关系。对于粗糙度较大的结构面，有时可得图 8.2.35 中的 $\sigma-f$ 关系，把它看成折线。对粗糙面也有近似的处理，如果把粗糙面简化成锯齿状，则有

$$\left.\begin{aligned}\tau_n&=\tau\cos i-\sigma\sin i\\ \sigma_n&=\sigma\cos i+\tau\sin i\end{aligned}\right\} \tag{8.2.20}$$

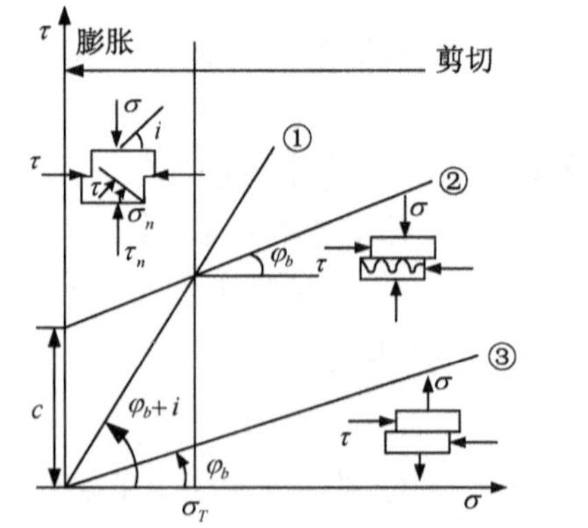

① $\tau=\sigma\tan(\varphi_b+i)$；② $\tau=c+\sigma\tan\varphi_b$；③ $\tau=\sigma\tan\varphi_b$

图 8.2.35 粗糙不连续面时 $\sigma-f$ 关系

假定锯齿面破坏服从 Coulomb-Navier 准则，并假定 $c=0$，则

$$\tau_n = \sigma_n \tan\varphi_b \tag{8.2.21}$$

以式(8.2.21)代入式(8.2.20)，得

$$\tau = \sigma\tan(\varphi_b + i) \tag{8.2.22}$$

岩体应力应变关系是岩体力学计算的基本参数，由于岩块反映的应力应变关系与岩体相差很多，而对于采用岩块和不连续面的变形性质"组合"反映岩体力学性质的研究工作，在实用中还有相当偏差。在原位进行测试的办法已经应用多年，是解决工程问题的较好方法。但是，岩体中不均匀性很复杂，在原位进行试验也有选择测试点的代表性问题，这也是十分困难的问题，故原位试验成果是近似的，且有时误差还比较大。为了得到较好的试验成果，可以有两个方法处理：一是试验的尺寸相对取小一点，试验点多一些，用数学方法取统计值；另一个办法是把试验尺寸取得相对大，得到一个物理平均值。这两个方法各有优势，在原位试验中又各有困难，限制它们不可能大量试验或不可能把试验尺寸做得过大。至于岩体强度，普遍做直剪试验，试验方法与结构面的相同。岩体原位变形试验常用的有两种：一种是平板千斤顶加载法，另一种是圆形隧洞水压法，限于篇幅，不再赘述。

第三节　岩体的弹塑性本构模型

岩体的力学性质通过试验手段测得，在测定抗压、抗剪、抗拉、抗弯等强度特性的同时，也测定其变形特性，主要根据岩体的主要地质特征，尤其是岩体结构特征，对岩体的力学性质进行研究，并将工程地质、岩体力学以及工程建筑物的实际情况密切结合起来，地质分析应视为研究的基础。在此基础上，对岩体力学试验研究及现场监控进行合理的部署和设计，一方面要详细地了解岩体的地质特征，使整个工作具有明确的目的性和足够的代表性；另一方面，要全面地了解建筑物的特点及其与岩体的相互关系，使研究工作具有明显的工程针对性。岩体力学试验通常包括室内和野外试验，它们的原理、方法基本相同，只是尺寸不同。为了充分考虑岩体结构的力学效应，常常要求进行野外试验，通常采用典型地质单元野外原位试验与中小型室内试验相结合的方法。无论是室内试验，还是野外试验，在大多数情况下，都不能完全代表工程岩体实际的力学性质。解决这个问题的方法是把典型地质单元岩体力学试验与岩体结构地质研究结合起来，通过对岩体结构的力学效应研究，对成果进行综合分析、评价，给出大致可以表征工程岩体的力学性质。而实际岩体的力学性质，可在现场通过原型观测和监控进一步探索。在施工过程中，对岩体变形、应力进行观测，通过反分析进一步研究岩体的变形及应力特性。在岩体力学性质测试中，当前很重要的一个问题是对岩体本构关系(即应力-应变-时间关系)的研究，使近年来发展较快的数值分析方法建立在可靠的基础上。

一、岩体的变形特性

对于岩体，特别是工程尺度范围的岩体，通常被一组或若干组节理裂隙切割成不连续体。由于结构面的成因、尺寸、产状、密度及力学性质的不同，加上岩体所处的应力环境的变

化，岩体的力学性质不仅取决于岩石本身力学性质，在很大程度上取决于结构面力学性质和结构面的空间组合情况。

1. 岩体的单轴和三轴压缩变形特征

现场岩体的单轴和三轴压缩试验的应力-应变全过程曲线如图 8.3.1 所示，岩体在加载过程中，由于岩体内部的结构调整、结构面压密与闭合，应力-应变曲线呈上凹型；中途卸载回弹变形有滞后现象，并出现不可恢复的残余变形。这是结构面受压过程中产生闭合、滑移与错动造成的。不论每一级加载与卸载循环曲线都是开环型，伴随外荷载增加，残余变形量的增长速度变小，累计残余变形增大。而且岩体内结构面数量越多，岩体越破碎，岩体的弹性越差，回弹变形能力越弱，因此，卸载变形曲线有较大的滞后变形量。岩体弹性变形差的原因是结构面非弹性变形部分消耗一定的能量，这部分能量完全用于岩体结构调整、结构面压密，或是结构体相对滑移与错动。

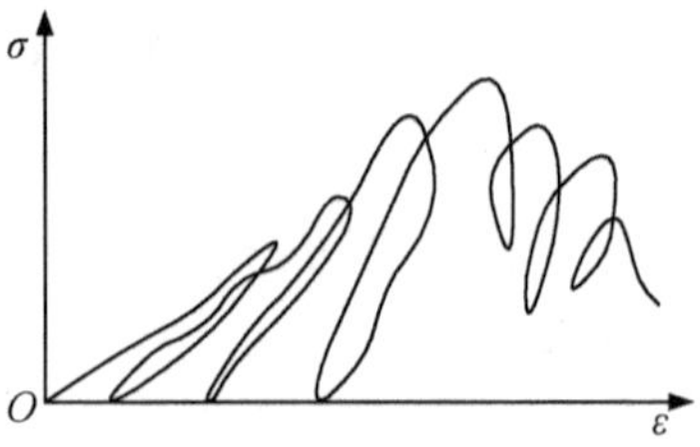

图 8.3.1　现场岩体循环压缩应力-应变全过程曲线

当加载达到岩体峰值强度后，岩体开始出现破坏，岩体的破坏过程一般呈柔性特征，应力下降比较缓慢。岩体的应力下降取决于岩体的完整性。岩体越破碎，应力降越小，脆性度越低。从岩体整个变形过程看，岩体受载后应力上升比较缓慢，由于岩体的结构效应，破坏后显示出岩体保留一定的残余应力。

岩体在循环荷载作用下，而卸载下限又不至零荷载时，相应的变形过程将出现闭环形式。随着外荷载加大或循环次数的增多，闭环曲线逐级向后移动(图 8.3.2)，其原因是岩体裂隙结构面逐级被压密与啮合所致。重复加、卸载次数越多，结构体与结构面压密程度越高，闭环曲线上的滞后变形量越小，甚至把闭环曲线演变成一条线。岩体变形由结构控制转变为结构效应的消失。当外荷载降至零时，并且持续一定时间后，岩体将产生较大的回弹变形，即岩体弹性变形能释放。

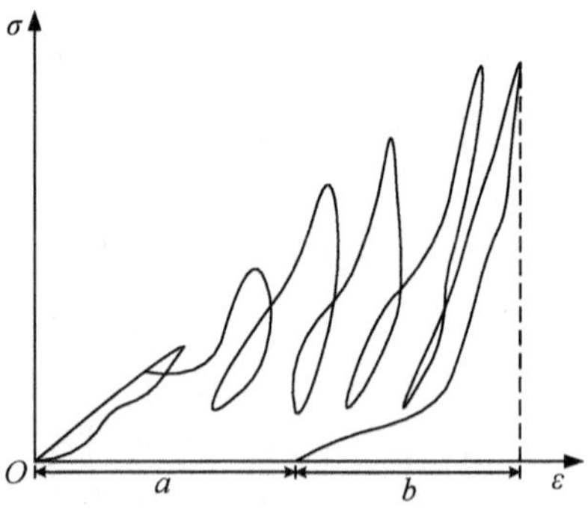

图 8.3.2　现场岩体变形模量测量过程曲线

图 8.3.2 中的 b 段称为岩体的弹性变形量，a 段称为岩体的残余变形量。岩体的变形模量可通过下式计算：

$$E=\frac{\sigma}{\varepsilon_a+\varepsilon_b} \tag{8.3.1}$$

2. 岩体剪切变形特征

岩体的剪切变形是许多岩体工程特别是岩质边坡工程中最常见的一种变形模式，如坝基底部剪滑、巷道拱肩失稳、滑坡等。实际岩体变形有可能是单因素的，如沿某一组结构面剪切滑移、追踪某一组结构面剪切滑移或追踪岩体内部薄弱部位剪断；也可以是几种变形兼而有之。图 8.3.3 展示了岩体剪切变形的特征。在屈服点以下，变形曲线与抗压变形相似。屈服点之后，岩体内某个结构体或结构面可能首先被剪坏，随之出现一次应力降，峰值前可能出现多次应力降，应力下降程度与被剪坏的结构体或结构面有关。岩体破碎程度高，应力降反而不明显了。当剪应力增加到一定水平时，岩体的剪切变形已积累到一定程度，未被剪坏部位以瞬间破坏的方式出现，并伴有一次大的应力降，然后可能产生稳定的滑移。

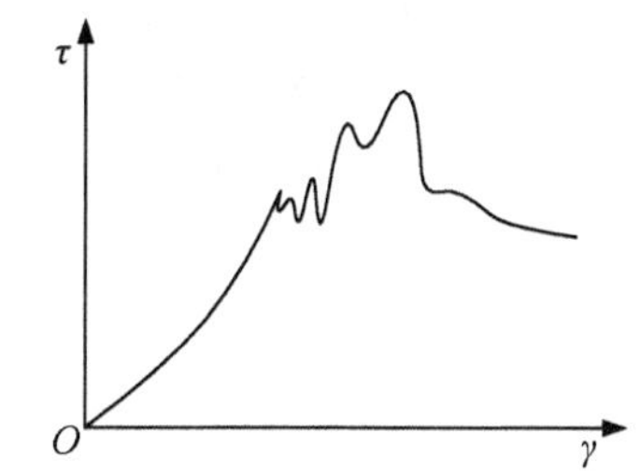

图 8.3.3　岩体原位抗剪试验曲线

3. 岩体各向异性变形特征

岩体变形的另一个主要特征是各向异性。竖直向分布的节理岩体变形模量明显大于水平分布节理岩体的变形模量，这种区别主要是变形机制不同。垂直层面的压缩变形量主要是由岩块和结构面（软弱夹层）压密汇集而成，平行层面方向的压缩变形量主要是岩块和少量结构面错动而成。层状岩体中，不仅开裂层面压缩变形量大，而且成岩过程中由于沉积韵律的变化，层面出现在矿物连结力弱、致密度又低的部位，它是层面方向压缩变形量大的又一个原因。因此，构成岩体变形的各向异性的两个基本要素是：物质成分和物质结构的方向性；节理、结构面和层面的方向性。节理岩体各向力学性质的差异均由此而产生。

1977 年，德国 Karsruhe 大学对节理岩体的模型进行了真三轴压力试验。岩体有三组贯通节理，即 KK_1，KK_2，KK_3，如图 8.3.4 所示。试验结果表明，当结构面平行 y 轴（中间主应力 σ_{yy} 方向），且与最小主应力 σ_{xx} 方向（x 轴）分别呈 $\beta=0°$，15°，30°，45°，60°和 75°角时，从轴向应力应变关系曲线可以看到以下特点。

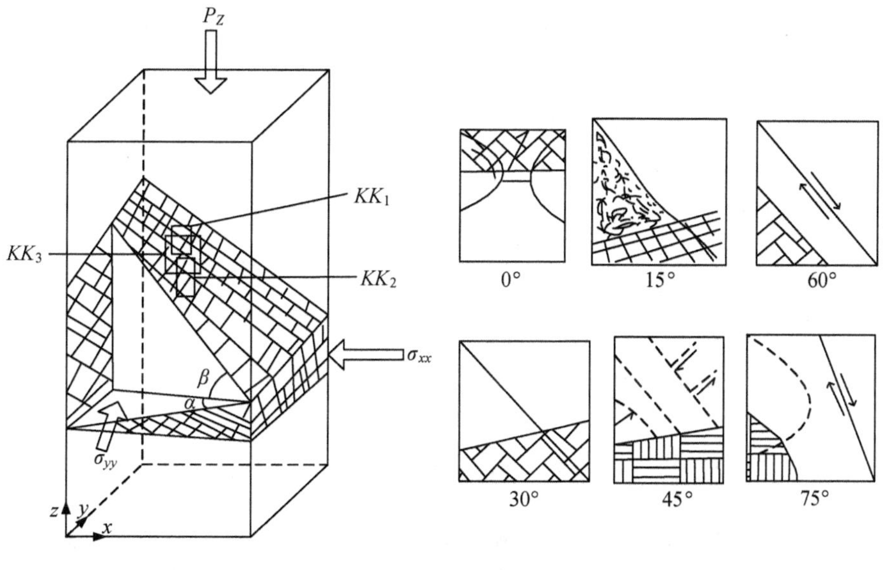

图 8.3.4　岩体各向异性试验变形破坏特点

(1) 当结构面 KK_1 与 σ_{xx} 方向呈 15°和 75°时，岩体出现脆性破坏。

(2) 当结构面 KK_1 与 σ_{xx} 方向呈 60°，45°和 30°时，岩体出现短暂的弹性，随应力增大，变形模量降低，出现延性破坏。

(3) 围压升高，变形模量增大。

(4) 破坏形式因 β 的不同，表现形式也不同：$\beta=0°$，与完整岩块相同，出现共轭（45°左右交叉）剪切破坏；$\beta=15°$，沿所有 KK_2 面滑动，并有部分沿结构面或单元体呈直线型的剪切破坏；$\beta=30°$，综合剪切破坏，50%的破坏处在结构面 KK_2 上，50%沿单元体破坏；$\beta=45°$，试件成层扭曲，伴随出现两组较宽的共轭剪切带；$\beta=60°$，沿 KK_1 面滑动；$\beta=75°$，沿 KK_1 面滑动，同时在单元体中产生滑动的剪切带。

（5）在最不利方位（主要结构面平行中间主应力），中间主应力对强度影响不大，但在其他方位的影响是很明显的。

二、岩体作为弹塑性材料的应力应变关系

从岩石单向压缩试验中知道，应力在弹性极限范围内时，加载与卸载都服从胡克定律，即变形是可逆的。超过弹性极限以后产生塑性变形，外荷载卸去以后，卸载过程中应力应变关系服从胡克定律，与其相对应的塑性变形不会消失。再加载时就需要考虑初始应变 ε^p，再加载过程中，到达上一次开始卸载的应力后，重新产生塑性变形。在弹性变形阶段服从胡克定律，因此发生弹性应变时，应变可由瞬时应力唯一确定，而应力分量之间有如下关系：

$$f(\sigma_{ij})=c \tag{8.3.2}$$

如果岩石是各向同性的，上式可以写成

$$f(I_1,I_2,I_3)=0 \tag{8.3.3}$$

式中：I_1,I_2,I_3 是 3 个应力不变量。

$$\left.\begin{aligned} I_1 &= \sigma_1+\sigma_2+\sigma_3 \\ I_2 &= -(\sigma_1\sigma_2+\sigma_2\sigma_3+\sigma_3\sigma_1) \\ I_3 &= \sigma_1\sigma_2\sigma_3 \end{aligned}\right\} \tag{8.3.4}$$

根据金属试验结果，经典塑性理论认为屈服不受静水压力影响，而只与应力偏量 S_{ij} 有关，屈服准则可以简化为

$$f(J_2,J_3)=0 \tag{8.3.5}$$

$$\left.\begin{aligned} J_1 &= S_1+S_2+S_3 \\ J_2 &= S_1S_2+S_2S_3+S_3S_1=\frac{1}{6}[(\sigma_1-\sigma_2)^2+(\sigma_2-\sigma_3)^2+(\sigma_3-\sigma_1)^2] \\ J_3 &= S_1S_2S_3=\frac{1}{27}(2\sigma_1-\sigma_2-\sigma_3)(2\sigma_2-\sigma_1-\sigma_3)(2\sigma_3-\sigma_1-\sigma_2) \end{aligned}\right\} \tag{8.3.6}$$

初次出现塑性变形的应力叫初始屈服极限，再加载时重新产生塑性变形的应力叫后继屈服极限。后继屈服极限大于初始屈服极限的现象叫应变强化，后继屈服极限与初始屈服极限相同，就是理想塑性（图 8.3.5）。

因为塑性材料进入塑性变形以后，加载与卸载的应力应变规律不同，根据加载过程（或称加载历史）不同，某一应力值可能对应点 1 的应变，也可能对应点 2 的应变（图 8.3.6），以至于对应无穷多个应变；反之，某一应变也可以对应无穷多个应力，即弹塑性应力应变之间的关系是多值关系，它不能用一个单值非线性函数表示。因此，弹塑性应力应变关系不仅取决于最终应力状态，而且必须考虑到整个加载过程。

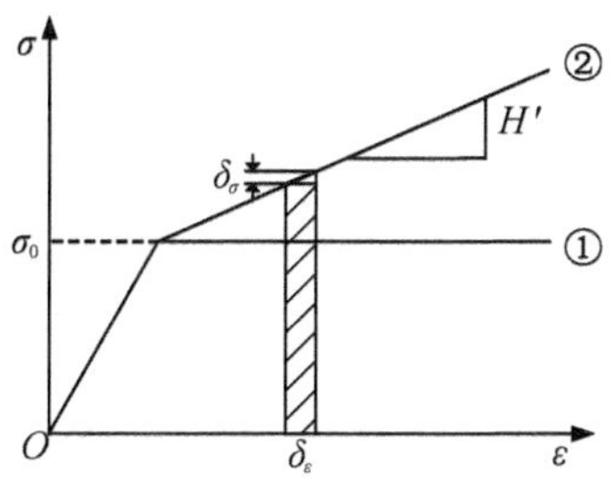

①—理想塑性；②—应变强化

图 8.3.5　理想塑性

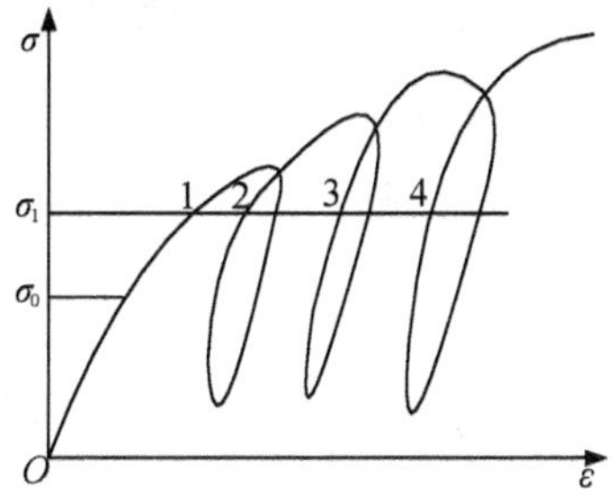

图 8.3.6　加载过程 $\boldsymbol{\sigma}$-$\boldsymbol{\varepsilon}$ 曲线

弹塑性材料的应力应变关系应该是在某一已知应力和变形状态下，表示成应力增量和应变增量之间的关系。在单轴应力状态时，可表示成

当 $\sigma \leqslant \sigma_0$，

$$\delta\varepsilon = \delta\varepsilon^e = \frac{1}{E}\delta\sigma \tag{8.3.7}$$

当 $\sigma > \sigma_0$，

$$\delta\varepsilon = \begin{cases} \delta\varepsilon^e + \delta\varepsilon^p = \left(\dfrac{1}{E} + \dfrac{1}{H'}\right)\delta\sigma, & \delta\sigma > 0\text{（加载）} \\ \delta\varepsilon^e = \dfrac{1}{E}\delta\sigma, & \delta\sigma < 0\text{（卸载）} \end{cases} \tag{8.3.8}$$

式中：$\delta\varepsilon$，$\delta\varepsilon^e$，$\delta\varepsilon^p$ 表示全应变增量、弹性应变增量、塑性应变增量；σ_0 为初始屈服应力；H' 为 $\sigma = \sigma_0$ 处的切线模量，理想塑性材料 $H' = 0$。

确定弹塑性材料的应力应变关系，需要解决以下三方面问题：①弹性应力应变关系；②材料进入塑性状态的准则；③进入塑性状态后的塑性应力应变关系。

大量室内外试验结果表明，坝基完整岩体弹性模量较高、刚度较大，主要表现为脆性破坏特性，破坏过程有明显的峰值强度，破坏后呈现出应变软化的特性，峰值强度降低至残余强度，如图 8.3.7 所示；对于坝基岩体中的软弱夹层、节理、断层等，却不像脆性岩体那样呈现明显的峰值强度，而是表现出明显的塑性变形特征，但破坏后仍然呈现出一定程度的应变软化特性，如图 8.3.8 所示。

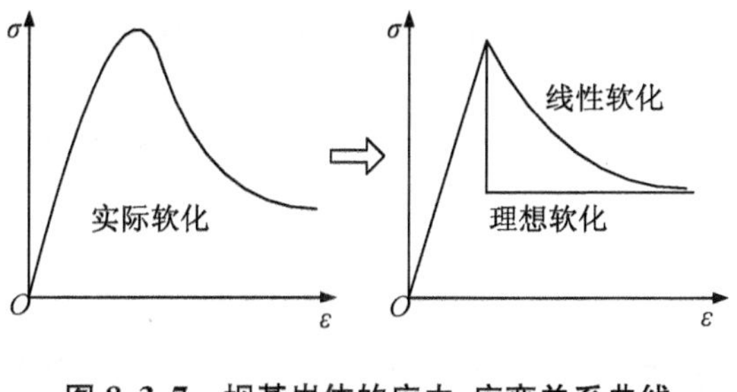

图 8.3.7　坝基岩体的应力-应变关系曲线

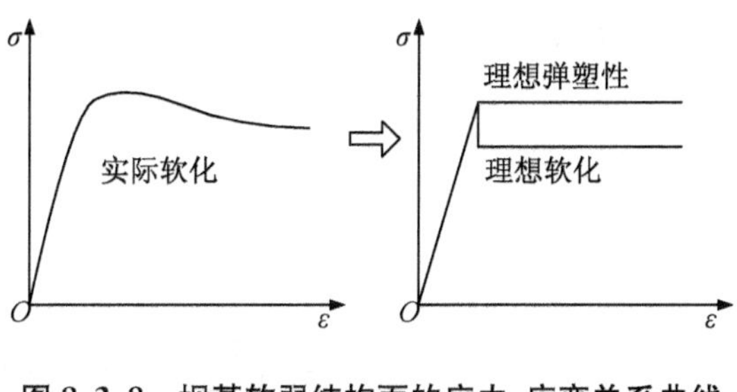

图 8.3.8　坝基软弱结构面的应力-应变关系曲线

为反映坝基岩体的变形特性，考虑材料应力应变关系曲线中应变软化阶段不易准确获得，可分别采用理想软化和线性软化两种软化本构模型模拟坝基岩体的应力变形特性[87]。

三、岩体作为等向强化-软化材料的屈服条件

1. 等向强化-软化的米塞斯(Mises)材料

这种材料的屈服条件是

$$f = J_2^{1/2} - k(\kappa) = 0 \tag{8.3.9}$$

式中：J_2 是偏应力张量 s_{ij} 的第二不变量。

$$s_{ij} = \sigma_{ij} - \frac{1}{3}\sigma_{kk}\delta_{ij} \tag{8.3.10}$$

$$J_2 = \frac{1}{2}s_{ij}s_{ij} \tag{8.3.11}$$

δ_{ij} 是克罗内克(Kronecker)记号，重复出现的下标表示求和；k 是根据简单应力试验数据给出的屈服参数。

不难计算

$$\frac{\partial J_2}{\partial \boldsymbol{\sigma}} = [s_{11} \quad s_{22} \quad s_{33} \quad 2s_{23} \quad 2s_{31} \quad 2s_{12} \quad]^{\mathrm{T}} \equiv \bar{\boldsymbol{s}} \tag{8.3.12}$$

$$\frac{\partial f}{\partial \boldsymbol{\sigma}} = \frac{1}{2\sqrt{J_2}}\frac{\partial J_2}{\partial \boldsymbol{\sigma}} = \frac{1}{2k}\bar{\boldsymbol{s}} \tag{8.3.13}$$

$$\boldsymbol{D}\frac{\partial f}{\partial \boldsymbol{\sigma}} = \frac{1}{2k}\begin{bmatrix} K+4G/3 & K-2G/3 & K-2G/3 & 0 & 0 & 0 \\ K-2G/3 & K+4G/3 & K-2G/3 & 0 & 0 & 0 \\ K-2G/3 & K-2G/3 & K+4G/3 & 0 & 0 & 0 \\ 0 & 0 & 0 & G & 0 & 0 \\ 0 & 0 & 0 & 0 & G & 0 \\ 0 & 0 & 0 & 0 & 0 & G \end{bmatrix}\begin{Bmatrix} s_{11} \\ s_{22} \\ s_{33} \\ 2s_{23} \\ 2s_{31} \\ 2s_{12} \end{Bmatrix} \tag{8.3.14}$$

$$= \frac{2G}{2k}[s_{11} \quad s_{22} \quad s_{33} \quad s_{23} \quad s_{31} \quad s_{12}]^{\mathrm{T}} \equiv \frac{G}{k}\boldsymbol{s}$$

这里要注意在式(8.3.13)和式(8.3.14)中矢量 $\bar{\boldsymbol{s}}$ 与矢量 $\boldsymbol{s}$ 的差别，而且不难发现

$$J_2 = \frac{1}{2}\bar{\boldsymbol{s}}^{\mathrm{T}}\boldsymbol{s} = \frac{1}{2}\boldsymbol{s}^{\mathrm{T}}\bar{\boldsymbol{s}} \tag{8.3.15}$$

进而可算得

$$H = \left(\frac{\partial f}{\partial \boldsymbol{\sigma}}\right)^{\mathrm{T}}\boldsymbol{D}\frac{\partial f}{\partial \boldsymbol{\sigma}} = \left(\frac{1}{2k}\bar{\boldsymbol{s}}^{\mathrm{T}}\right)\left(\frac{G}{k}\boldsymbol{s}\right) = \frac{J_2}{k^2}G = G \tag{8.3.16}$$

取 $\kappa = \omega^p$，$k(\kappa) = \tau_s(\omega^p) = \frac{1}{\sqrt{3}}\sigma_s(\omega^p)$，按式(7.4.24)、式(8.3.13)，可得

$$A = -\frac{\partial f}{\partial \omega^p}\boldsymbol{\sigma}^{\mathrm{T}}\frac{\partial f}{\partial \boldsymbol{\sigma}} = \frac{\partial \tau_s}{\partial \omega^p}\boldsymbol{\sigma}^{\mathrm{T}}\frac{G}{2\tau_s}\bar{\mathbf{s}} = G^p = \frac{E^p}{3} \tag{8.3.17}$$

式中：G^p 为 $\tau_s-\gamma^p$ 曲线的斜率[图 8.3.9(a)]，称为剪切塑性的切线模量；E^p 为 $\sigma_s-\varepsilon_p$ 曲线的斜率[图 8.3.9(b)]，称为拉伸塑性的切线模量。

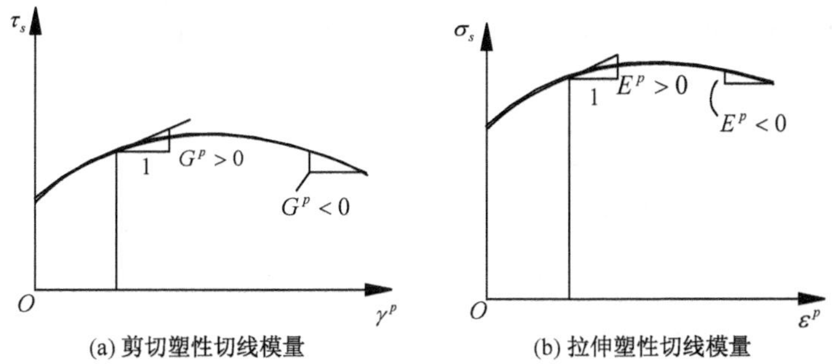

(a) 剪切塑性切线模量　(b) 拉伸塑性切线模量

图 8.3.9　剪切和拉伸塑性切线模量

注意到在屈服条件式(8.3.9)中不含内变量 $\boldsymbol{\sigma}^p$，则

$$\frac{\partial f}{\partial \boldsymbol{\sigma}^p} = 0 \tag{8.3.18}$$

按式(7.4.54)和式(8.3.14)得

$$B = G + G^p \tag{8.3.19}$$

$$\boldsymbol{D}\frac{\partial f}{\partial \sigma}\left(\frac{\partial f}{\partial \boldsymbol{\sigma}}\right)^{\mathrm{T}}\boldsymbol{D} = \frac{G^2}{\tau_s^2}\boldsymbol{s}\boldsymbol{s}^{\mathrm{T}} \tag{8.3.20}$$

$$\boldsymbol{D}^p = \frac{G}{(1+G^p/G)k^2}\boldsymbol{s}\boldsymbol{s}^{\mathrm{T}} = \frac{G}{(1+G^p/G)\tau_s^2}\begin{bmatrix} s_{11}s_{11} & \cdots & s_{11}s_{12} \\ s_{22}s_{11} & \cdots & s_{22}s_{12} \\ \vdots & \vdots & \vdots \\ s_{12}s_{11} & \cdots & s_{12}s_{12} \end{bmatrix} \tag{8.3.21}$$

$G^p>0$ 表示强化，$G^p=0$ 为理想塑性，$G^p<0$ 为软化。在强化和理想塑性情况，显然有

$$B \geqslant G > 0 \tag{8.3.22}$$

在软化情况，只要

$$|G^p| < G \tag{8.3.23}$$

即可保证 $B>0$，就可使用本构方程式(8.3.21)由应变增量 $\mathrm{d}\boldsymbol{\varepsilon}$ 确定应力增量 $\mathrm{d}\boldsymbol{\sigma}$。

由于弹性剪切模量 G 是一个很大的值，其数量级为 10^5 MPa，故应变空间表述的理论允许应力应变曲线下降坡度是很陡的。国内外某些学者在有限元计算中假设应力从峰值直接下跌到残余值，这相当于 $G^p=-\infty$，这种做法会使 $B<0$，至少在理论上是不合理的。

此外，由式(8.3.13)可知

$$d\theta^p = d\lambda \boldsymbol{e}^{\mathrm{T}} \frac{\partial f}{\partial \boldsymbol{\sigma}} = \frac{d\lambda}{2k}(s_{11} + s_{22} + s_{33}) = 0 \tag{8.3.24}$$

这表明 Mises 材料是塑性不可压缩的。实际上，只要流动法则式(7.4.18)或式(7.4.39)成立，屈服条件的形式为 $f(\boldsymbol{s},\boldsymbol{\sigma}^p,\kappa)=0$ 的材料都有 $d\theta^p=0$，均不产生塑性体应变。因而对这类材料，内变量 κ 不能取为 θ^p（扩容）。

2. 等向强化-软化的德鲁克-普拉格(Drucker-Prager)材料

这种材料的屈服条件是

$$f = J_2^{1/2} + \alpha I_1 - \kappa = 0 \tag{8.3.25}$$

式中：I_1 是应力张量的第一不变量；

$$I_1 = \sigma_{kk} = \sigma_{11} + \sigma_{22} + \sigma_{33} \tag{8.3.26}$$

α 和 k 是内变量 κ 的函数，即

$$\alpha = \alpha(\kappa), k = k(\kappa) \tag{8.3.27}$$

Drucker-Prager 屈服条件考虑了围压（即静水压力）对屈服特性的影响，并且能反映剪切引起膨胀（扩容）的性质。在模拟岩石和混凝土材料的弹塑性性质时，这种模型得到了广泛的应用。

不难算出

$$\frac{\partial f}{\partial \boldsymbol{\sigma}} = \alpha \boldsymbol{e} + \frac{1}{2\sqrt{J_2}}\frac{\partial J_2}{\partial \boldsymbol{\sigma}} = \alpha \boldsymbol{e} + \frac{1}{2\sqrt{J_2}}\bar{\boldsymbol{s}} \tag{8.3.28}$$

$$\boldsymbol{D}\frac{\partial f}{\partial \boldsymbol{\sigma}} = 3\alpha K \boldsymbol{e} + \frac{G}{\sqrt{J_2}}\boldsymbol{s} \tag{8.3.29}$$

$$\left(\frac{\partial f}{\partial \boldsymbol{\sigma}}\right)^{\mathrm{T}} \boldsymbol{D}\frac{\partial f}{\partial \sigma} = \left(\alpha \boldsymbol{e}^{\mathrm{T}} + \frac{1}{2\sqrt{J_2}}\bar{\boldsymbol{s}}^{\mathrm{T}}\right)\left(3\alpha K \boldsymbol{e} + \frac{G}{\sqrt{J_2}}\boldsymbol{s}\right) = 9\alpha^2 K + G \tag{8.3.30}$$

如果取 $\kappa = \omega^p, k = k(\omega^p), \alpha = \alpha(\omega^p)$，那么

$$A = -\frac{\partial f}{\partial \omega^p}\boldsymbol{\sigma}^{\mathrm{T}}\frac{\partial f}{\partial \boldsymbol{\sigma}} = (k' - \alpha' I_1)\boldsymbol{\sigma}^{\mathrm{T}}\left(\alpha \boldsymbol{e} + \frac{\bar{\boldsymbol{s}}}{2\sqrt{J_2}}\right) = k(k' - \alpha' I_1) \tag{8.3.31}$$

$$B = H + A = 9\alpha K + G + k(k' - \alpha' I_1) \tag{8.3.32}$$

其中

$$\alpha' = \frac{\partial \alpha}{\partial \omega^p}, k' = \frac{\partial k}{\partial \omega^p} \tag{8.3.33}$$

由于 $d\theta^p = d\lambda \boldsymbol{e}^{\mathrm{T}} \dfrac{\partial f}{\partial \boldsymbol{\sigma}} = d\lambda(3\alpha) > 0$，内变量 κ 也可取成塑性体应变 θ^p，即 $\kappa = \theta^p, \alpha = \alpha(\theta^p), k = k(\theta^p)$，这时有

$$A = -\frac{\partial f}{\partial \theta^p}\boldsymbol{e}^{\mathrm{T}}\frac{\partial f}{\partial \boldsymbol{\sigma}} = (k' - \alpha' I_1)\boldsymbol{e}^{\mathrm{T}}\left(\alpha \boldsymbol{e} + \frac{\bar{\boldsymbol{s}}}{2\sqrt{J_2}}\right) = 3\alpha(k' - \alpha' I_1) \tag{8.3.34}$$

$$B = 9\alpha^2 K + G + 3\alpha(k' - \alpha' I_1) \tag{8.3.35}$$

式中：$\alpha' = \dfrac{\partial \alpha}{\partial \theta^p}, k' = \dfrac{\partial k}{\partial \theta^p}$。

无论取 $\kappa = \omega^p$ 还是 $\kappa = \theta^p$，$k' - \alpha' I_1 > 0$ 表示强化，$k' - \alpha' I_1 = 0$ 表示理想塑性，$k' - \alpha' I_1 < 0$ 表示软化。在 $\kappa = \omega^p$ 或 $\kappa = \theta^p$ 对软化速度的限制分别是

$$|k(k' - \alpha' I_1)| < 9\alpha^2 K + G \tag{8.3.36}$$

或

$$|3\alpha(k' - \alpha' I_1)| < 9\alpha^2 K + G \tag{8.3.37}$$

设

$$\beta_1 = \frac{G}{B^{1/2} J_2^{1/2}}, \beta_2 = \frac{3\alpha K}{B^{1/2}} \tag{8.3.38}$$

则由式(8.3.29)得

$$\frac{1}{B^{1/2}} \boldsymbol{D} \frac{\partial f}{\partial \boldsymbol{\sigma}} = \beta_1 \boldsymbol{s} + \beta_2 \boldsymbol{e} \equiv \boldsymbol{\Phi} = [\Phi_1 \quad \Phi_2 \quad \cdots \quad \Phi_6]^{\mathrm{T}} \tag{8.3.39}$$

于是

$$\boldsymbol{D}_p = \boldsymbol{\Phi}\boldsymbol{\Phi}^{\mathrm{T}} = \begin{bmatrix} \Phi_1 \Phi_1 & \cdots & \Phi_1 \varphi_6 \\ \Phi_2 \Phi_1 & \cdots & \Phi_2 \Phi_6 \\ \cdots & \cdots & \cdots \\ \Phi_6 \Phi_1 & \cdots & \Phi_6 \Phi_6 \end{bmatrix} \tag{8.3.40}$$

对于等向强化-软化的 Drucker-Prager-Yin(双曲型)模型，屈服条件可写为

$$f = \alpha I_1 + (J_2 + a^2 k^2)^{1/2} - k = 0 \tag{8.3.41}$$

其中

$$I_1 = \sigma_{mm} = \sigma_{11} + \sigma_{22} + \sigma_{33}, J_2 = \frac{1}{2} s_{ij} s_{ij} = \frac{1}{2} \boldsymbol{s}^{\mathrm{T}} \bar{\boldsymbol{s}}$$

$$s_{ij} = \sigma_{ij} - \frac{1}{3} \sigma_{mm} \delta_{ij} \tag{8.3.42}$$

$$\boldsymbol{s} = [s_{11} \quad s_{22} \quad s_{33} \quad s_{23} \quad s_{31} \quad s_{12}]^{\mathrm{T}}$$
$$\bar{\boldsymbol{s}} = [s_{11} \quad s_{22} \quad s_{33} \quad 2s_{23} \quad 2s_{31} \quad 2s_{12}]^{\mathrm{T}}$$

式中：I_1, J_2 分别为应力张量第一不变量和应力偏张量的第二不变量；k, α 为与凝聚力 c' 和内摩擦系数 f' 有关的材料常数；a 为一个小参数，引入 a 的目的是使整个屈服面成为一个正则曲面；k, α, f', c' 为材料参数，均为内变量 κ 的函数。

按照塑性势理论，对于关联的塑性流动，塑性应变增量 $\mathrm{d}\boldsymbol{\varepsilon}^p$ 为

$$\mathrm{d}\boldsymbol{\varepsilon}^p = \mathrm{d}\lambda \frac{\partial f}{\partial \boldsymbol{\sigma}} \tag{8.3.43}$$

由式(8.3.43)和式(7.4.1)，塑性内变量增量 $\mathrm{d}\kappa$ 可以用标量的塑性参数 $\mathrm{d}\lambda$ 表示：

$$\mathrm{d}\kappa = m\mathrm{d}\lambda \tag{8.3.44}$$

其中

$$m = \begin{cases} (\boldsymbol{\sigma})^{\mathrm{T}} \dfrac{\partial f}{\partial \boldsymbol{\sigma}} & (\text{当 } \kappa = \omega^{p}) \\ \boldsymbol{e}^{\mathrm{T}} \dfrac{\partial f}{\partial \boldsymbol{\sigma}} & (\text{当 } \kappa = \theta^{p}) \\ \left[\left(\dfrac{\partial f}{\partial \boldsymbol{\sigma}}\right)^{\mathrm{T}} \left(\dfrac{\partial f}{\partial \boldsymbol{\sigma}}\right)\right]^{1/2} & (\text{当 } \kappa = \bar{\varepsilon}^{p}) \end{cases} \tag{8.3.45}$$

$$\boldsymbol{e} = [1 \quad 1 \quad 1 \quad 0 \quad 0 \quad 0 \quad]^{\mathrm{T}}$$

已知材料的弹性矩阵 $\boldsymbol{D}$，遵循在应变空间表述本构理论的屈服面

$$F(\boldsymbol{\varepsilon}, \boldsymbol{\varepsilon}^{p}, \kappa) = 0 \tag{8.3.46}$$

可以得到加、卸载函数

$$L = \left(\frac{\partial F}{\partial \boldsymbol{\varepsilon}}\right)^{\mathrm{T}} \mathrm{d}\boldsymbol{\varepsilon} = \left(\frac{\partial f}{\partial \boldsymbol{\sigma}}\right)^{\mathrm{T}} \boldsymbol{D}\mathrm{d}\boldsymbol{\varepsilon} \begin{cases} > 0, & \text{加载} \\ = 0, & \text{中性变载} \\ < 0, & \text{卸载} \end{cases} \tag{8.3.47}$$

在加载 $(L > 0)$ 的情况下，有

$$\mathrm{d}\lambda = \frac{1}{A} \tag{8.3.48}$$

$$\mathrm{d}\kappa = \frac{mL}{A} \tag{8.3.49}$$

$$\mathrm{d}\boldsymbol{\varepsilon}^{p} = \frac{\partial f}{\partial \boldsymbol{\sigma}} \frac{L}{A} \tag{8.3.50}$$

其中 A 是一个正的常数。

$$A = \left(\frac{\partial f}{\partial \boldsymbol{\sigma}}\right)^{\mathrm{T}} \boldsymbol{D} \left(\frac{\partial f}{\partial \boldsymbol{\sigma}}\right) - \frac{\partial f}{\partial \kappa} m \tag{8.3.51}$$

这样得到加载时的本构方程

$$\mathrm{d}\boldsymbol{\sigma} = (\boldsymbol{D} - \boldsymbol{D}_{p})\mathrm{d}\boldsymbol{\varepsilon} = \boldsymbol{D}_{ep}\mathrm{d}\boldsymbol{\varepsilon} \tag{8.3.52}$$

其中

$$\boldsymbol{D}_{p} = \frac{1}{A}\boldsymbol{D} \frac{\partial f}{\partial \boldsymbol{\sigma}} \left(\frac{\partial f}{\partial \boldsymbol{\sigma}}\right)^{\mathrm{T}} \boldsymbol{D} \tag{8.3.53}$$

引用阶梯函数 $H(l)$，还可以给出对加载、卸载和中性变载普遍适用的形式：

$$\mathrm{d}\boldsymbol{\sigma} = [\boldsymbol{D} - H(L)\, \boldsymbol{D}_{p}]\mathrm{d}\boldsymbol{\varepsilon} = \boldsymbol{D}_{ep}\mathrm{d}\boldsymbol{\varepsilon} \tag{8.3.54}$$

其中

$$H(L)=\begin{cases}0, & L\leqslant 0\\ 1, & L>0\end{cases} \tag{8.3.55}$$

最后，根据式(8.3.41)给出的屈服函数 f，经计算得出弹塑性矩阵

$$\boldsymbol{D}_{ep}=\boldsymbol{D}-\frac{H(L)}{A}\boldsymbol{R}\boldsymbol{R}^{\mathrm{T}} \tag{8.3.56}$$

其中

$$A=9k\alpha^2+\frac{G}{2\beta^2}\boldsymbol{s}^{\mathrm{T}}\bar{\boldsymbol{s}}+\left[\left(1-\frac{a^2k}{\beta}\right)\frac{\partial k}{\partial\kappa}-\frac{\partial\alpha}{\partial\kappa}I_1\right]m \tag{8.3.57}$$

$$m=\begin{cases}\left(3\alpha^2+\dfrac{1}{4\beta^2}\bar{\boldsymbol{s}}^{\mathrm{T}}\bar{\boldsymbol{s}}\right)^{1/2} & (当\ \kappa=\bar{\varepsilon}^{p})\\ \alpha I_1+\dfrac{J_2}{\beta} & (当\ \kappa=\omega^{p})\\ 3\alpha & (当\ \kappa=\theta^{p})\end{cases} \tag{8.3.58}$$

$$L=\boldsymbol{R}^{\mathrm{T}}\mathrm{d}\boldsymbol{\varepsilon} \tag{8.3.59}$$

$$\beta=(J_2+a^2k^2)^{1/2} \tag{8.3.60}$$

$$\boldsymbol{R}=3K\alpha\boldsymbol{e}+\frac{G}{\beta}\boldsymbol{s} \tag{8.3.61}$$

3. 等向强化-软化层状材料模型

节理和裂隙有一定取向的节理岩石以及断层带内的介质破坏时，微破裂在层面(节理面等软弱结构面)内占有优势，以致最后的宏观破裂将沿层面发生。这类介质在强度上是强烈各向异性的，破坏的形式仅可能是沿层面的剪破裂和垂直平面的张(拉)破裂。采用具有软化特性的弹塑性模型来描述这种介质的性质。若取 z 轴为层面的法向，这种介质的屈服条件(强度条件)用层面内的应力分量 τ_{zx}，τ_{zy}，σ_z 表示，即

$$f(\boldsymbol{\sigma},k)=(\tau_{zx}^2+\tau_{zy}^2+a^2c'^2)^{1/2}+f'\sigma_z-c'=0 \tag{8.3.62}$$

这里，a^2 是一个小参数，引入 a^2 的目的是用正则的双曲线屈服面代替顶点为奇点的莫尔-库伦准则屈服面。由于符号 f 用于表示屈服函数，这里用 f' 表示屈面的内摩擦系数，同时用 c' 表示层面内的凝聚力。而且 f' 和 c' 均是内变量 κ 的函数，这与前面将 f' 和 c' 表示峰值强度不同。取 $\kappa=\theta^{p}$，容易计算得

$$\frac{\partial f}{\partial\boldsymbol{\sigma}}=[0\quad 0\quad f'\quad \tau_{zy}/\beta\quad \tau_{zx}/\beta\quad 0]^{\mathrm{T}} \tag{8.3.63}$$

$$\boldsymbol{D}\frac{\partial f}{\partial\boldsymbol{\sigma}}=\left[\left(K-\frac{2}{3}G\right)f'\left(K-\frac{2}{3}G\right)f'\left(K+\frac{4}{3}G\right)f'\quad G\frac{\tau_{zy}}{\beta}\quad G\frac{\tau_{zx}}{\beta}\quad 0\right]^{\mathrm{T}} \tag{8.3.64}$$

$$
\begin{aligned}
B &= \left(\frac{\partial f}{\partial \boldsymbol{\sigma}}\right)^{\mathrm{T}} \boldsymbol{D} \frac{\partial f}{\partial \boldsymbol{\sigma}} - \frac{\partial f}{\partial \theta^{p}} \boldsymbol{e}^{\mathrm{T}} \frac{\partial f}{\partial \boldsymbol{\sigma}} \\
&= \left(K + \frac{4}{3}G\right) f'^{2} + G\frac{\beta^{2} - a^{2}c'^{2}}{\beta^{2}} + f'(\bar{c}' - \bar{f}'\sigma_{z}) - a^{2}c'\bar{c}'f'/\beta
\end{aligned} \tag{8.3.65}
$$

式中：$\bar{c}' = \partial c'/\partial\theta^{p}$，$\bar{f}' = \partial f'/\partial\theta^{p}$，$\beta = (\tau_{zx}^{2} + \tau_{zy}^{2} + a^{2}c'^{2})^{1/2}$。

可以由式(8.3.64)和式(8.3.65)，按式(7.4.53)计算出塑性矩阵 $\boldsymbol{D}_{p}$。

混凝土的浇筑层面和有一定取向的节理岩石及断层带内的介质破坏时，如果已知层面法向 n、层面内的方向 t，本构关系在局部坐标系 t-n 中写出。应力和应变向量是三维向量

$$
\boldsymbol{\sigma} = [\sigma_{t} \quad \sigma_{n} \quad \tau_{n}]^{\mathrm{T}} \tag{8.3.66}
$$

$$
\boldsymbol{\varepsilon} = [\varepsilon_{t} \quad \varepsilon_{n} \quad \gamma_{n}]^{\mathrm{T}} \tag{8.3.67}
$$

$$
\boldsymbol{e} = [1 \quad 1 \quad 0]^{\mathrm{T}} \tag{8.3.68}
$$

这时弹性矩阵 $\boldsymbol{D}$ 由反映层状材料特性的横观各向同性体弹性矩阵化简而得。对于横观各向同性介质，有 5 个独立的弹性常数，依次为顺层向的弹模 E_{1} 和泊松比 ν_{1}、垂直层面方向的弹模 E_{2} 和泊松比 ν_{2} 以及切层的剪切模量 G_{2}。若设 $n = E_{1}/E_{2}$，$m = G_{2}/E_{2}$，则横观各向同性体在局部坐标系 t-n 内的弹性矩阵可表示如下。

平面应力问题

$$
\boldsymbol{D} = \frac{E_{2}}{1 - n\nu_{2}^{2}} \begin{bmatrix} n & n\nu_{2} & 0 \\ n\nu_{2} & 1 & 0 \\ 0 & 0 & m(1 - nv_{2}^{2}) \end{bmatrix} \tag{8.3.69}
$$

平面应变问题

$$
\boldsymbol{D} = \frac{E_{2}}{(1 + \nu_{1})(1 - \nu_{1} - 2n\nu_{2}^{2})} \begin{bmatrix} n(1 - nv_{2}^{2}) & n\nu_{2}(1 + v_{1}) & 0 \\ n\nu_{2}(1 + v_{1}) & (1 - v_{1}^{2}) & 0 \\ 0 & 0 & m(1 + \nu_{1})(1 - \nu_{1} - 2n\nu_{2}^{2}) \end{bmatrix} \tag{8.3.70}
$$

弹性矩阵 $\boldsymbol{D}$ 根据平面应力及平面应变情况，化简后写为

$$
\boldsymbol{D} = \overline{K}_{n} \begin{bmatrix} b_{1} & b_{2} & 0 \\ b_{2} & 1 & 0 \\ 0 & 0 & \overline{m} \end{bmatrix} \tag{8.3.71}
$$

对于平面应变情况则有

$$
\overline{K}_{n} = \frac{E_{2}(1 - \nu_{1})}{1 - \nu_{1} - 2n\nu_{2}^{2}}, \quad \overline{m} = \frac{\overline{K}_{t}}{K_{n}} = \frac{(1 - \nu_{1} - 2n\nu_{2}^{2})G_{2}}{(1 - \nu_{1})E_{2}} \tag{8.3.72}
$$

$$
b_{1} = \frac{n(1 - n\nu_{2}^{2})}{1 - \nu_{1}^{2}}, \quad b_{2} = \frac{n\nu_{2}^{2}}{1 - \nu_{1}} \tag{8.3.73}
$$

屈服函数为

$$f = f'\sigma_n + (\tau_n^2 + a^2 c'^2)^{1/2} - c' = 0 \tag{8.3.74}$$

经计算，同样可以得出弹塑性矩阵

$$\boldsymbol{D}_{ep} = \boldsymbol{D} - \frac{H(L)}{A}\boldsymbol{R}\boldsymbol{R}^{\mathrm{T}} \tag{8.3.75}$$

这时

$$A = \overline{K}_n f'^2 + \overline{K}_n \overline{m}\frac{\tau_n^2}{\beta^2} + \left[\left(1 - \frac{a^2 c'}{\beta}\right)\frac{\partial c'}{\partial \kappa} - \frac{\partial f'}{\partial \kappa}\sigma_n\right]h \tag{8.3.76}$$

$$h = \begin{cases} \left(f'^2 + \dfrac{\tau_n^2}{\beta^2}\right)^{1/2}, & \text{当 } \kappa = \bar{\varepsilon}^p \\ f'\sigma_n + \dfrac{\tau_n^2}{\beta}, & \text{当 } \kappa = \omega^p \\ f', & \text{当 } \kappa = \theta^p \end{cases} \tag{8.3.77}$$

$$L = \boldsymbol{R}^{\mathrm{T}}\mathrm{d}\boldsymbol{\varepsilon}, \beta = (\tau_n^2 + a^2 c'^2)^{1/2}, \boldsymbol{R} = \overline{K}_n\left[b_2 f' \; f' \; \frac{\tau_n}{\beta}\overline{m}\right]^{\mathrm{T}} \tag{8.3.78}$$

四、岩体软弱结构面或节理的本构方程

1. 坝基软弱结构面的各向异性屈服准则

坝基的破坏通常是发生在弱面上，坝基软弱结构面在发生破坏时，微破裂在软弱结构面内占有优势，以致最后的宏观破裂将沿层面发生，这类介质在强度上是强烈各向异性的，破坏的形式也往往是沿层面的剪破坏和垂直平面的张拉破坏[87]。当弱面走向与所研究平面的法线平行时，这类弱面体问题称为平面弱面体情况。按照 Mohr-Coulomb 破坏条件，弱面体的破坏可写成如下形式：

$$\sigma \leqslant R_l^j, \tau \geqslant \sigma\tan\varphi^j + c^j \tag{8.3.79}$$

式中：正应力以压为正、以拉为负；σ，τ 为弱面法向应力和剪应力；R_l^j，φ^j，c^j 分别为弱面的抗拉强度，内摩擦角和黏聚力。

设弱面与最小主应力方向 σ_3 的夹角为 β，则由 Mohr 圆得

$$\sigma = \frac{1}{2}(\sigma_1 + \sigma_3) + \frac{1}{2}(\sigma_1 - \sigma_3)\cos 2\beta, \tau = \frac{1}{2}(\sigma_1 - \sigma_3)\sin 2\beta \tag{8.3.80}$$

将平均应力 σ_m、最大剪应力 τ_m 代入上式得

$$\sigma = \sigma_m + \tau_m\cos 2\beta, \tau = \tau_m\sin 2\beta \tag{8.3.81}$$

将式(8.3.81)代入式(8.3.80)得

$$\tau_m\alpha = \sigma_m\tan\varphi^j + c^j \tag{8.3.82}$$

$$\tau_m = (\sigma_m + c^j\cot\varphi^j)\sin\varphi^j\csc(2\beta - \varphi^j) \tag{8.3.83}$$

式中：$\alpha = \sin 2\beta - \tan\varphi^j\cos 2\beta$。

以式(8.3.80)代入式(8.3.83),得

$$(\sigma_1+\sigma_3)\tan\varphi^j-\alpha(\sigma_1-\sigma_3)=-2c^j \tag{8.3.84}$$

$$\sigma_1-\sigma_3=\frac{2c^j\cos\varphi^j+2\sigma_3\sin\varphi^j}{\sin(2\beta-\varphi^j)-\sin\varphi^j} \tag{8.3.85}$$

或

$$\sigma_1=\frac{2c^j\cot\varphi^j}{\left(1-\dfrac{\sigma_3}{\sigma_1}\right)\sin(2\beta-\varphi^j)\csc\varphi^j-\left(1+\dfrac{\sigma_3}{\sigma_1}\right)} \tag{8.3.86}$$

即为弱面的破坏准则。

从上述方程可知,当弱面进入塑性状态时,弱面上的应力及弱面强度均是弱面方向的函数,即 $\sigma_1=f(\beta)$。

2. 节理力学模型

对于岩体内的节理,因为是无厚度的,一般采用无厚度的 Goodman 单元模型(1968),Goodman 单元在法向取一个较大的弹性刚度以反映接触面法向的变形情况,但在使用中存在受压时会使两侧的单元有可能相互嵌入,不得不靠调整法向劲度的取值来解决,而法向劲度的取值有很大的任意性,使法向应力出现波动。故这里采用基于扩展 Lagrange 乘子法的接触单元模拟无厚度节理。扩展 Lagrange 乘子法是为了克服经典罚函数法与 Lagrange 乘子法的不足而发展起来的一种数学规划方法,最早是由 Hestenes 与 Powell(1969)提出来,Rockefeller 等(1974)将其推广到不等式约束优化问题,后来 Simo 和 Laursen(1991)应用该法求解摩擦接触问题。扩展 Lagrange 乘子法应用初始罚值,通过扩展 Lagrange 乘子迭代,最终求得满足精度要求的接触力,在整个过程中不增加总体方程的未知数个数,而且通过迭代求解大大降低了对罚值选取的要求,同时数值实施较方便,对界面的约束条件及其本构关系考虑得比较充分。因此,在解决接触摩擦问题方面,扩展 Lagrange 乘子法相对于传统的 Goodman 单元有较大的优势。

在基于扩展 Lagrange 乘子法求解接触摩擦问题时,对三种接触状态即分离、黏合、滑动分别按以下准则进行接触状态的判断。

(1) 分离状态:当接触面法向应力大于零时,接触面张开。

(2) 黏合状态:当法向应力 σ_n 小于零(接触面间的应力为压应力)时,且接触面切向剪应力小于莫尔库仑准则所规定的允许剪应力,接触面处于黏合状态(图 8.3.10),接触面的切向剪应力公式为

$$\tau=k_s\delta_u\leqslant f|\sigma_n| \tag{8.3.87}$$

式中:δ_u 为接触面的相对位移,k_s 为剪切模量,f 为库仑摩擦系数。

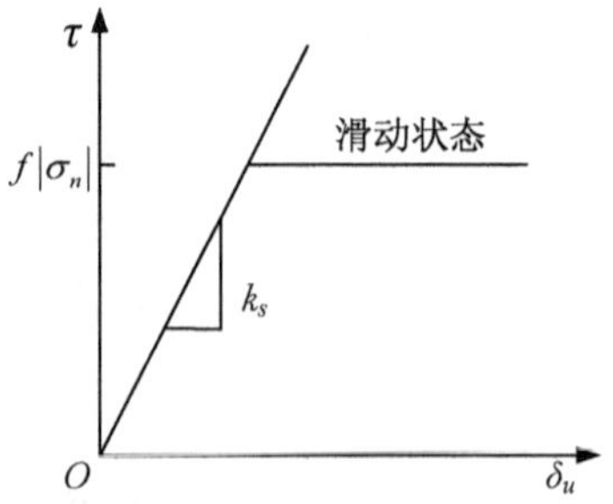

图 8.3.10 接触面上的应力-位移关系

(3) 滑移状态:当法向应力为压应力时,且根据库仑摩擦公式计算的接触面切向剪应力大于莫尔库仑准则所规定的允许剪应力,接触面处于滑移状态

$$\tau=k_s\delta_u>f|\sigma_n| \tag{8.3.88}$$

接触面张开时所不能承担的应力和接触面发生滑移时超过抗剪强度的那部分将通过扩展 Lagrange 乘子经过增量迭代转移并重新分配给周围单元。

3. 间断面的弹塑性本构关系

自从 Goodman 提出节理单元后，含节理等间断面岩体的数值分析取得了长足的进展。在这期间，针对在分析计算中出现的问题，如嵌入现象、解答的不确定性等，国内外学者对节理的本构表述做了大量的工作。早期的工作都是将节理面视为简单的几何间断面。实际上，节理面具有粗糙度和填充物质，不同的粗糙度和不同的充填物质极大地影响节理的力学性质。后来的工作是将节理面看作一个物质面，在塑性力学的理论框架内建立了节理的本构关系。具体做法是，先建立层状弹塑性材料的本构方程，然后在节理层厚远比层面尺寸小的条件下，得到节理面的本构方程。这个方程能够反映节理的软化和剪胀等特性。德赛(Desai)等将节理的各种几何量和力学量与塑性力学中对应的量相比拟，得到了塑性力学框架内节理的本构方程，还用试验资料做了比较。用塑性力学方法建立节理的本构关系不仅能够充分反映节理的复杂性质，而且还可以在有限元分析中将节理元和连续体元统一处理，给编制程序带来了很大方便。因此，在塑性力学框架内研究节理的本构模型受到很多学者的重视。

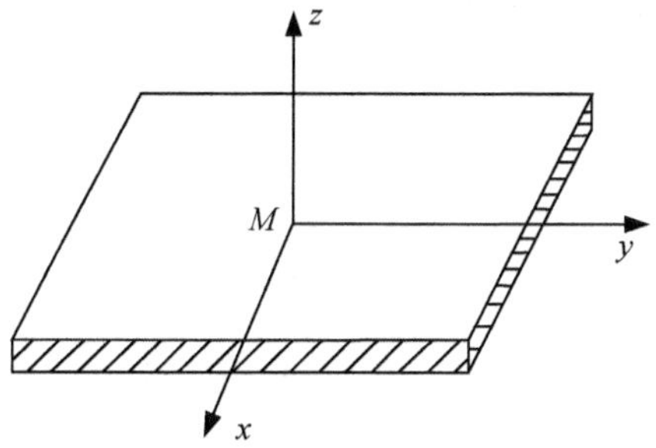

图 8.3.11　间断面内的坐标系

坐标系的 x 轴和 y 轴取在间断面内，z 轴指向间断面的法向，x，y 和 z 轴成右手系(图 8.3.11)。考察间断面内的一点 M，在发生位移间断时，在 M 点的上盘和下盘的位移矢量分别是

$$\left.\begin{aligned}\boldsymbol{u}^+ &= [u^+ \quad v^+ \quad w^+]^{\mathrm{T}} \\ \boldsymbol{u}^- &= [u^- \quad v^- \quad w^-]^{\mathrm{T}}\end{aligned}\right\} \tag{8.3.89}$$

而位移间断矢量为

$$\langle \boldsymbol{u} \rangle = \boldsymbol{u}^+ - \boldsymbol{u}^- = [(u^+ - u^-)(v^+ - v^-)(w^+ - w^-)]^{\mathrm{T}} = [\langle u \rangle \ \langle v \rangle \ \langle w \rangle]^{\mathrm{T}} \tag{8.3.90}$$

式中：$\langle u \rangle$，$\langle v \rangle$ 分别是通过间断面在 x 和 y 方向的位移间断；$\langle w \rangle$ 为法向的位移间断。

间断面是由物质点组成的面即物质面，它具有一个很小的厚度 b。$\langle \boldsymbol{u} \rangle$ 可以看作有限厚度为 B 的板的 $\mathrm{d}\boldsymbol{u}$ 沿厚度 B(z 方向)的积分在 $B \to b$ 时的极限，即

$$\langle \boldsymbol{u} \rangle = \lim_{B \to b} [B\gamma_{xz} \quad B\gamma_{yz} \quad B\varepsilon_z]^{\mathrm{T}} = b[\gamma_{xz} \quad \gamma_{yz} \quad \varepsilon_z]^{\mathrm{T}} \tag{8.3.91}$$

这个极限值就是在 M 点通过间断面的位移间断矢量 $\langle \boldsymbol{u} \rangle$。与 $\langle \boldsymbol{u} \rangle$ 共轭的应力矢量是

$$\bar{\boldsymbol{\sigma}} = [\tau_{xz} \quad \tau_{yz} \quad \sigma_z]^{\mathrm{T}} \tag{8.3.92}$$

式中：τ_{xz}，τ_{yz} 分别是间断面上剪应力的 x 方向分量和 y 方向分量；σ_z 为间断面上的法向应力。

下面将建立联系 $\mathrm{d}\langle \boldsymbol{u} \rangle$ 和 $\mathrm{d}\bar{\boldsymbol{\sigma}}$ 的本构关系。将有厚度 B 的实体看作上面介绍的层状材料，层面为 $x-y$ 平面。取两参数的莫尔-库伦型屈服条件

$$f(\boldsymbol{\sigma}, \kappa) = (\tau_{xz}^2 + \tau_{zy}^2)^{1/2} + f'\sigma_z - c' = 0 \tag{8.3.93}$$

这时

$$\frac{\partial f}{\partial \boldsymbol{\sigma}} = [0 \quad 0 \quad f' \quad \tau_{zy}/\tau \quad \tau_{zx}/\tau \quad 0 \quad]^{\mathrm{T}} \tag{8.3.94}$$

$$\boldsymbol{D}\frac{\partial f}{\partial \boldsymbol{\sigma}} = \left[(K-\frac{2}{3}G)f'(K-\frac{2}{3}G)f'(K+\frac{4}{3}G)f' \quad G\frac{\tau_{zy}}{\tau} \quad G\frac{\tau_{zx}}{\tau} \quad 0\right]^{\mathrm{T}} \tag{8.3.95}$$

$$\tau = (\tau_{xz}^2 + \tau_{zy}^2)^{1/2} \tag{8.3.96}$$

$$B = H + A, H = (K+\frac{4}{3}G)f'^2 + G \tag{8.3.97}$$

$$A = (\bar{c}' - \bar{f}'\sigma_z)\bar{f}' \tag{8.3.98}$$

最后得到加载时的本构方程

$$\begin{Bmatrix} \mathrm{d}\sigma_x \\ \mathrm{d}\sigma_y \\ \mathrm{d}\sigma_z \\ \mathrm{d}\tau_{yz} \\ \mathrm{d}\tau_{zx} \\ \mathrm{d}\tau_{xy} \end{Bmatrix} = \left\{ \begin{bmatrix} K+\frac{4}{3}G, & K-\frac{2}{3}G, & K-\frac{2}{3}G, & 0, & 0, & 0 \\ & K+\frac{4}{3}G, & K-\frac{2}{3}G, & 0, & 0, & 0 \\ & & K+\frac{4}{3}G, & 0, & 0, & 0 \\ & & & G, & 0, & 0 \\ & \text{对称} & & & G, & 0 \\ & & & & & 0 \end{bmatrix} - \right.$$

$$\frac{1}{H+A}\left.\begin{bmatrix} \left(K-\frac{2}{3}G\right)^2 f'^2, & \left(K-\frac{2}{3}G\right)^2 f'^2, & \left(K-\frac{2}{3}G\right)\left(K+\frac{4}{3}G\right)f'^2, & \left(K-\frac{2}{3}G\right)G\frac{\tau_{zy}}{\tau}f', & \left(K-\frac{2}{3}G\right)G\frac{\tau_{zx}}{\tau}f', & 0 \\ & \left(K-\frac{2}{3}G\right)^2 f'^2, & \left(K-\frac{2}{3}G\right)\left(K+\frac{4}{3}G\right)f'^2, & \left(K-\frac{2}{3}G\right)G\frac{\tau_{zy}}{\tau}f', & \left(K-\frac{2}{3}G\right)G\frac{\tau_{zx}}{\tau}f', & 0 \\ & & \left(K+\frac{4}{3}G\right)f'^2, & \left(K+\frac{4}{3}G\right)G\frac{\tau_{zy}}{\tau}f', & \left(K+\frac{4}{3}G\right)G\frac{\tau_{zx}}{\tau}f', & 0 \\ & & & G^2\frac{\tau_{zy}^2}{\tau^2}, & G^2\frac{\tau_{zy}\tau_{xz}}{\tau^2}, & 0 \\ & & & & G^2\frac{\tau_{zx}}{\tau^2}, & 0 \\ & & & & & 0 \end{bmatrix}\right\}$$

$$\cdot \begin{Bmatrix} \mathrm{d}\varepsilon_x \\ \mathrm{d}\varepsilon_y \\ \mathrm{d}\varepsilon_z \\ \mathrm{d}\gamma_{yz} \\ \mathrm{d}\gamma_{zx} \\ \mathrm{d}\gamma_{xy} \end{Bmatrix} \tag{8.2.99}$$

划去上式中的第 1、第 2 和第 6 个方程，并在右端划去 $\varepsilon_x, \varepsilon_y, \gamma_{xy}$ 对应的列，做适当的换

行和换列，可得

$$\begin{Bmatrix} \mathrm{d}\tau_{zx}\\ \mathrm{d}\tau_{zy}\\ \mathrm{d}\sigma_z\end{Bmatrix} = \left\{ \begin{bmatrix} G & 0 & 0\\ 0 & G & 0\\ 0 & 0 & K+\frac{4}{3}G\end{bmatrix} - \frac{1}{H+A}\begin{bmatrix} G^2\left(\frac{\tau_{zy}}{\tau}\right)^2 & G^2\frac{\tau_{zy}\tau_{zx}}{\tau^2}, & \left(K+\frac{4}{3}G\right)f'G\frac{\tau_{zx}}{\tau}\\ & G^2\left(\frac{\tau_{zy}}{\tau}\right)^2 & \left(K+\frac{4}{3}G\right)f'G\frac{\tau_{zx}}{\tau}\\ \text{对称} & & \left(K+\frac{4}{3}G\right)^2 f'^2\end{bmatrix}\right\}\begin{Bmatrix} \mathrm{d}\gamma_{zx}\\ \mathrm{d}\gamma_{zy}\\ \mathrm{d}\varepsilon_z\end{Bmatrix}$$

(8.3.100)

考虑到式(8.3.90)，并设

$$k_t = \frac{G}{b} > 0, k_n = \frac{(K+\frac{4}{3}G)}{b} > 0 \tag{8.3.101}$$

由式(8.3.100)得间断面的本构方程

$$\mathrm{d}\overline{\boldsymbol{\sigma}} = \begin{Bmatrix} \mathrm{d}\tau_{zx}\\ \mathrm{d}\tau_{zy}\\ \mathrm{d}\sigma_z\end{Bmatrix} = \left\{ \begin{bmatrix} k_t & 0 & 0\\ 0 & k_t & 0\\ 0 & 0 & k_n\end{bmatrix} - \frac{1}{\overline{H}+\overline{A}}\begin{bmatrix} k_t^2\left(\frac{\tau_{zy}}{\tau}\right)^2 & k_t^2\frac{\tau_{zy}\tau_{zx}}{\tau^2} & k_t k_n\frac{\tau_{zx}}{\tau}f'\\ & k_t^2\left(\frac{\tau_{zy}}{\tau}\right)^2 & k_t k_n\frac{\tau_{zy}}{\tau}f'\\ \text{对称} & & k_n^2 f'^2\end{bmatrix}\right\}\mathrm{d}\langle\boldsymbol{u}\rangle$$

(8.3.102)

$$\overline{H} = f'^2 k_n + k_t \tag{8.3.103}$$

$$\overline{A} = \frac{f'}{b}(\bar{c}' - \bar{f}'\sigma_z) \tag{8.3.104}$$

由式(8.3.101)定义的 k_n，k_t 分别是单位面积的间断面(有厚度 b 的物质面)的切向和法向刚度，它们可由含间断面的岩石试件用试验确定。

用间断面的弹塑性模型式(8.3.102)模拟岩体节理面的性质，能反映实际节理面的剪胀性质和变形软化性质。在这个模型中，间断面的塑性变形增量 $\mathrm{d}\langle\boldsymbol{u}\rangle^p$ (卸载时的残余变形)满足正交法则：

$$\mathrm{d}\langle\boldsymbol{u}\rangle^p = \frac{1}{b}\mathrm{d}\boldsymbol{\varepsilon}^p = \frac{1}{b}\mathrm{d}\lambda\frac{\partial f}{\partial\boldsymbol{\sigma}} = \frac{\mathrm{d}\lambda}{b}\begin{bmatrix}\frac{\tau_{zx}}{\tau} & \frac{\tau_{zy}}{\tau} & f'\end{bmatrix}^{\mathrm{T}} \tag{8.3.105}$$

塑性流动方向垂直于屈服面(图 8.3.12)。如果节理面内的剪应力 $\tau_{zx}=0$，则 $\tau_{zy}=\tau$(或者说坐标轴 y 取在面内剪应力 τ 的方向上)。这时有

$$\mathrm{d}\langle\boldsymbol{u}\rangle^p = \frac{\mathrm{d}\lambda}{b}[0 \quad 1 \quad f']^{\mathrm{T}} \tag{8.3.106}$$

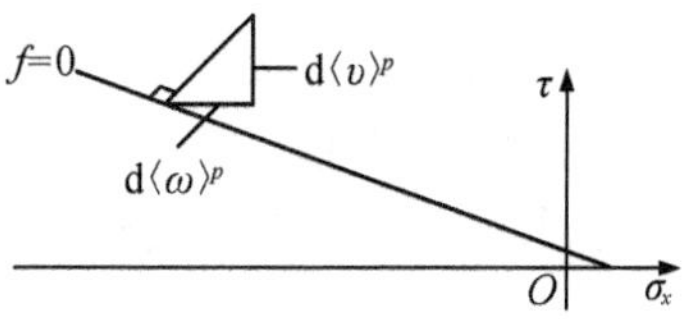

图 8.3.12　塑形流动方向垂直于屈服面

塑性流动方向可用 $\mathrm{d}\langle w\rangle^p$ 和 $\mathrm{d}\langle v\rangle^p$ 之比来表示：

$$\frac{\mathrm{d}\langle w\rangle^p}{\mathrm{d}\langle v\rangle^p} = \frac{\mathrm{d}\lambda}{b}f' \Big/ \frac{\mathrm{d}\lambda}{b}\times 1 = f' \tag{8.3.107}$$

于是屈服条件式(8.3.93)中的内摩擦系数 f' 可表征间断面的塑性流动方向。

不难将间断面本构方程式(8.3.102)写成下面的形式:

$$d\bar{\boldsymbol{\sigma}} = \overline{\boldsymbol{D}}_{ep}\,d\langle\boldsymbol{u}\rangle \tag{8.3.108}$$

其中本构矩阵

$$\overline{\boldsymbol{D}}_{ep} = \overline{\boldsymbol{D}} - \frac{1}{\overline{H}+\overline{A}}\overline{\boldsymbol{D}}\left(\frac{\partial f}{\partial \boldsymbol{\sigma}}\right)^{\mathrm{T}}\frac{\partial f}{\partial \boldsymbol{\sigma}}\overline{\boldsymbol{D}} \tag{8.3.109}$$

$$\left(\frac{\partial f}{\partial \boldsymbol{\sigma}}\right)^{\mathrm{T}} = \left[\frac{\tau_{zx}}{\tau} \quad \frac{\tau_{zy}}{\tau} \quad f'\right] \tag{8.3.110}$$

$$\overline{\boldsymbol{D}} = \begin{bmatrix} k_t & 0 & 0 \\ 0 & k_t & 0 \\ 0 & 0 & k_n \end{bmatrix} \tag{8.3.111}$$

4. 平面问题节理单元的弹塑性矩阵

在大体积混凝土和岩体工程的有限元计算中,常用节理单元描述层面、节理和断层带、破碎带以及其他软弱结构面的不连续性质。节理单元还可用来模拟混凝土坝体各种缝面的接触性质,这时称为连接单元。在节理单元中,用相对位移矢量 $\langle\boldsymbol{u}\rangle$ 描述变形:

$$\langle\boldsymbol{u}\rangle = [\langle u_t\rangle \quad \langle u_n\rangle]^{\mathrm{T}} \tag{8.3.112}$$

它是穿过节理时位移的间断量矢量。与 $\langle\boldsymbol{u}\rangle$ 共轭的应力矢量是

$$\boldsymbol{\sigma} = [\tau_n \quad \sigma_n]^{\mathrm{T}} \tag{8.3.113}$$

式中:τ_n,σ_n 分别为节理面(间断面)上的剪应力和正应力。

已知节理材料的弹性模量 E 和泊松比 ν,对于平面应力情况,设节理单元的切向刚度 $k_t = E/2(1+\nu)b$ 和法向刚度 $k_n = E/(1-\nu^2)b$,将平面应力改为平面应变时,E 换为 $E/(1-\nu^2)$,而 ν 换为 $\nu/(1-\nu)$,得到平面应变时的切向弹性刚度 $k_t = E/2(1+\nu)b$ 和法向弹性刚度 $k_n = E(1-\nu)/(1+\nu)(1-2\nu)b$。最后得到节理介质的本构方程:

$$\boldsymbol{\sigma} = \overline{\boldsymbol{D}}\langle\boldsymbol{u}\rangle \tag{8.3.114}$$

式中:$\overline{\boldsymbol{D}} = \begin{bmatrix} k_t & 0 \\ 0 & k_n \end{bmatrix}$。

这里的 k_t 和 k_n 分别是单位长度的节理在切向和法向上的弹性刚度。节理不仅是一个几何上的间断面,还是具有一定物质属性的物质点组成的面。上述的本构方程就是描述了这些物质点的弹性性质。

设屈服函数为二参数形式

$$f = f'\sigma_n + \tau_n - c' = 0 \tag{8.3.115}$$

同样得出弹塑性矩阵

$$\overline{\boldsymbol{D}}_{ep} = \overline{\boldsymbol{D}} - \frac{H(L)}{\overline{A}}\overline{\boldsymbol{R}}\,\overline{\boldsymbol{R}}^{\mathrm{T}} \tag{8.3.116}$$

其中

$$\overline{A}=k_n f'^2+k_t+\left(\frac{\partial c'}{\partial \kappa}-\frac{\partial f'}{\partial \kappa}\sigma_n\right)h \tag{8.3.117}$$

$$h=\begin{cases}(f'^2+1)^{1/2}, & 当\ \kappa=\langle\overline{u}\rangle^p\\ f'\sigma_n+1, & 当\ \kappa=\omega^p\\ f', & 当\ \kappa=\overline{v}^p\end{cases} \tag{8.3.118}$$

$$L=\overline{\boldsymbol{R}}^{\mathrm{T}}\mathrm{d}\langle\boldsymbol{u}\rangle,\overline{\boldsymbol{R}}=[k_t \quad k_n \quad f']^{\mathrm{T}} \tag{8.3.119}$$

因此,在弹塑性有限元分析中,用这样的模型描述岩体工程中的节理,能反映实际节理的剪胀特性和变形软化性质,还可以得到用增量形式的弹塑性关系 $\mathrm{d}\boldsymbol{\sigma}=\overline{\boldsymbol{D}}_{ep}\mathrm{d}\langle\boldsymbol{u}\rangle$。对于加载和卸载,材料的反应是不同的,根据节理单元的 $\boldsymbol{B}$ 矩阵和本构矩阵 $\overline{\boldsymbol{D}}_{ep}$,就容易写出节理单元的刚度矩阵

$$\overline{\boldsymbol{K}}_e=\int_e \boldsymbol{B}^{\mathrm{T}}\overline{\boldsymbol{D}}_{ep}\boldsymbol{B}\,\mathrm{d}x=\int_{-1}^{1}\boldsymbol{B}^{\mathrm{T}}\overline{\boldsymbol{D}}_{ep}\boldsymbol{B}\,|\boldsymbol{J}|\,\mathrm{d}r \tag{8.3.120}$$

以及荷载的等效节点力矢量等。

节理单元是 Goodman 首先提出的,并给出了 $\boldsymbol{B}$ 矩阵,但没有给出本构矩阵 $\overline{\boldsymbol{D}}_{ep}$,而是按弹性矩阵计算,将超出库仑条件的那部分应力用应力转移法转到其他的弹性介质单元。这种办法会使得不同的转移方案产生不同的结果。而这里的节理单元模型则避免了这类问题,将节理单元与其他非线性单元一样纳入有限元的一般表述(利用包含有间断面的变形体的虚功原理)之中,使含有间断面的变形体的有限元分析建立在严谨的数学和力学基础之上。

5. 非关联模型间断面的塑性势理论

间断面的位移间断矢量用式(8.3.90)定义,面内应力矢量用式(8.3.92)定义,屈服条件和塑性势分别取为

$$f(\overline{\boldsymbol{\sigma}},k)=(\tau_{zx}^2+\tau_{zy}^2)^{1/2}+f'\sigma_z-c'=0 \tag{8.3.121}$$

$$g(\overline{\boldsymbol{\sigma}},k)=(\tau_{zx}^2+\tau_{zy}^2)^{1/2}+\theta f'\sigma_z \tag{8.3.122}$$

式中:θ 是塑性流动参数,根据试验资料给定;c',f' 是内变量 κ 的函数,对非关联的间断面可以得到形式相同的本构方程

$$\mathrm{d}\overline{\sigma}=\overline{\boldsymbol{D}}_{ep}\mathrm{d}\langle\boldsymbol{u}\rangle \tag{8.3.123}$$

$$\overline{\boldsymbol{D}}_{ep}=\overline{\boldsymbol{D}}-\frac{1}{\overline{H}_{12}+\overline{A}}\overline{\boldsymbol{D}}\frac{\partial g}{\partial\overline{\boldsymbol{\sigma}}}\left(\frac{\partial f}{\partial\overline{\boldsymbol{\sigma}}}\right)^{\mathrm{T}}\overline{\boldsymbol{D}} \tag{8.3.124}$$

其中

$$\overline{\boldsymbol{D}}=\begin{bmatrix}k_t & 0 & 0\\ 0 & k_t & 0\\ 0 & 0 & k_n\end{bmatrix} \tag{8.3.125}$$

$$\frac{\partial f}{\partial \bar{\boldsymbol{\sigma}}}=\left[\frac{\tau_{zx}}{\tau} \quad \frac{\tau_{zy}}{\tau} \quad f'\right]^{\mathrm{T}} \tag{8.3.126}$$

$$\overline{\boldsymbol{D}}\frac{\partial f}{\partial \bar{\boldsymbol{\sigma}}}=\left[k_t\frac{\tau_{zx}}{\tau} \quad k_t\frac{\tau_{zy}}{\tau} \quad k_n f'\right]^{\mathrm{T}} \tag{8.3.127}$$

$$\frac{\partial g}{\partial \bar{\boldsymbol{\sigma}}}=\left[\frac{\tau_{zx}}{\tau} \quad \frac{\tau_{zy}}{\tau} \quad \theta f'\right]^{\mathrm{T}} \tag{8.3.128}$$

$$\overline{\boldsymbol{D}}\frac{\partial g}{\partial \bar{\boldsymbol{\sigma}}}=\left[k_t\frac{\tau_{zx}}{\tau} \quad k_t\frac{\tau_{zy}}{\tau} \quad \theta k_n f'\right]^{\mathrm{T}} \tag{8.3.129}$$

$$\overline{H}_{12}=\left(\frac{\partial f}{\partial \bar{\boldsymbol{\sigma}}}\right)^{\mathrm{T}}\overline{\boldsymbol{D}}\frac{\partial g}{\partial \bar{\boldsymbol{\sigma}}}=k_1+\theta f'^2 k_n \tag{8.3.130}$$

$$\overline{A}=-\frac{\partial f}{\partial k}m=(\bar{c}'-\bar{f}'\sigma_z)m \tag{8.3.131}$$

式中：m 是联系 $\mathrm{d}\kappa$ 和 $\mathrm{d}\lambda$ 之间的参数（$\mathrm{d}\kappa=m\mathrm{d}\lambda$），采用不同内变量，$m$ 取不同的值，如果 $\mathrm{d}\kappa=\mathrm{d}w^p=\bar{\boldsymbol{\sigma}}^{\mathrm{T}}\mathrm{d}\langle\boldsymbol{u}\rangle^p$（塑性功），则

$$m=\bar{\boldsymbol{\sigma}}^{\mathrm{T}}\frac{\partial g}{\partial \bar{\boldsymbol{\sigma}}}=\tau+\theta f'\sigma_z^2 \tag{8.3.132}$$

如果 $\mathrm{d}\kappa=\mathrm{d}\theta^p=\mathrm{d}\langle w\rangle^p$（扩容），则

$$m=\bar{\boldsymbol{e}}^{\mathrm{T}}\frac{\partial g}{\partial \bar{\boldsymbol{\sigma}}}=\theta f' \tag{8.3.133}$$

如果 $\mathrm{d}\kappa=\mathrm{d}\,\bar{\varepsilon}^p=\mathrm{d}\langle\bar{u}\rangle^p$（等效塑性位移间断），则

$$m=\left[\left(\frac{\partial g}{\partial \bar{\boldsymbol{\sigma}}}\right)^{\mathrm{T}}\left(\frac{\partial g}{\partial \bar{\boldsymbol{\sigma}}}\right)\right]^{1/2}=(1+\theta^2 f'^2)^{1/2} \tag{8.3.134}$$

本构矩阵式(8.3.124)是不对称矩阵，这是非关联模型的一个主要缺陷，使得有限元方程组没有对称性，为求解带来一些麻烦。

五、奇异屈服面的本构关系

岩体或岩土塑性变形特性受应力状态影响较大，在不同的应力状态下，产生塑性变形的机制不同，硬化机制也不同，后继屈服面一般是各向异性的，通常将应力状态划分成 4 个区域(图 8.3.13)：①拉伸区，屈服面与破坏面重合，可以认为到破坏为止所产生的塑性变形很小，破坏后会产生显著的应变软化，该应力区域代表岩体的脆性特征；②压缩-拉伸混合区，塑性硬化区开始逐渐形成；③低

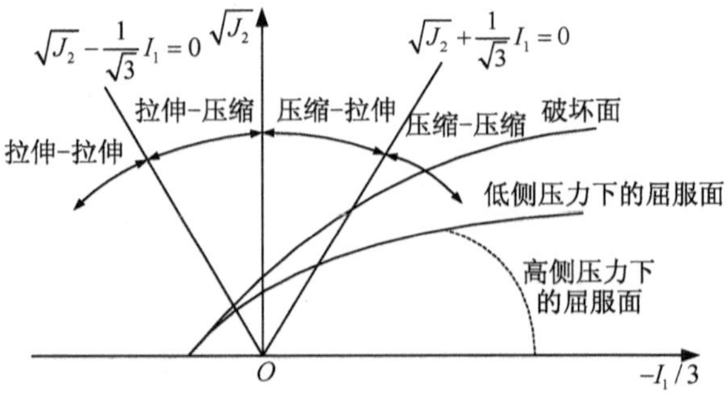

图 8.3.13　硬化模型分区描述

侧压力的压缩区，塑性硬化明显，材料延性增加；④高侧压力的压缩区，该区域偏应力较小，主要受静水压力作用，由于岩体内部存在一定的不均匀性，即使是在各向等压的应力状态下也会引起屈服。

前述屈服条件主要反映的是剪切屈服，在应力空间中是开口的锥面，无法反映由静水压力引起的屈服。为了描述这一特性，DiMaggio 和 Sandler 等学者提出了帽盖模型（Cap models），即在 Mohr-Coulomb 锥面上（Drucker Prager 圆锥）加一个帽盖，如图 8.3.14 所示。

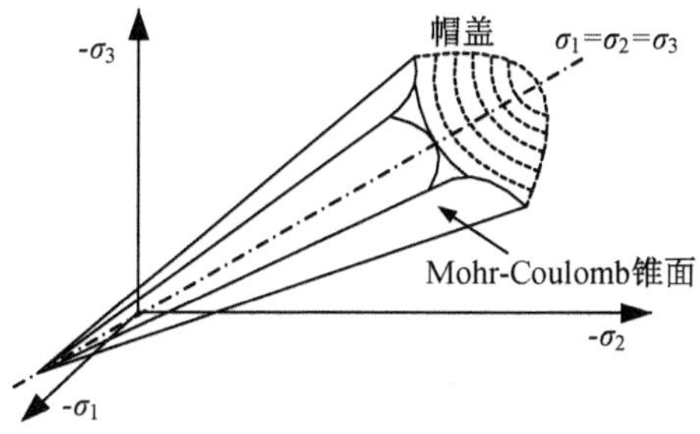

图 8.3.14　主应力空间中的帽盖屈服面

前面讨论的 Mohr-Coulomb 模型以及本节讨论的帽盖模型，其屈服面都是由几支正则曲面组成的。对于屈服面的正则点，弹塑性本构关系的应力空间表述和应变空间表述分别在前面做了详尽的讨论。对于屈服面上的奇异点的塑性变形图案更为复杂，相应的本构方程的应力空间表述和应变空间表述在理论上也得到了全面的解决[88]。下面仅简要介绍应变空间表述的奇异点处的本构关系。

设奇异点位于两个正则屈服面

$$F_i(\boldsymbol{\varepsilon},\boldsymbol{\varepsilon}_p,\kappa)=0\,(i=1,2) \tag{8.3.135}$$

的交线上，Mohr-Coulomb 准则棱柱的棱上各点就属于这种情况。在奇异点上，柯依特（Koiter）法则给出塑性应变增量的方向

$$\mathrm{d}\boldsymbol{\varepsilon}^p=\mathrm{d}\lambda_1\frac{\partial F_1}{\partial\boldsymbol{\sigma}}+\mathrm{d}\lambda_2\frac{\partial F_2}{\partial\boldsymbol{\sigma}} \tag{8.3.136}$$

其中 $\mathrm{d}\lambda_1$ 和 $\mathrm{d}\lambda_2$ 是待定的非负因子，也就是塑性应变增量的方向在方向 $\partial F_1/\partial\boldsymbol{\sigma}$ 和 $\partial F_2/\partial\boldsymbol{\sigma}$ 之间变化。两个塑性因子都是正时，对应于完全加载；其中一个为正，一个为零，对应于部分加载；两个都为零，对应于卸载或中性变载。在完全加载情况下，$\mathrm{d}\lambda_1$ 和 $\mathrm{d}\lambda_2$ 由一致性条件

$$\mathrm{d}F_i=\left(\frac{\partial F_i}{\partial\boldsymbol{\varepsilon}}\right)\mathrm{d}\boldsymbol{\varepsilon}+\left(\frac{\partial F_i}{\partial\boldsymbol{\varepsilon}^p}\right)^{\mathrm{T}}\mathrm{d}\boldsymbol{\varepsilon}^p+\left(\frac{\partial F}{\partial\kappa}\right)\mathrm{d}\kappa=0 \tag{8.3.137}$$

确定，用两个条件确定两个常数（如果仅用一个塑性因子的流动法则，与两个一致性条件发生矛盾）。部分加载也称为单面加载，其中单个正的塑性因子（如 $\mathrm{d}\lambda_1$），由所对应的一致性条件（例如 $\mathrm{d}F_1=0$）来确定，这与正则点情况类似。这里加、卸载情况相当复杂，相应的加、卸载准则是

$$\max(L_1,L_2)\begin{cases}<0, & \text{卸载}\\ =0, & \text{中性变载}\\ >0, & \text{加载}\end{cases} \tag{8.3.138}$$

$$\min\left[\frac{1}{\det\boldsymbol{B}}(b_{22}L_1-b_{12}L_2),\frac{1}{\det\boldsymbol{B}}(-b_{21}L_1+b_{11}L_2)\right]\begin{cases}\leqslant 0, & \text{部分加载}\\ >0, & \text{完全加载}\end{cases} \tag{8.3.139}$$

其中

$$L_i = \left(\frac{\partial F_i}{\partial \boldsymbol{\varepsilon}}\right)^{\mathrm{T}} \mathrm{d}\boldsymbol{\varepsilon} \tag{8.3.140}$$

$$\boldsymbol{B} = \begin{bmatrix} b_{11} & b_{12} \\ b_{21} & b_{22} \end{bmatrix} \tag{8.3.141}$$

$$b_{rs} = -\left(\frac{\partial F_r}{\partial \boldsymbol{\varepsilon}^p}\right)^{\mathrm{T}} \boldsymbol{C} \frac{\partial F_s}{\partial \boldsymbol{\varepsilon}} - \frac{\partial F_r}{\partial k} \boldsymbol{m}^{\mathrm{T}} \boldsymbol{C} \frac{\partial F_s}{\partial \boldsymbol{\varepsilon}} (r, s = 1, 2) \tag{8.3.142}$$

$$\boldsymbol{m} = \begin{cases} \boldsymbol{\sigma}, & \text{当 } \kappa = w^p \text{(塑性功)} \\ \boldsymbol{e}, & \text{当 } \kappa = \theta^p \text{(塑性体应变)} \end{cases} \tag{8.3.143}$$

在奇异点情况，完整的本构方程表述如下：对卸载和中性变载情况 $\max(L_1, L_2) \leqslant 0$ 有

$$\mathrm{d}\boldsymbol{\sigma} = \boldsymbol{D} \mathrm{d}\boldsymbol{\varepsilon} \tag{8.3.144}$$

对加载 $\max(L_1, L_2) > 0$ 分两种情况。当

$$\min\left[\frac{1}{\det \boldsymbol{B}}(b_{22}L_1 - b_{12}L_2), \frac{1}{\det \boldsymbol{B}}(-b_{21}L_1 + b_{11}L_2)\right] \leqslant 0 \tag{8.3.145}$$

为部分加载，不妨设 $\mathrm{d}\lambda_r > 0$，在 $F_r = 0$ 上加载，这时本构方程为

$$\mathrm{d}\boldsymbol{\sigma} = \left[\boldsymbol{D} - \frac{1}{b_{rr}} \frac{\partial F_r}{\partial \boldsymbol{\varepsilon}} \left(\frac{\partial F_r}{\partial \boldsymbol{\varepsilon}}\right)^{\mathrm{T}}\right] \mathrm{d}\boldsymbol{\varepsilon} (r = 1 \text{ 或 } 2) \tag{8.3.146}$$

当

$$\min\left[\frac{1}{\det \boldsymbol{B}}(b_{22}L_1 - b_{12}L_2), \frac{1}{\det \boldsymbol{B}}(-b_{21}L_1 + b_{11}L_2)\right] > 0 \tag{8.3.147}$$

为完全加载，这时的本构方程为

$$\mathrm{d}\boldsymbol{\sigma} = \left[\boldsymbol{D} - \frac{\partial \boldsymbol{F}}{\partial \boldsymbol{\varepsilon}} \boldsymbol{B}^{-1} \left(\frac{\partial \boldsymbol{F}}{\partial \boldsymbol{\varepsilon}}\right)^{\mathrm{T}}\right] \mathrm{d}\boldsymbol{\varepsilon} \tag{8.3.148}$$

其中

$$\frac{\partial \boldsymbol{F}}{\partial \boldsymbol{\varepsilon}} = \begin{bmatrix} \frac{\partial \boldsymbol{F}_1}{\partial \boldsymbol{\varepsilon}} & \frac{\partial \boldsymbol{F}_2}{\partial \boldsymbol{\varepsilon}} \end{bmatrix} \tag{8.3.149}$$

矩阵 $\boldsymbol{B}$ 由式(8.3.141)给出。

类似于式(7.4.35)—式(7.4.36)，有

$$\left.\begin{aligned} \frac{\partial F_i}{\partial \boldsymbol{\varepsilon}} &= \boldsymbol{D} \frac{\partial f_i}{\partial \boldsymbol{\sigma}} \\ \frac{\partial F_i}{\partial \boldsymbol{\varepsilon}^p} &= \boldsymbol{D}\left(\frac{\partial f_i}{\partial \boldsymbol{\sigma}^p} - \frac{\partial f_i}{\partial \boldsymbol{\sigma}}\right) \\ \frac{\partial F_i}{\partial \kappa} &= \frac{\partial f_i}{\partial \kappa} \end{aligned}\right\} \tag{8.3.150}$$

利用上式，在式(8.3.138)—式(8.3.142)和式(8.3.146)—式(8.3.149)中的导数 $\frac{\partial F_i}{\partial \boldsymbol{\varepsilon}}$，$\frac{\partial F_i}{\partial \boldsymbol{\varepsilon}^p}$，$\frac{\partial F_i}{\partial \kappa}$ 可用 $\frac{\partial f_i}{\partial \boldsymbol{\varepsilon}}$，$\frac{\partial f_i}{\partial \boldsymbol{\varepsilon}^p}$，$\frac{\partial f_i}{\partial \kappa}$ 表示。虽然这时的加、卸载准则和本构方程包含的是应力屈服函数，但在本质上，这些关系仍是在应变空间中表述的。它们是以应变为基本变量，只要给出应变增量 $\mathrm{d}\boldsymbol{\varepsilon}$，就可以从这些关系唯一地求出应力增量 $\mathrm{d}\boldsymbol{\sigma}$ 。

上面给出的应变空间表述的加、卸载准则和本构方程适用于任何强化和软化规律，在有限元分析中使用它们是可行的。

考虑岩石介质在高围压下的压缩破坏，在岩石力学分析中仍采用帽盖模型。在这个模型中，模拟剪切破坏，用理想塑性的 Drucker-Prager 屈服面表示破坏包络线

$$f_1 = \alpha I_1 + \sqrt{J_2} - k = 0 \tag{8.3.151}$$

用一个等向强化的椭圆形帽盖模拟压缩破坏

$$f_2 = \left(\frac{I_1 - x}{a}\right)^2 + \frac{J_2}{b^2} - 1 = 0 \tag{8.3.152}$$

式中：I_1 为应力张量的第一不变量；J_2 为应力偏张量的第二不变量；α,k 为材料常数；x,a,b 为椭圆的中心和长短轴的半径，它们都是塑性内变量 κ_2 的函数(图 8.3.15)。

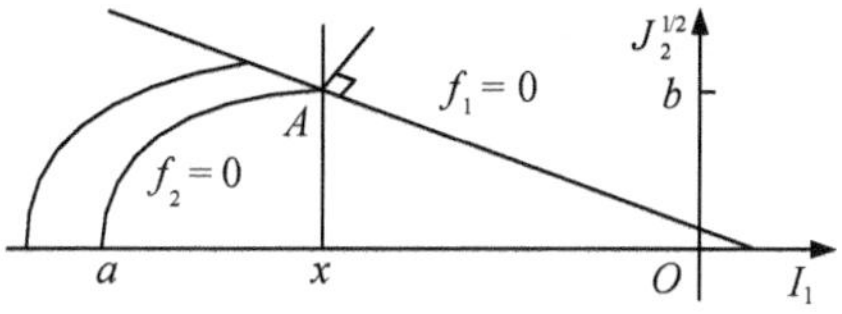

图 8.3.15　岩石力学分析中的帽盖模型

屈服面 $f_1 = 0$ 和 $f_2 = 0$ 的交点 A 构成奇异点，显然，在奇异点处

$$\begin{aligned} I_1 &= x \\ J_2^{1/2} &= b \end{aligned} \tag{8.3.153}$$

奇异点的位置随加载过程沿 $f_1 = 0$ 移动。由于 $f_1 = 0$ 和 $f_2 = 0$ 的强化性质不同，在奇异点两侧强化特性有一个间断。由于采用了 Koiter 流动法则，可以确定奇点处的塑性流动方向。

不难计算

$$\boldsymbol{q} = \frac{\partial F_1}{\partial \boldsymbol{\varepsilon}} = \boldsymbol{D}\frac{\partial f_1}{\partial \boldsymbol{\sigma}} = 3\alpha K\boldsymbol{e} + \frac{G}{b}\boldsymbol{s} \tag{8.3.154}$$

$$\boldsymbol{r} = \frac{\partial F_2}{\partial \boldsymbol{\varepsilon}} = \boldsymbol{D}\frac{\partial f_2}{\partial \boldsymbol{\sigma}} = \frac{2G}{b^2}\boldsymbol{s} \tag{8.3.155}$$

式中：K,G 分别为弹性的体积模量和切变模量。

可进一步导出

$$\begin{aligned} L_1 &= \boldsymbol{q}^{\mathrm{T}}\mathrm{d}\boldsymbol{\varepsilon} = \left(3\alpha K\boldsymbol{e}^{\mathrm{T}} + \frac{G}{b}\boldsymbol{s}^{\mathrm{T}}\right)\mathrm{d}\boldsymbol{\varepsilon} \\ L_2 &= \boldsymbol{r}^{\mathrm{T}}\mathrm{d}\boldsymbol{\varepsilon} = \frac{2G}{b^2}\boldsymbol{s}^{\mathrm{T}}\mathrm{d}\boldsymbol{\varepsilon} \end{aligned} \tag{8.3.156}$$

取内变量 $\kappa_2 = \theta^p$，并设 $b' = \dfrac{\partial b}{\partial \theta^p} > 0$，有

$$b_{11} = 9\alpha^2 K + G, b_{22} = \frac{4G}{b^2}, b_{12} = \frac{2G}{b} \tag{8.3.157}$$

$$b_{21} = \frac{2G}{b} + \frac{6b'\alpha}{b}, \det\boldsymbol{B} = \frac{12\alpha G}{b^2}(3\alpha K - b') \tag{8.3.158}$$

在奇异点处 ($I_1 = x, J_2^{1/2} = b$) 的本构方程可写成一般的形式

$$\mathrm{d}\boldsymbol{\sigma} = (\boldsymbol{D} - \boldsymbol{D}_p)\mathrm{d}\boldsymbol{\varepsilon} \tag{8.3.159}$$

式中:塑性矩阵 $\boldsymbol{D}_p$ 按加、卸载情况取不同形式。

当 $\max(L_1, L_2) < 0$ (卸载)或当 $\max(L_1, L_2) = 0$ (中性变载)时

$$\boldsymbol{D}_p = 0 \tag{8.3.160}$$

当 $\max(L_1, L_2) > 0$ (加载)时,有以下 3 种情况。

(1) 当 $-\left(2 + \dfrac{6\alpha b'}{b}\right)L_1 + b\left(1 + \dfrac{9\alpha^2 K}{G}\right)L_2 \leqslant 0$，部分加载(仅在 $f_1 = 0$ 上加载),有

$$\boldsymbol{D}_p = \frac{1}{b_{11}}\boldsymbol{q}\boldsymbol{q}^{\mathrm{T}} \tag{8.3.161}$$

(2) 当 $2L_1 - bL_2 \leqslant 0$，部分加载(仅在 $f_2 = 0$ 上加载),有

$$\boldsymbol{D}_p = \frac{1}{b_{22}}\boldsymbol{r}\boldsymbol{r}^{\mathrm{T}} \tag{8.3.162}$$

(3) 当 $2L_1 - bL_2 > 0$ 和 $-\left(2 + \dfrac{6\alpha b'}{b}\right)L_1 + b\left(1 + \dfrac{9\alpha^2 K}{G}\right)L_2 > 0$，完全加载,有

$$\boldsymbol{D}_p = \frac{1}{\det\boldsymbol{B}}(b_{22}\boldsymbol{q}\boldsymbol{q}^{\mathrm{T}} + b_{11}\boldsymbol{r}\boldsymbol{r}^{\mathrm{T}} - b_{12}\boldsymbol{q}\boldsymbol{r}^{\mathrm{T}} - b_{21}\boldsymbol{r}\boldsymbol{q}^{\mathrm{T}}) \tag{8.3.163}$$

式(8.3.159)—式(8.3.163)及其加、卸载准则构成了帽盖模型奇异点处完整的本构关系。

这里将奇异点处的加-卸载准则几何地表示在图 8.3.16 中,发现在阴影区虽然 $\min(L_1, L_2) > 0$，即状态保持在奇异点上,却属于部分加载情况。

从上面的讨论可看出奇异点处的本构表述相当复杂,而正则点上的本构关系比较简单。如果在奇异点两侧的屈服面的强化规律是相同的(各向同性强化),那么可以用局部光滑的方法,将奇异点改为正则点来处理。例如 Drucker-Prager 屈服面的锥顶是一个奇异点,这个奇异点本身缺乏物理基础。Drucker-Prager 屈服面在本质上是用来描述材料的压剪性质的,在拉伸区 ($I_1 > 0$) 为拉破裂,失去了原来的物理含义。在

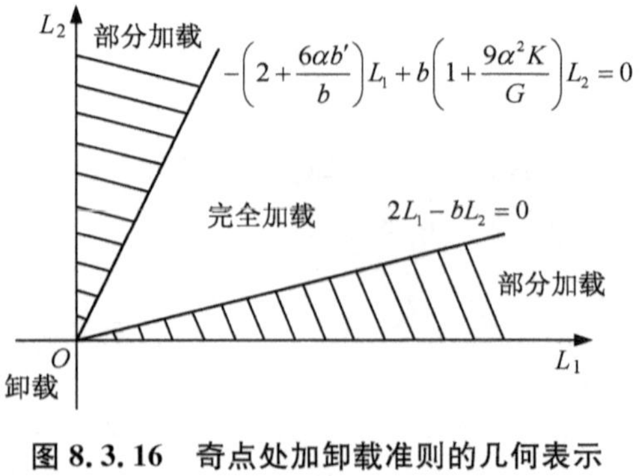

图 8.3.16　奇点处加卸载准则的几何表示

锥顶处

$$I_1 = \frac{k}{\alpha} = \frac{3}{2}\frac{c'}{f'} \tag{8.3.164}$$

式中：c' 是凝聚力；f' 是内摩擦系数。

这个值比岩石的抗拉强度 σ_t 大得多，因而工程界通常用 $I_1 = \sigma_t$ 表示拉伸区的屈服面，然而这样又构成了一个新的奇异点（$I_1 = \sigma_t$ 和 $\alpha I_1 + \sqrt{J_2} - k = 0$ 的交点）。为了克服这些问题，可采用 Drucker-Prager-Yin 准则。在奇异点两侧的正则曲面有不同的强化规律时，例如由强化的帽盖和理想塑性的包络线相交形成的奇异点，则不能做光滑化处理，需要引入独立作用屈服面概念，按前面给出的本构方程(8.3.159)—式(8.3.163)处理。

第四节　岩体的强度理论

岩体强度理论是研究基岩在复杂应力状态下产生屈服和破坏的规律以及计算准则的理论。在岩体力学中，强度理论是很重要的，坝基、地下工程中的围岩、边坡等的稳定分析，都涉及岩体的强度准则。岩体工程稳定分析，涉及包含各种成因和各种形态的不连续面的强度问题。无疑，这是个相当复杂的问题，困难在于这种复杂体系介质内部不连续面的随机性，目前还没有成功的力学试验成果以及描述它的力学体系。因此，在工程实践中，往往直接应用岩石的强度准则，在反映强度的参数上适当降低。或者对于岩体中较大的不连续面(断层、层面、软弱夹层等)另外用一个强度准则。在用有限元法进行岩体应力分析时，这不失为一种现实的、可行的办法。

在岩石块体、结构面以及包含结构面的岩体这三者的强度理论中，岩石块体强度理论是基础性的，并且它又直接与经典强度理论相关，对它的研究是具有理论和实践意义的。岩石的强度理论大致上是由 3 条途径建立起来的(或被承认的)：①从塑性理论派生的 Mises，Tresca，Mohr-Coulomb，Drucker-Prager 等塑性准则都可以作为强度准则；②直接从试验结果建立的，如 Mohr 强度准则；③脆性破坏理论。实际上，岩石块体的强度理论也并不完善，还需要做大量工作。但是，小块体的岩石毕竟均质性较好，而且已经发表的试验成果也较多，这是研究岩石强度理论比其他两种情况的有利条件。

一、塑性强度理论

1. Tresca 准则

根据试验结果，认为最大剪应力达到某一数值时，材料就发生屈服，即

$$\tau_{\max} = \tau_0 \tag{8.4.1}$$

式中：τ_0 为材料的剪切屈服应力。

上式又可改写成：

$$\sigma_{\max} - \sigma_{\min} = K \tag{8.4.2}$$

如果 $\sigma_1, \sigma_2, \sigma_3$ 不按大小排列，在一般情况下，下列表示最大剪应力的 6 个条件中任何一

个成立时，材料开始屈服。

$$\left.\begin{aligned}\sigma_1-\sigma_2&=\pm\sigma_0\\ \sigma_2-\sigma_3&=\pm\sigma_0\\ \sigma_3-\sigma_1&=\pm\sigma_0\end{aligned}\right\}\tag{8.4.3}$$

上式表示 Tresca 准则是应力空间的六角形柱体。Tresca 准则中，单向压缩时：$\sigma_1=\sigma_0$，$\sigma_2=\sigma_3=0$，则

$$K=\frac{\sigma_0}{2}\tag{8.4.4}$$

纯剪切时，$\sigma_1=-\sigma_3=\tau_0$，$\sigma_2=0$，则

$$K=\tau_0\tag{8.4.5}$$

因此，在 Tresca 准则中，单向压缩与纯剪屈服值的关系为

$$\tau_0=\frac{\sigma_0}{2}\tag{8.4.6}$$

2. Mises 准则

Mises 强度准则和塑性准则的数学形式相同，即

$$(\sigma_1-\sigma_2)^2+(\sigma_2-\sigma_3)^2+(\sigma_3-\sigma_1)^2=6K^2\tag{8.4.7}$$

上式又可以写成

$$(\sigma_1-\sigma_2)^2+(\sigma_2-\sigma_3)^2+(\sigma_3-\sigma_1)^2=2\sigma_0^2\tag{8.4.8}$$

式中：σ_0 为单向抗拉强度。

当 $\sigma_2=\sigma_3$ 时，从式(8.4.8)得到

$$\sigma_1-\sigma_3=\sigma_0\tag{8.4.9}$$

这就是 Tresca 准则。即 Tresca 准则是当 $\sigma_2=\sigma_3$ 时，Mises 准则的一个特例，见图 8.4.1。对于 Tresca 准则，岩石沿最大剪应力面破坏，其最大剪应力面与最大主应力方向成 45°交角，见图 8.4.2。

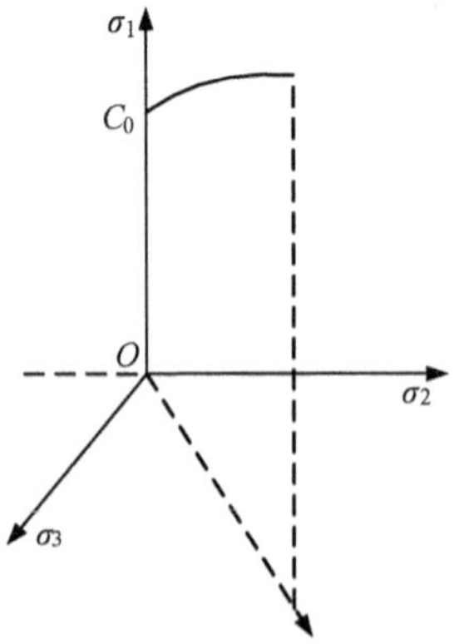

图 8.4.1　$\sigma_2=\sigma_3$ 的特例

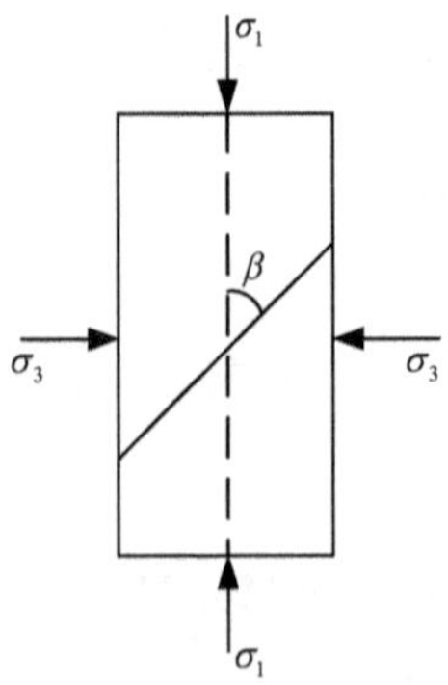

图 8.4.2　破坏面与 σ_1 成 45°

岩石的破坏理论比塑性理论多一个检验信息，就是根据岩石试验样品的破坏机制检验。

因为 Tresca 准则预测岩石的破坏面与 σ_1 成 45°，与实际情况不符。

在应力空间中，Mises 强度准则是一个圆柱体，圆半径为 $2K$。Mises 准则有几种解释，Nadai 提出式(8.4.7)表示正八面体剪应力达到某一数值，材料开始屈服；Huber 认为在压应力状态下，弹性畸变能达到某一数值时，材料开始屈服。总应变能

$$W_T = \frac{1}{2E}[\sigma_1^2 + \sigma_2^2 + \sigma_3^2 - \mu(\sigma_1\sigma_2 + \sigma_2\sigma_3 + \sigma_3\sigma_1)] \tag{8.4.10}$$

体积应变能

$$W_V = \frac{1-2\nu}{6E}[\sigma_1^2 + \sigma_2^2 + \sigma_3^2 + 2(\sigma_1\sigma_2 + \sigma_2\sigma_3 + \sigma_3\sigma_1)] \tag{8.4.11}$$

上二式之差即为畸变能，即

$$W_D = \frac{1+\nu}{6E}[(\sigma_1 - \sigma_2)^2 + (\sigma_2 - \sigma_3)^2 + (\sigma_3 - \sigma_1)^2] \tag{8.4.12}$$

可由式(8.4.7)和式(8.4.12)看出 Mises 准则与畸变能形式上相同，二者之间只是系数不同。因此，在 Mises 准则中，单向压缩时：$\sigma_1 = \sigma_0, \sigma_2 = \sigma_3 = 0$，则

$$K = \frac{\sigma_0}{\sqrt{3}} \tag{8.4.13}$$

纯剪切时 $\sigma_1 = -\sigma_3 = \tau_0, \sigma_2 = 0$，则

$$K = \tau_0 \tag{8.4.14}$$

在 Mises 准则中，单向压缩与纯剪切的关系为

$$\tau_0 = \frac{\sigma_0}{\sqrt{3}} \tag{8.4.15}$$

在 π 平面 ($\sigma_1 + \sigma_2 + \sigma_3 = 0$ 的平面上)，若用单向应力试验确定常数，两屈服条件重合，Tresca 六边形内接于 Mises 圆；若用纯剪切试验常数，两屈服条件重合，Tresca 六边形外接于 Mises 圆。

3. Mohr-Coulomb 准则

从岩石直剪试验知道，岩石的屈服准则与静水压力有关，即岩体的屈服准则为

$$f(I_1, J_2, J_3) = 0 \tag{8.4.16}$$

对于一般受力下岩体的破裂准则可以表述如下：在介质微元的任何截面上，其剪应力 τ_n 的大小都不能超过某一临界值。当 τ_n 达到该临界值时，岩体就要产生剪切滑移。在最简单情况下，上述的临界值和破裂面上的正应力 τ_n 之间呈线性关系，即有

$$\tau_n = C + \sigma_n \tan\varphi \tag{8.4.17}$$

上式也可以写成

$$\frac{\sigma_1 - \sigma_3}{2} = C\cos\varphi + \frac{\sigma_1 + \sigma_3}{2}\sin\varphi \tag{8.4.18}$$

或

$$\frac{1}{3}I_1\sin\varphi+\left(\cos a-\frac{\sin a\sin\varphi}{\sqrt{3}}\right)\sqrt{J_2}-C\cos\varphi=0 \qquad (8.4.19)$$

式中：

$$a=-\sin^{-1}\left(-\frac{3\sqrt{3}}{2}\frac{J_3}{J_2^{\frac{3}{2}}}\right) \qquad (8.4.20)$$

这就是所谓的 Coulomb 剪切破裂准则，一般情况下，φ 值将随 σ_n 的增加而减小，但在岩体所受静水压力不太大的情况下还是可以假定它为常数。试验表明，Coulomb 剪切破裂准则能较好地模拟微裂纹的发生，故通常用它来作为岩体的屈服条件，在 Mohr 圆上，式(8.4.17)可以由一对射线表示(图 8.4.3)。岩土材料应力状态的 Mohr 圆应处于由这两条射线所构成的楔形区域内。

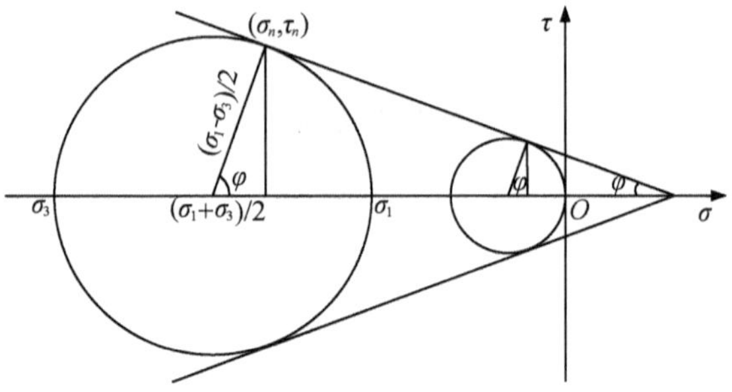

图 8.4.3　Mohr-Coulomb 屈服准则

当发生剪切滑移时，Mohr 圆与射线相切。切点的坐标 (σ_n,τ_n) 值对应于剪切滑移面上的正应力和剪应力。若规定主应力 $\sigma_1\geqslant\sigma_2\geqslant\sigma_3$，则在主应力空间剪应力 τ_n 和正应力 σ_n 可以如下式表示：

$$\sigma_n=\frac{1}{2}(\sigma_1+\sigma_2)+\frac{1}{2}(\sigma_1-\sigma_3)\sin\varphi$$

$$\tau_n=\frac{1}{2}(\sigma_1-\sigma_3)\cos\varphi \qquad (8.4.21)$$

此时，式(8.4.17)也可以由主应力或应力不变量如式(8.4.22)和式(8.4.23)表示：

$$F(\sigma_1,\sigma_2,\sigma_3)=\frac{1}{2}(\sigma_1-\sigma_3)+\frac{1}{2}(\sigma_1+\sigma_3)\sin\varphi-C\cos\varphi=0 \qquad (8.4.22)$$

$$F(I_1,I'_2,\theta_\sigma)=\frac{1}{3}I_1\sin\varphi+\left(\cos\theta_\sigma-\frac{1}{\sqrt{3}}\sin\theta_\sigma\sin\varphi\right)\sqrt{I'_2}-C\cos\varphi=0 \qquad (8.4.23)$$

式中：θ_σ 为 Lode 角，$\tan\theta_\sigma=\frac{2\sigma_2-\sigma_1-\sigma_3}{\sqrt{3}(\sigma_1-\sigma_3)}$，由于 $\sigma_1\geqslant\sigma_2\geqslant\sigma_3$，所以 $-30°\leqslant\theta_\sigma\leqslant30°$；$I_1$ 为应力张量第一不变量，$I_1=\sigma_1+\sigma_2+\sigma_3$；$I'_2$ 为应力偏量第二不变量，$I'_2=\frac{1}{6}[(\sigma_1-\sigma_2)^2+(\sigma_2-\sigma_3)^2+(\sigma_1-\sigma_3)^2]$。

Mohr 把强度理论变化规律表述为更一般的曲线形式，图 8.4.4 表示两组不同的材料强度参数以及它们之间的关系，拉伸强度极限 σ_t、压缩强度极限 σ_c 和黏聚力 c_0、内摩擦角 φ，它们之间的关系为

$$
\begin{cases}
\sigma_t = \dfrac{2c_0\cos\varphi}{1+\sin\varphi} \\
\sigma_c = \dfrac{2c_0\cos\varphi}{1-\sin\varphi} \\
\alpha = \dfrac{1-\sin\varphi}{1+\sin\varphi}
\end{cases}
\tag{8.4.24}
$$

或

$$
\begin{cases}
\sin\varphi = \dfrac{\sigma_c - \sigma_t}{\sigma_c + \sigma_t} = \dfrac{1-\alpha}{1+\alpha} \\
c_0 = \dfrac{(1+\sin\varphi)\sigma_t}{2\cos\varphi}
\end{cases}
\tag{8.4.25}
$$

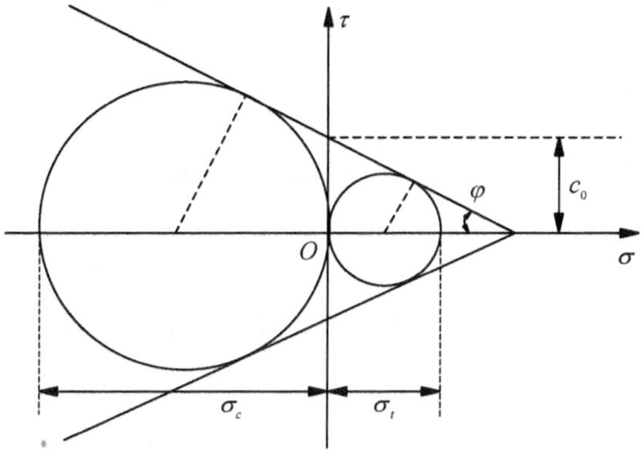

图 8.4.4　Mohr 最大应力圆和极限迹线

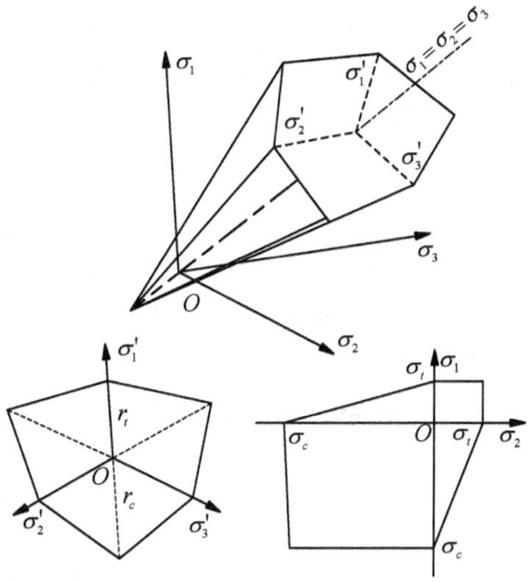

图 8.4.5　Mohr-Coulomb 强度理论的极限面

Mohr-Coulomb 强度理论的极限面如图 8.4.5 所示。Mohr-Coulomb 准则在 π 平面和应力空间中的形状如图 8.4.6(a)和图 8.4.6(b)所示。

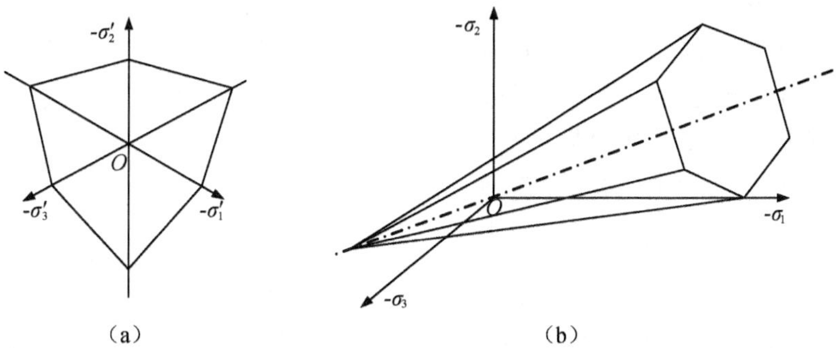

图 8.4.6　Mohr-Coulomb 屈服准则在 π 平面和应力空间中的形状

从图 8.4.6 可以看出，在 π 平面上，Mohr-Coulomb 准则是一个不等边六边形锥体，这是因为岩体压缩状态与伸长状态下 Lode 角不同而造成 π 平面屈服曲线成不规则六角形，在应力空间它还存在一个奇异的锥体顶点（$C\cot\varphi, C\cot\varphi, C\cot\varphi$）。

4. 广义 Mises 屈服准则

广义 Mises 条件是在 Mises 条件的基础上，考虑平均应力 p 或 I_1，将 Mises 条件推广成为如下形式：

$$f = \alpha I_1 + \sqrt{J_2} - K = 0 \tag{8.4.26}$$

式(8.4.26)是 1952 年由 Drucker-Prager 提出的，在平面应变状态下

$$\alpha = \frac{\sqrt{3}\sin\varphi}{3\sqrt{3+\sin^2\varphi}}, k = \frac{\sqrt{3}C\cos\varphi}{3\sqrt{3+\sin^2\varphi}} \tag{8.4.27}$$

也称为 Drucker-prager 准则，c, φ 为岩土的黏聚力和内摩擦角。当 $\varphi = 0$ 时，即为 Mises 准则。后来陆续导出多个 α, k 值，统称为广义 Mises 条件。

广义 Mises 条件在 π 平面上的屈服曲线仍是一个圆，αI_1 只影响 π 平面上圆的大小，不影响 π 平面上的图形，所以广义 Mises 条件的屈服曲面为一个圆锥体(图 8.4.7)，当 $\alpha = 0$ 时，就是 Mises 圆锥体。

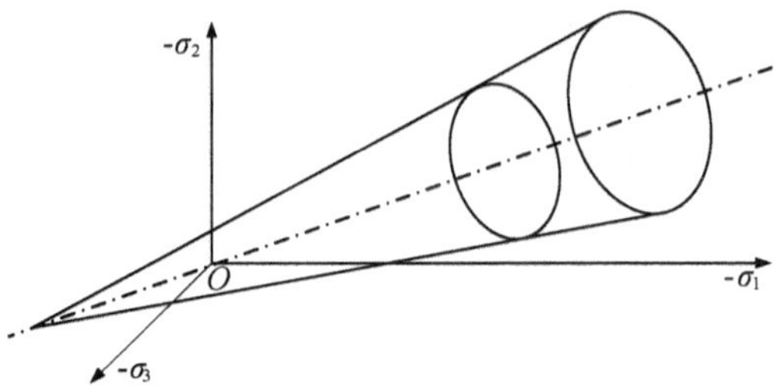

图 8.4.7 广义 Mises 条件的屈服曲面

5. Coulomb-Navier 强度理论

该理论和 Mises 和 Tresca 准则不同的是，认为岩石破坏时，不仅与破坏面上的剪力有关，而且与正应力有关，即当某一剪应力达到极限值

$$\tau = S_0 + f_\varepsilon \tag{8.4.28}$$

或

$$\tau - f_\varepsilon = S_0 \tag{8.4.29}$$

时岩石沿该平面破坏。

式(8.4.28)是破坏准则，为最终的屈服面，见图 8.4.8，因此与加载过程的应力应变关系无关，对理想塑性介质(屈服极限就是破坏极限)、应变强化介质(只要后继屈服面保持与初始屈服面相似)或脆性破坏都适用。

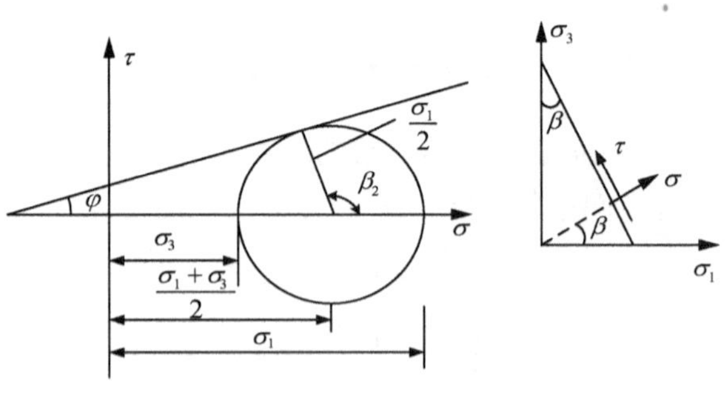

图 8.4.8 Coulomb-Navier 破坏面

根据

$$\sigma = \frac{\sigma_1+\sigma_3}{2} + \frac{\sigma_1-\sigma_3}{2}\cos 2\beta, \tau = \frac{\sigma_1-\sigma_3}{2}\sin 2\beta \tag{8.4.30}$$

由式(8.4.30)可得

$$\tau - f\sigma = \frac{1}{2}(\sigma_1 - \sigma_3)(\sin 2\beta - f\cos 2\beta) - \frac{1}{2}f(\sigma_1 + \sigma_3) \tag{8.4.31}$$

$$\tan 2\beta = -\frac{1}{f} \tag{8.4.32}$$

即

$$f = -\cos 2\beta \tag{8.4.33}$$

根据内摩擦的定义

$$-\cot 2\beta = f = \tan\varphi \tag{8.4.34}$$

又因为 $\tan\varphi = \tan\left(2\beta - \frac{\pi}{2}\right)$，得内摩擦角 φ 与破坏面法线之间的关系

$$\beta = \frac{\pi}{4} + \frac{\varphi}{2}, \frac{\pi}{2} \leqslant 2\beta \leqslant \pi \tag{8.4.35}$$

即破坏面与 σ_1 的交角在 0°～45°范围，见图 8.4.8。再根据

$$\left.\begin{aligned} \sin 2\beta &= (f^2+1)^{-\frac{1}{2}} \\ \cos 2\beta &= f(f^2+1)^{-\frac{1}{2}} \end{aligned}\right\} \tag{8.4.36}$$

以式(8.4.36)代入式(8.4.29)和式(8.4.31)得

$$\frac{1}{2}(\sigma_1 - \sigma_3)(f^2+1)^{\frac{1}{2}} - \frac{1}{2}f(\sigma_1 + \sigma_3) = S_0 \tag{8.4.37}$$

或写成

$$\sigma_1[(f^2+1)^{\frac{1}{2}} - f] - \sigma_3[(f^2+1)^{\frac{1}{2}} + f] = 2S_0 \tag{8.4.38}$$

这是 Coulomb-Navier 破坏理论的另一种形式。

纯压缩时 $\sigma_1 = C_0, \sigma_3 = 0$，

$$C_0[(f^2+1)^2 - f] = 2S_0 \tag{8.4.39}$$

纯拉伸时 $\sigma_1 = 0, \sigma_3 = -T_0$，

$$T_0[f + (f^2+1)^{\frac{1}{2}}] = 2S_0 \tag{8.4.40}$$

由式(8.4.39)和式(8.4.40)得

$$\frac{C_0}{T_0} = \frac{(f^2+1)^{\frac{1}{2}} + f}{(f^2+1)^{\frac{1}{2}} - f} \tag{8.4.41}$$

如果 $f = 1, C_0/T_0 = 5.83$，而根据岩石试验资料，$C_0/T_0 = 20 \sim 30$，可见 Coulomb-Navier 理论还有待发展。又因 $\tan 2\beta = 1/f, f = 0 \rightarrow \beta = 45^0, f = 1 \rightarrow \beta = 22.5^0, f = \infty \rightarrow$

$\beta=0^0$，而岩石 $f=0$ 和 $f=\infty$ 是不可能的，因此破坏面与 σ_1 的交角总是小于 45°，从这里可以看到 Coulomb-Navier 理论比 Mises 和 Tresca 理论更接近实际情况。Brace 和茂木清夫(Mogi)用三轴试验得到的结果，表明低围压时 $\tau=f(\sigma)$ 呈线性，与 Coulomb-Navier 理论一致。

6. 统一强度理论

在传统岩石力学中，一般只讨论岩石的剪切强度 τ^0。由于 $\tau^0=\tau_{13}^0=(\sigma_1-\sigma_3)/2$，故传统岩石力学中岩石的强度只与最大主应力 σ_1 和最小主应力 σ_3 有关，而与中间主应力 σ_2 无关。即使考虑了剪应力面上的正应力作用的 Mohr-Coulomb 强度理论也是如此，它的数学表达式为

$$f=\tau+\beta\sigma=\tau_{13}+\beta\sigma_{13}=\frac{1}{2}[(\sigma_1-\sigma_3)+\beta(\sigma_1+\sigma_3)] \tag{8.4.42}$$

$$F=F'=\sigma_1-\alpha\sigma_3=\sigma_t \tag{8.4.43}$$

由此可见，Mohr-Coulomb 强度理论可以称为单剪强度理论，以 Mohr-Coulomb 强度理论为基础的传统岩石力学可称为单剪岩石力学或不考虑中间主应力的岩石力学。但是，在自然界和工程中的岩石大多承受三向应力的作用。例如，在边坡一个可能滑动面上的不同位置的岩石，除了受到平面复杂应力的作用外，还承受垂直该平面方向的应力。因此，需要能够全面反映全部应力作用的强度理论。

在岩石力学和一般力学中，常采用主应力状态 $(\sigma_1,\sigma_2,\sigma_3)$ 进行研究。在 20 世纪 80 年代，俞茂宏教授将主应力状态转换为主剪应力状态 $(\tau_{13},\tau_{12},\tau_{23})$。由于三个主剪应力中恒有 $\tau_{13}=\tau_{12}+\tau_{23}$，因此三个主剪应力中只有两个独立变量。据此，俞茂宏教授将它们转换为双剪应力状态 $(\tau_{13},\tau_{12};\sigma_{13},\sigma_{12})$ 或 $(\tau_{13},\tau_{23};\sigma_{13},\sigma_{23})$，提出和建立了一种新的正交八面体的双剪单元体[89]。两组剪应力共八个作用面形成了一种新的八面体应力单元，从而得出两个相应的双剪单元体力学模型，如图 8.4.9 所示。双剪单元体是一种扁平的正交八面体，在它们的两组相互垂直的 4 个截面上作用着最大主剪应力 τ_{13} 和次大主剪应力 τ_{12} 或 τ_{23}。这是由于三个主剪应力 $\tau_{13},\tau_{12},\tau_{23}$ 中，虽然只有两个独立量，但中间主剪应力可能为 τ_{12}，也可能为 τ_{23}，必须根据应力状态的特点，在 τ_{12} 和 τ_{23} 中确定较大者。

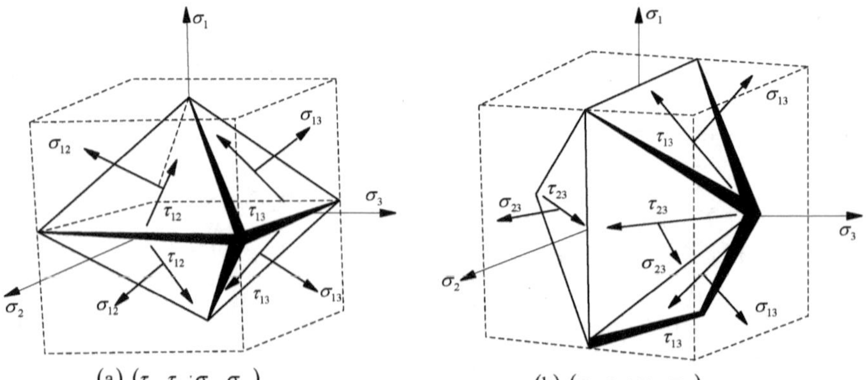

(a) $(\tau_{13},\tau_{12};\sigma_{13},\sigma_{12})$　　(b) $(\tau_{13},\tau_{23};\sigma_{13},\sigma_{23})$

图 8.4.9　双剪单元体模型

双剪单元体虽然是一个新的模型，但它只是从主应力单元体派生出来的新力学模型。双剪单元体也可派生出新的单元体，如将正交八面体一截为二，可得出一种新的四棱锥单元体，在这两个四棱锥单元体上可以看到，双剪应力与主应力 σ_1 或 σ_3 的平衡关系。正交八面体和它们的 1/2 单元体都是双剪应力单元体，它们将用于建立统一强度理论的力学模型。

下面从这个统一的力学模型出发，考虑到所有应力分量及它们对材料破坏的不同影响，介绍能够适用于各种岩土材料的新统一强度理论和统一形式的数学表达式。Mohr-Coulomb 强度理论和双剪强度理论均为其特例，并且包含了比 Druck-Prager 准则更合理的新计算准则，以及可以描述非凸极限面试验结果的新非凸强度理论。

(1) 统一强度理论的数学建模

根据以上所述，为尽可能减少计算准则中材料参数的数量，采用与一般强度理论的方程式完全不同的建模方法，即采用两个方程和附加条件式的独特数学建模方法，则统一强度理论的数学建模可写为

当 $\tau_{12}+\beta\sigma_{12}\geqslant\tau_{23}+\beta\sigma_{23}$ 时，

$$F=\tau_{13}+b\tau_{12}+\beta(\sigma_{13}+b\sigma_{12})=C \tag{8.4.44}$$

当 $\tau_{12}+\beta\sigma_{12}\leqslant\tau_{23}+\beta\sigma_{23}$ 时，

$$F'=\tau_{13}+b\tau_{23}+\beta(\sigma_{13}+b\sigma_{23})=C \tag{8.4.45}$$

式中：b 为反映中间主剪应力作用的系数；β 为反映正应力对材料破坏的影响系数；C 为材料的强度参数。

双剪应力 τ_{13}，τ_{12} 或 τ_{23} 及其作用面上的正应力 σ_{13}，σ_{12} 或 σ_{23} 分别为

$$\begin{cases}\tau_{13}=\dfrac{1}{2}(\sigma_1-\sigma_3),\tau_{12}=\dfrac{1}{2}(\sigma_1-\sigma_2),\tau_{23}=\dfrac{1}{2}(\sigma_2-\sigma_3)\\ \sigma_{13}=\dfrac{1}{2}(\sigma_1+\sigma_3),\sigma_{12}=\dfrac{1}{2}(\sigma_1+\sigma_2),\sigma_{23}=\dfrac{1}{2}(\sigma_2+\sigma_3)\end{cases} \tag{8.4.46}$$

(2) 统一强度理论参数的试验确定

参数 β 和 C 可以由材料拉伸强度极限 σ_t 和压缩强度极限 σ_c 确定，其条件为

$$\sigma_1=\sigma_t,\sigma_2=\sigma_3=0 \tag{8.4.47}$$

$$\sigma_3=-\sigma_c,\sigma_t=\sigma_2=0 \tag{8.4.48}$$

将式(8.4.47)和式(8.4.48)代入统一强度理论的数学建模式(8.4.44)和式(8.4.45)中，可联立求得统一强度理论的数学建模公式中两个材料参数 C 和 β 分别为

$$\beta=\frac{\sigma_c-\sigma_t}{\sigma_c+\sigma_t}=\frac{1-\alpha}{1+\alpha} \tag{8.4.49}$$

$$C=\frac{(1+b)\sigma_c\sigma_t}{\sigma_c+\sigma_t}=\frac{1+b}{1+\alpha}\sigma_t \tag{8.4.50}$$

式中：$\sigma=\sigma_t/\sigma_c$ 为材料的拉压强度比。

(3) 统一强度理论的数学表达式

将材料参数式(8.4.49)和式(8.4.50)代入统一强度理论的数学建模式(8.4.44)和式(8.4.45)中,得到

当 $\tau_{12}+\beta\sigma_{12}\geqslant\tau_{23}+\beta\sigma_{23}$ 时,

$$F=\tau_{13}+b\tau_{12}+\frac{1-\alpha}{1+\alpha}(\sigma_{13}+b\sigma_{12})=\frac{(1+b)\sigma_t}{1+\alpha} \tag{8.4.51}$$

当 $\tau_{12}+\beta\sigma_{12}\leqslant\tau_{23}+\beta\sigma_{23}$ 时,

$$F'=\tau_{13}+b\tau_{23}+\frac{1-\alpha}{1+\alpha}(\sigma_{13}+b\sigma_{23})=\frac{(1+b)\sigma_t}{1+\alpha} \tag{8.4.52}$$

将主剪应力表达式(8.4.46)代入式(8.4.51)和式(8.4.52),可以得出主应力形式的统一强度理论为

当 $\sigma_2\leqslant\frac{\sigma_1+\alpha\sigma_3}{1+\alpha}$ 时,

$$F=\sigma_1-\frac{\alpha}{1+b}(b\sigma_2+\sigma_3)=\sigma_t \tag{8.4.53}$$

当 $\sigma_2\geqslant\frac{\sigma_1+\alpha\sigma_3}{1+\alpha}$ 时,

$$F'=\frac{1}{1+b}(\sigma_1+b\sigma_2)-\alpha\sigma_3=\sigma_t \tag{8.4.54}$$

式中:α 为材料拉压强度之比。

式(8.4.53)和式(8.4.54)就是统一强度理论的主应力表达式。统一强度理论中的参数 b 为反映中间主剪应力及相应面上的正应力对材料破坏影响程度的系数,b 实际上也可作为选用不同强度理论的参数。

统一强度理论从一个统一的力学模型出发,考虑应力状态的所有应力分量以及它们对材料屈服和破坏的不同影响,建立了一系列典型计算准则,与多数真三轴试验结果相符合,可以十分灵活地适应于各种不同材料。

二、脆性破坏理论

岩石的应力应变关系仍在线性范围,岩石突然破坏,主要是岩石内部局部应力集中,造成超过局部强度而破裂。岩石中包含各种矿物、微细裂纹、孔隙,它们形状各异,大小不等,杂乱排列,在外力作用下产生端部应力集中。外力是拉应力,则因应力集中开始破裂后,岩石一破到底。外力是压力,缝端应力集中比较复杂,但是破裂总是在扁孔周边拉应力超过某一临界处开始,而且裂缝传播一定长度后就不继续发展了,这就是稳定破裂。Griffith 理论就是研究岩石内部开始产生破坏条件的理论。

1. Griffith 强度理论

其基本假定是脆性材料中充满了狭长尖锐的裂缝,有时称之为 Griffith 裂缝,它们在局部改变了材料中的应力,甚至在所加的力完全是压应力时,也会在裂缝面上某些点产生拉应力,促使裂缝增长,以致造成宏观断裂。裂缝的扩展是缝端应力集中造成的,应力集中又取

决于缝的方向、长度、缝端的曲率半径，因此在许多裂缝中，扩展的先后不一。如图 8.4.10 所示，Griffith 推导出裂纹开始扩展的强度理论。

当 $\sigma_1+3\sigma_3<0,\beta=0$ 时，即裂纹处于水平拉伸状态，

$$|\sigma_3|<|\sigma_t| \tag{8.4.55}$$

当 $\sigma_1+3\sigma_3>0$ 时，

$$\cos\beta=\frac{\sigma_1-\sigma_3}{2(\sigma_1+\sigma_3)} \tag{8.4.56}$$

$$\frac{(\sigma_1-\sigma_3)^2}{\sigma_1+\sigma_3}=-8\sigma_t \tag{8.4.57}$$

$$n=\sigma_1/\sigma_t=8 \tag{8.4.58}$$

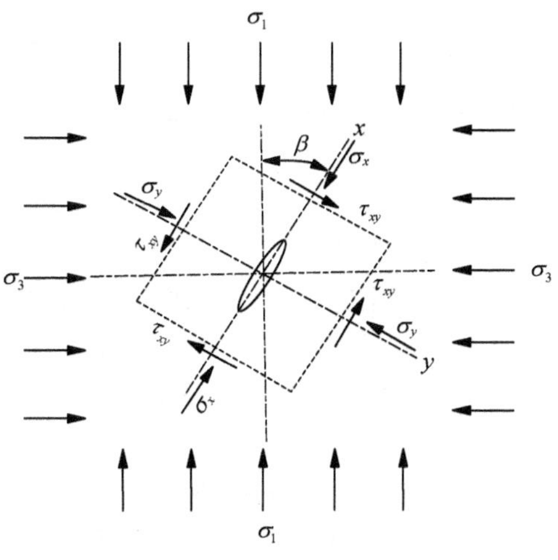

图 8.4.10　Griffith 裂纹应力计算示意图

另外，Griffith 理论公式还表示成

$$\sigma_1-\sigma_3=-4R_t+\sqrt{R_t-R_t\sigma_3} \tag{8.4.59}$$

$$\tau^2=4\sigma_t(\sigma_t+\sigma) \tag{8.4.60}$$

Fairhurst 将 Griffith 理论公式写成一个通式：

$$\tau_{13}^2=-8\sigma_t\sigma_{13}+C \tag{8.4.61}$$

McClintock 和 Walsh 考虑裂纹闭合时两壁摩擦阻力的作用（$\tau_f=\mu\sigma_n$），对 Griffith 理论进行修正，成为修正的 Griffith 理论，数学表达式为

$$(\sqrt{\mu^2+1}-\mu)\sigma_1-(\sqrt{\mu^2+1}+\mu)\sigma_3=-4\sigma_t \tag{8.4.62}$$

$$\sigma_1-\frac{\sqrt{\mu^2+1}+\mu}{\sqrt{\mu^2+1}-\mu}\sigma_3=\frac{-4\sigma_t}{\sqrt{\mu^2+1}-\mu} \tag{8.4.63}$$

令 $\sigma_c=\dfrac{-4\sigma_t}{\sqrt{\mu^2+1}-\mu}$，则

$$\sigma_1-\frac{\sqrt{\mu^2+1}+\mu}{\sqrt{\mu^2+1}-\mu}\sigma_3=\sigma_c \tag{8.4.64}$$

$$\tau=\mu\sigma+2\sigma_t \tag{8.4.65}$$

而 $\mu=\tan\varphi$。

Sack 将 Griffith 理论推广到三维应力状态，表达式为

$$(\sigma_1-\sigma_2)^2+(\sigma_2-\sigma_3)^2+(\sigma_3-\sigma_1)^2=24r_t(\sigma_1+\sigma_2+\sigma_3) \tag{8.4.66}$$

或

$$\tau_{oct}^2 = 8r_t\sigma_{oct} \tag{8.4.67}$$

$$n = \sigma_c/\sigma_t \tag{8.4.68}$$

将 Sack 公式写成一个通式：

$$\tau_{oct}^2 = -12\sigma_t\sigma_{oct} + C \tag{8.4.69}$$

在压应力作用下，Griffith 准则只是开裂准则，不是破坏准则。岩石开裂到破坏还要有一个过程。压应力作用下破坏不是破裂的直接扩展，要使岩石破坏比内部产生破裂的压应力要大得多。压应力作用下，内部开裂之后，将趋于稳定，再加外力之后，另外一些裂缝将会开展，裂缝开展的方向与原来的裂缝成一个大角度，从试验中发现，最后延伸方向接近 σ_1 方向。

2. 压应力下岩石脆性破坏

在 σ_1，σ_3 都是压应力的情况下，裂缝开展有限长度后就趋于稳定。要想认识岩石的破坏问题，必须弄清楚上述稳定破裂进一步发展的条件，以及其他某种破坏形式的产生条件。

Hoek 和 Bieniawski 的试验表明，当含有上述裂缝的带上由于剪应力达到某一数值，开始发生剪切运动时，上述裂缝再度开展。剪切运动的起始条件为

$$\tau = S_0 + f\sigma_n \tag{8.4.70}$$

即 Coulomb-Navier 准则，这里 f 是包含某些裂缝带上岩石内部的摩擦系数。

这个剪切破坏面与最大主应力成 β 角(图 8.4.11a)。同前

$$\tan 2\beta = -\frac{1}{f} \tag{8.4.71}$$

由于剪切面附近先前存在的垂直主应力方向的裂缝或者其他不均匀性的影响，垂直主应力方向的裂缝进一步开展，引起垂直张性破坏[图 8.4.11(b)]；还有一种可能，由于压应力场变化，或者由于剪切破裂带上岩石局部性质变化，形成如图 8.4.11(c)所示的稳定裂缝。必须进一步加大压力 σ_1，才能使它进一步开展。

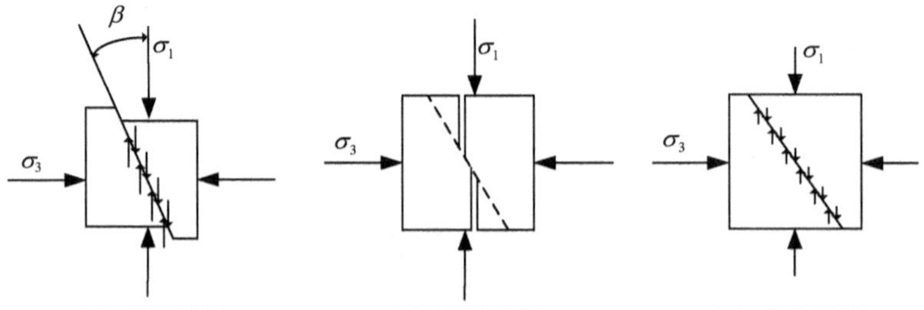

图 8.4.11　压应力的脆性破坏

3. 脆性岩石破坏准则

对于含有大量分布方向杂乱、大小和形状相类似的裂缝的岩石，宏观上又较均质、不呈现各向异性，且其抗压强度又大于抗拉强度约 10 倍。当然，这只是一种理想脆性岩石。

这种理想脆性岩石最简单的张性破坏发生在与最小主应力 σ_3 垂直方向(即 $\varphi = 0^0$)，当

$\sigma_3 = -T_0$ 时，$\varphi = 0^0$ 方向裂缝沿其端点破坏(图 8.4.12)，即纯张性破坏发生的 $\sigma_1 + 3\sigma_3 < 0$ 条件下，在 Mohr 包络线与正应力轴 ($\tau = 0$) 的交点处，Mohr 圆的曲率半径为 $2T_0$。

由于岩石的破坏也可以是剪切破坏，在剪切带开始错动时，有的裂缝开展，但呈稳定裂缝[图 8.4.11(c)]，描述这种裂缝破裂的准则就是

$$\tau^2 = 4T_0(T_0 - \sigma) \qquad (8.4.72)$$

岩石还可能呈张性或剪切破坏，张性破坏是剪切所引起的，因此其破坏准则就是

$$\tau = S_0 + f\sigma_n \qquad (8.4.73)$$

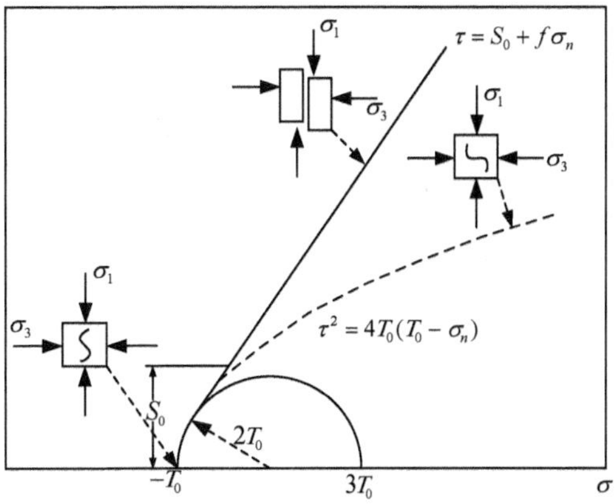

图 8.4.12　脆性岩石破坏

式(8.4.72)是理想脆性岩石开始破裂的准则，式(8.4.73)是理想脆性岩石的破坏准则。与塑性状态不同，脆性岩石从破裂(相当于塑性状态中的初始屈服面)到破坏(相当于塑性状态中的极限加载面)，过程中没有对应的相似的后继屈服面。

第四篇
水工混凝土性能劣化的力学行为分析

第九章 / 水工混凝土性能劣化的典型影响因素

第一节 概 述

水工混凝土结构服役性能的退化，首先是混凝土材料的劣化，这是导致水工混凝土结构服役性能降低的内在因素。因此，混凝土材料劣化是影响水工混凝土结构服役质量和年限的重要因素，要准确、可靠地设计和评价水工混凝土结构服役寿命长短，首先要研究混凝土材料劣化的主要因素，并明确其破坏机理，才能做到有的放矢，从而提高水工混凝土结构长效健康服役年限。

水工混凝土结构的服役性态受到多重荷载因素(如水压力、扬压力、温度应力等)与环境因素(如冻融循环、碳化等)的协同作用，在研究水工混凝土劣化过程中需要了解各种典型因素的影响原因和作用机理，针对我国不同地区的环境气候特点，找出导致混凝土劣化的主要因素。导致混凝土劣化的原因，从损伤机理来看主要可以分为两类：物理作用和化学作用，其中物理作用主要包括磨损空蚀、冻融循环和裂缝等，化学作用主要包括混凝土碳化、硫酸盐侵蚀、碱集料反应等。值得说明的是，化学作用的同时往往也包含了物理作用，如各种酸性物质侵蚀需要渗透作用提供化学反应条件。

下面基于多孔介质理论和混凝土力学特征分析，以混凝土孔结构为基础，从材料劣化的基本物理化学条件出发，介绍典型因素对混凝土材料微观结构的破坏作用。

第二节 混凝土冻融损伤分析

冻融破坏是指混凝土在饱水状态下因冻融和温度交变作用产生的破坏，是我国东北、西北和华北地区水工混凝土建筑物在运行过程中遇到的主要病害。处于浸润饱和状态下的混凝土坝坝体、挡水面水位变化区、泄水建筑物以及泄水雾化溅水区容易受到冻融破坏的影响。如云峰大坝，建成运行不到10年，其溢流坝表面混凝土因冻融破坏的面积达1万 m^2，平均冻融剥蚀深度达10 cm以上；丰满和水丰大坝因冻融等原因，大坝安全受到严重威胁。

冻融循环引起的混凝土破坏形式主要包括表面剥落和内部开裂，这两种破坏形式产生原因不尽相同，表面剥落发生在混凝土表面，而混凝土内部开裂主要是受冻后混凝土内部应力大于抗拉强度引起的。随着时间的推进，冻融损伤叠加导致材料性能的演化。由于混凝土冻融损伤的复杂性，目前尚无理论能全面解释其内部破坏过程，但冻融损伤的根本原因是混凝土材料内部的冻结孔隙应力超过了其所能承受的极限。通过研究发现，混凝土冻融过程中的孔隙压力主要来源于3个方面[90]：未冻结的孔隙水迁移所形成的静水压力、孔隙水的结晶压力和浓度梯度差造成的渗透压，其中渗透压主要由于大小孔中孔隙水结冰程度不同而形成的浓度差所引起，与静水压的作用方向相反，因此会抵消掉部分静水压力，这是引起个别情况下混凝土冻结过程中出现收缩现象的主要原因。下面主要针对混凝土冻结过程中产生的静水压力和结晶压力进行详细分析，论述混凝土微观结构在冻融过程中所承受的破坏力。

一、冻融作用下混凝土微观结构损伤影响因素

坝体混凝土是一种多孔结构，硬化后遗留的游离水和后期坝体渗透水存在于内部各种孔隙中，当孔隙中的水冻结膨胀时，体积增大约9%，进而导致混凝土内部孔隙应力升高，而当这种应力超过材料所能承受的极限时，将导致坝体混凝土出现过大变形，甚至开裂剥离。因此，坝体混凝土的冻融损伤是一个物理过程，在此过程中，混凝土内部结构由密实变得疏松，并伴随着微裂纹的萌生和发展。受混凝土自身及其组成成份性质和外部环境的影响较明显，如水灰比、饱水度、引气剂、降温速率和最低冻结温度等，不同混凝土的冻融损伤过程也不尽相同。

(1) 水灰比

在满足水泥水化用水的前提下，混凝土的抗冻性随水灰比的增大而降低，其影响主要表现在两个方面：一是水灰比直接影响混凝土的强度；二是水灰比影响混凝土的孔隙率及孔隙结构特征。水灰比增大时，水泥水化后剩余的游离水增多，使得混凝土内处于饱水状态的开孔总体积增加，孔径增大，孔隙连通率升高，进而导致可冻水的含量增加，结冰速率变快，冻结时产生的孔隙压力越大，相同环境条件下冻融损伤程度加剧。

(2) 饱水度

由混凝土冻融损伤的静水压假说可发现，冻结时所产生的静水压力与混凝土饱水度成正比，并且饱水度小于91.7%时，认为混凝土冻结过程中不产生膨胀压力，而混凝土含水饱和时所产生的冻结膨胀压力最大。

(3) 含气量和气泡间距

大量混凝土冻融试验表明，掺入一定量的引气剂可以在一定程度上提高混凝土的抗冻性，但存在一个最佳含气量问题，一般为5%～6%。混凝土内部的封闭气泡可以切断部分毛细孔，从而使孔隙液冻结时产生的膨胀压力得到释放，冻结时孔隙内的静水压力与平均气泡间距具有正相关性，平均气泡间距越大，冻结时产生的孔隙压力也越大。

(4) 降温速率和最低冻结温度

由混凝土冻融损伤力学分析结果可知，降温速率越快，冻结时孔隙内静水压力越大。其原因在于不同孔径的毛细孔中水的冰点不同，大孔的冰点高于小孔，导致大孔的结冰速率高于小孔，并且降温速率越快，此差异越大，相应的膨胀变形差也就越大，进而产生较大的膨胀压力。同样，冻结温度越低，混凝土的冻融损伤越严重。冻结温度和降温速率的试验结果分析表明[91]：以动弹性模量降低40%作为混凝土冻融破坏的标志时，中心最低冻结温度分别

为-5℃，-10℃和-17℃时，试件破坏时所能经受的冻融循环次数分别为 133 次，12 次和 7 次，并且认为-10℃是一个临界值，冻结温度达到或低于此温度时，冻结破坏力将明显加大；降温速率分别为 0.17℃/min 和 0.2℃/min 时，试件破坏时的冻融循环次数分别为 7 次和 5 次。

二、混凝土内部冻胀破坏分析

由于混凝土冻融破坏的复杂性，目前尚无能完全反映其内部破坏机理的理论，普遍接受的有静水压力假说和渗透压力假说。然而，进一步的研究表明，冻融现象并不一定仅与水结冰时体积膨胀产生的静水压力有关，因为当混凝土浸在苯、三氯甲烷等有机溶液中时，也会发生冻融破坏，但是苯溶液在固化时体积并不膨胀。此外相关试验研究表明，由于静水压力的消散作用，渗透压力不会发展到超过混凝土抗拉强度的水平。并且，以上两种假说都不能解释混凝土在含水量较小时，冻结引起的混凝土收缩现象。下面从混凝土孔结构出发，根据孔隙水的含量和分布情况，分析其混凝土结冰所产生的静水压力和结晶压力，以揭示冻融循环对微观结构的破坏动力作用机制。

(1) 静水压力

硬化混凝土中包含大量的胶凝孔、毛细孔和空气泡等孔径差异很大的孔隙，由于孔隙表面张力的作用，孔径不同时，孔内水的饱和蒸气压和冰点也不相同，表现为孔径越小，孔内水的饱和蒸气压越小，冰点越低；在降温过程中，大孔中的孔隙水先结冰，小孔中的孔隙水后结冰，甚至不结冰。由于水结冰时产生约 9%的体积膨胀，当混凝土硬化水泥浆体中毛细孔的含水率超过某一临界值时(一般为 91.7%)，孔隙水结冰时产生的体积膨胀将导致未冻结的孔隙液从结冰区向外迁移，如图 9.2.1 所示，所受的黏滞阻力即为静水压力，可表示为[92]

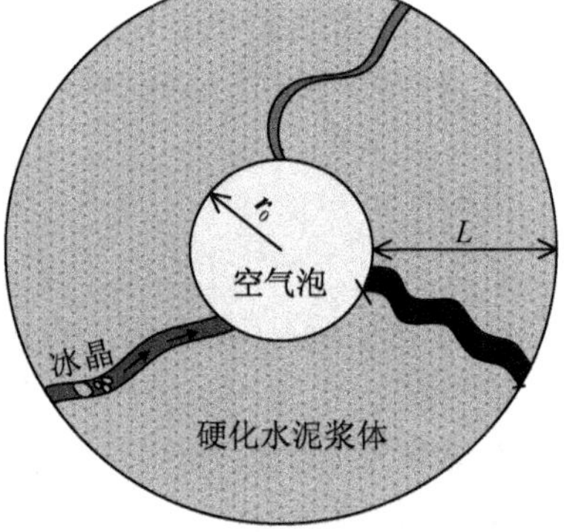

图 9.2.1　孔隙静水压模型

$$P=\frac{1}{3}\left(1.09-\frac{1}{S_l}\right)\frac{\eta_l}{\kappa}\frac{\mathrm{d}w_f}{\mathrm{d}T}\frac{\mathrm{d}T}{\mathrm{d}t}f(l) \tag{9.2.1}$$

$$f(l)=\frac{(L+r_0)^3}{r_0}+\frac{r_0^2}{2}-\frac{(L+r_0)^3}{l}-\frac{l^2}{2} \tag{9.2.2}$$

式中：S_l 为初始饱水程度，完全饱和时 $S_l=1$；η_l 为孔隙液的动力黏滞系数；κ 为孔隙液在硬化水泥浆体中的渗透系数；$\mathrm{d}w_f/\mathrm{d}T$ 为结冰速率，即温度每降低 1 °C 时的结冰量；$\mathrm{d}T/\mathrm{d}t$ 为降温速率；l 为毛细孔中静水压力计算点距气泡边缘的距离；L 为气泡间隔系数，即气泡壁间距的一半；r_0 为平均气泡半径。

由式(9.2.1)和式(9.2.2)可以看出，混凝土冻结过程中，内部孔隙所产生的静水压力与孔隙液的黏度、结冰速率和降温速率成正比，而与材料的渗透系数成反比；距气泡边缘的距离为 $l=L+r_0$ 处，孔隙水结冰所产生的静水压力最大，相应的压力值为

$$P_{\max}=\frac{1}{3}\left(1.09-\frac{1}{S_l}\right)\frac{\eta_l}{\kappa}\frac{\mathrm{d}w_f}{\mathrm{d}T}\frac{\mathrm{d}T}{\mathrm{d}t}\left(\frac{L^3}{r_0}+\frac{3L^2}{2}\right) \tag{9.2.3}$$

由此可见，合理控制硬化水泥浆体中的气泡间隔系数，可以较好地降低混凝土冻融过程中孔隙内部的静水压力，这也很好地解释了添加引气剂的混凝土表现出良好抗冻性的原因。

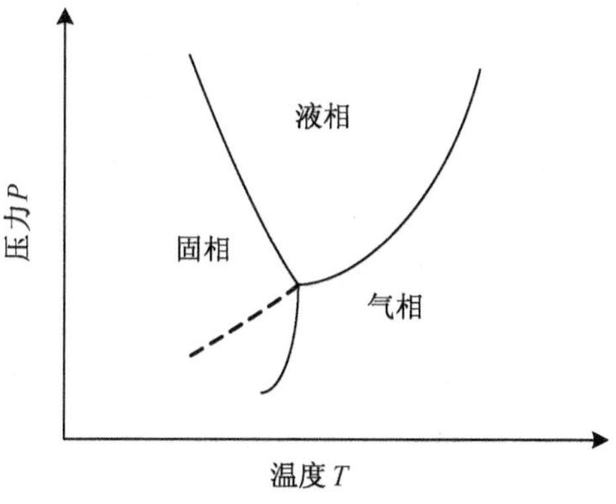

图 9.2.2 水的相变图

水在不同温度和压力作用下，分别以固液气三相存在，如图 9.2.2 所示。通常情况下水的三相平衡点即冰点为 0℃，但是当压力等变化使水无法达到成核势能要求时，水会出现过冷现象。由于混凝土孔径较小，孔溶液所受压力与固/液界面曲率有关。根据 Gibbs-Thomson 公式，可建立孔中液体三相平衡点与固/液界面曲率 κ_{CL} 的关系：

$$\gamma_{CL}\kappa_{CL}=\int_{T}^{T_M}\frac{(S_L-S_C)}{V_C}dT=\int_{T}^{T_M}\Delta S_{fC}dT \tag{9.2.4}$$

式中：γ 为界面能；κ 为曲率；T 为温度；T_M 为固相冰(半径无穷大)的融化温度；S 为摩尔熵；V 为摩尔体积；$\triangle S_{fC}=(S_L-S_C)/V_C$ 为单位体积冰的溶解熵；下标 C 和 L 分别代表固相和液相；下标 CL 代表固/液相。其中固/液界面曲率 κ_{CL} 定义为

$$\kappa_{CL}=\frac{1}{r_1}+\frac{1}{r_2} \tag{9.2.5}$$

式中：r_1 和 r_2 为界面的主曲率半径，当界面的密切圆圆心位于固体内时为正，位于固体外部时为负。孔溶液在半径为 r_p 的圆柱孔中结晶时，固/液界面的曲率为

$$\kappa_{CL}=-\frac{2\cos(\theta)}{r_p} \tag{9.2.6}$$

式中：θ 为晶体与孔壁的接触角。假设水结冰时在圆柱孔内形成半球形曲面，此时 $\theta=180°$，冰晶体周围被一层未结冰的水覆盖，此时式(9.2.6)变为

$$\kappa_{CL}=\frac{2}{r_p-\delta} \tag{9.2.7}$$

式中：δ 为孔壁上未结冰水的厚度。对于混凝土而言，通常取 $\delta=0.8\sim1.2$ nm。假设熵值为定值，不随温度变化而变化，将式(9.2.7)代入式(9.2.4)中，得到水的冰点为

$$T=T_M-\frac{2\gamma_{CL}}{(r_p-\delta)\Delta S_{fC}} \tag{9.2.8}$$

从式(9.2.8)可以看出，混凝土孔隙中水的冰点随着孔径的减小而降低，当温度达到 0℃ 以下时，气孔和大孔径毛细孔先结冰，随着温度继续降低，冰逐渐扩展到孔径更小的孔中，混凝土孔隙中三相平稳点与孔径的关系如图 9.2.3 所示。

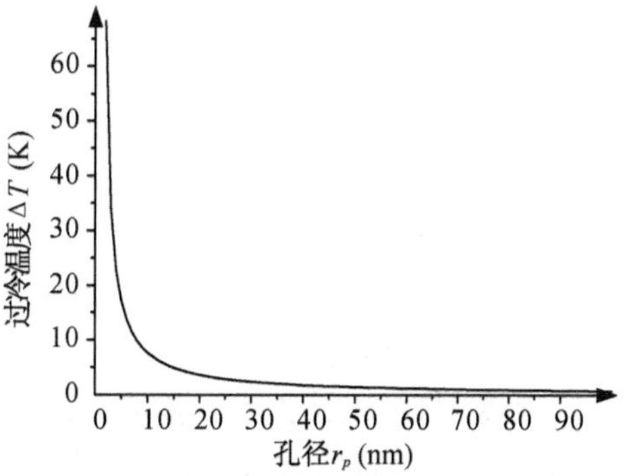

图 9.2.3 过冷温度与孔径分布图

由以上分析可知，混凝土中结冰量取决于温度、孔径和孔隙中水的含量。若混凝土孔结构简化为如图 9.2.4(a)所示，假设右边气泡 D 为饱和水，而左边气泡 A 中无水或者含水量较小。当温度降低到某一温度时，气泡和孔径较大的毛细管中开始结冰(图中 D)，而孔径较小的毛细管中的水处于过冷状态(如图中 B,C)。若温度继续降低，毛细管中水开始结冰，此时根据能否向外排水可以分为两类。

① 无排水条件下的静水压力

如图 9.2.4(a)中 CD 所示毛细管，孔中本身处于水饱和状态，当孔结冰时水无法向外排出(温度降低引起的结冰速率远大于水通过孔边界的渗透速率)，此时冰的体积膨胀将在孔壁上产生巨大的静水压力，该静水压力的值为

$$p_{\mathrm{L}}-p_{\mathrm{atm}}\approx\frac{V_{\mathrm{C}}-V_{\mathrm{L}}}{V_{\mathrm{C}}}\left(\frac{s_{\mathrm{C}}}{s_{\mathrm{C}}/K_{\mathrm{C}}+s_{\mathrm{L}}/K_{\mathrm{L}}}\right) \tag{9.2.9}$$

式中：p_{L}为静水压力；p_{atm}为大气压力；s 为体积分数，K 为体积模量，下标 C 和 L 分别代表固相和液相。通常情况下，$V_{\mathrm{C}}=19.65\ \mathrm{cm^3/mol}$，$V_{\mathrm{L}}=18.0\ \mathrm{cm^3/mol}$，$K_{\mathrm{C}}=7.81\mathrm{GPa}$，$K_{\mathrm{L}}=1.79\ \mathrm{GPa}$。设温度在−10℃时冰的体积分数 s_{C}为 0.2，由式(9.2.9)计算得 p_{L}为 42.5 MPa，作用在圆柱形孔壁混凝中的环向拉应力 $\sigma_\theta\approx p_{\mathrm{L}}=42.5\ \mathrm{MPa}$，超过混凝土抗拉强度，从而引起微裂缝造成混凝土劣化。

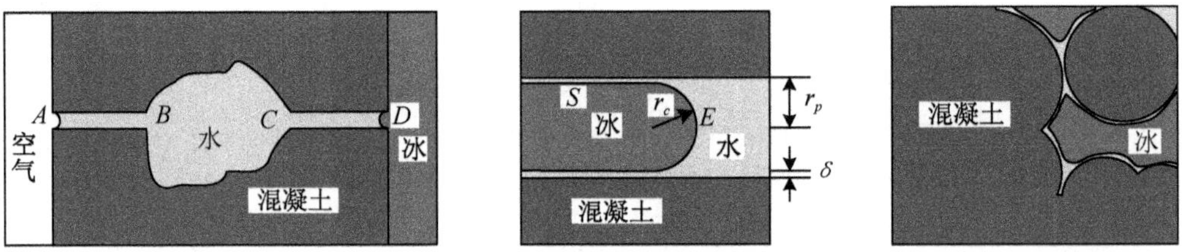

(a) 气泡中水结冰图　(b) 理想毛细管图　(c) 不规则毛细管图

图 9.2.4　混凝土孔结构简图

② 有排水条件下的静水压力

如图 9.2.4(a)中 AB 毛细管，当孔中结冰膨胀时，孔中水可以排到左边气泡中，此时静水压力可以由 Laplace 方程和 Gibbs-Duhem 方程求得

$$p_{\mathrm{L}}-p_{\mathrm{atm}}=-\int_{T}^{T_M}\frac{(S_{\mathrm{L}}-S_{\mathrm{C}})}{V_{\mathrm{L}}}\mathrm{d}T\approx\Delta S_{f\mathrm{L}}(T-T_M)=\gamma_{\mathrm{LV}}\kappa_{\mathrm{LV}} \tag{9.2.10}$$

式中：$\Delta S_{f\mathrm{L}}=(S_{\mathrm{L}}-S_{\mathrm{C}})/V_{\mathrm{L}}$ 为单位体积水的溶解熵；下标 LV 代表液/气相；其他符号意义同前。通常情况下，$\Delta S_{f\mathrm{L}}$ 大约为 1.3 J/(cm³ · K)，大气压量值较小可以忽略，则当有排水条件下冻结产生的静水压为 $p_{\mathrm{L}}=-13\Delta T$ kPa。这意味着孔中水的压力小于大气压力，孔隙受压，从而导致混凝土冻结收缩。

(2) 结晶压力

当温度降到孔隙液的冰点以下时，孔隙液中冰晶开始形成，冰晶周围未冻结的覆盖水和孔隙壁会向其施加压力以阻止冰晶的发展，而冰水半球形界面与圆柱形孔隙壁界面的曲率不同，导致两者向冰晶所能施加的压力存在差异。因此，为了限制冰晶向孔隙壁方向的发

展,孔隙壁必须向冰晶施加额外的压力以平衡两者之间的压力差,否则高压区的冰晶将融化并迁移至低压区,以达到新的力学和热力学平衡,这种压力即为结晶压力[93]。可见,在结冰的孔隙中,会产生结晶压力,过大的结晶压力也会导致混凝土的损伤。当水在混凝土孔隙中结冰时,孔壁为了限制晶体向着孔壁方向发展而必须施加给晶体一定的晶体压力 P_A 以维持晶体的平衡。假设有一圆柱毛细孔溶液结晶,如图 9.2.4(b)所示。在晶体的半球形段 E,固液界面曲率为 $\kappa_{\mathrm{CL}}^{E}=2/(r_p-\delta)$,而在晶体侧边 S 的曲率为 $\kappa_{\mathrm{CL}}^{S}=1/(r_p-\delta)$,晶体和溶液中的压力可以由 Laplace 方程给出:

$$p_{\mathrm{C}}-p_{\mathrm{L}}=\gamma_{\mathrm{CL}}\kappa_{\mathrm{CL}}^{E},\quad p_{\mathrm{C}}-p_{\mathrm{L}}=\gamma_{\mathrm{CL}}\kappa_{\mathrm{CL}}^{S}+p_A \tag{9.2.11}$$

从而可以得到

$$p_A=\gamma_{\mathrm{CL}}\kappa_{\mathrm{CL}}^{E}-\gamma_{\mathrm{CL}}\kappa_{\mathrm{CL}}^{S}=\gamma_{\mathrm{CL}}\kappa_{\mathrm{CL}}^{E}\left(1-\frac{1}{2}\right)=\frac{\gamma_{\mathrm{CL}}}{r_p-\delta} \tag{9.2.12}$$

而实际混凝土孔结构多数是不规则的,如图 9.2.4(c)所示,此时结晶压力可以表示为

$$p_A=\gamma_{\mathrm{CL}}\kappa_{\mathrm{CL}}^{E}(1-\lambda_S) \tag{9.2.13}$$

式中:λ_S 为孔的形状参数。定义为

$$\lambda_S=\frac{\kappa_{\mathrm{CL}}^{S}}{\kappa_{\mathrm{CL}}^{E}}=\int_{T(r_S)}^{T_M}\Delta S_{fL}\,\mathrm{d}T\Big/\int_{T(r_E)}^{T_M}\Delta S_{fL}\,\mathrm{d}T\approx\frac{T_M-T(r_S)}{T_M-T(r_E)} \tag{9.2.14}$$

式中:$T(r_S)$ 为孔溶液能在孔径为 r_S 毛细孔中结晶的温度;$T(r_E)$ 为孔溶液能在孔径为 r_E 毛细孔中结晶的温度。而孔壁和液体之间的压力同样有

$$p_S-p_{\mathrm{L}}=-\gamma_{\mathrm{SL}}\kappa_{\mathrm{SL}}^{S} \tag{9.2.15}$$

式中:γ_{SL} 为混凝土孔壁与水的界面能;κ_{SL}^{S} 为混凝土孔壁与水的界面曲率。因此,作用在孔壁上的应力为

$$\sigma_r=p_S+p_A=p_{\mathrm{L}}+p_A-\gamma_{\mathrm{SL}}\kappa_{\mathrm{SL}}^{S} \tag{9.2.16}$$

此时,作用在圆柱形孔壁混凝中的环向拉应力 $\sigma_\theta\approx\sigma_r$,当超过混凝土抗拉强度时,混凝土出现微裂缝。

综上所述,冻结对混凝土内部的破坏力是静水压力、结晶压力和渗透压力等作用的综合结果,各作用力的大小与混凝土孔隙结构、孔隙率、含水率、降温速率和材料渗透性等因素密切相关。研究成果表明[90,94],水泥基多孔材料在冻融情况下,孔隙液冻结过程中产生的结晶压力远大于孔隙液迁移时的静水压力。当混凝土含有大量气泡且含水量较小时,随着温度的降低,混凝土内主要产生有排水条件下的静水压力,多数孔中水的压力小于大气压力,见式(9.2.10),且结晶压力较小,大孔隙以受压为主,可能导致混凝土冻结收缩。当混凝土孔径较小且含水量大时,随着温度的减低,混凝土内产生很大的静水压力和结晶压力,见式(9.2.9)、式(9.2.13)和式(9.2.16),导致混凝土出现微裂缝,多次冻融循环使得混凝土损伤累积,造成混凝土材料性能劣化。

三、表面剥落分析

混凝土结构表层的水在冬季结冰后,随着温度的继续降低,由于混凝土和冰的线膨胀系

数不同(表 9.2.1),会在界面处产生应变:

$$\varepsilon_0 = (\alpha_f - \alpha_c)\Delta T \tag{9.2.17}$$

式中:α_f 为冰线膨胀系数;α_c 为混凝土线膨胀系数,ΔT 为温降差。实际上,该应变值仅存在于界面附近很小的厚度上(约 6.5 mm),设该影响范围为 h_f,裂缝深度为 h_s,混凝土厚度为 h_c,在薄冰层与混凝土界面上将产生应力作用:

$$\sigma_0 = \frac{E_f}{1-v_f}\varepsilon_0 \tag{9.2.18}$$

式中:E_f 为冰的弹性模量;v_f 为冰的泊松比。此时,混凝土表面结冰开裂可近似看作脆性材料表面受均匀应力张开型裂缝发生扩展问题。

表 9.2.1　冰与水泥浆体的典型材料参数值

材料	弹性模量 E(GPa)	泊松比 v	线膨胀系数 $\times 10^{-5}$(℃$^{-1}$)	断裂韧度 MPa·m$^{0.5}$
冰	10	0.33	5.1	0.11
水泥浆体	16.2	0.2	1	0.1～0.5

冰和混凝土材料的弹性特性和断裂韧度确定了冰的开裂能否引起弹性基质混凝土的开裂,如图 9.2.5 所示。可以将冰和混凝土看作为复合材料,其界面材料特性可以用 Dunder 参数描述:

$$\alpha_D = \frac{(1-v_C)/G_C - (1-v_f)/G_f}{(1-v_C)/G_C + (1-v_f)/G_f} \tag{9.2.19}$$

式中:$G = E/2(1+v)$ 为剪切模量。而材料的断裂能可以由断裂韧度得到,即

$$\Gamma = K_{IC}^2/E \tag{9.2.20}$$

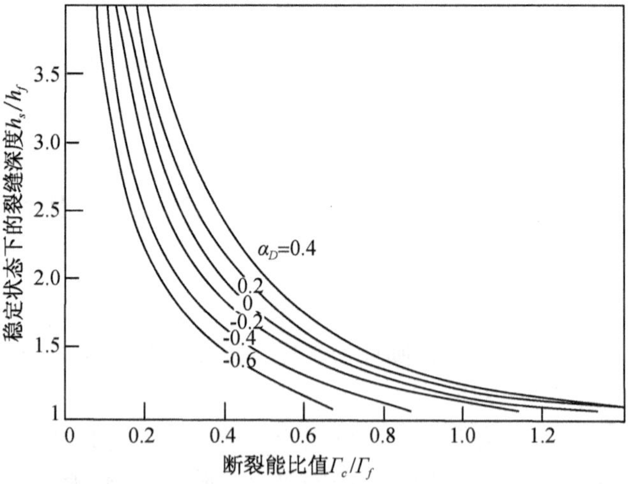

图 9.2.5　不同 Dunder 参数的裂缝渗透深度比值

式中:Γ 为断裂能;K_{IC} 为断裂韧度。由表 9.2.1 可以推得冰与水泥浆体的弹性失配参数为 $\alpha_D \approx -0.15$,断裂能比值 $\Gamma_c/\Gamma_f > 0.5$。从图 9.2.5 可以看出 $1 < h_s/h_f \leqslant 1.7$,说明冰开裂后可能会引起混凝土开裂。

这种开裂情况下,有限基质张开型开裂面上应力强度因子[95]可以表示为

$$\frac{K_I}{\sigma_0\sqrt{h_f}} = \frac{2}{\sqrt{\pi\omega}}\left(1-\frac{\omega}{\eta_r}\right)^{-3/2}\left[0.46+3.06\frac{\omega}{\eta_r}+0.84\left(1-\frac{\omega}{\eta_r}\right)^5+0.66\left(\frac{\omega}{\eta_r}\right)^2\left(1-\frac{\omega}{\eta_r}\right)^2\right] \tag{9.2.21}$$

式中：K_I 为应力强度因子；$\omega=(h_s-h_f)/h_f$；$\eta_r=h_C/h_f$；h_S为裂缝深度；h_C为基质厚度。对于水工混凝土结构而言，$\eta_r\rightarrow\infty$，式(9.2.21)简化为

$$\frac{K_I}{\sigma_0\sqrt{h_f}}=\frac{2.6}{\sqrt{\pi\omega}} \tag{9.2.22}$$

因此，可以建立混凝土表面冻胀开裂的准则为

$$K_I\approx\frac{1.47\sigma_0 h_f}{\sqrt{h_S-h_f}}\geqslant K_{IC} \tag{9.2.23}$$

式中：K_{IC} 为临界应力强度因子，即断裂韧度。

从式(9.2.23)中可以看出，当应力确定时，断裂韧度越大，越不容易发生裂缝；当断裂韧度确定时，随着温度越低应力增大，裂缝渗透到混凝土中的深度越大。当混凝土冰层开裂后根据混凝土的断裂韧度和应力大小可确定渗透到混凝土中的裂缝深度，并在混凝土内部分叉引起混凝土表层剥落。如果混凝土表层本身存在微裂缝，水结冰时体积膨胀也会直接导致其脱落。

第三节　混凝土碳化作用及其深度预测模型

碳化是指空气中的酸性气体CO_2通过孔隙和裂缝向混凝土的内部扩散并与碱性物质发生反应，使得混凝土碱性下降和混凝土中化学成分改变的中性化反应过程。相关数据统计表明，空气中二氧化碳的浓度正呈现出逐年上升的趋势，同时，工厂排泄的废液和废渣也可使地下水中的二氧化碳的浓度增加。而混凝土结构多数直接暴露在大气或者水中，混凝土的碳化是一个不可忽视的问题，古田溪二级大坝就因碳化危害严重，改造耗资 2 500 万元。

一、混凝土碳化作用

水泥水化后的产物为氢氧化钙、水化硅酸钙、水化铝酸钙、水化硫铝酸钙等，其稳定存在的 pH 值分别为 12.23，10.4，11.43 和 10.17。当CO_2气体在混凝土孔隙水中溶解并向浓度较低的区域扩散时，会与氢氧化钙、水化硅酸钙以及未水化的硅酸三钙、硅酸二钙等可碳化物质发生反应。碳化作用的结果包括两个方面。一方面，碳化产物 $CaCO_3$ 和其他固态物质充填在孔隙中，造成混凝土孔隙率下降，使混凝土密实度和强度提高。然而，混凝土密度的增加产生碳化收缩现象，试验表明[96]有些试件碳化收缩变形可达到 4 mm/m，且相对湿度对其影响较大，当相对湿度低于 25%时，碳化基本上不发生，而接近 100%时，碳化也会停止，其收缩过程如图 9.3.1 所示。

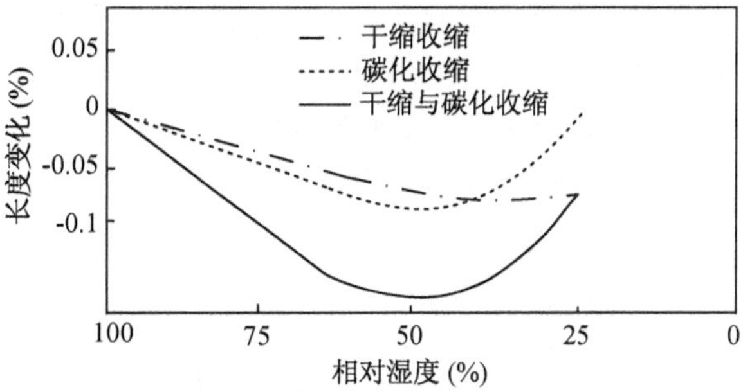

图 9.3.1　碳化收缩随相对湿度的变化

当收缩收到约束时，可能导致产生微小裂缝，影响混凝土的力学性能，现场检测结果发现碳化对混凝土抗压强度的影响非但没有增加反而降至一半左右。

碳化作用的另一方面使得混凝土脆性变大，孔隙水中 pH 值降低。从动力学角度看，CO_2向混凝土内部扩散是一个缓慢的过程，施工良好的混凝土坝的碳化过程不足以引起水泥水化物的大量碳化分解。因此，对于厚度较大的素混凝土而言，碳化危害不大，但是对于平板坝以及带有钢筋的混凝土薄壁坝而言，碳化造成 pH 降低，破坏钢筋钝化膜，引起钢筋锈蚀，导致钢筋力学性能和黏结强度的退化。锈蚀钢筋的名义屈服强度 f_{ys} 与原屈服强度 f_y 和锈蚀截面损失率 η_s 的关系为：$f_{ys}=f_y(1-a\eta_s)$，a 为常数；此外，锈蚀率也对极限黏结强度具有明显的影响，进而影响混凝土坝服役寿命。

二、混凝土碳化深度预测模型

混凝土碳化过程是一个反应复杂的物理化学过程。根据 Fick 第一扩散定律，结合初始条件，可以得到碳化深度随时间变化的理论数学模型为

$$h_{CO_2}=\sqrt{\frac{2D_{CO_2}C_{CO_2}}{M_{CO_2}}}t^{\frac{1}{2}}=k_{CO_2}t^{\frac{1}{2}} \tag{9.3.1}$$

式中：t 为碳化时间；k_{CO_2} 为碳化速度系数。

然而，室内试验与实际混凝土坝碳化过程是有显著区别的，应用时要合理建立室内快速碳化与自然碳化之间的关系。众多学者也进行了大量的研究，但大多成果都是基于试验数据直接进行数据拟合，缺乏明显的物理涵义。研究表明，二氧化碳有效扩散系数与孔隙率之间的关系为

$$D_{CO_2}\propto\phi^b \tag{9.3.2}$$

因此，从决定碳化的基本物理条件出发，通过分析实际混凝土坝工作状态对混凝土孔隙率的影响，研究混凝土的碳化深度随时间的变化过程，并结合试验结果进行验证。综合考虑混凝土坝实际工作环境对有效扩散系数以及温度、湿度、冻融以及应力状态对碳化的影响，建立了以下多因素协同作用下混凝土碳化深度分析模型：

$$h_{CO_2}=k_Tk_{RH}k_Nk_\sigma k_{CO_2}\sqrt{t} \tag{9.3.3}$$

式中：k_T 为温度影响系数；k_{RH} 为湿度影响系数；k_N 为冻融影响系数；k_σ 为应力影响系数；k_{CO_2} 为室内碳化速度系数。具体影响系数分析如下。

(1) 温度和相对湿度的影响

环境温度和相对湿度对混凝土碳化有较明显的影响，大量室内和室外研究表明，在常温作用下，碳化深度随温度的升高而增加，而随环境相对湿度的增加而减小。根据混凝土碳化资料，拟合其影响系数为[97]

$$k_T=\sqrt[4]{\frac{T}{T_0}},\quad k_{RH}=\frac{(1-RH)^{1.1}}{(1-RH_0)^{1.1}} \tag{9.3.4}$$

式中：T 和 T_0为环境平均温度和室内试验温度，用绝对温度表示；RH 和 RH_0为环境平均湿

度和室内试验相对湿度。

(2) 冻融的影响

混凝土发生冻融后,孔结构由密实到松散并伴随着微裂缝的出现和发展,使得混凝土孔隙率增加,为二氧化碳在其内部扩散提供了有利条件,从而加快混凝土碳化。假设混凝土孔隙率的增加与原来孔隙率 ϕ_0 成比例:

$$d\phi/dN = \alpha_N\phi \tag{9.3.5}$$

式中:α_N 为混凝土材料参数,可由试验数据拟合;N 为冻融循环次数;ϕ 为孔隙率。

对式(9.3.5)进行积分得

$$\phi = \phi_0 \exp(\alpha_N N) \tag{9.3.6}$$

综合式(9.3.2)和式(9.3.6),可以得到冻融影响系数为

$$k_N = e^{k_n N} \tag{9.3.7}$$

式中:k_N 为与实际环境温度等价的试验[98]拟合系数。拟合结果如图 9.3.2 所示,可以看出混凝土碳化冻融影响系数具有较强的适用性。

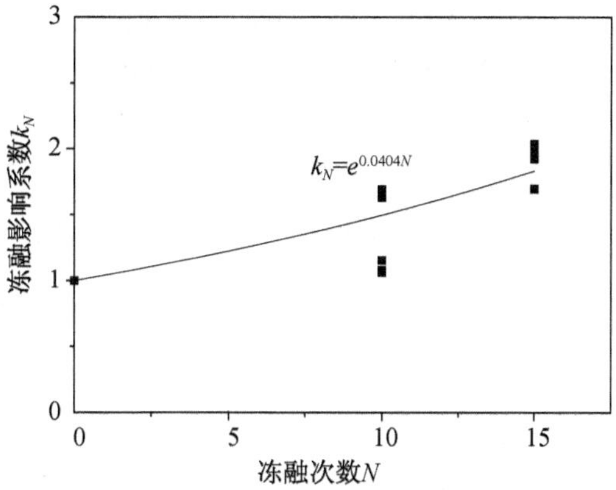

图 9.3.2 混凝土碳化冻融影响系数

(3) 应力对混凝土碳化的影响

混凝土坝因承受荷载作用会产生应力,应力的性质和大小会导致混凝土孔结构的变化,从而影响混凝土碳化作用,在弹性区域内,应力与孔隙率之间的关系可表示为[99]

$$d\phi = \left(\frac{1-\phi}{K} - \frac{1}{K_m}\right) d\bar{\sigma}_m \tag{9.3.8}$$

式中:K 为混凝土的体积模量;K_m 为混凝土基质的体积模量;$\bar{\sigma}_m$ 为有效平均应力(以拉为正)。

将孔隙看作弹性模量为 0 的离散相,混凝土的体积模量和混凝土基质的体积模量之间的关系可以表示为

$$K = \frac{1-\phi}{1+\alpha_v\phi} K_m \tag{9.3.9}$$

式中:α_v 为与基质泊松比 v_m 和孔隙形状有关的系数,对于球形孔隙,$\alpha_v = (1+v_m)/[2(1-2v_m)]$,对于其他类型的孔隙,$\alpha_v$ 一般大于该值。将式(9.3.9)代入式(9.3.8)并将其积分得

$$\int_{\phi_0}^{\phi} \frac{1}{\phi} d\phi = \int_0^{\sigma'} \frac{\alpha_v}{K_m} d\bar{\sigma}_m \tag{9.3.10}$$

式中:ϕ_0 为应力水平为 0 时的初始孔隙率。因此,应力作用下孔隙率为

$$\phi = \phi_0 \exp(\alpha_v \bar{\sigma}_m / K_m) \tag{9.3.11}$$

鉴于混凝土强度和拉压情况的不同,结合式(9.3.2),采用下式描述拉压应力对于碳化

的影响：

$$k_\sigma=\begin{cases}\exp(k_t\sigma/\overline{f}_t) & \sigma\geqslant 0\\ \exp(k_c\sigma/\overline{f}_c) & \sigma<0\end{cases}\tag{9.3.12}$$

式中：k_t和k_c分别为拉压状态下材料系数；$\overline{f}_t$和$\overline{f}_c$分别为混凝土抗拉和抗压强度，可根据试验资料拟合曲线。

根据文献[100]提供的数据进行拟合验证，如图 9.3.3 所示，从图中可以看出式(9.3.12)可有效反映混凝土在弹性范围内应力作用下的碳化情况。但是当混凝土的应力大于某一限值时，无论是拉应力还是压应力都会使混凝土产生裂缝，此时式(9.3.12)不再适用。当裂缝扩展形成贯穿裂缝后，CO_2可沿着裂缝通道向周围混凝土侵蚀，此时可以将裂缝方向作为新坐标轴，简化为二维无限体扩散模型进行求解，如图 9.3.4 所示。

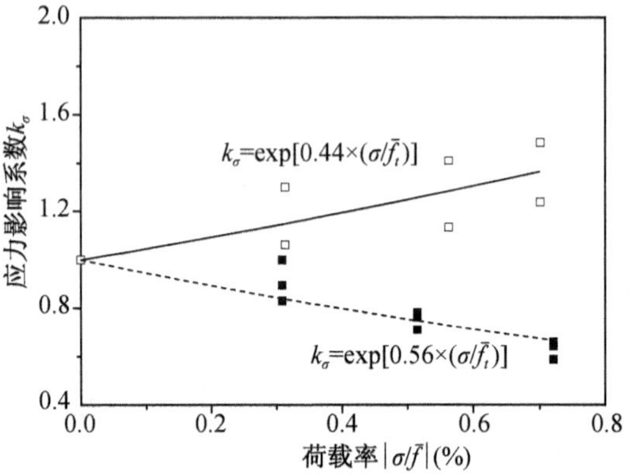

图 9.3.3　混凝土碳化应力影响系数

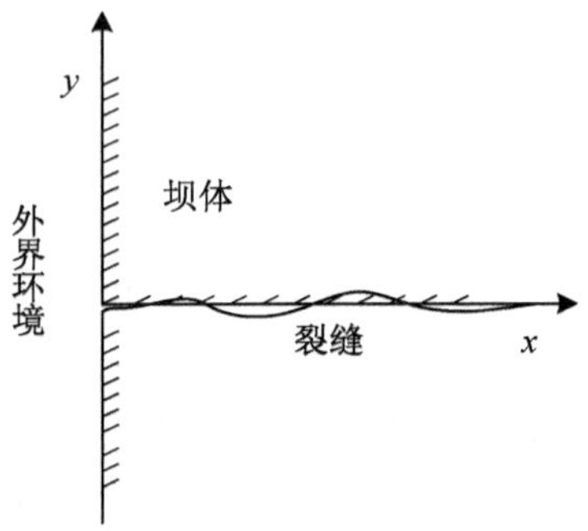

图 9.3.4　二维示意图

第四节　硫酸盐分层侵蚀和扩散反应分析

混凝土硫酸盐侵蚀破坏是复杂的物理化学进程，其实质是硫酸盐溶液进入混凝土内部后，与水泥水化物发生物理化学反应，使得混凝土性能发生变化，甚至导致混凝土结构的破坏。我国黄河中上游的许多混凝土坝都存在硫酸盐侵蚀问题，比如盐锅峡大坝的坝基部分就出现了硫酸盐破坏问题[101]。

一、混凝土硫酸盐侵蚀劣化原理

混凝土受硫酸盐侵蚀劣化原理按其影响材料性能变化的主要原因可以分为化学侵蚀和物理侵蚀，其中化学侵蚀主要指混凝土的溶解或者反应成无黏结力的物质，而物理侵蚀主要指膨胀破坏，两者是同时进行的。

混凝土硫酸盐化学侵蚀原理为：环境中硫酸盐与混凝土某些固相成分发生化学反应生成一些难溶盐类矿物，改变了其原有的混凝土组分，另外也可使氢氧化钙和水化硅酸钙等组分溶出或分解，导致混凝土强度和黏结性能损失。根据结晶产物的不同，可以将其分为 5 种类型：钙矾石结晶型、石膏结晶型、硫酸镁溶蚀结晶型、碱金属硫酸盐结晶型和碳硫硅钙石结晶型。其中钙矾石为溶解度极小的矿物，本身呈针状结晶，吸收大量水分时，会在含铝的固相表面成针状析出，形成膨胀内应力。虽然石膏引起的破坏机制还存在一些争议，但是在长期暴露下会引起混凝土显著的剥落和强度损失。碳硫硅钙石会使结构体强度完全丧失，变为一种白色的、无强度的、果肉状泥砂混合物，对混凝土造成化学侵蚀。

混凝土硫酸盐物理侵蚀主要有 3 种假说，即结晶水压假说、盐结晶压假说和固相体积变化假说。其中固相体积变化假说主要针对钙矾石结晶型，认为硫酸盐侵蚀形成晶体时的体积膨胀是造成混凝土破坏的原因，并被大多数学者认可。根据拓扑化学反应假设，可以得到单个化学反应导致的体积变化分数，见表 9.4.1[102]，从而可以得到硫酸盐化学反应后混凝土体积应变：

表 9.4.1 硫酸盐反应体积变化量

化学反应	$C_4AH_{13} \rightarrow C_6A\bar{S}_3H_{32}$	$C_4A\bar{S}H_{12} \rightarrow C_6A\bar{S}_3H_{32}$	$C_3AH_6 \rightarrow C_6A\bar{S}_3H_{32}$	$C_3A \rightarrow C_6A\bar{S}_3H_{32}$
$\Delta V/V$	0.48	0.55	0.92	1.31

$$\varepsilon_V = C_r \sum \left(\frac{\Delta V}{V}\right)_i m_{Vi} \frac{C_i}{\sum C_i} - \phi \tag{9.4.1}$$

式中：C_r 为混凝土中已反应的 CA（C_4AH_{13}，$C_4A\bar{S}H_{12}$，C_3AH_6，C_3A 集合）摩尔浓度；C_i 为各 CA 在混凝土中的初始含量；m_V 为摩尔体积；ϕ 为孔隙率。

考虑各向同性假设，混凝土的线性应变为：$\varepsilon = \varepsilon_V/3$，当该应变超过混凝土极限拉应变时，混凝土膨胀引起微裂缝，裂缝扩展将引起混凝土性能的劣化。总之，混凝土受硫酸盐侵蚀表现为分层损伤机理，即混凝土硫酸盐损伤由表及里不断演变，距侵蚀表面距离不同而所受的侵蚀程度不同从而性质有所不同，如图 9.4.1 所示，侵蚀范围可以由硫酸盐侵蚀扩散反应分析计算得到。

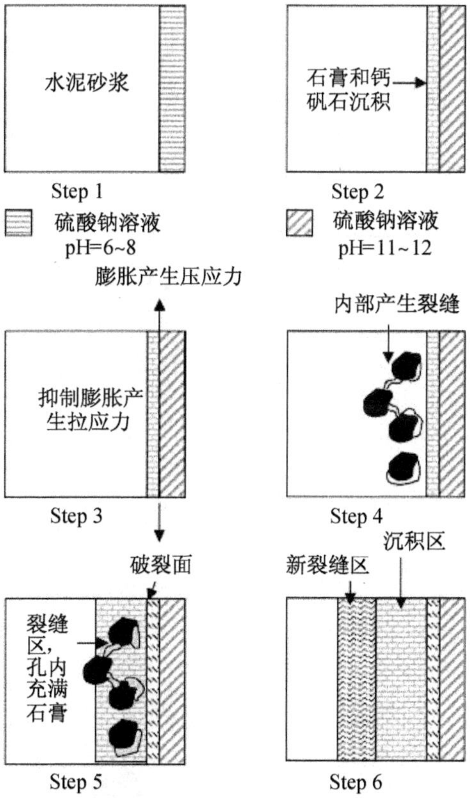

图 9.4.1 硫酸盐分层侵蚀机理

二、硫酸盐侵蚀的扩散反应

硫酸盐主要溶于水中向混凝土内部渗透，因此对于大体积混凝土结构，可以简化半无限大混凝土体介质的一维扩散行为，采用 Fick 第二扩散定律进行硫酸盐扩散描述：

$$\frac{\partial c}{\partial t} = D_f \frac{\partial^2 c}{\partial x^2} \tag{9.4.2}$$

式中：c 为离子浓度；t 为时间；x 为距表面的距离；D_f 为离子扩散系数。

硫酸根进入混凝土后会发生化学反应，为了表示方便，将其涉及的化学反应统一写为

$$CA + \chi\bar{S} \rightarrow C_3A\bar{S}_3H_{32} \tag{9.4.3}$$

式中：CA 为混凝土中与硫酸根发生化学反应的反应物集合；$\bar{S}$ 为硫酸盐；χ 为方程式统一后的加权平均系数；$C_3A\bar{S}_3H_{32}$ 为反应产物。因此其化学反应速率可表示为

$$\mathrm{d}c_{\bar{S}}/\mathrm{d}t = -\vartheta c_{\bar{S}} c_{CA}, \quad \mathrm{d}c_{CA}/\mathrm{d}t = -\vartheta c_{\bar{S}} c_{CA}/\chi \tag{9.4.4}$$

式中：ϑ 为化学反应速率。

描述侵蚀离子的扩散作用、对流作用和化学反应的基本公式为

$$D_f \nabla^2 c = v \nabla c + \frac{\partial c}{\partial t} + r_{ac} \tag{9.4.5}$$

式中：v 为对流速度，r_{ac} 为化学反应项。由于硫酸盐传输以扩散为主，不存在对流作用，因此将式(9.4.2)和式(9.4.4)代入式(9.4.5)中得到其扩散作用和化学反应耦合式为

$$\frac{\partial c_{\bar{S}}}{\partial t} = D_{\bar{S}} \frac{\partial c_{\bar{S}}}{\partial x^2} - \vartheta c_{\bar{S}} c_{CA}, \quad \frac{\partial c_{CA}}{\partial t} = \frac{-\vartheta c_{\bar{S}} c_{CA}}{\chi} \tag{9.4.6}$$

基于混凝土坝挡水量较大，硫酸盐含量相对稳定，可以将其认为是一个定值，即初始条件和边界条件为

$$\begin{cases} c_{\bar{S}}|_{t=0} = 0, c_{CA}|_{t=0} = c_0 (0 \leqslant x < \infty) \\ c_{\bar{S}}|_{x=0} = c_0', c_{CA}|_{x=0} = 0 (\tau \geqslant 0) \end{cases} \tag{9.4.7}$$

令 $z = c_{\bar{S}} - \vartheta c_{CA}, \tau = D_{\bar{S}} t, r_a = \vartheta/\chi D_{\bar{S}}$，则方程标准化为

$$\begin{gathered} \frac{\partial z}{\partial \tau} = \frac{\partial^2 z}{\partial x^2}, \frac{\partial c_{\bar{S}}}{\partial \tau} = \frac{\partial^2 c_{\bar{S}}}{\partial x^2} - r_a c_{\bar{S}}^2 + r_a c_{\bar{S}} z \\ \begin{cases} c_{\bar{S}}|_{\tau=0} = 0, z|_{\tau=0} = -\vartheta c_0 (0 \leqslant x < \infty) \\ c_{\bar{S}}|_{x=0} = c_0', z|_{x=0} = c_0' (\tau \geqslant 0) \end{cases} \end{gathered} \tag{9.4.8}$$

式(9.4.8)的第一项属于 Fick 第二扩散定律，其解为

$$z = -\vartheta c_0 + (c_0' + \vartheta c_0)\left[1 - erf\left(\frac{x}{2\sqrt{\tau}}\right)\right] \tag{9.4.9}$$

式中：$erf(x) = \dfrac{2}{\sqrt{\pi}}\int_0^x \mathrm{e}^{-u^2}\mathrm{d}u$ 为误差函数。

式(9.4.8)的第二项难以得到解析解，可根据有限差分法求解，为简化描述，此处用 c 代替 $c_{\bar{S}}$，若 i 代表距离增量，j 代表时间增量，根据 Crank-Nicolson 公式将其展开得

$$\frac{c_{i,j+1} - c_{i,j}}{\Delta\tau} = \frac{1}{2}\left(\frac{c_{i+1,j} + c_{i-1,j} - 2c_{i,j}}{(\Delta x)^2}\right)(c_{i,j} + c_{i,j+1}) - r_a \frac{c_{i,j} + c_{i,j+1}}{2} c_{i,j+\frac{1}{2}} + r_a c_{i,j+\frac{1}{2}} z_{i,j} \tag{9.4.10}$$

整理得到

$$c_{i-1,j+1}+c_{i,j+1}\left[-2-r_a\ (\Delta x)^2c_{i,j+\frac{1}{2}}-2\frac{(\Delta x)^2}{\Delta\tau}\right]+c_{i+1,j+1}=$$
$$-c_{i-1,j}+c_{i,j}\left[2+r_a\ (\Delta x)^2c_{i,j+\frac{1}{2}}-2\frac{(\Delta x)^2}{\Delta\tau}\right]-c_{i+1,j}-2r_az_{i,j}\ (\Delta x)^2c_{i,j+\frac{1}{2}}$$
$$(9.4.11)$$

其中 $c_{i,j+\frac{1}{2}}$ 根据泰勒级数展开

$$\begin{aligned}c_{i,j+\frac{1}{2}}&=c_{i,j}+\left(\frac{\partial c}{\partial\tau}\right)_{i,j}\left(\frac{\Delta\tau}{2}\right)\\&=c_{i,j}+\left[\frac{c_{i+1,j}+c_{i-1,j}-2c_{i,j}}{(\Delta x)^2}-r_ac_{i,j}^2-r_ac_{i,j}z_{i,j}\right]\left(\frac{\Delta\tau}{2}\right)\end{aligned}\qquad(9.4.12)$$

以上计算可以由程序编程实现，从而可以得到硫酸盐随时间的侵蚀范围。

第五节　混凝土溶蚀过程分析

混凝土是一种多孔复合材料，在水压力作用下将产生渗流，而水泥水化产物具有一定的可溶性。当混凝土中的钙离子随着渗透水流失时，为了保持孔溶液中的溶解平衡，水泥水化产物将不断分解，引起溶蚀。水工混凝土发生溶蚀最明显的标志就是在漏水处表面附有白色或其他颜色的溶蚀物，如丰满和水东大坝在廊道内壁等渗漏部位均有白色或黄色析出物。

水泥石主要水化产物为 $Ca(OH)_2$(约占 20%～25%)，和水化硅酸钙凝胶(C-S-H)(约占 50%～75%)，其中 $Ca(OH)_2$ 具有较强的溶解性，在常温常压下按 CaO 计算约为 1.18 g/L，在混凝土孔溶液中由于氯离子、钠离子和硫酸根等离子的影响下可以溶解更多，而 C-S-H 凝胶等必须在一定浓度的 $Ca(OH)_2$ 溶液中才能稳定存在。在渗流作用下，$Ca(OH)_2$ 将逐步溶解，析出钙离子，进而引起 C-S-H 凝胶的溶解，其溶解过程可表示为

$$\begin{aligned}&Ca(OH)_2\rightarrow Ca^{2+}+2OH^-\\&C\text{-}S\text{-}H\rightarrow Ca^{2+}+SiO_2+OH^-\end{aligned}\qquad(9.5.1)$$

混凝土发生溶蚀后，孔隙率会发生明显的变化，最终导致混凝土胶凝性和强度降低。力学测试表明[103]，混凝土强度和弹性模量随着试件溶蚀面积率的增大而降低，如图 9.5.1 所示。混凝土抗压强度损失 $\Delta\sigma_c$ 与溶蚀面积率 S_1/S_0(S_0 为初始面积，S_1 为溶蚀面积)近似成线性关系：$\Delta\sigma_c=\alpha S_1/S_0$，$\alpha$ 为常数。

从图 9.5.1 可以看出，溶蚀过程对混凝土的力学性能影响明显，要定量分析溶蚀危害性必须分析混凝土的溶蚀程度，而混凝土溶蚀程度可以由钙离子含量来表示。因此，分析混凝土的溶蚀程度可以转化为求解混凝土钙离子溶解程度，基于质量守恒定律，可以得到混凝土钙离子溶蚀过程的控制方程

$$\frac{\partial}{\partial t}(\phi SC_{\text{liquid}})+\frac{\partial C_{\text{solid}}}{\partial t}-\text{div}J_{\text{ion}}=0\qquad(9.5.2)$$

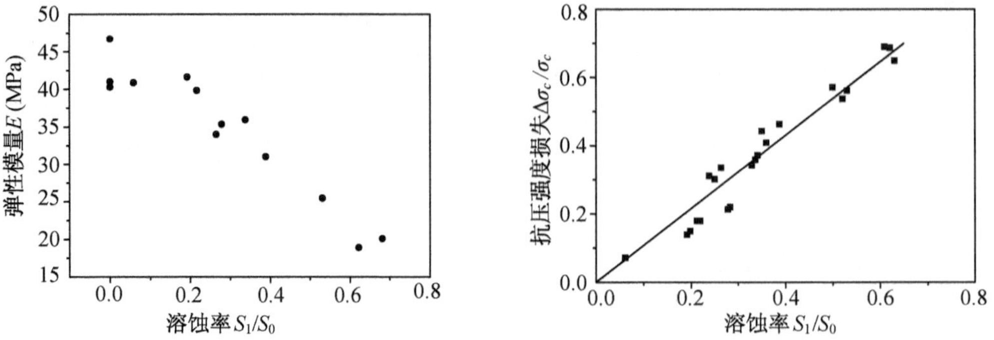

图 9.5.1　混凝土溶蚀对强度和弹性模量的影响

式中：ϕ 为孔隙率；S 为饱和度；C_{liquid}为孔溶液钙离子浓度；C_{solid}为固相钙离子浓度；div 为散度；J_{ion}为钙离子的通量。式中的前两项表示钙离子在单位时间单位体积中的钙离子增量，第三项表示钙离子的扩散通量，加上初始条件和边界条件后可以计算钙离子溶出总量。

而钙离子的固液溶解平衡可以用 Buil 模型表示，如图 9.5.2 所示。当孔溶液中的钙离子浓度不小于饱和浓度 C_{satu}时(由于孔溶液其他离子的影响可能出现过饱和现象)，固相钙离子保持定量 C_{total}。由于 $Ca(OH)_2$溶解性最大，当孔溶液浓度低于饱和浓度时，将最先开始溶解，此时固相 $Ca(OH)_2$ 中的钙离子浓度 C_{CH}将逐步降低，当 $Ca(OH)_2$ 溶解完成后，水化硅酸钙凝胶也将溶解，导致 C_{CSH}降低，当钙离子浓度降到 C_0 时，C-S-H 迅速分解为硅胶，混凝土强度和耐久性降低导致混凝土坝性能劣化。其中 C_0一般取值为 2.0 mmol/L，将钙离子饱和浓度 C_{satu}用 $Ca(OH)_2$的饱和浓度表示，则有

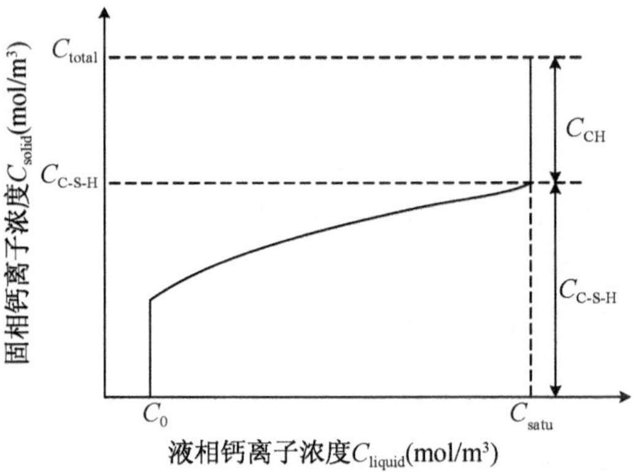

图 9.5.2　钙离子液固平衡曲线

$$C_{\mathrm{satu}} = \frac{\sqrt[3]{2K_{sp}}}{2} \tag{9.5.3}$$

式中：K_{sp}为 $Ca(OH)_2$的溶度积。

鉴于水工混凝土多为渗透溶蚀，钙离子的通量包括离子浓度差引起的扩散和渗流水的对流作用。

$$J_{\mathrm{ion}} = -\phi S D_f \cdot \nabla C_{\mathrm{ion}} + \phi S \cdot \boldsymbol{u} \cdot C_{\mathrm{ion}} \tag{9.5.4}$$

式中：D_f 为有效扩散系数；∇为梯度算子；$\boldsymbol{u} = [u_x, u_y, u_z]^{\mathrm{T}}$ 为钙离子在渗流水中的流速向量。

由式(9.5.2)—式(9.5.4)结合混凝土本身性质可以得到混凝土中钙离子溶解情况。混凝土的溶蚀将引起孔隙的增大，加强了渗流作用，是混凝土的一种内在本质性病害。

第十章 / 水工混凝土性能劣化引起的结构时变效应

第一节 概 述

我国东北地区某混凝土坝出现了明显的坝顶上抬变化趋势，如图 10.1.1 所示，监测资料分析成果表明此上抬变形主要来源于坝体混凝土性能变化。其原因在于，该坝位于寒冷地区，除了坝体混凝土热胀冷缩而使坝顶在夏天上抬、冬天下沉外，还因坝体上部混凝土水平裂缝群含水结冰冻胀而使得坝顶在每年 2 月前后（冰冻最严重）上抬，4 月前后（冰融化）下沉，因此坝顶竖直向位移过程线出现历年“双峰”现象。同时，冻胀使坝体混凝土产生了局部破坏，导致冻胀消除后坝顶不能完全下沉到原位，逐年累积从而形成上抬变化趋势。这一现象在坝体上部混凝土质量差且水平裂缝发育严重的近右岸坝段最为突出，这也是该坝变形规律不同于一般混凝土坝的一种反常现象。

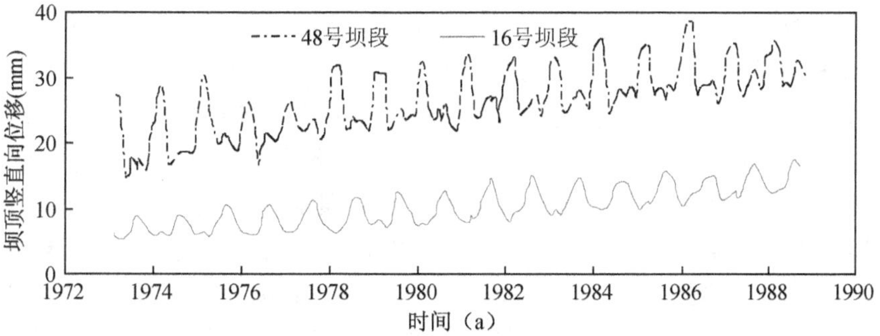

图 10.1.1 某混凝土重力坝典型坝段坝顶竖直向位移过程线

混凝土坝在整个服役期内，其结构性态一直处于不断变化之中，一方面表现为大坝变形中存在着不可恢复的时效变形，另一方面表现为相同环境荷载作用下大坝的可恢复变形也存在一定的差异。材料性能是决定结构性能的关键因素，从筑坝混凝土材料性能的角度，可以将混凝土坝变形时变效应的成因归纳为筑坝材料固有的流变特性和服役期材料性能演变两个方面。

混凝土坝变形数学监控模型中常以线性函数加对数函数表示时效分量，这主要反映了坝体混凝土徐变和坝基岩体蠕变等产生的不可恢复变形，表现为变形时间过程中的趋势性成分；筑坝材料固有的流变特性除了产生上述不可恢复变形，还将产生一定程度的随荷载变化的可恢复时效变形，两者成因相同，将其总称为混凝土坝变形的固有时变效应。运行期筑坝材料性能的演变将导致大坝结构性能发生变化，进而引起坝体可恢复变形变动幅度在库水位和气温升降变化过程中的演变，如等幅值周期性循环荷载作用下(年极值相同的环境温度或周期性库水位)，坝体混凝土的老化将导致其物理力学性能衰退，反映到变形上则表现为坝体位移在其基值附近变化幅度的增大，这一点在混凝土坝长期服役过程中逐渐显现出来，这里将其称为混凝土坝结构性能变化引起的变形时变效应。假定环境荷载各年变化规律相同情况下，混凝土坝长期服役过程中的变形时变效应如图 10.1.2 所示。

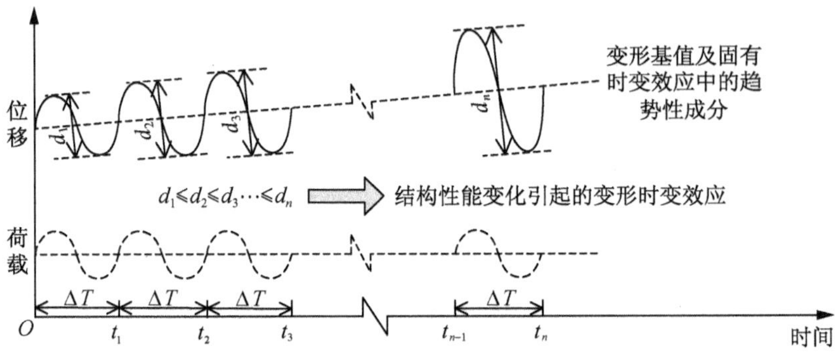

图 10.1.2　等幅值周期性环境荷载作用下混凝土坝变形时变效应示意图

混凝土坝施工过程中各种复杂因素的综合作用，导致坝体混凝土中存在一定程度的初始微缺陷，并且混凝土是一种含孔隙结构的多相复合材料，坝体施工结束后，硬化混凝土中存在的初始微缺陷将在混凝土坝长期服役过程中不断演化发展，在荷载和环境因素的共同作用下引发新的物理或化学损伤的产生，从而导致坝体混凝土物理力学性能的衰退，最终造成混凝土坝结构性能的变化。混凝土坝在长期服役过程中，引起大坝结构性能变化的因素较多，包括荷载与环境因素作用下坝体混凝土和坝基岩体的老化、荷载或者其他因素导致的坝体裂缝，以及运行过程中的各种补强加固措施等，可将其归结为材料性能演变和结构几何特性改变两个方面，这里主要研究材料劣化导致的大坝结构性能变化。为保证混凝土坝长效健康服役，应揭示混凝土坝工程在主要环境条件和荷载条件协同作用下，混凝土材料性能随时间的演变规律。混凝土作为典型的多孔介质材料，其微观结构和化学性质决定了材料宏观力学性能。然而，鉴于混凝土材料劣化因素的复杂性和技术限制，现阶段还无法仅根据混凝土的微观结构进行混凝土力学性能的分析。因此，混凝土材料性能演化研究既要结合材料微观结构研究材料劣化的破坏力，也要基于试验数据分析模拟材料性能参数的变化规律。也即是采用试验和理论分析相结合的方法，研究典型因素对混凝土宏观力学性能的影响效应。环境因素主要通过驱动材料性能的演变来改变混凝土坝的结构性能，在此过程中，冻融、渗透溶蚀等环境因素作用，一方面将直接导致坝体混凝土物理力学性能的衰退，这里将其综述为混凝土坝环境损伤；另一方面，环境损伤出现后，坝体结构性能随之变化，强度和刚度均有所降低，在水压等荷载作用下将引发新的坝体力学损伤的出现，进一步促使大坝结构性能的变化。因此，混凝土坝结构性能变化引起的变形时变效应是环境损伤和力学损伤两者的综合作用结果，需针对冻融循环和渗透溶蚀作用下的大坝劣化行为，研究坝体混凝土的劣化机理和演变规律，分别构建相应的损伤时变模型。

第二节　冻融作用下混凝土坝损伤时变模型

位于寒冷地区的混凝土坝，其坝体混凝土在含水状态下因冻融循环作用而导致损伤不断累积，从坝体表面逐渐向内部发展，造成混凝土坝表面剥落、内部开裂等老化损伤现象，引起混凝土坝各项功能的衰退，严重威胁大坝的安全性。

一、冻融作用下混凝土内应力描述

由前文分析可以得知，饱和混凝土结冰时，混凝土孔隙中为水和冰的多相体，既有静水压力 p_{L}，也存在冰压力 p_{C}，其受力情况较为复杂。取混凝土中体积为 $\mathrm{d}\Omega_0$、初始孔隙率为 ϕ_0 的微小部分，如图 10.2.1 所示。

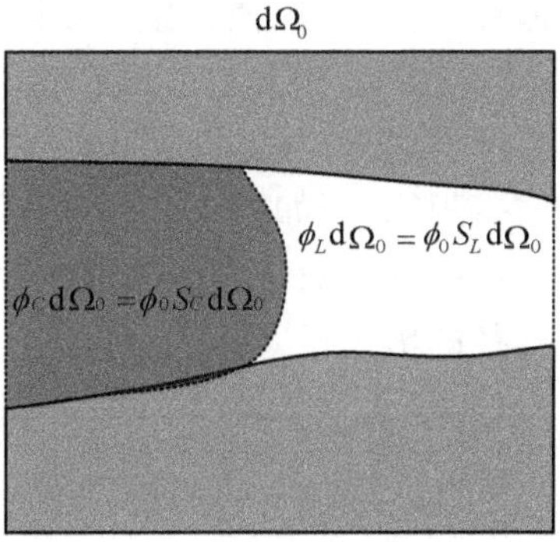

图 10.2.1　混凝土微结构示意图

设液相体积率为 ϕ_{L}，冰相体积率为 ϕ_{C}，则孔的体积为 $\phi\mathrm{d}\Omega_0=(\phi_{\mathrm{L}}+\phi_{\mathrm{C}})\mathrm{d}\Omega_0$。设液相和固相的摩尔密度分别为 n_{L} 和 n_{C}，则该体积中各相的摩尔数分别为 $n_{\mathrm{L}}\times\mathrm{d}\Omega_0$ 和 $n_{\mathrm{C}}\times\mathrm{d}\Omega_0$。令 S 和 μ 代表摩尔熵和摩尔化学势，则液相和固相的 Gibbs-Duhem 方程为

$$\phi_\upsilon \mathrm{d}p_\upsilon - n_\upsilon S_\upsilon \mathrm{d}T - n_\upsilon \mathrm{d}\mu_\upsilon = 0 \qquad (10.2.1)$$

式中：$\upsilon\in\{\mathrm{L},\mathrm{C}\}$ 分别代表液相和固相，p 为应力。设 σ_{ij} 为作用在孔单元上的应力，ε_{ij} 为其应变，$\mathbb{S}$ 和 Ψ 分别代表混凝土整体单位体积上的熵和 Helmholtz 自由能，则 Clausius-Duhem 方程为

$$\sigma_{ij}\varepsilon_{ij}+\mu_{\mathrm{L}}\mathrm{d}n_{\mathrm{L}}+\mu_{\mathrm{C}}\mathrm{d}n_{\mathrm{C}}-\mathbb{S}\mathrm{d}T-\mathrm{d}\Psi=0 \qquad (10.2.2)$$

令 S_{sk} 和 Ψ_{sk} 代表单位体积混凝土骨料的熵和 Helmholtz 自由能，则存在以下关系：

$$\begin{aligned} S_{sk} &= \mathbb{S}-n_{\mathrm{L}}S_{\mathrm{L}}-n_{\mathrm{C}}S_{\mathrm{C}} \\ \Psi_{sk} &= \Psi-n_{\mathrm{L}}\mu_{\mathrm{L}}+\phi_{\mathrm{L}}p_{\mathrm{L}}-n_{\mathrm{C}}\mu_{\mathrm{C}}+\phi_{\mathrm{C}}p_{\mathrm{C}} \end{aligned} \qquad (10.2.3)$$

将式(10.2.1)和式(10.2.3)代入式(10.2.2)，可以得到混凝土骨料上的自由能平衡公式

$$\sigma_{ij}\varepsilon_{ij}+p_{\mathrm{L}}\mathrm{d}\phi_{\mathrm{L}}+p_{\mathrm{C}}\mathrm{d}\phi_{\mathrm{C}}-S_{sk}\mathrm{d}T-\mathrm{d}\Psi_{sk}=0 \qquad (10.2.4)$$

从式(10.2.4)可以看出骨料自由能和应变、各相体积和温度的关系为

$$\sigma_{ij}=\frac{\partial\Psi_{sk}}{\partial\varepsilon_{ij}};p_{\mathrm{L}}=\frac{\partial\Psi_{sk}}{\partial\phi_{\mathrm{L}}};p_{\mathrm{C}}=\frac{\partial\Psi_{sk}}{\partial\phi_{\mathrm{C}}};S_{sk}=-\frac{\partial\Psi_{sk}}{\partial T} \qquad (10.2.5)$$

若假设混凝土表现为线弹性，其本构方程和孔结构的演化规律可以表示为

$$\begin{aligned}
\sigma_m &= K\varepsilon_v - b_C p_C - b_L p_L - b_{atm} p_{atm} + 3\alpha_C K \Delta T \\
s_{ij} &= 2G e_{ij} \\
\Delta\phi &= \phi - \phi_0 = b_{biot}\varepsilon + (s_L p_L + s_C p_C + s_{atm} p_{atm})/N_\phi + \alpha_\phi \Delta T
\end{aligned} \tag{10.2.6}$$

式中：σ_m 为平均应力；s_{ij} 为偏应力张量；ε_v 为体积应变；e_{ij} 为偏应变张量；K 为体积模量；G 为剪切模量；α_C 为混凝土线膨胀系数；$N_\phi = (b_{biot} - \phi_0)/K_m$ 为毕奥模量；$b_{biot} = 1 - K/K_m$ 为毕奥常数，K_m 为混凝土基质体积模量；$\alpha_\phi = \alpha_c(b - \phi_0)$；$\Delta T = T_M - T$；$b_v = b_{biot} s_v$，$v \in \{L, C\}$ 为修正的毕奥常数，s_v 为 v 相的饱和度，$\sum s_v = 1$。

对于混凝土这种多孔结构材料，冻融导致其力学性能下降的根本原因在于冻融过程中混凝土孔隙结构的变化。压汞试验[104]观察到的结果表明，冻融造成混凝土孔隙率和孔径均增大，水灰比为 0.32 时，以石灰岩、花岗岩和玄武岩为粗集料的混凝土，经过 200 次冻融循环后，平均孔径分别由 14.6 nm，13.9 nm 和 13.2 nm 增至 16.1 nm，14.7 nm 和 13.8 nm，孔隙率则分别由 14.40%，15.56%和 15.15%增至 29.28%，19.64%和 18.23%。

混凝土冻融过程中内部微裂纹的萌生和发展将导致其孔隙结构特征发生变化，相应的演变规律[105]如图 10.2.2 所示，以气孔为中心的平均裂纹数量及长度、单位孔隙面积和孔隙分形维数均随着冻融循环次数的增加而增大，由此也反映出了混凝土冻融过程中孔隙率和孔径的增大。

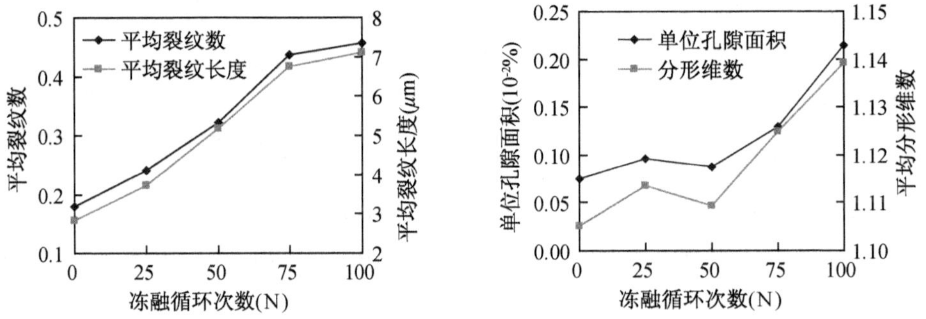

图 10.2.2　冻融循环过程中混凝土孔隙结构特征的演变

由以上分析可知，要建立混凝土微观裂缝发生发展与宏观性能损伤之间的关系，必须要掌握混凝土中的孔的结构，而孔的形式各异，孔隙分布错综复杂，现有方法不能准确得到孔径分布和孔形态等，需要结合试验数据分析混凝土坝材料力学性能的演化规律。

二、冻融作用下混凝土力学性能演化规律

冻融循环导致坝体混凝土内部结构由密实变得疏松，伴随着微裂纹的萌生和发展，必将影响其物理力学性能。现阶段，有关冻融作用对混凝土力学和变形性质影响的研究，大部分是直接采用试验数据来拟合分析。为此，结合已有的冻融试验，通过分析冻融对混凝土孔隙率的影响，研究对其力学性能的影响。

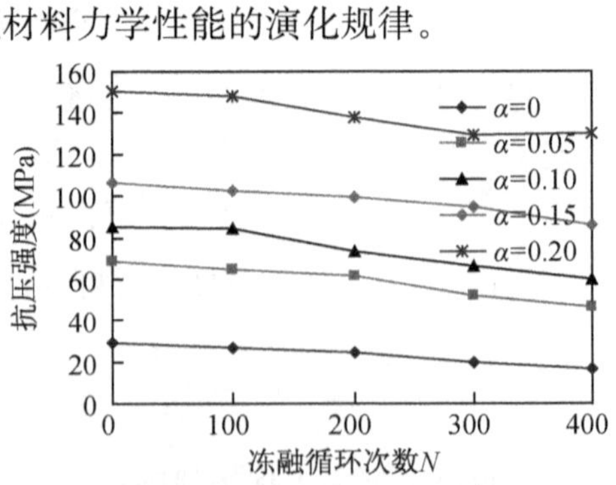

图 10.2.3　引气混凝土三轴抗压强度随冻融循环次数的演变($\alpha=\sigma_1/\sigma_3$，$\sigma_2=\sigma_3$)

（1）混凝土力学性能随冻融次数的演化关系

国内外学者针对不同品种的混凝土进行了大量的室内冻融试验，并研究冻融循环后混凝土的物理力学性能。某引气混凝土和普通混凝土的力学性能随冻融循环的演变分别如图10.2.3和图10.2.4所示[106,107]。相应研究成果均表明混凝土的拉压强度和弹性模量随冻融循环次数的增加而降低，抗压强度和弹性模量基本表现为线性下降趋势；抗拉强度在冻融循环初期下降较快，后期下降速率减缓；应力-应变关系曲线整体表现为峰值点下降且右移；低水灰比引气混凝土的抗冻性优于普通混凝土。

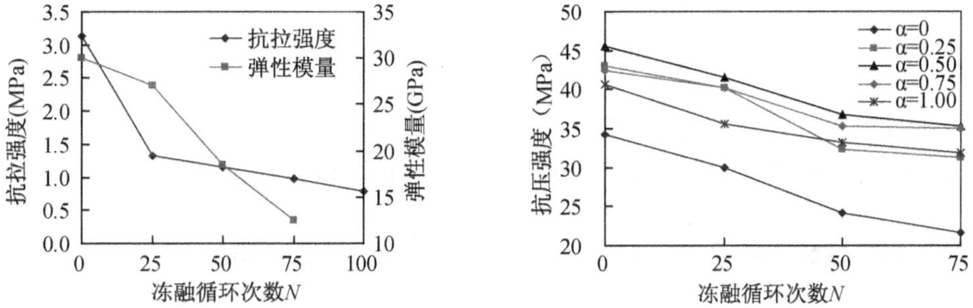

(a) 单轴抗拉强度和弹性模量　　(b) 双轴抗压强度($\alpha=\sigma_2\sigma_3$)

图 10.2.4　普通混凝土力学性能随冻融循环次数的演变

冻融为物理破坏过程，主要通过改变孔隙率来影响混凝土强度。而混凝土抗压强度和孔隙率之间的关系为

$$f = k\ln(\phi_0/\phi) \tag{10.2.7}$$

式中：f 为混凝土抗压强度，ϕ 为孔隙率；ϕ_0 为原孔隙率。

假设混凝土冻融作用后孔隙率的增加与原来孔隙率成正比，可以得到

$$\phi = \phi_0 \exp(\alpha_N N) \tag{10.2.8}$$

式中：α_N 为混凝土材料参数，可由试验数据拟合；N 为冻融循环次数。

因此，结合式(10.2.7)冻融循环后混凝土强度的演化公式为

$$\frac{f^N}{f} = \frac{\ln(\phi_0/\phi e^{\alpha_N N})}{\ln(\phi_0/\phi)} = \frac{-\alpha_N N + \ln(\phi_0/\phi)}{\ln(\phi_0/\phi)} = 1 - a_N N \tag{10.2.9}$$

式中：f^N 为冻融 N 次后混凝土强度。

实测数据表明混凝土抗拉强度随冻融循环的演化关系也近似成直线，因此式(10.2.9)对混凝土抗压和抗拉强度都适用，仅仅是系数不同。根据文献[108]提供的试验数据对其验证，如图10.2.5所示，可见，式(10.2.9)能够很好地描述混凝土强度随循环次数的演化关系。

研究表明[109]，当混凝土孔隙率小于0.5时，孔隙率与混凝土弹性模量近似成线性关系，可表示为 $E = E_0(1 - a\phi)$。根据冻融次数与孔隙率的关系式(10.2.8)，可以得到

$$\frac{E^N}{E} = \frac{E_0(1 - a\phi e^{\alpha_N N})}{E_0(1 - a\phi)} = b_N + (1 - b_N)e^{\alpha_N N} \tag{10.2.10}$$

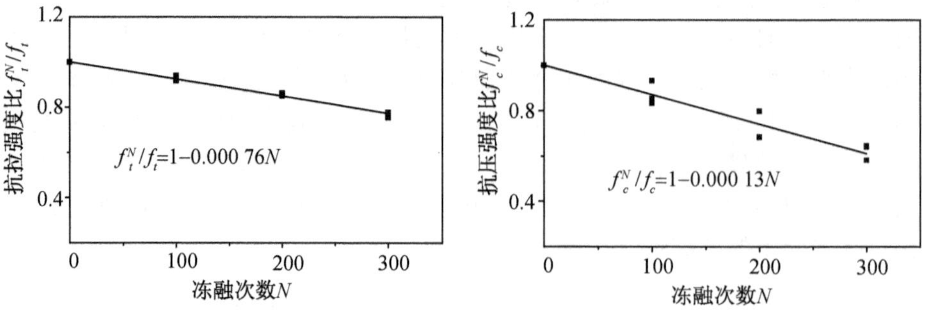

图 10.2.5　冻融对混凝土强度的影响

式中：b_N 为材料系数，根据试验数据拟合。

同上，文献[108]中试验数据也很好地证明了该演化公式的正确性(图 10.2.5)。

(2) 应变随冻融次数的演化关系

冻融循环对混凝土应变的影响包括冻胀引起的弹性应变和不可逆应变两部分。现分述如下。

①弹性应变关系。混凝土在冻融条件下除去本身温度变形外，试验已经证实还会产生冻胀变形。根据式(10.2.6)，当试件无应力约束时，混凝土冻胀内部应力产生的体积应变为

$$\varepsilon_v = \left(\frac{1}{K} - \frac{1}{K_m}\right)[s_C p_C + (1 - s_C) p_L] \tag{10.2.11}$$

式中：p_L为静水压力；p_C为冰压力；s_C为冰相的饱和度；K 为混凝土体积模量；K_m为混凝土基质体积模量。K 和 K_m近似关系为 $K = K_m(1 - \phi)/(1 + \phi)$，而 p_C 和 p_L 满足 $p_C - p_L = \Delta S_{fC} \Delta T$。因此，式(10.2.11)简化为

$$\varepsilon_v = \frac{2\phi}{K_m(1 + \phi)}[s_C \Delta S_{fC} \Delta T + p_L] \tag{10.2.12}$$

由于混凝土孔结构各异，随着温度的下降，不同混凝土孔隙中水结冰的量也有不同，各相饱和度也有异同。通过式(9.2.9)可知，饱和混凝土中结冰时，随着冰相饱和度的增加，在孔隙中会产生很大的静水压力，该静水压力阻止了水的结冰过程，大大削减了冰相的饱和度，根据 Coussy 的研究，s_C可以用下式计算：

$$s_C = 1 - s_L = s_0 \times \left(\frac{T_M - T}{T_*}\right)^n \tag{10.2.13}$$

式中：s_0 和 n 为系数；T_* 为特征冷却温度，其数值跟混凝土的孔结构和界面性质有关，可以根据毛细孔曲线计算。

$$T_* = \frac{K_{cn} \gamma_{CL}}{\Delta S_{fC} \gamma_{LV}} \tag{10.2.14}$$

式中：K_{cn} 为毛细模量。通常情况下，取 $\gamma_{CL} = 0.040\,9\ \mathrm{Jm^{-2}}$，$\gamma_{LV} = 0.072\ \mathrm{Jm^{-2}}$，$\Delta S_{fC} = 1.2\ \mathrm{MPaK^{-1}}$，$K_{cn}$ 随材料的不同而不同，对水泥基质材料可达 35 MPa 左右。典型混凝土结构的

冰相饱和度随温度变化过程如图 10.2.7 所示。

根据式(9.2.9)和(9.2.10)计算得到静水压力,由此根据式(10.2.12)可得到体积应变。若假设混凝土为各向同性,则混凝土冻胀在各方向引起的弹性应变为:$\varepsilon_x^f=\varepsilon_y^f=\varepsilon_z^f=\varepsilon_v/3$。

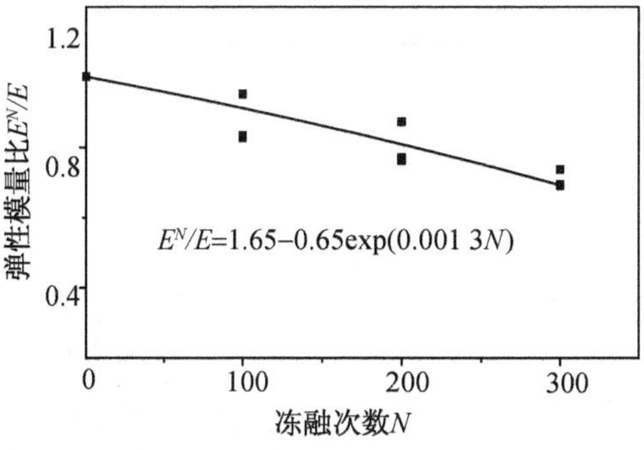

图 10.2.6 冻融对弹性模量的影响

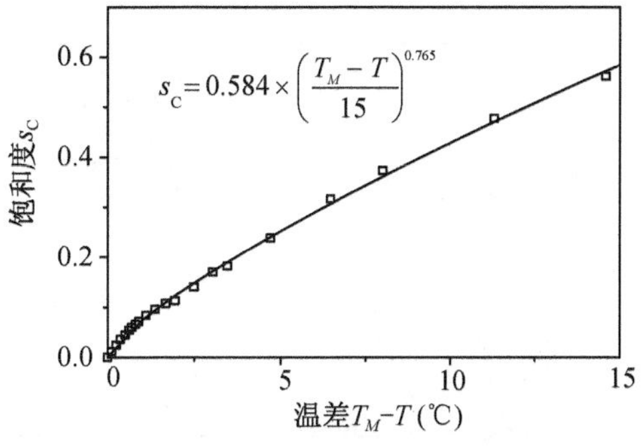

图 10.2.7 冰相饱和度随温度变化过程

②不可逆应变关系。当含水率较高的混凝土结冰时,在有限空间中,冰的体积膨胀将使孔隙承受巨大的拉应力产生应变,当拉应力超过多孔基体的极限抗拉强度时,会萌生大量的微裂纹,此时就会产生不可逆的残余应变,从而影响构件的变形。

不同水灰比和含气量下混凝土冻融残余应变的发展规律[110]如图 10.2.8 所示。混凝土冻融过程中,早期残余应变发展较快,经过一定次数冻融循环之后,残余应变的发展速率逐渐减缓;水灰比大时,孔隙率高且连通性好,饱水冻融时产生的静水压力越大,冻胀残余变形也就越大;在合理含气量范围之内,含气量越高,混凝土内部的平均气泡间隔就越小,饱水冻融时的孔隙压力小,出现冻胀破坏的概率也就越小。因此,含气量高时,累积残余变形相对较小。

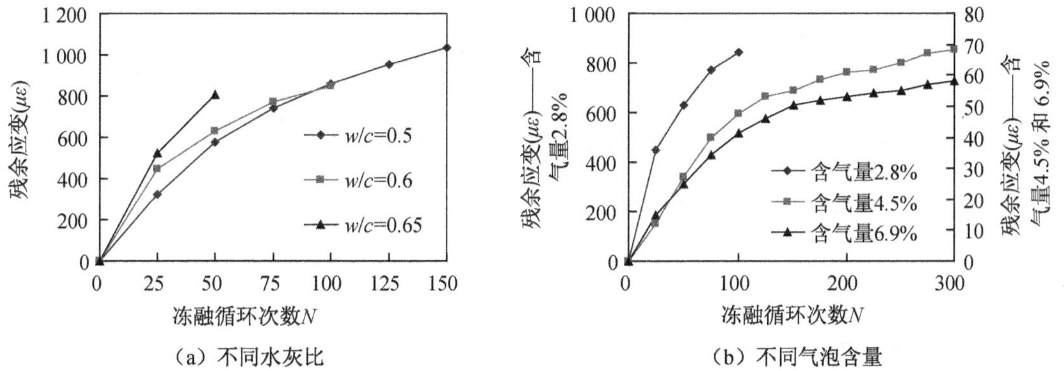

(a) 不同水灰比　　(b) 不同气泡含量

图 10.2.8 混凝土残余应变随冻融循环次数的演变

不同强度混凝土残余应变值随冻融次数的变化曲线如图 10.2.9 所示,含水率较高时的混凝土试件强度越低,其水灰比越高,孔隙率越大,且大孔所占的体积越大,冻结时裂纹产生和扩展的能力也越强,不可逆的残余应变也越大。通过回归统计分析得出,不管混凝土强度大小,当残余应变大于 100με 时,残余应变的对数值与冻融次数近似成直线关系。

$$\ln\varepsilon_N^p = p_N + q_N N \quad (10.2.15)$$

式中：p_N和q_N为材料参数，根据试验数据拟合。将图中数据按式(10.2.15)拟合如图10.2.10所示，拟合参数见表10.2.1。

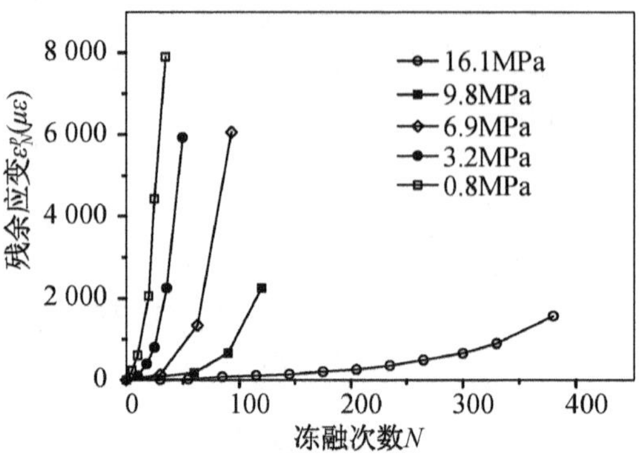

图 10.2.9　冻融后残余应变

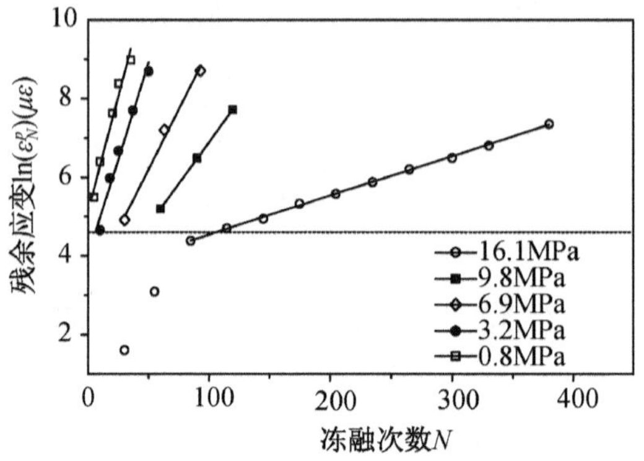

图 10.2.10　冻融与残余应变关系拟合

表 10.2.1　不同强度试件的拟合参数和相关系数

试件强度(MPa)	拟合参数		复相关系数
	p_N	q_N	
0.8	5.145	0.118	0.985
3.2	4.012	0.098	0.984
6.4	3.195	0.060	0.996
9.8	2.691	0.042	0.999
16.1	3.542	0.010	0.999

为保证连续性，将残余应变随冻融演化关系表示为

$$\varepsilon_N^p = \begin{cases} \dfrac{p_N \exp(q_N N^*)}{N^*} N & 0 \leqslant N < N^* \\ p_N \exp(q_N N) & N \geqslant N^* \end{cases} \quad (10.2.16)$$

式中：N^* 为残余应变第一次超过 $100\mu\varepsilon$ 时的冻融次数。

(3) 冻结温度对力学性能的影响

混凝土的冻融破坏不仅仅与冻融循环次数有关，还与冻结温度有关，温度越低，对混凝土造成的损伤越大，并且受极端最低温度控制，即混凝土经受极端最低温度后，其产生的微裂缝由于孔径的增大会随着后续的冻融循环继续扩展(即使后续的最低温度高于极端最低温度)，对混凝土性能造成劣化影响。采用文献[111]提供的数据进行初步探讨，考虑不同抗冻等级的混凝土在不同试件中心温度控制下的劣化情况，测得混凝土抗压强度随冻融次数的变化情况如图10.2.11所示。

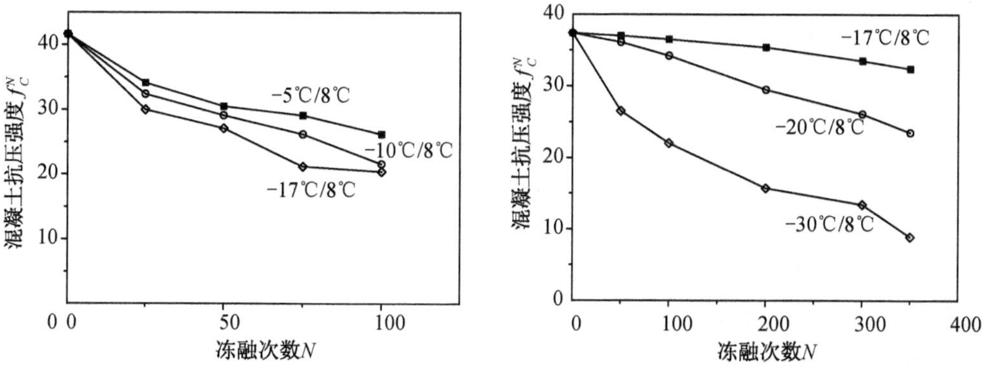

图 10.2.11　不同温度循环制度下混凝土强度的变化过程

根据式(10.2.9)对其拟合，得到抗压强度随冻融次数的劣化材料参数，见表 10.2.2。

表 10.2.2　不同温度循环制度的拟合参数

混凝土试件	冻融中心温度(℃)	α_N
普通混凝土	−5/8	0.004 1
	−10/8	0.005 1
	−17/8	0.006
高抗冻混凝土	−17℃/8	0.000 35
	−20℃/8	0.001
	−30℃/8	0.002 4

可以看出，混凝土抗压强度劣化参数随冻融温度的变化，表现为非线性；不同混凝土的劣化参数存在显著的差别，高抗冻混凝土的力学劣化参数比普通混凝土的要小，具有更好的抗冻性。

三、损伤时变模型

坝体混凝土冻融损伤的出现需要具备两个条件：饱水程度和冻结温度，故混凝土坝冻融损伤的发展程度与坝体渗流场和坝址气温密切相关。对于实际大坝，可根据坝体渗流场分布状况，识别出坝体可能出现冻融损伤的部位，并结合坝址气温，统计现场环境条件下的年累积冻融循环次数，进而评估大坝当前的冻融损伤状况，以便研究坝体局部材料性能演变导致大坝整体结构性能变化后所引起的变形时变效应。

针对实际工程，在建立反映坝体混凝土材料性能演变的冻融损伤时变模型时，其难点在于现场冻融环境与室内快速冻融试验环境的巨大差异性，进而导致大量标准室内冻融试验数据难以直接用于现场环境条件下的坝体混凝土。混凝土出现冻融损伤的根本原因在于力学作用，在一次冻融循环过程中，冻结相当于加载过程，溶解相当于卸载过程。在假定室内外混凝土材料性能和冻融损伤机制相同的前提下，由冻融损伤力学分析结果可知：冻结过程中的结晶压主要与混凝土孔隙特征以及冰晶-溶液之间的界面能有关。因此，可认为室内外环境下混凝土冻融过程中产生的结晶压完全相同。冻结静水压方面，由式(9.2.1)可以看出，静水压与降温速率呈线性正比关系，而室内试验和现场环境中最具有差异性的因素就是降温速率，因此两种情况下最大静水压的关系可表示为

$$k=\frac{\sigma_{\max\_X}}{\sigma_{\max\_s}}=\frac{\dot{T}_X}{\dot{T}_s} \tag{10.2.17}$$

式中：$\dot{T}_X$ 和 $\dot{T}_s$，$\sigma_{\max\_X}$ 和 $\sigma_{\max\_s}$ 分别为现场环境和室内快速冻融过程中的降温速率以及冻结产生的最大静水压力。

从冻融引起的荷载效应看，室内标准快速冻融试验相当于等幅值周期性疲劳温度荷载作用，荷载幅值为 σ；而现场环境下，每一次冻融过程中的降温速率具有一定的随机性，属于变幅值的疲劳温度荷载，荷载幅值分别记为 σ_{X1}，σ_{X2}，…，σ_{Xn}。已有研究成果表明，混凝土的冻融疲劳性能曲线 $\sigma_{\max}-N_F$ 满足一般材料的疲劳性能曲线形式，即

$$(\sigma_{\max})^{\xi}N_F=C \tag{10.2.18}$$

式中：N_F 为幅值是 $\sigma_{\max}$ 的周期性循环荷载作用下混凝土的疲劳寿命；ξ 和 C 为混凝土材料参数，可根据同组混凝土的冻融试验确定，并且不随冻融环境而变化。

综上所述，可以考虑从荷载等效的角度，将室内快速冻融试验结果转换到现场环境下。文献[112]认为混凝土的冻融损伤符合 Miner 线性损伤累计法则，即循环荷载作用下，混凝土损伤发展程度与其经历的荷载循环次数呈线性关系，幅值为 σ 的荷载循环作用 N 次后，损伤度为 N/N_F，其中 N_F 为 σ 单独作用时材料的疲劳寿命。现场环境下，每级荷载的累计循环次数记为 N_{X1}，N_{X2}，…，N_{Xn}，各级荷载单独作用时混凝土的疲劳寿命为 N_{FX1}，N_{FX2}，…，N_{FXn} 时，则可以找到一个室内快速冻融循环次数 N_{eq}，使其满足

$$\frac{N_{eq}}{N_{FS}}=\frac{N_{X1}}{N_{FX1}}+\frac{N_{X2}}{N_{FX2}}+\cdots+\frac{N_{Xn}}{N_{FXn}} \tag{10.2.19}$$

将式(10.2.17)和式(10.2.18)代入式(10.2.19)，则有

$$N_{eq}=N_{FS}\sum_{i=1}^{n}\frac{N_{Xi}}{N_{FXi}}=\sum_{i=1}^{n}k_i^{\xi}N_{Xi}=\sum_{i=1}^{n}\left(\frac{\dot{T}_{Xi}}{\dot{T}_s}\right)^{\xi}N_{Xi} \tag{10.2.20}$$

式中：N_{Xi} 为现场环境中降温速率为 $\dot{T}_{Xi}$ 时的累计冻融次数；N_{FS} 为室内快速冻融试验时混凝土的疲劳寿命；n 为按降温速率对现场总冻融循环时段所进行的分段数。

考虑到坝址气温具有年周期性，可假定现场坝体混凝土所承受的冻融作用为年内变幅值的年周期性荷载，仅需选择具有代表性的典型年，通过统计年内每次冻结过程中的降温速率，即可按照式(10.2.20)计算出现场坝体混凝土所承受的年平均等效室内冻融循环次数 $N_{eq,y}$，则服役 t 年后的总等效冻融次数为 $N_{eq,total}=tN_{eq,y}$。缺少现场冻融数据时，可根据已有研究成果，将我国东北、西北、华北和华中地区的现场年冻融循环次数分别取为 120 次、118 次、84 次和 18 次，室内外冻融次数之间的转换比例关系在 1∶10～1∶15 之间，可近似取为室内一次快速冻融循环相当于自然条件下 12 次冻融循环[113]。

室内快速冻融试验表明，冻融后混凝土的强度和刚度主要与其所经历的冻融循环次数有关，且基本呈线性关系。因此，以冻融循环后坝体混凝土的等效弹性模量 E_{ft} 表征冻融损伤 d_{ft} 时，可以将现场条件下的冻融损伤 d_{ft} 表示为累计等效冻融循环次数的函数。

$$d_{ft} = 1 - \frac{E_{ft}}{E_0} = \frac{\Delta E_{ft}}{E_0} = aN_{eq,total} = aN_{eq,y}t \tag{10.2.21}$$

式中：E_0 为初始弹性模量；t 为服役时间，以年为单位；a 为根据室内快速冻融试验拟定的系数。

需要注意的是，混凝土冻融损伤的影响因素较多，需要根据实际坝体混凝土的配合比制作试块进行室内快速冻融试验，以保证材料性能的一致性。另外，考虑到坝体混凝土的热传导性，当气温降低导致混凝土内部孔隙水冻结时，坝体由表及里所经受的最低冻结温度不同，需要合理评判混凝土坝冻融范围内各部位的冻融发展程度。

第三节　渗透溶蚀作用下混凝土坝损伤时变模型

坝体混凝土渗透溶蚀的实质是渗透水溶解并带走混凝土中的 Ca^{2+}，进而导致坝体混凝土孔隙率增加、强度和抗渗性降低。因此，混凝土坝出现渗透溶蚀的根本原因在于坝体的渗透性。混凝土的材料组成决定了其自身是一种多孔介质，并且这些孔隙具有一定的连通性，在压力水作用下将产生渗流，特别是混凝土坝施工及运行过程中产生的温度裂缝、水力劈裂和浇筑薄弱层面等，将成为集中渗漏通道，加剧坝体的渗透溶蚀损伤程度。

一、坝体混凝土渗透溶蚀过程分析

水泥浆作为坝体混凝土的黏合剂，其性能很大程度上决定了坝体混凝土的性质。因此，在研究坝体混凝土的渗透溶蚀机理时，主要针对其黏合剂，即硬化水泥浆体在渗透水流作用下物理、化学性质的变化。

表 10.3.1　普通波特兰水泥的典型组成

化学名称	化学式	缩写符号	质量分数/(%)
硅酸三钙	$3CaO \cdot SiO_2$	C_3S	55
硅酸二钙	$2CaO \cdot SiO_2$	C_2S	18
铝酸三钙	$3CaO \cdot Al_2O_3$	C_3A	10
铁铝酸四钙	$4CaO \cdot Al_2O_3 \cdot Fe_2O_3$	C_4AF	8
二水硫酸钙(石膏)	$CaSO_4 \cdot 2H_2O$	CSH_2	6

表 10.3.1 为普通波特兰水泥的典型组成[114]，以硅酸盐化学中常用的氧化物形式表示时，水泥中的两种主要化学成分 CaO 和 SiO_2 分别占 65%和 20%左右。混凝土的凝结硬化是水泥与水发生物理、化学作用的结果，水泥中含量最多的硅酸钙，其水化产物主要是水化硅酸钙(C-S-H)和氢氧化钙(CH)，水化反应如下。

$$2C_3S + 11H \rightarrow C_3S_2H_8 + 3CH \tag{10.3.1}$$

$$2C_2S + 9H \rightarrow C_3S_2H_8 + CH \tag{10.3.2}$$

式中：$C_3S_2H_8$ 仅是近似表达式，该水化产物的实际组成成份变化范围很大，C/S 不是正好为 1.5，而是在 1.5 和 2.0 之间变化，统称为 C-S-H 凝胶。

水泥中其他化学成分的水化产物主要为 C_3A 和 C_4AF 水化形成的钙矾石和单硫铝酸钙等硫铝酸盐。水泥水化后形成的每一种水化产物，其性质都将影响到硬化水泥浆体的性能，并且各水化产物的稳定性也将直接影响坝体混凝土的渗透溶蚀性，故首先需要研究各水化产物的性质，特别是与水的相互作用。

(1) C-S-H 凝胶

水化硅酸钙是最主要的水化产物，大约占硬化水泥浆体体积的 50%，其结晶度很差，以层状结构为主，内部存在 3 种形式的凝胶孔：层间孔、微孔和独立的毛细孔，导致水化物有很高的比表面积，并且层间孔中有水的存在。延长湿养护时间或进行高温养护，C-S-H 凝胶的结构会变得更稳定。

(2) CH

氢氧化钙是具有固定化学计量式的良好结晶材料，会形成无孔条纹状的大晶体，其体积约占硬化水泥浆体体积的 20%～25%。在 C_3S 的加速水化阶段，大量 CH 晶体在毛细孔腔内成核并生长，CH 主要嵌入在 C-S-H 凝胶中。CH 能保证水泥浆的碱度，对 C-S-H 的稳定有益，在外界环境影响下，CH 是硬化水泥浆体中最容易遭受物理、化学侵蚀的成分。

(3) 硫铝酸盐

钙矾石和单硫铝酸钙等硫铝酸盐在成熟的水泥浆体中含量较少，只占硬化水泥浆体体积的 10%～15%，在水泥浆体的微观结构中所起的作用相对较小。

(4) 未水化残留物

即使在水化非常良好的水泥浆中，由于 CH 的包裹作用，或所在浆体内没有足够的自由空间，都可能妨碍水泥的水化，导致硬化水泥浆体中有未水化的残留水泥颗粒。在后期运行过程中，这些未水化的水泥颗粒在遇到水化条件时仍将继续水化。

由上述 4 种主要成分组成的硬化水泥浆体，其微观结构中存在着大量的孔隙，孔径分布范围极广，直径可由 0.000 5 μm 到 10 μm，按孔径的大小可分为毛细孔和凝胶孔。由于孔隙的存在，硬化水泥浆体中存在着一定的孔隙溶液，主要分布于毛细孔中，这些溶液主要是与硬化水泥浆体保持平衡的离子溶液，硅酸钙水泥水化后的浆体溶液基本上是饱和的 CH 溶液，浓度大约为 1.2 g/L(0.02 mol/L)，pH 值大于 12。对于坝体混凝土这种多孔介质，孔隙液和固相水化产物之间存在钙离子的局部化学平衡，而当这种平衡一旦被打破，如坝体渗透水对孔隙液的稀释作用等，将导致固相水化产物被溶解或者溶液中过多的 Ca^{2+} 凝结为固相，以达到新的平衡。

普通硅酸盐水泥形成的硬化水泥浆体中，CH 的稳定性最差，最具有可溶性，并且孔隙液中 CH 浓度的降低会导致其他含 Ca^{2+} 的固相化合物的溶解。因此，坝体混凝土在渗透水或其他环境介质中的溶蚀，其实质是水泥水化产物中的 CH 在硬化水泥浆体孔隙液与外部环境介质的浓度差作用下随渗透水流而不断流失，导致孔隙液中 Ca^{2+} 浓度不断下降，引起固相 CH，C-S-H 凝胶和钙矾石等不断被溶蚀，进而造成硬化水泥浆体失去胶凝性的一种腐蚀现象。可见，坝体混凝土在环境水作用下的渗透溶蚀主要包含两个物理过程：一是硬化水泥浆体孔隙液中的 Ca^{2+} 在溶液与环境水离子浓度差的作用下向外扩散；二是孔隙液 Ca^{2+} 浓度的降低，导致硬化水泥浆体中固相含钙水化物的溶解。

CH 在渗透溶蚀过程中，首先是环境介质中的 HCO_3^- 与硬化水泥浆体孔隙液中的 CH 发生反应，生成附着在水泥石表面的 $CaCO_3$ 薄层：

$$Ca(OH)_2 + HCO_3^- = CaCO_3 + H_2O + OH^- \tag{10.3.3}$$

然后，新生成的$CaCO_3$薄层被渗透水流溶解并带走Ca^{2+}：

$$CaCO_3 + H_2O = Ca^{2+} + HCO_3^- + OH^- \tag{10.3.4}$$

因此，坝体混凝土渗透溶蚀的总过程就是硬化水泥浆体中固相CH的溶解：

$$Ca(OH)_2 \Leftrightarrow Ca^{2+} + 2OH^- \tag{10.3.5}$$

式(10.3.5)所述的过程，其正逆向反应均可进行，与孔隙溶液中CH浓度有关，即：孔隙液中的CH浓度高于其极限浓度时，液相CH转变为固相；反之，固相CH溶解，以提高孔隙液的CH浓度。混凝土中其他硬化水化物都必须在一定的孔隙液CH浓度下才能稳定存在，否则这些硬化水化物将被溶解，各水化硅酸盐和水化铝酸盐的稳定条件[115]如表10.3.2所示。

表10.3.2 硬化水泥浆体中各水化物稳定时的孔隙液CH浓度(单位:g/L)

名称	CH浓度	名称	CH浓度	名称	CH浓度
水化硅酸二钙	饱和溶液	水化铝酸四钙	>1.15	水化亚铁酸四钙	>1.06
低碱性硅酸盐	>1.1	水化铝酸三钙	0.315～1.15	低碱性水化亚铁酸钙	0.64～1.06
水化硅酸一钙	0.05～1.1	水化铝酸二钙	0.17～0.315	氢氧化铁	<0.64
氢氧化硅	<0.05	氢氧化铝	<0.07	/	/

注：常温常压下，CH的溶解度按CaO记为1.2 g/L左右，溶液中其他离子对CH的溶解度影响较大，如Ca^{2+}和OH^-等会降低其溶解度，而SO_4^{2-}，Cl^-，Na^+和K^+等会提高其溶解度。

二、渗透溶蚀作用下混凝土材料性能演变规律

坝体混凝土中的Ca^{2+}含量直接关系到其自身物理力学性能。随着溶蚀的发展，CH可完全被溶蚀，C-S-H也逐步分解析出，渗透溶蚀过程中大量Ca^{2+}的流失必将影响坝体混凝土的物理力学性能。在溶蚀过程中，水化产物从与环境介质接触的表面开始逐步向内溶解。已有试验表明，CH的溶解将导致溶蚀区与未溶蚀区存在较明显的分界面(通过酚酞指示剂法进行识别)，称之为CH溶解锋。在进行溶蚀试验时，一般将溶蚀程度定义为试件表面至CH溶解锋的深度，且溶蚀深度与溶蚀时间的平方根之间存在线性关系，可用描述扩散现象的菲克定律(Fick law)进行溶蚀深度d的预估。

$$d = a\sqrt{t} \tag{10.3.6}$$

式中：a为系数，与水泥基材料种类和溶蚀环境有关，根据试验确定；t为溶蚀时间。

Carde等[116-118]采用50%的硝酸溶液进行了普通水泥浆体和掺30%硅粉水泥浆体的快速溶蚀试验，以圆柱体试件的面积溶蚀率来反映溶蚀程度，并测得了不同面积溶蚀率下试件的抗压强度和孔隙率。结果表明两种水泥浆试件的抗压强度损失比和孔隙率增加值均与试件的面积溶蚀率存在线性关系，即

$$\Delta\sigma_c/\sigma_c = 0.76A_d/A_t \tag{10.3.7}$$

$$\Delta P = P_d - P_t = 0.21A_d/A_t \tag{10.3.8}$$

式中：σ_c 和$\Delta\sigma_c$ 分别为试件未溶蚀时的强度和溶蚀过程中损失的强度；P_d 和 P_t 分别为试件溶蚀后和未溶蚀时的孔隙率；A_d 和 A_t 分别为试件溶蚀损伤的面积和原面积。

根据 Carde 的试验数据可以得到水泥浆体强度损失比和孔隙率增加值之间的关系，如图 10.3.1 所示，其中 A 点和 B 点分别代表掺 30%硅粉的水泥浆试件和普通水泥浆试件的全截面溶蚀情况，且掺 30%硅粉的试件在理论上认为其水化产生的 CH 完全被硅粉二次水化消耗掉，即硬化水泥浆体中不存在 CH。从图中可以看出，普通水泥浆体和不含 CH 的水泥浆体，完全溶蚀后孔隙率分别增加 21%和 8%，由此造成的强度损失比分别为 76%和 30%；强度损失比和孔隙率增幅之间呈线性关系，并且与浆体中 CH 含量无关。因此，对于掺有少量含 SiO_2 的水泥基材料，完全溶蚀时其强度损失将介于 30%和 76%之间，通过式(10.3.7)和式(10.3.8)，可以得到强度损失比和孔隙率增幅之间的线性关系

$$\Delta\sigma_c/\sigma_c = 3.65\Delta P \tag{10.3.9}$$

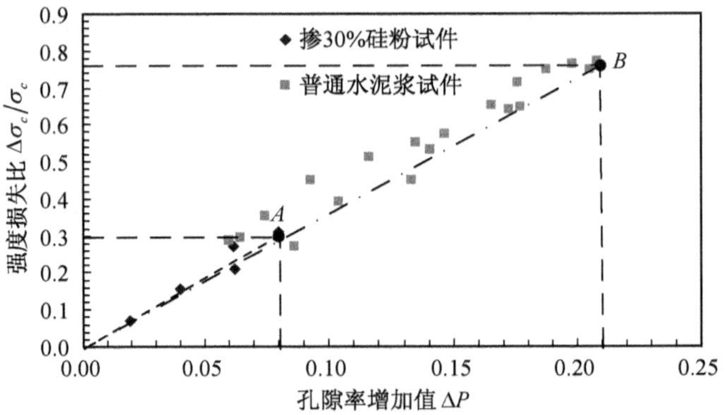

图 10.3.1　不同溶蚀程度下水泥浆体强度损失比与孔隙率增加值之间的关系

快速溶蚀试验表明，普通水泥浆圆柱体试件由表及里达到全截面溶蚀时，孔隙率的增幅大约为 20%，与硬化水泥浆体中 CH 所占的体积分数基本相同，且普通混凝土主要是 CH 的溶蚀，故可认为溶蚀过程中孔隙率的增加程度等于 CH 的溶解量，有

$$\Delta\sigma_c/\sigma_c = 3.65\Delta P = 3.65\Delta P_{\mathrm{CH}} \tag{10.3.10}$$

式中：ΔP_{CH} 为溶蚀后硬化水泥浆体中 CH 所占比例的变化量。

溶蚀后混凝土的单轴压缩试验结果表明[119]：溶蚀混凝土的应力-应变关系曲线形状上与未溶蚀混凝土相似，但随着溶蚀程度的加剧，混凝土的峰值强度下降，塑性增大，相对弹性模量随面积溶蚀比的变化如图 10.3.2 所示，则溶蚀混凝土的弹性模量损失比与面积溶蚀比之间的关系为

$$\Delta E/E = 1 - 0.79 A_d/A_t \tag{10.3.11}$$

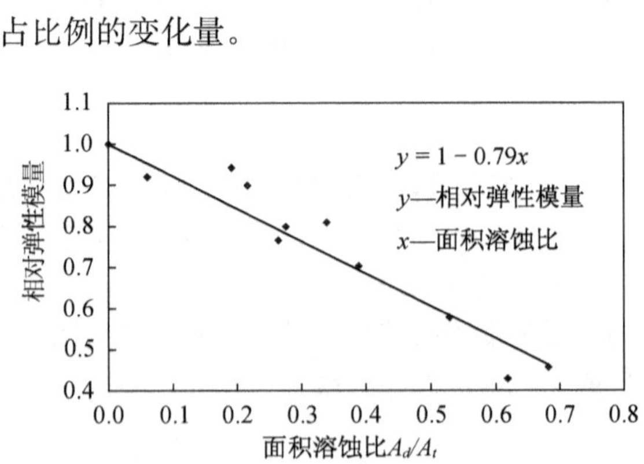

图 10.3.2　溶蚀混凝土弹性模量演变规律

式(10.3.7)和式(10.3.11)分别根据水泥净

浆和普通混凝土的溶蚀试验所得，从中可以总结出：溶蚀情况下水泥基材料的抗压强度和弹性模量随溶蚀程度的变化规律基本相同，均与面积溶蚀比成线性关系，且比例系数大约为0.8左右。

三、损伤时变模型

对于混凝土坝而言，渗透溶蚀的发展程度与坝体的渗透性、防渗体系和排水状况等坝体自身特性，以及渗透水的溶蚀能力等因素密切相关，对特定的大坝需要进行专门评估。在建立坝体混凝土的溶蚀损伤时变模型时，需要解决两个问题：一是坝体混凝土物理力学性能与溶蚀程度之间的关系，在坝体混凝土和加速溶蚀试块混凝土材料性能一致的前提下，可认为两者材料性能衰退规律相同；二是坝体混凝土整体溶蚀程度的评估。国内外众多关于渗透溶蚀动力过程的研究成果表明，混凝土的溶蚀过程主要受孔隙液离子扩散现象控制，对于坝体混凝土，尽管粗骨料在一定程度上会影响 Ca^{2+} 的扩散速度，但是溶解锋的深度和溶蚀时间的平方根仍呈现为良好的比例关系。

溶蚀混凝土的力学性能分析结果表明，抗压强度和弹性模量的衰退幅度均与表示试块溶蚀程度的面积溶蚀比呈线性正比关系。因此，采用溶蚀后坝体混凝土的等效弹性模量 E_c 表征溶蚀损伤 d_c 时，结合关于溶蚀混凝土材料力学性能的研究，可将其表示为

$$d_c = 1 - \frac{E_c}{E_0} = \frac{\Delta E_c}{E_0} = 0.79\frac{A_d}{A_t} = 0.79/0.21\Delta P_{\mathrm{CH}} = 3.76\Delta P_{\mathrm{CH}} \qquad (10.3.12)$$

式中：ΔP_{CH} 为溶蚀后硬化水泥浆体中 CH 所占比例的变化量，可表示为大坝服役龄期的函数。

将硬化水泥浆体中 CH 的体积分数取为20%，并且认为坝体混凝土的整体溶蚀程度与服役时间的平方根呈比例关系时，坝体混凝土的溶蚀损伤时变模型可表述为

$$d_c = 3.76\Delta P_{\mathrm{CH}} = 3.76 \times 0.2 \times a\sqrt{t} = 0.752a\sqrt{t} \qquad (10.3.13)$$

式中：t 为服役时间，以年为单位；a 为反映坝体混凝土溶蚀速度的系数，实际工程中，可根据大坝服役 t 年之后 Ca^{2+} 的相对溶蚀量进行估算，即

$$a\sqrt{t} = \frac{Q(\rho_{\mathrm{Ca}^{2+}}^{渗} - \rho_{\mathrm{Ca}^{2+}}^{库})}{M_c \times 0.714 \times 0.65} \qquad (10.3.14)$$

式中：Q 为大坝服役之后总的坝体渗漏量；$\rho_{\mathrm{Ca}^{2+}}^{渗}$ 和 $\rho_{\mathrm{Ca}^{2+}}^{库}$ 分别为坝体渗透水和上游库水中的 Ca^{2+} 浓度；M_c 为溶蚀部位坝体混凝土浇筑时的总水泥用量；系数 0.714 和 0.65 分别表示 Ca^{2+} 质量占 CaO 质量的71.4%和 CaO 质量占水泥熟料质量的65%。

第四节　结构时变效应量化分析

混凝土坝结构受水压、温度等荷载因素与冻融、溶蚀等因素的长期作用，并与坝体结构、坝基地质条件等诸多因素紧密相关。这些影响因素具有相互关联性和交替作用，决定了混凝土坝结构特性受控于多因素协同作用，是一个非线性的动态演化过程。针对服役期的混

凝土坝，结构因素和荷载因素已经确定，而环境因素主要通过驱动材料性能劣化影响混凝土坝结构性态，故混凝土结构性能劣化对混凝土坝变形影响较大。变形是环境与外荷载作用下大坝服役性能的综合反映，通过对变形监测资料的分析，可以得到坝体结构变形特性随时间的演化过程。时效变形综合反映了坝体混凝土特性、基岩特性、施工和地质缺陷等因素的长期影响，故相比水压变形和温度变形，蕴涵着大量的潜在信息，是评定混凝土坝力学行为演化的重要指标。时效变形的基本形式如图 10.4.1 所示。

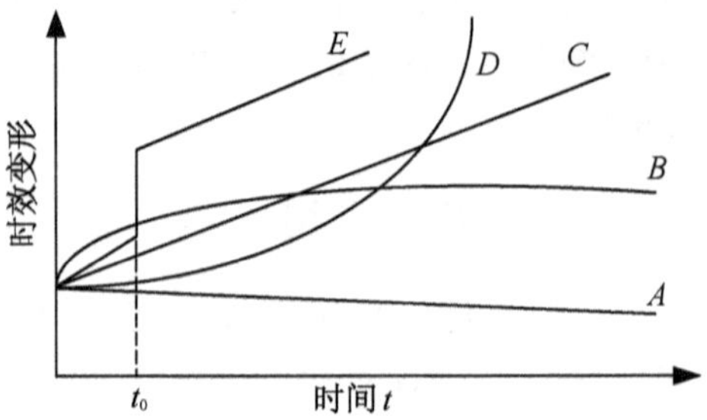

图 10.4.1　时效变形演化规律

(1) 随运行时间的延长，坝体时效变形逐渐减小，如图 10.4.1 中曲线 A 所示。

$$\frac{d\delta_\theta}{dt} < 0 \tag{10.4.1}$$

此类型是一种比较理想的状况，表明混凝土坝变形性态朝有利的方向变化，大坝服役性能良好。

(2) 随运行时间的延长，坝体时效变形以不断变小的速率增大并逐渐趋于稳定，如图 10.4.1 中曲线 B 所示。

$$\frac{d\delta_\theta}{dt} \geqslant 0, \quad \frac{d^2\delta_\theta}{dt^2} < 0 \tag{10.4.2}$$

此类型初期增长较快，在运行期变化平稳，变幅较小，这种实际工程中出现最多，是一种比较正常的状况。

(3) 随运行时间的延长，坝体时效变形以恒定的速率增大，如图 10.4.1 中曲线 C 所示。

$$\frac{d\delta_\theta}{dt} > 0, \quad \frac{d^2\delta_\theta}{dt^2} = 0 \tag{10.4.3}$$

该类型表明混凝土坝存在某种或多种安全隐患，大坝变形性态有朝不利方向发展的趋势。

(4) 随运行时间的延长，坝体时效变形以不断增大的速率增大，如图 10.4.1 中曲线 D 所示。

$$\frac{d\delta_\theta}{dt} > 0, \quad \frac{d^2\delta_\theta}{dt^2} > 0 \tag{10.4.4}$$

该类型表明坝体变形以逐渐增大的速率持续增长，大坝的隐患已向不利的方向发展。

(5) 随运行时间的延长，坝体时效变形以不断增大的速率增大，且伴有突变现象，如图 10.4.1 中曲线 E 所示。

$$\frac{d\delta_\theta}{dt} > 0, \frac{d^2\delta_\theta}{dt^2} \geqslant 0, \lim_{x\to t_0^-}\delta_\theta \neq \lim_{x\to t_0^+}\delta_\theta \tag{10.4.5}$$

该类型时效变形持续增长，并在变化过程中伴有突变的现象，是混凝土坝变形最不利的情况，表明大坝的隐患已发生了累积恶化，出现较大病害，大坝隐患向恶化的方向发展。

在混凝土坝施工建造过程中，不可避免地遗留下各种初始微缺陷，而后期的高应力将导致这些微缺陷进一步扩展，使得坝体混凝土性能劣化机理极其复杂。混凝土坝在长期运行过程中，冻融、渗透溶蚀等环境损伤出现后，坝体混凝土材料性能的衰退将导致大坝结构性能发生变化，进而在水压和温度等荷载作用下将引起新的坝体力学损伤的出现，进一步加剧坝体结构性能的劣化。

由于连续损伤力学把物体内的缺陷表示为内部状态变量的连续场，用唯象方法研究各种缺陷发展对材料宏观力学的影响，可以方便有效地模拟混凝土材料力学性能的变化过程。因此，本节在研究水工混凝土劣化引起的结构时变效应时，建立两个本构模型。一是坝体混凝土的塑性损伤本构模型，基于连续损失力学理论，采用受拉、受剪损伤标量以及环境损伤标量共同反映混凝土的损伤，通过损伤因子的演化来表征多因素作用对混凝土材料性能的影响规律，其中将环境物理化学反应引起的混凝土材料性能损伤进行简化，仅考虑其对混凝土造成的宏观影响，用环境损伤标量表示；而受拉和受剪损伤标量表示外界荷载引起的应力作用对混凝土造成的损伤。二是考虑环境损伤的混凝土坝流变本构模型，通过在流变本构模型中引入环境损伤因子，用以表征环境损伤导致混凝土坝流变力学性能的衰退规律，由此分析材料流变特性的演变而引起的变形时变效应。

一、坝体混凝土的塑性损伤本构模型

在塑性理论中，总应变 $\boldsymbol{\varepsilon}$ 包括弹性应变 $\boldsymbol{\varepsilon}^e$ 和塑性应变 $\boldsymbol{\varepsilon}^p$ 两部分，并且弹性应变和应力 $\boldsymbol{\sigma}$ 之间满足胡克定律：

$$\boldsymbol{\varepsilon} = \boldsymbol{\varepsilon}^e + \boldsymbol{\varepsilon}^p \tag{10.4.6}$$

$$\boldsymbol{\sigma} = \boldsymbol{E} : \boldsymbol{\varepsilon}^e = \boldsymbol{E} : (\boldsymbol{\varepsilon} - \boldsymbol{\varepsilon}^p) \tag{10.4.7}$$

式中：$\boldsymbol{E}$ 为弹性矩阵。

根据连续损伤力学，对于弹塑性损伤材料，在有效应力空间中，无损材料服从经典弹塑性理论，并且可以采用应变等效假设来建立受损材料和无损材料之间的应力转换，即有效应力 $\bar{\boldsymbol{\sigma}}$ 和名义应力 $\boldsymbol{\sigma}$ (Cauchy 应力)之间的关系，当材料符合各向同性损伤时

$$\bar{\boldsymbol{\sigma}} = \boldsymbol{E}_0 : \boldsymbol{\varepsilon}^e = \boldsymbol{E}_0 : (\boldsymbol{\varepsilon} - \boldsymbol{\varepsilon}^p) \tag{10.4.8}$$

$$\boldsymbol{\sigma} = (1-d)\bar{\boldsymbol{\sigma}} = (1-d)\boldsymbol{E}_0 : (\boldsymbol{\varepsilon} - \boldsymbol{\varepsilon}^p) \tag{10.4.9}$$

式中：$\boldsymbol{E}_0$ 为初始无损材料的弹性矩阵；d 为各向同性损伤标量，$0 \leqslant d \leqslant 1$，代表材料由于有效承载面积的损失而导致的刚度退化。

由式(10.4.9)可以看出，与经典塑性理论相比，考虑损伤之后的应力-应变关系中包含了损伤变量，因此要完全确立坝体混凝土的本构关系，需要分别给出损伤变量 d 和塑性应变 $\boldsymbol{\varepsilon}^p$ 的演化法则。综上，混凝土的塑性损伤本构模型主要包含两部分：经典塑性理论中的塑性描述和描述加卸载过程中材料刚度退化的损伤模型。

混凝土的塑性损伤本构模型主要沿着两个方向发展[120]：一是在 Cauchy 应力空间中建立塑性演化方程，此时不需要进行应力转换，但以 Cauchy 应力表征的宏观应力在材料进入

软化阶段之后会下降，进而导致 Cauchy 应力空间中屈服面的收缩，由此可能会引起数值计算不收敛；另一个研究方向是利用有效应力空间中屈服面一直保持不变或处于扩张状态的特点，在有效应力空间中建立塑性演化方程，将塑性演化和损伤演化相解耦，从而有效地避免了材料软化阶段所面临的复杂问题，并且材料损伤之后，有效应力反映的是有效承载面积上的真实应力，比 Cauchy 应力更有代表性。这里选择在有效应力空间中建立塑性演化方程，并考虑冻融循环和渗透溶蚀作用下混凝土坝的环境损伤以及荷载作用下的力学损伤。基于混凝土基本损伤机理，用受拉损伤标量反映混凝土在拉应力状态下微观损伤对宏观力学性能的影响，用受剪损伤标量反映压应力作用对混凝土宏观力学性能的影响，用环境损伤标量简化反映混凝土由外界环境物理化学作用对力学性能的影响，建立混凝土塑性损伤模型。将描述混凝土塑性的屈服准则和流动法则建立在有效应力空间中，以方便模型中塑性和损伤的解耦求解。

1. 塑性描述

当混凝土发生损伤后，在有效应力空间中研究混凝土塑性变形的发展过程，其屈服条件可表示为

$$F^p(\bar{\boldsymbol{\sigma}},\kappa^p)=f^p(\bar{\boldsymbol{\sigma}})-k^p(\kappa^p) \tag{10.4.10}$$

式中：$f^p(\bar{\boldsymbol{\sigma}})$ 为等效应力，描述真实受力情况；$F^p(\bar{\boldsymbol{\sigma}},\kappa^p)$ 为屈服函数；$k^p(\kappa^p)$ 为等效屈服力，代表发生屈服的条件；κ^p 为塑性强化因子，描述强化现象。塑性应变率由流动法则确定：

$$\dot{\varepsilon}^p=\dot{\lambda}\frac{\partial G(\bar{\boldsymbol{\sigma}},\kappa^p)}{\partial\bar{\boldsymbol{\sigma}}} \tag{10.4.11}$$

式中：$\dot{\lambda}$ 为塑性乘子；$G(\bar{\boldsymbol{\sigma}},\kappa^p)$ 为塑性势函数。

塑性强化因子 κ^p 描述了混凝土受压时的强度强化现象。采用等向强化理论，在多轴应力条件下，其变化率可以修正为

$$\dot{\kappa}^p=\dot{\lambda}\frac{[1-R(\bar{\boldsymbol{\sigma}})]\cdot h^p(\bar{\boldsymbol{\sigma}},\kappa^p)}{x^p}=\dot{\lambda}\cdot H^p(\bar{\boldsymbol{\sigma}},\kappa^p,x^p) \tag{10.4.12}$$

式中：$h^p(\bar{\boldsymbol{\sigma}},\kappa^p)$ 和 $H^p(\bar{\boldsymbol{\sigma}},\kappa^p,x^p)$ 表示 $\dot{\kappa}^p$ 和 $\dot{\lambda}$ 之间的函数关系；x^p 为强化延性标量；$R(\bar{\boldsymbol{\sigma}})$ 为拉应力的权重。

$$R(\bar{\boldsymbol{\sigma}})=\begin{cases}0 & \text{if}(\hat{\bar{\boldsymbol{\sigma}}}=0)\\ \dfrac{\sum\limits_{i=1}^{3}\langle\bar{\sigma}_i\rangle}{\sum\limits_{i=1}^{3}|\bar{\sigma}_i|} & \text{otherwise}\end{cases} \tag{10.4.13}$$

$$\langle\bar{\sigma}_i\rangle=\frac{1}{2}(\bar{\sigma}_i+|\bar{\sigma}_i|)$$

式中：$\bar{\sigma}_i$ 为第 i 主应力；$\hat{\bar{\boldsymbol{\sigma}}}$ 为主应力张量。

加卸载条件由 Kuhn-Tucker 方程确定：

$$F^p \leqslant 0 \quad \dot{\lambda} \geqslant 0 \quad \dot{\lambda} F^p = 0 \tag{10.4.14}$$

(1) 屈服条件

选用的混凝土屈服函数建立在柱坐标系上，有效静水压力 $\bar{\xi}$、有效偏应力 $\bar{\rho}$ 以及 Lode 角 $\bar{\theta}$ 分别为

$$\begin{aligned} &\bar{\xi} = \frac{I_1}{\sqrt{3}}, && I_1 = \bar{\boldsymbol{\sigma}} : \boldsymbol{\delta} = \bar{\sigma}_{ij}\delta_{ij}, \\ &\bar{\rho} = \sqrt{2J_2}, && J_2 = \frac{1}{2}\bar{\boldsymbol{S}} : \bar{\boldsymbol{S}} = \frac{1}{2}\bar{S}_{ij}\bar{S}_{ij}, \\ &\bar{\theta} = \frac{1}{3}\arccos\left(\frac{3\sqrt{3}}{2}\frac{J_3}{J_2^{3/2}}\right), && J_3 = \frac{1}{3}\bar{\boldsymbol{S}}^3 : \boldsymbol{\delta} = \frac{1}{3}\bar{S}_{ij}\bar{S}_{jk}\bar{S}_{ki} \end{aligned} \tag{10.4.15}$$

式中：$\bar{\boldsymbol{S}} = \bar{\boldsymbol{\sigma}} - \boldsymbol{\delta} I_1/3$ 为有效偏应力张量。

屈服函数表达式为

$$F^p = \left(\sqrt{\frac{3}{2}}\frac{\bar{\rho}}{\bar{f}_c}\right)^2 + m_0 q_h^2 \left(\frac{\bar{\rho} r}{\sqrt{6}\bar{f}_c} + \frac{\bar{\xi}}{\sqrt{3}\bar{f}_c}\right) - q_h^2 \tag{10.4.16}$$

式中：$\bar{f}_c$ 为单轴抗压强度，因环境对混凝土有劣化作用而具有时变特性，可用 $\bar{f}_c(t)$ 表示；m_0 为摩擦系数；q_h 为归一化的强度参数；r 为椭圆函数，决定了屈服面在偏平面上的形状。

$$r = \frac{4(1-e^2)\cos^2\bar{\theta} + (2e-1)^2}{2(1-e^2)\cos\bar{\theta} + (2e-1)\sqrt{4(1-e^2)\cos^2\bar{\theta} + 5e^2 - 4e}} \tag{10.4.17}$$

式中：e 为偏心参数，取值范围为 $0 \leqslant e \leqslant 1$。当 $e = 0.5$ 时，$r(\bar{\theta},1) = 2\cos\bar{\theta}$，偏平面包络线受 Lode 角控制，形状为三角形，如图 10.4.2 所示；当 $e = 1$ 时，$r(\bar{\theta},1) = 1$，偏平面包络线不受 Lode 角控制呈为圆形，如图 10.4.2 所示。偏心参数 e 的取值如下：

$$e = \frac{1+\zeta}{2-\zeta}, \ \zeta = \frac{\bar{f}_t}{\bar{f}_b}\frac{\bar{f}_b^2 - \bar{f}_c^2}{\bar{f}_c^2 - \bar{f}_t^2} \tag{10.4.18}$$

式中：$\bar{f}_t(t)$ 为单轴抗拉强度；$\bar{f}_b(t)$ 为双轴抗压强度；t 为时间，表示混凝土因环境等因素造成的强度变化。

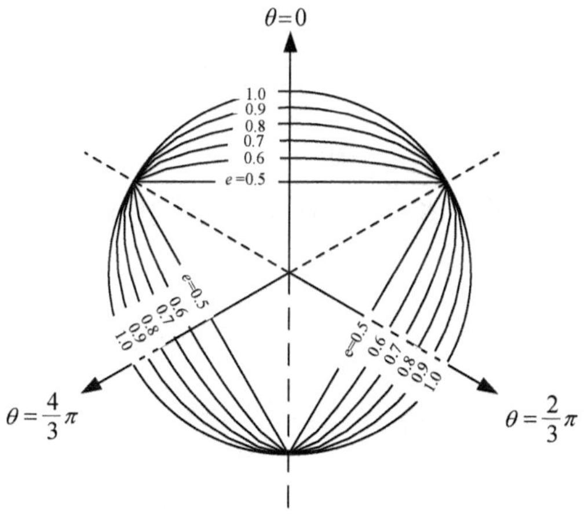

图 10.4.2　屈服面随椭圆函数的变化曲线

屈服面在子午面上的投影呈抛物线型，其形状由摩擦参数 m_0 决定，如图 10.4.3 所示，m_0 的值为

$$m_0 = 3\frac{\bar{f}_c^2 - \bar{f}_t^2}{\bar{f}_c \bar{f}_t}\frac{e}{1+e} \tag{10.4.19}$$

强度参数 q_h 控制屈服面的弹性区域的强化过程，如图 10.4.4 所示。在多轴应力条件下定义

$$q_h = R(\bar{\sigma})q_t + [1 - R(\bar{\sigma})]q_c \tag{10.4.20}$$

式中：$q_t(t)$ 为等效抗拉强度参数；$q_c(t)$ 为等效抗压强度参数；$R(\bar{\sigma})$ 为拉压应力权重因子。

实际工程中，一般认为混凝土仅在受压时发生屈服强化，即 $q_t=1$，$\bar{f}_{c0}/\bar{f}_c = q_{c0} \leqslant q_c \leqslant 1$，其中 $\bar{f}_{c0}$ 为混凝土的初始屈服强度。

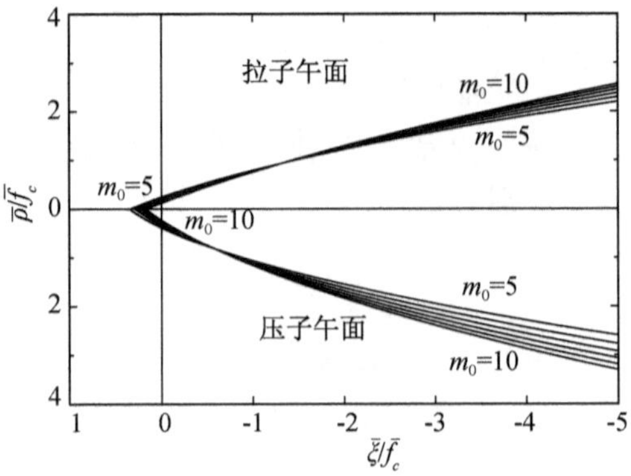

图 10.4.3　拉压子午线随摩擦系数的变化曲线

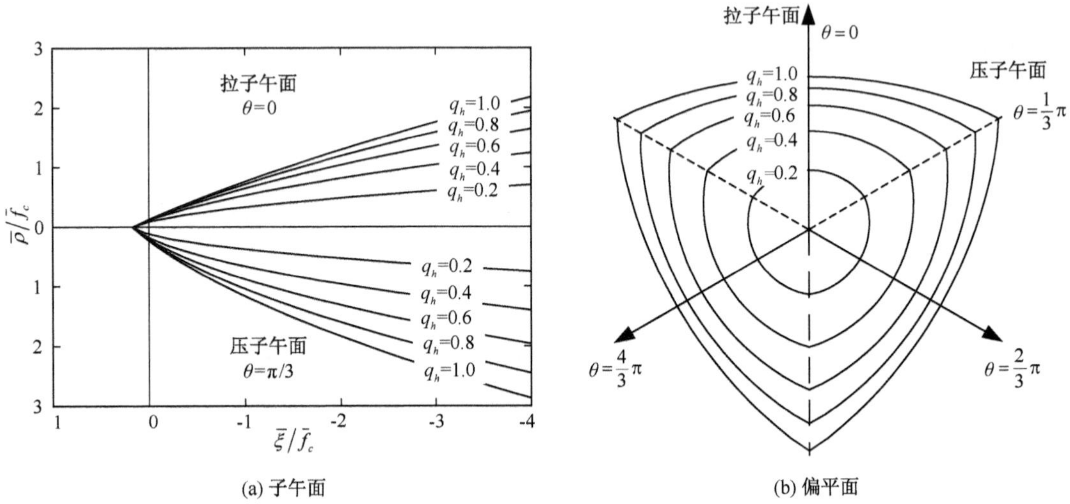

(a) 子午面　　(b) 偏平面

图 10.4.4　屈服面强化

(2) 流动法则

采用体积应变修正的塑性势函数来描述混凝土在多轴应力状态时的应变行为，表达式如下：

$$G(\bar{\boldsymbol{\sigma}},\boldsymbol{\kappa}^p) = \left(\sqrt{\frac{3}{2}}\frac{\bar{\rho}}{\bar{f}_c}\right)^2 + q_h^2\left(\frac{m_0\bar{\rho}r}{\sqrt{6}\bar{f}_c} + m_Q\right) \tag{10.4.21}$$

流动方向由参数 m_Q 控制：

$$m_Q = A_Q B_Q \exp\left(\frac{\bar{\xi}/\sqrt{3} - \bar{f}_t/3}{B_Q\bar{f}_c}\right) \tag{10.4.22}$$

式中：A_Q 和 B_Q 为材料参数，由试验确定。缺少试验资料时，可近似由下式求得：

$$\begin{aligned} A_Q &= 3\frac{\bar{f}_t}{\bar{f}_c} + \frac{m_0}{2} \\ B_Q &= \frac{(1+\bar{f}_t/\bar{f}_c)/3}{\ln A_Q - \ln(2D_f - 1) - \ln(3 + m_0/2) + \ln(D_f + 1)} \end{aligned} \tag{10.4.23}$$

式中：D_f 为混凝土单轴压缩时，侧向与轴向应变率的比值，一般可以取 $D_f = 0.85$。

(3) 强化因子演化准则

由于假定混凝土仅在压缩作用下发生强化，假设多轴压缩下，塑性强化因子演化过程为

$$\dot{\kappa}^p = \frac{[1 - R(\bar{\sigma})] \cdot \hat{\dot{\varepsilon}}^p_{\min}}{x^p(\bar{\sigma}_h)} \tag{10.4.24}$$

式中：$\hat{\dot{\varepsilon}}^{\mathrm{p}}_{\min}$ 为最小塑性主应变率，也就是最大主压应变率；x^p 为延性标量，等于发生软化时混凝土对应的最大等效塑性应变值，由二次多项式拟合。

$$x^p(\bar{\sigma}_h) = \mathrm{A}_h \bar{\sigma}_h^2 + B_h \bar{\sigma}_h + C_h \tag{10.4.25}$$

式中：A_h、B_h 和 C_h 为延性参数，由不同约束水平下的压缩试验拟合确定；$\bar{\sigma}_h$ 反映了混凝土受约束水平的大小。

$$\bar{\sigma}_h = \frac{\bar{\sigma}'_{\max}}{3\bar{f}_c} - \frac{\bar{\xi}}{\sqrt{3}\bar{f}_c} \tag{10.4.26}$$

式中：$\bar{\sigma}'_{\max}$ 为在最大主压应变率方向上的应力。

若设 $\hat{\dot{\varepsilon}}^p_{max} = \hat{\dot{\varepsilon}}_1 \geqslant \hat{\dot{\varepsilon}}_2 \geqslant \hat{\dot{\varepsilon}}_3 = \hat{\dot{\varepsilon}}^{\mathrm{p}}_{min}$，则根据 Lee 表达式有

$$\hat{\dot{\boldsymbol{\varepsilon}}}^p = [\hat{\dot{\varepsilon}}_1 \quad \hat{\dot{\varepsilon}}_2 \quad \hat{\dot{\varepsilon}}_3]^{\mathrm{T}} = \dot{\lambda} \frac{\partial G(\hat{\bar{\boldsymbol{\sigma}}})}{\partial \hat{\bar{\boldsymbol{\sigma}}}} \tag{10.4.27}$$

将式(10.4.27)代入式(10.4.24)，可以得到强化因子的演化方程，对比式(10.4.12)，可得到 H^p 表达式为

$$H^p = \begin{bmatrix} 0 & 0 & \dfrac{1 - R(\bar{\sigma})}{x^p} \end{bmatrix} \cdot \frac{\partial G(\hat{\bar{\boldsymbol{\sigma}}})}{\partial \hat{\bar{\boldsymbol{\sigma}}}} \tag{10.4.28}$$

(4) 等向强化准则

归一化的强度参数 q_h 决定了屈服面的发展，q_h 的变化过程控制着混凝土强化阶段屈服面的大小。其可变量 q_c 可以用 κ^p 的单调递增函数表示：

$$q_c = \begin{cases} q_{c0} + (1 - q_{c0})\kappa^p[(\kappa^p)^2 - 3\kappa^p + 3] & \text{if } \kappa^p < 1 \\ 1 & \text{if } \kappa^p \geqslant 1 \end{cases} \tag{10.4.29}$$

不同约束水平下的混凝土延性标量也会不同，约束水平高时，延性标量值越大，表示混凝土强度阶段越长。不同约束水平下的 x^p 和 q_h 变化过程如图 10.4.5 所示。

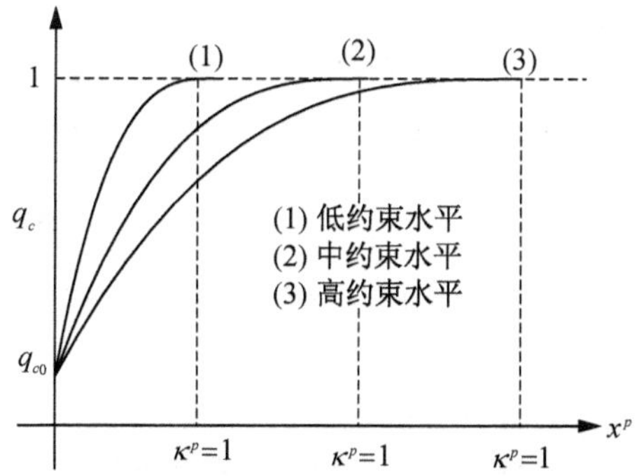

图 10.4.5 不同约束水平下 q_c 和 x^p 的变化过程

2. 损伤模型

混凝土坝本身处于复杂应力状态，坝踵和坝趾局部混凝土可能出现一定程度的力学损伤，特别是长期服役过程中环境因素作用下坝体局部或整体材料力学性能的衰退，将导致大坝结构性能发生变化，从而在库水位升降和坝体温度场变化过程中引发新的坝体力学损伤，且混凝土受压损伤后的力学

特征与受拉损伤后的力学特征存在较大差异，并在拉压循环荷载作用下表现出单向效应。另外，其他环境因素也会对混凝土造成损伤，并且力学损伤和环境损伤两者相互促使其损伤程度的发展。因此，混凝土坝结构性能的变化是两者共同作用的结果，仅采用单一损伤标量来描述混凝土的损伤演化情况是不合理的。混凝土的演化不仅仅包括应力的损伤破坏，还包括环境对混凝土造成的损伤，在研究混凝土坝变形时变效应时需要综合考虑两者的影响。此处，为了区分荷载和环境对混凝土的影响程度以及便于求解，环境损伤可理解为混凝土受外界环境而发生的化学和物理损伤的综合体现，包括混凝土冻融、中性化、化学腐蚀和碱集料反应等造成的劣化，统一用环境损伤标量表示；而荷载引起的劣化体现在受拉和受剪损伤标量上，分述如下。

(1) 环境损伤标量的演化

环境因素主要通过驱动材料的性能演化影响混凝土应力应变关系。混凝土发生冻融损伤后，其材料强度和弹性模量将有较大程度的减低，如图 10.2.5 和图 10.2.6 所示；溶蚀程度也直接影响混凝土弹性模量和强度，如图 9.5.1 所示；其他环境因素也会影响材料力学参数。可见，环境驱动因子复杂多变，既包含物理因素，也含有化学因素，并且多为多重环境因素的综合作用，难以用固定因子来定量描述，而室内试验可以直接测定损伤标量的演化规律。总体而言，除了对强度的影响外，环境对混凝土产生的刚度损伤可直接用损伤变量表示：

$$d_e = d_e(d_e^i,\ \cdots,\ d_e^j) \tag{10.4.30}$$

式中：d_e^i，d_e^j 为各种环境因素对混凝土弹性模量的损伤标量。若某混凝土坝主要受冻融影响，将弹性模量与冻融次数关系表示为

$$\frac{E^N}{E} = \frac{E_0(1-a\phi \mathrm{e}^{\alpha_N N})}{E_0(1-a\phi)} = b_N + (1-b_N)\mathrm{e}^{\alpha_N N} \tag{10.4.31}$$

则可以得到冻融对混凝土弹性模量损伤标量的演化公式为

$$d_e = (1-b_N) - (1-b_N)\mathrm{e}^{\alpha_N N} \tag{10.4.32}$$

值得注意的是，环境损伤标量随混凝土坝部位的不同而不同，如接近坝体下游表面的混凝土可能受碳化和冻融的影响，而上游水位以下的混凝土可能会受到硫酸盐侵蚀等。

(2) 受拉和受剪损伤标量的演化

同塑性模型类似，混凝土受拉和受剪损伤演化方程可以表示为

$$F^d(\boldsymbol{\varepsilon}, \boldsymbol{\kappa}^d) = f^d(\boldsymbol{\varepsilon}) - k^d(\boldsymbol{\kappa}^d) \tag{10.4.33}$$

式中：F^d 为损伤加载函数；$f^d(\boldsymbol{\varepsilon})$ 为混凝土等效应变；$k^d(\boldsymbol{\kappa}^d)$ 为等效损伤阈值；$\boldsymbol{\kappa}^d$ 为损伤因子。

为描述混凝土在拉压应力状态下所体现出的不同损伤状态，采用 2 个损伤因子，一个为受拉损伤因子表征混凝土在受拉状态下的损伤情况，用 κ_t^d 表示；另一个为受剪损伤因子表征混凝土在受压状态下的损伤情况，用 κ_c^d 表示，即应力损伤因子为

$$\boldsymbol{\kappa}^d = [\kappa_t^d \quad \kappa_c^d]^{\mathrm{T}} \tag{10.4.34}$$

其演化方程由下式确定：

$$\dot{\boldsymbol{\kappa}}^d = \dot{\lambda} H^d(\bar{\boldsymbol{\sigma}}, \boldsymbol{\kappa}^d) \tag{10.4.35}$$

式中：$H^d(\bar{\boldsymbol{\sigma}}, \boldsymbol{\kappa}^d)$ 为应力损伤因子的变化率和塑性乘子之间的关系。在多轴应力条件下，描述材料退化的损伤标量为

$$d_\sigma = d_\sigma[d_t(\kappa_t^d), d_c(\kappa_c^d)] \tag{10.4.36}$$

式中：d_t为受拉损伤标量；d_c为受剪损伤标量。

加卸载条件同塑性模型一样，由 Kuhn-Tucker 方程确定：

$$F^{\rm d} \leqslant 0, \dot{\lambda} \geqslant 0, \dot{\lambda} F^d = 0 \tag{10.4.37}$$

试验研究表明，混凝土微裂缝主要出现在塑性应变率最大的方向上，故采用下式作为拉剪损伤因子变化率：

$$\dot{\kappa}_t^d = R(\bar{\boldsymbol{\sigma}}) \hat{\dot{\varepsilon}}_{\max}^p, \quad \dot{\kappa}_c^{\rm d} = [1 - R(\bar{\boldsymbol{\sigma}})] \hat{\dot{\varepsilon}}_{\min}^p \tag{10.4.38}$$

将式(10.4.27)代入式(10.4.38)中，可得应力损伤因子演化方程为

$$\dot{\boldsymbol{\kappa}}^{\rm d} = \begin{cases} 0 & \text{if } q_h < 1 \\ \boldsymbol{h}^d \cdot \hat{\dot{\boldsymbol{\varepsilon}}}^p & \text{if } q_h = 1 \end{cases} \tag{10.4.39}$$

式中：$\boldsymbol{h}^d = \begin{bmatrix} R(\bar{\boldsymbol{\sigma}}) & 0 & 0 \\ 0 & 0 & 1 - R(\bar{\boldsymbol{\sigma}}) \end{bmatrix}$，将其代入式(10.4.35)，可以得到 $H^d = \boldsymbol{h}^d \cdot \dfrac{\partial G(\hat{\bar{\boldsymbol{\sigma}}})}{\partial \hat{\bar{\boldsymbol{\sigma}}}}$。

受拉和受剪损伤标量的演化过程采用 Mazar 提出的指数形式：

$$d_\upsilon = 1 - \frac{1 - A_\chi}{1 + \kappa_\upsilon^d / \varepsilon_\upsilon^f} - \frac{A_\chi}{\exp(B_\upsilon \kappa_\upsilon^d / \varepsilon_\upsilon^f)} \tag{10.4.40}$$

式中：$\upsilon \in \{t, c\}$ 当 $\upsilon = t$ 时为拉应力状态，当 $\upsilon = c$ 为压应力状态；A_υ 和 B_υ 为拟合参数；ε_υ^f 为混凝土发生损伤时的峰值应变。

此外，受压时，微裂缝多处于闭合状态可以承受较大荷载；受拉时，微裂缝多处于开裂状态不能承载拉应力，使混凝土体现出明显的单向效应。采用 s_c 代表混凝土由拉转为压时刚度恢复系数，用 s_t 代表混凝土由压转为拉时的刚度恢复系数，共同来描述当荷载拉压转换时拉伸和压缩刚度恢复程度不同。

$$d_\sigma = 1 - (1 - s_c d_t)(1 - s_t d_c) \tag{10.4.41}$$

其中

$$s_c = 1 - \varsigma_c [1 - R(\hat{\bar{\sigma}}_1)], \quad s_t = 1 - \varsigma_t R(\hat{\bar{\sigma}}_1) \tag{10.4.42}$$

式中：ς_c 和 ς_t 为混凝土材料参数，控制刚度恢复程度，在[0,1]取值。当第一有效主应力 $\hat{\bar{\sigma}}_1$ 不等于 0 时，$R(\hat{\bar{\sigma}}_1) = \langle \hat{\bar{\sigma}}_1 \rangle / |\hat{\bar{\sigma}}_1|$，图 10.4.6 为荷载从拉伸

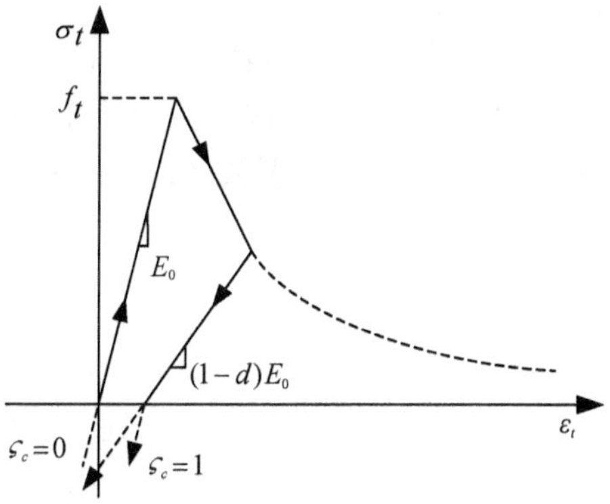

图 10.4.6　刚度恢复示意图

转换到压缩时的刚度变化情况。

(3) 损伤标量的计算

由以上分析可以看出，表示混凝土演化过程的损伤标量是受拉和受剪损伤标量以及环境损伤标量的综合体现，即

$$d = d(d_t, d_c, d_e) \tag{10.4.43}$$

鉴于环境对混凝土造成的损伤一般难以恢复，并且多是整体性劣化，可以近似用下式表示演化过程：

$$d = 1-(1-s_c d_t)(1-s_t d_c)(1-d_e) \tag{10.4.44}$$

3. 模型数值计算

依据以上分析，在有效应力空间上建立的模型，可以将塑性和损伤过程解耦，从而分别进行数值求解，即首先对塑形过程进行数值分析，然后利用塑形计算结果求解损伤。

ABAQUS 是国际大型通用有限元分析软件，它的特长是可以快速有效地计算各种不同材料、复杂荷载过程以及变化接触条件的非线性组合问题，并且为了满足用户二次开发的需求，提供了可以用 FORTRAN 和 PYTHON 等语言编写的子程序接口。其中，UMAT 子程序根据用户输入的材料参数和程序自动传入的应变增量等条件，迭代得到弹塑性应变大小、应力水平以及各种预设状态变量，是定义材料本构关系的重要途径。在 UMAT 中对上述模型进行开发，其塑性与损伤的数值求解原理如下。

(1) 塑性求解

为保证应力应变精度和避免有限元计算中的沙漏现象，采用由弹性试探应力和塑性应力修正两部分组成的向后欧拉隐式算法。即当应力超出屈服面后，要进行应力调整，使之返回更新后的屈服面。

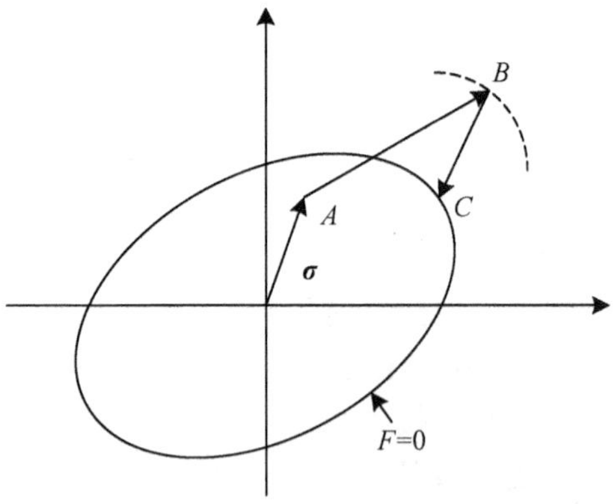

图 10.4.7　向后欧拉算法示意图

如图 10.4.7 所示，A 点的应力状态处于弹性阶段，增加一个应变增量后，试探应力 B 处在屈服面之外，$\boldsymbol{\sigma}_B = \boldsymbol{\sigma}_A + \boldsymbol{E}_0 \Delta\boldsymbol{\varepsilon}$。此时，应变增量中含有塑性应变，而实际应力状态 C 点为 $\boldsymbol{\sigma}_C = \boldsymbol{\sigma}_A + \boldsymbol{E}_0(\Delta\boldsymbol{\varepsilon} - \Delta\boldsymbol{\varepsilon}^p)$。

为了将试探应力拉回屈服面，应力改变量为 $\Delta\boldsymbol{\sigma} = \boldsymbol{E}_0 \Delta\boldsymbol{\varepsilon}^p = \Delta\lambda \boldsymbol{E}_0 \partial G/\partial\boldsymbol{\sigma}$。$\Delta\lambda$ 可以将屈服函数在 B、C 点一阶泰勒展开求得，当增量步由 $n-1$ 迭代 n 时，变量更新过程可表示为

$$\begin{aligned}
\boldsymbol{\varepsilon}^p_{(n)} &= \boldsymbol{\varepsilon}^p_{(n-1)} + \Delta\lambda_{(n)}(n)\frac{\partial G}{\partial \bar{\boldsymbol{\sigma}}_{(n)}} \\
\kappa^p_{(n)} &= \kappa^p_{(n-1)} + \Delta\lambda_{(n)} H^p \\
\bar{\boldsymbol{\sigma}}_{(n)} &= \boldsymbol{E}_0 : (\boldsymbol{\varepsilon}_{(n)} - \boldsymbol{\varepsilon}^p_{(n)}) \\
F^p_{(n)} &= F^p(\bar{\boldsymbol{\sigma}}_{(n)}, \kappa^p_{(n)})
\end{aligned} \tag{10.4.45}$$

式(10.4.45)是一个多变量的非线性方程组，由 Newton-Raphson 迭代方法求解如图 10.4.8 所示。

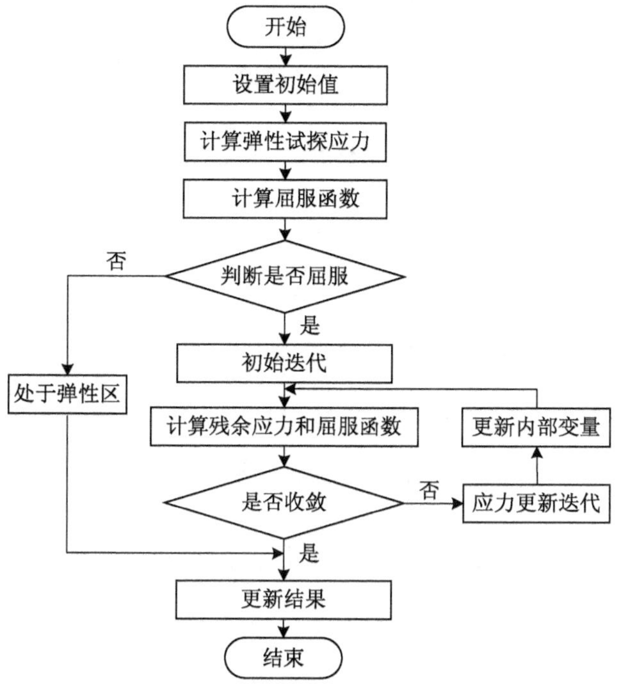

图 10.4.8 塑性数值增量迭代示意图

子程序 UMAT 主要根据主程序传入的应变增量和单元信息来更新应力增量和状态变量，并计算雅克比矩阵。其中需要调用的材料参数(如初始弹性模量、泊松比、混凝土强度等)由数组 PROPS 传入，与求解过程相关的状态变量(如塑性应变、硬化参数、损伤标量等等)由数组 STATEV 存储。基本迭代控制流程如下。

Step1 确定子程序类型，并定义相应的变量，对计算过程中的函数、数组、参量都进行预定义，固定格式如下：

```
SUBROUTINE UMAT(STRESS,STATEV,DDSDDE, ...)
INCLUDE 'ABA_PARAM.INC'
CHARACTER * 80 MATERL
DIMENSION STRESS(NTENS),STATEV(NSTATV), ...
```

Step2 调用外部传入参数。本模型用到的参数包括弹性模量、泊松比、初始抗拉和抗压强度、初始屈服强度、延性参数、损伤参数以及环境变量参数等，弹性模量读入：EMOD=PROPS(1)；泊松比读入：ENU=PROPS(2)。

Step3 设置初始值：$k=0, \Delta\lambda_{(n)}^{(0)}=0, \boldsymbol{\varepsilon}_{(n)}^{p(0)}=\boldsymbol{\varepsilon}_{(n-1)}^{p}, \kappa_{(n)}^{p(0)}=\kappa_{(n-1)}^{p}$，得到此分析步之前的内部变量，如弹性应变、塑性应变、强化因子等，格式如下。

弹性应变读取：EELAS(K1)=STATEV(K1)

塑性应变读取：EPLAS(K1)=STATEV(K1+NTENS)

Step4 计算弹性试探应力 PSTRESS：$\bar{\boldsymbol{\sigma}}_{(n)}^{tr}=\boldsymbol{E}_0:(\boldsymbol{\varepsilon}_{(n)}-\boldsymbol{\varepsilon}_{(n)}^{p(0)})$。假设传入的应变增量属

于弹性应变增量，计算试探应力。

Step5 检查屈服条件：$F_{(n)}^{p(tr)} = F^p(\bar{\boldsymbol{\sigma}}_{(n)}^{tr}, \kappa_{(n)}^{p(0)})$。由试探应力 PSTRESS 和状态变量中的强化因子计算屈服函数的大小。如果 $F_{(n)}^{p(tr)} < TOLF$，说明应力处于弹性区域计算收敛，$\bar{\boldsymbol{\sigma}}_{(n)} = \bar{\boldsymbol{\sigma}}_{(n)}^{tr}$；否则说明处于塑性区，需要进行迭代进入 Step6。

Step6 初始迭代，采用向后欧拉算法进行应力调整，并计算塑性应变更新状态变量。

$$
\begin{aligned}
H_{(n)}^{(1)} &= [1 - R(\bar{\boldsymbol{\sigma}}_{(n)}^{tr})] \frac{\partial F^p}{\partial q_c} \frac{\partial q_c}{\partial \kappa^p} H^p \\
\Delta\lambda_{(n)}^{(1)} &= \frac{F_{(n)}^{p(\mathrm{tr})}}{\dfrac{\partial F^p}{\partial \bar{\boldsymbol{\sigma}}_{(n)}^{tr}} \boldsymbol{E}_0 \dfrac{\partial G}{\partial \bar{\boldsymbol{\sigma}}_{(n)}^{tr}} - H_{(n)}^{(1)}} \\
\bar{\boldsymbol{\sigma}}_{(n)}^{(1)} &= \bar{\boldsymbol{\sigma}}_{(n)}^{tr} - \Delta\lambda_{(n)}^{(1)} \boldsymbol{E}_0 \frac{\partial G}{\partial \bar{\boldsymbol{\sigma}}_{(n)}^{tr}} \\
\kappa_{(n)}^{p(1)} &= \kappa_{(n)}^{p(0)} + \Delta\lambda_{(n)}^{(1)} H^p \\
\boldsymbol{\varepsilon}_{(n)}^{p(1)} &= \boldsymbol{\varepsilon}_{(n)}^{p(0)} + \Delta\lambda_{(n)}^{(1)} \frac{\partial G}{\partial \bar{\boldsymbol{\sigma}}_{(n)}^{tr}}
\end{aligned}
\tag{10.4.46}
$$

Step7 牛顿迭代，对应力进行修正，使得应力处于屈服面附近，以满足误差要求，主要可分为以下几个步骤。

① 应力迭代：

$$
\begin{aligned}
\boldsymbol{r} &= \bar{\boldsymbol{\sigma}}_{(n)}^{(k)} - \bar{\boldsymbol{\sigma}}_{(n)}^{tr} + \Delta\lambda_{(n)}^{(k)} \boldsymbol{E}_0 \frac{\partial G}{\partial \bar{\boldsymbol{\sigma}}_{(n)}^{(k)}} \\
\boldsymbol{Q} &= \boldsymbol{I} + \Delta\lambda_{(n)}^{(k)} \boldsymbol{E}_0 \frac{\partial^2 G}{\partial (\bar{\boldsymbol{\sigma}}_{(n)}^{(k)})^2} \\
H_{(n)}^{(k)} &= [1 - R(\bar{\boldsymbol{\sigma}}_{(n)}^{(k)})] \frac{\partial F^p}{\partial q_c} \frac{\partial q_c}{\partial \kappa^p} H^p \\
\delta\lambda_{(n)}^{(k)} &= \frac{F_{(n)}^{p(k)} - \dfrac{\partial F^p}{\partial \bar{\boldsymbol{\sigma}}_{(n)}^{(k)}} \boldsymbol{Q}^{-1} \boldsymbol{r}}{\dfrac{\partial F^p}{\partial \bar{\boldsymbol{\sigma}}_{(n)}^{tr}} \boldsymbol{Q}^{-1} \boldsymbol{E}_0 \dfrac{\partial G}{\partial \bar{\boldsymbol{\sigma}}_{(n)}^{tr}} - H_{(n)}^{(k)}} \\
\delta\bar{\boldsymbol{\sigma}}_{(n)}^{(k)} &= -\boldsymbol{Q}^{-1} \left(\boldsymbol{r} + \delta\lambda_{(n)}^{(k)} \boldsymbol{E}_0 \frac{\partial^2 G}{\partial \bar{\boldsymbol{\sigma}}_{(n)}^{(k)2}} \right)
\end{aligned}
\tag{10.4.47}
$$

② 检查收敛条件，若 $|\boldsymbol{r}| < TOLR, F_{(n)}^{p(\mathrm{k})} < TOLF$，说明应力满足误差要求，退出循环进入 Step8，否则进入下一步继续迭代。

③ 更新内部变量，存储在 STATEV 中：

$$
\begin{aligned}
\Delta\lambda_{(n)}^{(k+1)} &= \Delta\lambda_{(n)}^{(k)} + \delta\lambda_{(n)}^{(k)} \\
\bar{\boldsymbol{\sigma}}_{(n)}^{(k+1)} &= \bar{\boldsymbol{\sigma}}_{(n)}^{(k)} + \delta\bar{\boldsymbol{\sigma}}_{(n)}^{(k)} \\
\boldsymbol{\varepsilon}_{(n)}^{p(k+1)} &= \boldsymbol{\varepsilon}_{(n)}^{p(k)} + \delta\lambda_{(n)}^{(k)} \frac{\partial G}{\partial \bar{\boldsymbol{\sigma}}_{(n)}^{(k)}} \\
\kappa_{(n)}^{p(k+1)} &= \kappa_{(n)}^{p(k)} + \delta\lambda_{(n)}^{(k)} H^p
\end{aligned}
\tag{10.4.48}
$$

④$k=k+1$，返回①。

Step8 更新迭代结果，其中应力更新到输出变量 STRESS 中，其他结果更新到状态变量，以待下一分析步调用：

$$\Delta\lambda_{(n)}=\Delta\lambda_{(n)}^{(k)},\bar{\boldsymbol{\sigma}}_{(n)}=\bar{\boldsymbol{\sigma}}_{(n)}^{(k)},\boldsymbol{\varepsilon}_{(n)}^{p}=\boldsymbol{\varepsilon}_{(n)}^{p(k)},\boldsymbol{\kappa}_{(n)}^{p}=\boldsymbol{\kappa}_{(n)}^{p(k)}$$

Step9 计算一致性切线刚度矩阵：

$$\boldsymbol{R}=\boldsymbol{Q}^{-1}\boldsymbol{E}_0$$
$$\boldsymbol{E}=\boldsymbol{R}-\frac{\boldsymbol{R}\dfrac{\partial G}{\partial\bar{\boldsymbol{\sigma}}_{(n)}}\left(\dfrac{\partial F}{\partial\bar{\boldsymbol{\sigma}}_{(n)}}\right)^{\mathrm{T}}\boldsymbol{R}^{\mathrm{T}}}{\left(\dfrac{\partial F}{\partial\bar{\boldsymbol{\sigma}}_{(n)}}\right)^{\mathrm{T}}\boldsymbol{R}\dfrac{\partial G}{\partial\bar{\boldsymbol{\sigma}}_{(n)}}+H_{(n)}}\tag{10.4.49}$$

Step10 结束。

(2) 损伤求解

模型应力损伤部分求解简单，根据以上塑性求解结果，当 $n-1$ 迭代到 n 时，根据 $\Delta\lambda$ 值可以得到损伤因子和受拉受剪损伤标量为

$$\dot{\boldsymbol{\kappa}}_{(n)}^{d}=\dot{\boldsymbol{\kappa}}_{(n-1)}^{d}+\Delta\lambda_{(n)}H^{d}$$
$$d_{\boldsymbol{\sigma}(n)}=d(\dot{\boldsymbol{\kappa}}_{(n)}^{d})\tag{10.4.50}$$

环境损伤标量由试验数据拟合，可以直接表示为坐标和时间的函数。

$$d_{e(n)}=d_{e}(COORDS,t_{(n)})\tag{10.4.51}$$

式中：$COORDS$ 为积分点的空间坐标；$t_{(n)}$ 为该分析步所代表的混凝土经受环境侵蚀的实际时间。

最后可以得到损伤标量 $d_{(n)}$，从而得到名义应力

$$\boldsymbol{\sigma}_{(n)}=(1-d_{(n)})\bar{\boldsymbol{\sigma}}_{(n)}\tag{10.4.52}$$

4. 算例

选取典型作用为例，将试验结果和数值计算结果进行比较，验证所建立模型的适用性。荷载试验包括混凝土单轴拉压、双轴与三轴压缩试验和循环荷载试验，环境对混凝土的影响试验为冻融试验。

(1) 荷载作用

混凝土存在不同的应力状态，文献[121]给出了典型的单轴拉伸作用下混凝土的应力应变关系，与本模型数值模拟结果对比如图 10.4.9 所示；文献[122]通过试验研究了混凝土在单轴压缩作用下的应变演化曲线，与本模型模拟结果对比如图 10.4.10 所示。Kupfer 等在双轴应力比值分别为−1/0 和−1/−1 条件下得到了应力应变演化关系[123]，与模型模拟值对比分析如图 10.4.11 所示。而对于三轴压缩作用，Imran 等对混凝土在侧向约束水平为 0～43 MPa 下的三轴应力应变关系进行了研究[124]，模拟值与其对比分析如图 10.4.12 所示，其中模型参数见表 10.4.1。

表 10.4.1　模型参数表

试验	E (GPa)	v	$\bar{f}_c$ (MPa)	$\bar{f}_{c0}$ (MPa)	$\bar{f}_t$ (MPa)	A_h	B_h	C_h	A_t	B_t	A_c	B_c
单轴拉伸	31	0.2	40	—	3.41	—	—	—	0.366	5.091	—	—
单轴压缩	31	0.2	28	15.4	2.8	—	—	0.001 2	—	—	1.995	0.553
双轴压缩	31	0.15	32.8	22	3.3	−0.002 5	0.002 6	0.001 17	—	—	2.696	0.632
三轴压缩	30	0.15	47.4	18	4.74	−0.027	0.081 3	0.001 22	—	—	1.571	0.343
循环拉伸	31	0.2	40	—	3.41	—	—	—	0.366	5.091	—	—
循环压缩	31	0.2	28	15.4	2.8	—	—	0.001 22	—	—	1.995	0.553
循环拉压	39	0.18	47	—	3.2	—	—	—	0.533	0.088	—	—

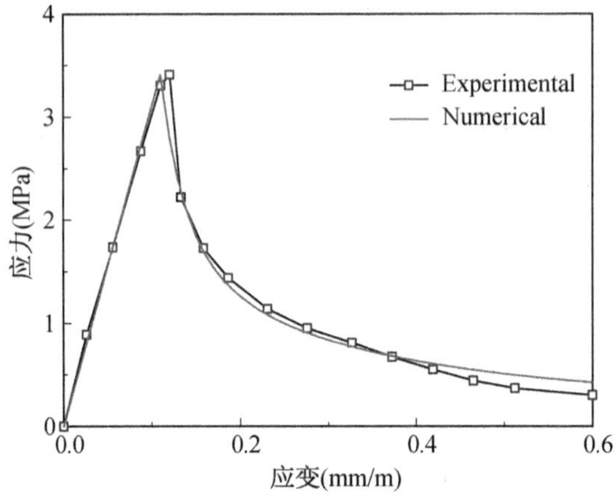

图 10.4.9　单轴拉伸比较图

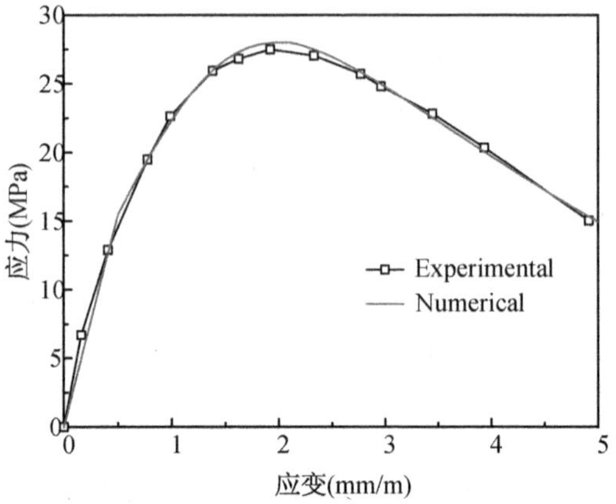

图 10.4.10　单轴压缩比较图

因此，分别对循环拉伸[122]、循环压缩[123]以及拉压循环作用下的应力应变演化关系的试验结果[125]进行对比，如图 10.4.13 所示。从图 10.4.9—10.4.13 中可以看出：

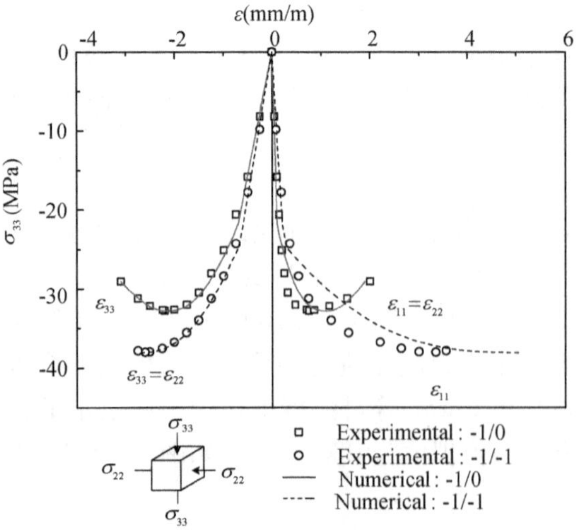

图 10.4.11　双轴压缩比较图

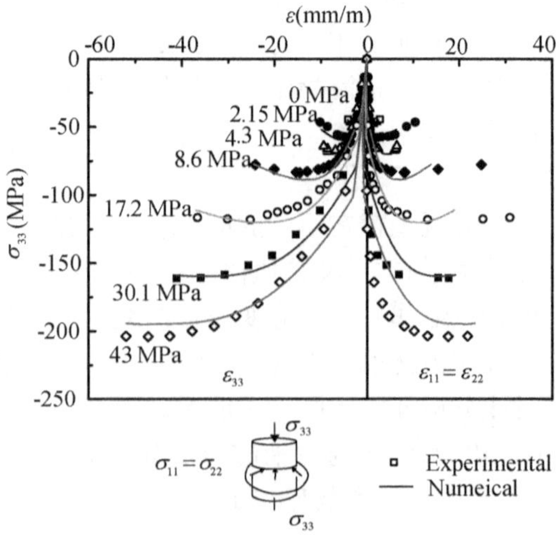

图 10.4.12　三轴压缩比较图

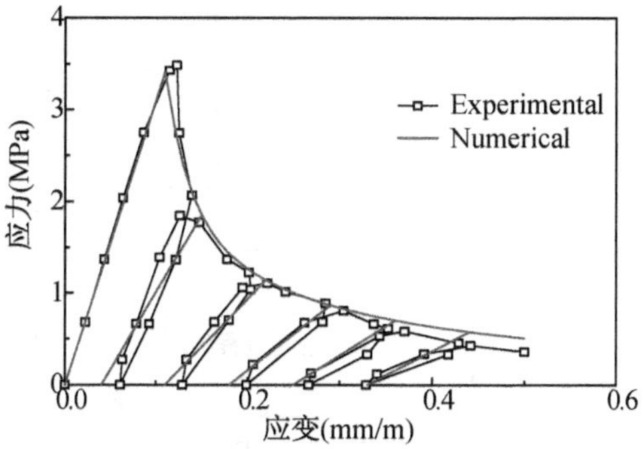

(a) 循环拉伸

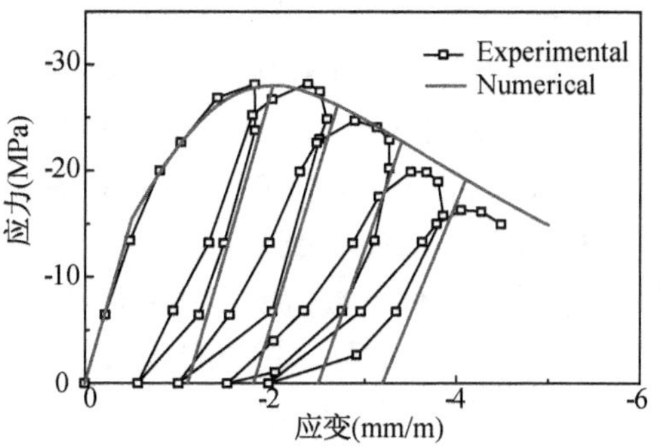

(b) 循环压缩

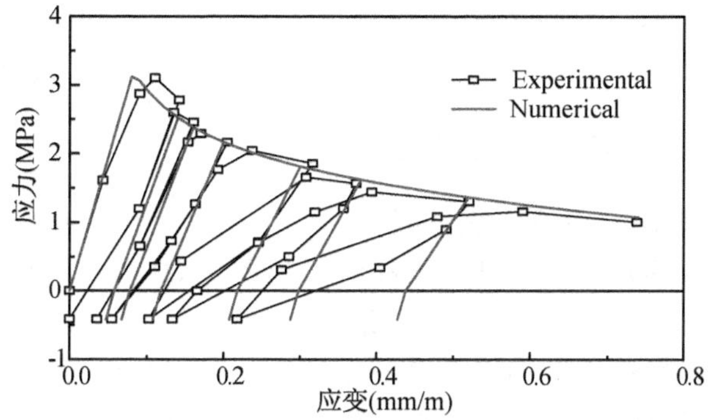

(c) 循环拉压

图 10.4.13　循环荷载比较图

① 无论是单轴拉压还是多轴压缩，本模型模拟结果均与试验值接近，能有效地模拟混凝土在各种应力状态下的应力应变演化关系；

② 能合理表示压缩条件下的应力特征，在混凝土的强化阶段和软化阶段，模拟结果都与试验值吻合较好，可以较好地表征在不同约束水平下混凝土强度的硬化和延性性质，较准确地模拟混凝土侧向应变；

③ 循环荷载作用下混凝土力学变化过程，包括软化、刚度的退化程度以及非弹性变形都能由该模型很好地表征，拉压循环荷载的模拟由于混凝土随机离散性太强而有一定的差异。

（2）冻融作用

以冻融荷载为例，说明所建模型模拟环境作用下混凝土变形性能演化的适用性。与常规荷载有所差异，孔结构和模量等因素是冻融对混凝土造成影响的主要因素。选取一次完整冻融循环中的混凝土应力应变关系[126]与模型数值模拟值进行比较，试件参数见表 10.4.2。相同试验条件下，孔体积为 0.161 cm^3/g 时，测得冰相饱和度过程线拟合为 $s_C = 0.41 \times [(-6 - T)/15]^{0.78}$。

表 10.4.2　试件参数

水灰比	体积密度 (kg/m^3)	骨料密度 (kg/m^3)	孔隙率	动弹性模量 (GPa)	弹性模量 (GPa)	泊松比	线膨胀系数
0.55	1 681	2 443	0.312	28.5	20.1	0.17	10×10^{-6}

由试件参数可以得到体积模量为 $K=E/[3(1-2v)]=10.15$ GPa，基质体积模量可以由公式计算得到 $K_s=19.36$ GPa，采用 $v_c=19.65\ cm^3/mol$，$v_l=18.0\ cm^3/mol$，$K_c=7.81$ GPa，$K_L=1.79$ GPa，$\Delta S_{fc}=1.2\ MPaK^{-1}$，则试件在冻融条件下数值模拟关系曲线如图 10.4.14 所示，可以看出：①试件温度滞后于外界溶液温度；②试件经过一次冻融后会产生不可恢复的残余应变；③本模型能定量地描述由于冻胀引起的变形，包括弹性应变和不可逆应变。

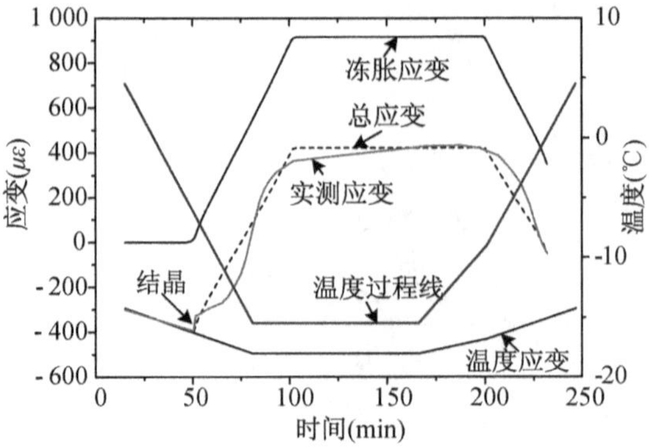

图 10.4.14　冻融荷载比较图

二、考虑环境损伤的流变本构模型

工程实践表明，在荷载和环境因素的长期作用下，坝体混凝土和坝基岩体及结构面都将出现弱化效应，材料的弹性模量、强度和黏滞系数等都将随服役时间的延长而降低。因此，在混凝土坝的长期服役过程中，筑坝材料固有的流变特性也将因冻融、渗透溶蚀等环境损伤的发展而发生演变。针对筑坝材料流变力学性能在服役过程中的演变，建立考虑环境损伤的混凝土坝流变本构模型，从而实现变化环境下混凝土坝时效变形的量化分析。

1. 模型建立

假定环境因素引起的筑坝材料弹性模量、强度和黏滞系数的衰减规律相同，用环境损伤变量 D 表示，则考虑环境损伤后的坝基岩体及结构面的黏弹塑性流变本构模型和坝体混凝土的黏弹性本构模型分别如图 10.4.15—图 10.4.16 所示。

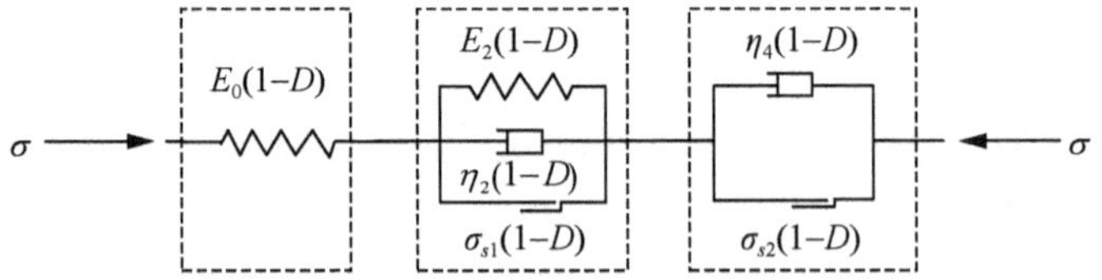

图 10.4.15　考虑环境损伤的坝基岩体及结构面黏弹塑性流变本构模型

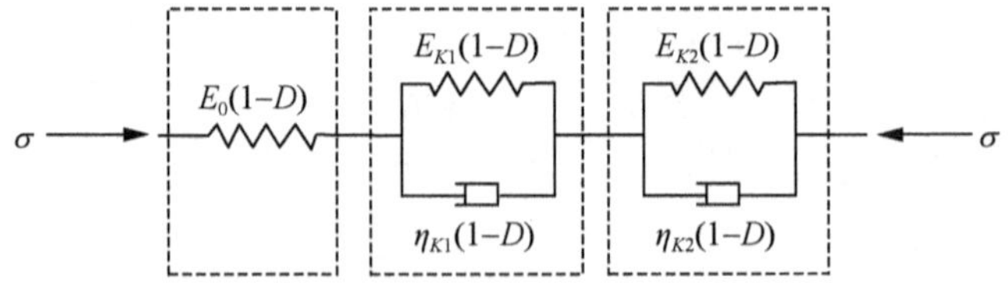

图 10.4.16　考虑环境损伤的坝体混凝土黏弹性本构模型

环境损伤变量 D 在大坝服役过程中的发展与各环境因素的影响程度有关，如坝体混凝土冻融循环次数、渗透溶蚀程度等，一般将其简化表示成服役时间的函数。但需要注意的是，损伤变量中的时间与流变方程中时间的概念是不同的。在数值模拟中，只需要在分时段计算黏性应变时，将各时段分别取与其对应的流变参数即可。考虑环境损伤后的坝基岩体及结构面的蠕变方程表示为

$$\varepsilon(t)=\begin{cases}\dfrac{\sigma}{E_0(1-D)} & \sigma<\sigma_{s1}(1-D)\\[2ex] \dfrac{\sigma}{E_0(1-D)}+\dfrac{\sigma-\sigma_{s1}(1-D)}{E_2(1-D)}(1-\mathrm{e}^{-\frac{E_2}{\eta_2}t}) & \sigma_{s1}\leqslant\sigma<\sigma_{s2}(1-D)\\[2ex] \dfrac{\sigma}{E_0(1-D)}+\dfrac{\sigma-\sigma_{s1}(1-D)}{E_2(1-D)}(1-\mathrm{e}^{-\frac{E_2}{\eta_2}t}) & \\ +\dfrac{\sigma-\sigma_{s2}(1-D)}{\eta_4(1-D)}t & \sigma\geqslant\sigma_{s2}(1-D),\varepsilon_{vp}<\bar{\varepsilon}_{vp}\\[2ex] \dfrac{\sigma}{E_0(1-D)}+\dfrac{\sigma-\sigma_{s1}(1-D)}{E_2(1-D)}(1-\mathrm{e}^{-\frac{E_2}{\eta_2}t}) & \\ +\bar{\varepsilon}_{vp}+\dfrac{\sigma-\sigma_{s2}(1-D)}{\eta_4(1-D)}(t-t_s)^n & \sigma\geqslant\sigma_{s2}(1-D),\varepsilon_{vp}\geqslant\bar{\varepsilon}_{vp}\end{cases}\tag{10.4.53}$$

上述考虑环境损伤之后的蠕变方程，由一维推导到三维应力状况下的方式与不考虑环境损伤时相同。通过有限元计算黏弹性和黏塑性应变增量时，需要根据在主要环境因素影响下坝基岩体及结构面的材料性能演变规律，得到当前服役时段内的流变力学参数，并据此计算相应的黏性应变增量。因此，采用黏弹塑性有限元进行数值模拟时，考虑环境损伤之后，坝基岩体及结构面的黏弹性和黏塑性应变增量分别为

$$\{\Delta\varepsilon_{ve}\}_n=(1-\exp^{-\frac{G_2}{\eta_2}\Delta t})\left(\frac{1}{G_2(1-D)}\boldsymbol{C}\boldsymbol{S}_{n-1}-\{\varepsilon_{ve}\}_{n-1}\right)\tag{10.4.54}$$

$$\{\Delta\varepsilon_{vp}\}_n=\Delta t_n\left\{\{\dot{\varepsilon}_{vp}\}_{n-1}+\Theta\frac{1}{\eta_4(1-D)}\left[\phi(F)\frac{\partial\boldsymbol{A}^{\mathrm{T}}}{\partial\boldsymbol{\sigma}}+\frac{\partial\phi(F)}{\partial F}\boldsymbol{A}\boldsymbol{A}^{\mathrm{T}}\right]\dot{\boldsymbol{\sigma}}_{n-1}\Delta t_n\right\}\tag{10.4.55}$$

式中：考虑环境损伤之后的黏塑性应变率为 $\dot{\varepsilon}_{ij}^{vp}=\begin{cases}0 & F<0\\ \dfrac{1}{\eta_4(1-D)}\left(\dfrac{F}{F_0}\right)^m\dfrac{\partial F}{\partial\sigma_{ij}} & F\geqslant 0\end{cases}$；其他符号意义同前。

同理，考虑环境损伤之后，采用广义开尔文模型描述的坝体混凝土黏弹性蠕变方程为

$$\varepsilon(t)=\frac{\sigma}{E_0(1-D)}+\frac{\sigma}{E_{K1}(1-D)}(1-\exp^{-\frac{E_{K1}}{\eta_{K1}}t})+\frac{\sigma}{E_{K2}(1-D)}(1-\exp^{-\frac{E_{K2}}{\eta_{K2}}t})\tag{10.4.56}$$

有限元计算时，Δt 时段内的黏弹性应变增量为

$$\{\Delta\varepsilon_{ve}\}_n = \sum_{i=1}^{2}(1-\exp^{-\frac{G_{Ki}}{\eta_{Ki}}\Delta t})\left(\frac{1}{G_{Ki}(1-D)}\boldsymbol{C}\boldsymbol{S}_{n-1}-\{\varepsilon_{ve,i}\}_{n-1}\right) \quad (10.4.57)$$

2. 算例

为研究环境损伤情况下坝体混凝土材料的变形演变规律，下面以混凝土小试块为例进行分析。试块尺寸为 10 cm×10 cm×20 cm，底部固定，顶部施加年周期性变化的均布荷载，如图 10.4.17 所示。在长期荷载作用下，假定混凝土试块遭受渗透溶蚀作用，溶蚀损伤的时变模型为 $d_c = 2.04\times10^{-3}\sqrt{t}$（$t$ 以年为单位）。假定荷载作用时间为 100 年，用上述考虑环境损伤的广义开尔文模型描述混凝土的变形，有限元计算时间间隔取为 1 d，黏弹性计算位移中扣除弹性位移，得到的试块顶部压缩时效位移年极值过程线如图 10.4.18 所示。

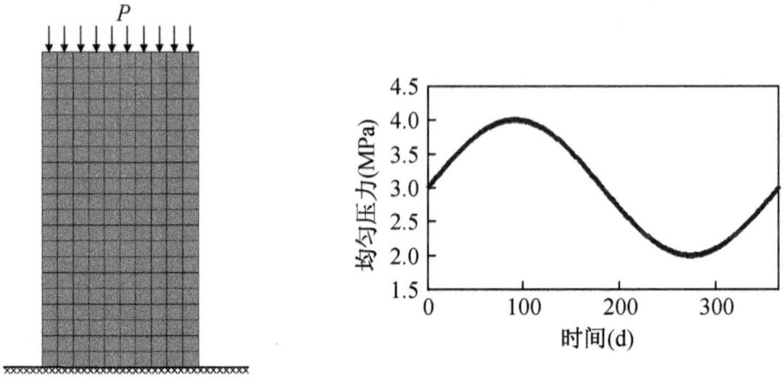

(a) 混凝土受压试块　　(b) 顶部年周期循环荷载年内分布规律

图 10.4.17　循环荷载作用下混凝土试块单轴受压示意图

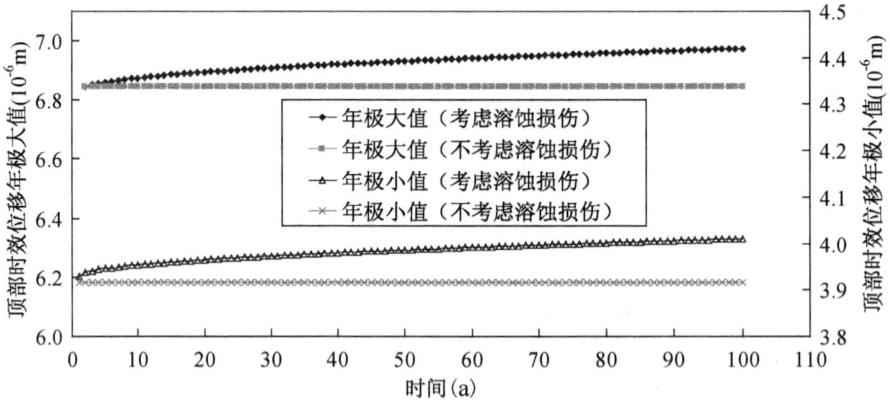

图 10.4.18　混凝土试块顶部压缩时效位移年极值过程线

从图 10.4.18 可以看出，考虑渗透溶蚀造成混凝土材料物理力学性能下降之后，在循环荷载作用下，试块顶部的压缩时效位移出现了两个明显的不同点：①尽管只考虑了混凝土的黏弹性变形，但由于材料延迟弹性模量的下降，导致时效位移年极值呈逐年增大的趋势；②时效位移年峰谷值之间的差距逐年增大。

第五节　应用实例

混凝土坝长期服役过程中，在复杂荷载和环境因素的综合作用下，坝体混凝土将出现组成成分、微观结构和性状的变化，导致材料物理力学性能衰退，反映到宏观结构上，则表现为整体刚度的下降，从而导致坝体结构性能发生变化。如果这种变化在设计和允许的范围之内，工程的安全性是有保障的，而当这种变化发展到一定程度时，若不采取工程或非工程措施，则可能会造成大坝失事。材料性能演变所导致的混凝土坝结构性能变化，反映到大坝变形上则主要表现为结构刚度下降后弹性可恢复变形的加大、库水位升降和坝体温度场变化过程中坝体屈服区的加大，以及材料流变力学性能演变之后大坝时效变形的增大。由于坝基岩体蠕变和坝体混凝土徐变所引发的大坝变形时间效应是造成混凝土坝结构变形性态时变的原因之一，也即只要有荷载的持续作用，就会产生随时间发展的变形。因此，下面首先研究材料流变引起的混凝土坝变形时变效应，然后主要针对渗透溶蚀和冻融循环这两种环境损伤，研究坝体混凝土材料性能演变导致大坝结构性能变化而引起的变形时变效应。

一、材料流变引起的混凝土坝变形时变效应

考虑到实际大坝工程地质条件和应力状况的复杂性，采用两个算例：①某 300 m 级高拱坝，重点研究坝体混凝土徐变引起的大坝变形固有时变效应，对其仅考虑坝体的黏性变形，而忽略坝基的黏性变形，并通过坝体的相对变形来反演坝体混凝土的黏弹性力学参数；②坝高 160 m 的某碾压混凝土重力坝，建立单坝段模型，利用非线性流变本构模型描述坝基岩体及软弱夹层的流变特性，研究大坝运行过程中坝基固有时变效应的发展规律，并反演坝基岩体流变本构模型中的延迟弹性模量和两种黏滞系数。

1. 某混凝土拱坝坝体变形时变效应

某拱坝最大坝高 294.5 m，为混凝土双曲拱坝，有限元模型如图 10.5.1 所示。2010 年 6 月完成全部坝体混凝土浇筑和横缝封拱灌浆后，开始从 1 166 m 水位蓄水至正常蓄水位 1 240 m，水位变化过程如图 10.5.2 所示。

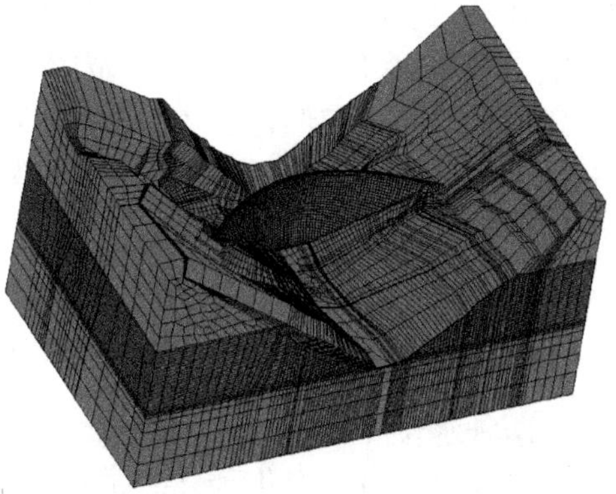

图 10.5.1　拱坝有限元模型

(1) 坝体固有时变效应规律分析

由于坝体混凝土浇筑、封拱灌浆和蓄水过程较复杂，导致坝体应力历史难以确定，对大坝时效变形将产生明显影响。因此，在反演坝体混凝土流变力学参数之前，首先参照同标号大坝混凝土的流变力学参数，根据该坝实际库水位的变化情况，仿真模拟其固有时效变形的发展规律。

坝体混凝土标号为 C40，材料参数取为：坝体混凝土弹性模量采用前期反演值，27.2 GPa；根据坝体混凝土的徐变试验，并参照其他混凝土坝工程，采用 2 个 Kelvin 体的广义开尔文模型描述坝体混凝土的黏弹性变形时，延迟弹性模量分别取为 80 GPa 和 66.7 GPa，黏

滞系数分别取为 2.66×10^2 GPa·d 和 1.33×10^4 GPa·d。

为研究蓄水后库水位变化情况下坝体时效变形的演变规律，假定 2 种计算工况：结合实际蓄水和坝顶垂线初始监测情况，两种工况下均首先分级施加坝体自重和 1 166 m 水位以前的上游库水压力，将其作为初始应力场；在此基础上分别按两种假定的水位进行分析，计算时间间隔为 1 d，上游水压力与当日实测库水位对应；工况 1 蓄水至 1 240 m 水位后，假定库水位保持不变；工况 2 蓄水至 1 240 m 水位之后，假定库水位在 1 180 m 和 1 240 m 水位之间年周期性循环。变形时效分量的计算方法为：各荷载工况下，扣除初值后，黏弹性计算结果中扣除弹性变形分量即为坝体混凝土徐变引起的大坝固有时效变形，两种工况下拱冠梁坝顶径向时效位移如图 10.5.2 所示。

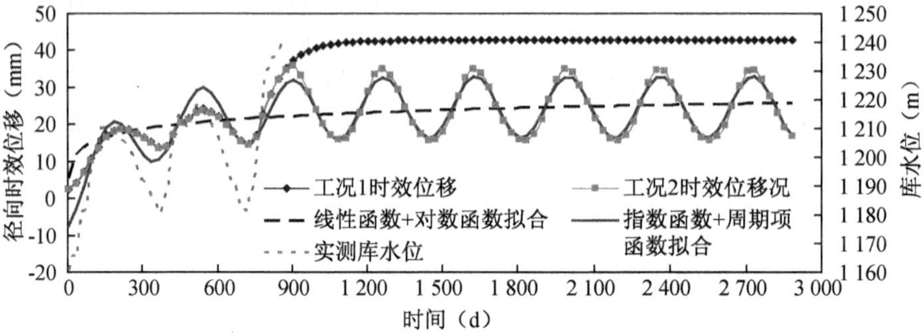

图 10.5.2　不同库水位工况下拱冠梁坝顶径向位移时效分量

从图 10.5.2 可以看出，坝体混凝土在黏弹性情况下，蓄水过程中坝体时效变形的发展滞后于库水位变化，并且在库水位下降过程中，时效变形具有可恢复性；假定蓄水至 1 240 m 水位后保持不变的情况下，坝顶径向时效位移继续增大，由 35.32 mm 增加至 42.77 mm；假定库水位在 1 180 m 至 1 240 m 之间年周期性循环时，坝顶径向时效位移整体变化趋势与统计模型中使用线性函数加对数函数型表达式（$\theta+\ln\theta$）所描述的规律相一致。实际运行中，大坝库水位均在兴利调节范围内升降变化，因此统计模型中使用 $\theta+\ln\theta$ 型表达式所分离出来的时效变形，仅是实际时效变形的趋势性变化部分，没有反映出时效变形中的可恢复部分；当采用指数函数附加周期项描述工况 2 中的时效变形时，可较好地反映出时效变形中的可恢复部分，相应的变形时效分量为

$$\delta_\theta = 24.61(1-e^{-0.0039t})+1.56\sin\frac{2\pi t}{365}-8.18\cos\frac{2\pi t}{365} \tag{10.5.1}$$

两种水位变化工况下，拱冠梁径向时效位移变化量如图 10.5.3 所示，坝顶拱曲线的径向和拱向时效位移变化量分别如图 10.5.4 和图 10.5.5 所示，其中工况 1 的时效位移变化量是相对第 880 d 首次蓄水至 1 240 m 水位，之后库水位保持不变的情况；工况 2 的时效位移变化量是相对第 55 d 首次蓄水至 1 180 m 水位，后期库水位周期性变化过程中每次降至 1 180 m 时的情况。从图中可以看出，由坝体混凝土徐变所导致的大坝固有时效变形，在加载初期发展较快，恒载情况下 1 年左右发展至最终收敛值，水位周期性循环情况下，时效变形达到收敛值时所需时间较长，与荷载变化情况有关；坝体中上部高程拱圈中部径向时效位移发展较大，最大值出现在拱冠梁坝顶处，工况 1 相对首次蓄至 1 240 m 水位时，最大径向

时效位移增加 7.5 mm 左右；坝顶拱向时效位移最大值出现在左右岸 1/4 拱处，蓄水至 1 240 m 水位保持不变的情况下，左右岸最大拱向时效位移分别增加 3 mm 和 3.7 mm 左右。

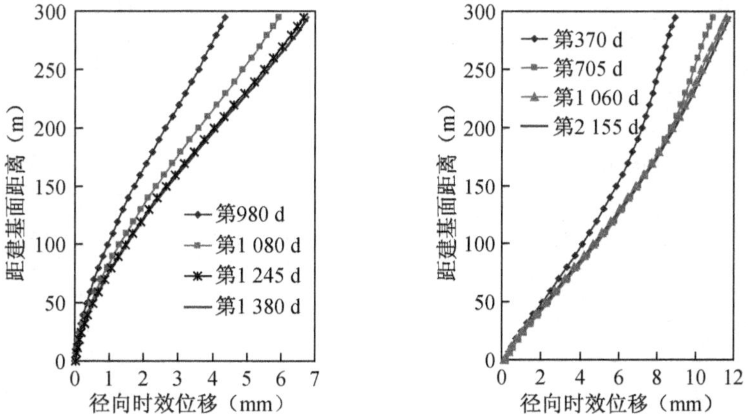

（a）工况1相对第880d　　（b）工况2相对第55d

图 10.5.3　两种工况下拱冠梁径向时效位移变化量

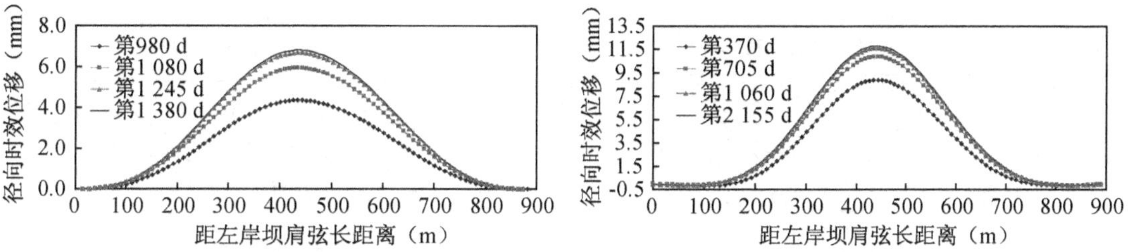

（a）工况1相对第880 d　　（b）工况2相对第55 d

图 10.5.4　两种工况下坝顶拱曲线径向时效位移变化量

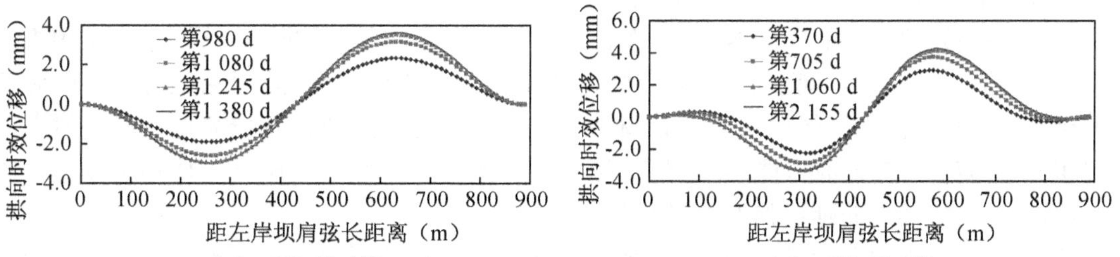

（a）工况1相对第880 d　　（b）工况2相对第55 d

图 10.5.5　两种工况下坝顶拱曲线拱向时效位移变化量

工况 1 中，坝体上游面相对首次蓄水至 1 240 m 水位时的时效位移发展过程如图 10.5.6 所示，整体表现为向下游和两岸的变形趋势，保持 1 240 m 水位不变的情况下，坝体各部位的径向和拱向时效位移逐渐增大至最终收敛值；坝体左右岸时效位移发展规律基本一致，各高程最大径向时效位移均出现在拱冠梁附近，最大拱向时效位移均出现在左右岸 1/4 拱处，但左岸坝体拱向时效位移略大于右岸坝体。

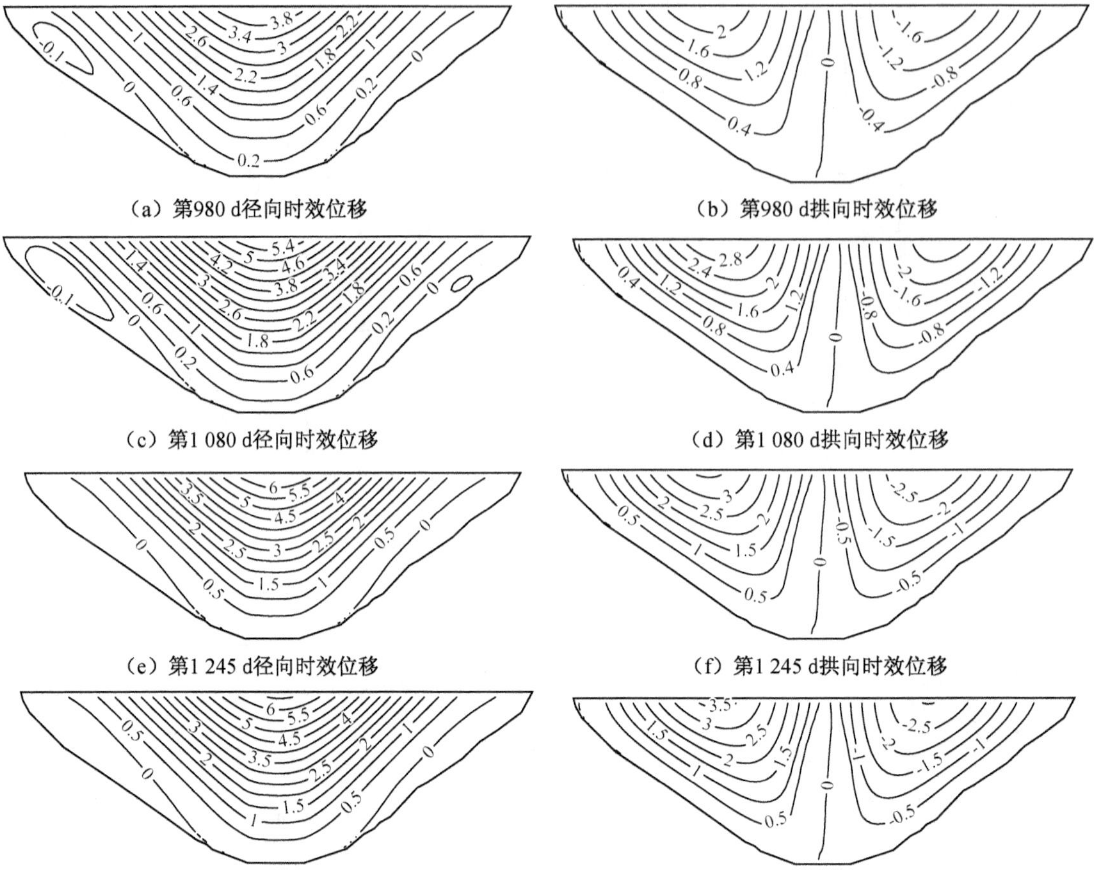

(a) 第980 d径向时效位移　(b) 第980 d拱向时效位移

(c) 第1 080 d径向时效位移　(d) 第1 080 d拱向时效位移

(e) 第1 245 d径向时效位移　(f) 第1 245 d拱向时效位移

(g) 第1 380 d径向时效位移　(h) 第1 380 d拱向时效位移

图 10.5.6　工况 1 中相对第 880 d 首次蓄水至 1 240 m 时坝体上游面时效位移变化量（单位：mm）

(2) 坝体混凝土黏弹性力学参数反演

采用不同元件个数的广义 Kelvin 模型拟合坝体混凝土的徐变曲线，结果表明采用多个 Kelvin 体的串联模型时，能更加精确地描述坝体混凝土的徐变过程，而徐变的最终收敛值不受此影响，并且包含不同数目 Kelvin 体的广义 Kelvin 模型之间的参数可以相互转换，因此考虑到反演参数较多时可能出现解答不唯一的实际情况，选用单 Kelvin 体描述坝体混凝土的徐变并反演其中的延迟弹性模量和黏滞系数。

坝体蓄水后正常运行过程中，由于前期水位较低，坝体自重在此阶段将产生较大的时效变形，因此在反演坝体流变力学参数时，选择的时段为 2012 年 5 月 21 日至 2013 年 1 月 31 日，在此之前大坝已经高水位运行 2 年左右。建立拱冠梁坝顶径向位移的监控模型，分离出来的各位移分量如图 10.5.7 所示。

待反演参数取值范围为：延迟弹性模量 $E_k \in [40\ \text{GPa}, 60\ \text{GPa}]$，开尔文体黏滞系数 $\eta_k \in [2\times10^3\ \text{GPa}\cdot\text{d}, 5\times10^3\ \text{GPa}\cdot\text{d}]$，计算时每种参数均分为 5 级，共 125 种材料参数组合，通过黏弹性有限元计算坝体不同时刻的时效位移，得到 SVM 的训练样本。优化反演

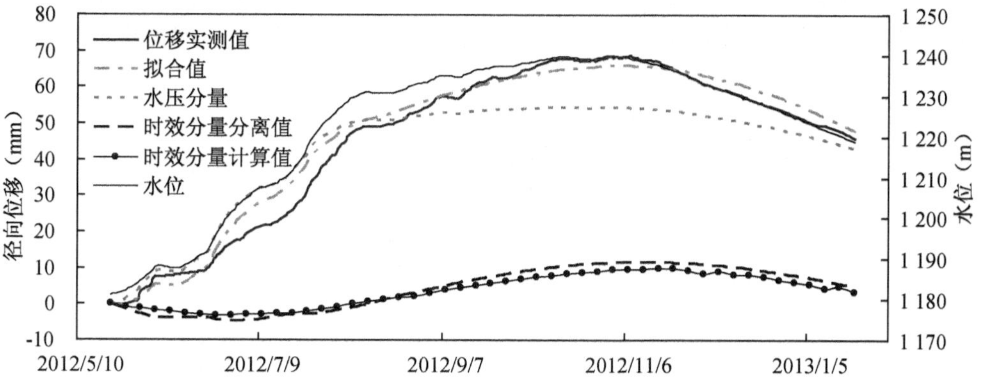

图 10.5.7　拱冠梁坝顶径向位移时效分量分离值及计算值

时，从所选时段初始时刻开始，每隔 10 d 选取一个时效位移分离值和计算值来计算目标函数以进行优化反演，共 22 个时间点。

利用 2012 年 5 月 21 日至 2013 年 1 月 31 日期间的拱冠梁坝顶径向位移监测资料，优化反演得到坝体混凝土单 Kelvin 体中的黏弹性力学参数为：延迟弹性模量 $E_k = 55.2\,\mathrm{GPa}$，黏滞系数 $\eta_k = 3.2\times10^3\,\mathrm{GPa}\cdot\mathrm{d}$。根据反演得到的黏弹性参数，计算得到的拱冠梁坝顶径向相对时效位移（相对本时段初）的演变过程如图 10.5.7 所示，与混合模型分离出来的时效分量基本相同，表明可以使用单 Kelvin 体描述坝体混凝土的黏弹性变形，且反演的流变参数能反映实际情况。

2. 某混凝土重力坝坝基变形时变效应

某碾压混凝土重力坝，最大坝高 160 m，坝顶高程 1 424 m。坝基主要为致密玄武岩、玄武岩夹火山角砂熔岩以及两凝灰岩夹层，岩体的变形模型在 8～25 GPa，从上到下，坝基岩体被两夹层分为 3 部分，分别记为坝基 1，2，3，有限元模型如图 10.5.8 所示。

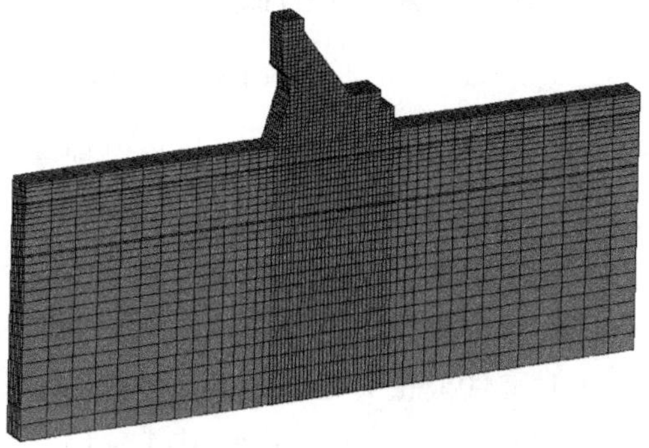

图 10.5.8　单坝段有限元模型

研究坝基变形固有时变效应时，各分区岩体和夹层的流变力学参数取其取值范围内的平均值。结合该坝施工和蓄水情况，大坝固有时效变形研究的初始时刻选为 2010 年 12 月 5 日首次由 1 370 m 水位开始蓄水时，有限元法模拟时，首先分级施加坝体自重和 1 370 m 水位对应的上游库水压力；在此基础上进行初始时刻之后的荷载步分析，计算时间间隔为 1 d，上游水压力与当日上游实测水位对应，下游水位基本保持不变，为 1 296 m。黏弹塑性有限元计算变形量中扣除弹性变形后，所得变形量即为时效变形计算值。

由坝基岩体蠕变和坝体混凝土徐变所产生的大坝顺河向时效位移如图 10.5.9 所示。2011 年 6 月 25 日所示蓄水初期坝体坝基顺河向时效位移较小，且坝顶部位表现为向上游的小幅度时效位移，其原因就在于此阶段上游库水位较低，坝体自重在此阶段产生向上游的时效变形，另外下游河床 30 m 的水深对此也有一定影响；2011 年 10 月 1 日蓄水至高水位

1 417 m 之后，坝体顺河向时效位移基本表现为向下游变形，高程越高，向下游时效位移相对较明显，且此阶段在稳定库水位作用下坝体坝基顺河向时效位移呈现为缓慢发展至最终收敛值的趋势。

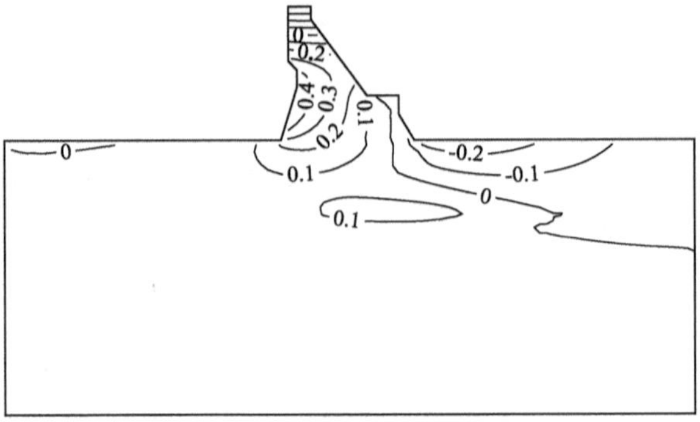

（a）保持1 397 m水位175 d后（2011年6月25日）

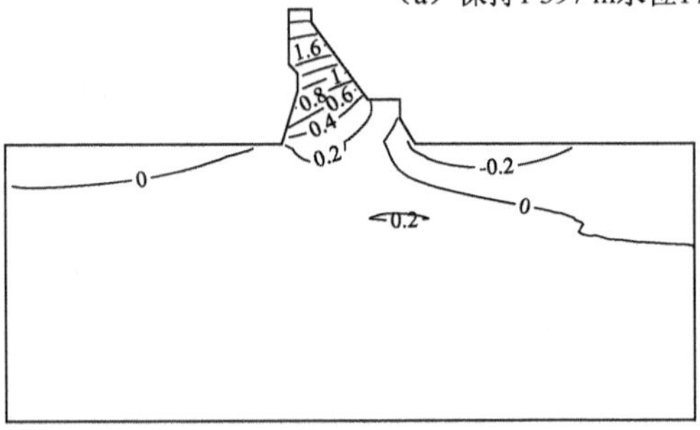

（b）首次蓄水至1 417 m水位(2011年10月1日)

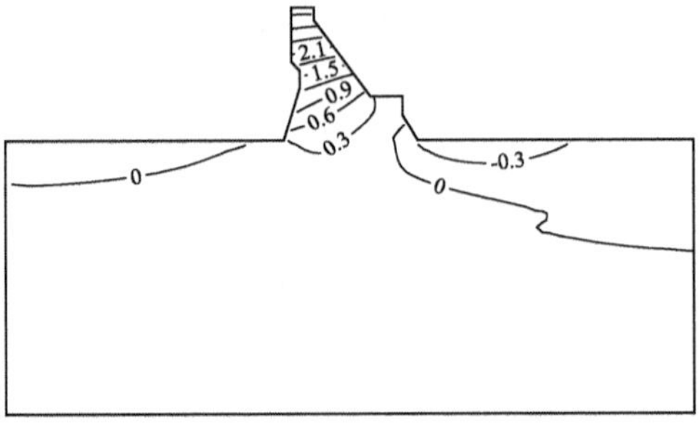

（c）保持1 417 m水位213 d后(2012年4月)

图 10.5.9　坝体坝基顺河向时效位移等势线(单位:mm)

反分析时，建立了该坝 8# 坝段坝基倒垂线测点的顺河向位移混合模型，其中下游水位较高，气温对坝基变形影响较小，故认为坝基变形中温度分量可忽略，仅水压分量和时效分量。该坝蓄水后尚未经历库水位下降过程，不存在黏弹性蠕变的恢复项，因此变形时效分量采用线性函数加对数函数的形式。根据坝基岩体的蠕变试验，待反演参数的取值范围为，岩体瞬时弹性模量 $E \in [8\ \text{GPa}, 25\ \text{GPa}]$，延迟弹性模量 $E_k \in [30\ \text{GPa}, 70\ \text{GPa}]$，开尔文体黏滞系数 $\eta_k \in [1\times10^3\ \text{GPa}\cdot\text{d}, 4\times10^3\ \text{GPa}\cdot\text{d}]$，黏塑性体黏滞系数 $\eta_s \in [5\times10^4\ \text{GPa}\cdot\text{d}, 5\times10^5\ \text{GPa}\cdot\text{d}]$；凝灰岩夹层：$E \in [2\ \text{GPa}, 4\ \text{GPa}]$，$E_k \in [3\ \text{GPa}, 7\ \text{GPa}]$，$\eta_k \in [2\times10^2\ \text{GPa}\cdot\text{d}, 8\times10^2\ \text{GPa}\cdot\text{d}]$，$\eta_s \in [1\times10^4\ \text{GPa}\cdot\text{d}, 5\times10^4\ \text{GPa}\cdot\text{d}]$。低应力水平下，坝基岩体和夹层均存在一定的可恢复蠕变，黏弹性蠕变阈值 YAI_{S1} 取为 0；岩体的黏塑性蠕变阈值 YAI_{S2} 按照单轴试验下的稳态蠕变应力阈值和瞬时强度的关系，取为 0.4，夹层取 $YAI_{S2}=0$。

以坝基实测位移分量值和计算分量值的时间序列总误差平方和最小为目标函数，分别利用水压分量和时效分量反演坝基的瞬时弹性模量和流变力学参数，反演结果如表 10.5.1 所示。根据反演得到的坝基变形参数，通过正分析，可得到该坝 8# 坝段倒垂线测点顺河向位移如图 10.5.10 所示，与实测值较接近，其中 2011 年 2 月至 4 月偏差较大的原因主要是监测误差所引起。蓄水至 1 417 m 之后库水位基本不变，建基面倒垂测点顺河向位移呈小幅度增大的趋势，需要关注其后期发展规律。

表 10.5.1　流变力学参数反演结果

区域	瞬时弹性模量（GPa）	延迟弹性模量（GPa）	Kelvin 体黏滞系数（10^3 GPa·d）	黏塑性体黏滞系数（10^5 GPa·d）
坝基 1	12.4	39.6	1.02	0.81
坝基 2	16.2	48.9	2.14	1.46
坝基 3	20.0	60.0	2.50	2.00
夹层	2.8	4.2	0.52	0.24

注：坝基 3 由于深度较深，已经超出倒垂线固定端的深度（建基面以下 78m），因此坝基 3 区域的岩体力学参数无法通过倒垂线进行反演，表中给出的参数为根据地质状况的估计值。

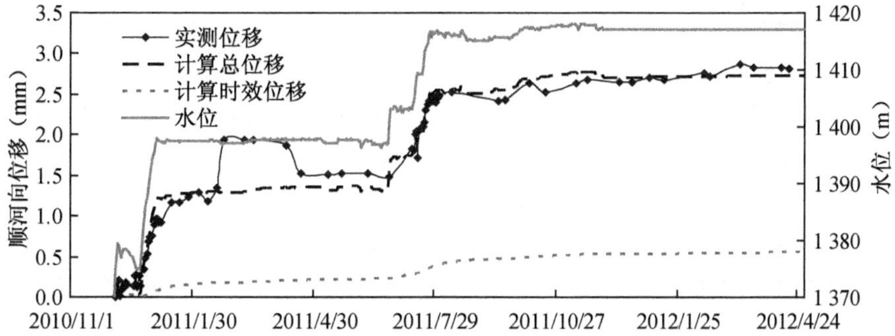

图 10.5.10　8# 坝段倒垂线测点顺河向位移实测值和计算值

二、渗透溶蚀对混凝土坝结构性能的影响分析

坝体混凝土的渗透溶蚀状况因坝而异，需要根据坝体渗透水流中的实际 Ca^{2+} 含量情况进行评估。由于缺乏渗透溶蚀资料，按文献[127]中所述混凝土坝（甲坝）的溶蚀程度进行参考。该坝 1993 年下闸蓄水，2003 年坝体渗透水中 Ca^{2+} 含量为 41 mg/L，坝前库水中 Ca^{2+} 含量为 11 mg/L，总渗漏量 119 837 m^3，由此估算 2003 年 Ca^{2+} 溶蚀量大约为 3 595 kg，溶蚀部位总混凝土方量为 6.48 万 m^3，其总的 Ca^{2+} 含量为：$6.48\times10^4\times54\times0.65\times0.714=1.62\times10^6$ kg，因此 2003 年 Ca^{2+} 溶蚀程度为 0.22%。该坝已运行 10 年，根据坝体混凝土溶蚀程度与溶蚀时间之间的平方根关系，可得该坝的溶蚀演化方程为：

$$X = 0.0136\sqrt{t} \tag{10.5.2}$$

式中：t 为服役龄期，以年为单位。

考虑到上述甲坝的渗透溶蚀程度极为严重，而前文拱坝浇筑质量较好，渗透溶蚀发展速度明显低于甲坝，将该拱坝的渗透溶蚀速率系数假定为甲坝的 1/5，即 $a = 2.72\times10^{-3}$。综上，将该拱坝坝体混凝土溶蚀引起的耐久性损伤假定为

$$d_c = 0.752a\sqrt{t} = 0.752\times2.72\times10^{-3}\sqrt{t} = 2.04\times10^{-3}\sqrt{t} \tag{10.5.3}$$

（1）坝体混凝土渗透溶蚀对大坝变形水压分量和力学损伤场的影响

为研究服役期坝体混凝土渗透溶蚀对坝体结构性态的影响，采用考虑环境损伤的混凝土塑性损伤本构模型，研究渗透溶蚀对大坝变形水压分量和力学损伤场的影响。按最不利工况进行考虑，将坝体混凝土的渗透溶蚀区取为正常蓄水位以下的整个坝体，溶蚀 10 年，50 年和 100 年情况下，溶蚀损伤度分别为 0.65%，1.44%和 2.04%。

表 10.5.1　不同服役龄期下坝体典型部位径向位移水压分量值(单位:mm)

服役时间	拱冠梁剖面不同高程位置点						坝顶拱圈位置点		
	坝顶	1 200 m	1 150 m	1 100 m	1 050 m	1 000 m	左 1/4 拱	跨中	右 1/4 拱
正常	174.29	160.78	141.04	115.29	83.93	47.98	85.20	174.29	99.17
溶蚀 10 年	175.19	161.60	141.73	115.84	84.29	48.14	85.56	175.19	99.59
溶蚀 50 年	176.30	162.60	142.59	116.51	84.74	48.34	86.00	176.30	100.10
溶蚀 100 年	177.15	163.38	143.26	117.02	85.08	48.50	86.34	177.15	100.50

考虑坝体混凝土渗透溶蚀时，正常蓄水位工况下大坝典型部位径向位移水压分量值见表 10.5.1，拱冠梁挠曲线和坝顶拱轴线如图 10.5.11 所示。相对正常情况，溶蚀 10 年，50 年和 100 年时，正常蓄水位工况下该拱坝拱冠梁坝顶的径向位移水压分量分别增大 0.9 mm，2.01 mm 和 2.86 mm；相同水压荷载下，拱冠梁挠曲线和坝顶拱轴线的形态变化相对较明显，特别是受坝基和岸坡约束作用较小的坝体中间顶部。因此，坝体混凝土渗透溶蚀对该拱坝结构变形性态的时变效应有一定影响，其原因主要在于坝体混凝土渗透溶蚀的范围较广。

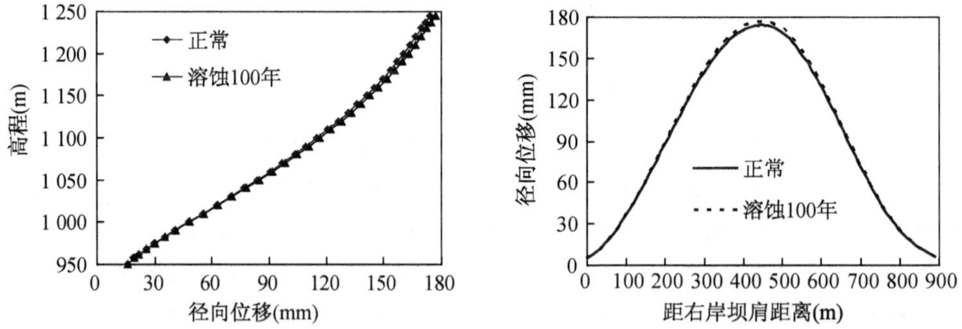

(a) 拱冠梁挠曲线　　(b) 坝顶拱轴线

图 10.5.11　考虑坝体混凝土渗透溶蚀时不同服役年龄下坝体变形水压分量

该拱坝在自重＋正常蓄水位＋设计温升荷载工况下的力学损伤场如图 10.5.12 所示。由于坝体混凝土渗透溶蚀属于内因驱动型老化，作用于整个坝体，使大坝的整体结构性能发生衰退，因此相比冻融循环等发生在坝体表层的外因驱动型老化，渗透溶蚀对混凝土坝结构变形性态的影响较为明显。首先是整体刚度降低，造成大坝弹性可恢复变形加大；其次是强度降低，在相同荷载工况下，坝踵和坝趾的损伤区有略微增大的趋势，进而造成坝体不可恢复变形在一定程度上加大。

(2) 坝体混凝土渗透溶蚀对大坝时效变形的影响

为研究坝体混凝土遭受渗透溶蚀之后，材料流变力学性能演变所造成的大坝时效变形

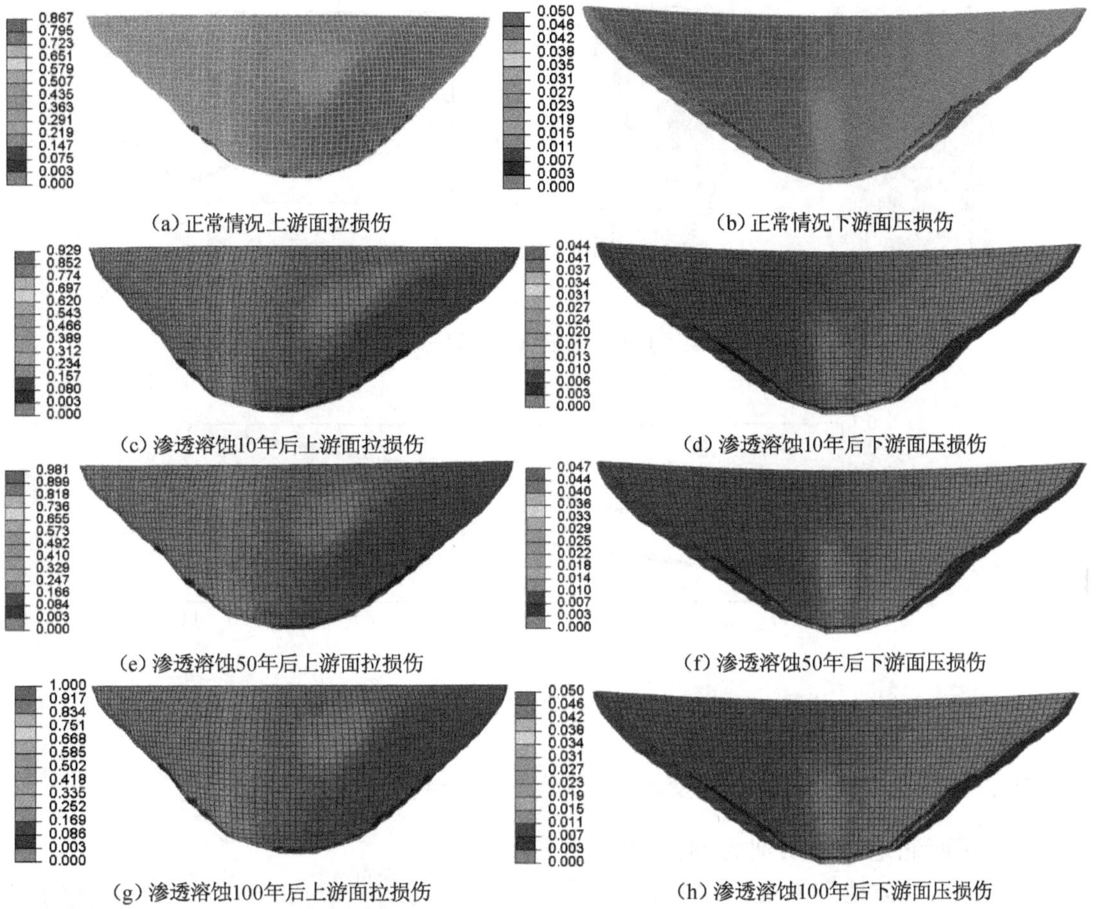

(a) 正常情况上游面拉损伤　(b) 正常情况下游面压损伤

(c) 渗透溶蚀10年后上游面拉损伤　(d) 渗透溶蚀10年后下游面压损伤

(e) 渗透溶蚀50年后上游面拉损伤　(f) 渗透溶蚀50年后下游面压损伤

(g) 渗透溶蚀100年后上游面拉损伤　(h) 渗透溶蚀100年后下游面压损伤

图 10.5.12　考虑坝体混凝土渗透溶蚀时不同服役龄期下坝体力学损伤场

的发展，采用考虑环境损伤的混凝土坝流变本构模型，以该特高拱坝为例进行分析研究。由于黏弹塑性计算对时间增量步要求较严格，否则容易造成迭代计算不收敛，取计算时间间隔为 1d，考虑到该拱坝单元数目过多，计算量太大，故选取该拱坝 1 130 m 高程的拱圈进行简化分析，该高程拱圈沿坝高方向截取 10 m，并且不考虑拱梁分载作用，认为拱圈上游面水压荷载完全由该层拱圈承担，则假定上游库水位在 1 180 m 至 1 240 m 之间年周期性循环时，该拱圈上游面的水压荷载变化范围为 0. 5～1. 1 MPa，拱圈有限元模型及上游水压荷载如图 10. 5. 13 所示。

计算结果表明，不考虑溶蚀损伤时，拱圈时效位移发展至黏弹性变形最终收敛值之后保持不变；考虑坝体混凝土渗透溶蚀后，100 年服役过程中，该拱圈中部径向时效位移年极值相对不考虑溶蚀损伤时的增加量变化过程如图 10. 5. 14 所示。与不考虑溶蚀损伤情况下的固有时效变形相比，渗透溶蚀引起坝体混凝土黏弹性流变力学性能演变之后，拱圈时效变形年极值呈逐年增大的趋势，100 年后拱圈中部径向时效位移的年极大值和极小值分别增大 0. 65 mm 和 0. 34 mm；年极大值的变化量大于年极小值的变化量，表明年极大值和年极小值之间的可恢复时效位移呈逐年增大的趋势。

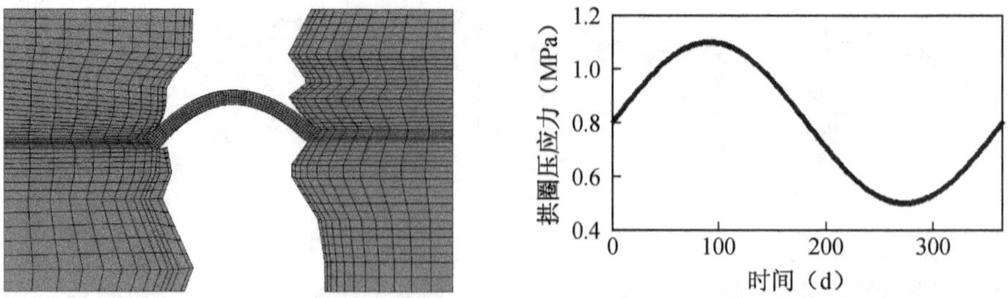

（a）拱圈有限元模型　　（b）拱圈上游面年周期荷载年内分布规律

图 10.5.13　某高拱坝 1 130 m 高程拱圈有限元模型及上游面水压荷载

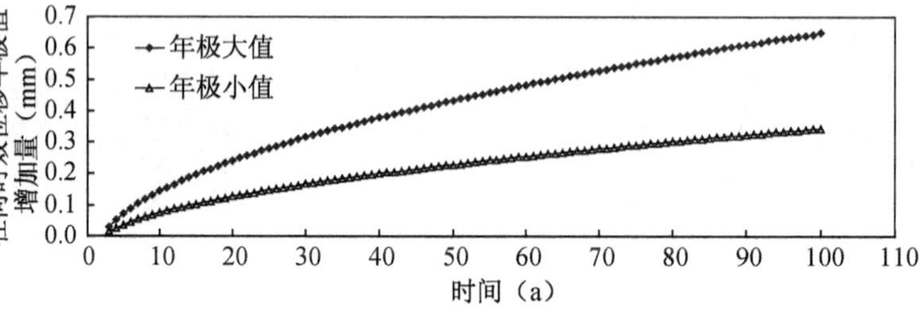

图 10.5.14　拱圈中部径向时效位移年极值增加量过程线(相对不考虑溶蚀损伤)

三、冻融循环对混凝土坝变形性态的影响分析

以我国西北地区某拱坝为例，研究冻融循环作用对我国北方地区混凝土坝变形时变效应的影响。该坝最大坝高 155 m，为混凝土双曲拱坝，上游库水位长期保持在 2 180 m 左右（坝顶高程 2 185 m），有限元模型如图 10.5.15 所示。由于缺乏坝址冻融调查资料，参照已有统计结果，将其年平均冻融循环次数取为 118 次，室内冻融循环一次相当于坝址现场条件下冻融循环 12 次，并将系数 a 取为 2.92×10^{-4}，因此按照式(10.2.21)，可得大坝服役 10 年，50 年和 100 年情况下，坝体表层混凝土冻融损伤度分别为 2.87%，14.36%和 28.71%。冻融区域为坝体下游面、坝顶以及上游面水位变动区以上坝体混凝土，参照我国北方地区混凝土坝冻胀破坏调查情况，冻融深度拟定为 2 m。

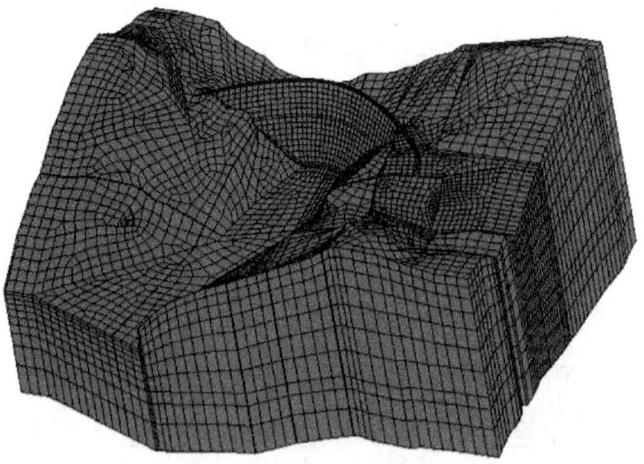

图 10.5.15　拱坝有限元模型

考虑坝体混凝土冻融损伤时，不同服役年龄下坝体变形水压分量如图 10.5.16 所示，遭遇 50 年和 100 年的冻融循环后，拱冠梁坝顶的径向位移水压分量分别增大 0.36 mm 和 0.95 mm；由于坝体中上部厚度较薄且拱圈跨度大，坝体下游面各处冻融深度假定一致的情况下，坝体中上部的变形受冻融影响相对较明显，反映到空间变形场上，则表现为坝体各部

位变形弹性分量之间的关联性将发生改变，因此可以在弹性变形范畴内，通过多测点之间变形关联性的改变来识别混凝土坝结构性能的变化。

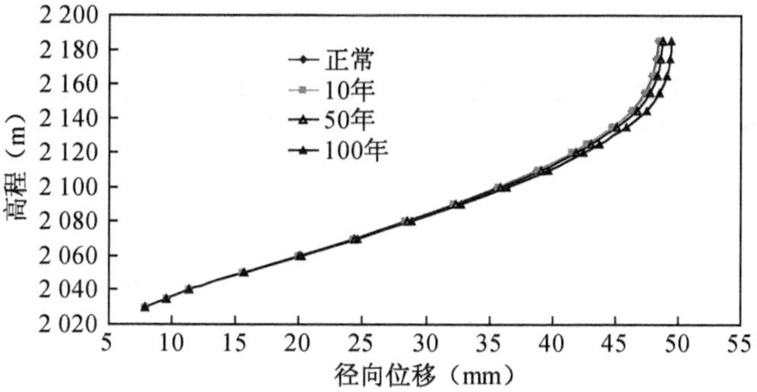

（a）拱冠梁挠曲线

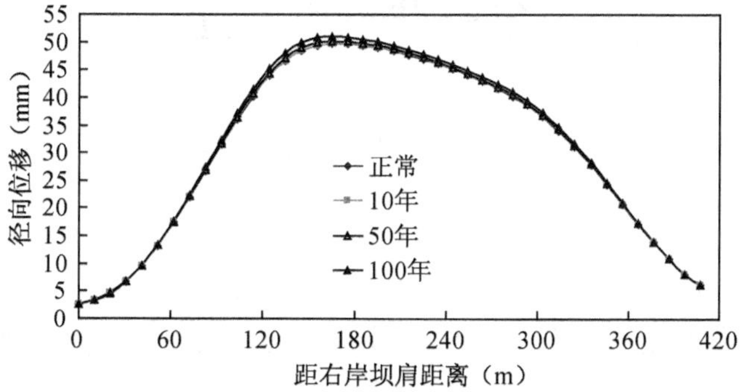

（b）坝顶拱轴线

图 10.5.16 考虑坝体混凝土冻融损伤时不同服役龄期下坝体变形水压分量

上述研究表明，混凝土坝服役期材料性能的劣化将导致在相同荷载工况下，混凝土坝可恢复变形和不可恢复变形均加大；从变形水压分量可以看出，冻融循环等外因驱动型老化对混凝土坝变形时变效应的影响较小，而渗透溶蚀作用尽管其发展过程较缓慢，但对混凝土坝变形时变效应的影响较为明显。

第十一章 /
水工混凝土性能劣化修复材料的力学行为

第一节 概 述

水工混凝土结构耐久性是指水工建筑物在实际服役环境中抵抗复杂因素协同作用的同时，能够保持安全运行而不需要大修的使用年限。国外有报道[128]指出，水利工程中，大型混凝土建筑物的安全运行年限应该在100年左右，中小型水工混凝土建筑物则应满足安全运行50年的要求。然而，由于服役环境、设计施工和混凝土材料自身限制等原因，水工建筑物的实际运行年限往往达不到设计标准，不少建筑物在使用20～30年间就会出现不同程度的病害[129-131]。

混凝土具有明显的脆性特征，其拉压比一般为1/14～1/10，极限拉应变仅为0.01%～0.015%[132]，在承受拉应力的混凝土构件中必须设置钢筋。钢筋混凝土构件在一定程度上可以满足结构承载拉应力的需求，但其一旦开裂后，裂缝宽度并不能得到有效控制，当受拉钢筋的应力达到250 MPa时，构件上的裂缝宽度就已发展至0.2～0.3 mm[133]。裂缝的出现同时会加速渗透和侵蚀破坏的进程，继而威胁水工混凝土建筑物的耐久性。据统计，美国、日本、澳大利亚等国家均面临着混凝土建筑物耐久性不足的问题。美国土木工程师协会(ASCE)在2013年对美国基础设施的评估中指出，美国84 000座大坝的平均寿命为52年，有14 000座大坝处于高危状态，而修复这些大坝至少需要投入210亿美元[134]。同样，据不完全统计，我国3 100多座大中型水库大坝中约有20%的大坝都存在着不同程度的病险问题[135-136]，如古田溪二级水电站在经历了30多年的运行后就出现了混凝土老化、帷幕失效等严重缺陷，加固改造投资高达2 500万元[137-138]。

混凝土坝建成服役后，在外界环境、荷载等因素作用下，会发生各种物理和化学性侵蚀，导致服役性能随着时间的增加而逐渐降低，即存在老化现象，其演化过程和影响因素可近似用图11.1.1表示。

若混凝土坝施工质量良好，其服役性能在外界环境等作用下会正常退化，如图11.1.1曲线Ⅰ所示；相反，如果施工质量低劣，会给混凝土坝造成质量隐患，其服役性能随时间会非正常地急剧下降，大大缩短了服役年限或过早地需要大修加固处理，如图11.1.1曲线Ⅱ所示。混凝土坝服役性能在服役期中一般都是由好到坏缓慢发展的，通过混凝土坝的检测评估，进而对隐患病害进行维修或加固，是可以满足混凝土坝长效健康服役要求的。因此，服

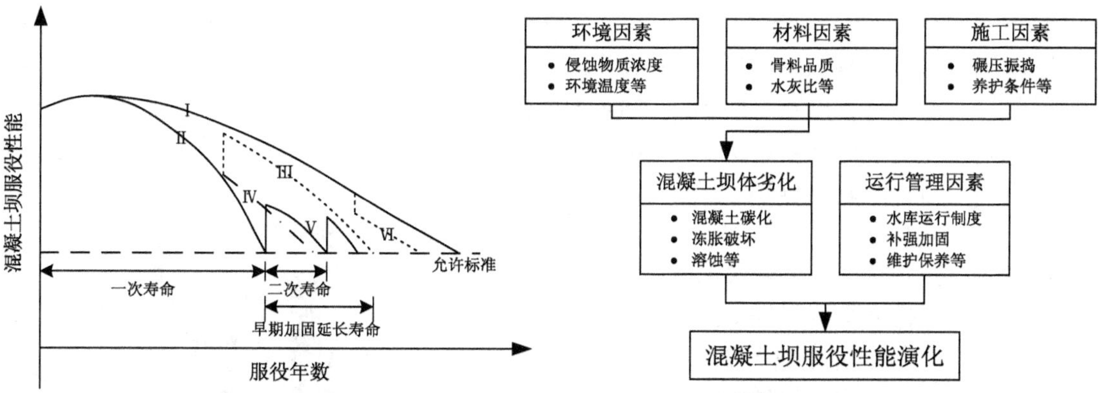

(a)服役性能演化过程　　(b) 服役性能演化影响因素

图 11.1.1　混凝土坝服役性能演化及其影响因素

役期间的运行管理对保障混凝土坝服役性能至关重要，健全的运行管理制度，可以根据影响大坝安全的不利因素，采取相应措施保证大坝健康服役。例如，及时针对工程缺陷进行补强加固，可以提升混凝土坝的服役性能，如图 11.1.1 中曲线Ⅲ所示，或者及时针对退化现象进行维护，可以延缓其退化速度，从而延长大坝的服役寿命，如图 11.1.1 曲线Ⅳ所示；相反，如果不重视大坝的运行管理，当混凝土坝服役性能接近使用极限状态时才进行维修加固，不仅加固的难度加大，而且加固效果不如早期加固的好，有时即使经过多次加固，仍需要降低标准运行，如图 11.1.1 曲线Ⅴ所示；另外，遇到极端运行工况时，不良的运行管理，会导致混凝土坝出现不可恢复的破坏，如引起贯穿性裂缝、防渗帷幕失效等，造成大坝服役性能急速降低，如图 11.1.1 曲线Ⅵ所示。

水工混凝土结构耐久性不足不仅直接影响工程预期效益的发挥，而且和人民群众的生命财产安全息息相关。水工混凝土建筑物服役环境复杂，影响其耐久性的因素和破坏机理众多，其中裂缝被认为是水工混凝土结构耐久性所面临的最严重威胁之一。混凝土本身是脆性材料，温度荷载、干缩湿胀、化学侵蚀以及各种静、动力外部荷载等都可能引起结构的开裂，故混凝土建筑物出现裂缝的现象十分普遍。此外，作为渗漏以及侵蚀性离子的通道，裂缝会加速破坏作用，危及整个建筑物的安全。因此，随着水工混凝土建筑物服役时间的增长，材料和结构性能会逐步老化，同时损伤病变会不断加剧，合理选择补强加固材料对保持工程的服役性能、延长工程的服役时间具有极其重要的作用。

第二节　高延性水泥基复合材料的基本力学特性

在可持续发展原则的指导下，水泥基材料的发展方向必然是高性能化、高耐久性化。提高混凝土材料和结构耐久性的关键是改善材料的脆性，提高其韧性及其他性能，而复合化正是实现这一目标的主要途径。鉴于具有微裂缝和自愈合特性的高延性水泥基复合材料(Engineered Cementitious Composites，ECC)独特的应变-硬化性能和超强的韧性显著改变了传统水泥基材料的脆性特征，克服了材料脆性导致的诸多缺陷，而且极佳的裂缝控制性能亦非常有利于病险大坝补强加固对裂缝和渗流控制的要求，在提高结构安全性、耐久性方面有着极为重要的意义。比如日本广岛的 Mitaka 水坝建成使用 60 多年后，坝体表面混凝土遭受严重破坏，出现大量的裂缝、剥落等，渗漏现象也相当严重。因此，该水坝在 2003 年经历了一次维修，约 600 m^2 的混凝土表面被喷上一层 20 mm 厚的 ECC 作为覆盖层。整个修复过程简单而高效，成功解决了坝体裂缝和渗漏等工程难题，并不影响水坝的正常使用，修复后的水坝使用情况良好。

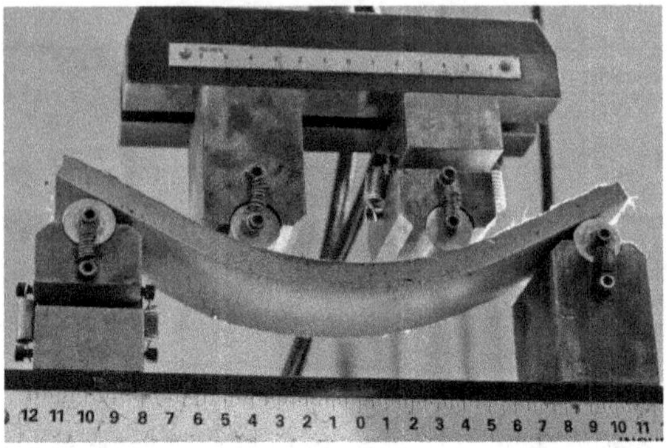
图 11.2.1　可弯曲的高延性水泥基复合材料 ECC

ECC 是美国密歇根大学 Victor Li 教授和麻省理工学院 Christopher Leung 教授以断裂力学和微观力学为基础，通过对纤维、基质以及纤维/基质界面进行系统设计而得到的一种新型高性能纤维增强水泥基复合材料[139-143]。与普通混凝土呈现脆性特征不同，ECC 具有超高延性，是一种可以弯曲的水泥基材料（图 11.2.1）。

在纤维体积掺量仅为 2%的情况下，在单轴拉伸作用下，ECC 会表现出类似于钢筋的假应变硬化特性，其极限拉伸应变可以达到 3%～5%[144-145]。和传统水泥基材料在承受拉伸荷载时只出现单一裂纹的宏观开裂破坏模式不同，ECC 在第一条微裂缝出现并发展至一定程度，最大裂缝不超过 100 μm 时，新的微小裂缝又会重新生成，如此重复多次，直至其中的某条微裂缝发生局部化扩展，试件最终破坏。此外，与传统混凝土荷载达到极限承载力时突然降低不同，ECC 受力开裂后表现出明显的应变硬化特征，同时在试件受拉区会出现大量细密微裂缝，裂缝宽度通常为 40～60 μm[146]。当应变小于 1%时，ECC 裂缝宽度更小。良好的裂缝宽度控制能力不仅有助于提升材料的抗渗性以及抗侵蚀能力，而且为裂缝的自愈合行为提供了保障。此外，值得强调的是，微缝开裂是 ECC 的自身属性，与是否配筋以及配筋率的多少关系不明显。因此，承载状态下，ECC 具有明显的微缝开裂以及应变硬化（多缝开裂）特征，使得其和传统水泥基材料相比，各项性能都得到了有效改善。

除以上特征外，ECC 的微裂缝还具有良好的自愈合能力[147-148]。裂缝自愈合是指材料本身自我修复、裂缝愈合的能力，是一个复杂的物理化学过程。1836 年，法国科学家首次发现了混凝土自愈合行为，并认为裂缝的自愈合主要是由于水泥水化产物中的 $Ca(OH)_2$ 暴露在空气中转化为 $CaCO_3$ 而导致的[149]。随后，多位研究人员通过开展水渗透试验证实了混凝土自愈合现象的存在，并提出裂缝自愈合程度和裂缝宽度之间有密切关系，即细小的裂缝可以在更短的时间内愈合地更加彻底。也正是由于此，尽管普通混凝土具备自愈合能力，但由于其开裂后裂缝宽度较大，自愈合效果往往不甚理想。即使在一些情况下，混凝土裂缝能够闭合，也不能带来材料力学性能的改善。但是，ECC 凭借着较小的裂缝宽度以及内部纤维的作用，微裂缝的自愈合效果大大提升。

众多科研工作者根据试验研究提出了以下几个因素是裂缝自愈合的主要原因：基质中未水化水泥的持续水化；混凝土体积膨胀；水化产物与周围的空气或水中的 CO_2 反应生成 $CaCO_3$ 晶体；水中的杂质导致裂缝闭合；裂缝两侧松动的混凝土颗粒剥落导致裂缝闭合。尽管物理、力学和热学过程都会影响混凝土的自愈合，但 $CaCO_3$ 晶体在裂缝中的化学结晶沉淀被认为是裂缝自愈合的最主要原因。该过程的反应机理[150]如图 11.2.2 所示，水泥的水化产物溶解在水中，游离的 Ca^{2+} 与溶解的 CO_2 反应并生成 $CaCO_3$ 晶体从而导致裂缝的闭合。

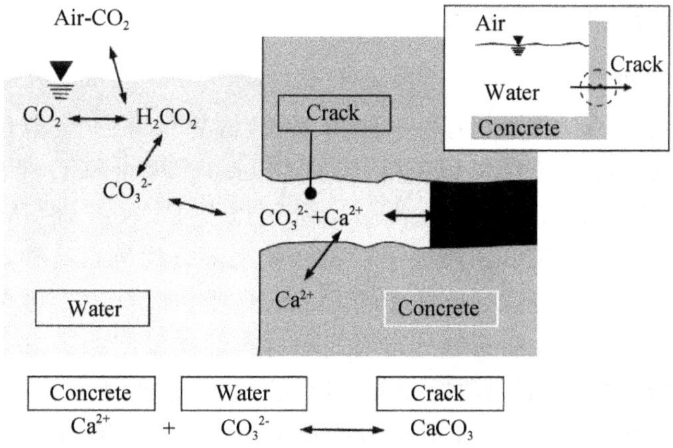

图 11.2.2　自愈合体系介质、界面及反应机理

该过程可用以下化学反应进行描述：

$$
\begin{cases}
H_2O + CO_2 \longleftrightarrow H_2CO_3 \longleftrightarrow H^+ + HCO_3^- \longleftrightarrow 2H^+ + CO_3^{2-} \\
Ca(OH)_2 \longleftrightarrow Ca^{+2} + 2OH^- \\
Ca^{2+} + CO_3^{2-} \longleftrightarrow CaCO_3(pH_{water} > 8) \\
Ca^{2+} + HCO_3^- \longleftrightarrow CaCO_3 + H^+(7.5 < pH_{water} < 8)
\end{cases}
\tag{11.2.1}
$$

大量试验结果表明，ECC 微裂缝自愈合不仅可以显著降低材料的渗透系数[151]，而且其动态模量、刚度、单轴拉伸能力等都可以得到有效恢复[152-155]，这对于提高水工混凝土建筑物耐久性和延长工程服役年限至关重要。因此，作为一种具有超高韧性的新型水泥基复合材料，ECC 在水工混凝土建筑物补强加固等领域具有广阔的应用前景。

目前，ECC 微裂缝自愈合行为研究是国内外土木水利行业最为关注的热点问题，相关研究主要集中在两方面：一方面是 ECC 微裂缝自愈合对材料抗渗性能的提升，另一方面是不同环境下 ECC 微裂缝的自愈合行为及其对材料力学性能的影响。考虑到有关该材料在不同应变水平下的微裂缝特性以及水作用下微裂缝自愈合行为的量化研究还不够深入，而且作为影响水工混凝土建筑物耐久性的主要侵蚀性作用之一，硫酸盐-氯盐共同作用下的 ECC 微裂缝及其自愈合行为的研究还鲜有报道，进一步开展不同环境下 ECC 微裂缝及其自愈合行为的研究不仅具有重要的学术价值，而且对于该材料在水工混凝土建筑物补强加固上的推广应用也十分重要。

第三节　持荷状态下 ECC 微裂缝分布特征及其影响分析

为解决试验卸荷时 ECC 材料及微裂缝出现回缩的问题，研制了位移控制持荷装置，通过单轴拉伸试验获取不同应变水平下的 ECC 微裂缝分布。同时，考虑到微裂缝分布形式对材料透水性能具有重要影响，分别进行 ECC 持荷状态下宏观复合材料和单裂缝试件透水试验，研究微裂缝分布特征和材料透水性能之间的关系。

一、持荷状态下 ECC 开裂试验

1. 原材料和配合比

试验共采用两种 ECC 拌合物：第一种为 ECC 材料体系中经典的配合比（记为 N-ECC），第二种为掺加有粒状橡胶的 ECC（记为 CR-ECC）。两种 ECC 拌合物都包含有水泥、细石英砂、F 类粉煤灰、水、ADVA-190 高效减水剂以及 PVA 纤维（Poly-vinyl-alcohol 纤维）。除上述组分之外，CR-ECC 还添加了粒状橡胶来部分代替石英砂，橡胶粉的加入能够改善纤维/基质界面性能，使得添加有橡胶的 CR-ECC 受拉时会出现更多的裂缝，并伴随有更窄的裂缝宽度。考虑到试件的裂缝分布形式和材料性能紧密相关，选择具有两种不同微裂缝分布的 ECC 拌合物研究不同微裂缝分布形式对材料透水性能的影响。两种材料的配合比见表 11.3.1，与普通混凝土明显不同的是 ECC 拌合物中不存在粗骨料。

表 11.3.1　N-ECC 和 CR-ECC 试验配合比（kg/m^3）

材料名称	水泥	砂	粉煤灰	粒状橡胶	水	减水剂	纤维[1]
N-ECC	393	457	865	—	311	5	26
CR-ECC	393	343	865	53	311	5	26

注：1. PVA 纤维体积掺量为 2%。

（1）水泥

试验采用 ASTM 标准 Ⅰ 型波特兰水泥（对应于国标 42.5R 硅酸盐水泥），其化学组成见表 11.3.2。

表 11.3.2　水泥熟料化学组成

矿物名称	SiO_2	Al_2O_3	Fe_2O_3	CaO	MgO	SO_3
含量（%）	19.6	4.8	2.9	63.5	2.1	2.7

（2）石英砂

基于 ECC 微观设计理论，其拌和物一般采用粒径比较细的石英砂。采用的 F75 石英砂来自美国 Silica 公司，具体粒径分布如图 11.3.1 所示。

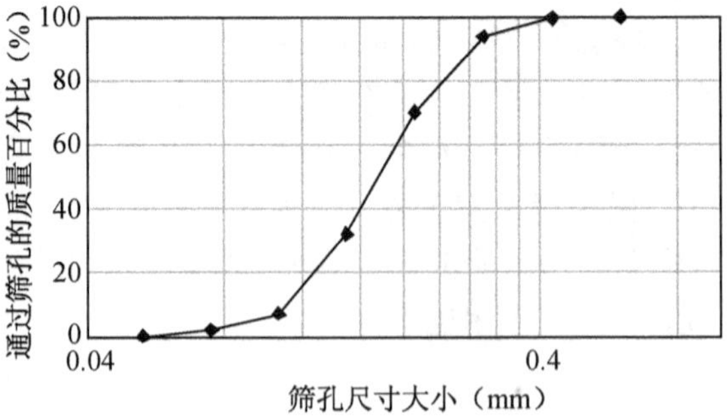

图 11.3.1　石英砂的粒径分布

（3）粉煤灰

作为火电厂发电过程中煤燃烧所产生的一种副产品，粉煤灰通常被认为是一种工业废料。在世界范围内，每年大概会有 6 亿吨粉煤灰产生，而其中有 80% 的粉煤灰会以垃圾填埋的方式进行处理，造成了土地资源的极大浪费。在 ECC 拌和物中，粉煤灰的掺量占到了胶凝材料的 55%～80%，粉煤灰的添加不仅显著提高了 ECC 的环境友好性，而且对

ECC 的宏观力学性能具有重要影响，主要表现为：控制基质的断裂韧性以及纤维/基质的界面性能，从而影响 ECC 延性；有效改善浆体的工作性能，降低水胶比，提高了浆体的密实度；自身具有火山灰效应，能够提高 ECC 的后期强度。试验采用的粉煤灰来自美国 DTE Monroe 电厂，具体化学成分如表 11.3.3 所示。

表 11.3.3　粉煤灰化学组成

矿物名称	SiO_2	Al_2O_3	Fe_2O_3	CaO	MgO	SO_3	Na_2O	K_2O
含量(%)	42.20	22.51	9.20	15.66	3.2	1.85	0.98	1.53

(4) 橡胶粉

添加的橡胶粉由废旧橡胶轮胎研磨而成，粒径为 80 目，其粒径分布如图 11.3.2 所示。

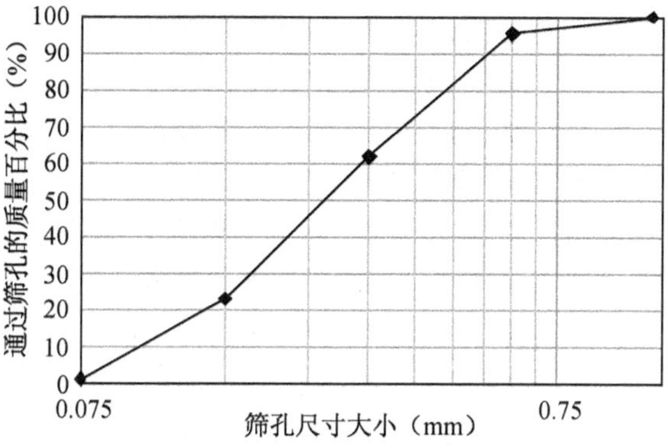

图 11.3.2　橡胶粉粒径分布

(5) 聚乙烯醇(PVA)纤维

试验所用 PVA 纤维采用日本可乐丽公司生产的 K-Ⅱ纤维，该纤维的主要特点是高强度高模量，具有亲水性，在水泥碱性环境下耐久性较好。由于纤维具有亲水性，其与水泥基质之间的黏结强度往往较大，在 ECC 受拉过程中，纤维更易拔断而非拔出。为了保证 ECC 试件在单轴拉伸过程中能够出现明显的应变硬化以及多缝开裂特性，对 PVA 纤维表面进行涂油处理以改善纤维/基质界面性能，该纤维的物理性能参数见表 11.3.4 所示。

表 11.3.4　PVA 纤维特性

长度(mm)	直径(μm)	伸长率(%)	比重(kg/m^3)	弹性模量(GPa)	抗拉强度(MPa)
12	39	6	1 300	42.8	1 600

2. 试件制备

N-ECC 和 CR-ECC 的制备均采用典型的 ECC 配制流程：首先将水泥、石英砂以及粉煤灰(对于 CR-ECC 还包括粒状橡胶)倒入 Hobart 搅拌机中拌和均匀；随后，加入水和高效减水剂，并调节搅拌机至快速搅拌状态，搅拌 2～3 min，使浆体具有良好的黏聚性和流动性；保持搅拌机处于快速搅拌状态，缓慢加入 PVA 纤维，待纤维全部加入后，继续快速搅拌 5 min，以保证其分散均匀，不出现结团现象。

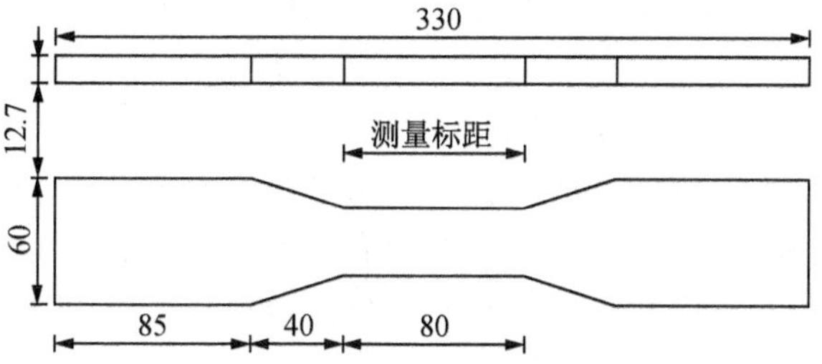

图 11.3.3　试件尺寸(单位：mm)

ECC 拌合物配制完成后，将新鲜的浆体倒入模具中，具体的试件尺寸见图 11.3.3。试验时，试件可以悬挂在拉伸装置上，从而有效避免了传统薄板试件在拉伸过程中靠近液压夹头位置易出现应力集中的问题，保证了裂缝能够全部出现在受拉测量区。在试件装填过程中，将模具放在振捣台上加以适当振捣，并用抹刀将其表面抹平，随后用塑料薄膜覆盖带模试件，并放置在温度(23±3)℃、相对湿度(20±5)%的条件下养护24 h直至脱模，脱模后将所有试件置入水中养护 28 d。

3. 试验方法

(1) ECC 单轴拉伸试验

ECC 单轴拉伸试验在 Instron 公司生产的电子万能材料力学试验机上进行。拉伸过程加载由位移控制，加载速率控制在 0.5 mm/min，两个外接线性位移传感器(LVDT)分别固定于试件两侧以记录加载位移，取两者平均值作为轴线处拉伸位移，测量标距为 80 mm，采用荷载传感器记录试验过程中的荷载。

(2) ECC 预裂试验

在单轴拉伸试验对 ECC 试件进行预裂时，为了客观表征 ECC 微裂缝分布和应变之间的关系，应确保试件的拉伸应变在达到设计值后可以维持在该应变水平。根据两种材料不同的极限拉伸应变能力，将 N-ECC 试件预拉至应变 0%，0.5%，1.0%，1.5%，1.8%和 2.0%，而 CR-ECC 试件则被预拉至应变 0%，0.5%，1.0%，2.0%和 2.5%。每种拌合物在每个应变水平下均准备 3 个平行试件。

为了保证 ECC 试件在停止加载后不会由于卸荷而造成裂缝分布形式的改变，研制了位移控制持荷装置。该装置主要由两个楔形夹头和螺钉组成(图 11.3.4)，其中两个楔形夹头除了螺纹孔之外，其余部分均相同。由图 11.3.4 可以看出，左边楔形装置的螺纹孔为直径稍大于螺钉直径的光滑孔，试验时螺钉可以在纵向方向自由移动；与此相反，右边楔形夹头为螺纹孔，螺钉被固定在右端始终保持不动。此外，楔形夹头每侧都设计有两个螺母用于固定螺钉。

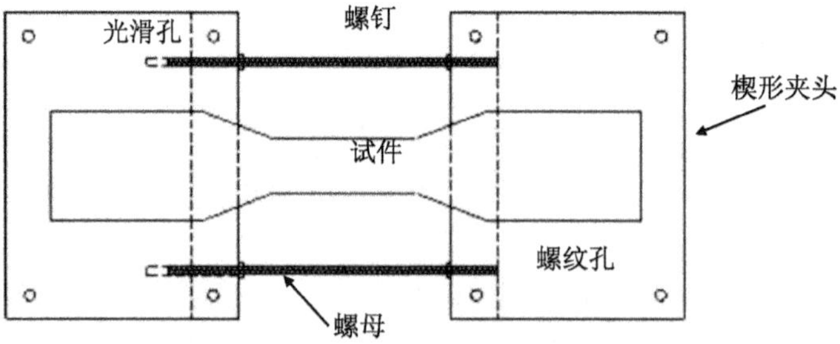

图 11.3.4 位移控制持荷装置

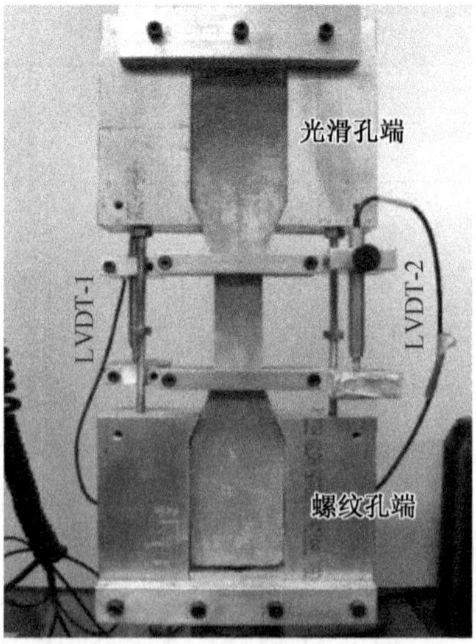

图 11.3.5 单轴拉伸试验装置

试验时，首先将光滑孔端楔形夹头和电子万能材料力学试验机顶部十字头相连；螺纹端则固定在机器底部，在试验过程中保持不动，试验装置如图 11.3.5 所示。

在单轴拉伸试验时，为了更充分地发挥材料的应变能力，应确保连接端至少有一端为固定端。试验在连接时下端为固定端，上端为自由端。ECC 单轴拉伸过程加载由位移控制，加载速率控制在 0.5 mm/min，两个外接线性位移传感器(LVDT)分别固定于试件两侧以记录加载位移，试验过程和常规单轴拉伸测试程序相同。当试件的应变水平达到设计值时，立即向上拧紧靠近顶部楔形夹头的两个螺母并停止加载，拧紧的螺母能够保证预裂后的试件处在设计的应变水平而不卸荷。随后，将试件和持荷装置一同取下，观察试件的裂缝分布（裂缝宽度和裂缝条数）。通过上述加载过程，ECC 试件被预裂并保持在指定的应变水平，有效解决了裂缝卸荷后回缩的问题，从而得到不同应变水平下微裂缝分布与应变之间的关系。

(3) 持荷状态下 ECC 透水试验

为了得到不同 ECC 微裂缝分布形式对材料透水性的影响，从宏观和中观尺度出发，分别开展 ECC 持荷状态下宏观复合材料和单裂缝试件透水试验。试验采用低水压渗透法，并由达西定律计算 ECC 透水系数的变化。达西定律又被称为线性渗流定律，其仅在液体为层流状态时才适用，Picandet 等[156]指出当裂缝宽度介于 50～250 μm，水压小于 0.1 MPa 时可确保水流处于层流状态。因此，目前国内外大多学者仍然采用达西定律对带裂缝水泥基材料（普通混凝土以及高延性水泥基复合材料）的透水性进行研究。透水试验装置如图 11.3.6 所示。

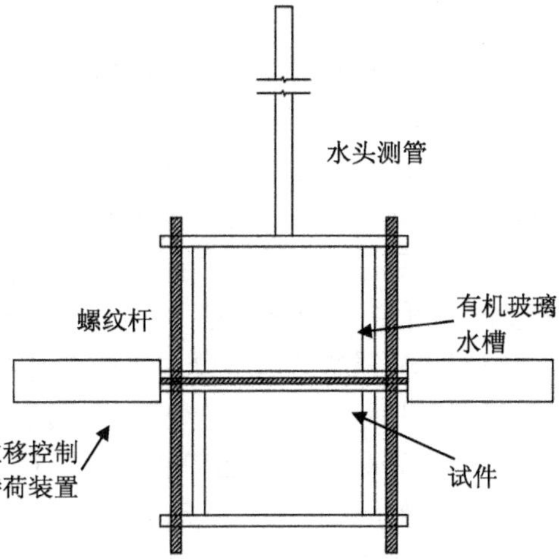

图 11.3.6 透水试验装置示意图

试验时，首先将试件和持荷装置共同平行放置。为了保证透水试验只在渗透区（试件中部 30 mm×80 mm 的矩形区域）内部进行，试验开始前需在试件侧面以及渗透区外部均匀涂抹环氧树脂薄层以避免试验误差。待环氧树脂风干后，在试件上下两侧分别放置有机玻璃水槽，并开始进行透水试验，其中试件上侧水槽顶部安装有透明竖管，用于试验开始前向水槽内注水，并观测透水试验期间的水头下降。由于装置密封性对测定材料透水系数至关重要，对试件和水槽接触处均采用橡胶垫圈进行密封，并在水槽四周设置四个螺纹杆用以固定和夹紧试件。此外，试验装置的连接部位也全部采用橡皮泥密封处理，以确保没有水从四周渗出。

试验时，每组试件均施加相同高度的水压，记录初始水头高度，并观测时间 t 时竖管水头变化，进而计算材料透水系数。渗流量 Q 与水头差 h 和垂直于水流方向的截面积 A 成正比，而与渗流长度 L 成反比，即

$$\frac{\mathrm{d}Q}{\mathrm{d}t} = kA\,\frac{h}{L} \tag{11.3.1}$$

同时，时间 t 至 $t+\mathrm{d}t$ 时间内流经 ECC 试件的渗流量 $\mathrm{d}Q$ 为

$$\mathrm{d}Q = -a\mathrm{d}h \tag{11.3.2}$$

式中：a 为竖管的横截面面积（69.4 mm^2），负号表示渗流量 Q 随水头 h 的降低而增加。

对式（11.3.1）和式（11.3.2）左右两侧分别进行积分，则拉伸状态下 ECC 材料的透水系数为

$$k = \frac{a \cdot L}{A \cdot t_f}\ln\left(\frac{h_0}{h_f}\right) \tag{11.3.3}$$

式中：k 为透水系数(m/s)；L 为试件厚度(12.7 mm)；h_0 和 h_f 分别为初始和最终的水头高度(m)；A 为通过水流的截面面积(2 400 mm^2)；t_f 为试验持续时间(s)。参数 h_0,h_f 以及 t_f 均可根据透水试验观测得到。

这里，透水试验均在首次充满有机玻璃水槽 2 h 后开始观测竖管的水头下降。这是由于大量试验结果表明，ECC 在接触水之后，由于水泥持续水化等原因，微裂缝会逐渐被水化产物填满从而实现自愈合，自愈合现象的出现改变了裂缝宽度和透水系数之间的关系，使得 ECC 即使在开裂状态下依然能够保持较低的渗透水平。而 Lepech 以及 Ma 等[157,158]通过开展透水试验研究发现，ECC 微裂缝的自愈合在 24 h 内就会发生，且前期发生速度较快，而后趋于稳定。因此，为了得到更为准确的 ECC 微裂缝分布和拉伸应变之间的关系，透水试验应在 ECC 试件与水接触后尽快开展，以最大限度地减少裂缝自愈合的影响。但考虑到达西定律的适用范围，在应用式(11.3.3)时需保证渗透已经达到稳定状态。因此，试验所有的观测均从第一次填满水槽 2 h 后开始以获得有效数据，并尽量降低 ECC 自愈合的影响。

ECC 单裂缝透水试验主要用于进一步明晰裂缝宽度对材料透水性能的影响。试验时，首先对试件两侧进行切缝处理，如图 11.3.7 所示。试件凹口宽度为 0.5 mm，两侧深度为 5 mm。切缝处横截面面积的减小导致在拉伸状态下该处出现应力集中，同时切缝截面导致了纤维桥接应力的减小。因此，当试件受拉时，单裂缝首先在缺口断面处形成，从而有效抑制了 ECC 的多缝开裂行为。为了更好地控制裂缝宽度，将试件水平放置在上述位移持荷装置内，通过同时旋转装置光滑孔端左右两侧的螺母提供加载。试验过程中，应注意用显微镜随时观察裂缝宽度。基于单轴拉伸试验过程中所观察到的最大裂缝宽度，分别准备裂缝宽度(30～100)μm 的 N-ECC 单裂缝试件以及裂缝宽度(30～70)μm 的 CR-ECC 单裂缝试件。试验时，利用持荷装置所产生的单裂缝如图 11.3.7 所示。每组拌合物在每个裂缝宽度下均准备 3 个平行试件，单裂缝试件的透水系数取 3 个试件的平均值。

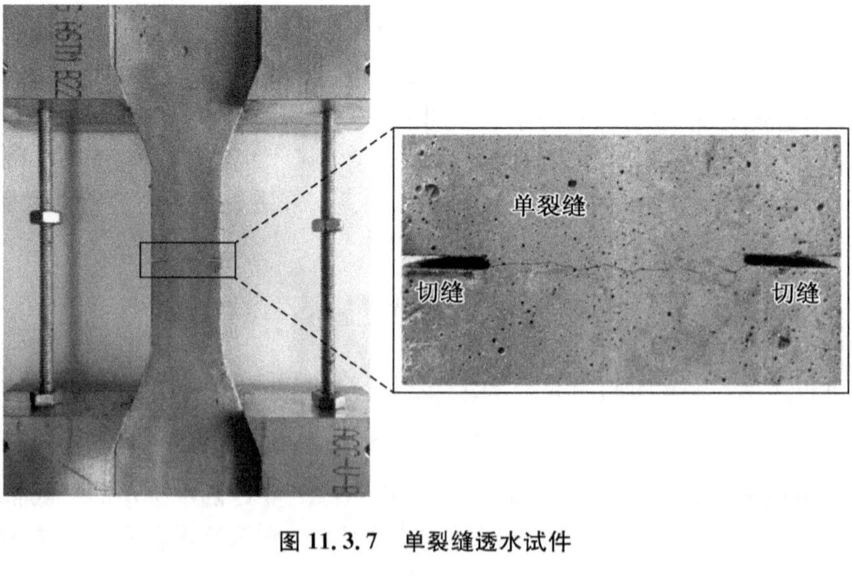

图 11.3.7　单裂缝透水试件

二、ECC微裂缝分布特征分析及表征模型

1. ECC拉伸特性

试验得到的龄期28 d时的N-ECC和CR-ECC拉伸应力-应变曲线如图11.3.8所示，可以看出，两组材料在出现裂缝后，均没有表现出普通混凝土的脆性或者类似普通纤维增强复合材料的应变软化行为。相反地，当试件开裂后，ECC所能承受的荷载依然随着应变的增加而缓慢上升，表现出一定的应变硬化特性，该过程还伴随有多条细密微裂缝的产生。

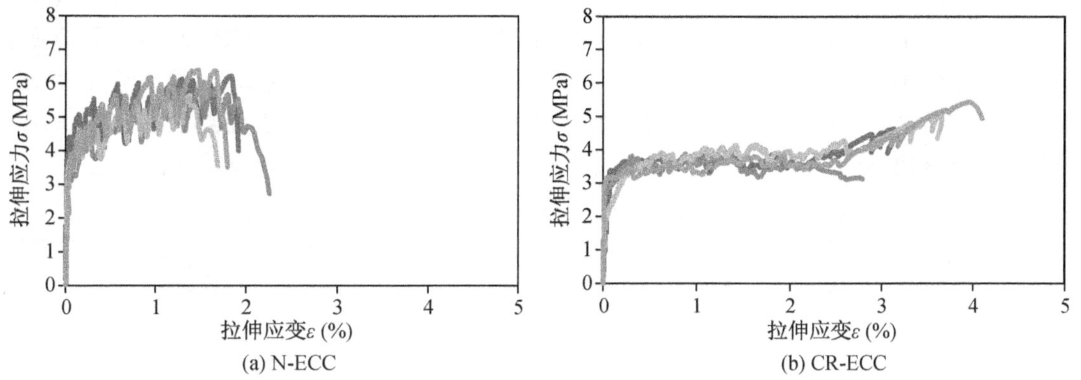

图11.3.8 ECC单轴拉伸应力-应变曲线

由图11.3.8可以看出，两种ECC拌和物的拉伸过程均可分为3个阶段。①弹性阶段：从加载开始直至出现第一条裂缝，该阶段ECC的应力应变关系呈现良好的线弹性关系，通过对该阶段进行线性回归计算，可以得到ECC材料的拉伸弹性模量。②伪应变硬化阶段：当试件出现第一条裂缝时，ECC的应力应变关系曲线上升趋势开始变缓，表现出明显的非线性。试件的第一条裂缝往往产生在试件的最薄弱断裂面，此时所对应的拉伸应力被定义为ECC初裂强度。该裂缝一经出现便很快贯穿整个截面，表现出明显的平稳开裂特征，开裂后由断面处的纤维承受并传递荷载，直至新裂缝的出现。值得注意的是，ECC裂缝宽度的扩展并不是无限的，每条裂缝在扩展至一定宽度后都会停止并保持稳定。该阶段ECC的应力应变关系近似呈线性硬化关系发展，直至裂缝饱和。③应变软化阶段：当裂缝饱和后，随着应力的进一步增长，裂缝饱和区某一薄弱断面的纤维逐渐被拉断或拔出，应力应变曲线发生陡降，最终试件被破坏。ECC的最终破坏断面具有随机性，它可能由拉伸区域内的任意一条裂缝发展而成。

ECC的单轴拉伸特性和其微裂缝分布之间显著相关，在单轴拉伸作用下，N-ECC平均极限拉伸应变约为2%，由于CR-ECC在基质中添加了橡胶颗粒，改善了材料纤维/基质界面的微观力学特性，其平均极限拉伸应变达到了3.5%，表现出了超高延性。就极限抗拉强度而言，N-ECC和CR-ECC的极限抗拉强度分别达到5.3 MPa和4.1 MPa。

2. 微裂缝分布特征统计分析

不同应变水平下的ECC微裂缝分布（裂缝宽度和裂缝条数）观测方法如下：首先在预裂后试件成型面的中部画一条与裂缝长度方向垂直的水平基准线，如图11.3.9所示；考虑到应变硬化水泥基材料的裂缝宽度通常较小（小于100 μm），使用分辨率为10 μm的光学显微

镜观察试件裂缝分布以保证试验结果的准确性。由于显微镜分辨率为 10 μm，故记录下的裂缝宽度均为 10 μm 的倍数。观测结束后进行统计，得到不同应变水平下不同材料的 ECC 微裂缝分布。

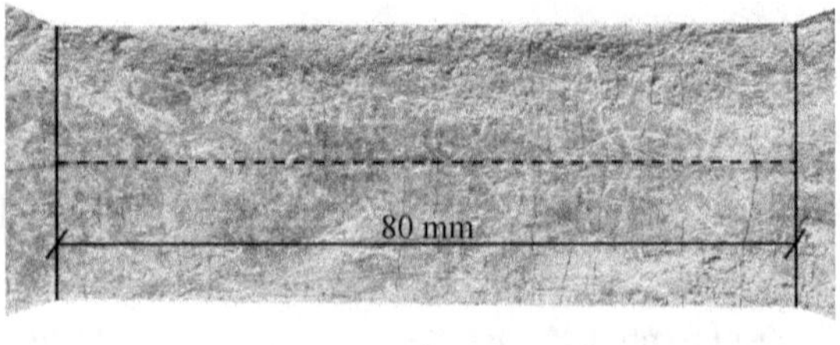

图 11.3.9 N-ECC 在 1%应变水平下的裂缝分布

不同应变下两种 ECC 拌和物的微裂缝分布统计结果如表 11.3.5 所示。由于在对裂缝进行观察时，位移控制持荷装置可保证试件始终处于拉伸状态，故 ECC 材料及微裂缝在卸荷时不会出现回缩问题。由表 11.3.5 可以看出，对于 N-ECC 和 CR-ECC，微裂缝宽度和条数在应变小于 1%时均呈现上升趋势。随后，虽然应变水平持续增长，但裂缝宽度增长趋势明显放缓，应变的增长主要是由裂缝条数的增加引起的。和普通混凝土在拉力作用下只出现一条裂缝不同，ECC 具有一定的裂缝宽度控制能力以及多缝开裂特性。

表 11.3.5 不同应变水平下 N-ECC 和 CR-ECC 的裂缝分布

应变(%)	平均裂缝宽度 (μm)	平均裂缝条数
N-ECC		
0	0	0
0.5	33	8
1.0	48	13
1.5	53	18
1.8	54	20
2.0	55	24
CR-ECC		
0	0	0
0.5	25	11
1.0	28	22
1.5	29	32
2.0	33	36
2.5	32	48

对两种 ECC 拌和物裂缝分布结果进行对比分析，可以观察到 CR-ECC 的平均裂缝宽度大约只有 N-ECC 的一半。由于拉伸应变近似等于平均裂缝宽度和裂缝条数的乘积，相应地，在相同应变水平下，CR-ECC 的裂缝条数均高于 N-ECC 的裂缝条数。两种截然不同的裂缝分布也导致了这两种材料不同的透水性能，这将在后文做进一步的研究。两种 ECC 拌合物在其最高应变水平下的典型裂缝宽度分布如图 11.3.10 所示，单轴拉伸试验中 N-ECC 和 CR-ECC 材料所出现裂缝的缝宽主要集中分布在 30～50 μm 区间内，出现大裂缝的概率相对较低，其中 CR-ECC 该现象表现的更为突出，ECC 具有明显的微缝开裂特性。

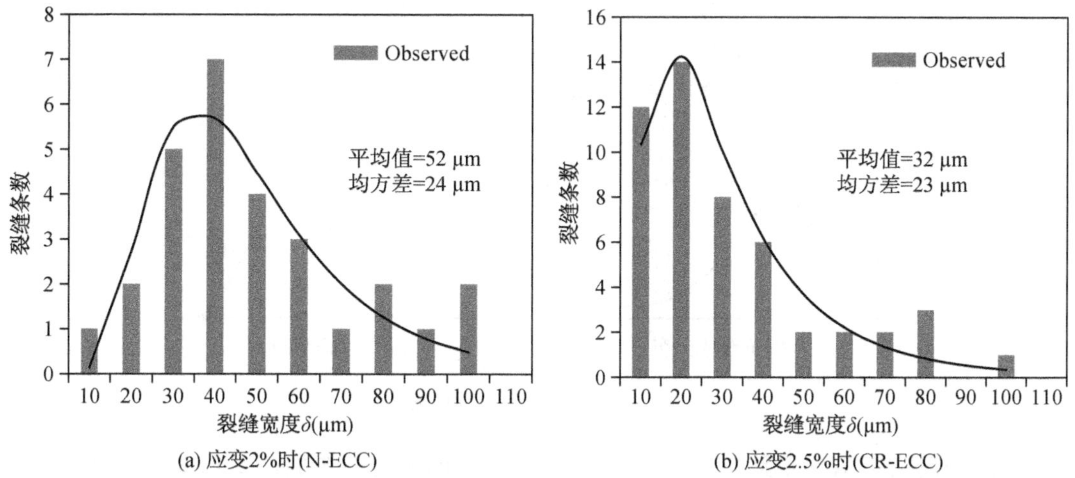

图 11.3.10　ECC 裂缝分布及最佳截断对数正态分布拟合曲线

3. 微裂缝分布函数模型形式的选取

为构建 ECC 微裂缝概率分布函数模型，首先对试验结果的分布函数形式进行选择。这里所考虑的分布表征模型主要包括正态分布模型和对数正态分布模型，模型具体形式的选择还需利用 Q-Q 概率图（Quantile-Quantile Plot），结合相关指数以及偏度系数指标进行检验和验证。

Q-Q 概率图主要用于验证样本数据是否服从某指定的分布，展示的是 ECC 微裂缝观测数据和理论分布的累积概率分布之间的关系。若试验观测数据均来自于指定理论分布的总体，则所有散点应分散于直线 $y = x$ 附近。

正态分布和对数正态分布的累积概率分布函数分别为

$$\Phi(z) = \frac{1}{2}\left[1 + \mathrm{erf}\left(\frac{z-\mu}{\sigma\sqrt{2}}\right)\right],\ \Phi(z) = \frac{1}{2}\left[1 + \mathrm{erf}\left(\frac{\ln z-\mu}{\sigma\sqrt{2}}\right)\right] \qquad (11.3.4)$$

式中：erf 为误差函数；σ 为标准差；μ 为均值。

利用试验观测数据以及式(11.3.4)计算 N-ECC 和 CR-ECC 两种拌和物的 Q-Q 概率图，并根据概率图散点与对角线之间的分布关系选择最优的 ECC 微裂缝分布表征模型。当两种模型计算得到的 Q-Q 概率图散点均较接近对角线而无法进行准确判断时，则需利用相关指数 R^2 对其进行分析。

$$R^2 = 1 - \frac{SSE}{SST} \qquad (11.3.5)$$

式中：SSE 为残差平方和；SST 为总离差平方和；R^2 是表达因变量和所有自变量之间的总体关系，显然，R^2 越接近于 1，散点越靠近直线 $y = x$。

偏态系数 α 主要用于表征 ECC 微裂缝概率分布的不对称性程度，当 $\alpha > 0$ 时为正偏态分布，表明 ECC 微裂缝宽度绝大多数位于平均值左侧；当 $\alpha < 0$ 时为负偏态分布，表明微裂缝宽度绝大多数位于平均值右侧；$\alpha = 0$ 则表示微裂缝宽度相对均匀地分布在平均值两侧。正偏态分布和负偏态分布如图 11.3.11 所示，其中偏态系数可通过下式计算得到：

$$\alpha = \frac{1}{N-1}\sum_{i=1}^{N}(x_i-\mu)^3/\sigma^3 \tag{11.3.6}$$

式中：N 为样本个数；σ 为标准差；μ 为均值。

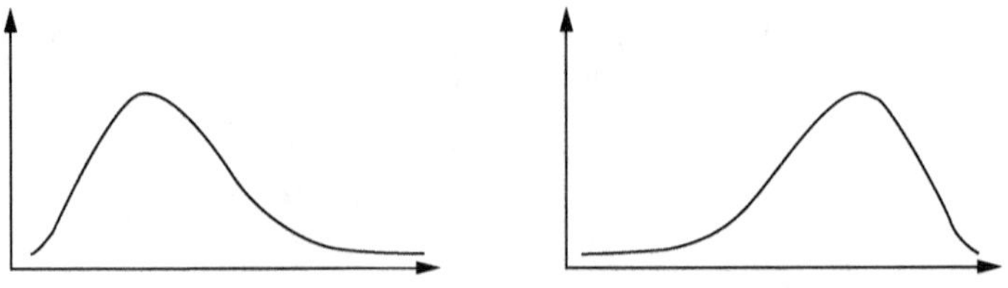

图 11.3.11　偏态分布示意图

考虑到对数正态分布是一种典型的正偏态分布，而正态分布的样本基本左右对称，在对两种材料进行 Q-Q 概率图检验后，可分别计算其在不同应变状态下的偏度系数，从而进一步验证 ECC 微裂缝分布表征模型的合理性。

计算得到的 N-ECC 和 CR-ECC 的 Q-Q 概率图分别如图 11.3.12 和图 11.3.13 所示。可以发现，对于 N-ECC 而言，两种模型的散点均大致分布在对角线上，仅凭观察图中散点分布无法准确判断该材料裂缝概率分布模型，需进一步对比两种分布的 Q-Q 概率图散点和直线 $y=x$ 之间的相关指数 R^2，其结果也标示于图 11.3.12 中。显然，N-ECC 裂缝分布观测数据的累积概率分布与对数正态分布的累积概率分布之间的相关性更好。因此，N-ECC 的微裂缝分布模型更符合对数正态分布。此外，通过观察 CR-ECC 的 Q-Q 概率图，其对数正态分布图中的散点更接近对角线，该结论也可以通过对比计算所得的相关指数 R^2 得到验证，故 CR-ECC 的微裂缝分布同样可采用对数正态分布模型进行表征。

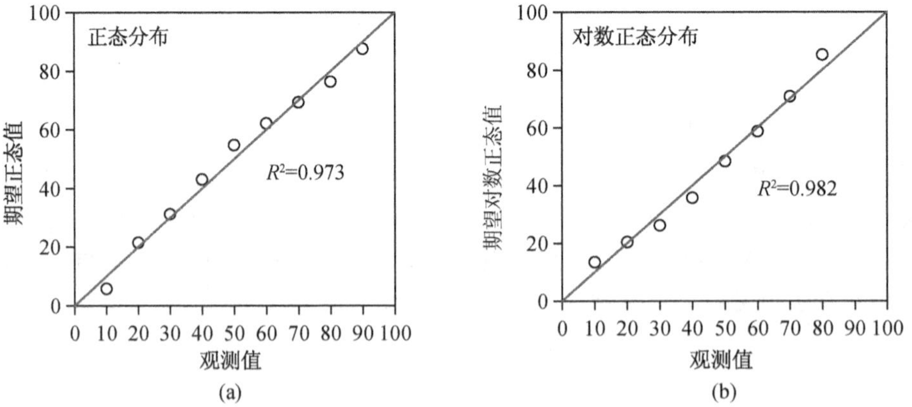

图 11.3.12　N-ECC 的正态分布和对数正态分布的 Q-Q 概率图

为进一步验证对数正态分布表征模型的合理性，计算两种 ECC 材料在不同应变水平下的偏态系数，计算结果如表 11.3.6 所示，N-ECC 和 CR-ECC 微裂缝分布的偏态系数均为正，即两种材料的裂缝分布均为正偏态分布，这和对数正态分布的特点相吻合。ECC 裂缝的分布和其微缝开裂特性紧密相关，当 ECC 开裂时，其出现的裂缝宽度主要集中分布在小

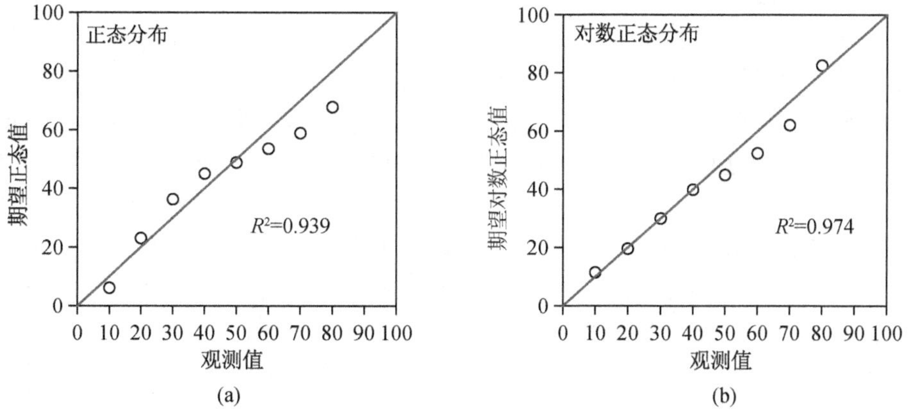

图 11.3.13　CR-ECC 的正态分布和对数正态分布的 Q-Q 概率图

于 60 μm 的区间内，而出现大裂缝的概率则相对较低，微缝开裂特点在 CR-ECC 中表现得更为明显。综上所述，N-ECC 和 CR-ECC 的微裂缝分布均更符合对数正态分布。

表 11.3.6　不同应变水平下 N-ECC 和 CR-ECC 裂缝分布的偏态系数

N-ECC 应变	0.5	1.0	1.5	1.8	2.0
偏度系数	0.761	0.728	0.686	0.619	0.667
CR-ECC 应变	0.5	1.0	1.5	2.0	2.5
偏度系数	1.034	1.247	1.138	1.097	1.146

两种 ECC 材料微裂缝的对数正态分布特征已经得到验证。但需要指出的是，对数正态分布的定义域为 $[0,\infty)$，即意味着 ECC 在拉伸过程中所出现的裂缝宽度变化区间为 0 到 ∞。然而，由于在设定的应变水平下，ECC 的裂缝宽度始终小于 100 μm，尽管出现大裂缝所对应的概率较低，但裂缝宽度和 ECC 材料性能（透水性、侵蚀离子扩散速度以及力学性能等）之间显著相关，忽略 ECC 的微缝开裂特性也将为相关模型的建立带来误差。因此，根据对两种材料微裂缝宽度的实际观测结果，采用截断对数正态分布模型对 ECC 的微裂缝分布进行表征。

截断对数正态分布是指在均值两侧按照实际观测结果截去其尾部而形成的分布，两侧均截去的称为双截断分布，截去右（左）侧的则为右（左）截断分布。在截断对数正态分布函数后，需引入正规化常数 K，以保证概率分布密度函数积分后的完整性。

$$K = \int_{x_L}^{x_R} f(x)\mathrm{d}x \tag{11.3.7}$$

式中：$f(x)$ 为对数正态分布的密度函数；x_L 为左截断点；x_R 为右截断点。当 $x_L \to 0$，x_R 为有限数时，式(11.3.7)为右截断分布的正规化常数 K_R；当 $x_R \to \infty$，x_L 为有限数时，式(11.3.7)为左截断分布的正规化常数 K_L；当 x_L 和 x_R 均为有限数时，则式(11.3.7)为双截断分布的正规化常数 K_{LR}；当 $x_L \to 0$，$x_R \to \infty$ 时，式(11.3.7)退化为 1。N-ECC 和 CR-ECC 的微裂缝分布截断对数正态分布表征模型建立如下。

4. 微裂缝分布表征模型

根据上述分析，建立ECC在不同应变水平下的微裂缝截断对数正态分布表征模型。两种ECC拌和物在其最高水平下所观察到的典型微裂缝分布如图11.3.10所示，与其所对应的最佳截断对数正态分布拟合曲线也绘制在图11.3.10中，该曲线是将两种材料最高应变水平下所观察到的裂缝总条数按比例进行扩大得到的。由于在观测裂缝宽度时所使用的光学显微镜分辨率为10 μm，该曲线也只有在裂缝宽度为10 μm的倍数时才有意义。类似地，采用同样方法可获得ECC在其他应变水平下微裂缝分布的最佳拟合截断对数正态分布曲线，相关结果如图11.3.14所示，可以发现，ECC在拉伸过程中所产生的微裂缝分布可利用截断对数正态分布的概率密度函数(Probability density function, PDF)进行数学表达，而且利用得到的PDF表达式可进一步建立以微裂缝概率分布为变量之一的ECC自愈合行为数值分析模型。尽管该曲线只有在裂缝宽度为10 μm的倍数时才有意义，但在后续的数值模型分析中，PDF将作为一个连续函数对所有裂缝宽度都适用。此外，两种材料的微裂缝分布具有明显差异：在相同应变水平下，N-ECC出现的裂缝宽度均比CR-ECC的大；相应地，裂缝条数呈现出相反的趋势。

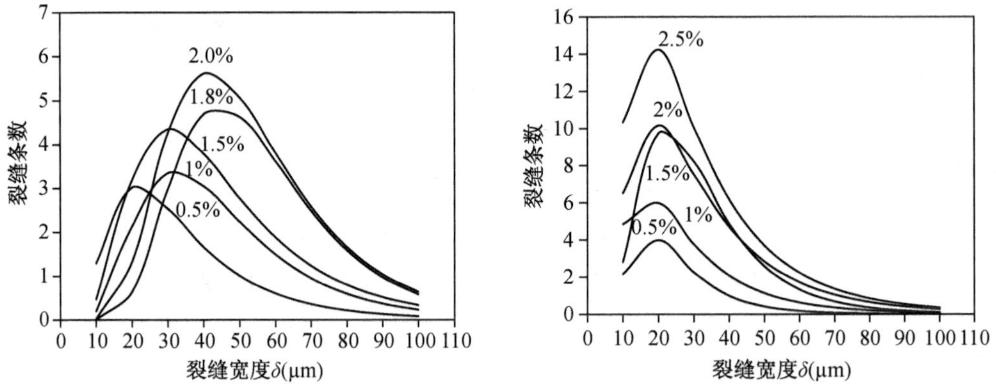

(a) N-ECC　　(b) CR-ECC

图 11.3.14　不同应变水平下的典型截断正态分布曲线

如前所述，为了更好地反映ECC微裂缝本质，将截断对数正态分布函数的裂缝宽度取值区间定义为$[0,\delta_{max}]$，即ECC微裂缝分布服从右截断对数正态分布$\ln N(\delta_{max};\mu,\sigma^2)$，其中$\delta_{max}$为试验观测到的最大裂缝宽度，正规化常数$K_R$可通过下式计算得到：

$$K_R=\int_0^{\delta_{max}}\ln N(\delta;\mu,\sigma)\mathrm{d}\delta=\frac{1}{2}\left[1+\mathrm{erf}\left(\frac{\ln\delta_{max}-\mu}{\sigma\sqrt{2}}\right)\right]=\frac{1}{2}\mathrm{erfc}\left(-\frac{\ln\delta_{max}-\mu}{\sigma\sqrt{2}}\right)=\Phi\left(\frac{ln\delta_{max}-\mu}{\sigma}\right) \tag{11.3.8}$$

式中：erfc为余误差函数，$\mathrm{erfc}(z)=\frac{2}{\sqrt{\pi}}\int_z^{\infty}\mathrm{e}^{-t^2}\,\mathrm{d}t$；Φ为标准正态分布的累积分布函数。

在引入正规化常数K的基础上，截断对数正态分布函数的概率密度函数PDF可修正为

$$p(\delta,\varepsilon)=\begin{cases}\dfrac{p(\delta,\varepsilon)}{K_R}=\dfrac{1}{K_R}\dfrac{1}{\delta\sigma\sqrt{2\pi}}e^{\frac{-(\ln\delta-\mu)^2}{2\sigma^2}} & \delta\leqslant\delta_{max}\\ 0 & \delta>\delta_{max}\end{cases}\tag{11.3.9}$$

$$\mu=\ln\frac{m^2}{\sqrt{s^2+m^2}},\ \sigma=\sqrt{\ln\left(\frac{s^2}{m^2}+1\right)}\tag{11.3.10}$$

式中：$p(\delta,\varepsilon)$ 为特定应变水平 ε 下出现裂缝宽度为 δ 时的概率；δ_{max} 为试验所观测到的最大裂缝宽度；K_R 保证了 $p(\delta,\varepsilon)$ 在区间 $[0,\delta_{max}]$ 内的累积概率为 1；σ 和 μ 分别为变量对数的平均值和标准差，可进一步通过式(11.3.9)求得；m 和 s 分别是裂缝宽度的平均值和标准差，两者均为拉伸应变 ε 的函数。

由试验观测数据统计所得的 N-ECC 和 CR-ECC 裂缝宽度平均值 m 和标准差 s 与应变 ε 之间的关系见图 11.3.15，可采用三次多项式函数拟合确定上述参数，其表达式如下：

$$m=A_3\varepsilon^3+A_2\varepsilon^2+A_1\varepsilon+A_0,\ s=B_3\varepsilon^3+B_2\varepsilon^2+B_1\varepsilon+B_0\tag{11.3.11}$$

式中：A_i 和 B_i $(i=0,1,2,3)$是由三次多项式函数确定的常数系数，优化得到的方程也显示在图 11.3.15 中。

利用式(11.3.9)、式(11.3.10)和式(11.3.11)，两种 ECC 材料在不同应变水平下的微裂缝分布都可以计算求出。利用该微裂缝分布表征模型，后文将建立基于微裂缝概率分布特性的 ECC 自愈合行为数值分析模型。

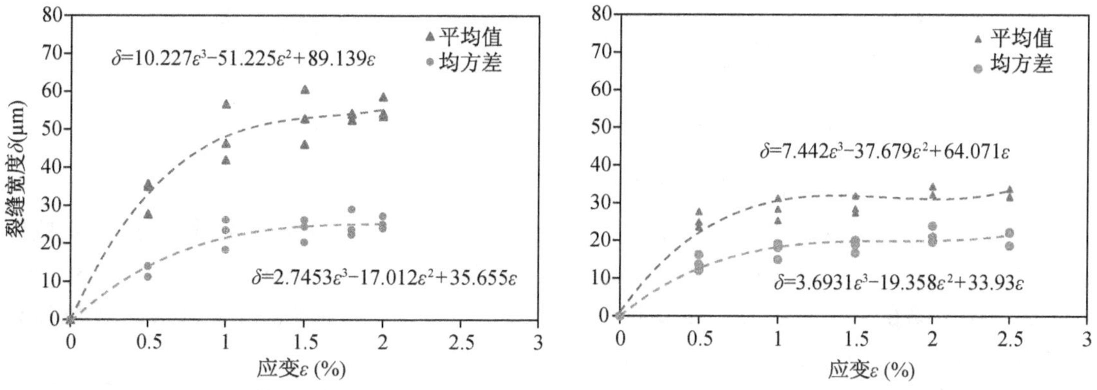

(a) N-ECC　　(b) CR-ECC

图 11.3.15　裂缝宽度平均值和方差与应变的关系曲线

三、不同微裂缝分布形式对 ECC 透水性能的影响

裂缝作为现代水泥基材料所面临的最大挑战之一，不仅影响材料的力学性能，而且会为水渗漏提供通道。因此，为了掌握 ECC 微裂缝对材料透水性能的影响，下面分析不同微裂缝分布形式下 ECC 复合材料及单裂缝试件的透水性能。

1. 持荷状态下 ECC 透水性能

试验得到的 N-ECC 和 CR-ECC 的透水系数与拉伸应变之间的关系如图 11.3.16 所示，两种材料的透水系数都随着应变的增加而增加；具体地，N-ECC 试件的透水系数从应变

0%时的 1.25×10^{-10} m/s 增长至应变 2%水平下的 2.10×10^{-7} m/s，而 CR-ECC 试件的透水系数则从应变 0%时的 2.08×10^{-10} m/s 增长至应变 2.5%水平下的 1.11×10^{-7} m/s。显然，CR-ECC 的增长速率要低于 N-ECC。除了较低的增长速度，CR-ECC 在现有应变水平下的透水系数也都低于 N-ECC。

N-ECC 和 CR-ECC 的透水性能和拉伸状态下所产生的裂缝分布，尤其是裂缝宽度有直接的关系。从理论上讲，开裂后水泥基材料的透水量和裂缝宽度成三次方关系，和裂缝条数成线性增长关系。因此，即使 CR-ECC 的裂缝条数多于 N-ECC，但其透水系数依然凭借着较窄的裂缝宽度而保持在较低水平。由此可见，裂缝宽度控制能力对提升材料的抗渗性能至关重要，在对水工混凝土结构补强加固中应充分考虑材料裂缝分布，尤其是裂缝宽度对其透水性的影响。此外，从图 11.3.16 中还可以看到，尽管 ECC 试件在高应变水平下的平均微裂缝宽度基本相同，但由于试件微裂缝分布之间的差异性，材料的透水性能也有所波动。

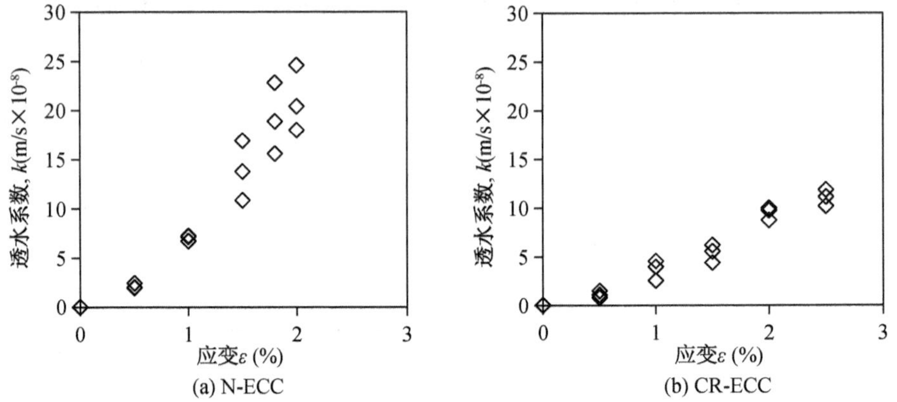

图 11.3.16　不同应变水平下 N-ECC 和 CR-ECC 的透水系数

2. 持荷状态下 ECC 单裂缝试件透水性能

根据已观测得到的每种材料在单轴拉伸试验过程中所出现的最大裂缝宽度，分别拉伸带有切口的 N-ECC 试件和 CR-ECC 试件以分别产生 30 μm、60 μm、80 μm、100 μm 宽和 30 μm、50 μm、70 μm 宽的两组单裂缝。试验获得 N-ECC 和 CR-ECC 的单裂缝试件透水系数和裂缝宽度之间的关系如图 11.3.17 所示，两种材料的透水系数在裂缝宽度小于50 μm 时的上升速度都较为缓慢；当 ECC 单裂缝试件的裂缝宽度为 50 μm 时，材料的透水系数仍然小于 3×10^{-9} m/s，但伴随着裂缝宽度的增长，材料的透水系数增长速度显著上升；当裂缝宽度为 100 μm 时，其透水系数已经接近 3×10^{-8} m/s。由此可见，微裂缝宽度在 50 μm 以下时，ECC 透水性能不会出现质的变化，但当微裂缝宽度大于 100 μm 时，材料抗渗性能会显著下降。然而，典型 ECC 的平均裂缝宽度

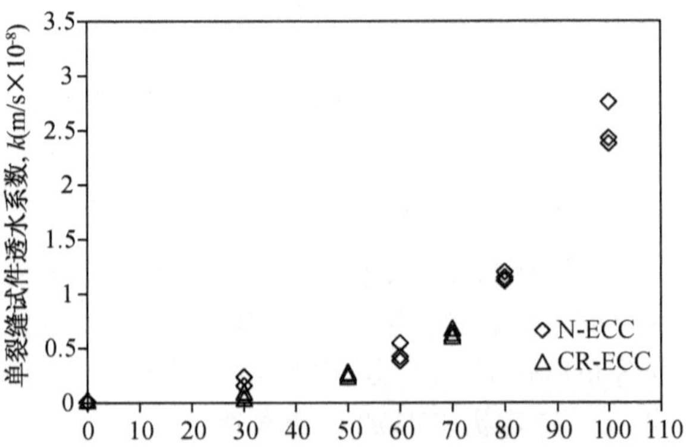

图 11.3.17　不同裂缝宽度的单裂缝试件透水系数

仅有 60 μm，此时材料的透水系数还处于较缓慢的增长状态，故 ECC 在多缝开裂状态下也能阻止水渗透以及各种侵蚀性离子的侵入。

第四节　水作用下的 ECC 微裂缝自愈合行为

裂缝自愈合是 ECC 微裂缝本身自我修复的能力，裂缝的自愈合能够带来材料性能的提升。同时，大量试验表明，受到自愈合行为影响，ECC 微裂缝具有明显的时变特性。为了更好地了解 ECC 在水工混凝土结构补强加固应用过程中的材料性能，其微裂缝本身的自愈合特性不能忽略。现有的 ECC 自愈合研究成果表明，水环境对微裂缝的自愈合至关重要。但关于水作用下 ECC 自愈合行为的研究多集中于定性描述该现象对材料宏观抗渗性能以及力学性能的提升方面，反映微裂缝自愈合程度和速度的相关指标尚未建立；同时，关于材料自愈合程度和裂缝宽度之间的量化表达式研究，以及表征 ECC 微裂缝时变特性的数学模型研究还尚未开展；而且现阶段还没有合适的数值分析模型对 ECC 微裂缝变化全过程进行研究，相关模型的建立将有利于判断和评价该材料服役时的性能。

下面重点探究水作用下 ECC 微裂缝的自愈合行为，分别从宏观和中观尺度出发，开展 ECC 透水全过程试验，分析自愈合影响下材料透水系数的变化规律，定义微裂缝自愈合度指标，表征裂缝宽度和自愈合程度之间的函数关系，提出 ECC 微裂缝时变模型，建立 ECC 微裂缝自愈合行为数值分析模型，实现对微裂缝时变特性的全过程量化分析。

一、水作用下的 ECC 微裂缝自愈合试验

试验涉及的所有原材料与前面完全相同。材料配合比如表 11.4.1 所示，该配合比与上一节 N-ECC 配合比相同，试件尺寸见图 11.3.3。ECC 试件成型遵循其标准流程，成型 24 h 后进行拆模，并随即置入水中养护 28 d。

表 11.4.1　ECC 试验配合比(kg/m^3)

材料名称	水泥	砂	粉煤灰	水	减水剂	纤维
ECC	393	457	865	311	5	26(体积分数 2%)

(1) ECC 拉伸性能试验

ECC 单轴拉伸试验在 Instron 公司生产的电子万能材料力学试验机上进行。试验加载由位移控制，加载速率控制在 0.5 mm/min。两个线性位移传感器(LVDT)分别固定于试件两侧记录加载位移，并取两者平均值作为轴线处拉伸位移，测量标距为 80 mm。ECC 拉伸特性数据来自于 3 块试件的平均值。

(2) ECC 透水全过程试验

为研究水作用下 ECC 微裂缝自愈合行为，首先利用单轴拉伸试验将在水中养护 28d 的试件预裂至 1%的应变水平，随后开展 ECC 透水试验，持续观察试件的透水状态直至其最终达到稳定。1%的应变水平是在 ECC 极限拉伸应变能力范围内任意挑选的，主要用于验证 ECC 微裂缝自愈合行为数值分析模型的有效性。一旦预测结果得到验证，该模型可应用于其他应变水平上。本组试验共准备 3 个平行试件。

采用位移控制持荷装置对试件进行预裂，并确保预裂后的 ECC 试件始终保持在设计应变水平。试验开始前，首先将持荷装置与材料万能试验机连接。试验时，下部楔形端保持固定，上部楔形端以 0.5 mm/min 的速度向上移动提供拉力。试件两侧分别固定两个 LVDT 采集试件位移，测量标距为 80 mm。当试件应变水平达到 1%时，立即拧紧与上部楔形端相连的螺丝以确保试件的应变水平始终处于设计值。随后，将该装置和试件一同取下，观察试件的微裂缝分布，并开展持荷状态下考虑裂缝自愈合的 ECC 透水全过程试验。

预裂至 1%应变水平的 ECC 试件微裂缝分布采用分辨率为 10 μm 的光学显微镜进行观测。为便于观察，首先在试件中部画一条水平基准线(图 11.4.1)，记录所有和该基准线相交的裂缝条数和裂缝宽度，并以此确定 1%应变状态下 ECC 的微裂缝分布情况。

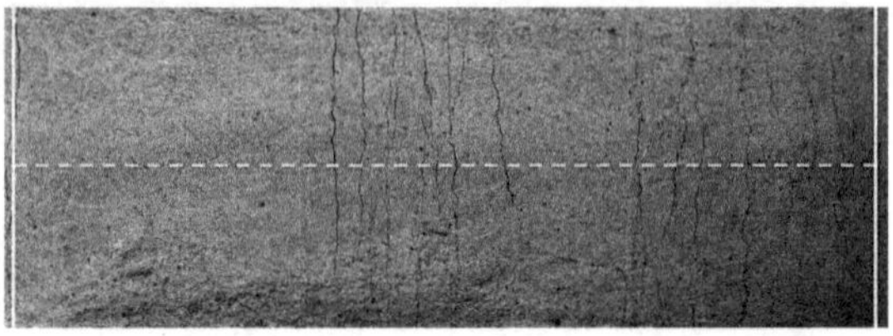

图 11.4.1　1%应变水平下 ECC 的裂缝分布

透水试验所涉及的试验装置和流程与上节相同。但和上节透水试验在第一次蓄水 2 h 后即进行观测不同的是，本次试验将对 ECC 的透水过程进行持续且定期的观测，直至其达到最终稳定状态。试验过程中，ECC 试件持续与水接触，从而保证了微裂缝能够自愈合。本次试验总观测时间长达 26d，充分考虑了自愈合行为对 ECC 微裂缝的影响。透水系数 k 的计算方法见式(11.3.3)，考虑到 ECC 试件透水系数的变化主要是由微裂缝自愈合所引起的，利用计算得到的不同时间 t 时材料的透水系数，可定义表征水作用下 ECC 材料微裂缝自愈合程度和速度的指标——自愈合度，即

$$D = 1 - \frac{k(\varepsilon, t)}{k_i(\varepsilon)} \tag{11.4.1}$$

式中：$k(\varepsilon, t)$ 为应变 ε 水平下时间 t 时 ECC 试件的透水系数，该系数会随着自愈合程度的不断提高而减小，其可通过透水全过程试验获得；$k_i(\varepsilon)$ 为应变 ε 时材料的初始透水系数。

当 ECC 试件初与水接触时，自愈合现象还没有发生，此时 $k(\varepsilon, t) = k_i(\varepsilon)$，ECC 试件的自愈合度为 0，试件微裂缝宽度仍为初始裂缝宽度；随着自愈合程度的不断提高，$k(\varepsilon, t)$ 逐渐趋近于未开裂 ECC 的透水系数 k_0，由于和开裂 ECC 透水系数相比，k_0 一般较小，故 ECC 试件的自愈合度也将趋近于 1，此时微裂缝已基本完全愈合。由此可见，自愈合度指标 D 能够较好地描述水作用下的 ECC 微裂缝自愈合行为，同时该指标能够反映材料微裂缝的时变特性，故采用自愈合度对 ECC 微裂缝的变化规律进行分析。

(3) ECC 单裂缝试件透水全过程试验

为了更好地分析微裂缝宽度对 ECC 自愈合的影响，并建立微裂缝时变模型，同样开展 ECC 单裂缝试件透水全过程试验。带有切口的 ECC 单裂缝试件准备过程同上节，通过在试件中部引入切口，可有效抑制 ECC 的多缝开裂特性。根据材料在拉伸过程中观测到的最大裂缝宽度，利用持荷装置拉伸带有切口的试件以便得到具有不同裂缝宽度(30～100 μm)的单裂缝试件。通过对比不同裂缝宽度 ECC 单裂缝试件自愈合度的变化，可以直观地分析出裂缝宽度对 ECC 自愈合行为的影响。每个裂缝宽度下均准备 3 个平行试件。需要指出的是，ECC 透水全过程试验中，试件可能会出现应力松弛现象，但考虑到微裂缝所引起的非

弹性应变和材料弹性应变相比较大，且应力松弛现象的时间尺度远大于该试验所持续的时间，暂不考虑该现象的影响。

二、ECC 微裂缝变化规律分析

ECC 微裂缝宽度和材料自愈合度之间成负相关关系，随着自愈合度的升高，裂缝宽度会逐渐下降，故水作用下 ECC 微裂缝自愈合度变化的过程能够反映裂缝宽度的变化规律。下面采用自愈合度表征 ECC 复合材料的微裂缝变化，从中观尺度出发，分析 ECC 微裂缝的时变特性，为建立 ECC 微裂缝自愈合行为数值分析模型奠定基础。

1. ECC 微裂缝分布表征

图 11.4.2 所示为 ECC 单轴拉伸应力-应变曲线，ECC 表现出了良好的应变硬化特性，28 d 龄期时材料的极限抗拉强度和极限拉伸应变分别达到了 6.40 MPa 和 2.40%；和普通混凝土相比，ECC 显著提升了水泥基材料的拉伸变形能力。

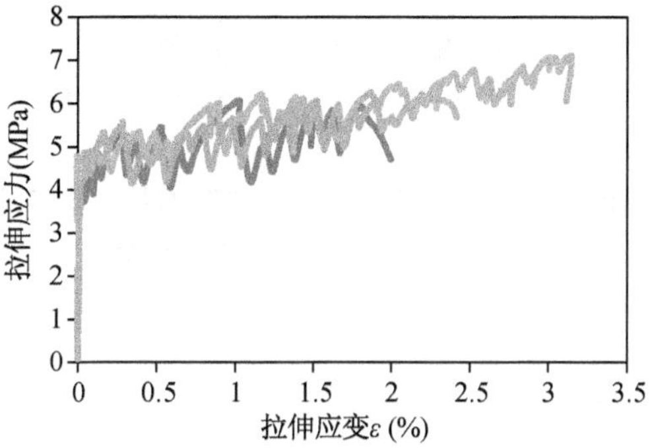

图 11.4.2　ECC 单轴拉伸应力-应变曲线

表 11.4.2 为 ECC 试件在预裂至 1% 应变水平时的微裂缝分布（裂缝宽度和裂缝条数）。由于试验所采用的原材料、配合比以及养护条件均与前文相同，因此，所观察到的试件裂缝分布也与前文试验结果保持一致。在 28 d 养护后，试件拉伸状态下所出现的微裂缝平均条数和宽度分别为 14 条和 47 μm。

表 11.4.2　1%应变水平下 ECC 的裂缝分布

试件编号	平均裂缝条数	平均裂缝宽度(μm)
1	14	44
2	13	48
3	14	49
平均值	14	47

根据试验观测结果，绘制 1%应变水平下 ECC 典型微裂缝分布直方图以便更直观地观察试件的裂缝分布（图 11.4.3）。利用上节研究成果，计算得到材料的最佳拟合截断对数正态分布曲线，如图 11.4.3 实线所示，由于裂缝宽度的观测值均为 10 μm 的倍数，该曲线也只有在裂缝宽度为 10 μm 的倍数时才有意义。

2. ECC 复合材料微裂缝变化规律

采用自愈合度指标表征 ECC 复合材料微裂缝的变化规律，依据透水全过程试验观测结果以及式(11.4.1)计算得到的开裂 ECC 复合材料自愈合度随时间的变化曲线如图 11.4.4 所示，图中各测点分别表示不同试件在不同测试时间 t 时的材料自愈合度。

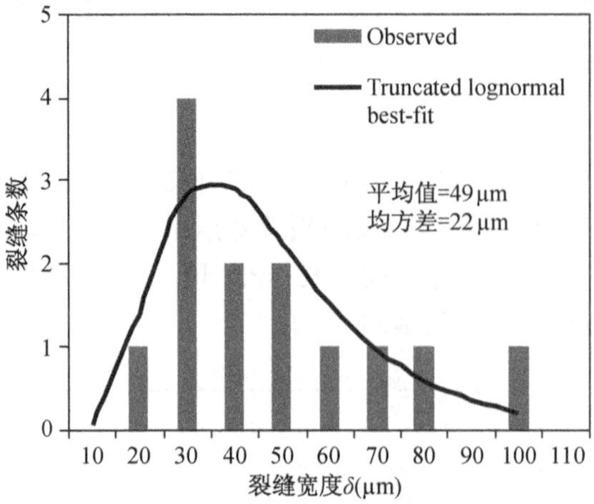

图 11.4.3 1%应变水平下 ECC 的裂缝分布以及最佳拟合截断对数正态分布曲线

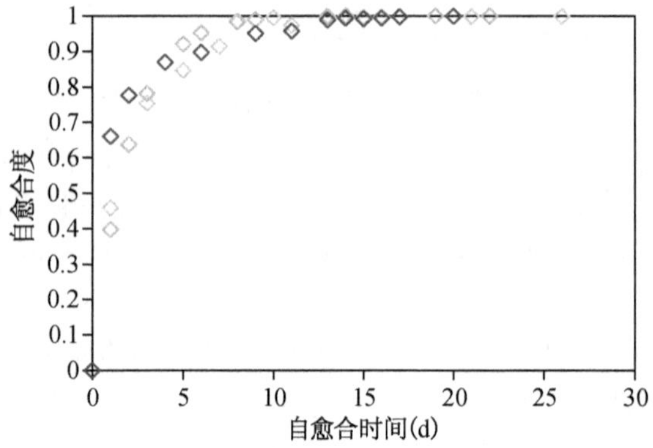

图 11.4.4 ECC 微裂缝自愈合度随时间升高

从图 11.4.4 可以看出，随着自愈合时间的增长，ECC 试件的自愈合度不断提升。考虑到自愈合现象和裂缝分布紧密相关，因此，3 个平行试件的自愈合度上升速度不尽相同，但其上升过程却呈现出类似的规律。此外，开裂 ECC 自愈合度在试验初始阶段(0～5 d)的上升速度较为明显，在试验进行至 7～10 d 后逐渐趋于稳定，试验证明 ECC 自愈合现象初期发生速度较快。最终稳定时 ECC 材料的平均自愈合度达到 0.99，表明在水作用下 ECC 试件预裂所产生的微裂缝已基本全部愈合，自愈合行为有效提升了 ECC 的抗渗能力。

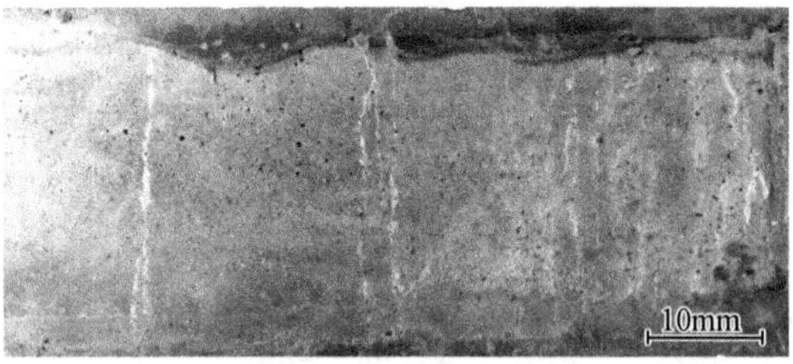

图 11.4.5 透水试验后自愈合的 ECC 试件

自愈合完成时 ECC 试件裂缝状态如图 11.4.5 所示，单轴拉伸过程中所产生的微裂缝已基本全部被白色自愈合产物填满，这也是造成试件裂缝宽度减小，自愈合度升高的主要原因。由对材料的裂缝分布观测试验结果可知，1%应变状态下 ECC 的平均裂缝宽度仅为 47 μm，良好的裂缝宽度控制能力已经保证了材料的抗渗性能，而 ECC 本身的自愈合现象使得材料裂缝宽度进一步减小，故开裂 ECC 的抗渗性也能由于微裂缝的自愈合行为而得到提升。

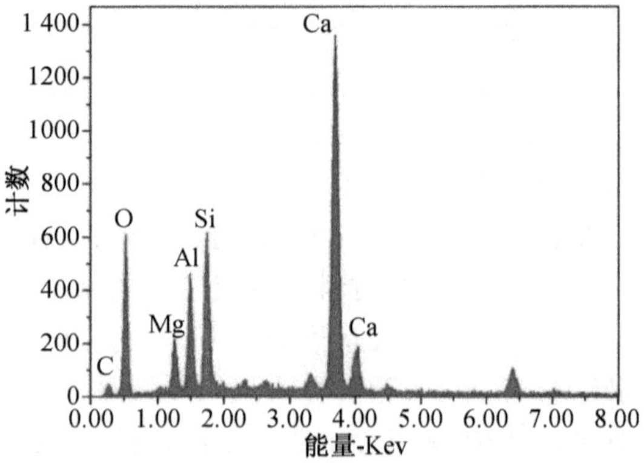

图 11.4.6 自愈合产物成分 EDS 能谱分析

为了确定水作用下 ECC 的自愈合产物组成，将上述试件自愈合区域切割成 1 cm×1 cm×1 cm 大小的立方体小型试块，并采用 EDS 能谱分析系统对自愈合产物进行观察，图 11.4.6 所示为自愈合产物的 EDS 能谱分析结果，ECC 微裂缝自愈合产物主要由碳

(C)、氧(O)、镁(Mg)、铝(Al)、硅(Si)和钙(Ca)等化学元素组成，其中钙元素含量较高，碳元素含量较低。

表 11.4.3 列出了自愈合产物的具体化学组分所占比例以及各主要元素之间的比值，结合 EDS 能谱分析结果(图 11.4.6)以及各元素所占的比例(表 11.4.3)，可以判断 ECC 的自愈合产物主要为 C-S-H 凝胶、$CaCO_3$ 晶体以及 $Ca(OH)_2/CaCO_3$ 的混合物。

表 11.4.3　自愈合产物成分 EDS 能谱分析结果

元素	C	O	Al	Si	Ca	Ca∶Si	O∶Ca	C∶Ca
比例(At%)	7.28	54.86	6.77	8.89	14.74	1.7	3.7	0.5

水作用下 ECC 微裂缝自愈合效果明显，开裂状态下材料的裂缝宽度得到了有效降低，这主要归因于以下几个因素。①裂缝控制能力：和普通混凝土在拉伸作用下只出现一条宏观裂缝且裂缝宽度不断增大明显不同的是，ECC 在荷载作用下的裂缝宽度始终能够保持在 100 μm 以下，其主要通过不断产生新的裂缝来分散应力，较小的裂缝宽度保证了自愈合效果。②裂缝连接处的纤维：ECC 所用 PVA 纤维具有亲水特性，这为自愈合产物的形成和生长提供了成核点，从而进一步促进了 ECC 裂缝的自愈合。③较低的水胶比：ECC 的水胶比通常介于 0.23～0.27，这里采用的 ECC 配比水胶比为 0.25。较低的水胶比使得 ECC 内部含有更多的未水化水泥颗粒，其在自愈合环境中的持续水化有效地促进了裂缝的自愈合。④矿物掺和料的二次水化反应：ECC 中粉煤灰等矿物掺和料的广泛使用，不仅提高了 ECC 的绿色环保性，同时粉煤灰等掺和料的二次水化反应能够生成大量凝胶产物，凝胶产物在裂缝内部的填充也显著提高了材料的自愈合能力。

3. ECC 单裂缝变化规律

(1) ECC 单裂缝变化全过程

同样采用自愈合度指标表征水作用下 ECC 单裂缝变化规律，依据单裂缝试件透水试验结果计算得到的预裂至不同裂缝宽度的 ECC 单裂缝试件自愈合度随时间的变化曲线如图 11.4.7 所示。受到材料自愈合现象的影响，所有裂缝宽度下的 ECC 单裂缝试件自愈合度均随着时间的增长而逐渐升高。然而由于裂缝宽度的不同，尽管所有试件自愈合度均呈现上升趋势，但每组试件的上升速度差异较大。具体来说，对于裂缝宽度为 60 μm 的裂缝而言，在试验开始的 3～4 d 内自愈合度已升至 0.97 左右；对于裂缝宽度为 30 μm 和 100 μm 的试件来说，其自愈合度上升速度相对缓慢。但需要指出的是，根据式(11.4.1)，ECC 微裂缝自愈合度和其初始裂缝宽度(初始透水系数)紧密相关，尽管裂缝宽度为 30 μm 和 100 μm 的裂缝自愈合度上升速度较为接近，但由于裂缝宽度为 30 μm 的 ECC 单裂缝试件初始裂缝宽度相对较小，在试验开始的 3～4 d 时，微裂缝已基本全部愈合，材料的透水系数已经和未开裂 ECC 试件相当，因此，较窄的裂缝宽度自愈合速度仍然较快，且开裂 ECC 材料的自愈合度仍然由大裂缝控制。此外，需要强调的是，所有 ECC 单裂缝试件的自愈合度在裂缝自愈合完成后均恢复到了相同的水平(0.95～0.99)，可见，100 μm 以下的微裂缝在与水持续接触的过程中几乎都能够完全愈合。

(2) ECC 微裂缝时变表征模型

ECC 单裂缝的裂缝变化过程和初始裂缝宽度以及时间紧密相关，下面利用自愈合度指标反映材料单裂缝变化规律，建立 ECC 微裂缝时变表征模型。根据试验观测数据的变化规

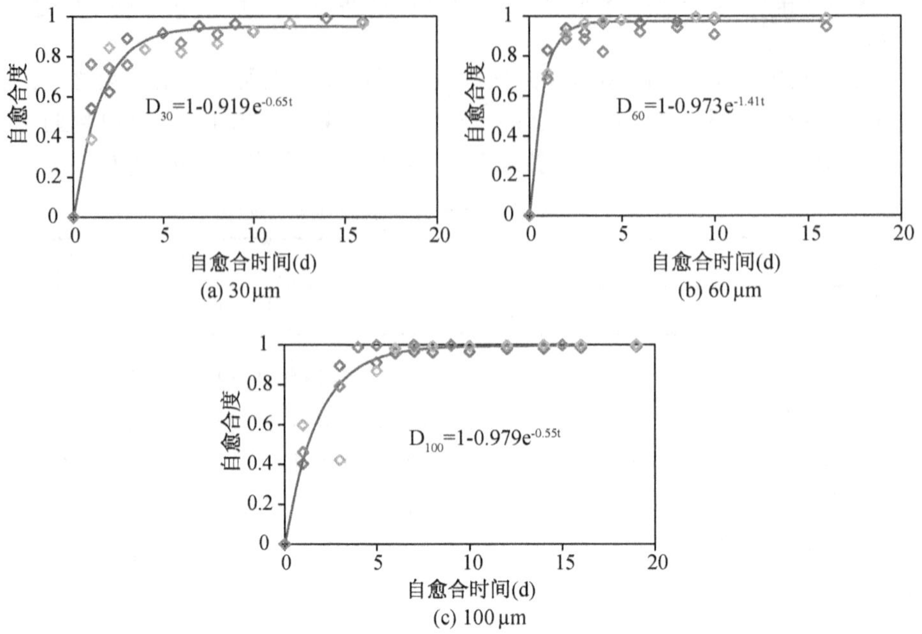

图 11.4.7　不同裂缝宽度单裂缝自愈合度随时间变化曲线

律，假定采用指数函数对上述自愈合度上升过程进行拟合，即

$$D(\delta,t)=1-\frac{k(\delta,t)}{k_i(\delta)}=1-\frac{k_0+[k_i(\delta)-k_0]\mathrm{e}^{-S(\delta)t}}{k_i(\delta)} \tag{11.4.2}$$

式中：$k(\delta,t)=k_0+[k_i(\delta)-k_0]\mathrm{e}^{-S(\delta)t}$，表示不同时间 t 时 ECC 单裂缝试件的透水系数；k_0 为未开裂 ECC 试件的透水系数；$k_i(\delta)$ 为未经历自愈合过程 ECC 单裂缝试件初始透水系数，其同样是裂缝宽度的函数，通过对试验数据的拟合可得到该值；$S(\delta)$ 为幂指数的系数，该系数能够反映微裂缝自愈合度上升速度的快慢，由于裂缝宽度直接影响其自愈合速度，故该系数同样也是裂缝宽度的函数，确定 $S(\delta)$ 方程的方法随后详细阐述。

式(11.4.2)充分考虑了 ECC 微裂缝的自愈合特性，在自愈合初始阶段（$t=0$），ECC 试件尚未经历自愈合过程，此时，裂缝宽度为 ECC 初始裂缝宽度，试件透水系数仍为初始值 $k_i(\delta)$，故微裂缝自愈合度为 0。当渗流趋于稳定状态时，假设 $t\to\infty$，则 $[k_i(\delta)-k_0]\mathrm{e}^{-S(\delta)t}$ 趋近于 0，意味着试件表面微裂缝已几乎完全愈合，此时单裂缝试件所对应的透水系数即为未开裂 ECC 的透水系数 k_0。由于和开裂 ECC 相比，未开裂材料的透水系数 k_0 相对较小，故微裂缝自愈合度也将趋近于 1。基于此，式(11.4.2)可改写为

$$D(\delta,t)=1-\frac{[k_i(\delta)-k_0]\mathrm{e}^{-S(\delta)t}}{k_i(\delta)} \tag{11.4.3}$$

由式(11.4.3)和试验结果拟合得到的 $D(\delta,t)$ 方程及曲线也示于图 11.4.7 中。通过上述分析可知，构建自愈合度 $D(\delta,t)$ 模型最关键的步骤是建立 ECC 单裂缝试件透水系数随时间的变化关系，即建立 $k(\delta,t)=k_0+[k_i(\delta)-k_0]\mathrm{e}^{-S(\delta)t}$ 方程。该方程中仅有 $S(\delta)$ 函数为待定部分，接下来主要介绍确定 $S(\delta)$ 函数关系的具体方法。

确定式(11.4.3)中幂指数系数 $S(\delta)$ 函数的步骤如下:首先,根据ECC单裂缝试件透水全过程试验结果,采用指数函数对每个试件的自愈合度上升过程进行拟合,分别统计不同裂缝宽度的单裂缝试件所对应的不同幂指数系数(表11.4.4);随后对该系数进行再次拟合。但在拟合前,应考虑以下两个隐含条件:一是裂缝自愈合程度和裂缝宽度成反比,为了取得较为明显的自愈合效果,裂缝宽度必须控制在150 μm以下,故对于裂缝宽度大于150 μm的裂缝,在进行拟合分析时应将系数 $S(\delta)$ 设定为0,此时,裂缝不经历自愈合过程,单裂缝试件的自愈合度始终为0;二是对于没有开裂的ECC试件(裂缝宽度为0),由于没有引入裂缝,指数函数的幂指数系数 $S(\delta)$ 同样应为0。

表11.4.4 不同裂缝宽度单裂缝所对应的指数函数系数

试件编号	裂缝宽度		
	30 μm	60 μm	100 μm
1	0.64	1.12	0.64
2	0.68	1.32	0.59
3	0.72	1.82	0.41

根据上述试验结果以及隐含条件,绘制ECC单裂缝试件裂缝宽度 δ 和指数系数 S 之间的关系,如图11.4.8所示,图中仅绘制出了裂缝宽度在200 μm以下时两者之间的关系,函数的最大值出现在裂缝宽度60 μm左右时,而裂缝宽度30 μm时的系数和100 μm时基本持平。如前所述,由于单裂缝试件透水系数下降速度 (d_k/d_t) 和函数 $S(\delta)$ 以及初始透水系数 $k_i(\delta)$ 均有关,故相当的幂指数系数并不意味着相同时间 t 时,裂缝宽度为30 μm和100 μm的ECC单裂缝试件微裂缝自愈合程度相同。

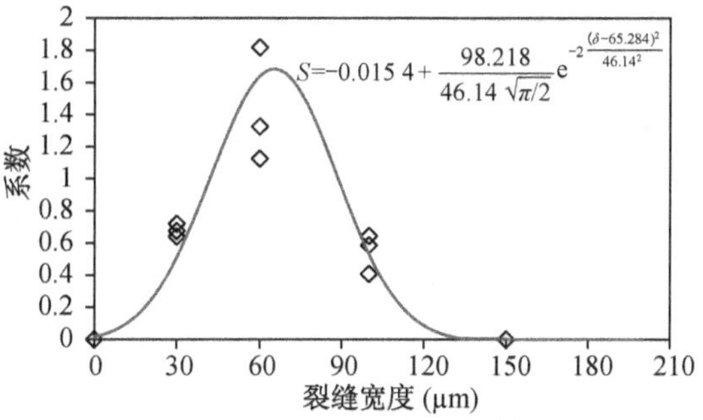

图11.4.8 自愈合度指数函数系数与裂缝宽度之间的关系曲线

根据试验结果,首先对裂缝宽度小于150 μm的微裂缝所对应的 $S(\delta)$ 关系进行拟合,考虑的拟合模型形式主要有:Gauss函数、Lorentz函数和三次多项式函数。随后,采用赤池信息量AIC准则进行最优拟合模型的辅助选择。

① Gauss函数表达式:

$$y = y_0 + \frac{A}{w\sqrt{\pi/2}} e^{-2\frac{(x-x_c)^2}{w^2}} \tag{11.4.4}$$

式中:A,x_c 和 w 分别为Gauss函数的峰高、峰位置和半宽度信息。

② Lorentz函数表达式:

$$y = y_0 + \frac{2A}{\pi} \frac{w}{4(x-x_c)^2 + w^2} \tag{11.4.5}$$

式中:A,x_c 和 w 分别为Lorentz函数的峰高、峰位置和半宽度信息。

③ 三次多项式函数表达式：

$$y = A + Bx + Cx^2 + Dx^3 \tag{11.4.6}$$

式中：A,B,C 和 D 分别为常数系数。

④ 赤池信息量 AIC 准则

赤池信息量 AIC 准则建立在熵的概念基础上，可用于衡量 3 种不同模型拟合 ECC 自愈合度变化幂指数系数 $S(\delta)$ 关系的优良性，其表达式为

$$\mathrm{AIC} = -2\ln(A) + 2m \tag{11.4.7}$$

式中：A 为模型对应的极大似然函数；m 为模型的独立参数个数。选择时 AIC 值最小的模型应优先考虑。

3 种模型计算得到的残差平方和 RSS 以及赤池信息量 AIC 指标如表 11.4.5 所示，Gauss 函数的 RSS 以及 AIC 值均最小，故采用 Gauss 函数表征 ECC 单裂缝试件自愈合度变化幂指数系数和裂缝宽度之间的关系。

表 11.4.5　不同函数的残差平方和以及赤池信息量指标 AIC

函数类型	Gauss 函数	Lorentz 函数	三次多项式函数
RSS	0.296	0.308	0.813
AIC 指标	−25.107	−17.334	−13.993

根据上述分析，建立自愈合度 $D(\delta,t)$ 方程的幂指数系数分段函数：

$$S(\delta) = \begin{cases} -0.0154 + \dfrac{98.218}{46.14\sqrt{\pi/2}} \mathrm{e}^{-2\frac{(\delta-65.284)^2}{46.14^2}} & 0 \leqslant \delta \leqslant 150\ \mu\mathrm{m} \\ 0 & \delta > 150\ \mu\mathrm{m} \end{cases} \tag{11.4.8}$$

式中：对于裂缝宽度小于 150 μm 的微裂缝，其幂指数系数为裂缝宽度的 Gauss 函数，Gauss 函数模型参数可通过试验观测结果拟合得到。对于裂缝宽度大于 150 μm 的裂缝，由于裂缝宽度较大，幂指数系数始终为 0，裂缝不出现自愈合现象。

根据式(11.4.8)绘制数学函数图形，如图 11.4.8 实线所示，该函数能够用于描述不同裂缝宽度的 ECC 微裂缝自愈合度上升速度，继而应用于建立 ECC 微裂缝自愈合行为数值分析模型之中。

(3) 模型拟合优度检验

为了验证 ECC 单裂缝变化规律是否可采用指数函数进行拟合，利用调整后的相关指数 R^2_{adj} 以及 ANOVA 分析对上述模型进行拟合优度检验。

将相关指数 R^2 定义为

$$R^2 = 1 - \frac{SSE}{SST} \tag{11.4.9}$$

式中：SSE 为残差平方和；SST 为总离差平方和。

式(11.4.9)计算得到的 R^2 越接近于 1，表示 ECC 单裂缝自愈合度指数函数模型对试验值的拟合程度越好。但需注意的是，无论自变量是否显著，R^2 均会随着自变量个数的增

加而有所增加。因此，为了更好地反映模型拟合优度，应扣除模型中所受到的包含项数影响的相关系数，仅考虑独立变量数目的影响。基于此，采用调整后的相关指数 R_{adj}^2 对 ECC 单裂缝变化规律指数函数模型优度进行检验，调整后的 R_{adj}^2 定义为

$$R_{adj}^2 = 1 - \frac{SSE/(n-p)}{SST/(n-1)} \tag{11.4.10}$$

式中：$n-p$ 为残差平方和的自由度；$n-1$ 为总体平方和的自由度。

此外，ANOVA 分析是利用平方和与自由度所计算的组间与组内均方差估计出 F 统计量，并将 F 统计量与 P 值比较从而进行显著性检验的一种分析方法。当 $P > 0.05$ 时表示模型差异不显著，当 $P \leqslant 0.05$ 时表示模型差异显著，当 $P \leqslant 0.01$ 时表示模型差异极显著。

ANOVA 分析中将样本总离差平方和 SST、水平项离差平方和 SSA 和误差项离差平方和 SSE 分别定义为

$$SST \equiv \sum_{i=1}^{k}\sum_{j=1}^{n_i}(y_{ij}-\bar{y})^2 = \sum_{i=1}^{k}\sum_{j=1}^{n_i}{y_{ij}}^2 - \frac{\left(\sum_{i=1}^{k}\sum_{j=1}^{n_i}y_{ij}\right)^2}{n} \tag{11.4.11}$$

$$SSA \equiv \frac{1}{n}\sum_{i=1}^{k}\left(\sum_{j=1}^{n_i}y_{ij}\right)^2 - \frac{1}{n}\left(\sum_{i=1}^{k}\sum_{j=1}^{n_i}y_{ij}\right)^2 \tag{11.4.12}$$

$$SSE \equiv \sum_{i=1}^{k}\sum_{j=1}^{n_i}(y_{ij}-\overline{y_i})^2 = SST - SSA \tag{11.4.13}$$

式中：y_{ij} 为测值；$\bar{y}$ 为总平均；$\overline{y_i}$ 为第 i 个水平的组内平均。

依据上述结果，可利用 F 统计量进行总体显著性检验，其中，误差项离差平方和 SSE 与总体方差之比服从自由度为 $n-k$ 的 χ^2 分布，即

$$\frac{SSE}{\sigma^2} \sim \chi^2(n-k) \tag{11.4.14}$$

水平项离差平方和 SSA 与总体方差之比服从自由度为 $k-1$ 的 χ^2 分布，即

$$\frac{SSA}{\sigma^2} \sim \chi^2(k-1) \tag{11.4.15}$$

式(11.4.13)和式(11.4.14)的比值服从第一自由度为 $n-1$，第二自由度为 $n-k$ 的 F 分布，即

$$F = \frac{\dfrac{SSA}{\sigma^2(n-1)}}{\dfrac{SSE}{\sigma^2(n-k)}} = \frac{MSA}{MSE} \sim F(n-1, n-k) \tag{11.4.16}$$

基于上述理论以及不同裂缝宽度的 ECC 微裂缝自愈合度试验结果，计算该材料单裂缝自愈合度指数函数模型调整后的相关指数 R_{adj}^2 并进行 ANOVA 分析以验证其有效性，计算结果如表 11.4.6 所示。3 组 ECC 单裂缝试件的自愈合度拟合结果 P 值均小于 0.01，尤其

对于初始裂缝宽度为 60 μm 的单裂缝试件而言，其 P 值为 0，表明模型差异极显著；此外由于不同裂缝宽度所对应的指数函数模型调整后的相关指数 R_{adj}^2 均接近于 1，表明该模型的整体拟合优度较好，因此，可采用式(11.4.3)对 ECC 单裂缝变化规律进行数学表征。

表 11.4.6　ECC 单裂缝变化规律表征模型拟合优度检验结果

裂缝宽度		Sum of Squares	Mean Square	F value	Prob>F	R_{adj}^2
30 μm	回归	29.058	14.529	132.430	5.07E-11	0.85
	残差	2.523	0.110			
60 μm	回归	82.372	41.186	542.327	0	0.97
	残差	1.899	0.076			
100 μm	回归	2706.389	1353.195	223.719	1.89E-15	0.91
	残差	181.459	6.049			

至此，根据 ECC 微裂缝时变模型以及式(11.4.8)，可以构建 ECC 微裂缝自愈合行为数值分析模型。

三、ECC 微裂缝自愈合行为数值分析

基于微裂缝截断对数正态分布概率密度函数 $p(\delta,\varepsilon)$ 以及 ECC 微裂缝时变表征模型，可建立 ECC 微裂缝自愈合行为数值分析模型，从而实现对不同应变水平下材料微裂缝时变特性的全过程量化分析。如前所述，构建该模型最关键的是建立 ECC 复合材料试件透水系数随时间的变化关系，即建立 $k(\varepsilon,t)$ 方程。因此，下面从中观尺度入手，通过分析自愈合影响下 ECC 复合材料透水系数全过程变化，构建 ECC 微裂缝自愈合行为数值分析模型，ECC 透水并联模型原理如图 11.4.9 所示。

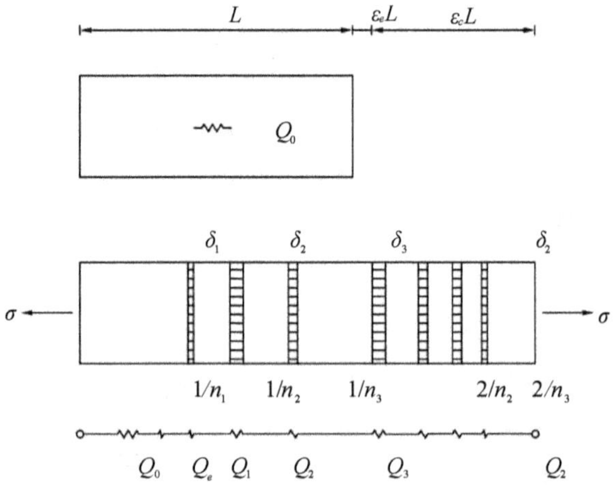

图 11.4.9　ECC 透水数值分析模型原理示意图

对于 ECC 复合材料，当试件整体开始透水时，在给定应变 ε 下，时间 t 的透水量 $Q(\varepsilon,t)$ 等于试件未开裂部分的透水量 $Q_0(\varepsilon)$ 加上 t 时试件开裂和裂缝自愈合共同作用下的微裂缝透水量。

$$Q(\varepsilon,t)=Q_0(\varepsilon)+Q_c(\varepsilon,t) \tag{11.4.17}$$

其中，裂缝引起的透水量可以进一步表示为每条裂缝所引起的透水量总和。假设在给定应变 ε 下，总裂缝条数为 $n(\varepsilon)$，其中裂缝宽度为 δ_j 的裂缝条数为 $n_j(\varepsilon)$，那么式(11.4.17)可进一步表达为

$$Q(\varepsilon,t)=Q_0(\varepsilon)+\sum_{j=1}^{n(\varepsilon)}n_j(\varepsilon)Q_c(\delta_j,t) \tag{11.4.18}$$

将式(11.4.18)进行整理化简为

$$\begin{aligned}k(\varepsilon,t)A(\varepsilon)&=k_0\left[A(\varepsilon)-\sum_{j=1}^{n(\varepsilon)}n_j(\varepsilon)A_c(\delta_j)\right]+\sum_{j=1}^{n(\varepsilon)}n_j(\varepsilon)k_c(\delta_j,t)A_c(\delta_j)\\&=k_0A(\varepsilon)+\sum_{j=1}^{n(\varepsilon)}n_j(\varepsilon)[k_c(\delta_j,t)-k_0]A_c(\delta_j)\end{aligned} \tag{11.4.19}$$

式中：$k(\varepsilon,t)$ 为应变 ε 水平下，时间 t 时 ECC 试件的透水系数；$A(\varepsilon)$ 为应变 ε 下试件渗透区域总面积；k_0 为未开裂 ECC 试件的透水系数；$A_c(\delta_j)$ 为微裂缝宽度为 δ_j 时所对应的单裂缝面积；$A(\varepsilon)-\sum_{j=1}^{n(\varepsilon)}n_j(\varepsilon)A_c(\delta_j)$ 为给定应变 ε 下 ECC 试件未开裂部分面积；$k_c(\delta_j,t)$ 为微裂缝宽度为 δ_j 时所对应的单裂缝透水系数，该值可根据单裂缝试件透水系数 $k(\delta,t)$ 方程计算得到。

对式(11.4.19)进行整理得

$$k(\varepsilon,t)=k_0+\frac{\sum_{j=1}^{n(\varepsilon)}n_j(\varepsilon)[k_c(\delta_j,t)-k_0]A_c(\delta_j)}{A(\varepsilon)} \tag{11.4.20}$$

假设在应变 ε 下总裂缝条数为 $n(\varepsilon)$ 条，则随机出现一条裂缝宽度为 δ_j 的微裂缝概率为 $p_j(\varepsilon)=n_j(\varepsilon)/n(\varepsilon)$。在统计学上，概率密度函数可以用来描述随机变量在某个确定的取值点附近的可能性，根据 ECC 截断对数正态分布函数的概率密度函数 $p(\delta,\varepsilon)$，裂缝宽度在 δ_j 附近的概率同样可写为：$p_j(\varepsilon)=p(\delta_j,\varepsilon)\mathrm{d}\delta$。由于 $p(\delta,\varepsilon)$ 在定义域 $[0,\delta_{\max}]$ 内连续，任意宽度单裂缝的透水量之和可以表示为积分形式：

$$\sum_{j=1}^{n(\varepsilon)}n_j(\varepsilon)[k_c(\delta_j,t)-k_0]A_c(\delta_j)=n(\varepsilon)\int_0^{\delta_{\max}}p(\delta,\varepsilon)[k_c(\delta,t)-k_0]A_c(\delta)\mathrm{d}\delta \tag{11.4.21}$$

将式(11.4.21)代入式(11.4.20)，则 t 时 ECC 复合材料的透水系数为

$$k(\varepsilon,t)=k_0+\frac{n(\varepsilon)}{A(\varepsilon)}\int_0^{\delta_{\max}}p(\delta,\varepsilon)[k_c(\delta,t)-k_0]A_c(\delta)\mathrm{d}\delta \tag{11.4.22}$$

给定应变水平 ε 下，总的裂缝条数 $n(\varepsilon)$ 可以用裂缝引起的拉伸变形除以平均裂缝宽度进行估计。由裂缝引起的拉伸变形为 $\varepsilon_c L$，L 为测量标距。在试验过程中，试件总的拉伸应变等于弹性应变 ε_e 和裂缝引起的应变 ε_c 之和，即 $\varepsilon=\varepsilon_e+\varepsilon_c$。考虑到 ECC 的弹性应变 ε_e（约为 0.01%）远小于裂缝引起的应变 ε_c（2%～2.5%），可认为裂缝引起的应变近似等于试件的拉伸总应变，即 $\varepsilon_c\approx\varepsilon$。应变水平 ε 下所产生的裂缝平均裂缝宽度可表示为

$$\delta_{\mathrm{avg}}=\int_0^{\delta_{\max}}p(\delta,\varepsilon)\delta\mathrm{d}\delta \tag{11.4.23}$$

相应地，应变 ε 下总的裂缝条数 $n(\varepsilon)$ 为

$$n(\varepsilon)=\frac{\varepsilon L}{\int_0^{\delta_{\max}} p(\delta,\varepsilon)\delta \mathrm{d}\delta} \tag{11.4.24}$$

将式(11.4.24)代入式(11.4.22),则得到不同应变水平 ε 下的 ECC 复合材料透水系数随时间的变化关系：

$$k(\varepsilon,t)=k_0+\frac{\varepsilon L}{A(\varepsilon)}\frac{\int_0^{\delta_{\max}} p(\delta,\varepsilon)[k_c(\delta,t)-k_0]A_c(\delta)\mathrm{d}\delta}{\int_0^{\delta_{\max}} p(\delta,\varepsilon)\delta \mathrm{d}\delta} \tag{11.4.25}$$

根据对自愈合度 D 的定义,则不同应变 ε 下,时间 t 时 ECC 微裂缝自愈合度可表示为

$$D=1-\frac{k(\varepsilon,t)}{k_i(\varepsilon)}=1-\frac{k_0}{k_i(\varepsilon)}-\frac{\varepsilon L}{k_i(\varepsilon)A(\varepsilon)}\frac{\int_0^{\delta_{\max}} p(\delta,\varepsilon)[k_c(\delta,t)-k_0]A_c(\delta)\mathrm{d}\delta}{\int_0^{\delta_{\max}} p(\delta,\varepsilon)\delta \mathrm{d}\delta} \tag{11.4.26}$$

同样,考虑到在开裂状态下 ECC 透水系数和未开裂材料透水系数 k_0 相比较大,可略去式(11.4.26)右边第二项,即

$$D=1-\frac{\varepsilon L}{k_i(\varepsilon)A(\varepsilon)}\frac{\int_0^{\delta_{\max}} p(\delta,\varepsilon)[k_c(\delta,t)-k_0]A_c(\delta)\mathrm{d}\delta}{\int_0^{\delta_{\max}} p(\delta,\varepsilon)\delta \mathrm{d}\delta} \tag{11.4.27}$$

为了验证上述自愈合模型的准确性,利用 ECC 微裂缝分布概率密度函数 $p(\delta,\varepsilon)$ 以及 ECC 微裂缝时变模型预测 1%应变水平下 ECC 复合材料的自愈合度,并将预测结果与试验值进行对比。根据试验结果,出于工程实际以及安全考虑,计算时采用较为保守的裂缝宽度最大值,将 $\delta_{\max}$ 定义为 150 μm。图 11.4.10 给出了模型预测结果(实线)和试验值的对比图。可以看到:整个预测区间内模型预测值均与试验值吻合较好,该模型较好地描述了 ECC 微裂缝自愈合度变化全过程。

正如图 11.4.10 所示,ECC 微裂缝自愈合行为数值分析模型在 1%应变水平下的准确性已经得到了充分的验证。但需要强调的是,该模型的应用范围并不仅局限于 1%的应变水平,这是因为此模型是基于 ECC 微裂缝时变表征模型以及 ECC 微裂缝分布函数推导而得到的,而上述两个模型均是通过独立试验所得。这里,1%应变水平下的微裂缝自愈合度用于验证模型的准确性,而对于其他应变水平,该模型同样适用。

图 11.4.11 给出了水作用下 ECC 自愈合度与时间和应变(应变水平分别为 0.5%、1%和 2%)之间的函数关系曲线,其中每组应变水平下的微裂缝分布函数在前文研究中均已获得。由此可见,在实际应用过程中,一旦水工混凝土建筑物的应变分布已知(如通过有限元

计算方法或者应变计数据获得)，则可建立 ECC 自愈合行为数值分析模型并量化研究微裂缝随时间变化的全过程，这对于水工混凝土建筑物渗漏危害的评估及处理具有重要意义。

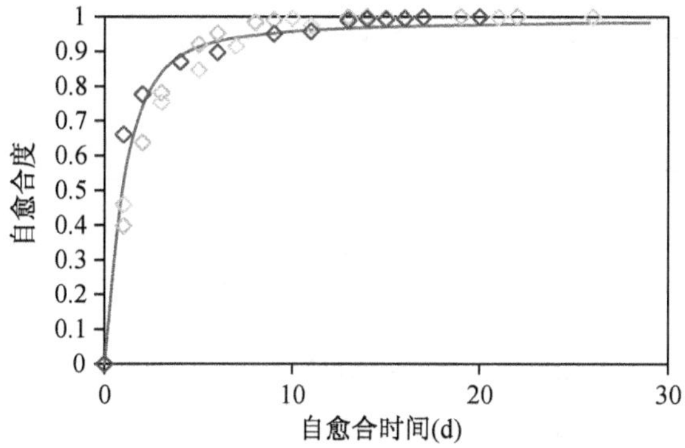

图 11.4.10 ECC 实测和预测自愈合度变化全过程曲线

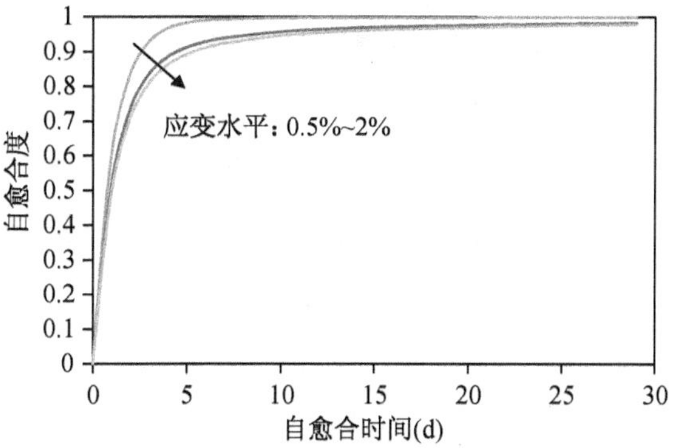

图 11.4.11 不同应变水平下 ECC 自愈合度变化全过程曲线

第五节 硫酸盐-氯盐共同作用下 ECC 拉伸性能

根据 Chalrwood 等[159]的研究，硫酸盐和氯盐单因素或双重因素共同作用下的侵蚀已经成为导致盐湖、盐渍土地区或者海洋环境下服役的水工混凝土建筑物材料与结构退化的主要威胁之一，在上述环境下的水工建筑物服役五年甚至更短时间内就有可能遭到侵蚀破坏。考虑到硫酸盐和氯盐之间具有明显的交互作用，两者共同作用下水工混凝土性能的劣化程度绝不能认为是每个因素单独作用的简单叠加[160]，开展硫酸盐-氯盐共同作用下的材料性能研究对保障水工结构的健康长效服役具有重要意义。

现阶段，国内外许多学者都已经研究了 ECC 在氯盐环境、冻融循环、碱性环境以及湿热环境等多种不同环境下的材料性能，但硫酸盐-氯盐共同作用下 ECC 的拉伸性能研究还不太充分。考虑到 ECC 产生的微裂缝与其拉伸性能紧密相关，上述研究有助于分析侵蚀环境下 ECC 拉伸开裂后的微裂缝分布形式变化规律。此外，和普通水泥基材料明显不同的是，ECC 的宏观性能(极限拉伸强度、极限拉伸应变、微裂缝分布)和纤维/基质界面的微观力学参数(断裂韧度、化学黏结强度等)之间具有紧密的联系。然而，现阶段针对不同环境下 ECC 材料性能的探讨大多集中在宏观层面，忽略了对其微观力学参数的研究，这将难以从本质上揭示不利环境对材料性能的破坏机理。因此，有必要通过微观机理试验研究，深入分析 ECC 纤维/基质界面力学参数的演化规律，进而厘清 ECC 宏观拉伸性能及微裂缝分布形式变化下的微观影响机制，为该材料在水工混凝土结构补强加固上的应用提供理论和试验基础。

一、硫酸盐与氯盐侵蚀机理

1. 硫酸盐侵蚀机理

一般水泥基材料所用硅酸盐水泥组分主要包括硅酸三钙 C_3S、硅酸二钙 C_2S、铝酸三钙

C_3A 和硫铝酸四钙 C_4AF 4 种矿物，除此之外还含有少量起缓凝作用的石膏 $C\bar{S}H_2$。在试件成型过程中，水泥遇水发生水化反应，生成水化硅酸钙、水化硅酸钙凝胶（C-S-H 凝胶）、氢氧化钙和水化铝酸钙等产物。

当水泥基材料遭到外部硫酸盐侵蚀时，硫酸根离子首先通过孔隙传输到材料内部，并与水泥石中的水化产物发生化学反应，反应式如下：

$$Ca(OH)_2 + SO_4^{2-} \rightarrow C\bar{S}H_2 + 2OH^- \tag{11.5.1}$$

反应生成的 $C\bar{S}H_2$ 将进一步与水泥石中的含铝相水化产物发生反应：

$$\begin{cases} C_4A\bar{S}H_{12} + 2C\bar{S}H_2 + 16H_2O \rightarrow C_6A\bar{S}_3H_{32} \\ C_4AH_{13} + 3C\bar{S}H_2 + 14H_2O \rightarrow C_6A\bar{S}_3H_{32} + Ca(OH)_2 \\ C_3A + 3C\bar{S}H_2 + 26H_2O \rightarrow C_6A\bar{S}_3H_{32} \end{cases} \tag{11.5.2}$$

式中：$Ca(OH)_2$，SO_4^{2-}，$C\bar{S}H_2$，OH^-，$C_4A\bar{S}H_{12}$，H_2O，C_4AH_{13}，$C_6A\bar{S}_3H_{32}$ 分别表示氢氧化钙、硫酸根离子、石膏、氢氧根离子、单硫型水化硫铝酸钙（AFm 相）、水、水化铝酸钙和钙矾石。

作为硫酸盐侵蚀的主要化学产物，钙矾石和石膏等膨胀性产物的生成将在水泥基材料内部产生内应力。当其超过材料的抗拉强度时，就会引起试件的开裂，甚至结构的破坏。根据化学反应式(11.5.2)可知，硫酸盐的侵蚀类型具体如下。

(1) 钙矾石结晶型

钙矾石主要分为两种，第一种是在较低氢氧根离子浓度条件下生成的条状结晶，此类结晶不会带来危害性膨胀。相反地，在氢氧根离子浓度较高时，会生成一种小的针状或片状结晶，造成试件硫酸盐破坏的钙矾石就属于此种。其在吸收了大量水分子后，会在含铝固相表面析出，从而在试件内部形成巨大膨胀应力，造成试件的膨胀、开裂或者破坏。

(2) 石膏结晶型

当 $SO_4{}^{2-}$ 和 Ca^{2+} 的浓度积大于或等于 $CaSO_4$ 的浓度积时，根据浓度积规则，将会析出石膏结晶。石膏结晶型破坏不会导致巨大裂纹的出现，但试件会遍体溃散。尽管石膏被认为是 SO_4^{2-} 浓度较高时的侵蚀产物，但如果材料处于干湿交替状态，即使 SO_4^{2-} 浓度不高，石膏结晶也将处于主导地位。

(3) 碳硫硅钙石型(TSA)

在湿冷环境下（温度一般低于 15℃），如果硫酸根离子和碳酸根离子同时存在，C-S-H 凝胶会劣化生成碳硫硅钙石。水泥基材料在受到此类侵蚀后不会出现明显的体积膨胀现象，但会由于水泥石逐渐变成"泥质"而使结构强度完全丧失。

由以上可以看出，硫酸盐侵蚀类型极易受到外部环境的影响，硫酸盐浓度、温度和溶液 pH 浓度等因素都会引起侵蚀类型的改变，钙矾石结晶型破坏是目前研究最多的一种硫酸盐侵蚀类型。

2. 氯盐侵蚀机理

氯盐侵蚀机理主要包括两个方面：一是氯离子侵入材料内部，引起钢筋锈胀并最终导致材料保护层的破坏；二是氯离子直接对水泥基的侵蚀。由于 ECC 自身所具有的超高延性，在其应用过程中往往不必添加钢筋，故针对 ECC 的氯盐侵蚀研究多集中于后者。

氯离子主要通过扩散、渗透、毛细管吸收以及电化学迁移等作用侵入水泥基材料内部。扩散作用是指当材料遭遇氯盐侵蚀时，由于外部氯离子浓度和材料表层浓度之间存在浓度差，氯离子由侵蚀溶液向试件内部移动的现象。渗透是指材料在非饱和状态下，氯离子在液体压力差作用下而产生的渗流现象，该作用仅在水头压力较大的时候才会表现得比较明显。毛细吸收作用是由附着力和内聚力之间的差异而造成的，受到该作用的影响，与试件表层接触的氯盐溶液也会向材料内部干燥部分移动。电化学迁移作用主要反映了氯离子由低电位向高电位方向移动的现象。

当氯离子通过上述作用从外部环境侵入水泥基材料时，部分氯离子会与水泥石中的 $Ca(OH)_2$ 和 C_3A 等发生化学反应，生成易溶的 $CaCl_2$ 和较稳定的 Friedel 盐（$3CaO-Al_2O_3-CaCl_2-10H_2O$），化学反应方程式如下：

$$2Cl^- + 3CaO - Al_2O_3 - CaSO_4 - 10H_2O \rightarrow 3CaO - Al_2O_3 - CaCl_2 - H_2O + SO^{2-}{}_4 \tag{11.5.3}$$

不仅如此，国内外科研工作者通过试验开展了大量关于氯盐对硫酸盐侵蚀机理的影响研究[161-165]。试验成果表明，硫酸盐-氯盐混合溶液中，氯盐本身不会引起材料的损伤，也不会改变硫酸盐对水泥基材料的损伤演化趋势，但氯盐的存在能够延缓材料的硫酸盐侵蚀损伤过程。氯离子对硫酸根离子的侵蚀延缓机理如下：首先，由于在混合溶液中硫酸根离子的有效扩散系数比在硫酸根溶液中低，硫酸根离子与水泥中的 C_3A 反应需要更长的时间；其次，钙矾石在氯盐溶液中的溶解度是水中的 3 倍，这也降低了侵蚀过程中钙矾石的生成；另外，氯离子的扩散系数大概是硫酸根离子的 2 倍，在混合溶液中，氯离子率先侵入水泥基材料内部与水泥中的 C_3A 结合生成较稳定的 Friedel 盐，降低了硫酸根离子与 C_3A 反应生成膨胀性产物的机会。

二、硫酸盐-氯盐共同作用下 ECC 侵蚀试验设计

本试验所采用的原材料和第三节相同，配合比如表 11.5.1 所示，ECC 的制备过程遵循其标准流程。在拌和完成后，将新鲜拌和物倒入模具中以制备单轴拉伸试件。所有试件在标准试验室条件下养护 24 h 后拆模。随后，将上述试件直接放置在相同的试验室环境中养护至 28 d。

表 11.5.1　ECC 试验配合比（kg/m^3）

材料	水泥	石英砂	粉煤灰	水	HRWRA	纤维
ECC	393	457	865	311	5	26

分别采用纯度为 99.8% 的硫酸钠晶体和纯度为 99.2% 的氯化钠晶体配制以下两种溶液来模拟工程所处侵蚀环境，该浓度对应于材料所处侵蚀环境为非常严重作用等级[140]：质量分数为 5% 的硫酸钠溶液；质量分数为 5% 的硫酸钠＋质量分数为 3% 的氯化钠混合溶液。

待试件养护至 28 d 龄期时，将试件放入上述溶液中至 30 d，60 d，90 d，120 d 和 200 d。同时，准备相同的试件放入水中至相同的龄期作为对照。采用塑料薄膜对放置侵蚀溶液的容器顶部予以密封处理，同时定期更换溶液以保证侵蚀溶液的浓度稳定。每种工况下准备

3 个平行试件，共准备试件 48 个。

(1) 单轴拉伸试验

为明晰硫酸盐-氯盐共同作用对 ECC 拉伸性能以及拉伸开裂后的微裂缝分布形式的影响，对侵蚀至不同龄期时的 ECC 试件开展单轴拉伸试验，探究 ECC 在侵蚀服役环境下的材料性能演化规律。由于试件内部含水量不同时会造成试验结果的离散性偏大，在预定龄期取出的试件应在试验室条件下放置 24 h 后再测试其拉伸特性，以保证试验结果的稳定性。单轴拉伸试验采用美国 Instron 公司生产的电子万能材料力学试验机进行，试验加载速率控制在 0.5 mm/min。两个线性位移传感器(LVDT)分别固定于试件两侧记录加载位移，取两者平均值作为轴线处拉伸位移，测量标距为 80 mm。单轴拉伸试验装置如图 11.5.1 所示。

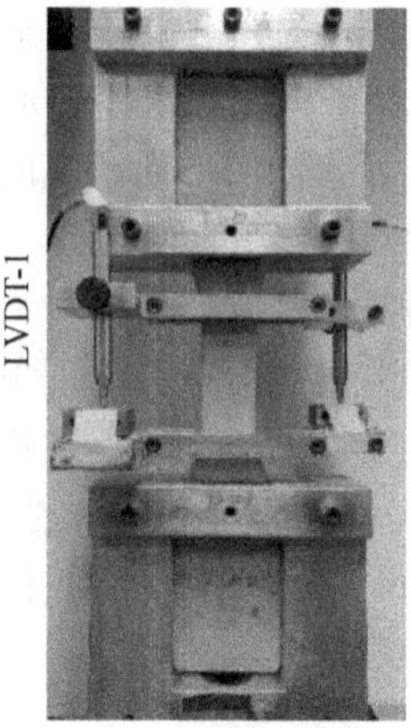

图 11.5.1　单轴拉伸试验装置

(2) 微观机理试验

作为 ECC 材料跨尺度研究的重要工具，微观机理试验包括基质三点弯曲试验和单纤维拔出试验，基质三点弯曲试验主要用于考察 ECC 基质断裂韧度 K_m 随侵蚀龄期的变化规律，单纤维拔出试验主要用于测定纤维/基质界面化学黏结强度 G_d、摩擦黏结强度 τ_0 以及应变硬化系数 β 等参数的演化过程。依据上述微观力学参数，结合材料微观设计理论，即可建立 ECC 单裂缝面纤维桥接应力 σ 和裂缝开度 δ 之间的关系 (σ-δ 关系)，由此实现对硫酸盐-氯盐共同作用下 ECC 宏观拉伸性能以及微裂缝分布形式变化规律的跨尺度分析。

① 基质三点弯曲试验

准备 ECC 基质试件(不含纤维)开展三点弯曲试验以测定材料的基质断裂韧度 K_m，试验参照 ASTM E399 标准进行。尽管该标准主要应用于金属材料断裂韧性的测试，但其对脆性材料依然适用，而 ECC 基质本质上为水泥砂浆，属于线弹性脆性材料，故 ECC 基质断裂韧性的测试同样可采用上述标准。首先，成型尺寸为 305 mm×76 mm×38 mm 的梁式 ECC 基质试件，该试件除了不添加纤维以外，其余原材料以及配合比均与表 11.5.1 所示相同。试件成型 24 h 后拆模，并放在温度(23±3)℃、湿度(20±5)%的试验室条件下养护 28 d，随后将所有试件置于 5% 硫酸盐以及 5% 硫酸盐+3% 氯盐溶液中直至 200 d(与 ECC 单轴拉伸试验龄期保持一致)以观测侵蚀环境对 ECC 基质断裂韧度的影响。

在试件到达预定龄期时，取出试件并在其受拉侧跨中引入宽度为 0.6 mm 的细缝作为疲劳裂纹引发缺口，缺口的深度与试件高度之比为 0.4。采用带有疲劳预裂纹缺口的 ECC 基质试件进行三点弯曲试验，试验装置如图 11.5.2 所示。Instron 电子材料万能试验机在三点弯曲试验下自动记录载荷 P。试验加载速度控制在 0.5 mm/min。试验结束后，需根据标准的要求对试验结果进行有效性校验，以保证裂缝尖端处于小范围屈服，否则试验结果无效。每组试验准备 4 个平行试件，共准备 44 个试件。

利用试验获得的载荷 P，可以计算得到 ECC 基质的断裂韧度

$$K_m = \frac{PS}{\sqrt{BB_N}W^{3/2}} \cdot f\left(\frac{a}{W}\right) \tag{11.5.4}$$

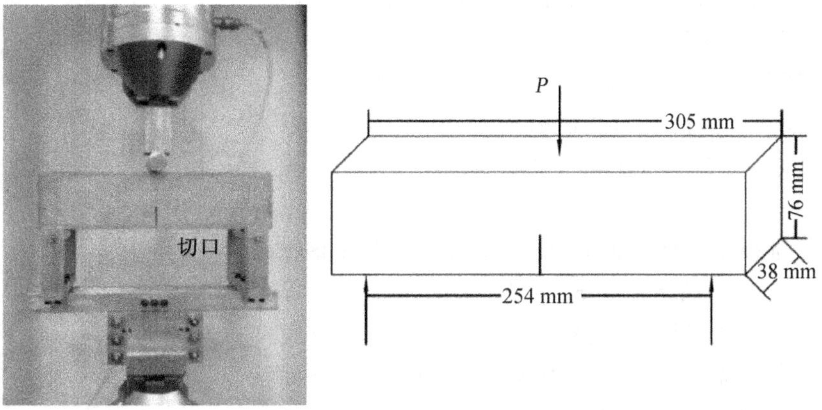

图 11.5.2　三点弯曲试验装置

$$f\left(\frac{a}{W}\right)=3\sqrt{\frac{a}{W}}\cdot\frac{1.99-\left(\frac{a}{W}\right)\left(1-\frac{a}{W}\right)\left[2.15-3.93\frac{a}{W}+2.7\left(\frac{a}{W}\right)^{2}\right]}{2\left(1+2\frac{a}{W}\right)\left(1-\frac{a}{W}\right)^{3/2}} \tag{11.5.5}$$

式中：P 为基质试件断裂时所对应的最大承载力(N)；B 为试件的宽度(mm)，本试验中 $B_N = B$；a 为试件中部切口的长度(mm)；W 为试件的高度(mm)；S 为试件下侧两个支撑点之间的距离(mm)。

由于纤维掺量较低，ECC 基质的弹性模量可近似采用复合材料的弹性模量代替，该模量可通过计算拉伸应力-应变曲线的线性阶段斜率求得。根据已经得到的基质断裂韧度 K_m 和弹性模量 E_m，可由 ECC 微观设计理论计算得到基质裂缝尖端韧度 J_{tip}。当复合材料内纤维的掺量较小时($<2\%$)，J_{tip} 近似等于基质韧度 K_m^2/E_m。

② 单纤维拔出试验

单纤维拔出试验的试件准备过程如下：首先将纤维铺在特制长方形模具内，随后成型 ECC 基质试件(不含纤维)并放在标准试验室环境下进行养护。养护28 d后，采用精密切割机对试件进行切割，为了防止纤维在试验过程中还没有经历脱粘过程即被拔断，试件厚度需严格控制(小于 1 mm)。单纤维拔出试件的准备过程如图 11.5.3 所示。切割完成后，分别将试件置入 5% 硫酸盐溶液和 5% 硫酸盐+3% 氯盐溶液中直至 200 d，以观察纤维/基质界面参数在侵蚀环境中的变化过程。考虑到单纤维拔出试验的试验数据离散性往往较大，每组试验准备 20 个平行试件。

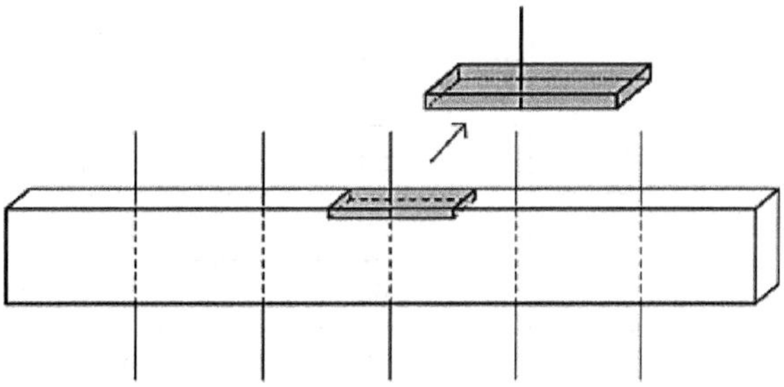

图 11.5.3　单纤维拔出试验试件准备过程

待试件在侵蚀性溶液中浸泡至预定的龄期后，采用 Instron 拉力试验机进行单纤维拔出试验，试验装置如图 11.5.4 所示。纤维的一端埋入基质并用强力胶将其固定在底部“T”

字形金属托上，该金属托盘连接有高精度测力传感器，传感器量程为 5 N，精度为 0.0125 N。纤维的另一端采用胶带和强力胶牢固地粘贴在铝片上以免拉伸过程中产生滑移，铝片由拉力试验机夹紧。试验过程中，上方夹头以 0.5 mm/min 的加载速率向上移动提供载荷，当纤维被拔出时，该试验终止。

利用单纤维拔出试验可测定 ECC 纤维/基质界面化学黏结强度 G_d、摩擦黏结强度 τ_0 以及应变硬化系数 β 等微观力学参数的变化过程，结合纤维体积分数、长度以及当量直径等其他参数，根据 ECC 微观设计理论，即可计算得到 ECC 单裂缝面纤维桥接性能 σ-δ 关系，进而刻画材料宏观拉伸性能以及微裂缝分布形式和微观力学参数之间的关系。

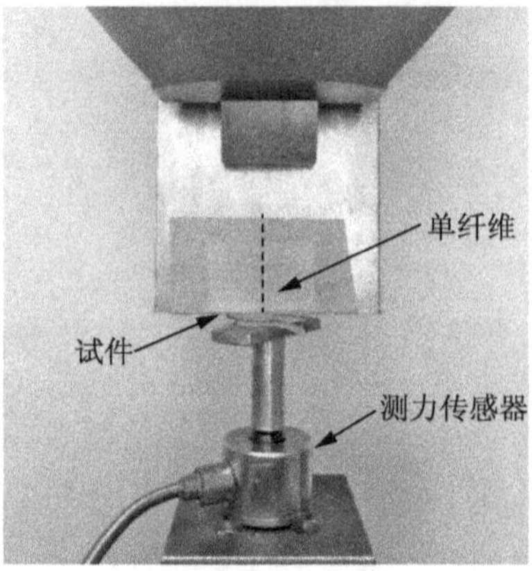

图 11.5.4　单纤维拔出试验装置

三、侵蚀环境下 ECC 拉伸性能及微裂缝分布形式

1. ECC 拉伸性能及微裂缝分布形式变化规律(宏观尺度)

对硫酸盐-氯盐共同作用后处于不同侵蚀龄期的试件开展单轴拉伸试验，表 11.5.2 给出了不同养护条件下 ECC 极限抗拉强度、极限拉伸应变以及平均裂缝宽度的实测值。

表 11.5.2 不同侵蚀环境下 ECC 的拉伸特性

侵蚀环境	侵蚀时间 (d)	极限抗拉强度 (MPa)	极限拉伸应变 (%)	平均裂缝宽度 (μm)
	0	5.02±0.26	4.20±0.14	55
水	30	5.65±0.27	2.93±0.72	52
	60	5.81±0.10	2.53±0.39	51
	90	5.53±0.19	2.36±0.25	46
	200	5.62±0.02	2.65±0.79	49
Na_2SO_4	30	5.52±0.20	2.14±0.03	49
	60	5.80±0.31	2.69±0.09	48
	90	6.24±0.09	2.21±0.28	50
	200	6.29±0.08	2.14±0.12	47
Na_2SO_4+NaCl	30	5.84±0.21	3.30±0.23	49
	60	5.61±0.09	2.11±0.01	51
	90	6.45±0.18	3.11±0.17	48
	200	6.22±0.12	2.12±0.23	50

从表 11.5.2 可以看出，现有侵蚀周期内，三种溶液中养护的 ECC 试件极限抗拉强度均有所上升。龄期 28 d 时，ECC 试件的极限抗拉强度为 5.02 MPa，200 d 后硫酸盐溶液和硫

酸盐-氯盐溶液中的ECC试件极限抗拉强度分别上升至6.29MPa和6.22 MPa。对于养护在水中的试件来说，其上升趋势较为缓慢，相同侵蚀周期内极限抗拉强度从5.02 MPa增长至5.62 MPa。ECC试件极限抗拉强度的上升和水泥持续水化以及粉煤灰效应有关，上述反应能够填充基质空隙，从而导致ECC纤维/基质界面变得更加密实，在宏观层面即表现为试件极限抗拉强度的上升。然而，对于侵蚀环境下养护的ECC试件，除上述反应外，石膏/钙矾石等膨胀性产物的生成也会导致基质密实。此外，由于ECC中添加了大量粉煤灰，粉煤灰的火山灰反应使得后期低硫型水化硫铝酸钙更易形成，低硫型盐的生成不仅不会在试件内部产生有害应力，而且能够填充空隙。因此，侵蚀环境下养护的ECC试件极限抗拉强度增长趋势更为明显。

就极限拉伸应变而言，从表11.5.2可以看出，在所有溶液中养护的ECC试件极限拉伸应变均表现出下降趋势，尤其是在初始的30 d内，该趋势更为明显；随后，该值趋于稳定并始终保持在2%以上。尽管ECC的应变能力呈现下降趋势，但其在侵蚀环境下所表现出的延性仍远高于普通水泥基材料。

ECC材料的高延性归因于其在拉伸过程中所特有的微缝开裂特性以及应变硬化能力。不同养护条件下ECC典型的拉伸应力-应变曲线如图11.5.5所示，ECC在水和侵蚀性溶液中养护200 d后依然保有上述特性。此外，不同环境下的ECC试件在拉伸过程中均经历了3个不同的受力阶段：弹性阶段、伪应变硬化阶段和应变软化阶段。在最初始的弹性阶段，纤维和基质间黏结性能良好，试件在拉伸状态下表现出线弹性行为。随后，伴随着外荷载的增加，ECC最薄弱断面基质首先开裂，开裂瞬间裂缝即贯通整个试件，表现出明显的平稳开裂特征，此时试件出现第一条裂缝并进入伪应变硬化阶段，此时外荷载需不断增加才能

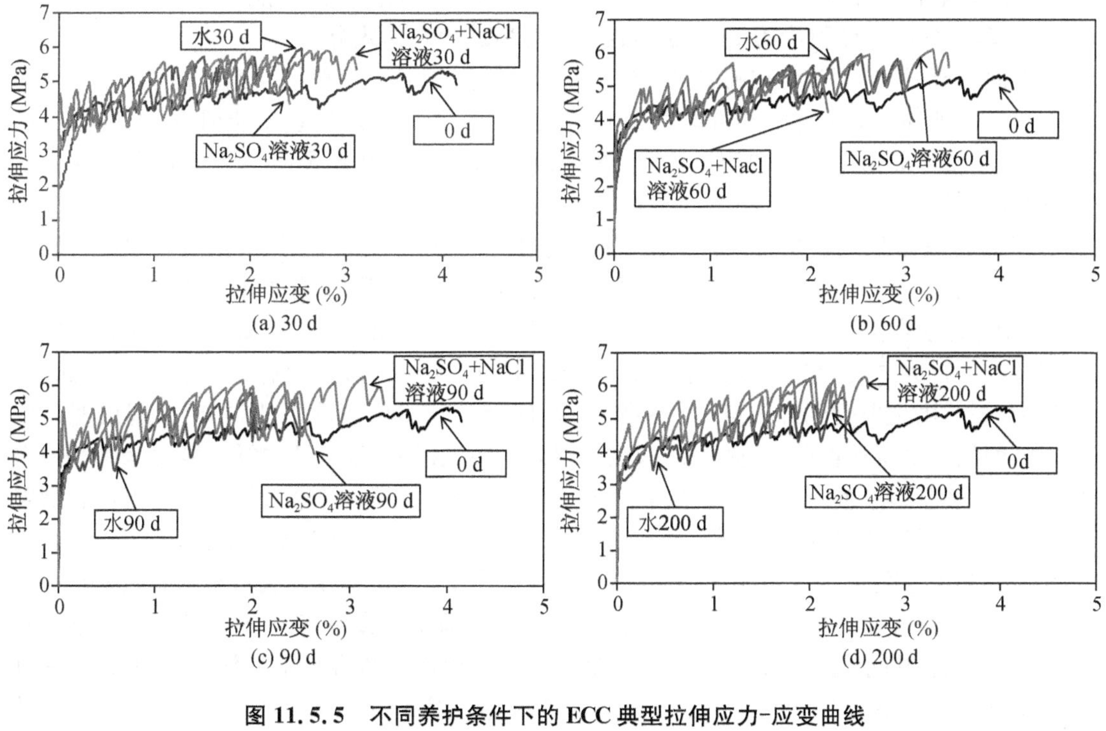

图11.5.5 不同养护条件下的ECC典型拉伸应力-应变曲线

继续产生新的裂缝。ECC 基质开裂后，裂缝面处的纤维承受全部荷载并将荷载传递给裂缝两侧未开裂的基质部分。当纤维传递的荷载达到下一基质开裂强度时，试件就会产生新的裂缝，该过程重复进行，ECC 也因此表现出应变硬化特性直至裂缝饱和。当试件某一薄弱断面的纤维被拔出或拔断时，此时试件达到极限抗拉强度，随后荷载降低，试件出现变形软化。

ECC 材料性能和其微裂缝特性紧密相关，硫酸盐-氯盐共同作用 200 d 后，ECC 试件的平均裂缝宽度从 28 d 时的 55 μm 分别降至 49 μm（水溶液）、47 μm（硫酸盐溶液）和 50 μm（硫酸盐-氯盐溶液）。需要注意的是，尽管平均裂缝宽度的减小会导致拉伸应变的轻微降低，但也会在一定程度上限制硫酸根离子和氯离子侵入结构的速度，从而提升混凝土的抗侵蚀能力。ECC 宏观性能（极限抗拉强度、极限抗拉应变和微裂缝宽度）的变化和其纤维/基质界面力学参数的改变有关，上述宏观性能变化下的微观影响机理将在后文详细分析。

对于遭受硫酸盐-氯盐侵蚀的普通水泥基材料而言，80～200 d 内就会表现出明显的分层破坏行为，但在相同侵蚀周期内，ECC 仍表现出良好的拉伸性能以及多缝开裂特征，显然，ECC 较普通水泥基材料具有更好的抗硫酸盐-氯盐侵蚀性能。ECC 抗侵蚀性能的提升主要归因于以下几个方面：①粉煤灰效应细化了材料内部孔结构，使得 ECC 密实度提升，从而有效减缓了硫酸根-氯离子侵入试件内部的速度；②ECC 复合材料中，粉煤灰占了胶凝材料的 55%～80%，和普通水泥基材料相比，ECC 试件中水泥的用量（即初始 C_3A 含量）得到大幅度减少，直接降低了 SO_4^{2-} 与水泥水化产物反应并进一步生成钙矾石的机会；③粉煤灰火山灰效应导致了水泥石中 $Ca(OH)_2$ 的浓度降低，这也在一定程度上限制了膨胀性产物钙矾石的生成；④裂缝宽度控制能力，ECC 的微裂缝特性能够保证试件即使在膨胀开裂后侵蚀离子的扩散作用始终处于较低的水平，从而提升了材料的抗侵蚀性能。

2. 基于微观设计理论的 ECC 拉伸性能及微裂缝分布形式分析

上面主要研究了 ECC 在硫酸盐-氯盐共同作用下的材料宏观性能变化过程。为了从本质上揭示侵蚀环境对上述材料性能的影响，下面开展 ECC 微观机理试验研究，通过分析材料纤维/基质界面力学参数的演化规律，厘清 ECC 宏观拉伸性能及微裂缝分布形式变化下的微观影响机制。

ECC 是以微观力学和断裂力学为基础，通过对纤维、基质以及纤维/基质界面体系进行设计而得到的一种新型高性能纤维增强水泥基复合材料。和普通水泥基材料不同的是，ECC 的微观力学参数以及宏观拉伸性能之间有着密不可分的联系。ECC 从微观材料尺度到宏观拉伸行为之间的跨尺度关系如图 11.5.6 所示，其中，微观材料尺度是指单纤维的拔出行为，该行为主要受到纤维自身材料属性以及纤维/基质界面性质的影响；中观尺度是指单裂缝面的纤维桥接性能（σ-δ 关系），在单裂缝开展过程中，裂缝处的纤维能够承受并传递荷载至未开裂区域，使得材料不发生应变软化破坏。另一方面，纤维的桥接性能直接影响着裂缝的扩展过程。尽管裂缝的开裂是由基质的断裂韧性以及材料内部的最大缺陷所决定，但作为实现 ECC 多缝开裂以及应变硬化特性的必要条件，要求材料在开裂过程中必须为平裂纹稳态开裂（即满足能量准则），且裂缝开裂应力需小于纤维的最大桥接应力（即满足强度准则）。在硫酸盐-氯盐共同作用下，纤维、基质以及纤维/基质界面的微观力学参数会受到影响，并直接导致 ECC 宏观拉伸性能和微裂缝分布形式的变化。因此，开展侵蚀环境下 ECC 微观力学参数研究，有助于从本质上揭示材料补强加固应用过程中的宏观性能变化规律。

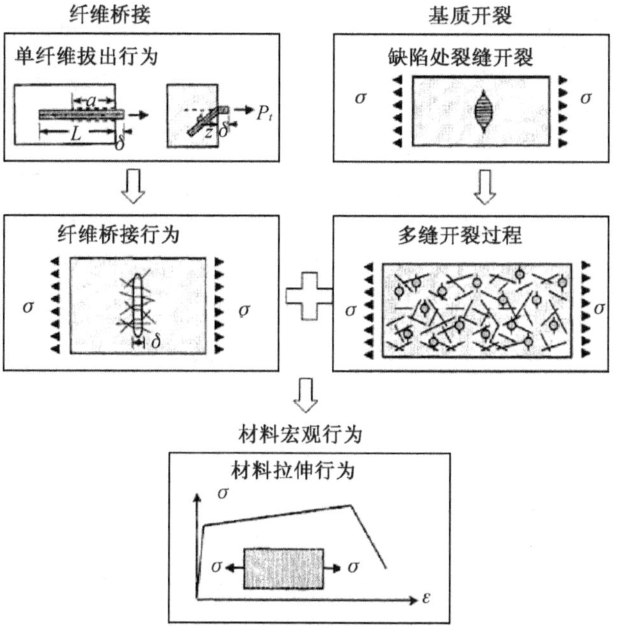

图 11.5.6　ECC 多尺度(微观-中观-宏观)之间的联系

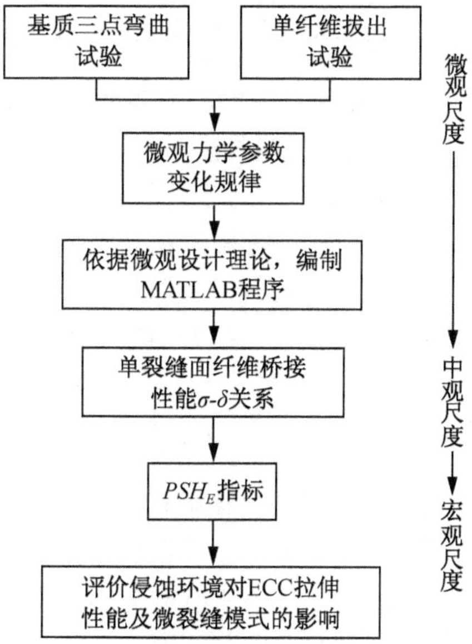

图 11.5.7　侵蚀环境对 ECC 拉伸及微裂缝分布型式影响跨尺度分析流程图

这里从微观材料尺度入手，借助 ECC 微观设计体系理论，通过建立中观尺度的纤维桥接性能 σ-δ 关系，重点研究硫酸盐-氯盐共同作用对材料宏观拉伸性能以及微裂缝分布形式的影响。具体思路为：①根据基质三点弯曲试验和单纤维拔出试验，探究包括基质断裂韧度、化学黏结强度、摩擦黏结强度以及滑移硬化系数在内的微观力学参数演化规律；②结合 ECC 微观设计理论，利用上述微观力学参数以及纤维相关参数，编制 MATLAB 程序，计算不同侵蚀龄期下的 ECC 纤维桥接性能 σ-δ 关系以及基于能量准则的 PSH_E 指标；③利用 σ-δ 关系和 PSH_E 指标，从微观尺度分析侵蚀环境对材料宏观拉伸性能以及微裂缝分布形式的影响。跨尺度分析流程如图 11.5.7 所示。

(1) ECC 微观设计理论分析

为建立 ECC 单裂缝面纤维桥接性能 σ-δ 关系以及 PSH_E 指标，对 ECC 应变硬化过程进行分析。单纤维的拔出过程示意图如图 11.5.8 所示，该过程主要包括纤维与基质的脱粘(debonding)以及纤维的拔出滑移(pull-out)两个阶段。由于 PVA 纤维自身的亲水特性，使得其与 ECC 基质内胶凝材料水化产物之间形成较强的化学黏结力，因此，受拉状态下，纤维首先需要克服该力的作用，即与周围的水化产物脱粘。Lin 等[166]将纤维与基质的脱粘看作沿着纤维/基质界面裂纹扩展的过程，应用线弹性断裂力学理论(LEFM)以及能量准则，可计算出此阶段单纤维与基质脱粘所产生的力 P 与位移 u 之间的关系为

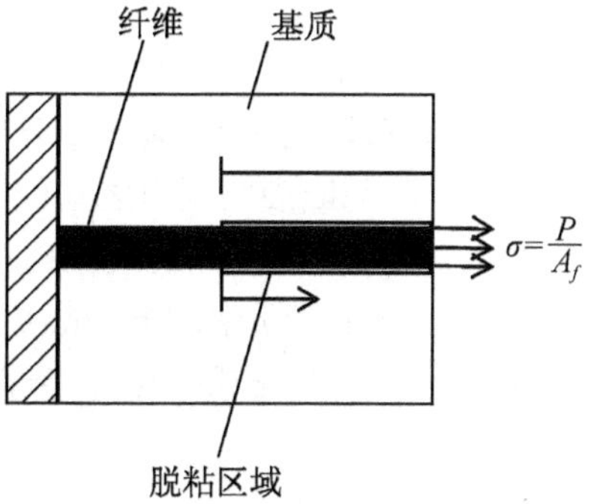

图 11.5.8　单纤维拔出过程示意图

$$P_{\text{debonding}} = \sqrt{(\tau_0 u + G_d)\pi^2 E_f d_f^3 (1+\eta)/2} \tag{11.5.6}$$

式中：τ_0 为脱粘区摩擦黏结强度；G_d 为未脱粘区（即黏结区）化学黏结强度；η 为体积加权模量系数，$\eta=\dfrac{E_fV_f}{E_m(1-V_f)}$，在单纤维拔出试验中，通常认为其纤维体积 $V_f=0$，因此 $\eta=0$；E_f 和 E_m 分别为纤维和基质的弹性模量；d_f 为纤维当量直径。

在纤维完全脱粘后，进入拔出过程，此时，纤维所能承受的荷载仅由纤维和基质之间的界面摩擦力决定。由于纤维已经与水化产物之间完全脱粘，拔出过程的纤维连接应力仅与摩擦黏结强度 τ_0 有关。在纤维的拔出过程中，粗糙的 ECC 基质对纤维表面具有削切作用，使得纤维能够承受的荷载进一步上升，表现出滑移硬化现象。忽略纤维和基质的变形，并对基质内部纤维进行受力平衡分析，则单纤维在拔出过程中的连接应力和纤维相对于基质的位移 u 之间的关系为

$$P_{\text{pullout}}=\pi d_f\tau_0[1+\beta(u-u_0)][L_e-(u-u_0)] \tag{11.5.7}$$

式中：β 为纤维的滑移硬化系数；L_e 为纤维埋深。

需要注意的是，以上计算均假设纤维在基质中与开裂面垂直，且受力平行于纤维长度方向。对于拌合均匀的 ECC 来说，纤维在基质中呈现三维乱向分布，多数纤维与开裂面法线间均存在夹角。当纤维以夹角 ϕ 分布时，纤维所受荷载可通过试验拟合得到：

$$P(\phi)=P(0)\mathrm{e}^{f\phi} \tag{11.5.8}$$

式中：f 为纤维制动系数(snubbing coefficient)，由试验确定；$P(\phi)$ 是在夹角为 ϕ 时纤维所受荷载；$P(0)$ 为纤维长度相同且夹角为 0 时（即纤维与开裂面垂直）纤维所受的荷载。

此外，由于 Cook - Gordon 效应，纤维在裂缝扩展的过程中容易受到横向应力的影响，从而导致纤维与受力方向呈一定角度，这也会给纤维的强度带来一定的衰减。可采用纤维的强度衰减系数 f' 来反映该效应，f' 根据纤维埋在基质中的抗拉强度 $\sigma_{fu}(\phi)$ 与纤维的断裂强度 $\sigma_{fu}(0)$ 之间的关系得到：

$$\sigma_{fu}(\phi)=\sigma_{fu}(0)\mathrm{e}^{-f'} \tag{11.5.9}$$

由于纤维在基质中随机分布（主要包括纤维与开裂面法线之间的夹角 ϕ 和纤维重心距裂缝面的距离 z 两个随机分布参数），利用数理统计方法对开裂面所有发挥桥接作用的单纤维 $(L_e>0)$ 所承受的荷载进行求和，即可得到 ECC 开裂面所对应的 σ-δ 关系：

$$\sigma(\delta)=\frac{V_f}{A_f}\int_0^{\pi/2}\int_0^{(L_f/2)\cos(\phi)}P(u)p(z)p(\phi)\mathrm{d}z\mathrm{d}\phi \tag{11.5.10}$$

式中：$P(u)$ 为单纤维拔出荷载与裂缝开口位移的关系。由于纤维两端在两侧裂缝开裂面均存在拔出滑移现象，因此，裂缝张开宽度 $\delta=u_1+u_2$（u_1 和 u_2 分别为纤维两端的相对位移）。$p(z)$ 为纤维重心与断裂面距离之间的概率密度函数，对于三维乱向分布的纤维，$p(z)=2/L_f$，L_f 为纤维长度。$p(\phi)$ 为纤维与裂缝平面法线倾角之间的概率密度函数，具体计算过程如下。

将纤维在基质中的分布想象成以埋深 L_e 为半径的一个半球（图 11.5.9），纤维的末端可落在半球面上的任意一点。半球的表面积为

$$A=2\pi L_e^2 \tag{11.5.11}$$

当纤维与开裂面法线之间的夹角从 ϕ 变动到 $\phi+\mathrm{d}\phi$ 时，其对应的表面积增量 $\mathrm{d}A$ 为

$$dA = 2\pi L_e^2 \sin\phi d\phi \tag{11.5.12}$$

因此，纤维与开裂面法线夹角的概率密度函数为

$$p(\phi) = \frac{1}{A}\frac{dA}{d\phi} = \sin\phi \tag{11.5.13}$$

依据上述分析，可建立纤维桥接性能 σ-δ 关系曲线如图 11.5.10 所示，其中 σ_{ss} 和 σ_0 分别为稳态开裂应力以及纤维最大桥接应力，δ_{ss} 和 δ_0 分别为上述应力对应的裂缝宽度。为了实现多裂缝稳态扩展，避免出现类似于普通纤维增强混凝土的应变软化行为，ECC 必须满足 σ-δ 关系下的稳态开裂能量准则和强度准则。

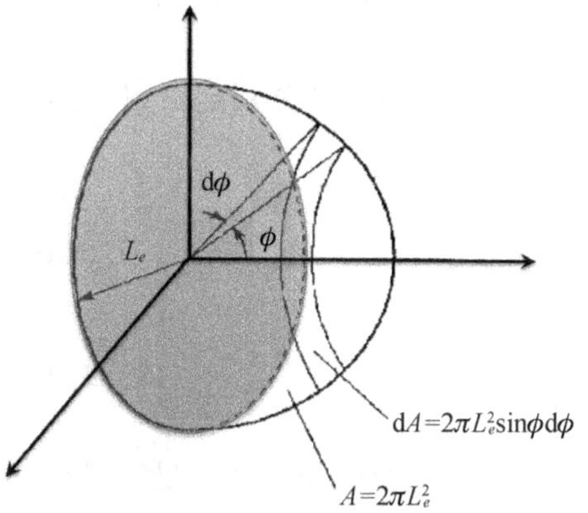

图 11.5.9　3D 单纤维概率随机分布半球

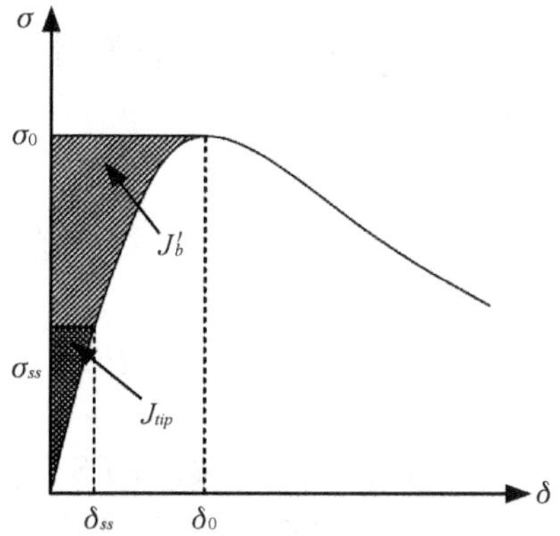

图 11.5.10　典型裂缝桥接应力-裂缝张开宽度(σ-δ)关系

① 能量准则

多缝稳态开裂的能量准则要求 ECC 基质开裂时纤维的最大桥接应力所能提供的断裂余能 $J_b{}'$ 大于裂缝尖端断裂韧度 J_{tip}，即

$$J_b{}' \equiv \sigma_0\delta_0 - \int_0^{\delta_0}\sigma(\delta)d\delta \geqslant J_{tip} \approx \frac{K_m^2}{E_m} \tag{11.5.14}$$

能量准则主要限制了承载状态下裂缝的扩展方式。如果裂缝稳态开裂的能量准则得不到满足，类似于 Griffith 型[图 11.5.11(a)]的裂纹扩展过程就会出现。此时，开裂处的纤维将由于裂缝宽度的持续扩展而导致拔出或断裂，从而表现出类似于普通纤维增强混凝土的应变软化行为。相反地，当断裂余能大于裂缝尖端断裂韧度时，裂缝能够从

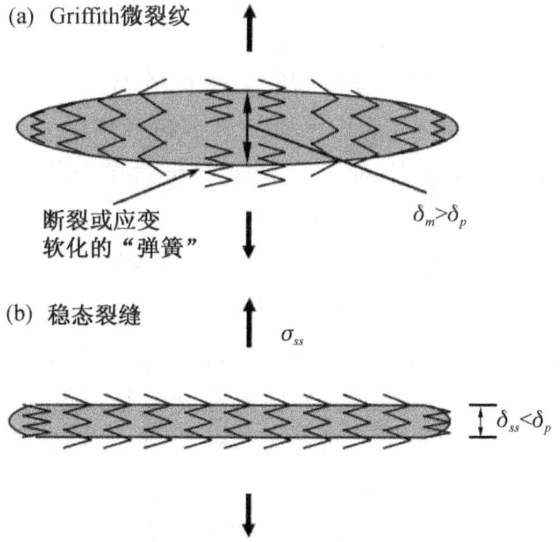

图 11.5.11　两种不同的裂缝扩展方式

缺陷部位稳定地向两侧扩展[图 11.5.11(b)]。此时，稳态开裂的裂缝宽度 δ_{ss} 小于纤维最大桥接应力所对应的裂缝宽度 δ_0，纤维将持续发挥桥联作用而不会断裂。

② 强度准则

多缝稳态开裂的强度准则要求纤维的最大桥联应力 σ_0 大于基质初裂强度 σ_c（出现首条裂缝时的强度），即

$$\min(\sigma_0) > \sigma_c \tag{11.5.15}$$

强度准则保证了当 ECC 出现裂缝时，开裂处的应力可以由纤维承担并传递至周围未开裂的基质。如果强度准则得不到满足，在裂缝出现时，开裂处的纤维会由于初裂强度大于纤维的最大桥联强度而直接被拔出或拉断，从而失去桥联作用，ECC 的多缝开裂过程也将不复存在。

基于上述能量准则和强度准则，可采用式(11.5.14)和式(11.5.15)分别定义以下两个材料应变硬化指标：

$$PSH_E = \frac{J_b'}{J_{tip}} \tag{11.5.16}$$

$$PSH_S = \frac{\min(\sigma_0)}{\sigma_c} = \frac{\sigma_t}{\sigma_c} \tag{11.5.17}$$

式中：σ_t 为 ECC 的最大抗拉强度；PSH_E 是基于能量的性能指标，对应于材料满足能量准则的富余程度，PSH_E 值越大，表明该材料拉伸应变能力的潜能越大，即材料出现更多更均匀分布的微裂缝的机会越大；PSH_S 是基于应力的性能指标，对应于材料满足强度准则的富余程度。

以上两个指标以微观力学参数为依据，可以表征材料的拉伸性能。为了更好地将材料应用于实际工程中，上述指标必须同时大于 1 且保持有相当程度的富余。对于 PVA - ECC 材料，由于受拉开裂过程中，纤维有可能会发生断裂破坏，纤维的最大桥接应力离散性较大，因此，要求能量指标和应力指标的富余程度应当有所提高，取 PSH_E 和 PSH_S 分别大于 3 和 1.2。由于 ECC 的微缝开裂特性主要由 PSH_E 指标决定，下面将基于该指标分析硫酸盐-氯盐共同作用对 ECC 宏观拉伸性能和微裂缝分布形式的影响。

(2) 微观力学参数演化规律

为厘清侵蚀环境下 ECC 宏观拉伸性能变化规律下的微观影响机理，对基质三点弯曲试验以及单纤维拔出试验所得到的微观力学参数演化规律进行分析。典型的单纤维拔出曲线如图 11.5.12 所示。可以看出：由于 PVA 纤维自身的亲水特性，其一般与水泥基质间存在着很强的化学黏结力，因此在纤维与基质完全脱粘的瞬间，承载力往往会发生突降(从 P_a 突降至 P_b)。为了获得化学黏结强度 G_d、摩擦黏结强度 τ_0 以及滑移硬化系数 β 等微观力学参数的变化规律，重点分析纤维的整个拔出过程。

在受力初期，纤维处于弹性阶段，荷载与纤维位移之间近似成线性关系。随后，纤维开始与基质中的水化产物逐步脱粘，荷载也不断增大，曲线表现出明显的非线性。当纤维拔出位移达到临界相对位移 u_0 时，纤维完全脱粘，此时纤维的桥接应力达到最大，P_a 可通过下式计算：

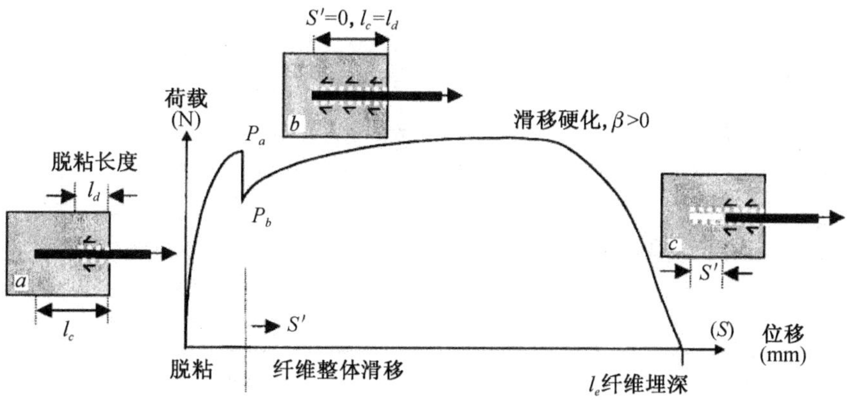

图 11.5.12　试验典型单纤维拔出曲线

$$P_a = \pi d_f \tau_0 L_e + \sqrt{\frac{\pi^2 G_d d_f^3}{2E_f}} \tag{11.5.18}$$

其中，临界相对位移 u_0 的计算方法如下：

$$u_0 = \frac{2\tau_0 L_e^2(1+\eta)}{E_f d_f} + \sqrt{\frac{8G_d L_e^2(1+\eta)}{E_f d_f}} \tag{11.5.19}$$

式中：τ_0 为脱粘区的摩擦黏结强度；L_e 为纤维埋深；G_d 为未脱粘区（即黏结区）的化学黏结强度；η 为体积加权模量系数，$\eta=\dfrac{E_f V_f}{E_m(1-V_f)}$；$E_f$ 和 E_m 分别为纤维和基质的弹性模量；d_f 为纤维当量直径。

在纤维完全脱粘后，随即进入拔出阶段。在纤维拔出过程的初始阶段，即当 $u=u_0$ 时，单纤维所承受的荷载

$$P_b = \pi d_f \tau_0 L_e \tag{11.5.20}$$

对比式（11.5.18）和式（11.5.20）可以发现，纤维承载力的突降程度主要由化学黏结强度 G_d 决定。上述两式相减，可得到单纤维与基质的化学黏结强度 G_d 为

$$G_d = \frac{2(P_a - P_b)^2}{\pi^2 E_f d_f^3} \tag{11.5.21}$$

根据式（11.5.20），可计算得到纤维与基质的摩擦黏结强度 τ_0 为

$$\tau_0 = \frac{P_b}{\pi d_f L_e} \tag{11.5.22}$$

滑移硬化系数 β 可根据式（11.5.7）求出。在式（11.5.7）中，除 β 外的其他所有参数都为已知量，因此，可利用试验结果并依据最小二乘法求出单纤维拔出过程中的滑移硬化系数。根据上述分析，结合基质三点弯曲试验和单纤维拔出试验可计算得到不同侵蚀龄期时包括断裂韧性 K_m、化学黏结强度 G_d、摩擦黏结强度 τ_0 以及滑移硬化系数 β 在内的 ECC 微观力学参数，进而得到其与侵蚀龄期之间的函数关系，试验结果如图 11.5.13 所示。

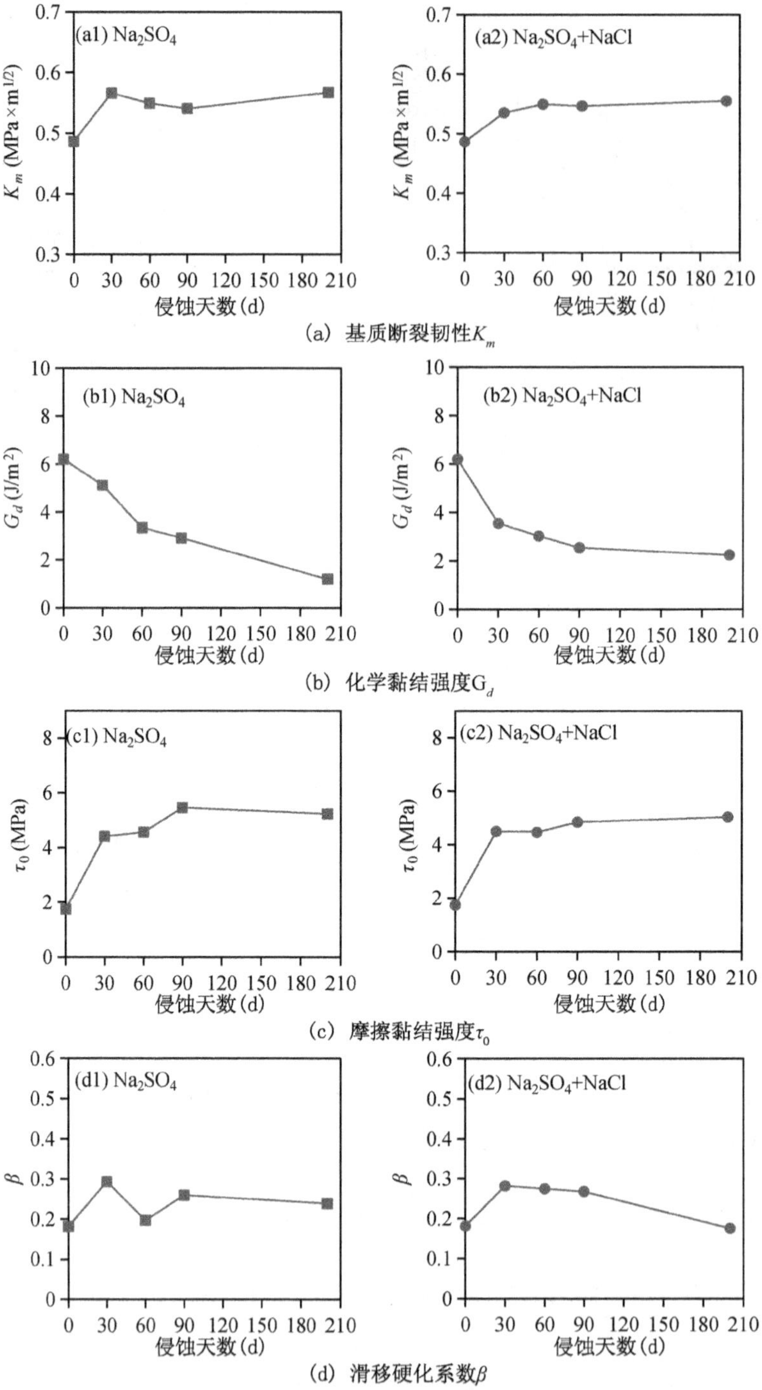

图 11.5.13 硫酸盐和硫酸盐-氯盐环境对 ECC 力学参数的影响

由图 11.5.13(a)可以看出，在硫酸盐和硫酸盐-氯盐环境下养护的 ECC 基质梁式试件(无纤维)断裂韧性均呈现上升趋势。其中，硫酸盐溶液中的 ECC 断裂韧性在侵蚀初期的 30 d 内明显提高，随后，该上升趋势逐渐趋于稳定。试件断裂韧性的上升主要和未水化水泥的持续水化，粉煤灰后期的火山灰反应以及侵蚀环境下石膏/钙矾石等的生成而导致基质更加密实有关。和硫酸盐溶液中的材料断裂韧性变化趋势相比，在硫酸盐-氯盐混合溶液中养护的 ECC 试件断裂韧性上升趋势相对缓和，这可能是氯离子的存在影响钙矾石等膨胀性产物的生成所导致的。侵蚀环境下基质断裂韧性的上升使得拉伸作用下 ECC 基质更不易开裂，从而在一定程度上限制材料多缝开裂现象的出现。

尽管单纤维拔出试验的试验结果离散性较大，但从图 11.5.13(b)—(c) 中依然可以观察到，硫酸盐和硫酸盐-氯盐环境下纤维/基质界面的化学黏结强度 G_d 均随着侵蚀龄期的增长而显著降低，摩擦黏结系数 τ_0 则在相同的侵蚀环境下表现出了相反的变化规律。这是由于化学黏结强度主要由纤维/基质界面处的金属阳离子浓度，尤其是 Al^{3+} 和 Ca^{2+} 的浓度控制；摩擦黏结强度主要和界面过渡区的微观结构有关。由于侵蚀环境下硫酸根离子和氯离子的存在，Al^{3+} 和 Ca^{2+} 会与其发生反应生成钙矾石和石膏，因此，金属阳离子的浓度会下降。此外，氯离子的存在也会加速 Ca^{2+} 的析出，从而导致硫酸盐和氯盐侵蚀环境下的 ECC 化学黏结强度 G_d 有所减小。对于摩擦黏结强度 τ_0，由于水化产物以及石膏/钙矾石等侵蚀产物的持续生成，纤维/基质界面过渡区变得更加密实，纤维与基质之间的摩擦力也随之增大，摩擦黏结强度随着侵蚀龄期逐渐升高。滑移硬化系数 β 在侵蚀周期内没有观测到明显的变化规律，试验结果如图 11.5.13(d) 所示。

由图 11.5.13 还可以看出，上述所有的微观力学参数在侵蚀初期 30 d 内所呈现出的变化最为明显，随后各个参数的变化趋势均趋于稳定。这和 ECC 宏观拉伸性能表现相一致。

(3) 侵蚀环境对 ECC 拉伸性能及微裂缝分布形式的影响分析

为从根本上揭示硫酸盐-氯盐共同作用对 ECC 拉伸性能以及微裂缝分布形式的影响，依据 ECC 微观设计理论，结合试验所得基质断裂韧度、化学黏结强度、摩擦黏结强度和滑移硬化系数等微观力学参数以及 PVA 纤维相关参数，编制 MATLAB 程序计算 ECC 单裂缝面纤维桥接性能 σ-δ 关系。相应地，纤维桥接作用所能提供的余能 J_b' 也可根据该曲线获得，具体计算过程如图 11.5.14 所示。

计算时所采用的计算参数如表 11.5.3 所示，基质模量、基质抗拉强度、摩擦黏结强度、化学黏结强度以及滑移硬化系数等参数均为 28 d 时的初始值，上述系数均会随着侵蚀龄期的变化而变化。试件 28 d 和侵蚀至不同龄期时 ECC 纤维桥接性能 σ-δ 关系如图 11.5.15 所示，经过硫酸盐溶液和硫酸盐-氯盐混合溶液的侵蚀，该曲线呈现出明显的向左上方移动的趋势。

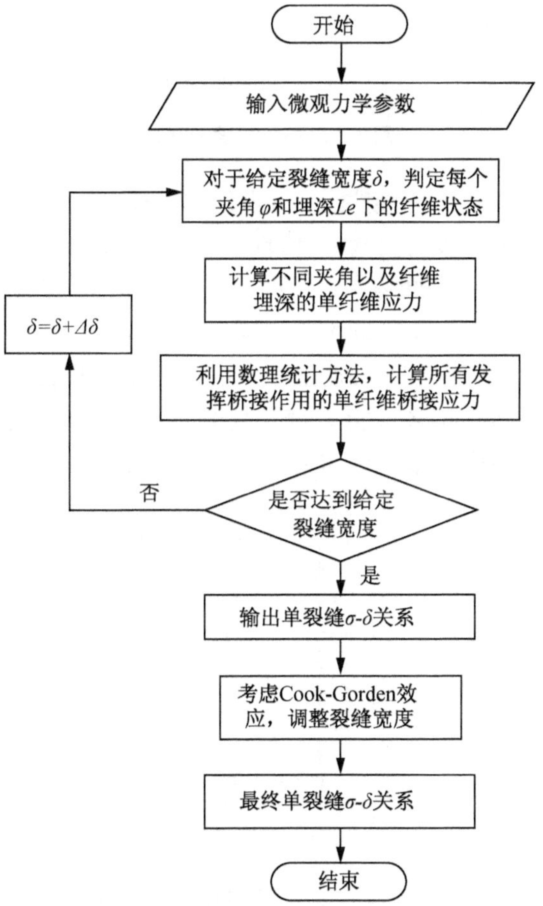

图 11.5.14 单裂缝纤维桥接性能 σ-δ 关系计算过程

表 11.5.3　计算 σ-δ 关系的参数输入值

参数	输入值	参数	输入值
纤维长度,mm	12	基质抗拉强度(28 d),MPa	3.81
纤维直径,μm	39	摩擦黏结强度(28 d),MPa	1.74
纤维模量,GPa	42.8	化学黏结强度(28 d),J/m²	6.21
纤维抗拉强度,MPa	1600	滑移硬化系数(28 d)	0.18
纤维体积掺量,%	2	纤维制动系数	0.2
基质模量(28 d),GPa	15	纤维强度衰减系数	0.33

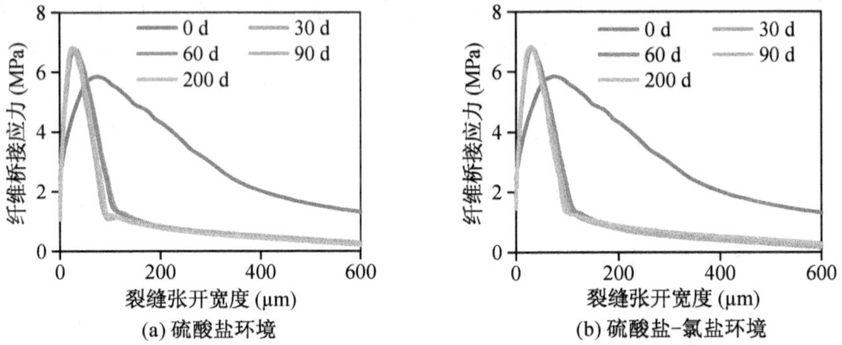

图 11.5.15　硫酸盐和硫酸盐-氯盐环境下侵蚀 200 d 后计算得到的 σ-δ 关系

纤维桥接性能 σ-δ 曲线向左移动意味着在相同的基质开裂强度下,材料所对应的裂缝张开宽度有所降低,该现象和观测到的裂缝宽度试验结果相吻合。此外,由于纤维最大桥接应力 σ_0 和摩擦黏结强度 τ_0 成正比,而 τ_0 在侵蚀周期内表现出了上升趋势,因此硫酸盐-氯盐共同作用下的纤维最大桥接应力 σ_0 也呈现上升趋势,这从微观角度解释了现有侵蚀周期内材料极限抗拉强度随龄期增长而增长的宏观试验结果。由 σ-δ 关系曲线计算得到的 ECC 纤维桥接区余能 J_b' 变化规律如图 11.5.16 所示,可以观察到,J_b' 在硫酸盐溶液和硫酸盐-氯盐混合溶液侵蚀初期的下降趋势较为明显,随着龄期的增长,其变化逐渐趋于稳定。

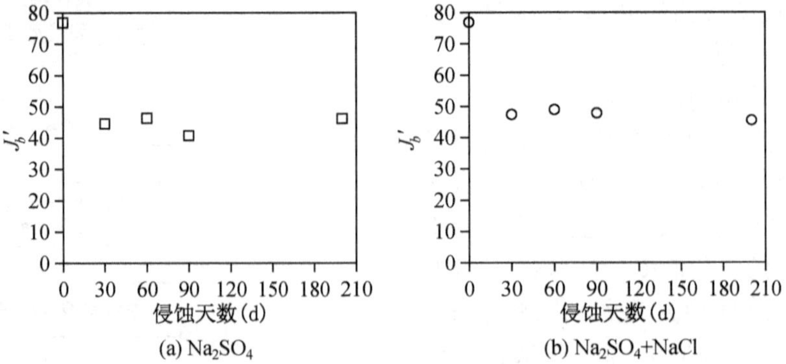

图 11.5.16　硫酸盐和硫酸盐-氯盐环境对 J_b' 的影响

根据纤维桥接区余能 J'_b 以及基质的断裂韧性试验结果，可计算得到 PSH_E 指标（J'_b/J_{tip}）随侵蚀龄期的变化趋势，如图 11.5.17 所示。可以看出，在硫酸盐溶液和硫酸盐-氯盐混合溶液中浸泡后的 ECC 试件 PSH_E 值分别由 28 d 时的 5.44 降至 60 d 时的 3.00 和 3.12。尽管随后 ECC 纤维桥接区余能 J'_b 并没有随着侵蚀龄期的增长而明显变化（图 11.5.16），但 PSH_E 指标却呈现出了轻微的上升趋势：在硫酸盐溶液和硫酸盐-氯盐混合溶液中浸泡 200 d 后，该值分别达到 3.26 和 3.54。通过分析可知，PSH_E 指标的回升主要是由于材料弹性模量的上升而导致的。根据式（11.5.19）可知，弹性模量的增长会造成基质断裂能 J_{tip} 的下降，从而使得 PSH_E 值增长。由图 11.5.17 可以观察到，在整个侵蚀周期内，PSH_E 指标基本满足大于 3 的要求。由于 PSH_E 指标能够表征 ECC 的微裂缝特性，因此，硫酸盐和硫酸盐-氯盐共同作用下的 ECC 材料仍然具有稳定的应变硬化以及多缝开裂特性。但由于该 PSH_E 指标值和 28d 龄期时相比有所下降，因此侵蚀后的 ECC 试件出现多裂缝的潜能也呈现下降趋势。图 11.5.18 为暴露于侵蚀环境前后 ECC 试件所表现出的裂缝状态对比图，可以看到，尽管所有试件均出现了多条微裂缝，但在硫酸盐-氯盐溶液中侵蚀过的试件裂缝条数明显减少。

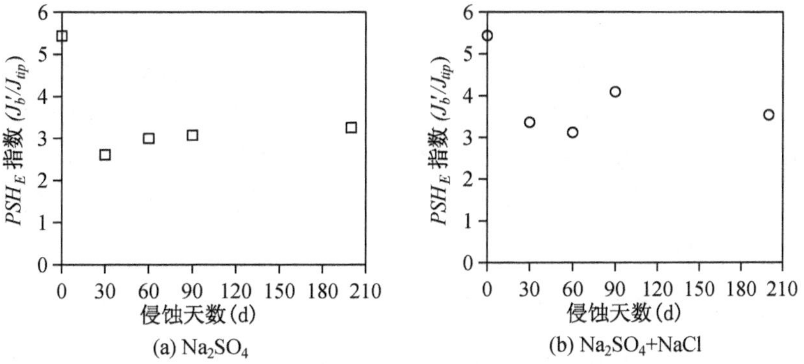

图 11.5.17　硫酸盐和硫酸盐-氯盐环境对 PSH_E 指标的影响

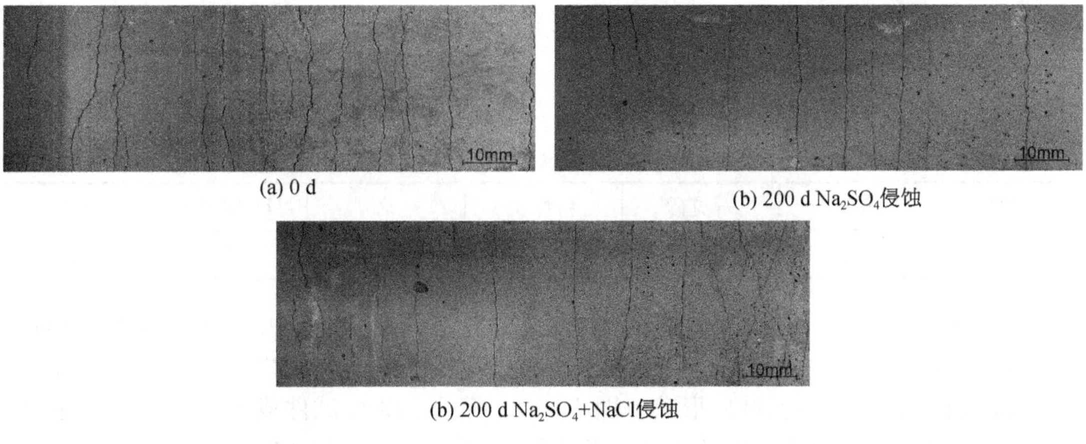

图 11.5.18　侵蚀前以及硫酸盐、硫酸盐-氯盐环境侵蚀 200 d 后的 ECC 的多缝开裂特性

根据上述试验结果，可分析得出硫酸盐-氯盐共同作用对 ECC 补强加固材料在服役过程中微裂缝分布形式（裂缝宽度和裂缝条数）的影响。微裂缝条数主要由能够反映材料应变硬化潜能的 PSH_E 指标控制，而微裂缝宽度主要由计算得到的纤维桥接性能 σ-δ 关系决定。通过和 28 d 时的 PSH_E 值以及 σ-δ 关系对比可以发现，侵蚀环境下 ECC 的 PSH_E 值有所降低，即材料出现多裂缝的潜能稍微有所下降；同时 σ-δ 曲线整体向左上方移动，即相同纤维桥接应力所对应的裂缝张开宽度减小。因此，硫酸盐-氯盐共同作用下 ECC 拉伸开裂后所出现的微裂缝条数减少，同时微裂缝宽度减小。

ECC 微裂缝特性和材料宏观拉伸性能紧密相关，从宏观上讲，ECC 试件的拉伸延性由裂缝宽度和裂缝条数共同控制，依据上述试验结果同样可分析硫酸盐-氯盐共同作用下 ECC 微裂缝分布形式的变化对材料极限拉伸应变的影响。试验成果表明：微裂缝条数和微裂缝宽度两者的下降趋势造成了硫酸盐-氯盐作用下 ECC 试件极限拉伸应变的下降。

第六节　硫酸盐-氯盐共同作用下的 ECC 微裂缝自愈合行为

尽管目前已对 ECC 在自然环境、冻融循环、氯盐等侵蚀环境中所表现出的微裂缝自愈合行为做了大量的研究，但作为威胁水工混凝土结构耐久性的主要侵蚀性作用，即硫酸盐-氯盐共同作用下 ECC 微裂缝的自愈合行为尚需通过试验进一步研究。本节着重探讨 ECC 在水工混凝土建筑物补强加固服役过程中，材料承载开裂后所出现的微裂缝在硫酸盐-氯盐共同作用下的自愈合行为。

一、硫酸盐-氯盐共同作用下 ECC 微裂缝自愈合试验设计

下面通过单轴拉伸试验引入裂缝，并模拟硫酸盐-氯盐侵蚀环境，结合共振频率测试，配以电镜扫描-能谱分析技术，探讨侵蚀环境下 ECC 微裂缝的自愈合行为；通过开展单轴拉伸二次加载试验，分析 ECC 微裂缝自愈合对材料力学性能的影响，进而为掌握硫酸盐-氯盐共同作用下 ECC 补强加固材料承载开裂后的材料性能提供试验基础。

1. 原材料及配合比

试验所采用的原材料配合比如表 11.6.1 所示。

表 11.6.1　ECC 试验配合比（kg/m^3）

材料	水泥	石英砂	粉煤灰	水	HRWRA	纤维
ECC	393	457	865	311	5	26

由于共振频率试验需保证试件横截面面积保持不变，而试件会由于其中部横截面面积突然减小而降低试验的准确性。因此，本节所有试验均采用尺寸为 228.6 mm×76.2 mm×12.7 mm 的薄板试件进行，试件形状如图 11.6.1 所示。ECC 试件成型 24 h 后进行拆模，随后，将所有试件放在温度(23 ± 3)℃、相对湿度(20 ± 5)% 的试验室环境中养护至 28 d。

2. 试件预裂及侵蚀溶液配制

为研究硫酸盐-氯盐共同作用下 ECC 微裂缝的自愈合行为，首先利用单轴拉伸试验将

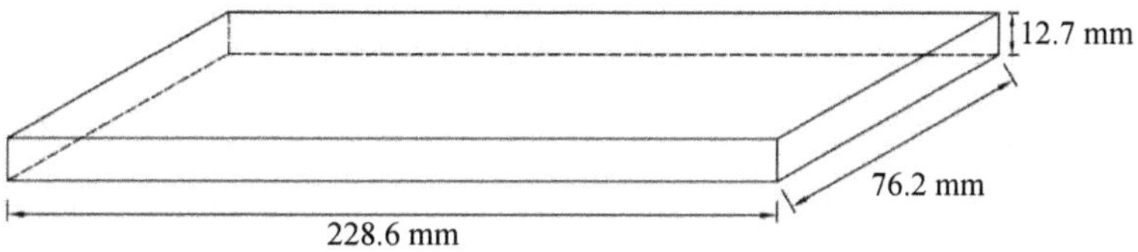

图 11.6.1　薄板试件尺寸

薄板试件预裂至 1% 的应变水平，近似模拟材料服役过程中的承载开裂现象。试验采用量程为 25 kN 的 MTS 810 液压伺服万能材料力学试验机。预裂试验开始前，将试件进行打磨，并用环氧树脂胶在其两端粘贴与试件等宽的铝片，以保证试验过程中试件受力更加均匀。待试件准备完成后，将其置于试验机的液压夹头中，并对试件进行对中调平，从而消除剪切破坏对最终试验结果的影响。试件预裂过程中，仪器采用位移控制，加载速率为 0.5 mm/min，利用固定在其两侧的外接位移传感器(LVDT)采集试件的拉伸位移，试验装置如图 11.6.2 所示。当试件的应变水平达到 1% 时，预裂试验完成并立即停止加载，典型预裂曲线如图 11.6.3 所示。

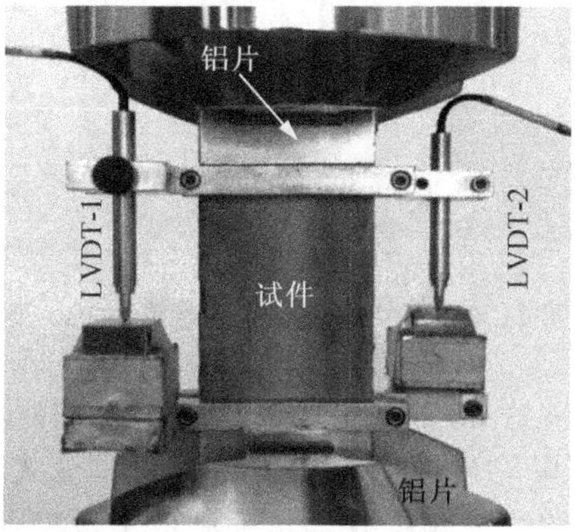

图 11.6.2　单轴拉伸试验装置

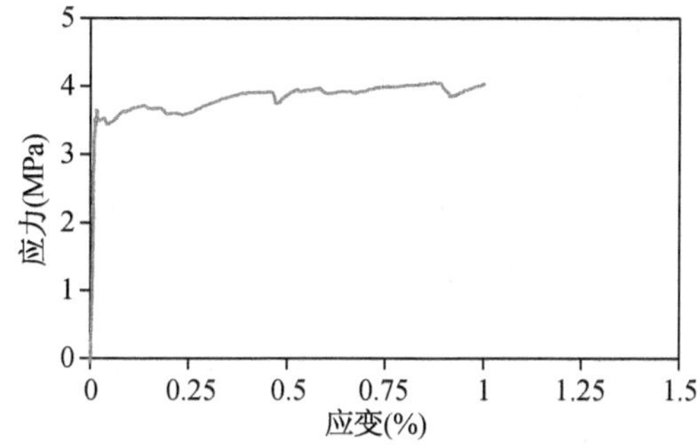

图 11.6.3　ECC 预裂至 1%应变水平时典型应力-应变曲线

随后，同样采用纯度为 99.8%的硫酸钠晶体和纯度为 99.2%的氯化钠晶体配制以下两种溶液，模拟侵蚀服役环境：①质量分数为 5%的硫酸钠溶液；②质量分数为 5%的硫酸钠+质量分数为 3%的氯化钠混合溶液。溶液配制完成后，将所有预裂试件以及未预裂试件编号并分组放置于以上两种侵蚀溶液中进行自愈合养护。为了保证侵蚀溶液的浓度稳定，采用塑料薄膜对放置侵蚀溶液的容器顶部予以密封处理，并定期对侵蚀溶液进行更换。所有试件均养护在温度(23±3)℃的实验室环境中。选取 30 d、60 d 和 120 d 作为自愈合养护周期，当试件到达预定龄期时，分别从上述溶液中取出 3 个平行试件开展 ECC 微裂缝自愈合行为的研究。试验开始前，应将试件取出并在空气中放置 24 h 以保证试验时试件处于干燥状态，从而减小试验结果的离散性。除此之外，同样准备相同的 ECC 预裂试件以及未预裂试件放入水中，并在相同的条件下进行养护和测试，作为对照组观察硫酸盐-氯盐共同作用对 ECC 微裂缝自愈合行为的影响。本次试验共准备 ECC 薄板试件 54 个，试验流程如图 11.6.4 所示。

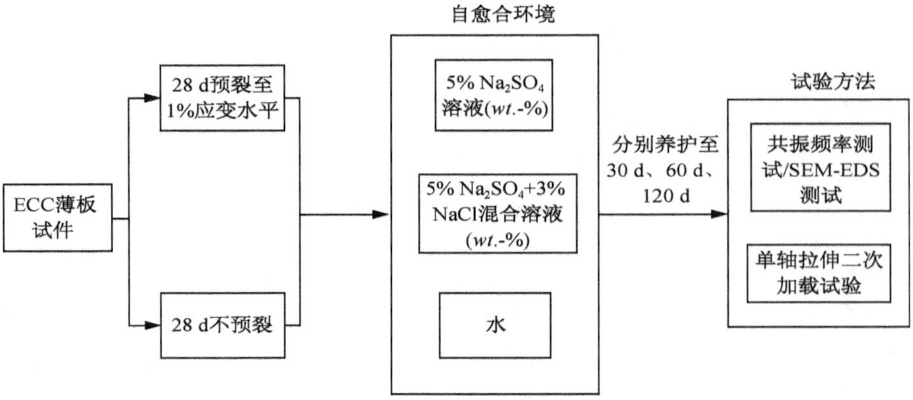

图 11.6.4　侵蚀环境下 ECC 自愈合试验流程图

3. 试验方法

(1) 共振频率测试

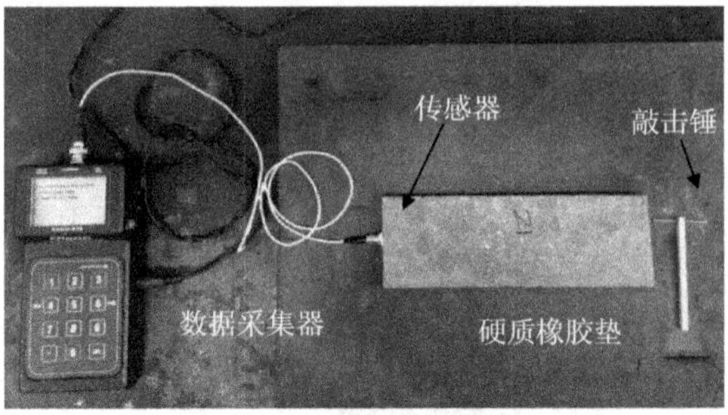

图 11.6.5　共振频率测试装置

试验采用共振频率测试[Resonant frequency (RF) measurements]来表征 ECC 微裂缝的自愈合行为。在经过预裂后,微裂缝的出现会导致试件共振频率的降低。然而,伴随着自愈合产物的不断生成并填充微裂缝内部空间,材料的共振频率又会得到恢复。正是基于以上原理,可以根据开裂 ECC 试件共振频率的恢复程度来反映微裂缝的自愈合程度。试验采用敲击式共振频率测试方法,试验装置如图 11.6.5 所示,具体试验步骤为:将待测试件放置在硬质橡胶垫上,并将轻质传感器贴在试件一侧;选择高频测试模式,随后采用针状敲击锤轻敲试件另一侧;传感器采集试件的共振频率并将结果显示于数据采集器屏幕上。对同一试件重复测试 3 次,取其平均值作为试件的共振频率。

为了记录试件开裂对其共振频率的影响,在试件预裂前后各进行一次共振频率测试。同时,在每完成一个自愈合养护周期后,再次测试并记录试件的 RF 值,通过对比不同龄期试件的共振频率恢复情况,即可评价 ECC 微裂缝的自愈合程度。需要注意的是,对于持续浸泡在溶液中的开裂 ECC 试件,除了微裂缝的自愈合,水泥持续水化、火山灰反应以及侵蚀产物的生成等都会对 ECC 的共振频率产生影响。为真正反映由于微裂缝自愈合所引起的共振频率变化,需同样测试未预裂 ECC 试件在硫酸盐溶液、硫酸盐-氯盐混合溶液以及水中不同龄期时的共振频率,并据此对预裂 ECC 试件不同龄期时的共振频率测试结果进行标准化处理,以消除上述反应的影响。

未预裂 ECC 试件的共振频率比 $RF_{\text{v-ratio}}$ 可采用下式计算:

$$RF_{\text{v-ratio}}=\frac{RF_{\text{v-envt}}}{RF_{\text{v-28d}}} \tag{11.6.1}$$

式中:$RF_{\text{v-envt}}$ 是不同自愈合养护环境(侵蚀溶液和水)下未预裂 ECC 试件的共振频率;

$RF_{v\text{-}28d}$ 是 28 d 龄期时未预裂 ECC 试件的初始共振频率。该比值可以反映养护龄期对试件 RF 值的影响。

为消除养护龄期的影响，利用未预裂 ECC 试件在硫酸盐溶液、硫酸盐-氯盐混合溶液和水中养护至不同龄期时所测得的共振频率值，采用式(11.6.2)对相同环境下预裂 ECC 试件共振频率值进行标准化处理，标准化后的 ECC 试件共振频率比 $RF_{p\text{-ratio}}$ 可以真正反映 ECC 修复材料承载开裂后的微裂缝自愈合程度。

$$RF_{p\text{-ratio}} = \frac{RF_{p\text{-envt}}}{RF_{v\text{-envt}}} \tag{11.6.2}$$

式中：$RF_{p\text{-envt}}$ 为预裂过的 ECC 试件在放入不同溶液自愈合养护后的共振频率；$RF_{v\text{-envt}}$ 为未预裂 ECC 试件在相同养护环境和龄期下的共振频率。

(2) ECC 微裂缝自愈合微观试验

采用扫描电镜和能谱分析技术(SEM-EDS 技术)探究 ECC 微裂缝自愈合微观形貌。为便于观察，准备尺寸为 1 cm×1 cm×1 cm 的立方体小型试块，在试件准备制作过程中，应注意尽可能地减少对观测样本的扰动，使之能够反映 ECC 微裂缝自愈合真实形貌。此外，为了减少水分对电子信息的干扰，在用扫描电镜观测前，需对试件进行风干处理。随后，采用低真空模式对 ECC 微裂缝自愈合微观形貌进行观测。试验流程如图 11.6.6 所示。

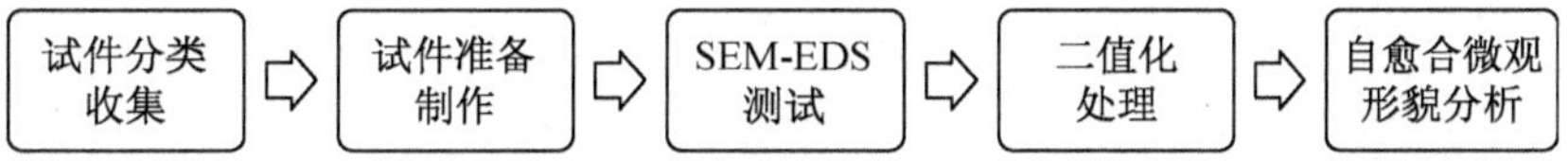

图 11.6.6 ECC 微裂缝自愈合微观试验

(3) 单轴拉伸二次加载试验

为了评价侵蚀环境下 ECC 微裂缝自愈合行为对其力学性能的影响，进而明晰 ECC 补强加固材料承载开裂后的材料性能，在开裂试件达到预定测试龄期后，再次采用 MTS 810 液压伺服万能材料力学试验机对自愈合后的预裂 ECC 试件开展单轴拉伸试验。试验将持续进行直至试件最终被破坏。记录拉伸过程中的 ECC 应力-应变曲线，并根据该曲线计算得到 ECC 极限抗拉强度、极限拉伸应变、刚度和初裂强度等力学参数的变化规律以评价开裂后 ECC 在侵蚀环境下的材料性能以及微裂缝的自愈合程度。自愈合后，ECC 试件的刚度和初裂强度恢复可通过将本次试验的相关结果与试件预裂过程中所得到的对应试验结果比较获得。

二、侵蚀环境下 ECC 微裂缝自愈合程度分析

基于硫酸盐-氯盐共同作用下开裂 ECC 微裂缝自愈合程度表征试验，下面分析侵蚀环境下微裂缝自愈合程度变化规律，结合电镜扫描-能谱分析技术，观察微裂缝自愈合微观形貌，进而从微观角度解析侵蚀环境下 ECC 补强加固材料承载开裂后的微裂缝自愈合行为。

利用共振频率测试试验结果表征 ECC 微裂缝自愈合程度，由式(11.6.1)计算得到的未预裂 ECC 试件共振频率比 $RF_{v\text{-ratio}}$ 随侵蚀龄期的变化趋势如图 11.6.7 所示。

现有侵蚀周期内，未预裂 ECC 试件共振频率比并未出现明显的下降，试验结果表明 ECC 尚未受到硫酸盐-氯盐的侵蚀破坏。此外，随着侵蚀龄期的不断增长，放置于 3 种不同

溶液中的未预裂 ECC 试件共振频率比均呈上升趋势。这种现象形成的原因是：随着侵蚀龄期的发展，未完全水化的水泥持续水化；同时，粉煤灰在后期与水泥水化产生的 $Ca(OH)_2$ 发生火山灰反应，从而在 ECC 内部生成了大量水化产物并部分填充孔隙，导致 ECC 微观结构更加密实。因此，所有试件的共振频率比 RF_{ratio} 和 28 d 龄期时的初始值相比均有所增大。此外，不同自愈合环境下的未预裂 ECC 试件共振频率比在 120 d 内的增长速率也表现出了相同规律：试件 $RF_{v\text{-}ratio}$ 比值在养护前 30 d 内增长速度较快，但在随后的 60～120 d 内，增长趋势明显放缓。通过对比图中 3 条曲线不难发现，和水中养护的 ECC 试件相比，在硫酸盐溶液和硫酸盐-氯盐混合溶液中养护的试件共振频率比涨幅较大，这和石膏/钙矾石等侵蚀产物的生成使得 ECC 基质内部孔结构更加密实有关。

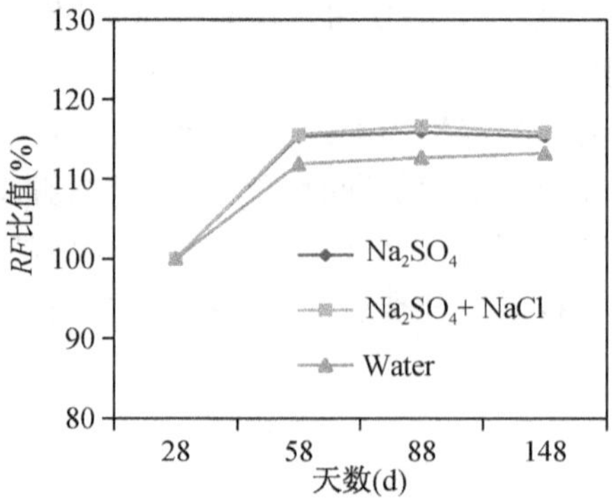

图 11.6.7 不同自愈合养护环境下未预裂 ECC 试件标准化后 *RF* 值与龄期的关系曲线

为消除养护龄期对开裂 ECC 试件共振频率的影响，利用式(11.6.2)对共振频率测试结果进行标准化处理。标准化处理后的开裂 ECC 试件在不同自愈合环境下的共振频率与侵蚀龄期间的关系如图 11.6.8 所示，暴露于 3 种溶液中的开裂 ECC 试件 $RF_{p\text{-}ratio}$ 值变化趋势基本相同。在试件预裂后，由于裂缝的产生，$RF_{p\text{-}ratio}$ 值经历了较大幅度的下降，该比值从未预裂时的 100%突降至预裂后的 51%。经过 30 d 自愈合养护后，试件的 $RF_{p\text{-}ratio}$ 值得到了有效恢复，在硫酸盐溶液、硫酸盐-氯盐混合溶液和水中养护的预裂 ECC 试件标准化后的共振频率比分别上升至 90%，89%和 87%。此后，随着侵蚀龄期的发展，该值上升趋势逐渐放缓，基本保持稳定。该试验结果与 ECC 自愈合的特点以及前文自愈合研究结论一致，即自愈合主要发生在与水（或溶液）接触初期，随后逐渐趋于稳定。

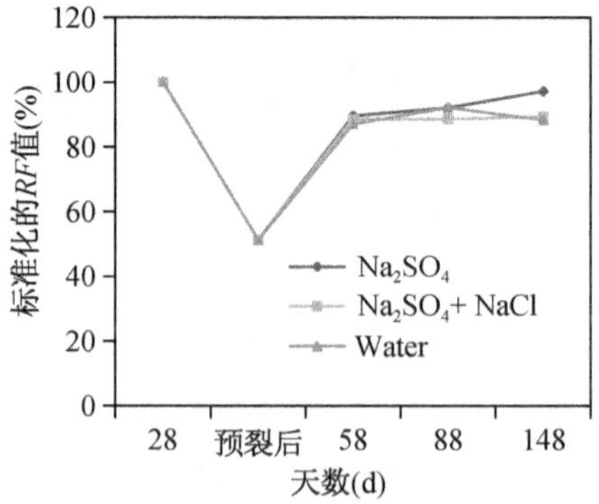

图 11.6.8 预裂 ECC 试件在不同自愈合环境下共振频率恢复与龄期的关系曲线

在硫酸盐溶液和硫酸盐-氯盐混合溶液中自愈合养护第 10 d 时的开裂 ECC 试件微观形貌如图 11.6.9 所示。在放入侵蚀溶液 10 d 后微裂缝已基本被自愈合产物完全填满。由于已经对试验结果进行了标准化处理，该值完全反映了侵蚀环境下由于裂缝的自愈合而导致的试件共振频率的恢复。值得注意的是，在经历了 200 d 的自愈合养护后，硫酸盐溶液里的 ECC 试件标准化后的共振频率比已经恢复至 100%，而硫酸盐-氯盐混合溶液中的 ECC 试件恢复程度相对较低，这可能和氯离子的存在影响钙矾石等膨胀性产物的生成有关。

(a) 硫酸盐溶液

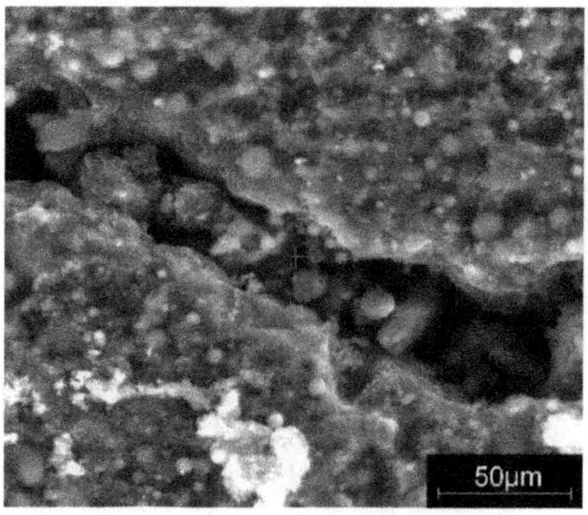

(b) 硫酸盐-氯盐混合溶液

图 11.6.9　硫酸盐溶液和硫酸盐-氯盐混合溶液 10d 后 ECC 微裂缝自愈合形貌

为了验证硫酸盐-氯盐侵蚀环境是否真正有效促进了 ECC 微裂缝的自愈合，利用扫描电镜-能谱分析系统(SEM-EDS)对自愈合过程中的裂缝进行进一步的观察。通过 SEM 观察到的裂缝如图 11.6.10 所示。侵蚀初期，硫酸盐溶液中养护的 ECC 试件的试件表面和微裂缝内部均生成了大量不定形型态分布的针状钙矾石晶体(同样对 A 点进行 EDS 能谱分析，验证该产物与钙矾石晶体的化学组成成分吻合)。

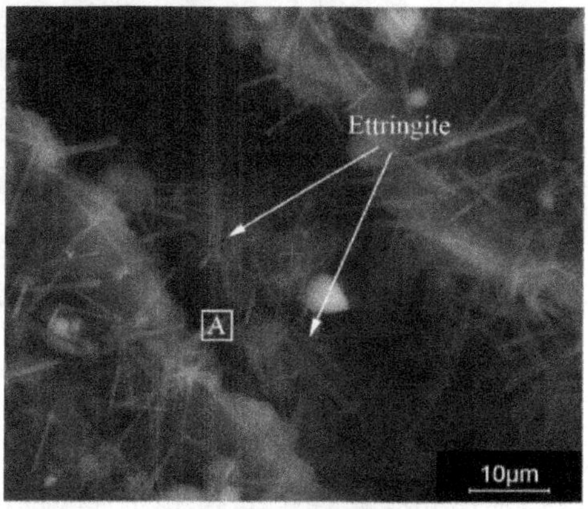

(a) 自愈合产物形貌

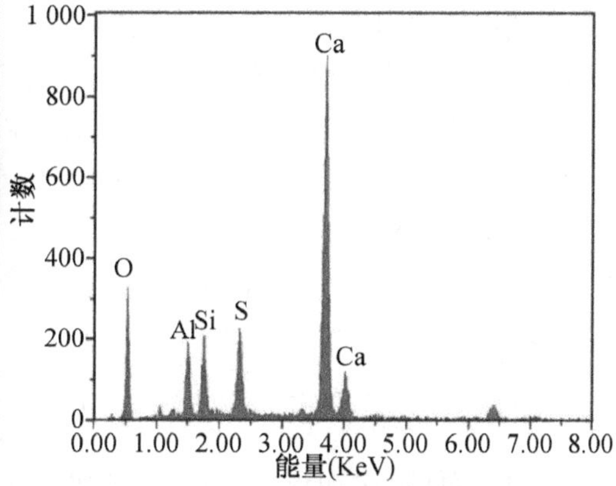

(b) A点EDS能谱分析

图 11.6.10　硫酸盐溶液中 ECC 微裂缝自愈合产物形貌和 A 点 EDS 能谱分析结果

图 11.6.11 为在水中养护的 ECC 立方体试块自愈合产物形貌以及 EDS 能谱分析结果，放置于水中养护的 ECC 试块自愈合产物主要成分为 C-S-H 凝胶、$CaCO_3$晶体以及 $Ca(OH)_2/CaCO_3$的混合物，而在硫酸盐溶液中养护的 ECC 试件表面以及裂缝内部所生成的针状钙矾石晶体并没有在图 11.6.11 中观察到。因此，侵蚀溶液中养护的开裂 ECC 试件微裂缝自愈合程度稍高。尽管粉煤灰的火山灰效应会导致试验后期材料的碱度降低，钙矾石也因此有可能转变为低硫型水化硫铝酸钙，但低硫型盐的生成同样能够填充裂缝。试验结果表明，硫酸根离子的存在确实在一定程度上促进了 ECC 微裂缝的自愈合。

此外，通过观察试件自愈合后的裂缝(图 11.6.12)可以发现，在自愈合养护周期结束

(a) 自愈合产物形貌　　(b) B点EDS能谱分析

图 11.6.11　水中 ECC 微裂缝自愈合产物形貌和 B 点 EDS 能谱分析结果

时，预裂所产生的所有微裂缝（裂缝宽度高达 150 μm 左右）几乎已经完全被白色的自愈合产物所填充。考虑到裂缝的自愈合程度还和裂缝深度有关，在以后的研究当中，可采用 X 光扫描技术对 ECC 裂缝内部的自愈合程度进行进一步观察。但是，较高的 $RF_{\text{p-ratio}}$ 值仍然意味着裂缝的自愈合程度更高，因此，可以发现在硫酸钠溶液中养护的 ECC 试件自愈合效果最为明显，其较高程度的自愈合归因于硫酸根离子与水化产物反应生成石膏/钙矾石等侵蚀产物，从而使得 ECC 微裂缝及内部孔隙填充更为充分。通过上述分析可知，硫酸盐-氯盐共同作用下，ECC 即使在服役过程中出现裂缝，其依然能够表现出良好的自愈合行为，这对于水工混凝土建筑物耐久性的提升具有积极作用。

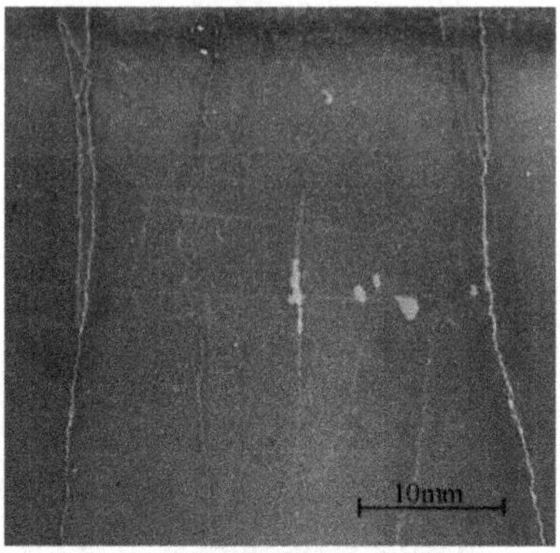

图 11.6.12　硫酸盐溶液中已经完全愈合的 ECC 微裂缝

三、侵蚀环境下 ECC 微裂缝自愈合对力学性能的影响

借助单轴拉伸二次加载试验，重点明晰硫酸盐-氯盐共同作用下开裂 ECC 自愈合后拉伸性能的变化规律，进一步考察微裂缝自愈合对开裂 ECC 试件刚度以及初裂强度等力学指标的影响，为评价侵蚀环境下 ECC 承载开裂后的材料性能提供借鉴。

1. 自愈合后开裂 ECC 的拉伸特性

不同环境下 ECC 自愈合前后试件的初裂强度、极限抗拉强度和极限拉伸应变的变化规律如表 11.6.2 所示，其中“28 d 空气养护”所对应的力学参数是 ECC 试件在经历了实验室环境标准养护 28 d 后所测得的。该组数据和在水中养护 120 d 后的未预裂 ECC 试件相比，除了极限拉伸应变值稍高之外，初裂强度以及极限抗拉强度均未出现明显变化。因此，选取该组数据作为对照组以研究 ECC 在侵蚀环境下的自愈合对材料力学性能的影响。除此之外，其他参数均是通过单轴拉伸试验，对不同自愈合养护环境（硫酸钠溶液、硫酸钠-氯化钠混合溶液和水）下的开裂 ECC 试件再次加载所获得的。材料的极限抗拉强度和极限拉伸应变分别定义为单轴拉伸过程中试件所达到的最大应力以及该应力所对应的应变值；ECC 的初裂强度是指拉伸过程中第一条裂缝产生时所对应的应力，对于二次加载的试件来说，当弹性应变无法保持时，即认为出现第一条裂缝。

表 11.6.2　不同自愈合环境和龄期下 ECC 试件的拉伸特性

自愈合养护环境		初裂强度 (MPa)	极限抗拉强度 (MPa)	极限拉伸应变 (%)
28 d 空气养护（未预裂试件）		3.46±0.15	3.87±0.17	2.81±0.14
自愈合 30 d 后再次加载	5% Na_2SO_4	0.92±0.29	4.17±0.26	2.01±0.03
	5% Na_2SO_4+3%NaCl	0.93±0.66	3.95±0.09	2.37±0.54
	水	0.65±0.18	3.47±0.23	2.13±0.16
自愈合 60 d 后再次加载	5% Na_2SO_4	1.32±0.42	4.41±0.23	2.63±0.63
	5% Na_2SO_4+3%NaCl	1.22±0.22	4.36±0.18	1.94±0.13
	水	0.71±0.08	4.05±0.19	2.24±0.16
自愈合 120 d 后再次加载	5% Na_2SO_4	1.77±0.46	4.67±0.33	2.56±0.04
	5% Na_2SO_4+3%NaCl	1.31±0.03	4.25±0.20	2.03±0.03
	水	0.95±0.26	4.05±0.05	2.38±0.23

ECC 标准环境下养护 28 d 以及不同自愈合龄期后典型的拉伸应力-应变曲线如图 11.6.13 所示，作为对比，预裂 1 d 后即进行再次加载的拉伸应力-应变曲线也显示在图 11.6.13 中。现有侵蚀周期内，开裂 ECC 试件仍表现出良好的拉伸性能以及应变硬化特性，材料尚未观察到明显的侵蚀破坏行为，这在很大程度上归因于 ECC 中粉煤灰的大量使用。此外，暴露于 3 种溶液中的开裂 ECC 试件自愈合后的极限抗拉强度均有所增长。ECC 极限抗拉强度主要由纤维最大桥接应力决定，当试件预裂至 1%应变水平时，纤维的桥接应力并没有达到最大，故单轴拉伸二次加载过程中，残余纤维桥接应力可继续发挥作用直至试件最终被破坏。在水中养护的开裂 ECC 试件因水泥的持续水化作用，会使得材料基质变得更加密实，从而导致纤维/基质界面的摩擦力增大。纤维的最大桥接应力和界面摩擦系数 τ_0 近似成线性增长关系，故纤维最大桥接应力也会增大，对应于宏观层面即表现为试件极限抗拉强度的增长。而对于在硫酸盐-氯盐环境下自愈合养护的试件来说，侵蚀产物的生成会使得基质变得更为密实，摩擦黏结系数 τ_0 的增长趋势也会更为明显，因此，试件的极限抗拉强度和在水中养护的试件相比稍高。此外，所有自愈合养护环境下开裂 ECC 试件的初裂强度都在一定程度上得到了有效恢复。

相关试验结果表明，氯离子的存在能够在一定程度上限制钙矾石等侵蚀产物的生成，从而延缓硫酸盐对水泥基材料的侵蚀作用。同样可以发现，与在硫酸盐环境下养护的试件相比，硫酸盐-氯盐环境下养护的开裂 ECC 试件初裂强度和极限抗拉强度上升趋势均略微较缓。如表 11.6.2 所示，硫酸盐-氯盐混合溶液中自愈合养护 120 d 后的开裂 ECC 试件初裂强度恢复至 1.31 MPa，极限抗拉强度达到 4.25 MPa，而硫酸盐溶液中养护的试件初裂强度已恢复至 1.77 MPa，同时极限抗拉强度达到 4.67 MPa，两者试验结果所反映出的差别很有可能正是由于上述机理所造成的。此外，根据表 11.6.2 以及图 11.6.13 还可以看出，现有

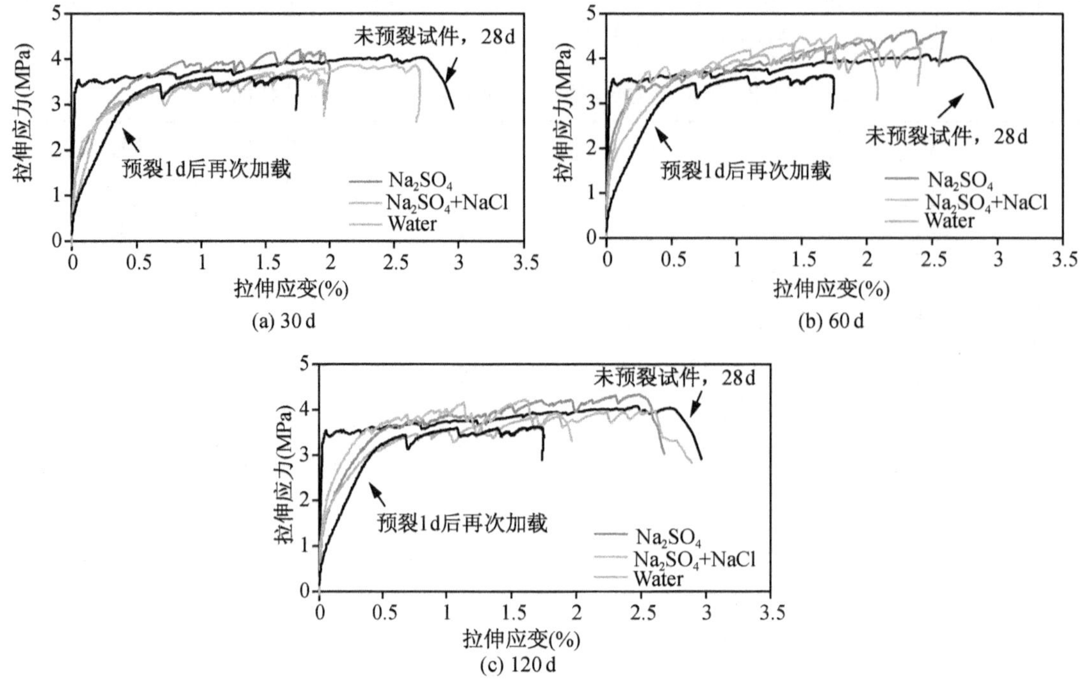

图 11.6.13　不同自愈合环境预裂 ECC 试件与空气养护未预裂试件应力-应变曲线对比

侵蚀周期内，开裂 ECC 试件在侵蚀溶液和水中养护后的极限拉伸应变与未经历自愈合的试件相比稍微有所增长，这主要归因于微裂缝自愈合对纤维/基质界面的改善作用。然而，该值和 28 d 龄期时相比均有所下降，28 d 龄期时，单轴拉伸试验测得的极限拉伸应变为 2.81%，随着侵蚀龄期的发展，放置在硫酸盐溶液、硫酸盐-氯盐混合溶液以及水中的开裂 ECC 试件极限拉伸应变分别降至 2.56%，2.03%和 2.38%。但需要注意的是，预裂过程中 ECC 的应变已经超过弹性变形进入塑性区，而单轴拉伸二次加载所测得的应变并没有包括预裂时所产生的残余应变，因此，该试验结果偏于保守，这对于 ECC 在水工混凝土建筑物补强加固中的实际应用是有利的。

基于 ECC 微观设计理论，自愈合养护 120 d 后，开裂 ECC 试件的极限拉伸应变下降也和纤维/基质界面的微观力学参数间的变化有直接关系。由上一节研究可以发现，随着侵蚀龄期的增长，ECC 基质开裂时纤维的最大桥接应力所能提供的断裂余能 J'_b 和 28 d 龄期时相比表现出了明显的下降趋势，同时，侵蚀后所观察到的裂缝宽度和裂缝条数均有不同程度的下降，因此，ECC 极限拉伸应变也随之降低。尽管如此，自愈合后的开裂 ECC 试件仍然表现出了明显的应变硬化特性和微缝开裂特征，在硫酸盐-氯盐作用下的 ECC 极限拉伸应变仍然较普通水泥基材料应变高出两个数量级，显著改善了传统水泥基材料的脆性。

对于遭受硫酸盐-氯盐侵蚀的传统水泥基材料而言，80～120 d 内就会表现出明显的强度下降，并观察到分层剥落等形式的破坏行为，在开裂状态下，由于硫酸根和氯离子等侵蚀离子的扩散速率显著增大，硫酸盐-氯盐侵蚀破坏会在更短的时间内发生。然而，开裂 ECC 试件在上述侵蚀环境下经历 120 d 自愈合养护后，预裂过程中所产生的微裂缝已基本全部愈合，没有出现由于石膏/钙矾石等膨胀性产物的生成而导致裂缝出现或进一步扩展的情况，同时开裂ECC的初裂强度也得到了有效恢复。显然，具有裂缝控制能力和自愈合特性的ECC即使在补强加固应用过程中承载开裂，其依然能够保持良好的抗侵蚀性，这对提升水工混凝土建筑物的耐久性具有重要作用。

2. ECC微裂缝自愈合对刚度及初裂强度的影响

为进一步探究硫酸盐和硫酸盐-氯盐共同作用下ECC微裂缝自愈合行为对材料力学性能的影响，对开裂ECC在不同自愈合龄期时的刚度及初裂强度进行分析。采用预裂时ECC的刚度作为初始刚度对自愈合后材料的刚度进行标准化处理，图11.6.14所示为标准化后的开裂ECC试件在硫酸盐溶液、硫酸盐-氯盐混合溶液以及水中的刚度恢复情况。试件的割线刚度由介于应力0.5 MPa和2.0 MPa之间的拉伸应力-应变曲线确定。为了更直观地观察开裂ECC的刚度恢复，试件在预裂1 d后立刻重新加载所得到的试件刚度也作为对照，显示在图11.6.14中(图中横线所示)。对于预裂1 d后即进行加载的ECC试件，由于预裂和再加载过程间隔时间较短，可认为微裂缝还没有经历自愈合。如图11.6.14所示，暴露于3种不同溶液的开裂ECC试件刚度恢复均随着侵蚀龄期的增加而呈现上升趋势。120 d后，硫酸盐溶液中开裂试件的刚度恢复已接近35%，尽管硫酸盐-氯盐混合溶液中开裂试件的刚度恢复稍低，但和未经历自愈合过程的试件相比(恢复程度大约为5%)，ECC微裂缝自愈合行为对材料刚度的恢复作用仍然是显著的。

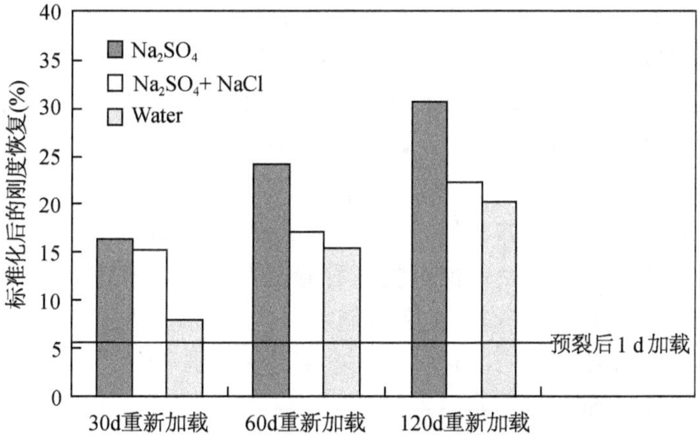

图11.6.14 不同自愈合环境对ECC刚度恢复的影响

开裂ECC刚度恢复的主要原因是微裂缝在侵蚀环境下的自愈合。假设裂缝没有愈合，那么在基质未开裂部分尚未承受拉应力之前，现有的裂缝就会在拉力作用下重新张开。在这种情况下，开裂ECC的刚度恢复将非常有限，同时，再次加载过程的应力-应变曲线初始部分也将和预裂1 d后即进行加载(没有经历自愈合)的曲线基本重合。然而，由图11.6.13和图11.6.14可以看出，自愈合养护后的开裂ECC试件刚度明显大于没有经历自愈合过程的试件刚度。该结论还可以通过观察再次拉伸后自愈合试件的裂缝分布得到进一步验证。如图11.6.15(a)所示，自愈合120 d后ECC预裂时所产生的裂缝已经被白色自愈合产物完全填充。通过对比图11.6.15(a)和图11.6.15(b)可以看出，再次加载过程中，已经自愈合的裂缝并没有重新张开，相反地，在原先未开裂的部分产生了新的裂缝。该试验结果表明，ECC微裂缝自愈合所带来的是真正的力学恢复，其使得部分裂缝的开裂强度大于基质开裂强度，继而在拉伸过程中才能产生新的裂缝，这同时也是开裂 ECC 刚度恢复的主要原因。尽管水泥的持续水化作用以及侵蚀产物的不断生成在一定程度上也有可能导致材料未开裂部分刚度的提高，但 ECC 的自愈合行为显然占主导作用。

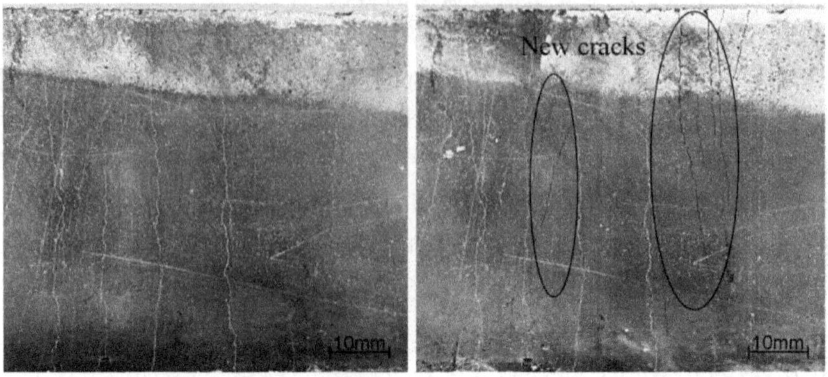

(a) 再次加载前已经自愈合的ECC微裂缝　(b) 再次加载后ECC试件所形成的新裂缝

图 11.6.15　再次加载前已经自愈合的 ECC 微裂缝和再次加载后 ECC 试件所形成的新裂缝

除此之外，如图 11.6.14 所示，侵蚀环境中自愈合养护的 ECC 试件刚度恢复速度明显较在水中养护的快，石膏/钙矾石等侵蚀性产物在裂缝内的生成可能是导致这一区别的原因。同样地，ECC 微裂缝的自愈合行为也使得再次加载时试件的初裂强度得到了有效恢复。图 11.6.16 所示为不同环境下开裂 ECC 试件初裂强度恢复和自愈合龄期之间的关系，在硫酸盐溶液、硫酸盐-氯盐混合溶液以及水中养护的开裂 ECC 试件初裂强度均得到了恢复。在硫酸盐溶液中自愈合养护 120 d 后的开裂 ECC 试件，其初裂强度的恢复已经超过了 50%。如前所述，在侵蚀环境下养护的开裂 ECC 试件，初裂强度的恢复受到水泥的持续水化作用、粉煤灰的火山灰反应以及侵蚀产物在裂缝以及基质内不断生成等因素的综合影响。同时，石膏/钙矾石等产物的膨胀作用也有可能在一定程度上促进了裂缝的自愈合，使得裂缝填充更加密实，从而导致其在二次拉伸过程中不易重新张开。

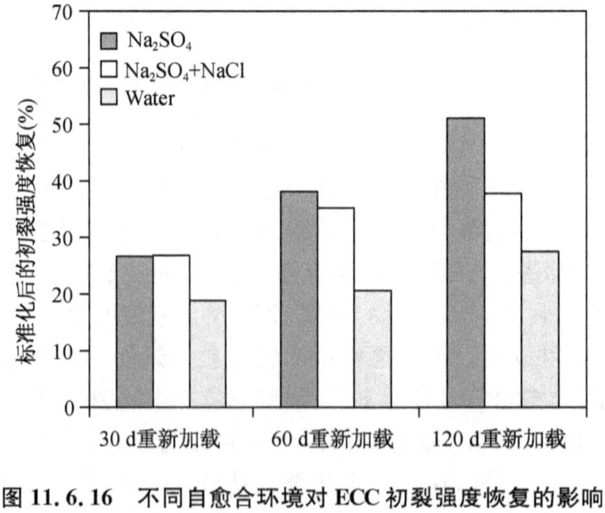

图 11.6.16　不同自愈合环境对 ECC 初裂强度恢复的影响

综上分析，受到静、动荷载的影响，尽管 ECC 在水工混凝土建筑物补强加固应用过程中有可能承载开裂，但和普通水泥基材料明显不同的是，ECC 开裂后所产生的微裂缝在硫酸盐-氯盐共同作用下仍表现出良好的自愈合行为；此外，ECC 微裂缝的自愈合不仅能够提升材料的抗渗性，而且能带来真正意义上的力学性能改善。因此，ECC 在水工混凝土建筑物补强加固中具有良好的推广应用价值。

参 考 文 献

[1] 黄国兴，陈改新，纪国晋，等. 水工混凝土技术[M]. 北京：中国水利水电出版社，2014.

[2] 孙伟，缪昌文. 现代混凝土理论与技术[M]. 北京：科学出版社，2012.

[3] 郑颖人，孔亮. 岩土塑性力学[M]. 北京：中国建筑工业出版社，2010.

[4] 张楚汉，金峰. 岩石和混凝土离散-接触-断裂分析[M]. 北京：清华大学出版社，2008.

[5] 黄宝宗. 张量和连续介质力学[M]. 北京：冶金工业出版社，2012.

[6] VITOR DIAS DA SILVA. Mechanics and Strength of Materials [M]. Berlin Heidelberg：Springer-Verlag Press，2006.

[7] 丁大钧，单炳梓，马军. 工程塑性力学[M]. 南京：东南大学出版社，2007.

[8] 殷有泉. 岩石类材料塑性力学[M]. 北京：北京大学出版社，2014.

[9] 中华人民共和国住房和城乡建设部. GB50010—2010 混凝土结构设计规范[S]. 北京：中国建筑工业出版社，2010.

[10] NEWMAN K，NEWMAN J B. 素混凝土破坏理论与设计准则[M]. 北京：水利出版社，1982.

[11] LIU T，NILSON A，SLATE F. Stress-stain response and fracture of concrete in uniaxial and biaxial compression[J]. ACI，1972，(5)：291-295.

[12] 中国建筑科学研究院. GB/T 50081—2002 普通混凝土力学性能试验方法标准[S]. 北京：中国建筑工业出版社，2003.

[13] COMITE EURO-INTERNATIONAL DU BETON. Bulletin D'information No. 213/214，CEB-FIP Model Code 1990，Concrete structures [R]. Lausanne，1993.

[14] 过镇海，张秀琴. 单调荷载下的混凝土应力-应变全曲线试验研究[M]. 北京：清华大学出版社，1981.

[15] 混凝土基本力学性能研究组. 混凝土的几个基本力学指标[M]. 北京：中国建筑工业出版社，1977.

[16] 王传志，滕智明. 钢筋混凝土结构理论[M]. 北京：中国建筑工业出版社，1985.

[17] 许锦峰. 高强混凝土应力-应变全曲线的试验研究[D]. 北京：清华大学，1986.

[18] 林大炎，王传志. 矩形箍筋约束的混凝土应力-应变全曲线研究[M]. 北京：清华大学出版社，1981.

[19] SARGIN M. Stress-strain relationships for concrete and the analysis of structural concrete sections [M]. Waterloo，Canada：University of Waterloo，1971.

[20] 过镇海. 钢筋混凝土原理(第 3 版)[M]. 北京：清华大学出版社，2013.

[21] 过镇海，张秀琴. 混凝土受拉应力-变形全曲线的试验研究[J]. 建筑结构学报，1988(4)：45-53.

[22] 李永录，过镇海. 混凝土偏心受拉应力-应变全曲线的试验研究[M]. 北京：清华大学出版社，1996.

[23] 张琦，过镇海. 混凝土抗剪强度和剪切变形的研究[J]. 建筑结构学报，1992(5)：17-24.

[24] MATTOCK A H, HAWKINS N M. Shear transfer in reinforced concrete—recent research[J]. ACI, 1972, 17: 55-75.

[25] IOSIPESCU N, NEGOITA A. A new method for determining the pure shearing strength of concrete[J]. Journal of Concrete Society, 1969, 3(1): 63.

[26] BRESLER B, PISTER K S. Strength of concrete under combined stresses [J]. ACI, 1958, 9: 321-346.

[27] 过镇海，张秀琴. 反复荷载下混凝土的应力-应变全曲线试验研究[M]. 北京：清华大学出版社，1981.

[28] STRURMAN G M, SHAH S P, WINTER G. Effect of flexural strain gradients on microcracking and stress-strain behavior of concrete[J]. ACI, 1965(7): 805-821.

[29] MATTOCK A H, KRIZ L B, HOGNESTAD E. Concrete stress distribution in ultimate strength design[J]. ACI, 1961, 1: 455-479.

[30] CLARK L E, GERSTLE K H, TULIN L G. Effect of strain-gradient on the stress-strain curves of mortar and concrete[J]. ACI, 1967, (9): 580-586.

[31] HEILMANN H G. Zugspannung und dehnung im unbewehrten betonquer schnitten bei exzentrischer belastung [R]. Deutscher Ausschuss für Stahlbeton, Heft 269, Berlin, 1976.

[32] 李同春. 应力梯度对混凝土极限拉伸值的影响[D]. 南京：河海大学，1986.

[33] 赵国藩，高俊升，廖婉卿，等. 钢筋混凝土构件抗裂度和最大裂缝宽度的试验和计算方法[J]. 建筑结构学报，1980(4): 1-17.

[34] RÜSCH H. Research toward a general flexural theory for structural concrete[J]. ACI, 1960, 7: 1-28.

[35] COMITE EURO-INTERNATIONAL DU BETON. Bulletin D'information No. 217, Selected justification notes, CEB FIP Model Code 1990[R]. Lausanne, 1993.

[36] MEYERS B L, THOMAS E W. Elasticity, shrinkage, creep and thermal movement of concrete [M]. London: Pitman, 1983.

[37] 黄国兴，陈改新. 混凝土徐变的研究[M]. 北京：中国水利水电出版社，1996.

[38] NEVILLE A M, DILGER W H, BROOKS J J. Creep of plain and structural concrete [M]. London and New York: Construction Press, 1983.

[39] 水利部长江水利委员会长江勘测规划设计研究院. SL 191—2008 水工混凝土结构设计规范[S]. 北京：中国水利水电出版社，2008.

[40] NEWMAN J B. Apparatus for testing concrete under multi-axial states of stress[J]. Magazine of Concrete Research, 1974, 26(81): 221-238.

[41] ROBINSON G S. Behavior of concrete in biaxial compression[J]. ASCE, 1967, 93(ST2): 71-86.

[42] 过镇海. 混凝土的强度和变形(试验基础和本构关系)[M]. 北京：清华大学出版社，1997.

[43] PARME A L, NIEVES J M, GONWENS A. Capacity of reinforced rectangular columns subject to biaxial bending[J]. ACI, 1966, 63(9): 911-920.

[44] 鲍质孙，吕志涛. 钢筋混凝土双向偏心受拉构件正截面强度计算[G]//中国建筑科学研究院. 钢筋混凝土结构设计与构造——1985 年设计规范北京资料汇编. 1985: 97-104.

[45] 庄崖屏. 高强混凝土偏心受压柱正截面承载力[M]. 北京：中国建筑工业出版社，1994.

[46] 黄成若，孙文达，郑澄溪，等. 无屈服台阶钢筋混凝土受弯构件的强度计算及可靠度设计水平的概率分析[J]. 建筑结构学报，1982, 3(4): 1-11.

[47] 滕智明. 均匀配筋构件正截面强度计算[G]//中国建筑科学研究院. 钢筋混凝土结构设计与构

造——1985 年设计规范北京资料汇编. 1985：61-68.

[48] 陈家夔. 钢筋混凝土构件偏心距增大系数 η 值计算[G]//中国建筑科学研究院. 钢筋混凝土结构设计与构造——1985 年设计规范北京资料汇编. 1985：69-87.

[49] 国家建委建筑科学研究院建筑结构研究所. 钢筋混凝土偏心受压构件的纵向弯曲[M]. 北京：中国建筑工业出版社，1977：182-200.

[50] 郑作樵，吴炎海. 高强混凝土纯扭构件的试验研究[M]. 北京：中国建筑工业出版社，1994：433-439.

[51] PEPORT OF ACI-ASCE COMMITTEE 326. Shear and diagonal tension[J]. ACI，1962，59(1)：1-30，(2)：277-333，(3)：353-395.

[52] 过镇海，王传志，张秀琴. 多轴应力下混凝土的强度和破坏准则研究[J]. 土木工程学报，1991，24(3)：1-14.

[53] 宋玉普. 钢筋混凝土有限元分析中的力学模型研究[D]. 大连：大连理工大学，1988.

[54] 揽生瑞，过镇海. 不同应力途径下混凝土多轴受压强度的试验研究[M]. 北京：清华大学出版社，1996.

[55] 揽生瑞，过镇海. 定侧压下混凝土二轴受压变形特性的试验研究[J]. 土木工程学报，1996，29(2)：28-36.

[56] 徐焱. 混凝土三轴拉压强度与变形的试验研究[D]. 北京：清华大学，1991.

[57] 郭玉涛. 二轴应力下高强混凝土强度和变形的试验研究[D]. 北京：清华大学，1995.

[58] 张秀琴，刘颖，过镇海. 加气混凝土两轴受压的强度和变形[J]. 加气混凝土工业，1988，3：19-23.

[59] 彭放. 复杂应力状态下多种混凝土材料的破坏准则及本构模型研究[D]. 大连：大连理工大学，1990.

[60] 过镇海，王传志，张秀琴，等. 混凝土的多轴强度试验和破坏准则研究[M]. 北京：清华大学出版社，1996.

[61] CHEN W F. Plasticity in reinforced concrete[M]. New York：McGraw-Hill，1982.

[62] TASUJI M E，SLATE F O，NILSON A H. Stress-strain response and fracture of concrete in biaxial loading[J]. ACI，1978，75(7)：306-312.

[63] KUPFER H，GERSTLE K H. Behavior of concrete under biaxial stress [J]. ASCE，1969(8)：656-658.

[64] 卓家寿，黄丹. 工程材料的本构演绎[M]. 北京：科学出版社，2009.

[65] 江见鲸，陆新征. 混凝土结构有限元分析(第 2 版)[M]. 北京：清华大学出版社，2013.

[66] 孙伟，缪昌文. 现代混凝土理论与技术[M]. 北京：科学出版社，2012.

[67] 徐世烺. 混凝土断裂力学[M]. 北京：科学出版社，2011.

[68] 谢和平. 岩石混凝土损伤力学[M]. 徐州：中国矿业大学出版社，1990.

[69] 李兆霞. 损伤力学及其应用[M]. 北京：科学出版社，2002.

[70] 周维垣. 岩石弹塑性损伤本构模型及工程应用[J]. 岩土工程学报，1998，20(5)：54-57.

[71] 康春安，朱万成. 混凝土损伤与断裂一数值试验[M]. 北京：科学出版社，2003.

[72] 谢和平，陈忠辉. 岩石力学[M]. 北京：科学出版社，2004.

[73] 冯树荣，孙恭尧，殷有泉. 重力坝稳定性和承载能力分析[M]. 北京：中国电力出版社，2011.

[74] 郑颖人，孔亮. 岩土塑性力学[M]. 北京：中国建筑工业出版社，2010.

[75] 万宗礼，聂德新，杨天俊. 高拱坝建基岩体研究与实践[M]. 北京：中国水利水电出版社，2009.

[76] 殷有泉. 岩石力学与岩石工程的稳定性[M]. 北京：北京大学出版社，2010.

［77］长江水利委员会长江科学院．三峡水利枢纽右岸地下厂房岩石物理力学性质试验研究报告［R］．三峡科研成果 99—040，长江科学院，1998．

［78］FARMER I. Engineering Behavior of Rocks［M］. Berlin：Springer，1983.

［79］MOGI K. Experimental Rock Mechanics［M］. New York：Taylor&Francis，2006.

［80］HAIMSON B，CHANG C. A new true triaxial cell for testing mechanical properties of rock，and its use to determine rock strength and deformability of Westerly granite［J］. International Journal of Rock Mechanics and Mining Sciences，2000，37(1)：285-296.

［81］HOEK E，BROWN E T. Underground Excavations in Rock［M］. London：Institution of Mining and Metallurgy，1980.

［82］MARTIN C D. Seventeenth Canadian geotechnical colloquium：the effect of cohesion loss and stress path on brittle rock strength［J］. Canadian Geotechnical Journal，1997，34(5)：698-725.

［83］MARTIN C D，CHANDLER N A. The progressive fracture of Lac du Bonnet granite［J］. International Journal of Rock Mechanics and Mining Sciences & Geomechanics Abstracts，1994，31(6)：643-659.

［84］MOGI K. Effect of the intermediate principle stress on rock failure［J］. Journal of Geophysical Research，1967，72(20)：5117-5131.

［85］GRAMBERG J. The axial cleavage fracture 1 axial cleavage fracturing，a significant process in mining and geology［J］. Engineering Geology，1965，1 (1)：31-72.

［86］BARTON N，BANDIS S. Effects of block size on the shear behavior of jointed rock［C］. In Proc. 23rd US Symp Rock Mech，California：Berkeley，1982，739-760.

［87］常晓林，周伟，赖国伟，等．高混凝土坝结构安全与优化理论及应用［M］．北京：中国水利水电出版社，2014．

［88］殷有泉．奇异屈服面的弹塑性本构关系的应力空间表述和应变空间表述［J］．力学学报，1986．18(1)：31-38．

［89］俞茂宏．双剪强度理论及其应用［M］．北京：科学出版社，1998．

［90］曾强，李克非．冻融情况下降温速率对水泥基材料变形和损伤的影响［J］．清华大学学报(自然科学版)，2008，48(9)：1390-1394．

［91］李金玉，曹建国，徐文雨，等．混凝土冻融破坏机理的研究［J］．水利学报，1999，1：41-49．

［92］曾强．水泥基材料低温结晶过程孔隙力学研究［D］．北京：清华大学，2012．

［93］GEORGE W SCHERER. Crystallization in pores［J］. Cement and Concrete Research，1999，29(8)：1347-1358.

［94］WANG Z D，ZENG Q，WU Y K，et al. Relative humidity and deterioration of concrete under freeze-thaw load ［J］. Construction and Building Materialsk，2014，62：18-27.

［95］DRORY M D，EVANS A G. Experimental Observations of Substrate Fracture Caused by Residually Stressed Films［J］. Journal of the American Ceramic Society，1990，73(3)：634-638.

［96］冯乃谦，邢锋．混凝土与混凝土结构的耐久性［M］．北京：机械工业出版社，2009．

［97］蒋清野．混凝土碳化数据库与混凝土碳化分析［R］．攀登计划——钢筋锈蚀与混凝土冻融破坏的预测模型 1997 年度研究报告，1997．

［98］吴中如．重大水工混凝土结构病害检测与健康诊断［M］．北京：高等教育出版社，2005．

［99］HAN G，DUSSEAULT M B. Description of fluid flow around a wellbore with stress-dependent porosity and permeability［J］. Journal of Petroleum Science and Engineering，2003，40(1-2)：1-16.

［100］袁承斌，张德峰，刘荣桂，等．混凝土在不同应力状态下的碳化［J］．建筑结构，2004，34(4)：32-34．

[101] 王柏源，詹学易，裴端宁. 坝基可疑病态——混凝土硫酸盐侵蚀问题的研究与诊断[J]. 大坝与安全，1994，(1)：31-34.

[102] 高润东. 复杂条件下混凝土硫酸盐侵微-宏观劣化规律研究[D]. 北京：清华大学，2010.

[103] HUANG B，QIAN C X. Experiment study of chemo-mechanical coupling behavior of leached concrete[J]. Construction and Building Materials，2011(25)：2649-2654.

[104] 孔丽娟，许旭栋，杜渊博. 不同集料混凝土抗冻性能与孔结构的关系[J]. 石家庄铁道大学学报(自然科学版)，2014，27(1)：88-93.

[105] 王阵地. 基于无损监测的钢筋混凝土劣化过程和机理研究[D]. 北京：中国建筑材料科学研究总院，2012.

[106] SHANG H S，SONG Y P. Triaxial compressive strength of air-entrained concrete after freeze-thaw cycles[J]. Cold Regions Science and Technology，2013，90-91：33-37.

[107] SHANG H S，SONG Y P. Experimental study of strength and deformation of plain concrete under biaxial compression after freezing and thawing cycles[J]. Cement and Concrete Research，2006，36(10)：1857-1864.

[108] 祝金鹏. 冻融循环后混凝土力学性能的试验研究[D]. 济南：山东大学，2009.

[109] HAECKER C J，GARBOCZI E J，BULLARD J W，et al. Modeling the linear elastic properties of Portland cement paste[J]. Cement and Concrete Research. 2005，35(10)：1948-1960.

[110] 杜鹏. 多因素耦合作用下混凝土的冻融损伤模型与寿命预测[D]. 北京：中国建筑材料科学研究总院，2014.

[111] 钱耀丽. 低温条件对水工混凝土抗冻耐久性能及微观结构的影响[D]. 南京：南京水利科学研究院，2011.

[112] 刘西拉，唐光普. 现场环境下混凝土冻融耐久性预测方法研究[J]. 岩石力学与工程学报，2007，26(12)：2412-2419.

[113] 李金玉，彭小平，邓正刚，等. 混凝土抗冻性的定量化设计[J]. 混凝土，2000，9：61-65.

[114] SIDENY MINDESS，J FRANCIS YOUNG，David Darwin. 混凝土(原著第二版)[M]. 北京：化学工业出版社，2005.

[115] 王凤波. 大坝混凝土材料渗透性及溶蚀性研究[D]. 南京：河海大学，2005.

[116] CARDE C，FRANQOIS R. Effect of the leaching of calcium hydroxide from cement paste mechanical and physical properties[J]. Cement and Concrete Research，1997，27(4)：539-550.

[117] GARDE C，FRANQOIS R，TORRENTI J M. Leaching of both calcium hydroxide and C-S-H from cement paste Modeling the mechanical behavior[J]. Cement and Concrete Research，1996，26(8)：1257-1268.

[118] CARDE C，FRARQOIS R. Modelling the loss of strength and porosity increase due to the leaching of cement pastes[J]. Cement & Concrete Composites，1999，21(3)：181-188.

[119] HUANG B I，QIAN C X. Characterization and Stress-Strain Relationship of Leached Concrete [J]. Journal of The Chinese Ceramic Society，2011，39(1)：87-91.

[120] 李杰，吴建营，陈建兵. 混凝土随机损伤力学[M]. 北京：科学出版社，2014.

[121] GOPALARATNAM V S，SHAH S P. Softening response of plain concrete in direct tension [J]. Journal of the American Concrete Institute，1985，82(3)：310-323.

[122] KARSAN I D，JIRSA J O. Behavior of concrete under compressive loadings[J]. Journal of the Structural Division-ASCE，1969，95(12)：2543-2563.

[123] KUPFER H，HILSDORF H K，RUSCH H. Behavior of concrete under biaxial stresses[J]. ACI Journal Proceedings，1969，66(8)：656-666.

[124] IMRAN I, PANTAZOPOULOU S J. Experimental study of plain concrete under triaxial stress [J]. ACI Materials Journal, 1996, 93(6): 589-601.

[125] REINHARDT H W. Fracture mechanics of an elastic softening material like concrete[J]. Heron, 1984, 29(2): 1-42.

[126] SUN Z. Mechanism of frost damage to concrete [D]. Princeton, New Jersey: Princeton University, 2010.

[127] 胡江. 混凝土坝老化病害及其影响的递进分析方法[D]. 南京：河海大学，2013.

[128] SCHLEISS A J, BOES R M. Dams and Reservoirs Under Changing Challenges [M]. Boca Raton: CRC Press, 2011.

[129] 周氐，吴胜兴. 水工混凝土建筑物耐久性的若干问题[J]. 河海科技进展，1992(2): 14-22.

[130] 刘崇熙，汪在芹. 坝工混凝土耐久寿命的现状和问题[J]. 长江科学院院报，2000，17: 17-20.

[131] 顾冲时，苏怀智. 混凝土坝工程长效服役与风险评定研究述评[J]. 水利水电科技进展，2015(5): 1-12.

[132] 黄士元. 近代混凝土技术[M]. 西安：陕西科学技术出版社，1998.

[133] 李贺东. 超高韧性水泥基复合材料试验研究[D]. 大连：大连理工大学，2009.

[134] 2013 Report Card for America's Infrastructures [M]. The United States, ASCE, 2013.

[135] 吴中如. 老坝病变和机理探讨 [J]. 中国水利，2000，9: 55-57.

[136] 顾冲时，苏怀智. 综论水工程病变机理与安全保障分析理论和技术 [J]. 水利学报，2007(S1): 71-77.

[137] 徐世元. 古田溪二级大坝补强加固 [J]. 大坝与安全，2006(3): 44-46.

[138] 邢林生，聂广明. 我国水电站混凝土建筑物耐久性分析 [J]. 水力发电，2003(2): 27-31.

[139] LI V C, WANG S, WU C. Tensile strain-hardening behavior or polyvinyl alcohol engineered cementitious composite (PVA-ECC) [J]. ACI Materials Journal, 2001, 98: 483-492.

[140] LI V C. Engineered Cementitious Composites (ECC)—Material, Structural, and Durability Performance [M]. Concrete Construction Engineering Handbook, 2008.

[141] LI V C. On engineered cementitious composites (ECC) a review of the material and its applications [C]. 纤维混凝土工程材料 2012 高峰论坛——ECC 在中国，2012: 43-58.

[142] LI V C. Engineered Cementitious Composites (ECC)-Tailored Composites Through Micromechanical Modeling; proceedings of the Fiber reinforeced concrete: present and the future[C]. Canadian Society for Civil Engineering, Montreal, 1998.

[143] LI V C, HORIKOSHI T, OGAWA A, et al. Micromechanics-based durability study of polyvinyl alcohol-engineered cementitious composite [J]. ACI Materials Journal, 2004, 101: 242-248.

[144] LI V C. 高延性纤维增强水泥基复合材料的研究进展及应用[J]. 硅酸盐学报，2007(4): 531-536.

[145] LI V C. Advances in ECC Research[J]. ACI Special Publication on Concrete: Material Science to Applications, 2002, SP 206-23: 373-400.

[146] LI V C, LEUNG C K. Steady-state and multiple cracking of short random fiber composites [J]. Journal of Engineering Mechanics, 1992, 118(11): 2246-2264.

[147] LI V C, YANG E H. Self healing in concrete materials [M]. Springer: Self Healing Materials, 2007.

[148] WU M, JOHANNESSON B, GEIKER M. A review: Self-healing in cementitious materials and engineered cementitious composite as a self-healing material [J]. Construction and Building Materials, 2012, 28(1): 571-583.

[149] LAUER K R. Autogenous healing of cement paste; proceedings of the ACI Journal Proceedings [C]. ACI, 1956.

[150] EDVARDSEN C. Water permeability and autogeneous healing of cracks in concrete [J]. ACI Materials Journal, 1999, 96: 448-454.

[151] LEPECH M D, LI V C. Water permeability of engineered cementitious composites [J]. Cement and Concrete Composites, 2009, 31(10): 744-753.

[152] KAN L L, SHI H S, SAKULICH A R, et al. Self-healing characterization of engineered cementitious composite materials [J]. ACI Materials Journal, 2010, 107: 617-624.

[153] LI V C, HERBERT E N. Self-healing of microcracks in engineered cementitious composites (ECC) under a natural environment [J]. Materials, 2013, 6: 2831-2845.

[154] YANG Y, LEPECH M D, YANG E H, et al. Autogenous healing of engineered cementitious composites under wet-dry cycles [J]. Cement and Concrete Research, 2009, 39(5): 382-390.

[155] LI M, LI V C. Cracking and healing of engineered cementitious composites under chloride environment [J]. ACI Materials Journal, 2011, 108: 333-340.

[156] PICANDET V, KHELIDJ A, BELLEGOU H. Crack effects on gas and water permeability of concretes [J]. Cement and Concrete Research, 2009, 39(6): 537-547.

[157] LEPECH M D, LI V C. Water permeability of engineered cementitious composites [J]. Cement and Concrete Composites, 2009, 31(10): 744-753.

[158] MA H, QIAN S, ZHANG Z. Effect of self-healing on water permeability and mechanical property of Medium-Early-Strength Engineered Cementitious Composites [J]. Construction and Building Materials, 2014, 68: 92-101.

[159] CHARLWOOD R G. Predicting the long term behavior and service life of concrete dams [C]. Proceeding of the 2nd International Conterence on Long Term Behaviors of Dams, 2009: 39-49.

[160] 孙伟. 荷载与环境因素耦合作用下结构混凝土的耐久性与服役寿命[J]. 东南大学学报(自然科学版), 2006, 36(S2): 7-14.

[161] 杜健民, 焦瑞敏, 姬永生. 氯离子含量对混凝土硫酸盐腐蚀程度的影响研究[J]. 中国矿业大学学报, 2012, 41(6): 906-911.

[162] MAES M, DE BELIE N. Resistance of concrete and mortar against combined attack of chloride and sodium sulphate [J]. Cement and Concrete Composites, 2014, 53: 59-72.

[163] DEHWAH H A F. Effect of sulfate concentration and associated cation type on concrete deterioration and morphological changes in cement hydrates [J]. Construction and Building Materials, 2007, 21 (1): 29-39.

[164] ZHANG M H, CHEN J K, LV Y F, et al. Study on the expansion of concrete under attack of sulfate and sulfate-chloride ions [J]. Construction and Building Materials, 2013, 39: 26-32.

[165] BROWN P, BADGER S. The distributions of bound sulfates and chlorides in concrete subjected to mixed NaCl, $MgSO_4$, Na_2SO_4 attack [J]. Cement and Concrete Research, 2000, 30(10): 1535-1542.

[166] LIN Z, KANDA T, LI V C. On interface property characterization and performance of fiber reinforced cementitious composites [J]. Journal of Concrete Science, 1999, 1(1): 173-184.